国家出版基金项目
NATIONAL PUBLICATION FOUNDATION

国家"2011计划"出土文献与中国
古代文明研究协同创新中心成果

《考工记》名物汇证

汪少华 —————— 编著

上海教育出版社

序

名物考证,是传统训诂学的一项重要内容。《考工记》记述的有车辆制作、铜器铸造、弓矢兵器、制革护甲、礼器乐器、饮器陶器、水利建筑等,是具有代表性和现代价值的上古名物文献。作为《周礼》的一部分,《考工记》名物训诂历来是经学家的一项研究课题。晚清卓越的经学大师孙诒让"博采汉唐以来迄于乾嘉诸经儒旧诂,参互证绎",作《周礼正义》八十六卷,"集《周礼》之学的大成,特别是把清代考证家的精言胜义收采无遗,替我们做了总结账的工夫"。其中特色显著的是名物训诂,堪称胜义纷陈,考辨精当。对《考工记》名物的考证,至孙诒让已作集大成之总结,无以复加。然而《周礼正义》出版(1905年)至今已逾一个世纪,一百多年来,地下出土资料绵绵不绝。自王国维倡导"取地下之实物与纸上之遗文互相释证",其间与《考工记》相关的考古研究成果相当可观,同时科技史学者从数学、力学、声学、冶金学、建筑学等方面对《考工记》名物所做的研究也颇为深入。

有鉴于此,本书梳理一个世纪尤其是数十年来与《考工记》相关的数百种考古和科技史研究成果,在孙诒让《周礼正义》的基础上,为《考工记》名物做一次汇证,从而为《考工记》名物及汉儒、清儒研究作出实物印证,试图通过具有代表性与考古参考价值的科技文献《考工记》的名物汇证,推动训诂学、文献学与考古学、科技史的学科交融和创新,为21世纪的名物训诂提供可资借鉴的翔实资料。

为便于阅读,本书将《考工记》中的名物及其制作方式或检验标准等分为车舆、玉器、冶铸、兵器、纺织染色、乐器、宫室沟洫、饮器陶器、农具、度量衡等十大类,每类下又视具体情况分若干小类,将相应的《考工记》原文、郑玄注和孙诒让疏分别置于这十大类的若干小类之中,接着进行汇证。首先引《考工记》原文、郑玄注和孙诒让疏。孙疏有针对郑注的,也有针对原文的,移至对应的郑注或原文下,引文告一段落以当页脚注给出所据《周礼正义》点校本页码;除了必须区别处,本书概用简体字(含《汉语大字典》《中华字海》的类推简化字），便于简体字论文引用。中华书局《周礼正义》点校本，前有《十三经清人注疏》王文锦、陈玉霞点校本[①]，后有《孙诒让全集》汪少华点校本[②]。后者以前者为工作本，重新核对乙巳本和楚本，并参考台湾师范大学图书馆所藏具有重要校勘价值的孙诒让手批本（孙校本），重新点校，有所订正。本书引文依据汪少华点校本，也标出王文锦、陈玉霞点校本页码，相异处则在脚注"引者按"说明，所据文献在首见时注明版本。

汇证主要是梳理、汇集考古和科技史学者诸家释证（材料原则上截至2016年年底），偶有个人考辨。考古出土实物具体而零散，而《考工记》所载名物则系统化、规范化或级差化，名物的对比研究往往同中有异、异中有同，甚至大相径庭；由于出土实物与文献记载的差异性，器物定名对文献记载的依赖性，文献记载与汉儒清儒成说的复杂性，不可避免地造成名物研究的分歧、争议和疑难，用孙诒让的办法来处理，就是"未知是否，姑存之，以备一义"或"众说纷互，未审孰得，姑并存之"。汇证之所以细大不捐，宁详毋略，是为了提供翔实的资料，便于训诂学、文献学、考古学、科技史学者不同背景、不同需求的阅读需要，有益于《考工记》名物研究。释证引文短者加引号，引文较长时用小一号字体不加引号单列，均在脚注给出出处。释证原有度量单位、表述方式不改，个别错讹直接改正，引文出处方式略作统一，以括注形式标示者移至脚注；图表序号等仍其旧，效果不佳者重新绘制。

限于学识与能力，取舍难免不当，汇证未惬人意，敬请读者指正与补充。

本书编纂过程中得到师友与同事的关心和支持，尤其是吉林大学吴振武教授、复旦大学出土文献与古文字研究中心刘钊主任与裘锡圭先生的鼓励；友生张龙飞、王凤娇、叶雁鹏承担校对之劳；2016年时任上海教育出版社总编辑张荣先生携董龙凯、周典富二位前来诚挚约稿，一并衷心感谢。

[①] 孙诒让《周礼正义》，王文锦、陈玉霞点校，中华书局1987年第1版，2013年第2版。

[②] 孙诒让《周礼正义》，汪少华点校，中华书局2015年。

目录

车
舆

一

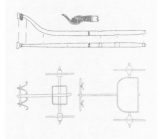

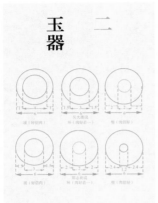

二 玉器

三 冶铸

四 兵器

一

车舆

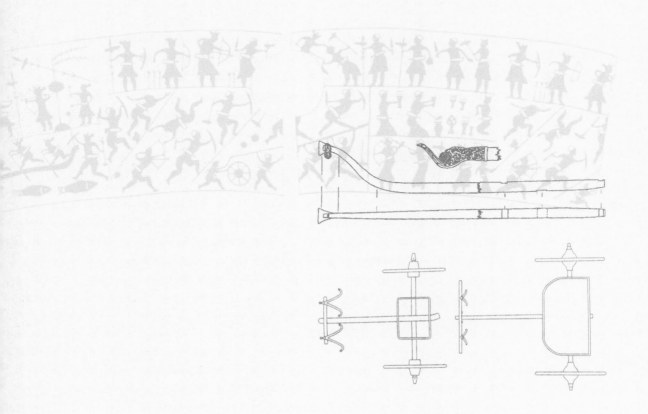

1. 轮

辁

《总叙》: 凡察车之道, 必自载于地者始也, 是故察车自轮始。

孙诒让:"凡察车之道, 必自载于地者始也" 者, 王宗涑云:"此节叙记以轮人为首之故, 兼小车任载车言。" 阮元云:"车者, 轮舆辀之总名, 而其用莫先于轮, 是故察车自轮始。《说文》曰:'有辐曰轮, 无辐曰辁。' 是轮又为辐毂之总名矣。"[①]

苏联柯斯文《原始文化史纲》:"车也是原始时期的很晚的一种发明。新石器时代末尾才出现了车轮, 而且还是非常简陋的, 不过是整块的圆木板而已。哥伦布时期以前的整个美洲, 正和很多落后部落和部族一样, 没有车轮。起初, 车轮被固定地安装在旋转的车轴上, 后来才让车轮代替车轴旋转。辐条的发明更加晚些。"[②]郭宝钧《殷周车器研究》认为"这些话颇合理, 有民族志上的根据。我国古代应该也有一个用无辐之轮的阶段, 这种轮名为'辁':

《说文解字》:"有辐曰轮, 无辐曰辁。" 辁正是一块完全无透孔的圆木板。这种圆木板的使用, 与车的发明程序有关。按林惠祥所辑著的《文化人类学》(116 页) 说:"车的发明程序, 据学者揣测有二种。其一, 谓起初人类搬运重物时, 把圆木柱垫于重物下面, 借其旋转的势以推动重物; 后来把木柱的中部截去一段, 只余两个厚圆轮, 圆轮厚度渐减, 最后再加以轴, 便成为车了。又一说以为轮的成立不是由截去木中部, 而是由渐渐拣用粗大的木柱剒削其中段, 使两头大, 中间小, 后来两头便成为轮, 而中段则成为轴。"这说明了车的起源、辁的起源与轴的起源。本世纪三四十年代时, 云南农村、河南辉县的太行山麓等地还使用着一种辁式木轮车"带轴转"(即轴随轮转的小木车), 这种"带轴转"可能就是古代椎轮的偶然残留。车制演进到殷周时代, 一般皆用有辐之轮、以轴贯轮, 而已不用无辐之辁、轴随轮转了。这样的发展程序是可以理解的。因为辁是由一 (或二) 块圆木板削成, 轮初成时必然甚圆, 转动迅速, 车得以平衡行进。但木板的纹理有横、直的不同, 木板收缩时, 横纹理方向的收缩系数大而直纹理方向的收缩系数则小。收缩系数既有大、小的不同, 则浑圆的辁用久了必微现扁椭状, 从而不合于"轮应圆"的要求, 致使车不能平稳行进了。且辁用的是全木, 质实而体重, 不透空气, 又易拖带泥水, 于车制"轻快、透达"的要求也不合。改为轮辐, 辐皆用直行的纹理, 支重有力, 而又细小剒透, 无拖带泥水之病, 故自发明用辐后, 除三四十年代时某些山区 (如太行山等) 的木轮小车外, 已无人会再使用"带轴转"的。殷、周时代的车, 显然是超过木轮阶段而已演进到轮辐阶段了。可

---

① 孙诒让《周礼正义》3777/3134 页。
② [苏] 柯斯文著、张锡彤译《原始文化史纲》122 页, 生活・读书・新知三联书店, 1955年。

以设想，最初在由轮向轮转变时，应系在轮的木板上锥钻多个洞，以使其质轻、透气。这些洞和洞之间的余木，即应是辐的雏形。锥洞不能过多，即余木也不能过多，故所留余木必然宽大，也即辐身必然宽大，而辐的总数必少。既然将轮改为用毂、辐、牙组合而成，则辐条可窄，木纹理可直，辐条数量自然也可多了，故殷代车轮已用18辐，想必距用圆木板锥洞制轮之时当已甚远久矣。[①]

《地官·遂师》：大丧，使帅其属以幄帟先，道野役；及窆，抱磨，共丘笼及蜃车之役。

郑玄：蜃车，柩路也。柩路载柳，四轮迫地而行，有似于蜃，因取名焉。行至圹，乃说，更复载以龙辀。蜃，《礼记》或作"槫"，或作"辁"。

孙诒让：云"柩路载柳，四轮迫地而行，有似于蜃，因取名焉"者，贾疏云："……四轮迫地而行，即辁车以二轴而贯四轮，即许氏《说文》云'无辐曰辁'者也。"诒让案：蜃车之制，《既夕记》注云："其车之舆状如床，中央有辕，前后出，设前后辂，舆上有四周，下则前后有轴，以辁为轮。"又《杂记》注云："辁崇，盖半乘车之轮。"据此，则凡蜃车皆四辁轮，崇三尺三寸，故云迫地而行。以其载柳，故亦谓之柳车。聂氏《三礼图》引《阮谌图》云："柳车，四轮一辕，车长丈二尺，广四尺，高五尺。"柳，详《缝人》疏。又案：据《杂记》注，则凡柩车辁轮皆无辐。《杂记》疏谓但大夫辁车不用辐，则似天子诸侯蜃车有辐，说与郑违，非也。……云"蜃，《礼记》或作槫，或作辁"者，槫，旧本误博，今据余本、岳本、宋注疏本正。《杂记》"辁车"注云："辁读为辁，或作槫。许氏《说文解字》曰：'有辐曰轮，无辐曰辁。'《周礼》又有蜃车，天子以载柩。蜃辁声相近，其制同乎。"又《丧大记》："君葬用辁，大夫葬用辁，士葬用国车。"郑注云："大夫废辀，此言辀，非也。辀皆当为'载以辁车'之辁，声之误也。辁字或作团。是以又误为国。辁车，柩车也。"《既夕》注亦云："车载柩车，《周礼》谓之蜃车，《杂记》谓之团。或作辁，或作槫，声读皆相附耳。未闻孰正。"曾钊云："《说文》辁字注云：'蕃车，下庳轮也。'《既夕记》《杂记》注说正与《说文》庳车之说合，则字实以辁为正。蜃、团、槫、辁，皆声近通用之字耳。云'迫地而行，有似于蜃，因取名焉'，非也。"案：曾说是也。郑《杂记》注依别本读辀为辁，又引许书以证其义，则亦以柩车之正字当作辁。凡蜃、辀、槫、辁、团诸字，并辁之声误。《丧大记》"国车"，又"团"之形误也。然此注又不破蜃为辁，与《杂记》注异。《既夕》注亦谓蜃、团、辁、槫"声读相附，未闻孰正"。盖郑自有两解，要当以《杂记》注为塙诂矣。[②]

北新城汉墓M2墓室底部，东侧中部清理出王侯下葬时所用庳轮4个，河北省文物研究所等《北新城汉墓M2发掘报告》："庳轮形制相同，由铜轮、铁轴、铁架构成。轮为圆柱体，由铁轴贯穿铜轮中心，轴也为圆柱体，轴的两端有铁架，铁架的底部呈三角形，余面平直。M2：341，轮径16.5、厚9.5厘米。铁轴径4、长17厘米。左侧铁架长27、厚3厘米，右

① 郭宝钧《殷周车器研究》17页，文物出版社，1998年。
② 孙诒让《周礼正义》1379—1382/1147—1149页，中华书局，2013年。

侧铁架长27.5、厚3.5厘米，两端宽分别为5.5、6.5厘米，最宽11厘米。"发掘报告认为"此轮无车辐，直径仅16.5厘米，因此应属于'辁'一类的库轮"[①]。

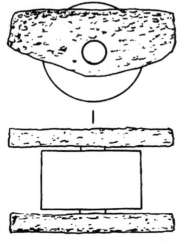

北新汉墓M2出土库轮（M2：341）

微至

《总叙》：凡察车之道，必自载于地者始也，是故察车自轮始。

孙诒让："凡察车之道，必自载于地者始也"者，王宗涑云："此节叙记以轮人为首之故，兼小车任载车言。"阮元云："车者，轮舆辀之总名，而其用莫先于轮，是故察车自轮始。《说文》曰：'有辐曰轮，无辐曰辁。'是轮又为辐毂之总名矣。"

郑玄：先视轮也。

孙诒让：注云"先视轮也"者，《文选·西京赋》薛综注云："察，视也。"《轮人》规、萬、县、水、量、权六事，皆言"视"，即察轮之义。

凡察车之道，欲其朴属而微至。不朴属，无以为完久也；不微至，无以为戚速也。

郑玄：朴属，犹附着坚固貌也。齐人有名疾为戚者。《春秋传》曰："盖以操之为已戚矣。"速，疾也。书或作"数"。

孙诒让："凡察车之道，欲其朴属而微至"者，此即谓察轮也。贾疏云："此以下云车[②]有善恶、高下、大小之宜。"程瑶田云："轮人三材不失职，是最重者专在于牙，故曰'察车之道，欲其朴属而微至'。朴属通谓三材，而微至则专重乎牙也。"注云"朴属，犹附着坚固貌也"者，《诗·大雅·棫朴》郑笺云："相朴属而生。"《尔雅·释木》"朴，枹者"，郭注云："朴属丛生者为枹。"《方言》云"攗，聚也"，郭注云："攗属，薮相着貌。"案：《方言》之攗，段玉裁改为《说文·木部》"樸枣"之樸，云"朴樸二同，皆谓积密"，是也。盖朴属、戚速，皆叠韵连语。《士冠礼》郑注云："属犹着也。"云"齐人有名疾为戚者，《春秋传》曰：盖以操之为已戚矣"者，贾疏云："按《公羊传·庄公三十年》：'冬，齐人伐山戎。'传云：'此齐侯也。其称人何？贬？曷为贬？司马子曰：盖以操之为已蹙矣。'注云：'操，迫也。已，甚也。蹙，痛也。'郑氏以蹙为疾，与何休别。"阮元云："贾疏引《公羊传》作'蹙'，戚正蹙俗。"案：今本《公羊传》亦作"蹙"，明注疏本并改戚为"蹙"，则非。段玉裁云："引《公羊传》者，以证齐言。"云

① 河北省文物研究所编《河北省考古文集》（四）118—119页，科学出版社，2011年。
② 引者按："车"上贾疏原有"造"字，见阮元《十三经注疏》907页上中，中华书局，1980年。

"速,疾也"者,《尔雅·释诂》文。《弓人》先郑注义同。云"书或作数"者,丁晏云:"《曾子问》'不知其已之迟数',注'数读为速'。《乐记》'卫音趋数烦志',注'趋数读为促速,声之误也'。《祭义》'其行也趋趋以数',注'数之言速也'。又《汉书·贾谊传》'淹速之度',《史记》作'淹数',徐广曰'数,速也'。"

郑司农:朴读如子南仆之仆。微至,谓轮至地者少,言其圜甚,着地者微耳。着地者微则易转,故不微至无以为戚数。

孙诒让:云"郑司农云,朴读为子南仆之仆"者,贾疏云:"《哀二年左氏传》云:'初,卫侯游于郊,子南仆。'引之者,取音同也。"王宗涑云:"《诗·既醉》'景命有仆',毛传云:'仆,附也。'朴仆声同义近,故先郑读为仆,而后郑训为附着也。"云"微至,谓轮至地者少,言其圜甚,着地者微耳"者,《祭义》注云:"微犹少也。"此据《轮人》云:"进而视之,欲其微至也,无所取之,取诸圜也。"故知微至专属轮至地言之。云"着地者微则易转,故不微至无以为戚数"者,先郑从或本作"数",此亦明圜甚则利转之义。①

"不微至,无以为戚速也",王燮山《"考工记"及其中的力学知识》认为这表明了滚动物体与其接触面积的关系:"这里提出的滚动物体(轮子)的滚动速度与滚动物体接触面积的多寡关系,是符合近代科学理论的。从近代滚动摩擦理论可知,滚动摩擦阻力和滚动物体与接触面的变形有关,也和接触物体和滚动物体的材料和粗糙程度有关。"②

李志超《〈考工记〉与科技训诂》质疑"微至"郑司农说不当,"察车为精细检测,此法决不中用。即便拙工之作,砥石作地,青铜为辋,亦无以辨其接合之长短,简单数学分析即可证明",认为"微者微细针端之类,至者针端与轮之距离也"③。

朱德熙《马王堆一号汉墓遣策考释补正》指出"朴属""朴樕""仆遬"等联绵词是同源的,其中心意义当为附着丛集④。

已崇　已庳

《总叙》:轮已崇,则人不能登也;轮已庳,则于马终古登阤也。

孙诒让:"轮已崇,则人不能登也"者,贾疏云:"轮已崇,则过六尺六寸,轸即过四尺,大高,故人不能登也。"云"轮已庳,则于马终古登阤也"者,阤,《释文》作"陁",非。《说文·广部》云:"庳,一曰屋卑。"通言之,轮卑亦得称庳。贾疏云:"轮已庳,则无六尺六寸,轸即无四尺,大下,则马难引,常似上阪也。"

① 孙诒让《周礼正义》3777—3779/3134—3135 页。
② 《物理通报》1959 年第 5 期。
③ 华觉明主编《中国科技典籍研究——第一届中国科技典籍国际会议论文集》43 页,大象出版社,1998 年。
④ 《文史》第 10 辑,1980 年;引自《朱德熙文集》126—127 页,商务印书馆,1999 年。

郑玄：阤，阪也。轮庳则难引。

孙诒让：云"阤，阪也"者，《辀人》注同。《尔雅·释地》云："陂者曰阪。"郭注云："陂陀不平。"案：陀即阤之俗。《说文·𨸏部》云："阤，小崩也。"凡山小崩者，必陂陀邪下，故因之阪之陂陀者，亦谓之阤。俗分别为二音，故《释文》载刘昌宗音党何反，李轨音他，并失之。惟徐邈音丈尔反，不误。云"轮庳则难引"者，王宗涑云："轮庳则压马重，常若登阤然。"[1]

王燮山《"考工记"及其中的力学知识》认为这里与"不微至，无以为戚速也"提出的实际上就是一种原始的轮的摩擦理论："为了清楚起见，我们下面来看看近代滚动摩擦理论[2]，当滚子在平面上滚动时，阻力 Q（见图1）可用下式表出：

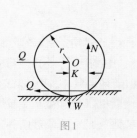

图1

$$Q = K\frac{W}{r} \text{。}$$

其中，K——滚动摩擦系数，与接触物体的材料和表面的粗糙程度有关，也就正比于滚子和触接面之间的变形；r——滚子（轮子）的半径，W——轮的自重和荷载。

这个式子表明了：i) 阻力 $Q \propto$ 接触面的不良状况；ii) 阻力 $Q \propto \dfrac{1}{r}$（和轮的半径成反比）。"[3]

杜正国《"考工记"中的力学和声学知识》则认为"对这个问题，主要应该从力的合成与分解的角度来加以研究"：

车轮如果做得适当大小，那么马拉车时，通过车辕对车所施的拉力，与车受到的阻力（主要是摩擦力）是在同一直线上的。从古代的画上[4]的确可以看到马拉车是通过车辕对车施力的，且车辕是装在近轮轴的地方，在车子运动的过程中，车辕呈水平状态。

如果马车要保持作匀速直线运动（图1），则需满足：

图1

$$F_{拉} = F_{摩}，而\ F_{摩} = K\frac{P}{R},$$

故

$$F_{拉} = K\frac{P}{R} \text{。} \tag{1}$$

[1] 孙诒让《周礼正义》3779—3780/3135—3136 页。
[2] И. М. Воронков《理论力学教程》中译本上册 99 页，商务印书馆，1954 年。
[3]《物理通报》1959 年第 5 期。
[4] 范文澜《中国通史简编》修订本第二编，第 68 页插图（西汉辎车模型），第 168 页插图（辽阳汉墓壁画）。

其中K为滚动摩擦系数,P为车对地面的正压力,R为车轮的半径。

车轮如做得太小,则车辙与地平线成一α角(图2),这时如仍要车子保持作匀速直线运动,则需满足:

$$F_1 = F_摩, 而 F_摩 = K\frac{(P - F_2)}{r},$$

故

$$F_1 = K\frac{(P - F_2)}{r}。 \qquad (2)$$

其中

$$F_1 = F_拉\cos\alpha; F_2 = F_拉\sin\alpha。$$

(2)式经整理,得

$$F_拉 = \frac{KP}{r\cos\alpha + K\sin\alpha}。 \qquad (2')$$

一般情况下

$$R > r\cos\alpha + K\sin\alpha,$$

所以(1)式中的$F_拉$小于(2')式中的$F_拉$。在第二种情况下,马拉车时就比较费力,这就好像马在拉车上坡时一样地费力。

马拉车上坡时,设坡的斜度是$\sin\alpha$,则这时要保持作匀速直线运动的条件是(图3)

$$F_拉 = F_1 + K\frac{F_2}{R},$$

其中

$$F_1 = P\sin\alpha; F_2 = P\cos\alpha,$$

故

$$F_拉 = P\sin\alpha + \frac{KP\cos\alpha}{R}。$$

此时马拉车比在平地上时要费力。

另外,"轮人"篇中谈及的轮的大小:"故兵车之轮,六尺有六寸;田车之轮,六尺有三寸;乘车之轮,六尺有六寸。"三车轮之大小略有参差,书中注曰:"此以马大小为节也。"车轮的大小要与马的大小、高低相应,这一点,亦可作为上述讨论的一个旁证。[①]

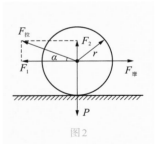

图2

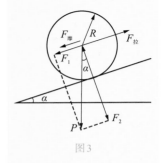

图3

---

① 杜正国《"考工记"中的力学和声学知识》,《物理通报》1965年第6期。

刘克明、杨叔子《先秦车轮制造技术与抗磨损设计》认为这里"所记载的对摩擦的认识，以及由此产生的对摩擦规律的基本思想，反映了先秦时期的科学成果。这是中国最早有关摩擦规律的定性研究"："先秦时期人们已经认识到滚动体直径的大小，对滚动摩擦性能的影响，特别是随着滚动体直径的减小，滚动摩擦阻力就加大。根据滚动摩擦理论，滚动时的阻力和轮子的半径成反比，'轮人'所述，正是摩擦理论的直观经验的朴素描叙。根据现代滚动摩擦定律来描述滚动摩擦，其表达式为：$F = \delta \times Q/r$。式中F：摩擦阻力；δ：摩擦系数；Q：正压力；r：滚动体半径。"[①]

轮径

《总叙》：故兵车之轮六尺有六寸，田车之轮六尺有三寸，乘车之轮六尺有六寸。

孙诒让："故兵车之轮六尺有六寸，田车之轮六尺有三寸"者，郑珍云："后文轮舆诸事俱不著尺寸，先出三车轮崇，明根数也。"王宗涑云："置六尺六寸、六尺三寸两轮，以六觚率推之，兵车、乘车轮周丈九尺八寸，田车轮周丈八尺九寸。以密率推之，兵车、乘车轮周二丈零七寸三分四厘五豪一秒一忽，田车轮周丈九尺七寸九分二厘零三秒三忽。此轮周当依密率算。如依六觚率算，则于轮崇之度必皆有所不足。"诒让案：此经及郑注所算圜周、圜径，并据六觚率，与《九章算术·方田篇》圆田率同。法数虽疏，然古法本如是。圜率自祖冲之以来，所推益密，非先秦、两汉人所得闻也。今于圜率周径相求，并首列古法，以明经注之本义；而附著密率，以穷法数之微焉。

郑玄：此以马大小为节也。兵车，革路也。田车，木路也。乘车，玉路、金路、象路也。兵车、乘车驾国马，田车驾田马。

孙诒让：注云"此以马大小为节也"者，《辀人》注云："国马高八尺，田马七尺。"故此兵车、田车亦视马之大小，为轮高下之节度也。云"兵车，革路也。田车，木路也。乘车，玉路金路象路也"者，贾疏云："皆据《巾车》而言也。"云"兵车乘车驾国马，田车驾田马"者，《校人》六马，种马、戎马、齐马、道马、田马、驽马，注云："玉路驾种马，戎路驾戎马，金路驾齐马，象路驾道马，田路驾田马。"下《辀人》"国马之辀"，注"国马谓种马、戎马、齐马、道马"。故此亦云"兵车乘车驾国马"也。《辀人》三辀，又有驽马之辀。阮元云："记不言驽马轮崇，然辀深既以七寸递减，轮数亦必以三寸递减，驽马轮崇当六尺也。"案：依阮说，则驽马轮崇与《车人》柏车同度与？[②]

关于兵车车轮的直径，贺陈弘、陈星嘉《〈考工记〉独辀马车主要元件之机械设计》根据闻人军《〈考工记〉齐尺考辨》的结论——《考工记》齐尺相当于米制的19.5～20厘米（约在19.7厘米），暂取一尺=20厘米=10寸，将兵车车轮直径六尺六寸换算为132厘米。[③]

---

① 《华中理工大学学报》(社会科学版) 1997年第1期。

② 孙诒让《周礼正义》3780—3781/3136—3137页。

③ 《清华学报》第24卷第4期，1994年。

关于出土车迹所见轮的直径,郭宝钧《殷周车器研究》统计"一般均在130～140厘米之间,即半径为65～70厘米间":

大司空村墓175号的轮迹,直径为	146厘米
浚县辛村墓1的12面轮迹,直径一般都在	136厘米左右
浚县辛村墓8的轮迹,直径一般都在	130厘米左右
浚县辛村墓3中可量的轮迹,直径一般都在	132厘米左右
沣西张家坡第2号坑中第2号车轮迹,直径为	135厘米
洛阳下瑶村151号墓中的轮迹,直径为	130～140厘米
陕县上村岭第1727号墓中的轮迹,直径为	126厘米
宝鸡斗鸡台第3039号墓中的轮迹,直径为	127厘米
辉县琉璃阁第131号墓中的大型车轮迹,直径为	140厘米
辉县琉璃阁第131号墓中的小型车轮迹,直径为	105厘米[①]

孙机《中国古独辀马车的结构》统计出"先秦车的轮径平均约为1.33米"[②],具体数字如孙机《从胸式系驾法到鞍套式系驾法——我国古代车制略说》[③]所示:

表1

时代	殷		西　　周				西周晚至春秋	战　国	
地点	安阳大司空村M175车马坑	安阳孝民屯	长安张家坡1～3号车马坑	北京房山琉璃河1号车马坑	山东胶县西庵车马坑	洛阳下瑶村151号墓	陕县上村岭1727号车马坑	辉县琉璃阁131号车马坑	洛阳中州路东轴M19车马坑
轮径（单位：米）	1.46	1.22～1.385	1.35～1.40	1.40	1.40	1.10～1.40	1.22～1.33	1.05～1.40（特小一车未计入）	1.69
	《1953年安阳大司空村发掘报告》,《考古学报》9册,1955年	《安阳新发现的殷代车马坑》,《考古》1972年4期;《安阳殷墟孝民屯的两座车马坑》,《考古》1977年1期	《沣西发掘报告》	《北京附近发现的西周奴隶殉葬墓》,《考古》1974年5期	《胶县西庵遗址调查试掘简报》,《文物》1977年4期	《1952年秋季洛阳东郊发掘报告》,《考古学报》9册,1955年	《上村岭虢国墓地》	《辉县发掘报告》	《洛阳中州路战国车马坑》,《考古》1974年3期

[①] 郭宝钧《殷周车器研究》4—6页,文物出版社,1998年。
[②]《文物》1985年第8期;引自孙机《中国古舆服论丛》增订本42页,文物出版社,2001年。
[③]《考古》1980年第5期。

　　殷墟出土车子的轮径,据杨宝成《商代马车及其相关问题研究》统计,一般在
130～140厘米:孝民屯南地出土122厘米,孝民屯南地122厘米,孝民屯南地133～144
厘米,孝民屯南地140～156厘米,孝民屯南地126～145厘米,大司空村146厘米,大司
空村130厘米,大司空村140厘米,白家坟西北地137～147厘米,白家坟西北地139厘米,
郭家庄西南134～150、136～143厘米,郭家庄西南120～139、125～141厘米,郭家庄
西南123～142、132～142厘米,梅园庄东南134～144、144～150厘米,梅园庄东南
137～149、140～145厘米,梅园庄东南130～139、130～142厘米。[①]

帱尔下迆

　　**《轮人》:望而视其轮,欲其帱尔而下迆也;进而视之,欲其微至也;无所取之,
取诸圜也。**

　　孙诒让:"望而视其轮,欲其帱尔而下迆也"者,明治牙之善,《总叙》所谓"察车自轮始"也。贾
疏云:"下迆者,谓辐上至毂两两相当,正直不旁迆。"段玉裁谓疏当本作"不迆",云:"下迆,贾氏作
'不迆',文理甚明。今各本疏文皆作'下迆',此由宋人以疏合经注者改疏之'不'字合经之'下'
字,所仍之经非贾氏之经本也。然则经本有二,'下'者是也。望而视其轮,谓视其已成轮之牙,轮圜
甚,牙皆向下迆邪,非谓辐与毂正直,两两相当。经下文'县之以视其辐之直',自谓辐;'规之以视其
圜',自谓牙。轮之圜在牙。上文毂辐牙为三材,此言轮辐毂,轮即牙也。然则《唐石经》及各本经作
'下',是;贾氏本作'不',非也。"案:段说是也。

　　郑玄:轮谓牙也。帱,均致貌也。进犹行也。微至,至地者少也。非有他也,圜使之然也。

　　孙诒让:注云"轮谓牙也"者,轮外周匝之大圜为牙也。云"帱,均致貌也"者,与《幂人》"巾幂"
字同。《广雅·释诂》云:"帱,覆也。"此轮牙之均平致密,如物之下覆,不偏邪也。《礼器》云"德产之
致也精微",注云:"致,致密也。"案:致即今缁字,详《大司徒》疏。江永云:"凡圆形,远望,中半渐
颓而下,帱尔而下迆,周遭皆均致也。"云"进犹行也"者,《大司马》注义同。江永云:"注未确。进非
车进,乃人进。《鲍人》'望而视之,进而握之'可证。大略好处,远望可见;其精致处,须近前细察。"
案:江说是也。程瑶田、王宗涑说并同。下二章义并放此。云"微至,至地者少也"者,《总叙》注义
同。程瑶田云:"至地者少,圜使之然,非指牙厚切地者言。牙厚有杼有侔,不皆微至也。"云"非有他
也,圜使之然也"者,言下迆微至,非别有巧术取之,惟其圜故耳。

　　郑司农:微至,书或作"危至",故书圜或作员,当为圜。

　　孙诒让:郑司农云"微至,书或作危至"者,段玉裁云:"此声之误也。"云"故书圜或作员,当为
圜"者,徐养原云:"《说文·囗部》:'圜,天体也,从囗瞏声。圆,全也,从囗员声,读若员。'盖圜圆音

[①]《考古学研究》(五)331—332页,科学出版社,2003年。

义俱相近，而圜员又同读，故以员为圜。"诒让案：圜正字，员借字，故先郑定从圜。[1]

"望而视其轮，欲其幎尔而下迆也"，史四维《木轮形式和作用的演变》认为这是"莫阿干涉条纹"效应：

物理学家迈克尔·法拉第（Michael Faraday）以初等几何学原理说明了问题；1831年他论述一种视力上的特殊错觉时说："两轮马车的两个轮子转动时，如果从侧面看去，使视线与车轴相交，那么两个轮子重叠部分的空间便会好像被分割成许多曲线，曲线好像会从一个轮子的轮轴通向另一个轮子的轮轴……"他对这种效应进行了实验，认为要清楚地看到这种现象，轮辐至少应有二十至三十根。这里不妨指出，这正是商朝和周朝的车轮残余物上发现的轮辐通常的数目。

上述效应现在叫做波纹图形，这种图形乃是由重叠的轮辐形象所产生。当两个车轮以同样的速度转动，快得视力跟不上轮辐的运动时，在重叠的空间中唯一能见到的就是这些莫阿干涉条纹。图17表明，这些干涉条纹的确是向下弯曲的。每一条干涉条纹乃是通过两个旋转中心的椭圆的一部分。

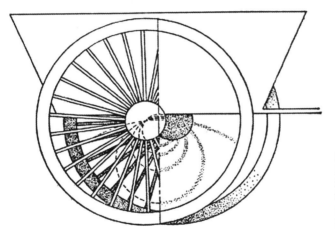

图17　在两个各有二十多根轮辐的车轮的重叠形象中可以观察到的波纹图形。车轮的左边部分是静止的，右边部分是在快速地旋转着。

这些波纹图形，确实像丝帘的两个悬挂点之间可以看到的绉裥或波纹图形。观察车轮之间的这种图形是考察车轮是否制造得正确的好方法，因为两个车轮中的任何一个上的轮轴排列的角度稍有不当，便立即会在干涉条纹的形状上显示出来。这里提出如下的见解：《周礼》中的那一句话指的是这种效应，而不是陆氏等人所说的长沙出土的公元前一世纪的战车上的那种弯曲的轮辐；当然，上述战车上的轮辐确实也是向下弯曲的。后来，轮辐的根数减少，这种效应便被忘却，于是也就不再清楚地绘出莫阿干涉条纹了。[2]

戴吾三《〈考工记〉中轮之检验新探》质疑史四维说："（1）以观察波纹形状的变化来检验轮辐排列角度，从而看轮子制作的如何，可以说这是相当定量化的要求。按本文前面

① 孙诒让《周礼正义》3790—3792/3143—3145页。
② 《中国科技史探索》474—475页，上海古籍出版社，1986年。

分析，逻辑上与《考工记》明确记载对轮子进行定量检验的内容不符。况且已知，就检验轮辐而言，完全可由'县之，以视其辐之直也'来实现。(2)两组重叠的条纹满足一定数目，且条纹间距较小时，才能出现较清晰的莫阿条纹。三十根轮辐表现的莫阿条纹虽说能为肉眼观察，但要作为检验角度的视觉效果则欠佳，判断精度的有效性是不够的。(3)若按史氏所说，以莫阿条纹判断轮辐排列角度，那么就必须拿一个轮子作参照标准，而通读《考工记》原文，却看不出有这种操作的要求。"①

戴吾三《〈考工记〉中轮之检验新探》结合轮子的制作工艺特点和检验要求来探讨，认为当意译为"远看轮子，轮圈应曲度均致、光滑"："春秋战国时期制车，轮牙(轮圈)是用几条曲木揉制拼合而成的，每条曲木揉制得一样，拼合时严丝合缝，才能保证轮牙整体的圆度。另外，轮牙外表应做一定的光洁处理。考察当时的制车工具，没有刨子。……当时的木材加工程序是，先用楔将大木裁开，再用斤将板材大致砍平。斤平过之后仍不够光滑，下一步还要进行砍削，精工制作时并须加磨砻。……《考工记》记载的制车属精工细作，轮子的表观检验内容之一就是要看轮牙外形制作是否匀整，拼缝是否严密，外表是否光滑。总之，要给人以良好的视觉效果。"②

闻人军《考工记译注》认为应联系下文"进而视之，欲其微至也；无所取之，取诸圜也"一起考虑："这是观察动态的轮子。轮子在地上滚动，轮圈越圆，越能保持与地相切，其触地面积就小。非常圆的轮子在平地上滚动，远看起来，会感觉到轮子'帱尔而下迆'；也就是说轮圈周而复始地均致地触地。郑玄谓'帱，均致貌也'，是抓住了滚动圆轮的主要特色。如把'下迆'理解为轮圈触地的过程，离《考工记》作者所要表达的意思也就相去不远了。"③

刘道广、许旸、卿尚东《图证〈考工记〉——新注、新译及其设计学意义》质疑闻人军说："原文'望而视其轮，欲其帱尔而下迆也'的后一句是'进而视之，欲其微至也'。可见前句是指轮子静态下的观察，后句指对轮子动态下'微至'状况的观察。所以前句不应该重复'动态的轮子'的语意，相反倒是如贾公彦疏文，是观察'谓车停止时'，即'静态的轮子'的意思。"④

刘道广、许旸、卿尚东《图证〈考工记〉——新注、新译及其设计学意义》认为"能否正解此句的关键有二，一是对'帱尔''下迆'的理解；二是对实际车轮结构的认知"：

"欲其帱尔而下迆"，直译就是"要求均致而下方有旁出"，意译是"要求下方有均致的旁出"。……是指30根辐条在相同角度视点下，辐条的宽度有渐大渐小变化；渐大渐小，就是"旁出""旁行"。这就牵涉到实际车轮辐条的形状和结构。

毂与牙由辐条连接。辐条插入毂内的一段叫"股"，插入牙内的一段叫"骹"。后文说到："叁分其股围，去一以为骹围。"说明插入毂的辐股周长比插入牙的辐骹周长要长，股比骹粗。

考察出土实物，可知辐条的截面不是圆形，而是矩形，截面两端圆弧状的周长大小并不一致。

①《中国科技史料》2000年第2期。
②《中国科技史料》2000年第2期。
③上海古籍出版社，2008年，18—19页。
④东南大学出版社，2012年，19页。

观察轮辐时,当辐条为30根时,如果采取正视点,在毂的上下垂直或左右水平的辐条只能见到一个完整的直、横截面。当上下垂直或左右水平辐条相邻的辐条依次向下排列时,辐条宽度逐渐呈现,也就是说,辐条近毂(轴)处和近牙(圈)处的宽窄有渐大渐小的均匀视觉变化。

"下迆"呈现的宽度应当是逐条增多,再逐条减少,至下一个垂直、水平视点,辐条又归于一致。木质辐条是手工制作,工艺要求是"增多""增少",都须"帱尔",即"均致",是一个相当高的技术要求。

另外,把同一辆车乘的两只轮子叠合起来加以观察,30根辐条也要求根根重合,下轮或后面的轮辐条不应当有超出上轮或前面轮辐条宽窄的情况。超出,即"迆""旁行""旁出"。但在实际观察中,观察辐条之间的空隙来得更方便。辐条如果做到每根的股、骹粗细大小都有一致的形制,那么当30根辐条安装完成,在整个轮子视觉中,围绕毂轴一周的辐条之间空隙的宽度在视觉上也应当有大小均匀的变化,这种大小变化,就是"旁出"。从上往下的渐次变化,就是"下迆"。

在3D的虚拟图上,可以得到印证(右图)。

如果30根辐条不能做到统一的"掣尔而纤""肉称"的工艺程度,那么在整个轮圈中自上而下的辐条空隙必然显出大小、长短的不"均致"。这种观察方法简便有效,可以立刻判断哪些辐条不合要求。[1]

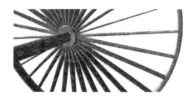

用三维电脑制作的辐三十的轮子,辐条两端宽窄有"均致"的大小变化。

李志超《〈考工记〉与科技训诂》另作新解:"帱,裹以巾布;尔,迩也,近于地也,非虚词。二字宜分读,义为缠布巾于悬轴之轮辋,则轮失衡而布巾下转,始动点距地愈近愈佳。此以验轮之均衡及旋转阻力。原文先有'利转、直指、固抱'三准则,此正为第一利转之验,置于各条验法之前而述之,且命之为'望',望者先看外观也。"[2]

三材

《轮人》: 轮人为轮,斩三材,必以其时。

郑玄:三材,所以为毂辐牙也。今世毂用杂榆,辐以檀,牙以橿也。

孙诒让:云"今世毂用杂榆,辐以檀,牙以橿也"者,论三材所用之木。程瑶田云:"《尔雅·释木》:'榆白,枌[3]。'《玉篇》:'枌,白榆也。'然则榆为赤枌矣。杂榆,赤白兼用之与?《诗·魏风》'坎坎伐檀',又曰'坎坎伐辐',毛传:'辐,檀辐也。'又曰'坎坎伐轮',毛传:'檀可以为轮。'伐辐兼言伐轮[4],则牙亦可用檀矣。《说文》:'橿,枋也。'枋木可作车。《广韵》:'橿,一名檍,万年木。'《尔雅》'杻,

---

① 刘道广、许旸、卿尚东《图证〈考工记〉——新注、新译及其设计学意义》19—20页,东南大学出版社,2012年。
② 华觉明主编《中国科技典籍研究——第一届中国科技典籍国际会议论文集》43页,大象出版社,1998年。
③ 引者按:程瑶田《考工创物小记·轮人为轮章句钩贯》(《清经解》第3册708页上)作此句读,孙疏390/321页转引《内则》郑注"榆白曰枌"亦可证。原误标作"榆,白枌"。
④ 引者按:王文锦本"伐辐"误属上句,毛传仅有"檀可以为轮"一句(阮元《十三经注疏》359页上)。

檀'，郭注：'似棣，细叶，材中车辋，关西呼杻子，一名土檀。'"诒让案：《齐民要术》云："梜榆可以为车毂。"杂榆疑即梜榆。《潜夫论·相列篇》云："檀宜作辐，榆宜作毂。"《御览·木部》引崔寔《政论》述师旷语同。则周时辐毂亦以檀榆作之，与汉时不异也。櫃即檍，详《弓人》疏。①

周世德《〈考工记〉与我国古代造车技术》列出檀、榆、槐三种造车常用木材的物理力学性质列表：

檀、榆、槐木物理力学性质

树种	产地	顺纹抗压强度	抗弯强度	顺纹抗剪强度		横纹抗压强度（局部）		顺纹抗拉强度	冲击韧性 kgf-m/cm²	硬　度			抗劈力	
				径面	弦面	径向	弦向			端面	径面	弦面	径面	弦面
黄檀	浙江昌化	682 7.4 1.0	1 512 13.7 1.7	179	175	201 10.1 1.3	177 10.1 1.3	1 908 17.7 3.1	1.310 6.4 0.9	1 124 6.6 1.0	1 031 6.8 1.0	1 051 7.8 1.2	24.0 14.6 2.1	25.0 17.8 2.6
榆木	安徽涡阳	402 14.2 2.4	893 15.7 2.5	128 9.6 1.7	130 13.3 2.4	69 15.8 2.6	58 13.9 2.4	934	0.967	528 10.3 1.8	424 15.3 2.6	460 14.1 2.4	20.0 9.6 1.6	21.0 13.4 2.4
槐树	山东	459 9.9 1.1	1 054 11.5 1.4	126 11.1 1.6	139 11.5 1.9	95 15.0 2.4	83 12.5 2.1		1.290 24.5 3.2	662	575	600	18.0 10.0 1.7	24.2

并且说明本表采自《中国主要树种的木材物理力学性质》②，表中各种木材物理力学性质数据第一行为平均值，第二行为变异系数（%），第三行为准确指数（%）。除栏中标明者外，所有单位都是 kgf/cm²。③

规之　萬之　县之　水之　权之

《轮人》：是故规之以视其圜也。

孙诒让："是故规之以视其圜也"者，以下明为轮必中规矩准绳权量，而后为善也。郑珍云："六事皆轮成后验其工致之法。"

郑玄：轮中规则圜矣。

孙诒让：注云"轮中规则圜矣"者，《诗·小雅·沔水》笺云："规，正圆之器也。"《大戴礼记·劝学篇》云："木直而中绳，輮而为轮，其曲中规。"《墨子·天志中篇》云："今夫轮人操其规，将以量度天

---

① 孙诒让《周礼正义》3787—3788/3141—3142 页。
② 林业出版社，1982 年。
③ 《中国历史博物馆馆刊》第 12 期，1989 年；引自周世德《雕虫集——造船·兵器·机械·科技史》146—147 页，地震出版社，1994 年。

下之圜与不圜也。曰：'中吾规者谓之圜，不中吾规者谓之不圜。' 是以圜与不圜皆可得而知也。此其故何？则圜法明也。"故云"轮中规则圜"也。

萬之以视其匡也。

孙诒让："萬之以视其匡也"者，郑锷云："萬，矩也。匡，方也。"赵溥说同。洪颐煊云："萬与规对，萬即矩字。匡与圜对，读为方。《輿人》'圜者中规，方者中矩'，亦同此义。"案：郑、洪读萬为矩，与故书或本合，是也。训匡为方，亦足备一义。《荀子·不苟篇》杨注云："矩，正方之器也。"《史记·礼书》索隐云："矩，曲尺也。"此职以规、萬、县、水、量、权验轮之善，与輿人以规、矩、水、县验輿之善文正同。盖轮虽以圜为用，而牙之平面与辐之上下相直，非矩无以定之也。宋翔凤亦据《周髀》云"圜出于方，方出于矩"，又曰"以方出圜"，又曰"环矩以为圜"，谓徒圜不能知其数，故必以方之数出之也。宋盖据圆内容方法，以度牙之周径，说与郑、洪小异，于义亦得通也。

郑玄：等为萬蒌，以运轮上，轮中萬蒌，则不匡刺也。故书萬作禹。郑司农云："读为萬，书或作矩。"

孙诒让：注云"等为萬蒌，以运轮上，轮中萬蒌，则不匡刺也"者，此亦释匡为刺，与前'轮虽敝不匡'义同。戴震云："正轮之器名萬，亦谓之萬蒌。盖与轮等大，平可取准。萬之、县之，犹《瓬人》之'器中膞豆中县'也。《方言》：'秦晋之间，谓车弓曰枸蒌。'二者其状仿佛，故方俗同称。"郑珍云："圜否见于牙上，匡否见于牙两边。牙是合成材，易向两边枉戾，故须以萬蒌运而视之。萬之有不触处，是枉向外也；有稍阔处，是枉向内也；适相触，则不匡矣。注云'等为萬蒌，以运轮上'，则是萬蒌运而轮不运，所谓轮上，即指牙边，与'视其轮'轮谓牙同。疏乃谓'轮一转一匝，不高不下，中于萬蒌'，意盖以萬蒌冒轮上，视轮之运中否以验其匡不匡，与注殆相反。"江永云："凑合诸木成牙，恐其长枉不平正，故须以萬蒌运之，视稍有枉处，则削而正之耳。后郑言'等为萬蒌'，是当时有其名物。余见造车者用木架作一圆，与轮同大，轮与之并立而运之，此正古人用萬蒌之法也。"案：注萬蒌之义，当如戴、郑、江三家说。此自是造轮之一法，郑君盖据目验得之。但依其说，则仍是察圜之器，殆非经义。至训匡为匡刺，则自可通。盖"视其匡"犹言视其不匡，谓牙身不偬戾，与上文"察其菑蚤不齲，则轮虽敝不匡"谓菑爪与牙不偬戾者，事异而义同也。云"故书萬作禹，郑司农云：读为萬，书或作矩"者，阮元云："'云'下当脱'禹'字。"徐养原云："《说文·艸部》：'萬，艸也，从艸禹声。'萬蒌本无正字，或借用萬，或借用禹。惟矩字虽亦与萬同音，自为规矩字。若与萬通用，异物同名，易致相溷，故不从别本作矩。"①

《轮人》：凡斩毂之道，必矩其阴阳。

郑玄：矩，谓刻识之也。故书矩为距，郑司农云："当作矩，谓规矩也。"

孙诒让：注云"矩，谓刻识之也"者，刻识犹画也。《国语·周语》："其母梦神规其臀以墨。"

---

① 孙诒让《周礼正义》3830—3832/3176—3177页。

韦注云："规，画也。"刻识谓之矩，犹画谓之规矣。云"故书矩为距，郑司农云：当作矩"者，徐养原云："《说文·工部》：'巨，规巨也，从工，象手持之，或从木矢作榘。'别无矩字，是巨即矩也。距从巨声，故距矩通用。《释名》：'鬓曲头曰距，距，矩也，言曲似矩也。'"云"谓规矩也"者，谓以规矩度而识之。[1]

李俨《中国古代数学史料》指出"上古应用规矩两器制作方圆，其源很远"：

甲骨文有规字作$\mathcal{K}$，象手执规画圆[2]，矩作匸，象曲尺形（两个直角三角形）；又甲骨文石字作V，象直角三角形。石崖石岩都是这个形象，当是矩的原来意义。两足规画圆，直角矩画方，和后世（1）汉武梁祠造像"伏羲手执规，女娲手执矩"图[3]，（2）汉规矩砖图[4]，（3）东汉石刻[5]，（4）高昌坟墓内神像图[6]，和（5）隋高昌故址阿斯塔那墓室彩色绢画[7]所附规矩原形都同。长沙发掘出土的楚器有一柄两足形木器，两头都尖形，现称为木剪，或者即是古代的圆规[8]。[9]

睢秋生《"规""矩"与我国古代数学》指出"由于规和矩是有关数学的器具，一般不会作为随葬品，所以除矩有极少发掘外，至今似乎尚未发现过规的实物"，根据李俨《中国古代数学史料》所提供的规矩图像，"可以得知规是由一根直杆和一根弯成直角的曲杆构成的"（图1）："当执定直杆AO，使其一端O指向某定点，并直立旋转时，直角曲杆ABC便环绕直杆而转动，其一个端点C的轨迹便是以定点为圆心，以OC为半径的圆。由于$AB=OC=R$，于是可以通过移动直角曲杆上的AB间距离，而任意选取半径，以画出所需的圆或校验给定的圆形。"[10]

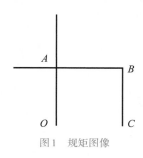

图1　规矩图像

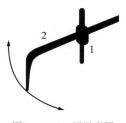

图2·5·3　规示意图

吴文俊主编、李迪分主编《中国数学史大系》第一卷也是从汉代石刻画"伏羲手执规"图像，推想规的结构"大概与现在木工还在使用的一种被称为'运尺'的画圆工具相类似。如图2·5·3所示，规由定心件1和画弧件2组成。件1主要用来定心，可在件2的横杆部分上滑动，以确定不同的半径。作图时，件1顶点不动，使画弧件2在平面上转动，其端点就绘出一个圆"[11]。

[1] 孙诒让《周礼正义》3797—3798/3149页。
[2] 见朱芳圃《甲骨学文字编》引郭沫若说。
[3] 见李俨《中国算学史》第3页插图，据北京图书馆藏山东嘉祥县汉武梁祠石室造像拓片。
[4] 原图见严敦杰《汉规矩砖考》，辑入常任侠编著《民俗艺术考古论集》，1943年。
[5] 《闻一多全集》第一册《伏羲考》引《东洋文史大系》，"古代中国及印度"第171插图。
[6] 见日本太谷光瑞《西域考古图谱》上册图版第五十三、五十四。
[7] 见斯坦因《亚洲腹地考古记》图C，Ⅸ．
[8] 原器现藏北京历史博物馆。
[9] 李俨《中国古代数学史料》8页，中国科学图书仪器公司，1954年。
[10] 《南京师大学报》（自然科学版）1987年第3期。
[11] 北京师范大学出版社，1998年，265—266页。

《轮人》：县之以视其辐之直也。

郑玄：轮辐三十，上下相直，从旁以绳县之，中绳则凿正辐直矣。

孙诒让：注云"轮辐三十，上下相直，从旁以绳县之，中绳则凿正辐直矣"者，郑珍云："每上下两辐，当正中而县之以绳，必为毂长所阂，不能切辐边也，故须从旁县之。旁，毂之两旁也。县绳于两旁，令倚牙面，以尺准辐边至绳，上下如一则直矣。"案：郑说是也。凡物之直者，县度之必与垂线正等。《墨子·法仪篇》云："百工为方以矩，为圆以规，直以绳，正以县。"盖引绳虽亦可以度直，唯县而度之则直而又正，其法尤精也。

水之以视其平沉之均也。

孙诒让："水之以视其平沉之均也"者，明其平中准也。郑锷云："上文言平沉必均，言揉辐之时也。此则轮已成，又置之水中，欲其平沉之均。"

郑玄：平渐其轮无轻重，则斫材均矣。

孙诒让：注云"平渐其轮无轻重，则斫材均矣"者，贾疏云："两轮俱置水中，观视四畔入水均否，若平沉均，则斫材均矣。"①

徐克明《春秋战国时代的物理研究》认为"实际上这是利用浮力原理"："将车轮平泡入水，看它各部位上浮是否均衡，来检验车轮质量分布是否匀称；若匀称，则平泡入水各部位上浮必为均衡。"②

《轮人》：权之以视其轻重之侔也。

郑玄：侔，等也。称两轮，钧石同，则等矣。轮有轻重，则引之有难易。

孙诒让：注云"侔，等也"者，详前疏。云"称两轮，钧石同，则等矣"者，贾疏云："以其轮非斤两所可准拟，故以三十斤曰钧、百二十斤曰石言之也。"云"轮有轻重，则引之有难易"者，两轮有畸轻畸重，则马引之轻者易而重者难；又以轮贯轴，其公重心不在轴之正中，则车行必不正：此皆不可不侔之义。

故可规、可萬、可水、可县、可量、可权也，谓之国工。

郑玄：国之名工。

---

① 孙诒让《周礼正义》3832—3833/3177—3178页。
② 《自然科学史研究》1983年第1期。

孙诒让：注云"国之名工"者，谓六法皆协，则工之巧足擅一国者也。①

余旭《中国古代机械产品的检验方法》指出先秦机械生产产品检验的六法如表1所示，认为："这就是古代检验车轮标准的'六法'。为了保证车辆的产品质量而实行的检验制度并非只在制作完毕才发挥作用，而是在制作过程中就随时都在进行，车辆制作过程中的车轮和车轮的制作检验就是如此。《考工记》所载古车车轮检验'六法'向我们展示了先秦极为严格而且科学的检验手段，这在世界科学史上都是仅见的。""《周礼·考工记》所载机械产品检验方法的'六法'，标志着秦代在机械技术方面已发展到一个相当高的水平，是中国机械技术发展史上的一个里程碑，对我国科学技术的发展产生了深远的影响。"②

表1　先秦机械生产产品检验的六法

六法内容	规之	萬之	县之	水之	量其薮	权之
检测手段与工具	规尺	矩尺	绳线	盛水容器	黍米	权、衡、称秤
检测目的	检测圆度"中规"	检测方度"中度"	检测形状"中县"	检测重量均匀"中水"	检测容积大小	检测轻重相等

2. 毂

毂

《轮人》：毂也者，以为利转也。

孙诒让："毂也者，以为利转也"者，以下明三材之各有其职。《说文·车部》云："转，还也。"毂中贯轴，转还无滞，谓之利。

郑玄：利转者，毂以无有为用也。

孙诒让：注云"利转者，毂以无有为用也"者，贾疏云："案《老子道经》云：'三十辐共一毂，当其无有，车之用③。'注：'无有谓空虚。毂中空虚，轮得行④；舆中空虚，人居其上。'引之者，证毂为由空

---

① 孙诒让《周礼正义》3833—3834/3178页。
② 《机械技术史及机械设计（7）——第七届中日机械技术史及机械设计国际学术会议论文集》，2008年。
③ 引者按：王文锦本标作"当其无，有车之用"。贾疏所释对象是"毂以无有为用"，所引证据是"无有谓空虚"，可见《老子道经》"无有"不可分开，"当其无有"一句。
④ 引者按："行"原涉上讹作"用"，据《周礼注疏》改。王文锦本未改。

乃得利转之义也。”钱坫云:“《说文·车部》:‘毂,辐所凑也。’言毂外为辐所凑,而中空虚受轴,以利转为用。”王宗涑云:“毂之穿空,圜正而滑易,则利转,故云以无有为用也。”[①]

望其毂,欲其眼也;进而视之,欲其帱之廉也;无所取之,取诸急也。

孙诒让:“望其毂,欲其眼也”者,明治毂之善也。眼,《说文·车部》作“辊”,云:“辊,毂齐等皃,《周礼》曰:望其毂欲其辊。”与郑字义并异。戴震云:“眼当作辊,齐等者,不桡减也。”云“无所取之,取诸急也”者,程瑶田云:“急者,毂不失职之极致。”

郑玄:眼,出大貌也。帱,幔毂之革也。革急则裹木廉隅见。

孙诒让:注云:“眼,出大貌也”者,《说文·目部》云:“暉,大目出也。”与眼声近。段玉裁云:“《说文》:‘眼,目也。’郑意《目部》睔、暉、晛、睅等字与眼音皆相近,故以出大貌训眼。大对廉而言,望之如大出目,进而视,则其幔革又敛约。”云“帱,幔毂之革也”者,《说文·巾部》帱作幬,云“襌帐也”,又云“幔,幎也”。《广雅·释诂》云:“帱,覆也。”案:帱本为帐,引申为覆帱之义。凡小车毂以革冢幎为固,故亦谓之帱。戴震云:“以革帱毂谓之軝,《说文》亦作軧,从革。《小雅》‘约軝错衡’,毛传曰:‘长毂之軝也。’軝即帱革,惟长毂尽饰,大车短毂则无饰,故曰长毂之軝。”案:戴说是也。《史记·礼书》云“大路之素帱也”,疑即谓毂革纯素,无朱漆之饰。《索隐》谓车盖素帷,非其义也。互详后及《巾车》疏。云“革急则裹木廉隅见”者,《广雅·释言》云:“廉,棱也。”毂干木极圆,虽平易齐等,而两端近贤轵处自有廉棱,冢革急则见也。贾疏云:“凡毂初作时隐起,然后以革鞔之,革急裹木隐起见。”

郑司农:眼读如限切之限。

孙诒让:云“郑司农云:眼读如[②]限切之限”者,此拟其音兼取其义也。《汉书·外戚传》颜注云:“切,门限也。”《说文·𨸏部》云:“限,门榍也。”切榍字通。惠士奇云:“《释名》云:‘眼,限也,瞳子限限而出也。’与二郑说同。”段玉裁云:“限切谓门限。《尔雅》柣读千结反,即切字也。《汉书》曰‘切皆铜沓’,《西都赋》‘玄墀钔切’,《西京赋》‘设切厓隒’,高诱注《淮南》多偁门切。司农读如限切者,拟其音,谓其齐整截然也。郑君训出皃[③],则不读如限也。”[④]

椁其漆内而中诎之,以为之毂长,以其长为之围。

孙诒让:“椁其漆内而中诎之,以为之毂长”者,《说文·言部》云:“诎,诘诎也。”《广雅·释诂》云:“诎,曲也。”案:诎屈声类同。取牙漆内直度中屈之,折取其半以为毂之长度也。惠士奇云:“凡测圆者,必先得其心,从心出线,则面面皆等。椁者,度量之名。度两漆之内而中诎之,则轮之心也。轮

① 孙诒让《周礼正义》3788—3789/3142页。
② “如”乙巳本讹作“加”,据上文改。王文锦本从楚本脱“如”。
③ 引者按:段玉裁《周礼汉读考》(阮元《清经解》第4册217页下)“出”下有“大”字。
④ 孙诒让《周礼正义》3793—3794/3145—3146页。

内置毂,毂内贯轴,如此则轴正当轮心,面面皆等。然则中揣者测圆之法,而毂之围径亦从此出焉。"戴震云:"大车短毂,取其利也。兵车、乘车、田车畅毂,取其安也。六尺六寸之轮,毂长三尺二寸,则车行无危陧之患。"云"以其长为之围"者,明毂长与围等,围谓圜围也。《淮南子·说山训》云:"郢人有买栋者,求大三围之木,而人予车毂,跪而度之,巨虽可而长不足。"案:《庄子·人间世》释文引李颐云:"径尺为围。"此毂围三尺二寸,故三围之木于度可。《淮南书》与此经义合。戴震云:"围亦三尺二寸,以建三十辐,则辐间无柞狭之患。"

郑玄:六尺六寸之轮,漆内六尺四寸,是为毂长三尺二寸,围径一尺三分寸之二也。

孙诒让:注云"六尺六寸之轮,漆内六尺四寸,是为毂长三尺二寸,围径一尺三分寸之二也"者,贾疏云:"上经不漆者,外内面各一寸,则两畔减二寸,故漆内有六尺四寸也。中屈此六尺四寸,故毂长三尺二寸也。又以三尺二寸为围,围三径一,三尺得一尺;余二寸,寸作三分为六分,又径二分,故径一尺三分寸之二也。"戴震云:"周三尺二寸者,径尺有五寸之一弱。郑注用六觚之率,周三径一,约计大数尔,非圜率也。"王宗涑云:"度起两漆,不及不漆之大圜,是樽其漆内也。圜密率围三尺二寸,径得一尺零一分八厘五豪九秒一忽零。"①

关于毂的形状,郭宝钧《殷周车器研究》有详尽描述:

毂的形状,可以从木痕上看出,也可以从铜毂饰及其所涂黑胶砂(涂在铜饰的内部)上看出。铜毂饰的形状像一个圆筒,一端平齐,有当头,冒在毂木的顶端;另一端肥大,呈喇叭状,套在毂木的栽辐处。内、外两节略同,合起来成一具中部肥大、两端略细的全毂。辛村卫墓地发掘出过4组毂饰,共8器,各组的尺寸如下表:

表一　辛村墓3长毂饰尺寸表(单位:厘米)

组别	位置	编号	长度	肥大处径	末端径	末端穿孔径	备　注
第一组	近舆侧	m3:42	20.70	19.20	11.70	7.00	
	近辖侧	m3:43	31.90	18.00	9.10	5.90	
第二组	近舆侧	m3:102	20.50	19.70	11.40	7.10	出土时近舆节与近辖节相对
	近辖侧	m3:103	31.50	19.00	9.40	5.50	
第三组	近舆侧	m3:15	21.10	19.50	11.60	7.10	出土时近舆节与近辖节相对
	近辖侧	m3:18	30.40	18.00	9.00	5.90	
第四组	近舆侧	m3:141	20.04	17.50	11.45	7.10	出土时近舆节与近辖节相对
	近辖侧	m3:142	31.10	16.00	9.30	5.50	

察上表,4组铜毂饰的长度,近舆的一节都在20厘米左右,而近辖的一节都在30厘米以上,从而可知,木毂应是近舆侧短而近辖侧长;又察各节铜毂饰末端的径度,近舆的一节约在11 ～ 12厘米之

① 孙诒让《周礼正义》3803—3804/3154—3155页。

间，而近辖的一节不到9.5厘米，从而又可知，木毂近舆端较粗而近辖端较细。于是，可以证知，木毂的形状应是近舆端短而粗、近辖端长而细的了。再察毂中部肥大处的直径和毂两末端的直径之差，无论是近舆端还是近辖端，都有8厘米上下。显然，这表明木毂的中央部分均远较两端为粗，而两端则较为细。古人制毂，为何采取这种中央粗而两端细、近舆端粗而近辖端细的形状呢？下文试回答之。

试答前一问。毂的中央部分粗应是由于其上需要栽辐之故（图3）。一轮上通常装有18～30条辐，而这些辐均需凑集于毂上，毂径若小，则辐凿必浅而逼窄，辐将会栽之不固。再者，毂中心更需凿一大孔，用以贯轴，今毂径若小，则凿大孔后，毂壁必甚薄，将不利于栽辐，甚至不能栽辐。所以，古人制毂，特将其中央部分的直径加大（从而毂围也随之变大），应是为了追求栽辐之牢固。《考工记》定毂径为周尺"一尺三分寸之二"，折为今度，应为21.33厘米［据考证，周尺1尺约合19.91厘米①，本文为换算方便起见，取其整数，下文凡需换算之处，均以周尺1尺≈20厘米计算］，此值与表1所列毂中部肥大处的外径19.70厘米者较为接近。

加大毂径固然利于栽辐，然而毂上需栽辐之处，其宽度不超过5厘米。若使不需栽辐处的毂径也与需栽辐之处的一样，毂势必将粗而重，这又有悖于"少用材料以轻"的要求。故古人在加大需栽辐处毂径的同时，为减少毂之重量，又将毂两端不栽辐处多余的材料削去，把毂制作成中肥而末杀的形状，以求达到使"坚"和"轻"两个方面的要求均能兼而顾之。

试答第二问。这是为了毂孔合轴及比重平衡的缘故。车轴露出舆外的两末端，为使轮行不逼舆且保持车轴强固，渐演变为本粗而末细的形状，本在近舆的内面，末在接辖的外面。毂大孔须贯轴上，应同轴的形状符合，所以毂孔径就不得不使它内大而外小。毂孔既内大，则内面毂壁径亦大而木质重，毂孔既外细，则外面毂壁径亦小而木质较轻。为了保持内外平衡，不使轮行偏倚，又不得不截短内面的毂木，保留外面的毂木，使其在内面的虽粗而却短，在外面的虽细而却长，截短减重，留长补轻，以使内、外重量匀停。这是第一理由。轴端既然是本粗末细，轮行时势必易于外出，制轮的辖居于毂的外端，常与毂外端接触。若毂外端粗而大，则与辖背的接触面大，摩擦力亦大，而行车时就不轻利。毂外端细，也是为了兼顾减少阻力的缘故。这是第二理由。

为符合实地应用，就规定了毂的形状成为内短外长，内粗外细而

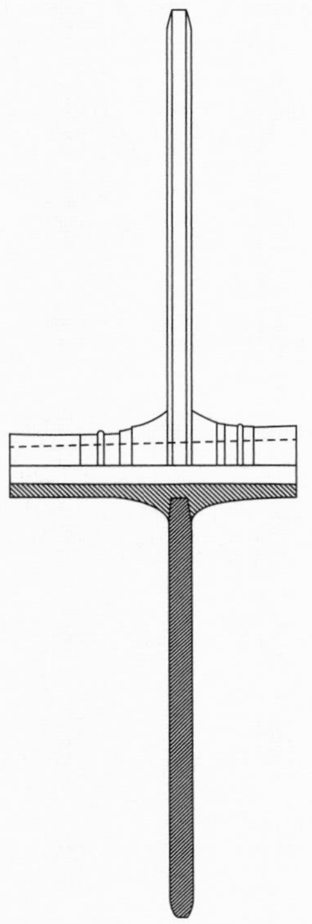

图3　轮毂的近舆侧（贤）和近辖侧（轵）以及畜辐处的内偏（m3：104号）

---

① 吴承洛《中国度量衡史》64页，商务印书馆，1937年。

中部肥大的样子。若把它立起来看，正像一个战国式的细颈鼓腹平底壶的形状。故汉代时人也称为毂中为壶中。郑众为《考工记·轮人》作的注："谓毂空壶中也"，盖指此。

毂形既定，毂的置辐处自也不能正在毂的中央，而必须微向内偏。《考工记》规定了内偏的比例是"叁分其毂长，二在其外，一在其内，以置其辐"。按上表所列出出土实迹，却是五分其毂长，三在外，二在内，以置其辐（参看图3）。现将两者作如下比较：

《考工记》2/3在外+1/3在内，也就是10/15在外+5/15在内；

实迹　　3/5在外+2/5在内，也就是9/15在外+6/15在内。

这就是说，《考工记》所定的比例，与实迹中所见之比例仅有1/15（即百分之六）的差别。可见，两者的基本取义是一样的。①

关于"毂"，贺陈弘、陈星嘉《〈考工记〉独辀马车主要元件之机械设计》：

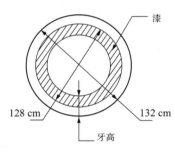

128 cm　　　　　132 cm

牙高

图4　轮牙漆处示意图

根据《考工记》中"椁其漆内而中诎之，以为毂，以其长为之围"，可以得知轮毂的总长为轮牙上油漆部分（见【图4】的斜线部分）的1/2，即$a+b+c+d+e=1/2×128=64$（cm）。至于以毂长为毂的周长，则笔者认为有误（说明见后文关于榫眼深度的部分）。

至于a、b、c、d、e的尺寸，在《考工记》中提到"参分其毂长，二在外、一在内，以置其辐"，根据郑玄的解释是"毂长二尺二寸者（即64 cm），令辐广三寸半（即7 cm），则辐内九寸半（即19 cm），辐外一尺九寸（即38 cm）"，得知$a+b=38$ cm，$d+e=19$ cm，$c=7$ cm，这三个方程式尚不足以解出到底a、b、d、e分别长多少。《考工记》亦无明确的说明。根据所得考古资料的图片②，笔者暂时将a、e定为$a=e=4$ cm，所以$b=34$ cm，$d=15$ cm，以括弧表示此一推测值，亦尚待进一步的考古证据。③

贤　轵（畫，辖）　釭

《总叙》：六尺有六寸之轮，轵崇三尺有三寸也。

郑司农：轵，畫也。

孙诒让：郑司农云"轵，畫也"者，畫，畫之隶变。《说文·车部》云："畫，车轴端也。"《大驭》杜注云："轵谓两畫也。"辖即畫之或体，详《大驭》疏。程瑶田云："轵崇当轮崇之半，其数取节于轴围之半径，由是平出而达轴末，谓之畫，是轵崇处也。"

① 郭宝钧《殷周车器研究》6—8页，文物出版社，1998年。
② 《中国古独辀马车的结构》，《文物》1985年第8期。
③ 贺陈弘、陈星嘉《〈考工记〉独辀马车主要元件之机械设计》，《清华学报》第24卷第4期，1994年。

郑玄：玄谓轵，毂末也。

孙诒让：云"玄谓轵，毂末也"者，即《轮人》贤轵之轵，谓毂末小穿也。郑意轴末毂末并有轵称，此言轵崇，取毂末半径，求之即得，不必如先郑说别取轴末半径也。李惇云："车上之轵，一名而三物。其一为车较之直木、横木，《舆人》云'参分较围，去一以为轵围'是也。其一为车轴之末出毂外者，《轮人》云'六尺六寸之轮，轵崇三尺有三寸'，又'弓长六尺，谓之庇轵'，《大驭》云'右祭两轵'，又《大行人》云'公立当轵'是也。其一为毂内之小穿，《轮人》云'五分其毂之长，去一以为贤，去三以为轵'是也。车阑之轵及毂穿之轵，注无异说，惟轴末之轵，后郑颇有异说。'轵崇三尺有三寸'，先郑云'轵，軎也'，后郑云'毂末也'①，不从先郑。然以轵崇而言，则轴在毂中，其径围小，六尺六寸之轮，可于轴末取半；若毂末，则其径围广，其崇当不止三尺三寸矣。且云加'軫与轛焉'，轛在轴上，軫在轛上，其当指轴无疑。若毂末，则既不在軫下，且与轛迥不相涉矣。"案：李说是也。轴贯毂中，轴末半径与毂小穿半径高度虽同，而以轛所加言之，则轴末之训与经文尤为密合，后郑之说自不如先郑之切也。②

《大驭》：及祭，酌仆，仆左执辔，右祭两轵，祭轛，乃饮。

郑玄：故书轵为軹，轛为范。杜子春：軹当作轵，轵谓两辖也。

孙诒让：云"軹当作轵，轵谓两辖也"者，杜正軹为轵，而又释其义，与《轮人》先郑注义同。吕飞鹏云："郑注《少仪》'祭左右轵范'，引《周礼》'大驭祭两轵，祭轛，乃饮'，云：'轵与轵于车同谓辖头也。轛与范声同，谓轵前也。'盖以范当《大驭》之轛，轵当《大驭》之轵，故并其文而解其义。《考工记》'轵崇三尺有三寸'，注郑司农云：'轵，軎也。''弓长六尺谓之庇轵'③，注杜子春云：'谓覆斡也。'后郑皆训为毂末，与《少仪》注训轵为辖头异义。李惇云：'先郑之所谓軎，杜子春之所谓斡，与后郑所谓毂末，相去不过二寸许。'其说似矣。《说文》云：'轵，车轮小穿也。'《考工记》云：'参分其毂长，去二以为贤，去三以为轵。'则轵为毂末无疑。《说文》又云：'軎，车轴端也，或从彗作辖。'则辖为轴末无疑。"徐养原云："车轴端有四名：軎也，轵也，轵也，軹也。轵辙之轵，轵軹之轵，皆与辖头同名。"又云："先郑注《轮人》，以轵为小穿，与《说文》合。后郑注《轮人》庇轵，以为毂末，亦与先郑义同。盖毂末曰小穿，轴端曰辖头，并非同处，然则轵有三义矣。"案：徐说是也。《说文》轵字训车轮小穿，即所谓毂末，亦即《轮人》贤轵之轵，与车两辖别，盖车轮小穿乃轵之本义，两辖亦假称之，犹《少仪》假车辙之轵为两辖之称也。此轵即辖，为轴末，《轮人》之轵为毂末，二轵不同。贾谓辖即毂末，《少仪》疏谓辖头为'车毂小头'，《诗·雄雉》④疏又谓'毂末轴端共在一处，而有轵辖二名'，盖并揾两轵为一，非杜、郑义也。先郑及杜以軎斡诂《轮人》之轵，则又失之。⑤

---

① 引者按：上文"玄谓轵，毂末也"，可见后郑以"毂末"释"轵"。王文锦本"毂"下逗开，就成了以"末"释"毂"。
② 孙诒让《周礼正义》3781—3783/3137—3138页。
③ 注引郑司农仅有"轵，軎也"，"弓长六尺谓之庇轵"是《轮人》原文，王文锦本误标为郑司农注。
④ "雄雉"当为"匏有苦叶"，《雄雉》与《匏有苦叶》是《邶风》前后两篇，见阮元《十三经注疏》303页中。
⑤ 孙诒让《周礼正义》3119—3121/2588—2590页。

《轮人》：五分其毂之长，去一以为贤，去三以为轵。

孙诒让："五分其毂之长，去一以为贤，去三以为轵"者，明车毂含钉内外大小之异度也。《说文·金部》云："钉，车毂中铁也。"《释名·释车》云："钉，空也，其中空也。"总言之，大小通曰钉；析言之，大曰贤，小曰轵，其物以铁为之。又《说文·玉部》云："琮，似车钉。"《大宗伯》注云："琮，八方象地。"车钉与彼相似，则当内圜而外为八觚形。盖钉内空，与轴相函，故必圜以利转；外边则嵌入毂中，故为觚棱，使金木相持而固，不复摇动也。江永云："五分其毂之长，长与围同，言长即是言围。"阮元云："大穿围大，小穿围小，盖辐内之轴任重，故不可杀，使其穿大而毂弱；辐外之轴任轻，可以使其穿小而毂强，且杀轴亦所以限毂，使不致内侵也。"

郑司农：贤，大穿也。轵，小穿也。

孙诒让：注郑司农云"贤大穿也，轵小穿也"者，阮元云："穿者，轴所贯。大穿者在辐内，近舆之名。小穿者，在辐外，近辖之名。"钱坫云："《广雅》：'贤，大也。'贤有大义，故大穿谓之贤。《说文·车部》：'轵，车轮小穿也。'"郑珍云："毂孔自内头起，其围径即渐杀渐小，轴入毂之围径如之，故孔适相函而运转。其内头孔曰大穿，外头孔曰小穿。贤者，《说文·目部》：'贤，大目也。'与此贤音义并同。轵者，凡语止词曰只，毂孔至末而止，即呼为只，后因加车作轵。轴端镭亦当轴止处，又所以止轴之出，故亦呼为只，其作字遂两同。"案：郑说是也。凡两穿及壶中一例捎之，则三处当有一定之度。若准贤轵两围，则薮径不止三寸五分五厘五豪强，造毂者正因恐伤辐凿，故特增薮厚，不因贤轵为一定之杀。不然，由贤以趋于轵，既以相去远近逐渐平杀，则但见贤轵之围，薮围自可例推，经何必特出薮围之度乎？至钉金虽当隶金工，然毂穿必沓金而后可以利转。若仅详钉外木空之围，则毂穿之真度本无此大，易致淆捆，故必兼计之，而后其度数乃备也。

郑玄：玄谓此大穿，径八寸十五分寸之八；小穿，径四寸十五分寸之四。大穿甚大，似误矣。大穿实五分毂长去二也。去二，则得六寸五分寸之二。凡大小穿皆谓金也。今大小穿金厚一寸，则大穿穿内径四寸五分寸之二，小穿穿内径二寸十五分寸之四，如是乃与薮相称也。

孙诒让：云"玄谓此大穿，径八寸十五分寸之八；小穿，径四寸十五分寸之四"者，贾疏云："五分其毂之长，去一以为贤，即以毂长三尺二寸，径一尺三分寸之二，而五分去一，一尺去二寸，得八寸；三分寸之二者，本三分寸，今为十五分寸，即以二分者为十分，去二分，得八分，故云径八寸十五分寸之八也。小穿经云去三，一尺五分去三，去六寸得四寸，三分寸之二，亦为十五分寸之十，五分去三，去六分，得四分，故云径四寸十五分寸之四。"王宗涑云："贤得毂长五分之四，围二尺五寸六分。轵得毂长五分之二，围尺二寸八分。郑谓大穿径八寸十五分寸之八，小穿径四寸十五分寸之四，用六觚率也。以密率求之，大穿径八寸一分四厘八豪七秒三忽零，小穿径四寸零七厘四豪三秒一忽零，是大穿倍小穿也。"云"大穿甚大，似误矣，大穿实五分毂长去二也"者，两穿虽有大小之殊，然增减之数不宜过远；又欲与薮相称，若依经五分去一为贤，则大于轵已倍，故知其误而别定为五分去二也。阮元云："讹'去一'为'去二'者，盖记文偶有缺笔耳。"云"去二，则得六寸五分寸之二"者，以一尺五分去二，去四寸，得六寸；以三分寸之二，为十五分寸之十，五分去二，去四分，得六分，为十五分之六，约之即五分之二也。钱坫云："贤围一尺九寸二分，轵围一尺二寸八分，薮围一尺十五分寸之九，此用金裹之，故薮围径与两穿不合。"云"凡大小穿皆谓金也"者，金谓钉铁。云"今大小穿金厚一寸，则大穿穿内径四寸五分寸之二，小穿穿内径二寸十五分寸之四，如是乃与薮相称也"者，戴震云："'今'当作'令'，贾疏已误。"案：戴校是也。此与上注云"令牙厚一寸三分寸之二"同。金厚经无文，故为假设之度以明之。贾疏云："大小穿内皆以金消去二寸，故各减二寸也。"郑珍云："两穿有内外径者，孔头必嵌金钉，使与轴之铜相摩切。作孔之时，预储嵌金厚一寸之地，围径自宽多二寸，深则止足容金，自内即围径与轴等大，故有内径外径。及嵌金之后，外亦与轴等大，而其孔是金，非仍木也。故曰凡大小穿皆谓金也。"案：注大小穿内径，贾疏无释，郑子尹则谓壶中当辐之外钉金尽处为内径，其说虽可通，但谛玩注意，似指钉金函轴之空为穿内径，指毂木函钉之空为穿外径。内径、外径并据毂两端露见者而言。若毂内钉金尽处函于空中，则当以去壶中远近消息以为其度之弘杀，不能与钉口平也。江永云："注大小穿甚密。但《辀人》轴围一尺三寸五分寸之一，若依围三径一算之，则轴径当大穿穿内处，正得径四寸五分寸之二，与郑所算大穿穿内径同，何以能转？盖围三径一非真率，以祖冲之径七围二十二约率算，轴径不及四寸五分寸之一，故能稍宽而转。"郑珍云："以金厚一寸，故令穿之外径增宽一寸，为嵌金之地。及其嵌讫，金围自与穿内围齐平也。"案：江、郑说是也。毂两穿皆沓金，自是常制，此大穿径六寸有奇，若非加金二寸，不能与辀人轴径之度适相函，则注说塙不可易明矣。[1]

关于"贤""轵"，吴文俊主编、李迪分主编《中国数学史大系》第一卷根据郑注和戴震注，将车毂资料列成下表："郑注入算用古率，戴注入算用密率。今算取整大小穿内外径依次是6寸、4寸、4寸、2寸，大概并非仅为巧合。"[2]

	毂 长	大穿外径	大穿内径	小穿外径	小穿内径
郑玄注	320	64	44	42.67	22.67
戴震注	320	61$^+$	41$^+$	40.75$^-$	20.75$^-$
今算值	311.67	59.52	39.52	39.68	19.68

贺陈弘、陈星嘉《〈考工记〉独辀马车主要元件之机械设计》：

毂中心所挖掉的部分、及两端所取的直径、在《考工记》中只有"以其围之防捎去薮（即中心挖空的部分），五分其毂之长、去一以为贤，去三以为轵"短短的三句，十分不清楚。因为此两端还有其他的零件（辖、钉）须装上，只凭这三句话不足以看出其真实组装情形，所以后人对这部分的讨论着墨甚多，兹将其整理并加上本文的看法说明如下：

郑司农曾说到"贤（毂靠近车厢的一端），大穿也；轵（毂靠近轴末的一端），小穿也"，且郑玄在《周官注》中亦说到"此大穿径八寸十五分寸之八，小穿径四寸十五分寸之四，大穿甚

① 孙诒让《周礼正义》3807—3810/3157—3159页。
② 北京师范大学出版社，1998年，251页。

大，似误矣，大穿实五分车毂去二也，去二则六寸五分寸之二，凡大小穿谓金也，令大小穿金厚一寸，则大穿穿内径四寸五分寸之二，小穿穿内径二寸十五分寸之四，如是乃与薮相称也"。此段中的"穿金厚一寸"，即是装在车毂中的金属零件"钉"，它的作用类似现今的"轴承"。因为其厚一寸（=2 cm），所以 f 和 g 的直径相差4 cm，同理 i、j 相差亦为4 cm。文中的大穿径与小穿径分别为【图6】中的 g 与 j。其值依郑玄的解释 g 为六寸五分寸之二（即寸）较正确，所以 $g = 6\frac{2}{5} \times 2 = 12.8$ cm，而 $j = 4\frac{4}{15} \times 2 \fallingdotseq 8.53$ cm。而大穿内径、小穿内径则分别是【图6】中的 f 和 i，其大小分别为 $g - 2 \times$（钉厚）和 $j - 2 \times$（钉厚），所以 $f = 8.8$ cm，$i = 4.53$ cm。又因为钉是要嵌入两端的木头中（紧配），所以要有四个凸榫，因此须在大穿径处向外每90°，共挖出四个凹槽，以便钉放入时正好可以卡住，免得毂转动时，钉也跟着转动，造成不必要的摩擦。这就是为何本文认为毂两端的外径，应该更大于 g，如此才可有挖凹槽的部分，至于 h 应比 g 大若干，以及 k 应比 j 大若干，《考工记》中却漏提了。本文比照钉厚，设计此处厚亦为1寸（=2 cm），所以 $h=16.8$ cm，$k=12.53$ cm。对于凹槽的大小，《考工记》于此一细部尺寸亦无指明，翻阅多文献，也未论及，只有【图片18】显示出有此一物而已。本文依照图片的比例关系，将此凹槽的长、宽皆定为0.8 cm，所以图中 $l_1 = m_1 = n_1 = o_1 = l_2 = m_2 = n_2 = o_2 = p = q = r = s = 0.8$ cm，此外钉的宽为 w 尺寸为和钉厚一样，定为 $w=2$ cm。这些尺寸为吾人推定，是否真确，有待进一步的考古证据和研究。[①]

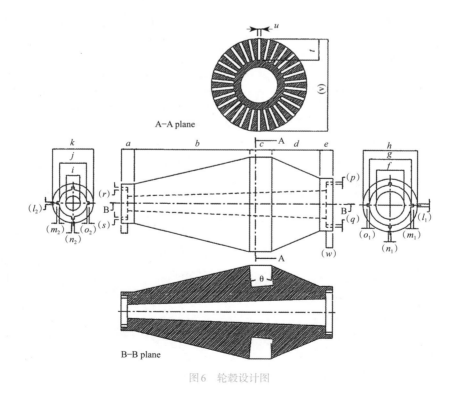

图6　轮毂设计图

<hr>

① 贺陈弘、陈星嘉《〈考工记〉独辀马车主要元件之机械设计》，《清华学报》第24卷第4期，1994年。

"贤""轵"又称作"锅",郭宝钧《殷周车器研究》有详尽论述(图2):

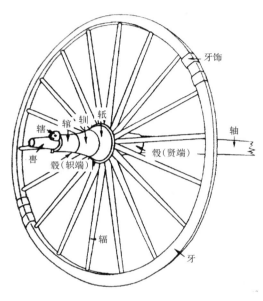

图2 轮的毂、辐、牙等位置图

一般实用的毂饰,大多是分节铸成、联接使用的,近舆侧3节、近辖侧3节。这种六节分铸的铜毂饰合起来同两节的长毂一样,而使用则较为轻便,钉起来亦易牢固,故使用者较多。这种六节分铸的毂饰,古人各给以一个专名,即:毂两端的两节叫作"锅",毂中央的两节叫作"轵",界于锅、轵之间的两节叫作"轵"。

它们的命名和功用分别是:

锅 锅是毂饰的第一节和第六节。《说文解字》说:"锅,毂端锴也"和"锴,以金有所冒也。"铜饰在毂的两端,形状正如管,外边留有狭窄的当头,合毂木的厚度,正好钉在毂端,用以管制毂,使之牢固,故名锅(图4)。毂两端之锅,其穿径各不相同,近舆端者穿较大,旧名为"贤"。《考工记》郑众《注》:"贤,大穿也。"近辖端者穿较小,旧名为"轵"。《考工记》郑众《注》:"轵,小穿也。"贤端的锅穿虽大而锅身短,轵端的锅穿虽小而锅身长,这与合铸的铜毂饰在近舆侧粗而短、在近辖侧细而长的道理相同,都是为了要同轴木符合。《考工记》规定的贤、轵与毂长的比例分别是"五分其毂之长,去一为贤,去三为轵。"郑玄《考工记注》:"此大穿径八寸十五分寸之八,小穿径四寸十五分之四,大穿甚大似误矣,大穿实五分毂长去二也,去二则得六寸五分寸之二。凡大小穿皆为金也,今(令)大小穿金厚一寸,则大穿穿内径四寸五分寸之二,小穿穿内径二寸十五分寸之四,如是乃与数相称也。"按郑意折合今尺,大穿的穿径应为8.8厘米,而小穿的穿径

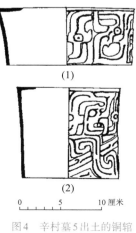

(1)

(2)

0   5   10厘米

图4 辛村墓5出土的铜锅
(1)m5:8 (2)m5:13

应为4.54厘米,证以出土铜辖实迹,实迹如下表所列:

辛村卫墓地出土的铜辖穿径表(单位:厘米)

铜毂编号	出土于贤端的铜辖			出土于轵端的铜辖		
	铜辖号	外围径	内穿径	铜辖号	外围径	内穿径
毂饰23号	m5：8	10.95	7.00	m5：13	8.20	5.50
毂饰26号	m5：21	12.55	8.60	m5：26	9.20	6.00
毂饰27号	m5：28	12.50	7.90	——		
毂饰28号	m3：3	12.00	7.50	m3：8	9.50	6.00
毂饰29号	m3：170	12.00	8.80	m3：170	9.20	5.80
毂饰30号	m3：52	11.00	7.00	m3：57	9.50	5.00
毂饰31号	m3：58	11.50	6.50	m3：63	9.20	5.60
毂饰32号	m3：174	11.00	7.00	m3：174	9.50	5.50
毂饰33号	m3：184	10.70	6.70	m3：184	9.60	5.30
毂饰34号	m3：190	11.20	6.80	m3：190	9.50	5.80
毂饰35号	m3：195	11.00	6.00	m3：195	9.30	5.80
毂饰36号	m3：172	11.95	7.00	m3：172	9.00	5.00
毂饰37号	m3：113	11.50	6.50	m3：118	9.00	5.00
毂饰38号	m3：194	11.35	6.90	m3：194	9.40	5.50
毂饰39号	m3：189	11.80	7.30	m3：189	9.00	5.00
毂饰40号	m3：197	11.80	7.00	m3：197	9.00	5.00

按出土的实物表,大穿的内径达8.8厘米者只一见,一般在6.5～7.5厘米之间,皆较《考工记》规定的数值微小。小穿内径为4.54厘米者无有,多数在5.0～5.5厘米之间,皆较《考工记》规定的数值微大。换言之,即出土铜辖,贤、轵两端的内穿径差距较小,而《考工记》是东周时代记录的,而这批铜辖则是西周末年所铸,时间相差已数百年了。大抵辛村卫墓所出的铜辖是西周中期的,贤与轵多无差距的区别。在西周晚期的,皆有贤与轵差距的区别,但仍不甚大,到了《考工记》著录时代,贤与轵的内穿径上的差距更形加大。显然,这是明显的演变现象。

这十余组铜辖都出自于卫墓地西周中期墓内,贤、轵两端的辖径和内穿径无大差别,辖的长度也无大的差别(表中未列出),足证贤与轵差距的区别实起自西周末期,而近舆和近辖辖长的不同,也应是自贤与轵有差距之后才开始的。

辛村卫墓地出土的铜辋贤轵无别的穿径表（单位：厘米）

铜毂编号	出土于贤端的铜辋			出土于轵端的铜辋		
	铜辋号	外围径	内穿径	铜辋号	外围径	内穿径
毂饰3号	m42：9	12.40	8.60	m42：10	12.20	8.20
毂饰4号	m42：15	12.35	9.00	m42：14	12.20	8.40
毂饰5号	m42：48	11.80	8.20	m42：49	11.80	8.20
毂饰6号	m42：52	11.80	8.25	m42：51	11.75	8.20
毂饰10号	m1：2	11.30	8.00	m1：2	11.30	8.00
毂饰11号	m1：6	11.40	8.10	m1：6	11.40	7.90
毂饰12号	m1：13	11.40	8.00	m1：13	11.25	7.90
毂饰13号	m1：14	11.20	7.90	m1：14	11.45	7.50
毂饰14号	m1：15	11.60	7.70	m1：15	11.40	7.70
毂饰15号	m1：16	11.30	7.80	m1：16	11.60	7.70
毂饰16号	m1：105	11.85	7.20	m1：105	10.70	7.20
毂饰17号	m1：110	10.90	7.10	m1：110	10.90	7.00
毂饰18号	m1：121	10.90	7.00	m1：121	10.75	7.00

辋　辋是毂饰的第二节和第五节。《说文解字》说："辋，车约辋也，从车，川声。"《周礼·巾车》："孤乘夏辋。"今文作"夏篆"。郑众《注》："篆，读为圭瑑之瑑。夏篆，毂有约也。"因为木毂在未用铜饰之前，常以皮革包裹。皮革不能自着木毂之上，必在其内面涂以胶灰，外面缠以绳索或筋条，皮革才不致脱落，这种缠绕的绳索，在毂上勒起一周凸线，所以称为篆，称为辋，辋就是说明它如纴的意思（纴义是彩绳的圆圈）。毂饰由皮革演变为铜饰，这个圆圈就铸成手镯（即臂钏）的样子，所以也叫作"辋"（图5）。铜辋在辛村卫墓地出土60枚，都紧接在辋的近舆端，径度与辋径略同，也是近舆一侧的径大而身短，近辋一侧的径小而身长。它们的截面都是扁平形，外表高起1条或3条凸线，以象征绳索或筋条的缠绕，犹保持它们原来的形成时的形状。辋的尺寸不录。

轵　轵是毂饰的第三节和第四节。《说文解字》说："轵，长毂之轵也，以朱约之，从车，氏声。《诗》曰：'约轵错衡'。轵或从革。"从革的轵，即说明轵的用皮革帱毂的初制。《考工记》所说的"欲其帱之廉也"，即指此。及演为铜铸时，变为圆筒喇叭形，一端大，另一端细。大端包裹毂的肥大部分，细端与铜辋相接，皆有胶灰、小钉，固着木毂之上，这是最普通的形式。这样的轵在辛村卫墓中共出土

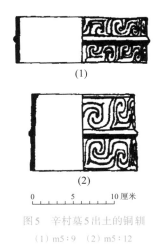

(1)

(2)

0　　　5　　　10 厘米

图5　辛村墓5出土的铜辋
（1）m5：9　（2）m5：12

48枚,我们称其为横剖式(图6)。由于横剖式鞎的喇叭形状如同一个从中腰截断的葫芦,易于从毂末端套入,所以,采用此式的较多。另有一种铜鞎,其形状像是把一个直立的葫芦由口部到底部沿正中线上下纵劈成两半,再将两半合起来帱于毂上,我们称其为纵剖式(图7)。这样的鞎在辛村卫墓地只出土8枚。纵剖式鞎的中腰须有透辐的孔。若使人的两掌指端相对而接,而各指间分开的部分就相当于铜鞎上辐条透过的部分。铜鞎的辐条透过处具有不等边六边形(⬡)的形状,以此可规定辐条的截面;两辐之间则以⧖状铜片将两辐联接(图8),看起来颇为美观(喇叭式的铜鞎,也有一些是在两辐之间加粘⧖形铜片以增美观的,唯为数甚少)。但此种纵剖式铜鞎必须先附铜鞎而后始可栽辐,栽辐后铜鞎则永难取下(除非将辐全部拔掉),制造甚不方便,故轮人用此式而制作的亦少。以m1:2号为例,铜鞎的全长为15.10厘米,两端径为11.50厘米,中央径为19.50厘米,合于普通的木毂尺寸。辐孔为每毂周围18个,以此规定了辐的数目,必须也是18个。

这样六节分铸、联接使用的毂饰,合起来也同长毂饰一样,只是尺寸数值略小一点而已。所出的西周末年的辖、钏、鞎,也是近舆侧的三节粗而短,近辖侧的三节细而长,与毂制相对应。以墓m5的8、9、10号辖、钏及鞎(近舆一侧的)(图9)和28、29、30号的辖、钏及鞎(图10)相比,便可得其异同。

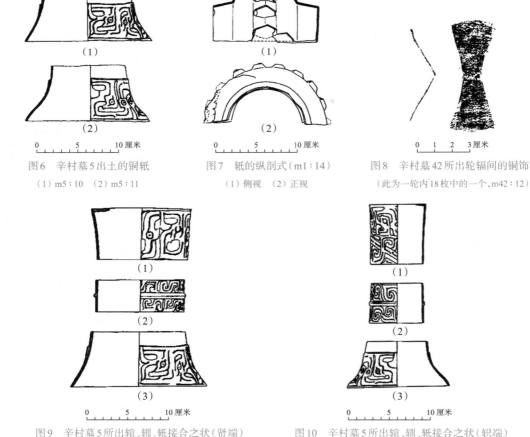

图6 辛村墓5出土的铜鞎
(1)m5:10 (2)m5:11

图7 鞎的纵剖式(m1:14)
(1)侧视 (2)正视

图8 辛村墓42所出轮辐间的铜饰
(此为一轮内18枚中的一个,m42:12)

图9 辛村墓5所出辖、钏、鞎接合之状(贤端)
(1)m5:8 (2)m5:9 (3)m5:10

图10 辛村墓5所出辖、钏、鞎接合之状(轵端)
(1)m5:28 (2)m5:29 (3)m5:30

兹再举墓3：184号贤端辖、钏及轵的尺寸和同墓184号轵端辖、钏及轵的尺寸作一比较，前者的尺寸（以厘米为单位）为：

	辖	钏	轵	三节合计
长	6.2	3.8	4.5	14.5
径	10.7	10.8 11.3	11.5 15.1	10.9 ～ 15.1
穿	6.7			6.7

后者的尺寸为：

	辖	钏	轵	三节合计
长	9.6	5.8	6.6	22
径	9.6	9.3 9.7	10.4 15.2	9.6 ～ 15.2
穿	5.3			5.3

从这些数值可以看出，轵端显然比贤端长，但不如贤端粗。这就符合长毂的惯例（即近舆侧短而粗，近辖侧细而长）了。不过，所举的这组辖、钏及轵仍是西周末年所铸，和前面所述的长毂同是墓3的出土物。在西周中期的墓1中，m1：6号辖、钏及轵的尺寸就有所不同（图11）。其尺寸（以厘米为单位）分别为：

贤端

	辖	钏	轵	三节合计
长	9.5	2.8	7.7	20
径	11.4	9.5 11.8	11.5 19.5	11.4
穿	8.1			8.1

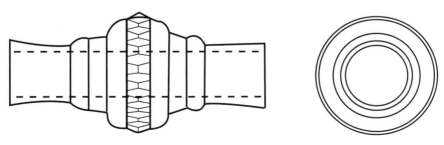

图11　辛村墓1所出的贤、轵不分大小的毂饰（m1：6）

轵端

	軝	軎	軹	三节合计
长	9.5	2.8	7.7	20
径	11.4	9.5 11.3	11.5 19.5	11.4
穿	7.9			7.9

两端的长度都是20厘米，径度都是11.4厘米，只是贤端的穿径为8.1厘米而轵端的为7.9厘米，相差不过0.2厘米，从而，基本上可以认为，两端是相等的。这应是西周中期毂侧的一般情况了。

既然西周中期通常已不作贤轵、粗细、长短之分，那么为何到了西周末期又转变为轵短而贤长、轵粗而贤细呢？其原因应与毂制的改良有关。轴的径度在贯入轮毂部分必须与毂孔相应，按西周中期的毂制，毂的长度可达40厘米，而径度却只有7.9～8.1厘米。于是，轴贯毂部分的长度必应比40厘米更长，而径度必须应较7.9厘米为细，以如此细而长的木轴来载荷全车的重量，折轴的现象必然会不时地常有发生。到西周末年时，经验积累使人们找到补救办法，这就是逐步把使贯穿毂内的轴木径度加大到保证能承受车重程度，而将轴的两末端不承受重量的部分削制得较细而较长，使之具有截锥形体以减轻轴木的自身重量。轴木径度的变化必然会使折轴的机会相对地减少。为了适应轴木的变化，毂制也就变为轵端较长而贤短、轵细而贤粗了。毂制由贤、轵不分转变为贤、轵异形，或许就是出于这种原因吧。[1]

关于铜軎饰的类型，郭宝钧《殷周车器研究》指出："轴既因社会发展、城市繁荣而逐渐变短，则冒于轴两端的铜軎也就不再能任其依然伸长了，故出土于殷、周期间墓中的铜軎饰，亦随时代的演进而有长型、短型、折边型之分"：

长型軎饰　軎饰原是为加固车轴末端而设。车轴末端须凿辖孔施辖以制毂，为防辖孔开裂，故冒铜饰以固之，这种铜饰就叫作軎饰。軎是车轴端的专名。《史记·田单传》写作"轊"，《说文解字》"軎，或从彗，作轊"，其音均同。軎饰状如圆筒，中腰有凸线，分軎饰为二节，在内一节为辖孔所在，较关重要。长型軎饰者是在外一节长于其在内一节的軎饰型式的专名。此式通行于殷及西周期间，故应为軎饰的原始形制，专适应那一时期的长型车轴而设。现举大司空村的175号墓为例："軎2件，出土时分别在轴的两端（图版一，3）。……一端较粗，纳于轴上；另一端较细而有顶。近粗端处有上下相对的长方形大穿两个，但无辖。近细端处有左右相对的小方穿两个，可以穿钉或缚系。……軎长15.3，粗端径4.8，细端径3.1厘米"[2]。小屯侯家庄出土的铜軎亦均为此式，可知为殷代的通行制式。辛村卫墓地早、

图版一，3

中期墓中出土的14枚西周时期铜軎饰，亦皆为此种形式。兹举其中墓1的107号为例，长17.6，径内端5.8，外顶4.2厘米。内节与外节的比例，内节长7，外节长10.6厘米，列入长型类。又，19：5号軎的外节为波状圆箍饰，长19.3厘米，亦属此类。

短型軎饰　形制和长型的略同，只是外节长度不及或

① 郭宝钧《殷周车器研究》6、9—14页，文物出版社，1998年。
② 见《考古学报》九册65页，图版叁拾，2—3。

略等于内节长度,以此为二种的区分。这种形式,殷代无有,西周早期和中期也无有,到西周末期及东周初期始见有之。现举洛阳下瑶村第151号墓为例(图18),"铜軎一(8号)齐头式,外节短,内节长,中有箍。……辖孔压入辋内处缺去一半。全长11.5,外端径4.9,内端径5.7;辖孔长宽3.2×1.4,压入辋内处宽1.6厘米"[①]。另一軎编列19号者略同[②]。又,辛村卫墓出土的8枚西周末期铜軎(图19所示),也多半是这样的。上村岭虢国墓所出的Ⅰ式6件东周初期轴头[③],也都是这个样子。

折边型軎饰 这一种均见于春秋以后,它是从上列两种发展而来的。因为上列两种,无论外节长或是外节短,而其内节辖以内的一段都要压在车毂之内,车轴及全车的重量都搁在毂孔的下面,毂与軎必相磨。日子久了,毂会内伤,軎也要磨去大半边(下面半边)。上述的洛阳下瑶村151铜軎压入辋内的宽1.6厘米,就磨出了一个缺口,正是这样一个实例。另外,在辛村卫墓地出土的m19:4、m19:5、m21:3、m60:9、m60:25、m25:25和m49:7等号铜軎,都有毂与軎相磨的痕迹,有的也正好是磨去了一半,这些都是明显的实例。东周而后,造车的人面对着这一事实想出了补救这一流弊的办法,这就是把压入车毂内面的1.6厘米薄铜翻转过来,使之折到毂的外端,并加宽其厚度,使其与毂端相磨,从而创造出折边型軎饰(图版四,1)。这样的軎饰既可不压入毂内来伤毂,且可代替辖以制毂,从而节省下制毂的铜。于是,东周以后的铜辖,远比西周时的铜辖为小,或有以木辖代替铜辖,以节省铜的情况,只是这样的軎饰折边径大于毂孔径,不能带軎饰入毂,因此,必须把軎饰卸下来,贯轮之后,才能冒軎饰施辖,从而多了一番手续。这样一来,折边形軎饰的外顶多半是无盖而透空的,为了便于安装和拆卸,其轴头也可能略向外伸出一点。这是春秋以后軎饰的新形制,它反映出制作者的智慧。举例来说,上村岭出土的Ⅱ式轴头4件,已开其端倪[④]。寿县蔡侯墓(公元前493～前447年)出土的铜軎有三式,"Ⅰ式……軎卷边,軎头有花纹……穿辖处两头都外凸。軎长10,径5.8厘米[⑤]。Ⅱ式……形式与Ⅰ式同,唯穿辖处仅一头外凸。……軎长8,径5.4厘米[⑥]。Ⅲ式……軎卷边,两端通……长5,

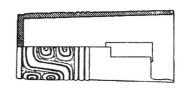

图18 洛阳下瑶村151号墓的短型軎饰
(采自《考古学报》九册106页)

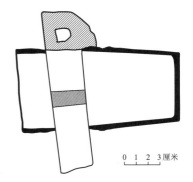

图19 辛村墓5号軎辖联用剖面图

图版四 东周时期通用的折边式軎和小型辖

1.折边式軎

---

① 《考古学报》九册105—106页。
② 《考古学报》九册106页。
③ 《上村岭虢国墓地》21页图版贰贰11,叁陆11。
④ 见《上村岭虢国墓地》21页,图版肆伍,伍柒。
⑤ 《寿县蔡侯墓出土遗物》图版贰拾叁,1。
⑥ 同上图版贰拾叁,2。

径5.5厘米[①]"[②]。至于战国以后的害饰,则无论是汲县山彪镇出土的、辉县赵固琉璃阁出土的铜害饰,还是长沙、信阳楚墓出土的铜害饰,几无不是折边型的,可见,这种害饰型已成为春秋以后的通制了。[③]

东周时期,折边型害饰中还有飞轸式与横刃式二种,郭宝钧《殷周车器研究》:

飞轸式 飞轸式害饰(图20)出在汲县山彪镇战国墓,其形式是在圆筒的一旁附加以活动的方环,可以系织帛为饰。《后汉书·舆服志》注:"轸以缇油(丹黄色帛),广八寸,长注地……系轴头。"这里说的虽是汉制,实则战国时期已启其端矣。

横刃式 横刃式害饰(图21)在辉县琉璃阁战国墓中有出土。其形式仍为折边型,唯在害的外端另生一圭头形横刃,强固而锋利。这样在奔驰时如有人触及轴头,必会重裂其股。可推测,这应是古战车中的冲车所用。《毛诗故训传》就《诗·皇矣》作注:"冲,冲车也。"《淮南子·览冥训》:"晚世之时,七国异族……攻城滥杀……大冲车。"高诱注曰:"冲车,大铁著其辕端,马被甲,车被兵,所以冲于敌城也。"这种横刃式铜害饰正是七国时"被兵"车轴头上的武器。但这些只是折边型害饰仅有的特例。[④]

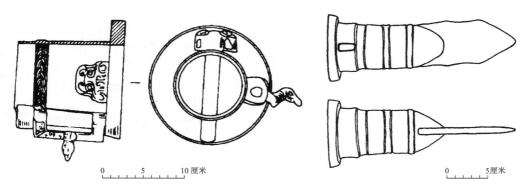

图20 山彪镇铜害的飞轸式(m1:177)　　　　图21 琉璃阁战国墓附有横刃的铜害(失号)

关于"害",孙机《中国古独辀马车的结构》:

毂外为害。害装在轴通过毂以后露出的末端,是用来括约和保护轴头的。害的内端有键孔,贯孔装辖。辖端又有孔,以穿皮条将它缚住使不脱。远在商代害已用铜制,但当时还多用木辖,只是有些木辖外包铜套,或在顶部装铜兽头[⑤];西周中期以后铜辖才较常见。商车的害为直筒形,长约16～18厘米,末端稍细而有当。西周早期的害,形状与商代非常接近,但稍长,有达21厘米的。西周中期以后,害由长变短,一般在10厘米左右。自商至西周早期的害,多在外端饰以四出蕉叶;西周中期以后,花纹复杂起来,蟠螭纹、连续蝉纹等都在害上出现了[⑥]。[⑦]

① 《寿县蔡侯墓出土遗物》图版贰拾叁,3。
② 见《寿县蔡侯墓出土遗物》12页。
③ 郭宝钧《殷周车器研究》23—25页,文物出版社,1998年。
④ 郭宝钧《殷周车器研究》25—26页,文物出版社,1998年。
⑤ 张长寿、张孝光《殷周车制略说》,《中国考古学研究(一)》,文物出版社,1986年。
⑥ 郭宝钧《浚县辛村》50页,图版80:3—6。《文物资料丛刊》第2辑,页49,图8:4、5。
⑦ 《文物》1985年第8期;引自孙机《中国古舆服论丛》增订本37—38页,文物出版社,2001年。

关于"釭",孙机《中国古独辀马车的结构》指出：

战国时，开始注意从内部对毂进行加固，即在毂中装釭。……当装釭时，必须使釭卡紧毂壁；否则，釭在毂中旋绕晃动，不仅不能保护木毂，反而对它造成损伤。已发现的战国铁车釭的实例不多，河北易县燕下都第23号遗址出土的一件，为圆筒形，两侧有突出的凸榫，可以卡在木毂上①。此釭直径8.8厘米，估计是装在贤端的；和它配套的另一件应装于轵端，直径还要小一些。汉代的釭有的与燕下都釭的形制相近，惟凸榫常增至四个。汉代另有一种六角形釭，即《说文》所谓似琮之釭②。河南镇平出土的此型釭上有"真倱中"铭文③，倱即《考工记》所说的"望其毂，欲其辊"之辊；此铭系称述其内壁的匀整和光洁④（图3-11）。⑤

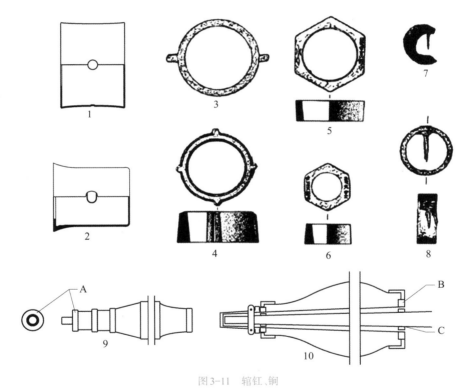

图3-11　辋釭、铜

1. 西周铜辋（陕西长安出土）　2. 西周铜辋（洛阳老城出土）　3. 战国铁釭（燕下都出土）　4～6. 西汉铁釭（河南镇平出土）　7. 战国铁铜（洛阳中州路出土）　8. 西汉铁铜（河北满城出土）　9. 装于毂端的辋（A）（河南淮阳出土）　10. 釭（B）、铜（C）安装部位示意图

① 《文物》1982年第8期，页47，图21：9。
② 《说文·玉部》："琮，瑞玉，大八寸，似车釭。"《考工记·轮人》孙诒让正义："《大宗伯》注云：'琮，八方，象地。'车釭与彼物相似，则当内圜而外为八觚形。盖釭内空与轴相函。故必圜以利转；外边则嵌入毂中，故觚棱，使金木相持而固，不复摇动也。"其说甚是。惟釭为六角形，未见八觚形者。所谓似琮，亦仅取外轮廓为多角形而已。
③ 河南省文物研究所、镇平县文化馆《河南镇平出土的汉代窖藏铁范和铁器》，《考古》1982年第3期。
④ 镇平所出汉代六角铁釭上的铭文云："王氏大牢工作，真倱中。"倱应是辊之假字，"真倱中"即《说文》"辊，毂齐等貌"……《周礼》'望其毂，欲其辊'"之意。今本《周礼》作"欲其眼"，郑玄注："眼，出大貌。"按镇平釭铭中之倱字作倱，右旁颇似艮字。郑所据本辊字如作倱，其车旁半泐，则易误为眼字。
⑤ 孙机《中国古独辀马车的结构》，《文物》1985年第8期；引自孙机《中国古舆服论丛》增订本36、38页，文物出版社，2001年。

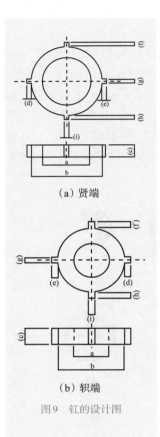

（a）贤端

（b）轵端

图9 钉的设计图

关于"钉"，贺陈弘、陈星嘉《〈考工记〉独辀马车主要元件之机械设计》："在毂的两端加上钉，是从内部对毂进行加固，这种方式是从战国以后才开始有的[①]。《说文》说钉是'车毂中铁也'，可见得钉大多以铁制，在铁工具普及之前，几乎未被广泛地使用，因此《考工记》中并未记载此零件，且此零件在战国铁器技术发达以后才开始出现于独辀马车上。【图9】所示的凸榫部分，在出土的考古文物之中，有两个凸榫的，也有四个凸榫，但以四个的居多，所以此处选用四个凸榫的设计。因为在【图6】中已知 $f=8.8$ cm、$g=12.8$ cm，而钉是要装在毂上的贤端和轵端，当然要使得【图9（a）】中的 $a=8.8$ cm、$b=12.8$ cm；【图9（b）】中的 $a=4.53$ cm、$b=8.53$ cm，才能使毂和钉相配。同理，因【图6】的 $w=2$ cm，所以【图9（a）】的 $c=2$ cm。凸榫的大小须和【图6】的榫眼相契合，所以定 $d=e=f=g=h=i=0.8$ cm。此处 c 及 $d-i$ 尺寸乃依出土文物图片的比例关系推定，与【图6】的部分尺寸情形相同，尚待进一步的考古证据。最后要特别说明，装置钉时，必须使钉卡紧毂壁；否则，钉在毂中旋动，不仅不能保护木毂，反而会对木毂造成疲劳负载因而使得木毂更易毁损。"[②]

篆（辒）

《轮人》：容毂必直，陈篆必正，施胶必厚，施筋必数，帱必负干。

孙诒让：云"陈篆必正"者，郑珍云："陈，列也。篆非一处，故曰陈篆。其广狭及几处无闻，当任意为之，无定数也。每篆一周，以矩准之，其高下皆与围相切则正矣。篆，《说文》作'辒'，训车约，盖所据本异。"云"施胶必厚，施筋必数"者，毂外周匝施以胶筋，使之黏合缠绕，则任力不至坼裂，而亦可以助帱干之呢着，使无间鳞也。程瑶田云："数者疏之反，谓纵横重叠，互相牵系以为固也。"

郑玄：篆，毂约也。帱负干者，革毂相应，无赢不足。

孙诒让：云"篆，毂约也"者，《巾车》"孤乘夏篆"，先、后郑并释为毂约，与此义同。王宗涑云："篆刻毂木为垠鄂，篆起如竹有节约然。郑

① 孙机《中国古独辀马车的结构》，《文物》1985年第8期。
② 《清华学报》第24卷第4期，1994年。

故训毂约，小车不皆有篆，孤以上车乃有之。《巾车》云‘卿乘夏缦’，言不为篆也。篆致饰之一，所以辨等威也。”郑珍云：“约毂与帱革是两事，诸家说皆不憭。帱革者，除置辐处，通鞔之，所以固毂，因以为饰，凡小车皆然，无贵贱之别。上文云‘进而视之，欲其帱之廉，无所取之，取诸急’，知与轮必取圜、辐必取直同是小车通制，不得而缺者也。篆者谓毂约，毂约谓之篆，钟带亦谓之篆，皆指其围绕一周者。据《巾车》先郑注‘篆读为圭瑑之瑑，夏篆，毂有约也’，参之先郑《典瑞》注‘瑑，有圻堮瑑起’，《说文》‘瑑，圭璧上起兆瑑’，知篆以瑑起而名，钟带亦名因瑑起。其制于毂干刻之，令起圻堮一周，刻此处微窞[①]，即彼处起圻堮，其圻堮处即是篆也，当不止一处，刻讫，其状盖如竹形；然后浑体厚播以胶，密被以筋，又播胶一层，乃以革鞔之，令革与窞处、圻堮处皆紧相贴切，则瑑起者亦随革瑑起，窞突分明；然后通丸漆之，待干摩平，乃就瑑起上周画五采，其外通朱漆之：此篆之制也。以其周绕束毂，故曰约。非赖此约束其毂始固之谓。据《巾车》‘孤乘夏篆，卿乘夏缦，大夫乘墨车’，后郑注：‘夏篆，五采画毂约。夏缦，亦五采画[②]，无瑑尔。墨车不画。’是篆为孤以上专制，帱为上下通制明矣。帱毂古谓之軝，《诗·商颂》《小雅》并云‘约軝错衡’。毛公《采芑》传云：‘軝，长毂之軝也，朱而约之。’而郑《烈祖》笺云：‘軝，毂饰也。’饰即帱革，则长毂之軝，犹云小车毂之帱革耳。朱而约之，乃是解约字。盖孤以上之毂，既五采画其篆约，则篆约之外皆朱漆也，故云朱而约之。《说文》：‘軝，长毂也，以朱约之。’是本毛义，非即以朱为约。《广雅》云：‘毂篆谓之軝。’张揖为失毛旨。《诗疏》云：‘軝者，长毂之名。’又据许而违许意矣。”案：篆约为孤乘夏篆以上车毂之制，王宗涑、郑珍说是也。凡毂初斫治成，平缦无文。自卿以上乘夏篆，则回环瑑刻自成圻堮，若竹之有节者，是谓之篆，亦谓之约。又以革鞔篆约之外，是谓之軝。凡小车有革鞔，大车则无，故毛、许并释軝为长毂，明惟小车毂有此也。鞔革密附毂木，故篆在革内，而文见于革外，《毛诗》谓之约軝，明軝与约备有也。既篆刻而革鞔，又漆之为五色，是谓之夏篆，毛、许则以为朱约，朱亦五色之一也。凡篆约之用，以为文饰，且以辨等威，非以附缠约束为义；篆约之名，亦起于刻瑑，不系于施筋与否也。至于筋胶之被，则凡车木任力处皆有之，附缠之以为固，故《辀人》注谓辀亦有此，不徒毂也。盖筋胶与篆不相涉，卿乘夏缦、大夫乘墨车皆无篆，而不得谓无筋胶之被。筋胶之外加以漆，则其痕亦成圻堮，《辀人》谓之“灂”，《少仪》谓之“几”，而不谓之“篆”。此经亦以施筋与陈篆并举，篆非即筋胶之文明矣。郑珍谓帱革为小车之通制，不知施筋亦小车之通制也。《毛诗》《说文》朱约之义，非谓约束其毂，郑珍说是也。然后郑谓夏为五采，先郑、毛、许则以为朱赤，其设色不同，郑珍兼取其义，谓五采之外皆朱漆色，未知是否。毂约，互详《巾车》疏。[③]

篆，《说文》作“軕”，孙诒让总结道：“自卿以上乘夏篆，则回环瑑刻自成圻堮，若竹之有节者，是谓之篆，亦谓之约。又以革鞔篆约之外，是谓之軝。”关于“篆（軕）”和“軝”，郭宝钧《殷周车器研究》详述道（见前，图2）：

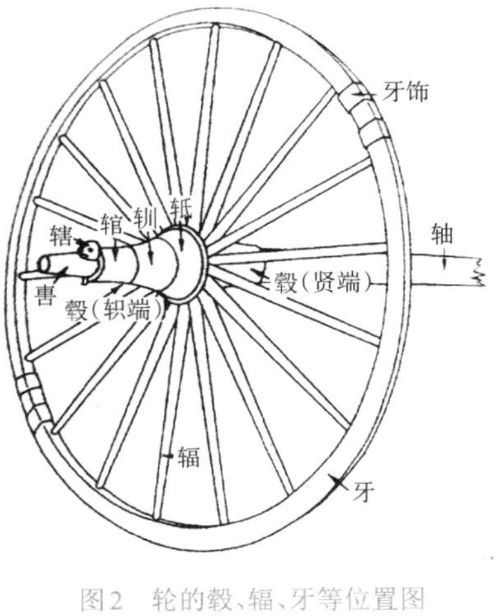

图2　轮的毂、辐、牙等位置图

① 引者按：“窞”（意谓凹陷）王文锦本排印讹作“容”。下同。
② 引者按：“画”下原衍“毂”字，据孙校本删，与《巾车》郑玄注、郑珍《轮舆私笺》（王先谦《清经解续编》第4册301页上）合。
③ 孙诒让《周礼正义》3810—3813/3159—3162页。

一般实用的毂饰,大多是分节铸成、联接使用的,近舆侧3节、近辖侧3节。这种六节分铸的铜毂饰合起来同两节的长毂一样,而使用则较为轻便,钉起来亦易牢固,故使用者较多。这种六节分铸的毂饰,古人各给以一个专名,即:毂两端的两节叫作"辌",毂中央的两节叫作"軧",界于辌、軧之间的两节叫作"軔"。[①]

孙机《始皇陵二号铜车马对车制研究的新启示》揭示"古车陈篆的实例":"2号车之毂饰以弦纹和锯齿纹,当即《周礼·巾车》'孤乘夏篆'、《考工记·轮人》'陈篆必正'之篆。……毂本用木材制作,缠革涂漆是加固之需,并非单纯为了装饰。太原金胜村251号春秋墓之车马坑所出8号车,其毂之軹端向里有八道凸起的环棱。制车时曾在环槽中施胶,缠以八道皮革,干后再打磨涂漆,从而增强了车毂的坚固程度。这是古车陈篆的实例[②]。始皇陵2号车之毂以弦纹和锯齿纹为篆,仍接近缠缚皮革所形成的纹理。"[③]湖北江陵九店东周墓M104出土的2号车,"毂上用皮条或麻线缠绕加固,清理时可见缠绕后所形成的凹槽。加固方法是先在毂上涂一层漆液,未干时用皮条或麻线作螺旋式缠绕,绕一层后涂一层漆,如此循环缠绕二三层后再在表面髹漆而成"(图一〇二)[④]。

1   2   3

图一〇二   M104车马坑车毂加固方法示意图

1. 涂漆   2. 缠绕   3. 髹漆

《轮人》:既摩,革色青白,谓之毂之善。

孙诒让:"既摩,革色青白"者,程瑶田云:"色青白者,帱廉而急,必负干之所致也。革以冒鼓为最急,鼓色近白,是其验。"云"谓之毂之善"者,此总冡"容毂"以下六者言之。

郑玄:谓丸漆之,干而以石摩平之,革色青白,善之征也。

孙诒让:注云"谓丸漆之,干而以石摩平之,革色青白,善之征也"者,《说文·手部》云:"摩,研也。"贾疏云:"谓以革鞔毂讫,将漆之,先以骨丸之,待干,乃以石摩平之,其色青白则善也。"程瑶田

① 郭宝钧《殷周车器研究》9页,文物出版社,1998年。
② 山西省考古研究所、太原市文物管理委员会《太原金胜村251号春秋大墓及车马坑发掘简报》,《文物》1989年第9期。
③ 孙机《中国古舆服论丛》增订本8页,文物出版社,2001年。
④ 湖北省文物考古研究所《江陵九店东周墓》140页,科学出版社,1995年。

云:"据注,丸漆之后,乃以石摩之。"王宗涑云:"贾意谓丸在摩前,摩在漆前,是也。今革既摩,色但青白,未漆甚明。"案:程、王说皆是也。在摩前者,和灰之丸漆;在摩后者,不和灰之漆。郑、贾义并不相连。丸漆者,《说文·土部》云:"垸,以桼和灰丸而鬃也。"段玉裁云:"灰者,烧骨为灰也。《一切经音义》引《通俗文》曰:'烧骨以漆曰垸。'盖以桼合和烧骨之灰,抟而丸之,以鬃擦物,丸而鬃[①]之。既干,如沙碴不光润,乃摩之,郑所云'丸漆之,干乃以石摩平之'也。既摩,乃复桼之,《说文》'䰍'下所云'桼垸已,复桼之'也。如此数四,乃后敽丹臒,今时桼工亦略同此。"案:段说甚析。据此,则毂革有数次漆,先丸漆,不设色,故摩之色青白,后漆设色,则为《巾车》之"夏篆、夏缦"及《毛诗传》之"朱约",不得露青白之色矣。经注并据未敽丹臒前之漆言之,故在摩前,非谓既摩之后,遂不复漆也。[②]

金普军、范子龙《论汉代漆器铭文中的"三丸"》:"参照《髹饰录》中布漆工艺,可以认为当时'布漆'时采用了类似'法漆'的皮革黏结材料,法漆涂刷在皮革两面的。古代工匠会等法漆固化后,对其表面进行打磨处理,直至皮革呈现青白色。这样看来,对郑注的合理解释是'丸漆干燥后,对皮革表面进行磨平处理,等到皮革的颜色发青白色时,就是完工的时候'。从布漆工艺的技术特点中,可以推断出古代丸漆工艺的大致流程,即古代漆工首先采用毛刷将漆灰均匀地涂刷在革、麻和帛等物品之上,然后,将涂有漆灰的皮革和织物逐层地贴附在胎体表面。"[③]

辖(斡,𨍯,锟)

《轮人》:弓长六尺,谓之庇轵,五尺谓之庇轮,四尺谓之庇轸。

郑玄:庇,覆也。故书庇作祕。杜子春云:"祕当为庇,谓覆斡也。"

孙诒让:云"谓覆斡也"者,上疑当有"庇轵"二字。杜以此庇轵即谓覆车轴端之轵也,与《大驭》注训"轵"为两辖同。斡者,𨍯之借字。《说文·舛部》云:"𨍯,车轴耑键也。"又《车部》云:"辖,键也。"字或作锟,孙奭《孟子音义》引丁公著云:"锟,车辖也。"𨍯、辖、锟、斡义并同,故聂氏《三礼图》约此注义作辖,《释文》作辖,云:"或作斡,俱音管。"案:辖斡同音,字亦通。然在此注,则辖为误文。《说文·车部》云:"辖,毂耑锟也。"《类篇·轫部》云:"斡,毂沓也。"是斡之义可通于毂沓,而辖则无轴端键义。若依陆本作辖,则与轵虽异物,而同在毂端,后郑不应以庇轵不及辖破杜说。陆盖依误本作音,不足据也。[④]

关于"辖",郭宝钧《殷周车器研究》指出:

---

① 引者按:乙巳本、楚本、段玉裁《说文解字注》并作"鬃",王文锦本排印讹作"桼"。又"鬃之"后句号王文锦本漏标。
② 孙诒让《周礼正义》3813—3814/3162页。
③ 《文物世界》2012年第6期。
④ 孙诒让《周礼正义》3842—3843/3185页。

辖是轴端键，竖贯轴头长方孔中若十字架。为此，制轮若无辖，则车就不能行矣。但殷代的车尚无铜辖，大概都是砍木质为之。西周初，始用铜辖，但为数亦不多。辛村卫墓内，初、中期铜軎中只有3对是用铜辖的，晚期的8件軎中，只有1对是用铜辖的。可见，其余铜軎的辖应仍是用木质制成的。铜辖的形状，可举辛村卫墓m1：105号为例（图23），其上端肥大，为兽头形，高额突目，两耳横通，脑后平面若半月，凹处合于轴径，用此平面与毂摩擦，即为制毂的部分。下端接兽头处是一扁平长枘，贯入軎的长方孔中，更可用皮革穿过两耳孔以缚于軎。辖之全长9.2，首高3.3，广5.1，枘5.8，厚与广为0.7×3.1厘米，出土时，系用皮条贯耳挂在轵柱两旁，不在軎中。其他铜辖枘的下端，别有一小孔，可以使两耳所穿皮条上下环结，以固辖。所出的西周初期和中期的铜辖，大体上都是如此，兽头部分皆较大。西周末期的铜辖，则兽头部分皆缩小而枘部加长，枘部下的孔多透出軎外。东周时期，因軎饰已为折边型，制毂之功用已由折边任之，辖的功用只用于軎饰使之不脱，所以，兽头部分更形缩小，或变为钉盖式。汲县山彪镇战国墓出土的21具铜辖以及琉璃阁战国墓出土的12具铜辖，均为此式（图24）。但解放后在辉县发掘的战国131号墓中，有19辆车迹，却无一具铜辖出土。由此可知，这一时期的车辖一般仍是用木质制成的。①

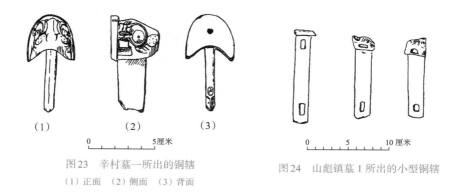

图23　辛村墓一所出的铜辖
（1）正面　（2）侧面　（3）背面

图24　山彪镇墓1所出的小型铜辖

关于"辖"，贺陈弘、陈星嘉《〈考工记〉独辀马车主要元件之机械设计》："【图8（a）】中的a尺寸，即是要配合【图6】中的直径h，所以a=16.8 cm，且【图8（a）】的a尺寸和【图6】的h尺寸彼此为紧配方能牢固。如孙机所云，环状底的宽度与毂壁的厚度相等，因在【图6】中取$h-g$=4 cm，所以【图8（b）】中的b尺寸为b=12.8 cm。至于c尺寸，因为在【图6】中，吾人定e为4 cm，所以【图8（a）】中的c当然为4 cm（如【图6】的e，须待进一步的考古证据），最后决定此一构件的厚度。因孙机在其所发表的《中国古独辀马车的结构》一文中，只有辖的考古图片②，吾人根据图片的比例关系，将辖的厚度定为0.8 cm，是否强度足够，有待造出实车测试方能得知。至于【图8（b）】的设计方法和（a）的相同，形状也相同，只是较（a）的小，装于毂上靠近轴末的一端，此处不再复述。"③

① 文物出版社，1998年，27—28页。
② 见《文物》1985年第8期。
③ 《清华学报》第24卷第4期，1994年。

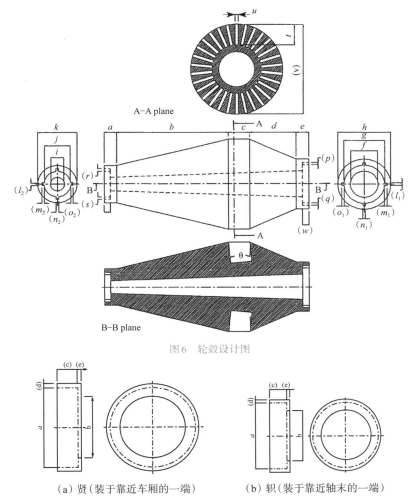

图6 轮毂设计图

（a）贤（装于靠近车厢的一端）　　（b）轵（装于靠近轴末的一端）

图8 辖的设计图

量其薮以黍

《轮人》：量其薮以黍，以视其同也。

孙诒让："量其薮以黍，以视其同也"者，薮为毂空壶中，然贤轵亦得冡薮称，是薮为毂空之通名，《急就篇》颜注云"轵者，毂中空受轴处"是也。此量之以黍，盖兼壶中及贤轵两端通量之，敿其一端，满实之以黍，以观其所容之同否，非专就壶中当辐菑之处量之也。

郑玄：黍滑而齐，以量两壶，无赢不足，则同。

孙诒让：注云"黍滑而齐，以量两壶，无赢不足则同"者，程瑶田云："量必用黍者，取其滑也。今之黄米，谷皮光泽，小大匀称，所谓滑而齐也。"诒让案：两壶，亦通毂空函轴者言之，以不止量当辐菑处，故不云壶中也。江永云："两壶欲同者，欲其肉好均而轻重等也。量之以黍，犹古人以黍量黄钟之意。"案：江说是也。郑云"黍滑而齐"，与《汉书·律历志》"以子谷秬黍中者"量黄钟之龠同。贾疏谓郑"不取《律历志》以黍为度量衡之义"，非也。九谷之黍即今之穄，其米为黄米，详《大宰》疏。[①]

李志超《〈考工记〉与科技训诂》质疑郑注："毂孔检测宜直接用尺或标准件，简易，直观，精密。用黍之谬，童稚可辨。黍为有壳之实，粒小而圆滑，以此为量必用之于小空隙，利其可数性及出入之易。故薮当为某一细小空隙，决非毂空。薮字本义为泽滨草木丰茂之地，可衍为丛立之体的根位，在轮则以辐根为最当。按'轮人'曰：'轮崇，以其一为之牙围，叁分其牙围而漆其二，椁其漆内而中诎之，以为之毂长，以其长为之围，以其围之防捎其薮……''六分轮崇之一为牙围'，是合环之上下为言，故环宽实为轮径十二分之一，出土实物可证。'漆内'是环内侧面当中三分之一无漆部，此内侧宽可令与环宽等。令轮径1.4米，则牙围环宽约12厘米，取三分之一为4厘米。'以为之毂长'应解为：'以此数在毂之外表面母线上定一长度。''以其长为之围'义为：'再以此长在圆周上分格。''以其围之防捎其薮'解作：'每格取一部分（防）做卯。'故薮为毂外之卯，以承辐榫者，容积约为$2 \times 2 \times 2$立方厘米（8cc），量之以黍差堪其数。'其同'者，察一毂多卯之异同也，以黍量之，或可言差若干粒。"[②]

戴吾三《〈考工记〉中轮之检验新探》亦质疑郑注：

若以黍填充毂孔，看两毂孔容积是否相同，就无从谈检验精度。理由如下：先秦时期的车毂较长[③]，毂中空容容积较大，以黍填充，黍粒将以万计，而由于操作关系（如倒黍快慢），黍粒误差少则十几、多则上百都有可能。在"规""萬""水""县""权"的检测中，人为的操作可以控制到很小，检测结果能用数值准确反映；而在"量"的检测中，若以黍填充毂孔，人为的操作误差不易控制，更要紧的，检测结果用黍的数目差反映，不涉计量单位，没有参照标准，这显然与其他五项检测在逻辑上矛盾！

再从检验要求的合理性分析。早在商代就有了青铜钻头，刀具有主、副刀刃之分，镟削技术已出现[④]。为使轮轴与轮毂孔有较好的滑动配合，也为提高工作效率，古代工匠在制车中逐步使用原始车床是极可能的。推想当时的车床用绳索、皮带、木轮、木或铜支架制成，年深朽蚀，不易存留。而从出土古车所见轮毂孔有较好的圆度看，是可以推断有原始车床加工的。

使用原始车床加工，要保证两个轮毂孔容积相同不难。难的是，轮子各部件（毂、辐、牙）装配起来，要使轮圈轴线与轮毂的轴线一致，从而保证轮子"取诸圜也"，这得需要高超的技艺。

细推敲《考工记》中有关轮子定量检验的要求，可知是指装配成体的情况而言。如制辐时要求，"揉辐必齐，平沉必均，直以指牙"，而装配后轮中相对的两辐未必对直，故有"县之，以视其辐之直也"的检验。制毂时要求，"容毂必直，陈篆必正，施胶必厚，施筋必数，帱必负干。既摩，革色青白，谓之毂之善。"可以想见，制毂时也尽可要求内外圆度，可单独进行检验，不存在对轮圈轴线与轮毂轴线一致的检验问题。而装配后的毂，由于工匠技艺水平的缘故，却会使轮圈与轮毂未必同轴线。若不同

① 孙诒让《周礼正义》3833/3178页。
② 华觉明主编《中国科技典籍研究——第一届中国科技典籍国际会议论文集》43页，大象出版社，1998年。
③ 先秦时期的轮毂通长多在30～50厘米。杨英杰《先秦战车形制考述》附表，《辽宁师大学报》1984年第2期。
④ 魏庆同、华觉明《论我国早期的"刀"和刀具》，《科技史文集》第9辑，上海科技出版社，1982年。

轴线，轮子运转歪斜，车行沉重，易颠簸，会加速轮毂和轮轴的磨损。因而，轮子装配后检查轮圈轴线与轮毂轴线一致（实际操作可检查轮轴与毂孔的各向间隙）就是必要的（图1）。故笔者以为，"量其薮以黍，以视其同也"的本义是指，用黍测量轮轴与毂孔的间隙，看毂内外两端的间隙是否相同。由于古车轮轴与毂孔的动配合间隙较大（这是材料等因素限定的），用黍测量完全可能，其间隙大小可用黍的长或宽来准确反映，并且可换算为标准计量单位比较。[①]

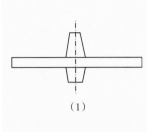

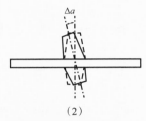

图1　轮圈轴线与轮毂轴线示意图
（1）轮圈轴线与轮毂轴线一致
（2）轮圈轴线与轮毂轴线有角位移

矩其阴阳

《轮人》：凡斩毂之道，必矩其阴阳。

孙诒让："凡斩毂之道，必矩其阴阳"者，贾疏云："此欲斩毂之时，先就树刻之，记识其向日为阳，背日为阴之处。必记之者，为后以火养其阴故也。"江永云："《山虞》阳木阴木，以生山南为阳，山北为阴。此则阴阳木各有向日背日，以向日为阳，背日为阴。"程瑶田云："一木必有一木之阴阳向背，矩之乃能不误施也。故无论冬夏斩时，皆当刻识之。"案：江、程说是也。《列女传·辩通篇》说弓干云："生于大山之阿，一日三睹阴，三睹阳。"此言阴阳之均调也。毂木不能皆均调，故必矩识之。

阳也者積理而坚，阴也者疏理而柔，是故以火养其阴而齐诸其阳，则毂虽敝不蕲。

孙诒让："阳也者積理而坚"者，《释文》云："積，本又作槇。"阮元云："《说文》'積，槇概也，从禾真声'，引《周礼》'積理而坚'。是此经旧从禾，作槇非也。"案：阮说是也。理谓木之脉理。《说文·木部》云："朸，木之理也。"云"是故以火养其阴而齐诸其阳，则毂虽敝不蕲"者，蕲，《说文·艸部》引作"弊"，声之讹也。贾疏云："此毂若不以火养炙阴柔之处，使坚与阳齐等，后以革鞗阴柔之处，木则瘦减，革不着木，必有暴起。若以火养之，虽敝尽，不蕲暴也。"

郑玄：積，致也。火养其阴，炙坚之也。玄谓蕲，蕲暴，阴柔后必桡减，鞹革暴起。

---

① 戴吾三《〈考工记〉中轮之检验新探》，《中国科技史料》2000年第2期。

孙诒让：注云"積，致也"者，《诗·唐风·鸨羽》笺云："積者，根相迫连梱致也。"《尔雅·释言》云："苞，積也。"郭注云："今人呼物丛缴者为積。"《鸨羽》孔疏引孙炎云："物丛生曰苞，齐人名曰積。"《聘义》注云："縝，缴也。"積縝同。段玉裁云："致，今之緻字。積者，禾之密，引申为文理之密。"云"火养其阴，炙坚之也"者，凡物柔者得火则坚，故阴木疏理而柔，亦须火炙使坚强也。云"玄谓蕲，蕲暴，阴柔后必桡减，帱革暴起"者，戴震云："减下曰蕲，虚起曰暴。"洪颐煊云："蕲亦作槀，《晏子春秋·杂上篇》：'今夫车轮，山之直木也。良匠揉之，其圆中规，虽有槀暴，不复赢矣。'《荀子·劝学篇》：'虽有槀暴，不复挺者，揉使之然也。'即其义矣。"段玉裁云："《说文·艸部》云：'蕲，艸兒。'此蕲之本义；下文引《周礼》'毂弊不蕲'，此说其假借也。阴柔后必桡减，所谓耗也；帱革暴起，所谓暴也。'帱必负干'，注云'革毂相应，无赢不足'。暴者，毂不足而革赢也。"案：洪、段说是也。暴，暴之隶讹。《瓬人》注云："暴，坟起不坚致也。"后郑以蕲为暴，革赢也。先郑以蕲为耗，毂不足也。二读不同，而义实相因。《大戴礼记·劝学篇》用《荀子》文，槀暴作枯暴，蕲槀声类同。后郑以蕲暴古恒语，故不从先郑改读。《荀子》杨注云"槀枯暴干"，亦非古义。[1]

李民、王星光《略论〈考工记〉车的制造及工艺》解释何以"必矩其阴阳"：

树木的"阳"面因受到太阳光的直接照射，吸收能力强，获得的营养成分要比"阴"面充足，寄生性植物也不易在此面生长，所以木质"積理而坚"，即结构细密而坚硬；而背阳的"阴"面由于光照条件、吸收营养能力都比"阳"面差，所以木质就"疏理而柔"，即疏散松软。这些认识是很有科学道理的。河南省林科所的科研人员曾于1981年对属阔叶树类的白榆和泡桐的纤维长度进行测定，用立式投影仪观察发现，纤维的长短与干周位置有关，树干南面的纤维长，北面的短[2]，而木材纤维是决定阔叶木材强度的主要因素。木材纤维愈长，它的螺旋角就愈小，在拉力作用下木材强度就愈高[3]。这一试验的结果表明，木材的向阳面和背阳面的物理力学性能是有差异的，向阳面的纤维长，木材的强度高；而背阳面的纤维短，强度亦弱。从而用现代先进的科学方法证实了《考工记》在二千多年前提出的结论。

为了克服木材"疏理而柔"的缺陷，《考工记》提出"以火养其阴"，强调了用火烤焙的方法。这是因为，木材强度受湿涨和含水量的影响，"在纤维饱和点[4]以下，含水量降低，木材吸着水就会减少，故胞壁物质趋于紧实，因而强度加大；反之，则强度减小"[5]。在适当控制的条件下，木材经过烤焙，水分蒸发，木材干燥，强度提高，且不易开裂变形，又可达到杀虫、防蠹、防腐的目的，从而为造车提供合用的材料。所有这些都足以表明，《考工记》的木材学知识，已经取得了惊人的成就。[6]

---

① 孙诒让《周礼正义》3797—3799/3149—3150页。
② 这一材料是河南省林科所木材研究室助理研究员刘治国同志提供的，试验报告待发。作者在撰写本稿的过程中，就木材学方面的问题多次请教了刘治国同志及林科所副所长李复成同志。
③ 见《林业文摘》1962年第15期，英文版；(苏)谢尔盖耶娃《木材与纤维素化学》第一章，中国林业出版社，1957年。
④ 纤维饱和点是"一种假定的木材含水状态即木材细胞腔和细胞间隙内所含的自由水完全蒸发，而细胞壁内所含的吸着水尚在饱和状态(假定)时的含水率。这种假定的优点在于它能说明木材的若干物理力学性质与木材所含水分的变化关系"。见汪秉全《木材科技词典》，科学出版社，1985年。
⑤ 南京林学院《木材学》226—227页，农业出版社，1961年。
⑥ 李民、王星光《略论〈考工记〉车的制造及工艺》，《河南师范大学学报》1985年第2期。

毂小而长，大而短

毂小而长则柞，大而短则挚。

孙诒让："毂小而长则柞，大而短则挚"者，挚，钱氏宋本作挚，《释文》《唐石经》及各本并作槷，《群经音辨》同。阮元以《唐石经》为非。案：挚，先郑破为槷，依宋本则为声之误，依《石经》则为形之误，二字并通，无由决定，今姑从《石经》。程瑶田云："毂之大小长短必适中，斯无柞挚之弊，此为下文言毂长毂围诸度法起本也。"

郑玄：玄谓小而长则蒉中弱，大而短则末不坚。

孙诒让：云"玄谓小而长则蒉中弱，大而短则末不坚"者，"末"上宋附释音本、汪道昆本及注疏本并有"毂"字，衍。此增成先郑义也。贾疏云："以毂小而长，则辐间柞狭，故蒉中弱；毂大而短，即毂末浅短，故不得坚牢也。"诒让案：毂小而长，则众蒉之间，余地太少，故弱；毂大而短，则薮外距贤轵余地又太少，故不坚也。江永据《车人》云"短毂则利，长毂则安"，谓此云："槷者安之反。"戴震亦谓车行危隉不安，义亦通。[1]

按现代机械设计的观点，刘克明、杨叔子《先秦车轮制造技术与抗磨损设计》认为上述论述可表述为："如车上滑动轴承直径（d）过小，长度（L）过大，则加工精度不易保证，轴变形量大，则摩擦较大。反之，滑动承轴直径（d）过大，长度（L）过小，则工作者不够稳定，而易于磨损，影响运转精度。只有长短相宜，才能满足运行的需要。"[2]

"毂大""毂小"，刘克明、杨叔子《先秦车轮制造技术与抗磨损设计》认为"是对轮轴摩擦规律的总结"，"符合现代轮轴摩擦理论"：

车轮绕轮轴转动时受到的摩擦表现为旋转方向相反的切向力 f，其近似值可表达为：

$$f = \delta \cdot Q$$

式中 δ：不依 Q 的大小为转移的摩擦系数。

Q：负荷重量。

推动车轮前进以克服轮轴的摩擦力所需的力 F 等于耗费在滚过道路每一单位长度上的能。旋转一圈所需要的能为 $2\pi \cdot r \cdot \delta_{轴} \cdot Q$，式中（$r$ 为轴的半径），车轮滚过的距离为 $2\pi R$（R 为车轮的半径），由此可以得出牵引力：

$$F = r/R \cdot \delta_{轮} \cdot Q$$

假定车轮与地面的摩擦数等于轮轴的摩擦系数：

$$\delta_{轴} = \delta_{轮}$$

① 孙诒让《周礼正义》3799—3800/3150—3151页。
②《华中理工大学学报》（社会科学版）1997年第1期。

那么应用车轮的目的就是要把推动车轮行驶所需要的力减少到r/R。可以看出：设计时轴的半径r，小一些好，而轮的半径R，大一些好。

然而轮轴的半径并非是r越小越好，R越大越好，恰如"轮人"所言："毂小""毂长""毂大""毂短"的关系；即是毂小而长，则轴的配合过于狭窄，摩擦力增大。毂大而短，行车时则不稳定。只有在保证强度的情况下，大小适中，才能达到抗磨损的要求。①

短毂，长毂

《车人》：行泽者欲短毂，行山者欲长毂，短毂则利，长毂则安。

孙诒让："行泽者欲短毂，行山者欲长毂"者，贾疏云："此总言大车、柏车所利之事。以大车在平地并行泽，柏车山行，各有所宜也。"王宗涑云："此言任载之事，所以有大车、羊车、柏车之殊，短毂大车，长毂羊车、柏车也。"诒让案：此长毂短毂专据大车而言。若对兵车、乘车之长毂言之，则此大车三等并为短毂。《后汉书·马援传》云"乘下泽车"，则汉时乘车或亦有短毂行泽之别制，未知周制然否。

郑玄：泽泥苦其大安，山险苦其大动。

孙诒让：注云"泽泥苦其大安，山险苦其大动"者，大安则轮行不速，大车主以任载，故不欲大安而贵速；山行大动，则又易倾覆，故欲其安也。②

刘克明、杨叔子《先秦车轮制造技术与抗磨损设计》："《考工记》中提出的'毂小''毂大''短毂''长毂'等设计思想，与今天机械零件设计中对滑动轴承的宽径之比（L/d）所做的理论分析，从设计思想和设计方法上，几出一杯。固然，现在机械设计的宽径之比已由加工精度、承载能力及油膜稳定性所决定；但先秦时期车轮的制造，从结构上采取这些措施和所涵括的设计思想，仍是一项了不起的认识成果。……从摩擦学的观点看：短毂摩擦阻力小，利于车轮转动。而兵车、乘车、田车都是人所乘，因而使用长毂以求运行平稳。毂是车轮的核心部件，而轮是车的重要部件，都是车的制作关键。除此之外，辐和牙也都是重要的构件，辐在车轮停止转动当中都支持着车身与客货的重量，牙除承受全部重量外，还要直接承受与地面的摩擦和振动。"③

郭宝钧《殷周车器研究》论述毂的长度标准并将出土实物与《考工记》对比：

毂是轮体的一部分，其长度应取则于轮的半径而略短。这是因为轮的功用在利转，毂长则毂孔长，和轴的接触面就大，而摩擦力亦大，这显然不利于毂的周转。不过毂短则车行时会摇动剧烈，乘车的人又会不安。所以，毂的长度应斟酌于二者之间，以略小于轮的半径为适当。《考工记》说的"短毂

---

① 《华中理工大学学报》（社会科学版）1997年第1期。

② 孙诒让《周礼正义》4256—4257/3519页。

③ 《华中理工大学学报》（社会科学版）1997年第1期。

则利，长毂则安"，就是这个道理。《考工记》所定的毂的长度为三尺二寸，合公制64厘米。出土实迹，按前表第一组的铜毂饰共长52.60厘米，加栽辐处的宽度5厘米，合为57.61厘米，比之于《考工记》所规定的稍短，但所短不多（6.4厘米）。

上述铜毂饰分为近舆、近辖两节，每节都是合铸的，尺寸较长，叫作"长毂"（《诗》称"畅毂"）。这样合铸的长毂，纹饰华美，体质重大，一般不多铸，在卫墓地所出200余件毂饰中，只有四组是这样的，由此可知实用者少。一般实用的毂饰，大多是分节铸成、联接使用的，近舆侧3节、近辖侧3节。这种六节分铸的铜毂饰合起来同两节的长毂一样，而使用则较为轻便，钉起来亦易牢固，故使用者较多。①

3. 轴　锏

《辀人》：辀有三度，轴有三理。

孙诒让："辀有三度，轴有三理"者，《说文·车部》云："轴，持轮也。"《释名·释车》云，"轴，抽也，入毂中可抽出也。"郑《乐记》注云："理者，分也。"三理亦谓轴之分理有三事也。②

《辀人》：五分其轸间，以其一为之轴围。

孙诒让："五分其轸间，以其一为之轴围"者，戴震云："左右轸之间六尺六寸，轴之长出毂末，而以轸间为度者，主乎任舆之六尺六寸也。"案：戴说是也。轴在舆下者围一尺三寸二分，以径一围三疏率求之，得径四寸四分，与《轮人》注所定贤径正同。若以密率求之，则止径四寸二分一豪零，校贤径尚少一分九厘八豪零者，轴外尚有薄铁锞之，谓之锏。《说文·金部》云："锏，车轴铁也。"《释名·释车》云："锏，间也，间钉轴之间，使不相摩也。"是也。钉厚一寸，而锏薄不及二分者，恐斫小轴木，伤其力也。其轴贯壶中以出于小穿者，围径又当渐杀，度盖如菑轵之径而微朒，以为锞锏之地。此仅箸舆下之围度者，以菑轵围径《轮人》已详，可以互推，故从略也。

郑玄：轴围亦一尺三寸五分寸之一，与衡任相应。

孙诒让：注云"轴围亦一尺三寸五分寸之一，与衡任相应"者，此谓圆围也。贾疏："上《舆人》云'轮崇、车广、衡长参如一'，则轸间即舆广与衡长俱六尺六寸。以六尺六寸五分取一，与衡任同，故轴围亦一尺三寸五分寸之一，与衡任相应也。"江藩云："轴圆径四寸四分。"诒让案：田车轴围盖一尺

---

① 郭宝钧《殷周车器研究》8—9页，文物出版社，1998年。
② 孙诒让《周礼正义》3867/3205页。

二寸六分,驽马车盖一尺二寸。[1]

关于"轴",贺陈弘、陈星嘉《〈考工记〉独辀马车主要元件之机械设计》:

《考工记》中在舆人为车一节中明白指出:"轮崇、车广、衡长,参如一谓之参称。"亦即车轮的高度、车厢的宽度、衡的长度,三者必须相等,所以【图10】的a_1尺寸必须等于【图2】的尺寸a,即a_2=132 cm。而【图10】的两个b尺寸处是要装上毂的部分,所以b和毂的长度一致,b=64 cm,b_1与b_2分别是要装上锏,避免木轴过度摩擦,其宽为和钏的宽一致,所以b_1=b_2=2 cm。另外根据出土的考古文物的图片[2],可以观察到车厢和车毂之间常裸露出一小段车轴,即【图10】中的a_2尺寸,这部分的长度,依考古的资料看来,并无一特定的长度,不过对大车厢而言,这部分的尺寸较小些,通常为15～25 cm,所以吾人定a_2=20 cm,应该合理。而轴在通过毂后,会有一小段露于毂外,即【图10】的c尺寸,所以吾人从出土文物的图片中,依比例定c=10 cm,刚好使得轴的总长=a_1+2×a_2+2×b+2×c=320 cm,符合出土文物资料中的车轴一般长为3米左右的记载[3]。有了轴的长度尺寸之后,我们可以看到在【图10】上有两个直径尺寸d_1、d_2存在于轴上,依《考工记》上的记载,"五分其轸间,以其一为之轴围",其中的轸间,即【图10】的a_1尺寸,所以依照文意:$2\pi \cdot d_1$=1/5·a_1,即d_1=4.2 cm。若比较【图6】的f尺寸和此处的d_1尺寸可得知$f-2d_1$=0.4 cm,此即后面要讨论的零件锏的厚度的两倍(即锏的厚度为0.2 cm)。同理$2d_2$=(图2～6的i尺寸)−2×(锏的厚度)=4.53−0.4=4.13 cm,所以d_2=2.065。至此轴的全部尺寸便可以完全得知,这是由本文所予以重现的。[4]

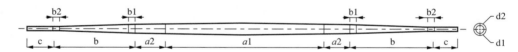

图10　车轴设计图

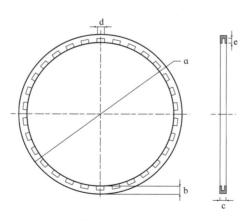

图2　轮牙设计图

① 孙诒让《周礼正义》3880—3881,3217页。
② 孙机《中国古独辀马车的结构》,《文物》1985年第8期。
③ 孙机《中国古独辀马车的结构》,《文物》1985年第8期。
④ 《清华学报》第24卷第4期,1994年。

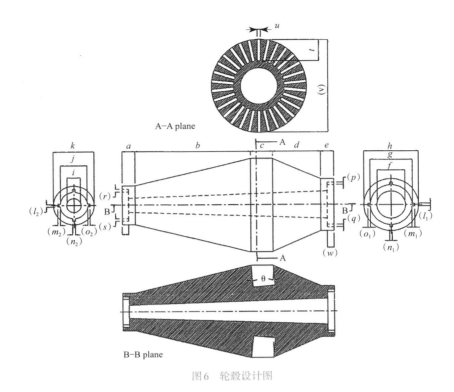

A–A plane

B–B plane

图6　轮毂设计图

关于轴的长度和径度,郭宝钧《殷周车器研究》指出:

出土实迹对于轴之三理说明甚少,但对于轴之长度和径度,则启发颇多。就轴的长度来说,根据测得的小屯第20号墓两铜軎的距离可知,轴长为280厘米。大司空村墓175号是:"轴横贯两轮之中,长3.0,中部遗痕,宽0.07,轴端由軎内所存之木测知其径为0.041米。由于两軎所在位置比较正确,所以轴的长度亦较可靠。但因灰痕太薄,其截径正确形状则无法测知"[1]。西周的有辛村卫墓1号的轴痕,正位于舆下,全长324厘米。居舆下者148,出舆外者88×2,在毂的两贤处径8,軎口处径5.5厘米。卫墓8号的轴痕,长280厘米,在舆下者,长140,初出舆处,上下径9.5,前后径6.8厘米,呈上下扁圆形。又一轴,长320,軎端径5.8厘米。卫墓第42号的轴痕也是正居舆下,全长300,舆下压134,軎端径5.4厘米。洛阳下瑶村第151号西周墓有"轴痕一(18号),只存一端,残长0.9,贯轮处长0.42,径0.08米。承轮处向上高起径为0.2米。轴端有铜軎"[2]。张家坡2号坑的2号车,"车轴全长294厘米。轴两端套铜的軎和辖"[3]。东周初年的有上村岭虢国墓中的车,其"轴长222,剖面作圆形,直径6.7厘米"[4]。战国时期的有辉县琉璃阁的第131号墓,该墓内出土大、中、小型三种车(特小的除外),各车的

① 《考古学报》九册63页。

② 见《考古学报》九册106页。

③ 见《考古》1959年第10期。

④ 见《上村岭虢国墓地》43页。

轴长是236～242厘米,轴径有9厘米的,10厘米的,12或14厘米的[1]。至于轴的具体形状,可看辛村轴图并可参考《长沙发掘报告》152页,一三〇图所示203号墓木轴的实例(图17)。

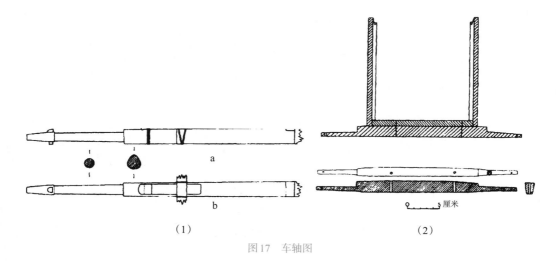

（1）　　　　　　　　　　　　　　　　　　　　　（2）

图17　车轴图
（1）根据辛村出土的轴迹复原
a　侧视　b　俯视
（2）根据长沙203号汉墓5号车摹绘（原图见《长沙发掘报告》152页）

根据出土实迹,可以察知,车轴的长度:

殷代　　　　最长的300厘米,短的280厘米。
西周　　　　最长的324厘米,短的300、294、280厘米。
东周　　　　最长的242厘米,短的222、155厘米。

由以上数据可以看出,车轴显然有一种由长变短的趋势。此趋势很可能与社会的发展进步有关。我们不妨作这样的推测,即殷和西周时期,社会发展尚处于较低的水平,车辆必不及其后的时期多,车轴虽长,而车辆较少,相互摩击情况尚不会多,故可从容行驶而不虑轴断。东周而后,社会已逐渐发展到更高的水平,人口增加,车辆也必会随之增多,顺逆拥挤,道路多阻,车轴过长,相互摩击,欲速反迟。《史记·苏秦传》:"临淄之中七万户……临淄之涂(途),车毂击,人肩摩,连衽成帷,举袂成幕,挥汗成雨。"这应是对当时都市情况的稍带些夸张的真实描述。试想,一辆具有长轴的车辆在这样繁华的城市中行进如何能快,又如何能不出事故。《史记·田单传》:"单为临淄市掾……燕师长驱平齐,而田单走安平,令其宗人尽断其车轴末(恐长相揳也)而傅铁笼(坚而易进也)。已而燕军攻安平,城坏,齐人走,争涂(途),以揳折车败,为燕所虏;唯田单宗人以铁笼故,得脱。"这是短车轴比长车轴有利的实例。人经历过实际教训(自然不限于兵乱,平时亦一定会有不少两车轮毂相击之事),再制造车时谁又肯保持其长车轴而自添麻烦呢?故车轴在殷、周之间的逐渐缩短,是与社会发展的结果有关。[2]

[1]　见《辉县发掘报告》48页,表三八。
[2]　郭宝钧《殷周车器研究》21—23页,文物出版社,1998年。

据杨宝成《商代马车及其相关问题研究》统计，殷墟出土车子的"车轴由一根圆木加工而成，中间较粗，两端较细。车轴长短不一，一般在 3～3.7 米之间，直径 10～12 厘米"：小屯宫殿区出土长 290、径 5.5～7.3 厘米，小屯宫殿区长 290 厘米，孝民屯南地长 310、径 5～8 厘米，孝民屯南地径 5～8 厘米，孝民屯南地长 306、径 13～15 厘米，孝民屯南地长 298、径 10 厘米，孝民屯南地长 294、径 10 厘米，大司空村长 300、径 4.1～7 厘米，大司空村长 220、径 18 厘米，大司空村长 274、径 12 厘米，白家坟西北地长 309、径 9.5～10 厘米，郭家庄西南长 308、径 10～12 厘米，郭家庄西南长 300～312、径 10～12 厘米，郭家庄西南长 308～312、径 10～12 厘米，梅园庄东南长 302、径 10 厘米，梅园庄东南长 310、径 10.5 厘米，梅园庄东南长 235、径 5～7.5 厘米，梅园庄东南长 305、径 10 厘米。[1]

轴饰是一种套在轴上、居舆与轮之间、用以制毂、使之不得内侵的饰物。郭宝钧《殷周车器研究》依据轴饰证知轴的形制：

辛村卫墓出土的数百件车器中只有第 8 号墓出土 1 对，其他各地发掘，至今尚未见有第二对。出土时，居轴之两端各退 60 厘米处。形制分为二节，一节椭圆筒形，上下椭长，两端透通，套于轴上。筒长 10.5，孔径上下为 11.7 厘米，前后为 7.1 厘米。筒的近毂一端，有向外折出 1.8 厘米宽的边栏，备与车毂内端相磨。一节为长方形平板，长宽为 11.9×9.3 厘米。由圆筒外端只折而上，再平折前，正覆罩毂在内端，颇与长沙 203 墓 4 号车的伏兔上部平板相似[2]。这是一对颇为华美的饰物（图 22）。

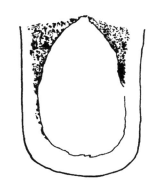

0 1 2 3 厘米

图 22　辛村墓 8 所出轴饰折边拓片
（可看出孔中轴径的形状）

根据这一轴饰，我们可以证知，轴在舆下的部分是粗壮的，其截面为上下扁椭。再证之以长沙 5 号车的轴，该轴也是上下高而前后薄[3]。车轴具此形状，既可承重有力，又可保持质较轻，而且轴接毂处，周遭可留有峻收的折棱以制毂的内侵，从而是合乎需要的形制。至于轴的两端，根据軎饰可知其截径较细，顶端平齐，一般径度在 5 厘米左右。从轴饰的折棱起到轴末的一段，随时期之不同具有两种形状：西周中期以前的是等粗的圆柱形，转动滑利，但内侧比较细弱，因此位置吃重大，故有易于折断之患。西周中期以后，改为锥体形，内侧较粗，外端略细，前弊可稍减，这从毂饰的由贤、轵相等制转变为贤、轵不等制可以证知之。[4]

关于"锏"，贺陈弘、陈星嘉《〈考工记〉独辀马车主要元件之机械设计》："此零件相当于现今的轴承，用以使轴的旋转顺畅及避免木轴过度摩擦。《释名》中说到：'锏、间也，间钉、轴之间不相摩也。'把锏的作用说得十分清楚。既然锏是要装在轴上和毂的贤端和轵端相

①《考古学研究》（五）331—332 页，科学出版社，2003 年。
② 见《长沙发掘报告》150 页。
③ 见同上书，152 页。
④ 郭宝钧《殷周车器研究》26 页，文物出版社，1998 年。

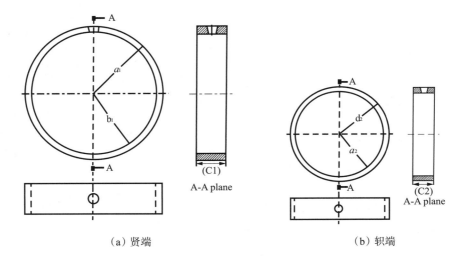

（a）贤端　　　　　　　　　　　　　（b）轵端

图 11　锏的设计图

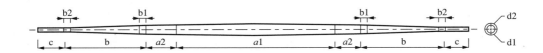

图 10　车轴设计图

配合，所以【图 11】的尺寸 $2 \cdot a_1$ 和尺寸 $2 \cdot a_2$，当然要分别等于【图 10】中的 $2 \cdot d_1$ 和 $2 \cdot d_2$，且 $a_1 - b_1 = a_2 - b_2 = 0.2$ cm，所以 $a_1 = 4.2$ cm、$a_2 = 2.065$ cm、$b_1 = 4.4$ cm、$b_2 = 2.265$ cm。此外为配合钉的宽度所以取 $c_1 = c_2 = 2$ cm，【图 11】中所示在锏上所钻的小圆孔，乃是要留给铁钉钉入木轴时用的（根据出土的文物图片[1]，可以见到锏上均含有一小段铁钉），吾人配合轴径须在锏上预留直径 1.0 mm 的孔，以容铁钉钉入。"[2]

关于"锏"，孙机《中国古独辀马车的结构》指出：

在用釭加固车毂的同时，轴上并开始装锏，以使铁釭中的木轴减少磨损。洛阳中州路出土的战国车上的铁锏，呈瓦状，用铁钉固定在轴上[3]。满城 1 号西汉墓中的车，则装管状铁锏，出土时其中尚含车轴朽木，有的还残存一小段铁钉。……满城 1 号墓出土的一枚铁锏曾经金相考察，属珠光体基的灰口铸铁[4]，具有较高的耐磨性和较小的摩擦阻力，所以它既能起到防护作用而且还利于运转（图 3-11）。[5]

① 孙机《中国古独辀马车的结构》，《文物》1985 年第 8 期。
② 《清华学报》第 24 卷第 4 期，1994 年。
③ 《考古》1974 年第 3 期，175 页，图 4：2。
④ 中国社会科学院考古研究所、河北省文管处《满城汉墓发掘报告》上册，页 185，文物出版社，1980 年。
⑤ 孙机《中国古独辀马车的结构》，《文物》1985 年第 8 期；引自孙机《中国古舆服论丛》增订本 36—37 页，文物出版社，2001 年。

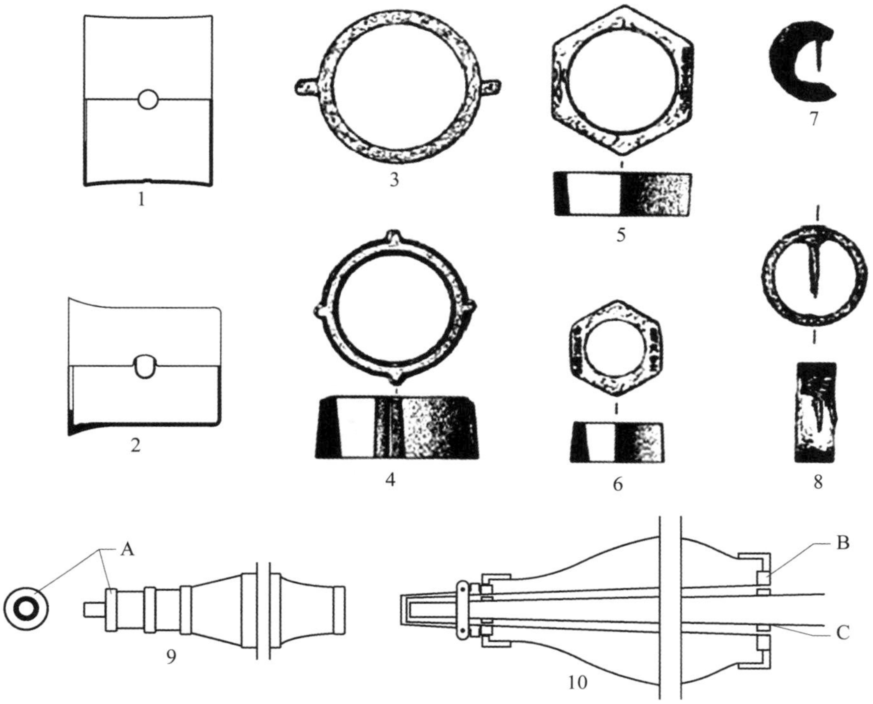

图3-11　辖钉、锏

1. 西周铜辖（陕西长安出土）　2. 西周铜辖（洛阳老城出土）　3. 战国铁钉（燕下都出土）　4～6. 西汉铁钉（河南镇平出土）　7. 战国铁锏（洛阳中州路出土）　8. 西汉铁锏（河北满城出土）　9. 装于毂端的辖（A）（河南淮阳出土）　10. 钉（B）、锏（C）安装部位示意图

4. 轐（輹，伏兔）　当兔

《总叙》：六尺有六寸之轮，轵崇三尺有三寸也，加轸与轐焉四尺也。人长八尺，登下以为节。

郑司农：轐读为旃仆之仆，谓伏兔也。

孙诒让：云“谓伏兔也”者，即《辀人》兔围之兔也。戴震云：“伏兔谓之轐。《易·小畜》九三‘舆脱辐’，《大畜》九二‘舆脱輹’，《大壮》九四‘壮于大舆之輹’。《说文》：‘轐，车伏兔也。輹，车轴缚也。’《释名》：‘屐，似人屐也。又曰伏兔，在轴上，似之也。又曰輹，輹，伏也，伏于轴上也。’按：轐下有革以缚于轴，今《易·小畜》作辐，盖传写者误。”阮元云：“轐在舆底，而衔于轴上。其居轴上之高，当与辀圜径同。至其两旁，则作半规形，与轴相合，而更有二长足，少锲其轴而夹钩之，使轴不转，钩轴后又有革以固之①。舆底有軬，则不至与轴脱离矣。"案：戴、阮两家说伏兔形制是也。伏兔承舆下而加轴上，其正中与辀当兔围径同。其前后作半规形下衔轴者，郑珍谓亦径二寸二分，其说甚塙。盖其所衔者，正切轴半径而止，则伏兔中方径虽止三寸六分，其衔轴处则椭方径五寸八分，兼得轴半径之度。故此经亦止以轸軬加轵下半径，而不必再计轵上半径之度也。軬与輹略同。《易·小畜》孔疏引子夏传云："輹，车屐也。"《易》释文引郑《易注》云"伏菟"。《左·僖十五年传》云："车脱其輹。"孔疏引子夏《易传》云："'輹，车下伏兔也。'今人谓之车屐，形如伏兔，以绳缚于轴，因名缚也。"《广雅·释器》云："軬、輹，伏兔也。"是軬輹同为伏兔之名。然以《易》言"大舆之輹"考之，盖輹为大车之伏兔，軬为驷马车之伏兔，其用不同也。详《车人》疏。②

《辀人》：十分其辀之长，以其一为之当兔之围。

孙诒让："十分其辀之长，以其一为之当兔之围"者，郑珍云："辀承舆下者四尺四寸，宜广厚如一，而惟着对伏兔处，长尺四寸六分强一段之围，明前后不对伏兔者，其围异矣。以此推之，舆底当处凿深约四分，以受③辀与伏兔之钩入为固。当兔三寸六分之厚，约以四分钩心，则在外者仍有三寸二分庪轴上。其前后不当兔者，当止减上厚四分，使与舆底相切，两边及下面则渐杀矣。向后杀至于踵，止围七寸六分八厘；向前杀至于颈，止围九寸六分。是辕在舆下者正中一段，前后渐敛渐窄，底则渐收渐上，形若舟然，此辀之所以名也。当兔承舆中，伏兔如屐，承两旁，惟中间当轴一分须厚，下为衔轴地，衔轴又须作半规形，不可以围计，此外其围宜同。当兔亦方三寸六分，其钩心庪轴上并同。经以两事度同，可以互见；而辀在舆下者，有当兔不当兔、钩心不钩心之增减，若着兔围，则当兔且不能见，今止着当兔之围，不惟可见兔围，即不当兔者亦并见之矣。"案：郑说是也。三分舆下之辀，而当兔居其一，盖长一尺四寸六分，与伏兔长正相应。前至轵前之颈，后尽踵之外边，亦各一尺四寸六分。当兔之处，正直舆心，轴又横其下，作时上当隆起以持舆，下复当突出凿为钩，以函轴半径，与大车辕同，故亦可谓之钩心。盖辀之与舆轴相钩连者全在此处，故必大于颈踵诸围，非小车辀当兔处不凿钩也，但此兔围，则正指加轴上者言之，不兼计钩轴之度耳。

郑玄：辀当伏兔者也，亦围尺四寸五分寸之二，与任正者相应。

孙诒让：注云"辀当伏兔者也"者，伏兔即《总叙》之軬也。戴震云："当兔在舆下正中，其两旁置伏兔者。"钱坫云："当两軬之间，谓之当兔。"云"亦围尺四寸五分寸之二，与任正者相应"者，此谓方围也。贾疏云："通计辀之轵前及隧，总一丈四尺四寸，十分取一，故辀当伏兔之处，粗细之围有一

---

① 引者按：王文锦本（第3次印刷之前）"钩"误属上。"钩轴后又有革以固之"一句，因为"二长足少锲其轴而夹钩之"的作用就是"使轴不转"，孙诒让疏"钩轴"屡见，如4269/3528—3529页引《释名·释车》"钩心，从舆心下钩轴也"并说"此钩心则是就辕凿之以钩轴"。

② 孙诒让《周礼正义》3781—3783/3137—3138页。

③ 引者按：乙巳本、郑珍《轮舆私笺》（王先谦《清经解续编》，第4册310页中）并作"受"，王文锦本从楚本讹作"授"，"受"入"授"出。

尺四寸五分寸之二，与任正相应也。"江藩云："当兔围一尺四寸四分，方径三寸六分。"郑珍说同。诒让案：此围径乃当兔之真度，不计下衔轴者也。其衔轴者，当亦径二寸二分，尽轴之半径，与伏兔同，详《总叙》疏。又案：田车当兔围盖一尺四寸，驽马车盖一尺三寸三分。

参分其兔围，去一以为颈围。

孙诒让："参分其兔围，去一以为颈围"者，郑珍云："兔围即是伏兔之围，明当兔伏兔其围一也。"王宗涑云："兔谓伏兔也。伏兔与軨当兔大小齐等，故上云当兔之围，此云兔围，明伏兔围亦得軨长十分之一，并非当兔之围之省也。"[1]

郭宝钧《殷周车器研究》描述"伏兔"和"当兔"：

舆虽是置于轴和軨之上，但軨也是置于轴上的。軨和轴十字相交处叫作"当兔"，轴与舆的两軫十字相交处叫作"伏兔"。伏兔因有当兔始生，而当兔之名却因有伏兔之形始起。这是因为軨与轴都是车的骨干，都是任重之木，两者之间的扣榫，不便刻削过甚，只能是微削使之曲凹，彼此能够扣合相衔也就行了。这样的接合，肯定不牢固，必须靠革、丝的缠绕来加固。于是，軨径的上表面就会高出轴径的上表面大约9厘米。由于舆的下底要置于軨径之上，因而舆底的两侧不可能触到轴的表面而留下9厘米的空隙，使舆左右倾斜，乘车者不能平稳安坐。欲使舆底左右平实，重心稳定，人们在舆的两軫下各垫一块短木，使之与轴的上表面实接，这样舆底有了三个支撑点位于同一平面上，从而消除了舆左右倾斜之弊。这两块短木，和轴平行，架于轴上，十分之九压在舆下，十分之一透出舆外，好像一个潜伏着的兔子伸头向外窥看的样子，故叫作"伏兔"。因伏兔分别位于舆的两旁，軨木的钩心凹陷则位于正中，正当两伏兔之间，故称作"当兔"。当兔者，居轴的当中之軨木也，其形凹伏，也像一个深伏的兔子。所以说当兔之名，因有伏兔之形始起。但若无軨径之中凸，两軫与轴交不须垫短木，则伏兔之名自然无以产生，故曰："伏兔因有当兔始生。"

验之实迹，张家坡西周车马坑的第2号车，"车轴上有两个椭圆形的伏兔（长宽11×4厘米），垫在车箱的两侧下"[2]。上村岭东周初年的1727号车马坑中，第3号车"轴靠近两毂内端处，各有一块长方形木头，长15，宽7，高3厘米，可能是伏兔"[3]。两处都是先秦车子的实例，由此可知，西周时期伏兔已有应用，但所述具体形状不详。在长沙汉墓的第203号墓中，第2号车上的伏兔是这样的："轴上为伏兔，长10.1，接軫木处高1.0，厚1.1厘米。底部稍凹入，以便接合圆形轴木的上部。……现在发现的实物，知道汉代车子的伏兔是像一只偃伏着的兔子；也像古代的漆屐"[4]。对同墓第4号车的伏兔是这样描述的："轴和车座之间有伏兔二枚（418，425），形状和第2号的相似而稍简陋。伏兔长11.3，上部又向外突出1.3，全长为12.6，高2.4，宽1.2厘米。上边有一宽1.9，深1.1厘米的凹槽以容辕木。下边中央稍凹，以便系安于横轴上面"[5]。这两辆汉车上的伏兔可作为

① 孙诒让《周礼正义》3881—3883/3217—3218页。
② 见《考古》1959年第10期。
③ 见《上村岭虢国墓地》43页。
④ 见《长沙发掘报告》147页，图一二四。
⑤ 见同上书150页，图一二七。

先秦伏兔形制的补充印证（图25）。[1]

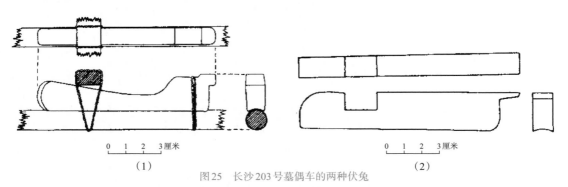

0　1　2　3厘米　　　　　　　　　　　　0　1　2　3厘米
（1）　　　　　　　　　　　　　　　　　　（2）

图25　长沙203号墓偶车的两种伏兔

（1）第2号车的伏兔（采自《长沙发掘报告》图一二四）（2）第4号车的伏兔（采自《长沙发掘报告》图一二七）

张长寿、张孝光《说伏兔与画辋》也指出："伏兔是古代车制中置于轴上、垫在左右车轸之下的枕木。"[2]

《秦始皇陵铜车马发掘报告》描述一号铜车马的两件伏兔："轴与舆底之左右两侧的交接处各垫一伏兔。两件伏兔的大小、形制相同，铜质。伏兔形状近似长方体，上窄下宽，上平，下有半圆形凹口，顺着轴横置于舆底的左右两侧，下面的凹口与轴相合而挟持之。伏兔的内端成圆弧形，外端和毂相接处平齐，其上边连有一出檐式盖板，盖板正好覆在车毂内端之上，可以防止泥土从轮舆之间进入毂内，影响轮的转动，起到遮尘泥的作用。舆、伏兔和轴三者间铸有皮条缠扎纹，说明原物是用皮条捆缚使三者固为一体的。伏兔长16、高6、宽4～4.8厘米（图九，3）。"[3]

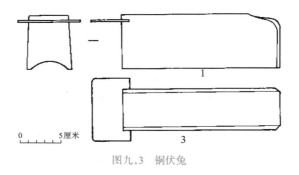

0　　　　5厘米

图九,3　铜伏兔

孙机《始皇陵二号铜车马对车制研究的新启示》描述秦陵2号铜车的伏兔："伏兔的断面近似梯形，上平以承舆，下凹以含轴。其状与清代戴震、阮元等人的推测颇相合（戴震《考

① 郭宝钧《殷周车器研究》28—29页，文物出版社，1998年。

②《文物》1980年第4期。

③ 秦始皇兵马俑博物馆、陕西省考古研究所《秦始皇陵铜车马发掘报告》16—17页，文物出版社，1998年。

工记图》；阮元《车制图解》)。戴、阮等用这种形制解释《考
工记》中的伏兔，虽未能尽合，但对秦车的伏兔来说，却是言而
有中了。"①图版六二，1为秦陵2号铜车车底伏兔与轴的照片，
见《秦始皇陵铜车马发掘报告》。

近一二十年出土了不少保存完好的伏兔，例如：陕西陇县
发掘的春秋车舆，伏兔呈长方形，车轴承其凹入部分。伏兔长
17.5、宽5.2、高3.5、凹深1厘米②；山西侯马上马墓地发掘的春
秋车舆，伏兔近似马鞍形，车轴承其凹入部分。伏兔长19、宽
16、高18、凹深10厘米③；江苏淮安市运河村一号战国墓出土一
件伏兔，附在轴上，内有凹槽与榫眼，上有二道伏窝。两侧及底
部雕刻蟠螭纹。长25、宽5、高7厘米，间距114厘米④；山西临
猗程村春秋墓地清理、发掘了一批墓葬和车马坑。其中M1065

图版六二，1　轴及伏兔

号车马坑中车的伏兔保存状况颇佳："舆下部分左右两侧的伏
兔、画辐痕迹清晰可见，保存状况相当良好。伏兔为立体长方形，长32.5厘米、宽5厘米、高
6厘米，横置左右轸木下的轴上，方向与轴平行，与上承之轸木呈'十'字交叉。伏兔下面有
深1.3厘米的纵向凹槽以含轴，上面有深0.7厘米的横向咬口以纳轸。"⑤此后的临猗程村墓
地发掘报告有详尽说明："位置在两侧轸之下，轴之上。遗痕清楚和比较清楚的有14辆。伏
兔的整体为立体长方形，长边与轴平行，侧立轴上。伏兔长在20～36厘米之间，以26～29
厘米者居多，共6辆，几乎占总数14辆的一半。高在5～10厘米之间。其中，以6厘米者最
多，共6辆，亦近总数一半；……至于伏兔与轴和轸如何衔接固定，并未彻底搞清，仅见于
M1009的4号车和M1058的3号车伏兔的上面有明显的横向含轸凹槽。其余车子有的虽然
解剖，但不清楚；有的则因保存不好，更看不出有无咬口和凹槽了。此外，在14辆车中，伏
兔与轸和轴之间多数未发现有用皮条缠扎的痕迹，仅在M0026的3号车左侧轴与伏兔相接
处有皮条痕迹。……我们在M0026的3号车左轸下发现伏兔含轴之处，其轴之朝下一方有
相当清晰的皮条捆缚痕迹。这种现象，应视为伏兔和轴捆在一起的实例。"⑥

迄今尚未发现商代晚期的马车有伏兔痕迹，冯好《关于商代车制的几个问题》指出：
"梅园庄车马坑M41木质轴饰的发现，对于探讨轴饰的用途，以及商代晚期的马车是否有伏
兔这些问题都有一定的启发意义"，"迄今尚未发现商代晚期的马车有伏兔的痕迹，这主要
是由于三方面原因，一是车子的确没有伏兔；一是为了保护车子而未对车舆以下进行清理，
故而不知道是否有伏兔；还有一个原因就是车轴、车舆部分腐朽、损坏过甚，无法识别伏兔。

①《文物》1983年第7期，转引自孙机《中国古舆服论丛》增订本7页，文物出版社，2013年。
② 陕西省考古研究所宝鸡工作站等《陕西陇县边家庄五号春秋墓发掘简报》，《文物》1988年第11期。
③ 山西省考古研究所侯马工作站《山西侯马上马墓地3号车马坑发掘简报》，《文物》1988年第3期。
④ 淮安市博物馆《江苏淮安市运河村一号战国墓》，《考古》2009年第10期。
⑤ 张岱海、张彦煌《临猗程村M1065号车马坑中车的结构实测与仿制》，《中国考古学论丛——中国社会科学院考古研究所建所40年纪
念》356页，科学出版社，1993年。
⑥ 中国社会科学院考古研究所等《临猗程村墓地》209—210、271页，中国大百科全书出版社，2003年。

梅园庄车马坑M41便属于最后一种情况,车舆两侧的车轴部分均已折毁,痕迹不清,只能看出车轴表面有木轴痕迹。但由于两周的青铜轴饰均固定在伏兔上,因此梅园庄M41的发掘者认为不能排除木质轴饰也是固定在伏兔上的可能,笔者也认可这个可能是存在的。"①

5. 辐

辐　股　骹

《轮人》：辐也者,以为直指也。

孙诒让：云"辐也者,以为直指也"者,《说文·车部》云:"辐,轮辕也。"谓三十辐各指其凿,无偏倚也。②

《轮人》：望其辐,欲其挈尔而纤也；进而视之,欲其肉称也；无所取之,取诸易直也。

孙诒让："望其辐,欲其挈尔而纤也"者,明治辐之善也。挈尔,徐锴本《说文·手部》引作"挈尒"。案:《说文·尗部》云:"尔,丽尔,犹靡丽也。"《八部》云:"尒,词之必然也。"尒正字,经典通假尔为之。云"无所取之,取诸易直也"者,《弓人》注云:"易,理滑致也。"程瑶田云:"易直者,辐不失职之极致,贵直尤贵易也。"

郑玄：挈纤,杀小貌也。肉称,弘杀好也。

孙诒让：注云"挈纤,杀小貌也"者,《广雅·释诂》云:"纤,小也。"谓从股趋骹,以次渐杀而小也。贾疏云:"凡辐皆向毂处大,向牙处小。言挈纤,据向牙处而言也。"戴震云:"纤攕通,辐有鸿有杀,似人之臂挈,故欲其挈尔而攕,不拥肿也。《说文·手部》曰:'挈,人臂皃。攕,好手皃,《诗》云:攕攕女手。'今《毛诗》作'掺',传云:'掺掺犹纤纤也。'"王宗涑云:"辐围外一偏,股骹若一,内偏三分其长,而杀其近牙之一分,与臂正相似,记故以挈纤形容其杀。"云"肉③称,弘杀好也"者,《尔雅·释言》云:"称,好也。"《乐记》云:"宽裕肉好。"肉称与肉好义亦同,谓辐均好也。程瑶田云:"弘谓股,杀谓骹。好谓弘杀之间,弘不肿,杀不陷也。"

① 《考古与文物》2003年第5期。
② 孙诒让《周礼正义》3788/3142页。
③ 引者按：乙巳本、楚本并作"肉",王文锦本排印讹作"内"。

郑司农：掣读为纷容掣参之掣。

孙诒让：郑司农云"掣读为纷容掣参之掣"者，段玉裁云："《史记》司马相如《上林赋》说树木云'纷容萧蓼'，《汉书》《文选》皆作'纷溶萹蓼'。案：萹蓼与槮椮同萧森二音。郭璞曰：'纷容萹蓼，枝竦擢也。'郑司农所偁作掣参，音义与郭同。谓辐之纤长略如枝条竦擢，故曰'读为'，言音义皆同也。"

郑玄：玄谓如桑螵蛸之蛸。

孙诒让：云"玄谓如桑螵蛸之蛸"者，拟其音也。《神农本艸经》云："桑螵蛸生桑枝上，螳螂子也。"《说文·虫部》作"蟰"，蛸螵即蟰之俗。[1]

《轮人》：参分其辐之长而杀其一，则虽有深泥，亦弗之溓也。

孙诒让："参分其辐之长而杀其一"者，此明辐股与骹不同度，以起轮缚之义也。阮元云："参分辐长，股不杀者二分，骹杀者一分也。"郑珍云："轮崇六尺六寸者，除去牙之漆者一寸九分一厘六豪六不尽，不漆者一寸，上下牙共除五寸八分三厘三不尽，又除毂径一尺六分六厘六不尽，余四尺九寸五分。分为两辐之长，则一辐除菑爪不计，长二尺四寸七分五厘。三分之而杀其一，则杀者长八寸二分五厘。止于广之向车箱一边杀，狭至爪入牙际，其向外一边不杀，两面近牙处亦稍杀，但其数甚微。试以人之立验之，由股而至足，其前面直下，后面自腓肠即渐斜渐细，两边亦略杀焉。此下文股骹之所由名也。"云"则虽有深泥亦弗之溓也"者……郑珍云："辐所以必有杀者，止为泥之黏着。杀者连牙高一尺有奇，泥之上及辐，至此已深。若过是，则不能行矣。或曰：'辐之向外者，岂泥不能黏，何以独不杀乎？'曰：'不黏者，谓杀其一边，使细如骹形，自然通骹泥不黏着，非谓只不黏杀之一面也。'"

参分其股围，去一以为骹围。

孙诒让："参分其股围，去一以为骹围"者，承上辐三分杀一之文，而明其所杀骹围之度。股围，即辐上半椭方之全围，不杀者也。郑珍云："辐股广三寸五分，厚七分，两面广七寸，两边厚一寸四分，共八寸四分为股围。三分之一，分得二寸八分，去其一分，有五寸六分，以为骹围。骹两面不杀，则两边厚仍各七分，共占一寸四分；余四寸二分，两面广各居二寸一分也。"案：郑说是也。钱坫云："骹围三分去一，则骹广二寸三分奇，厚大半寸矣。"案：钱谓骹厚亦三分杀一，与郑子尹说不同，于骹围全度亦无迕，谨存之，以备一义。

郑玄：谓杀辐之数也。

孙诒让：注云"谓杀辐之数也"者……辐股不杀，惟骹杀之，所杀之围，参分辐广，亦只杀其向内之一分，非周匝通杀之也。

---

[1] 孙诒让《周礼正义》3792—3793/3145 页。

郑司农：股谓近毂者也，骹谓近牙者也。方言股以喻其丰，故言骹以喻其细。人胫近足者细于股，谓之骹。

孙诒让：郑司农云"股谓近毂者也，骹谓近牙者也"者，郑珍云："上三分杀一，著所杀之长短；此著所杀之广狭，辐之未杀者皆股也。股广如一，自二分长之下，杀之使细，则成上股下骹之形。其杀数非直斜就向内一边，乃略圆渐斜而下，至将入牙际，骹围即于此取之。先郑谓骹近牙者指此，此以下则爪也；谓股近毂者，取其将入毂际，以明此之为将入牙际耳。"云"方言股以喻其丰，故言骹以喻其细"者，明股骹以粗细相对比例为义。云"人胫近足者细于股，谓之骹"者，释股骹得名之义也。《弓人》注亦云："齐人名手足擘为骹。"阮元云："《说文》曰：'股，髀也。骹，胫也。'盖人股本丰，自膝以下则向内削而细。今辐形正似之也。"[1]

关于骹围，贺陈弘、陈星嘉《〈考工记〉独辀马车主要元件之机械设计》根据"参分其股围，去一以为骹围"，指出"所指的股围乃 $2(d+1)$，骹围乃 $2(f+j)$。所以，$f=2/3d \approx 4.67$；$j=2/3i \approx 1.56$ cm"（图5）[2]。

关于辐及股、骹的形状，郭宝钧《殷周车器研究》指出：

先秦车迹辐条保存完好的虽不多，但长沙的汉代车迹，有一辆保存得甚好（图12）。根据《长沙发掘报告》（124页）的描述："辐条每根的形状，近牙处的剖面作圆形，直径0.5厘米。至距离毂约10厘米处，剖面逐渐变为椭圆形，厚度缩至0.3厘米，宽度增至1厘米，并且逐渐弯曲。每根的轮廓线是和人的大腿很相似，所以，从《考工记》把丰润的近毂一段叫作股，把细长而圆的近轮牙的一段叫作骹。"这确实是对《考工记》中辐制的一个最好的实物注解。虽然，这种汉车的尺制较小，只是车的模型，而且，汉代的车又晚于《考工记》的时代，但是汉代轮人是战国工匠的继续，他们的师承不远，应该是可以互相

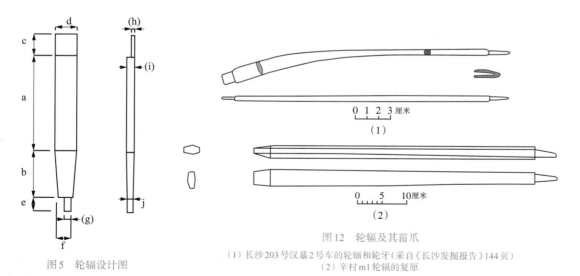

图5　轮辐设计图

图12　轮辐及其菑爪
（1）长沙203号汉墓2号车的轮辐和轮牙（采自《长沙发掘报告》144页）
（2）辛村m1轮辐的复原

① 孙诒让《周礼正义》3820—3822/3167—3169页。
② 《清华学报》第24卷第4期，1994年。

比证的。且不唯汉代辐制如此，即是春秋早期的遗存，也透露出此种端倪。如《上村岭虢国墓地》(42页)的描述为"辐条的剖面作长方形，近毂处高1、宽3.7，比邻两辐相距1.5厘米；近牙处高1.6，宽2.7，比邻两辐相距12厘米。"这也正是辐股宽而薄(3.7×1)，辐骹窄而厚(2.7×1.6)的数据。又，大司空村殷代墓175号中，轮迹也有同一现象。《考古学报》(九册63页)描述为"辐长0.54，近辋端宽(厚)0.05，近毂端宽(厚)0.035米。辐的截面是椭圆形"。这不也是辐骹厚于辐股么！可见，此风渊源甚古矣。

在西周时代，辛村卫墓地第1号墓中的轮痕也可用作例证。此墓中有轮12面，各轮的辐数都是18根，辐长多半是54厘米。在近毂处因有铜轵孔作限制，故可确知，近毂端的辐截面是宽3.3、中厚2.1、边厚1.1厘米的扁椭六边形。又，在同墓地第42号墓中有4面轮痕，其轮辐数也都是18根。各辐长度为52.3厘米，根据铜轵孔的限制，可确知在近毂处辐的截面为宽3.8、中厚2.7、边厚1.05厘米的扁椭六边形。这样的截面为扁椭六边形的辐，与大司空村的截面为椭圆形的辐略相同，都是近毂处辐的形状。至于近牙处辐的形状，在辛村卫墓中就无具体的例证了。然而，据上述的数例已可知，辐的一般形状是在近毂处宽而薄。而在近牙处则是窄而厚了。宽为蓄支有力，薄为辐不逼柝；窄为泥水易脱，厚为补窄之弱。[1]

关于"辐"，贺陈弘、陈星嘉《〈考工记〉独辀马车主要元件之机械设计》：

《考工记》(下卷)的"车人为车"一节中有指出："辐长一柯有半。"又"柯长三尺"，而一尺为20 cm，所以，$a+b=1.5×45$ cm。有了$a+b$的总长之后，我们在"轮人为轮"一节中又已得知："参分其辐之长，而杀其一，则虽有深泥，亦弗之潆也。"表示：只要削细辐条接近轮牙的1/3即$b=(a+b)/=15$ cm，车行时就是有烂泥也不会陷入难行。所以，$a=45-15=30$ cm。图5中的c、d和e、g，就是用来插入轮毂和轮牙榫眼的榫头。c、d插入轮毂，e、g插入轮牙。在《考工记》中并无明确指出c、d的尺寸和e、g的尺寸为何，不过在郑玄的《周官注》中，提到"毂长三尺二寸者、辐广三寸半……"，经林巳奈夫在《周礼考工记の车制》[2]中所提，考察后亦确定为三寸半。所以辐宽，即$d=7$ cm。而在《考工记》下卷"车人为车"一节中又指出"辐厚三之一"，表示$i=c/3=7/3$ cm。[3]

《辀人》：轮辐三十，以象日月也。

孙诒让：云"轮辐三十，以象日月也"者，三十是日月合宿之数。《大戴记》及《贾子》并止云象月；不云日者，文之省也。

郑玄：轮象日月者，以其运行也。日月三十日而合宿。

孙诒让：注云"轮象日月者，以其运行也，日月三十日而合宿"者，据一月之日言之。《周书·周月篇》云："日月俱起于牵牛之初，右回而行，月周天超一次而与日合宿。"孙毂《古微书》引《尚书考灵耀》云："日日行一度，月日行十三度十九分度之七，故日一月行二十九度半余，月一月行天一匝，

---

① 文物出版社，1998年，14—15页。
② 《东方学报》，1959年，第12卷，283页。
③ 《清华学报》第24卷第4期，1994年。

三百六十五度四分度之一,过而更行二十九度半余,而与日会。"《御览·天文部》[1]引《范子计然》云："月行疾,二十九日、三十日间,一与日合。"日月合宿在二十九日三十日间,此云三十日者,举大数也。阮元云："日月三十日合朔,迁一舍;轮周三十辐,在地迁一襎似之。"[2]

关于"辐"的数目,郭宝钧《殷周车器研究》对各地出土的车迹做了统计:

殷代:	大司空村 175 号墓	18 辐
西周时代:	辛村卫墓第 1 号	18 辐
	辛村卫墓第 42 号	18 辐
	西安张家坡第 2 号车马坑	21 辐
	洛阳下瑶村第 151 号墓	21 ～ 24 辐
东周时代:	上村岭第 1727 号墓	25 ～ 28 辐
	上村岭第 1951 号墓	25 ～ 30 辐(25 辐的有 5 辆)
	宝鸡斗鸡台第 3039 号墓	26 辐
战国时代:	琉璃阁第 131 号墓	26 辐(见列表者 5 辆)
	汲县山彪镇第 2 号墓	30 ～ 34 辐

根据实迹按时代作排列,每轮的辐数,由18到21、24、25、26、30直到34,显然有随时代而增加之趋势,在上村岭第1811号坑中,甚至还可见到多至44辐者。迨实用上超过需要限度,又返回"三十辐共一毂""轮辐三十,以象日月也"的常数。这些轮辐何以有逐渐增加的趋势呢?这应与工艺技巧的逐步提高有关。而辐的数目过多,反而使辐细弱而不合实用,所以,又折回来将辐的数目减少。……但辐数多,毂凿必多,凿多,毂既不坚而凿亦难细,在技术水平尚不高时,虽想增多辐的数目而技术上不易达到,故西周早期(如辛村卫墓地),轮辐仍止18根。与大司空村的相同。其后,时代益进,技术水平逾高,斫轮老手,可能达到不疾不徐,得心而应手,大小深浅,运斤自如的水平,从而,轮辐即由18根而21、24、25、26、30根,并达到适用的程度。于是,轮辐数目的增多,就成了辐细、凿精的指标,也即轮人技术水平提高的指标。[3]

关于"辐"的数目,孙机《中国古独辀马车的结构》:"中国古独辀车的辐,商代多为18根,但也有装22根或26根的,春秋时有装28根的,但直到战国中期,仍以装26辐者较为常见[4]。《老子》所说'三十辐共一毂',《考工记》所说'轮辐三十',似乎是举其成数。因为迄今只在甘肃平凉庙庄秦墓所出木车和始皇陵所出铜车上看到装30根辐的车轮。河南淮阳马鞍冢2号战国车马坑之4号车装32辐,是已知装辐最多之例。西汉车如江苏涟水三里墩所出铜车模型装24辐[5],长沙和武威出土的木车模型则均为16辐。不过中国古车轮辐与盖橑的数字常约略接近,根据金属盖弓帽遗存,推知汉车有装橑达30根以上的,所以不排除汉车有装30辐的可能。"[6]

---

[1] 引者按:"天文部"当为"天部"。见李昉等《太平御览》22页上,中华书局,1995年。
[2] 孙诒让《周礼正义》3899—3900/3232—3233页。
[3] 郭宝钧《殷周车器研究》16—17页,文物出版社,1998年。
[4] 商代装26辐的车轮见于安阳孝民屯2号车。春秋时装28辐的车轮见于陕县上村岭1227号车马坑之2号车与凤翔八旗屯秦墓出土之车。辉县琉璃阁战国车马坑中之车,大部分均装26辐。
[5] 南京博物院《江苏涟水三里墩西汉墓》,《考古》1973年第2期。
[6] 《文物》1985年第8期;引自孙机《中国古舆服论丛》增订本41页,文物出版社,2001年。

据杨宝成《商代马车及其相关问题研究》统计，"殷代车子的辐条数为18—22根，以18根居多，一般说时间较早的车辐条就少，时间晚的车辐条数较多"：孝民屯南地出土26根，孝民屯南地22根，孝民屯南地18根，孝民屯南地18根，大司空村18根，大司空村20根，白家坟西北地18根，白家坟西北地18根，郭家庄西南18根，郭家庄西南16根，郭家庄西南20根，梅园庄东南22根，梅园庄东南18根，梅园庄东南18根。①

陆敬严、华觉明主编《中国科学技术史·机械卷》第七章《整体机械》第一节《秦陵铜车马》："开始轮辐数较少，商周以后随着制造工艺的进步，轮辐数逐渐增多，至秦代以30根为定制。秦陵一、二号铜车，其轮辐均为30根，与《考工记》'轮辐三十，以象日月'相符。"②

周世德《〈考工记〉与我国古代造车技术》认为《考工记》"所介绍的是一种官定法式，不能概括实际存在的种种车辆。例如《考工记》所规定的轮辐数是30辐，而古车遗迹中实际的辐数是多种多样。但另一方面，正由于《考工记》所介绍的是当时官方所规定的高级车辆法式，所以它体现出当时的高级造车技术"③。

贺陈弘、陈星嘉《〈考工记〉独辀马车主要元件之机械设计》指出，"在【图6】的A–A剖面图上一共凿了三十道榫眼，其乃根据《考工记》上'轮辐三十，以象日、月也'所做的设计"，"完全按照《考工记》所言，才定为三十辐的"。④

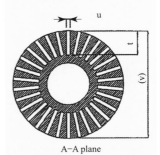

A–A plane

图6　轮毂设计图

蚤（爪）　菑

《轮人》：视其绠，欲其蚤之正也。

孙诒让："视其绠，欲其蚤之正也"者，以下论辐入牙毂之巧。

郑玄：蚤当为爪，谓辐入牙中者也。

孙诒让：注云"蚤当为爪"者……车辐大头名股，蚤为小头，对股言之，与人手爪相类，故以蚤为名。段玉裁云：《仪礼·士丧礼》《士

① 考古学研究（五）331—333页，科学出版社，2003年。
② 科学出版社，2000年，279页。
③《中国历史博物馆馆刊》第12期，1989年，引自周世德《雕虫集——造船·兵器·机械·科技史》157页，地震出版社，1994年。
④《清华学报》第24卷第4期，1994年。

虞礼》爪字皆作蚤,古文假借字也。"云"谓辐入牙中者也"者,别于菑为辐入毂中者也。戴震云:"辐端之枘建牙中者,谓之蚤。"

察其菑蚤不齵,则轮虽敝不匡。

郑玄:菑,谓辐入毂中者也。

孙诒让:注云"菑,谓辐入毂中者也"者,戴震云:"辐端之枘建毂中者,谓之菑。"

阮元云:"菑蚤皆指名也。《公羊·文十四年传》曰:'如以指则接菑也四。'接菑即骈指也。古人命物,多就人身体名之,如牙股骹胡颈踵腹等皆是。"[①]

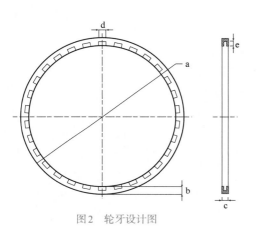

图2 轮牙设计图

关于"菑""爪"的形状,郭宝钧《殷周车器研究》:"辐条两端菑(入毂之枘)、爪(入牙之枘)的形状,在《考工记》中并未明白写出,而长沙汉墓中却有具体显露。《长沙发掘报告》(144页)说:'辐条入牙后,直径减为0.4,深入1.8(厘米),近末端逐渐削尖作圆锥状。入毂内的一段深1.2,作长方形,厚0.25,宽0.9厘米。'这也可作为研究先秦时辐的菑、爪形状之参考。"[②]

关于入牙之枘的尺寸,贺陈弘、陈星嘉《〈考工记〉独辀马车主要元件之机械设计》:"【图2】中的 d、e 尺寸和角度,乃为轮牙上所凿的榫眼,以便插入轮辐。"[③]

关于入毂、入牙之枘的尺寸,贺陈弘、陈星嘉《〈考工记〉独辀马车主要元件之机械设计》:

【图5】中的 c、d 和 e、g,就是用来插入轮毂和轮牙榫眼的榫头。c、d 插入轮毂,e、g 插入轮牙。在《考工记》中并无明确指出 c、d 的尺寸和 e、g 的尺寸为何,不过在郑玄的《周官注》中,提到"毂长三尺二寸者、辐广三寸半……",经林巳奈夫在《周礼考工记の车制》[④]中所提,考察后亦确定为三寸半。所以辐宽,即 $d=7$ cm。而在《考工记》下卷"车人为车"一节中又指出'辐厚三之一',表示 $i=c/3=7/3$ cm。榫头的深度 c、e,《考工记》记载:"凡辐,量其凿深以为辐广。"所以 $c=d=7$ cm,$e=f=4.67$。而榫头的尺寸 g 及 h,在《考工记》中没有说明、也找不到关于其尺寸的说明,由所出土的考古文物的比例来判断[⑤],其值应分别为:$g=2$ cm,$h=1$ cm,以括弧表示,且此值为一合乎机械结构的推测

① 孙诒让《周礼正义》3794—3796/3146—3148页。
② 文物出版社,1998年,15页。
③《清华学报》第24卷第4期,1994年。
④《周礼考工记の车制》,《东方学报》,1959年,第12卷,页283。
⑤《周礼考工记の车制》,《东方学报》,1959年,第12卷,页287。

值，唯尚待进一步的考古证据予以确认。①

关于毂中间部分所凿榫眼的设计，贺陈弘、陈星嘉《〈考工记〉独辀马车主要元件之机械设计》：

> 此榫眼是轮辐插入轮毂之用，此照本文【图5】的$c=d=7\,cm$，$n=1\,cm$，所以【图6】的$t=7\,cm$，$u=1\,cm$。正由于榫眼存在之故，这部分毂的直径须加大，这也就是为何吾人认为以毂长为毂的周长并不妥当的原因。因为若$\pi \cdot u=64$，则$u \fallingdotseq 20.37\,cm$，恰好约等于两个榫眼的深度加上毂中心的中空部分。这表示，榫眼会将毂凿透至中空部分，如此一来毂的强度得很差，而轮辐亦不能固定。毂为车子中转动灵活的构件，承受反复的疲劳负载，强度必须够大，不过榫眼所凿的深度和辐条的宽度有关，《考工记》中说到："辐广而凿浅，则是以大扤，虽有良工，莫之能固；凿深而辐小，则是固有余而强不足也。故竑其辐广以为之弱，则虽有重任，毂不折。"表示如果辐宽而榫眼太浅，那就极易摇动，即使优秀的工匠也不能使它牢固。如果榫眼深而辐条狭小，那么牢固有余而强度不足，辐条容易挫屈折断。所以辐条的宽定作为榫眼的深度。既然辐的宽度已定，自然地榫眼的深度便不能加以修改，只好使此部分的外径加粗，来增强毂的强度，所以吾人将u从原本的$20.37\,cm$，加大至$u=30\,cm$，以防止因为反复转动所造成的疲劳负载，使车毂容易损坏，至于此设计其强度是否足够，须要造出实车，予以测试，方能知晓。②

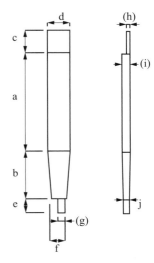

图5　轮辐设计图

凿深辐广

《轮人》：凡辐，量其凿深以为辐广。

孙诒让："凡辐，量其凿深以为辐广"者，《说文·金部》云："凿，穿木也。"案：凿本穿木之器，引申之，凡穿物为空亦谓之凿。此凿即辐菑所入之空，其数与辐同。《文子·上德篇》云"三十辐共一毂，各直一凿，不得相入"是也。辐广，即上注云"三寸半"者也。江永云："辐广者，辐之博也。不言其厚者，毂围三尺二寸，三十辐之股端相着，厚一寸有奇可知也。辐相着不留空际者，欲其辐与辐相凑，相挟有力也。观今车用十八辐，股犹相凑，况三十辐乎？"郑珍云："凡者，最括之辞，包《轮人》《车人》六车在内，上'凡斩毂'，下'凡揉牙'亦然。《记》不著辐广之数者，量其凿深为之，是凿深之数即辐广之数也。而亦不著凿深之数者，毂孔壶中当辐菑之数，居毂围三分之一，余三分之二之径，即两畔辐菑之凿深，是捎数余径之数即凿深之数也。止此一句为率，上文已著数径，而由数径得凿深，即凿深见辐广，已不啻详言之矣。《车人》之止著辐博三寸，亦以有此句为率，即可由辐博见凿深，由凿深得数径，同一省文之法。明乎此，益见数径、凿深、辐广三事数同，而小车是小车之数，大车是大车之数

---

① 《清华学报》第24卷第4期，1994年。
② 《清华学报》第24卷第4期，1994年。

也。凡以枘周绕圆物投之者，必深视其圆之径，使投者相凑相倚，众力如一，始固而益固。轮人之为轮为盖，其凿之法是一。毂犹盖斗也，辐犹盖弓也，轴犹达常也。盖斗径六寸，达常径一寸，以达常贯盖斗中，犹以轴贯毂中也。盖斗之径，除达常径一寸，止余五寸，犹毂径除轴当薮处径三寸五分五厘强，则止余七寸一分一厘强也。盖斗凿深二寸五分，相对则尽其五寸，犹毂凿深三寸五分，相对则尽其七寸也。而盖凿之深无余分，毂凿尚有一分一厘强未尽，以盖斗与达常常静不动，故凿虽穿通而不伤达常；毂与轴常动不静，故凿端一枚之前，须稍留五厘强，使辐与轴两不相及。然一畔五厘强，其留数甚微，虽曰不尽，而其径亦适尽矣，与盖凿究无异也。"案：子尹以车盖为轮辐毂轴之比例，其说甚当。惟盖之达常与斗为一木，则与轴①毂二木相贯同而实异，贾后疏以达常、斗为二木，说尚未足冯耳。

郑玄：广深相应，则固足相任也。

孙诒让：注云"广深相应，则固足相任也"者，言辐之广深同度，则强弱相等，而后足相持以为固也。

辐广而凿浅，则是以大扤，虽有良工，莫之能固。

孙诒让："辐广而凿浅，则是以大扤②"者，阮元云："辐入毂之菑当更薄，而菑末又当削锐之。盖以三十辐共趋薮心，若菑厚而丰末，毂心不坚，而凿亦相通，故《淮南·说山训》曰：'毂强必以弱辐，两强不能相服。'又《说林训》曰：'辐之入毂，各值其凿，不得相通。'《荀子》引《诗》曰：'毂既破碎，乃大其辐。'此皆强有余而固不足也。"

郑玄：扤，摇动貌。

孙诒让：注云"扤，摇动貌"者，《史记·司马相如传》集解引郭璞云："扤，摇也。"《说文·手部》云："扤，动也。"《诗·小雅·正月》"天之扤我"毛传同。惠士奇云："《方言》曰：'舟伪谓之扤，扤，不安也。'注：'船动摇之貌。'则车之大扤，状如船矣。"

凿深而辐小，则是固有余而强不足也。

孙诒让："凿深而辐小，则是固有余而强不足也"者，程瑶田云："辐小亦谓菑也。菑虽长而狭小，则能固而不能强，谓易折也。"郑珍云："辐与凿其深广如一，言一则二见，辐广凿浅，是广及度而深不及度；凿深辐小，是深及度而广不及度。深不及度，则菑之入毂不固；广不及度，则菑之承毂少力。见辐凿广深非皆三寸半不可也。以此益验菑是直入尖笋，非锯笋。"

郑玄：言辐弱不胜毂之所任也。

孙诒让：注云"言辐弱不胜毂之所任也"者，辐广与凿深同度，所以为强足以任毂之重；今凿虽深而辐大不及度，故辐之力弱，不能胜毂之任也。

---

① 引者按：乙巳本、楚本并作"轴"，王文锦本排印讹作"轮"。
② 引者按："扤"从乙巳本，与经文合。王文锦本从楚本讹作"杌"。

故竑其辐广以为之弱，则虽有重任，毂不折。

孙诒让："故竑其辐广以为之弱，则虽有重任，毂不折"者，郑用牧云："量其凿深以为辐广，竑其辐广以为之弱，弱自与凿深相应，反复言之尔。扤而不固则毂折，毂不能持辐也。"戴震云："菑厚盖大半寸，渐杀之，至末不得过三分寸之一。"郑珍云："辐菑当入毂处，广三寸半，长如凿深，亦三寸半。其初虽已削广之两面，渐杀渐窄，以至于端，令适与凿相函，而其广三寸半自若也。今以入凿处起，两边斜杀以至于端，与弓之股端一枚同，则是成尖角形之笋，故曰'竑其辐广以为之弱'。弱所以必竑之为尖笋者，车舆之重，全借六十辐之力承之，而六十辐更迭常直地者止有两辐，辐凿心之未尽毂径者止五厘强，辐端又锋薄无余分。若为方笋，即凿亦方凿。其投弱也，弱两边直入，上以锋薄之端，撼未凿五厘之木，虽不通犹通也。而重任压于上，弱必上僭侵轴，毂亦必往下潜移，一辐如是，即辐辐如是，毂之破折，恒由是作。惟剡辐广，使如箭镞前半，则弱之两边斜交凿心。其投毂也，自入凿至凿心，如①并负毂，迤逦相承，一豪不能上僭，毂亦一豪不能下移。而毂之压辐，以弱两边计之，直是压七八寸，则辐之承毂，愈固而有力，故虽有重任，毂不折也。"案：菑之杀度，经注并无文。依戴说，则厚杀而广不杀，江永、程瑶田说同；依子尹说，则并杀其广为锐角形，黄以周说同。二义并通，故两存之。但审绎经文，似以不伤毂为义，则子尹说于理尤密也。郑又云："辐爪之长短广狭，经注皆无明文。按②菑爪为辐上下之枘，其于形制宜同。菑既竑其股广以为尖笋，明爪亦当竑其骹广以为尖笋。菑之长既如其凿深而尽毂之径，明爪之长亦当如其凿深而尽牙之广。即其上可知其下，经注故不言也。爪所以必为尖笋者，盖牙之广三寸弱，而践地一寸又是斜杀，则方者止二寸弱，若爪为方笋，亦止可长二寸弱，如此即仍不免辐广凿浅、大扤难固之病。又牙厚三寸五分，若以二寸一分之方笋投之，两边不凿者无几，必不胜爪之摇撼而有破裂之患。故必为尖笋，自骹广两边斜杀，交于端一分，如菑之端，长二寸九分强，如牙之广，而其凿则穿达于外。自外视之，其广一分，其长七分。及以爪投之也，牙两边渐内渐厚，迤逦固抱其爪，上虽有重任压之，而爪一豪不能下出，此制之所以善也。"案：子尹以弱推之入牙之爪，其说甚密。黄以周则云："辐向外一面直下为倨，向内一面剡曲为句，爪于倨亦直，于句亦剡曲而锐。"黄所说辐骹倨句之形，于义可通，而谓爪亦外倨直而内剡锐，与子尹说异。窃谓经止以牙出辐外为绠，其爪入牙之枘为凿所含，何必随绠势而为倨直。若然，凿内之爪，似当以子尹说两面剡成锐角为是。但经注并无文，姑两存之。

郑玄：言力相称也。弱，菑也。今人谓蒲本在水中者为弱，是其类也。

孙诒让：注云"言力相称也"者，明菑与凿力相等，无强弱之异也。贾疏云："谓辐广与凿深相称。"云"弱，菑也"者，即上文菑蚤之菑，辐入毂中者也。戴震云："菑没凿谓之弱。"云"今人谓蒲本在水中者为弱，是其类也"者，弱与蒻通。《说文·艸部》云："蒻，蒲子，可以为平席。"《诗·大雅·韩奕》孔疏引陆玑疏云："蒲始生，取其中心入地者名蒻，大如匕柄，正白，生噉之，甘脆。"段玉裁云："蒲

---

① 郑珍《轮舆私笺》(王先谦《清经解续编》第4册302页上)无"如"字。
② "按"从乙巳本，与郑珍《轮舆私笺》合。王文锦本从楚本作"案"。

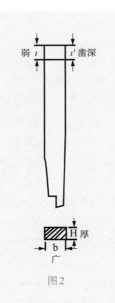

图 2

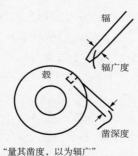

"量其凿度，以为辐广"

图 3

本在水中，其字作蒻，即菑在毂中之意也。"

孙诒让：郑司农云"纮读如纮綖之纮，谓度之"者，《左·桓二年传》云"衡纮纮綖"。段玉裁云："纮读如纮，拟其音而义在是，纮絜于项，故与围度之训相近。"[1]

王燮山《"考工记"及其中的力学知识》：

弱的长度 $\imath$ ＝凿的深度 $\imath'$，参看图 2；辐广——辐条截面的宽度，见图 2。

这一段对于辐条的设计，提出了两个要求："固"与"强"。如果 $\imath < b$ 不固；如果 $\imath < b$ 满足了"固"这个条件，但强度不足。要同时满足"固"与"强"必须：$\imath = \imath' = b$。

辐是一种肱梁，因此这里表明的截面尺寸与梁固定端尺寸的关系，实际上是一种肱梁尺寸经验公式。这个公式可以说是世界上最早的梁的经验理论。[2]

戴念祖著《中国力学史》："关于辐的形状、大小比例以及菑蚤的接合尺寸（见图 3）。因为这是车轮结构的重要部分。设辐宽为 b，毂的凿深为 h，那么，当 $h < b$ 时，车轮摇摆；当 $h > b$ 时，车轮坚固，但毂的强度受到破坏；而只有当 $h = b$ 时，车既重载而不摇，毂又不致断裂。这个数量关系是在古代的特定条件和制造车轮的特殊用材和工艺水平下，先秦时期的人们所具有的结构力学知识。"[3]

6. 牙（辏）

《轮人》：牙也者，以为固抱也。

孙诒让：云"牙也者，以为固抱也"者，《说文·手部》云："挬，引

① 孙诒让《周礼正义》3816—3820/3164—3167 页。
② 王燮山《"考工记"及其中的力学知识》，《物理通报》1959 年第 5 期。
③ 河北教育出版社，1988 年，160—162 页。

取也。重文抱，捊或从包。"轮牙辋会合众木聚成大圜形，互相持引而固也。

郑司农：牙读如跛者讶跛者之讶，谓轮辇也。世间或谓之罔，书或作辇。

孙诒让："云"谓轮辇也，世间或谓之罔，书或作辇"者，徐养原云：'《车人》云：'渠三柯者三。'郑司农云：'渠谓车辇，所谓牙。'《说文·木部》：'枒，木也，一曰车辋[1]会也。'又《车部》：'辇，车辋也。辋，碍车木也。'如司农说，则牙、辇同物而异名；如许君说，则牙、辇异物。"案：徐据《说文》宋本。今段玉裁校本据《玉篇》《广韵》改车辋为车罔，则亦以辇与枒为一物。但枒训车辋会，会为会合众材；而辋则轮外匡之总名。许于枒训分析甚明，而辇训则又浑举不别，义微异耳。《释名·释车》云："辋，罔也，罔罗周轮之外也。关西曰辇，言曲辇也。"《广雅·释器》云："辇，辋也。"《急就篇》"辐毂辋辇辇镣辇"[2]，颜注云："辇，车辋也。关西谓之辇，言其柔曲也。"案：辇亦作柔、楺，《盐铁论·散不足篇》云"古者椎车无柔"，又云"郡国縣史素桑楺"是也。阮元云："辋非一木，其曲须揉，其合抱之处，必有牡齿以相交固，为其象牙，故谓之牙。《说文》曰：'牙，牡齿，象上下相错之形。'于车牙牙字，则加木作枒，曰车辋会也。盖枒本车辋会合处之名，本义也。因而车辋通谓之枒，此余义也。"王宗涑云："一木之屈曰辇，辇，燥也，言木经燥屈也。合众辇以成大圜曰辋，辋，罔也，言如罔之结绳联缀也。两辇交合之牡齿曰牙，此其本义也。三字经典亦通用。"案：阮、王说是也。牙材，分言之则曰牙，或曰辇，总举其大圜则曰辋，辋与牙微异。汉时俗语通称牙为辋，故先郑据以为释。书或作辇，谓今书别本有如此作者，义两通，故记之。[3]

《轮人》：是故六分其轮崇，以其一为之牙围。

孙诒让："是故六分其轮崇，以其一为之牙围"者，牙围之度，为车制诸度之根。依郑注说，牙围为长方形，详后。

郑玄：六尺六寸之轮，牙围尺一寸。

孙诒让：注云"六尺六寸之轮，牙围尺一寸"者，贾疏云："此据兵、乘车而言。若田车之轮小，崇六尺三寸计，亦可知也。"案：依贾说，田车牙当围一尺十分寸之五，减于兵车乘车五分，注特出六尺六寸之轮，亦明田车牙围不得有此数也。[4]

钱宝琮编《中国数学史》："《考工记》常用简单的分数来表示工业产品的各部分尺寸的比。譬如 A 的长度是 B 的长度的 n 分之一，那么说，'n 分其 B，以其一为之 A'。又如 A 的长度是 B 的长度的 n 分之 $n-1$，那么说，'n 分其 B，去一以为 A'。"[5]

"六分其轮崇，以其一为之牙围"，这表明轮径与牙围比例是 6：1。但是彭林《〈考工

---

① 引者按："辋"从乙巳本，与徐养原《周官故书考》（王先谦《清经解续编》第2册1229页下）、《说文解字》（许慎《说文解字》117页）合。王文锦本从楚本作"辋"。
② 引者按：此从《急就篇》作"镣"（曾仲珊校点《急就篇》221页，岳麓书社，1989年），乙巳本模糊不清。王文锦本从楚本讹作"辒"。
③ 孙诒让《周礼正义》3788—3790/3142—3143页。
④ 孙诒让《周礼正义》3800—3801/3151—3152页。
⑤ 科学出版社，1964年，15页。

记〉"数尚六"现象初探》考察殷墟孝民屯、张家坡井叔墓地、灵台白草坡、山东胶县西庵遗址、洛阳中州路、宜城罗岗、辉县琉璃阁等殷周出土、保存比较完好的出土车子以及秦陵一号车的轮径与牙围尺寸，发现其比例并非《考工记》所说为 6：1，其不确定性由此可知[①]。

《轮人》：参分其牙围而漆其二。

孙诒让："参分其牙围而漆其二"者，记漆牙之度，并为下毂长毂围明根数也。

郑玄：不漆其践地者也。漆者七寸三分寸之一，不漆者三寸三分寸之二。令牙厚一寸三分寸之二，则内外面不漆者各一寸也。

孙诒让：注云"不漆其践地者也"者，牙外践地，沙石报轹，易至甀敝，非漆所能固，盖别以薄铁傅之，故不漆也。《说文·金部》云："铟，镂[②]车轮铁也。"即牙外傅铁之名。云"漆者七寸三分寸之一，不漆者三寸三分寸之二"者，贾疏云："就一尺一寸，且取九寸，三分分之，各得三寸，犹有二寸在。又一寸为三分，二寸为六分，三分分之各得二分。若然，一分有三寸三分寸之二，二分总得七寸三分寸之一，是漆之者也。余一分者，三寸三分寸之二，是不漆者也。"阮元云："漆其近辐之二分，宽七寸三分三厘三豪；不漆其近地一分，宽三寸六分六厘六豪也。"云"令牙厚一寸三分寸之二，则内外面不漆者各一寸也"者，郑珍云："详玩注文，盖专明牙之践地不漆一边之度，所云牙厚，不兼投辐一边也。注所以必专明不漆一边者，以上文但言六分轮崇一为牙围，其围之尺一寸者可知；而以此尺一寸者分为四面，广狭之数不可知。不知四面广狭数各若干，则牙厚牙广不能定，即漆与不漆之地无从定，而下文毂辐诸数出于漆内中诎者皆茫然矣。故先云'不漆其践地者'，以明不漆者在践地一边。然后接云'漆者七寸三分寸之一，不漆者三寸三分寸之二'，以明漆其二不漆其一之数。然后即不漆之数析之，云'令牙厚一寸三分寸之二'，则内外面不漆者各一寸，顺文理读之明[③]，明所云'牙厚'为就牙之践地一边言，非兼投辐一边，谓牙上下同厚也。凡牙之厚，其度皆如辐之广。小车辐广三寸五分，则牙厚亦三寸五分。惟践地一边须不杅不侔，自不能与投辐一边同厚。其制盖于牙内外两边距地一寸之处，各微微铱杀，而下至牙厚九分一厘三豪三不尽而止，则牙之践地不削者，只余一寸六分六厘六不尽，合两边距地一寸围之，得三寸六分六厘六不尽，居牙围三分之一不漆。是两边距地之一寸，虽为轮之崇自若，而牙践地一边既不杅不侔，则此二寸者俱践地矣。此注所以算不漆践地者，必并内外面各一寸计之也。得此不漆之度，乃后以漆者七寸三分寸之一，分居投辐一边及内外两边。投辐一边，如辐之广占三寸五分；内外两边各占一寸九分一厘六豪六不尽。于是一尺一寸之牙围，其为四面广狭皆得的数。自轮之平面视之，六尺六寸之崇，上下不漆者各去一寸，其余六尺四寸皆为漆内，而毂辐诸度之根定

---

① 华觉明主编《中国科技典籍研究——第三届中国科技典籍国际会议论文集》43 页，大象出版社，2006 年。
② 引者按：王文锦本"镂"误属上。《说文·金部》："铟，一曰镂车轮铁也。"段玉裁注："镂车轮，谓以铁镂附车轮着地周匝处也。"
③ "顺文理读之明"之"明"指明白，"明所云牙厚……"之"明"指表明。此句王文锦本初版标作"顺文理读之，明明所云牙厚……"，第 4 次印刷本改为"顺文理读之明明。所云牙厚……"，均未安。

矣。令者，非假设之辞，以记无明文，由参互推得，而不敢质言，使若假设其数云尔。下注'令辐广三寸半'，语意亦然。"又云："古人凡创一物，必合于物之情理，当于人之心目绝无勉强牵就，故其制易知易从，美善而不可易也。即如轮牙，以注云践地不漆一分之内有内外面各一寸推之，知车辋揉治初成，其厚本上下相侔也。乃先于内外面距边一寸，各画一规，又于厚之外边中除一寸六分强，周画两界线。然后各即规外欘杀之，至于界线而止，则规自成廉垔，而轮成不侔不杅之形。立而视之，轮之面尽于规，自规以外皆践地者，非轮面也。然后尽漆其轮面，既使溓泥易脱易洗，又得饰为美观。椁内诎中，易而且准。若如后人所说，牙厚上下相等，则牙面自是齐平，而一截漆之，一截素之，入于目既不成象，又于无界垗之平面加漆，必有过与不及之处，诎中取度，求准则难。自然之与勉强，可以定是非矣。"案：子尹释注'牙厚一寸三分寸之二'为践地一边之厚数，极为精塙，足申注义。知牙投辐一面不为此数者，后注云"令辐三寸半"，依经"参分股围去一以为骹围"，尚存二寸有零，更加轮绠参分寸之二，此岂一寸三分寸之二之地所能容乎？况牙木须揉曲成圜，必广厚略等，方可揉屈；假令牙投辐与践地两面正等，则倍一寸三分寸之二，得三寸三分寸之一，以减一尺一寸，余七寸三分寸之二，为牙内外两平面之广，每面得三寸六分寸之五，为三寸八分三厘有奇，是平面之广较之厚度赢至一倍有余。以如此之木，向厚面揉之使圜，亦甚难矣。

椁其漆内而中诎之，以为之毂长，以其长为之围。

孙诒让："椁其漆内而中诎之，以为之毂长"者，《说文·言部》云："诎，诘诎也。"《广雅·释诂》云："诎，曲也。"案：诎屈声类同。取牙漆内直度中屈之，折取其半以为毂之长度也。惠士奇云："凡测圆者，必先得其心，从心出线，则面面皆等。椁者，度量之名。度两漆之内而中诎之，则轮之心也。轮内置毂，毂内贯轴，如此则轴正当轮心，面面皆等。然则中诎者测圆之法，而毂之围径亦从此出焉。"戴震云："大车短毂，取其利也。兵车、乘车、田车畅毂，取其安也。六尺六寸之轮，毂长三尺二寸，则车行无危陷之患。"云"以其长为之围"者，明毂长与围等，围谓圜围也。《淮南子·说山训》云："邹人有买栋者，求大三围之木，而人予车毂，跪而度之，巨虽可而长不足。"案：《庄子·人间世》释文引李颐云："径尺为围。"此毂围三尺二寸，故三围之木于度为可。《淮南书》与此经义合。戴震云："围亦三尺二寸，以建三十辐，则辐间无柞狭之患。"

郑玄：六尺六寸之轮，漆内六尺四寸，是为毂长三尺二寸，围径一尺三分寸之二也。

孙诒让：注云"六尺六寸之轮，漆内六尺四寸，是为毂长三尺二寸，围径一尺三分寸之二也"者，贾疏云："上经不漆者，外内面各一寸，则两畔减二寸，故漆内有六尺四寸也。中屈此六尺四寸，故毂长三尺二寸也。又以三尺二寸为围，围三径一，三尺得一尺；余二寸，寸作三分为六分，又径二分，故径一尺三分寸之二也。"戴震云："周三尺二寸者，径尺有五分寸之一弱。郑注用六觚之率，周三径一，约计大数尔，非圜率也。"王宗涑云："度起两漆，不及不漆之大圜，是椁其漆内也。圜密率围三尺二寸，径得一尺零一分八厘五豪九秒一忽零。"

郑司农：椁者，度两漆之内相距之尺寸也。

孙诒让：郑司农云"桯者，度两漆之内相距之尺寸也"者，《说文·亶部》云："亶，度也。"桯亶声类同，义亦相近。阮元云："桯者，横充物内而度之之名也。桯与光广二声同转。《书·尧典》'光被四表'，《汉书·王莽传》及《后汉书·冯异传》并读为'横被四表'。《尔雅》：'桄，充也。'桄即与横同义，光黄声相近也。光转声为广，广从黄得声，亦即有横义。故《尔雅》曰'缩广充幅'，《方言》曰'幅广为充'，此即横充而度物之义。光广声再转即为廓，《方言》曰'张小使大谓之廓'，《淮南子》曰'横廓六合'，并同斯义。廓与扩声亦相近，《孟子》曰'知皆扩而充之矣'，赵岐注曰：'扩，廓也。'然则桯其漆内之桯，即与光广一声之转，知其为横充物内而度之之名矣。"[1]

张健、陈真《〈考工记〉用漆状况刍议》认为"是故六分其轮崇，以其一为之牙围，三分其牙围而漆其二。桯其漆内而中诎之，以为之毂长，以其长为之围以其围之捎其薮""即是论及车轮的构造和在车轮上用漆的情况。根据长沙出土的203号墓中的木车模型可知，2号车和3号车的车轮表面是涂漆的，车毂的小端被黑漆所遮盖，轴的末端和毂被漆结合为一。此车车箱四面的栏杆以榫头卯眼法接成网状，并髹漆。而且其车盖和盖柄均涂漆，仅仅是木质盖柄上端有2.7厘米的长度无漆"[2]。

关于"牙"，郭宝钧《殷周车器研究》指出：

大司空村的车迹是"辋的截面为0.06米的满圆形木条，显然是由一根或数段揉曲相接而成的"[3]。这可透出殷人揉牙用浑全木的一点现象。既浑全又可揉为半圆，当然也必性曲少直的韧木可知。至于出土轮痕，无论或全或缺，周边无有不是圆的，但久埋土中，压榨走邪，当然难见原轮的中规实象。而牙端交会处如何结接，全周是用一木或是用数段，在灰白色残痕中则更难查知其结构之真象。所幸的是，在辛村西周末年的卫墓内，车迹中牙的交会处多附有被名之曰"枒饰"的"牙齿形铜饰"，可为我们解决这个问题。枒饰每轮4个，两边各两个，分饰在两个半圆的接头处，可以证知西周轮牙是合二成规的，并非合三成规，或"屈一木为之"。而且，枒饰内面，多附残木，为斜面接痕，以此更可察知，西周时期车辋交会处是用两斜面相接的（图15）。为了说明此问题，须首先对铜枒饰的形状作一

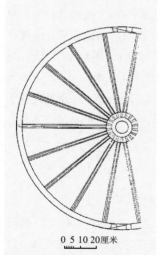

0 5 10 20厘米

图15 轮辋接头处枒饰夹持之状

（根据辛村墓3出土的轮痕、枒饰及其木纹复原）

---

① 孙诒让《周礼正义》3801—3804/3152—3155页。
② 《装饰》2004年第4期。
③ 见《考古学报》九册63页。

描述。

　　铜枒饰　　铜枒饰是一种用长方形铜片双折而成的两面夹板状饰物。枒饰的近边缘处，各有2、或3、或4个小穿，各穿两两相对。在将枒饰从辋的内、外、下三面包裹着辋时，可用绳索依次贯各穿缚结枒饰的上面裂口（如今人绑缚皮鞋鞋带然），用以加固车辋的交会。铜枒为长方式（侧视），具2穿，高、宽为7.45×4.3厘米，横截面上宽3.9厘米，下宽轹地处1.8厘米；一种为扁方式（侧视横长），具4穿，高、宽为5×6.3厘米；另一种为近正方式，具3穿，高、宽为6.3×5.3厘米，横截面近椭圆，上宽3.3厘米，中宽5.0厘米，下宽轹地处2.3厘米。这三种铜枒饰都出在辛村卫墓地西周晚期的墓中，在4座墓内共出63枚，至少可代表16个轮的辋上物。

　　根据枒饰的高度及横截面，要限制辋木的高度和宽度，也即《考工记·轮人》所说的辋木的杼、侔二式。《考工记》："凡为轮，行泽者欲杼（削薄其践地者），行山者欲侔（上下等，抟环厚也）。杼以行泽，则是刀以割涂也，是故涂不附。侔以行山，则是抟以行石也，是故轮虽敝不甐于凿。"实物长方、扁方二式，应是杼式辋木所饰；近正方式，应是侔式辋木所饰。饰物包镶木辋式样，应在镶处削去一薄层辋木表皮，再把铜饰夹上，令铜面与辋木面平，这样轮在行进时方能平稳。

　　在铜牙饰夹面内残留至今天的辋木接痕，木质纹理都是横行的，一种为上下斜接，即辋木两端各削成上下斜面（对于全辋圈来说），一端上仰，另一端下俯，上下叠合，用皮条缠缚为一，然后夹上铜枒饰，以细皮条在夹边小穿中往返穿扎，结缔牢固，饰就不会脱落了（图16）。辋上所缠皮条，也可不直接轹地，有两旁所夹铜饰代为保护，皮条自耐用，轮也不易磨敝。木痕在铜饰内残留的这种两个斜面相接的方式，甚易明了。另有一种相接的方式是木辋两斜面左右并列接合的，它们的接缝，在上面可见而在两侧则不可见，铜饰内只存横行的木纹理，无有斜面。不过，我们仍可推知，半辋的两端必是由内侧面砍削过，因辋两端若平齐，就无法缠缚，两半辋也就无从接合了。其实，两种接合法在结构上并无二致，只是所接合两个端头在排列上或为重叠或为并列之不同，这在图50中已明显示出，观之自明。这枒饰也只是在西周末期卫墓发现的多，上村岭的东周墓中亦曾见用过，以后即不复见到再有使用者。于此，可见先民对辋枒接头不固之烦恼以及为改善接头所进行的尝试。东周不再用枒饰，当别有新的、更好的接固办法，

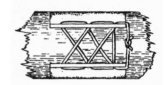

0　1　2　3厘米

图16　枒饰缚革法之推想
（根据辛村 m3：191 枒饰）

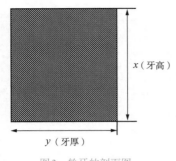

图3　轮牙的剖面图

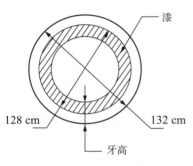

图4　轮牙漆处示意图

只是我们尚未发现而已。[1]

关于牙的尺寸,贺陈弘、陈星嘉《〈考工记〉独辀马车主要元件之机械设计》:

《考工记》中云:"是故六分其轮崇、以其一为牙围"指出车轮的轮牙剖面的周长和=132/6=22(cm),如【图3】所示;且

$$2x + 2y =22 \text{ cm}$$

其中 x =牙高, y =牙厚

但《考工记》并无指出牙高、牙厚的长度为何。不过可从《考工记》"参分其牙围而漆其二"和郑玄《周官注》中"六尺六寸之轮、漆内六尺四寸"。所以【图4】所示:

$$\frac{1}{3} \text{ 牙高} = \frac{132 - 128}{2} = 2$$

亦即　　牙高 =6 cm= x

而　　　牙厚 =11− x =5 cm

定出 a 、 b 、 c 三个尺寸之后、轮牙的形状便可得知。而【图2】中的 d 、 e 尺寸和角度,乃为轮牙上所凿的榫眼,以便插入轮辐。[2]

7. 绠　轮箄

《轮人》: 视其绠,欲其蚤之正也。

孙诒让:"视其绠,欲其蚤之正也"者,以下论辐入牙毂之巧。绠即下文云"六尺有六寸之轮,绠参分寸之二"是也。戴震云:"辐上端入毂中,用正枘;下端入牙中,用偏枘,令牙外出,不与辐股骹参值,是为绠,绠之言偏箄也。蚤正,谓众辐齐平,虽有绠之减,蚤皆均正也。"程瑶田云:"绠者,辐绠也。绠之形见于辐广之外而绠之,故藏于辐广之中。辐广有全有杀,故毂牙两凿心,对望有相左之差。凿

---

① 郭宝钧《殷周车器研究》18—20页,文物出版社,1998年。
②《清华学报》第24卷第4期,1994年。

心相左,则蓄蚤相左,入牙一准乎蚤则轮绠,故曰'视其绠,欲其蚤之正也'。"

郑司农:绠读为关东言饼之饼,谓轮箄也。

孙诒让:云"绠读为关东言饼之饼,谓轮箄也"者,段玉裁改"读为"为"读如",云:"拟其音也。今本作'读为',误。必以关东言饼,则他处言饼非其读也。《玉篇》云:'绠,郑众音补管反。'盖近之。"郑珍云:"轮偏出股凿之名,古无正字,其声如绠,记即以绠为之。绠从更声,更从丙声,古读绠非如今之姑杏切也。先郑读为关东言饼,而《玉篇》音补管反,是关东言饼,亦非如今之必并切也。汉人言轮偏出,其声如箄,因又以箄为之。绠与箄只声有轻重,其实一也。今俗言物之偏出为箄出,犹汉之遗语。"案:郑说是也。《释文》云:"箄,刘薄历反,李又方四反,一音薄计反者。"《说文·竹部》云:"箄,籖箄也。"此注借为外偏之义,与训蔽甑底之箄绝异。[1]

关于"轮箄",郭宝钧《殷周车器研究》:

轮人制辐时,要用轮箄设施。《长沙发掘报告》(143页)又说:"毂距轮牙21.1厘米,中间安置辐条。……因为辐条本身稍弯曲,安置上后,辐条的两端不正相对,而是近毂的一端较近牙的一端外出2.5厘米(两端都以辐条外面一边为测点)。"前文已言及,辐条的主要功用在直指,辐直,支撑才能有力;这里又说辐条本身稍有弯曲,辐条两端在轮上并不正相对,岂不自相矛盾。到底辐条应是直的呢?还是应该稍有弯曲呢?是直的有力呢?还是稍有弯曲的有力呢?答案是:辐条从侧面看(与轮毂长度垂直的一边)是直的,从宽面看(与轮毂长度一致的一边)是稍弯曲的。辐直固然有力,稍微弯曲,也是为了在车轮偏倾时有力。直是常态,稍弯曲是防变化。这话怎样讲呢?请看《长沙发掘报告》第143页的叙述,"江永的《周礼疑义举要》(卷六):'绠非别有一物也,只是轮偏箄之名。……谓之轮箄何也?轮牙稍偏于外,而辐股向内隆起也。'[2]便是指此,轮辐稍微弯曲,正是为了轮稳的缘故(图13)。"不过,制轮为何不使辐平直,而必要使"牙稍偏于外,而辐股向内隆起"成为"轮箄"的形状呢?郑玄《考工记注》说:"轮箄则车行不掉(左右摇摆)也。"江永解之曰:"假令……牙不稍偏向外,则重势两平,轮可掉向外,又可掉向内。造车者深明此理,欲去车之病,令牙出三分寸之二,不正与轮股凿相当,于是重势稍偏,而轮不得掉向内矣。"此固一解,但主要点尚不在此。载重车辆行平地时,舆的重心在中,由两轮各负担一半,吃力不重。一旦路有偏坡,一轮下偏,舆中重心亦必移到偏下一侧,而此轮的负荷即倍重。设辐在轮中,原系垂直,则轮偏时,辐股之力即偏出辐牙垂线之外,支力反而减弱,车亦易倾。若辐股原向内隆起,及至车偏时,辐股正与爪牙垂直,

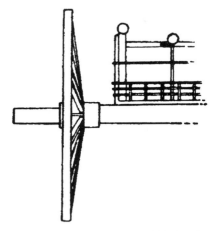

图13　琉璃阁131墓16号车的轮箄复原图
(采自《辉县发掘报告》图六一,3)

[1] 孙诒让《周礼正义》3794—3795/3146—3147页。
[2] 见《丛书集成》本,63—64页。

可增加对倍重的支持力,而车亦不易倾。这是轮箪的妙用。此理在研究车制者中久久不得其解,今因和一制战车的学生闲谈而疑问冰释,诚属快事! 出土实迹,可参看《辉县发掘报告》(50页)的战国车马坑第16号车子复原图3,以得实证。[1]

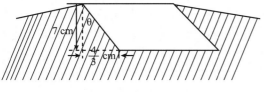

图7　轮缤角度示意图

贺陈弘、陈星嘉《〈考工记〉独辀马车主要元件之机械设计》绘出轮缤角度示意图:"《考工记》所云须内偏2/3寸即4/3 cm,由【图7】可得知:

$$\tan \theta = \frac{4/3}{7},所以\,\theta ≒ 10.8。"[2]$$

史四维《木轮形式和作用的演变》选择一组在机械原理上有代表性的、各种力和转矩结合在一起的情况,以图解法表示于图3:

正像图3e所表明的那样,晃动不但对车轮产生水平力F_h,而且还产生强度为$R·F_h$的转矩M_v,这会使轮辐受到弯曲负载和转矩负载。中凹形对付不了这种机械负载或超负载;当车辆拐弯而车轮又陷在车辙或烂泥中时,机械负载会更大。产生的转矩M_h或M_v会使轮毂相对于轮缘旋转;为了对抗这种情况,轮辐及其榫眼周围的材料必须十分结实。我们根据《周礼》中所说的那种十分合乎情理的区别判断,把车轮制成中凹形,对使用于坚硬地面上的车辆比对使用于松软泥泞的地面上的车辆,具有较大的重要性;在松软泥泞的地面上,轮辐、轮毂以及轮辋的牢度都是车轮首先必须具备的条件。

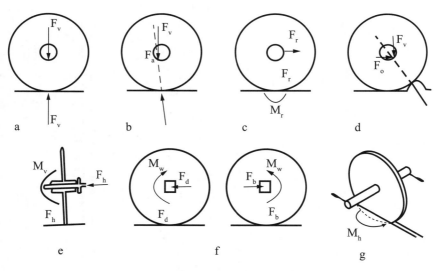

图3　七种常见的车轮机械负载情况

[1]　郭宝钧《殷周车器研究》15—16页,文物出版社,1998年。
[2]　《清华学报》第24卷第4期,1994年。

中凹形车轮的轮辐所施加的压力会在轮辋和轮箍中产生巨大的环箍拉应力。欧洲农用四轮车车轮的中凹角通常为7°；根据"木轮的机械原理"那一节中提出的近似值公式，如果中凹角为7°，那么从切向施加于轮辋和轮箍的环箍内力应为 $1.3 F_h$。换句话说，如把车轮制成中凹形，轮缘的构造就必需具有极大的切向牢度，这种切向牢度通常是由铁侧板提供的，如用铁环箍，那就会更好一些。[①]

8. 盖

盖 达常 桯 部 弓

《轮人》: 轮人为盖，达常围三寸。

孙诒让："轮人为盖"者，《释名·释车》云："盖在上，覆盖人也。"程瑶田云："盖亦轮人为之者，轮圜盖亦圜，盖弓之趋于部也，犹轮辐之趋于毂，故兼官也。"王宗涑云："盖凡三等，大者弓长六尺，中者弓长五尺，小者弓长四尺。盖虽有三等之殊，而达常围、桯围、部广、部长、桯长、部尊、凿广、凿上、凿下、凿深、下直、凿端之度，则无殊。"诒让案：《淮南子·泛论训》"鞿跻赢盖"，高注云："盖，步盖也。"则盖有车有步，此专为车盖，故轮人兼为之。

郑玄：围三寸，径一寸也。

孙诒让：注云"围三寸，径一寸也"者，《周髀算经》赵注云："圆径一而周三。"故围三寸得径一寸，然此疏率也。王宗涑云："三寸圜周也，以密率推之，径九分五厘四豪九秒二忽零。"

郑司农：达常，盖斗柄下入杠中也。

孙诒让：郑司农云"达常，盖斗柄下入杠中也"者，贾疏云："盖柄有两节，此达常是上节，下入杠中也。"戴震云："盖斗谓之部，其柄谓之达常。"[②]

关于"盖"的使用，郭宝钧《殷周车器研究》认为"东周始有，而盛行于战国"："在殷和西周时期尚未见迹象，只辛村卫墓第3号墓中曾出象短柱18支，似为盖弓爪，但迹象不明，不敢确定。盖之发现，东周始有，而盛行于战国。上村岭1727号坑第3号车，在右辀内侧有一根上下垂直的木条，下达车底，上出车底，高45厘米，不知是否是捆绑盖柄的木柱？若然，

① 史四维《木轮形式和作用的演变》，《中国科技史探索》476—477页，上海古籍出版社，1986年。
② 孙诒让《周礼正义》3835/3179页。

则盖的使用,东周初年已有了。寿县蔡侯墓中有盖弓帽(原名'燕尾形饰')之出土,车篷铜构(原名'三枝形饰')之出土,是春秋末年确有车盖和车篷的使用而且到战国时更通行的证明。"①

吴晓筠《商至春秋时期中原地区青铜车马器形式研究》推测"车盖的使用可能始于商代",指出"目前可以确定的最早的车盖是琉璃河1000号车马坑",而"莒南大店发现的伞盖较为完整,包括伞柄、伞帽、盖弓三部分(图三二)"②。

图三二　车伞盖复原示意图(莒南大店出土)

《轮人》: 信其桯围以为部广,部广六寸。

孙诒让:"信其桯围以为部广"者,贾疏云:"此言盖之斗四面凿孔,内盖弓者于上部,高隆穹然,谓之为部。信,古之申字。申上桯围六寸,以为此部径。"诒让案:此申桯之曲围以为达常之直径,故以信言之。云"部广六寸"者,王宗涑云:"盖圜则部亦圜,径六寸,于六觚率周一尺八寸;以密率推之,周一尺八寸八分四厘九豪五秒五忽零。达常与部当以一完木为之,上留广六寸、厚一寸一分者为部,下斫削其四旁,独留围三寸之心木为达常。"

郑玄: 广谓径也。

孙诒让: 注云"广谓径也"者,《周髀算经》赵注云:"径者,圆中之直也。"此部亦圆形,中直广博如一,故广即径也。

郑司农: 部,盖斗也。

孙诒让: 郑司农云"部,盖斗也"者,谓盖头之斗,部即桮之借字。《左·昭二十五年传》"楄柎",《说文·木部》引作"楄部",是其证也。《弓人》弓把名柎,车盖之弓,两边下垂,类射弓,部当其中,与把相似,故其名亦同。盖斗,汉时语。《御览·天部》引桓谭《新论》云:"北斗极,天枢。枢,天轴也,犹盖有保斗矣。盖虽转,而保斗不移,天亦转周匝,而斗极常在。"是盖斗亦谓之保斗。《论衡·谈天篇》③又谓之"盖葆"。保葆与部,并一声之转。④

① 文物出版社,1998年,55页。
②《古代文明》第一卷221页,文物出版社,2002年。
③ 引者按:"谈天篇"当为"说日篇",见黄晖《论衡校释》489页,中华书局,1990年。
④ 孙诒让《周礼正义》3836—3837/3180—3181页。

对于"部广六寸"，李民、王星光《略论〈考工记〉车的制造及工艺》："车盖伞帽处是凿方孔以镶盖弓的。《考工记》'部广六寸'，要求在这周长仅六寸的伞帽上凿出28个孔以置弓，这是一项难度很大的工艺。在长沙浏城桥春秋墓中发现的车伞盖，至今保存尚好，为我们提供了实证。该伞帽上部作圆饼状，凿长方形孔20个，是插盖弓用的，帽径13、榫眼长2、帽宽1.4、深5.5厘米，每个榫眼间相距0.6厘米[①]。当时的工匠能在圆件上每隔0.6厘米的地方即凿一方孔，并使弓入孔牢靠，充分显示了他们的技巧和智慧。"[②]

《轮人》：部长二尺。

郑玄：谓斗柄达常也。

孙诒让：注云"谓斗柄达常也"者，贾疏[③]云："此部即达常。以此达常上入部中，遂名此达常为部，其实是达常也。"郑用牧云："部厚一寸，连于达常，通长二尺，不计其入程中者。"王宗涑云："部与达常通高二尺，达常虽部之柄，而与部连为一节，故统名为部。二尺者，直盖之部也。直盖，卿以下车。《左·定九年》'与之犀轩、直盖'，杜云'犀轩，卿车'，其证也。诸侯以上车用曲盖，其达常当较长于直盖之达常，而燥屈之。然部高于程仍不过二尺，记故不详曲盖之达常。"案：王说是也。部与达常同一木，故盖弓二十八持之而固。若如贾说，部与达常异木，则部虽二尺，入达常者不过一寸一分，虽有键以持之，亦不足以为固矣。[④]

关于"部（盖斗）"，郭宝钧《殷周车器研究》指出：

盖的功用好像是车轮中总凑众辐的毂，所以也叫"笠毂"。《考工记》中作盖的工匠仍属于作毂的轮人，正是因为作轮和作盖两者的制作方法有相似的缘故。盖的出土实迹，山西长治分水岭第12号墓中出土的最为典型（图版六，3、4），"伞盖顶1件，钉头形。顶面镂交虺纹，中饰圆涡纹。顶侧一周有长方孔18个，内存腐木，为伞弓的遗留。顶下作筒，周镂三角形八个，饰斜角雷纹。筒洞为接柄之銎，旁有一小孔以辖其柄。置于列鼎之前。筒形弓帽规则地置于周围，周的直径约一米六七，三个白玉璧环置其中"[⑤]。这具体地说明了盖斗为钉头的形状，木

1

2

3

4

图版六

斗柄；周围18支弓；盖宇直径约160～170厘米；尚用玉璧穿绳以系压盖衣。由此，我们对盖的整体关系已可明白个大概了。同地第14号战国墓也出了"伞盖顶1件(图版六，1、2)，铜质，体特大，高14.5厘米，顶径12厘米。筒身上作菌形顶，顶周垂衣环八个，每环皆有一屈尖。筒身镂三角孔八个，置于圹室南壁下。又在东南角下，有一大型铜质柄饰，筒内尚存木质，与顶相距不逾两米，它俩也可能是有关系"①。这一盖斗形制略异，有衣环无弓凿。若8个三角孔即为弓凿，则此盖的弓数为八支，和八衣环亦相应。铜柄长短粗细与盖斗相若，可能是同组物。根据上列二例，旁证以乐浪里汉墓所出的木盖斗残迹，关于战国盖斗的形制，可以无大疑问。至于斗柄，自然都是木制的，这于长沙第203号墓木车模型中有其例。"这车是有车盖的。盖柄是一条木杆。标本344号，长47.1，径1.2，上端有长2.7厘米的一段无漆，且直径缩小为1厘米。原来为插入柄斗中的。距顶端约1.8厘米处有细钉孔，是用以固定柄斗于柄上的。……至于柄斗我们没有找到。……346号毂形物可能是盖斗"②。两处互补，据此我们可以知道，汉代的斗柄只是一根直的木杆。证以长治二盖斗和一柄饰皆作筒状，且皆有木质残存，可知战国斗柄亦不过是一根直的木杆。它在车箱中植立的地方，前述长沙第203墓的"中间的一根……刻一个锅底形的陷穴，以容纳车盖伞的柄木，穴径1.5，深0.3厘米"的地方，便是盖杆，即《考工记》所谓的"桯"，自然是可能的，但深0.3厘米的锅底形陷穴，似嫌太浅，实用上必须用如上村岭所出的高出车底45厘米的直立木柱，捆扎盖柄，盖顶始不致动摇。但不知第203墓中的车，在盖柄的中部尚有何种辅助设施。③

《轮人》: 桯长倍之，四尺者二。

孙诒让："桯长倍之，四尺者二"者，此经文例与上下不同。桯长八尺，较之部长实不止一倍。傥如旧说，桯止是一长八尺之直杠，则经家上文云"桯长四之"足矣。而乃云"桯长倍之，四尺者二"，以径直之度而为迂曲之文，果何义乎？据下注谓故书十与上二合为廿字，杜子春定为二十，是杜、郑所见并如今本，则又无讹文。窃谓经文当与《车人》"大车渠三柯者三"同例。疑古车盖之杠当为二节，上下各长四尺，盖与达常为三节也。其建于车上，则别以轴键连贯为一。车止时，车右持盖以从，则但持其上节六尺之部杠而下，《道右》④"王下则以盖从"是也。盖在车上，则建于轼间，故必八尺之杠而后无蔽目之患；在车下，则人持之，其高下在手，故去其下杠，使轻便易举。此则校之经文而适协，揆之事理而可通矣。又案：据《左·定九年传》有"直盖"，则亦有曲盖。曲盖之桯，长度当亦与直盖同。知此云"四尺者二"不指曲盖之杠曲折上下截之分度者，以曲杠上下曲直不同，则经文当如《车人》为末，中直下句，分著其度。盖上直四尺，则下句有弧曲之减，其弦必不及四尺。假令弦度四尺，则通弧曲计之，又必增于四尺，断不能上下平等。今经云"四尺者二"，则是上下等度，必非曲盖明矣。

郑玄：杠长八尺，谓达常以下也。加达常二尺，则盖高一丈，立乘也。

孙诒让：注云"杠长八尺，谓达常以下也"者，杠在达常之下，而达常之度晐于"部长二尺"之内，

---

① 见《考古学报》1957年第1期。
② 见《长沙发掘报告》148页。
③ 郭宝钧《殷周车器研究》，文物出版社，1998年，55—56页。
④ 引者按：第3次印刷之前王文锦本误将"道右"属上句。

故知此长八尺指达常以下也。云"加达常二尺,则盖高一丈,立乘也"者,林希逸云:"此下文所谓'盖崇十尺'者也。"贾疏云:"人长八尺,盖弓有宇曲之减二尺,得不障人目也。"诒让案:《释名·释车》云:"高车,其盖高,立乘载之车也。安车,盖卑,坐乘,今吏所乘小车也。"据此,则惟高车之盖,部杠得长十尺,小车盖卑,则部杠之度当递减,不得有十尺,故郑云"立乘"也。①

对于伞柄的构造与尺寸,后德俊《楚文物与〈考工记〉的对照研究》指出:

湖北荆门包山4号楚墓出土的单层车伞M4:33,其伞柄由两段圆木套接(连同盖斗下面的一段伞柄共为三段),盖斗与伞柄套接,接榫处均用铜箍加固。伞柄上下一般粗,直径约4.5～4.8厘米,则伞柄"围"(即周长)是15厘米,相当于6.5～7.0寸。其盖斗直径约为15厘米,与伞柄"围"即"桯围"相同。以加固伞柄用的铜箍为界,盖斗(包括盖斗下面的一段伞柄)长约40厘米。上下两段伞柄长分别为96、86厘米,相当于4～4.5尺。

湖北荆门包山2号楚墓出土的单层车伞4件,其车伞的伞柄均由两段圆木套接(连同盖斗下面的一段伞柄共为三段),盖斗与伞柄套接,接榫处均用铜箍加固。伞柄上下一般粗,直径为4.5～4.8厘米,则伞柄"围"(即周长)约为15厘米,相当于6.5～7.0寸。其盖斗直径分别为14、14.5、15.6、15.6厘米,与伞柄"围"即"桯围"相同。如包山M2:258车伞,以加固伞柄用的铜箍为界,盖斗(包括盖斗下面的一段伞柄)长约34厘米,上下两段伞柄长分别为83、91.4厘米,约相当于4～4.5尺;包山M2:281车伞,以加固伞柄用的铜箍为界,盖斗(包括盖斗下面的一段伞柄)长约36厘米,上下两段伞柄长分别为85、88.2厘米,约相当于4～4.1尺。

湖北随县曾侯乙墓出土车伞1件,伞柄圆柱形,由三段(包括盖斗下面的一段伞柄在内)拼接而成,拼接时上面一根下端剜有圆锥形孔,下面一根上端削成尖锥状,因安装较深(18厘米),衔接较紧,虽无铜箍加固,也是比较稳固的。柄径4厘米,上下一般粗,则伞柄"围"12.6厘米,相当于5.5～6.0寸。其盖斗直径约为14.5厘米,与伞柄"围"即"桯围"相近。盖斗(包括盖斗下面的一段伞柄)长约37厘米,上下两段柄长分别为106、100厘米,相当于4.5～5尺。

从上述出土文物可以看出,作为车伞的伞柄由盖斗(即"部")、盖斗下面的一段伞柄(即"达常")、另外二段伞柄(即二个"桯")组成;"桯围""桯长""部广""部长"以及"桯"与"部"之间的尺寸比例都和《考工记·轮人为盖》中的记载比较吻合。只是"达常"之围不合。"达常",即指车伞伞柄的最上一部分,《考工记·轮人为盖》中记载其"围三寸",如按每寸2.1～2.3厘米计算,则"达常"之围约为6.9～7.2厘米,其直径约为2.0～2.2厘米。作为车伞的伞柄是否细了一些?"殷亩而驰"之时,是否容易折断?上述楚墓中出土的车伞其"达常"围与"桯围"相同,比较粗,有的在伞柄榫接处还采用铜箍加固,当然要牢固得多了。

同时我们还可以看出,《考工记·轮人为盖》中所记述的一尺约为现今的21～23厘米;而绝不会是齐制的小尺,即一尺约为现今的19～20厘米。②

针对"《考工记·轮人为盖》中所记述的……绝不会是齐制的小尺",闻人军《〈考工记〉译

① 孙诒让《周礼正义》3837—3839/3181—3182页。
② 后德俊《楚文物与〈考工记〉的对照研究》,《中国科技史料》1996年第1期。

注》认为"较客观的叙述应当是：《考工记·轮人为盖》记述了车伞的有关尺寸，流传到楚地，楚地的工匠用楚尺或周尺制造车伞，这与齐人所著《考工记》原本记述的是齐尺并无矛盾"[①]。

《轮人》：十分寸之一谓之枚。

孙诒让："十分寸之一谓之枚"者，此枚即十厘之分，不云分而云枚者，经文它言分者并取算术差分为义；此为实度，虑其淆掍，故改分为枚，而明楬其度也。

部尊一枚，弓凿广四枚，凿上二枚，凿下四枚。

孙诒让："弓凿广四枚"者，王宗涑云："凿，部上容弓菑之穴，纵横皆四分方空也。一部积二十八凿，凡一尺一寸二分。置部围一尺八寸八分四厘九豪五秒五忽，除去一尺一寸二分，余七寸六分四厘九豪五秒五忽，则每凿口相距二分七厘三豪二秒零。"

郑玄：弓，盖橑也。

孙诒让：注云"弓，盖橑也"者，《大戴礼记·保傅篇》云："二十八橑以象列星。"卢注云："橑，盖弓也。"《续汉书·舆服志》"羽盖华蚤"，刘注引徐广云："金华施橑末，有二十八枚，即盖弓也。"《淮南子·说林训》云："盖非橑不能蔽日。"《御览·车部》[②]引《淮南》旧注云："橑，盖骨也。"案：正字本作轑。丁晏云："《急就篇》'盖轑俾倪枙缚棠'，颜师古注：'轑，盖弓之施爪者也。谓之轑者，言若屋椽橑也。'《说文·车部》：'轑，车盖弓也。'《释名·释车》：'轑，盖叉也，如屋构橑也。'诒让案：《方言》云："车枸簍，宋魏陈楚之间谓之筱，或谓之篷笼，西陇谓之𢶏，南楚之外谓之篷，或谓之隆屈。"郭注云："即车弓也。"彼车枸簍亦呼为篷，疑犹今轿车上隆起为篷，人居其中，汉时盖已有此制，与此车盖弓异。[③]

关于"盖弓"，郭宝钧《殷周车器研究》指出：

盖弓也叫盖轑，是支撑盖衣的骨架，好像房顶的木椽。《说文》："轑，车盖弓也。"《释名》："轑，盖叉也，如屋构轑也。"颜师古《急就篇注》："轑，盖弓之施爪者也。谓之轑者，言若屋椽橑也。"又叫作弓，这是因为它近斗处高，近爪处卑，把相对的两根盖轑合起来看，好像一张拱背下覆的弓形，所以又叫盖弓。但盖弓的计数却只指载入盖斗一边的一根，每一根都可以叫盖弓。如《考工记》说："盖弓二十有八，以象星也"，"弓长六尺，谓之庇轵。"并不一定合两根盖轑像一个完整的弓形才叫一个盖弓。

盖弓的功用为支撑盖衣，因此其本身必须保持着相当的坚度能牢固；盖衣须吐水疾而霤远，盖弓又须揉成相当的曲度，始不滞水。故盖弓不能过细（为坚），又不能过粗（为揉）。但盖弓既总持于盖斗，而盖斗圆盘不大，凿孔过多就不易坚牢；且盖弓要冒衣、淋雨，颇负重量，又必使栽之坚牢，始克负荷。盖弓在此等要求下，既不能粗，又不能细；既须坚直，又须揉曲；支盘虽不大，栽之却要深，所以，

① 上海古籍出版社，2008年，13页。
② 引者按："车部"当为"服用部"，见李昉等《太平御览》3134页下，中华书局，1995年。
③ 孙诒让《周礼正义》3839—3840/3182—3183页。

盖弓的制造是颇复杂而又细致的一项工作。

《考工记》说："叁分其股围，去一以为蚤（即爪，指弓末）围。"股围的粗为的要坚，蚤围的细为的要揉。又说"叁分弓长而揉其一。以其一为之尊。"这样作为的是宇曲而吐水疾。又说："凿深二寸有半，下直二枚，凿端一枚。""二寸有半"合今制5厘米，栽度相当的深，自易牢。但盖斗直径一般只是12厘米（《考工记》"部广六寸"，正合今制12厘米；长治盖斗的实迹是"顶径12厘米"），加上对侧的凿深，即5+5=10厘米，中心只余下2厘米，周径不过6.3厘米，故弓的蚤端到此必须渐窄而又小。"凿端一枚"，是为适应此地盘小而减削弓的尖端。

证以实迹，长沙伍家岭第203号墓的木制轺车模型有一例。"这车是有盖的。盖柄是一条木杆。……盖弓木制，每弓的外端安上铅制弓帽。在第2号和第3号车的附近，共得弓帽28枚。如果没有遗漏，每一车盖应有14根弓。每一弓的木质部分全长33.2，插入斗柄中的爪长1.8，入铅制弓帽中的爪长1.4厘米。爪部作圆柱形，径约0.3，向末端外逐渐变细。弓身在近斗柄处的一段剖面作长方形，宽厚为0.5×0.3。至距入柄斗的爪端8.5～9.5处，剖面作三角形，向外的一面平直，内面凸起。宽和厚都是0.4。盖弓在这里向下弯折。木质盖弓露于外的长30，近斗柄处平直者约占1/3，宇曲垂下者约占2/3。弯度因原物出土时已稍起变化，可能不是原来的弯度。出土时各弓的弯度为30～35度不等，现在复原时姑且以32度为标准。盖弓帽的铅制，容爪的穴长1.5，径0.25厘米。……帽的头面长和宽都是1.7，厚约0.1厘米，且有四出花瓣饰"[①]。这是保存颇好的汉代车盖弓的情形，这样具体例证，正可作为战国时盖弓装饰的参考。

战国时期的铜盖弓帽出土甚多，据此可知，战国时车盖的使用已经较为普遍。如长治分水岭第12号墓中，"伞弓帽120件。大小不等，分二式：一为钝角屈筒，双尖钩；一为直筒，单尖钩。每种数多至16或者18个，分置于樽的两侧"[②]。这里直筒式至少有4组，每组18件。钝角屈筒[③]的应占一半，也应是4组，64件。但这不是盖弓帽而是盖弓肘。同地的第1号墓内，在611件车马饰的"其他从略"的95件中至少应有盖弓帽1组以上，因既然有盖斗、盖弓肘，就决不会没有盖弓帽。汲县山彪镇第1号战国墓所出的直筒或盖弓帽30件（应为2组36件，因同时出土的弓肘为18件）（见图版七，1、2、3、4），截面作马蹄形，平面向上，凸面向下，与长沙墓中出土者同。平面倒生矩钩，为张冒盖衣挂系之用。帽长4.9，截径1.2厘米，这可证盖弓末梢的截径也应是上平下凸，径1.2厘米。

辉县赵固第1号战国墓出土一批铜弓帽，计柱冠式铜弓帽15枚（其形为"兽头上生柱若高冠。受弓木处截面若拱门，下生一钩，旁有小钉孔。长6.8，口径高1.2，宽0.8厘米"），歧头式铜弓帽48枚（其形为"顶部无冠，柱端为两歧，两歧问为凹沟，实以一边的歧出代前式小钩之用。截面近圆形，旁亦有钉孔。长3.8，径1.2～1.3厘米"）和扁平指爪式铜弓帽11枚（其形为"背生小钩，外向。……以丝绳缠绕扁平体固定于弓上，如手指之爪甲，故名。今丝绳缠痕存。长4.2，宽0.9厘米"）[④]。这三式共75枚铜弓帽都有倒钩挂盖衣，都是一面平的（上面），截径在1.3～1.2～0.9厘米之间，足见盖弓末梢的粗细及形状。《辉县发掘报告》76—77页上所记述的盖弓帽二式8枚，80页上所记述的盖弓3枚，同出于固围村第1号战国墓，且形制、尺寸都相近。其他各地战国墓葬所出铜质盖弓帽尚多，式样略同，

① 见《长沙发掘报告》148页。

② 见《考古学报》1957年第1期。

③ 见同上书同文，图版伍，11是14号墓的。

④ 各段引文均见《辉县发掘报告》111页。

本文兹不备举，足见这个时期车盖已颇盛行。但长沙203号墓中的所谓"帽的头面长和宽都是1.7厘米"的正方式、"且有四出花瓣饰"的盖弓帽，是到汉代才出现的，战国时期尚无此种华美形式。张衡的《东京赋》写道："羽盖威蕤，葩瑶曲茎。"薛综注："羽盖，以翠羽覆车盖也。……葩瑶悉以金作华形，茎皆低曲。"蔡邕《独断》："凡乘舆皆羽盖金华爪。"司马彪《舆服志》："乘舆金根安车，立车、羽盖华蚤。"刘昭的注引徐广曰："金华施橑末有二十八枚，即盖弓也。"这些"曲茎""金华爪""施橑末"，实际就是以上所举的盖弓帽。车盖在人顶上，举目可见，如以华饰，既可以自加欣赏，又可以表示尊威，炫耀路人，这一种奢侈的风气，肇始于东周，至两汉则已经更为变本加厉了。[1]

对于"弓凿广四枚"，郭宝钧《殷周车器研究》认为："至于弓菌入盖斗内的牢固问题，在木质方面，因原状无遗存无从考察，而从铜盖斗的凿深和内部减削形状，足以映出弓菌入斗内的形状。目前可以决定的至少是：弓凿凿口形状为1.7×1.1厘米（约数）的长方形，而并非像《考工记》所说的'弓凿广四枚'（即外纵横皆四分）的正方形，因正方形的凿口左右宽而多伤盖斗，上下短而削弱弓菌；不如长方形的上下长可较多保存弓的高厚，左右窄也多让出斗周的间隔，从而可以增加弓的持力，故长方形状较为合于物理力学原理。盖柄树立在舆上，仅持荐板的径1.5、深0.3厘米的锅底形陷穴，或高45厘米的主柱，在车的驰骋中是决难保持立而不坠的，故必须依靠四维的维系力。前言轵上所接续的四较，同较上所钉附的四铜钩，正是备绑缚四维以维系盖弓的。目验汉代画像中车盖的四角，多有四根长绳子（即四维）下系于车的轸部，这样车盖就能够牢固了（图51）。"[2]

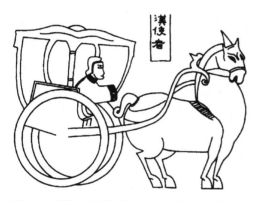

图51　汉画像中"汉使者"车上显出的系盖四维
（采自邹安辑《汉画》第一辑，上卷第1页背面）

《轮人》：凿深二寸有半，下直二枚，凿端一枚。[3]

对于"十分寸之一谓之枚……弓凿广四枚，凿上二枚，凿下四枚；凿深二寸有半，下直二枚，凿端一枚"，后德俊《楚文物与〈考工记〉的对照研究》认为：

按上述记载，该榫眼立起来看就是一个四棱柱，其纵截面应该是上边呈斜坡状的矩形。棱柱的高，即凿深为2.5寸，约为5.3～5.8厘米；棱柱的下底面，即榫眼的外矩形应为一等腰梯形，腰长即凿广为四枚，梯形的上底宽二枚，下底宽四枚；棱柱的上底面，即榫眼的内矩形也应是一等腰梯形，其上底宽与腰长都是一枚，下底宽为二枚。这种外大内小、上边呈斜坡状的榫眼，不仅利于盖弓的固定，而且使盖弓获得向上的仰力，避免了其下垂现象的出现。

① 郭宝钧《殷周车器研究》56—57页，文物出版社，1998年。
② 文物出版社，1998年，58页。
③ 孙诒让《周礼正义》3840/3183页。

关于车伞盖斗上的榫眼，考古报告中一般都没有详细的介绍，然而可以从其他方面找到线索：包山2号楚墓出土的4件车伞，其盖弓均为长木条制成，截面椭圆形，但其榫端为扁凿形，插入盖斗相对的榫眼中。这种扁凿形的榫眼与《考工记·轮人为盖》中的记载是相近的。表12是两件出土实物中盖斗榫眼的具体尺寸。

表12　出土盖斗榫眼的具体尺寸（单位：厘米）

墓葬及编号	长（凿广）		宽		深	
包山2号 M2∶258	2.4	约为10枚	1.4	约为6枚	5.6	约为2.4寸
曾侯乙墓 N.2	1.6	约为7枚	1.2	约为5枚	3.8	约为1.7寸

从数字上看，出土实物与《考工记·轮人为盖》中的记载是不相符的，这是因为出土车伞的盖弓做得比较粗大，它们只有20根盖弓，当然榫眼做得就大一些了。如按《考工记·轮人为盖》中记载的尺寸及"盖弓二十有八，以象星也"计算，盖斗四周共有二十八个榫眼，则每个榫眼之间只有0.6～0.65厘米的间隔。这不仅要求较高的木工工艺，而且对盖斗的材质也有较高的要求，否则盖斗是十分容易破碎的。就是包山楚墓出土的车伞，虽然只有二十根盖弓，盖斗上只有二十个榫眼，其盖斗也采用了缠麻布、刮漆灰等加固措施，以防止盖斗在使用中出现碎裂。[①]

《轮人》：弓长六尺，谓之庇轵，五尺谓之庇轮，四尺谓之庇轸。[②]

关于"庇轵""庇轮"，后德俊《楚文物与〈考工记〉的对照研究》指出：

包山楚墓出土车伞的弓长都有"六尺"，应属于"庇轵"；曾侯乙墓出土车伞的弓长约为"五尺"，应属于"庇轮"。[③]

《轮人》：参分弓长而揉其一。参分其股围，去一以为蚤围。参分弓长，以其一为之尊。

孙诒让："参分其股围，去一以为蚤围"者，并谓方围也。股即弓上之傅于凿者。股围即凿之方径，故经不别出股围之度。王宗涑云："股，弓近部者。爪，弓末也。"郑锷云："股，与辐之近毂者谓之股同。弓之近部者亦谓之股，以其大也；蚤，与辐之入牙者谓之蚤同。弓之宇曲者亦谓之蚤，以其小也。"[④]

对于"叁分其股围，去一以为蚤围"，后德俊《楚文物与〈考工记〉的对照研究》指出："包山楚墓出土的M2∶258车伞，其盖弓后端（即股部。盖弓的前端应称为蚤部，因为是安装铜蚤的部位）

① 后德俊《楚文物与〈考工记〉的对照研究》，《中国科技史料》1996年第1期。
② 孙诒让《周礼正义》3842/3185页。
③ 后德俊《楚文物与〈考工记〉的对照研究》，《中国科技史料》1996年第1期。
④ 孙诒让《周礼正义》3844—3845/3186—3187页。

约为方形,周长约为7.6厘米,按'叁分其股围,去一以为蚤围'计算,其2/3约为5厘米;该伞铜盖弓帽(铜蚤)的粗端外径约为1.5厘米,其周长(蚤围)4.7厘米,两者相近。同样,包山楚墓出土的M4∶33车伞,其盖弓后端周长约为7厘米,按'叁分其股围,去一以为蚤围'计算,其2/3约为4.6厘米;该伞铜质盖弓帽(铜蚤)的粗端外径约为1.4厘米,其周长(蚤围)4.4厘米,两者相近。"①

后德俊《楚文物与〈考工记〉的对照研究》认为:"楚墓及属楚文化范畴的墓葬中出土的车伞在构造、尺寸上与《考工记·轮人为盖》中的记载大部分是吻合或比较吻合的。"②

《轮人》:盖已崇则难为门也,盖已卑是蔽目也,是故盖崇十尺。

孙诒让:"盖已崇则难为门也"者,盖长十尺,建于车上,轸距地四尺,则丈四尺也。《艺文类聚·礼仪部》引《周书》说"明堂门方十六尺",其说不甚塙。疑宫室之门,容有高不及丈五尺者,故盖逾十尺则难为门也。

郑玄:十尺,其中正也。盖十尺,宇二尺,而人长八尺,卑于此,蔽人目。

孙诒让:注云"十尺,其中正也"者,以部长二尺,桯长八尺,合之为十尺。三等之盖,大小不同,而崇度必以十尺为中正,不得损益也。云"盖十尺,宇二尺,而人长八尺,卑于此,蔽人目"者,人长八尺,见《总叙》。明人长正与宇末相直,故不蔽目也。③

关于"盖崇十尺",后德俊《楚文物与〈考工记〉的对照研究》指出:

包山2号楚墓出土的4件车伞的通高分别为208.4、205.5、219.2、209.2厘米,弓长分别为146、142.5、153、152厘米,其盖径分别为297.6、292、312、312厘米;包山4号墓出土的一件车伞的通高为221.6厘米,弓长约为146厘米,盖径296厘米;曾侯乙墓出土的车伞的通高为243厘米,弓长约为117厘米,盖径237厘米。可见,这些车伞的盖崇都在"十尺"左右,与记载是相符的。④

𫐐轵

《轮人》:桯围倍之,六寸。

郑司农:桯,盖杠也。

孙诒让:郑司农云"桯,盖杠也"者,《华严经音义》云:"杠谓盖竿也。"《释名·释车》云:"杠,公也,众叉所公共也。"案:古者车盖之杠,盖皆建于轵间,有环以持之,谓之秘轵。故《释名》又云:"𫐐轵犹秘啮也,

① 《中国科技史料》1996年第1期。
② 《中国科技史料》1996年第1期。
③ 孙诒让《周礼正义》3848—3849/3190页。
④ 后德俊《楚文物与〈考工记〉的对照研究》,《中国科技史料》1996年第1期。

在车轵上正辕之秘啮前却也。"《华严经音义》引《声类》云:"俾倪,是轵中环,持盖杠者也。"《急就篇》颜注亦云:"俾倪,持盖之杠,在轵中央,环为之,所以止盖弓之前却也。"是古车盖皆在轵间,有环以持其桯,则不入舆版,亦足以为固也。今本《释名》"轵"讹"轴"、"辕"讹"轮",学者遂不知车盖建于轵间之制,故附论之。①

孙机《中国古独辀马车的结构》考证"镈镊"是连接车盖杠上节(达常)与下节(桯)的铜管箍:

车盖并不是完全固定在车上的。就礼仪方面而言:当王下车时,陪乘的道右则将车盖取下,步行从王。在为王举行葬礼时,更须"执盖从车"。就实际应用方面而言,刮大风的时候要解盖。战车也不建车盖。因为张盖后空气阻力大,影响车速,妨碍战斗。如以有盖之车赴兵事,则去其盖。因此,车盖应能够装卸。为了做到这一点,车杠乃分为好几节,当中用铜箍连接起来。在长沙浏城桥春秋墓出土的车杠上已发现这种铜箍,套在距盖斗22.5厘米处,可是铜箍底下的车杠已残去一段,所以不知道原来分成几节。辉县固围村1号战国墓墓道中的一辆车上,出土两副连接盖杠的铜箍,均错金银。洛阳中州路战国车马坑中所出之车,也有形制与前者极相近的两副铜箍,均错银。从而证明其车杠应分成三节。江陵藤店1号和天星观1号战国墓出土的车杠也正是如此,只不过藤店车杠的接合处未装铜箍。在汉代的车上,车杠一般分成两节,上节名达常,与盖斗相连,下节名桯,植于车箱上。连接两节的铜箍呈竹节形,应名镈镊(唐·慧苑《华严经音义》卷九引魏·李登《声类》说镈镊"乃是轵中环,持盖杠者也"。所谓持盖杠之环当即指盖杠上的管箍。《急就篇》"盖、辕、俾倪、轭、缚、棠",将镈镊和盖、辕连举,也证明此物当位于车盖附近。《晋书·五行志》:"安帝元兴三年正月,桓玄出游大航南,飘风飞其镈镊盖。"描写的是大风将车盖连同达常与此管箍一同吹去的情况。晋·崔豹《古今注·曲盖》中也有"镈镊盖"一词。因镈镊附着在盖底的短柄[达常]上,故常与盖连言)。汉代很重视这个部件,有用金银嵌错出云气禽兽纹并镶以绿松石的(图3-8)。②

孙机《汉代物质文化资料图说》认为"俾倪"是衔接杠和达常之间的铜制管箍:

由于盖柄分为上下两节,杠仅指下节,此节又名桯;上节则名达

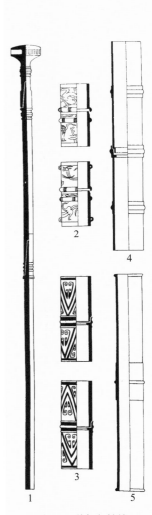

图3-8　盖杠与镈镊

1. 分成三节的盖杆(江陵藤店出土)
2. 两段(共四件)一组的镈镊(辉县出土)
3. 两段(共四件)一组的镈镊(洛阳中州路出土)
4. 两件一组的镈镊(满城出土)
5. 直筒形镈镊(广州出土)

① 孙诒让《周礼正义》3835—3836/3179—3180页。
②《中国古独辀马车的结构》,《文物》1985年第8期;引自孙机《中国古舆服论丛》增订本
　33—34页,文物出版社,2001年。

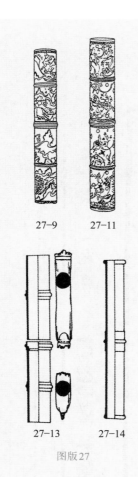

27-9　　27-11

27-13　　27-14

图版27

常（《考工记·轮人》，又先郑注）。杠和达常之间由铜制的管箍相衔接。先秦时，在某些场合中必须取下车盖，如《周礼·巾车》说："及葬，执盖从车。"《道右》说："王下，则执盖从。"汉代的车盖亦能取下，《淮南子·泛论训》高注中就提到过"步盖"。《东观汉记》说阴兴为期门仆射，"从上出入，常操小盖"，"泥涂隘狭，自投车下"[①]；则此盖亦是从车上取下者。上述铜管箍即其装卸时的连接之处。此管箍多呈竹节形，在河南郑州及洛阳、河北满城、山东曲阜、宁夏银川、广西西林、广东广州等地的西汉墓中多次出土。一般为整体连通的直管，也有由上下两段组合在一起的（图版27，13、14）。它一般为素面，但在乐浪与河北定县曾出土铜质错金银的实例；后者除金银纹饰外，还用黑漆填补空隙并嵌有圆形和菱形绿松石，极为华丽（图版27，9、11）。

这种被汉代人如此精工制作的铜管箍，应即《急就篇》"盖、辕、俾倪、軛、缚、棠"句中的俾倪，此物与盖、辕并举，故当位于车盖附近。慧苑《华严经音义》引魏·李登《声类》："俾倪是轼中环，持盖杠者也。"《急就篇》颜注亦谓："俾倪持盖之杠，在轼中央，环为之，所以止盖弓之前却也。"颜注前半本《声类》之说；后半则参用《释名·释车》中关于辌輗（指秘啮，见本书第26篇的说明，与这里介绍的俾倪无关）的解释，前后龃龉，很不明确。但俾倪的作用为"持盖杠"，却是可以肯定的。至于说它在轼中，或是由于自车前望去，俾倪正高出于轼上之故。又因俾倪是车器，故也可写作辌輗。《晋书·五行志》说："安帝元兴三年正月，桓玄出游大航南，飘风飞其辌輗、盖"；描写的正是大风将车盖连同达常与此管箍一同吹去的情况。故此管箍名俾倪，殆无疑义。[②]

孙机先生的车舆马具考证影响很大，不少论文、专著即据以作为定名依据，例如崔大庸《双乳山一号汉墓一号马车的复原与研究》[③]、刘永华《中国古代车舆马具》[④]、王然主编《中国文物大典》[⑤]；李强《说汉代车盖》也赞同这一结论："在《周礼·考工记》里，盖杠分两部分：上部略细，名达常，下部略粗，称桯。达常插套在桯里，成为一体。为了加固这段易折部分，常套以铜箍，名辌輗。"[⑥]

袁仲一《秦陵铜车马有关几个器名的考释》则对"铜管箍"说提出异议：

① 《御览》卷三八六引。
② 孙机《汉代物质文化资料图说》107—108页，文物出版社1991年。上海古籍出版社2008年出版孙机《汉代物质文化资料图说》增订本，"这种被汉代人"以下内容已全部删去（128页）。
③ 《考古》1997年第3期。
④ 上海辞书出版社，2002年，55—56页。
⑤ 第1册331—332页，中国大百科全书出版社，2001年。
⑥ 《中国历史博物馆馆刊》1994年第1期。

盖杠上的铜管箍，以往的考古资料所见都是成对出土，秦陵一号铜车盖杠上有两段错金银的和铜箍管相似的纹样，亦可作为盖杠上有两个铜管箍的佐证。杠一般分为三段，一件铜管的上端用以容盖的达常，下端用以套连下一节杠；另一铜管的上端和上节杠套连，下端和末节杠套连。可见此铜管箍的作用是连接盖杠，而不是"持盖之杠"。"持"是夹持、括约，使盖不致倾倒，也就是《急就篇》颜注所说的"止盖弓之前却"。铜管箍与此意义似觉不洽。①

因而袁仲一执笔的《秦始皇陵铜车马发掘报告》明确表示"此铜箍的名称不明"：

一号铜车的杠上有两段错金银纹样，它很像长沙浏城桥春秋墓、辉县固围村1号战国墓、洛阳中州路战国车马坑、江陵藤店战国墓等出土的盖杠分节处的铜管状箍②，用以把上下段连接一起。管状铜箍多为两个，一个铜管箍装于杠的上端，用以套连盖斗的柄，即达常；一个装于杠的中部，用以套连杠的上下节，从而使盖斗及杠的上下节三者连成一体。一号铜车杠上两段竹节状的错金银纹样，与上述铜管状箍的形象相同，似亦表示为连接杠的上下节及与盖斗柄相连的铜管箍。此铜箍的名称不明。③

此异议颇有道理。"辌軦"一词，最早见于也仅见于东汉刘熙《释名·释车》："辌軦犹秘啮也，在车轴上，正轮之秘啮前却也。"是只说其作用，并未说明形状，而"在车轴上"的表述则造成了混乱。"在车轴上，正轮之秘啮前却也"，孙诒让《札迻》卷二考订为"在车轼上，正辕之秘啮前却也"：

慧苑《华严经音义》引《声类》云："俾倪，轼中环持盖杠者也。"《急就篇》："盖辕俾倪枙缚棠。"颜注云："俾倪，持盖之杠，在轼中央，环为之，所以止盖弓之前却也。"此"辌軦"即《急就篇》及《声类》之"俾倪"。此云"在车轴上"，"轴"当为"轼"。"正轮之秘啮前却"，"轮"当作"辕"，"辕"与"橑"同，《考工记》郑注云："弓盖橑也。"《急就篇》"橑"亦作"辕"，故此讹为"轮"。毕氏不悟，乃谓"辌"即《考工》注之"轮箅"，其误甚矣。④

清王先谦《释名疏证补》全文引用孙说，日本林巳奈夫亦将孙说写入《汉代の文物》，袁仲一《秦陵铜车马有关几个器名的考释》更从出土的车轴部件形制上证实孙氏校订之正确：

车轮装于轴上，轴末装有辖軎，以阻挡车轮向外滑动；轮的内侧毂的贤端抵住置于舆下、轴上的伏兔的外端，以防轮向内滑动，从而保证轮向前后的正常转动。除此之外目前还没有发现有装在轴上的防止车轮前却的构件。过去曾在浚县辛村西周墓、长安客省庄西周车马坑等处出土的内孔呈卵圆形一端带盖板的铜管件，是用以把伏兔固着于轴上的构件；宝鸡茹家庄西周墓出土的此种构件，套管部分只有上半部，已不能套在轴上，到战国以至秦代已简化为一个方形板，其一端插于伏兔上，悬空部位盖于伏兔与车毂之间，以防尘泥落入毂孔内。上述铜构件都不是用以阻挡车轮的左右滑动，它是卵圆管形、半管形、方板形，是伏兔的饰件，起不到正轮的作用。这种铜构件张长寿、张孝光先生释为画辕⑤，是可

① 袁仲一《秦陵铜车马有关几个器名的考释》，《考古与文物》1997年第5期。
② 孙机《中国古独辀马车的结构》。
③ 秦始皇兵马俑博物馆、陕西省考古研究所《秦始皇陵铜车马发掘报告》347页，文物出版社，1998年。
④ 孙诒让《札迻》74页，中华书局，2009年。
⑤ 《说伏兔与画辕》，《考古》1980年第4期。

信的，不是辌轵。①

钱玄《三礼名物通释》根据孙诒让对《考工记》的疏证以及对《释名》的校订，将设于轵间以持盖杠的环定名为辌轵："乘车有盖，用以御雨蔽日。……其形如伞。用环立于舆之轵间。环谓之俾倪。……俾倪亦作辌轵。"②袁仲一《秦陵铜车马有关几个器名的考释》表示赞同，并予以证实：

关于辌轵是在轵中央的环形构件用以持盖杠的说法，比较合理。高柄的伞形盖立在车上，不会因风吹及车的疾驰而倾倒，必须要有固定盖杠的装置，这种装置还要便于盖的随时装卸。因而在轵的背面中部装一环形的辌轵，盖杠从环内穿过，底部再予固定，这样即可把盖固着于车上，装卸均极方便。武威雷台汉墓出土的辂车，在轵的中央后侧有一方形板状的附加物，上有一孔，盖杠贯于孔内③，此与《急就篇》颜注和《声类》所说辌轵的形状和部位正相契合。④

1980年12月，在秦始皇陵封土西侧20米处，发掘出土两乘大型彩绘铜车马，车、马、俑按照二分之一的比例逼真地模拟真车、真马、真人制作，车舆结构复杂，系驾具完整、关系清楚，制造工艺精湛，为研究我国古代的乘舆制度、车舆结构和车的系驾关系，提供了极为珍贵的实物资料⑤。袁仲一《秦陵铜车马有关几个器名的考释》将持盖杠的盖座定名为"辌轵"：

秦始皇陵一号铜车上的持盖杠的盖座（即辌轵），是一种设计更为精巧的装置（图一六一）。它

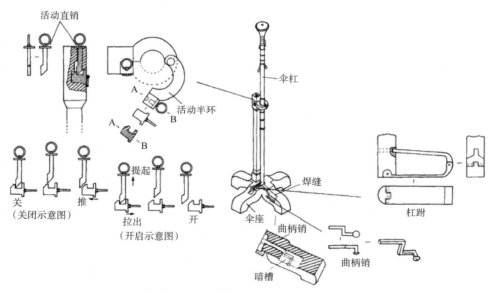

图一六一　一号车伞杠与伞座连接关系示意图

---

① 袁仲一《秦陵铜车马有关几个器名的考释》，《考古与文物》1997年第5期。
② 江苏古籍出版社，1987年，140页。
③ 林巳奈夫《汉代文物》图7—11。
④ 袁仲一《秦陵铜车马有关几个器名的考释》，《考古与文物》1997年第5期。
⑤ 党士学《试论秦陵一号铜车马》，《文博》1994年第6期。

由十字拱形的底座、座杆及上下两道夹持锁紧机构组成。上边的一个夹持机构呈环形位于座杆的上端一侧，此环由两个半环作活铰式连接，一个半环固定于座杆上，另一半环可自由开合；与活动半环末端相应的在座杆上有一楔形暗槽，暗槽的上部有一楔形垂直销，当把盖杠置于环内后，推动活动半环插入暗槽把垂直销顶起锁闭，即把盖杠紧紧夹住。下边的一个夹持机构位于底座上，即座上有一凹槽和一暗槽，暗槽装一活动的曲柄销，把盖杠末端连接的横"U"字形杠跗置于凹槽内，推动曲柄销把杠跗锁闭。借助上述两道夹持机构使盖杠和盖座固着成一体。如要把盖取下，提起垂直销和拉动曲柄销即可把两道夹持锁闭机构打开，使盖杠与盖座脱离。这样既可保证盖在车上的稳定性，又具有装卸方便、操作简单的功能。此式锌轳的实物资料，目前仅见于一号铜车上一例。①

袁仲一执笔《秦始皇陵铜车马发掘报告》第五章"车制及铜车马各部件的名称"：

伞　杠　一号铜车的盖杠为中空的圆柱形青铜铸件，其上端与盖斗柄的连接处及中部各有一段凸起带阳弦纹并有错金银的纹样，杠的下端连有横U形的杠足。

一号铜车的杠上有两段错金银纹样，它很像长沙浏城桥春秋墓、辉县固围村1号战国墓、洛阳中州路战国车马坑、江陵藤店战国墓等出土的盖杠分节处的铜管状箍②，用以把上下段连接一起。管状铜箍多为两个，一个铜管箍装于杠的上端，用以套连盖斗的柄，即达常；一个装于杠的中部，用以套连杠的上下节，从而使盖斗及杠的上下节三者连成一体。一号铜车杠上两段竹节状的错金银纹样，与上述铜管状箍的形象相同，似亦表示为连接杠的上下节及与盖斗柄相连的铜管箍。此铜箍的名称不明。

伞　座　一号铜车的伞座为考古史上首次发现。它由十字拱形的底座、座杆及上下两道夹持锁紧机构组成。既可以保证盖杠在车上的稳定性，又具有装卸方便、操作简单的功能。此盖座名曰锌轳。人们对锌轳的认识长期模糊不清，说法不一。锌轳又写作俾倪，《急就篇》："盖、辕、俾倪、杝、缚、棠。"颜师古注："俾倪，持盖之杠，在轼中央环为之，所以止盖弓之前却也。"《释名·释车》："锌轳，犹秘啮也，在车轴上，正轮之秘啮前却也。"慧苑的《华严经音义》引《声类》："俾倪，轼中环，持盖杠者也。"《释名》之说恐有误，轴上并未见能正轮前却的装置。认为俾倪是轼中环，可为一说。但轼中环只能括约盖杠的中部，杠的下端如何固定仍不明确。一号车盖座的出土，使人们对俾倪获得了鲜明的认识。盖座的底部和座杆的上端各有一盖杠的夹持锁紧机构，下部的设置用以固定杠跗，上部的环状设置用于夹持杠的中部，以防盖杠的倾侧。此夹持锁紧机构，名曰扃。张衡《西京赋》："旗不脱扃。"薛综注："扃，关也，谓建旗车上有关制之，令不动摇曰扃。"③

连接车盖杠上节与下节的铜管箍，固然便于车盖的卸装自如。然而无论是将连接车盖杠上节与下节的铜管箍、还是将夹持盖杠的盖座定名为锌轳，都不符合汉唐人本意，商榷如下：

首先，从出土车盖实物看，连接盖杠上节与下节的铜管箍的确很精致，"汉人很重视这个部件，有用金银嵌错出云气禽兽纹并镶以绿松石的"，可见汉人之重视程度，又可见汉代

---

① 袁仲一《秦陵铜车马有关几个器名的考释》，《考古与文物》1997年第5期。
② 孙机《中国古独辀马车的结构》，《文物》1985年第8期。
③ 秦始皇兵马俑博物馆、陕西省考古研究所《秦始皇陵铜车马发掘报告》269、347—348页，文物出版社，1998年。

之技术纯熟。但是"辌軨"一词，收入四库全书的两汉典籍除了《释名》，我们未曾发现一处使用，东汉经学家郑众、郑玄都无一语涉及，东汉经学家、文字学家许慎《说文解字》也不收"辌"字。假如"这种被汉代人如此精工制作的铜管箍"就是"辌軨"，为什么文献记载中不见痕迹？迄今为止，我们所能见到汉魏关于"辌軨（俾倪）"的材料，总共也不超出旁征博引的孙诒让正义所征引的《释名》《声类》《急就篇》3例。

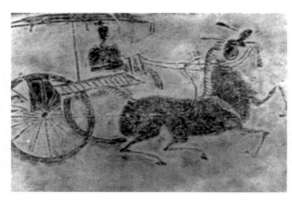

图3-17

其次，汉代的车上，盖杠有分成上下两节的，也有不分两节只是一根的。《中国古代交通图典》所载四川东汉独辀轺车画像砖拓片，盖杆就是插在车厢前侧坡形护挡的中骨（图3-17）[①]。郭宝钧《殷周车器研究》考证汉代的盖杠"只是一根直的木杆"：

> 至于斗柄，自然都是木制的，这于长沙第203号墓木车模型中有其例。"这车是有车盖的。盖柄是一条木杆。标本344号，长47.1，径1.2，上端有长2.7的一段无漆，且直径缩小为1厘米，原来为插入柄斗中的。距顶端约1.8厘米处有细钉孔，是用以固定柄斗于柄上的。……至于柄斗我们没有找到。……346号毂形物可能是盖斗"[②]。两处互补，据此我们可以知道，汉代的斗柄只是一根直的木杆。证以长治二盖斗和一柄饰皆作筒状，且皆有木质残存，可知战国斗柄亦不过是一根直的木杆。[③]

无论分不分为上下两节，都要固定盖杠即"止盖弓之前却"。不分为上下两节而由一根木杠制成的盖杠，则没有连接的铜管箍。这种情况下仍然要固定盖杠即"止盖弓之前却"，可见"铜管箍"不是辌軨。

第三，"所谓持盖杠之环当即指盖杠上的管箍"的结论，与李登《声类》、《急就篇》颜师古注的意思是不相吻合的。唐代慧苑《华严经音义》引魏李登《声类》："俾倪，是轼中环持盖杠者也。"《急就篇》颜注亦谓："俾倪，持盖之杠，在轼中央，环为之，所以止盖弓之前却也。"正如袁仲一先生所质疑，铜管箍的作用是连接盖杠，而不是"持盖之杠"。1975年湖北当阳金家山45号墓出土战国早期青铜管箍，通长5.3厘米，直径4.3厘米，壁厚0.2厘米。圆筒状，由子母口上下相套连，每箍一侧有突钮，中有一穿。箍身饰弦纹和雷纹。《当阳赵家湖楚墓》[④]《楚文物图典》定名为"雷纹铜车伞箍"，认为"这是车伞柄连接处外部套箍，起加固作用"[⑤]。这种起加固作用的管箍显然不同于李登《声类》、《急就篇》颜

① 周成《中国古代交通图典》75页，中国世界语出版社，1995年。
② 见《长沙发掘报告》148页。
③《殷周车器研究》56页，文物出版社，1998年。
④ 湖北宜昌地区博物馆、北京大学考古系《当阳赵家湖楚墓》137、140页，文物出版社，1992年。
⑤ 高至喜《楚文物图典》164页，湖北教育出版社，2000年。

注说的"环"。"环"与"管箍"，词义差异明显。请看颜师古注"环"用词之例。《急就篇》卷三"玉玦环佩靡从容"颜注："肉好若一谓之环，言孔及质广狭丰杀正齐也。半环谓之玦。"《急就篇》卷三颜注："轙，车衡上贯辔环也。"《汉书》卷一一一颜注："门之铺首，所以衔环者也。"卷二九"内黄界中有泽，方数十里，环之有堤"颜注："环，绕也。"卷七一"佩环玦"颜注："环，玉环也。玦即玉佩之玦也。带环而又著玉佩也。"卷八四"赵明依阻槐里环堤"颜注："槐里县界其中，有环曲之堤，而明依之以自固也。"卷八九颜注："刀，凡蜀刀有环者也。"卷九九上"弁而加环经"颜注："于弁上加环经也。谓之环者，言其轻细如环之形。"不难看出，"环"的特点是内中有一定空间，出入有余裕；而"管箍"的特点是内中虽有一定空间，但紧密箍着，所箍之物不留余裕。

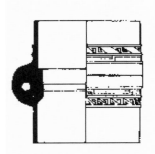

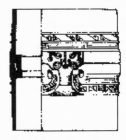

雷纹铜车伞箍

　　第四，《急就篇》"盖、辕、俾倪、枙、缚、棠"，很难证明俾倪当位于车盖附近。《急就篇》所说是车上的六个部件，唐代颜师古注："盖，车上盖也。辕，盖弓之施爪者也。谓之辕者，言若屋之橼辕也。俾倪，持盖之杠，在轼中央，环为之，所以止盖弓之前却也。枙，在衡上，所以扼持牛马之颈也。缚，在车下，主缚轴，令与相连，即今所谓钩心也。棠，踱也，在车两旁，以踱距辖使不得以崎也。"六个部件依次而述，即使"俾倪"位于车盖附近，也无从证明它是铜管箍。南宋王应麟为《急就篇》"俾倪"补注："《考工记》注：'桯，盖杠也。杠长八尺。'唐卤簿有俾倪十二。《古今注》：'曲盖，太公所作。汉乘舆用四，谓韩輗，有军号者赐其一。'今曰睥睨，如花盖而小。"就是视"俾倪"为曲盖（对此下文会有论述），而不是管箍。

　　第五，《晋书》和《古今注》材料不能证明"韩輗"是铜管箍。《晋书·五行志》："安帝元兴三年正月，桓玄出游大航南，飘风飞其韩輗盖。"孙机《汉代物质文化资料图说》在"韩輗盖"间加了顿号，将这里的"韩輗盖"理解为韩輗与盖二物[1]。其实不然。此"韩輗盖"，《晋书》卷九九作"仪盖"，《魏书》卷九七、《通志》卷一三〇、《册府元龟》卷九一三、《太平御览》卷八七六亦俱作"仪盖"，《太平御览》卷七〇二作"輗盖"，《宋书》卷三四作"转輗"。类似的有称作"仪缴"（"仪缴"即"仪盖"），例如《南齐书》卷四五："先是，（王）遥光行还入城，风飘

① 文物出版社，1991年，107页。

仪缴出城外。"所谓"辌輗盖"就是"仪盖"。《晋书》这条材料不能证明"大风将车盖连同达常与此管箍一同吹去",只能证明大风吹去了"辌輗盖"或"仪盖"。

晋崔豹《古今注》中确有"辌輗盖"一词,然而并不能证明"因辌輗附着在盖底的短柄(达常)上,故常与盖连言"。请注意《古今注·舆服》的表述:"曲盖,太公所作。武王伐纣,大风折盖,太公因折盖之形而制曲盖焉。战国常以赐将帅,自汉朝乘舆用四,谓为辬輗盖,有军号者赐其一也。""辬輗"同"辌輗",显然这是指"曲盖"而与管箍无关。《康熙字典》:"辬,字书不载,疑与辌字同……辬輗盖,即今之曲柄缴也。"《晋书·五行志》"飘风飞其辌輗盖"应该就是曲斜或曲柄车盖。《三国志》中出现大量的"曲盖",例如"赐幢麾、曲盖、鼓吹,居并州如故"(卷三〇),"知必败,乃解曲盖印绶付弟子以归"(卷六四);《晋书》中也每每见到,例如"及葬,给节、幢、麾、曲盖、追锋车、鼓吹、介士、大车"(卷三三),"帝以访为振武将军、寻阳太守,加鼓吹、曲盖"(卷五八)。

第六,从同源关系考察,"辌輗(俾倪)"与"倾斜"有关,故不可能用以指称"管箍"。刘均杰《同源字典补》:

脈、睥、睥都是斜视,顿是头倾斜,睥睨是斜视,顿倪是倾斜不正。

《集韵·霁韵》:"睥,睥睨,视也。"《一切经音义》九一引《埤苍》:"睥睨,邪视也。"

《说文》:"顿,倾首也。"段玉裁曰:"玄应引《苍颉篇》云:'头不正也。'又引《淮南子》:'左顿右倪。'按,今本《淮南子·修务》作"左右睥睨"。

《一切经音义》五三:"睥睨,上纰计反下倪计反。《广雅》云:'睥,视也。'《字书》云:'邪视也。'《淮南子》云:'左睥右睨也。'"《后汉书·仲长统传》:"逍遥一世之上,睥睨天地之间。"字也作辟倪。《史记·灌夫传》:"辟倪两宫间。"《索隐》引《埤苍》:"睥睨,谓邪视也。"睨亦邪视,参见本书睨字。

《广雅·释诂》二:"顿倪,邪也。"王念孙曰:"《庄子·天下篇》云:'日方中方睨',是日斜亦谓之睨也。《尔雅》:'龟,左倪不类,右倪不若。'郭璞注云:'左倪,行头左庳。右倪,行头右庳。'庳与倪皆邪也。凡言顿倪者,皆邪之义也。"《一切经音义》三三:"俾倪,或作顿兒,俾倪,倾侧不正也。"

此组字与《同源字典》派脉等同源。都与斜有关。[1]

《王力古汉语字典》也将"睥睨""俾倪""埤堄""僻倪""辟倪"归为叠韵联绵字[2]。《辞通》:"辌輗作俾倪,同音通假也。"[3]且看汉代的用例:

(1)《淮南子·修务训》:"过者莫不左右睥睨而掩鼻。"

(2)《史记·魏公子列传》:"公子引车入市,侯生下见其客朱亥,俾倪,故久立,与其客语。"张守节《正义》:"俾倪,不正视也。"

(3)《史记·魏其武安侯列传》:"辟倪两宫间,幸天下有变,而欲有大功。"《汉书·灌夫传》作

① 刘均杰《同源字典补》56页,商务印书馆,1999年。
② 王力主编《王力古汉语字典》793页,中华书局,2000年。
③ 朱起凤《辞通》1860页,上海古籍出版社,1982年。

"辟睨",颜师古注:"辟睨,旁视也。"

(4)《说文解字》:"陴,城上女墙,俾倪也。"段玉裁注:"俾倪,叠韵字,或作睥睨,或作埤堄,皆俗字。城上为小墙作孔穴可以窥外,谓之俾倪。"

(5)《释名·释宫室》:"城上垣曰睥睨,言于其孔中睥睨非常也。"

(6)《急就篇》:"盖、轑、俾倪、枇、缚、棠。"

(7)《释名·释车》:"䡺,䡺軛,犹秘啮也。在车轼上正轑之秘啮前却也。"

(1)(2)是"斜视",(3)引申为"侧目窥察、窥伺",(4)(5)由窥察引申为"城上女墙",(6)(7)当然与"倾斜"有关:《急就篇》颜注:"俾倪,持盖之杠,在轼中央,环为之,所以止盖弓之前却也。"由于有环持之,"止盖弓之前却",所以盖杠不是笔直竖立而表现为略微的曲斜角度,故名"䡺軛"或"俾倪"。由于"䡺軛"或"俾倪"指处于被环持状态表现为略微曲斜的盖杠,明朱谋㙔《骈雅》卷四《释器》干脆说:"俾倪,车杠也。"

第七,汉代以后的文献材料也表明"䡺軛(俾倪)"与"倾斜"有关,上述《古今注》和《晋书》的"䡺軛盖"就是指曲斜或曲柄车盖的力证。实际上,汉代之前就有曲盖,尽管至今尚未见到实物。据孙诒让正义:

> 王宗涑云:"直盖,卿以下车。《左·定九年》'与之犀轩直盖',杜云'犀轩,卿车',其证也。诸侯以上车用曲盖,其达常当较长于直盖之达常,而燥屈之。然部高于桯仍不过二尺,记故不详曲盖之达常。"案:王说是也。……又案:据《左·定九年传》有直盖,则亦有曲盖。①

李强《说汉代车盖》论证汉代车盖"形态万千,多种多样":

> 人们可以按车盖的大小、形制、色彩及质地等不同角度进行分类研究。……从颜色及质地对盖进行分类,又有华盖、青盖、金华青盖、朱盖、绿盖、黄盖、黄屋、羽盖、羽葆、皂盖、白盖、素帱、笠盖之分。②

其中的"华盖",北宋高承《事物纪原》卷三《华盖》以为其得名如《古今注》所说:

> 《古今注》曰:"华盖,黄帝与蚩尤战,常有五色云气、金枝玉叶,止于帝上,有花葩之象,故作华盖。"《笔谈》:"辇后曲盖,谓之簦。两旁夹扇,通谓之扇簦。皆绣,亦有销金者,即古华盖也。"③

明代周祈《名义考》卷三《华盖座》却认为"华盖"取象于天:

> 华盖本星名。《晋·天文志》:"天皇大帝上九星曰华盖,所以覆蔽大帝之座也。下九星曰杠,盖之柄也。"古者天子所坐曰华盖之座,取象于天也。沈存中曰:"辇后曲盖谓之簦,两扇夹心通谓之扇簦。"此华盖之制。崔豹《古今注》:"黄帝与蚩尤战于涿鹿,上有五色云气止于帝所,因作华盖。"非。

① 孙诒让《周礼正义》3181页,中华书局,1987年。
② 李强《说汉代车盖》,《中国历史博物馆馆刊》1994年第1期。
③ 高承《事物纪原》132页,中华书局,1989年。

　　唐萧嵩《大唐开元礼》卷二记载《大驾卤簿》，依次提及"朱画团扇、花盖、俾倪"。明代称之为"俾倪扇"，方以智《通雅》卷七《释诂》："唐卤簿有俾倪。《宋志》载：'瞟睨，汉乘舆用之，如花盖而小。'今曰俾倪扇。"关于其形制，《宋史·仪卫志六》："宋有花盖、导盖，皆赤质，如缴而圆，沥水绣花龙。又有曲盖，差小，惟乘舆用之。人臣则亲王或赐之，而以青缯绣瑞草焉。睥睨，如华盖而小。"《事物纪原》卷三《俾倪》："《宋朝会要》曰：'汉乘舆用之，如花盖而小。'疑汉始制之也。"《元史》卷七九："曲盖，制如华盖，绯沥水，绣瑞草，曲柄，上施金浮屠。"往往语焉不详，只知"如华盖而小"，但与盖杠管箍没有关联。

　　第八，"辌輗"不是盖杠下端的盖座。《秦始皇陵铜车马发掘报告》认为："轼中环只能括约盖杠的中部，杠的下端如何固定仍不明确。"实际情况应该是，杠的下端如何固定仍不一律。清儒江永《周礼疑义举要》卷六推断："斗柄达常长二尺，桯长八尺，皆以其可见者言之。若达常之入于桯，桯之入于舆版底下者，皆当有数寸，又皆有键以固之，故不为风飘。"郭宝钧《殷周车器研究》描述出土盖杠的底部：

　　　　它在车箱中植立的地方，前述长沙第203墓的"中间的一根……刻一个锅底形的陷穴，以容纳车盖伞的柄木，穴径1.5、深0.3厘米"的地方，便是盖杆，即《考工记》所谓的"桯"，自然是可能的，但深0.3厘米的锅底形陷穴，似嫌太浅，实用上必须用如上村岭所出的高出车底45厘米的直立木柱，捆扎盖柄，盖顶始不致动摇。但不知第203墓中的车，在盖柄的中部尚有何种辅助设施。[1]

　　秦始皇陵一号车上发现盖座，并不意味着"俾倪"因此就扩展到盖杠下端。因为"俾倪"的作用是"止盖弓之前却"，有了括约盖杠中部的环，盖杠就被固定了，正如孙诒让所说，"有环以持其桯，则不入舆版，亦足以为固也"。而秦始皇陵一号车盖座并不能单独起到此作用；说"一号车盖座的出土，使人们对俾倪获得了鲜明的认识"，这也是不恰当的，因为这盖座未必就名为"俾倪"，而应说"一号车的出土，使人们对盖座获得了鲜明的认识"。江永《周礼疑义举要》卷六认为盖杠插入舆版底下，"有键以固之，故不为风飘"；孙机《略论始皇陵一号铜车》论秦始皇陵一号车盖座：

　　　　此底座上还立有一根竖杆，通过插环和销钉与盖杠相箝合，以稳定车盖。其箝合装置应名扃。《西京赋》"旗不脱扃"，薛注："扃、关也。谓建旗车上，有关制之令不动摇曰扃。"现在看来固定车上的旗和车盖都可用扃。[2]

　　这车盖座就是江永所谓的"键"，定名为"扃"是恰当的。《秦始皇陵铜车马发掘报告》也说"此夹持锁紧机构，名曰扃"。因而，只有"用于夹持杠的中部，以防盖杠的倾侧"的"上部的环状设置"才能定名为"辌輗（俾倪）"，虽然这种环状设置至今仅此一见。党士学《试论秦陵一号铜车马》根据秦陵一号铜车马建盖方式证明古人之错误：

　　　　对于舆中设伞座、座上插伞盖的建盖方式，古人并不了解。《华严经音义》引《声类》云："俾倪，

① 郭宝钧《殷周车器研究》56页，文物出版社，1998年。
② 孙机《略论始皇陵一号铜车》，《文物》1991年第1期，引自孙机《中国古舆服论丛》增订本25页，文物出版社，2001年。

是轼中环,持盖杠者也。"《急就篇》颜师古注亦说:"俾倪,持盖之杠,在轼中央,环为之,所以止盖弓之前却也。"今观一号铜车之建盖方式,可证古人之错误。①

诚如所言,刘熙、李登、颜师古也许并不了解秦汉舆中设伞座、座上插伞盖的建盖方式;輠輗在车轼上的说法也不尽符合车舆实际②。但是,"俾倪"之名是他们约定俗成的。既然用古人的名称,就要指称同一实物。因为语言是社会的产物,词的意义是被社会所制约着的。远在两千多年前,《荀子·正名》就说过:"名无固宜,约之以命,约定俗成谓之宜,异于约则谓之不宜;名无固实,约之以命实,约定俗成谓之实名。"在现代文物考古定名中,我们不仅要避免名不副实,也要防止实不符名。孙机《中国古车制研究的回顾与前瞻》强调文献记载对于车马具定名的重要作用:"作为研究车制的第一步,首先应认识、复原车体的结构并考察、确定车马具的名称。为此,除实物资料外,尚须借助文献记载,特别在定名问题上,更不能不从文献中找根据。"③这是十分正确的。

综上所述,由于有环或环形构件的括约固定,"止盖弓之前却",所以盖杠不是笔直竖立而表现为略微的曲斜角度④,故名"輠輗(俾倪)"。因而就用"輠輗(俾倪)"来指称处于被环持括约状态表现为略微曲斜的盖杠(六朝之后輠輗盖即指曲盖),也指称这种在车轼中央或车舆某处用以括约固定盖杠的环或环形构件。明乎此,便可以确定:连接车盖杠上节(达常)与下节(桯)的铜管箍,不是"輠輗(俾倪)";车盖底部用以固定杠跗的锁紧机构,也不是"輠輗(俾倪)"。后者称盖座或帽十分清楚;在找到汉人的明确称谓前⑤,前者称为铜管箍或车盖杠管箍简洁明了,前揭《当阳赵家湖楚墓》和《楚文物图典》就称作"铜车伞箍"。

这种铜管箍,郭宝钧《殷周车器研究》暂假名为"盖弓肘":

盖弓不止末梢有饰,中腰曲折处也有饰,有的尚可借此饰以屈伸,犹如人的臂肘一样,故暂假名为"盖弓肘"(图版七,3、4)。盖弓甚细,揉则易折,不揉又不易吐水。为救此弊,以曲管包镶其曲而易折处,既美观,又牢固。后并将盖弓索性分为二段,以弓肘为饰兼起接合作用,遂制成盖弓肘。盖弓肘实例甚多,前述长治分水岭第12号墓内的"钝角屈筒双尖钩式"盖弓帽中约占一半的60枚,正是此类,该文的图版伍,11的三器,可表其形。琉璃阁第140号战国墓中也出有"钝角管状器,共16件",其形为:"……伸直长约7厘米的铜管,两端不等径;粗的一端横切面略成长的六边形,径为1.9～2.5厘米;细的一端成椭圆形,径为1.1～1.9厘米。约以4：3折成100度的折角。折角外侧在粗一段的管壁上有径约1.7厘米的圆孔。孔侧斜生一高约0.7厘米的尖钩。管中含有朽木痕。

---

① 党士学《试论秦陵一号铜车马》,《文博》1994年第6期。
② 孙机先生2002年6月28日赐教:"四川出土画像砖上的车,盖杠确与车轼靠得很近,但这也可能是由透视角度造成的印象,长沙所出木车模型、雷台所出铜车模型,杠和轼均有距离,它处情况相同之例尚多。在这类车上,纵有此环亦难安置。如果都像一号车那样另加一根持杠之杆,也缺乏实例。"
③ 《文化的馈赠·考古学卷》,北京大学出版社,2000年。
④ 许嘉璐先生赐教:"輠輗(俾倪)不只是一般的斜、静态的斜,更是左右或前后来回摆动的斜。车之輠輗(俾倪)静止时固斜,而车子走动时则左右或前后地斜。前后,换到90度处看也是左右。"
⑤ 孙机先生2002年6月28日赐教:"将始皇陵1号车座杠上的环形夹持物定为輠輗,确有道理。……车杠上的管箍应如何定名,仍未解决。"

这种钝角管状器，似是盖弓的转折处的接连器，此盖弓大约是两段细木杆接成的"[1]。赵固第1号战国墓出24枚"曲膝形弯管，上有钩，下有纽。管内通……曾疑心冒接于盖弓曲宇处，防弓骨之折。……两外角距9.4，两内角距6.9，口径一端2.4，一端2.1厘米。膝部曲度外128度，内118度"[2]。汲县山彪镇第1号战国墓出土18枚，两节相衔，一键横联，可以屈伸。屈则两节合并，伸则为117.5度的开角。铰链背有阴阳槽，伸后扣合，不可移动。两端皆空，内存木质，截面若拱门，背平下凸。上节背部生一纽一钉盖以系盖衣，近两端皆有钉孔横贯以固弓木。以上这些实迹，都说明盖弓在曲折处往往施用盖弓肘；下迤角约在50～60度之间；盖弓截径近斗端粗（1.9—2.4—2.5厘米），近爪端细（1.1—1.9—2.1厘米），盖衣似是两节，曲宇外环周一节，曲宇内盖尊一节，而互相叠压（内压外），故弓帽、弓肘，皆有矩钩，弓肘且有纽，都是为了鳞次交叠，牵挂盖衣而设。[3]

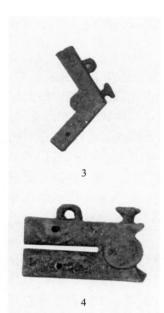

图版七　东周墓出土的篷盖上饰物

3. 弓盖肘（张开状）　4. 弓盖肘（折合状）

（以上为山彪镇大墓出土者）

上欲尊而宇欲卑

《轮人》：上欲尊而宇欲卑。

孙诒让："上欲尊而宇欲卑"者，以下并申论参分弓长以一为尊之意也。贾疏云："上谓近部二尺者，宇谓持长四尺者也。"

郑玄：上，近部平者也。陻下曰宇。

孙诒让：注云"上，近部平者也"者，对宇下垂者为下，故近部平者为上也。云"陻下曰宇"者，《说文·宀部》云："宇，屋边也。"《淮南子·览冥训》高注云："宇，屋簷也。"《广雅·释诂》云："陻，邪也。"盖爪陻邪下覆，与屋四垂相似，故以屋檐为名，犹爪之亦名橑也。程瑶田云："参分一在上为尊，其二者在下为宇也。"

上尊而宇卑，则吐水疾而霤远。

孙诒让："则吐水疾而霤远"者，《说文·雨部》云："霤，屋水流也。"盖弓如屋宇之陻下，故以霤言之。霤远者，言水下流不湿轵轮轸以内也。

---

① 见《辉县发掘报告》44页。
② 见同上书，118—119页。
③ 郭宝钧《殷周车器研究》57—58页，文物出版社，1998年。

郑玄：盖者主为雨设也。乘车无盖。《礼》所谓潦车，谓盖车与？

孙诒让：注云"盖者主为雨设也，乘车无盖"者，贾疏云："按《巾车》五路皆不言盖，以其建旌旗故无盖，故彼云'及葬，执盖从车，持旌'，郑云'王平生时乘车建旌，雨则有盖'。又《道右职》云：'王式则下，前马，王下则以盖从。'注云：'以盖从，表尊。'非谓在车时，若今伞盖者也。郑锷云：《巾车》惟王后五路重翟、安车皆有容盖，辇车言'有翣羽盖'。彼妇人车盖，疑非此轮人所专掌也。车未有不用盖者。道右掌前道车，言'王下则以盖从'，不专为雨而用盖也。"孔广森云："车上设盖，阴则御雨，晴则蔽日。《道右》①'王下则以盖从'，《春秋左传》卫侯出奔，'使华寅肉袒执盖'，又齐侯赐敝无存犀轩、直盖，是五路有盖明矣。《左传》'笠毂'注云：'兵车无盖，尊者则边人执笠，依毂而立。'亦未知是否。"案：郑、孔谓乘车有盖，不专为雨设，是也。《史记·商鞅传》："赵良曰：五羖大夫劳不坐乘，暑不张盖。"是盖兼以蔽日之证。《大戴礼记·保傅》以盖圆象天为路车之制，是路车有盖。《史记·晏子列传》云："晏子御拥大盖，策四马。"《说苑·臣术篇》云："田子方遇翟黄，乘轩车，载华盖。"并乘车有盖之证。乘车建旌旗而得建盖者，盖杠插于式间，橑圆取足覆舆，而不尽方轸之四隅，故与旌旗之建于轵外阑局者不相妨也。王宗涑又谓兵车亦张盖，云："《左·宣四年》：'楚子与若敖氏战，伯棼射王，贯笠毂。'笠，盖也；毂，辐所聚也。部亦盖弓所聚，因名为笠毂。据此，兵车亦有时设盖也，安得云乘车无盖哉？"案：王说未知是否，姑存以备考。云"《礼》所谓潦车，谓盖车与"者，《既夕记》"槀车载蓑笠"，注云："槀犹散也。散车，以田以鄙之车。蓑笠，备雨服。今文槀为潦。"是郑彼注从古文作槀车，此仍从今文者，以欲明盖主为雨设。彼潦车或取备水潦之义，载蓑笠时当并设盖，故疑盖车即彼潦车也。②

杜正国《"考工记"中的力学和声学知识》认为这表明"当时的工匠很好地应用了斜面和物体下抛运动的知识"③。

筱华《屋面凹曲最速降线及其它》认为"此说虽直指车盖，但学者们公认，这也正是古人对凹曲屋面利于排水的功能特征言简意赅的说明"：

在科学史上，这种认识，事实上早于西方两千多年，即已从定性的角度，把握了所谓"最速降线"问题的真谛，并付诸实际应用，具有相当重要的意义和价值。

最速降线问题，在西方是十七世纪初才由伽利略（Galilei Galileo）通过实验最先认识到的。伽利略研究物体在斜面上的运动，发现，当斜面水平距离与高差一定时，沿斜面呈下凹折线或曲线形滚下的小球，耗时要小于沿直线滚下的时间，虽然滚下的路程在前者要比后者更长（图一）。伽利略在实验中相当准确地测定并比较了物体在各种不同形式的斜面——直线、折线或曲

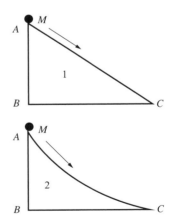

图一　伽利略的实验：图中斜面1、2的高（AB）、水平距离（BC）相等，小球M沿AC滚下时间小于沿直线AC滚下时间。

① 引者按：王文锦本"道右"漏标书名号。
② 孙诒让《周礼正义》3847—3848/3188—3190页。
③ 《物理通报》1965年第6期。

线——上滚下的不同时间，但仍未得出时间最短的滚下线路、即最速降线的形状。由其实验引出的结论，同先于此两千余年的中国《考工记》的载述相比较，两者在本质上是一致的，都属于定性的认识；但不仅时代相差悬殊，同时《考工记》已直接付诸了实际应用，因而比伽利略仅及于实验更显难能可贵。[①]

　　为什么斜面呈下凹折线或曲线时，小球滚下的时间最短，为"最速降线"呢？李怀埙《最速降线及反宇屋面》解答道：

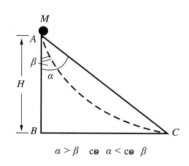

图2　最速降线的物理学证明

$\alpha > \beta$　ｃｏ $\alpha <$ ｃｏ β

这从物理学上能得到证明和解释。如图2所示，当物体 M 在 A 点时，动能为零，重力势能是 mgH；当沿平直斜面滑下时，沿此方向的斜向分速度 $v_0 = \sqrt{2gH}\cos\alpha$（$\sqrt{2gH}$ 根据机械能守恒定律 $H = v_0^2/2g$ 而得）；若平直斜面变为曲面（图中的虚线部分）时，物体下滑时的斜向分速度 v_0 则变为 $v_0 = \sqrt{2gH}\cos\beta$，对同一物体来说，$2gH$ 是个常量，而因 α 角大于 β 角，ｃｏ α 则小于ｃｏ β，故 $\sqrt{2gH}\cos\beta$ 大于 $\sqrt{2gH}\cos\alpha$，即沿曲面滑下时的速度大于沿平直斜面滑下时之速度。

最速降线问题的研究证明，如以下凹曲线为屋面曲线，则排除雨水可较直坡顶更快。而且，排至檐口的雨水，可有较直坡顶更大的水平分速度，因此抛射更远。这正如《考工记》所谓"吐水疾而霤远"，此处的"疾"即排水快；"远"即射水远，含义是十分明确的，而且，在理论上也符合伽利略的斜面实验。如图3a所示，让小球沿一个斜面从静止滚下来，小球将滚上另一个斜面。如果没有摩擦，小球将上升到原来的高度。伽利略推论说，如果减小斜面的倾角（图3b），小球在这个斜面上达到原来的高度就要通过更长的距离。继续减少斜面的倾角，使它最终成为水平面（图3c），小球就再也达不到原来的高度，而要沿着水平面以恒定速度持续运动下去。

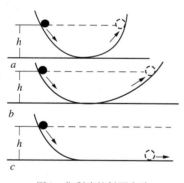

图3　伽利略的斜面实验

根据这一实验，反宇屋面"吐水疾而霤远"的合理功能即可得到有力的说明。试看，"上尊而宇卑"，上部的坡度大，下部的坡度缓，雨水自由下滚，无疑会加"疾"并"霤远"了。[②]

　　王鲁民、马彬《答〈最速降线及反宇屋面〉》认为把举折屋面称作"反宇屋面"、把采取了举折做法而形成的屋面称作"凹曲屋面"都是不合适或不够严格的说法，质疑李怀埙《最速降线及反宇屋面》：

　　关于"最速降线"斜向分速度 $v_0 = \sqrt{2gH}\cos\alpha$ 的公式，只是一个理论公式，它的使用是有条件

① 筱华《屋面凹曲最速降线及其它》，《古建园林技术》1992年第1期。

② 李怀埙《最速降线及反宇屋面》，《新建筑》1993年第3期。

的，这些条件大约有下列4条：① 下降物体为刚性质点；② 初速度为零；③ 摩擦力可以忽略不计；④ 空气阻力可以忽略不计。对于实际降落在屋面上的雨水我们考虑：① 下降物体为流体；② 初速度不是零；③ 存在摩擦力（黏滞力）；④ 存在空气阻力。所以，对于雨水的流速，其计算所引用的公式与刚体运动公式应该是完全不同的，它除了要考虑流体的重力、空气阻力之外，还要考虑压力、黏滞力、分子间的吸附力等。

退一步讲，即使上述公式是可以引用的，还有问题需要商榷：

第一，在屋跨相同时，雨水在折线上所走过的路程大于直线路程。这时，水流消耗在各种阻力方面的能量较大，这是否还能保证雨水沿折线流达檐口的速度较大呢？

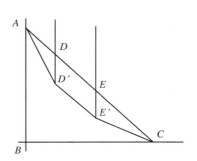

图1　跨度相同的直坡和举折屋顶轮廓线的叠置图

第二，如果图1所示为一个跨度相同的直坡和举折屋顶轮廓线的叠置图的话，雨点不仅会从A点落下，并且会从D、E或D'、E'诸点落下，这时D点与D'点，E点与E'点的雨点在檐口部分的速度有何不同呢？李先生没有说，在我们看来这是不能不说的。由于实际的降雨过程比这还要复杂，我们至少还要考虑，A、D、E诸点的雨水合流后的情况会怎样，而A、D'、E'诸点的雨水合流后的情况又会是怎样。

第三，在降雨中，雨水垂直降落的机会是很少的，如果碰到了雨水斜向降下的情况时，它们在屋面的行程又会是怎样的呢？由于中国古代建筑屋面的横剖面实际为图2所示之形状，这样，雨水在屋面上的行径就会更加复杂。在这样的条件下，直线和折线坡面又有何不同呢？

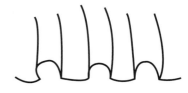

图2　中国古代建筑屋面的横剖面

第四，李怀埙称举折屋面较直坡屋面"吐水疾而霤远"在实践中已有证明。我们期待着他把在各种降水条件下，举折屋面排水情况和相同跨距的直坡屋面排水情况可资比较的，经过鉴定的实测资料拿出来。而且，即使有这些数值，我们还可以要求两者的差距有足够的大，因为，"基于木工生产的特性，古代木工尺的最小刻度单位，一般标至1/4寸。……宋代尺度虽然已达相当精度，但作为木工营造尺，1/4寸当已是最小刻度了。……即使到近代，木工尺的精度，也不过如此"[1]。也就是说，对于建筑这样的庞然大物，总体尺寸的差别小于1/4寸，至少在古人那里，是可以忽略不计的。

第五，在我们看来，《最速降线及反宇屋面》认为《考工记》已经对"最速降线"有了定性的认识，并付诸实际应用。这更是毫无根据的。首先，已知的图像资料并没有显示过，在汉代以前，有使用与所谓"最速降线"形态一致的车盖或屋顶的实例。其次，《考工记》说"吐水疾而霤远"的前提是"上尊而宇卑"。"尊"是高的意思，而"卑"是低的意思，原可能是针对有些车盖造得过于平缓而发。如果"尊"不能释为"陡峭"和"卑"不能解成"平缓"，那么将"吐水疾而霤远"与举折屋面乃至"最速降线"挂钩就只能是恣意解释的结果。[2]

① 张十庆《中日古代建筑大木技术的源流与变迁》，见郭湖生《东方建筑研究》（上册），天津大学出版社，1992年。
② 王鲁民、马彬《答〈最速降线及反宇屋面〉》，《新建筑》1995年第1期。

杨鸿勋《中国古典建筑凹曲屋面发生与发展问题初探》认为"这一理论即便当时只应用于车盖,而作为防水顶盖的处理,它仍然具有建筑学上的意义":

图一五　汉代辀车

《考工记》成书于春秋末叶,其中记述的主要是西周奴隶制的事。西周至春秋时期,目前还没有材料证明已创造出凹曲屋面。至于车盖,从现有材料看,当时可能多呈略有凸曲的伞状,而《考工记·轮人》似乎指出:盖弓反翘的形式可以"吐水疾而雷远",最利排水,同时又不挡视线,是最好的式样。这似乎说明,汉代画像砖、石上常见周坡凹曲的辀车车盖(图一五),在西周或春秋就已经有了。盖弓反翘所形成的凹曲面车盖,的确很像凹曲面屋盖。然而远大于车盖的屋盖,其架构远非盖弓的方式所能胜任的。车盖处理排水、遮阳、通风和内部视野问题与屋盖相仿,相互之间或有借鉴,在车盖制作上所取得的经验,可给屋盖营造以启示,这是可能的。在大叉手屋架的条件下,欲达到"上尊而宇卑",最简单的办法便是将重檐、或将作为"阶梯形"屋盖的檐部上反。根据这个分析,不能排除反宇屋盖在先秦出现的可能性。

远在两千多年以前,我们的劳动先辈就认识了"上尊而宇卑,吐水疾而雷远",即:脊部坡度大,可以加大雨水流速;檐部倾角小(接近水平),雨水下落的投射角大,可以投远这一科学道理,从而创造了结合两者的凹曲斜面的排水理论,的确是难能可贵的。这一理论即便当时只应用于车盖,而作为防水顶盖的处理,它仍然具有建筑学上的意义。实质上,它构成了此后折面反宇以及进一步发展了的凹曲面屋盖创作的科学理论基础。"吐水疾而雷远",这是对于屋盖的主要功能——防水来说的,其实,"上尊而宇卑"的优越性不止于此。它更为实际的优点是所谓"激日景而纳光"——既可遮阳,又不碍采光。我们还可补充几点,就是有利于通风和室内往外望的视野开阔并且体形生动。①

盖弓二十有八　大火　鹑火　伐　营室　弧

《辀人》:盖弓二十有八,以象星也。

孙诒让:云"盖弓二十有八,以象星也"者,星即《冯相氏》之二十八星也。《史记·律书》载二十八舍,曰东壁、营室、危、虚、须女、牵女、建星、箕、尾、心、房、氐、亢、角、轸、翼、七星、张、注、弧、狼、罚、参、浊、留、胃、娄、奎。此古盖天家说,与《玉烛宝典》、《唐书·历志》引《甄曜度》及《鲁历》同。此经有象伐象弧,则所云二十八星必与彼同。《淮南子·天文训》《汉书·律历志·三

---

① 杨鸿勋《中国古典建筑凹曲屋面发生与发展问题初探》,原载《科技史文集》第2辑(建筑史专辑)113页(上海科学技术出版社,1979年);引自杨鸿勋《建筑考古学论文集》276—277页(文物出版社,1987年)、杨鸿勋《杨鸿勋建筑考古学论文集》增订版630—631页(清华大学出版社,2008年)。

统历》，四方经星，南方有东井、舆鬼而无狼、弧，西方有觜巂而无罚，北方有南斗而无建星，又以注为柳，以浊为毕，以留为昴，名亦小异。此与《史记》及佚纬不同，后世天文家沿用之，非此经之义。①

孙机《中国古独辀马车的结构》认为"《考工记》等书的说法或系据此类车盖以与天象相牵合"："按照《考工记》和《大戴礼记·保傅篇》的说法，盖弓应有28根，以象征二十八宿。北京琉璃河所出西周车盖装盖弓26根，与28根之数接近。可是春秋、战国车盖上的盖弓却要少得多。莒南大店所出者装14根，长沙浏城桥所出者装20根。湖北江陵藤店和天星观等地战国楚墓所出的车盖，也都装20根盖弓。西汉车如长沙所出模型装14根，武威所出模型装16根，湖北光化所出实物装19根。只是根据残存盖弓帽的数字推知，河北满城2号西汉墓中的3号车应装盖弓28根。"②

关于"盖弓二十有八"，后德俊《楚文物与〈考工记〉的对照研究》指出：

包山楚墓与曾侯乙墓出土的车伞都只有盖弓20根，而不是28根，这可能与墓主人的身份有关，《考工记·辀人为辀》中记载的可能是指周天子用的车伞。③

《辀人》：龙旗九斿，以象大火也。

孙诒让："龙旗九斿，以象大火也"者，以下记路车所建旌旗，象东南西北四官之星，又放星数为斿数也。《巾车》云"金路建大旗"，大旗即龙旗也。《巾车》别有玉路建大常十二斿，此不及者，大常设三辰，此上文已有轮辐盖弓等象日月星，故不复举也。《曲礼》云："行前朱雀而后玄武，左青龙而右白虎，招摇在上，急缮其怒。"孔疏引崔灵恩云："此谓军行所置旌旗于四方，以法天。此旌之斿数，皆放其星。龙旗则九斿，雀则七斿，虎则六斿，龟蛇则四斿，皆放星数以法天也。皆画招摇于此四旗之上。"崔氏所说斿数，并据此文。盖谓此龙旗、鸟旟、熊旗、龟旐，即《曲礼》前后左右四旗，其说是也。郑君释此经四星，举苍龙、朱鸟、白虎、玄武四官为说，亦与彼暗合。其释《曲礼》，乃云"以此四兽为军陈，象天也"，不以为旌旗之象④，盖偶失之。贾疏云："此以下九斿、七斿、六斿、四斿之旌旗，皆谓天子自建，非谓臣下。若臣下，则皆依命数。然天子以十二为节，而今建九斿、七斿、六斿、四斿者，盖谓上得兼下也。"又云："九斿正谓天子龙旗，其上公亦九斿。若侯伯则七斿，子男则五斿，《大行人》所云者是也。"案：贾说是也。《乐记》云："龙旗九旒，天子之旌也。"《荀子·礼论篇》《史记·礼书》并云"天子龙旗九斿，所以养信也"。《国策·齐策》说魏王"行王服，建九斿"，明天子龙旗斿数与上公同矣。《续汉书·舆服志》云："龙旗九斿，七仞，齐轸，以象大火。"其象星之义即本此。惟所说诸旌旗仞数及所齐与《节服氏》贾疏引《礼纬含文嘉》说略同，盖别据彼文，非此经义也。

① 孙诒让《周礼正义》3899—3900/3232—3233页。
② 孙机《中国古舆服论丛》32页，文物出版社，2001年。
③ 后德俊《楚文物与〈考工记〉的对照研究》，《中国科技史料》1996年第1期。
④ 引者按：郑玄注仅为"以此四兽为军陈，象天也"（阮元《十三经注疏》1250页上），王文锦本"不以为旌旗之象"误入引号内。

郑玄：交龙为旗，诸侯之所建也。大火，苍龙宿之心，其属有尾，尾九星。

孙诒让：注云"交龙为旗，诸侯之所建也"者，贾疏云："皆《司常》文。此既非臣下所建，而郑引《司常》者，盖取彼交龙以释此旗，因言诸侯亦建旗，非谓此经论诸侯事。"云"大火，苍龙宿之心"者，《大戴礼记·夏小正》云："九月内火。内火也者，大火。大火也者，心也。"《左·襄九年传》云："古之火正，或食于心，是故心为大火。"《尔雅·释天》云："大辰，房、心、尾也。大火谓之大辰。"《左传》孔疏引李巡云："大辰，苍龙宿之体最为明，故云房、心、尾也。大火苍龙宿心，以候四时，故云辰。"《史记·天官书》云："东官苍龙房心。"案：大火次度，详《保章氏》疏。云"其属有尾，尾九星"者，大火之次虽以心为主，然心三星与龙旗斿数不合，惟尾九星，故知此象大火谓尾也。《天官书》云："尾为九子。"《开元占经·东方七宿占》引石氏云："尾九星，十八度。"《春秋繁露·奉本篇》云"大火二十六星"，盖合房心尾三星之通数言之。①

王健民《〈周礼〉二十八星辨》指出"郑玄注释认为龙旗九斿是象征大火次的尾宿九星，这可备一说"，而认为"龙旗象征房、心两宿"："从《左传·襄公九年》的记载'晋士弱曰：古之火正，或食于心，或食于咮，以出内火，是故咮为鹑火，心为大火'来看，说明在古代大火是专指心宿的。后来大火扩展为指房、心。如《左传·昭公十七年》记载：'冬，有星孛于大辰……鲁梓慎曰：……若火作，其四国当之，在宋、卫、陈、郑乎。宋，大辰之虚也。陈，大皞之虚也。郑，祝融之虚也，皆火、房也。'大火次古代也称大辰，所以这星火、房就是指的大火。司马迁所著《史记·天官书》中也称：'东官苍龙，房、心。'把龙与房、心相配，与《考工记》中龙旗与大火相配是一致的。房宿四星加钩、钤二星共六颗星（钩、钤两星，古代一直算在房宿之内，不单独成为一个星官）。心宿三颗星，房、心两宿加在一起，共有九颗星，因此，'龙旗九斿，以象大火'之说，就是龙旗象征房、心两宿。"②

陈久金《〈考工记〉中的天文知识》认为郑玄注释牵强："大火通常是指一颗流星，远古以来人们常用它来确定季节。如果加上两边的两颗小星，也仅三颗。郑玄把尾宿的九颗星解释成大火，其理由是尾宿属于大火星次中的一宿。至于大火星次中的其他两宿房和心为什么不计算星数？他就无法回答了。"赞同王健民说："如果用星次来计算星数，王健民先生说的更合于实情。因为东周时的大火星次，并不包含尾宿在内，只是由于岁差的原因，至汉代时，才包含尾宿的一部分，所以郑玄用东汉的实际天象来解释周代的事，并不符合实情。"③

《辀人》：鸟旗七斿，以象鹑火也。

孙诒让："鸟旗七斿"者，《巾车》云"象路建大赤"，大赤即鸟旗也。《续汉书·舆服志》云："鸟旗七斿，五仞，齐较，以象鹑火。"

---

① 孙诒让《周礼正义》3900—3902/3233—3234 页。

② 《中国天文学史文集》（第三集）119 页，科学出版社，1984 年。

③ 华觉明主编《中国科技典籍研究——第一届中国科技典籍国际会议论文集》57—58 页，大象出版社，1998 年。

郑玄：鸟隼为旐，州里之所建。鹑火，朱鸟宿之柳，其属有星，星七星。

孙诒让：注云"鸟隼为旐，州里之所建"者，贾疏云："《司常职》文。州长中大夫四命，里宰下士一命，皆不得建此七斿之旗。言州里建旐者，亦取彼成文以释旐，非谓州里得建七斿也。"案：《司常》之州里，专指六乡，不兼六遂之里宰也。郑、贾说误，详彼疏。云"鹑火，朱鸟宿之柳"者，《左·襄九年传》云："古之火正，或食于味，是故味为鹑火。"《尔雅·释天》云："味谓之柳。柳，鹑火也。"《天官书》云："南官朱鸟，柳为鸟注。"案：鹑火次度，详《保章氏》疏。鹑即鷲之省，鷲隼同物，即朱鸟也。详《司常》疏。云"其属有星，星七星"者，柳八星，亦与鸟旐斿数不合，故知象鹑火者，专据七星也。《左传·襄九年》孔疏引《春秋纬文耀钩》云："味为鸟阳，七星为颈。"宋均注云："阳犹首也。柳谓之味，朱鸟首也。七星为朱鸟颈也。味与颈共在于午者，鸟之止宿，口屈在颈，七星与味体相接连故也。"是则七星与柳同位连体，故旐象朱鸟，即取彼星。《国策·齐策》说魏王"从七星之旗"，亦其证也。贾疏云："七星者，《月令》云'旦七星中'是也。不指七星言柳，乃云其属有星者，当鹑火三星，柳为首，故先举其首，后言其属也。若然，上心与尾别辰，心非尾之首，亦举心后言其属尾者，心为大辰，虽非本辰，亦为其首也。"①

王健民《〈周礼〉二十八星辨》认为"郑玄注中把鹑火与七星相对应是可信的"："从《左传》晋士弱的话'味为鹑火'来看，鹑火应是指味，味在古代又称注或鸟，即是柳宿，柳宿有八星。但是古代朱鸟有时也不全是以柳宿为对应的。例如在《史记·天官书》中，谓'南宫朱鸟，权、衡。'就是以权、衡与朱鸟对应。权指轩辕大星（α Leo）等，衡指太微垣，包括的星数较多，但权的位置和鹑火之次的位置对应。又如《尚书·尧典》中的四仲中星的记载'日中星鸟，以殷仲春'，根据竺可桢先生的推算②，此处之鸟，应当是指星宿的七星。因此，郑玄注中把鹑火与七星相对应是可信的。这样，'鸟旐七斿，以象鹑火'也是对应的七颗星。"③

陈久金《〈考工记〉中的天文知识》不赞同王健民说："对于鹑火星次，按刘歆所测跨柳、星、张三宿，郑玄以星宿中的七星来解释还说得过去，若按王健民的说法就不行了，就必须包括柳宿和张宿的星。"④

《辀人》：熊旗六斿，以象伐也。

郑玄：熊虎为旗，师都之所建。伐属白虎宿，与参连体而六星。

孙诒让："熊旗六斿"者，《巾车》云"革路建大白"，大白即熊旗也。《司常》云"熊虎为旗"，此云熊旗者，举熊以晐虎。《续汉书·舆服志》云："熊旗六斿，五仞，齐肩，以象参伐。"《说文·㫃部》云："熊旗五斿，以象伐星。"依《巾车》"革路条缨五就"，旗斿数或当与缨就同，则许说亦可通。但此注

① 孙诒让《周礼正义》3902—3903/3234—3235页。
② 竺可桢《论以岁差定尚书尧典四仲中星之年代》，《科学》11卷12期，1926年。
③ 《中国天文学史文集》（第三集）119—120页，科学出版社，1984年。
④ 华觉明主编《中国科技典籍研究——第一届中国科技典籍国际会议论文集》58页，大象出版社，1998年。

以参伐连体六星为释,则郑本自作六,若伐不连参,则止三星,亦不得为五斿,许说与星象究不合也。注云"熊虎为旗,师都之所建"者,贾疏云:"亦《司常职》文。师都,乡遂大夫也。乡大夫虽是六命,即得建六斿,遂大夫是中大夫四命,即不得建六斿。此亦谓天子所建也。"案:"师都"当作"帅都",帅都即军将及都家之长。郑、贾以为乡遂大夫,误,详《司常》疏。云"伐属白虎宿,与参连体而六星"者,《史记·天官书》云:"参为白虎。三星直者,是为衡石。下有三星,兑,曰罚,为斩艾事。其外四星,左右肩股也。"张氏《正义》云:"罚亦作伐。《春秋运斗枢》云:'参伐,事主斩艾也。'"《开元占经·西方七宿占》引《黄帝占》云:"参中央三小星,曰伐。"案:古说皆以参为三星者,不数肩股四星也。故《毛诗·唐风·绸缪》传云:"三星,参也。"伐在参中,与参连体,并数之则为六星,故参通谓之伐。《大戴礼记·夏小正》云:"五月参则见。参也者,伐星也。"《毛诗·召南·小星》传云:"参,伐也。"孔疏引《演孔图》云:"参以斩伐"是也。伐亦通谓之参,《公羊·昭十七年传》云"伐为大辰",何注云:"伐谓参伐也。"此经亦通谓参为伐,故六斿取象于彼。今天官家言参皆七星者,不数伐而数肩股四星也。[1]

王健民《〈周礼〉二十八星辨》指出:"古代伐三星竖列,参三星横排,由于位置靠近,所以参伐都是连用的,在《史记·天官书》中记为'参为白虎',把参、伐六星扩展为包括外四星及觜宿三星在内,形象地绘出一幅具有左、右肩股(外四星)及虎首(觜宿三星)的白虎形象来。由于熊旗上绘的是熊和虎,所以有所谓'熊、虎为旗'之称。因此以虎的形象代熊也是一样的。'熊旗六斿,以象伐也'即是指象征参、伐六星,星数与斿数也正好是对应的。"[2]

熊旗的六条飘带,郑玄、王健民均用伐三星与衡石三星相加来解释。陈久金《〈考工记〉中的天文知识》认为"这种解释均没有道理":"伐只有三星,衡石不能算作伐星。另外,按以上郑、王二家说法,均按星次来分,那么伐星不是星次名,故大火为星次名的说法就不成立。"[3]

《辀人》:龟蛇四斿,以象营室也。

郑玄:龟蛇为旐,县鄙之所建。营室,玄武宿,与东壁连体而四星。

孙诒让:"龟蛇四斿"者,蛇,《唐石经》、宋本附释音本、嘉靖本并作"虵",俗。今据旧注疏本正。《巾车》云"木路建大麾",大麾即龟旐也。《续汉书·舆服志》云:"龟旐四斿,四仞,齐首,以象营室。"王引之云:"经文本作'龟旐四斿',今作'龟蛇'者,涉注文而误也。上文'龙旗''鸟旟''熊旗',上一字皆所画之物,下一字皆旗名,此不当有异。若作'龟蛇',则旗名不著,所谓四斿者,不知何旗矣。龟蛇为旐而称龟旐者,犹熊虎为旗而称熊旗,约举其一耳。上文交龙为旗,释旗字也;鸟隼为旟,释旟字也;熊虎为旗,释旗字也。此注龟蛇为旐,释旐字也。以注考经,其为龟旐明甚。《续汉

① 孙诒让《周礼正义》3903—3904/3235—3236页。
②《中国天文学史文集》(第三集)120页,科学出版社,1984年。
③ 华觉明主编《中国科技典籍研究——第一届中国科技典籍国际会议论文集》58页,大象出版社,1998年。

书·舆服志》载此文正作'龟旐四斿'。《通典·礼》同。《桓二年左传》正义、《太平御览·兵部》引此文,亦皆作'龟旐'。《唐石经》始误为'龟蛇'。《说文》旐字注'龟蛇四斿'。亦当作'龟旐',后人依俗本《周礼》改之耳。"案:王说是也。王宗涑说同。注云"龟蛇为旐,县鄙之所建"者,贾疏云:"亦《司常职》文。县正虽是下大夫四命,鄙师上士三命,则不得建四斿,此亦谓天子自建也。"案:《司常》县鄙当为公邑之长,郑、贾说亦误,详彼疏。云"营室,玄武宿,与东壁连体而四星"者,壁,《释文》作"辟"。案:辟壁字通。《尔雅·释天》云:"营室谓之定,娵觜之口,营室东壁也。"《尔雅释文》亦作"东辟"①。《左传·襄三十年》孔疏引李巡注云:"娵觜,玄武宿也。营室东壁,北方宿名。"《天官书》云:"北官玄武营室。"《诗·鄘风·定之方中》笺云:"营室,其体与东壁连,正四方。"《开元占经·北方七宿占》云:"营室、东壁四星,四辅也。"又引石氏云:"营室二星,离宫六星,十六度;东壁二星,九度。"②

王健民《〈周礼〉二十八星辨》认为郑注是正确的:"古代营室也称'定',《诗经·鄘风》有'定之方中,作于楚官',其中之'定'就是指包括东壁在内的营室四星。后来二十八宿建立起来之后,才把东壁二星从古代的营室四星中分立出来,单成一宿。不久前湖北省随县出土了一件上面绘有二十八宿名称的箱子盖,其中把营室称为西营,东壁称为东营,这就证明了古代营室的确是室、壁合在一起的四星③。古代营室还称'水'星,《国语》中所谓'水见而毕赋'也是指的营室四星。而《史记·天官书》中则以北宫玄武与虚、危相对应,这点与龟、蛇以象营室有差别。"④

陈久金《〈考工记〉中的天文知识》认为"营室、弧星也不是星次名,郑玄、王健民的解释均不能令人满意"⑤。

《辀人》:弧旌枉矢,以象弧也。

郑玄:《觐礼》曰"侯氏载龙旗,弧韣",则旌旗之属皆有弧也。弧以张縿之幅,有衣谓之韣。又为设矢象,弧星有矢也。妖星有枉矢者,蛇行,有毛目。此云枉矢,盖画之。

孙诒让:"弧旌枉矢"者,《司常》云"析羽为旌"。九旗皆有弧,此独举弧旌者,盖弧矢以象武事。他旗注全羽之旞者,或不画枉矢,唯旌画之与?注云《觐礼》曰"侯氏载龙旗弧韣",则旌旗之属皆有弧也"者,此云弧旌,是旌有弧也。《觐礼》"弧韣"主龙旗言,是旗有弧也。推之九旗之属,盖皆有之。《明堂位》说大常,亦云"弧韣旗",是其证也。云"弧以张縿之幅"者,《释文》縿作幓,云"本又作縿"。案:幓即縿之俗。郑《觐礼》注亦云:"弧,所以张縿之弓也。"《明堂位》注云:"弧,旌旗所以张幅也。"案:《巾车》注谓縿为旗之正幅,盖以弧张之,而后县于杠,《左·隐十一

① 乙巳本、《经典释文》(黄焯汇校《经典释文汇校》881页)并作"辟"。王文锦本误从楚本作"壁",则不仅"亦"字与上文"壁"《释文》作'辟'"失去照应,而且"辟壁字通"失去证据。
② 孙诒让《周礼正义》3904—3905/3236—3237页。
③ 王健民、梁柱、王胜利《曾侯乙墓出土的二十八宿青龙白虎图象》,《文物》1979年第7期。
④ 《中国天文学史文集》(第三集)120页,科学出版社,1984年。
⑤ 华觉明主编《中国科技典籍研究——第一届中国科技典籍国际会议论文集》58页,大象出版社,1998年。

年传》有郑伯之旗蝥弧,盖即弧旌也。云"有衣谓之韣"者,郑《觐礼》《明堂位》注并云"弓衣曰韣"。案:韣本射弓衣弢之名,故《说文·韦部》云:"韣,弓衣也。"《广雅·释器》云:"韣,弓藏也。"因之张缯之弓,其衣亦曰韣。又郑《既夕礼》注谓"弓衣以缁布为之"。此旌旗之韣,盖当以采帛为之,与缯同。云"又为设矢象,弧星有矢也"者,《文选》张衡《西京赋》"弧旌枉矢",薛综注亦云:"弧,星名。"《天官书》云:"参其东有大星曰狼,下有四星曰弧,直狼。"李播《天象赋》云:"狼援戈而野战,弧属矢而承天。"苗为注云:"弧九星,在狼东南,天弓也。主捕盗贼。常属矢,直对狼则吉。"《开元占经·石氏外官占》引石氏说略同。是弧星有矢也。《后汉书·马融传·广成颂》云:"栖招摇与玄弋,注枉矢于天狼。"则马季长亦以枉矢为即弧星之矢,故得注天狼。李贤注专据妖星为释,非马恉也。云"妖星有枉矢者,蛇行,有毛目"者,贾疏谓《孝经纬》文。又引《孝经援神契》云:"枉矢所以射愚谋轻。"又引《春秋考异邮》云:"枉矢状如流星,蛇行,有毛目。"《汉书·天文志》云:"枉矢类大流星,蛇行而仓黑,望如有毛目然。"《开元占经·妖星占》引《春秋合诚图》云:"枉矢者,射星也。水流蛇行含明,故有毛目,阴合于四,故长四丈。"《乙巳占》《祅星占》引巫咸《海中占》说枉矢形状,并云有毛目。毛,宋巾箱本、旧注疏本并作"尾"。《续汉·舆服志》刘注引同。《司弓矢》疏引《考异邮》及《后汉书·马融传》李注亦并作"尾",义得两通。郑言此者,以弧星属矢,不名枉矢,经云"枉矢"兼取妖星为象也。云"此云枉矢,盖画之"者,贾疏云:"知画之者,以其弓所以张幅,幅非弦,不可著矢,以画于缯上也。"戴震云:"画矢于韣。"案:贾、戴二说不同,未知孰得郑恉。今依金榜说,旝旌即日月为常等七旗而注羽,则缯上自各有正章,不得复画枉矢以掍厕其间,戴说于经义较合也。又《续汉·舆服志》注引干注云:"枉矢象妖星,非其义也。枉盖应为枉直,谓枉矢于弧。"案:干破郑说,盖谓枉矢即是矫矢,令枉曲以属于弓,不为画妖星。然九旗并有弧,不闻著矢。且假令弧旌著矢,亦宜直而不枉。干说疑未然。①

王健民《〈周礼〉二十八星辨》指出:"郑玄的注中没有具体说明是指何星,唐代孔颖达的《礼记疏》中的注,则为'以象弧也者,象天上弧星,弧星则矢星也'。《史记·天官书》中记'狼(天狼星)……下有四星曰弧,直狼'。又有'天厕下一星曰天矢,矢黄则吉'。天矢一星在后代的天文图籍中也称'屎星',而且它与弧星相距也较远,古代'矢'与'屎'相通,可以借用,因此天矢中的矢,其意应是'屎',因为它位于'天厕'星之下,并非弧矢中的矢。此处的矢,其意应是'箭矢'。而弧星在《史记·天官书》中是四颗星,到更后的天文图籍中也演变成弧矢九星了。这些星官中的星数,随着时代的变迁,数目也是有变化的,而在更早的时代,很可能只是两颗星,指的是后代弧矢九星中的较亮的两颗,如 δ CMa 及 ε CMa。也就是'弧旌枉矢,以象弧也'中的两颗星。"②

陈久金《中国少数民族天文学史》认为"王健民将弧星释为狼、厕下的弧、矢星并不正确",而从保兽这个名称和五兽方位的排列上推测"牵牛、织女二星就是弧星":"从《考工记》这五兽星象的排列顺序来看,它是沿黄道带自东向西作有规律排列的,则最后弧星一兽,也理应在营室以西。同时,也必然在大火星的东面,从前两节所介绍四篇记载五兽的文

---

① 孙诒让《周礼正义》3905—3906/3237—3238页。
② 《中国天文学史文集》(第三集)120—121页,科学出版社,1984年。

献来看,除《天文训》直接将中方土与黄龙相对应外,其余三篇都记为中方倮兽(前已证明黄龙就属倮兽)。则此处的弧星当也与倮兽有关。因此,这就使我们很自然地联想到牵牛织女二星。此二星属倮兽,这个道理不言自明。如果牵牛、织女二星确为弧星,则此五兽也是在黄道上自东向西作有规律的分布,与《月令》和《天文训》完全一致。其间隔也大致相等,仅将季夏倮兽改为季冬倮兽而已。"①陈久金根据郑注"旌旗之属皆有弧也。弧以张缯之幅,有衣谓之韣。又为设矢象,弧星有矢也",认为"弓、箭和韬三者是相关联的";根据《月令》二月春分"以大牢祠于高禖,天子亲往,后妃帅九嫔御。乃礼天子所御,带以弓韣,授以弓矢,于高禖之前"与郑注"嫁娶之象也。媒氏之官以为侯","天子所御,谓今有娠者。……带以弓韣,授以弓矢,求男之祥也",提供牵牛、织女二星为弧星的可靠证据:"上古时二月是男女婚配的季节,此时天子带弓矢,祠高禖,自然是婚配嫁娶的象征。于此弧矢之意可真相大白。上古时之所以又将牵牛、织女星称弧星,是由于出于婚娶的关系。天上的牵牛、织女星互相恋爱的故事是众所周知的,牵牛、织女星象征着婚姻,故又可称之为弧星,此二星之数,也正好与五兽总计为二十八星相合。"②

王健民《〈周礼〉二十八星辨》指出:"《考工记》中,象征星象的五种旗帜:龙旗,鸟旟,熊旗,旐和旌,它们的斿数总和正是二十八条",尽管"这些旌旗上的斿数和它们所象征的星座中的星数是相对应的,斿数的总和与星数的总和也都正好是二十八","二十八星和二十八宿……之间还是有密切的关系",但是《周礼》中的二十八星"不能简单地说成是二十八宿出现的最早文字记载",而是"指上述的大火、鹑火、伐、营室、弧所包含的二十八颗星"。③

9. 舆

舆

《舆人》:舆人为车,轮崇、车广、衡长,参如一,谓之参称。

孙诒让:云"轮崇、车广、衡长参如一"者,贾疏云:"谓俱六尺六寸也。"钱坫云:"古车盖用横广,《史记》袁盎曰'天子所与共六尺舆者',盖举成数言。汉制与工官亦同。"案:钱说是也。《贾子新书·礼篇》云:"六尺之舆,无左右之义,则君臣不明。"亦举成数言之。凡兵车、乘车,舆广衡长六尺

① 陈久金《中国少数民族天文学史》276—277页,中国科学技术出版社,2008年。
② 陈久金《中国少数民族天文学史》277页,中国科学技术出版社,2008年。
③《中国天文学史文集》(第三集)118—121页,科学出版社,1984年。

六寸;田车,舆广衡长六尺三寸。

郑玄:车,舆也。

孙诒让:云"车,舆也"者,《说文·车部》云:"车,舆轮之总名也。舆,车舆也。"《论语·乡党》皇疏云:"车床名舆。"段玉裁云:"舆人不言为舆而言为车者,舆为人所居,可独得车名也。轼、较、軨、轵、轛,皆舆事也。"阮元云:"舆者,軨轑轵轛之总名。专谓较式内为舆者,非。"

参分车广,去一以为隧。

孙诒让:"参分车广,去一以为隧"者,以下明舆上三面之度数也。

郑玄:兵车之隧四尺四寸。

孙诒让:注云"兵车之隧四尺四寸"者,贾疏云:"郑皆言兵车者,按上文先言兵车,后言乘车,故据先而言,其实乘车亦同也。隧谓车舆之纵。凡人所乘,皆取横阔,以或参乘,或四乘,故横则六尺六寸。此隧舆之纵,三分六尺六寸取二分,以四尺四寸为之。"郑珍云:"经注并于车之长无文,本疏云:'隧谓车舆之纵,横则六尺六寸。'又《巾车》疏:'兵车、乘车横广,前后短,大车、柏车、羊车皆方。'孔氏《诗·小戎》疏:'兵车当舆之内,前軫至后軫深四尺四寸。大车深八尺。兵车之軫较大车为浅,故谓之浅軫。'知贾、孔诸儒并以隧深为即车之长也。"黄以周云:"隧四尺四寸,即谓舆深、軫广、轵广统于四尺四寸之内。《辀人》'任正'注云:'辀轵前十尺,与隧四尺四寸,凡丈四尺四寸。'"案:黄说是也。依郑、贾义,则车箱式轛之木,皆尽軫轵之边际,而辀踵亦适齐后軫,是四尺四寸之外四面略无余地矣。若然,式轛外有阑扄及筓者,盖皆以竹木编构,附着轵轛軨轵之间,而于軫轵广长之度,则一无所增也。又案:田车之隧盖深四尺二寸。

郑司农:隧谓车舆深也。

孙诒让:郑司农云"隧谓车舆深也"者,深谓从度,对广为横度也。①

关于"舆",郭宝钧《殷周车器研究》指出:

舆与车的含义,平常通用。仔细分起来,舆应是仅指车子的车箱那一部分,车才是指车的全部。颜师古《急就篇注》有"着轮曰车,无轮曰舆。"《释名》:"舆,举也,谓可异而举之也。""异而举之",就是说车箱可从轮、轴上卸下,除去联系,并能将其抬举起来,故叫舆。舆的构造,以軫和荐板为底,以轛和轵为墙(軨),以后阑为门,以盖为宇,好像是出行时用双轮拖着一间木房子,故有车之名。《释名》说:"车,古者曰车,声如居,言行所以居也。今曰车,车,舍也,行者所处若车舍也。"车的命名已指明了车的用途并规定了车的形状。舆的原始形制,当系仿自一个拖拉着的簸箕,故前环(箕背)而后方(箕舌)。小屯第十三次发掘出的第20号墓、第40号墓中所出的舆痕,正是这样的形状(图41、42)。辛村西周卫墓第1号墓中,舆痕的前轼也是环角,犹存遗制。《考工记》说:"叁分车

---

① 孙诒让《周礼正义》3850—3851/3191—3192页。

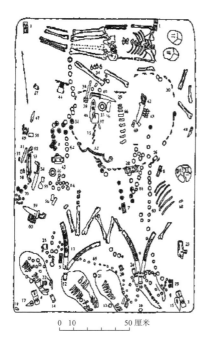

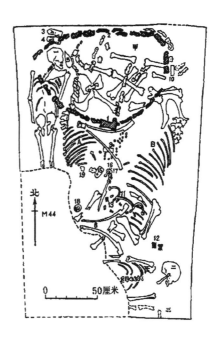

图41　小屯第20号墓所出的簸箕式舆迹　　　　图42　小屯墓40所出簸箕式舆迹

（采自《中国考古学报》第二册17～20页）

广去一以为隧。叁分其隧，一在前，二在后，以揉其式（轼）。"轼须揉曲，即是以作簸箕的手法来制造前轼。这种传统可以远溯到石器时代。柯斯文叙述原始人类迁移的方法时说："用于运输的最普通工具是曳叉。曳叉是由两条彼此叉开而又被一根横木联结起来的竿子构成的。曳叉的发明，可能是受移居拖拉被折开的天幕支柱的启发……在被拖拉的支柱上堆着卷束起来的天幕顶棚，顶棚上面坐着小孩们，连日用的器具也都放在上面。在北美印第安人中间，曳叉是普遍地被使用着的，有的部落更用狗作曳叉的牵引力。"[1]这说明了车、舆起源的一部分问题。该书作者所说的"曳叉"，正是我们的所谓筚路。《左传·宣公十二年》有"筚路褴褛，以启山林。"注："筚路，柴车。"疏："以荆竹织门谓之筚门，则筚路亦以荆竹编车，故谓筚路为柴车。""筚路"就是用荆竹编成的车，也就是像毕形（甲骨文的毕作 $\mathbf{Y}$ ）的车子。毕与 𦫵 同形，毕为有柄的捕鸟用的网，𦫵 为有柄的推弃用的箕（参见《说文》的《𦫵部》和《箕部》）。两者都是用一根长竹竿，劈开其一端，另用一根木棍衡横张其口，再织以网（毕）或编以竹篾（𦫵），以达其用的。这样的作法，和"曳叉"的作法相同，只不过外国人将其称为"曳叉"，而我们称之为"筚"、为"路"罢了。筚路进而演化为车，一根竹竿，就是一辀制所取法；一木横张，由后边上下，就是舆的后轸和后门所取法；叉的分岔处，或箕、毕的曲背处，就是舆的环轼所取法，以此演为一衡、一辀、前环、后方的殷代舆制。当然，不只殷代为然，在殷代之前，夏后氏早已用此制。《礼记·明堂位》即有"钩车，夏后氏之路（辂）也。"郑注："钩，有曲舆者也。"《集解》："孔氏曰：'钩，曲也。曲舆谓曲前阑也。'"夏后氏正当原始社会刚解体之后，当时舆曲的前栏应是用一条揉曲过的

① 见《原始文化史纲》121—122页。

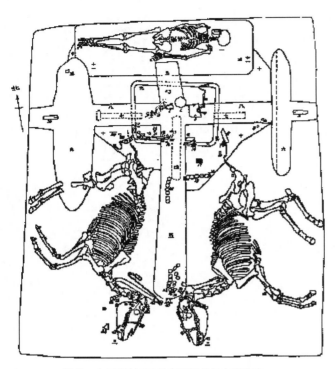

图43 大司空村175号车马坑的长方形舆迹

（采自《考古学报》九册62页）

木轵，如揉治簸箕背一样。夏后氏所处的时代和柯斯文所指的时代相近，也正是我们祖先"筚路褴褛，以启山林"的时代。殷和西周承夏制，所以也用曲舆。但在殷末和西周中，已有改用长方形舆者，如大司空村第175号墓的车（图43）、辛村第42号墓的车、洛阳下瑶村第151号墓的车（图44），其舆角都不为曲形，张家坡2号墓的车，其舆角已变为六角形（图45）。到战国时期，琉璃阁第131号墓中所出的19辆舆迹，其前轵则无一是用曲舆的。由此可知，舆的前栏已由曲形变为方折形而成方舆了，然犹是左右宽而前后浅，仍保持着古箕横张的体势；只有第131号墓的第18号、第19号两车的车箱，为了适应特别用途，是前后长而左右窄的，这时体制才初有变化。先秦的舆制基本上为横方形，这点应是毫无疑问的。验之以

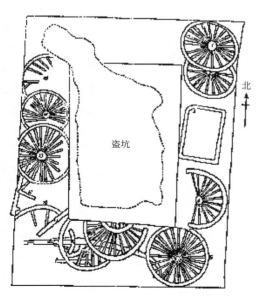

图44 洛阳下瑶村151号墓中的长方形舆迹

（采自《考古学报》九册105页）

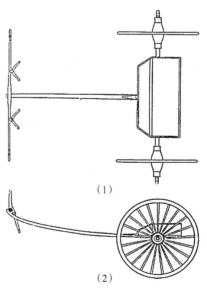

（1）

（2）

图45 张家坡2号车马坑第二号车子的六角形舆迹

（采自《考古》1959 10期528页）
（1）俯视图 （2）侧视图

实迹尺寸:

	纵深	横广	（单位：厘米）
小屯第20号殷墓舆痕	90	140	
大司空村175号殷墓舆痕	75	94	
辛村第1号西周墓舆痕	110	150	
下瑶村151号西周墓舆痕	96	120	
张家坡第2号西周墓舆痕	60	140	
张家坡第1号西周墓舆痕	68	138	
上村岭1727号东周墓3号车舆痕	86	130	
琉璃阁131号战国墓16号车舆痕	105	140	
琉璃阁131号战国墓17号车舆痕	110（？）	140（？）	
琉璃阁131号战国墓1号车舆痕	104	130	
琉璃阁131号战国墓6号车舆痕	98	120	

参以文献,《考工记》定舆广为六尺六寸(合今制132厘米),定隧深为四尺四寸(合今制88厘米),与实迹虽无一密合,但所差均不甚远,而长与宽之比例,为纵浅而横宽则完全相同。

古人造舆为何采用这种纵浅横宽的形式呢? 推想,除演自箕制外,当与车的重心调节有关。因舆的支点在轴,而轴的支点是轮,轮的支点是地,地平则两轮平,而轴亦平。若地不平,人在舆上虽左右移动,只要重心不出轴的一条线上,就仍无倾侧之虑,故车舆虽横宽而坐者仍平稳,致使舆人将此尺度放宽。然而,轴在毂中,是常要转动,舆与辀的轴上,只有轴心一线是支点,错前错后,舆身就显出轩(前高)轾(后高),马力负担就立刻出现不均,非吊即压。制舆时若再令舆制纵深,人在舆上的移动就会摆幅过大,重心容易偏离较远,从而使车的轩、轾更甚。故舆人控制此尺寸,特将纵深减缩,使其只有舆广的三分之二,这正是为了调节重心的缘故。

按文献和实迹,轴线所在,全不居舆的前后正中线上而必在偏离的三分之一或近于三分之一处,这又有甚么取意呢? 推想,这也应是和车的平衡有关。因舆的本身,若从中线分开,前后重量略相等,本身自无问题;但若加上辀、衡的重量,就会出现前重而后轻的现象。从而,将轴的支点微微向前移动(即"一在前,二在后"的比例),以舆后过重的三分之一来抵消前面辀、衡的重量,这样车就不致过轾而马负也就较轻了。轴位偏前,是否也是为了保持轩、轾平衡的缘故?

由是知舆的形制和结构,都是沿自舆的前身,逐渐演化而来的。后来在长期使用中觉察到有些不便,历经人们逐步改进,才成为殷、周阶段的这种形状。并不是说这样的形状已很好,而是说每个阶段的发展都是有意识的改进而非盲目的组合,这是毫无疑问的。至于舆的各部组成,如车床部分的轸和荐板,栏杆部分的轼、较,也都是为适应人们的需要和技术的发展而定的。[①]

孙机《中国古独辀马车的结构》介绍出土的商与西周车舆:

车箱又名舆。商与西周的车,车箱分大小两种。小型车箱的车,如安阳大司空村175号墓出土

---

① 郭宝钧《殷周车器研究》44—50页,文物出版社,1998年。

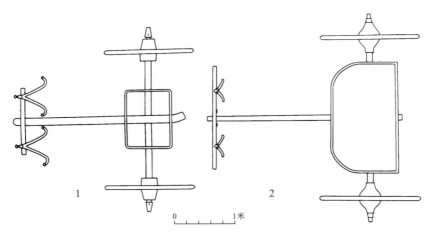

图3-1　商、周时代的小型车箱与大型车箱
1.小型车箱（河南安阳大司空村商代车马坑出土）　2.大型车箱（山东胶县西庵西周车马坑出土）

商车，箱广94、进深75厘米；长安张家坡1号车马坑中的西周车，箱广107、进深86厘米。这类车只能容乘员两名。……大型车箱的车，如北京琉璃河西周车马坑出土车，箱广150、进深90厘米；山东胶县西庵西周车，箱广164、进深97厘米（图3-1）。这类车能容乘员三名；有时可增至四名，记载中则称之为"驷乘"①。车箱平面皆为横方形，进深较浅，即所谓"俴收"②。先秦时只有作为普通运输工具的牛车的车箱才比较深，平面接近正方形③。④

"轮崇、车广、衡长，参如一，谓之参称"，亦即车轮的高度、车箱的宽度、衡的长度，三者必须相等，也就是六尺六寸。彭林《〈考工记〉"数尚六"现象初探》统计殷墟孝民屯、郭家庄东南、梅园庄东南、琉璃河燕国墓、沣西张家坡、浚县辛村、上村岭虢国墓地、淮阳马鞍冢、辉县琉璃阁等九处殷周出土的车子与秦陵一号二号铜车马，发现除沣西张家坡的个别车子有三者等长的现象，绝大多数的车三者都不等长。因此得出结论："《考工记》所谓轮径、舆宽、衡长'三称'的说法是为了整齐规制而提出的，理论意义大于实际意义。"⑤

式（轼）

《舆人》：参分其隧，一在前，二在后，以揉其式。

孙诒让："参分其隧，一在前，二在后，以揉其式"者，《释名·释车》云："轼，式也，所伏以式敬者也。"《说文·车部》云："轼，车前也。"《史记·淮阴侯传》集解引韦昭云："轼，今小车中隆起者。"案：

① 《左传·文公十一年》《左传·襄公二十三年》《左传·昭公二十年》。
② 俴伐收即浅轸，见《诗·秦风·小戎》郑玄笺。
③ 《周礼·春官·巾车》孔疏："兵车、乘车，横广，前后短。大车、柏车、羊车皆方。"
④ 《文物》1985年第8期，引自《中国古舆服论丛》增订本28—29页，文物出版社，2001年。
⑤ 华觉明主编《中国科技典籍研究——第三届中国科技典籍国际会议论文集》42—43页，大象出版社，2006年。

经典通假式为轼。《论语·乡党》皇疏云："古人乘路车,如今龙旗车,皆于车中倚立。倚立难久,故于车箱上安一横木,以手隐凭之,谓之为较,《诗》云'倚重较'是也。又于较之下,未①至车床半许,安一横木,名为轼。若在车上应为敬时,则落手凭轼。"《曲礼》孔疏说略同。江永云:"式有通指其地者,'参分其隧,一在前,二在后,以揉其式'是也。有切指其木者,'参分轸围,去一以为式围'是也。因前有凭式木,故通车前参分隧之一皆可谓之式。其实式木不止横在车前,有曲而在两旁,左人可凭左手,右人可凭右手者,皆通谓之式。人立车前皆式之地也,其言'揉其式'何也?盖揉两曲木自两旁合于前。所以用曲木者,不欲令折处有棱角触碍人手,如今人作椅子扶手,亦揉曲木是也。式崇三尺三寸,并式深处言之。两端与两轵之植轵相接,军中望远,亦可一足履前式,一足履旁式。《左传》长勺之战,'登轼而望'是也。式木有轵木承之,甚固,故可履也。车制如后世纱帽之形,前低后高。式崇三尺三寸,不及人之半腰,故御者可执辔,射者可引弓,而凭式须小俯也。前人但知式车前横木,不细考《舆人》车前三分之一处通名为式,而可凭之木又有在两旁者,是以不得其状。于郑注'较,两轵上出式',遂意其在横木之上,于是舆制皆缪乱矣。试思较若在横木上,则人凭式,首触较矣;较崇五尺五寸,及人之胸,射者亦不便于引弓;横木在较下,将必以笴贯入轵木,而轵围甚小,如何能贯式木,又如何能登轼?事事推之,皆不合矣。"案:江说甚精,足正皇、孔诸说之误。戴震云:"记不言式较之长,'一在前',其上三面周以式,则式长九尺五寸三分寸之一也。'二在后',其上为较,则左右较各长二尺九寸三分寸之一也。"王宗涑云:"古者乘车之仪,三分其隧,御者立在前一分,居中而着于式。左右两人立中一分,旁倚于较前,直式隅圜折处,《楚辞》云'倚结軨兮长太息,涕潺湲兮下沾式'是也。其或四乘,则一人居中后一分。两毂贯轴,适直中一分之中,《礼》故云'顾不过毂'。"又云:"戴倍式深并舆广六尺六寸,得九尺五寸三分寸之一,是以式隅为方折也。方折之隅,未有能揉屈一木以为之者。"案:王谓式两隅当为圜折,是也。黄以周说同。但揉折之处,所减盖无多,戴并舆式深广之和数大略计之,亦不甚相远也。

郑玄:兵车之式,深尺四寸三分寸之二。

孙诒让:注云"兵车之式,深尺四寸三分寸之二"者,贾疏云:"以四尺四寸,取三尺,得一尺;又一尺二寸三分之,取四寸,仍有二寸在;一寸为三分,二寸为六分,取一得二分;故云深尺四寸三分寸之二。阮元云:一在前,即式深也;二在后,则轵深也。式深一尺四寸六分六厘六豪。"江藩云:"一在前,一尺四寸六分六六六二;二在后,二尺九寸三分三二四。"诒让案:田车之式盖深一尺四寸。

以其广之半为之式崇。

孙诒让:"以其广之半为之式崇"者,阮元云:"式长与舆广等,六尺六寸,崇于轸三尺三寸。"戴震云:"式卑于较者,以便车前射御执兵,亦因之伏以为敬。"

郑玄:兵车之式高三尺三寸。

孙诒让:注云"兵车之式高三尺三寸"者,贾疏云:"车舆之广六尺六寸,取半为式之高,故知三

---

① 引者按:乙巳本、《论语集解义疏》并作"未",王文锦本从楚本讹作"末"属上句。

尺三寸也。"钱坫云:"《春秋谷梁传》:'叔孙得臣败长狄于咸,断其首而载之,眉见于轼。'范注:'兵车之轼,高三尺三寸。'说与郑合。"[1]诒让案:乘车之式高与兵车同,距地皆七尺三寸;田车之式高三尺一寸五分,距地六尺三寸。[2]

《舆人》:参分轸围,去一以为式围。

郑玄:兵车之式围,七寸三分寸之一。

孙诒让:注云"兵车之式围,七寸三分寸之一"者,此谓圆围也。贾疏云:"谓参分前轸围尺一寸而为之。尺一寸取九寸为三分,去三寸得六寸;余二寸各三分之,二寸为六分,去二分得四分;以三分为一寸,余一分。添前六寸,为七寸三分寸之一也。"阮元云:"式围七寸三分三厘三毫。"王宗涑云:"式围圜径二寸三分三厘四毫七秒七忽零。"郑珍云:"式木正圜,径二寸四分四厘强,揉一木为之,计长八尺余。其两端入较柱。其下正中为凿,以受植轵之枘。当折向两旁处,宜各有柱承之。前之横,自轵以内,长五尺有奇,为通辀,不固也,宜中介一柱或两柱,分其辀为两大格或三大格。柱皆正方,大如式之围,差互为凿,视轵半厚以受其枘。式较大小所以异者,人立常当式之地,式之为人凭任也,比较为劳,故其围差大。"案:式木圜径,王据密率,郑据古率,所算皆是也。江藩以为方径一寸八分三三三一,亦存备一义。田车式围盖七寸。[3]

孙机《中国古独辀马车的结构》指出"车箱前部栏杆顶端的横木名轼":"商车上的轼起初和輢一样,与车輢其他部分保持平齐。后来则将轼装在车箱中部偏前处,这种做法为西周和东周车所承袭(图3-4)。"[4]

郭宝钧《殷周车器研究》认为"在车床周围植立一些短柱、栏杆之类来范围人和物。范围在轴前半的叫作'轼'":

《说文解字》有"轼,车前也。"颜师古《急就篇注》:"轼,车横木也。"《释名》:"轼,式也,所伏以式敬者也。"《说文解字》的解是就"轼"的广义说的,认为凡在车轴前半的都叫"轼",而《急就篇注》的解则是就"轼"的狭义而言,认为"轼"是专指人可伏式的那条横木。

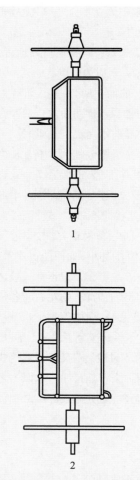

图3-4 箱中部装轼的车

1. 西周车(陕西长安出土)
2. 战国车(河南辉县出土)

---

[1] 引者按:"说与郑合"亦出自钱坫《车制考》(王先谦《清经解续编》,凤凰出版社2005年,第1册1013页中),王文锦本误置于引号外。

[2] 孙诒让《周礼正义》3851—3853/3192—3194页。

[3] 孙诒让《周礼正义》3859/3198—3199页。

[4] 《文物》1985年第8期,引自《中国古舆服论丛》增订本30页,文物出版社,2001年。

辛村西周卫墓的第1号墓中，曾出轼的残迹一段，占舆前半55厘米，前宽100，后宽150厘米。两角徐徐环曲，向两侧转过。于其间，左右各竖立直栏（即轵，郑司农曰："立者为轵"）9根，共18根，残高存3.5厘米，已不见上面收直栏的横木及其可以"伏式"的横木。张家坡的第2号车马坑的第2号车是"车箱平面呈六角形。……车箱前面很矮，只高8厘米，轛较高，约20厘米。在靠近车箱的前方，有一根横贯车箱的轼，高与轛相等。""第1号车的车箱略有不同。车箱是长方形的……四角的立柱高在45厘米以上。车箱前面有很矮的栏杆，用竖的小木条构成。两侧的栏杆似略高一些。车门在车箱的后面，宽40厘米。车门两边是高32厘米的栏杆，也是用竖木条构成的"①。张家坡有了可伏的横木了，也有竖立的轵。上村岭1727号坑的轼是这样的，"前轼的横条长130厘米。……距前轼32厘米的地方安有横轼。横轼横跨车箱，两端向下弯曲，沿左右輢外侧插入车底。横轼跨长136，高出车底55，剖面作圆形，直径3厘米。横轼正中处有一根支柱，支柱上端插入横轼，上端到28厘米一段上下垂直，从28厘米处起折为水平方向，交于前轼的最高一根横条，然后越过前轼，向下斜插入距车箱前沿11厘米处的辕木上，支柱的剖面作圆形，交于横轼处，直径3，交于前轼处，直径2.7厘米"②。上村岭不但有横轼，而且中部有支柱，式伏着更感有力。琉璃阁131号墓第1号车是这样的，"车箱的前方有高9厘米栏杆，横条3根，直柱两侧13根，都是直径仅1。紧靠栏杆后面有径粗约2.2的直柱5根，至高26处曲折后，转折处有小圆球为饰，斜向后伸约46，和一横贯车箱的轼木相连结。正中一根在将近和横木相接处歧分为二枝。这伏轼的横梁直径4.5，两端和车箱两侧的车輢相连结。横梁的后面似乎有一半圆形的木板，平放着向后伸延"③。"大型的车子还有第3、7、12～15号6辆。这些车的舆广都是140，轼前方的栏杆连两边都是15根，横条是3列或4列"④。这样虚空的深46，高26—36—55厘米的轼前一段，可容人两腿屈膝，两臂凭轼而坐。徐野民《舆服志》说："轼，车前隐膝也。"深虚46厘米，正好隐膝，高26—36—55厘米的横梁，恰及人体上身之半，下可凭式，可见，这些尺寸和形状均是以人体为准则的。⑤

轼的高度，郑玄注："兵车之式高三尺三寸。"按照闻人军《〈考工记〉齐尺考辨》的考证，一尺相当于米制的19.7厘米⑥，就是65厘米。山西侯马上马墓地3号车马坑出土的春秋早期车舆，其2号车距前轸16厘米处安有车轼。轼横跨车箱，两端向下弯曲，沿两輢外侧插入车底。轼横剖面呈扁圆形，长径3、轼跨长116、高出车底41厘米。轼上安有3根弯曲成弧形的支柱，支柱下端插入前轸部分栏杆的最高一根横木；1号车轼高64厘米⑦。太原金胜村251号春秋大墓车马坑出土的5号车（图四二），舆宽120、长100、轮高42

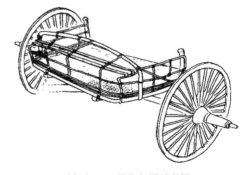

图四二　5号车复原示意图

① 见《考古》1959年10期。

② 见《上村岭虢国墓地》43页。

③ 见《辉县发掘报告》47页。

④ 见同上书，51页。

⑤ 郭宝钧《殷周车器研究》51—52页，文物出版社，1998年。

⑥ 《考古》1983年第1期。

⑦ 山西省考古研究所侯马工作站《山西侯马上马墓地3号车马坑发掘简报》，《文物》1988年第3期。

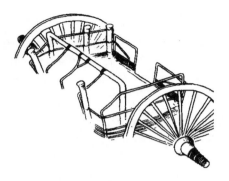

图四四　8号车舆复原示意图

图八　4号车复原示意图

图二五　20号车复原示意图

厘米。前轸往后27厘米处，安装圆木揉成的轼。轼直径3.8、高51厘米。中部略见弓起，两端圆角折下与轸框连结。轸框后部两角各装一根圆木輢柱，径4.5、高50厘米。輢柱和轼构成车轮的主干。左右两侧栏杆全以藤条和革带相互穿绕连结而成；其8号车舆（图四四），舆右后侧的两根立柱，高约60、直径5厘米。一在舆角、另一在前30厘米处。其下端与轸连结，上端有高约5、直径约9厘米的中空碗形物（未保存下来，故图上不明显，但在另一辆车上保存较好，可供参证）。……这种独立存在的輢柱，有人推测可能是较柱（上安曲钩扶手），但其高度仅与轼齐平，显然不确。……此二柱仍应称輢，用于插置兵器①。

湖北宜城出土战国4号车（图八），舆长145、宽114、高65厘米。栏由立柱、轵、轼等构成，前部有轼，后端有辁。轸上有圆柱形立柱15根。前轸上7根，用绳绑于轸木外侧，直径2、间距21～23厘米。其中间5根上端折成133度角与轼相接，垂直部分高40、倾斜部分长56厘米；两侧角柱相同，上端折成120度角与轼柱相接后，呈水平延伸到后角柱而成为较，较分别与两侧的輢柱和后角柱相连，垂直部分高47、较复原后长63厘米。两侧轸木上的輢柱对称相同，各3根，前一根位于轸上，高21、径2厘米；中间为横轼作90度下弯而形成的轼柱，位于轸外侧，高80、径4厘米。后一根位于轸内侧，高80、径2厘米。……横轼两端折为轼柱，长155厘米，断面圆形，径4厘米②。

山东淄博市临淄区淄河店二号战国墓出土的20号车（图二五），轼为独立构件，由直径为4厘米×3厘米的扁圆硬木揉成"Π"形，两下端与左、右轸木绑扎固定，上部与左右较及前端的轵相连③。陕西凤翔出土秦车，轼高出车底53、直径3厘米。轼下有5根轵支撑，轵径3、两轵间距23厘米。左右遮栏的上面有輢，两輢通高27、直径2厘米，后面栏杆与輢平齐，中有62厘米宽的缺口，作为乘者上下的车门。车箱后角各有两根立柱，分别作为两侧车輢和后面横

① 山西省考古研究所等《太原金胜村251号春秋大墓及车马坑发掘简报》，《文物》1989年第9期。
② 湖北省文物考古研究所等《湖北宜城罗岗车马坑》，《文物》1993年第12期。
③ 山东省文物考古研究所《山东淄博市临淄区淄河店二号战国墓》，《考古》2000年第10期。

条的支柱,直径2厘米①。

山西临猗程村出土的十几辆春秋车舆中,可以看清轼全貌的和仅有局部轼木的车共12辆:

都是直径较粗的圆木,直径在3～4厘米之间。……轼系1根圆木揉成,位置距前轸在25～36厘米之间,距后轸在56～75厘米之间。与《考工记》"叁分其隧,一在前,二在后"的记载基本相符。轼全长在189～254厘米之间。上面横的一段平直,两侧在左右栏的上方呈90度下折成竖柱,并紧贴两栏内侧垂直向下,插入轸木的凹槽中。凡搞清楚的,都是在竖柱下端距轸约1.5厘米的地方横向钻一透孔,孔的走向

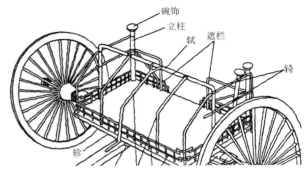

山西临猗出土春秋车舆

与轸走向一致。在透孔两端轸上相应的位置亦各钻一孔,再在孔中穿皮条,皮条两端固定在轸上两孔之中,以加固竖柱的牢固强度。这2根竖柱是轼木的主要支撑点,立于栏内轸上,故而轼的横长最大跨度小于舆的宽度。可以看出轼高度的9辆车子中,最高者64厘米,最低者48厘米。又以52～59厘米者居多,共6辆,占已知轼高9辆车中的三分之二。此高度亦基本上相当于舆广100～120厘米之半,与《考工记》"以其广之半,为之式崇"基本相符。为了增加轼的负荷强度,又在轼前加了3根支柱,以支撑乘者从后面或凭或伏时所产生的向下的压力及向前的推力。②

较　辂

《舆人》: 以其隧之半为之较崇。

孙诒让:"以其隧之半为之较崇"者,《释名·释车》云:"较,在箱上为辜较也。重较,其较重,卿所乘也。"《诗·卫风·淇奥》"猗重较兮",毛传云:"重较,卿士之车。"字本作"较",《说文·车部》云:"较,车辂上曲铜钩也。"段玉裁云:"曲钩,言句中钩也,亦谓之车耳。《西京赋》云:'戴翠帽,倚金较。'荀卿《礼论》及《史记·礼书》云:'弥龙以养威。'弥,许书作'麚',解云'乘舆金耳也'。皆谓较为龙形而饰以金。司马氏《舆服志》'乘舆金薄缪龙,为舆倚较',是其义也。"阮元云:"《说文》曰:'辂,车两辂也。从车耴声。'又曰:'耴,耳下垂也,象形。《春秋传》曰秦公子耴者,其耳下垂,故以为名。'又曰:'𨐖,车耳反出也。'车耳反出乎轮之上,象耳之耴,故谓之辂。以其反出,又谓之𨐖。至其直立轸上,上曲如两角之木,则谓之重较。《古今注》曰:'车耳,古重较也。在车藩上,重起如牛角。'此固谓车耳重出式上,如两角之辂势也。秦公子名耴,卫公子名𨐖,晋公子名重耳,鲁叔孙辂字子张,

① 吴镇烽、尚志儒《陕西凤翔八旗屯秦国墓葬发掘简报》,《文物资料丛刊》1980年第3期。
② 中国社会科学院考古研究所等《临猗程村墓地》201—202页,中国大百科全书出版社,2003年。

郑公孙辄字子耳,皆此义也。《舆人》曰:'栈车欲弇,饰车欲侈。'侈即两耳侈张。大约古人重较,惟卿大夫之车有之,至汉犹然。礼,士乘栈车。栈车者,木立轵上,不曲如栈也。若大夫墨车,卿夏缦,以上则并名轩,有车耳。"案:重较之制,阮氏略得大概。今以先秦两汉人所言者反复考之,盖周制庶人乘役车,方箱无较。士乘栈车以上皆有较,唯士车两较出式上者,正方无饰,则有较而不重也。大夫以上所乘之车,则于较上更以铜为饰,谓之曲铜钩,其形圜句,边缘卷曲,反出向外,故谓之軓。自前视之,则如角之句;自旁视之,则高出式上,如人之耳,故谓之车耳。凡车两旁最下者为轛,轛下附軫,象耳下垂,故又谓之轵。较在轛上,则象耳之上耸。是则车耳者,较轛之通名也。其较上更设曲铜钩,向外反出,则是在较耳上重絫为之,斯谓之重较重耳矣。以《荀子》"弥龙养威"之文推之,则周时已有金薄缪龙,明金耳[1]不徒为汉制也。凡轛较轵皆木材,惟重较为金材。此为攻木之工,所记者不重之较也。《说文》所释者,重较也。凡重耳所附之轛轵,无论重与不重,并是直斦。其句曲而反出者,唯铜麾耳。《左传》郑大夫姚句耳,名即取诸此。又案:軓字亦作轓,又通作蕃、藩。《汉书·景帝纪》云:"长吏二千石车,朱两轓。"《古今注》云"文官赤耳"是也[2]。《大玄经·积》次四云:"君子积善,至于车耳。测云,至于车蕃也。"范注云:"蕃,车耳也。"崔豹谓"重较在车藩上重起"。藩即谓軓,此与车藩蔽异。《汉书》颜注引应劭说车轓云:"车耳反出,所以为之藩屏,翳尘泥也。"说尚不误。又云:"軓以簟为之,或用革。"则似掍軓、藩为一,颜师古已席其误矣。又《史记·司马穰苴传》云:"斩其仆、车之左驸。"《索隐》云:"驸当作轵,谓车箱外立木承重较之材。"张氏《正义》引刘伯庄说同。依小司马说,轵盖即较之木材,上承曲铜钩者。此亦足证较为立木,唯金耳乃反出矣。钱坫云:"式深一尺四寸三分寸之二为句,较崇为股,句股求弦,得弦二尺六寸太,为式去较之度。"

郑玄:较,两轛上出式者。兵车自较而下凡五尺五寸。

孙诒让:注云"较,两轛上出式者"者,《论语·乡党》皇疏云:"轛竖在车箱两边,三分居前之一,承较者也。"贾疏云:"较谓车舆两箱,今人谓之平鬲也。言两轛,谓车箱两旁竖之者。二者既别,而云'较,两轛上出式者',以其较之两头皆置于轛上,二木相附,故据两较出式而言之。"郑珍云:"《说文》:'轛,车旁也。'则轛止是车两旁之称。注云'两轛',犹两旁也。'上出式者',谓两旁之上,高出于式之平木。此平木为较,犹较前平木为式。式崇较崇,并是平木距箱底之高,非指竖木承式较者,竖木不得有此高也。详康成注《考工》及他经,并不见车两旁有版处。谓旁是版,自贾疏其见已然。"案:子尹说轛较之制是也。但贾意较为车箱上端之横木,轛为箱间竖木以承较者。较木平设,故此及《车人》疏谓之"平鬲",《山虞》疏及《诗·卫风·淇奥》孔疏又作"平较",其说轛较亦不误。轛较在车两旁,通谓之箱,故《续汉书·舆服志》刘注引徐广云:"较在箱上。"又引《通俗文》云"车箱为较",是也。古车制,舆上三面皆有横直木而无版,贵者所乘,则有鞃革耳。云"兵车自较而下,凡五尺五寸"者,亦谓距軫之数也。下距地则九尺五寸。贾疏云:"以其前文式已崇三尺三寸,更增此隧之半二尺二寸,故为五尺五寸。按《昭十年左氏传》云:'陈、鲍方睦,遂伐栾、高氏。子良曰:"先得公,陈、鲍焉往?"遂伐虎门。公卜使王黑以灵姑铚率,吉,请断三尺而用之。'彼注云:'断三尺,使至于较,大夫旗至较。'按《礼纬》'诸侯旗齐軫,大夫齐较'。軫至较五尺五寸,断

---

① 引者按:王文锦本第3次印刷本之前"明金耳"误属上句。
② 引者按:"文"当为"武",见四部丛刊本《古今注·舆服》:"文官青耳,武官赤耳。"

三尺得至较者，盖天子与其臣乘重较之车，诸侯之臣车不重较，故有三尺之较也。或可服君误。"江藩云："式崇三尺三寸，较崇二尺二寸，去三尺至较，是二尺五寸也。贾据《礼纬》言三尺之较，与礼制不合。据贾说，岂天子与卿士之较崇六尺，倍于三尺，故言重较与？"案：贾意当如江说。《礼纬》"诸侯旗齐轸，大夫齐较"，《节服氏》疏引《含文嘉》、《左传·昭七年》孔疏、《公羊·襄十八年》[1]徐疏引《稽命征》，并同。《新序·义勇篇》芋尹文曰："大夫之旗齐轵。"《广雅·释天》又云："卿大夫七斿至轵。"文并小异。窃谓轵高于轸三尺三寸，君旗齐轸，断三尺，适可至轵，较虽高出于轵二尺二寸，而两輢上下通得较称，自轸以上三尺，虽非较之尽处[2]，而不得谓非较也。至轵又即较横直材，是齐较、齐式、齐轵，文并得通。但据《含文嘉》《稽命征》说，并谓天子旗九斿，诸侯七斿，大夫五斿，士三斿，则皆于理难通，故《左传疏》亦疑其误。是服据《礼纬》与此经车制及《左传》"断三尺"之文必不能合，不足取证。贾乃援彼，谓三尺为诸侯之臣车，不重较，是较反[3]卑于式，其说殊谬。又案：田车较崇盖二尺一寸，崇于轸五尺二寸五分。[4]

《舆人》：参分式围，去一以为较围。

孙诒让："参分式围，去一以为较围"者，郑用牧云："较小于式者，在两旁，用力少也。"

郑玄：兵车之较围，四寸九分寸之八。

孙诒让：注云"兵车之较围，四寸九分寸之八"者，此亦谓圆围也。贾疏云："以式围七寸三分寸之一，取六寸，三分，去二寸得四寸。仍有一寸三分寸之一；以一寸者为九分，一分者转为三分，并为十二分，去四分得八分，故云较围四寸九分寸之八也。"阮元云："较围四寸八分八厘八豪。"王宗涑云："较围圆径一寸五分五厘一秒八忽零。"郑珍云："较木亦正圆，径一寸六分二厘强。两端揉曲向下，以与柱衔接。前后柱四，正方，大如上木之围，而铫其前柱。自式以上之外廉，以揉式推之，知不欲触碍人手同也。其受横植轵及横轵之凿，各视其半厚为之。较之长，自柱以内仅二尺六寸零八厘强，而高五尺三寸三分强；为通輈，亦不固，前后柱上于轵三尺当加二横方梁，大如柱，上下差互为凿，以受植轵。如此则植轵不至太长势危，又与较木相配，令柱上下牵倚得力，又令外阑横间之木有所交附。否即内焉立宽长之窗，外焉附长狭之阑，皆杬樫[5]不可终日矣。"案：经止云揉式，不云揉较，则较两端与植木枘凿相配处，似当平设，不当曲揉也。况卿以上重较之车，较上更有曲铜钩，则尤宜平设，以与铜钩相接。子尹说姑存以备考。又案：较木圜径，亦王据密率，郑据古率。江藩以为方径一寸二分二二二，亦存备一义。田车较围盖四寸三分寸之二。[6]

对于较，《考工记·舆人》虽然明确了较的高度和径围，但没有说明位置。郑玄注："较，两輢上出式者。兵车自较而下凡五尺五寸。"戴震《考工记图》指出"掩舆旁谓之輢"，"缩

① 引者按："襄十八年"当为"襄十六年"，见阮元《十三经注疏》2307页下。
② 引者按："较之尽处"从孙校本改，楚本同。王文锦本从乙巳本讹作"较尽之处"。
③ 引者按："反"字据孙校本增，副词"反"表示出乎预料或常情。王文锦本无。
④ 孙诒让《周礼正义》3853—3857/3194—3197页。
⑤ 引者按："樫"从乙巳本、楚本，与郑珍《轮舆私笺》(王先谦《清经解续编》第4册306页上)合，王文锦本作"隍"。
⑥ 孙诒让《周礼正义》3859—3860/3199页。

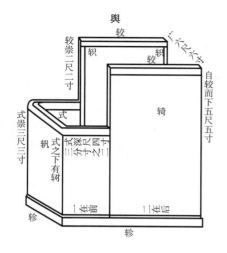

辁上者谓之较","较有两,在两旁",并绘舆图示意①;段玉裁《说文解字注》指出:"辁""谓车两旁,式之后、较之下也。"

这一观点为现代学者所继承:"较是车两边辁上的横木,犹如今日沙发椅两边的扶手"②,"车舆两旁的阑干称辁……辁上端横木称较"③,"车左右两旁之栏又称作辁……辁最上面的一根横木,称作较"④,"较是一根横木,两端下折或弯成弧形与辁相接"⑤,"辁,就是车舆左右两侧的方格形矮栏及其以上的2根圆木。……戴氏并作图注明:较乃左右两辁顶端与辕平行之方木条。极是"⑥。

杨英杰《战车与车战》认为"郑玄指出了较的部位却搞错了形制":

较不是横跨车箱的横木,而是顺镶于辁上的沿木。《释名》称较为"辜较"。辜者,障也。较与轵一样,都是起栏护作用的部件。《诗·卫风·淇奥》有"倚重较兮";《文选·西京赋》有"戴翠帽倚金较";《后汉书·舆服志》有"金薄缪龙为舆倚较"。因较是辁的上缘沿木,故亦可倚靠。较多用较粗的圆木制作,因而又称为"重较";又因其多饰以铜,故又称之"金较"。较的高度,《考工记》说"以其广之半为之式崇","以其隧之半为之较崇"。兵车广六尺六寸,其半为三尺三寸;隧深四尺四寸,其半为二尺二寸,是为较的高度。郑玄以三尺三寸加二尺二寸为较崇(高),贾公彦、戴震等皆从其说。但郑玄之说与《考工记》原文不符,与考古发掘出的先秦车的形制亦不符。上村岭虢国墓地1727号车马坑3号车,轵高55厘米,轵后车箱沿(即较)高30厘米,轵高于较⑦。这与《考工记》的记载大体上是一致的。汉代的乘车多是辁较高于轵。四川出土的汉代画像砖汉车图形可为之证。郑玄以汉车形制推断先秦之车,遂致谬误。⑧

这一观点为王厚宇、王卫清《考古资料中的先秦金较》重申和强化:"自汉以来,我国历代经学家皆认为较比轵高,这不但和先秦考古中出土的车子不符,也违背了《考工记》的本意,是先秦车制研究中重大错误之一":

《考工记》曰:"以其广之半为之式崇,以其隧之半为之较崇。"这两句明显的是讲轵高和较高,二者关系是平行的并列关系。换算成今日的米制是轵高61厘米,较高43厘米,较高明显地低于轵高,这种情况也和出土古车相符。如现代学者张长寿等根据陕西长安张家坡井叔墓地出土车舆所复原

① 阮元《清经解》卷563,上海书店1988年缩印本第3册,868—869页。
② 袁仲一《秦陵铜车马有关几个器名的考释》,《考古与文物》1997年第5期。
③ 王振铎、李强《东汉车制复原研究》51页,科学出版社,1997年。
④ 扬之水《驷马车中的诗思》,《文史知识》1998年第8期,引自扬之水《诗经名物新证》446—447页,北京古籍出版社,2000年。
⑤ 朱启新《计较的"较"》,《中国文物报》2001年12月26日。
⑥ 中国社会科学院考古研究所等《临猗程村墓地》268—269页,中国大百科全书出版社,2003年。
⑦ 引者按:扬之水《驷马车中的诗思》也据《考工记·舆人》认为"式高于较,也粗于较"(《文史知识》1998年第8期;引自扬之水《诗经名物新证》456页,北京古籍出版社,2000年)。
⑧ 杨英杰《战车与车战》21—22页,东北师范大学出版社,1988年。

的西周车就是这样,太原金胜村出土的春秋车,湖北宜城出土的战国车也是如此。《左传》长勺之战"登轼而望之",也为轼高于较提供了依据,倘若当时轼低于较,那么古人登高望远就会登较而不登轼。再者,春秋时期兵车有超乘示勇之说,《左传·僖公三十三年》:"秦师过周北门,左右免胄而下,超乘者三百人。"《左传·昭公元年》:"子南戎服入,左右射,超乘而出。"倘若当时安装较的车厢过高,左右超乘怎能如此便捷。因此,先秦马车较不会过高,而轼才处于最高位置。但是,自汉以来,我国历代经学家皆认为较比轼高,这不但和先秦考古中出土的车子不符,也违背了《考工记》的本意,是先秦车制研究中重大错误之一。

最早对此提出错误看法的是东汉学者郑玄,《周礼·考工记》郑注云:"兵车之轼高三尺三寸。"又注云:"较,两𫐐上出式者。兵车自较而下凡五尺五寸。"实际上,郑玄此注有客观因素,在他所生活的东汉晚期,先秦时流行的独𫐐马车已被淘汰,代之而起的是双辕马车,立乘方式也为坐乘所取代。因此,这种车子较比轼高,如河南禹县西汉画像砖,山东沂南东汉画像石上的车舆都是如此。

江永《周礼疑义举要》曰:"车制如后世纱帽之形,前低后高。"戴震《考工记图》中的车舆图像就是如此,但这种纱帽形车舆和考古出土的先秦马车不同,所论也没有突破郑注。阮元《考工记车制图解》虽对较轼论述甚详,但同样在郑注的束缚下,所讲和汉代双辕马车相差不多,也可能这些学者已见到汉代画像石的车舆,故而产生这种见解。这种见解在我国学术界长期处于主导地位,许多学者都持相似意见。如段玉裁《说文解字注》云:"按较之制,汉与周异,周时较高于轼。"朱骏声《说文通训定声》云:"轼在两较之间,卑于较二尺二寸。"这个问题只有近代考古学传入我国之后才有解决的可能。近年来,随着现代田野考古技术的普及与提高,出土了许多先秦古车和金较,它犹如一阵强劲的春风,吹落掩盖这个问题的千年尘土,使这个古老而又复杂的历史问题迎刃而解。[1]

诚如所言,江永所说"车制如后世纱帽之形,前低后高"、戴震所绘车舆示意图,都不尽符合先秦车制实际,而与汉代车舆颇相似。图三〇所示为北京大葆台汉墓出土一号车复原图[2],图二七所示为王振铎遗著、李强整理补著《东汉车制复原研究》从汉画百余种辎车车舆中遴选出的10种典型车舆[3]。这些车舆的共同特点,是"前低后高",车箱两侧高于车箱前栏。

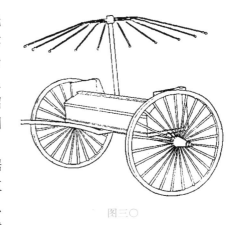

图三〇

王厚宇、王卫清《考古资料中的先秦金较》根据器物特征,将先秦金较分为曲钩式、金钲式、交龙式三种(浚县辛村西周车马坑金较、淮阳出土战国铜较、始皇陵2号兵马俑坑铜较均列为"曲钩式")。虽然没有明确说车较是装置在车舆什么部位,但其中有言:浚县辛村西周车马坑金较"一端有銎,可以插在𫐐柱上",始皇陵2号兵马俑坑铜较"直接插入车轸,以代替𫐐柱"。可见金较是插在车𫐐柱上的。同时又从《考工记》"以其广之半为之式崇,以其隧之半为之较崇"得

① 王厚宇、王卫清《考古资料中的先秦金较》,《中国典籍与文化》1999年第3期。
② 《东汉车制复原研究》57页,科学出版社,1997年。
③ 《东汉车制复原研究》54页,科学出版社,1997年。

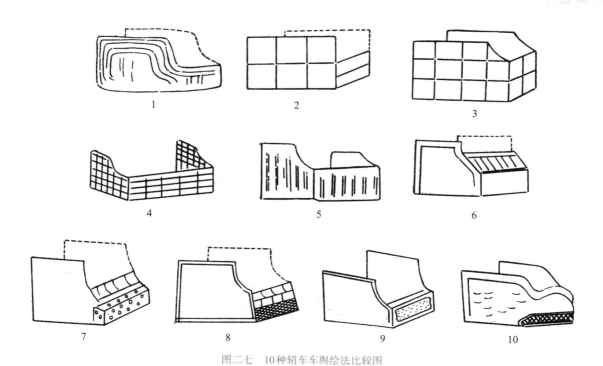

图二七　10种轺车车舆绘法比较图

出结论:"换算成今日的米制是轼高61厘米,较高43厘米,较高明显地低于轼高,这种情况也和出土古车相符。"[1]既然如此,且看其据以为证的出土古车:湖北宜城出土战国4号车,车舆为长方箱形,四周有栏,长145、宽114、高65厘米。轸上有圆柱形立柱15根。前轸上7根,用绳绑于轸木外侧,直径2、间距21～23厘米。其中间5根上端折成133度角与轼相

湖北宜城出土4号车复原示意图

接,垂直部分高40、倾斜部分长56厘米;两侧角柱相同,上端折成120度角与轼柱相接后,呈水平延伸到后角柱而成为较,较分别与两侧的轿柱和后角柱相连,垂直部分高47、较复原后长63厘米。两侧轸木上的轿柱对称相同,各3根,前一根位于轸上,高21、径2厘米;中间为横轼作90度下弯而形成的轼柱,位于轸外侧,高80、径4厘米。后一根位于轸内侧,高80、径2厘米。……横轼两端折为轼柱,长155厘米,断面圆形,径4厘米[2];太原金胜村251号春秋大墓车马坑出土的5号车,舆宽120、长100、轮高42厘米。轼直径3.8、高51厘米。中部略见弓起,两端圆角折下与轸框连结。轸框后部两角各装一根圆木轿柱,径

---

① 王厚宇、王卫清《考古资料中的先秦金较》,《中国典籍与文化》1999年第3期。
② 湖北省文物考古研究所等《湖北宜城罗岗车马坑》,《文物》1993年第12期。

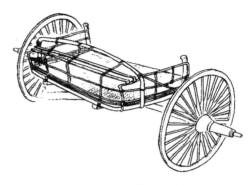

太原金胜村出土5号车复原示意图

4.5、高50厘米。辖柱和轵构成车轮的主干[1]；张长寿、张孝光《井叔墓地所见西周轮舆》根据陕西长安张家坡井叔墓地出土车舆复原的西周车舆，轵的高度在55～60厘米之间，舆栏高为25厘米[2]。显而易见，被视为较的，就是车箱两侧上部连接轵柱与后角柱的横栏——前揭杨英杰《战车与车战》称之为"车箱沿（即较）"——因为3辆车的轵高与横栏高分别是：65：47、51：42、55～60：25厘米。但是并不考虑这些车上有无较，较与金较是何关系。而王厚宇、王卫清《考古资料中的先秦金较》所列"先秦金较出土情况一览表"开列了较的尺寸：江苏沙洲鹿苑战国金釭式较首为62×38厘米，浙江绍兴交龙式较尾为47×17×3.5厘米，湖南春秋金釭式较首为30×20厘米、较尾为42.4×10.2×3.8厘米，江苏淮阴战国交龙式较首为11.6×24×16.5厘米、较身为4×7.8×205厘米、较尾为51×17×3.7厘米。于是双重标准使其立论陷入自相矛盾境地：较究竟是插在车辖柱上的"曲钩式、金釭式、交龙式"物件，还是连接轵柱与后角柱的横栏？如果是后者，郑玄注当然就是"重大错误"，但那些"曲钩式、金釭式、交龙式"物件就不是较；如果是前者，就不能拿湖北宜城战国车、太原金胜春秋车、井叔墓地西周车来作证。再者，如此长大的金较符合《考工记》所制定的较高低于轵高的比例吗？

　　同时，车制演变具有渐进性，车舆沿革显示传承性。孙机《始皇陵二号铜车马对车制研究的新启示》对秦陵铜车考察表明，"2号铜车保留了我国商周车制的许多特点，代表着一种古老的驷马车的形式。它和始皇陵出土的其他若干文物一样，因循墨守的因素常常强烈地表现出来"[3]。就车舆形制而言，汉代与先秦亦有一定的传承性。例如江苏涟水三里墩西汉墓出土的铜铸车模型，车箱平面近椭圆形，周围有栏杆，后面有缺口。栏杆25柱，四层。车箱底呈斜方格网状。车箱前部有轵[4]；而太原晋国赵卿墓春秋车舆1号车与江苏涟水西汉车就有相当大的一致性[5]。

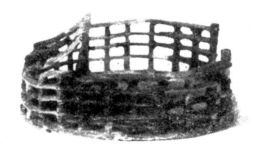

江苏涟水出土铜铸车模型侧视图

　　渠川福《太原晋国赵卿墓车马坑与东周车制散论》赞同杨英杰《战车与车战》说，认为"（辖）指树于侧軫上的立柱"："在上村岭、金胜和琉璃阁等处的不少标本上，舆轮右侧

①　山西省考古研究所等《太原金胜村251号春秋大墓及车马坑发掘简报》，《文物》1989年第9期。
②　《考古学报》1994年第2期。
③　《文物》1983年第7期，引自孙机《中国古舆服论丛》增订本17页，文物出版社，2001年。
④　南京博物院《江苏涟水三里墩西汉墓》，《考古》1973年第2期。
⑤　陶正刚等《太原晋国赵卿墓》206—209页，文物出版社，1996年。

太原晋国赵卿墓出土1号车复原示意图

有一根约与轵同高同径的立柱,愚以为这样的立柱以及舆后的角柱即所谓辑,或称为辑柱。它们不仅可以为人所倚和插置兵器,而且也是车舆轮栏赖以依附的主干。东周古车上的辑,不是指车箱两旁的舆轮,而是指树于侧轸上的立柱。辑是舆轮赖以存在的坚固主干之一,谛审《战国策》所言,核诸古车标本,皆能与之相合。"①所指认的辑与车轸垂直,而杨英杰《战车与车战》认为"轵后左、右两侧车箱曰辑",较"是顺镶于辑上的",是"辑上的车箱沿木"——与车轸平行。

渠川福与王厚宇、王卫清辑说,应受到郭宝钧影响。郭宝钧《浚县辛村》认为"车旁栏杆短柱叫'辑',辑上再接以短柱,柱顶有曲钩的铜叫'较'":

较饰　《说文》:"较,车辑上曲钩也。"车旁栏杆短柱叫"辑",辑上再接以短柱,柱顶有曲钩的铜叫"较"。车舆四角四辑,辑上四短柱,故有四较。此物正如曲钩,数为四枚,一端有銎接木,可插入辑的短柱空中。接木处有骨钉横固于铜銎,再上内曲,更反钩而外迤,备四维缚篷盖之用,适与较的说解合。管銎长9,径2厘米。钩端下迤部分长21.5,径1.1厘米。重269克。

辑饰　辑是车箱四角的四根直立的短柱,在轵之后,较之下。其饰为圆管状,上下透通。管分上下两节,三面皆为蟠螭纹,棱隅的三面更突出三个蟠螭饰,上下节同。我们发掘的只存2枚。长7.6,径2.1,厚0.4厘米。重119克。②

郭说乃是对皇侃和贾公彦说的继承和发展。《论语·乡党》皇侃疏:"辑竖在车箱两边,三分居前之一,承较者也。"《考工记·舆人》贾公彦疏:"言两辑,谓车箱两旁竖之者。"郭宝钧《殷周车器研究》详细论述"辑""较":

辑　《说文》有"辑,车旁也。"段玉裁《说文解字注》:"谓车两旁,式之后,较之下也。……辑者,言人所倚也。前者轼之,故曰轼;旁者倚之,故曰辑。"这就是说,"辑"为轵后栏杆的总称。出土实迹,张家坡西周第2号车马坑中的第2号车,辑高约20厘米。第1号车四角的立柱45厘米以上。车门在后面,宽40厘米,两旁栏杆用高为32厘米的竖木构成,尚无横条,不成方棂。到周初期,已有方棂的结构。上村岭1727号坑第3号车的周栏是这样的(图46),"车箱的四面都有栏杆,后面的栏杆正中有宽34厘米的缺口,作为升降的门。……栏杆除轸外,有四根横条,距底座的高度是7.5、15、22.5、30厘米。……两侧的横条长86,后面的各长48厘米。……横条剖面作椭圆形,最上一根较粗,高1.3,宽2.3厘米;其他3根较细,高0.9,宽1.9厘米。横条都有柱孔,数目和底数四轸的孔数相等(左右轸各9孔,后轸12孔)。最上一根的柱孔不穿透,孔径0.6,深0.8厘米;其他3根的柱孔都贯透,孔径0.9。……直径每根长30,剖面作圆形,直径0.9,上端较细,直径0.6厘米。直

①《太原晋国赵卿墓》附录一二,文物出版社,1996年。
② 郭宝钧《浚县辛村》54—55页,科学出版社,1964年。

柱的上、下两端分别插入最上一根横条和底座四周轸木的柱孔内，中间则贯穿其余3根横条的柱孔"①。这是保存得最好的一段辀栏，已经有方桄的组织，并可辨认出它的结构方法。琉璃阁131号墓中的第1号车，保存得也好，"辀的下半段也有栏杆。栏杆的直柱连两端11根，横条3条是接续轼前栏杆的三列横条。车辀栏杆后面有较粗的直柱3根，其中前端的一直柱便是前轼外侧的立柱，高26。后面2柱，高36，相距57，在高21处有一横梁相连结。这3柱的中间一根的上端和轼木横梁末端相接。北侧车辀最后一柱的上端，有一铜管（见图47），管孔向上"②。

图46　上村岭1727号车马坑第3号车子车栏杆的结构

（采自《上村岭虢国墓地》图四一）

　　较　前轼、旁辀的立柱，高的为36或45厘米，即车床周围的高度一般不出36或45厘米之上。这样的高度在平时仅为人所倚持则可，若掌盖、架篷或施帷时，则嫌周栏过低，致使栏上空一大段，与盖、帷不相衔接。于是需要在四角辀柱上再接上一节短柱，把辀木加高，以资支撑。这加高的一节短柱就叫做"较"。《考工记》说："以其广（车宽）之半为之式崇，以其隧（车深）之半为之较崇。"郑注："兵车之式高三尺三寸。较，两辀上出式者。兵车自较而下凡五尺五寸。"这就是说，较高出轼上（亦即辀上）二尺二寸。《论语·乡党篇》的皇疏："较在车箱两边承较者也。"《释名》："较在箱上，为辜较也。"由此可知，这高出二尺二寸的较，是从辀端接上去的，故曰"承较"。因较高出箱上，一望可见，故又可辜较尊卑。在琉璃阁战国墓第131号车迹中有一个实例，"辀柱上的铜管。这铜管发现于左侧车辀后边木柱的上端。管高2.5，孔径为4.7，无底。管的长端边缘向外扩延，外缘直径为7.8。这些铜管似乎是为着插放游旌或武器用的"③。现可认为，这铜管不止为着插放游旌或武器，或者还是为承较之用。请看以下的叙述："北侧车辀最后一柱的上端有一铜管。管孔向上。这一侧相近中间立柱的上端另一突出的小柱，现存部分高出辀屏之上约15。原物已朽，仅存空隙。发掘时曾以石膏灌注，然后剥开周围的填土，似乎为木柱和木柄，外周用皮条斜绕，有朱砂痕"④。这辀屏高出15的小柱，也可能就是较的一残段。又，辀上承较的铜管饰，固围村第1号大墓也出1对（图48）。"辀式后较饰一。管状，上端微侈，有折当，中有孔，可容纳细柱插入。插入的木柱与柱端（应作管内）均残存。……器错金银。……管高3.1，下口径2.5，上口径3，孔径1.4厘米。辀式后较饰二。形制同

图47　琉璃阁131号墓第1号车子的后辀饰

（采自《辉县发掘报告》图五九，9）

图48　固围村1号大墓所出的错金后辀饰

（采自《辉县发掘报告》图九七，1）

① 见《上村岭虢国墓地》43页。
② 见《辉县发掘报告》47—48页。
③《辉县发掘报告》52页。
④ 见同上书48页。

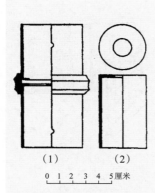

图50　长沙307号墓和330号墓所出的圆筒形铜饰

（采自《长沙发掘报告》图三四,3和图三五,2）

（1）330m:3　（2）307:1

前,与前为对"①。这是与琉璃阁131号墓所出相类的一对轿柱上的铜管,其特点也是中空,可插细木柱。这种细木柱就是轿上所接的较。另外,《辉县发掘报告》80页上所记的辂饰甲组和辂饰乙组,实亦轿、较相接处的铜饰②,当时我们曾将其误为辂饰,今改正之。当时所谓的"外辂""内辂",应改为上管、下管。上管在较木下端,下管在轿柱上端。所谓"可转动的轴木",应改为较木之插入轿中者。两管各有一小纽可系绳,正是用皮条加牢较、轿结合之用(车毂无须乎此)。《辉县发掘报告》的图版伍贰中3所附轿管较柱最为清晰。在长沙识字岭,于307号战国墓内的两轮后高60厘米处所出的两件圆筒形铜饰和编号为330:3的两件,与固围村一号墓所出者全同。这些筒饰都应是轿、较饰(图50),带漆皮的残木就是较木。信阳长台关楚墓车篷角所立的4根ㄣ形立柱,正是较柱。《考工记》所说的"继者如附焉",指此。因为,较是继而附加上去的。

根据这些实例可知,古车本体结构只有轼、轿,而较是轿端接上去的,犹如三四十年代时农村中所用的牛车,平时只有两侧的"车帮",围栏甚低,到需架车篷时,才加上两条"弯弓"以支盖。所以说较是"轿上出式者",是需要时附加的。

较的基础,接轿上出,已如前述,而较的上端又为何状?辛村西周卫墓第3号出土过4枚铜饰,可据以测知其形状。器为钩形,下端为直立圆管,可冒较木上端,有两骨钉横钉固之。上端的钩曲反折斜迤而下,至末端微肥大,若圆球。直立圆管长9.2,銎径1.7,曲端径1,长23.3厘米,斜迤度上距水平为13度,这样冒于较端,峙立四隅,正合缚绑车盖四维之用。其反折下迤,所以合盖弓的曲度。《说文》所说的"较,车轿上曲铜(或作钩)也",正谓此。《段注》:"按,较之制……周时较高于轼处正方有隅,故谓之较,较之言角也。"这是就四较分布在四隅而言之,亦对,而就一较末端言之,则仍是曲钩。由是可知,较的基部为直木,可以插入轿,较之上端为曲钩,可以缚系盖,是撑盖时用的,而亦用以施帷。③

此说有文献依据。《史记·司马穰苴传》:"乃斩其仆,车之左驸,马之左骖,以徇三军。"司马贞《索隐》:"驸,当作辅,谓车循外立木,承重较之材。"张守节《正义》引刘伯庄:"驸者,箱外之立木,承重较者。"孙诒让认为:"依小司马说,辅盖即较之

---

① 见《辉县发掘报告》79—80页。
② 参看该书图版伍贰,1、2、3和79页图九七,2以及本书的图49。
③ 郭宝钧《殷周车器研究》52—55页,文物出版社,1998年。

木材,上承曲铜钩者。此亦足证较为立木,唯金耳乃反出矣。"①
《考工记总序》:"车有六等之数:车轸四尺,谓之一等;戈柲六
尺有六寸,既建而迤,崇于轸四尺,谓之二等;人长八尺,崇于戈
四尺,谓之三等;殳长寻有四尺,崇于人四尺,谓之四等;车戟
常,崇于殳四尺,谓之五等;酋矛常有四尺,崇于戟四尺,谓之
六等。"郑玄注:"此所谓兵车也。戈、殳、戟、矛皆插车輢。"段
玉裁《说文解字注》也说:"兵车戈、殳、戟、矛皆插于车輢。"太
原晋国赵卿墓出土的多辆春秋车舆,可作为"角柱即輢"的证
据②;河南淮阳马鞍冢楚墓出土车舆亦可为证:车箱后部两角
均有铜质角柱头,呈漏斗状,高8.4、上部直径5.3、下部直径3.6
厘米③。值得注意的是,临猗程村墓地发掘报告说,"在出土的十
几辆车中,舆后左右两角都设立柱,无一例外":

铜质角柱头

> 立柱皆立于栏杆内侧轸木之上,横断面均为圆形。在剔剥清楚
> 的13辆车中,立柱直径在3～5厘米之间。……高度47～60厘米,
> 高度以50厘米上下者居多。立柱的下端距轸约1～3厘米处横穿一
> 透孔,在柱孔两端侧轸与后轸的相应位置亦各钻一孔,以穿越皮条固
> 定立柱。除下部穿越皮条加固外,立柱上部与輢及与栏的交叉点上也
> 都用皮条缠扎加固。这样可以使輢、立柱、栏三者结合成一个整体,
> 不仅加强了各自的牢固性,而且也使整个车舆及其相关构件结合成
> 一个强度较高的整体。立柱顶端各有一个碗形饰物……碗形饰口径
> 7～12厘米,高2.5～4厘米,深约2～3厘米,壁厚由口沿逐渐向底
> 部加大,厚约0.1～0.5厘米。碗形饰内底部中央有一个径约3厘米的
> 圆孔,深度不详。④

这些立柱应该就是车輢,碗形饰内底部中央有径约3厘米
的圆孔,可以插入较。朱启新《计较的"较"》指出:"在古墓
葬出土的多为铜较,下端有銎,插入輢柱。"⑤《说文》:"较,车輢
上曲钩也。"《考工记·舆人》郑玄注:"较,两輢上出式者。"两
家所释,"言其位置,则极其明确"⑥。金较出现在先秦,不仅有
考古实物,而且有文献证据。《荀子·礼论》:"弥龙所以养威
也。""弥",《说文》作"麠":"乘舆金耳也。"段玉裁《说文解

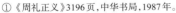

① 《周礼正义》3196页,中华书局,1987年。
② 陶正刚等《太原晋国赵卿墓》194—231页,文物出版社,1996年。
③ 河南省文物研究所等《河南淮阳马鞍冢楚墓发掘简报》,《文物》1984年第10期。
④ 中国社会科学院考古研究所等《临猗程村墓地》162、204页,中国大百科全书出版社,2003年。
⑤ 《中国文物报》2001年12月26日。
⑥ 中国社会科学院考古研究所等《临猗程村墓地》268页,中国大百科全书出版社,2003年。

字注》：

乘舆者，天子之车也。金耳者，金饰车耳也。《西京赋》："戴翠帽，倚金较。"薛注："金较，黄金以饰较也。"崔豹《古今注》曰："车耳，重较也。"《史记·礼书》"弥龙"，徐广曰："乘舆车金薄缪龙为舆倚较。"缪者，交错之形。车耳刻交错之龙，饰以金，惟乘舆为然。《史记》之"弥"即许书之"麞"，"麞"者本字，"弥"者同音假借字。

孙诒让明确指出："以《荀子》'弥龙养威'之文推之，则周时已有金薄缪龙，明金耳不徒为汉制也。"现代学者以为金较是"安装固定于舆缘（辑）之上"的[①]。殊不知这舆缘（辑）过于细小，不具备安装固定金较的条件。例如临猗程村 M1009 车马坑 2 号车左右横栏上根圆木（舆缘）直径仅 1.8 厘米，M1058 车马坑 1 号车左右横栏上根圆木直径仅 2 厘米[②]；太原晋国赵卿墓 8 号、12 号车，车舆两侧连接角柱和轼柱的不是圆木而是藤条，直径仅 1.5 厘米，6 号车的仅 2 厘米[③]。《说文》："辑，车旁也。"《王力古汉语字典》将"倚、辑、椅"视为同源词：

"倚"是凭依，依靠。"辑"是车厢两旁可以凭倚的栏板，段玉裁《说文解字注》："辑者，言人所倚也。"古人席地而坐，没有现代的椅子，作为坐具的"椅"是由"辑"演变而来的。《正字通》："椅，坐具后有倚者。"坐具的"椅"是晚起字。三字音同义通，是同源词。[④]

倚靠，是作用于水平方向的力；之所以可以倚靠，是因为有垂直于地平线的着力物：就"椅"而言是其靠背，《正字通》："椅，坐具后有倚者。"否则就是凳子了；就"辑"而言首先是其立柱——无之则车箱不可能牢固，其次才是连接立柱与轼柱的横栏——因前者而具有张力。故而应当把辑柱以及连接辑柱与轼柱的横栏统称为"辑"。太原晋国赵卿墓出土 4 号车：

车舆广 118 厘米、深 125 厘米。车轼高 53、直径 4、安装在轴位前约 25 厘米处。2 根后角柱高 53、直径 4 厘米。……扶手较宽，约有 6 厘米。其外框是从左轮上框后部引出，平行向前至车轼，转折向右与横轼平行。其间隔由交织成席纹的革带充实。这道扶手至于何处结束，由于车舆右前部被破坏不得而知，但观察遗迹似可断定并未延续到右轮之上。此车和 9 号车存在的扶手，我们认为即《诗·卫风·淇奥》所谓"宽兮绰兮，倚重较兮"之重较——双重之较也。[⑤]

然而《考工记·舆人》："参分其隧，一在前，二在后，以揉其式。……三分式围，去一以为较围。"如孙诒让所说，"止云揉式，不云揉较"，可见较弯折的可能性不大；又说到"较围"，则如郑珍所说："较木亦正圆。"而不大可能是方形扁形。因而这两处扶手仍应视作辑。为了加强藤条的承负力，所以另加扶手，作用还是依倚。

① 这是基于下述论断的推论："此件所谓较饰，个体的确大得惊人，以至于使人怀疑它能否安装固定于舆缘（辑）之上，都成了问题。"（张彦煌、张岱海《古代车制中的较与辑》，《汾河湾——丁村文化与晋文化考古学术研讨会文集》，山西高校联合出版社，1996 年）
② 中国社会科学院考古研究所等《临猗程村墓地》167、177 页，中国大百科全书出版社，2003 年。
③ 陶正刚等《太原晋国赵卿墓》204、212、225 页，文物出版社，1996 年。
④ 王力《王力古汉语字典》1401 页，中华书局，2000 年。
⑤ 陶正刚等《太原晋国赵卿墓》215—220 页，文物出版社，1996 年。

孙机《中国古独辀马车的结构》认为车舆左右两旁的车辑上安装的横把手是"较"：

> 在立乘的车上，为了防止倾侧，于左右两旁的车辑即辑上各安一横把手，名较[1]。已发现的商车上并未装较，三面车辑的高度是平齐的。在河南浚县辛村西周车马坑中才出土铜较，状如曲钩，一端有銎，可以插在辑柱上。其顶部折而平直，以便用于扶持[2]。始皇陵2号兵马俑坑出土的铜较，垂直部分较长，插入车轸并用铜钉固定；其上端折成直角，与西周铜较的式样区别不大[3]。河北满城1号西汉墓所出用金银错出云雷纹的铜较，作两端垂直折下的冂字形[4]。甘肃武威磨咀子48号西汉晚期墓出土的木车模型，在两辑上也装有铜较（图3-3）[5]；它虽然是一辆坐乘的双辕车，却把辑和较的关系表现得很清楚。[6]

然而，张彦煌、张岱海《古代车制中的较与辑》质疑浚县辛村、淮阳、始皇陵2号兵马俑坑的较，认为这些皆非较，只肯定满城汉墓、武威汉墓之"冂"形铜饰为较[7]。

将汉代与先秦的较加以区分，将较与金较加以区分，都是十分必要的，否则难免混乱。甘肃武威磨咀子48号西汉晚期墓出土的木车模型，在两辑上也装有铜较（图3-3，5）。孙机《中国古独辀马车的结构》认为它"把辑和较的关系表现得很清楚"。孝堂山下石室后壁上层画像中的汉车[8]，辑和较的关系也很清楚。山东长清双乳山一号汉墓出土的一号车舆，铜车较1件，呈冂形状，长24.5、高6厘米，断面呈半圆形，高0.8、宽1厘米。两支脚上分别有一小圆孔。出土时上面仍附有部分木构件，据观察嵌进木内约2.5厘米，外露部分嵌有错金银云雷纹[9]。如前所述，先秦车舆的辑表现为辑柱以及连接辑柱与轼柱的横栏，金较可以也只能插在辑柱上；而汉代的较或金较如上述图

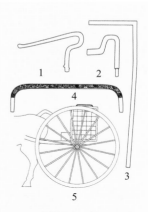

图3-3　较

1. 春秋铜较（河南浚县出土）
2. 战国铜较（河南淮阳出土）
3. 秦代铜较（始皇陵兵马俑坑出土）　4. 汉代错金铜较（河北满城出土）　5. 在车辑上装较的木车模型（甘肃武威出土）

孝堂山下石室后壁上层画像中的较

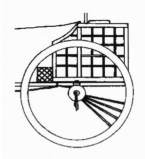

一号车舆复原示意图

---

① 《论语·乡党》皇侃疏，古人"皆于车中倚立，倚立难久，故于车箱上安一横木，以手隐凭之，谓之为较"。《说文·车部》："较，车辑上曲钩也。"
② 郭宝钧《浚县辛村》图版39：1，科学出版社，1964年。
③ 《文物》1978年第5期，19页，图28：11。
④ 中国社会科学院考古研究所、河北省文管处《满城汉墓发掘报告》上册，页193；下册，图版103：2，文物出版社，1980年。
⑤ 甘肃省博物馆《武威磨咀子三座汉墓发掘简报》，《文物》1972年第12期。
⑥ 孙机《中国古独辀马车的结构》，《文物》1985年第8期；引自孙机《中国古舆服论丛》增订本29—30页，文物出版社，2001年。
⑦ 《汾河湾—丁村文化与晋文化考古学术研讨会文集》，山西高校联合出版社，1996年。
⑧ 《东汉车制复原研究》52页，科学出版社，1997年。
⑨ 崔大庸《双乳山一号汉墓一号马车的复原与研究》，《考古》1997年第3期。

示，其共同特点就是设置在车箱左右两侧与车軨平行的輢上。这是由于先秦车舆连接輢柱与轼柱的细小横栏到汉代变化为结实牢固的横輢，“这种演变是与此时车辆形制的显著变化——结軨变为舆版——相适应的”[①]。因而戴震所说“揜舆旁谓之輢”“缩輢上者谓之较”，恐怕更适用于汉代车舆。现代学者沿袭戴说，认为“輢上面的横木称作较”或“较是顺镶于輢上的沿木”，则很难与出土先秦车舆相吻合。临猗程村墓地发掘报告指出：“輢实际只是两侧栏以上与軨平行的两根圆木及其竖柱。”这与王宗涑《考工记考辨》卷五“輢，车旁軨”[②]说相同，是很有见地的。可是它将“两輢上第1根圆木之平直段”“称之为较”[③]，岂不是成了輢较一体或輢较一物？再者，《诗经》的“重较”、先秦实际上已经存在的“金较”，又该如何解释呢？显然过于拘泥于戴说。在这种标准之下，无怪乎只有均出自汉代车舆的满城汉墓、武威汉墓之“ㄇ”形铜饰才被视作较[④]。

从先秦车舆实物可见，构成车箱本体的诸多部件中，轼的高度最高，輢柱等高于或略低于轼。然而在輢端可以续接上较，其缘由如前揭郭宝钧说，而金较更是身份和地位的象征。名物特点反映在词义演变上，“较”的引申义为：比较、较量，明显、显著。段玉裁《说文解字注》：“较辨尊卑，自周已然。故刘熙曰：‘较在箱上为辜较也。’……惟较可辜搉尊卑，故其引申为计较之较。”引申义是从本义而来，可见先秦的“较”不可能是指车舆两旁的横栏或是“两輢上第1根圆木之平直段”，因为凡是车舆皆有两旁横栏。回头再看《考工记·舆人》郑玄注：“较，两輢上出式者。”应不难体会其释义之佳；至于《考工记·舆人》“以其广之半为之式崇，以其隧之半为之较崇”，较、轼二者诚然是“平行的并列关系”，但勿忽视其中的前提。所以就前揭出土先秦车舆而言，低于轼的只是輢或两旁横栏而不是较。

那么，“金较”“重较”与“较”又是什么关系呢？“重较”之“重”，历来读为平声[⑤]，鲜有异议[⑥]。但对于“重较”的含义，清儒意见不一：戴震认为“左右两较，望之而重”[⑦]，王夫之认为：“重较，则上较之下复施一较以为饰”[⑧]，江永认为“较高于式一重，故曰重较，非较有两重也”[⑨]。

孙诒让认为“重较之制，阮氏略得大概”，并考证“较在輢上”，“较上更设曲铜钩”为“重较”，“重较为金材”，“《说文》所释者，重较也”——孙诒让虽然没有见过先秦车舆实物，只是推究文献记载，但是不乏灼见。上述解说，不仅便于解释先秦两汉车舆实物，而且贯通文献记载，与《说文》所释以及“金较”名称吻合。

---

① 渠川福《太原晋国赵卿墓车马坑与东周车制散论》，《太原晋国赵卿墓》附录一二，文物出版社，1996年。

②《清经解续编》卷1024，上海书店1988年缩印本第4册672页。

③ 中国社会科学院考古研究所等《临猗程村墓地》269页，中国大百科全书出版社，2003年。

④ 张彦煌、张岱海《古代车制中的较与辖》，《汾河湾—丁村文化与晋文化考古学术研讨会文集》，山西高校联合出版社，1996年。

⑤ 陆德明《经典释文》注“直恭反”（中华书局1983年黄焯断句本61页下），朱熹《诗经集传》注“平声”（文渊阁四库全书本卷二）。

⑥ 杨英杰《战车与车战》读作zhòng：“较多用较粗的圆木制作，因而又称为‘重较’。”（东北师范大学出版社1988年21页）渠川福《太原晋国赵卿墓车马坑与东周车制散论》驳之：“重应读为重复之重，而非轻重之重。重较当为双重之较，为卿士之车的标志，以区别于一般的单较车。”（《太原晋国赵卿墓》349页，文物出版社1996年）

⑦《考工记图》，《清经解》卷563，上海书店1988年缩印本第3册第868—869页。

⑧《诗经稗疏》卷一，文渊阁四库全书本。

⑨《周礼疑义举要》卷六，商务印书馆1935年67—68页。

轸

《总叙》：车轸四尺，谓之一等。

孙诒让：“车轸四尺”者，由轸厚加轵轐崇数计之，文具于后。

郑玄：轸，舆后横木。

孙诒让：云“轸，舆后横木”者，《舆人》注及《说文·车部》、《国语·晋语》韦注、《方言》郭注并略同。而郑后章“加轸与轐”注又云“舆也”，义与此小异。徐养原云：“轸之本义，专指车后横木，以其为舆之本，言舆者多举以言之，故舆床及两旁通谓之轸矣。《说文》云：‘轨，车轼前也。’郑注《辀人》云：‘轨谓舆下三面之材，輢式之所尌。’然则舆之两旁，或因乎前面，通谓之轨；或因乎后面，通谓之轸，本无定名。惟前轨后轸，则不可互易。《小戎》疏谓车前有轸，谬矣。记轸凡五见，其别有三：‘六分其广，以一为之轸围’，舆后横木也；‘加轸与轐’，‘轸方象地’，舆也[1]；‘五分轸间’，‘弓长庇轸’，两旁也。”江永云：“轸本车后横木之名，《舆人》‘六分车广，以其一为之轸围’是也。及其载于轐上，则通舆下四面皆可谓之轸。此言‘加轸与轐’，后言‘弓长四尺谓之庇轸’，又言‘轸方象地’是也。犹之式本有其木，而隧前三分之二之处亦得通谓之式也。”郑珍云：“舆后横木名轸，本以袗转为称。《小雅》《方言》并云轸谓之枕，《释名》亦以轸为枕。以枕是荐首之物，车由此登，即以此为首，名枕止取首意，亦缘与轸同声。《毛诗》谓之收者，是指舆下四方，故得以深浅言，名收，盖取收固车箱意。轸自是舆后横木专名，轨自是舆下三面材专名。轸名可通于轨，轨名不可通于轸。以舆下舆后高度如一，故可以轸包之。轨者范舆，轸固不范舆也。康成注轸凡三处，此云‘轸，舆后横木’者，著其主名也。四面高同，言专处余可见矣；下‘加轸与轐’云‘轸，舆也’者，以经通言四面也；《舆人》‘轸围’云‘轸，舆后横者’[2]，以轸轨异围，经所明是后横者之度，其轨围在《舆人》，故宜别言之也。”案：徐、郑说是也。[3]

《舆人》：六分其广，以一为之轸围。

孙诒让：“六分其广，以一为之轸围”者，舆下后轸之围，小于三面材之围。阮元云：“轸所以收众材者，故又谓之收。《诗·秦风·小戎》‘俴收’，传曰：‘俴收，浅轸也。’《晏子春秋》曰‘栈轸之车’，即《小戎》义也。”

郑玄：轸，舆后横者也。兵车之轸围尺一寸。

孙诒让：注云“轸，舆后横者也”者，郑珍云：“康成注‘加轸与轐’云：‘轸，舆也。’是非不以轸为四方庇轸、轸间为两旁矣。而前注‘车轸四尺’云‘轸，舆后横木’，此又云然者，以此经轸围独为舆后横木之数也。知独为舆后横木之数者，以左右前三面材之围在下《辀人》也。四方皆轸，其围宜同，

---

① 引者按：王文锦本“舆也”误属上。
② 引者按：王文锦本“者”字误置于单引号外。
③ 孙诒让《周礼正义》3771—3774/3129—3131页。

而后独异者，以舆后止人所登下，非若三面范舆任正之外，又须于上置阑，故其围狭于三面也。四方围数虽异，同连舆底，自归舆人为之。而任正围不与轸围同见《舆人》，乃见之《辀人》者，以轸围出数于车广，任正围出数于辀长也。"云"兵车之轸围尺一寸"者，贾疏云："舆广六尺六寸，而六分取一，故得尺一寸也。"郑珍云："轸围一尺一寸，两边厚一寸四分，两面广四寸一分，长六尺六寸。向前一边中为槽，深七分，以受底版。两端为中筍，贯左右任木之凿，达于外，自面槷之。以辀踵承其下，当轸中为圆孔，连踵通之，上大下小。合时，以一圆木旋转关之，令上与轸面平，复以横槷键其下。若解舆，则向上旋转脱之。辀与舆①固合而不稍移掉倾脱者，钩心之后全赖此。轸之名转②，琴柱之名轸，皆由斯义。舆上诸材，惟轸之四面非正方。后人皆以正方算之，又不知轸与任正异围之所以然，经注大旨全失。"案：子尹说，推算颇密，于义近是。依其说，则轸围为椭方围。江永则以为正方形，云"轸方径二寸七分有半"。金榜、江藩、王宗涑说同。凡此经诸围，或方、或圜、或椭长不等，经注既无明文，姑兼存众义以备考，不敢质也。又案：田车轸围盖一尺五分。③

郭宝钧《殷周车器研究》指出：

轸是车床的四面边框，用以承托荐板和树植辑、较、栏杆的；但"轸"字的初意却只指舆后的一根横木。《说文》说："轸，车后横木也。"《释名》："轸，枕也，轸横在后，如卧床之有枕也。"《考工记注》说："轸，舆后横者也。"这就是说，古人只把舆后面的横木叫作轸，却把其他三面的轸木，叫作"轵"，或叫作"任正"。《考工记注》有"郑司农云：'轵谓式前也，书或作轨'。玄谓轵是。轵法也，谓舆下三面之材，辑式之所尌，持车正者也。"又注："任正者谓舆下三面材，持车正者也。"明明轸是车箱四面的框，却偏偏将其分作两组，把后面的叫作轸，把前面的和左、右两侧的叫作"轵"，或叫"三面材"。这是何取意？清代学者戴震看不通，他驳斥道："舆下四面材合而收舆，谓之轸，亦谓之收，独以为舆后横者，失其传也。辀人言轸间，则左右名轸之证也。加轸与缠，弓长庇轸，轸方象地，由前、后、左、右通名轸之证也。"戴说自是。但只是从东周时期（即《考工记》时代）的情况而未从历史的发展看此问题。舆的起源，来自筚路，来自箕，来自曳叉，轸是由叉口上的一根横木，簸箕上的木舌演化而来的，自应独袭舆后横木的名称，而其他三面材，在舆尚为簸箕的时代，当为由一条曲木来限制竹荆编织的范围，原名应叫"范"。就小屯第20号墓和第40号墓中的舆迹，这只是一条曲木所揉，辑、式所树，还只树在这一条曲木上，后面的横木是上下的门，无所树植的。故郑注所说的"轵"，是说"舆下三面之材，辑式之所树"。因为名为"三面材"，实质是一条曲木，是社会上传统的说法。等到舆形变方，轵的"三面材"，改用三条直木，已同后轸一样，也就用后轸的名称推广到前左右的三面材，所以车床四框，都叫作轸，然而传统称呼，一时也难能消灭。汉代的郑玄还懂得这个意义，所以二说并行。车制演化的这一线脉络，幸赖郑说而得以流传，至于戴说谓的"失其传"，非郑失传，而在戴时倒真失传了。

轸、轵须承荐板，树辑、轼，取材不能过小，否则辑轼不固。《考工记》说："六分其（舆）广，以一为之轸围。"而郑注："围尺一寸"，合今制即为围22厘米，直径约7厘米强。出土实迹，大司空村175号墓是"轸木宽0.05，深0.04米，下平，截面作方形"。下瑶村151号墓是"周栏（舆的周栏，即轸）0.06

---

① 引者按：郑珍《轮舆私笺》原作"舆"（王先谦《清经解续编》第4册305页下）。王文锦本从乙巳本、楚本涉上"轸围"而讹作"围"。
② 引者按：王文锦本"转"误属下。
③ 孙诒让《周礼正义》3857—3859／3197—3198页。

米"。辛村第8号墓的是4厘米。上村岭1727号墓是"舆的底部由四根木条凑成外框。……这四根
轸木高4.3、宽3.3厘米，下边平齐，上边……内缘向下凹陷。凹陷部分，宽2.4，深1厘米，用以容纳四
周栏杆的直柱和放置底板"。上村岭的结构情况最好。不过轸径都较《考工记》的7厘米为细，应是
年久木质内缩或遗痕经发掘减缩所致。只是琉璃阁131号墓的18号、19号车，轸木都是9或为4.5厘
米，独为粗大，这也应是为适应特殊需要（辒车）而定的。①

　　孙机《中国古独辀马车的结构》："车箱底部的边
框名轸。安阳小屯40号商墓所出之车在轸上饰以单
个的龙形铜片。陕西宝鸡茹家庄西周车马坑出土之车
在轸上包以外侧有夔龙纹的长铜片。这组铜片原有八
件，组成了一个圆角的横长方形，将车箱平面的轮廓清
楚地反映了出来（图3-2）。"②

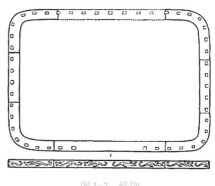

图3-2　轸饰
（陕西宝鸡茹家庄西周车马坑出土）

　　"六分其广，以一为之轸围。参分轸围，去一以为
式围；参分式围，去一以为较围；参分较围，去一以为
轵围；参分轵围，去一以为轛围"，吴文俊主编、李迪
分主编《中国数学史大系》第一卷："设轸围之长为A，
则以下各项是它的2/3，$(2/3)^2$，$(2/3)^3$，$(2/3)^4$倍，公比
为2/3。我们将在下文中看到，《考工记》还提出了公比为3/2的级数，这两种互为倒数的公
比，在数学里具有典型的意义。"③彭林认为这也是《考工记》"数尚六"现象，"表明此书并非
纯粹的工艺技术著作，内中掺杂着许多思想色彩"，"既可以将各种制作整齐化，也可以在哲
学层面上提升工官的层次"④。

轵

《辀人》：轵前十尺，而策半之。

　　孙诒让："轵前十尺，而策半之"者……程瑶田云："十尺由轵前平指至上，直辀端之虚度，三辀此
度皆同也。"案：程说是也。贾疏谓十尺指辕曲中。戴震亦谓自轵至衡颈十尺，据辀穹隆言。王宗涑
驳之云："穹隆有三等：尝以辀深四尺七寸为句，十尺为弦，而求其股，得八尺八寸二分六厘六豪六秒
四忽零；四尺为句，十尺为弦，而求其股，得九尺一寸六分五厘一豪五秒一忽零；三尺三寸为句，十尺
为弦，而求其股，得九尺四寸三分九厘八豪零九忽零。是国马辀之式衡间反短，田马、驽马辀之式衡
间反长也。知必不然，故谓十尺是式距衡之平径。穹隆深者辀长，穹隆浅者辀短，其长不过数寸，而

①　郭宝钧《殷周车器研究》50页，文物出版社，1998年。
②　《文物》1985年第8期，引自《中国古舆服论丛》增本29页，文物出版社，2001年。
③　北京师范大学出版社1998年，253页。
④　彭林《〈考工记〉"数尚六"现象初探》，华觉明主编《中国科技典籍研究——第三届中国科技典籍国际会议论文集》45—46页，大象出
　　版社，2006年。

平径则皆十尺也。"案：王说是也。

郑玄：谓辀轨以前之长也。

孙诒让：注云"谓辀轨以前之长也"者，辀长一丈四尺四寸，其四尺四寸在舆下，故出于舆外轨前者有十尺也。江永云："轨前十尺，此以直度虚地，而不论其弧曲。"郑珍云："注云'谓辀轨以前之长'，明是平长，非斜长也。盖辀本曲物，其深浅必有底，其端末必有限，而非平无以立度，非轨无以取平，故不必各计其弧曲，而止以十尺平度为定。合舆下四尺四寸，通得一丈四尺四寸，为三辀之平长。使揉辀者上求准于深度，下求准于平度，一差即无不差，一合即无不合，而弧曲多少之数，皆不待言而自明焉。"

郑司农：轨，谓式前也。书或作轨。

孙诒让：郑司农云"轨谓式前也"者，《大驭》杜注及后郑《少仪》注、《诗·秦风·小戎》笺说并同。此经及《大驭》《少仪》并专据舆前言之，则诂以"式前"，于义自允。但轨之本义，则自通晐舆前及左右三面材。《大行人》之"车轨"，《说文·车部》引作"前轨"。有前轨，明有左右轨矣，故后郑又增成其义也。……云"书或作轨"者，谓故书别本或作轨也。《大驭》"祭轨"，注亦云："故书轨为範。"轨与範范字同，详《大驭》疏。

郑玄：玄谓轨是。轨，法也。谓舆下三面之材，轛式之所尌，持车正也。

孙诒让：云"玄谓轨是。轨，法也，谓舆下三面之材，轛式之所尌，持车正也"者，后郑于经定从轨、不从轨，故自著其从轨之故。又因先郑诂轨为式前，于义未晐，复补释之，谓轨本训为法，与正义近，明当为舆下三面横木之通称，即平任正以其持任车之正，与法义相协也。……徐养原云："轨即轨字。司农训轨为式前，盖以经言轨前，故望文生义。郑君则谓舆下三面之材皆名轨，一面在前，式所尌也。两面在旁，轛所尌也。在前者为前轨。《说文》引《周礼》曰：'立当前轨。'轨前者，前轨之前也。与司农小异。轨与范通用。《说文·竹部》：'范，法也。'故轨亦训法。轨又与範通用。範之字从车从笵省声，昧者去竹作轨，遂不成字。"案：……徐谓轨即範字，是也。……后郑诂轨为舆下三面材，先郑诂轨为式前，义虽小异，意实相成，并非破轨为轨。轨即轨之形讹，其字古书罕见，郑所不从。……舆下三面材持车正者总名轨，而《大驭》《少仪》皆于左右轨之外别言轨，故杜及后郑并专据式前为释。此经虽亦谓前轨之前，而后郑欲明"轨，法"之达诂，则先郑义尚未备，故增成之。又式前别有揜舆版，亦曰揜轨。《毛诗·秦风·小戎》传云："阴，揜轨也。"郑笺云："揜轨在式前，垂辀上。"孔疏谓"以版木横侧车前，所以阴映此轨"。然则彼乃揜蔽前轨之版，本与轨异物。《释名·释车》云："阴，荫也，横侧车前以荫笭也。"笭即前阑，与轨同处。阴笭非即笭，则揜轨亦非即轨明矣。[1]

《辀人》：自伏兔不至轨七寸，轨中有灂，谓之国辀。

郑玄：伏兔至轨，盖如式深。兵车、乘车式深尺四寸三分寸之二。灂不至轨七寸，则是半有灂也。

---

[1] 孙诒让《周礼正义》3871—3875/3209—3212页。

孙诒让：注云："伏兔至轨，盖如式深"者，贾疏云；"伏兔衔车轴，在舆下，短不至轨，轨即舆下三面材是也。无伏兔处去轨远近无文，以意斟酌，经云'自伏兔不至轨七寸'，明七寸之外更有寸数，故郑云'伏兔至轨，盖如式深'也。"江永云："伏兔半在轴前，半在轴后。兔之长，当一尺四寸有奇，轴前约七寸，轴后亦如之。贾疏有兔尾上载轸之说，未是。"案：江说是也。依郑说，伏兔之长亦一尺四寸六分，与轸当兔同居隧深三分之一，则前至前轨，后至后轸，亦各一尺四寸六分也。《总叙》疏谓兔尾上载轸，盖由兔后遥指后轸，以明加轸辖之度，非谓兔尾之长实至后轸也。……云"潫不至轨七寸，则是半有潫也"者，贾疏云："自伏兔至轨亦一尺四寸三分寸之二，如是轵辕之深入式下，半一尺四寸三分寸之二，有七寸三分寸之一。直言'半有潫'者，据七寸。不言三分寸之一，举全数而言也。"云"轵有筋胶之被"者，筋胶所以为固，轵任力多与毂同，故亦被以筋胶也。筋胶之被，轵前曲及舆下并当有之，但轵前端与轨正相摩切处，久而无潫，其轨内七寸上承舆版者，轵和则与板不相侵，乃常有潫耳。云"用力均者则潫远"者，谓轵用力均调，则轵不外出，轨不内侵，而七寸内之舆版与轵亦相承而安，故潫得以久远。不然，则轵轨及舆板动而相摩切，潫久而渐平，不得常有七寸矣。远是久远之远。贾疏以漆入式下七寸为潫远，非。[1]

"轨"，戴震《考工记图》卷上认为是揜舆板："轨与輢皆揜舆板。輢之言倚也，两旁人所倚也。轨之言范也，范围舆前也。式前揜板直曰轨，累呼之曰揜轨。车旁曰輢，式前曰轨，皆掩舆板也。轨以掩式前，故汉人亦呼曰掩轨，《诗》谓之阴。"[2]孙诒让针对戴说，认为"揜舆板亦曰揜轨"，"揜轨亦非即轨"："式前别有掩舆板，亦曰掩轨。《毛诗·秦风·小戎》传云：'阴，掩轨也。'郑笺云：'掩轨在式前，垂轵上。'孔疏谓以板木横侧车前，所以阴映此轨，然则彼乃掩蔽前轨之板，本与轨异物。《释名·释车》云：'阴，荫也，横侧车前以荫笒也。'笒即前阑，与轨同处。阴笒非即笒，则掩轨亦非即轨明矣。"孙说逻辑性强。陈衍《考工记辨证》亦驳戴震说："轨既曰揜舆板，则板即是轨，又何轨之可揜乎？《小戎》传：'阴，揜轨也。'阴以揜轨，是阴自一物、轨自一物矣。阴为揜轨板，轨又为揜舆板，何耶？"[3]

现代辞书与考古发掘报告对于"轨"，或从孙说，或从戴说。《汉语大字典》《汉语大词典》《辞海》《辞源》从戴说立义项，钱玄《三礼名物通释》，钱玄、钱兴奇《三礼辞典》亦据戴说：

舆前有横木曰轼，轼前之板曰轨。《说文·车部》："轨，车轵前也。"轨亦谓之阴。《诗·秦风·小戎》："阴鞘鋈续。"毛传："阴，揜轨也。"[4]

轨，车轼前之板，亦谓之阴。《周礼·考工记·轵人》："轨前十尺，而策半之。"郑玄注引郑司农云："轨，谓式前也。"按舆三面有板，左右曰輢，前曰轨。《诗·秦风·小戎》："阴鞘鋈续。"毛传："阴，揜轨也。"揜轨即轨。[5]

郭宝钧《殷周车器研究》从戴说，认为"'轨'是车轼前的揜舆板"：

① 孙诒让《周礼正义》3897—3898/3230—3231页。
② 阮元主编《清经解》第三册869—870页。
③《陈石遗集》965页，福建人民出版社，2000年。
④ 钱玄《三礼名物通释》132页，江苏古籍出版社，1987年。
⑤ 钱玄、钱兴奇《三礼辞典》694—695页，江苏古籍出版社，1998年。

辀与后轸丁字形结合处的铜饰叫作踵饰,辀与车前轸十字形结合处的铜饰叫作軓饰。"軓"是车轼前的揜(掩)舆板,亦通范围之"范",意思就是范围车轼。此处和辀相交之铜饰,即取軓名。軓饰在小屯第20号墓有出土(28号物),形制分竖立和平覆二部。竖立部为长方薄板,横长20厘米,中微前拱,两侧微后曲,以合前轼。由于此墓的舆为箕形,轼前中拱旁曲,故饰亦如之。旁生二纽可缚结于轼上。平覆部为瓦状,长、宽6×14厘米,上拱下凹,密合辀身,下亦应有缚结处。軓饰的竖、平二部,分缚于辀、軓二处,辀、轼自然可结合为一。同墓所出的45号车饰,左侧与28号的軓饰相对,后方与44号的踵饰相对,当亦軓饰类,唯制与前饰小异(图32)。全部为上拱下凹的覆瓦形,可合辀身,其前后长6厘米,中宽14厘米,两端宽均为8厘米,二穿在中部。这只是平覆部分,因未见其竖立部分,故不知其是如何与轼结合的。这样的铜軓饰只是在殷代遗址中出土过,在西周及其以后的遗址中均未见到。辛村第1号卫墓车迹只是在此部位处显示一个直径为10厘米的大孔洞,当为辀杙所遗,軓饰无见;上村岭的1727号墓中,辀和前、后轸的交接处,都有凹入的卯槽,由上下、纵横互扣,可以相固。若再缚以皮革,即不用铜軓饰亦自无妨。[1]

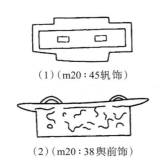

(1)(m20:45軓饰)

(2)(m20:38舆前饰)

图32 小屯墓20车马坑所出的軓饰和舆前饰

(采自《中国考古学报》二册19页)

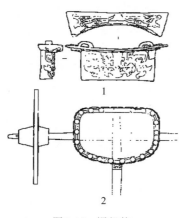

图3-16 铜軓饰

1. 安阳小屯M40出土铜軓饰
2. 铜軓饰在舆前的位置
(据张长寿、张孝光复原图,
《中国考古学研究(一)》页157)

袁仲一《秦陵铜车马有关几个器名的考释》认为秦陵铜车轼前的盖板就是"軓":"秦陵二号铜车前舆的轼前有一坡形盖板,一号铜车轼前亦有一微凹的坡形盖板,轼的背面下沿另有一悬挂着的长方形垂板,借以把轼前的车舆形成半封闭的空间。此空间坐乘者足以容膝,立乘者内可藏物,如一号车的铜方壶、盛箭的笼箙均悬垂于此空间内;再者还可障蔽尘泥。上述盖板、垂板当名軓。"[2]袁仲一执笔的《秦始皇陵铜车马发掘报告》第五章"车制及铜车马各部件的名称"观点相同[3]。

王振铎遗著、李强整理补著《东汉车制复原研究》虽然认为軓究竟在何处尚待考证,但倾向于辀之中间部位称軓,揜板的投影处即为軓[4]。孙机《中国古独辀马车的结构》表述为:"辀伸出前轸木后,在车箱之前有一段较平直的部分名軓。商车在軓上或装铜軓饰[5](图3-16)。西周及其后之车均未见此物。軓前逐渐昂起,接近顶端处稍稍变细,名颈,衡就装在这里。"[6]

① 郭宝钧《殷周车器研究》35页,文物出版社,1998年。
②《考古与文物》1997年第5期。
③ 秦始皇兵马俑博物馆、陕西省考古研究所《秦始皇陵铜车马发掘报告》332、345、346页,文物出版社,1998年。
④《东汉车制复原研究》54页,科学出版社,1997年。
⑤ 张长寿、张孝光《殷周车制略说》,《中国考古学研究(一)》,文物出版社,1986年。
⑥《中国古独辀马车的结构》,《文物》1985年第8期,见《中国古舆服论丛》增订本43页,文物出版社,2001年。《汉代物质文化资料图说》131页,上海古籍出版社,2008年。

贺陈弘、陈星嘉《〈考工记〉独辀马车主要元件之机械设计》："《考工记》说'轨前十尺，而策半之'，其中的轨代表的就是【图12】中的b尺寸，所谓的轨前十尺、代表的是【图12】中A、C两点的水平距离，即尺寸a，所以a=10×20=200 cm。"[1]

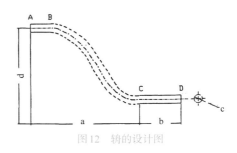

图12　辀的设计图

孙机《始皇陵二号铜车马对车制研究的新启示》从秦始皇陵2号铜车发现"揜轨"：

据《小戎》毛传，"阴靷"句中之阴系"揜轨也"。郑笺："揜轨在轼前，垂辀上。"孔疏："阴、揜轨者，谓舆下三面材，以板木横侧车前，所以阴映此轨，故云揜轨也。"孙诒让则称之为揜舆板。但此前在古车上总找不到合乎这种条件的部件，这次在2号车前舆的车轮上看到一块覆箕状的盖板，恰好遮掩着舆前那段较平直的辀即轨，所以揜轨正是指它而言。回过来再看以前出土的战国铜器刻纹中的车，如河南辉县赵固、江苏淮阴高庄、山东长岛王沟等处之例，遂发现其舆前也都有揜轨（图1-9）。但倘若不是由2号车得到启示，只从那些简略的刻画中是难以辨认出此物的。[2]

图1-9　山东长岛出土战国铜鉴刻纹中的车，前部有揜轨

滕志贤《从出土古车马看考古与训诂的关系》认为孙机说和阮元说"均未举出文献依据，恐为揣测之辞，难以信从"，戴震说"恐也未当"，考察《周礼》"轨"字用例认为"轨应指车箱底部的前、左、右三边"：

"轨"字在《周礼》中凡三见：

1.《周礼·夏官·大驭》："及祭，酌仆，仆左执辔，右祭两轨，祭轨乃饮。"郑玄注："故书'轨为范。'……杜子春又云：'轨当为軓，軓为车轼前也。'"

2.《考工记·辀人》："轨前十尺，而策半之。"郑玄注："谓辀轨以前之长也。……郑司农云：'轨为式前也。书或作軓。'玄谓軓是。軓，法也，谓舆下三面之材，轓式之所树，持车正也。"

3. 同上，又："良辀环灂，自伏兔不至軓七寸，軓中有灂，谓之国辀。"（意为：美好的辀，漆痕纹

①《清华学报》第24卷第4期，1994年。
②《文物》1983年第7期，引自孙机《中国古舆服论丛》增订本9、11页，文物出版社，2001年。

理如环形,轨下近伏兔部分七寸没有漆,其外有漆,若轨下辀上的漆痕纹理仍旧完好的,可以称为国轨了。)郑注:"伏兔至轨,盖如式深。……潐不至轨七寸,则是半有潐也。……"

综观上述三例,可以得出这样的结论,轨应指车箱底部的前、左、右三边,而不是车轼前面的挡板。理由是:

1. 既然以轨上漆痕是否被辀磨灭来检验车辀加工以及安装质量的好坏,则辀和轨必有一段互相交错,且两者贴附应有一定的面积。若轨为轼前之板,板材很薄,即使与辀相交,很难用它的端面漆痕来检验辀的。

2. 既云"自伏兔不至轨七寸",则伏兔与轨应当在同一个平面上。若轨为轼前之板,则与伏兔不在同一平面上。

3.《考工记·辀人》:"轨前十尺,而策半之。"郑玄注:"谓辀轨以前之长也。"这就是说,测定出辀向前伸出车舆后的长度,是以轨为基准点的。常识告诉我们,车轼前的坡形盖板有斜度,作为测量基准点是不适宜的。

那么,怎么来理解《说文》"轨,车轼前也"呢?

很明显,《说文》的释义直接采自《大驭》杜注、《辀人》郑司农注或《少仪》郑玄注。"车轼前"应当是轨的特指义。轨是"舆下三面之材,轼式之所树,持车正也",也就是说,舆下左、右、前三面之材皆可称轨。因为《大驭》《辀人》中的"轨"都是用来表示车箱底部前方的边缘,所以注家训以"轼前"以与左右两边的轨相区别。这个情况和"軫"十分相似,軫既是舆下四面边框的统称,又可特指舆下后面的一根边框。正因为"轼前"是"轨"的特指义,所以郑玄在《辀人》注中又以"舆下三面之材"加以补充,以免引起读者误会。这个问题孙诒让在《周礼正义》中有详辨,可以参看。

轨既是舆下三面材,那么轼前之板如何定名?我们认为应定名为揜轨,又称阴。孙诒让说:"《毛诗·秦风·小戎》传云:'阴,揜轨也。'郑笺云:'揜轨在式前,垂辀上。'孔疏谓以板木横侧车前,所以阴映此轨。然则彼乃揜蔽前轨之板,本与轨异物。《释名·释车》云:'阴,荫也,横侧车前以荫辂也。'辂即前阑,与轨同处。阴辂非即轼,则揜轨非即轨明矣。"这个意见是正确的。持此观点的还有胡承珙等人。胡氏说:"轨在舆下,阴在轼前,阴高于轨,是名揜轨。笺云'揜轨在轼前垂辀上',所言止有一面。"[①]

10. 衡　鬲　軛(厄、鞗)

《舆人》: 舆人为车,轮崇、车广、衡长,参如一,谓之参称。

孙诒让: 云"轮崇、车广、衡长参如一"者,贾疏云:"谓俱六尺六寸也。"……凡兵车、乘车,舆广

① 滕志贤《从出土古车马看考古与训诂的关系》,《古汉语研究》2002年第3期。

衡长六尺六寸；田车，輿广衡长六尺三寸。

郑玄：衡亦长容两服。

孙诒让：云"衡亦长容两服"者，《庄子·马蹄篇》释文云："衡，辕前横木缚轭者也。"《释名·释车》云："衡，横也，横马颈上也。"《诗·郑风·大叔于田》笺云："两服，中央夹辕者。"《吕氏春秋·爱士篇》高注云："两马在中为服。"郑言此者，明马车衡下容两服，别于牛车鬲下止一牛，故《车人》大车鬲长六尺，此赢于彼六寸也。贾疏云："以其骖马别有鞗鬲引车，故衡唯容服也。"案：衡制度详《辀人》疏。①

《辀人》：凡任木，任正者，十分其辀之长，以其一为之围，衡任者，五分其长，以其一为之围。小于度，谓之无任。

郑玄：衡任者，谓两轭之间也。兵车、乘车衡围一尺三寸五分寸之一。

孙诒让：云"衡任者，谓两轭之间也"者……阮元云："衡与车广等，长六尺六寸，平横辀端直木也。别有曲木缚于衡鬲之下，以下扼马牛之颈。包咸《论语注》曰：'軏者，辕端横木以缚轭。'此虽误解軏为鬲，而其言轭缚于横木之下，则汉时目验犹然。皇侃疏曰：'古作牛车二辕。先取一横木缚着两辕头，又别取曲木为柅，缚着横木，以驾牛胠也。即时一马牵车犹如此也。'据皇氏说，则柅别为衡鬲下曲木甚明。至梁时，此制尚存，故亦得以目验而知。由此说验之诸书，无不合者。《急就篇》既言軥衡，又言轭缚。《庄子·马蹄篇》曰'加之以衡柅'，衡轭为二物甚明。《仪礼·既夕》曰：'楔貌如轭上两末。'楔乃未含饭置尸口中者，为半规形，末向上。据此可知轭曲半规，特末向下耳。鬲下驾牛，只用一轭。若衡下驾马，则用两轭，故两轭又名两軥，軥亦以其曲句名之也。《左·襄十四年》'射两軥而还'；《昭二十六年》：'中楯瓦，繇胸汰辀。'服虔曰：'軥，车轭两边叉马颈者。'"郑珍云："今时驾车，边马用长数寸直木夹贴于肩领之交，以系靷鞦，木为前硯骨抵拒，马之致力前引全恃之。古一辕车服马用轭，其必似此欤？轭向下有两末，计两末出缺月外必长七八寸许，里平而外圆削，如肋骨之形。两末须是直者。衡既是以直为横，两末其长如许，必不能即衡木为之，当别制两末，削穿其上，贴缺月钉着之，复各为两穿，以受鞗鞦之绊。驾时，衡加辀颈上，轭之两末下过辀颈，围径三寸二分，始与马颈平，是狭者全在空处。及鬓肉以下，骨张肉容，末乃实压而夹贴于肩领之交，为前硯骨抵拒，可使马致力引辀矣。若驾骖马，恐即如今时驾边马之法。"案：阮、郑说是也。衡轭虽同在辀端，而衡直轭曲，制度迥异。轭缚于衡之下，非轭即衡也。故《韩诗外传》云："百里奚自卖五羊皮，为一轭车，见秦缪公。"言"一轭"者，盖即《公羊·昭二十五年》徐疏引《尚书大传》所云"庶人单马木车"，别于士以上乘车有两轭也②。若轭即是衡，则凡车无不一衡，何独以一轭为异乎？又《说苑·杂言篇》云："孙叔敖相楚三年，而不知轭在衡后。"案：轭在衡下，刘云"在衡后"，或有舛误，然可证轭与衡为二物也。自《小尔雅·广器》云"衡，轭也，轭上者谓之乌啄"，始以轭当衡。《论语·卫灵公》包注亦释衡

---

① 孙诒让《周礼正义》3850/3191—3192页。
② 引者按：徐疏引《尚书大传》仅为"庶人单马木车"（阮元《十三经注疏》2328页下），王文锦本误将"别于士以上乘车有两轭"标作徐疏。

为軶。《说文·车部》云："軶，辕前也。軥，軶下曲者。"盖与《小尔雅》同误。軶又省作厄，《毛诗·大雅·韩奕》"鞗①革金厄"，传云："厄，乌蠋也。"蠋当依《释文》作"噣"，与《小尔雅》"乌啄"字正同。《释名·释车》云："枙②在马曰乌啄，下向叉马颈，似乌开口向下啄物时也。"刘释乌啄，义最析。孔疏引《尔雅·释虫》"蚅，乌蠋"为释，非也。又案：衡軶异物，而此注释衡为两軶之间者，以衡当着軶处之度有缺月之减，故必以两軶之间言之。但缺月在衡，不过微凿之以着軶，而缺月非即軶也。互详《车人》疏。③

《辀人》：参分其兔围，去一以为颈围。

孙诒让："参分其兔围，去一以为颈围"者，郑珍云："兔围即是伏兔之围，明当兔伏兔其围一也。"王宗涑云："兔谓伏兔也。伏兔与辀当兔大小齐等，故上云当兔之围，此云兔围，明伏兔围亦得辀长十分之一，并非当兔之围之省也。"

郑玄：颈，前持衡者，围九寸十五分寸之九。

孙诒让：注云"颈，前持衡者"者，《说文·页部》云："颈，头茎也。"贾疏云："衡在辀颈之下，其颈于前向下持制衡轭之辅，故云'颈前持衡者'也。"《诗·秦风·小戎》孔疏云："辕从辀以前，稍曲而上，至衡则居衡之上，而向下句之，衡则横居辀下，如屋之梁然，故谓之梁辀也。"郑珍云："此注三辀皆以轸平并辀深得衡高，其曲中高轸平之数，即衡高轸平之数，是衡与曲中适平。辀自曲中以往，断非平指以投于衡，必渐曲向下以就衡，而渐低于曲中。假令衡居辀下，其高必不得与曲中平。如注算衡高，乃与曲中平，知衡必横居颈上也。若如孔、贾说，辀曲至衡上，始向下句之，令衡居辀下。是未至衡以前，皆止曲上而不句，至衡上乃向下就衡，势必以颈投衡，衡颈乃相连接，其向下乃是颈，而辀深惟至衡之处，乃其曲之最高，计其深当在此处。自此处句下，必数寸始抵衡，衡高如何得等辀深，则皆违失注义明矣。凡言持者，皆所持者在持之者上。注于轸言持车正者，于颈言持衡者，以轸承舆下、颈承衡下故也。即称衡颈之间，文次皆衡上颈下，亦可见。"④

关于衡长和衡径，郭宝钧《殷周车器研究》指出：

《考工记》说："轮崇，车广，衡长，叁如一，谓之叁称。"这是说衡长的标准。又说："衡任者五分其长，以其一为围，小于度谓之无任。"这是说衡径的标准。在出土的实迹中：

	衡长	衡径（单位：厘米）	
辛村卫墓第1号	115	4.5	（不计铜矛）
辛村卫墓第42号	130	4	（不计铜矛）
辛村卫墓第3号	116.4	3.7	
辛村卫墓第8号	120	6	

---

① 引者按：乙巳本、楚本并作"鞗"，王文锦本排印讹作"鞗"。
② 引者按："枙"据孙校本补，王文锦本缺。
③ 孙诒让《周礼正义》3875—3880/3212—3216页。
④ 孙诒让《周礼正义》3882—3883/3218—3219页。

下瑶村西周墓第151号	160	10
张家坡第2号坑第1号车	137	
张家坡第2号坑第2号车	190	（连两端翘起的铜矛计算）
上村岭1727号坑第2号车	140	3.8
琉璃阁131号坑第16号大型车	140	4
琉璃阁131号坑第17号大型车	150	3
琉璃阁131号坑第1号中型车	170	3

根据实迹，除饰在车衡两端翘起部分不计外，专量横部分，一般都在120～140厘米间。《考工记》定衡长为六尺六寸，折合公制是132厘米，适在120～140厘米之内。至于径度，因所量部位不同，略有参差，但除下瑶村的特粗外，一般平均数在4厘米左右。衡的制造，并非整体等粗，根据铜饰指明，衡应具有中部（两轭之间）壮、两端细、上下椭高、前后微扁、中部平直、两端翘起的形状（图33）。察其制作之意，中央粗而上下扁椭，应是为负轭有力；两端细壮而翘起，应是为材轻并为留有骖马活动的余地。这些具体情况，在所附铜衡饰中都明确地分段表出。衡饰可分为衡中饰、衡末饰、衡内饰、衡外饰等4种7段。

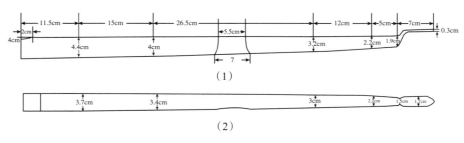

图33　辛村墓3所出的平式车衡的形状
（1）侧视　（2）俯视

根据衡上的中、末、内、外的饰物，我们可以恢复已腐朽的衡木之尺寸及形制。衡木是一种中壮、两旁细、中扁椭、两轭外较圆、两端高高翘起的横木。何天相先生曾对仅存的一段未朽衡木进行过鉴定，得出结论认为此段衡木为"梓树属，其学名为Catalpa sp.，科名为Bignoniaceae"[1]。梓为木类之坚韧者，可见古人对于衡之选材、造型、附饰等，都是很注意而且很讲究的。[2]

彭林《〈考工记〉"数尚六"现象初探》考察衡围与衡长数字比较详细的出土东周车子，指出"衡任者，五分其长，以其一为围"即5：1的比例并非实录[3]。

据杨宝成《商代马车及其相关问题研究》统计，殷墟出土车子的"衡由一圆木制成，最短者1米余，最长者2米余（曲长）"：小屯宫殿区出土170厘米，小屯宫殿区210厘米，孝民屯南地110厘米，孝民屯南地113厘米，大司空村120厘米，郭家庄西南235厘米（曲），郭家

① 见《考古学报》五册286页。
② 郭宝钧《殷周车器研究》36—37、39—40页，文物出版社，1998年。
③ 华觉明主编《中国科技典籍研究——第三届中国科技典籍国际会议论文集》44页，大象出版社，2006年。

庄西南220厘米，郭家庄西南140厘米，梅园庄东南135厘米，梅园庄东南114、98厘米，梅园庄东南153厘米（曲）。[①]

关于"軛"，郭宝钧《殷周车器研究》指出：

> 全軛当是用一木作成。迨附有铜饰时，则軛已为由三木组成的，如在西周卫墓中发现的4軛，皆为此制矣。三木的结构为两钩木分列，中间夹一三角形的长木楔，倒立上指。这样的组合，因三角形楔下面微凹，可以符马背；且楔头倒置，车载愈重，楔尖压力愈上；楔尖愈上，则軛的组合力愈固，这正合今日物理学斜面运用的道理，足见先民的智慧。遗存的二段軛木，业经何天相先生鉴定，认为是选用榆属或青皮木属制成的[②]。榆木和青皮木也都是坚韧的木材。

出土的軛实迹，多为木制。辛村第1号墓的4軛、第8号墓的两軛以及琉璃阁131号墓的36軛，都未附任何铜饰。附有铜饰的軛，古称为金軛。《诗·韩奕》有"王锡韩侯……鞗革金厄"的诗句。这种金軛在当时必须有天子的赐命才能使用，故遗存的较少。

木軛所附铜饰，有三段分铸的，有五段分铸的，也有合铸为一的。三段分铸者，在殷墓已有发现。大司空村175号墓中的铜軛是："軛2件，形状相同，出土时斜立两马的颈上。由軛首、軛肢两部分构成。軛首如菌状。圆顶上面弧起。下作管状，在管的中部，有对称的小方穿两个，可以穿钉。……通高9.3，管口径4.1，顶径6.6厘米。軛肢作半管状，肢下向外弯曲而反上，呈钩状。钩端为椭圆形的管状。在外侧的中间有小方穿一个。軛肢高55，厚0.2厘米。……在軛首的管内和軛肢的半管内，都有相连的腐朽木质，当是于管内镶有与脚形相似的圆木（与马颈相贴的即是镶木的一面）。軛首即安于肢上端伸出的圆木上，以与軛肢相结合"[③]。小屯的第020号殷墓中，也有铜軛出土，即《中国考古学报》二册19—20页上所记的"10.軛首饰，9.軛脚饰"一组和"12.軛首饰，11.軛脚饰"一组（也有只是軛首饰为铜铸者，如13、14两个軛首饰是铜铸，而軛脚无铜饰）。以上这些都是按一首二钩三段分铸的例子。这种軛首因上无铜銮，故上部作菌伞状。到了西周，有了铜銮的发明，軛首遂变作倒立的梯形，上宽下窄，上下洞穿，軛首木透出其上，用以支銮。这样的軛首，在辛村西周中、末期的卫墓中，曾出土多至20余具（图36、37），其一，高5，上宽10.5，下宽5，前后距2.1～2.9厘米。这种三段铸法，在张家坡和上村岭的墓中，都仍在继续使用，并一直沿用到战国时代，如琉璃阁131号墓中第1号车上

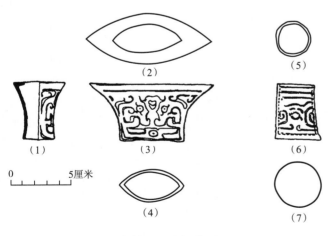

图36 辛村墓3所出軛首和軛足

軛首（m3：89）（1）侧面（2）上面（3）正面（4）下面
軛足（m3：76）（5）上面（6）正面（7）下面

① 《考古学研究》（五）331—333页，科学出版社，2003年。
② 《考古学报》五册261页、267页。
③ 见《考古学报》九册64页。

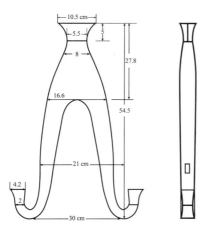

图37 辛村墓3所出装饰有轭首、轭足及
轭肢的木轭图

（m3：181）

图38 辛村墓42所出全体合铸的铜轭饰

（m42：18+20）

所附軥饰及轭首饰是："軥端铜饰有4件，现仅出两件。……这些加于軥端的铜饰（按即轭足），也作卷曲的管状，高3.1。横剖面作椭圆形，径长3.5和2.3。离底端0.8处有两个小孔，可以安钉子。""我们这次发现的6件（铜銮）中，有2件带有铜座（按实为轭首），是安置于木轭的上端。轭被绑缚在衡上的时候，这些带铜座的便会超出衡木的上面，好像插在衡木上一样。"[1]可见，战国时代还有使用一轭首两轭足的饰轭法。

　　这种一轭首两轭足的饰法，若再加上两轭肢部的旁饰，就成为五段分铸的饰法了。在辛村卫墓中，也出土有数组。不过，肢部铜片都太薄，多锈蚀，不可起出，只能度其尺寸，摄成照片存查。五段分铸法实际就是将三段分铸法的两軥各又分作两段分铸而已。最后形成为足厚、肢薄的习惯，故轭足存而轭肢多不存，发现也因之较少。

　　将轭首、轭肢、轭足五段饰物合铸为一个全轭饰的，在辛村卫墓第45号墓中出土1乘4具（图38）。每具整体如人字形，轭首为长方空管，面、背部有小纽及钉孔，备缚鞙用，轭肢自首直通到轭足，截面如覆瓦，足端仍为斜筒状，有当头。肢在上軥处有长方形大孔，备穿靷带。全轭高42、两軥外距46、内距36厘米。首颈长13.9、截径3.2×3.45、軥处截径2.5×3.5厘米。肢木在肢内的截面系半扁椭形，非浑圆形，刮削甚光，涂胶泥固之。除此4具外，这样合铸的金轭，在他处还没有发现过。

　　轭是衡的重要组成部分，因衡上缚轭，轭卡马颈，颈缚靷带；马不脱靷即不脱轭，马不脱轭即不脱衡，将马和车结为一体，轭与靷之力为多。因此，衡、轭之结合，最关键重要。轭之结在衡上，一般在衡后面。《说苑》有"孙叔敖相楚三年，不知轭在衡后"之句，可为旁证。轭在衡后，轭可推衡向前，且轭、衡脱节之时少，固沿为一般习惯。衡、轭相缚所用皮条，其专名叫鞣。《说文解字》："鞣，车衡三束也（一軥束，二轭束）。曲辕鞣缚，直辕暈缚。……靽，鞣或从革赞。"依靠这种皮条鞣缚，轭和衡始结为一。[2]

──────────────

① 见《辉县发掘报告》51—52页。
② 郭宝钧《殷周车器研究》40—42页，文物出版社，1998年。

11. 辀

辀

《辀人》：辀人为辀。

郑玄：辀，车辕也。《诗》云："五楘梁辀。"

孙诒让：注云"辀，车辕也"者，《说文·车部》云："辀，辕也。"《释名·释车》云："辀，句也，辕上句也。"《方言》云："辕，楚卫之间谓之辀。"《公羊·僖元年》何注云："辀，小车辕，冀州以此名之。"案：小车曲辀，此辀人所为者是也；大车直辕，车人所为者是也。散文则辀辕亦通称。王宗涑云："析言之，曲者为辀，直者为辕。小车曲辀，一木居中，两服马夹辀左右。任载车直辕，两木分左右，一牛在两辕中。《说文》云：'辀，辕也。辕，辀也。'浑言之也。"阮元云："辀者曲辕，驾马者也。辀所以必挠曲之者，为登降均马力也。"引《诗》云"五楘梁辀"者，证小车曲辀也。《释文》云："楘，本又作鞪。"案：此《秦风·小戎》文。《毛诗》亦作"楘"，传云："五，五束也。楘，历录也。梁辀，辀上句衡也。一辀五束，束有历录。"《说文·木部》云："楘，车历录束文也。"《革部》云："鞪，车轴束也。"二字声义略同。

辀有三度，轴有三理。

郑玄：目下事。度，深浅之数。

孙诒让：注云"目下事"者，谓与下七事为目。云"度，深浅之数"者，贾疏云："四尺七寸之等是也。"

国马之辀深四尺有七寸。

孙诒让："国马之辀深四尺有七寸"者，以下明辀有三度之数，各视其马之良驽以为浅深也。

郑玄：国马，谓种马、戎马、齐马、道马，高八尺。兵车、乘车轵崇三尺有三寸，加轸与辁七寸，又并此辀深，则衡高八尺七寸也。除马之高，则余七寸，为衡颈之间也。

孙诒让：云"又并此辀深，则衡高八尺七寸也"者，郑意此辀深为曲中下至轸之度，非至辀下而与轴相切之度也。以此辀深加轸辁与轵崇之和数四尺，则曲中去地总高八尺七寸。衡当辀末，横庋辀颈之上，其上平度与辀曲中高度正等，故衡亦高八尺七寸也。云"除马之高，则余七寸，为衡颈之间也"者，颈即下文颈围之颈，谓辀前持衡者也。贾疏云："按下文注，衡围一尺三寸五分寸之一，颈围九寸十五分寸之九，并尺三寸与九寸，为二尺二寸。衡围五分寸之一，于十五分寸之九，当得十五分寸之三，并颈围十五分寸之九，为十五分寸之十二。围三径一，二十一寸径七寸。余有一寸十五分寸之十二。一寸复分之为十五分,通前十五分寸之十二为二十七,径得十五分寸之九。此九分当为马颈低消之。"郑珍云:"以衡加于颈端之上,颈之圆径三寸二分,衡之方径三寸三分,增衡颈筋胶束革之厚共五分,通得高七寸,是三辀衡颈之间也。以加国马八尺,得八尺七寸;加田马七尺,得七尺七寸;加驽马六尺,得六尺七寸。是为衡高,而适与曲中齐平。其衡颈之间七寸,即马高以上空处。凡马股与领平之后,即斜圆而下。此七寸之空,于十尺之平长,向后必六尺有余。辀之曲始直马尾,其后尚有长三尺余之地,始抵轵前,故能容两服两骖,无不足之患。若田马驽马之辀,则空处更长矣。"又云:"贾疏以衡颈皆圆径推算,又不知二者皆被筋革,故余九分为消于马颈之低,失之。"案:郑子尹说是也。衡着于辀颈之上,其平度与辀曲中等。衡下夹颈设两軏,軏曲中与颈之平度亦正等,故注止就衡颈计之,不及軏也。

郑司农:深四尺七寸,谓辕曲中。

孙诒让:郑司农云"深四尺七寸,谓辕曲中"者,此辕亦辀之通名。阮元云:"《记》曰'凡揉辀欲其孙而无弧深',曰'辀深则折,浅则负'。深字皆指曲中者为言。是所谓深四尺有七寸者,乃曲中之度,非辀端下垂之高明矣。"郑珍云:"辕曲中者,辕曲之中也。辕曲之中,倨句之交也。此义后郑同之,故注都不解深字。轵前十尺,揉辀者必先以平度十尺为股,以各辀深度为句,而求得其弦。既而以深度正中直弦之正中,适成十字,即得弧曲之倨句深处,为辕曲之中也。乃以辕木平出轵前者,直轵之尽处,微微揉令前曲而上,以至曲中,即微微前曲而下,至与十尺平度相直,是为辀颈之端,而适与马领之高齐平,则辀成而中度矣。"

田马之辀深四尺。

郑玄:田车轵崇三尺一寸半,并此辀深而七尺一寸半。今田马七尺,衡颈之间亦七寸,加軫与轐五寸半,则衡高七尺七寸。

孙诒让:注云"田车轵崇三尺一寸半"者,亦依《总叙》以轮崇取其半径为轵崇推之。田车既轮崇六尺有三,取其半径三尺一寸半,即轵崇也。云"并此辀深而七尺一寸半"者,并轵崇与辀深两和总计之也。云"今田马七尺,衡颈之间亦七寸"者,贾疏云:"'田马七尺'者,亦约《庾人》'马七尺曰騋'。以其兵车乘车驾国马,明田车騋马也。以此约之,明役车驾驽马也。田马[1]高七尺,则七寸亦衡颈之间消之也。"云"加軫与轐五寸半,则衡高七尺七寸"者,以七尺一寸半加五寸半,故衡高七尺七寸。然田车轮轵加軫轐之度,经无明文,郑以较兵车减寸半之率推之,定为五寸半。然此注实有可疑,盖田车之轐,以当兔例之,当围一尺四寸,方径三寸五分,加轴半径二寸一分,两和得五寸六分。軫为椭方形,至少亦当厚一寸有零。即轐有钩心之减,而与兵车乘车軫轐之数必不能差至一寸半。然则郑所定田车衡高之数,未足冯也。

---

[1] 引者按:"马"原讹"车",《周礼注疏》原作"驽马高七尺",浦镗云:"'田'误'驽'。"(阮元《十三经注疏》913页上、919页中)孙疏引用时"田马"又误作"田车"。作"田车"是错误的,因为郑注明确说"田马七尺",而"田车"高度,郑注是"七尺一寸半",贾疏是"七尺七寸"。王文锦本亦讹"车"。

驽马之辀深三尺有三寸。

郑玄：轮轵与轸辕大小之减率寸半也。则驽马之车，轵崇三尺，加轸与辕四寸，又并此辀深，则衡高六尺七寸也。今驽马六尺，除马之高，则衡颈之间亦七寸。

孙诒让：注云"轮轵与轸辕大小之减率寸半也"者……郑谓田车轵崇减于兵车、乘车寸半，驽马车又减于田车寸半，得之。其谓轸辕加数亦各减寸半，则非定率也。云"则驽马之车轵崇三尺"者，王宗涑云："《校人》注：'驽马给宫中之役。'《诗》'有栈之车'，毛传[1]'栈车，役车也'。役车轵崇，经无的证。然任载之柏车，轮崇六尺，轵崇半于轮崇，是柏车固轵崇三尺。给役小车轵崇等于柏车。"云"加轸与辕四寸，又并此辀深，则衡高六尺七寸也"者，谓田车轸辕共五寸半，此减寸半，得四寸；以加轵崇三尺，为三尺四寸；又加衡高，得六尺七寸。然此说亦未塙。今考驽马车之辀，以当兔例之，当围一尺三寸三分，方径三寸三分二豪五厘；加轴半径二寸，已得五寸三分二豪五厘；再加辀厚，至少亦一寸有零。则驽马车与兵车、乘车轸辕之数，必不能差至三寸。郑所定衡高之度，亦未足冯也。云"今驽马六尺"者，《廋人》云"六尺以上为马"，则六尺为马之最下者，故知驽马高六尺也。云"除马之高，则衡颈之间亦七寸"者，贾疏云："轮轵轸辕大小之减率，例一寸半。衡颈之间同七寸者，车虽有高下，至于衡颈，不得不同，故下云'小于度谓之无任'。衡颈用力是同，是以不得有粗细。"[2]

《辀人》：凡揉辀，欲其孙而无弧深。

孙诒让："凡揉辀"者，贾疏云："以火揉使曲也。"

郑玄：孙，顺理也。杜子春云："弧读为尽而不污之污。"玄谓弧，木弓也。凡弓引之中参，中参，深之极也。揉辀之倨句，如二可也，如三则深，伤其力。

孙诒让：注云"孙，顺理也"者，《匠人》"水不理孙"，注亦云："孙，顺也。"王宗涑云："顺本曲之木理而煣屈之也。"郑珍云："揉直令曲，必顺木理微微曲之，若太深，将自轵前即骤令直上，此不待马之桩拄，势无不先裂断者。经曰'揉欲孙而无弧深'，又曰'辀欲弧而无折，经而无绝'，盖谆谆为不中理、不中数者言也。"杜子春云"弧读为尽而不污之污"者，段玉裁云："尽，俗本作'净'，转写之误也。尽而不污，见《春秋·成十四[3]年左氏传》。污读为纡，谓纡曲也。杜易弧为污，污训窊下，窊下犹纡曲也。"云"玄谓弧，木弓也"者。贾疏谓见《三仓》。案：《说文·弓部》说同。郑读弧如字，不从杜读也。《司弓矢》亦有弧弓。云"凡弓引之中参，中参，深之极也"者，贾疏云："弓之下制六尺，引之三尺，是中参深之极也。"郑珍云："辀状拟弧，其弦即以拟弓弦。其深之上距，至弦之正中，即以拟矢。中参者，谓凡弓引之，其中容矢长三尺，所谓弧深也。"钱坫云："王弓合九而成规，弧弓亦然。令规围五丈九尺四寸，九分之，为六尺六寸。六尺六寸之弓，求其矢三则深矣，故惟二为可。"云"揉辀之倨句，如二可也"者，贾疏

① 引者按："传"原讹"诗"，据王宗涑《考工记考辨》（王先谦《清经解续编》第4册677页上）改。"栈车，役车也"为毛亨传（阮元《十三经注疏》501页下）。王文锦本亦讹作"诗"。
② 孙诒让《周礼正义》3867—3871/3205—3208页。
③ 引者按："四"从乙巳本，与段玉裁《周礼汉读考》（阮元《清经解》第4册219页上）合。王文锦本从楚本讹作"二"。

云："六尺引二尺，若然，九尺得三尺，则是弓一尺得三寸三分寸之一。辀轵以前十尺，国马之辀深四尺七寸，与二不相当者，通计一丈四尺四寸，并舆下数之，故得二也。二者，辀总长丈四尺四寸，且取丈二尺得四尺，余二尺四寸，复得八寸，总为四尺八寸，是国马之辀犹不满二之数也。言二，举大而言。"江永云："辀出前轵，渐曲而上，至衡微钩而下，轵前十尺，揉之已[1]定者也。'揉辀欲其孙而无弧深'，注云：'揉辀之倨句，如二可也。'盖以一丈三尺三寸揉之为十尺也。疏并舆下之不揉及轵前揉已定者，通计如二，未是。"郑珍云："辀之矢，止如弧深三之二，故曰如二。辀之矢，以深度约之，每寸得四厘二豪五丝强。深四尺七寸者，中当二尺。深四尺者，中当一尺七寸。深三尺三寸者，中当一尺三寸。而实度之，皆多三寸强。注云'如二可也'，可者，约略之词，止欲明三辀固欲似弧，而其深度断不可过与不及耳。"云"如三则深伤其力"者，郑珍云："谓辀过曲，不存直势，即木力无劲耳，非谓马力也。"[2]

是故辀欲颀典。

郑玄：颀典，坚刃貌。郑司农云："颀读为恳，典读为殄。驷车之辕，率尺所一缚，恳典似谓此也。"

孙诒让：注云"颀典，坚刃貌"者，颀典，盖连语形容字。《淮南子·兵略训》云："典凝如冬。"《广雅·释诂》云："腆，美也，久也。"典与腆同，坚刃与美久义亦相成。刃韧同，详《山虞》疏。郑用牧云："颀典者，穹隆而坚强之貌，虽挠而不伤其力也。"郑司农云"颀读为恳，典读为殄"者，惠栋云："殄古文腆字，《毛诗》'籩豆[3]不殄'，笺'殄当为腆'。《燕礼》'不腆之酒'，注云'古文腆作殄'。"段玉裁云："颀典二字叠韵，郑训为坚刃皃。司农拟以车历录训之。其云读为恳、读为殄者，皆当作'读如'，拟其音耳，故下文仍云颀典，不云恳殄也。"云"驷马之辕，率尺所一缚，恳典似谓此也"者，恳，段玉裁校改"颀"，是也。贾疏云："此即《诗》'五楘梁辀'，一也。"孔广森云："《檀弓》注'高四尺所'，《正义》曰：'所是不定之词。'然则尺所即尺许也。《疏广传》'数问其家，金余尚有几所'，师古曰：'几所犹言几许。'古许与所通，《诗》'伐木许许'，许叔重引作'所所'。"案：孔说是也。《毛诗·秦风·小戎》传云："一辀五束，束有历录。"段校《说文·革部》云："鞃，车句衡五束也。曲辕鞃缚，直辕暈缚。"[4]缚束义同。辀轵前十尺，尺许一缚，盖在辀弧中以前近衡之处，五束为五尺，则轵前之辀其半有缚，即《毛诗》之楘、《许书》之鞃[5]是也。先郑之意，盖以"恳典"为缚辕之貌，则亦为连语形容字。然此上下文并言曲辀之利病，不宜于此忽论辕缚，先郑之义，于经无会也。又案：先郑"恳殄"之义，贾氏无释。段玉裁云："恳与阬双声，殄与胗双声，阬胗者，坳突也。每一缚则有一坳突。"案：段说亦未知塙否，《瓬人》"髻垦"，后郑释为"顿伤"。而《梓人》注"顷小"，顷，本作颀。《释文》引李轨音恳，似亦隐据此注为读。以彼二文证之，则恳似为约小之义，《尔雅·释诂》云："殄，绝也。"义亦相近。若然，辀上有缚，或亦以约小为贵与？

---

① 引者按："已"从乙巳本，与江永《周礼疑义举要》（阮元《清经解》第2册229页下）合。王文锦本从楚本讹作"以"。
② 孙诒让《周礼正义》3885—3886/3220—3221页。
③ "除"，惠栋《九经古义》（《清经解》第2册764页中）、《诗经·邶风·新台》（阮元《十三经注疏》311页中）并作"篨"。
④ "鞃"原讹"鞔"，"革部"原讹"车部"，据段玉裁《说文解字注》改；"曲辕鞃缚，直辕暈缚"王文锦本误置于引文外。
⑤ "鞃"原讹"鞔"，据《说文解字》改。

辀深则折,浅则负。

孙诒让:"辀深则折,浅则负"者,此又明辀不可太曲之义。

郑玄:揉之大深,伤其力,马倚之则折也。揉之浅,则马善负之。

孙诒让:注云"揉之大深,伤其力,马倚之则折也"者,郑珍云:"若中三,则深,过于深度,其辀虽非直上,而已伤直,马股时揹拄之,辀力不胜,必向后裂断,故云辀无孤深。"又云:"弧而无折,辀深则折也。"云"揉之浅,则马善负之"者,贾疏云:"辀直似在马背,负之相似,故善。'负之'本或作'若负',皆合义,不须改也。"郑珍云:"若不中二,则又浅,不及深度,其辀无衡颈间七寸之空,必将与马身平,马股又喜上戴之,故云浅则负也。辀当两服之中,不直马背,而注云马倚之负之者,缘路有高下险易,即马股有横侧退却,故有倚其后、负其上之时也。"

辀注则利准,利准则久,和则安。

孙诒让:"辀注则利准"者,江永云:"注者,不深不浅,行如水注。利准者,便利而安耳。"戴震云:"辀注,谓深浅适中也。辀之曲埶陜然下注,则车行有利准之善。利,疾速也。准犹定也,平也。"案:江、戴并不删"利准"字,与二郑说异,亦通。云"利准则久,和①则安"者,《墨子·节用篇》云:"车为服重致远,乘之则安,引之则利,安以不伤人,利以速至,此车之利也。"

郑玄:故书准作水。郑司农云:"注则利水,谓辕脊上雨注,令水去利也。"玄谓利水重读,似非也。注则利,谓辀之揉者形如注星,则利也。准则久,谓辀之在舆下者平如准,则能久也。和则安,注与准者和,人乘之则安。

孙诒让:注云"故书准作水"者,徐养原云:"至平莫如水,故准字从水。规矩准绳必以水,《轮人》曰'水之以视其平沉之均也',《匠人》曰'水地以县',皆用准之法。古音准与水同,可通用。《㮚氏》'准之',故书亦作'水之',此通用之证。"丁晏云:"《㮚氏》注:'准,故书或作水,杜子春云:当为水。'《说文·水部》:'水,准也。'《释名·释天》:'水,准也,准平物也。'《白虎通·五行》云:'水之为言准也,养物平均有准则也。'《管子·水地篇》:'水者,万物之准也。'《广雅·释言》:'水,准也。'"郑司农云"注则利水,谓辕脊上雨注,令水去利也"者,贾疏云:"先郑依故书准为水解之。后郑不从者,辀辕之上纵不为雨注,水无停处,故不从也。"云"玄谓利水重读,似非也"者,贾疏云:"依后郑读,当为'辀注则利也,准则久也,和则安也'。"段玉裁云:"郑君谓衍'准利'二字。"云"注则利,谓辀之揉者形如注星,则利也"者,后郑读注与《梓人》"注鸣"之注同,其义则取象注星也。《史记·天官书》云:"柳为鸟注。"又《律书》云:"注者,言万物之始衰,阳气下注,故曰注。"《索隐》云:"注,咮也。"《尔雅·释天》云"咮谓之柳",郭注云:"咮,朱鸟之口。"《开元占经·南方七宿占》:"咮一曰注,音相近也。"丹元子《步天歌》云:"柳八星,曲头垂似柳。"谓辀之末下垂者,其句如注星,则利于引车也。云"准则久,谓辀之在舆

下者平如准,则能久也"者,贾疏云:"准,平也。辀平舆亦平,平则稳,故得长久也。"徐养原云:"郑不从司农说,而曰平如准,则亦不以水为非。"云"和则安,注与准者和,人乘之则安"者,后郑意,兼注准二善,则车行和也。贾疏云:"注谓辕曲中以前,准谓在舆下,前后曲直调和,则人乘之安稳。"

辀欲弧而无折,经而无绝。

孙诒让:"辀欲弧而无折"者,贾疏云:"按上文云'孙而无弧深',此云'欲弧而无折'者,此欲得如弧,无使折,则不弧深亦一也。"王宗涑云:"盖煣辀如引满之弓,则深伤木理,不能无折。辀欲弧,言但欲煣屈如弧。而无折,言不欲深伤木理也。"云"经而无绝"者,贾疏云:"则①上文'欲其孙',亦一也。"王宗涑云:"绝,与'火煣车辋绝'之绝同。盖即顺本曲之木理煣之,而用火不均,则木理绝而易折。无绝,谓欲用火得宜,不使灼绝木理也。"

郑玄:揉辀大深则折也。经,亦谓顺理也。

孙诒让:注云"揉辀大深则折也"者,大深即谓中参以上。云"经亦谓顺理也"者,谓经与上文"孙"义同。《吕氏春秋·察传篇》高注云:"经,理也。"②

关于辀的形状、各部分名称和位置,郭宝钧《殷周车器研究》认为:

辀位于车的中央,前后贯通,是车体中最长的一条任木。其最前端叫作"首",亦称"轪";轪后叫作"颈",颈下微曲处叫作"胡",胡又名"侯"(即喉),和舆前軫相交处叫作"轵",和轴相交处叫作"当兔",亦称"钩心",和舆后軫相交处叫作"踵"(图26)。首、颈、胡、心、踵,都是用动物身体部位和名称来比况辀体各部位,看来古人是把辀比作一条仰首、曲胡、拖尾的龙蛇了,所以,轪饰就多用龙马之首作图案。从侧面看,辀是前高、下曲、后平,又好像船舟之底,故更以"辀"名之。辀前架于衡上,后架于轴上,又似房屋中的两柱间的一条大梁,故《诗·小戎》有"五楘梁舟"之说。孔疏:"如屋之梁然,故谓之梁辀。"根据各部分命名,已可将辀的形制勾划出了。③

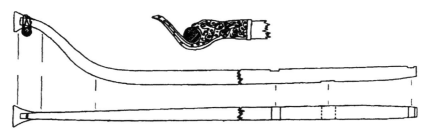

图26　辀的形状及各部分的名称和位置图

---

① 引者按:"则",贾疏原作"即":"此云'经而无绝',即上文'欲其孙',亦一也。"(阮元《十三经注疏》914页上)
② 孙诒让《周礼正义》3890—3894/3225—3228页。
③ 郭宝钧《殷周车器研究》30页,文物出版社,1998年。

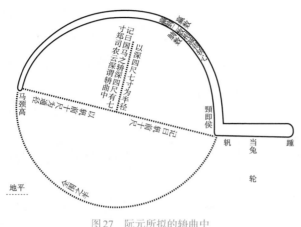

图27 阮元所拟的辀曲中
（采自《揅经室车制图解》第三，上）

关于辀的功用，郭宝钧《殷周车器研究》认为：

辀的功用是前持衡而后承舆，且借以曳车行进，所以其形制必须是首要高、胡要曲而轵和踵则要平，并且应是用粗壮的长木制成。《说文古籀补》所收的父乙尊铭中，“车”字的篆文为 ，为象其形。辛村卫墓1号出土的辀迹，也与父乙尊铭车篆辀形密合。《考工记》：“辀人为辀……国马之辀，深四尺有七寸。……凡揉辀，欲其孙而无弧深。”郑司农注曰：“深四尺七寸，谓辕曲中。”这“辕曲中”“孙而无弧深”，都是说明辀前半缓缓上曲的形态。然后世多不懂“曲中”的真解，如阮元、郑珍诸家均把辀的“曲中”图为出轵后即陡折上行的异状，不唯不合古意，而且基本无法制造，这是由于不解辀木所以要“曲中”的道理之故（图27）。辀为何要“曲中”呢？这是因为车靠四条“腿”支撑于地，在前者为两马，在后者为两轮，马体高而轮径低，辀木为直的，则前架于马颈间之衡同后架在两轮间的轴必然也是前高而后低，这样一来，架在辀上之舆势必为前高后低的斜坡状，人乘之不便，物载之必坠。欲使舆平而安，必须后高其轮，或前矮其马。然而，轮已不能再高，因轮高舆即随之升高，舆高而人将既不易登亦不易降；另方面，“前矮其马”更是无法实现的。“高轮”和“矮马”两种办法均行不通，余下的就只有在辀木本身想办法了。如何才能使辀前端举高以就马颈、后端平直以就轴轮呢？办法就是使辀木中部弯曲以就两端之高度差，辀曲，舆身自然可平，舆平就可达到“人乘之安，物载之稳”的要求了。辀人揉辀木，使多“曲中”，应主要是出于这种原因。另一方面，“曲中”的辀，尚有既可使车体重心前倾而利于行进、又可因车体重心下移而不易倾覆的副功效。因车的重量大半压在轴上，小部分及于衡上。及于衡上的重量，须由辀曲的深处经过，从衡的中点看辀曲，位置略居于下，微有下垂之势；重心下移，车就不易倾覆。且重力经过辀的曲处，又微有前注之势，前注惯力，使马力虽欲罢而又不能，即《考工记》所谓“劝登马力，马力既竭，辀犹能一取焉”的优点，这是说曲辀有助于马力的节省及前进之功效。古人要揉辀使之像舟船之底一样，以其用意正是因为有这些利益，道理是颇为明显的。但先儒们多以艰深解之，坠入文字障中，反而越说越糊涂了。[1]

陆敬严、华觉明主编《中国科学技术史·机械卷》第七章《整体机械》第一节《秦陵铜车马》指出：“两乘铜车的辕均为曲辕，辕体中空。后段位于舆下部分平直，伸出舆前部分向上仰起。二号铜车的车辕如图7-9所示。它的水平长度

图7-9　二号铜车的车辕

---

[1] 郭宝钧《殷周车器研究》30—31页，文物出版社，1998年。

为2400毫米，其中舆下平直部分长为1245毫米，舆前上仰部分长为1215毫米，有390毫米的曲度。辕后端距地面高度等于车轴高（320毫米），辕前端缚衡处的高度等于马颈高（710毫米）。《考工记》说：'国马之辀，深四尺有七寸。'郑玄注：'国马……高八尺，兵车、乘车轵崇三尺有三寸，加轸与轐七寸，又并此辀深，则衡高八尺七寸也。除马之高则余七寸为衡颈之间也。'就是说曲辕后端之高应约为辕前端衡高的二分之一。二号铜车这两者之比例为32：71，与《考工记》之说基本相符。"[1]

关于辀的长度，郭宝钧《殷周车器研究》指出：

辀的长度，依《考工记》所说，"轵前十尺"，合舆下的四尺四寸，共长一丈四尺四寸，折为厘米，应是14.4×20=288厘米。验之实迹，大司空村的殷代175号墓，"辀在车前的正中，与舆相交成十字形，通长2.8米。在舆前有长约0.75米的一段保存较好，断面是圆形，直径0.11米。……这辀的土槽，成斜坡形，辀前端的槽，深0.32米，愈向北侧愈浅，到舆后仅深0.15米。这种现象说明，辀的前部高于辀的后部，是向上翘起的。为了使辀与坑底平齐，挖槽时特将前端挖深"（见《考古学报》九册63页）。辛村卫墓的第1号墓中所存辀痕曲度最明显，通长为310、径10厘米，最前端肥大如喇叭。洛阳下瑶村的西周墓151号中，"辀痕一，在7号、9号轮下，长3.2米，中径0.12米。颈向上卷曲，卷曲高度与踵轵延长水平线的距离为0.82米。踵末有承轸木之槽，长0.12×0.04米，距顶端0.9米"（见《考古学报》九册106页）。张家坡的西周第2号车马坑中，第2号车"车辕压在车轴上，全长290厘米。在车箱前面的一段微微向上扬起"（见《考古》1959年10期529页）。上村岭的东周1727号车马坑中，第3号车"轴木正中处的上面压着一根辕木，相交处至辕后端的距离为40厘米。辕木的前端被压在第2号车的车箱下面，露出部分长250厘米。辕的剖面作圆形，后端直径7.8，交于前轸处直径8.2，距后端250厘米处直径5.5厘米。辕和前、后轸交接处都有凹入的卯槽。辕木压在车箱下面的部分和车的底座平行，出了车箱底以后，逐渐向上作弧线弯曲，到距后端235厘米处，曲线又逐渐趋向水平，整个外形，近于草书的'辶'字"（见《上村岭虢国墓地》43页）。同书45页的表，载有1727号坑中其他四车的辕长，分别为292、296、300厘米，则3号车的辕长资料亦宜略近，其总长应在292至300厘米之间。至于战国时代的辀迹，有辉县琉璃阁第131号墓大型车的辀为代表，此辀通长125厘米，径10厘米（见《辉县发掘报告》48页）。这些辀长实迹和《考工记》标示数有正负2～37厘米的差距，这是因为车身有大小、马体有长短，自然不能一概而论，但从大体看来，辀的长度，变化不大，这是因为衡和前轸之间，必须留下200厘米以上的距离，短了，马的臀部就迫于前轸，马就无活动之余地。故辀的长度，要受到马身和舆深的两重限制。当时的马种无大变化，当时的舆深亦未大变，故辀长的正、负差数不应很大。[2]

关于辀的径度，郭宝钧《殷周车器研究》指出：

基本上是一条粗壮大木，但在接轴而后，往往渐细，因轴后承重不大，且系木之梢部，自然细弱。在出轵而前，也渐细渐曲，到前端又转趋肥大，因曲中处须揉治，径粗就不易揉弯；前端是木之根部，肥大更可雕刻装饰以壮观瞻，取辀粗壮，为的是承重，将辀削细，为的是制作方便和减轻车的自重。

① 科学出版社，2000年，280—281页。
② 郭宝钧《殷周车器研究》31页，文物出版社，1998年。

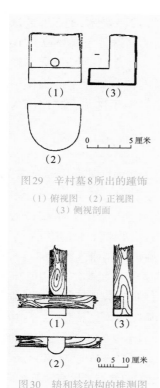

图29　辛村墓8所出的踵饰
(1)俯视图　(2)正视图
(3)侧视剖面

图30　辀和轸结构的推测图
(1)俯视　(2)正视
(3)剖面侧视

《考工记》说："十分其辀之长，以其一为之围。"这就是说，辀围应是一尺四寸四分，合以厘米，应是围为28.8厘米，即直径为9.5厘米。此径与大司空村的7.5、辛村的10、上村岭的8.2、琉璃阁的10厘米，都相差不远。而上村岭的辀之后端已减为7.8厘米，明系渐细，前端到250厘米处减为5.5厘米，明系备曲中处的揉治。至于辛村的辀前端，肥大如喇叭，则是辕辀首树根之仅存者。[1]

关于商代车辕(辀)的长度和径度，据杨宝成《商代马车及其相关问题研究》统计，"横断面呈圆形或方形圆角。车辕最短者2.55米，最长者2.92米，径8～12厘米"：小屯宫殿区出土长265、径7.6×5.1～6.7厘米，小屯宫殿区长255、径10厘米，孝民屯南地长268、径5～6×7～8厘米，孝民屯南地长260、径6～7×5～9厘米，孝民屯南地长256、径9～15厘米，孝民屯南地长290、径12～13厘米，大司空村长280、径11厘米，大司空村长292、径12厘米，白家坟西北地长292、径10厘米，郭家庄西南长268、径12厘米，郭家庄西南长266、径11.5厘米，郭家庄西南长272、径11厘米，梅园庄东南长274、径10厘米，梅园庄东南长265、径10～12厘米，梅园庄东南长280、径11厘米。[2]

关于辀和轸的结构，郭宝钧《殷周车器研究》推测：

辀的前端，既可戴以铜帽作为軏饰(元即头)，则辀的后端也同样可戴以铜帽作为踵饰(踵即脚跟)。踵饰在辛村卫墓第8号墓中出土1具(图29、30)，此铜饰状若半圆筒，上平下凸，外有平齐的当头。长5.2、圆径5.1～5.7厘米。若系冒入辀端者，则可知辀木亦应是削制为上平下凸，且圆径亦应是5.1～5.7厘米间。又，踵饰上平处尚有长3.5、深2厘米的凹处，据此亦可知，此处的辀木亦应刻削有一个长3.5、深2厘米的凹槽。这个凹槽，显然是准备让后轸木横过的，由此更可知，后轸木上亦应有相应尺寸的刻削，始能使两者扣合紧密，以确保舆面平齐。如插图所示，这样的结构使得辀与后轸适成一丁字形，复有小钉孔将踵饰钉于辀端，饰自不脱。这是根据铜踵饰以推知辀与轸结构的一例。又，洛阳下瑶村151号西周墓所留的辀迹，在踵末也有长12、深4厘米的凹槽。上村岭1727号东周墓，在"辕和前、后轸交接处"，也"都有凹入的卯槽"。这些都可帮助我们了解踵和后轸的结构。[3]

① 郭宝钧《殷周车器研究》31—32页，文物出版社，1998年。
② 《考古学研究》(五)331—333页，科学出版社，2003年。
③ 郭宝钧《殷周车器研究》33—34页，文物出版社，1998年。

关于辀的曲度，孙机《从胸式系驾法到鞍套式系驾法——我国古代车制略说》：

《考工记》提出，曲辀要做得坚固强韧（辀欲颀典），弧度不能太大（深则折）。可是弧度过小，当车箱保持水平时，辀轭之高不及马颈，勉强架上去，则车体必上仰（浅则负）；因而辀的曲度要适中。《考工记》对"国马之辀""田马之辀""驽马之辀"的曲度都规定了具体的尺寸。但总的说来，它要求揉辀时应顺应木纹组织，不可过曲，不可伤断木材的筋理（孙而无弧深。弧而无折，经而无绝）；车箱下面的部分要保持水平（准则久）；辀前面挠曲的部分要仿效注星（即二十八宿中之柳八星，特别是其一、五、六、七、八诸星）的连线的那种样子（注则利）（图一六）。而且这两部分还要互相协调，才能便于行车（和则安）。之后，《考工记》又对它认为理想的曲辀大为赞美，甚至夸张地形容说："马力既竭，辀犹能一取焉！"不过，实际上曲辀车也不尽是那样的完善。首先，车前部的支点过高，车的重心也随之提高，疾驰急转时由于离心力的作用产生的倾覆力矩也就大，所以容易翻车。并且由于车辀被揉成曲度颇大的弧线，所以无法利用较粗硕的木材，难以作到《考工记》所要求的"颀典"。

西汉及东汉前期马车的辕衡结构，可以山东肥城栾镇村建初八年（83年）张文思画像石及孝堂山石祠画像（约120年）所表现者为代表（图一七），这时它与《考工记》中所要求的式样尚相差不多。然而很明显，车辕弯曲到这种程度，是不会太坚固的。所以到了东汉晚期，山东福山、沂南等地出土的画像石中之车，及甘肃武威雷台所出铜制明器马车上，都在从车辕中部到轭辀之间增设了两根加固杆（图一八），这是防止车辕折断的一项安全措施。但是这样一来，使辕衡结构更加复杂，并不理想。[1]

对于"辀注则利，准则久，和则安"，闻人军《〈考工记〉译注》指出这是"借用注星的弧曲来描绘曲辕的形状"："辀（的前段弯曲），形如'注星'的连线，行驶利落；辀（的后段）水平，经久耐用。（辀的前后）曲直协调，必能安稳。1990年山东淄博市淄河店二号战国早期墓出土了22辆独辀马车，根据车舆结构，分为三类。第一类属轻车，数量最多，以20号车为代表。其'辀通长317厘米……舆前45厘米处逐渐向上昂起，至130厘米处由扁圆变为圆柱状……辀近顶部时高昂并向后反卷'（参阅山东省文

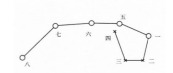

图一六　注星

图一七　孝堂山石祠画像中的车辕

图一八　山东福山东汉画像石中车上所见的"加固杆"

---

[1] 孙机《从胸式系驾法到鞍套式系驾法——我国古代车制略说》，《考古》1980年第5期。

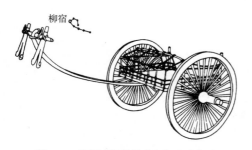

图二一　战国早期的辀形和注星示意图

（据山东临淄淄河店20号车复原图和李约瑟《中国科学
技术史》第3卷Fig.94拼画）

物考古研究所《山东淄博市临淄区淄河店二号战国墓》,《考古》2000年第10期）。由图二一可见,此辀形如以注星来比喻,是比较传神的。"[1]

关于"辀"的设计,贺陈弘、陈星嘉《〈考工记〉独辀马车主要元件之机械设计》:

《考工记》说:"轵前十尺,而策半之",其中的轵代表的就是【图12】中的b尺寸,所谓的轵前十尺、代表的是【图12】中A、C两点的水平距离,即尺寸a,所以a=10×20=200 cm。至于b则和车厢的深度一致。在《考工记》的"舆人为车"一段中开始便提到:"轮崇、车广、衡长,参如一谓之参称。参分车广,去一以为隧。"其中的隧所指的即是车厢的深度,依文中所言【图12】的b尺寸等于车厢宽度的2/3倍,又车厢的宽为和轮子的高度一致,所以【图12】的b尺寸等于【图2】中a尺寸的2/3倍,即b=2/3×132=88 cm。

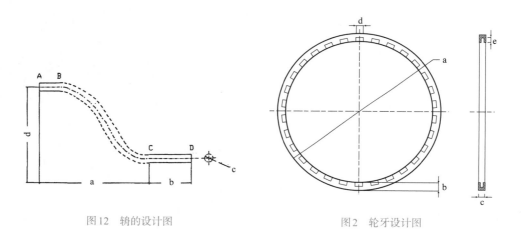

图12　辀的设计图　　　　　　　　　　图2　轮牙设计图

至于辀的直径,即【图12】的c尺寸为何呢?《考工记》云:"凡任木、任正者,十分其辀之长,以其一为之围。"其意乃指$\pi \cdot c=1/10(a+b)$,所以c=9.17 cm。而【图12】上的d尺寸依《考工记》所云:"辀有三度……国马之辀,深四尺有七寸;田马之辀,深四尺;驽马之辀,深三尺有三寸。"依马的好坏而有不同。此处假设所用的马是优良的马,故d=4.7×20=94 cm。

有了这些尺寸之后,吾人尚无法正确地描绘出整个辀的设计图。因为关于【图12】中A、B、C三点连接的方式,《考工记》只说:"辀注则利,准则久。"依闻人军[2]的解释为:"曲辕前段如'注星'的第一、五、六、七、八颗星,呈弧形。'准'故书作'水';曲辕后段水平。"其中所谓的"注星",为【图13】所示[3]。到底如何才能绘出和【图13】中的注星第一、五、六、七、八颗所连成的曲线,迄今尚找不到足

① 上海古籍出版社,2008年,35—36页。
② 《考工记导读图译》,明文书局,1990年,页186。
③ 孙机《从胸式系驾法到鞍套式系驾法——我国古代车制略说》,《考古》1980年第5期。

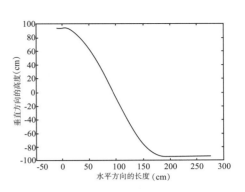

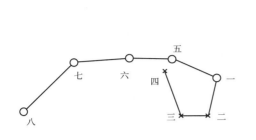

图13　注星示意图

图14　辀的数学曲线模拟结果

够的资料。只知A、B段为水平(闻人军[1]和孙机[2]有相同的看法),但不知其确切的长度为何。此处以一正弦函数 $y = 94 \cdot \cos\dfrac{\pi}{188}x$ 来描述BC段的弧度,因其两端可以平滑的接入AB及CD段(见【图14】数学曲线模拟的结果),而AB之长,依考古研究的图片[3],按比例关系为200−188=12 cm。古代的工匠当然并无正弦函数的观念,但其制作考虑两端平滑连接,且本身弧度平顺以利拖拉力量之承载,应为必然,吾人似可以此为重现设计图面之依据。在【图12】中,吾人以虚线来连接A、B、C三点,表示尚待进一步的考古证据才可得知确实的曲线形状。

另外还要提出说明的是,【图12】的B处是放"衡"的位置,称之为"颈"。其直径比其他部位稍细,依《考工记》的说法:B处的周长为辀全长的1/15("十分其辀之长,以其一为之当兔之围,三分其兔围,去一以为颈围。"),即 $\dfrac{1}{10} \times \dfrac{2}{3} = \dfrac{1}{15}$,所以$B$附近的直径为 $\dfrac{1/15 \times 288}{\pi} \approx 6.11$ cm。[4]

踵

《辀人》:五分其颈围,去一以为踵围。

郑玄:踵,后承轸者也,围七寸七十五分寸之五十一。

孙诒让:注云"踵,后承轸者也"者,《说文·足部》云:"踵,追也。"《止部》云:"歱,跟也。"此踵即歱之假字。贾疏云:"踵后承轸之处[5],似人之足跗在后名为踵,故名承轸处为踵也。"云"围七寸七十五分寸之五十一"者,贾疏云:"以上注九寸十五分寸之九计之,取五寸,去一寸得四寸,仍有四寸九分在。一寸为七十五分,四寸为三百分。又以十五分寸之九者转为四十五分。三百分,五分去一,去六十分,得二百四十分。四十五分者,五九四十五,为五分,分得九分,去一九,得三十六分。并前

① 闻人军《考工记导读图译》,明文书局,1990年,页186。
② 孙机《中国古独辀马车的结构》,《文物》1985年第8期。
③ 孙机《从胸式系驾法到鞍套式系驾法——我国古代车制略说》,《考古》1980年第5期。
④ 贺陈弘、陈星嘉《〈考工记〉独辀马车主要元件之机械设计》,《清华学报》第24卷第4期,1994年。
⑤ 引者按:"踵"从乙巳本、楚本,与贾疏(阮元《十三经注疏》913页下)合,王文锦本或排印讹作"辀"。

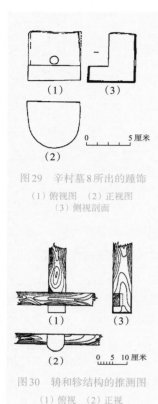

图29　辛村墓8所出的踵饰
(1)俯视图　(2)正视图
(3)侧视剖面

图30　辀和轸结构的推测图
(1)俯视　(2)正视
(3)剖面侧视

总二百七十六分。还以七十五分约寸，取二百二十五分，为三寸。添前四寸，为七寸，余有五十一。是以郑云围七寸七十五分寸之五十一也。"王宗涑云："七寸七十五分寸之五十一，即七寸六分八厘也。辀自当兔以后，渐杀其下及旁侧，以至于踵，则围得七寸六分八厘，为正方形，径得一寸九分二厘，此杀之极也。上面①不杀，置轸尚平也。"案：王说是也。江藩说同。田车踵围盖七寸四十五分寸之十九，驽马车盖七寸七十五分寸之七。②

关于踵的直径，郭宝钧《殷周车器研究》判断：

辀的前端，既可戴以铜帽作为轨饰(元即头)，则辀的后端也同样可戴以铜帽作为踵饰(踵即脚跟)。踵饰在辛村卫墓第8号墓中出土1具(图29、30)，此铜饰状若半圆筒，上平下凸，外有平齐的当头。长5.2、圆径5.1～5.7厘米。若系冒入辀端者，则可知辀木亦应是削制为上平下凸，且圆径亦应是5.1～5.7厘米间。又，踵饰上平处尚有长3.5、深2厘米的凹处，据此亦可知，此处的辀木亦应刻削有一个长3.5、深2厘米的凹槽。这个凹槽，显然是准备让后轸木横过的，由此更可知，后轸木上亦应有相应尺寸的刻削，始能使两者扣合紧密，以确保舆面平齐。如插图所示，这样的结构使得辀与后轸适成一丁字形，复有小钉孔将踵饰钉于辀端，饰自不脱。这是根据铜踵饰以推知辀与轸结构的一例。又，洛阳下瑶村151号西周墓所留的辀迹，在踵末也有长12、深4厘米的凹槽。上村岭1727号东周墓，在"辕和前、后轸交接处"，也"都有凹入的卯槽"。这些都可帮助我们了解踵和后轸的结构。

《考工记》说："五分其颈围去一以为踵围"，《注》："踵，承轸者也，围七寸七十五分寸之五十一。"合以今尺，即直径约为5厘米强，与上述踵迹的径5.1×5.7厘米及5×5厘米者都接近。③

孙机《中国古独辀马车的结构》："辀尾起初与后轸平齐，后来常稍稍露出于车箱之外。这里正是登车的搭脚之处，易于损伤，所以商车已在辀尾加套铜踵。商车的铜踵有的只是一块T字形的平挡板，它上面的横直部分附于后轸中央，下垂的部分附于辀尾。但也有在挡板背后接出一段套管的，其断面呈马蹄形，正好将上平下圜的辀尾纳入④。商代晚期和西周早期的铜

① 引者按："面"从乙巳本，与王宗涑《考工记考辨》(王先谦《清经解续编》第4册679页中)合。王文锦本从楚本讹作"而"。
② 孙诒让《周礼正义》3884—3885/3220页。
③ 郭宝钧《殷周车器研究》33—35页，文物出版社，1998年。
④ 张长寿、张孝光《殷周车制略说》，《中国考古学研究——夏鼐先生考古五十年纪念论文集》，文物出版社，1986年。

踵则略去横直之板,只保留套管部分。其侧面呈曲尺形,一端有凹槽,用以容车軫。其底面与侧面均饰以繁缛的花纹[1]。但西周时铜踵并不多见。金文言锡车器,也只在等级最高的场合,如《毛公鼎铭》中才有锡'金踵(踵)'的记载。至西周晚期,如在山东胶县西庵一座出蹄形实足鬲的墓中所见之铜踵,已简化成平素无文、末端微凸而中有方豁的筒形物(图3-15)[2]。春秋以后,铜踵遂隐没不见。"[3]

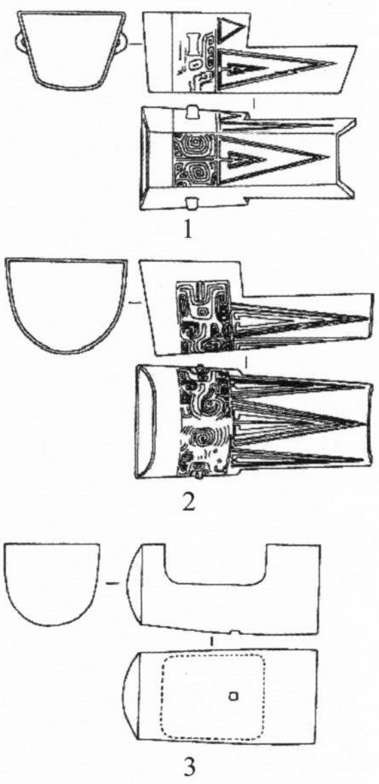

潚

《辀人》: 良辀环潚,自伏兔不至轵七寸,轵中有潚,谓之国辀。

孙诒让:云"轵中有潚,谓之国辀"者,犹《轮人》为轮、盖云"谓之国工"也。戴震云:"记反复言辀之和,潚耐久远,亦和之征。"

郑玄:潚不至轵七寸,则是半有潚也。辀有筋胶之被,用力均者则潚远,郑司农云:"潚读为潚酒之潚。环潚谓漆沂鄂如环。"

孙诒让:云"潚不至轵七寸,则是半有潚也"者,贾疏云:"自伏兔至轵亦一尺四寸三分寸之二,如是辀辕之深入式下,半一尺四寸三分寸之二,有七寸三分寸之一。直言'半有潚'者,据七寸。不言三分寸之一,举全数而言也。"云"辀有筋胶之被"者,筋胶所以为固,辀任力多与毂同,故亦被以筋胶也。筋胶之被,辀前曲及舆下并当有之,但辀前端与轵正相摩切处,久而无潚,其轵内七寸上承舆版者,轵和则与版不相侵,乃常有潚耳。云"用力均者则潚远"者,谓辀用力均调,则辀不外出,轵不内侵,而七寸内之舆版与辀亦相承而安,故潚得以久远。不然,则辀轵及舆版动而相摩切,潚久而渐平,不得常有七寸矣。远是久远之远。贾疏以漆入式下七寸为潚远,非。……云"环潚谓漆沂鄂如环"者,先被筋胶,后漆之,漆干则有沂鄂也。沂鄂,与《典瑞》注"圻鄂"同,即《轮人》所谓"篆"也。车毂及辀皆有筋胶之被,故皆有之。《郊特牲》云"丹漆雕几之美",注云:"几谓漆饰沂鄂也。"又《少仪》《哀公问》并云"车不雕几",注云"雕,画也。几,附缠为沂

图3-15 铜踵(前端正视、侧视、仰视)
1. 商(河南安阳孝民屯出土)
2. 西周早期(陕西长安张家坡出土)
3. 西周晚期(山东胶县西庵出土)

---

① 西周早期铜踵见《考古学报》1980年第4期,页479,图23:1。
② 胶县出土的西周晚期铜踵见《文物》1977年第4期,页66,图5:6。
③ 《文物》1985年第8期;引自《中国古舆服论丛》增订本42—43页,文物出版社,2001年。

鄂也。"《御览·兵部》引《周书》云："年饥,上用舆,曲辀不漆。"据此,是《少仪》之"不几",即《周书》所谓"不漆";此经之"潘",又即《少仪》所谓"几"。几沂圻亦声近字通。盖筋胶相附缠,加之以漆,则其坟起处,容突纡屈[①],自成沂鄂。此经之"环潘"及《弓人》之"弓潘",皆是物也。程瑶田云："潘谓纹理。有筋胶之被乃有潘,故《弓人》云'牛筋蕡潘,麋筋斥蠖潘';角亦有之,故《弓人》云'角环潘'。"案:程说是也。凡为车及弓,漆及筋胶初被时即有潘,摩瓶太甚,恐其无潘,故以有潘为和耳。[②]

　　1971年长沙浏城桥战国墓出土两件车辕,"用木雕作龙头形。头部、中部均刻有兽面。尾部有拴钉。相间髹以黑漆和褐色漆。漆光亮。全长75厘米(图九)"[③]。1978年,湖北省江陵天星观1号楚墓出土"龙首车辕十二件,形制相同,大小相近。整木雕制,辕首龙首状,尾端半圆形。其中2件彩绘。标本203,龙首正面浮雕各种云纹,构成龙身部。侧面浮雕卷云纹、勾连云纹、星点纹及鳞片纹,髹黑漆,用红黄漆彩绘(图一六)"[④]。张健、陈真《〈考工记〉用漆状况刍议》认为"这两件车辕恰可以与《考工记》中之'良辀'相印证"[⑤]。

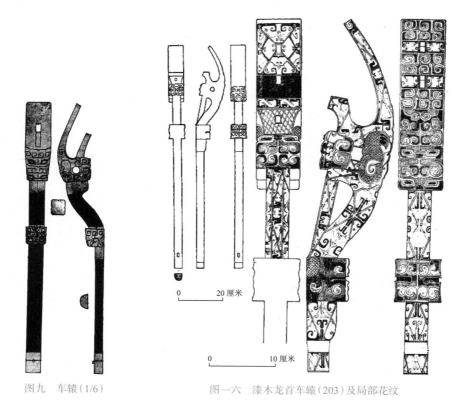

图九　车辕(1/6)　　　　　　　图一六　漆木龙首车辕(203)及局部花纹

---

①　引者按:"容"从孙校本改,王文锦本从乙巳本、楚本讹作"容"。乙巳本"屈"不误,王文锦本从楚本作"曲"。
②　孙诒让《周礼正义》3897—3899/3230—3232页。
③　湖南省博物馆《长沙浏城桥一号墓》,《考古学报》1972年第1期。
④　湖北省荆州地区博物馆《江陵天星观1号楚墓》,《考古学报》1982年第1期。
⑤　《装饰》2004年第4期。

辕直且无桡

《辀人》：今夫大车之辕挚，其登又难；既克其登，其覆车也必易。此无故，唯辕直且无桡也。

孙诒让："今夫大车之辕挚，其登又难"者，以下并论牛车直辕之不安利，以见驷马车之必为曲辀也。《说文·车部》云："辕，辀也。""爰，籀文以为辕字。"古辕与爰袁三字通用。《释名·释车》云："辕，援[1]也，车之大援也。"钱坫云："援即从爰，故爰与辕同。爰亦引也。辕在车前，所以引也。"戴震云："小车谓之辀，大车谓之辕。人所乘，欲其安，故小车畅毂梁辀。大车任载而已，故短毂直辕。此假大车之辕，以明揉辀使挠曲之故。"王宗涑云："大车不为曲辀者，任重载多，辕苟㮤曲为辀，引时必折，故用直辕而助以牵徬也。"云"既克其登，其覆车也必易"者，《说文·襾部》云："覆，覂也。"谓大车辕直，上阪则势仰，而后之重势弥增。即使能登，而重心偏邪[2]外越，非前辕所能制，则易致倾覆也。云"此无故，唯辕直且无桡也"者，江永云："辀人不为大车之辕，而言之者，借彼喻此也。大车辕本[3]直无桡，其辕夹牛，辕端离厌牛领，高下相当，更不可作桡曲。非作车者不善为辕，致有覆车之患，亦不因其登下之难而欲改从桡曲也，但借大车之辕难于登下，以明马车之辀当曲桡耳。疏谓驾牛者亦须曲桡，非是。今驾牛之车皆直辕。"

郑玄：大车，牛车也。挚，辋也。登，上阪也。克，能也。

孙诒让：注云："大车，牛车也"者，《国语·晋语》韦注同。即《车人》大车、柏车、羊车之通称，三车皆驾牛者也。《论语·学而篇》云："大车无輗，小车无軏。"包咸注亦云："大车，牛车。小车，驷马车也。"是牛车为大车，对驷马车为小车言之。《诗·小雅·无将大车》毛传云："大车，小人之所将也。"亦即此。《诗·王风·大车》传及《公羊·昭二十五年》何注并以大车为大夫车，则似即《巾车》之墨车，与此异义。云"挚，辋也"者，《说文·手部》云："挚，握持也。"又《车部》云："辋，重也。挚，抵也。"抵低通。《广雅·释诂》云："辋、挚，低也。"惠栋云："挚本轩轾字，或作䡦。《淮南子·人间训》：'置之前而不轾，错之后而不轩。'或作䡵，《仪礼·既夕》云：'志矢一乘，轩轾中。'注云：'辋，䡵也。'《庐人》注云：'反复犹轩辋也。'轩辋犹轩挚。《毛诗·小雅·六月》'如轾如轩'，传云：'轾，挚也。'"案：惠说是也。挚轾、䡵䡦，音义并同。辋与轾亦一声之转。驷马车曲辀，深者四尺七寸，上出于式者二尺余。而大车直辕横出牝服之下，较之梁辀，高卑县殊，故曰辕挚。云"登，上阪也"者，后注云"登，上也"。下文云"登陁"，故此亦以"上阪"为释。云"克，能也"者，《尔雅·释言》文。

是故大车平地既节轩挚之任，及其登陁，不伏其辕，必缢其牛。此无故，唯辕直且无桡也。

孙诒让："是故大车平地既节轩挚之任"者，《弓人》注云："节犹适也。"《乐记》孔疏云："轩，起

---

① 引者按："援"从乙巳本，与《释名》（王先谦《释名疏证补》，《尔雅广雅方言释名清疏四种合刊》1094页上）合。王文锦本从楚本讹作"爱"。
② 引者按：王文锦本排印讹作"䇲"。
③ 引者按："本"据孙校本，与江永《周礼疑义举要》（阮元《清经解》第2册第229页下）合。王文锦本讹作"木"。

也。"《玉篇·车部》云："前顿曰輮，后顿曰轩。"王宗涑云："大车前重后轻，行平地时，节其任载，俾之轻重适均，不至畸轻畸重也。盖大车牝服，半在轴前，半在轴后。任载后多于前，则轻重中节。"云"及其登阤，不伏其辕，必绲其牛，此无故，唯辕直且无桡也"者，《说文·糸部》云："绲，经也。"王宗涑云："大车任载后多于前，行于平地，辕直而平，则轻重齐一。登阤时，其辕前高后下，重势独注于后，使无人抑伏其前辕，则车箱后倾，前辕高揭，而牛县若绲矣。上文云'既克其登，其覆车也必易'，此其一也。曲辀车之登阤，车箱非不前高后下也，辀之穹曲者高出式上，重势仍注于前，不用抑伏前辀，而马自不至县绲，记故以绲牛为辕直无桡之故也。"

故登阤者，倍任者也，犹能以登。

郑玄：倍任，用力倍也。

孙诒让：注云"倍任，用力倍也"者，登阪者自下而上，用力多，倍于平地。[①]

孙机《从胸式系驾法到鞍套式系驾法——我国古代车制略说》图解（图一五）如下：

图中上左表示牛车上坡，这时车箱C的重力线向车轮的支点A的后面移动，破坏了原来的力矩平衡，从而车辕上仰，所以D处所系之颈靼则"必绲其牛"。上右表示牛车下坡，这时情况正好相反，辕向前冲；因为牛车的鬲（牛轭）是固定在辕上的，所以随之向前滑动，E处的靼则挚迫牛之后部。下左表示马车上坡，从车箱部分来说，虽然这里遇到了和牛车上坡时相同的情况，但车箱的重力W可以

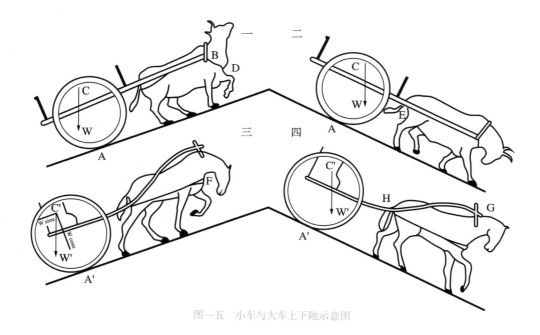

图一五　小车与大车上下阤示意图

① 孙诒让《周礼正义》3886—3889/3221—3223 页。

分解为两个分力：垂直于路面的分力 W cos α 和平行于路面的分力 W sin α，只有 W sin α 是使车箱以 A′ 点为心向后倾覆和使车辀上扬的力矩，而它却被 F 处的鞅所给予的牵引力所抵销。而牛车当辕和鬲向上扬起时，拉车的牛就不使用力了，故难以避免被颈靼缢住。下右表示马车下坡，这里与牛车不同的是，由于车辀斜向上扬复微向下偃，所以 G 和 H 两点分别受力，作用在 H 处是鞧向前推的力，作用在 G 处是轭向下压的力，由于作用点分散，所以情况就比牛车下坡时要好得多。

同时曲辀的马车由于车箱一般略偏在轴后，马颈负轭之处所承担的分量很小。并由于支点（颈上之轭）与曳车的承力点（胸前之鞅）不在一处，不像直辕的牛车那样，曳车和驾辕都落在肩峰前面的鬲上。所以这种车比较轻快，车速是牛车远远比不上的。

《考工记》提出，曲辀要做得坚固强韧（辀欲顿典），弧度不能太大（深则折）。可是弧度过小，当车箱保持水平时，辀轵之高不及马颈，勉强架上去，则车体必上仰（浅则负）；因而辀的曲度要适中。[1]

王燮山《〈考工记〉力学综论》认为此条明确地表述："同一辆牛车，当它行走于斜坡上时，其载重量相当于行走于平地时的二倍。用现代静力学公式极易粗略算得，当牛与地面之间的摩擦系数分别为 0.1、0.2、0.3、0.4 和 0.5 时，则相应的斜坡角分别为 5.77°、11.78°、18.38°、26.17° 和 36.87° 时，牛拉车在斜坡上行走所需牵引力即等于行走于平地时牵引力的二倍。由此可见，该条中提供的牛车行于平地和行于斜坡所需牵引力之间数值关系是非常符合力学规律的。像这样的定量化的力学规律，在我国古代科技文献中是极为罕见的。"[2]

秦陵二号铜车车辕形状和尺寸对牵引性能的影响，杜白石、杨青、李正《秦陵铜车马的牵引性能分析》道：

二号铜车的车辕如图 2 所示。它的水平长度为 2460 mm，其中舆下的平直部分长为 1245 mm，舆前上扬的部分长为 1215 mm，有 390 mm 的曲度，当平直端距地面高度等于车轴高（320 mm）时，辕端缚衡处的高度等于马颈高（710 mm）。这样可使马不压低，轴不提高，车舆保持平正。

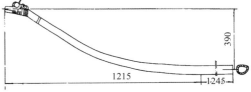

图 2　二号铜车的车辕

与直辕相比，曲辕（辀）对牵引性能有很大的改善。上坡时车的受力如图 3 所示。由受力平衡方程式

$$Q - G\cos\theta + R\sin\alpha = 0$$
$$rR\cos\alpha - rG\sin\theta - Q\delta = 0$$

可得出

$$R = [G(\sin\theta + K\cos\theta)]/(\cos\alpha + K\sin\alpha) \quad (4)$$

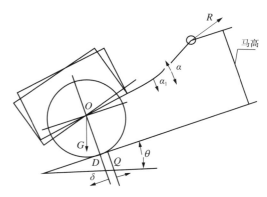

图 3　上坡时车的受力分析

[1] 孙机《从胸式系驾法到鞍套式系驾法——我国古代车制略说》，《考古》1980 年第 5 期。
[2]《华北电力大学学报》1998 年第 1 期。

式中，$K = \delta/r$，r 为车轮的半径。

曲辕和直辕相比，上坡时牵引力 R 与坡面的夹角由 α 减小到 α_1（图3）。由（4）式可看出，爬坡所需的牵引力 R 就会减小。同时由于夹角 α 的减小，上坡时不会因上抬车辕而失稳，下坡时也不会下压马背。《考工记》中指出："今夫大车之辕挚，其登又难；既克其登，其覆车也必易。此无故，唯辕直且无桡也。是故大车平地既节轩挚之任，及其登阤，不伏其辕，必缢其牛。此无故，唯辕直且无桡也。故登阤者，倍任者也，犹能以登。及其下阤也，不援其邸，必缢其牛后。此无故，唯辕直且无桡也。"可见古人完全掌握了曲辕可以改善牵引性能的道理。[1]

12. 邸 缢 纼

《辀人》：及其下阤也，不援其邸，必缢其牛后。此无故，唯辕直且无桡也。

孙诒让："不援其邸，必缢其牛后"者，《说文·手部》云："援，引也。"江永云："援其邸者，人援车邸，使不速下也。"王宗涑云："邸当作軧，《说文·车部》云：'軧，大车后也。'今谓之车尾。邸借字。"案：王说是也。《掌次》"设皇邸"，司农注云："邸，后版也。"则此邸亦谓车后。《释名·释车》云："有邸曰辎，无邸曰軿。"《宋书·礼志》引《字林》云："軿车有衣蔽，无后辕，其有后辕者谓之辎。"是邸即軧，亦即后辕也。《车人》三车牝服后皆有后辕，详彼疏。

郑玄：故书缢作鰌。郑司农云："鰌读为缢，关东谓纼为缢。鰌，鱼字。"

孙诒让：叶钞《释文》"鰌"作"缲"，盖陆贾本异，详后。段玉裁云："鰌缢古音同部，是以司农依声类易之。"云"关东谓纼为缢"者，《方言》云："车纼，自关而东，周洛、韩郑汝颍而东，谓之纵，或谓之曲绹，或谓之曲纶，自关而西谓之纼。"《说文·糸部》云："纼，马缢也。缢，马纼也。"纵缢字同。惠士奇云："《说文·革部》：'鞇，马尾鞇也，今之般缢。'则般缢在马尾，故曰缢其后。缢一作纵，《释名》曰：'纵，遒也，在后遒迫使不得却缩也。'王隐《晋书》：潘岳疾王济、裴楷，乃题阁道为谣曰：'阁道东，有大牛，王济鞅，裴楷鞧。'夹颈为鞅，后遒为鞧，言济在前，楷在后也。一作鱃，《荀子·强国》曰：'巨楚县吾前，大燕鱃吾后。'《广雅》云：'绹、纼，缢也。'"王宗涑云："缢以生革缲，般牛尾之下，引而前至背上，与系軛之革缲相接续。当下阤时，车箱后高前下，辕直，重势直注辕端，不援其軧，轮转速于牛足，则軛引而前，缢挚牛尾，必至倾败，此又易覆之一也。辀之穹曲者下阤，重势注于軓前辀之平上曲处，不注于辀端，无俟援軧，自不至缢其马后，记故以缢牛后为辕直且无桡之故也。"云"鰌，鱼字"者，贾疏云："字犹名也。既鰌是鱼名，明不从故书也。"段玉裁云："言鰌字与经无当，故知当是缢也。一

[1] 杜白石、杨青、李正《秦陵铜车马的牵引性能分析》，《西北农业大学学报》（自然科学版）第23卷增刊《秦代机械工程的研究与考证》专辑，1995年。

本注鳅作缝，叶钞本《释文》曰：'缝音秋，与缪同。'《集韵》缪缝同字。若然，则陆本注无'鳅鱼字'三字，与贾本异。"宋世荦云："鳅当为缝，《广韵》十八《尤》'鞧，车鞧'，缪缝同，引《周礼》曰'必缝其牛后'。"案：段、宋说是也。《广韵》引此经即故书本作缝之明证，若作鳅字，则陆不宜云与缪同也。鳅字，《说文》《玉篇》并无，其为鱼名亦未详。惠士奇谓《荀子》之鳛，即此缪之异文，则鳅疑亦鳛之变体。《说文·鱼部》云："鳛，鳛也。"与鳅音同。①

　　郭宝钧《殷周车器研究》把"稳车后退的工具"称作"鞎"：

　　《说文解字》："鞎，马尾鞎也，从革，它声。今之般缪。"《方言》也叫"车纣""纵""曲绹""曲纶"。车在行进中有超车时，有让路时，也许有需后退时。车行中也有下坡时，也须稳之使缓下。这时都用着般缪，也用着鞧和衡的强固缩力了。般缪系三条皮绳形成三角形的曲绹，套在马的臀部，上连于背革（三角形交叉处），前连于靳，靳连于衡、轭，以此马臀后坐，可倒引衡、轭，有退车、稳车之力，这是鞎的功用。然而不常使用它。②

　　王振铎遗著、李强整理补著《东汉车制复原研究》另有一说："马尾经过修饰，呈驼式，称'鞎'。《说文》：'鞎，马尾鞎也。今之般缪。'散式称纷。《说文》：'纷，马尾韬也。'《释名》：'纷，放也。防其放弛，以拘之也。'"③

　　《说文》所谓"般缪"，南唐徐锴系传释"般"为"盘"，"谓屈盘绕之也"；清郑知同《说文商义残本》以为"般当为股之误"，"般缪"即"股缪"④。

　　王振铎遗著、李强整理补著《东汉车制复原研究》"采用鞧的定名"：

　　络于牛股后部之鞦具，当即为近代河北民间所谓的后鞦，是牛马通用的一种鞍驾设备，是为了抑制车的前进或带动车的后退的一种革带。《释名·释车》（卷七）："鞧，遒也，在后遒迫，使不得却缩也。负在背上之言也。"《说文·糸部》："缪，马纣也，从糸酋声。纣，马缪也，从糸寸声。"《方言》（卷九）："车纣，自关而东，周、洛、韩、郑、汝、颍而东谓之纵，或谓之曲绹，或谓之曲纶；自关而西谓之纣。"在《周礼·考工记·辀人》中记大车直辕的缺点时说："及其下阤也，不援其邸，必缪其牛后，此无故，唯辕直且无桡也。"郑众注说："缪，关东谓纣为缪。"从而说

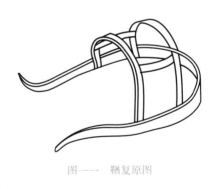

图一一　鞧复原图

明，鞧是古今以来大车上不可缺少的重要鞦具。本文的设计复原，采用简单的设计形式，如图一一中下为鞦带，上为两条鞦搭，用以负背，统名为鞧。⑤

　　王振铎遗著、李强整理补著《东汉车制复原研究》指出"鞧"的不同称谓及其作用：

① 孙诒让《周礼正义》3889—3890/3223—3225页。
② 郭宝钧《殷周车器研究》60页，文物出版社，1998年。
③ 科学出版社，1997年，68页。
④ 苗夔《说文系传校勘记》："般者，者当作犹。"转引自丁福保《说文解字诂林》第4册第3346页，中华书局，1988年。
⑤ 王振铎遗著、李强整理补著《东汉车制复原研究》18页，科学出版社，1997年。

绪、鞧、纣，说的都是鞧。《说文》："绪，马纣也。"《释名·释车》："鞧，逎也。在后逎迫使不得却缩也。"其实，鞧的作用，远不止使马不后逸。稍车（后行）、座坡（从高往低行），全靠鞧行。故《五代史·张宪传》（卷六十九）有"断其鞧"之语，可见鞧之重要。鞧有不同称谓。《方言》："纣，车纣。自关而东，周、洛、韩、郑、汝、颍而东谓之𬙂，或谓之曲绹，或谓之曲纶，自关而西谓之纣。"鞧兜在马臀部上，两边系在车辕。①

考古发现表明，殷代车舆上就有"鞧"。杨宝成《殷代车子的发现与复原》指出："根据解放后殷墟所发现的多座车马坑遗迹来看，分布在车舆下及其附近的铜泡等饰物应属马臀部鞧带上的装饰品。"②石璋如《殷车复原说明》进而分辨道："鞧带上铜泡的特征是特别大，径约五公分，并且正背两面均有向外一环的平面周边，可以平稳地附着在皮带上。"③孙机《中国古独辀马车的结构》指出："中国古代的马车起初只有独辀，战国时才出现双辕。但在西汉前期，独辀车仍然常见，直到西汉后期，才逐渐为双辕车所取代。……独辀车采用轭靼式系驾法，双辕车则采用胸带式系驾法。"④

13. 羊车

《车人》：羊车二柯有参分柯之一。

郑司农：羊车，谓车羊门也。

孙诒让：注郑司农云"羊车，谓车羊门也"者，《释名·释车》云："立人，象人立也。或曰阳门，在前曰阳，两旁似门也。"《广雅·释器》云："阳门，篧箪，雀目蔽篁也。"案：羊阳声同。羊门制不可考，张揖以为即篧箪。《续汉书·舆服志》刘注引《说文》云："车当谓之屏星。"又引《谢承书》云："别驾车前有屏星，如刺史车曲翳仪式。"则屏星、阳门皆即车前屏蔽之物。《尔雅·释器》云："舆竹前谓之御，后谓之蔽。"《诗·秦风·小戎》⑤孔疏引李巡注云："编竹当车前以拥蔽，名之曰御。"即是物也。先郑意盖谓羊车前有屏蔽，谓之羊门，车因以为名，故云"谓⑥车羊门也"。

郑玄：玄谓羊，善也。善车，若今定张车。较长七尺。

①　王振铎遗著、李强整理补著《东汉车制复原研究》68页，科学出版社，1997年。
②　《考古》1984年第6期。
③　《中研院历史语言研究所集刊》第58本第2分，1987年。
④　《文物》1985年第8期，引自《中国古舆服论丛》增订本28页，文物出版社，2001年。孙机先生2003年11月30日赐教："鞧绝不是绪，不仅作用完全不同，也并无训诂上的依据。"
⑤　引者按："秦风·小戎"当为"齐风·载驱"，见阮元《十三经注疏》354页中。
⑥　引者按："谓"从乙巳本，与《周礼正义》4262/3524页"郑司农云"合。王文锦本从楚本讹作"即"。

孙诒让：云"玄谓羊，善也，善车若今定张车"者，《释名·释车》云："羊车，羊，祥也；祥，善也。善饰之车，今犊车是也。"贾疏云："汉世去今久远，亦未知定张车将何所用，但知在宫内所用，故差小为之，谓之羊车也①。"俞正燮云："《晋书·车服志》云：'羊车，一名辇车，其上如轺，伏菟箱，漆画轮轵。'《齐书·舆服志》《隋书·礼仪志》同谓羊车金漆牵车，汉时以人牵之。又《北史·斛律金传》言诏金朝见，听乘步挽车至阶，《李谐传》则言赐斛律金羊车上殿。是羊车以人步輓。《隋志》云：'隋驭童年十四五者二十人，谓之羊车小史，驾果下马，其大如羊。'《释名》又有骡车、羊车，云'各以所驾名之'。则小儿别有羊车，非古之羊车。"诒让案：据《释名》所云，则羊车亦牛车，但车制卑小，故以犊驾之。然此经羊车制度大于马车，并不卑小，刘据汉制说之，已自不合；至史志所载羊车，或以人步輓，或驾果下马，《释名》别载驾羊之车，则又儿童游戏所乘，复与犊车异，与此经羊车尤不相涉，故郑别以定张车释之，知汉时所有羊车与此名同而实异也。又此羊车乃任载之牛车，不得以宫中车为况。贾以宫内所用差小，故谓之羊车，盖误以汉晋以后制推之，殊为失考。定张车亦未详。孔广森引《尚书大传》曰："'主夏者张'，张为鹑火，南方之中。疑定张车即司南车②。"案：《鹖冠子·天则篇》云"前张后极"，故孔以定张为司南，说非不可通。又马总《意林》引《物理论》云："指南车，见《周官》。"今全经六篇无指南车之文，杨泉亦或即指此注而言。但郑以今况古，《西京杂记》说汉大驾虽有司南车，而两《汉书》无其制，恐非郑意也。云"较长七尺"者，此冡上"大车一牝服二柯有参分柯之二"之文，故知此亦即较长之度。二柯为六尺，加三人柯之一，一尺，凡七尺也。王宗涑云："羊车牝服，短于大车牝服一尺，长于柏车牝服亦一尺。"③

"羊车"一词，见于1987年发现的包山楚简，整理者注释："羊，读如祥。祥车，丧车。《礼记·曲礼》'祥车旷左'，注：'葬之乘车也。'"④陈伟《包山楚简初探》认为其说可从，《考工记·车人》所记"乃是一直用羊牵引的车。这些似乎都不好与简书'羊车'相联系"，"简书'羊车'有可能是栈车以上的某一种车"⑤。

2004年出版的《长沙马王堆二、三号汉墓》⑥完整公布了三号墓遣策简牍照片，并附有释文和注释。其中的"牛车"，王贵元《马王堆三号汉墓竹简字词考释》改释为"羊车"——"一种装饰精美的车"：

简五　宦者九人，其四人服牛车。

简六　牛车，宦者四人服。

上二简释文"牛"原形作𦙞，此是羊字，非牛字。马王堆出土简帛牛字皆作二横，无作三横者，而羊字多作三横，少数作四横，无作二横者。《释名·释车》："羊车。羊，祥也；祥，善也。善饰之车。"《晋书·舆服志》："羊车，一名辇车，其上如轺，伏兔箱，漆画轮轵。"《南齐书·舆服志》："漆画牵车，御及皇太子所乘，即古之羊车也。"可见羊车是一种装饰精美的车。《隋书·礼仪志五》："羊车，一名辇。其上如轺，小儿衣青布裤褶，数人引之。时名羊车小史。汉氏或以人牵，或驾果下马。"此说正与上二

① 引者按：乙巳本缺"谓之"，楚本缺"为之"，据贾疏（阮元《十三经注疏》934页中）补足。王文锦本从楚本缺。

② 引者按："张为鹑火，南方之中。疑定张车即司南车"非《尚书大传》语，王文锦本误置于单引号内。

③ 孙诒让《周礼正义》4262—4265/3524—3526页。

④ 湖北省荆沙铁路考古队《包山楚简》66页注655，文物出版社，1991年。

⑤ 武汉大学出版社，1996年，186页。

⑥ 湖南省博物馆、湖南省文物考古研究所《长沙马王堆二、三号汉墓（第一卷）》文物出版社，2004年。

简内容相合。服,义为驾。辇是用人拉挽的车,羊车也是用人拉的,所以羊车也可称辇车。①

田河《出土战国遣册所记名物分类汇释》认为释为"羊车"(羊牵引的车)、"祥车"(丧车)"皆可从"②。

以羊为驾的"羊车",有出土实物为证。1982—1992年,河南安阳市郭家庄西南发掘了一批商代晚期墓葬,其中M148是羊坑:"坑内埋2羊1人,2羊侧卧于坑中,头东足西,面向东北,腹部相对,背部朝外,前肢相互交叠。羊的头部上方各竖立1件铜轭首,出土时,轭首比羊头高0.13～0.16米。羊的嘴旁各有1件铜镳。羊的头部有由小铜泡组成的络头,排列甚整齐。人骨架位于坑的北部,俯身屈肢,头向东。"③

鉴于羊的铜镳、轭首、圆泡形铜络头饰的形制、纹饰均与商代晚期车马器相同,唯形体略小,而铜镳则只有马用铜镳的一半大小,冯好《关于商代车制的几个问题》认为"这些器物是为羊专门铸造的,也说明羊车是为满足特定的需要而产生、使用的","两头羊挽引的车,车体小,载任小,也不能走较远的路途,实用性颇为有限,不会是古代常用的交通、运输工具","羊坑也应是上层贵族的陪葬墓或祭祀坑,羊车是供商代上层贵族游玩使用的车","适于在宫廷、苑囿之内游玩的羊车,或许也是游车之一种"④。彭卫《"羊车"考》认为:"络头与轭的存在,表明这两头羊是用于挽车的。殉人可能是圉夫。羊的铜镳、轭首、圆泡形铜络头饰的形制、纹饰均与商代晚期车马器相同,唯形体略小。铜镳只有马用铜镳的一半大小。可见这些器物是专为羊铸造的,也说明羊车是为了满足特定需要产生和使用的。这是游玩使用的车。"⑤

据汉平陵考古队《巨型动物陪葬少年天子——初探汉平陵从葬坑》,汉昭帝平陵从葬坑"三号坑放置供皇帝归天后乘坐的车驾。在棚木下清理出木车5乘,其中两乘保存基本完好,而且非常罕见。一乘为木骆驼驾车……另一乘为四羊驾车,车厢亦呈长方形,长116厘米,宽68厘米。此车应为实用车"⑥。彭卫《"羊车"考》认为"按照东汉学者的理解,《考工记》中的羊车并不是羊驾之车。郑玄与《释名》著者刘熙生活的时代大致同时,又是大同乡,对《释名》提到的羊车不会不知道,其所言'善车'云云,与《释名》'羊车'第一义正相合;由'善车''善饰之车''牂车'之连绵一径,可见'羊车'为牂驾吉祥之车是东汉后期的一种普遍性看法,可证东汉时期的'羊车'中至少包括牂车","无论怎样先秦文献中的'羊车'都与以羊为驾之车无关,郭家庄商代晚期墓随葬的羊车显得十分特殊","安阳郭家庄商殉羊坑和平陵陪葬坑羊驾车明器可证商和汉代确有以羊为驾的情形,而后者可以看作《释名·释车》'羊车,各以所驾名之'的实际标本",进而推测"羊车可能是皇帝的礼仪用车":

汉代羊驾之车属于交通工具抑或有其他用途? 在汉代文献中,民间没有使用羊车的记录,若羊

① 王贵元《马王堆三号汉墓竹简字词考释》,《中国语文》2007年第3期。
② 吉林大学历史文献学专业博士学位论文,2007年,76页。
③ 中国社会科学院考古研究所《安阳殷墟郭家庄商代墓葬——1982年—1992年考古发掘报告》147—148页,中国大百科全书出版社1998年。
④ 《考古与文物》2003年第5期。
⑤ 《文物》2010年第10期。
⑥ 《文物天地》2002年第1期。又见咸阳市文物考古研究所《西汉昭帝平陵钻探调查简报》,《考古与文物》2007年第5期。

车是较为常见的交通工具断不至此。汉代文献对饲羊记载多多,却无一处述及其役使功能。若羊有此作用,似亦不至此。汉代平旷之地牛马等大型牲畜作为役畜已是定局,也远比羊更有价值;崎岖之处也有鹿车之类的交通工具应付,以羊牵车实无必要。但何以羊被用做宫中车驾,原因可能就是羊在汉代人观念中所含有的吉祥意义。这个意义在东汉被放大,成为对"羊车"的一个通行解释,以至于牛犊所驾之车也被认为是"羊车"。东汉文物资料虽有羊负载人或牵车图像,却更表明其象征意义而非实际意义。如四川乐山麻浩1号崖墓绘羊背上二人跪坐拥抱接吻①,须知以羊的体型根本不足以从容背承两个成年人,图像上之所以出现羊是将其作为吉祥的象征。这一点在山东济宁仙人乘羊飞行的汉画像石上得到更明确反映②。绥德汉画像石描绘为仙人驾车之动物有大雁、兔、虎、鲸、鹿、龙、羊等③,这些动物显然也只是具有吉祥意义的象征物而非实际存在的役畜。这种观念在后代道教典籍中依然可以见到④。朱国炤先生认为汉画像上羊车单独出现的画面往往与当时人崇信神仙方术有关⑤,这个判断是准确的。因此汉代的"羊车"与南亚地区的"羊车"在性质上是不同的。

一些学者认为古代的羊驾之车是贵族游玩车辆⑥。据考古报告,汉昭帝平陵陵园外有3个陪葬坑,其中1号坑埋葬大量木马,2号坑随葬数量众多的骆驼、牛和马,3号坑清理5乘木车明器,其中一乘为四羊驾车,一乘为四驼驾车。其余车辆及驾车动物未见报道。发掘者推测1号坑是护卫皇帝的骑兵军阵,2号坑埋葬的是供皇帝役使的力畜,3号坑放置的是供皇帝归天后乘坐的车驾⑦。按照汉代皇帝陵寝随葬物品规律,平陵1号~3号陪葬坑是一组具有礼仪性质的安排。东汉制度规定天子出行车辆均驾六马,其副车驾四马⑧;西汉制度也大体如此⑨。按照这个制度,四羊所驾之羊车和四驼所驾之驼车都应属于副车。如果发掘者3号坑放置的是供皇帝归天后乘坐的车驾的推测是正确的,当时的羊车可能就不仅仅是游玩的车辆,而与某种礼仪活动有关。《晋书·愍帝纪》载晋愍帝乘羊车出降故事,似乎也暗示了羊车在仪式方面的特殊用途。不过《续汉书·舆服志上》记天子车舆中并无羊驾或驼驾之车,是史文遗阙还是东汉时羊车不再作为舆车,不得而知。由于资料方面的困难,还不能确定汉代羊车的性质,不过,若说在某个时期(如昭帝时)羊车曾经作为天子礼仪用车的可能性是存在的⑩。

① 乐山市文化局《四川乐山麻浩一号崖墓》,《考古》1990年第2期。
② 山东省博物馆、山东省文物考古研究所《山东汉画像石选集》,图152,齐鲁书社,1982年。
③ 榆林市文管会、绥德县博物馆《绥德县辛店乡郝家沟村汉画像石墓清理简报》,中国汉画学会、北京大学汉画研究所《中国汉画研究》第2卷,广西师范大学出版社,2006年。
④ 《云笈七签》卷一一五"梁母"条云"宋元徽四年丙辰,马耳山道士徐道盛暂之蒙阴,于绛城西遇一青羊车,车自住"。
⑤ 朱国炤《汉代画像中所见牛、鹿、羊车及其反映的社会意识》,南阳汉代画像石学术讨论会办公室编《汉代画像石研究》,文物出版社,1987年。
⑥ (清)孙诒让《周礼正义》卷八六,王文锦、陈玉霞点校本,第3525页,中华书局,1987年;孙机《两唐书舆服志校释稿》,《中国古舆服论丛》,第251页,文物出版社,1993年;冯好《关于商代车制的几个问题》,《考古与文物》2003年第5期。
⑦ 咸阳市文物考古研究所《西汉昭帝平陵钻探调查简报》,《考古与文物》2007年第5期;汉平陵考古队《巨型动物陪葬少年天子》,《文物天地》2002年第1期。
⑧ 《续汉书·舆服志上》:"所御驾六,余皆驾四,后从为副车。"《史记·吕太后本纪》《集解》引蔡邕曰:"天子有大驾、小驾、法驾。上乘金根车,驾六马;有五时副车,驾四马;侍中参乘,属三十六乘。"
⑨ 《史记·梁孝王世家》:"梁孝王入朝。景帝使使持节乘舆驷马,迎梁王于关下。"《集解》:邓展曰:"但将驷马往。"瓒曰:"称乘舆驷马,则车马皆往,言不驾六马耳。天子副车驾驷马。"《汉书·司马相如传上》司马相如《子虚赋》:"乘镂象,六玉虬。"颜师古注引张揖曰:"六玉虬,谓驾六马,以玉饰其镳勒,有似玉虬。"
⑩ 彭卫《"羊车"考》,《文物》2010年第10期。

　　彭卫《"羊车"考》的结论是："中国古代的'羊车'不仅'内涵较复杂'[①]，同时也是一个在历史上发生了变化的概念。在形制上包括小车、羊驾之车、马或牛牵引的丧葬用车、辇车、果下马驾车、人牵之车等。其中，以羊为驾的'羊车'的出现不晚于商代晚期，西汉时这种'羊车'可能是皇帝的礼仪用车。东汉和晋以羊为驾的'羊车'依然存在，但自此之后'羊车'与以羊为驾便无关联了。"[②]

　　罗小华《"羊车"补说》认为彭卫说"'羊车'为'丧葬用车'和'西汉时这种羊车可能是皇帝的礼仪用车'的观点，似可再探讨"，推测"羊车"是以羊为动力提供者的车，与"轩"可能是同类车：

　　　　传世典籍中有一则与"羊车"有关的记载，未能引起足够的重视。《说文·竹部》："筂，羊车驺箠也。箸箴其端，长半分。"关于"筂"，清人段玉裁有详细论述："《马部》曰：'驺，厩御也。'《月令》注曰：'七驺谓趣马，主为诸官驾说者也。'《左传》：'程郑为乘马御，六驺属焉，使训群驺知礼。'按：驺即御。驺箠者，御车之马箠也。箸箴其端长半分。箴当作铖，所谓端有铁可以卹勿而椓刺之。善饰之车驾之以犊，驰骤不挥鞭策，惟用箴刺而促之。"……因此，我们怀疑：《说文》中的"筂"应该就是羊车上用以驱羊的"箠"。……结合郭家庄商代墓葬M146中羊坑的出土实物资料和《说文》有关记载，我们有理由推测当时确实存在着一种以羊为动力提供者的车——羊车。从《说文》对"筂"字的训释可以看出，当时驾羊车与驾马车的情况是一样的。……"驾羊之车"的说法得到郭家庄商代墓葬出土实物和《说文》记载的证实，"辇车"之说得到马王堆汉墓出土遣策中"羊车"的记载证实……包山楚简简275对于"羊车"的记载十分简略。考虑到"羊车"的部件及装饰物与"轩"最为相近，我们推测"羊车"与"轩"可能是同类车。[③]

---

① 孙机《两唐书舆服志校释稿》，《中国古舆服论丛》，第251页，文物出版社，1993年。
② 《文物》2010年第10期。
③ 罗小华《"羊车"补说》，《四川文物》2013年第5期。

玉器

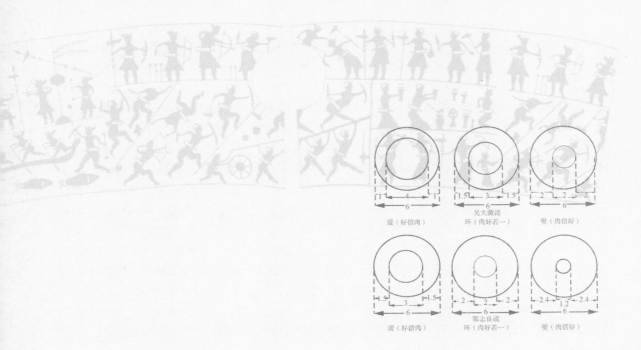

瑗（好倍肉）　　　　　　吴大澂说　　　　　　　璧（肉倍好）
　　　　　　　　　　　　环（肉好若一）

瑗（好倍肉）　　　　　　鄣志良说　　　　　　　璧（肉倍好）
　　　　　　　　　　　　环（肉好若一）

1. 镇圭　桓圭　信圭　躬圭　谷璧　蒲璧

《玉人》：玉人之事，镇圭尺有二寸，天子守之；命圭九寸，谓之桓圭，公守之；命圭七寸，谓之信圭，侯守之；命圭七寸，谓之躬圭，伯守之。

孙诒让：云"镇圭尺有二寸，天子守之"者，以下即《大宗伯》六瑞之四也。《苏氏演义》引《三礼义宗》云："天子大圭尺有二寸者，法十二辰也。"戴震云："镇圭、命圭，通谓之介圭。《尔雅》'珪大尺二寸谓之玠'，据镇圭言也。《诗·崧高》'锡尔介圭，以作尔宝'，《韩奕》'以其介圭，入觐于王'，据命圭言也。介者，大也。大有二义，以尊大言者，镇圭、命圭之为大圭是也；以长大言者，'大圭长三尺，杼上，终葵首'是也。"案：戴说是也。《书·康王之诰》云："大保承介圭。"伪孔传亦据此镇圭为释。尺二寸者，圭之长度。《聘礼记》说上公朝圭云："剡上寸半，厚半寸，博三寸。"三等命圭当同。王镇圭博厚度，无文。考后云："大琮十有二寸，厚寸，是谓内镇，宗后守之。"注谓"如王之镇圭"，则镇圭之厚当亦盈一寸，命圭之厚盖半之，其等衰适合也。唯博及剡上之度，或当与命圭同耳。四圭名制，并详《大宗伯》疏。又王镇圭，诸侯命圭，并有缫藉，此经文不具，详《典瑞》《大行人》疏。

郑玄：命圭者，王所命之圭也。朝觐执焉，居则守之。子守谷璧，男守蒲璧。不言之者，阙耳。

孙诒让：注云"命圭者，王所命之圭也"者，谓诸侯初封及嗣位来朝时，王命以爵，即赐以圭。《觐礼》云："乃朝以瑞玉，有缫。"郑注亦以五等圭璧为释，是也。《演义》引《三礼义宗》云："谓之命圭者，言皆受命而得，故朝觐宗遇则执焉。"即本郑义。贾疏云："《公羊传》云：'锡者何？赐也。命者何？加我服也。'于王以策命诸侯之时，非直加之以车服，时即以圭授之，以为瑞信者也。"案：贾谓命圭即锡命时所授者，《国语·周语》云："襄王使召公过及内史过赐晋惠公命，晋侯执玉卑。"韦注云："命，瑞命。诸侯即位，天子赐之命圭，以为瑞节。玉，信圭，侯所执。"《左传·僖十一年》《文元年》杜注说同，即贾氏所本。惠士奇云："此臆说也。《白虎通》：'《礼》曰："诸侯薨，使人归瑞玉于天子，谅暗之后，更爵命嗣子而还之。"'故在丧则视元士，以君其国。除丧，则服士服而来朝。天子爵命之也，其在来朝之时乎？春秋礼坏久矣，晋惠、鲁文锡命于即位，鲁桓、卫襄追命于既薨，则新天子辑瑞之典不行，嗣诸侯还圭之礼亦废，不知天王所赐者是何瑞也。或曰：'琬圭者，诸侯有德，王命赐之，使者执琬圭以致命。'春秋锡命盖以此。"案：惠说是也。诸侯归瑞、还瑞之礼，当于丧毕来朝时行之，与春秋锡命所致玉不同。《白虎通》君薨归玉之说，似亦未可信。至《周语》晋侯所执之玉，即王使执以致命之玉，故内史过云"夫执玉卑，替其挚也"，明与命圭不同。《僖十一年左传》说其事云："惰于受瑞。"瑞玉通称耳，非必六瑞之命圭。惠引或说以为琬圭，理或然也。云"朝觐执焉，居则守之"者，明《大宗伯》《典瑞》说六瑞及《大行人》说五等圭璧皆曰执，此四圭皆曰守，二文足互相备也。云"子守谷璧，男守蒲璧，不言之者，阙耳"者，经无子男命璧，故郑据《大宗伯》《典瑞》《大行人》补之。[1]

---

① 孙诒让《周礼正义》4009—4011/3323—3324页。

《大宗伯》：王执镇圭，公执桓圭，侯执信圭，伯执躬圭，子执谷璧，男执蒲璧。

郑玄：镇，安也，所以安四方。镇圭者，盖以四镇之山为瑑饰，圭长尺有二寸。双植谓之桓。桓，宫室之象，所以安其上也。桓圭盖亦以桓为瑑饰，圭长九寸。"信"当为"身"，声之误也。身圭、躬圭，盖皆象以人形，为瑑饰，文有粗缛耳。欲其慎行以保身。圭皆长七寸。谷所以养人，蒲为席，所以安人。二玉盖或以谷为饰，或以蒲为瑑饰。璧皆径五寸。不执圭者，未成国也。

孙诒让：云"双植谓之桓"者，贾疏云："桓谓若屋之桓楹。案《檀弓》云：'三家视桓楹。'彼注'四植谓之桓'者，彼据柱之竖者而言。桓若竖之，则有四棱，故云四植，植即棱也。此于圭上而言，下二棱着圭不见，唯有上二棱，故以双言之也。"《檀弓》孔疏云："案《说文》：'桓，亭邮表也。'谓亭邮之所而立表木，谓之桓，即今之桥旁表柱也。《周礼》桓圭而为双植者，以一圭之上不应四柱，但瑑为二植，象道旁二木。又宫室两楹，故双植谓之桓也。"黄以周云："郑注《檀弓》云'四植谓之桓'，此云'双植'，盖据一面言之。"案：黄说是也。桓圭盖两面，面各瑑二棱，合之为四棱，正与四植楹相似。贾似误以为一柱而有四棱，孔疏亦未析。云"桓，宫室之象，所以安其上也"者，圭上圆锐，下覆象栋宇，两面为桓，象四楹。王氏《订义》引崔灵恩云："桓者柱，柱者所以安上，明宫室栋梁之材，非柱不安，象上公方伯佐王治天下，所以匡辅王国，为王所凭安也。"云"桓圭盖亦以桓为瑑饰"者，与镇圭以四镇为瑑饰同也。……云"身圭、躬圭，盖皆象以人形，为瑑饰"者，《说文·吕部》云："躬，身也。"是身躬义同，并指人之形体也。《御览·珍宝部》引《三礼图》云："信圭，谓圭上琢为人头身之形。躬圭，谓圭上琢为四体之形。"案：信圭盖仅具头身，躬圭则兼琢四枝为别异也。[①]

郭宝钧《古玉新诠》认为"制圭时若以景晷为准，树表为名，则等差自见，而命名亦定"：

盖六瑞原为执圭（《典瑞》注"人执以见曰瑞"，又《史记正义》引《郑书》注"执之曰瑞"），执圭所以代表执者身份。《周礼·大司徒》"凡建邦国，以土圭土其地（注犹言度其地）而制其域"，是圭即度地之玉尺，可代表封域之物也。古虽有"土地之图"，未必有比例之法，欲执一物以代表封域广狭，自莫如以度地之圭尺为宜（参看《周公测景台调查报告》高平子圭表测景论）。《大司徒》"以土圭之法测土深（即纬度），正日景，以求地中，日南则景短多暑，日北则景长多寒，日东则景夕多风，日西则景朝多阴。"注谓"凡日景于地，千里而差一寸。"一寸千里，即九章算术之勾股，借直角三角形相似比例，以御高深广远，有近世测量术之含义，故能以少御广，因小见大，居近知远，缩千里封域于尺幅之中，代表等差，殆无善于此者也。今试以土圭投景法推之，设于同一节候，在同一地点，其投景之长短，与其所树之表为正比，表长景长，表短景短。制圭时若以景晷为准，树表为名，则等差自见，而命名亦定。其表拟山镇（或旗常）之高者谓之镇圭，其表拟桓楹之高者谓之桓圭，其表拟人身之高者谓之信圭，其表拟鞠躬之高者谓之躬圭，其表拟禾谷之高者谓之谷璧，其表拟蒲草之高者谓之蒲璧（蒲谷晷短，若制圭则幅宽于高，故改圭为璧，于圜面延伸以便执）。山（或常）高于楹，楹高于人，信高于鞠，躬高于禾，禾高于蒲，则其圭自有尺二、九寸、七寸、五寸之差，此制虽未实行，未始非一有系统之

① 孙诒让《周礼正义》1663—1666/1380—1382 页。

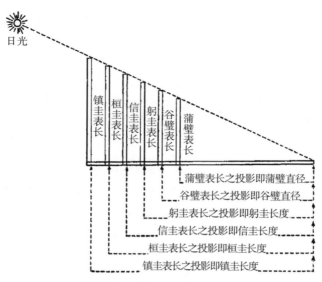

插图十二　周礼六瑞命名推测图

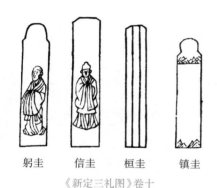

躬圭　信圭　桓圭　镇圭

《新定三礼图》卷十

设计也。六瑞原意,岂非以此欤?（插图十二）[1]

聂崇义《新定三礼图》卷十就"镇""桓""信""躬"等字推想各圭的形制,把镇圭绘成四山纹、桓圭绘作二直纹、信圭和躬圭绘成人形纹。

那志良《镇圭桓圭信圭与躬圭》认为"这完全是臆度作图":

《考工记》所说的形制,仅说明各圭的尺寸,而所谓镇圭桓圭信圭躬圭的,即是"天子所守的圭,长十二寸,名之曰'镇圭';公所守之圭,长九寸,名之曰'桓圭';侯所守的圭,长七寸,名之曰'信圭';伯所守的圭长七寸,名之曰'躬圭'"。把某一阶级的人所守的圭,取一个某种的名称,其命名的意义,大约是:王所执的圭,所以取"镇"字者,王为国内最高统治的人,对于臣民,有镇安的必要,元稹《镇圭赋》有"圭比德焉,以表特达之美;镇,大名也,有以示弹压之疆"的话,《周礼·大宗伯》注也说:"镇,以安四方。"王对臣民,总希望镇压安抚,所以把所执的圭,取名"镇圭"。至于王所希望于臣者,是能扶持他,并且安分守己的,服服帖帖的,听从他,因此赐给他们的圭,便本着这个意思定名。"公"是诸臣里面职位最高的,自然希望他有扶助的能力。《三礼图》说:"后郑云:'双植谓之桓。'贾释云:'象宫室之有桓楹也。'以其宫室在上,须桓楹乃安,天子在上,须诸侯乃安也。"这一段话,把"桓"字解释得很清楚,这便是把公所执的圭,取名"桓圭"的原因,可惜他在作图时,以臆度绘作二直纹,反失其制了。侯所执的圭取名"信圭",《三礼图》说是"欲其慎行以保身"。

---

[1]　郭宝钧《古玉新诠》,《历史语言研究所集刊》第20本下册,商务印书馆,1949年。

伯所执的圭取名"躬圭",躬有敛曲之义,大概是叫他"服服帖帖"的作官的意思。右圭命名之意,是否如此,虽也是"臆度",但可确定的是,"镇""桓"等字,仅有关圭的命名,与圭上的琢饰无关,所见的古圭,没有作人形或山形等纹饰的。[①]

对于"镇圭",吴大澂《古玉图考》有绘图。

那志良《中国古玉图释》赞同吴大澂所考镇圭是平首圭、孔在中央的条件,认为其所著录镇圭图形"是合乎镇圭条件,而不敢说它一定是一个镇圭",因为:"A这件器物,像斧的地方多,像圭的地方少,我们所看到的圭,似乎没有这样宽的。B在各地的发掘报告中,看到不少这种形状的石斧。C见于《古玉图谱》中著录的也多有类似的形状。周代定制,是取用已有器物的形制,作为礼器的形制。取用了斧,作为天子、百官的爵位证明,而天子,是

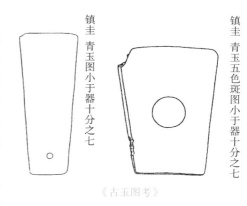

镇圭 青玉图小于器十分之七

镇圭 青玉五色斑图小于器十分之七

《古玉图考》

全国最高统治者,他的爵位证明,自然要比较特殊,不但尺寸长,又把这种孔在中央的斧形应用上了,而成为孔在中央的镇圭。但我们不能把孔在中央的斧,都名之为镇圭。"那志良还指出:"吴氏认为孔在中央的,才能认为是镇圭,但在他的著作《古玉图考》中,著录了三件孔不在中央的圭,他也名之为镇圭,这是自相矛盾的。"[②]那志良《周礼考工记玉人新注》:"镇圭之形,有如石斧,其首必方,其上必薄,长是一尺二寸,无纹饰,用途是天子守之。"[③]

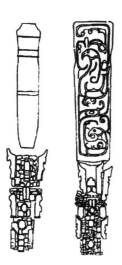

关于"桓圭""信圭""躬圭"的形制,那志良《中国古玉图释》认为桓圭的形制"与镇圭相同,没有纹饰,只是尺寸只有九寸,而孔在近下边之处",信圭的形制"与桓圭相同,尺寸又短了,只有七寸","躬圭也与桓圭相同,仍是七寸"[④]。

对于"镇圭""桓圭""信圭""躬圭"的形制,石荣传《〈周礼·考工记·玉人〉所载"命圭"的考古学试析》另有一说:"通过考古研究发现流行于西周的玉柄形器的功能应为某种仪仗类用玉,代表使用者的权力、身份或地位等,应为典籍所载'圭'类瑞玉之一。而盛行于西周的组合玉柄形器无论从尺寸、镶嵌,还是外部鞘饰看都与《考工记·玉人》所记载'命圭'十分吻合。"[⑤]石荣传指出(图一、图二为宝鸡茹家庄墓地墓甲出土组合玉柄形器):

按当时的计量单位,一周尺约为23厘米。如此,天子执镇圭"尺有二寸"约为27.6厘米;公执"命圭九寸"约20.7厘米;侯、伯执"命圭七寸"约

图一　　　图二

① 那志良《镇圭桓圭信圭与躬圭》,台湾《大陆杂志》第6卷第9期。
② 那志良《中国古玉图释》94—95页,台湾南天书局,1990年。
③ 台湾《大陆杂志》第29卷第1期。
④ 台湾南天书局1990年,96页。
⑤ 石荣传《〈周礼·考工记·玉人〉所载"命圭"的考古学试析》,《湖南大学学报》(社会科学版)2014年第2期。

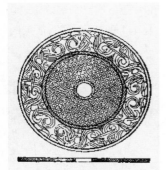

1. 夔龙纹外圈的蒲璧
（满城 M1：5094）

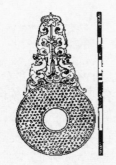

2. 透雕双龙卷云纹的谷璧
（满城 M1：5048）

图 3-21

16.1厘米。由之，除"镇圭"外，各级"命圭"的长度皆在十几至二十厘米之间。

目前考古发现西周各级贵族墓所见组合玉柄形器长度亦多在十几至二十几厘米之间，如陕西宝鸡茹家庄墓地所见者多在13～22厘米之间；河南洛阳北窑组合玉柄形器与漆鞘的总长度约在30厘米。因此，从尺寸上看，组合玉柄形器与"公""侯""伯"一级所执各类"命圭"基本吻合。①

对于"璧"，郭宝钧《古玉新诠》："日月经天，轨道皆圆，古人有天圆地方之推测，璧圆象之，故以苍璧礼天。……璧乃环形大孔石斧所演化，亦有劈土之功，且为石片所磨成，故璧从辟声，有劈分平片之义焉。"②夏鼐《汉代的玉器——汉代玉器中传统的延续和变化》：

璧是一种有圆孔的平圆形的玉器。汉代的璧主要的类型有四种：（一）平素无花纹的璧。新石器时代便已开始出现。（二）表面满布简单的蒲纹或谷纹。蒲纹是浅浮雕的六角格子纹，有点像编织的蒲席。谷纹是一种旋涡纹，有时刻在稍为隆起的乳钉上。这种玉璧和三、四两种开始出现于战国时代。（三）简单的蒲纹或谷纹之外，另有一周图案化的鸟纹或兽纹互相交缠，布置匀称（图 3-21，1）。（四）前述的第二型（或三型）的玉璧的周缘之外另加一组或几组的透雕动物纹。其中以最后一种，最为精美。例如满城一号墓所出土的，璧的外缘附有一组透雕双龙卷云纹，近上端处有一小孔，可能是悬挂用的（图 3-21，2）③。西汉初年的玉器有时与战国晚期的很难区别，正像西周初年的铜器的形状和花纹与殷代晚期的很难区别一样。

至于璧的用途，《周礼·典瑞》以为不同等级的贵族手执不同的圭、璧，例如子执谷璧，男执蒲璧。实则这两种璧始见于战国时代，一部作为西周初年的周公所定的《周礼》竟采用战国时才出现的这二种玉璧，可以说犯了时代错误。同样用途的几种玉圭，如果像吴大澂所考定的那样，那都是西周以前古代玉器和工具，战国时代早已不见了。当时礼学家做系统化的工作时，将不同时代的玉器合在

① 石荣传《〈周礼·考工记·玉人〉所载"命圭"的考古学试析》，《湖南大学学报》（社会科学版）2014年第2期。图一、图二见石荣传《再议考古出土的玉柄形器》，《四川文物》2010年第3期。

② 《历史语言研究所集刊》第20本下册，商务印书馆，1949年。

③ 中国社会科学院考古研究所《满城汉墓发掘报告》，文物出版社，1980年，133页，图九三，彩色图版一五，图版九五。

一起,在这里犯了另一种的时代错误。璧在汉墓中发现很多,它的用处,已不限于礼仪上使用。有的玉璧放在死者胸部或背部,有的放在棺椁之间。有的还镶嵌在棺材表面作为装饰。根据汉代文献和画像石,玉璧还有穿连起来悬挂在房间内墙壁上作为装饰。此外,较小的玉璧可以作为杂佩中的组成部分,悬挂在腰带上作为随身装饰物。[1]

孙庆伟《周代用玉制度研究》论述"周代瑞玉的界定"时称引吴棠海说,否认郑玄注:"已有学者指出,蒲纹其实是制作谷纹的最初定位工序,谷纹流行于整个战国时期,后因制作工序简化,蒲纹遂成为独立纹饰,并盛行于战国晚期和汉代[2],所以谷璧和蒲璧所反映的只是纹样和时代的差别,而非执璧者身份地位的不同。在出土的战国龙形玉佩中,就有一面装饰谷纹,而另一面则是典型蒲纹的器物,为蒲纹和谷纹之间的演变关系提供了重要证据[3]。"[4]

孙庆伟《〈考工记·玉人〉的考古学研究》:

周代虽确有命圭之制,但周王所命之圭,是否正如《玉人》所记的各有专称而且尺度大小各有定制?对于这个问题,有着截然不同的两派意见。对于《周礼·春官·大宗伯》郑注,后世学者已经无法确知其意。而从东汉以降的旧礼图如郑元、阮士信、夏侯伏朗、张镒、梁正诸家之学均不传,惟有宋代聂崇义所作的《三礼图》二十卷行于世,但聂氏又以己意妄测郑旨,故"宋代诸儒亦不以所图为然"[5]。但郑注和聂图对后来学者影响甚为深远,如清代吴大澂《古玉图考》和刘松年的《古玉图谱》中都有不少附会郑注的玉器图形,尤以后者为甚。聂、吴、刘三家所理解的命圭之制,可以图一中的图形为代表。

近年已经有不少学者从考古学的角度来研究《周礼》中所记载的多种玉圭,如刘云辉在考察了周原地区丰富的出土材料后,得出结论云:"古文献中记载的所谓西周玉圭,大致可信的有大圭、介圭、瑂圭、炎圭或可称之为琬琰。《周礼》中许多所谓玉圭名称尚无法证实,其中各种圭的尺寸与考古发现的玉圭大小并不相符。"[6]笔者也曾依据西周墓葬出土的玉圭材料,著文探讨西周玉圭的形制和功能。一方面否定了郑玄及后世礼图中所理解的各种奇形怪状玉圭存在的可能性,另一方面又论证了西周时期的玉圭不仅指的是我们通常所理解的上尖下方的长条状玉器,还应该包括西周高等级墓葬中所常见的形制较大的玉戈[7]。正如刘云辉先生所言,考古所见的玉圭尺寸和《周礼》所记并不相符。以出土的西周材料为例,在目前所见的尖首圭中,其长度超过20厘米者不足10件,最长者如扶风上康村M2所出者,也仅长25.7厘米[8];而常见的则是制作粗糙、长度在10厘米以下的小玉圭,这种形制和尺寸的玉圭,显然不可能是周代所谓的命圭。西周墓葬所出土的玉戈,也

---

[1] 夏鼐《汉代的玉器——汉代玉器中传统的延续和变化》,《考古学报》1983年第2期,引自《夏鼐文集》中册55—56页,社会科学文献出版社2000年。

[2] 吴棠海《认识古玉——古代玉器制作与形制》,218页,中华自然文化学会出版,台湾,1994年。

[3] 吴棠海《古玉鉴定·壹》,36页,北京大学考古学系讲义,1995年。

[4] 上海古籍出版社2008年,194页。

[5] 《四库全书总目》卷二十二,176页,中华书局,1965年。

[6] 刘云辉《西周玉圭研究》,见其专著《周原玉器》,272页,台湾中华文物学会,1996年。

[7] Research on Western Zhou Dynasty Jade Gui and Related Issues, China Archaeology and Art Digest, Vol.1, No.1, pp31–38, Hong Kong, 1996. 中文稿待刊。

[8] 陕西省文物管理委员会《陕西岐山、扶风周墓清理记》,《考古》1960年第8期。

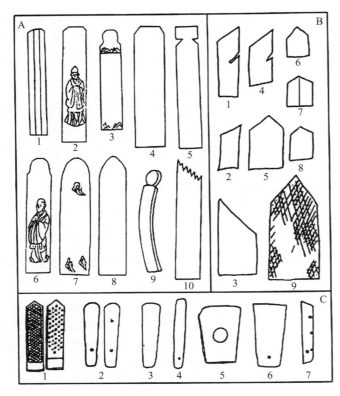

图一　圭、璋形制图
A——《三礼图》系统
　　1. 桓圭　2. 信圭　3. 镇圭　4. 谷圭
　　5. 大圭　6. 躬圭　7. 琰圭　8. 琬圭
　　9. 笏　10. 牙璋
B——汉碑画系统
　　1. 益州太守碑阴玉璋　2. 柳敏碑阴玉璋
　　3. 汉单排六玉碑玉璋　4. 汉六玉碑玉璋
　　5. 汉单排六玉碑玉圭　6. 柳敏碑阴玉圭
　　7. 益州太守碑阴玉圭　8. 汉六玉碑玉圭
　　9. 汉武梁祠画像石玉圭
C——《古玉图考》系统
　　1. 谷圭　2～4. 琬圭　5. 镇圭　6. 青圭
　　7. 笏

可以根据其长度分为两大类，其中长度超过20厘米者主要见于诸侯及其夫人一级的墓葬中，如宝鸡茹家庄M2井姬墓[1]，天马—曲村遗址晋侯墓地的M8、M31和M93[2]以及三门峡上村岭虢国墓地的M2001[3]等均是，同时，我们还注意到，凡出有大玉戈者，即不再伴出大玉圭；比较这些大玉戈和大玉圭的出土位置我们可以发现两者是一致的，即主要见于墓主人的胸部或者放置在棺椁的盖板上；从流行时间看，两者都流行于西周的中晚期，这些方面都有助于证明西周玉戈即玉圭的论断。另外，大玉戈的长度普遍较玉圭要长，一般在40厘米左右，而晋侯墓地M63：114竟长达57厘米[4]，而传世的太保戈，更是长逾66厘米[5]。从大玉戈所出的墓葬等级以及其自身的长度来看，它们当属于较高等级的玉圭。

　　尽管我们不能肯定上述所说的大玉圭和大玉戈都是其墓主人的瑞圭，但从目前所见的这些大玉圭和玉戈上均不见纹样装饰这一点来看，我们可以肯定郑玄等对有关命圭形制的理解是错误的；而这些玉戈和玉圭尺度的不规律性也证明了《考工记》本身对周代命圭的记载也是不可靠的。但从另一方面来看，大玉戈的尺寸普遍要较玉圭为大，如太保戈是迄今所见西周玉戈中最巨者，这在一定程

① 卢连成、胡智生《宝鸡强国墓地》，379页，文物出版社，1988年。
② a. 北京大学考古系、山西省考古研究所《天马—曲村遗址北赵晋侯墓地第二次发掘》，《文物》1994年1期；b.《天马—曲村遗址北赵晋侯墓地第五次发掘》，《文物》1995年第7期。
③ 河南省文物研究所、三门峡市文物工作队《三门峡上村岭虢国墓地M2001发掘简报》，《华夏考古》1992年第3期。
④ 山西省考古研究所、北京大学考古系《天马—曲村遗址北赵晋侯墓地第四发掘》，《文物》1994年第8期。
⑤ 李学勤《太保玉戈与江汉的开发》，原载《楚文化研究论集》第二集，后收入其论文集《走出疑古时代》，辽宁大学出版社，1994年。

度上又表明西周时期不同身份地位者所拥有的玉圭存在等级差别，地位越高者，其所拥有的玉圭也越大，但这种差别远不及《考工记·玉人》所记载的那样森严和呆板。[①]

张伟《〈周礼〉中玉礼器考辨》指出：“文献中所载的作为大圭、镇圭、桓圭、信圭、躬圭、琰圭、裸圭、珍圭、谷圭、琬圭、琰圭、土圭等各种不同形制的玉圭在考古发掘中也从未发现。”[②]

中国社会科学院考古研究所《殷墟妇好墓》：

圭八件。可分为四式：Ⅱ式一件（图版八四，1）。深绿色，有褐斑。扁平长条形，下窄上宽，下端平，有圆穿。形近“镇圭”。两面抛光。长16.1、下端宽4.2、厚0.4厘米。[③]

图版八四，1

张明华《礼玉礼用——出土玉器在礼制与使用习俗间的互证及意义》论述“谷璧”和“蒲璧”：

谷璧，一般认为在璧面上琢有均匀分布的谷芽形阴纹或阳纹的玉璧。湖北江陵望山战国2号墓出土有阳文谷璧（图15）。男所执的蒲璧，一般认为在璧面上琢有交叉平行线产生六角形纹的玉璧。甘肃静宁王家沟西汉墓出土有蒲纹璧（图16）。不过，在考古工作中，这类玉璧在许多大、中型墓中多有发现，是别有用途？还是制度上的问题，尚不清楚。[④]

图15

张伟《〈周礼〉中玉礼器考辨》认为《周礼》中记载的谷璧和蒲璧在西周时期是不存在的”：

西周时期的玉璧从功用上除可作为礼器外，更多的是作为佩饰使用。就其纹饰而言：大多为素面，少量饰龙纹或凤鸟纹，而对于六瑞所言的谷璧、蒲璧从未发现。

考古出土的有关西周时期玉璧的实物资料中，大多为素面无纹饰，只有少数雕刻龙纹和凤鸟纹，如山西省曲沃县天马—曲村遗址北赵晋侯墓地M92：132，浅黄色出土于墓主人颈部右侧，单面阴线雕刻团身双龙纹，直径4.6、厚0.4厘米。M92：131，浅黄色出土于墓主人颈部左侧，单面阴线雕刻团身凤鸟纹，直径4.6、厚0.4厘米；两璧分别

图16

① 孙庆伟《〈考工记·玉人〉的考古学研究》，北京大学考古学系编《考古学研究》（四）115—117页，科学出版社，2000年。
② 张伟《〈周礼〉中玉礼器考辨》，《西部考古》第5辑，三秦出版社，2011年。
③ 中国社会科学院考古研究所《殷墟妇好墓》118页，文物出版社，1980年。
④ 张明华《礼玉礼用——出土玉器在礼制与使用习俗间的互证及意义》，《上海文博论丛》2009年第1期。

图八　出土谷纹、蒲文玉器

1. 长子县M7　2. 包山
M2：461　3. 安徽长丰县M8

和6枚玛瑙珠管相联[1]。但是,对于六瑞中所说两种形制的玉璧却从未发现。而且,随着考古工作的持续进展,大量玉器的出土及其研究的不断深入,我们可以确定谷纹最早出现于春秋晚期(严格而言,应为春秋战国之际),不过,此时之谷纹常与卷云纹、S纹、长尾蝌蚪纹等共生,且有较长的"牙"[2](图八：1)。直到战国中晚期玉器才有清一色的谷纹,而且是典型的大圆粒带小"牙"的谷纹。如湖北荆门包山2号墓出土的谷纹玉璧[3](图八：2)。至于蒲纹的出现,目前所知最早的在战国晚期,如安徽长丰杨公墓M8出土的蒲纹璧[4](图八：3)。但蒲纹的流行则在汉代,如河北满城西汉中山靖王刘胜和窦绾墓出土的玉璧不少为此种纹饰[5]。可见,六瑞中所说的谷璧和蒲璧最早出现于东周之际,它们在西周时期就不存在,又怎会在周初定礼就采用了这种纹饰。因此,《周礼》的这一段记载是不客观的。[6]

2. 冒　瑁

《玉人》：天子执冒四寸,以朝诸侯。

郑玄：名玉曰冒者,言德能覆盖天下也。四寸者,方以尊接卑,以小为贵。

孙诒让："天子执冒四寸,以朝诸侯"者,冒,正字作"瑁"。《说文·玉部》云："瑁,诸侯执圭朝天子,天子执玉以冒之,似犁冠。《周礼》曰：'天子执瑁四寸',古文作玥。"案：冒即瑁之借字。《御览·珍宝部》引此经旧注云："玉以冒之,似犁冠也。"疑马注佚文。犁冠即《许书》之犁冠也。段玉裁云："犁冠,《尔雅注》作'犂錧',谓耜也。"

① 北京大学考古系、山西省考古研究所《天马—曲村遗址北赵晋侯墓地第五次发掘》,《文物》1995年第7期。
② 杨建芳《春秋玉器及其分期——中国古玉断代研究之四》,《中国古玉研究论文集·上册》,众志美术出版社,2001年。
③ 湖北省荆沙铁路考古队包山墓地整理小组《荆门市包山楚墓发掘简报》,《文物》1988年第5期。
④ 安徽省文物工作队《安徽长丰杨公发掘九座战国墓》,《考古学集刊》第2集。
⑤ 中国社会科学院考古研究所、河北省文物管理处《满城汉墓发掘报告》134及294页,文物出版社,1980年。
⑥ 张伟《〈周礼〉中玉礼器考辨》,《西部考古》第5辑,三秦出版社,2011年。

黄以周云："瑁方四寸，其冒圭之空在下面，孔疏谓'当下邪刻之，如圭头'是也。据《说文》云'似犂冠'，似邪刻之空，从两旁洞达其下。《御览》引《礼旧图》云：'圭制上小下大，状如犂锋，圭冒乃似犂冠。'此正用许说者。考汉之犂冠，本方，末两岐，中空锐如圭头。《车人》'为末，庛长尺有一寸'。先郑注云：'庛谓末下岐。'《匠人》'耜广五寸'，后郑注云：'古者耜，一金；今之耜岐头，两金。'庛即耜，耜即犂冠。"案：段、黄说是也。犂馆即《匠人》注所谓"耜岐头两金"者也。洪适《隶续》载《汉柳敏碑阴》《益州太守碑阴》《六玉碑》所画瑁，并外方，自半以下，邪刻其内为岐足，与圭首之锐适足相函，正与岐头耜刃相似，非一金之耜也。《尔雅·释乐》郭注释'大磬'，亦云"形似犂馆"者。晋时磬盖已横县，故股鼓两末平偃，其下岐出。郭说与古磬直县形制不合，而与瑁形似犂冠之义正足相证矣。《书·康王之诰》云："上宗奉同瑁。"《三国志·虞翻传》裴注引《翻别传》，奏述郑《书注》训同为酒杯，翻驳之云："康王执瑁，古'月'似'同'。《玉人职》曰：'天子执瑁以朝诸侯。'马融训注亦以为同者大同天下。"据彼则马氏《书注》以同为瑁之别名，虞氏则直谓同当作"月"，即古文瑁字之省，同瑁并举为羡文。今案：《书》下文云："王乃受同瑁，王三宿三祭三咤。"又云："大保以异同秉璋以酢。"瑁以冒圭，非祭酢所用，则马、虞义非也。[1]

对于"瑁"，吴大澂《古玉图考》有绘图。

郭宝钧《古玉新诠》认为"瑁为制圭时之残玉"，为⌐形，批评"吴大澂乃以▯形物为瑁，失之矣。▯实为佩砺之变"：

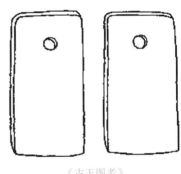

《古玉图考》

圭为扁平长方状，解玉之时，必先解为近似圭形之长方片，然后再剖去其尖端。其剖余之玉，若微长相连者则为⌐相形，与圭形⌐相阴阳，既由一玉之班（《说文》"班，分瑞玉，从珏从刀"），自可为二玉之珏（《说文》"二玉相合为一珏"），盖亦符节类也。《玉人》"天子执冒四寸，以朝诸侯"，《说文》"瑁，诸侯执圭朝天子，天子执玉以冒之，似犂冠"。《白虎通》"合符信者谓天子执冒以朝诸侯，诸侯执圭以觐天子也，上有所覆，下有所冒也。"所谓"犂冠"（今世犂冠作◡形），所谓"邪刻"，均为剖去之残玉形，一圭有一圭之残玉，故可各执以征信，倘古时真有剖圭符之封者，则必有此残玉片之瑁矣。[2]

苏莹辉《说"瑁"与"冒圭"》质疑郭宝钧"残玉"说："命圭的作用不外'执以行礼''用以合符''宝而守之'三种，而其中的任何一种性质的圭，决非以残玉片为之，尤其是在礼器完备的周代。何况'冒圭'为天子执以朝诸侯者，又岂是制圭时所剖余的残余片呢？"[3]那志良《中国古玉图释》认为"这是一针见血之论"，还提出三个问题：

A 大臣所执之圭，应当是平首圭，郭氏所指之圭，是尖首圭，是有问题的。

B 郭先生说："一圭有一圭之残玉，故可各执以征信"，这是说，每一个圭，有一个瑁，每逢大臣入

① 孙诒让《周礼正义》4011—4012/3325—3326页。
② 郭宝钧《古玉新诠》，《历史语言研究所集刊》第20本下册，商务印书馆，1949年。
③ 南洋大学李光前文物馆《文物汇刊》创刊号，1972年。

朝,就要先看一看,这个人是谁,然后找出适合它的瑁来,这是不胜其烦的事。

　　C 大臣瑞玉,不只是圭,子、男所执,都是璧,合乎璧的瑁,又是如何形式呢? ①

　　孙庆伟《〈考工记·玉人〉的考古学研究》指出"在考古发现中,迄今未见这种上方下凹的瑁":

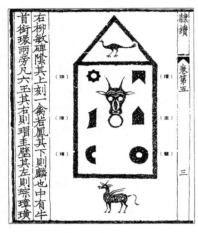

汉柳敏碑阴"六玉"形制

关于瑁的形制,《说文·玉部》云:"瑁,诸侯执圭朝天子,天子执玉以冒之,似犁冠。"段玉裁注云:"犁冠,《尔雅》注作犁錧,谓耜也。"②犁由耜演变而来,已被考古材料所证实。且据孙机先生的研究,战国和汉代的犁(铧)冠多呈 V 字形,装在木质或铁质的铧上使用③。宋代洪适《隶续》所录东汉柳敏碑阴、益州太守碑阴以及六玉碑上所刻瑁的形制,都是上方平整,下部呈倒 V 字形,其凹处正和圭之尖首相吻合,可见汉代人眼中瑁的形制是基本一致的。

但在考古发现中,迄今未见这种上方下凹的瑁,即便是其他形制可认定为瑁者,也未见出土。究其缘由,可能有两点,其一,既然瑁为周天子所执,而现在西周王陵所在还不可确知,因此,在考古实物中还不见这类器物;其二,《尚书·顾命》所谓"同瑁"之"瑁"并非后世学者所理解的用以覆圭之器。如对于"同瑁"之"同",汉今文经作"铜",并训为"天子之副玺",而郑玄则注云:"同,酒杯。"④虽然学者对"瑁"的理解并无异辞,但周天子以"瑁"冒诸侯命圭也失征于史实。如《左传》中载诸侯朝觐之事多例,然而并不见有冒圭之举。另据杨伯峻先生统计,《左传》中"冒"字凡四见,也都和冒圭无涉⑤。且天子所执为四寸之瑁,而何以遍"冒"天下公侯伯的命圭,即如《玉人》所记公侯伯所执之圭长度各有差别,难道他们所执命圭的宽度是一致的?《尚书·顾命》孔疏云:"礼,天子所以执瑁者,诸侯即位,天子赐之以命圭;圭头邪锐,其瑁当下邪刻之,其刻阔狭长短如圭头;诸侯来朝,执圭以授天子,天子以冒之刻处彼圭头,若大小相当,则是本所赐,其或不同,则圭是伪作,知诸侯信与不信。……经传惟言圭之长短,不言阔狭,瑁方四寸,容彼圭头,则圭头之阔无四寸也。天子以一瑁冒天下之圭,则公侯伯之圭阔狭等也。"⑥孔颖达已经认识到"天子以一瑁冒天下之圭"的不合理性,但仍然以"公侯伯之圭阔狭等也"为之强作解。而从考古实物来看,西周时期的大玉戈(上文已经证明乃圭之一种)不仅在长度上有很大的差异,在宽度上也不尽相同。以晋侯墓地所出者为例,其中 M92:17 长 22 厘米,宽 4.5 厘米,M92:106 长 42 厘米,宽 7.1 厘米⑦,而太保戈则宽 9.2 厘米。退一步讲,从人们所习称的尖首圭来看,上文所引的出于扶风上康村 M2 出土的玉圭长 25.7,宽 3.5 厘米;而扶风黄堆 M22 所

① 那志良《中国古玉图释》109 页,台湾南天书局,1990 年。
② 段玉裁《说文解字注》13 页,上海书店,1992 年。
③ 孙机《汉代物质文化资料图说》农业Ⅱ,犁,4—6 页,文物出版社,1991 年。
④ 孙星衍《尚书今古文注疏》卷廿五,500 页,中华书局,1986 年。
⑤ 杨伯峻、徐提《春秋左传词典》440 页,中华书局,1985 年。
⑥ 孔颖达《尚书正义》卷十八,《十三经注疏》240 页,中华书局,1980 年。
⑦ 北京大学考古系、山西省考古研究所《天马—曲村遗址北赵晋侯墓地第二次发掘》,《文物》1994 年第 1 期。

出的一件玉圭,长22.4,宽仅为1～1.9厘米[1]。从上引这些出土材料来看,周代玉圭越长者,其宽度也相应要大一些,这应该是周代玉圭形制的一般规律。既然《玉人》记载公侯伯所执的命圭长度不一,那么它们的宽度也应该是有差别的,既如此,孔颖达所谓的"公侯伯之圭阔狭等也"的解释不免有强说经之嫌。因此,在有确凿的考古实物出土之前,我们对《玉人》所说的"天子执冒四寸,以朝诸侯"的记载应持怀疑态度。[2]

　　Salmony著《中国古代之雕玉》[3]四件功用未明的西周末年玉器,凌纯声《冒圭试铨》根据以下诸点"假定此四器多是周代的冒圭":"其尺寸最大为【图版壹B】89 mm,几等于吴大澂的周揩圭尺(220 mm)的四寸,其余【图版壹A】67 mm,【图版贰B】64 mm近于吴氏周镇圭尺(195 mm)的四寸,仅【图版贰A】58 mm稍差,为四者中最小,诚如郭宝钧所谓'一圭有一圭之残玉,故可各执以征信'。器之背面上下各有三穿孔,用以系组,'以便天子执玉以冒之'。冒形似犁冠,如【图版贰AB】酷似今日耕田用的犁头,参见【插图五】。又器面纹饰却似今日尚见小儿所戴老虎帽上的花样,见【插图六】。"[4] Una Pope-Hennessy著《中国古代的玉器》[5]所载黄色半圆形周朝玉器,长9.08公分,无璪饰,在下边左右各有一孔,中有一半圆形孔,或为系组之用,器形亦似犁冠(图版叁A);那志良《玉器通释》所载日本上野有竹氏藏玉器,长12公分,上边略成弧形,左右下三边成直线,器之中下部有小孔,或为系组之用(图版叁B)。凌纯声《冒圭试铨》认为这两件是"无璪饰之冒"[6]。

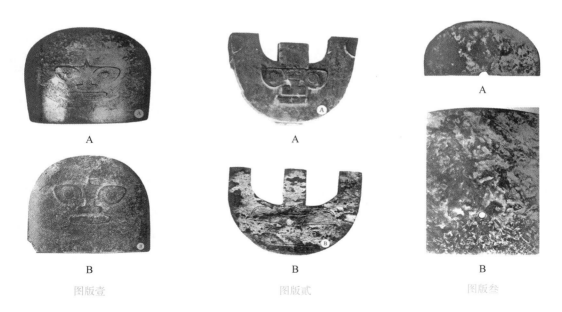

A　　　　　　　　A　　　　　　　　A

B　　　　　　　　B　　　　　　　　B

图版壹　　　　　　图版贰　　　　　　图版叁

①　陕西周原考古队《扶风黄堆西周墓地钻探清理简报》,《文物》1986年第8期。
②　孙庆伟《〈考工记·玉人〉的考古学研究》,北京大学考古学系编《考古学研究》(四)117—119页,科学出版社,2000年。
③　Salmony. A, Carved Jade of Ancient China. Berkeley, 1938。
④　台湾《故宫季刊》第5卷第1期。
⑤　Una. Pope-Hennessy, Early Chinese Jades, 1923。
⑥　台湾《故宫季刊》第5卷第1期。

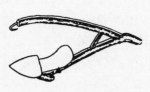

插图五　耕犁

插图六　老虎帽

苏莹辉《说"珥"与"冒圭"》认为"吴氏《古玉图考》所收'大圭''镇圭'诸图，两面均无纹饰，证以《郊特牲》'大圭不琢，美其质也'之语，殆可信以为真"，"凌（纯声）文所引四玉都有琢饰，但尺寸皆在四寸左右，衡以'大圭不琢'之说，这四块功用未明的玉，当然不是大圭。既非大圭，自不妨有琢"①。

那志良《中国古玉图释》不同意凌纯声说，认为仅有图版叁B是珥，其他5件都不是：

图版叁A显然是一件"璜"，青浦崧泽龙山文化出土的璜，与此形相同，也无需讨论。

图版壹AB两件，在原书说明中，已然记载了它们是"背平""背后顶端及下端各有一对孔"，这是很重要的。一般器物，凡是它的两面，都有被人看到的机会，就必须两面都有好的雕琢；反之，若是嵌饰在其他器物之上，背面如何，人家看不到，背面就没有精琢之必要，大都是平的。珥是天子手里拿着的礼器，两面都有被人看到的机会，它的背，不会没有纹饰，而是"背平"。再看它的孔，隐在器的背后，大都是用以联缀在他物之上的饰件，不会是用以联组。而且礼器以不琢为贵，器面琢人面纹形，也是不合的。浙江余杭反山良渚文化墓葬有此形器物出土，形制纹饰都与此相同，新石器时代不会有珥的。可证这两器都是"镶嵌器"，而非珥。

图版贰AB两件，形状比较特殊，上端的形状，是三出山字形，在原书说明中，就说这两件器物的"下方突出物"有三个孔，"上方每一方块"有一个孔，全器有六个孔，分明是联缀之用，与前二器同。余杭反山良渚文化也有此形器出土，不会是珥。可证这两器，也是镶嵌之用，而不是珥。②

那志良《中国古玉图释》认为"珥的形状，应是一种接近方形的短圭"：

《周礼·考工记·玉人》，自"镇圭尺有二寸"句起，一直到"琰圭九寸，判规，以除慝，以易行"句止，叙述了镇圭、桓圭、信圭、躬圭、珥、四圭、大圭、土圭、裸圭、琬圭、琰圭等器的用途、尺寸，所有这些器，都是圭属，珥杂在其中，珥自然也是圭属，它的轮廓，总是离不了圭。

《周礼·考工记》里面所述的圭，诸侯朝天子所执的，有桓圭、信圭、躬圭，三种圭的尺寸不同，宽狭可能也不一样，珥是"冒覆诸侯之

① 南洋大学李光前文物馆《文物汇刊》创刊号，1972年。
② 那志良《中国古玉图释》111页，台湾南天书局，1990年。

圭"的用途,可能它的宽狭,与三圭差不多。以桓圭论,尺寸是九寸,是细长形,瑁的尺寸,只有桓圭的少一半,它的形状,自然是近乎方形了。所以玉人注说:"名玉曰冒者,言德能覆盖天下也。四寸者方,以尊接卑,以小为贵。"瑁的形状,应是一种接近方形的短圭。

瑁是圭属,圭之形状,是源自石斧,圭与斧不易区别。瑁是圭的一种,所以瑁与石斧,也就很难区别。我们看了一件短圭,只可以说这是与瑁的条件相合,可能是一件瑁,而无法下决定性的断语。

礼以素为贵,镇圭及各种命圭,都是没有纹饰。瑁为天子所执,更不会有纹饰了。陈大年说:"无论为瑁圭为药圭,其制度必无花纹。"这是他从经验中体验出来的。[1]

孙庆伟《〈考工记·玉人〉的考古学研究》质疑那志良"接近方形的短圭"之说"对瑁的功能和性质的认识上发生了根本的变化":

那先生此说,似乎对以下几个问题难以作出合理的解释:首先,《玉人》一节经文中自"镇圭尺有二寸"以下,并非都是叙述圭制的,如紧接下句"天子用全,上公用龙,侯用瓒,伯用将"一句,就是泛记用玉等级,说详下文;第二,《尚书·顾命》中记康王即位时,明言"太保承介圭,上宗奉同瑁",此介圭历代学者都认为是所谓"王执镇圭"的镇圭,如果再释"瑁"为圭,则王既有镇圭,又有"瑁圭",这于经于史皆无征;第三,历代文献中对于其功能的解释也是一致的,即用于冒公侯伯之命圭,今释瑁为圭,则无法解释其冒圭的功用;第四,上文我们已经证明两周时期并不存在《考工记·玉人》所说的那样严格的命圭之制,《玉人》对所谓镇圭、桓圭等长度的记载也不合乎史实,而今据《玉人》所记,认为四寸的瑁约为九寸桓圭的一半,从而推测瑁的形状是近于方形,同样是缺乏说服力的。[2]

3. 全 龙 瓒 将

《玉人》: 天子用全,上公用龙,侯用瓒,伯用将。

孙诒让:"伯用将"者,惠士奇、戴震、阮元并谓"将"当依《说文》作"埒"。段玉裁云:"埒,许、郑同,皆不作'将'。倘是将字,郑不得释为杂。郑已后传写失之。"案:段说是也。此作"将"者,字形之误,详后。

郑司农云:"全,纯色也。龙当为尨,尨谓杂色。"玄谓全,纯玉也。瓒读为"餐屡"之屡。尨、瓒、将,皆杂名也。卑者下尊,以轻重为差。玉多则重,石多则轻,公侯四玉一石,伯子男三玉二石。

---

[1] 那志良《中国古玉图释》112页,台湾南天书局,1990年。
[2] 孙庆伟《〈考工记·玉人〉的考古学研究》,北京大学考古学系编《考古学研究》(四)119页,科学出版社2000年。

　　孙诒让：注郑司农云"全，纯色也"者，《士昏礼》注云："纯，全也。"是纯全互训。纯色谓玉色粹一，不龙驳也。云"龙当为尨"者，《牧人》杜注义同。《说文》字作駹。戴震云："龙駹古字通用。"云"龙谓杂色"者，《牧人》云："凡外祭毁事，用尨可也。"杜注云："尨谓杂色不纯。"此龙亦谓玉色不纯者也。云"玄谓全，纯玉也"者，谓不参以石也。此破司农纯色之说。《说文·入部》云："全，完也，重文全，篆文仝，从玉，纯玉曰全。"与后郑说同。贾疏谓"纯玉即纯色，义无殊"，误。云"瓒读为餐屡之屡"者，叶钞《释文》及贾疏述注"读"下皆无"为"字。段玉裁据删，云："瓒读餐屡者，谓其音同屡也。案：《释文》云：'瓒，才旱反。司农音赞。'然则陆本'瓒读餐屡之屡'六字在'玄谓'之上，与贾本不同，疑陆笔误。"钱大昕云："据《玉篇》，屡即饡之古文。《说文·食部》云：'饡，以羹浇饭也。'《礼记·内则》云：'小切狼臅膏，以与稻米为酏。'注：'狼臅膏，臆中膏也。以煎稻米，则似今膏屡矣。'《释名》：'胲，饡也，以米糁之，如膏饡也。'贾疏谓'汉时有膏屡'，盖本《内则》注。《集韵》：'屡，以膏煎稻为酏。'与贾疏合。"王引之云："《内则》释文：'屡，本又作餐，又作屡，并同之然反，又音赞。'案：屡字《说文》缺载，以六书之例求之，屡盖从食，屡省声，字当作'屡'。俗书讹作'屡'，则谐声之理不明。其又作'屡'者，屡之省耳。《楚辞·九思》'时混混兮浇饡'，注云：'饡，餐也。混混，浊也。言如浇饡之乱也。'则屡有杂乱之义，故《玉人》注读瓒为屡，而训为杂，声中兼义也。"案：王说是也。云"龙、瓒、将，皆杂名也"者，段玉裁谓龙当作尨，是也。"将"亦当作"埒"。贾疏："杂名者，谓玉之杂名。此亦含杂色。知者，郑《异义驳》云'玉杂则色杂'，则知玉全色亦全也。"案：贾说非也。玉杂者虽同色，而质必微异，故《驳异义》谓兼色杂。至玉全则不必色全，故郑不从先郑之说，不可以彼证此。云"卑者下尊，以轻重为差。玉多则重，石多则轻"者，贾疏："《盈不足术》曰：'玉方寸，重七两。石方寸，重六两。'"案：贾引《盈不足术》者，《九章算术》第七篇也。《孙子算经》云："玉方寸，重一十二两。石方寸，重三两。"与《九章》不同，未知孰是。云"公侯四玉一石，伯子男三玉二石"者，贾疏云："按《礼纬》云：'天子纯玉尺二寸；公侯九寸，四玉一石；伯子男三玉二石。'此注出于彼，但此经公与侯异，彼文公侯同，又彼伯子男同七寸，皆与此经不同者，彼据殷法。若然，公侯同四玉一石，而龙瓒异者，盖玉色有别也。"戴震："《说文·玉部》曰：'瓒，三玉二石也。礼，天子用全，纯玉也；公用駹，四玉一石；侯用瓒，伯用埒，玉石半相埒也。'[1]此盖泛记用玉为饰之等。石谓石之次玉者，如《诗》之'充耳琇莹，赠我佩玖'，琇与玖皆美石。"案：戴说是也。金鹗说同。《白虎通义·文质篇》云："《礼·王度记》曰：'天子纯玉，尺有二寸；公侯九寸，四玉一石也。伯子男俱三玉二石也。'"又云[2]："公珪九寸，四玉一石。何以知不以玉为四器，石特为也？以《尚书》合言五玉也。"案：《礼纬》文即本《王度记》。据此诸文，则此章即指瑞玉而言。其云公九寸、伯七寸，与此命圭尺度同，而云侯上同公，子男上同伯，并与此异者，传记者各据其所闻，不必合一。贾以为殷礼，则无据。《说文》以公四玉一石，侯三玉二石，伯玉石半相埒，与注及《礼纬》又异，其说较允。许、郑说并不以此三玉为瑞玉。盖命圭为邦国重镇，不宜屡杂玉石，其为泛记玉饰，殆无疑义。此经不详子男用玉之名，依郑说或当与伯同。段玉裁云："依许差之，子男同位，一玉二石。"未知然否。[3]

────────

[1] 引者按："礼，天子用全，纯玉也；公用駹，四玉一石；侯用瓒，伯用埒，玉石半相埒也"仍为戴震引《说文·玉部》（许慎《说文解字》10页，中华书局1979年），王文锦本误置于单引号外。

[2] 引者按："又云"上承《白虎通义·文质篇》云"而不是"《礼·王度记》曰"，表示另起引《白虎通义·文质篇》，见陈立《白虎通疏证》335页，中华书局，1994年。王文锦本误将"又云"云云置于双引号内。

[3] 孙诒让《周礼正义》4013—4016/3326—3328页。

　　闻广、荆志淳《沣西西周玉器地质考古学研究——中国古玉地质考古学研究之三》认为这是"中国古代分等级用玉最重要的记载"，并从古玉地质考古学研究角度证实其真实性：

　　如要讨论以上记载是否事实，其前提是辨别区分玉与石，即真玉与假玉，而现代真假玉的通用概念，实际上也就是中国古代有关认识的继承并加以科学化而已。过去对此最重要的记载缺少讨论，是由于未能科学地正确区分真假玉。

　　沣西玉器如前所述存库的曾经逐件肉眼鉴定，当地墓葬虽大都曾经盗掘，但除了只出个别几件的墓难以讨论者外，存玉稍多者无一墓全是真玉，说明没有"用全"。两座西周重臣井叔墓出土玉器数及存库者鉴定结果如表八，相当于"用驵"，与他们的上公身份相符。

表八

墓　号	玉器 n	真　玉		假　玉	
		n	%	n	%
SCCM157	39	23	88	3	12
SCCM170	79	66	89	8	11

　　同为周代的北京琉璃河（BL）和曲沃曲村（QQ）各墓，与沣西类似，也没有"用全"。这些事实可以初步说明《周礼·玉人》记载的制度，在周代是实际执行的，而并非如前人所说："我国古史研究者的一般意见，认为《周礼》是战国晚年的一部托古著作。"

　　不但周代如此，广州象岗西汉南越王墓玉衣及高邮天山西汉广陵王刘胥（？）夫人墓玉衣均杂用假玉以避"用全"。说明《周礼·玉人》的规定，看来延至汉代仍在实行。

　　反过来再自周代往前追溯，因《论语·为政》："殷因于夏礼，所损益可知也，周因于殷礼，所损益可知也。"安阳小屯殷墟妇好墓绝大部分是真玉，近似"用全"。襄汾陶寺龙山文化遗址，其时代若按《汉书·律历志》所记积年及《晋书·束皙列传》的"夏年多殷"计，也可当夏墟，但大部分墓葬未用玉，用玉者亦都杂有假玉，即便是夏墟也非王陵区。江南良渚文化，是史前玉器文化发展的最高峰，已知当时用玉至少可分为如下四个等级：

　　第一等级：如余杭反山 YFM12 等，全是真玉，相当于"用全"。

　　第二等级：如青浦福泉山 QFM9 等，真玉居多而杂有假玉，相当于"用驵"或"用瓒"。

　　第三等级：如海宁荷叶地 HHM3 与 HHM9 等，真假玉参半，相当于"用埒"。

　　第四等级：如荷叶地 HHM8 与 HHM13 等，全未用玉。

　　以上四个等级在用玉的数量及质量上也有相应的差别。所以，《周礼·玉人》的分等级按比例用真假玉，在新石器时代晚期的良渚文化时即已存在。因而《周礼·玉人》不但不是"托古改制"，却是古已有之。

　　再往前追溯是新石器时代中期的红山文化，其典型遗址建平牛河梁，其墓葬用玉亦可分为如下三个等级：

　　第一等级：如 JN2Z1M14、JN2Z1M22、JN5Z1M1，全用真玉。另如 JN2Z1M4 与 JN2Z1M21，在真

玉中夹有一件假玉，是否亦可归入此级，或另列一亚级。

第二等级：如JN2Z1M7、JN2Z1M11、JN2Z1M17以及JN2Z1M21—1，全用假玉。

第三等级：如JN2Z1M6，未用玉。

以上情况说明，红山文化用玉已存在有无与真假的等级差异，即《周礼·玉人》的分等级用玉此时已见端倪。至于新石器时代早期的用玉情况，目前资料尚少，只知存在有玉与无玉的差异，如敖汉兴隆洼无玉，而阜新查海有玉，且第一次出土的八件全是真玉，并明显地出自不只一块玉料，说明查海玉人鉴别玉料已达到相当高的水平，即已脱离用玉初期真假玉混杂鉴别不清的阶段。查海玉器是全世界已知最早的真玉器。①

孙庆伟《〈考工记·玉人〉的考古学研究》认为"要正确理解这句经文的含义有两个关键，一是如何理解'全''龙''瓒'和'埒'等字的意思，二是要肯定这句经文所指的对象"：

对所谓用全、用龙、用瓒和用埒的区分，事实上是对中国古玉的矿物学研究。在现代矿物学以及宝石学中，玉仅指两种链状硅酸盐单斜晶的辉闪石矿物集合体，即软玉和硬玉，其中硬玉是钠铝硅酸盐，而软玉是含水的钙镁硅酸盐。尽管自然界中硬玉矿物的分布较广，但具有宝石学价值的硬玉矿物集合体翡翠，却主要集中在缅甸北部莫谷城附近的狭小范围内；软玉的分布范围相对要广一些，在我国境内也发现有多处，但最著名者当推产于昆仑山北坡的和田玉②。在已经研究过的中国古玉中，晚至西汉尚未发现有翡翠，而广泛使用的是软玉制品③。

在中国古代对玉的界定显然不可能达到上述标准，如《说文·玉部》对"玉"的解释是"玉，石之美，有五德者"。这说明晚至东汉时期，人们对玉的认识还是停留在"美石为玉"这种观念上，而判断其为玉的标准就是所谓的"玉德"。尽管文献中对玉德的记载并不一致，但其基本内容没有超出《说文》中玉有"五德"，即分别从光泽、纹理、声音、韧性和硬度来衡量玉料的质量，而所有的这些物理特性都是可以容易感知的。从《说文·玉部》中和玉有关的字来看，当时人们对玉和石的认识已经相对深入，能够依据玉料的某些物理特征对其进行等级划分，如《说文》中释瑾、瑜、瑁等字为"美玉也"，又释玤、玲为"石之次玉者"，而释琅、璞等字为"石之似玉者"。另外还有专字来形容玉的特定物理特性，如以玼、瑕、璊来表示玉之呈色，又以玎、玱、琤和瑝字来表示玉之声。

《说文》中的上述记载，表明了我国古代人们对玉料的深刻认识。虽然《说文》是汉代的著作，但玉部中所著录的字，其主要来源是《诗经》，其中相当部分在《诗经》中可以见到，而且，许慎在对某些字作解释时，也是引《诗经》中的材料为证，因此，在《说文·玉部》中常见"诗曰……"一类的提法，足见《说文》所保留的有关对玉石的认识，相当程度上是反映了周代人的看法。而在周代对玉之质地进行鉴定者就是玉人，《左传·襄公十五年》："宋人或得玉，献诸子罕。子罕弗受。献玉者曰：以示玉人，玉人以为宝也，故敢献之。"④由此可见，在当时人看来，玉人对玉的鉴定是有权威性的。

---

① 闻广、荆志淳《沣西西周玉器地质考古学研究——中国古玉地质考古学研究之三》，《考古学报》1993年第2期。

② 周国平《宝石学》261—274页，中国地质大学出版社，1989年。

③ 闻广《辩玉》，《文物》1992年第7期。

④ 杨伯峻《春秋左传注》1024页，中华书局，1990年。

古人对玉料质量的精确鉴别是《考工记·玉人》中规范用玉等级的技术基础，而中国古代对玉石质量的鉴定以及相应的用玉等级制度，不仅见于《考工记》一类的文献记载，同时也被相关考古发现所证实。据闻广、荆志淳的研究，这种用玉的等级制度早在新石器时代的红山和良渚文化时期已现端倪。如红山文化牛河梁遗址的随葬用玉已经可以分为三个等级，其中第一等级所随葬的全是真玉，第二等级全用假玉，而第三等级则没有玉器随葬。而良渚文化墓葬用玉则可分为四个等级，第一等级如余杭反山 M12，全用真玉，相当于用全；第二等级如上海青浦福泉山 M9 等，真玉居多而又杂有假玉，相当于《考工记》中所记载的用龙或用瓒；而第三等级如海宁荷叶地 M3 等，所随葬的玉器真假参半，相当于用埒；第四等级则是众多的未随葬玉器的墓葬。他们还指出，殷墟妇好墓所随葬的玉器绝大部分是真玉，近似用全，而沣西两座井叔墓 M157 和 M170 所随葬的玉器中，假玉均占百分之十的比例左右，相当于用龙，均与其身份地位相符[1]。

既然早在新石器时代人们就已经能够对玉料质地作出准确的判断，并在用玉上形成较为明显的等级制度，我们没有理由怀疑这一传统在两周时期的延续和发展。相信在对诸如晋侯墓地、上村岭虢国墓地、平顶山应国墓地以及长清邿国墓地出土玉器进行了更为详尽的矿物学研究后，我们对这条经文的认识也会更加深入。[2]

张明华《礼玉礼用——出土玉器在礼制与使用习俗间的互证及意义》指出"分享玉、石比例之多少示尊卑"，也认同闻广、荆志淳的研究结论，"显然这一制度主要贯彻于汉代和汉代以前的先秦时代，以后稍有改变，但优劣尊卑之关系始终未变"。[3]

石荣传《〈周礼·考工记·玉人〉所载"命圭"的考古学试析》认为"龙""瓒""将"或可以解读为拼合成同一件物品时，不同质地的玉与石比例的不同：

从考古发现的夏商器物看，当时的玉石镶嵌技术已十分高超，如二里头文化的铜牌上镶嵌的绿松石历经几千年牢固如初[4]，所以西周时将多种质地的玉石镶嵌在一件物品上当无技术问题。

笔者的这一推测恰与第一类组合玉柄器的镶嵌部分相印证：五组片饰为带扉棱小玉片、凹形小玉片、圆形小玉片、圆形小石片（多为绿松石）、带扉棱小玉片，确为"四玉一石（绿松石）"。而随葬此类的墓主人多为诸侯国君或夫人，即"公侯"。如此，此类玉柄形器与公侯所用"命圭""四玉一石"完全相合。

因之，组合玉柄器应或即为《周礼·考工记·玉人》所载"命圭"，各级圭的差异在于其镶嵌部分的差异。即天子所用的"天子纯玉尺有二寸"的"全"当是五组皆为玉片；而"公""侯""伯"所用"命圭"之"龙""瓒""将"的差异在于五组玉（石）片的差别，即公侯一级为四组玉片及一组石（绿松石）片，伯一级为三组玉片及二组石片（绿松石片或其他石质）。考古出土以蚌片或其他质地片饰的组合玉柄形器可能是伯以下的贵族所用。[5]

① 闻广、荆志淳《沣西西周玉器地质考古学研究》，《考古学报》1993 年第 2 期。
② 孙庆伟《〈考工记·玉人〉的考古学研究》，北京大学考古学系编《考古学研究》（四）119—121 页，科学出版社，2000 年。
③《上海文博论丛》2009 年第 1 期。
④ 中国社会科学院考古研究所二里头工作队《1987 年偃师二里头遗址墓葬发掘简报》，《考古》1992 年第 4 期。
⑤ 石荣传《〈周礼·考工记·玉人〉所载"命圭"的考古学试析》，《湖南大学学报》（社会科学版）2014 年第 2 期。又见石荣传《再议考古出土的玉柄形器》，《四川文物》2010 年第 3 期。

4. 继子男执皮帛

《玉人》: 继子男执皮帛。

孙诒让:"继子男执皮帛"者,贾疏云:"此公之孤。上不言子男,而此云继子男者,以上文不见子男也。以子男与伯同用三玉二石,故空其文,见子男与伯等,以是得言以皮帛继子男也。以《大行人》注言之,此亦是孤尊更以其贽见也。"案:贾说非也。以《大宗伯》《典命》两经证之,疑此文当次前三等命圭之后,因上阙子男执璧之文,而误移于此。经备记五等瑞玉,因及孤之贽耳。

郑玄:谓公之孤也。见礼次子男,贽用束帛,而以豹皮表之为饰。天子之孤,表帛以虎皮。此说玉及皮帛者,遂言见天子之用贽。

孙诒让:注云"谓公之孤也"者,《典命》云:"公之孤四命,以皮帛,视小国之君。"不言侯伯有孤。又《大行人》云:"凡大国之孤,执皮帛,以继小国之君。"与此文相应,故知是公之孤也。郑锷云:"有天子之孤,有诸侯之孤。《大宗伯》曰'孤执皮帛'者,天子之孤也。二者皆执皮帛,特所用以饰之皮异耳。天子之孤不当继子男之后,故康成以为此公之孤也。然《典命》又有'诸侯适子未誓,则以皮帛继子男'之文,则公之孤与诸侯适子之未誓者,皆执皮帛而列子男之后欤?"云"见礼次子男,贽用束帛,而以豹皮表之为饰,天子之孤,表帛以虎皮"者,《大宗伯》注义同,彼注"贽"并作"挚"是也。贽即挚之俗,详彼疏。云"此说玉及皮帛者,遂言见天子之用贽"者,以皮帛非玉人之事,明此经因说玉而类及皮帛之贽也。[①]

孙庆伟《〈考工记·玉人〉的考古学研究》证实"孙氏此说,才是真正理解了经文的真实含义":

"继子男赟皮帛"一句,其文义和前后文难以衔接,故孙诒让说:"疑此文当次前三等命圭之后,因上阙子男执璧之文,而误移于此。"而戴震更称:"脱简,误在此,衍文。"[②]按据《仪礼·聘礼》诸侯之间行聘礼时皆有币以为庭实,又如《周礼·秋官·大行人》记:"合六币,圭以马,璋以皮,璧以帛,琮以锦,琥以璲,璜以黼。此六物者,以和诸侯之好故。"玉币除了见于文献记载外,同时也被出土铜器铭文所证实。如著名的裘卫盉铭记载了矩伯为了参加周王的典礼,以土地从裘卫那里换来了一件瓛璋和若干件贵重的皮革,准备作为献给周王的玉币[③]。这一铭文的发现证明了《周礼·大行人》以及《仪礼·聘礼》中的相关记载是有根据的,尤其是铭文中矩伯从裘卫所购买或租借的正好是璋和皮件[④],

---

① 孙诒让《周礼正义》4016—4017/3328—3329页。

② 戴震《考工记图》,见《戴震全书》第五册382页,黄山书社,1995年。

③ 周瑗《矩伯、裘卫两家族的消长与周礼的崩坏——试论董家青铜器群》,《文物》1976年第6期。

④ 矩伯究竟是从裘卫处购买或租借玉璋和皮件,学术界还有不同的意见,说详 a. 唐兰《用青铜器铭文来研究西周史——综论宝鸡市近年发现的一批青铜器的重要历史价值》,《文物》1976年第6期; b. 赵光贤《从裘卫诸器铭看西周的土地交易》,见《周代社会辨析》221—235页,人民出版社,1980年。

这与《周礼·大行人》所说的"璋以皮"正相符合。但事实上所谓的合六币，并不一定如《周礼·大行人》所记载的那样规范和严格，必须圭马、璋皮这样两两相配，故孙诒让《周礼正义》称："此经圭马璋皮，文取相配，实可互用也。其璧琮琥璜，亦以皮马为庭实。"按《左传·襄公十九年》记鲁襄公贿晋荀偃"束锦、加璧、乘马。"又《左传·襄公二十六年》记宋平公夫人赠左师向戌玉币为"夫人使馈之锦与马，先之以玉"。可见孙氏此说，才是真正理解了经文的真实含义。

这样看来，尽管"继子男赘皮帛"一句在文义上和上下文无法衔接，此处确有脱句，但通过以上的分析，它应该是一段有关玉币之礼经文中的一句，但其他都已经散佚，而这一句经文的位置也应该是在这里的，而不是如戴震所说的"误在此"。[①]

5. 必

《玉人》: 天子圭中必。

孙诒让："天子圭中必"者，贾疏云："案《聘礼》谓五等诸侯及聘使所执圭璋，皆有缫藉及绚组，绚组所以约圭中央，恐失坠，即此'中必'之类。若然，圭之中必，尊卑皆有，此不言诸侯圭，举上以明下可知。"

郑玄：必读如"鹿车绊"之绊，谓以组约其中央，为执之以备失队。

孙诒让：注云"必读如鹿车绊之绊"者，《广雅·释器》云："维车谓之历鹿，道轨谓之鹿车。"《方言》云："维车，赵魏之间谓之軴辘车，东齐海岱之间谓之道轨。"又云："车下铁，陈宋淮楚之间谓之毕，大者谓之綦。"郭注云："鹿车也。"戴震云："此言维车之索，故郭云鹿[②]车也。《玉篇》云：'绁，索[③]也，古作鈇。'据此，绁乃本字，鈇即其假借字。圭中必为组，鹿车绊为索，其约束相类，故郑读如之。绊毕古通用。"段玉裁云："《广雅》'鹿车'本《方言》，鹿车与历鹿义同，皆以其围绕命名也。《说文》曰：'绊，止也。'古毕必通用。"案：戴、段说是也。《说文》绊训止，盖凡以丝麻为组索，皆所以止缚为系固，故通谓之绊。鹿车即收丝之器，《说文·糸部》云"维，箸丝于筦车也"是也。绊即束鹿车之索，索亦名绁，假借作鈇。《方言》所谓车下铁，车非乘载之车，铁亦非五金之铁也。《御览·车部》引《风俗通》"鹿车窄小，裁容鹿也"，与此鹿车亦异。云"谓以组约其中央，为执之以备失队"者，《聘礼记》云"圭皆玄缫系组"，郑注云："采成文曰绚。系，无事则以系玉，因以为饰。皆用五采组，上以玄下以绛为地。"《说文·糸部》云："组，绶属。"圭重器，恐失队破损，故以组约而执之。此组系，《聘礼》

---

① 孙庆伟《〈考工记·玉人〉的考古学研究》，北京大学考古学系编《考古学研究》(四)121页，科学出版社，2000年。
② 引者按："鹿"从孙校本改，与上"郭注"及戴震《方言疏证》卷九合。王文锦本从乙巳本、楚本讹作"丽"。
③ "索"汪少华本排印讹作"素"。

亦谓之繶，与《典瑞》《大行人》画韦之繶异，详《典瑞》疏。①

张道一《考工记注译》解释"天子圭中必"即帝王的圭中央系有丝绳②。孙庆伟《〈考工记·玉人〉的考古学研究》提供"圭中必"的考古辅助证据：

> 因为丝麻织物不易保存，周人是否或如何以组索来缚玉圭，相应的考古证据并不易获得，但从周人对瑞玉的重视程度来看，采取某些安全保护措施也在情理之中。另外，在考古发掘中也有些相关的发现，可以用作证经的辅助材料。如我们在发掘晋侯墓时，一些大玉戈（上文已证为大玉圭）在出土时，其表面就有丝织品包裹的痕迹③；山西侯马盟誓遗址坑十七中所出的玉环上也残留有当时包裹的丝织品痕迹④；辉县固围村一号大墓中的埋玉坑所出土玉器上也有绢帛一层⑤。这些现象和所谓"圭中必"的记载之间有无关系，我们现在还不十分肯定，但至少我们可以获知在两周时期确实有用丝织品来包裹玉器的作法。而更具说服力的材料见于西汉南越王墓出土的玉器中，该墓所出的多件精美玉器上都有丝织品包裹的痕迹，其中几件玉璧表面至今还保留有十字形的丝织品的痕迹⑥，表明当时是用丝织物穿过璧中心的好来缠绕器物的，这种现象或可能更接近"圭中必"一类的记载。而且按照《周礼》的文例，此处虽然只说"天子圭中必"，而贾公彦已经提出诸侯之命圭当也是如此，那么我们推测，除圭以外的其他玉瑞当也有"中必"一类的保护措施。《周礼》此处文不具，或者是文有脱漏，或者是如贾公彦所说的"举上以明下可知"。南越王墓中多种玉器均用丝织品包裹即可用作其旁证，当然更确凿有力的证据还有待于新的考古发现。⑦

石荣传《再议考古出土的玉柄形器》对南越王墓中出土玉璧上的十字形丝织品痕迹的现象接近于"圭中必"的记载表示质疑："首先，这种玉璧上的丝织品痕迹是组合玉佩上的'绶'带，而不是为了约束玉璧防止脱落的'必'；其二，此时仪玉制度只是汉儒的附会，用汉代遗址的资料只能证明汉时的用玉制度，而不能证明周代的礼制，况且玉璧此时主要功能是佩饰品，而非瑞玉。"⑧石荣传认为可以用来说明命圭中的"圭中必"基本形制的是：

> 从组合玉柄形器出土时的情况：如洛阳北窑西周墓地的组合玉柄形器下部大多都有圆形漆器残迹，原报告中推测可能是组合玉柄形器的特制鞘饰；另外，在这片墓地中，玉柄形器出土时是横放在椁顶或是悬于墓壁上的，四周和端部往往带有玉片饰的鞘形漆痕，所以原报告中推测"我们推测其可能为商周时期奴隶主贵族为了显示其身份的高贵，出外时将玉柄形器佩带于腰部，居家时则悬挂于墙壁之上或陈之于室内"。而这一情况与"天子圭中必"的记载非常吻合，可以用来说明命圭中的"圭中必"的基本形制，无疑为玉柄形器是命圭提供了另一证据。⑨

① 孙诒让《周礼正义》4017—4018/3329—3330页。
② 陕西人民美术出版社，2004年，245页。
③ 北京大学考古系、山西省考古研究所《天马—曲村遗址北赵晋侯墓地第五次发掘》，《文物》1995年第7期。
④ 山西省文物工作委员会《侯马盟誓遗址出土的其他文物》，见《侯马盟书》379—384页，文物出版社，1976年。
⑤ 郭宝钧、夏鼐《辉县发掘报告》，科学出版社，1956年。
⑥ 广州南越王墓博物馆《南越王墓玉器》图版119、122、123和126的文字说明，264—265页，香港两木出版社，1991年。
⑦ 孙庆伟《〈考工记·玉人〉的考古学研究》，北京大学考古学系编《考古学研究》（四），科学出版社，2000年。
⑧ 石荣传《再议考古出土的玉柄形器》，《四川文物》2010年第3期。
⑨ 石荣传《再议考古出土的玉柄形器》，《四川文物》2010年第3期。

　　吴大澂《古玉图考》"窃疑鹿车之绊施之于圭似不相类",另有一说,释"必"为"柲":
"是圭即尺有二寸之镇圭,中有一穿,径约三寸,穿上四寸有半寸,穿下亦四寸有半寸。因疑
'中必'之'必'即古柲字。《说文》:'柲,欑也。欑,积竹杖也,一曰穿也。'盖它圭穿多近下,
用以系组而已。天子之圭,穿在中央,可以手执,不致失坠,故曰'天子圭中必'。"

　　那志良《中国古玉图释》称赞吴大澂这一解释非常精到,但认为吴大澂所著录的镇圭
图形"合乎镇圭条件,而不敢说它一定是一个镇圭",因为:"A这件器物,像斧的地方多,像
圭的地方少,我们所看到的圭,似乎没有这样宽的。B在各地的发掘报告中,看到不少这种
形状的石斧。……C见于古玉图谱中著录的,也多有类似的形状。……周代定制,是取用
已有器物的形制,做为礼器的形制。取用了斧,作为天子、百官的爵位证明,而天子,是全国
最高统治者,他的爵位证明,自然要比较特殊,不但尺寸长,又把这种孔在中央的斧形应用
上了,而成为孔在中央的镇圭。但我们不能把孔在中央的斧,都名之为镇圭。"那志良还指
出:"吴氏认为孔在中央的,才能认为是镇圭,但在他的著作《古玉图考》中,著录了三件孔
不在中央的圭,他也名之为镇圭,这是自相矛盾了。"[1]

　　吴大澂的解释为不少学者所接受,周南泉《论中国古代的圭——古玉研究之三》:"必,
古与柲字同,《说文》:'柲,一曰穿也。'也就是说,所谓天子圭中必,意即圭上有穿,但只局限
于天子所用,其他人用圭似无。……有的圭似还在下部钻有穿孔,即所谓'圭中必'者。"[2]

6. 四圭有邸

《玉人》:四圭尺有二寸,以祀天。

　　孙诒让:"四圭尺有二寸,以祀天"者,贾疏云:"据下'裸圭尺有二寸'而言,则此四圭,圭别尺有
二寸。"戴震云:"一邸而四圭,邸为璧,在中央,圭各长尺二寸,在四面。"诒让案:《周易集解》引《荀
九家易注》云:"天子以尺二寸元圭事天。"即谓此也。璧度经注无文,贾《典瑞》疏以为径六寸,是也。
《尔雅·释器》云:"璧大六寸谓之宣。"此四圭邸璧及下祀日月星辰之圭璧,盖皆如宣璧之度。《古文
苑·秦诅楚文》,祠巫咸、亚驼、久湫,亦用宣璧,《汉书·郊祀志》谓之瑄玉,盖古祭玉多用六寸之璧矣。

　　郑玄:郊天,所以礼其神也。《典瑞职》曰:"四圭有邸,以祀天旅上帝。"

　　孙诒让:注云"郊天,所以礼其神也"者,《典瑞》注云:"祀天,夏正郊天也。"外祀用玉礼神,详
《大宗伯》疏。引《典瑞职》者,贾疏云:"证祀天为夏正郊所感帝,兼国有故旅祭五帝之事,亦以此圭

礼神也。"案：此不云有邸及旅上帝者，文略。但彼祀天当为圜丘祭昊天，旅上帝为旅祭受命帝，郑、贾说并失之。详彼疏。①

《典瑞》：四圭有邸以祀天、旅上帝。

郑司农：于中央为璧，圭著其四面，一玉俱成。《尔雅》曰："邸，本也。"圭本著于璧，故四圭有邸，圭末四出故也。或说四圭有邸有四角也。

孙诒让：郑司农云"于中央为璧，圭著其四面，一玉俱成"者，贾疏云："于中央为璧，谓用一大圭，琢出中央为璧形，亦肉倍好为之。四面琢，各出一圭，天子以十二为节。盖四厢圭各尺二寸，与镇圭同。其璧为邸，盖径六寸。总三尺，与大圭长三尺又等。"诒让案：嫌以四玉合邸为之，故云"一玉俱成"，明四圭同邸，为一玉琢成也。《通典·吉礼》引崔灵恩云："四圭有邸者，象四方物之初生。以璧为邸者，取其初生之圆匝也。其玉色无文。今谨案：既有邸皆象物初生，又当春气之始，威仰又为青帝，其色宜青。"案：崔谓此四圭有邸，色亦以青，理或然也。引《尔雅》曰"邸，本也"者，《释言》文。郭本"邸"作"柢"。阮元云："司农自据当时《尔雅》，且司农邸有两说，唯作'邸'斯两说可该，倘作柢则不能该后说矣。"案：阮说是也。《玉人》"两圭"后郑注亦不改为柢可证。邸柢声类同。云"圭本著于璧，故四圭有邸，圭末四出故也"者，圭上剡者为末，下连璧为本，四圭共著一璧为柢，故四末纵横岐出矣。《御览·珍宝部》引马融注云："四圭相连，皆外向，共一邸，长尺二寸。"与先郑说同。云"或说四圭有邸有四角也"者，此广异义也。四角，谓剡成芒角四出。贾疏谓即桓圭之桓，疑非。②

《玉人》：两圭五寸，有邸，以祀地，以旅四望。

孙诒让："两圭五寸，有邸"者，聂崇义云："两圭五寸，亦宜于六寸璧两边各琢出一圭，俱长二寸半，博厚与四圭同。"黄以周云："两圭五寸，亦谓各出邸五寸。聂云各琢出二寸半，非。"戴震云："两圭盖琮为之邸，故文在此。《大宗伯职》注曰：'礼神者，必象其类，璧圜象天，琮八方象地。'"案：两圭之邸，旧说用璧。戴本陈祥道、赵溥说，以为用琮，是也。五寸者，亦谓邸两面各琢五寸圭，系于一邸。其邸之琮亦径六寸，与四圭之邸璧度同。

郑玄：邸谓之柢。有邸，僢共本也。

孙诒让：注云"邸谓之柢"者，《释文》云："柢，刘作柇。"阮元云："邸谓柢之，《尔雅·释器》文。刘本作'柇'，字形之讹。"云"有邸，僢共本也"者，《尔雅·释言》云："柢，本也。"《典瑞》先郑注引《尔雅》"柢"作"邸"。又后郑彼注云："僢而同邸。"僢与舛同，言两圭足反舛相对，而同著一邸也。③

---

① 孙诒让《周礼正义》4018/3330页。
② 孙诒让《周礼正义》1910/1911页。
③ 孙诒让《周礼正义》4037—4038/3345页。

聂崇义《新定三礼图》卷十一绘有"四圭有邸""两圭有邸"图。其解释"邸":"《典瑞》注云:'两圭者,以象地数二也。僻而同邸。'又《王制》注云:'卧则同僻。'彼'僻'谓两足相向。此两圭足同邸,是足相向之义;上四圭同邸,亦是各自两足相向,故此言'僻而同邸'总解之也。《尔雅》云:'邸谓之柢。'郭璞云:'柢为物之根。'柢与邸底音义皆同。"

两圭有邸　色青

那志良《四圭有邸与两圭有邸》因此质疑道:"根据这个说法,明明是:四圭有邸,是用四个'尺有二寸'的圭,各自两足相向,用来祀天;两圭有邸,是用两个五寸的圭,两足相向以祀地。"认为:"邸字既有'本''根柢'的意思,就是说,圭的足共著于一本,也就是足必相向,不能摆作平排或其他方式。祭祀的玉,多是一件,这里却用两个圭或四个圭,为便陈设起见,或许在圭足之间,用一件东西隔起来,或联起来,作为两圭或四圭之'本'。传世古玉,没有见过'一玉俱成'的圭璧合制,很难令人相信有圭璧合制的古玉。"[1]

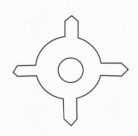

四圭有邸　色赤

那志良《中国古玉图释》的表述是:"这一段话,把'邸'字的本义说清楚了,何以他的绘图反而与这段文字的说法不同?'邸'不是'璧',我们可以确知了。"从而认为:"三礼图所绘的图完全不足征信,应当是:'四圭,有邸'是四圭排列起来,四足相向;'两圭,有邸'是两个圭排列起来,两足相向。……都不是'一玉俱成'的。"[2]

那志良《古玉研究中几个未解决的问题》论述"四圭有邸"当标作"四圭,有邸"的理由:

1.《玉人》说"四圭,尺有二寸,以祀天",并没有说到"有邸"的话。玉人是制玉的,制玉的人所制祀天之器,是四个一尺二寸长的圭,到了典瑞手里,他是管收藏及陈设的人,所以在《典瑞》文中,多了"有邸"二字,"有邸"是与使用有关的。

2. 在"两圭"中,《玉人》文中,有了"有邸"二字,但他没有写成"两圭有邸",而在"两圭"与"有邸"之间,夹上"五寸"两字,四个字裁成两段,可知"两圭有邸",不可能是一件器物的名称。[3]

夏鼐《商代玉器的分类、定名和用途》赞同那志良的说法:

古书如《周礼》《诗经》中往往"圭璧"连称,当为二物。郑玄误

① 台湾《大陆杂志》第6卷第12期。
② 那志良《中国古玉图释》157—158页,台湾南天书局,1990年。
③ 那志良《古玉研究中几个未解决的问题》,台湾《故宫学术季刊》第3卷第2期。

释为"圭,其邸(柢)为璧",把它们视作一物,即外缘带有圭形突起的璧。《周礼》中有"四圭有邸"和"两圭有邸"(《典瑞》《玉人》)。这二者的意思,我同意那志良的说法[①]。"四圭有邸",当为四圭平放,底部相向。郑司农(众)误释为"于中央为璧,圭著其四面,一玉俱成"。"两圭有邸"一语,有人以为两圭有邸亦以璧,与"四圭有邸"相同。聂崇义《三礼图》中依照这说法绘成图形,后来玉匠便依这些图形仿制,或以应朝廷中举行古礼时的需要,或以满足收藏古玉者的要求。但是,先秦古玉中没有这种"圭璧""两圭有邸"和"四圭有邸"的玉器。至于林巳奈夫以为殷代柄形玉饰是"大圭"。这种柄形器都是小型的,上端也不尖锐如圭,古人不会称它为"大圭"的。这留待讨论玉制装饰品时再谈。[②]

孙庆伟《〈考工记·玉人〉的考古学研究》也认为"四圭有邸""两圭有邸"是"指用圭、璧不同数量的组合和摆放形式而言":

郑玄对于什么是所谓的四圭有邸并不很清楚,但后世学者都把一种中央为璧形而四角各有一圭形凸出的器物称之为"四圭有邸"。如聂崇义《三礼图》中就有多件这种一玉俱成的四圭有邸器,清戴震的《考工记图》和刘松年《古玉图谱》中所绘制的四圭有邸图形均和聂崇义的大同小异,可见从汉代以降,学者对"四圭有邸"的理解没有什么变化。但是迄今为止,考古实物中还不见一例这种形制的器物,这就促使我们有必要重新考虑"四圭有邸"的真正含义。

晋侯墓地M8,M31,M93[③]以及上村岭虢国墓地M2001[④]中墓主胸部出土的大玉戈(玉圭)都是迭放在一件大玉璧上的;此外,在山东成山发现的两组战国末年或西汉早期的祭玉中,其组合是两圭一璧和两圭、一璧及一璜(珩?),其排列方式都是将玉璧置于中央,而两圭居于两侧[⑤]。据此笔者认为《周礼·典瑞》所记载的用"四圭有邸""两圭有邸"以及"圭璧"等形式来祭祀天地以及日月星辰,并不是如后代经学家所理解的用一件名为"四圭有邸"或"两圭有邸"的玉器来作祭品,而是指用圭、璧不同数量的组合和摆放形式而言。在陈列这些祭玉时,璧通常为一件,又常常是被放置在圭下或被圭所包围,故称为"邸"。因为祭祀对象有不同,故所用的祭玉数量也相应地有变化,但是否就如《周礼》所言的祭天用四圭有邸,祭地和祭日月星辰分别用两圭有邸和圭璧的形式,还有待于更多的考古材料来证实。但《考工记·玉人》言祭天的四圭均长尺有二寸,这自然只能是经文的假想之辞。[⑥]

周南泉《论中国古代的圭——古玉研究之三》指出《新定三礼图》所绘"这两种玉圭,迄今未在汉以前玉器中发现,当时是否有这两种圭仍存疑,或其另有形式,而不是上述所绘图形":

① 台湾《大陆杂志》第6卷第12期,第393页,1953年;又那志良《古玉鉴裁》第89—91页。
② 夏鼐《商代玉器的分类、定名和用途》,《考古》1983年第5期,引自《夏鼐文集》中册22页,社会科学文献出版社,2000年。
③ a. 北京大学考古系、山西省考古研究所《天马–曲村遗址北赵晋侯墓地第四次发掘》,《文物》1994年第1期;b.《天马–曲村遗址北赵晋侯墓地第五次发掘》,《文物》1995年第7期。
④ 河南省文物研究所、三门峡市文物工作队《三门峡上村岭虢国墓地M2001发掘简报》,《华夏考古》1992年第3期。
⑤ 王永波《成山玉器与日主祭——兼论太阳神崇拜的有关问题》,《文物》1993年第1期,62—68页。又,成山所出土的一组玉器中究竟有璜还是珩,因为原文照片不甚清楚,故存疑。其中珩与璜的区别,拙作《两周〈佩玉〉考》(见《文物》1996年第9期)曾有论述。
⑥ 孙庆伟《〈考工记·玉人〉的考古学研究》,北京大学考古学系编《考古学研究》(四)122页,科学出版社,2000年。

　　笔者在汉以后的传世玉器中，曾见两件如郑司农所称的圭璧相合器或近似"圭末四出"和"有四角"的所谓有底玉圭。一件是中央为谷纹玉璧，璧外缘等距外凸三个圭形饰。三圭形式大小相同，圭首朝外，方处联璧。另一件是一谷纹璧在中央，璧外缘各镂雕四个形式和大小相似的兽面纹。所饰兽面纹，头部尖凸，似作圭首（图十四）。前者确切来说应是"三圭有邸"。而后者饰四组兽面纹可能是据郑司农所谓有"捷卢"的驵圭而作，因为兽面纹外周有脊牙。此外，四组兽面纹在四角，璧在中央，呈"外方内圆牙外"的琮，亦可能为琮的变体。又此器有璧、琮之形，或是据"疏璧琮以敛尸"的璧琮而作。当然，若四组兽面纹是象征圭，那么，它可能就是古书所谓的四圭有邸。两器都非汉以前物，不能说它们就是两圭有邸和四圭有邸的原形。它很可能是后人根据郑氏注解想象或按《新定三礼图》制作的一种变形圭。总之，古籍所载的这种圭，目前尚无统一认识，亦未发现早期实例，它究竟为何物，还待考古材料来证实。[①]

　　詹鄞鑫《神灵与祭祀——中国古代宗教综论》解释"四圭有邸"：

　　出土的古圭从无四圭共底的。参照出土物，应以郑司农说为近，但他没说清楚。其实"四圭有邸"就是在大圭中琢一圆洞，古人以为象璧，"璧"外四面当然就是一个整圭。郑玄引"或说"谓"有四角"者，应为各边有四牙，这种圭就是西周玉钺形的圭。所谓"有邸"，即是说下面渐宽，像树木之本特大，故称为"邸"，即"柢"。依此类推，"两圭有邸"即圭的两旁各有两牙。"圭璧"其实就是似璧的玉钺。这种圭曾出土于商初文化的河南偃师二里头，原书称为"玉钺"。[②]

　　孙庆伟《〈考工记·玉人〉的考古学研究》认为詹鄞鑫说"无论是从文献还是从考古方面来看都有不足"：

　　如把玉圭中央的圆洞，即考古上所说的穿看成是经文中所说的璧，证据似乎不足，历代经注家都以璧为实物，如《周礼·典瑞》贾疏曰："于中央为璧，谓用一大圭，琢出中央为璧形，亦肉倍好为之。"而这里仅将其视为一虚的圆洞，在有确凿证据前，我们还不能得出这样的结论。据詹先生所绘图形，他所说的"大圭中琢一圆洞"者，事实上就是考古中常说的玉戚，而这种玉戚，据笔者的统计，在目前西周墓葬和遗址中所出土者还不足十件，而多见于较早的龙山以及夏商时

图十四　明仿古玉圭璧

西周玉钺形的圭

河南偃师二里头的圭

①　周南泉《论中国古代的圭——古玉研究之三》，《故宫博物院院刊》1992年第3期。
②　詹鄞鑫《神灵与祭祀——中国古代宗教综论》253—254页，江苏古籍出版社，1992年。

期①，说明它不可能是周代重要礼玉之一的圭。而将玉戚两侧的牙状饰理解成"两圭有邸"同样缺乏根据，这种牙状饰事实上是一种时代特征，主要流行于龙山以至夏商时期，两周时期有这种装饰的玉器已经很少见，况且，牙状饰的数量并无特定规律，如以每侧有两个牙状饰为两圭有邸，则有三个者，是否该称之为"三圭有邸"呢？由此可见，詹先生的解说并不符合经文原意，也不能从考古发现中得到证实。②

7. 大圭　珽

《玉人》：大圭长三尺，杼上，终葵首，天子服之。

孙诒让："大圭长三尺"者，此圭较镇圭为尤长，故称大圭。《礼器》云"大圭不琢"，注谓即此大圭，又云："琢当为篆。""不篆"者，盖谓纯素无文，与镇圭有琢异也。《诗·商颂·长发》云"受大球小球"，郑笺云："受小玉，谓尺二寸圭也。受大玉，谓珽也，长三尺。"案：大圭以球玉为之，故《玉藻》云"笏，天子以球玉"。《晏子春秋·谏上篇》③"齐景公带球玉"，亦谓笏也。《白虎通义·文质篇》引《礼》云，"珪造尺八寸"。案：礼无尺八寸之圭，或即笏珽之属与？云"杼上，终葵首"者，杼，《说文·玉部》引作"抒"，误。《荀子·大略篇》杨注云："谓剡上，至其首而方也。"云"天子服之"者，服犹服剑之服，谓带之于身，《典瑞》谓之"搢"，彼注云"插之于绅带之间，若带剑"是也。

郑玄：王所搢大圭也，或谓之珽。终葵，椎也。为椎于其杼上，明无所屈也。杼，㓮也。《相玉书》曰："珽玉六寸，明自照。"

孙诒让：注云"王所搢大圭也"者，据《典瑞》文。云"或谓之珽"者，《玉藻》云："天子搢珽，方说于天下也。"郑注云："此亦笏也。谓之为珽，珽之言挺然无所屈也。或谓之大圭。"《说文·玉部》云："珽，大圭，长三尺，抒上，终葵首。"《左传·桓二年》孔疏引徐广《车服仪制》云："珽，一名大圭。"说并与郑同。戴震云："大圭，笏也。天子玉笏，其首六寸，谓之珽。"案：戴说是也。《大戴礼记·虞戴德篇》云："天子御珽，诸侯御荼，大夫服笏。"《荀子·大略篇》同。《隋书·礼仪志》引《五经异义》、《御览·服章部》引《五经要义》，并以珽为天子笏。《左传·桓二年》杜注云："珽，玉笏也。"《广雅·释诂》、《周书·王会》孔注、《穆天子传》郭注，亦并以笏珽相诂，是珽与笏异名同物。《典瑞》

---

① 孙庆伟《西周墓葬出土玉器研究——兼论两周葬玉制度》，北京大学考古系硕士论文，未刊。
② 孙庆伟《〈考工记·玉人〉的考古学研究》，北京大学考古学系编《考古学研究》（四）122页，科学出版社，2000年。
③ 引者按："上篇"当为"下篇"，见吴则虞《晏子春秋集释》135页，中华书局，1982年。

"天子晋大圭以朝日"，而《管子·轻重己》言天子祭日揸玉笏，是大圭与珽同为玉笏之确证。至《玉藻》所云笏度二尺有六寸者，《左传·桓二年》疏谓是诸侯以下之度分，其说甚确。盖揸珽与带剑同，大圭三尺与上士之剑度适相当，诸侯以下之笏二尺六寸，与中士之剑度亦相近，其等例同也。云"终葵，椎也"者，惠士奇云："《说文·木部》：'椎，击也，齐谓之终葵。'终葵为椎，犹邾娄为邹，皆齐鲁间俗语。"诒让案：《广雅·释器》云："柊楑，椎也。"《御览·器物部》引何承天《纂文》云："柊楑，方椎。"《后汉书·马融传·广成颂》云："羿终葵"，柊楑即终葵。依《玉藻》注云"方如椎头"，何说是也。云"为椎于其杼上，明无所屈也"者，《玉藻》注云："终葵首者，于杼上又广其首，方如椎头。是谓无所屈，后则恒直。"《玉藻》又云："诸侯荼，前诎后直，让于天子也。大夫前诎后诎，无所不让也。"注云："诎谓圜杀其首，不为椎头。大夫又杀其下而圜。"贾疏云："《玉藻》郑注'言挺然无所屈'，此注亦云'明无所屈'，皆对诸侯为荼，大夫前屈后屈，故云无所屈也。"又《典瑞》疏："终葵首，谓大圭之上，近首杀去之，留首不去处为椎头。"惠士奇云："杼上者，剡其上，此椎头六寸，指不剡者而言。"云"杼，剡也"者，《释文》云："剡，杀字之异者，本或作杀。"阮元云："经作剡，注当用杀字，下文注中'取杀'，杀文皆不作剡也。今此诸本皆作剡，盖浅人援《释文》本改之。"案：阮说是也。剡即毅字，详《矢人》疏。《轮人》"行泽者欲杼"，注云："杼谓削薄其践地者。"此杼义与彼同，谓圭接首处削而杀之也。《玉藻》云："笏度二尺有六寸，其中博三寸，其杀六分而去一。"注云："杀犹杼也。天子杼上终葵首，诸侯不终葵首，大夫士又杼其下首，广二寸半。"戴震云："凡笏广三寸，杀半寸，自中已上渐杀，笏上广二寸半也。"诒让案：郑以此经之"杼"即《玉藻》所谓"杀"，故互相训。杼之近首者广二寸半，首与后同广三寸。依郑说，所杼者在笏上首下，终葵首在杼上，杼杀而首方，固不杼也。《方言》引《燕记》云"丰人杼首"，与此及《轮人》之杼义别。引《相玉书》曰"珽玉六寸，明自照"者，《玉藻》注同，证大圭首六寸，名珽，自杀以下二尺四寸也。贾疏云："谓于三尺圭上，除六寸之下，两畔杀去之，使以上为椎头。言六寸，据上不杀者而言。引之者，证大圭者为终葵六寸以下杼之也[①]。"惠士奇云："《离骚》王注：'《相玉书》：珵，大六寸，其耀自照。'《玉篇·玉部》亦云：'珵，美玉，埋六寸，光自辉。'而康成引《相玉书》珵作'珽'。《说文》有珽无珵。盖珵即珽，古今文。"诒让案：《玉藻·释文》云："珽本又作珵。"与《楚辞注》所引同。[②]

　　王永波《也谈中国古代的"瑞"与"器"》考证"杼上终葵首"是耜形端刃器：

　　剡上而为方首，就字面理解就存在着逻辑矛盾。杼上、剡上均有去掉、杀削之意，既为方首所杼、所剡何处？是以聂崇义便在普通尖圭首上添加一个扁方图形，作为大圭的图解。吴大澂所定大圭为一有柄长条形方首端刃器。

　　汉唐诸儒均谓齐人称椎为终葵，其说或为不误。《广韵》通作槌，即所谓棒槌。然椎实为一长而圆头的棍棒。但无论传世或出土玉器中，从未见有如聂氏所绘之物，其为臆解可知。

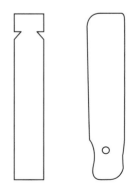

聂崇义《三　吴大澂《古玉
礼图》大圭　图考》大圭

① 引者按："引之者，证大圭者为终葵六寸以下杼之也"仍为贾疏（阮元《十三经注疏》922页中）。
② 孙诒让《周礼正义》4018—4021/3330—3332页。

终葵又作葵，属草本植物。《尔雅·释草》郝懿行疏："此草叶圆而剡上，如椎之形，故曰终葵。"事实上，无论是植物类的葵或是大圭的终葵首，均与齐人所称之椎无关。终葵，急读为椎；椎，缓读即为终葵，齐人称"椎"为"终葵"，有如称"邹"为"邾娄"，与大圭之"终葵首"纯系方言语音上的巧合。郑康成为齐地高密人，故因椎以解终葵，是有其误，郝氏的诠释则更觉牵强。

终葵既非齐人之棒椎，则应对它作出新的解释。援征文献，可有三解：（一）从字面理解：终葵即葵，终葵前应类似于葵的叶或果实的形状。（二）从字义理解：终释极、尽、竟、成，有末端，完成等义。葵，《说文》："菜也，从䖆癸声。"甲骨文之癸作×形。罗振玉（《金文编》）、郭沫若（《十二形诠笺》）、吴其昌（《殷墟书契前编集释·卷一》）等均以"癸"为交叉之形，以此可释终葵首为叉状首。（三）以通转义解之：《说文》"终，求丝也，从丝冬声"，"弦，弓弦也，从弓象丝轸之形"。《经籍籑诂》以终通作弦。《论衡·四讳》："月中分谓之弦。"贾疏《考工记·磬氏》："弦谓两头相望者。"依此可视终葵首为弦状，亦即弯月状首。

杼，郑、贾咸曰："杀也。"《考工记·轮人》"行泽者欲杼"，郑注："谓削薄其践地者。"知杼有去掉，削薄之义。《史记·平原君虞卿列传》"乃绌公孙龙"，《集解》"杼意通绌"，《索隐》："杼音墅，杼者，舒也。"《文选·魏都赋》"巷无杼首"，张氏注："交益之人，率皆弱陋。故曰无杼首也。"《方言·卷二》："杼首，首长也。"《广雅·释诂》："杼，长也。"知杼又有长大、舒展之义。

归结之，"杼上终葵首"就是一种体形修长、首端外阔的凹弧状首，上古玉器中作此种造型者唯有耤形端刃器一种。因此，上古天子、诸侯所执之瑞，非耤形端刃器莫属。

《管子·轻重己》："冬尽而春始，天子东出其国四十六里而坛，服青……玉笏，带玉监，朝诸侯卿大夫列士，循于百姓，号曰祭日。"中华民族是崇拜日神的民族，广汉三星堆出土的"边璋"中部刻有两个山头，山前有祭坛和日轮的形象，人物分别作跪拜和列队奉祀状，正是朝日拜天的典礼场面，山头外侧首端向上的凹首瑞圭（图四，4）和同时出土的青铜"奉圭"人塑像（图四，5）则是执瑞圭——耤形端刃器拜日的直接证据。

《论语·乡党》："执圭，鞠躬如也，如不胜，上如揖，下如授，勃如战色，足，如有循。"正是三星堆青铜人"执圭以拜"的生动写照。

拜日作为一项重要的礼仪活动，在礼乐制度规范化之前并非是由天子独自施行的。各部族首领、酋长、邦国诸侯等均应有自己的礼

4

5

图四　耤形端刃器及相关器物

日活动。《崧高》《韩奕》诸侯亦执大圭等记载都是有力的证明，所以耜形端刃器在各地，甚至非王者墓葬中发现也就不足为奇了。[①]

上述质疑有理："剡上而为方首，就字面理解就存在着逻辑矛盾。杼上、剡上均有去掉、杀削之意，既为方首，所杼、所剡何处？"但是其立论也存在"逻辑矛盾"：既然同意"终葵，急读为椎；椎，缓读即为终葵"，赞同"齐人称'椎'与'终葵'纯系方言语音上的巧合"，岂能将"终葵"释作有实义的两个词？

"珽"是文献中常见的天子所服之器，许慎《说文·玉部》所据乃《玉人》此文。"珽"又谓之"大圭"，亦谓之"笏"，孙诒让考证此三者异名同物。

"珽""荼""笏"为君臣相见所持之物，其质地与形制随地位高低略有不同，散文可通称作"笏"，如《广雅·释器》："璂、珽，笏也。""璂"即"荼"。《释名·释书契》："笏，忽也，君有教命及所启白，则书其上，备忽忘也。"此音训释"笏"命名缘由。《广韵·没韵》："笏，一名手板，品官所执。天子以玉，诸侯以象，大夫鱼须文竹，士木可也。"《广韵》所引乃《礼记·玉藻》："笏，天子以球玉，诸侯以象，大夫以鱼须文竹，士竹本象可也。"此言质地之不同，天子尊贵用玉，故其所持之"珽"又可谓之"玉笏"，《左传·桓公二年》"衮冕黻珽"杜注云："珽，玉笏也。"由此可知，因地位尊卑不同，天子、诸侯、大夫所执之物质地有别，此外它们的形制也有差异，《礼记·玉藻》："天子搢珽，方正于天下也。诸侯荼，前诎后直，让于天子也。大夫前诎后诎，无所不让也。"诸侯之制：长二尺六寸，中间宽三寸，下端也是三寸，上端左右略有削减，其宽度为中间宽度的六分之五，此即"杼上"（上端略削减收缩），而天子之珽是在此之上有"终葵首"。"终葵首"是何形状？郑玄释"终葵"为"椎"："为椎于其杼上，明无所屈也。"《礼记·玉藻》"天子搢珽，方正于天子也"郑玄注另有描述："终葵首者，于杼上又广其首。方如椎头，是谓无所屈，后则恒直。"后代学者遂以"终葵首"之形为"方如椎头"，如《荀子·大略》杨倞注："珽，大圭。长三尺，杼上，终葵首，谓剡上至其首而方也。"孙诒让疏："言所杼之上，又广其首，广于珽身，头方如椎。"东汉以后的礼图如郑玄、阮谌、夏侯伏朗、张镒、梁正诸家之学均不传[②]，唯有宋代聂崇义纂辑的《三礼图》二十卷行于世，其所绘"大圭"之形（如图一，1），珽的端首下两边往内略有削减，即"杼上"，略杀后又逐渐恢复到与底部等宽，呈方首形。清戴震《考工记图》绘有"大圭"（图一，2），认为大圭便是玉笏，大圭之首称"珽"，大圭底边宽三寸，从中部往上略减（聂图则中上近端首处有削减），到与珽（大圭之首）相接的地方左右往内缺，余宽为二寸半，其上是珽，即大圭之首，呈宽三寸长六寸的长方形，宽与底部等同[③]。案：经文明言大圭又谓之珽，戴震以珽专指大圭之首，不合经文。清黄以周《礼书通故·名物图二·玉》根据《玉人》"珽长三尺"、《玉藻》"笏度二尺有六寸"，推算出珽首长四寸，又据《相玉书》"珽玉六寸"，得出珽首是宽六寸、长

① 王永波《也谈中国古代的"瑞"与"器"》，《中国文物报》2002年4月10日。

② 《隋书·经籍志》列郑玄及阮谌等《三礼图》九卷，《新唐书·艺文志》有夏侯伏朗《三礼图》十二卷、张镒《三礼图》九卷，《崇文总目》有梁正《三礼图》九卷。

③ 戴震《考工记图》（《戴震全书》第五册383页，黄山书社，1995年）："镇圭，瑞也。大圭，笏也。故搢大圭而执镇圭。笏亦谓之手版。徐广《车服仪制》曰：'古者贵贱皆执笏，即今手版也。'亦谓之薄。天子玉笏，《玉藻》曰：'笏天子以球玉'，《管子》曰'天子执玉笏以朝日'是也。其首六寸谓之珽，近首盖杀半寸。凡笏广三寸，杀半寸，自中已上渐杀，笏上广二寸半也。"

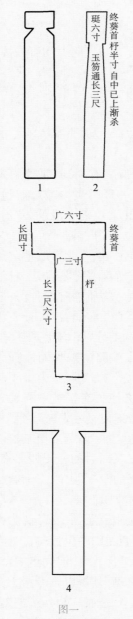

图一

1. 聂崇义《三礼图》 2. 戴震《考工记图》 3. 黄以周《礼书通故》 4. 钱玄《三礼通论》

四寸的长方形。珽身与笏相同，是长二尺六寸，宽三寸的长方形，珽首置于珽身之上，其附图如"T"形（图一，3）[1]。黄以周为求与郑注"方首"吻合，重点考证珽之首，但忽略了经文的"杼上"。珽之上端"渐杀"为定制，各位学者虽然对于"终葵首"意见不一，但"中上渐杀"没有异议，黄以周所论未安。钱玄《三礼通论》所绘"大圭"图（图一，4），在黄以周的图上补充了经文的"杼上"，端首与珽身相接处两端略向内削减，端首是宽六寸的长方形[2]。以上所引各家之说及绘图，"终葵首"形状和尺寸虽略有差别，但都认为大圭的端首是在"杼上"的基础上加宽的方形，依据都是郑玄注。

孙庆伟《〈考工记·玉人〉的考古学研究》指出"后世学者所想象的大圭形制""迄今未见到实例"：

这种形制的玉器迄今未见到实例，而相类似者是考古上所习称的柄形器，柄形器一般都有一个方形或棱台状的首部，类似于大圭的"终葵首"，而柄形器的方形首部下也通常是收杀的，且收杀后器体又逐渐增宽到原器宽，这和对大圭器形的有关描述有一定的相似之处，但柄形器各部位的尺寸显然和大圭有异，而且柄形器的器体一般较小，出土的范围也很广，说明持有者的身份地位很复杂，而不似大圭乃"天子之笏"，再者，柄形器出现的时代很早，至少在二里头时期就已经出现，并一直延续到商周时期。这样看来，出土物中唯一在器形上和大圭有相似之处的柄形器也不会是《考工记》中所说的大圭。

在出土物中还不能确定何者为大圭，其原因不外乎两种，一是这一类器物确实还没有发掘到；二是文献记载有误。目前，周王陵还没有发现，那么，作为天子之笏的大圭未见出土，也并非没有可能。但同样不能排除后一种可能性，《礼记·玉藻》说"天子缙珽，方正于天下也。诸侯荼，前诎后直，让于天子也。大夫前诎后直，无所不让也"。郑注也释珽为笏，并说："诎，谓圜杀其首，不为椎头。诸侯唯天子诎焉，是以谓笏为荼。大夫，奉君命出入者也，上有天子，下有己君，又杀其下而圜。"由此可见，《礼记》以及郑注对大圭形制的记载和认识，在很大程度上是为了附和所谓的天子、诸侯及大夫之间的等级差别，其中不免有理想化成分，因此，这一类记载的可靠程度就值得考虑了。[3]

① 中华书局，2007年，2357页。

② 南京师范大学出版社，1996年，249页。

③ 孙庆伟《〈考工记·玉人〉的考古学研究》，北京大学考古学系编《考古学研究》（四）123页，科学出版社，2000年。

　　孙庆伟这一推测的前提，是后世学者认为"终葵首"是"方首"。然而"方首"的理解其实并不符合《考工记·玉人》原意，从郑注以来一直存在误解。

　　《考工记·玉人》："大圭长三尺，杼上，终葵首。""终葵"是齐语对"椎"的称呼。"椎"是捶击工具。《说文·木部》："椎，击也。齐谓之终葵。"段玉裁注据《考工记》及郑玄注在"击也"前补"所以"二字，认为"器曰椎，用之亦曰椎"。"椎"也写作"锤""鎚""槌"。宋戴侗《六书故》卷二一指出"椎""与锤通，俗作鎚、槌、相"。元蒋正子《山房随笔》所记王文炳《铁椎铭》，铭文说的是"鎚"。据陆锡兴主编《中国古代器物大词典》兵器刑具卷《锤》："锤起源于原始人类追杀野兽、敲砸果壳的短木棒。为增加砸击力量，人们在木棒顶端安装一石块，就产生了最早的石锤。"[①]"椎"有首有柄，《淮南子·说林训》："椎固有柄。"《墨子》记述了椎柄和椎首的尺寸："长椎，柄长六尺，头长尺。"（《备城门》）"椎，柄长六尺，首长尺五寸。"（《备蛾傅》）[②]去掉柄，剩下的就是椎首。鉴于《考工记》成书年代和郑玄所处时代，我们集中考察出土所见的战国秦汉铁锤（鎚）、木槌实物：

　　长沙战国墓出土铁夯锤是直筒形[③]，山西长治战国墓出土铁锤呈圆柱形[④]。湖南麻阳战国时期铜矿出土十件木槌，两件保存完好，槌体偏圆形，上窄下宽，断面成一梯形，一件槌体上径9.5×10、底径10×12厘米（图二，1），另一件槌体上径8.8、底径11.4厘米（图二，2）；出土二件铸铁铁锤，保存完好，圆柱体，两端齐平，中部略鼓，呈一腰鼓形状，一件重7.8公斤、高16.4、径8～10.4厘米（图二，3），一件重4.65公斤，高12.4、径8～9.6厘米（图二，4）[⑤]。湖北大冶铜绿山出土二件战国铁锤锤首，呈椭圆柱形，锤高13.7厘米，重6公斤（图二，5）[⑥]。秦始皇陵第三号兵马俑坑出土铁锤锤首，呈方柱形，高15.2、宽9、厚8厘米（图二，6）；小铁锤锤首下宽上窄，由下往上逐渐收杀，高12.4、宽4.3、厚1～4厘米，重1.25公斤（图二，7）[⑦]。汉代铁锤实物有些是椭圆形（图二，8），有些是圆柱形（图二，9），中间有方銎，用来安木柄，锤的两头都可用来敲砸。有些下宽上窄（图二，10）[⑧]。咸阳市空心砖汉墓出土锤锤首呈腰鼓状，中间直径大于两端直径，中间往两端渐杀，长5.8、径3～3.8厘米，柄残长14.3、径1.1厘米（图二，11）[⑨]。徐州北洞山西汉楚王墓出土铁锤圆柱体，中部较粗，两端较细，其一（图二，12）高8、中部直径9、两端直径8厘米，其二（图二，13、14）残高7.3厘米，其三（图二，15）高7.5、两端径4.8厘米[⑩]。高庄汉墓出土铁锤（图二，16）呈八棱锥状，通长9.4厘米，平头钝尖[⑪]。

① 河北教育出版社，2004年，53页。
② 顾炎武《日知录》卷三二《终葵》引马融《广成颂》"挥终葵，扬关斧"，认为"古人以椎逐鬼"，如同大傩执戈扬盾。按照黄以周的图标和资料，梴不仅形似方的椎，而且首与身的比例是1：4.33，与《墨子》椎的比例接近（1：4或1：6）。据此，则天子所搢的大圭，远观竟无异平民劳作所操的长椎或传说逐鬼所用的终葵。
③ 湖南省文物工作队《长沙、衡阳出土战国时代的铁器》，《考古通讯》1956年第1期。
④ 山西省文物管理委员会《山西省长治市分水岭古墓的清理》，《考古学报》1957年第1期。
⑤ 湖南省博物馆、麻阳铜矿《湖南麻阳战国时期古铜矿清理简报》，《考古》1985年第2期。
⑥ 大冶钢厂、冶军《铜绿山古矿井遗址出土铁制及铜制工具的初步鉴定》，《文物》1975年第2期。
⑦ 秦俑坑考古队《秦始皇陵东侧第三号兵马俑坑清理简报》，《文物》1979年第12期。
⑧ 图二8、9、10转引自孙机《汉代物质文化资料图说》（增补本）31页，上海古籍出版社，2008年。
⑨ 咸阳市文管会、咸阳市博物馆《咸阳市空心砖汉墓清理简报》，《考古》1982年第3期。
⑩ 徐州博物馆、南京大学历史学系考古专业《徐州北洞山西汉楚王墓》117页，文物出版社，2003年。
⑪ 河北省文物研究所、鹿泉市文物保管所编著《高庄汉墓》45页，科学出版社，2006年。

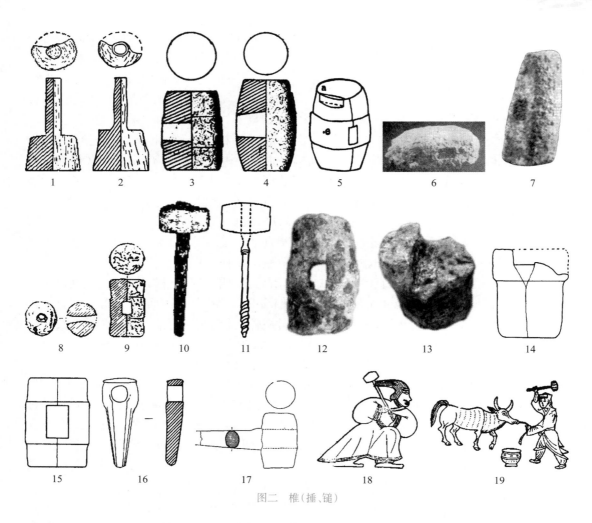

图二　椎（捶、锤）

满城汉墓出土铁锤锤首似腰鼓，宽5.9、两端径3、中腰径3.9、柄残长6.3厘米（图二，17）[1]。汉画像中也有椎的图形（图二，18）[2]，这是作为武器的长椎。《史记·魏公子列传》："朱亥袖四十斤铁椎，椎杀晋鄙。"《史记·冯唐列传》："五日一椎牛。"画像石与壁画上都有椎牛者，山东沂南、诸城及内蒙古和林格尔等处所见的这类场面均相近似（图二，19）[3]。

显然，"椎首"的常态是圆柱形、椭圆形或腰鼓形，而不是方形。徐文生编《中国古代生产工具图集》第三册所收入出土的铁锤、木槌13件，没有一件是方的[4]。最有说服力的是1975年河南镇平出土汉代窖藏铁器，其中铁锤范占73%，圆形锤锤范有56件，方形锤锤范仅1件，铁锤6件均为圆柱形[5]。《六韬·军用》："方首铁槌，重八斤，柄长五尺以上。""铁槌"以

① 中国社会科学院考古研究所《满城汉墓发掘报告》112、113页，文物出版社，1980年。

② 转引自孙机《汉代物质文化资料图说》（增订本）151页，上海古籍出版社，2008年。

③ 转引自孙机《汉代物质文化资料图说》（增订本）391页，上海古籍出版社，2008年。

④ 西北大学出版社，1986年，114—119页。

⑤ 河南省文物研究所、镇平县文化馆《河南镇平出土的汉代窖藏铁范和铁器》，《考古》1982年第3期。

"方首"作限定或说明,可见非其常态。

既然"方"不是战国秦汉"椎首"的常态,因而《礼记·玉藻》郑玄注用"方如椎头"来描述物体形态的可能性极小,因为郑玄对物体的"方""圆"毫不含糊。例如《周礼·地官·舍人》"簠簋"郑玄注:"方曰簠,圆曰簋,盛黍稷稻粱器。"就器物外形而言[①],簠方、簋圆,《仪礼·聘礼》"二竹簠方"郑玄注:"竹簠方者,器名也。以竹为之,状如簋而方,如今寒具筥。筥者圜,此方耳。"说明"竹簠"形状"如簋而方",以当时的"筥"给"竹簠"作比况,还特别说明前者圆后者方的不同。准此,如果是描述"椎首"的物体形态,郑玄注应该说"如椎头而方",而不是"方如椎头"。

"椎首(头)"有其寓意。"椎"是直而不屈的,下引两例都从反面证明了这一特点:《战国策·秦策三》:"三人成虎,十夫楺椎。众口所移,毋翼而飞。"《淮南子·说山训》:"三人成市虎,一里挠椎。"汉高诱注:"一里之人皆言有屈椎者,人则信之也。""椎"的这一特点可用来形容人,如《史记·绛侯周勃世家》评论周勃"椎少文",裴骃集解引韦昭注予以说明:"椎不桡曲,直至如椎。"明了"椎首"的常态和寓意之后重温郑玄注,则不难领悟"方"应是对"椎"所寄托或隐含的意思:

《周礼·考工记·玉人》:"大圭长三尺,杼上,终葵首,天子服之。"郑玄注:"王所搢大圭也,或谓之珽。终葵,椎也。为椎于其杼上,明无所屈也。"

《礼记·玉藻》:"天子搢珽,方正于天下也。"郑玄注:"谓之珽,珽之言挺然无所屈也。或谓之大圭,长三尺,杼上终葵首。终葵首者,于杼上又广其首。方如椎头,是谓无所屈,后则恒直。"

"大圭"的形状,《玉人》说"终葵首",郑玄解释"终葵"就是"椎",这是物体形态。"椎"这个物体所表明的是"无所屈"。《玉藻》说"天子搢珽,方正于天下也","方正于天下"是"天子搢珽"的用意,如《管子·形势解》"人主身行方正"。因为"珽"就是"大圭",所以郑玄由前者的方正联系到后者的直而不屈,指出"珽"显示"挺然无所屈"[②],而方正如"椎头"所表示的也是"无所屈"。由于物体的形态和寓意一起讲,因而极易误会。《荀子·大略》杨倞注坐实为"至其首而方",孙诒让疏理解为"头方如椎",都是误寓意为形体,当然不符合《考工记·玉人》以及郑玄的原意。

"椎头"与"碓头"的异文,也可证前者不是方的。《周礼·地官·鼓人》:"以金镈和鼓。"郑玄注:"镈,镈于也。圜如碓头,大上小下。乐作,鸣之与鼓相和。"南朝梁沈约《宋书·乐志》:"镈于圜如碓头,大上小下,今民间犹时有其器。"据李纯一《中国上古出土乐器综论》,镈于是一种击奏铜制钟体体鸣乐器。其形制较长大,上粗下细,截面大多呈椭圆形,少数呈椭方形[③]。出土实物显示随着时代变迁,镈于的形制也发生变化,春秋以前为坛瓮状

---

① 孙诒让《周礼正义》1478/1230页:"注云'方曰簠,圆曰簋'者,贾疏云:'皆据外而言。'凡器方圆并当据外言,钱亦内方外圆,而称圜法,是其比例。贾说深得郑恉。《说文·竹部》云:'簠,黍稷圆器也。簋,黍稷方器也。'又《淮南子·泰族训》许注云:'器方中者为簠,圆中者为簋也。'是许君谓外圆内方为簠,内圆外方为簋,其说与郑正相反,盖师说不同。"

② 珽从玉廷声,从"廷"得声之字多有挺直义,据黄永武《形声多兼会意考》(台湾文史哲出版社,1965年,81页):郝懿行《尔雅义疏》卷二认为"脡、挺、珽、侹、颋、廷、庭并有直义",刘师培《正名隅论》认为"廷、珽、莛、梃、颋、霆、挺、娗并有挺生义"。

③ 李纯一《中国上古出土乐器综论》337页,文物出版社,1996年。

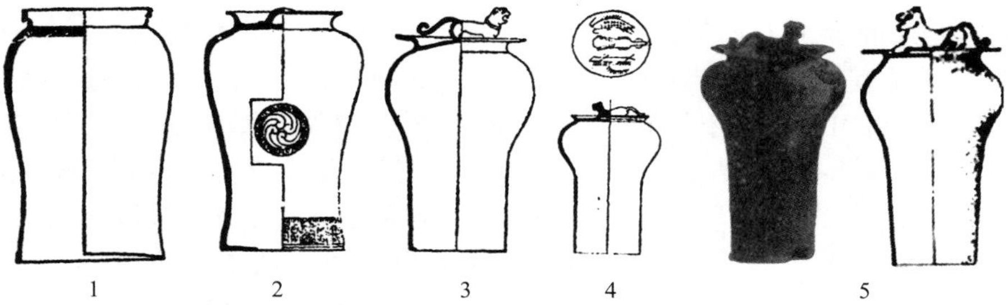

图三　錞于

1. 安徽宿县芦古城子遗址出土（春秋时期）　2. 湖南泸溪县出土（战国中晚期）　3. 湖南溆浦县大江口出土（战国末至西汉前期）　4. 湖南龙山县招头寨出土（西汉中期至东汉）　5. 贵州省松桃出土的虎纽錞于（战国时期）

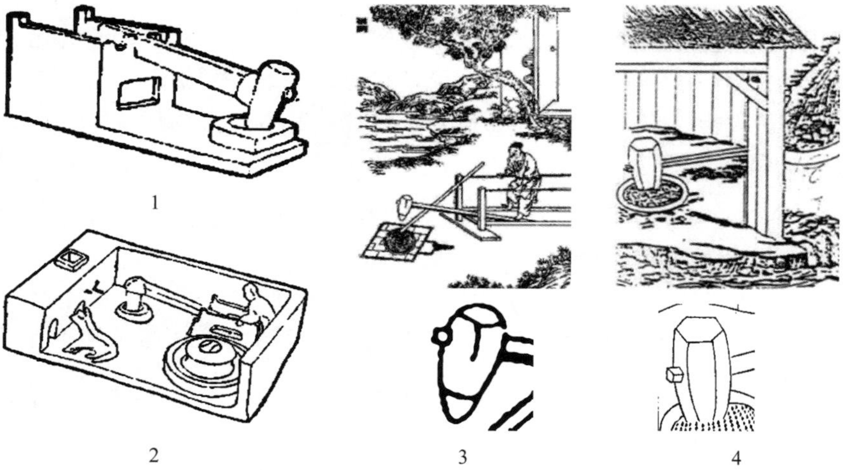

图四　碓

1. 汉代脚踏碓　2. 美国奈尔逊美术馆所藏汉代陶碓房　3.《天工开物图说》插图　4.《农政全书校注》插图

（图三，1）；战国时期呈圆棱四方椭圆束腰状（图三，2）；战国晚期到至东汉，器形为上大下小的椭圆直筒状（图三，3、4、5）[①]。据此可知，錞于的形制虽有变化，但从战国至汉代大体呈上大下小形，这与《鼓人》的"圜如碓头，大上小下"郑玄注完全吻合，故可确认无疑。

碓是舂米的工具，《说文解字·石部》："碓，舂也。"朱骏声《说文通训定声》："舂以手，碓以足。"公元前两千多年发明了杵臼，到了汉代，不仅有手执之杵，而且有脚踏的碓，东汉王充《论衡·效力篇》："碓重，一人之迹不能蹈也。"用柱架起一根木杠，杠端系石头，用足踏杠杆以举碓，连续起落，脱去下面臼中谷粒的皮，功效比手杵增加数十倍。东汉桓谭《新论·离事》："宓牺之制杵臼，万民以济。及后世加巧，因延力借身重以践碓，而利十倍杵舂。又复设机关，用驴、骡、牛、马及役水而舂，其利乃且百倍。"碓头的形制上大下小（图四，1～4）[②]，

① 图三1、2、3、4据熊传新《我国古代錞于概论》（《中国考古学会第二次年会论文集》，文物出版社，1982年）；图三5据贵州省博物馆考古组《贵州省松桃出土的虎钮錞于》，《文物》1984年第8期。

② 图四1、2引自孙机《汉代物质文化资料图说》（增订本）19页，上海古籍出版社，2008年；图四3引自明宋应星著、曹小欧注释《天工开物图说》196页，山东画报出版社，2009年；图四4引自明徐光启撰、石声汉校注《农政全书校注》466页，上海古籍出版社，1979年。

而镎于如孙诒让所说，"圜而大上小下，正碓头之形"。

无论形态还是功用，"椎"与"碓"具有较高的相似度，且两字声母相近韵部相同，因而在形容镎于时或有通用。上揭郑玄注"镎，镎于也。圜如碓头"，唐陆德明《经典释文》提供了或本异文："碓，本又作椎。"《山海经·中山经》"镎于"晋郭璞注："镎于，乐器名，形似椎头。"唐徐坚《初学记》卷一六引《古今乐录》："镎，镎于也，圆如椎头，上大下小。"宋李昉《太平御览》卷五七五引《乐书》："镎于也，圆如椎头，上大下小。"均以"椎头"形容镎于，这表明"椎头"是圆的可能性很大。假如"椎头"方而"碓头"圆，换用的概率肯定会大大降低。而"圆如椎头"是排斥郑玄注"方如椎头"的，除非如上文所论——"方"不是"椎头"的外体而是寓意。相比之下，孙诒让仅仅根据郑注"方如椎头"，就把《经典释文》或本、《初学记》引《古今乐录》《山海经》郭注的"圆（圜）如椎头"一概斥为"传写之误"，其理据可信度则显得低。

珽又谓之"大圭"，贾疏云："言大圭者，以其长，故得大圭之称。"《考工记·玉人》"大圭"之上下文为："玉人之事，镇圭尺有二寸，天子守之；命圭九寸，谓之桓圭，公守之；命圭七寸，谓之信圭，侯守之；命圭七寸，谓之躬圭，伯守之……天子圭中必。四圭尺有二寸……大圭长三尺……土圭尺有五寸……裸圭尺有二寸……琬圭九寸而缫……琰圭九寸。"前后所论皆为圭，则大圭之形制必类于他圭而尤长大。圭之形制见于经文，《礼记·杂记下》："赞大行曰：圭，公九寸，侯伯七寸，子男五寸；博三寸，厚半寸。剡上，左右各寸半。""博三寸"，则圭之宽与笏宽等，而圭"剡上"，剡、削、削尖也，引申为锐利，《楚辞·九章·橘颂》："曾枝剡棘，圆果抟兮。"王逸注："剡，利也。"文献所载"圭"上端锐利，成尖锐之形，故左右各寸半，为中宽之半，下端长方形。

圭是先秦时代重要的瑞玉，为"六瑞"之一，历代学者对其形制却有不同的认识[1]。圭之早期图形见于东汉柳敏碑阴"六玉"图（图五）[2]，也见于其他汉碑（图六）[3]，下端平直，上端呈三角形。20世纪80年代，夏鼐先生考证圭之形制，"第二种瑞玉是圭，作扁平长条形。下端平直，上端作等边三角形"[4]。该意见已被学术界普遍接受，因为这种形制的器物不仅合于汉碑上所

图五　东汉柳敏碑阴"六玉"图

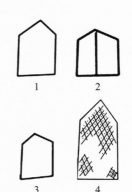

图六

1. 汉单排六玉碑玉圭　2. 益州太守碑阴玉圭　3. 汉六玉碑玉圭　4. 汉武梁祠画像石玉圭

[1] 孙庆伟《西周玉圭及相关问题的初步研究》(《文物世界》2000年第2期)将历代学者的观点归纳为四个系统：《说文》系统、郑注《周礼》系统、汉碑画系统和吴大澂《古玉图考》系统。
[2] 洪适《隶续》卷五，1872年洪氏晦木斋丛书本，3—6页。
[3] 节选自周南泉《中国古代玉、石璋研究》，《考古与文物》1993年第5期。
[4] 夏鼐《商代玉器的分类、定名和用途》，《考古》1983年第5期。

图七　尖首玉圭

西周时期: 1. 陕西省扶风县黄堆村 M25
春秋战国时期: 2. 山西省侯马市秦村盟誓遗址　3. 河南省辉县固围村 1 号墓祭祀坑
秦汉时期: 4. 陕西省西安市北郊联志村祭玉坑　5. 河北省满城县陵山中山靖王刘胜墓　6. 江苏省扬州市邗江西湖胡场 7 号墓

见的圭(图五、六),也多见于考古实物。

西周玉圭一般为尖首长条形,上尖下方,圭身多是素面,如陕西省扶风县黄堆村25号墓出土的两件玉圭,西周中期礼仪用玉。左残长5.5、宽1.1、厚0.1厘米;右残长5.8、宽0.8、厚0.15厘米。呈尖首长方形,左圭两面平整,中部似残断,右圭中部起脊,底部似残断,两器均通体磨光,光素无纹(图七,1)[1]。

春秋战国时期,圭开始广泛使用。圭主体狭窄,圭角尖锐,例如:山西省侯马市秦村盟誓遗址出土的一件玉圭,是春秋晚期仪礼用玉,长20.3、宽4.3厘米,扁平,尖首,两边斜直,底边平整(图七,2)[2]。河南省辉县固围村1号墓祭祀坑出土一件玉圭,是战国中期礼仪用玉,长18.8、宽5.8厘米,扁平长方形,尖首,平底。一边磨平,另一边有切割痕迹,底部有一钻孔。器表无纹(图七,3)[3]。

玉圭在秦汉时期仍有使用,其形制与前代基本一样,以青玉制作,尖首平底、素面,多无孔,西汉中期有在下部穿一孔者。秦代玉圭除西安联志村的以外,在山东烟台芝罘原阳主庙后殿前秦代祭祀坑中也出土两组玉器,其中有圭。西汉以后玉圭发现较少。例如:陕西省西安市北郊联志村祭玉坑出土秦代礼仪用玉两件,左圭长8.5、宽2.1厘米;右圭长7.1、宽2.5厘米,均青色,素底无纹(图七,4)[4]。河北省满城县陵山中山靖王刘胜墓出土玉圭,长9.4、宽2.35、厚0.4厘米,青玉,上端射似等腰三角形,下端为平直的长方形(图七,5)[5]。江苏省扬州市邗江西湖胡场7号墓出土的西汉仪礼用玉两件,均长7.1、宽2、厚0.2～0.4厘米,玉质青色,中有黑点。器扁平状,长方形出尖(图七,6)[6]。

① 古方主编《中国古玉器图典》107页,文物出版社,2007年。
② 古方主编《中国古玉器图典》174页,文物出版社,2007年。
③ 古方主编《中国古玉器图典》174页,文物出版社,2007年。
④ 古方主编《中国古玉器图典》227页,文物出版社,2007年。
⑤ 古方主编《中国出土玉器全集1·北京、天津、河北卷》183页,科学出版社,2005年。
⑥ 古方主编《中国古玉器图典》228页,文物出版社,2007年。

考古发现的玉圭(石圭)除了尖首圭，还有平首圭，例如：山东济阳县刘台子西周早期墓中的二层台上出土一件石圭，由淡黄色细砂石制成，长条形，两头平，上窄下宽，窄端钻有一圆孔，长 13.8、上宽 2.1、下宽 3.3、中间厚 0.8、两端厚 0.4 厘米，通体抛磨，光素无纹(图八，1)[①]。陕西扶风县黄堆三号西周墓中出土两件玉圭，第一件为月蓝色，边缘有棕褐色斑，长条扁形，上下端平齐，上端略有收杀，通高 11.2、宽 1.9、厚 0.2～0.4 厘米，出土时位于墓主人骨架腹部(图八，2)；第二件玉圭为墨玉，甚薄，上下两端均残，从残存情况推测，当时的完整形制可能为梯形，出土时位于椁内的扰土之中(图八，3)[②]。陕西省扶风县黄堆二十二号西周中期墓出土一件白色略泛黄的玉圭，长条扁形，两端平齐，中部较大，形制不甚规整，通高 22.4、宽 1～1.9、厚 0.4 厘米。通体光素无纹(图八，4)[③]。陕西省扶风县黄堆一号西周晚期墓中出土一件汉白玉圭，长条扁形，上端收杀成平顶，下部呈长方形，通高 11.6、宽 2.8、厚 0.6 厘米，通体抛光，素面无纹(图八，5)[④]。

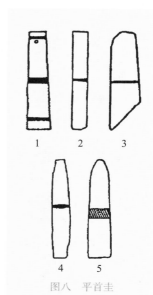

图八 平首圭

1. 山东省济阳县刘台子西周墓葬　2. 扶风县黄堆M3　3. 扶风县黄堆M3　4. 扶风县黄堆M22　5. 扶风县黄堆M1

文献载有"瓒"，《考工记·玉人》"裸圭尺有二寸，有瓒，以祀庙"，郑注："瓒如盘，其柄用圭，有流前注。"《诗·大雅·旱麓》孔疏："天子之瓒，其柄之圭长尺有二寸。其赐诸侯，盖九寸以下。"孙诒让正义："尺有二寸者，圭之长度，不兼瓒言之。裸圭与镇圭同度，故亦谓之大圭，明堂位云'灌用玉瓒大圭'是也。"瓒是用来酌挹鬯酒的勺，也可用作赏赐之物，如《大雅·旱麓》"瑟彼玉瓒，黄流在中"，《大雅·江汉》"厘尔圭瓒，秬鬯一卣"。可以见到的出土实物，有青铜器(图九，1)、陶器(图九，2)、漆器(图九，3)[⑤]，勺柄通常做成圭形，应于文献记载"其柄用圭"，圭柄的形状柄末宽，柄端窄，呈梯形，这与上面所举的平首圭相同。

细玩《玉人》"杼上，终葵首"，"杼"为"削减"义，《周礼·考工记·轮人》："凡为轮，行泽者欲杼。"郑玄注："杼，谓削薄其践地者。"又此经郑注："杼，桏也。"《玉藻》郑玄注："杀，犹杼也。""桏"即"杀"，杼、杀互训。杀亦有"减省"义，《周

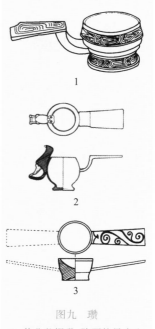

图九 瓒

1. 伯公父铜瓒，陕西扶风出土　2. 陶瓒，河南辉县出土　3. 木胎漆瓒，河南正阳出土

① 德州地区文化局文物组等《山东济阳刘台子西周早期墓发掘简报》，《文物》1981年第9期，图二○：5。
② 陕西周原考古队《扶风黄堆西周墓地钻探清理简报》，《文物》1986年第8期，图五：17。
③ 陕西周原考古队《扶风黄堆西周墓地钻探清理简报》，《文物》1986年第8期，图五：17。
④ 陕西周原考古队《扶风黄堆西周墓地钻探清理简报》，《文物》1986年第8期，图三：16。
⑤ 图九1、2、3转引自扬之水《诗经名物新证》198页，北京古籍出版社，2000年。

礼·地官·廪人》郑玄注:"杀犹减也。"《公羊传·僖公二十二年》何休注:"杀,省也。""杼上"犹言上端略有削减,即笏之"其中博三寸,其杀六分而去一",天子之"珽"与诸侯大夫的不同,在于"杼上"之上犹有首,故长于二尺六寸之笏,经文曰"长三尺"。

根据以上对经文的梳理,结合出土实物的形制分析,其中呈梯形或中间宽两端窄的平首圭,上端都略有收杀,与出土所见的椎(锤)形略相似。珽既然又称作"大圭",则形制当类于"圭",《考工记》言"杼上,终葵首",则与"剡上,左右各寸半"的尖首圭不同。"终葵首"即"椎首",椎的形状多是腰鼓形、椭圆形、下宽上窄形,其端首呈往上收缩状,由此"杼上,终葵首"与出土所见的下宽上窄的平首圭形制吻合。《考工记》仅言"杼上,终葵首",郑玄说"于杼上又广其首",不免有增字解经之嫌。

顺便指正的是《集韵·青韵》所记的尺寸有误:"珽,大圭,长尺二寸。"上揭《考工记》、《说文》及《荀子·大略》杨注、《左传》杜注、《诗·商颂·长发》陆德明释文、《礼记·玉藻》郑注,皆云"珽,大圭,长三尺"。《集韵·青韵》所记"长尺二寸"者,当为"介圭",亦谓之"玠"。《说文》:"玠,大圭也。"《尔雅·释器》:"珪大尺二寸谓之玠。"邵晋涵正义:"玠,亦作介。"《广韵·怪韵》:"玠,大圭,长尺二寸。"①《诗·大雅·崧高》:"锡尔介圭,以作尔宝。"郑玄笺:"圭长尺二寸谓之介。非诸侯之圭。"《书·顾命》:"太保承介圭。"孔传:"大圭尺二寸,天子守之。"介圭即镇圭,《周礼·考工记·玉人》:"镇圭尺有二寸,天子守之。""介"有大义,《易·晋》"受兹介福",陆德明释文:"介,大也。"《左传·襄公二十六年》"寡君之贵介弟也"杜预注:"介,大也。"《左传·昭公二十四年》"士伯立于乾祭而问于介众"杜预注:"介,大也。"《诗经·小雅·大明》"介尔景福"毛传:"介、景,皆大也。"戴震指出:"大有二义,以尊大言者,镇圭、命圭之为大圭是也;以长大言者,'大圭长三尺,杼上,终葵首'是也。"②介圭乃天子守之,尤为尊贵,故又谓之"大圭";珽为圭之尤长者,亦谓之"大圭",《集韵》混淆二者,张冠李戴,应当指正。③

8. 土圭

《玉人》: 土圭尺有五寸,以致日,以土地。

孙诒让:"土圭"者,《典瑞》云:"土圭以致四时日月,封国则以土地。"此不言致月者,以致日为重,文不具也。并详《大司徒》《典瑞》《冯相氏》《土方氏》疏。

---

① 两处皆为"大圭,长尺二寸",《广韵》释"玠",《集韵》释"珽",疑有一误。
② 转引自孙诒让《周礼正义》4009/3323页。
③ 顾莉丹、汪少华《说"珽"之形制》,《南方文物》2010年第3期。

郑玄：土犹度也。建邦国以度其地，而制其域。

孙诒让：注云"致日，度景至不"者，《典瑞》注义同。云"夏日至之景尺有五寸，冬日至之景丈有三尺"者，《冯相氏》《土方氏》注义同。此明土圭之长，与夏至地中之景相应。其冬至之景，则八土圭之长又三分长之二也。云"土犹度也"者，据假借义也。土度声近义通。《诗·豳风·鸱鸮》"彻彼桑土"，《释文》引《韩诗》作"杜"。《书·费誓》"杜乃擭"，《雍氏》注引杜作"敵"，是土度声类相通，故土亦有度训。《大司徒》《典瑞》《土方氏》注并训土为度。云"建邦国以度其地，而制其域"者，据《大司徒》文，详彼疏。①

周南泉《论中国古代的圭——古玉研究之三》指出"土圭就是一种丈量土地多少之物"："土圭的土字，一可解释为度土地和测日景，作动词用；一可解释为标志土地多少的意思，作副词用；再一个可能就是作度字用，土与度音近而误写。因此，所谓土圭就是一种丈量土地多少之物，和表示身份高低的前述大圭、镇圭等相似，只有长短之分。"②

陈久金《〈考工记〉中的天文知识》认为"这个土圭，只是测日影仪器中一个测影长的部件"："它的主件，应该是八尺之表。测量时于中午使表垂直于地面，观看表北日影是否缩减到正好等于土圭的长度。夏至日影最短，为一尺五寸，故专门制作此圭，作为衡量的标志。夏至以外中午的日影均长于一尺五寸，在冬至时达到最长，为一丈三尺。"③

孙庆伟《〈考工记·玉人〉的考古学研究》认为"先周以及西周时期圭表形制如何，我们还无从说起"：

土圭事实上是我国古代"表"一类的天文测量仪器。

在我国古代的天文仪器中，"表"是其中重要的一类，在古文献中它还有其他名称，如竿、髀、碑、臬等④。表的基本形制是一根直的竿子，其质地也有不同，竹、木、石质均可。表的作用很多，可用来测方向、定时间、节气以及回归年长度等，这里着重谈它的"致日"和"土地"的功用。

定节气是古人立表测影的最重要目的之一，而节气中首先也是最重要者是要测定冬至日。古人在日常生活中很容易看到一年之中日影有规律地变化，在这种规律性变化的促使下，古人可能很早就开始测定每天正午时日影的长度，从日影的最长和最短日来确定冬至和夏至。在甲骨文中已经有了"日至"一类的记载，表明我国古代测日影的历史很悠久，而土圭就是用来测量表在地面上投影长度的工具。既如此，长"尺有五寸"的土圭还必须带有一定的刻度，才可以起到测量影长的作用。

用土圭直接去测量表在地面上的投影长度，这是一种最原始的测影方法，至少在汉代以后，表和土圭就被合二为一了。这种新的测量工具用一块石质或铜质的平板一头放在表基，另一头延伸向北，在这块平板上刻上刻度，这样就可以从其上直接读出日影的长度而不必通过土圭来量了，这块平板其实正起到了土圭的作用。60年代在江苏仪征的一座东汉墓中出土了一件铜圭表明器，就是由圭

---

① 孙诒让《周礼正义》4021—4022/3332—3333页。
② 周南泉《论中国古代的圭——古玉研究之三》，《故宫博物院院刊》1992年第3期。
③ 华觉明主编《中国科技典籍研究——第一届中国科技典籍国际会议论文集》56页，大象出版社，1998年。
④ 中国天文学史整理研究小组《中国天文学史》，174—183页，科学出版社，1981年。本节有关论述均据此文。

和表连接而成的①。其中圭面全长34.5厘米,正合汉尺的一尺五寸;同时圭面上有十五个刻度,以示用来测量影长。尽管这件铜圭表只是一件明器,但为我们提供了古代圭表形制的重要例证。

以土圭"土地"之法,更详细地记载于《周礼·地官·大司徒》,如"凡建邦国,以土圭土其地而制其域"。据贾公彦疏,如建立一五百里之侯国,在其南北边界各设一八尺的表,夏至日正午北界的影长是尺五寸,而南疆同时的影长只有尺四寸五分,也就是说地差一百里,则影长差一分,这显然是从郑注所说的"凡日景于地,千里而差一寸"引申出来的。反之,如果知道两地的影长,就可以反推出其间的南北距离,从而实现所谓的"以土圭土其地而制其域"的目的。但在这里郑注和贾疏都是错误的,因为尽管南北也就是纬度不同的两地所测定的影长确有差异,但差率并不是如郑玄和贾公彦所说的地差一百里,影长差一分。因此,如果在周代建邦国时确实使用了土圭来"土其地"的话,那很可能是利用土圭来测定方向,而不是推算距离。

所谓土圭长尺有五寸,也是有其深刻道理的。如《周礼·地官·大司徒》还记载到:"日至之景尺有五寸,谓之地中,天地之所合也,四时之所交也,风雨之所会也,阴阳之所和也。然则百物阜安,乃建王国焉,制其畿方千里而封树之。"而关于"地中"的地望,郑玄注引郑司农云:"今颍川阳城地为然。"又《史记·周本纪》:"成王在丰,使召公复营洛邑,如武王之意。周公复卜申视,卒营筑,居九鼎焉。曰:此天下之中,四方入贡道里均。"则周人心目中的"地中",当是日至(夏至)正午景最短时为尺有五寸者。汉阳城,历代学者都认为是今河南登封县告城镇,这不仅和洛阳为天下之中相吻合,而且,在告城镇,还有所谓的周公测景台遗址,1936年董作宾先生还来此作过考古调查②。对于告城镇而言,如按中国古代常用的八尺高的表,其夏至日日中的影长正好是尺有五寸而略多一点,而洛阳纬度稍高,所以影长也相对要长一些,因此,测影所用的土圭长度至少是汉尺的尺五③。

从战国以降到东汉时期,一尺的长度都在23厘米左右,而春秋和西周时期一尺长度是多少,目前还缺乏确凿的证据,但从殷墟出土的两件牙尺来看,商代一尺约是15.8厘米④。而且从我国古代尺制的演变规律来看,年代越晚,尺度越长,因此,西周时期一尺的长度很可能在15.8到23厘米之间。因此,《地官·大司徒》和《考工记·玉人》中有关土圭的记载,很可能是战国和汉代的制度。至少我们可以这样认为,在西周尺制以及西周时期立表的通常高度还没有确定之前,我们不能肯定这些记载反映的是周制。但应该注意的是,文献中也有记载表明周人确实很早就懂得了立表测影的道理。除了上面提到的周公测影以定地中外,《诗经·大雅·公刘》中也记载到:"既景乃冈,相其阴阳。"毛传云:"既景乃冈,考于日影,参之高冈。"郑笺也说:"既广其地之东西,又长其南北,既以日影定其乡界。"可见早在先周时期周人已经掌握了测影技术。但先周以及西周时期圭表形制如何,我们还无从说起,更不必说是玉质圭表了。⑤

何驽《山西襄汾陶寺城址中期王级大墓IM22出土漆杆"圭尺"功能试探》判定"陶寺

① 南京博物院《江苏仪征石碑村汉代木椁墓》,《考古》1966年第1期。
② 裘锡圭《董作宾》,见《文史丛稿》,206—210页,上海远东出版社,1996年。
③ 车一雄等《仪征东汉墓出土铜圭表的初步研究》,见《中国古代天文文物论集》,159页,文物出版社,1989年。
④ 王冠英《中国历代度制演变测算简表》,见《汉语大词典》附录一,汉语大词典出版社,1994年。
⑤ 孙庆伟《〈考工记·玉人〉的考古学研究》,北京大学考古学系编《考古学研究》(四)123—124页,科学出版社,2000年。

文化的圭表系统中不使用玉质'土圭'，而用漆木圭尺"："《周礼·考工记》说：'土圭尺有五寸，以致日，以土地。'说的是土圭用于测量二至的日影，也就是《周礼·大司徒》所谓的'夏至日影长尺五寸'。关于土圭的问题，汉儒们的解释多为玉器。……一些考古学家据此概念将窄长条形的玉兵器称为'圭'，平刃者称为'平首圭'，尖首者称为'尖首圭'。陶寺遗址也出土这两类'玉圭'，其中'平首圭'我称之为'玉戚'。……Ⅱ M22 东南角壁龛漆匣内两件玉戚无柄，与游标玉琮Ⅱ M22：129 共出，看似用于圭表系统的附件。但是这两件玉器长度均仅十几厘米（分别为 16.6 厘米、14.3 厘米），刚盈半尺，远不足 1.5 尺。纵观陶寺出土的玉器最长者在 23 厘米左右，接近 1 尺，仍不盈 1.5 尺。由此我们判定，陶寺文化的圭表系统中不使用玉质'土圭'，而用漆木圭尺。圭表系统中玉质土圭的用法或许晚出。也就是说，陶寺文化的漆木圭尺是元代观星台石圭量天尺最早的鼻祖。"[①]

9. 祼圭

《玉人》：祼圭尺有二寸，有瓒，以祀庙。

孙诒让："祼圭尺有二寸，有瓒"者，《诗·大雅·旱麓》孔疏云："天子之瓒，其柄之圭长尺有二寸。其赐诸侯，盖九寸以下。"诒让案：尺有二寸者，圭之长度，不兼瓒言之。祼圭与镇圭同度，故亦谓之大圭，《明堂位》云"灌用玉瓒大圭"是也。又《说文·玉部》云："瑒圭尺二寸，有瓒，以祠宗庙者也。"瑒圭尺度形制与祼圭同，盖即《国语·鲁语》之"鬯圭"。鬯，经典或通作"畅"，故鬯圭字亦作瑒也。祼圭亦当有缫，详《典瑞》疏。云"以祀庙"者，贾疏云："郑注《小宰》云：'惟人道宗庙有祼，天地大神，至尊不祼。'故此唯云'以祀庙'。《典瑞》兼云'以祼宾客'，此不言者，文略也。"

郑玄：祼之言灌也。或作"淉"，或作"果"。祼谓始献酌奠也。瓒如盘，其柄用圭，有流前注。

孙诒让：注云"祼之言灌也"者，《小宰》《大宗伯》注并同，详《小宰》疏。云"或作淉"者，《说文·水部》云："淉，水也，从水果声。"与祼声类同。云"或作果"者，《大宗伯》云"大宾客摄而载果"，《小宗伯》云"辨六彝之名物，以待果将"，注并读为祼，与此或作同。云"祼谓始献酌奠也"者，王礼庙享有九献，二祼为始也，详《大宗伯》《司尊彝》疏。贾疏云："《小宰》注云祼亦谓祭之，啐之，奠之。以其尸不饮，故云奠之。"云"瓒如盘，其柄用圭，有流前注"者，贾疏云："郑注《典瑞》引《汉礼》'瓒盘大五升，口径八寸，下有盘口，径一尺'。言'有流前注'者，案下三璋之勺鼻寸是也。言'前注'

者，以尸执之向外，祭乃注之，故云有流前注也。"诒让案：郑言此者，明圭为柄，与瓒不同物，瓒则勺也。《白虎通义·考黜篇》说圭瓒，云"玉饰其本"，亦谓柄也。《书·文侯之命叙》伪孔传及《郊特牲》孔疏引王肃说，并同。又《诗·大雅·旱麓》"瑟彼玉瓒，黄流在中"，陆本毛传云："玉瓒，圭瓒也。黄金，所以流鬯也。"此"流前注"，即①谓瓒口流鬯者也。互详《典瑞》疏。戴震云："以圭为柄曰圭瓒，以璋为柄曰璋瓒，其勺并同。"②

《典瑞》：裸圭有瓒，以肆先王，以裸宾客。

孙诒让："裸圭有瓒"者，《御览·珍宝部》引马注云："灌鬯之圭尺二寸。"亦据《玉人》文。裸圭谓以圭为柄，有瓒谓以金为瓒，所谓天子圭瓒也。王后及诸侯并用璋瓒，即《玉人》大中边三璋云"黄金勺"者。此瓒亦即勺也。《书·康王之诰》云："上宗奉同、瑁。"又云："乃受同、瑁，王三宿，三祭，三咤。上宗曰：飨。太保受同，降、盥，以异同，秉璋以酢。授宗人同，拜，王答拜。太保受同，祭、嚌、宅。受宗人同，拜，王答拜。"伪孔传云："同，爵名。"《三国志·虞翻传》裴松之注引《翻别传》述郑《书注》，训为酒杯。江声、王鸣盛、孙星衍并谓即圭瓒璋瓒，则此瓒又名同也。《虞翻别传》又引《今文书》"同"作"铜"，则疑《玉人》"黄金勺"即铜之黄色者。详《玉人》疏。又案：裸圭长度与镇圭同。《玉人》三璋瓒有缫，此圭瓒文制视彼尤隆，则亦宜有缫，疑亦当镇圭五采五就。此经及《玉人》并不云缫者，文不具也。云"以肆先王"者，贾疏云："谓祭先王，则宗伯六享皆是也。"案：肆先王通禘祫及时祭言之。《大宗伯》"六享"，依郑、贾义皆有肆裸。今考馈食礼，杀不用成牲，亦无二裸，则此"肆先王"内唯有五享矣。又《左·昭十七年传》郑裨灶曰："用瓘斝玉瓒，郑必不火。"是外祀祈禳，亦有用玉瓒。此不言者，非恒典也。云"以裸宾客"者，此据朝觐诸侯言之，凡五等诸侯来朝觐，礼及飧并有裸。贾疏云："则《大行人》云'上公再裸、侯伯一裸'之等是也。"林乔荫云："大国孤礼，但以酒，不以郁鬯，则不得谓之裸。"案林说是也。

郑司农云："于圭头为器，可以挹鬯裸祭，谓之瓒。故《诗》曰'恤彼玉瓒，黄流在中'。《国语》谓之鬯圭。以肆先王，灌先王祭也。"玄谓肆解牲体以祭，因以为名。爵行曰裸。《汉礼》："瓒盘大五升，口径八寸，下有盘，口径一尺。"

孙诒让：注郑司农云"于圭头为器，可以挹鬯裸祭，谓之瓒"者，明瓒为挹鬯之器，即《汉礼》之盘，《玉人》璋瓒之勺。《王制》注云："圭瓒，鬯爵也。"《白虎通义·考黜篇》云："玉瓒者，器名也。所以灌鬯之器也。以圭饰其柄，灌鬯，贵玉气也。"《郊特牲》孔疏引王肃："瓒所以斞也。"案：《说文·手部》云："挹，抒也。"又《斗部》云："斞，挹也。"王说与先郑同。但谛③绎先郑意，盖谓瓒为挹鬯之勺，因以为爵，说殊未析，详《玉人》疏。贾疏云："鬯即郁鬯也。言裸言祭，则裸据宾客，祭据宗庙也。"诒让案：先郑此注"裸"字，疑本当为"灌"。《大行人》"王礼再裸而酢"，先郑注云："裸读为灌。"是先郑从灌为正，故此下文云"灌先王祭"，字亦作灌，不作裸。后郑《投壶》注引此经云

---

① 引者按："即"从孙校本改，这里不是称引他称，故用"即谓"：就是指、就是说。王文锦本从乙巳本、楚本讹作"所"。
② 孙诒让《周礼正义》4022—4023/3333—3334页。
③ 引者按："谛"从乙巳本、楚本，王文锦本排印讹作"褅"。

"以灌宾客"，亦从先郑读也。今本先郑注作"祼"，疑后人依经改之。又案：此经二郑注皆谓"祼圭"为灌尸及宾。《说文·艸①部》云："茜，礼祭，束茅加于祼圭，而灌鬯酒。"许说以祼圭茜酒，乃祼之异义，二郑所不取，详《甸师》疏。云"故《诗》曰恤彼玉瓒，黄流在中"者，《大雅·旱麓》文，引证瓒为圭头挹鬯之器也。《释文》云："恤又作邲。"案：今本《毛诗》作"瑟"，《释文》云："瑟又作璱"。瑟邲盖并璱之假字。"恤"疑"邲"之误。毛传云："玉瓒，圭瓒也。黄金，所以饰。流，鬯也。"郑笺云："瑟，絜鲜貌。黄流，秬鬯也。圭瓒之状，以圭为柄，黄金为勺，青金为外，朱中央矣。"案：毛、郑释"黄流"义小异。先郑说或当与毛同。《玉人》"祼圭"注云："有流前注。"又大璋、中璋、边璋云"鼻寸"，注云："鼻，勺流也。"是瓒勺之鼻谓之流，流与勺同质，则黄金勺即亦黄金流矣。窃疑三家诗释"黄流"有谓黄金为勺流者，故郑据以释三璋之鼻。若《毛诗》说，则以黄流为鬯酒自鼻流出，故传云"黄金所以饰"，此以黄金勺释黄也。又云"流，鬯也"，此以鬯释流也。孔颖达所据崔灵恩《集注》及唐定本皆如是。《释文》载别本作"黄金所以为饰"，义亦同。唯《释文》正本作"黄金所以流鬯也"，则似以流为鼻，与崔、孔本义异，然孔疏庶为俗本。疑后人隐据《玉人》注窜易毛义，殆不足据，故郑笺直以"秬鬯"释黄流，盖就毛作笺，亦即从传义而略变之，以黄为鬯之色，要皆与《玉人》注义不同矣。云"《国语》谓之鬯圭"者，《鲁语》云："鲁饥，臧文仲以鬯圭与玉磬如齐告籴。"韦注云："鬯圭，祼鬯之圭，长尺二寸，有瓒，以礼庙。"案：用以祼鬯，故谓之鬯圭。《说文·玉部》又谓之"瑒圭"，《大宗伯职》及《国语》亦谓之"玉鬯"，详《大宗伯》及《玉人》疏。云"以肆先王，灌先王祭也"者，即谓祭先王时用以灌也。《明堂位》云："灌用玉瓒大圭。"肆无灌义，先郑之意盖训为"陈"，与"肆师"之肆义同。《御览·珍宝部》引马注云："肆，陈之牲器以祭也。"先郑义疑与马同。郑锷云："郁人和郁鬯以实彝而陈之。凡祼玉，濯之陈之，皆谓肆。为陈圭瓒陈于先王之前，而用以灌祭，故以为肆者灌祭先王。"案：锷述先郑义亦通。……云"爵行曰祼"者，贾疏云："此《周礼》祼，皆据祭而言。至于生人饮酒，亦曰祼，故《投壶礼》云'奉觞赐灌'，是生人饮酒爵行亦曰灌也。"云"《汉礼》瓒盘大五升，口径八寸，下有盘，口径一尺"者，"一尺"旧本作"二尺"，误。今据宋婺州本、董本、岳本正。《汉书·扬雄传》张晏注云："瓒受五升，径八寸，形如盘，其柄以圭，有前流。"与《汉礼》略同。《御览·珍宝部》引郑、阮《礼图》，与张说同，惟云"受四升"，与《汉礼》异，疑误。贾疏云："此据《礼器制度》文，叔孙通所作。案《玉人职》云'大璋、中璋、边璋'，下云'黄金勺，青金外，朱中，鼻寸，衡四寸'。郑注云：'三璋之勺，形如圭瓒。'《玉人》不见圭瓒之形而云'形如圭瓒②'者，郑欲因三璋勺见出圭瓒之形，但三璋勺虽形如圭瓒，圭瓒之形即此《汉礼》文，其形则大，三璋之勺径四寸，所容盖似小也。"诒让案：《诗·旱麓》笺说圭瓒黄金勺，亦据《玉人》璋瓒为说。然则瓒盘皆以金为之，《汉礼》瓒盘下复有径尺之盘，乃以承上盘者，与圭瓒不同器也。又《明堂位》注云："瓒，形如盘，容五升，以大圭为柄，是谓圭瓒。"亦据《汉礼》为说。以金为瓒而谓之玉瓒者，《诗·旱麓》孔疏云："圭以玉为之，指其体谓之玉瓒，据成器谓之圭瓒。"案：依孔说，则玉瓒由柄得名，其瓒勺自为金质，与郑笺同。此经云"祼圭有瓒"，亦谓别有金瓒，瓒与柄不同物也。③

---

① 引者按："艸部"当为"酉部"，见许慎《说文解字》313页。
② 引者按："瓒"从乙巳本，与《玉人》注、贾疏（阮元《十三经注疏》777页下）合。王文锦本从楚本讹作"璋"。
③ 孙诒让《周礼正义》1915—1919/1588—1591页。

《新定三礼图》圭瓒

聂崇义《新定三礼图》卷一四绘有"圭瓒"图。周南泉《论中国古代的圭——古玉研究之三》指出《新定三礼图》所绘"图中的器柄就是圭。从图中柄的形状看,上有穿孔,一端方,一端插入器内,虽不清其形,但似只有尖首或圆弧形方能插入。与尖首,下方,有孔玉圭的通式同。不过这种以圭作柄之器,目前尚无实例,是否正确待考"。①

王慎行《瓒之形制与称名考》认同汉儒解经,指出"瓒指镶有玉柄的铜勺":

关于"瓒"的形制,汉儒解经虽各异其说,但若排比笺注的共同之处,亦可考其大概……可知"瓒"之为物,系指镶有玉柄的铜勺,其勺形如盘,勺前有流,下为盘以承之。可见"瓒"就是这样一种下有承盘托附的挹鬯玉具。

"瓒"又以其玉柄形制之不同而异名:勺柄以大圭为之者,谓之"圭瓒";以半圭为之者,谓之"璋瓒"。②

李学勤《说裸玉》:"圭瓒是在玉圭的端部加上金属的勺,作为祭祀或宾礼时挹取鬯酒之用。"③

郭宝钧《古玉新诠》不同意各家释"瓒"为勺:

瓒各家释为勺……所释似是而实非。实则瓒如钻木之钻,下尾锥状之柄即圭,上戴轮状之帽即瓒,在钻、锥所以深入,轮所以加速转力即(惯性轮),在场、圭所以挤管中之鬯,瓒所以压盘中之鬯也。盛郁鬯之槃,如豆而下空,以圭瓒插入压而缩之,则黄流自从中下灌矣。玉圭瓒虽无发现,铜圭瓒汲墓有出土,与牺尊联。古人重玉又重裸,则以玉质为裸器,为可能有之事,汉时圭瓒中绝,各家乃以勺训瓒,仿古而失其本意矣。柄亦有用璋者,别名璋瓒。④

孙庆伟《〈考工记·玉人〉的考古学研究》指出"玉和铜质容器的组合,在周代器物中还没有见到":

所谓的圭瓒或玉瓒,是一种玉柄但有金属质勺头的器具。因为这种圭瓒是专门用来挹鬯而裸祭,所以又可称之为鬯圭。如《国语·鲁语》"文仲以鬯圭与玉磬如齐告籴",韦注即云:"鬯圭,裸鬯之圭,长尺有二寸,有瓒,以祀庙。"

灌用圭瓒,于礼也有征。如《礼记·郊特牲》:"周人尚臭,灌用鬯臭,郁合鬯,臭达于渊泉。灌以圭璋,用玉气也。"孙希旦认为臭即香气,而玉气洁润,用圭璋即是用臭之义⑤。而近年裘锡圭先生对中国古代重视用玉的原因作了探讨,他指出:"古人十分重视玉,其重要原因之一,就是他们认为玉含有

① 周南泉《论中国古代的圭——古玉研究之三》,《故宫博物院院刊》1992年第3期。
② 王慎行《瓒之形制与名称考》,《考古与文物》1986年第3期。
③ 李学勤《重写学术史》55页,河北教育出版社,2002年。
④ 郭宝钧《古玉新诠》,《历史语言研究所集刊》第20本下册,商务印书馆,1949年。
⑤ 孙希旦《礼记集解》卷二十九,788页,中华书局,1989年。

的精多。"又说:"玉经常被用作祭品,或制成各种礼器以用于祭祀等仪式,就是由于它是精物。"①而夏鼐先生更指出在古代中国人看来玉就是阴阳二气中阳气的精②。

在一些西周的赏赐铭文中,有一种称为圭蠚的器物常在赏赐之列,如师询簋、敔簋、毛公鼎均是。据王慎行的考证,上述西周金文中名为圭蠚者,就是《周礼》等文献中所说的圭瓒③。如此说可信的话,也进一步证明早在西周时期就有圭瓒的使用。结合文献记载和考古发现,所谓的瓒无论是从形制还是在功能上都相当于当时的斗和勺一类的器物,只是较后两者多了玉质的柄而已。朱凤瀚先生依据出土器物对周代斗和勺的区别进行过探讨,他认为斗柄生自斗首之腰际(或下腹),而勺柄和勺首于口沿处相连④。但所有的这些铜斗和铜勺,均未见有以玉为柄者,也不见带流的器物。事实上,目前所见两周时期的铜、玉合成器主要是兵器,如铜内玉援戈和玉柄铜剑等,而玉和铜质容器的组合,在周代器物中还没有见到,因此,玉瓒的真正形制如何,同样有待于考古材料来证明。⑤

图一　伯公父瓒76FYH1:8、9及其铭文

孙庆伟《周代祼礼的新证据——介绍震旦艺术博物馆新藏的两件战国玉瓒》进一步申论"文献所载的圭瓒和璋瓒可能是就其柄部形制而非柄部质料而言的":

虽然文献中多见瓒的记载,但在出土的实物资料中确认瓒类器物却颇费周折。1976年陕西扶风云塘铜器窖藏出土两件勺状铜器,两器连铭,发掘者释为:"伯公父作金爵,用献,用酌,用享,用孝于朕皇考,用祈眉寿,子孙永宝用考。"⑥(图一)发掘者虽释器铭为"金爵",但在发掘报告中又称其为"勺",李学勤⑦和朱凤瀚先生⑧则据器铭称其为"爵"。不过对于铭文中的"爵"字尚有不同的释法,如贾连敏先生即释其为"瓒",故将此二器名为"瓒",李家浩先生从之,并进一步申论其说⑨。

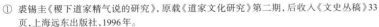

① 裘锡圭《稷下道家精气说的研究》,原载《道家文化研究》第二期,后收入《文史丛稿》33页,上海远东出版社,1996年。
② 夏鼐《汉代的玉器》,《考古学报》1983年第2期。
③ 王慎行《瓒之形制与名称考》,《考古与文物》1986年第3期。
④ 朱凤瀚《古代中国青铜器》129页,南开大学出版社,1995年。
⑤ 孙庆伟《〈考工记·玉人〉的考古学研究》,北京大学考古学系编《考古学研究》(四)125页,科学出版社,2000年。
⑥ 陕西周原考古队《陕西扶风县云塘、庄白二号西周铜器窖藏》,《文物》1978年第11期。
⑦ 李学勤先生此一意见未公开发表,但在讲课时曾经提及,详见李零《读〈楚系简帛文字编〉》,中国文物研究所编《出土文献研究》五,155页,科学出版社,1999年。
⑧ 朱凤瀚《古代中国青铜器》128—129页,南开大学出版社,1995年。
⑨ 李家浩《包山二六六号简所记木器研究》,北京大学中国传统文化研究中心编《国学研究》第2卷,525—554页,北京大学出版社,1994年。

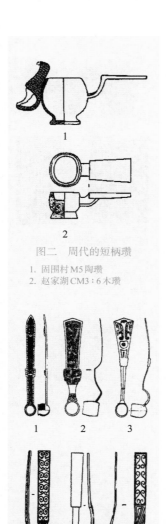

图二　周代的短柄瓒

1. 固围村 M5 陶瓒
2. 赵家湖 CM3：6 木瓒

图三

1. 妇好墓标本　742
2. 庄白　76FZH 1：101 铜瓒
3. 庄白　76FZH 1：99 铜瓒
4. 望山　M1：T172 漆瓒
5. 赵家湖楚墓　CM3：7 漆瓒
6. 包山　M2：142 漆瓒

要论定此两器的器名，似不宜单纯从字形上考察，铭文所揭示的器物功用及其伴出器物都是值得注意的依据。器铭显示两器的功用是"用献用酌用享用孝于朕皇考"，"献"和"酌"正是文献所载瓒的功能；而在同一窖藏中尚有壶盖一件，铭曰"伯公父作叔姬醴壶，万年子子孙孙永宝用"，据此可知该壶是伯公父为叔姬所作器。但壶盖和两件勺形器同出，表明它们一度是配套使用的。壶既自称"醴壶"，而勺又自称其功能为"用献用酌"，那么这两件勺形器就应当是从"叔姬醴壶"中挹酒浆的"伯公父瓒"了。

瓒这种器物在两周时期流传有绪，除铜瓒外，战国墓葬还出土陶瓒，楚墓中则常见漆、木瓒，这类器物在上引贾连敏和李家浩两先生的文章中多有征引，这里仅举辉县固围村 5 号战国墓出土的陶瓒[①]和当阳赵家湖 CM3 出土的木瓒[②]为例以供参考。（图二）

两件伯公父瓒以及上述陶、漆木瓒在器形上具有一个共同特点，即柄短而勺大，这里姑且称其为短柄瓒。在出土器物中还有一类斗或勺形器，如殷墟妇好墓标本 742 铜斗[③]、庄白一号铜器窖藏出土的几件铜斗[④]、望山 M1：T172 漆勺[⑤]、赵家湖楚墓 CM3：7 漆瓒[⑥]以及包山 2 号楚墓的 M2：142 漆斗[⑦]等（图三），按其形制和功能，也应该是瓒的一种，它们的共同特点是柄长而勺小，故可称之为长柄瓒。短柄瓒的柄部长度不超过 20 厘米，而长柄瓒的柄部长度一般在 30 厘米左右甚至更长，两类瓒显然是和体量不同的醴壶配套使用的。

据上引文献，瓒是裸器的统称，其中因具体形制的不同而有圭瓒和璋瓒的区别：圭瓒以玉圭为柄，以金（铜）勺为斗；璋瓒以玉璋为柄，以金（铜）勺为斗。但在上举铜、陶和漆木瓒中，其柄和勺部均用同种材质制作，并不见两者有异者，至于用玉圭和玉璋为柄，则更无实物例证，所以作者曾经主张文献中所谓的圭瓒和璋瓒其实是指瓒的柄部分别作圭状和璋形，而并不是说以玉圭或玉璋作为瓒的柄部[⑧]。但《诗·大雅·旱麓》说"瑟彼玉瓒，黄流在中"，证明西周时期确实有玉瓒的存在，而震旦艺术博物馆新藏的两件玉器，使得这一争讼两千

① 中国科学院考古研究所《辉县发掘报告》图 125，科学出版社，1956 年。
② 湖北省宜昌地区博物馆等《当阳赵家湖楚墓》156 页，图 113：6，文物出版社，1992 年。
③ 中国社会科学院考古研究所《殷墟妇好墓》90 页，图五九：1，文物出版社，1980 年。
④ 北京大学考古文博学院等《吉金铸国史——周原出土西周青铜器精粹》，第 29～32 器，208—221 页，文物出版社，2002 年。
⑤ 湖北省文物考古研究所《江陵望山沙冢楚墓》87 页、图 58：7，文物出版社，1996 年。
⑥ 湖北省宜昌地区博物馆等《当阳赵家湖楚墓》156 页，图 113：5，文物出版社，1992 年。
⑦ 湖北省荆沙铁路工作队《包山楚墓》147 页，图 91：3～4，文物出版社，1991 年。
⑧ 孙庆伟《周代金文所见用玉事例研究》，《古代文明》第 3 卷，文物出版社，2004 年。

余年的难题终于涣然冰释。

两件玉器均作斗状,形制与伯公父瓒以及赵湖CM3：6木瓒十分接近,故可名之为瓒。现将两件玉瓒的形制特征描述如下：

玉瓒甲：通长14.7厘米,勺部口径7厘米,高5.2厘米。柄部扁平,其正面分为四个单元,每个单元内各装饰有一回首卷身的龙纹,背面则平素无纹饰,柄部侧缘装饰细扭丝纹和短并行线纹；瓒的勺部略微敛口,鼓腹假圈足,勺体上用四道凸棱将其分为五个部分,其中上面的四个部分各用双线分割为若干个三角形和菱形,每个三角形和菱形单元内又阴刻出云纹和网格纹,是典型的战国时期装饰风格[①](图四)。

玉瓒乙：通长16.8厘米,勺部口径9厘米、高4厘米。和前器不同的是,这件玉瓒在柄部近勺处和勺底部有三个中空的圆柱状矮足；勺部和柄对称的一侧有一环形耳。瓒柄扁平,正面饰有三组纹饰,由外向内分别是两组兽面纹和一组交缠的虺龙纹；背面也是三组纹饰,自外而内分别是一组对称的虺龙纹、一组背向的勾喙凤鸟纹和一组勾连的云纹；柄的两侧缘分别装饰一虺龙纹,龙身随着曲柄而弯曲。瓒的勺部直口,表面有五道凸棱,勺底则饰有一组一首双身的虺龙纹,虺龙的头部正处于两矮足之间,而其双身则分别延伸在两足之外。环形耳的正面也饰有一虺龙纹,龙首处在瓒勺的口沿处作饮醴状；耳的底面也有纹饰,但因白化严重而不能辨明具体纹样。从纹饰风格来看,这件玉瓒也是战国时期的作品。(图五)

上文已经提到,周代圭瓒、璋瓒的划分应是指其柄部形制似圭、似璋,而非指以玉圭、玉璋为柄,所以不论瓒以铜、陶、漆、木或玉制作,均应有圭瓒和璋瓒之别。而要分辨圭瓒和璋瓒,则需首先确定圭、璋的形制。周代的玉圭,器身窄长尖首,这是学术界所公认无异议的；周代的璋,学者多认为作半圭状,其实并不符合事实,而更可能就是扁平长条形的玉版[②]。按此划分圭、璋的标准,上引妇好墓和庄白一号窖藏出土的两件铜瓒,器柄均作尖首圭状,当属于圭瓒之属；其他柄部呈平板长条形而缺乏圭状尖首的瓒,包括上述两件玉瓒在内,就当属于璋瓒一类。

且不论两件玉瓒究竟是圭瓒还是璋瓒,它们的发现就足以澄清汉代以来学者所秉持的"圭瓒"以玉圭为柄、"璋瓒"以玉璋为柄的错

图四　玉瓒甲

图五　玉瓒乙

① 吴棠海《认识古玉——古代玉器制作与形制》,198—213页,中华自然文化学会,1994年。
② 李零《秦驷祷病玉版的研究》,《中国方术续考》,451—474页,东方出版社,2000年；孙庆伟《周代墓葬所见用玉制度研究》,北京大学考古文博学院博士学位论文,2003年。

误观念,使得两千多年来聚讼不已的"玉瓒"问题获得了确解[①]。震旦所藏玉瓒还原了周代裸器的真面貌,是研究周代裸礼的新证据。[②]

臧振《玉瓒考辨》认为"瓒"是以郁鬯灌注盛于器中之玉:

以宝玉作为酌酒斗勺的把柄,殊为不类。就笔者所见,有以金属为衬托的古玉器,无以玉为衬托的青铜器。……以玉为铜勺把,从力学上说也令人难以置信。尽管玉在矿石中具有最好的韧性,但毕竟不如金属,在青铜冶铸技术已经高度发达的殷周时期,怎么会用宝贵的玉去作为易折部位的材料呢?事实上,近百年来的考古发掘,近千年来的金石学著录,数以万计的三代吉金尚未见到这样的实物。由此我们可以断言,郑玄对"玉瓒"的解说是错误的。

从古文字的角度看,"礼"的象形字,是以待飨的"玨"盛于豆中象之;那么,"瓒"的象形字,是以待灌的玉件或圭璋置于鬲中象之。……所谓瓒,正是以郁鬯灌注盛于器中之玉。"瑟彼玉瓒,黄流在中",此之谓也。[③]

何景成《试论裸礼的用玉制度》:

裸礼所用的器物,以实鬯的彝、承彝的舟和赞裸事的裸玉为主。但是对于裸玉的含义,传统的说法认为是作为勺柄(即瓒柄)的圭瓒和璋瓒。我们认为从卜辞和金文来看,裸礼中的玉器种类不止圭和璋两种,璧、戈、琅、珥等玉器也可以用于裸礼中。传统对"瓒"的解释可能是错误的,"瓒"的含义应该是指"裸玉",因为这种玉器在裸礼中的作用是"以赞裸事",所以称为"瓒"。商代的墓葬资料说明,用于裸礼的玉器主要是玉圭和柄形器。其中的柄形器,应该就是玉璋。[④]

10. 琬圭

《玉人》: 琬圭九寸而缫,以象德。

孙诒让:"琬圭九寸而缫,以象德"者,贾疏云:"《典瑞》云:'琬圭以治德,以结好。'此不言结好,此文略。彼云治德,据使者而言;此言象德,据圭体而说。彼不言有缫,此言有缫,亦是互见为义。"

---

① 2004年5月13日,蒙中国社会科学院考古研究所梁中合先生的好意,笔者有机会遍检山东滕州前掌大商周墓地出土的玉器,其中商代晚期墓M213出土的一件带柄残玉斗(M213:89)值得注意,该器高约10厘米,柄短而斜,形制和本文所引的短柄瓒略有不同,但仍可归之于瓒类。此器的发现足证以玉制作的"玉瓒"的使用历史当与铜瓒是同步的,换言之,虽然我们现在仅见震旦所藏的两件战国玉瓒,但有理由相信西周和春秋时期也有同类器物的存在。
② 孙庆伟《周代裸礼的新证据——介绍震旦艺术博物馆新藏的两件战国玉瓒》,《中原文物》2005年第1期。
③ 臧振《玉瓒考辨》,《考古与文物》2005年第1期。
④ 何景成《试论裸礼的用玉制度》,《华夏考古》2013年第2期。

郑玄：琬犹圜也。王使之瑞节也。诸侯有德，王命赐之，使者执琬圭以致命焉。缫，藉也。

孙诒让：注云"琬犹圜也"者，琬圭端圆，宛曲下覆，故云犹圜也。《说文·宀部》云："宛，屈草自覆也。"琬宛声类亦同。《九章算术·方田篇》有宛田，亦上圜隆起，与琬圭形相似。《典瑞》先郑注云"琬圭无锋芒"，无锋芒则圜也。互详《典瑞》疏。云"王使之瑞节也，诸侯有德，王命赐之，使者执琬圭以致命焉"者，《典瑞》注同。惠士奇谓天子使使赐诸侯命，当执琬圭，于义近是。详前疏。云"缫，藉也"者，《聘礼》注云"缫，所以缊①藉玉"，又云"缫，所以藉圭也"。详《典瑞》《大行人》疏。缫采就，经无文。以此圭长九寸，与公侯伯命圭同，则缫疑亦当三采三就，与彼同也。②

吴大澂《古玉图考》绘有"琬圭"图。

那志良《中国古玉图释》指出：

新石器时代的石斧，有的是四角圆浑，没有一些棱角的，殷商时代，还有这种形状：如图七九。图七九A是仰韶文化出土的石斧，B是龙山文化出土的石斧，C是河南辉县琉璃阁殷墓出土。都是圆圆浑浑，没有棱角的石斧。西周制礼，便采用了这种石斧的轮廓，做成琬圭，图八○的两件琬圭，与上图的石斧，是一个样的。这两件琬圭，都是美国芝加哥美术馆的收藏。③

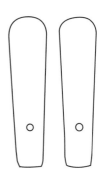

《古玉图考》琬圭，青玉长尺有二寸，图小于器十分之八

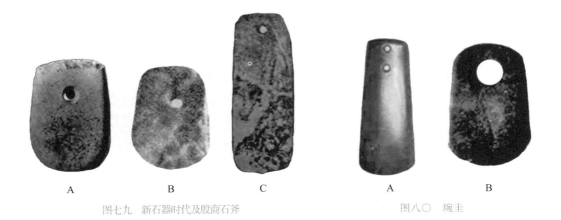

图七九　新石器时代及殷商石斧　　　　图八○　琬圭

周南泉《论中国古代的圭——古玉研究之三》：

琬字，据郑玄注"犹圆也"。也就是说，琬圭是一种上端圆首无棱角的圭。之所以有这种圭，是与其用"治德""结好"相联系的。可见琬圭与琰圭以圭首无锋芒和有锋芒相别，是古人以形取义的

---

① 引者按："缊"从乙巳本，与《聘礼》注（阮元《十三经注疏》1074页上中）合，王文锦本从楚本讹作"蕴"。
② 孙诒让《周礼正义》4023—4024/3334页。
③ 那志良《中国古玉图释》，台湾南天书局，1990年，172页。

标本 553

产物。不过，值得注意的是这种有锋芒或无锋芒，是指尖首或圆首还是指有刃或无刃尚存疑，或者两种可能都不存在，而是注家推测而已。[1]

中国社会科学院考古研究所《殷墟妇好墓》：

圭八件。可分为四式：Ⅰ式四件。扁平长条形，下端齐平，较厚，有圆穿；上端较宽，较薄似刃，圆角，多数制作较精，形与《古玉图考》所著录的"琬圭"相似。标本553，深绿色。体较窄长，下端平，上端转角略圆，有厚刃。下端有圆穿，穿之上刻横线四条，其上又刻竖直阴线八条，直通顶部。两面刻纹相同。长22.7、宽3.8～4、穿径0.9、厚0.9厘米。[2]

周南泉《论中国古代的圭——古玉研究之三》不赞成将殷商妇好墓出土的这类玉石器称为圭：

这类玉石器，一端弧圆并有刃，且略宽，一端平齐并有一至二个圆穿。在新石器诸文化、早商二里头文化和殷商"妇好"墓均有出土，至西周已不见。早期主要作工具用，商代似作礼仪器用，考古界大多定名为玉或石斧。值得注意的是这种玉石器，表面看与《说文》"上圜下方"称为圭之器相类似，但这类器物出现较早，且有刃，与工具关系密切，与主要在阶级社会才有、并与工具无关的圭之形和之用不符。更存疑的是与许慎著《说文》一书同时的东汉玉器中，从未见有这种形之器，可见，《说文》所说"上圜下方"之圭，或有误或似是指另一种物。因此，把它称为圭似不妥。[3]

孙庆伟《〈考工记·玉人〉的考古学研究》认为妇好墓出土的"琬圭"更可能是龙山甚至是大汶口时期的遗物：

按郑注，琬即圜也，即圭首呈圆弧状。琬圭被认为是王之瑞节，诸侯有德，王命赐之，使者执琬圭以致命。既然是赐于诸侯之圭，其长九寸，和诸侯的命圭之尺度正相符合。但《尚书·顾命》言"越玉五重，陈宝，赤刀、大训、弘璧、琬、琰，在西序"，郑注云："琬、琰，皆度尺有二寸。"和《考工记》所记不同。

首部圆弧而非尖状的圭形器，在出土物中可见。如殷墟妇好墓所出土的八件玉圭中就有圜首者五件，原发掘报告把它们称为"琬圭"[4]。但在出土的西周玉器中，笔者仅见到两件这种形制的器物，一件出土于洛阳东郊M196中，该器长为21.5厘米[5]；另一件出土于陕西扶风黄堆M1，长仅11.6厘米[6]。其中妇好墓出土的5件形制规整的"琬圭"，事实上更可能是龙山甚至是大汶口时期的遗物[7]，和周代

① 周南泉《论中国古代的圭——古玉研究之三》，《故宫博物院院刊》1992年第3期。
② 中国社会科学院考古研究所《殷墟妇好墓》116—117页，文物出版社，1980年。
③ 周南泉《论中国古代的圭——古玉研究之三》，《故宫博物院院刊》1992年第3期。
④ 中国社会科学院考古研究所《殷墟妇好墓》，116页，文物出版社，1980年。
⑤ 洛阳市文物工作队《洛阳市东郊发现的两座西周墓》，《文物》1992年第3期。
⑥ 陕西周原考古队《扶风黄堆西周墓地钻探清理简报》，《文物》1986年第8期。
⑦ Jessica Rawson. Chinese Jade, from the Neolithic to the Qing, British Museum Press, 1995, pp.179–181.

的礼制相去甚远。因此，仅从目前所见的两件西周时期器物，我们显然还无法将它们和文献中的琬圭联系起来。[①]

11. 琰圭

《玉人》: 琰圭九寸，判规，以除慝，以易行。

孙诒让："琰圭九寸"者，此度与琬圭同。《书·顾命》"弘璧、琬琰"，贾《天府》疏引郑《书注》谓彼琬琰皆度尺二寸。盖其度尤长，非常用之玉也。

郑玄：凡圭，琰上寸半。琰圭，琰半以上，又半为瑑饰。诸侯有为不义，使者征之，执以为瑞节也。除慝，诛恶逆也。易行，去烦苛。

孙诒让：注云"凡圭，琰上寸半"者，琰与剡同，此据《聘礼记》及《杂记》文。云"琰圭，琰半以上，又半为瑑饰"者，《公羊·定八年传》"璋判白"何注云："判，半也。"贾疏云："以其言判，判，半也。又云规，明半以上琰至首，规半以下为瑑饰可知。"案：郑、贾并释判为半，而规字无释，似即以为瑑饰也。《说文·玉部》云："琰，璧上起美色也。"此与瑑饰义近，但以圭为璧。段玉裁以为字误，然疑贾、马诸家或有破圭为璧，以傅合判规之文者。若然，则是琮珫之类，与圭不同，与郑剡射之义尤不相冢也。戴震云："凡圭，直剡之，倨句磬[②]折，上端中矩。琰圭，左右剡，坳而下，如规之判。"黄以周云："判规[③]之义，戴说为合。但戴氏以凡圭例之，仅剡寸半，郑则谓剡半以上，此其异也。盖琰之言剡，其首剡然上起，其半以上如规之判也。"案：戴、黄说并与郑异。郑意此圭加剡半以上，则所剡者四寸五分，锐角尤镵长，较常法剡寸半增二倍，故独得琰名。但郑以为直剡，则与规义不相应。戴以为圆剡，故曰判规。是判规者，若割圆为四象限形，圭左右剡各一象限，合两圭而成规也。其义于经较切。黄兼取郑戴义，谓剡半以上如规形，但圭广三寸，左右各寸半，于寸半之内，圆剡之至四寸半之长。则其圆界甚大，左右并之，适成椭圆。虽合两圭，亦断不能成规，与半规之义无会。则郑、戴两义固不能强合也。众说纷互，未审孰得，姑并存之。云"诸侯有为不义，使者征之，执以为瑞节也"者，《典瑞》先郑注云："琰圭有锋芒，伤害征伐诛讨之象，故以易行除慝。"是除慝、易行为使者征不义所执以为信也。但后郑彼注据《大行人职》，以除慝为殷覜时使大夫执以命事。此义亦当同可以互推，故不具也。云"除慝，诛恶逆也"者，《小行人》云："其悖逆暴乱作慝犹犯令者为一书。"注云："慝，恶也。"此除慝

---

① 孙庆伟《〈考工记·玉人〉的考古学研究》，北京大学考古学系编《考古学研究》(四)125页，科学出版社，2000年。
② 引者按："磬"汪少华本、王文锦本均讹作"磬"。
③ 引者按："规"从乙巳本，与黄以周《礼书通故》第四十七合。王文锦本从楚本讹作"圭"。

亦谓诸侯有悖逆作慝者,乃诛之也。云"易行,去烦苛也"者,贾疏云:"此非恶逆之事,直政教烦多而苛虐,是诸侯行恶,故王使人执之以为瑞节,易去恶行。"①

《典瑞》:琰圭以易行,以除慝。

郑玄:琰圭,亦王使之瑞节。郑司农云:"琰圭有锋芒,伤害征伐诛讨之象,故以易行除慝。易恶行令为善者,以此圭责让喻告之也。"玄谓除慝,亦于诸侯使大夫来觐,既而使大夫执而命事于坛。《大行人职》曰:"殷觌以除邦国之慝。"

孙诒让:注云"琰圭亦王使之瑞节"者,亦与珍圭、谷圭、琬圭同。郑司农云"琰圭有锋芒,伤害征伐诛讨之象"者,琰与剡声类同,盖亦取锐利之义。《说文·金部》云:"锐,芒也。籀文作劂。"琰劂声义亦相近。《说文》又云:"鏠,兵端也。"锋即鏠之俗。凡圭皆剡上,而此圭所剡角度尤锐,故《玉人》云"琰圭,判规",谓左右剡坳而下,如规之判,即是有锋芒也。《周书·王会篇》云"四方玄缥璧琰"。孔注云:"琰,珪也,有锋锐。"凡锋芒则有伤害,故为征伐诛讨之象。云"故以易行除慝,易恶行令为善者,以此圭责让喻告之也"者,"喻"黄丕烈据《道右》《怀方氏》《撢人》《大行人》注校改"谕",是也。《胥师》注云:"慝,恶也。"《玉人》注云:"琰圭,诸侯有为不义,使者征之,执以为瑞节也。"又《调人》"和难"云"弗辟,则与之瑞节而以执之",注亦以瑞节为琰圭。并易行除慝之事也。云"玄谓除慝亦于诸侯使大夫来觐,既而使大夫执而命事于坛"者,贾疏云:"此即《大宗伯》云'殷觌曰视',谓一服朝之岁也。但上文'治德'与此经'易行',据诸侯自有善行恶行,王使人就本国治易之;结好与除恶,皆诸侯使大夫来聘,亦王使大夫为坛命之为异也。郑知使大夫来皆为坛者,约君来时会殷同为坛,明臣来为坛可知也。"案:此琰圭亦当是殷觌时,王以事使卿大夫至宾馆使之,执之以为信,郑、贾坛会之说未塙。引《大行人职》曰"殷觌以除邦国之慝"者,证经"除慝"即彼殷觌时事也。②

吴大澂《古玉图考》根据《典瑞》郑司农注认为"琰圭与剡上异解",批评《玉人》郑注"未睹判规之制,而以意解之",指出琰圭形制:"其制上作半月形,大澂所集《说文古籀补》屮字即古文屼,它圭象终葵首,此独象屼首,即《考工记》'判规'之制,左右两角棱棱有锋。《儒行》'毁方瓦合'疏'圭角谓圭之锋铓,有楞角',即指琰圭而言。后人未见古制,以圭之剡上者为圭角,终觉相强也。"

那志良《中国古玉图释》据吴氏说指出:"琰圭之形,是把一个圭的上端,当中凹下,两角突起,这是为了显示这种圭的使用,是有处罚、儆戒的味道,不能使用和善如琬圭的样子。吴大澂《古玉图考》著录的琰圭,如图八一A,全身仍是圭形,只是上端微微凹下而已。B图是美国哈佛大学的佛格博物馆的收藏,除了顶端凹下之外,孔的两旁,各有一齿,根据琰圭的使用,它可能也是一个琰圭。"③

中国社会科学院考古研究所《殷墟妇好墓》:

① 孙诒让《周礼正义》4024—4025/3334—3335页。
② 孙诒让《周礼正义》1930—1931/1601—1602页。
③ 那志良《中国古玉图释》台湾南天书局,1990年,174页。

圭八件。可分为四式：Ⅲ式一件（图版八四，4）。墨绿色。长方
扁平体，下端残，上端内凹呈弧形，有刃。形近"琰圭"。残长12.5、上
端宽6、厚0.3厘米。①

孙庆伟《〈考工记·玉人〉的考古学研究》：

据郑注，普通的玉圭是琰上寸半为首，而所谓的琰圭则是从中
部以上均琰，另半则有瑑饰。但戴震对琰圭形制的理解和郑玄有
很大的不同，戴震云："凡圭直剡之，倨句磬折，上端中矩……琰圭
左右剡坳而下，如规之判。"②在戴震看来，琰圭也是只剡圭首寸半，
只是所剡部分不再是直线，而是呈凹弧状，即所谓的"如规之判"。
郑玄和戴震的解释，何者更为接近事实，孙诒让也不能作出判断③。
在出土器物中，也不见可以为上述两说提供证据者。周代玉圭的
尖首，其两侧刃大都呈直线形，少数是略向外弧出，而不见戴震所
说的向内凹弧的；另外，尖首圭所剡的尺寸，并非如《考工记》中所
说的都是剡上寸半。既然我们对琰圭的形制以及存在与否还有疑
问，对于它是否具有"除慝"和"易行"等功能就更加无法作出判
断了。④

A　　　B

图八一　琰圭

图版八四，4　Ⅲ式玉圭

12. 璧羡度尺　羡璧　好　肉

《玉人》：璧羡度尺，好三寸，以为度。

孙诒让："璧羡度尺，好三寸，以为度"者，陈祥道云："璧圜九寸，
好三寸，延其羡为一尺，旁各损半寸，则广八寸矣。《说文》曰：'人手却
十分动脉为寸口。十寸为尺。周制寸、尺、咫、寻、常、仞诸度量，皆以
人之体为法⑤。'又曰：'中妇人手长八寸谓之咫，周尺也。'然则璧羡
袤十寸，广八寸。以十寸起度，则十尺为丈，十丈为引。以八寸起度，

① 中国社会科学院考古研究所《殷墟妇好墓》118页，文物出版社，1980年。
② 戴震《考工记图》，见《戴震全书》第五册385页，黄山书社，1995年。
③ 如孙氏在正义中说："则郑、戴两义固不能强合也。众说纷互，未审孰得，姑并存之。"
④ 孙庆伟《〈考工记·玉人〉的考古学研究》，北京大学考古学系编《考古学研究》（四）125—
　 126页，科学出版社，2000年。
⑤ 引者按："十寸为尺。周制寸、尺、咫、寻、常、仞诸度量，皆以人之体为法"非陈祥道语，仍为
　 《说文》（许慎《说文解字》175页）"尺"字所释。王文锦本误置于单引号外。

则八尺为寻，倍寻为常。度必为璧以起之，则围三径一之制，又寓乎其中矣。"程瑶田云："《典瑞》曰'以起度'，《玉人》曰'以为度'，盖造此以度物，犹《周髀算经》所用之折矩也。"案：陈、程说是也。"璧羡度尺"者，据其羡言之。其广则中咫，经不著广度者，文不具也。古人度数有以十起者，尺、丈、引是也。有以八起者，咫、仞、寻、常是也。以十起者，视璧羡之度尺；以八起者，视璧羡之广咫。起度之说盖如是。

郑司农云："羡，径也。好，璧孔也。《尔雅》曰：'肉倍好谓之璧，好倍肉谓之瑗，肉好若一谓之环。'"玄谓羡犹延，其羡一尺而广狭焉。

孙诒让：注郑司农云"羡，径也"者，明经云"度尺"为璧之直径，横广则不满尺也。黄以周云："《典瑞》先郑注云：'羡，长也，此璧径长尺。'亦谓椭圜形。"案：黄说是也。《典瑞》贾疏亦谓先、后郑同为不圜，但璧羡羡尺，广八寸，先郑释为径，于义未明，故后郑补释之。云"好，璧孔也"者，好对肉为文。《诗·鲁颂·泮水》孔疏引孙炎《尔雅注》云："肉，身也。好，孔也。"引《尔雅》者，《释器》文。《左传·昭十六年》孔疏引李巡注云："肉倍好，边肉大，其孔小也。好倍肉，其孔大，边肉小也。肉好若一，其孔及边肉大小适等也。"郭注义同。贾疏云："引《尔雅》，欲见此璧好三寸，好即孔也。两畔肉各三寸，两畔共六寸，是肉倍好也。"程瑶田云："据经与注，谓若璧孔一寸，则边二寸，合两边及孔，其径五寸也。贾氏误释。"案：程述李、郭义是也。依其说，则璧正法，好三寸，两畔肉当各六寸，则广羡皆尺五寸也。此璧羡好广羡皆三寸，而肉则羡各三寸五分，广各二寸五分，故合之羡尺而广八寸。肉虽不倍好，而羡则肉较好已略赢，故仍得假璧称也。云"玄谓羡犹延"者，二字声近义通。《文选·东京赋》"乃羡公侯卿士"，薛注云："羡，延也。"《冢人》注"羡道"，《左传·隐元年》杜注亦作"延道"，皆其证。《典瑞》先郑注训羡为长。《尔雅·释诂》云："延，长也。"是羡延义同。云"其羡一尺而广狭焉"者，贾疏云："造此璧之时，应圜径九寸。今减广一寸，以益上下之羡一寸，则上下一尺，广八寸，故云其羡一尺而广狭焉。狭焉谓八寸也。"欧阳谦之云："好三寸，左右之肉减六寸为五寸，上下之肉增六寸为七寸。"诒让案：注意谓损广以益其羡，损益系于肉，则好自为正圆之三寸，无所损益。所损益者，唯肉之广羡耳。又案：周尺度数，众说差异。沈彤据今所传周尺，谓一尺当今尺七寸四分。江永以同身寸推之，谓人张两手，古为一寻，今为五尺，则古一尺当今尺六寸二分半。金鹗据《汉书·律历志》黄钟絫黍法，谓古一尺当今尺八寸一分。黄以周说同。古尺亡失，无可质定，姑备列之，俟学者考焉。①

闻人军《"同律度量衡"之"璧羡度尺"考析》指出："清末吴大澂《权衡度量实验考》根据古玉实物考证，他用圆形的璧考证'璧羡度尺'，跳出了郑玄旧说的窠臼。"②吴承洛《中国度量衡史》上编第二章第六节《以圭璧考度》采纳吴大澂说：

凡物之圆形而中有孔者，其外谓之肉，中谓之好。故好三寸，则肉六寸，为璧共九寸。羡者、余也，溢也，言以璧起度，须羡余之，盖璧本九寸，数以十为盈，故益一寸，共十寸以为度，是名"璧羡度尺"。可作图明之。

①　孙诒让《周礼正义》4025—4027/3335—3337页。
②　闻人军《考工司南：中国古代科技名物论集》137页，上海古籍出版社，2017年。

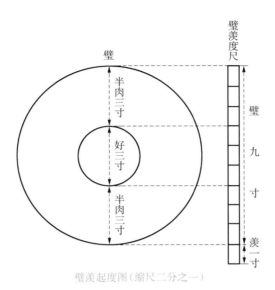

璧羡起度图（缩尺二分之一）

璧径九寸，实测之长为十七.七三公分。

$$一尺之长 = \frac{100}{90} \times 177.3 = 197 公厘$$

$$故璧羡度尺 = \frac{197 + 198.5575}{2} = 197.77875 公厘 = 周尺之长^{①}。$$

艾学璞、王立新、邱隆《对"璧羡度尺"及其尺度的史话》描述"璧羡度尺"这一工艺标准：

玉人在制作玉璧时，为保证璧"肉倍好"精确的尺寸，第一步要精细、准确地划好"肉""好"的轮廓线。如图1所示，在9寸正方的玉板上，划米字线和井网格线，用"规"划9寸正方和3寸正方的两个内切圆。在玉板的背面也划同样的线和圆，力求两面的圆心都在板的正中。第二步，检验璧的外径和"好"的直径。当璧切割加工和整修琢磨时，用十寸的尺测量玉璧的外径是否都是九寸，如图1中4个直径都是九寸（一尺羡余一寸），可确认玉璧为正圆；测量同一直径上璧外缘各点与"好"边缘相应点都是三寸，证明璧"玉倍好"。完成这两个步骤，即达到了"璧羡度尺"的工艺要求。技艺

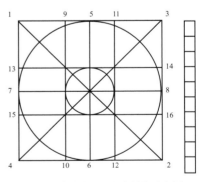

图1 "璧羡度尺"设计划线示意图

高超的"玉人"制作出圆度和尺寸相当精确的一块玉璧，可在一定范围内（如官营手工作坊）作为制作璧规格尺寸的样板。这套制璧技术标准是玉人们智慧的结晶。后来，《考工记》的作者把这一创造归功于官员，总结为"典瑞璧羡以起度"。《考工记》中记有各种圭璧的尺寸，以当时的圭璧

① 上海书店据商务印书馆1937年版影印，1984年，47—50页。

实物对照文献记载，可以考校当时的尺度单位量值。但"璧羡以起度"（尺度值由"璧羡"产生出来）的说法，并不确切。我们请玉石工艺厂用一般机械加工了一批岫岩玉"璧"，测量璧和"好"的外径，测量误差在1%以上。古代用手工制作一块精确尺寸"肉倍好"的璧更不容易，而且假如以璧的外径作为端点与线纹尺比较的话，直径两端的点是很难找准的。所以"璧羡度尺"、璧"以为度"只能说是一种工艺标准。[1]

对于"羡璧"，郭宝钧《古玉新诠》说"系璧之椭圆者谓之羡璧"：

璧之较小为系带用者谓之系璧。系璧之椭圆者谓之羡璧，《古玉图考》系璧五，为一例证。然羡璧应亦有大者，《典瑞》"璧羡以起度"，注"郑司农曰'羡长也。此璧径长尺，以起度量。'《玉人职》曰'璧羡度尺以为度'。玄谓羡不圜之貌，盖广径八寸，袤一尺。"长径及尺，可谓大矣，自不可为系璧用，但实物尚罕见传世者。[2]

夏鼐《商代玉器的分类、定名和用途》主张"应该放弃'羡璧'这个命名"：

有人把略作椭圆形的璧叫作羡璧，这是由于误解了《周礼》的原文。《周礼》中说"璧羡以起度"。又说"璧羡度尺，好三寸，以为度"。郑众注"羡，长也"。原文是说璧径长度一尺，作为长度制度的基数。这好像英国半便士的铜币径长一英寸一样。郑玄才曲解为"羡，不圜之貌"。我们应该放弃"羡璧"这个命名。《周礼》和其他先秦古籍中没有"羡璧"这个璧名。[3]

闻人军《"同律度量衡"之"璧羡度尺"考析》也认为："求证于考古实物，迄今尚未发现一件像样的先秦椭圆形玉璧足以支持椭圆形说，'羡璧'并不存在。"[4] 闻人军《"同律度量衡"之"璧羡度尺"考析》指出：

栗氏嘉量的设计是从尺开始的，而其尺正来自《考工记·玉人》记载的"璧羡度尺"。为了满足"同律度量衡"的要求，始于黄钟，最后"声中黄钟之宫"，"璧羡度尺"与黄钟之间必有某种渊源。

原始同律度量衡的起度标准器应是某种玉璧，而不是成组玉石璧。

如果加工一个径尺之璧，使它的基频合于清黄钟，在理论上是完全可行的。

可以想象，"璧羡度尺"的形成也要经过以律出度这一关。但不会是靠听律在玉璧上求得一尺之长，而是借助玉璧来作为黄钟之宫与一尺之长的永久性载体。径尺之璧本来就已是世人歆羡之物，声中清黄钟的径尺之璧更是了不得，说不定"璧羡"就是声中清黄钟的径尺之璧的专有名称。而且，"好三寸"的设计也有深意，象征着标准器玉璧与律制的联系。

1977—1978年山东省曲阜鲁国故城出土了一批战国早期精美玉璧，有一些径长一尺左右，孔径三寸余。其中58号墓所出的一璧（图三七），直径22.5、孔径6.8厘米[5]，如按楚制每尺22.5厘米，正合

① 艾学璞、王立新、邱隆《对"璧羡度尺"及其尺度的史话》，《中国计量》2006年第12期。
② 郭宝钧《古玉新诠》，《历史语言研究所集刊》第20本下册，商务印书馆，1949年。
③ 夏鼐《商代玉器的分类、定名和用途》，《考古》1983年第5期，引自《夏鼐文集》中册20—21页，社会科学文献出版社，2000年。
④ 闻人军《考工司南：中国古代科技名物论集》138页，上海古籍出版社，2017年。
⑤ 采自山东省文物考古研究所等《曲阜鲁国故城》，图版98-1。

"璧羡度尺，好三寸"之制①。乙组52号墓所出的一璧（图三八），直径19.9、孔径6.9厘米②，其外径与齐尺（约19.7厘米）相近。鲁国保存周礼古制，又受齐、楚文化影响，这两个外径一尺之璧都比"黄钟律琯尺八寸"璧更适于验证《考工记·玉人》"璧羡度尺"。

吴大澂所藏外径与一尺之长相近的两个齐家文化玉璧，实有吴氏意想不到的价值，因其与虞舜"同律度量衡"的时代较近，正可用来考察"璧羡度尺，好三寸"的起源，说不定就是上文提到的"径尺之璧"之类。③

"肉"是玉的部分，"好"是中间的孔。但"肉"的尺寸与"好"的尺寸是由什么地方量到什么地方，吴大澂与那志良理解不同。吴大澂《古玉图考》："余所得古玉环四，度其径寸，以上下二边之分数④适与中孔相等。如环径六寸，其孔三寸，上下二边各得一寸又半寸，此环之制也。"那志良《中国古玉图释》指出照吴氏这个说法，璧、环、瑗三种器物的区别，应当如图18："'好'的尺寸，只要量孔径就可以了；'肉'的尺寸，是上下两边之合数，也就是说，器的直径减去孔径，便是'肉'的尺寸。"但是，"根据吴氏所说，去计量实物，大多数是不适合的"，因此"怀疑吴氏所说'上下二边之合，是肉的尺寸'，是没有根据的"，认为"所谓'边肉'者，是从内廓的边缘，量到外廓的边缘，肉的尺寸，也是如此。照这样的解释，三种器物的尺寸比例，应当如图19。"⑤那志良《中国古玉图释》指出："《尔雅》的话，也只是告诉我们一个标准的比例，不能做死板的解释，如果在解释的时候，加上'大约'或'差不多'字样，与实际就相符合了。"⑥

夏鼐《汉代的玉器——汉代玉器中传统的延续和变化》认为《尔雅》是"将璧、瑗、环三个名词勉强加以区别"：

　　玉璧中有被称为玉环和玉瑗的，一般是平素无花纹，实际上是圆孔较大的璧，可以不加区分。《尔雅·释器》说："肉倍好谓之璧，好倍肉谓之瑗，肉好若一谓之环。"这是儒家的系统化，将璧、瑗、环三个名

图三七　山东曲阜鲁国故城58号墓出土战国早期玉璧

图三八　山东曲阜鲁国故城乙组52号墓出土战国早期玉璧

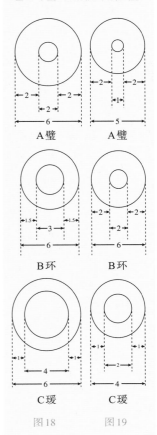

图18　　　　图19

① Jun Wenren: Ancient Chinese Encyclopedia of Technology, Translation and annotation of the Kaogong ji (the Arti ficers' Record), London and New York, Routledge, 2013, p.170.

② 敦竹堂摄影，藏于山东省曲阜市文物管理委员会。图片采自杨伯达主编《中国玉器全集》（上），河北美术出版社，2005年，第265页，图一四一。

③ 闻人军《考工司南：中国古代科技名物论集》134—140页，上海古籍出版社，2017年。

④ "分数"，那志良疑是"合数"之误。

⑤ 台湾南天书局，1990年，99—101页。

⑥ 台湾南天书局，1990年，101页。

词勉强加以区别。就常识而论，如果一件玉器，它的孔部（好）比体部（肉）较大，又大不到一倍，则非环又非瑗；如果孔部较体部小，又小不到一半，则非环又非璧。那么它们该称为什么呢？根据实物，这些玉器的孔部与体部的大小比例，并没有像《尔雅》所说的整齐划一，并不是只分为三种。它们是各种比例都有。所以我说可以将孔部和体部大致若一或孔较小的都称为玉璧。至于有些体部窄细而孔大的，我以为可以称之为玉环。这种玉环，汉代少见。其中大的作镯子之用的，可称为玉镯。例如江苏涟水三里墩西汉墓出土的玉镯，正面刻有谷纹，广西贵县的作扭丝形①。小的作为玉佩组成部分的"系玉"，可视为"玉佩"的一种。②

夏鼐《商代玉器的分类、定名和用途》更指出"这是汉初经学家故弄玄虚，强加区分"：

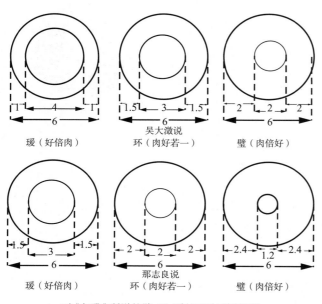

瑗（好倍肉）　　　环（肉好若一）　　　璧（肉倍好）
　　　　　　　　　吴大澂说

瑗（好倍肉）　　　环（肉好若一）　　　璧（肉倍好）
　　　　　　　　　那志良说

对《尔雅》所说的璧、环、瑗的两种不同解释

玉璧，商代墓中常有出土。妇好墓出璧16件，如果连同环和瑗一起计算，共达57件。我认为环和瑗，实际上也便是璧。《尔雅》中说"肉倍好谓之璧，好倍肉谓之瑗，肉好若一谓之环"。这是汉初经学家故弄玄虚，强加区分。"好"是指当中的孔，"肉"是指周围的边。这样便可有两种不同的量法。吴大澂和那志良的解释便不同③。无论用哪一种来解释《尔雅》都和实物情况不符。发掘所得的实物，肉好的比例，很不规则。它们既不限于这三种比例，并且绝大部分不符合这三种比例。我建议把三者总称为璧环类，或简称为璧。其中器身作细条圆圈而孔径大于全器二分之一者，或可特称为环。瑗字原义指哪种玉器，我们不

清楚；但肯定不会是像吴大澂、罗振玉等所说的人君援引大臣上阶用的玉器④。他们这种说法虽然可以上溯到东汉的许慎《说文》，但是古代根本没有这种援引上阶用的玉器。这是一种望文生义，故意把"瑗"和"援"联系起来作解释。"瑗"字在古玉名称中今后似可放弃不用。⑤

周南泉《论中国古代的玉璧——古玉研究之二》则赞同《尔雅·释器》定义，主张璧、瑗和环三者区别：

---

① 分别见《考古》1973年第2期，86页；《考古》1982年第4期，362页，图四：5。
② 夏鼐《汉代的玉器——汉代玉器中传统的延续和变化》，《考古学报》1983年第2期，引自《夏鼐文集》中册55—56页，社会科学文献出版社，2000年。
③ 吴大澂《古玉图考》，1889年，第47页；那志良《古玉鉴裁》，台北，1980年，75页。
④ 吴大澂《古玉图考》，1889年，第43页；罗振玉《释爱》，见《永丰乡人甲稿（雪窗漫稿）》，1920年贻安堂刊本，第2页。
⑤ 夏鼐《商代玉器的分类、定名和用途》，《考古》1983年第5期，引自《夏鼐文集》中册18—20页，社会科学文献出版社，2000年。

璧、瑗、环皆是古代的一种玉器，三者均体扁圆，中央有一圆孔。玉璧除体扁圆象天和中心有一圆孔外，孔径要小于玉质部分；瑗除圆形有圆孔外，孔径大于玉质部分；环的孔径则与玉质部分边宽相等（图一）。

这种把璧、瑗和环三者区别称名的事实在一些考古发掘中也得到证实。如良渚文化的发掘品表明，作璧之器几乎全是"肉大于好"，而作为礼仪器的所谓瑗与环，在该文化中似还未正式出现。特别值得注意的，是1978年在河北省平山县发现的战国中期中山国王𰯼墓出土一批墨书铭文玉器[①]。这批玉器，1979年随同其他中山国玉器和文物在北京故宫博物院展出，笔者有幸参加这项工作的全过程，对所有玉器，特别是墨书铭文玉器作了详细的观察。它们中有的写上"它玉珩"，有的书"它玉琥"。在一些扁平圆形，中有一圆孔的玉器墨书中，有的写上"它玉环"，有的书有某某"璧"。该批墨书"环"字的玉器其情况与《尔雅·释器》定义基本相符。所定名为璧者，其情况完全和前述《尔雅·释器》和《说文》等书所载同（图二）。这种事实证明，尽管这批玉器中未见有墨书瑗的玉器（按𰯼墓早年曾被盗掘，或许有墨书瑗之器被盗走），但当时对这些扁圆且中心有圆孔的玉器、视其孔径与肉宽的不同，其命名是有差别的。而其差别与古书所规定的情况又是相符的。

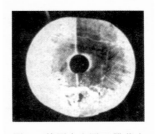

上述记载和出土遗物证明，所谓的玉璧，是用玉做的一种体扁平、外周圆形、中央有一圆孔，且孔径小于肉宽，即"肉倍好"的器物。[②]

孙庆伟《〈考工记·玉人〉的考古学研究》指出《尔雅》所记并不符合事实：

郑玄注引郑司农云："羡，径也。好，璧孔也。"是谓径为一尺之璧，其好径三寸。但据《尔雅·释器》："肉倍好谓之璧，好倍肉谓之瑗，肉好若一谓之环。"这样的话，好三寸的璧，其径当为九寸。为了解决这一矛盾并解释璧用作的"度"的功能，历代经注家作出了多种调和，而最终认为合理的解释是把九寸的横径减为八寸，而纵径则延伸为一尺，当璧用作度时，如果度量的对象是十进制者，可用其长径，而度量八进制者，正好可用其短径。只是这样一来，璧就成了一件椭圆形而不是圆形的器物了。

从出土物来看，片状有中孔的璧环类器物，其"肉"和"好"的比例确实存在着差别，但造成这种差别的原因至少包括这样两点：一是同类器物在不同文化或不同时期所体现出来的器物特征；二是确

① 周南泉《中山国的玉器》，《故宫博物院院刊》1979年第2期。
② 周南泉《论中国古代的玉璧——古玉研究之二》，《故宫博物院院刊》1991年第1期。

实因为器类不同而造成的。关于前者，我们可以通过良渚、西周和西汉时期玉璧形制的对比来说明。如《良渚文化玉器》一书中所著录的17件典型良渚玉璧，其孔径和璧径之比均在1/4至1/5之间，大致反映了良渚玉璧"肉宽好窄"的特点[①]，而根据我对20余件西周早晚期玉璧的观察，这一比例一般是1/2，说明西周玉璧的孔径相对要大一些[②]；但从南越王墓墓主人胸腹部和背部出土的15件玉璧来看，这一比例又和良渚时期更为接近，基本上都是1/4左右[③]。这说明《尔雅》所记并不符合事实，至少是有时代局限性的。而因器类不同所造成的肉好比例的差异，也可从西周玉器中找到例证。如宝鸡竹园沟M6出土的一件玉环，其外径为6.7厘米，而孔径也达6.2厘米；又茹家庄M1甲室出土的两件玉环，外径7.3～7.4厘米，而肉宽仅为0.6厘米[④]，这样的器物称为环而不是璧，显然是合适的。

如果说孔径和璧径之比为1/2大体上反映了西周玉璧形制特征的话，那么这一句经文所说的直径一尺之璧而其"好"三寸，和西周时期的实际情况也是有出入的。[⑤]

对于"好三寸以为度"，王仁湘《琮璧名实臆测》认为"这三寸（约7厘米）可以看作是一个常数，是腕围镯径之数"：

以案头报告粗略统计，广汉三星堆二号坑玉璧瑗环，好径多在6.2～6.7厘米之间，最多不过6.8厘米。如以战国一尺约23厘米计，3寸当6.9厘米，"好"应当没有超过3寸之数。

我们注意到在《三星堆祭祀坑》报告中，有这样的一段话："璧、环、瑗等玉石器由大到小，似呈有规律的递减，但大小器物的好径却基本相等，只是肉的宽度不同。……这可能是因为当时制作这类玉石器的管钻工具有特定的直径大小，或者在制作上较为随意。另一方面，这也可能与当时玉璧类礼器的使用有关，似乎这些器物都由大到小按规律依次递减变化制作成配套组合的形式。1931年在广汉真武村发现的玉石器窖藏中的石璧就是按大小递减，垒叠成尖塔状；1987年又在真武村仓包包发现一祭祀坑，据调查，坑内的石璧也是按大小依次递减，叠垒成塔状，同样证明了璧、环、瑗的大小呈递减形式与使用方式有关。"[⑥]

岂止如此，其他地点也是如此，除璧、环、瑗之外，琮、镯、戚之类，凡是需钻大孔的，孔径大都在5～7厘米之间。

这只说明一个问题，这些器物的造型可能只有一个祖型，它应当是镯。镯径大小，为女子之腕径，正在5～7厘米之间，平均6厘米左右。正因为有了这个祖型，所以好径才没有改变。也正因为如此，考古学者才发现了这样的一些证据：琮有戴在腕上的，有领环也有戴在腕上的，璧也有戴在腕上的，镯、钏、环之类，就更不用说了。

好三寸，自然是腕三寸，以三寸之腕为度。这三寸应当超不过7厘米，一寸不过2厘米有余，大体合于周汉尺度。这三寸（约7厘米）可以看作是一个常数，是腕围镯径之数，现代的环镯内径仍然是如此。以腕围定内径，也在情理之中。肘、指、手、足，在古代都可以是量度的参照。

---

① 浙江省文物考古研究所等《良渚文化玉器》，图版72—89，200—203页，文物出版社、两木出版社，1990年。
② 孙庆伟《西周墓葬出土玉器研究——兼论两周葬玉制度》，北京大学考古系硕士论文，未刊。
③ 广州南越王墓博物馆《南越王墓玉器》，图版29、44，香港两木出版社，1991年。
④ 卢连成、胡智生《宝鸡𢎞国墓地》188、325页，文物出版社，1988年。
⑤ 孙庆伟《〈考工记·玉人〉的考古学研究》，北京大学考古学系编《考古学研究》（四）126页，科学出版社，2000年。
⑥ 四川省文物考古研究所《三星堆祭祀坑》，文物出版社，1999年。

如果以商尺长在15.8厘米左右计，周以前的三寸不足5厘米，也许与史前的情形相去不远。要达到7厘米的常数，应当是4～5寸。

环形器同"好"，好三寸，这"三寸"取自镯径、琮、璧、瑗好多为三寸，这是非常值得关注的现象。[①]

张伟《〈周礼〉中玉礼器考辨》证之以考古发掘中出土的西周玉璧：

1967年发掘的陕西省长安县张家坡82号西周初年至成康时期墓中，在墓主人头部的陶簋中发现一直径14.6～14.9、孔径4厘米的素面玉璧[②]。同期发掘的87号墓与82号墓时代相同，于墓主人的右胸发现直径10.5、孔径5.8厘米的环形璧，其璧亦是素面无纹，侧面有扉牙。

1980～1981年发掘的陕西省宝鸡强国墓竹园沟墓地共出土7件西周早期玉璧，如7号墓墓主头部和腰部各发现一件玉璧，均光素无纹，其中头部玉璧直径8、孔径3、厚5厘米，腰部玉璧直径6.3、孔径1.6、厚0.4厘米[③]。竹园沟13号墓亦在墓主头部随葬一直径14、孔径1、厚1厘米的素面玉璧[④]，在同墓妾属死者头部也置一直径3.7～4.2厘米素面玉璧。竹园沟1号墓也出土两件玉璧，均光素无纹，其中1件直径9.6、孔径4.7、厚0.7厘米，第2件玉璧直径5.6、孔径1.7、厚0.5厘米，由于该墓破坏严重，器物原位置已无法确认[⑤]。

1980年发掘的陕西省岐山县王家嘴2号西周早期墓出土一件玉璧直径4.8、孔径0.8、厚0.7厘米，玉璧光素无纹，墓葬破坏严重，出土位置不详[⑥]（图二，1）。

1980年发掘的陕西省扶风县黄堆3号墓中，在墓主人头顶部发现一直径5、孔径2、厚0.2～0.3厘米的素面玉璧，根据同出的一件玉佩判断此墓时代当为西周中期[⑦]。同期发掘的黄堆2号墓亦为西周中期，在墓主人腰部随葬一直径10.7、孔径5、厚0.2～0.5厘米，外援有两个对称缺口的素面玉璧（图二，2）。

1982年在陕西省扶风县召陈村的西周遗址中出土一件双龙纹的环形玉璧（图二，3），玉璧的外缘有三个凹形和两个山字形缺口，从龙纹特征判断，它当为西周中期作品。

1990年发掘的河南省三门峡市上村岭虢国墓地2001号虢季墓、2011号太子墓、2012号梁姬墓均发现有玉璧作为礼器随葬，这三座墓年代都为西周晚期。在M2001内棺盖上随葬六件玉璧，两件大璧、四件小璧。标本M2001：581，裂为两块，青玉，深水青色，局部受沁，有竹黄色或黄褐色斑点。微透明，体薄。孔径5.5、外径12.6、厚0.65厘米（图二，4）。标本M2001：566，青玉，浅豆青色，间有许多灰白斑点。玉质稍粗，微透明。从其形制及其表面残留制作痕迹观察应为旧玉改制而成，器身外轮廓呈圆角长方形。长6.1、宽5.3、孔径2.7、宽2.5、厚0.4厘米（图二，5）。另外在该墓主人肩部两侧及骨盆两侧发现玉璧六件，均光素无纹。标本M2001：676，青玉，全部受沁，呈灰白色，间或有黄褐色斑块。玉质稍细，微透明。外边棱被磨得圆滑，正面有大量朱砂痕迹。孔径6.1、外径12.3、厚0.65厘米[⑧]（图二，6）。

① 王仁湘《琮璧名实臆测》，《文物》2006年第8期，引自杨伯达主编《中国玉文化玉学论丛四编》420—433页，紫禁城出版社，2007年。
② 中国科学院考古研究所沣西发掘队《1967年长安张家坡西周墓葬的发掘》《考古学报》1980年第4期。
③ 卢连成、胡智生《宝鸡强国墓地》，图九八：5、6，125页，文物出版社，1988年。
④ 卢连成、胡智生《宝鸡强国墓地》，图六八：4、5，86页，文物出版社，1988年。
⑤ 卢连成、胡智生《宝鸡强国墓地》，图一〇七：40，138页，文物出版社，1988年。
⑥ 巨万仓《陕西岐山王家嘴、衙里西周墓葬发掘简报》，《文博》1988年第5期。
⑦ 陕西周原考古队《扶风黄堆西周墓地钻探清理简报》《文物》1986年第8期。
⑧ 河南省文物考古研究所、三门峡市文物工作队《三门峡虢国墓》第一卷，132—134页，文物出版社，1999年。

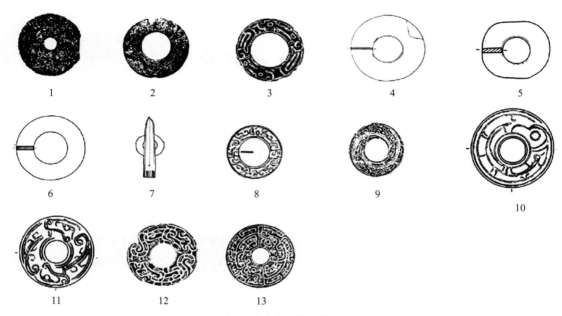

图二　考古出土的西周玉璧

1. 岐山县王家嘴 M2　2. 扶风县黄堆 M3：12　3. 扶风县召陈村的西周遗址　4. 虢国墓地 M2001：581　5. 虢国墓地 M2001：566　6. 虢国墓地 M2001：676　7. 晋侯墓地 M8　8. 晋侯墓地 M31　9. 晋侯墓地 M63　10. 晋侯墓地 M92：131　11. 晋侯墓地 M92：132　12. 美国西雅图美术馆　13. 北京故宫博物院

　　1992 ～ 1993 年发掘的山西省曲沃县天马—曲村遗址北赵晋侯墓地，出土了许多环形玉璧。其中 8 号墓和 31 号墓是一代晋侯与夫人的并穴合葬墓。8 号墓所出环形玉璧均光素无纹，绝大多数与玉璜、串珠、玉管等一起组成佩饰，也有与玉钺一起置于墓主人背下：其中有一件外缘有齿的玉璧，与一件玉戈一起置于墓主人胸部正中①（图二，7）。31 号墓发现的环形璧形制与出土的位置与 8 号墓大致相同，一件刻有文字的环形璧出土于墓主人的背部，还有个别环形璧上琢有龙纹（图二，8）。62 号、63 号、64 号三座大墓排列有序，是晋侯墓地所见的唯一一组未经盗掘并可确知墓主的墓葬。其中 63 号墓出土玉璧十件，最具代表性的是一件龙纹玉璧，两面均雕琢两条盘体龙纹，双龙首尾相连，纹饰线条流畅而富有变化。孔径 6.8、外径 15.6、厚 0.4 厘米②（图二，9）。92 号、93 号墓均出土玉璧两件，标本 M92：131，浅黄色出土于墓主人颈部左侧，单面阴线雕刻团身凤鸟纹（图二，10），直径 4.6、厚 0.4 厘米；标本 M92：132，浅黄色出土于墓主人颈部右侧，单面阴线雕刻团身双龙纹（图二，11），直径 4.6、厚 0.4 厘米。两璧分别和 6 枚玛瑙珠管相联③。

　　另外，有几件西周时期的传世品玉器极具特色，如现藏于美国西雅图美术馆（The Seattle Art Museum）的龙纹玉璧，直径 24.4、孔径 5.4 厘米（图二，12）。玉璧上双阴线雕琢四条首尾相连的龙纹外侧线用一面坡的斜刀技法雕琢，应是西周中期至晚期的作品④；现藏于北京故宫博物院的一件双虎

① 北京大学考古系、山西省考古研究所《天马—曲村遗址北赵晋侯墓地第二次发掘》，《文物》1994 年第 1 期。
② 北京大学考古系、山西省考古研究所《天马—曲村遗址北赵晋侯墓地第三次发掘》，《文物》1994 年第 8 期。
③ 北京大学考古系、山西省考古研究所《天马—曲村遗址北赵晋侯墓地第五次发掘》，《文物》1995 年第 7 期。
④ 那志良《中国古玉图释》彩版 5，南天书局，1990 年。

纹玉璧，直径16.1、孔径5.9、厚0.4厘米。璧两面均用双阴线雕琢两条互相追逐的虎纹，在玉璧的边缘的有山字形缺口，在一条虎纹处有以较大的缺口（图二，13）[1]。此玉璧的时代亦在西周中期至晚期之间。[2]

图三　重环谷纹玉璧

符合《考工记》《尔雅》所记玉瑗定义的实物是否存在？方辉《说"瑗"》给予肯定答复，认为上海博物馆所藏"重环谷纹玉璧"与《考工记》"璧羡度尺，好三寸，以为度"符合若节："作为介于璧、环之间的器物，瑗更多的是存在于设计层面，只有与璧、环共存一器时才有意义。上海博物馆收藏的一件战国时期的所谓'重环谷纹玉璧'，应该就是璧、瑗、环三器合体的标准器。据介绍，这件器物呈白色，个体较大，厚薄均匀，重环，其间有六处相互连接。两面皆饰谷纹，排列有序。外环边沿上有六个分布均匀的小孔，用以穿系悬佩。直径21.2厘米，厚0.6厘米（图三）[3]。从器形及纹饰判断，这件玉器应为战国中晚期之物。其值得注意之处有两点，一是所谓重环，二是内环与外环之间有六个连接点。作为一个整体，这件器物无疑可称作璧，打掉六个连接点，则可破解为两件器物，即内圈的环和外圈的瑗。也就是说，这是一件集璧、瑗、环三者于一体的玉器。玉瑗的好径也就是内圈玉环的直径，玉瑗的直径则与玉璧直径相同，这就是《说文》谓'瑗为大孔璧'的由来。瑗与璧外部直径一致，只是因其中间穿孔不一，好与肉的大小尺寸不同而已。"[4]

13. 琮

《玉人》：璧琮九寸，诸侯以享天子。

孙诒让："璧琮九寸，诸侯以享天子"者，此即《小行人》所云"璧以帛，琮以锦"，亦即下文瑑璧琮也。《觐礼》亦云："四享皆束帛加

① 《中国玉器全集》商·西周，彩版二〇五，河北美术出版社，1993年。
② 张伟《〈周礼〉中玉礼器考辨》，《西部考古》第5辑，2011年。
③ 国家文物局主编《中国文物精华大辞典·金银玉石卷》，上海辞书出版社、（香港）商务印书馆，1996年，图116，第36页。
④ 《江汉考古》2016年第6期。

璧。"若然，享后则束锦加琮矣。九寸者，为上公自朝以享天子及后之法，《小行人》注所谓"大各如其瑞"是也。下云八寸者，据上公之臣聘天子及诸侯所用，故尺度不同。不言璋，又不言享后者，皆文略。《白虎通义·文质篇》云："琮，后夫人之财也。"贾疏云："按《小行人》，二王后享天子及后用圭璋，则此璧琮九寸，据上公。"

郑玄：享，献也。《聘礼》：享君以璧，享夫人以琮。

孙诒让：注云"享，献也"者，《牛人》注同。《大行人》"庙中将币三享"，先郑注云："三享，三献也。"《聘礼》注云："既聘又献，所以厚恩惠也。"引《聘礼》者，贾疏云："欲见经云享天子用璧，享后用琮，此据上公九命。若侯伯，当七寸，子男当五寸。"案：彼文云："受享，束帛加璧。受夫人之聘璋，享玄纁束帛，加琮。"又云："聘于夫人用璋，享用琮。"但彼据侯伯之臣聘他国，以享君及夫人者，与此上公亲朝时所用享王及后者不同。郑因享王及后《礼经》无文，故假彼文为证耳。案：贾后疏亦谓五等诸侯朝王享同用璧琮。若然，自伯以上，享玉降于朝，子男朝与享同玉不降，但以璋为异也。[①]

《大宗伯》：以苍璧礼天，以黄琮礼地。

郑玄：琮八方，象地。

孙诒让：云"琮八方，象地"者，《说文·玉部》云："琮，瑞玉，大八寸，似车釭。"徐锴《系传》云："谓其状外八角而中圜也。"黄以周云："地分八方，始于《易》八卦方位，琮有角，取诸此。汉碑所图，或作五角，或作十角。陈祥道说四角，谬。"案：黄说是也。《白虎通义·文质篇》云："圆中牙身方外曰琮。琮之为言宗也，象万物之宗聚也。位在西方，西方阳收功于内，阴出成于外。内圆象阳，外直为阴，外牙而内凑，象聚会也，故谓之琮。"案郑云"八方"者，谓为钝角八觚。班云"牙身"，则似据《玉人》"大琮射四寸"言之，牙为锐角，非琮之恒制也。又班氏以琮为西方之玉，与此经义亦不合。《五代会要》引《阮氏图》云："黄琮无好。"《唐郊祀录》引《三礼义宗》云："祭地之琮长十寸，以放地数之十。"聂氏《礼图》又引《义宗》云："黄琮十寸有好。"聂崇义云："《江都集礼》依《白虎通》说，琮外方内圆有好。"案：黄琮八寸而无好。《玉人职》云：'璨琮八寸。'其黄琮取寸法于此。其《玉人职》说诸琮形状，并不言好，故知诸琮本无好也。"又云："黄琮比大琮每角各剡出一寸六分，长八寸，厚寸。"案：聂从阮谌说，与崔、潘不同。琮有好与否，经注并无文。依许君说似车釭，车釭中空以函轴，琮形似之，则是有好矣。《白虎通》以琮圆中对璧方中，则亦似谓有好，潘徽说殆不误。以下五玉，聂义并与崔异，疑皆本阮、郑图也。黄以周云："《白虎通义》'圆中方外曰琮'，谓牙以内其形本圆也。又云'内圆外直，外牙而内凑'，外牙申言直，内凑申言圆，牙虽邪剡，视内圆为直，内圆非孔，故曰内凑。凑者合也，岂孔之谓乎？"案：黄据《阮图》旧义，申《白虎通》说，似亦可通。今并存以备考。[②]

郭宝钧《古玉新诠》：

测景之法，日为光点，表为句，晷为股，光线为弦。……《考工记》："匠人建国，水地以县，置槷以县，

① 孙诒让《周礼正义》4027—4028/3337—3338 页。
② 孙诒让《周礼正义》1676—1683/1390—1396 页。

视以景,为规,识日出之景,与日入之景,昼参之日中之景,夜考之极星,以正朝夕。"是当时之日晷仪,必为内圆外方之地盘,中竖一表,以正四方。刘复氏所考西汉时代的日晷[①]犹作此制,琮形象之,故以黄琮礼地。《白虎通义》:"圆中牙身方外曰琮。"琮之用别有渊源,此以似地盘而用之耳(插图十五)。[②]

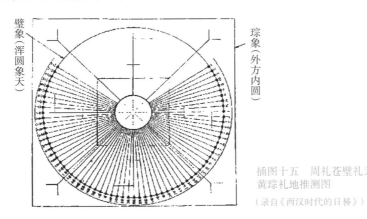

插图十五　周礼苍璧礼天
黄琮礼地推测图
(录自《西汉时代的日晷》)

　　沈之瑜《释"珏"》认为从字形上推断,"珏释琮字比释朋、珏更为合理","古人穿孔作器,均两面对钻,石斧如此,玉琮亦然,故孔有上下大、中间略细之弊",并将上海博物馆所藏玉琮实测制图发表于后[③]:

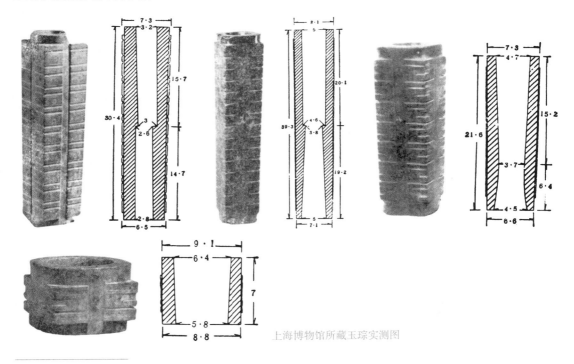

上海博物馆所藏玉琮实测图

①　北京大学《国学季刊》三卷四号。
②　郭宝钧《古玉新诠》,《历史语言研究所集刊》第20本下册,商务印书馆,1949年。
③　《上海博物馆集刊——建馆三十周年特辑》,上海古籍出版社,1983年。

图3-3 汉碑上的"六玉图"

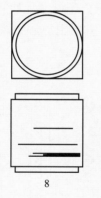

8

图3-9 玉器

夏鼐《商代玉器的分类、定名和用途》:

第四种瑞玉为琮。《说文》:"琮:瑞玉。大八寸,似车钌。"汉儒注释或以为钝角八方,或以为直角正四方。汉碑《六玉图》中有八角、五角或十角的(八角琮,见图3-3)。今天我们看到的有一种中央圆孔、外周四方的玉器,《古玉图谱》(伪托宋龙大渊撰)称为"古玉辂钌头",吴大澂考定为"琮"。又将一种扁矮而刻有纹饰的称为"组琮"。这种玉器可能是琮。妇好墓中出土这类型的玉器14件,一般都是比较扁矮的①。其中5件的高宽比大致相等,表面平素无刻纹。7件更为扁矮,但都刻有花纹,有的是琮类中最常见的四个角的凸棱上刻平行阴纹和圆点纹,有的是蝉纹,或突起半圆形(图3-9,8)。另3件"琮形器"是退化的琮。从前在殷墟和别处的商代墓中也发现过玉琮,也都是扁矮型的。至于较早的二里头遗址中曾发现过据云是"琮"的玉器。其一是残件,转角处两侧刻花纹,另一件作圆筒状,内外都圆,当是筒形的玉镯②。

传世的玉琮,有一种高大型的,《古玉图考》中称为"大琮",刻纹是典型的"琮"纹,也有平素无纹的,或没有圆点和细线平行纹的简化"琮"纹。从前一般认为这种高大型的琮,其时代要晚于商朝,最近在江苏南部的良渚文化(约公元前2000年上下)的墓中发现好几件这种高大型的玉琮。广东曲江石峡墓地也出土6件,包括高大型的和扁矮型的,时代相当于良渚文化或龙山文化晚期。山西襄汾陶寺的龙山文化晚期的墓中,也出土过扁矮型的玉琮③。可见它起源较早。商代仍流行,到了周代便较少了。西汉初年的墓中虽有发现,但已是旧物经过改造后加以利用的。汉以后则只有仿古制造的了。

琮的用途,据《三礼》和汉儒注释,它在祭祀时用以祭地,敛尸时放在腹部,朝聘时诸侯以献君夫人。这些可能都是儒家的设想,先秦没有实行过这制度。新石器时代和商朝的琮,就它们在墓中位置和件数而言,似乎并不像是帝王祭祀天地的礼器。④

根据出土实物及古籍中有关玉琮的解释,周南泉《玉琮源流考——古玉研究之一》认为"那些外方(或基本上外方),内圆,牙身的玉器定名为玉琮是正确的,而把那些呈纯圆筒形,

① 中国社会科学院考古研究所《殷墟妇好墓》115—116页,图八一一八二。
② 《考古》1975年第5期,图版九:3,图4:8。
③ 江苏南部,见《文物资料丛刊》第3期,1980年,第10—12页;曲江石峡,见《文物》1978年第7期,图31—34;襄汾陶寺,见《考古》1980年第1期,图版六:7—8。
④ 夏鼐《商代玉器的分类、定名和用途》,《考古》1983年第5期,引自《夏鼐文集》中册23—24页,社会科学文献出版社,2000年。

或一端呈圆筒形，一端如圆环形的玉器或象牙器定名为琮是不妥的"[1]。

琮是仿自什么形状器物制作，郭宝钧《古玉新诠》认为从织机附件演变：

> 琮者其前身当为木制，织机上之持综翻交者耳。经纬相成曰织，轴以持经，杼以持纬。经之丝缕，分为二组，相间开合，纬横穿之，始能成其组织。此开合谓之交，此丝交之机缕曰综，《元应书》引《说文》"综机缕也，谓机缕丝交者也"。又引《三苍》"综理经也，谓机缕持丝者也，屈绳制经令得开合者也"。然综何以能开合，实别有物提系之，此提系之物即琮也。琮横"机楼"上，今俗名"磕头虫"，两端浑圆，支于半月形之二柱，可俯仰半转。中为方棱，绕以绳缕，下系二综，一综持单数经线，一综持双数经线。

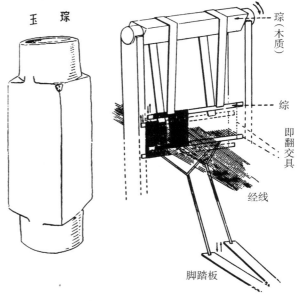

插图十六　琮制起源推测图

二综下又各系一板，今俗名"脚踏板"左右足分踏之。二足互为上下，则琮木随之俯仰，即二综持经，随之屈伸，交乃随之开合。玉制之琮，木制者之演变也，外方所以错交，内圆所以半转，牙身所以提综。综有错综兼综义，故琮亦演为宗聚义。《白虎通》："琮之为言聚也，象万物之宗聚也。……内圆象阳，外直为阴，外牙而凑，象聚会也。"徐锴《说文系传》亦曰："琮之言宗也，八方所宗，故外八方，中虚圆，以应无穷，德象地，故以祭地也。"此自为实用遗蜕而加以傅会者耳。然以一琮二综持丝缕数百，非宗聚而何？且机织为女子之事，琮之演为宗后器，夫人器，亦有渊源。以此释琮，庶几不远（插图十六）。[2]

邓淑苹《考古出土新石器时代玉石琮研究》认为"璧圆象天"是仿"天圆"制，玉琮外方是仿"地方"说而作[3]。

那志良《琮——古玉介绍之十》认为琮代表阴性，中心有圆孔，故玉琮之形，是仿自女性生殖器而作[4]。

周南泉《玉琮源流考——古玉研究之一》认为上述说法"有些是不能成立的。如所谓手镯演变说就有问题，原因是手镯不仅女性用，一些资料表明，男性墓中也有。何况这种纯圆筒形器，怎么能变为方柱形器呢？又如玉琮从织机附件演变说也不能使人相信，因为玉琮在有这种较先进的织机前已存在"，认为"玉琮很可能是从比其更早的'外方内圆牙身'型玉管状佩演变而来"：

① 《故宫博物院院刊》1990年第1期。
② 郭宝钧《古玉新诠》，《历史语言研究所集刊》第20本下册，商务印书馆，1949年。
③ 台湾《故宫学术季刊》第6卷第1期。
④ 台湾《故宫文物月刊》第1卷第10期。

考古资料说明，这种"外方内圆牙身"器，在有玉琮之前的古器物中，确未有实物，就玉琮形器本身而言，薛家岗出土的两件为最早遗物。这两器长仅2.1厘米，直径1.6厘米。可见，该处出土如此细小的琮形器，是作佩饰用的。比薛家岗文化稍晚的良渚文化中，亦见很多类似上述的小型琮形器，从出土的方位和组合看，它们也是作为一组佩玉中的一类①。从而进一步证实，这种小型的琮形器确作佩饰用。许多事实说明，古人佩带器物是有特定意义的，它们的造型、纹饰都有所依和说法，据此可以推测，古代的玉琮很可能是从比其更早的"外方内圆牙身"型玉管状佩演变而来的。如果玉琮的确是依"地方"说或其他内容摹拟制作的话，那么它在制作玉管形佩时就已萌芽，或者说，玉管形佩就已具有前述玉琮的某些造作的依据和含义了。②

周玮《良渚文化玉琮名和形的探讨》论证"把薛家岗琮形器视为良渚文化早期玉琮的源头，显然是不合适的"，将良渚文化玉琮的特征归纳为："柱体，分节，从一节至十数节不等；中央上下贯通一圆孔，两面对钻；上下两端突出部分为射部；琮体四角或为钝角，或接近直角；以琮角为中轴，四角各有一纹饰凸面，装饰对称图案，繁简不一。"③

周南泉《玉琮源流考——古玉研究之一》将玉琮分为细小型、宽矮型、长高型、四方委角型、扁平型、八角型等六种。④

张伟《〈周礼〉中玉礼器考辨》证之以考古发掘中出土的西周玉琮，认为"玉琮在西周时期式微，功能也多样化，尽管它在某些时候都被当作礼器，但礼的成分已大大降低，而更多的偏重于装饰性的用途。如作为束发器、指环或其他用途"：

1974年在陕西扶风齐家村西周遗址出土一件完整的玉琮（图三，1），器身较矮，外方内圆，两端作管状延伸，外方四个角接近90度。玉琮的形体较小，高仅3.2、射径7、孔径4厘米，通体磨制光洁，素面无纹饰⑤。同年，在陕西扶风县案板村西周时期的灰坑中也出土一件玉琮（图三，2），该琮形制内圆外方，外方四角均大于90度，两端作管状延伸，管壁光洁，通体磨光，素面无纹，通高6.7、射径8、孔径5.3厘米；同灰坑出土一件玉璧，其孔恰好可套在玉琮的向外延伸的圆管即射上，并可旋转⑥。

1976年在甘肃灵台县白草坡1号西周早期的墓葬中曾出土一件玉琮，外形呈管状，中心穿孔，通高4.3、直径2.8厘米，通体抛磨，素面无纹饰⑦。

1976年在甘肃灵台县又发现了一座西周康王时期的墓葬，出土了浅绿色残玉琮一件⑧。

1978年在山东济阳县刘台子西周早期墓葬中曾发现一件玉琮（图三，3），出土时位于人骨架左手拇指处，外形为方，厚2、长3.6、上宽3.5、下宽3.2厘米，左侧下部有一凹槽，中有圆孔可穿指，通体磨光，素面无纹饰⑨。

---

① 郭宝钧《古玉新诠》，《历史语言研究所集刊》第20本下册，商务印书馆，1949年。插图六"战国时代佩玉复原图"最下面中央一件所谓"冲玉"即是。
② 周南泉《玉琮源流考——古玉研究之一》，《故宫博物院院刊》1990年第1期。
③ 《东南文化》2001年第11期。
④ 《故宫博物院院刊》1990年第1期。
⑤ 高西省《扶风出土的西周玉器》，《文博》玉器研究专号，1992年。
⑥ 高西省《扶风出土的西周玉器》，《文博》玉器研究专号，1992年。
⑦ 初仕宝《甘肃灵台白草坡西周墓》，《考古学报》1977年第2期。
⑧ 史可晖《甘肃灵台县又发现一座西周墓葬》，《考古与文物》1987年第5期。
⑨ 德州地区文化局文物组等《山东济阳刘台子西周早期墓发掘简报》，《文物》1981年第9期。

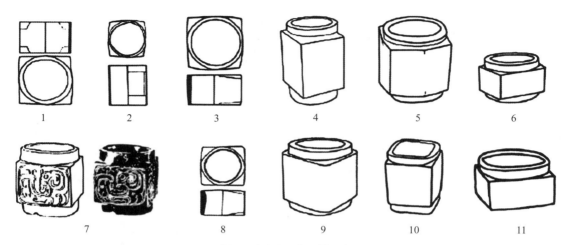

图三　考古出土的西周玉琮

1. 扶风齐家村西周遗址　2. 扶风县案板村西周遗址　3. 山东济阳县刘台子西周墓葬　4. 西安市南郊山门口村的西周遗址　5. 长安县花园村 M15　6. 长安县沣西新旺村的西周遗址　7. 长安县张家坡 M170　8. 河南平顶山市北滍村 M1　9. 宝鸡贾村乡西周墓　10、11. 长安县张家坡 M32

70年代末，在西安市南郊山门口村的西周遗址中出土一枚玉琮（图三，4），青玉，内圆外方，外方四角大于90度，两端作管状延伸。通高8.6、孔径4厘米，通体磨光，素面无纹饰[1]。

1981年在陕西长安县花园村15号西周墓出土一枚玉琮（图三，5），玉琮位于墓主人头顶处，黄白色。高6.2厘米，圆孔直径5厘米[2]。笔者从发表的简报中的照片观察，该玉琮也是内圆外方，但外方四角均大于90度，两端作管状延伸，通体磨光，素面无纹饰，与周原出土的玉琮形制相同。花园村15号墓简报将其年代定为西周初年的康王时期，但很多学者则不同意这种观点，认为它的时代应为西周早期偏晚[3]或西周中期穆王前后[4]，笔者认为此墓时代应定为西周中期为宜。

1983年在陕西长安县沣西新旺村的西周遗址中出土一枚玉琮（图三，6），青玉泛黄，身矮，呈扁方体，中心穿孔，四角委曲，两端作管状外延，通高5.4、孔径5.4厘米，通体磨光，素面无纹[5]。

1985年在陕西长安县张家坡发掘的170号西周井叔墓中发现一件绿褐色玉琮（图三，7），透闪石软玉制成，玉琮外方内圆，两端作管状延伸，管的外缘圆度不甚规整，下端一处略残，玉琮通高5.5、宽4.1～4.3、外径4.2、内径3.5厘米，通体磨光，方体四面各刻一垂冠鸟纹[6]，凤鸟为圆眼，尖勾喙，长冠垂于腹前，尾部上翘后再下垂于地，鸟呈半卧状。鸟纹均采用双阴线外侧一面雕琢，在纹饰的凹槽和琮内的管壁上涂有红色朱砂。

1986年在河南平顶山市北滍村1号西周晚期墓中出土一件玉琮（图三，8），为豆绿色，半透明，外方内椭圆，两端有短射。有一棱角质地较差，呈白色。高2.5、内径3.7～4.1、射壁厚0.6厘米，通体磨

① 韩保全主编《玉器》图版15、16，陕西旅游出版社，1992年。
② 陕西省文物管理委员会《西周镐京附近部分墓葬发掘简报》，《文物》1986年第1期。
③ 黄盛璋《长安镐京地区西周墓新出铜器群初探》，《文物》1986年第1期。
④ 李学勤《论长安花园村两墓青铜器》，《文物》1986年第1期。
⑤ 韩保全主编《玉器》图版15、16，陕西旅游出版社，1992年。
⑥ 中国社会科学院考古研究所沣西发掘队《陕西长安张家坡 M170号井叔墓发掘简报》，《考古》1990年第6期。

光,素面无纹饰,出土时位于墓主人头骨顶部①。

1987年在陕西宝鸡贾村乡一座西周晚期的墓葬中也出土了一件玉琮(图三,9),玉琮乳白色,玉质较粗,形制内圆外方,外方四角略大于90度,两端作管状外延,圆度稍欠规整,通高7.1、直径6.5厘米,通体磨光颇精,素面无纹饰②。

80年代,在陕西长安县张家坡村发掘的32号西周晚期墓的填土中已发现三件玉琮。三件玉琮的形制各不相同,第一件玉琮为内圆外方,两端有短射,光素无纹;第二件玉琮形体较长,中心之孔为方形,外壁为四个长方形平面,两端有短射(图三,10);第三件形体低矮,中心为大圆孔,外壁方形,但仅在一端有短射(图三,11)。

综上所述,可将西周时期的玉琮分为以下几类:

1. 玉琮内圆外方,两端有短射,个别四角有牙饰,玉琮的外壁四个角,或大于直角,或略小于直角,或等于直角,只有四个角都是直角时,玉琮的外壁便成为四个平面。此类玉琮或低矮,或细高,它们是西周玉琮中最常见,最流行的形式。在西周早、中、晚三期均有发现。

2. 玉琮内外皆圆呈管状体。

3. 玉琮内外皆方,两端有短射。

4. 玉琮内圆外方,只在一端有短射。

后三类玉琮比较少见。西周玉琮绝大多数为光素无纹,但也有个别玉琮上琢有纹饰,如张家坡170号西周中期井叔墓出土的凤鸟纹玉琮。③

在上述考古资料的基础上,张伟《〈周礼〉中玉礼器考辨》认为"西周的玉琮功能已经多样化,尽管它在某些时候都被当作礼器,但礼的成分已大大降低,而更多的偏重于装饰性的用途":

1. 西周时期玉琮仍是礼器,如陕西长安县张家坡发掘的170号西周井叔墓中发现一件绿褐色凤鸟纹玉琮(图三,7)。其纹饰都是人们崇拜的神祇和吉祥的鸟兽。

2. 西周时的玉琮可能作为身体不同部位装饰品使用。如山东济阳县刘台子西周早期墓葬中曾发现一件玉琮(图三,3),出土时位于人骨架左手拇指处④。应该是作为拇指的指环使用的。河南平顶山市北滍村1号西周晚期墓中出土一件玉琮(图三,8),出土时位于墓主人头骨顶部⑤。应是作为头部的发饰即束发器使用的,关于此点,孙庆伟先生也有相同论述⑥。

3. 在山西省曲沃县曲村镇发掘的8号西周宣王时期的晋侯墓中,一件玉琮位于墓主人大腿根部,孙华先生等提出河北满城汉墓的玉琮被用作玉衣上的生殖器罩,8号墓的这件玉琮从出土位置判断可能也有这样的作用。⑦

① 河南省文物研究所等《平顶山北滍村西周墓地一号墓发掘简报》,《华夏考古》1988年第1期。
② 王桂枝《宝鸡西周墓出土的几件玉器》,《文博》1987年第6期。
③ 张伟《〈周礼〉中玉礼器考辨》,《西部考古》第5辑,三秦出版社,2011年。
④ 德州地区文化局文物组等《山东济阳刘台子西周早期墓发掘简报》,《文物》1981年第9期。
⑤ 河南省文物研究所等《平顶山北滍村西周墓地一号墓发掘简报》,《华夏考古》1988年第1期。
⑥ 孙庆伟《周代墓葬所见用玉制度研究》第三章第一节,北京大学考古文博学院博士学位论文,2003年。
⑦ 张伟《〈周礼〉中玉礼器考辨》,《西部考古》第5辑,三秦出版社,2011年。

张光直《谈"琮"及其在中国古史上的意义》认为琮是良渚时代巫师通天的重要法器，是权力象征：

琮的用途和功能，一直是古器物学上最大的难题之一，根据《周礼》中的记载，"玉琮在祭器的范畴中，是祭地的礼器，在瑞器的范畴中，是女性贵族的权标"[①]。即使《周礼》所记是正确的，它也适用于周汉之间，新石器时代与商周的玉琮的用途未必相同；而且我们还必须了解琮的形状与它的用途之间的关系。照邓淑苹的撮述，近年有关玉琮诸家各有异说："安克斯(Erkes)认为琮乃象征地母的女阴，并以其上驵纹近似坤卦。高本汉(Bernhard Karlgren)以为琮为宗庙里盛'且'（男性生殖器象征）的石函。吉斯拉(Giesler)以为琮为家屋里'中雷'即烟筒的象征，为家庭中祭拜的对象。郭宝钧认为琮的前身为木质，乃织机上持综翻交者……那〔志良〕曾以为琮为方瑚的扩大。林巳奈夫教授主张琮起源于手镯。"[②]邓氏自己的看法，则"推测琮是在典礼中套于圆形木柱的上端，用作神祇或祖先的象征"。

关于琮这种器物的事实现象，其显而易见的有这几点：（1）它们是外方内圆的；（2）它们是从中贯通的；（3）它们表面常常饰以动物面纹，也有有鸟纹的；（4）它们多用玉制，也有石制的；（5）它们出土在墓葬里面。下面不妨就这几项事实对玉琮的意义加以讨论：

（1）内圆象天外方象地这种解释在琮的形象上说是很合理的，但后人受了《周礼》中"以苍璧礼天、以黄琮礼地"之说的束缚，只往"地方"一方面去捉摸。如那志良提出的疑问："祭天的礼器，仅用象征天圆的璧就够了，祭地的礼器，何必既像'地方'，又像'天圆'呢？"可是琮的实物的实际形象是兼含圆方的，而且琮的形状最显著也是最重要的特征，是把方和圆相贯串起来，也就是把地和天相贯通起来。专从形状上看，我们可以说琮是天地贯通的象征，也便是贯通天地的一项手段或法器。……巫是使矩的专家，能画圆方，掌握天地。

（2）巫的本身首先能掌握方圆，更进一步也更重要的是能贯通天地。方器像地，圆器像天，琮兼圆方，正象征天地的贯串。

（3）巫师通天地的工作，是受到动物的帮助的，所以作为贯通天地的法器上面刻有动物的形象必不是偶然的。

（4）玉琮用玉作原料，很可能暗示玉在天地沟通上的特殊作用。……神山是神巫上下天地的阶梯，则为山之象征或为山石精髓的玉作为琮的原料当不是偶然的。

（5）在良渚文化的墓葬里，玉琮屡有发现，其中较重要的有常州寺墩3号墓，吴县草鞋山198号墓和上海福泉山6号墓。玉琮在这几个墓葬中出土的情况，是从考古学上看玉琮性质最好的资料。……从这几个墓葬的出土情形看，玉琮是一种不一定有固定位置并且可以持佩的礼器。它们像后代的铜器一样在埋葬时作为葬仪的一个成分，同时也必有象征的意义。结合上述有关玉琮本身性质诸特征来看，我们很清楚地看到在良渚文化社会中有权力和财富的人物，使用有兽面纹、内圆外方的玉琮，亦即使用贯通天地的法器，作为他们具有权力的象征。

总之，从良渚的玉琮向上向下看，都看得出来中国新石器时代的巫术流播是普遍的，长远的。新

---

① 《中华五千年文物集刊·玉器篇·一》186页，台北，士林，1985年；参见周南泉《试论太湖地区新石器时代玉器》，《考古与文物》1985年第5期。

② 《中华五千年文物集刊·玉器篇·一》186页，台北，士林，1985年。

石器时代的晚期，中国社会剧烈分化，而作为这种分化的一个明显的线索的巫术与政治的结合，就表现在这个时代的美术上面。

到了殷周时代玉琮虽仍流行，已显然远不如良渚文化时代的辉煌，因为它沟通天地与权力象征两大作用到了殷商时代已由"九鼎"即青铜礼器所取代了，它上面的兽面纹也多消失了。[①]

安志敏《关于良渚文化的若干问题——为纪念良渚文化发现五十周年而作》不赞同张光直说，认为"如此众多的琮、璧，当为财富或权势的象征，事实上也不可能有那么多的巫师或通神工具"[②]。

牟永抗《良渚玉器上神崇拜的探索》认为"琮是兽面神的神柱，琮的外方体的出现，只不过是为表现神像的由两个侧面组成的立体感而已。琮的祖形，应源于刻有神像的图腾柱"。[③]牟永抗《关于璧琮功能的考古学观察——良渚古玉研究之一》归纳良渚文化玉琮五项特征：（1）内圆外方是最先被研究者关注的玉琮基本题型的特征。（2）每角雕琢图像是良渚玉琮的第二项特征，也是良渚玉琮与其他玉琮的重要区别点。（3）琮体被横向等分为若干节，并可区分为复式节和单式节两型。（4）四面各有一道直槽。（5）体型上大下小。[④]牟永抗《〈良渚文化玉器〉前言》"赞赏张光直的琮是原始巫教中沟通天地的中介物体的见解，而且更倾向于玉琮体现了以兽面神为崇拜核心的神权的出现，是良渚文化社会发展阶段的指示器的认识"[⑤]。

刘斌《良渚文化玉琮初探》认为"（天圆地方）宇宙观的形成当在周汉之际。距今五千年前的良渚文化居民恐怕不会有这样的宇宙观"，"良渚玉琮是一种类似图腾柱的原始宗教法器，琮上雕刻的统一规范的徽像，说明具有比图腾崇拜更高层次的宗教形式。兽面纹所表现的神灵，应已具备了类似殷人的'帝'或'上帝'的性质。琮是巫师们用以通神的工具，施刻于琮上的徽像，应该是巫师们要沟通的神或要在作法中表现的神的形象。"[⑥]

高西省《关于玉琮功用及有关问题的探讨》质疑张光直玉琮功用说，认为：

"天圆地方"之说是阴阳五行学说的产物。这种概念形成不会太早。那么，以"天圆地方"来解释各代、各区内圆外方之玉琮的功用，最少与距今五千年前的良渚玉琮不相符合。

良渚文化玉琮是良渚居民原始宗教法器，是通神的工具，良渚人崇拜这种神人、神兽或神人兽面琮。其目的应是沟通众神，起到减灾、驱腐、避邪、祈福，是一种吉祥物。

可将玉琮划为两个大类别：即以短矮体素面为特征的北方玉琮和以神人兽面为特征的南方玉琮。北方矮体素面琮发现数量很少，不很发达，但延续时间长，从龙山时期直到汉代，是一个连续发展的过程；南方的神人兽面玉琮出土数量多、制作精，虽然很发达，但延续时间短，集中在良渚文化之中。[⑦]

① 张光直《谈"琮"及其在中国古史上的意义》，《文物与考古论集——文物出版社成立三十周年纪念》252—260页，文物出版社，1986年。
② 《考古》1988年第3期。
③ 《庆祝苏秉琦考古五十五年论文集》191页，文物出版社，1989年。
④ 《牟永抗考古学文集》439—441页，科学出版社，2009年。
⑤ 《牟永抗考古学文集》379页，科学出版社，2009年。
⑥ 《文物》1990年第2期。
⑦ 高西省《关于玉琮功用及有关问题的探讨》，《周秦文化研究》89—101页，陕西人民出版社，1998年。

杨建芳《琮为何物——汉儒误释远古礼器一例,兼论〈周礼〉六器说之不足信》:

依据现有的出土资料,我们认为玉琮的造型应是:(1)内圆外方,形体较大,中孔较小,器身较高或甚高,四侧平素或有多层(四层或以上)神人面(间或无眼),图一:A、图二及图三:A最具代表性,可简称为长筒形玉琮;(2)内圆外方,形体甚大,射口如璧形,器身虽较矮,却非常重,四侧有神人面和神兽面,可简称为璧形玉琮(图五)。这两种玉琮都不可能用作手镯或饰品,其为礼器至为明显。

玉琮象征四面神人或四面的神人骑神兽的造型(中孔套于垂直的木柱上以便固定)……是良渚人膜拜的一种立体的四面造神像——氏族部落神祇。

良渚文化消亡以后,玉琮也随之式微。这是因为神人或神兽是良渚人的氏族部落神祇。

商周玉琮的文化内涵已与良渚玉琮截然不同。西汉中期,人们已不知琮为何物,其后的东汉学者误释玉琮实不足为怪。

根据半个多世纪的大量考古发现,战国时期已无长筒形玉琮,即使是器身较矮的玉琮也很罕见,成了凤毛麟角。很多战国晚期大墓都无玉琮随葬。由此可见玉琮并非战国时期的礼器。[①]

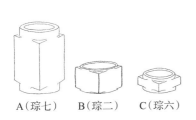

A(琮七)　B(琮二)　C(琮六)

图一　琮(依吴大澂《古玉图考》)

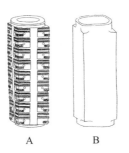

A　　　B

图二　大琮(依吴大澂《古玉图考》)

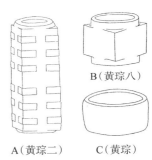

B(黄琮八)

A(黄琮二)　C(黄琮)

图三　黄琮(依吴大澂《古玉图考》)

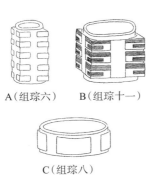

A(组琮六)　B(组琮十一)

C(组琮八)

图四　组琮(依吴大澂《古玉图考》)

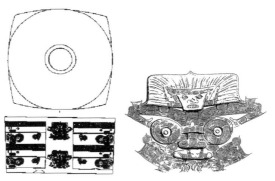

玉琮(M1:98)纹饰细部

图五　浙江余杭县反山良渚文化中期墓M12出土璧形玉
琮及纹饰细部(神人骑神兽图像)

① 杨建芳《琮为何物——汉儒误释远古礼器一例,兼论〈周礼〉六器说之不足信》,饶宗颐主编《华学》第九、十辑547—557页,上海古籍出版社,2008年。

对于"享夫人以琮"的说法，孙庆伟《〈考工记·玉人〉的考古学研究》予以否定：

就目前笔者所见的材料中，还没有确凿的证据来肯定或否定周代聘礼中是否享君以璧，但下面几条材料应当引起我们的重视。

宣王时期铜器《六年琱生簋》铭文中有云："惟六年四月甲子王在奔，召伯虎告曰：……今余既一名，典献伯氏，伯氏则报璧琱生。"又齐桓公时铜器《戻敖簋》，其铭文中也有类似的记载："戎献金玉子牙父百车，而锡鲁戻敖金十钧，锡不讳。戻敖用拱用璧，用诏告其右，子歆史孟。"据郭沫若的考证，这里所谓的"用拱用璧"，就是用大璧小璧之意①。

以璧为礼也见诸《左传》，兹举两例为证：

僖公二十三年：僖负羁……乃馈盘飧，寘璧焉，公子(指重耳)受飧，反璧。

成公二年：(韩厥)再拜稽首，奉觞加璧以进。

上引铭文和《左传》中的有关记载均充分证明了在两周时期玉璧确实可以用作馈赠之礼，但从其献璧的对象而言，似乎也没有规律可循。僖负羁献璧于重耳，或是视其为诸侯，韩厥奉觞加璧以进的对象为齐顷公，也属诸侯，大体可证郑玄所说的"享君以璧"。但琱生簋中献璧于太宰琱生，戻敖则是以璧予其右史孟，都不合于郑玄所说的"享君以璧"，更和经文中所言的"诸侯以享天子"相去甚远。我们认为上述这些例证更可能说明在两周时期，璧是广泛使用的一种玉币，其所献的对象不必一定是天子或诸侯。

和"享君以璧"相对的是"享夫人以琮"，但无论是文献记载，还是考古发现中，有关周代玉琮的材料都无法和玉璧相比。首先，春秋以前的文献，如《尚书》《诗经》以及《左传》等，其中均不见有关玉琮的记载。以《左传》为例，其中言及用玉事例超过40例，所涉及的玉器器类超过10种，六币之中除了琮以外，其他5种均见②。而在笔者所收集的两周时期的铜器铭文中也未见一例和玉琮有关者。传世文献和铜器铭文中有关玉琮材料的缺乏，说明了在两周时期玉琮是处于其衰落时期，它的使用远不及所谓六币中的其他五种玉器普遍。这一点也可从出土实物上得到证实。

目前西周墓葬和遗址中出土的玉琮，据刘云辉的统计③加上笔者在晋侯墓地发掘所见者，刚刚超过20件，这大体上反映了西周玉琮的出土情况。而在所有这些出土器物中，不见一例器高超过10厘米者。还需要指出的是，即在这为数不多的20余件玉琮之中，还包含有早期的遗留物，如晋侯墓地M8：235显然是一件良渚文化的玉琮而遗留到了西周晚期④。笔者还曾经证明，西周时期除了两端有射这样标准形制的玉琮外，一些有着特殊功能的圆筒形器，如晋侯墓地M8，M31，M91和M93等墓所出者，并非发掘者所说的"束发器"，而是另一种形制的玉琮⑤。但即使如此，目前所见的西周玉琮数量不会超过30件。

尽管东周墓葬中随葬玉器的现象较之西周时期更为普遍，但在已经发表的材料中，东周墓葬和

① 郭沫若《〈戻敖簋铭〉考释》，《考古》1973年第2期。
② 孙庆伟《左传所见用玉事例的考古学研究》，待刊。
③ 刘云辉《西周玉琮形制纹饰功能考察——从周原发现的玉琮说起》，见其专著《周原玉器》283—290页。
④ 这件玉琮的出土报告见北京大学考古系、山西省考古研究所《天马—曲村遗址北赵晋侯墓地第二次发掘》，《文物》1994年第1期，而关于它的年代，罗森曾认定这是一件良渚时期的遗物，见Jessica Rawson Chinese Jade, the Neolithic to the Qing, British Museum Press, 1995, pp.179-181。
⑤ 孙庆伟《晋侯墓地出土玉器研究札记》，《华夏考古》1999年第1期。

遗址中所出土的玉琮数量要少于西周,其总数还不足20件,说明在东周时期玉琮更趋衰落[①]。以曾侯乙墓和太原赵卿墓出土玉器为例,前者共出玉石器528件,而仅有小玉琮两件[②];而赵卿墓发掘报告称该墓出土的297件玉器中有琮十件,但从发表的线图和照片来看,可确定为玉琮者仅 M251:352 一件[③],余者当称为方勒为妥。同样,迄今所见所有东周时期玉琮的器体都很小,制作也罕见精致者。

就目前两周墓葬和遗址中发现的玉琮而言,其中决不可能有用作玉币者,更遑论享夫人的九寸之琮了。但另一方面,有关玉琮功能的讨论,始终是古玉研究中的一个焦点,而且各种新说层出不穷。据台湾邓淑苹女士的统计,近百年来有关玉琮功能的解释几近十种[④]。在上文所引拙作中,笔者曾根据玉琮在两周墓葬中特定的出土位置,认为周代葬俗中玉琮至少有这样两个作用:一是放置在墓主的头部以象天,这种做法可能和早期的某种信仰有关,但这种现象只流行于穆王晚期到两周之际,而西周早期和穆王的早中期以及春秋以后墓主头顶放置的玉器是璧而不是琮;第二,放置在男性墓主的大腿内侧用作生殖器套,这一做法从西周晚期一直流行到汉代。

上述材料基本上可以否定“享夫人以琮”的说法,而两周时期玉琮出土材料的缺乏以及我们对玉琮功能的分析,事实上是动摇了《周礼》中屡屡提及的六瑞体系。至少是可以说明,《周礼》中有关玉琮的记载并没有反映两周时期的实际情况。[⑤]

14. 驵琮　大琮

《玉人》: 驵琮五寸,宗后以为权。

孙诒让:“驵琮五寸,宗后以为权”者,《说文·玉部》云:“珇,琮玉之瑑。”段玉裁云:“驵琮,许作珇。《方言》曰:‘珇,好也,美也。’许意谓兆瑑之美曰珇[⑥],郑所不从。《记》又云‘瑑琮八寸’,则驵琮非谓琮明矣。”贾疏云:“此后所用,故五寸,降于下文天子所用七寸者也。”林希逸云:“宗后,尊后也,即王后也。其重可以起五权之制,亦璧羡起度之意。”

郑玄:驵读为组,以组系之,因名焉。

孙诒让:注云“驵读为组”者,《典瑞》云“驵圭璋璧琮琥璜之渠眉”,彼注读同,详彼疏。云“以

---

① 东周玉琮,除了见于太原赵卿墓和随县曾侯乙墓外,其他见诸报道者还有:长沙浏城桥一号墓出一件,见《考古学报》1972年1期;洛阳东周北城墙 M60 出一件,见《考古》1981年第1期;陕西凤翔高庄秦国墓地 M17 出一件,见《考古与文物》1981年1期;山西潞城县潞河战国墓出琮两件,见《文物》1986年第6期;湖北当阳赵巷四号墓出一件,见《文物》1990年第10期;济南千佛山战国墓出一件,见《考古》1991年第9期。

② 湖北省博物馆《曾侯乙墓》,401、414页,文物出版社,1989年。

③ 山西省考古研究所、太原市文物管理委员会《太原赵卿墓》,145—146页,插图78,图版100. 文物出版社,1996年。

④ 邓淑苹《故宫博物院所藏新石器时代玉器研究之二——琮与琮类玉器》,《故宫学术季刊》六卷二期,17—53页。

⑤ 孙庆伟《〈考工记·玉人〉的考古学研究》,北京大学考古学系编《考古学研究》(四)127—128页,科学出版社,2000年。

⑥ 引者按:乙巳本、楚本、段玉裁《说文解字注》2处“珇”,王文锦本排印讹作“钼”。

组系之,因名焉"者,别于他琮不系组,故名组琮也。戴震云:"此亦有鼻以结组,省文互见。"吴廷华云:"组琮七寸,鼻得七寸之二分有零,为寸半,则此鼻得五寸之二分有零,为一寸有零也。"

大琮十有二寸,射四寸,厚寸,是谓内镇,宗后守之。

孙诒让:"大琮十有二寸,射四寸"者,贾疏云:"言大琮者,对上驵琮五寸为大也。言十有二寸者,并角径之为尺二寸。言射四寸者,据角各出二寸,两相并,四寸。"郑锷云:"琮本八寸尔,其射二寸,两旁各射二寸,是为四寸。四寸之射,八寸之琮,此所以十有二寸。"戴震云:"惟大琮言射四寸,其余皆不言射。琮八方象地,疑不刓为射,故八方也。"云"是为内镇"者,贾疏云:"对天子执镇圭为内。"诒让案:此镇琮即王后所守之瑞玉。若然,诸侯夫人受命于后,亦当有命玉。公夫人疑当中琮九寸,侯伯夫人疑当中琮七寸,子男夫人疑当小琮五寸,度各视其夫之圭璧而用琮与?

郑玄:如王之镇圭也。射,其外鉏牙。

孙诒让:注云"如王之镇圭也"者,谓其名及尺度同。依《典瑞》,王镇圭有缫藉,五采五就,此后镇琮亦当同。《大宗伯》注说镇圭云:"镇,安也,所以安四方。"此后为内镇,亦取安四方之义。陈祥道谓亦刻镇山以为饰,未知是否。云"射,其外鉏牙"者,亦谓刻外出为鉏牙,别于它琮八方平列也。《白虎通义·文质篇》云:"圆中牙身方外曰琮。"贾疏云:"据八角锋,故云鉏牙也。"

驵琮七寸,鼻寸有半寸,天子以为权。

郑司农:"以为权,故有鼻也。"

孙诒让:"驵琮七寸"者,驵亦当读为组。天子驵琮,制与后同,而度较大,所以别等差也。注郑司农云"以为权,故有鼻也"者,鼻谓纽也,所以穿组而县之。《弁师》注云:"纽,小鼻也。"《广雅·释器》云:"纽谓之鼻[1]。"先郑意盖谓驵琮八方,于中隆起为鼻以系组,若印纽然,它琮无此制也。《左·昭十三年传》说楚平王当璧拜,曰"厌纽",彼璧好通谓之纽,与纽鼻异。贾疏云:"上后权不言鼻者,举以见后亦有鼻可知。"[2]

那志良《古玉研究中几个未解决的问题》认为"权"不能释为称锤,《周礼》原文与郑注均误:

(1)国家的度量衡制度,是有一定的,不会因人而异。宗后所用的称锤是五寸长,皇帝的就是七寸长。

(2)这个权字,不能做称锤解,凡是人所凭借而使用其能力的,都叫作"权"。驵琮是雕琢纹饰的琮,是天子与宗后的瑞玉,与后世的印玺相近,有了这个东西,便象征有了威权而已。

---

① 引者按:"钮",孙校本改为"纽":"从纟。"
② 孙诒让《周礼正义》4035—4037/3343—3345页。

（3）"鼻寸有半寸"的"鼻"字，本是解作"纽，穿孔所以系组者"，琮的"鼻"，不能做这个解释。由琮的口，量到四边，叫作"厚"，由口量到四角中之一角，叫作"鼻"。

（4）在《周礼》中，看到凡是给与男性的礼器，多是用"圭"，如公爵的"桓圭"，侯爵的"信圭"等。也有用"璧"的，如子爵的"谷璧"，男爵的"蒲璧"，没有看到是用"琮"的。给与女性的，一律用"琮"，如宗后的"大琮"，诸侯夫人的"瑑琮"。也可以说，圭与璧用在男性，琮是用在女性。这里为什么又有七寸的驵琮，是"天子以为权"呢？①

那志良《中国古玉图释》指出即使解释为"宗后有一个五寸长的琮，天子有一个七寸长的琮，象征他们的权势"仍然是有问题的，因为"天子所用的礼器，都是圭，不可能又用琮来代表。其错误原因，或是简编的错乱，或是传抄的错误"②。

孙庆伟《〈考工记·玉人〉的考古学研究》认为"这条经文的记载纯属后人的杜撰"：

尽管出土的两周时期的玉琮数量有限且形制不甚规整，但在所有出土器物中不见一例有鼻者，由此可证这条经文的记载纯属后人的杜撰。而王后所守的十有二寸的大琮，也无疑是向壁虚构，以便和王所执的尺有二寸之镇圭相呼应的。③

王仁湘《琮璧名实臆测》认为"驵琮七寸，鼻寸有半寸"未必是实："这驵琮之权，过去几乎没有讨论，至今也还没有发现可以确定为权的琮，也许宗后的权琮，今后也会有出土的。不过考古发现中有一个现象还是值得注意的，就是良渚人的玉钺，常常有小琮作装饰，一两件小玉琮用丝绦穿起，挂在钺背，这显然是一种象征，一定是'权'的象征。后来宗后以组琮为权，渊源也许就在这里。……实际上，璧并不会作尺子用，琮也不会作权用，象征的意义更明显一些。"④

15. 大璋　中璋　边璋

大璋、中璋九寸，边璋七寸，射四寸，厚寸，黄金勺，青金外，朱中，鼻寸，衡四寸，有缲，天子以巡守，宗祝以前马。

孙诒让："大璋中璋九寸，边璋七寸"者，记璋瓒形制及所用之事。凡祭祀、宾客之祼，后佐王亚祼，并用璋瓒，大宗伯摄祼亦然。此不言，文略也。详《内宰》《大宗伯》《大行人》疏。又案：《公

---

① 那志良《古玉研究中几个未解决的问题》，台湾《故宫学术季刊》第3卷第2期。
② 台湾南天书局，1990年，125页。
③ 孙庆伟《〈考工记·玉人〉的考古学研究》，北京大学考古学系编《考古学研究》（四）134页，科学出版社，2000年。
④ 原载《文物》2006年第8期；引自杨伯达主编《中国玉文化玉学论丛四编》420—433页，紫禁城出版社，2007年。

羊·定八年》"盗窃宝玉大弓"，传云："宝者何？璋判白。"何注云："五玉尽亡之，传独言璋者，所以郊事天，尤重，《诗》云'奉璋峨峨，髦士攸宜'是也。"《春秋繁露·郊祭篇》亦以《棫朴》为文王郊辞，与毛、郑异。据其所说，璋别为郊天之玉，则非此璋瓒。璋瓒用以裸祭，惟宗庙、山川用之。天地大神至尊，不裸，不得有璋瓒也。云"射四寸，厚寸"者，凡圭皆剡上寸半，厚半寸。此三璋剡四寸，则多于圭二寸半，而厚又倍之也。边璋长度杀于大璋、中璋二寸，而射及厚度则同。云"黄金勺，青金外"者，勺即三璋之瓒也，以金为之，《王制》"金璋"，孔疏谓即此金饰璋是也。《尔雅·释器》云："黄金谓之璗，其美者谓之镠。"《说文·金部》云："铅，青金也。"案：以黄金为勺，则不宜以铅饰其外。窃疑古通以铜为金，《书·禹贡》扬州贡金三品，孔疏引郑注云："金三品者，铜三色也。"则此黄金、青金，疑即谓铜二品为圭瓒、璋瓒之勺。《书·顾命》谓之"同"，《三国志·虞翻传》裴注引今文《书》作"铜"，即其证也。详《典瑞》疏。云"朱中"者，谓于黄金勺之中，又以朱漆涂之为饰。云"有缫"者，亦谓缫藉也。其采就，经无文。考大中璋九寸，与公侯伯命圭同，疑缫亦当三采三就；边璋七寸，与子男命璧同，疑缫亦当二采再就也。

郑玄：射，琰出者也。勺，故书或作"约"，杜子春云："当为勺，谓酒尊中勺也。"郑司农云："鼻，谓勺龙头鼻也。衡，谓勺柄龙头也。"玄谓鼻，勺流也。凡流皆为龙口也。衡，古文横，假借字也。衡谓勺径也。三璋之勺，形如圭瓒。天子巡守，有事山川，则用灌焉。于大山川，则用大璋，加文饰也。于中山川，用中璋，杀文饰也。于小山川，用边璋，半文饰也。其祈沉以马，宗祝亦执勺以先之。礼，王过大山川，则大祝用事焉。将有事于四海山川，则校人饰黄驹。

孙诒让：注云"射，琰出者也"者，《典瑞》"璋邸射"，注云："射，剡也。"琰与剡同，谓三璋上半所剡既多，角尤镵锐，若芒刺上出，以达于端也。《方言》云："忽、达①，芒也。"郭注云："谓草杪芒射出。"即此射出之义。贾疏云："向上谓之出，谓琰半已上；其半已下为文饰也。"案：大璋、中璋所剡不及半，边璋则又过半。贾概谓剡半以上，未析。云"勺故书或作约，杜子春云：当为勺"者，勺约声类同。段玉裁云："此古文假借。"云"谓酒尊中勺也"者，《明堂位》云："灌尊，夏后氏以鸡夷，殷以斝，周以黄目。其勺，夏后氏以龙勺，殷以疏勺，周以蒲勺。"案：灌尊，即《司尊彝》之六彝。凡酒皆盛于尊，以勺挹之，而注于爵。杜意谓此勺即彼灌尊中所斟之蒲勺也。《典瑞》先郑注云："于圭头为器，可以挹鬯裸祭，谓之瓒。"先郑似亦以瓒为挹鬯之勺，而兼用为裸祭之爵。实则瓒虽为勺制，而裸祭则以当爵，其挹之仍用蒲勺，不用瓒，故后郑《王制》注直释为鬯爵，明不得如杜及先郑说。至蒲勺，即《梓人》所为之勺，以木为之，不以黄金，又止容一升。此勺不言所容，以《汉礼》②瓒盘径八寸，受五升推之，此勺径四寸，所受当不止一升。是二勺形度并异，尤不可合为一，故后郑不从也。吴廷华云："此勺有鼻，有流，则即裸盘，但四寸与八寸及尺为异耳。杜以酒尊中之勺训之，误。"郑司农云"鼻谓勺龙头鼻也"者，鼻谓勺前锐出之口也。郑注《明堂位》"龙勺"云："龙，龙头也。"然彼是尊中勺，此勺即是鬯瓒。其为龙头，于经无文，先郑盖依汉制说之。聂氏《三礼图》引

---

① 引者按：《方言》以"芒"释"忽"和"达"，钱绎笺疏："忽之言飘忽也。草芒亦谓之达，其义一也。"王文锦本"忽达"未顿开。
② 引者按：《汉礼》瓒盘径八寸，受五升见于《典瑞》郑玄注引："《汉礼》，瓒盘大五升，口径八寸，下有盘，口径一尺。"本页下文"圭瓒之形，前注已引《汉礼》，但彼口径八寸"贾引《汉礼》，见《典瑞》注"，均可证。王文锦本"汉礼"未标书名号。

阮氏、梁正等图云："三璋之勺鼻，为獐犬之首，其柄则画以雉尾，皆不盈寸。"与注违异，聂氏亦疥其谬也。云"衡谓勺柄龙头也"者，吴廷华云："勺柄即璋，先郑以衡为勺柄，后郑不从。"云"玄谓鼻，勺流也。凡流皆为龙口也"者，前"裸圭"注云"有流前注"，即此。以其口旁出，则谓之鼻；以其吐水，则谓之流，犹《既夕》及《士虞礼》谓匜口吐水为流也。龙口亦即谓流，为龙头，其口以吐酒鬯。此说与先郑略同。但先郑不云勺流，故后郑增成其义。云"衡，古文横，假借字也"者，衡横声近假借字。《檀弓》"今也衡缝"，注云"今礼制衡读为横"，是其证也。云"衡谓勺径也"者，此破先郑说也。勺中横径四寸，圜周盖尺二寸也。其勺鼻当如《三礼旧图》说，广不盈寸。云"三璋之勺，形如圭瓒"者，如前裸圭之瓒也。《左传·昭十七年》杜注云："瓒，勺也。"贾疏云："圭瓒之形，前注已引《汉礼》，但彼口径八寸，下有盘口径一尺。此径四寸，径既倍狭，明所容亦少，但形制相似耳。"案：贾引《汉礼》，见《典瑞》注。《诗·大雅·旱麓》笺云："圭瓒之状，以圭为柄，黄金为勺，青金为外，朱中央矣。"《白虎通义·考黜篇》说圭瓒云："玉以象德，金以配情，芬香条鬯，以通神灵。玉饰其本，君子之性；金饰其中，君子之道。君子有黄中通理之道，美素德。金者，精和之至也；玉者，德美之至也。"是圭瓒、璋瓒并为金勺，惟柄异也。云"天子巡守，有事山川，则用灌焉"者，贾疏云："以其圭瓒灌宗庙，明此巡守过山川用灌可知。"云"于大山川，则用大璋，加文饰。于中山川，用中璋，杀文饰也。于小山川，用边璋，半文饰也"者，明兼以文饰之加杀，为大小尊卑之差。知巡守有祭山川者，《诗·周颂·般》叙云："巡守而祀四岳、河、海也。"《僖三十一年公羊传》云："山川有能润于百里者，天子秩而祭之。触石而出，肤寸而合，不崇朝而遍雨乎天下者，唯泰山尔。河、海润于千里。"又《王制》孔疏引《尚书大传》云："五岳视三公，四渎视诸侯，其余山川视伯，小者视子男。"此三璋长度，与五等命圭璧降杀正相应。若然，大山川即《大宗伯》之四望，谓五岳四渎及海视三公者也；中山川即视伯者也；小山川即视子男，所谓润于百里者也。云"其祈沉以马"者，《释文》云："《小尔雅》云：'祭山川曰祈沉。'案《尔雅》：'祭山川^①曰庪县，祭川曰浮沉。'今读宜依《尔雅》音。"案：祈即庪之借字。今《小尔雅》无"祭山川曰祈沉"之文，盖有佚挩。祈沉之义，详《大宗伯》及《犬人》疏。贾疏云："取校人饰黄驹，故知以马也。"云"宗祝亦执玉以先之"者，宗祝有二，有谓大小宗伯、大小祝诸官者，《礼运》云"宗祝在庙"，注云："宗，宗人也。"《国语·周语》云"宗祝执祀"，韦注云："宗，宗伯；祝，大祝。"是也。亦曰祝宗，《左·襄九年传》云："宋灾，祝宗用马于四墉。"即谓祝与宗人也。有专谓大祝者，《周书·克殷篇》云"乃命宗祝崇宾飨祷之于军"，《古文苑·诅楚文》云"宗祝邵鼜"是也。此经宗祝，则似专属大祝，故下注即引《大祝职》以证义也。江永云："先行灌而后杀驹也。"云"礼，王过大山川，则大祝用事焉"者，据《大祝》文，证此宗祝即大祝也。贾疏云："《大祝职》不言中山川、小山川者，举大者而言，或使小祝为之也。"云"将有事于四海山川，则校人饰黄驹"者，据《校人》文。引之者，亦证此马即谓黄驹也。^②

　　"大璋""中璋"尺寸一样，则无从区别。那志良《中国古玉图释》认为依据六瑞中镇圭、桓圭、信圭、躬圭四种圭的尺寸递减二寸，中璋和边璋也是相差二寸，"如果大璋的尺寸是十二寸时，与六瑞中四种圭尺寸的比例相合"，因而推测原文"大璋中璋九寸"之"大璋"

① 引者按："川"字涉上衍，见陆德明撰，黄焯汇校《经典释文汇校》305页，中华书局，2006年。
② 孙诒让《周礼正义》4028—4032/3338—3341页。

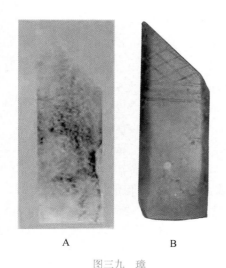

A　　　　　B

图三九　璋

下传钞时遗漏了"十二寸"三字①。

对于郑注"于大山川则用大璋，加文饰也；于中山川用中璋，杀文饰也；于小山川用边璋，半文饰也"用纹饰的多寡区别"大璋""中璋"，那志良《中国古玉图释》认为"是没有根据的"："存世的璋，确是有具纹饰的，图三九B便是一个有纹的璋，在它的上半部，接近斜边之处，有三道双钩横纹，再上面是两种并行线交叉之纹，布满了上角。璋是一种礼器，礼器多无纹饰，可能仍是以大小区分各种璋。有纹饰的，时代可能比较晚，是根据郑注仿制之器，也许是民间之物。"②

孙庆伟《〈考工记·玉人〉的考古学研究》认为"文献中所言的璋其实就是指玉戈"，"文中所谓的大璋、中璋和边璋事实是指分别以它们为柄的璋瓒"：

在对此条经文中所谓大璋、中璋和边璋进行认证前，有必要首先对周代玉璋研究作初步的了解，事实上，有关玉璋的研究始终是周代玉器研究中的一个焦点。

对于玉璋形制的传统看法是根据许慎《说文解字》所言的"半圭为璋"，即和圭有两侧锋相比，璋仅有一侧锋。但据笔者的统计，就西周墓葬出土者而言，这种作半圭状的璋仅见于洛阳东关M88和M91以及扶风上康村M2等，总计不超过20件。从这些器物的器形及其出土位置，笔者曾指出它们不是文献中所说的六瑞之一的璋，而是周代流行的不规则形状的小玉圭③。

对于玉璋研究的另一个焦点是所谓的牙璋问题。牙璋这一名称见于《周礼》，但最早将它和具体器物联系起来则是清代学者吴大澂。吴氏在其《古玉图考》将那些援、内交界处带有牙状突起的戈状玉器考订为《周礼》中的牙璋④。尽管吴氏的这一命名遭到某些学者如夏鼐先生的反对⑤，但多数研究者却沿用了这一名称。同样，周代牙璋的确认，也必须建立在玉璋研究的基础上。

近年来在玉璋研究中陷入了这样一种困难境地，一方面是学者对于文献中有关玉璋的记载难以作出明确的判断，甚至于何者是璋这一最基本的问题都未得到解决；而另一方面，在出土实物中，尤其是出土的文字材料中，有越来越多的迹象证明了西周时期玉璋的流行。但迄今为止，还未能把出土文献中的璋和具体器物有机地结合起来。以下我们对相关的发现作一概括，以期能够认识周代玉璋的本来面目。

除了传世文献外，玉璋还见诸西周时期的铜器铭文中，主要有以下几例：

《竞卣》：竞蔑历，赏竞璋。

《颂鼎》：颂……反入堇章。

① 那志良《中国古玉图释》129页，台湾南天书局，1990年。
② 台湾南天书局，1990年，130—131页。
③ Research on Western Zhou Dynasty Jade Gui and Related Issues, China Archaeology and Art Digest, Vol.1, No.1, pp.31-38, Hong Kong, 1996. 中文稿待刊。
④ 吴大澂《古玉图考》，见桑行之主编《说玉》628页，上海科技教育出版社，1993年。
⑤ 夏鼐《商代玉器的分类、定名和用途》，《考古》1983年第5期。

《史颂簋》：穌宾章，马三匹，吉金。

《庚嬴鼎》：王蔑庚嬴历，易曼章，贝十朋。

《大簋》：大宾敔章，马两。

《五年琱生簋》：余惠于君氏大璋。

另外就是上文所引《卫盉》铭文中的"矩伯庶人取堇章于裘卫"。从上引的这些西周铜器铭文来看，这一时期璋主要用于王赏赐臣下和臣下向周王的觐礼。类似者也见于传世文献，如《左传》僖公二十八年记载晋文公在受周襄王册命后，"出入三觐"。郭沫若据颂鼎铭文中有"反入堇章"的内容，认为晋文公三觐也是纳璋报璧之礼，其说可信[①]。

近年考古发现中还有一些相关的材料值得注意。如1985年安阳市博物馆在殷墟刘家庄南发掘了60余座商代墓葬，其中10余座墓中出土若干残玉片，其上并有朱书文字，发掘者将其中一字考订为"璋"，并认为这些残玉片就是商代的玉璋[②]，但这种观点遭到其他学者的反对[③]。此外，据郝本性先生披露，在上村岭M2009号仲墓的棺盖板上也出有玉片10余枚，其中一片上也有朱书文字，并将其中的两字辨认为"害章"，郝先生并指出此处的"害章"实即《琱生簋》中的"大章"[④]。这两处材料不仅在文字上提到了"章"或"璋"，而且又是书写在玉器上，应该说为最终解决什么是璋这一问题提供了重要的线索，尤其是前者，出土材料多而且均已公布。但看来问题并没有迎刃而解。

首先从这些朱书文字本身谈起。上村岭M2009所出者，因为具体材料尚未公布，暂时不论。殷墟刘家庄商代晚期墓葬所见的朱书文字，据原发掘报告，主要有两种形式：一是"奠（以下称A字）于某某（多为父祖名，如祖甲）"，其二是"戉（以下称B字）一"的形式，显然是表示B的数量。另外也见将两者合并的现象，即"A于某某，B一"。因此，对殷墟刘家庄出土的朱书文字理解的关键是如何隶定A、B两字。对于A字，发掘者未释出，但认为是"供奉"之意。而王辉先生则作了详尽的考释，认为其上部从八，中间从章，下部乃双手持物之形，故可以释为"襄"，乃双手捧玉而祭。尽管A字是否可以释作"襄"还可讨论，但将其看作奉玉而祭的象形则无疑是可信的。因为A字中间的作"章"的部分，正如有学者所指出的那样，其本义是以凿具治玉[⑤]。从治玉引申为玉的总称或用作某一类玉器的名称，这是很自然的。从A字在朱书文字中的位置来看，它只能是一个动词。因此，将A字和奉玉以祭的某种祭祀行为联系起来，也无疑是正确的。

B字后面跟着数词"一"，表明它是一个名词，并且从"A于某某，B一"的形式来看，B也就是祭祀中所奉玉器的名称。从这一层意义上讲，对于B字的确认，更为直接地关系到我们对玉璋的认识。发掘者由于有了先入之见，在缺乏足够根据的情况下，将此字推测为"璋"，自然缺乏说服力。而王辉先生将其释为"圭"，并认为圭和戈为同一类器物，这和我们上文中有关玉圭的研究可谓是殊途同归。

---

① 郭沫若《两周金文辞大系考释》，72—73页，东京文求堂书店，昭和十年八月。
② 孟宪武、李贵昌《殷墟出土的玉璋朱书文字》，《华夏考古》1997年第2期。
③ 王辉《殷墟玉璋朱书文字蠡测》，《文博》1996年第5期。
④ 郝本性、张文彬《牙璋用途考》，见《南中国及邻近地区古文化研究——庆祝郑德坤教授从事学术活动六十周年论文集》，33—36页，香港中文大学出版社，1994年。
⑤ 詹鄞鑫《释辛及与辛相关的几个字》，《中国语文》1983年第5期；姜亮夫先生也以"辛"象"古工具以治物者也，即今凿之初文。"说详《干支蠡测》，见其专著《古史学论文集》111页，上海古籍出版社，1996年6月。

刘家庄殷墓的发掘者之所以把B字释作璋，原因就在于他们注意到这些墓葬中出土的某些残玉片的首部仅有一侧锋，正和《说文》所言"半圭为璋"相符合。我们认为这种判断至少存在着两点不足：首先，《说文》中对璋的形制描述是否符合历史真相还有待于证实；第二，即使璋的形制确如《说文》所言的呈半圭之状，也并不能证明朱书文字中所提到名为B的这一类玉器就是指有朱书文字的这些玉片本身。上述第一点，事实上是我们研究的问题，暂且不论，这里着重谈第二点。

首先从这些玉片本身的形状来看，虽然大部分残破不全，但基本形制是作窄长条状，有的首部还保留有一侧锋。但总体印象是这些玉片不是精心制作的产品，而更可能属于琢玉过程中边角废料，因此，很难把它们和文献中重要的瑞玉之一玉璋联系起来。事实上，笔者曾给郝本性先生去信询问三门峡上村岭M2009出土的朱书玉片的形状，蒙郝先生赐函见告，也是不规则状的边料，更断言该墓所出的朱书玉片"绝对不会是文献中所说的璋"。我们认为，刘家庄殷墓所出土者和上村岭M2009所出者当属同类现象。其次，从朱书文字本身也能证明B类玉器不是指这些小玉片而言的，据原发掘报告，能辨别文字的17片玉片是从M42等四座墓葬中出土的，除了M42仅出土一件外，其他三墓都有多片。考虑到这些墓葬均被盗过，M42原有的朱书玉片很可能不止一片，其他各墓出土数量也可能更多。但另一方面，所有的朱书文字中，B字后面所缀的数词均是"一"，表明所奉祭的B类玉器仅一件而已。如果朱书文字的B字释作璋，并将这些玉片本身看成是商代的玉璋，两者之间显然有矛盾。因此，我们认为把这些残玉片视为玉璋是不妥当的。

尽管我们不认为刘家庄出土的这些残玉片是文献中所说的璋，我们仍有可能和必要对这些玉片的性质进行分析。首先，随葬这些玉片的目的可能是为了书写之用，其上的朱书文字中"A于某某，B一"的B类玉器可能是就墓葬中随葬的其他玉器而言，但可惜的是这些墓葬均被盗扰，无法进行印证。如果确是如此的话，则这些朱书玉片的功能就类似于后来墓葬中专门用于记录随葬品的遣册了；其次，把某些重要的文字材料书写在玉片上，这种行为的本身就有其深刻含义的，如著名的侯马盟书也是书写在大小不一的玉圭片上。侯马盟书和刘家庄的这些朱书文字都是向神叙述的，在上文中我们已经提到玉在当时人看来是一种精物，这种精物可以充当沟通人神的介质。事实上，朱书于玉器和铸铭于铜器，其原理是一样的，都是借助某种介质来联系神人而已。第三，我们并不排除这些小玉片也有敛尸的功用，西周以降，墓葬中常见小玉、石圭或不规则的玉、石片，这种行为的目的无非是上文中我们所说的借玉的精气来护尸。

那么究竟什么才是文献中所经常提到的璋呢？解决这一问题的关键在于文字学的研究。在上文中，我们已经肯定了王辉把A字的中间和下半部分释作双手奉章之意，并以其为朝字异体的看法。而在商周金文以及刻辞中，有一个和朝字结构相似的字"䟴"，此字见于《说文》，曰："击踝也。"而吴大澂、林义光、马叙伦等释作"伐"或"伐"之异体，郭沫若则释作祼，陈汉平在众家之说的基础上，认为此字用作人名时可释作"颗"，而用作动词时则可释作"叩"①。

尽管对该字的释法各不相同，但该字字形作一人跽坐双手奉戈之状，将其隶写为"䟴"无疑是正确的。在美国哈佛大学福格艺术博物馆中藏有一件长逾22厘米的商代大玉戈，其戈援基部有刻铭十字，李学勤先生隶定为：曰䕻王大乙，才林田，艅䟴。他并且认为是名为艅者在某次祭祀成汤的过程

① 陈汉平《金文编订补》，353—358页，中国社会科学出版社，1993年。

中执此戈以侍奉①。这件玉戈及其上面的刻辞足以证明戫字确实就是双手执戈之意。

从𤪘和戫两字的结构来看,都是双手奉玉之状;从用法上讲,两者都有"献玉"以祭的意思。因此,我们可以认为𤪘和戫是同一字,虽然一从章,另一则从戈,但正如甲骨文中的"牢"字,既可从牛,也可从羊。

证明了上述两字是异体而同义,我们可以进一步分析被称作"牙璋"的这一类玉器的实质。上面已经提到,自吴大澂首先把援内交界处有牙状突起且首部多作歧状的这一类玉器和《周礼》中的牙璋联系起来后,即被许多学者所称引,尽管吴氏对这一命名并没有提出什么令人心服的证据,尤其是三星堆二号祭祀坑中出土了一件双手持有这种玉器的小铜人,论者大都将其视为奉璋祭祀的真实写照。但对于这种在形制上更像戈的器物为什么用本义为"以琢具治玉"的"章"来命名,研究者也同样未能作出合理的解释,如王辉先生也只是简单地认为"后引申为名词圭璋之璋"。而同样,对吴大澂的命名持反对意见的学者也很多,但也未能就其名称形成共识,如夏鼐先生称之为刀形端刃器②,日本学者林巳奈夫名之为骨铲形玉器③,而最近王永波又提出了耜形端刃器这一新名称④。

我们认为,"章"的本义确如有学者所考证的那样,乃"以琢具治玉"之义,因为和玉相关,所以加上"玉"旁,写作"璋"。而当其引申为某种玉器的专名时,这种玉器不是什么别的器物,正是我们通常所说的玉戈,换言之,文献中所言的璋其实就是指玉戈。而所谓的牙璋,也只是玉戈自身发展过程中的一种特定形态而已。我们认为璋就是戈,还可以举出以下一些证据。

首先从起源和造型上讲,已经有学者论定被称为牙璋的这类器物和青铜的戈类兵器有渊源关系⑤,"牙璋"和我们通常所说的玉戈在造型上的最大差别主要体现在两个方面:一是牙璋在器阑部有牙状突起,这也是牙璋得名的主要缘由;第二是牙璋的首部常作歧首或作V字形。但同时我们也应该注意到,牙璋的器阑以及其上的牙状饰演变规律是逐渐退化的⑥,事实上,不仅是牙璋,包括其他带有齿牙饰的玉器如玉戚、璇玑等,都主要流行于龙山,二里头以及商代早期,因此,这种牙饰只是一种时代特征,不能作为玉器命名的主要依据。这种有牙饰的牙璋从商代晚期开始衰退,而无牙饰的玉戈开始流行也正好是商代的晚期,如妇好墓出土的玉戈39件,而有牙饰者仅2件。"牙璋"和玉戈在流行时代的衔接,表明它们不是器类的不同,而是同一类器物时代差异而已。牙璋和玉戈在首部形制上的差异,性质和前者相同。王永波曾收集了迄今所见的所有出土和传世的牙璋共248件(包括两件骨制品),而在两百多件牙璋中,年代最晚的4件不仅在器侧均无雅牙状饰件,而且除了首部残缺的2件外,另外2件首部均呈圭首状,形制和我们平常所说的玉戈完全相同。(这四件器物分别出土于侯马盟誓遗址H269,H284和H340以及湖北天星观M1。⑦)这种现象无疑证明"牙璋"的歧首最终是演变为圭状首的,从而也说明牙璋和玉戈是同类器物在不同时代所表现出来独特的形制特征。

① 李学勤《论美澳收藏的几件商周文物》,《文物》1979年第12期。
② 夏鼐《商代玉器的分类、定名和用途》,《考古》1983年第5期。
③ 林巳奈夫《中国古玉的研究》,286—349页,艺术图书公司,1997年。
④ 王永波《耜形端刃器的分类与分期》,《考古学报》1996年第1期。
⑤ 刘敦愿《牙璋与安丘商代铜戈》,《文物天地》1994年第2期。
⑥ 王永波《耜形端刃器的分类与分期》,《考古学报》1996年第1期。
⑦ 王永波《耜形端刃器的分类与分期》,《考古学报》1996年第1期。

其次,我们还可以从文字学的角度证明璋和戈是同类器。在上文中我们已经分析了戥字是一人跽坐双手奉戈的象形,此字还见于铜器铭文中,如著名的史墙盘铭在叙述天子(恭王)的功绩时,其中即有一句作"受天子绾命、厚福、丰年,方蛮亡(无)不戥见"。此字唐兰先生释作"扬"[1],而裘锡圭先生则释作"戒"[2]。此字释法,这里暂不讨论,但有一点可以肯定,即此字是表示"方蛮"无不执戈以朝周天子。诸侯行朝觐之礼,按我们上文的论述,当有玉币以享天子。而我们上文还指出在诸如册命之礼后,诸侯需"反入觐璋"以享王,这样的记载在颂鼎和善夫山鼎等铭文中都可见,而我们一再提到的卫盉的铭文中也记载了矩伯为了朝见天子而专门用土地交换裘卫的璋以作觐礼。既然诸侯朝天子时所献的觐礼是璋,而史墙盘铭中表示这一行为的字作双手奉戈状,则惟一合理的解释是玉戈就是玉璋。

我们还有必要分析戈状玉器为什么又被称为璋。我们推测,"章"的本义是用凿具治玉,是泛言。而从龙山时代以降,器形最大,最为引人注目的玉器莫过于"牙璋"(实即戈)了,这种玉器在当时无疑只能被少数人所拥有,有着特殊的地位。那么,把泛言琢玉行为的"章"假借为当时最为典型,地位最尊一类玉器的名称,这种可能性应该是存在的。当然,关于这一点,还有待于进一步的研究。

按照我们在前文中的研究,戈和圭实属异名而同类,而在这一节中我们又证明了圭和璋也属于同一类器物,则文献中言及的玉戈、玉圭和玉璋,其实都是指同一类器物,只不过名称各异罢了。

在证明圭和璋是同类器物后,对于这条经文的理解也就迎刃而解了。文中所谓的大璋、中璋和边璋事实是指分别以它们为柄的璋瓒,但既然璋也就是圭,则所谓的璋瓒也就是圭瓒了。在上文中,我们已经就《考工记·玉人》所提到的圭瓒作了分析,证明迄今为止我们还没有见到以玉为柄的灌器——瓒,更不必说圭瓒了。如此,则经文中有关璋瓒的记载也同样有待于验证了。[3]

关于"朱中",根据出土实物,璋体上有"朱色"的情况分为三种:

一种是璋体涂朱。"(商代)二里岗的一件,内上还雕有兽面纹,并有涂朱。"[4]该器呈淡青色,出土时内部并残留有朱红色痕迹[5]。这种情况比较契合《考工记·玉人》璋"朱中"的记载和孙诒让的疏证。

器物上涂朱不是孤立现象,广汉三星堆遗址二号祭祀坑的尊、罍、彝等青铜器外表都涂有朱色,其中八鸟四牛尊(K2②:146)出土时铜尊外表涂朱色,罍标本(K2②:70)器外表曾涂朱色[6]。

另外两种从文献看与经文及孙氏正义相距似乎较远,但目前没有充分的证据表明它们不是"朱中"的表征,故录之以为参考:

一种是璋的材料质地为红色。古代玉器的玉料色彩丰富,《周礼·春官·大宗伯》:"以玉作六器,以礼天地四方,以苍璧礼天,以黄琮礼地,以青圭礼东方,以赤璋礼南方,以白琥

① 唐兰《略论西周微史家族窖藏铜器群的重要意义》,《文物》1978年第3期,24页注52。
② 裘锡圭《史墙盘铭解释》,《文物》1978年第3期。
③ 孙庆伟《〈考工记·玉人〉的考古学研究》,北京大学考古学系编《考古学研究》(四)129—133页,科学出版社,2000年。
④ 王永波《牙璋新解》,《考古与文物》1988年第1期。
⑤ 赵新来《郑州二里岗发现的商代玉璋》,《文物》1966年第1期。
⑥ 四川省文物管理委员会等《广汉三星堆遗址二号祭祀坑发掘简报》,《文物》1989年第5期。

礼西方，以玄璜礼北方。"而"石峁玉器……色彩绚丽，有黑、青黄、红、深绿、碧绿、紫、灰、白诸色"，神木石峁出土牙璋28件，都是"墨玉质，油黑如漆"①。神木石峁即出土了青玉圭（SSY71），可见《大宗伯》所言并非虚造。颜色接近红色的璋也有出土：广汉三星堆遗址二号祭祀坑出土赭红色B型石质牙璋一件（K2③：322附3）②。广西那坡感驮岩遗址"第二期文化遗存出土的牙璋呈暗红灰黑色……系用动物肢骨的骨密质部分或动物的角体切割琢磨而成"③。

　　一种是于璋器身上写有朱书文字。"1985年5、6月间，安阳市博物馆在殷墟刘家庄南发掘了62座殷墓，其中，出土玉璋的墓有十余座。由于这些墓均遭盗扰，出土的玉璋均为残片，且均出于墓内扰土中。这批玉璋碎片上多有朱书文字的痕迹，但由于它们长期湮埋于地下，出土时不少玉璋上的朱书文字多已模糊不清，有的已完全褪色，清晰可辨的朱书文字较少。能辨识文字的玉璋残片共有17片，它们分别出自M42、M54、M57、M64等四座墓中。其中，M42出1片，M54出7片，M57出4片，M64出5片。"④安阳市博物馆1986年的发掘简报与上文在资料上有出入。M54出土玉璋44片，44片中有朱书字迹者28片，其中能辨出字形的有8片。M64出土玉璋15片，都有朱书字迹，其中能辨出字形的有6片⑤。

　　器身上涂写有朱书文字的除了璋之外，还有玉戈，柄形饰和殷代甲骨。

　　玉戈："朱书玉戈一件，位于椁室东北角，压在铜罍之下，残断，有字的一面向下，出土时字迹鲜明"，"朱书玉戈（图一一，1），绿色，经初步鉴定为新疆青玉……援上一面有用毛笔书写的朱红色文字'……在沚执叟𤔲在入'七字"⑥。

图一一，1　朱书玉戈

　　柄形饰："发现于M3盗坑中的6件（M3：01–06）……分别在一面朱书二字"——祖庚、祖甲、祖丙、父□、父辛、父癸⑦。

　　甲骨：如YH127坑中发现的"用墨或朱写成的简单文辞，如《乙》3217、3380、3400、6423等，知道殷代已有书写的颜料和毛笔"，"有不少涂朱或涂墨的刻辞，知道甲骨刻辞当时不但记实，而且要求美观"⑧。据统计，1928年10月—1937年6月，中研院历史语言研究所在安阳殷墟进行了十五次发掘，发现了24 918片有字甲骨，在一些卜甲、卜骨上，除了刻辞外，还发现了用毛笔写的朱书和墨书⑨。陈梦家《殷墟卜辞综述》："从武丁以至帝辛，在卜用的甲或骨上，在刻辞以外还用朱或墨用'毛笔'写字在甲骨的背面"，"刻辞涂以殷朱和墨以

① 戴应新《神木石峁龙山文化玉器》，《考古与文物》1988年第5、6期合刊。
② 四川省文物管理委员会等《广汉三星堆遗址二号祭祀坑发掘简报》，《文物》1989年第5期。
③ 韦江《广西那坡感驮岩遗址出土牙璋研究》，《广西民族研究》2001年第3期。
④ 孟宪武、李贵昌《殷墟出土的玉璋朱书文字》，《华夏考古》1997年第2期。
⑤ 安阳市博物馆《安阳铁西刘家庄南殷代墓葬发掘简报》，《中原文物》1986年第3期。
⑥ 中国社会科学院考古研究所安阳工作队《安阳小屯村北的两座殷代墓》，《考古学报》1981年第4期。
⑦ 中国社会科学院考古研究所安阳队《1991年安阳后冈殷墓的发掘》，《考古》1993年第10期。
⑧ 中国社会科学院考古研究所《殷墟的发现与研究》194—195页，科学出版社，1994年。
⑨ 刘一曼《试论殷墟甲骨书辞》，《考古》1991年第6期。

及刻兆都盛行于武丁一时,武丁以后的甲骨也有涂以褐色的朱的,因年久褪色,不经意时常被忽略";"涂饰与书写所用的材料有朱和墨两种。朱是丹沙,墨是炭素。"[①]

16. 圭璋　璧琮

《玉人》: 琢圭璋八寸,璧琮八寸,以觐聘。

孙诒让:"琢圭璋八寸"者,此聘享之玉度,并用偶数,与命圭异。《尔雅·释器》云:"璋大八寸谓之琡。"殆即此琢璋与? 云"璧琮八寸"者,冢上琢为文。《说文·玉部》云:"琮,瑞玉,大八寸,似车釭。"亦谓此琢琮也。云"以觐聘"者,贾疏云:"此谓上公之臣,执以觐聘用圭、璋,享用璧琮于天子及后也。若两诸侯自相聘,亦执之。侯伯之臣宜六寸,子男之臣宜四寸。"案:《左传·隐六[②]年》孔疏引此注云:"八寸者,据上公之臣。"今本注无此文,疑孔约《小行人》注义释之。凡聘享之玉,各降其瑞一等。上公命圭九寸,故使臣聘王用琢圭八寸,聘后用琢璋八寸;享王用琢璧八寸,享后用琢琮八寸。其侯伯之臣聘享王后,当用琢圭璋璧琮,皆六寸,贾所说是也。其子男以璧为瑞,则聘王后不得用琢圭璋。贾《典瑞》疏谓子男之臣当用琢璧琮。《左传·文十二年》《昭五年》疏并谓"子男之使当琢璧四寸"。若然,子男之臣聘后当用琢琮四寸。此疏唯谓子男之臣宜四寸,不著圭璧之异,文不具也。其子男之臣享王后之玉,经注无文,或当降君,用琥璜四寸与?

郑玄:琢,文饰也。觐,视也。聘,问也。众来曰觐,特来曰聘。《聘礼》曰:"凡四器者,唯其所宝,以聘可也。"

孙诒让:注云"琢,文饰也"者,《典瑞》先郑注云:"琢有圻鄂琢起。"文饰即圻鄂也。《典瑞》琢圭璋璧琮又有缲,皆二采一就。此经不云缲,文不具也。贾疏云:"凡诸侯之臣觐聘,并不得执君之桓圭、信圭之等,直琢为文饰耳。"云"觐,视也。聘,问也"者,据《大宗伯》云:"时聘曰问,殷觐曰视。"云"众来曰觐,特来曰聘"者,《典瑞》注义同。贾疏云:"众来则元年、七年、十一年,一服朝之岁来者众也。特来则天子有事乃来,无常期者是也。"案:详《大宗伯》疏。引《聘礼》者,《聘礼记》文。四器即此圭璋璧琮是也。贾疏云:"所宝,谓不聘时宝之。"[③]

孙庆伟《〈考工记·玉人〉的考古学研究》:

此条经文中所记的四种玉瑞圭、璋、璧、琮均为八寸,按贾疏,用作聘享的瑞玉,皆用偶数,与命圭

---

① 中华书局,1988年,15—16页。
② 引者按:"六"当为"七",见阮元《十三经注疏》1732页上。
③ 孙诒让《周礼正义》4033—4034/3342—3343页。

之制异。上公命圭九寸，故其聘享之玉的尺度皆为八寸。但据我们在上文中的研究，尽管周代确有命圭之礼，但诸侯所执命圭的尺度并非如《考工记》中所记。我们还根据出土器物证明了周代玉璧的尺度并无定制，而玉琮在两周时期均处于衰落阶段，并不可能用作聘享的瑞玉。由此可见，两周时期诸侯用于聘享的瑞玉，其尺度并非都是八寸。

据《尔雅·释器》："圭大尺有二寸谓之玠，璋大八寸谓之琡，璧大六寸谓之宣。"《尔雅》的成书大约在战国末年[1]，其中所反映当是周代的内容，如前引《诅楚文》中秦王祷神所用的祭玉即有名为"宣璧"者。"琡"即是八寸之璋的专名，似乎说明在周代它确实被予以特殊的重视，至少说明璋作八寸是一种定制，正如圭有尺二寸，而璧有六寸者。[2]

17. 牙璋　中璋

《玉人》：牙璋、中璋七寸，射二寸，厚寸，以起军旅，以治兵守。

孙诒让："牙璋中璋七寸，射二寸，厚寸"者，二璋长厚并与璋瓒边璋同，唯射减于彼二寸。云"以起军旅，以治兵守"者，贾疏云："牙璋起军旅，治兵守，正与《典瑞》文同。彼无中璋者，以其大小等，故不见也。牙璋起军旅，则中璋亦起军旅。二璋盖军多用牙璋，军少用中璋。"

郑玄：二璋皆有钮牙之饰于琰侧。先言牙璋，有文饰也。

孙诒让：注云"二璋皆有钮牙之饰于琰侧"者，琰侧即所射上半二寸之侧。《释名·释形体》云："牙，櫨牙也。"《广韵》九《麻》云："齟齖，齿不平正。"《说文·金部》云："鋤，钮鋤也。"又《齿部》云："齟齬，齿不相值也。"案：《楚辞·九辨》又作"钮锘"。钮櫨齟及牙齖鋤齟锘，皆音近假借字。钮，《释文》引沈重音徐加反，即读为櫨也。钮牙，谓就其剡处刻之，若锯齿然，不平正。《典瑞》先郑注云："瑑以为牙。"义同。贾疏云："郑知二璋皆为钮牙之饰者，以其同起军旅，又以牙璋为首，故知中璋亦有钮牙。"云"先言牙璋，有文饰也"者，郑意二璋形度同，但牙璋别有文饰，故经列中璋之前，明以文质为尊卑之次也。[3]

《典瑞》：牙璋以起军旅，以治兵守。

孙诒让："牙璋"者，贾疏云："《玉人》云：'牙璋、中璋七寸，射二寸，厚寸，以起军旅，以治兵守。'

---

[1] 徐朝华《尔雅今注》前言，3页，南开大学出版社，1994年修订版。
[2] 孙庆伟《〈考工记·玉人〉的考古学研究》，北京大学考古学系编《考古学研究》（四）133，科学出版社，2000年。
[3] 孙诒让《周礼正义》4034—4035/3343页。

此不云中璋者,中璋比于牙璋杀文饰,总而言之亦得名为牙璋,以其鉏牙同也。以此而言,此文云牙璋,亦兼中璋矣。若然,大军旅用牙璋,小军旅用中璋矣。"

郑司农云:"牙璋,琢以为牙。牙齿,兵象,故以牙璋发兵,若今时以铜虎符发兵。"玄谓牙璋,亦王使之瑞节。兵守,用兵所守,若齐人戍遂,诸侯戍周。

孙诒让:注"郑司农云:牙璋,琢以为牙"者,《玉人》注云"有鉏牙之饰于琰侧"是也。云"牙齿,兵象,故以牙璋发兵"者,以其鉏牙不平,故云兵象。《白虎通义·文质篇》云:"璜以征召,璋以发兵,琮以起土功之事。璋以发兵何?璋半珪,位在南方,南方阳极而阴始起,兵亦阴也,故以发兵也。"班说惟璋发兵,与此牙璋同,而义与先郑异。又说璜征召,琮起土功,此经皆无文。《公羊·定八年传》何注亦云:"礼,琮以发兵,璜以发众,璋以征召。"《说文·玉部》又以琥为发兵瑞玉。并与此经不同,盖别有所据。云"若今时以铜虎符发兵"者,《御览·珍宝部》引马注云"牙璋,若今之铜虎符",与先郑说同。"以发兵"者,王应麟云:"《汉书·齐王传》'魏勃给召平曰,王欲发兵,非有汉虎符验也',《吴王传》'弓高侯责胶西王曰,未有诏虎符,擅发兵击义国',《严助传》'上曰,新即位,不欲出虎符发兵郡国。乃遣助以节发兵会稽',是也。"互详《掌节》疏。云"玄谓牙璋亦王使之瑞节"者,王使起军旅治兵守时,持此为瑞节,与珍圭以征守恤凶荒同。《左·哀十四年传》说宋公使向巢讨向魋,云"司马请瑞,以命其徒攻桓氏"。杜注云:"瑞,符节,以发兵。"又《襄二十五年传》郑入陈,"司徒致民,司马致节,司空致地"。盖皆起军旅之节,故司马请之致之也。云"兵守,用兵所守"者,谓疆场有警,治兵为守御也。云"若齐人戍遂,诸侯戍周"者,《春秋·庄十三年经》:"春,齐侯、宋人、陈人、蔡人、邾人会于北杏。"《左传》云:"遂人不至。夏,齐人灭遂而戍之。"又《昭二十七年左传》云:"十二月,晋籍秦致诸侯之戍于周。"引之证此治兵守即兵戍之事也。[1]

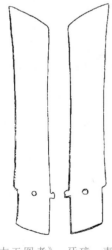

《古玉图考》 牙璋 青白玉 图小于器十分之六

吴大澂《古玉图考》:"牙璋以起军旅,以治兵守,故与戈戊之制略同。首似刀而两旁无刃,世俗以为玉刀,误矣。圭、璋左右皆正直,此独有旁出之牙,故曰牙璋。……今得是器,可以证康成'鉏牙'之说。惟《玉人》云'牙璋中璋七寸,射二寸',当以九寸为度。"那志良《中国古玉图释》认为"吴氏的意见,把《玉人》的话解作:牙璋的本身是七寸,加上射(斜的一边)二寸,共是九寸",于是可知"牙璋"的形制:

1. 牙璋既名为"璋",形制总不能离开璋,体像圭,上端有一斜边,也就是所谓"射"的。

2. 它的名称是"牙璋",有这个"牙"字,必是与其他的璋有不同之处。吴大澂说得对:"圭璋左右皆正直,此独有旁出之'牙',故曰牙璋。"《周礼》郑注也是这样说:"牙璋,琢以为牙,牙齿兵象,故以牙璋发兵。"他们都说得很是。[2]

① 孙诒让《周礼正义》1924—1925/1595—1596页。
② 那志良《中国古玉图释》170—171页,台湾南天书局,1990年。

孙庆伟《周代用玉制度研究》认为"牙璋的得名也纯属'望文生义'":

在"半圭为璋"的说法无法得到印证时,有些学者转而把器形大、制作精而且器体两侧有牙饰的所谓"牙璋"等同于周代的璋,这其实更是远离了周代的史实。牙璋的名称虽见于《周礼》,但将牙璋和实物对应起来的则首推吴大澂。在其所著的《古玉图考》中,吴氏将一件形制似戈而阑部有牙饰的器物定名为"牙璋"并以其为"东周以后之物"[1](图4-10,3)。1990年,香港大湾遗址出土一件此类器物(图4-10,4),随后香港中文大学以此为主题召开了一次国际学术讨论会,导致"牙璋"这一名称蔓延开来,几乎成为定论[2]。

其实早在20世纪80年代,夏鼐就驳斥了吴大澂的误释,将吴氏所谓的牙璋定名为"刀形端刃器"[3];几乎同时,日本学者林巳奈夫也对这类器物进行了研究,并据其形制而称为"骨铲形玉器"[4];此后,王永波又将这种器物命名为"耜形端刃器",并对考古和传世之器进行了系统收集[5]。据王永波的统计,目前已公布有确切出土地点的牙璋共141件,其中137件见于龙山和夏商时期的遗址或墓葬中,而见于周代遗迹者仅4件:3件出于侯马盟誓遗址,另一件则出于天星观M1(图4-10,5)。而这四件器物中,仅侯马盟誓遗址H269所出的一件勉强可以称为牙璋(图4-10,6),其他三件则是普通的玉戈。换言之,牙璋在两周时期几近湮灭,不可能是周代重要的瑞玉,牙璋的得名也纯属"望文生义"。[6]

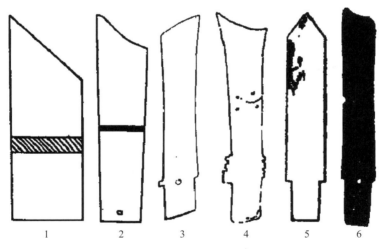

图4-10 "玉璋""牙璋"和玉戈

1. 上康村M2玉璋 2. 贾村西周墓玉璋 3.《古玉图考》牙璋 4. 香港大湾出土牙璋
5. 天星观M1:270戈 6. 侯马盟誓坑H269出土

① 此器为《古玉图考》第21器,参看《古玉考释鉴赏丛编》597—599页。
② 此次会议即1994年2月香港中文大学中国文化研究所中国考古学研究中心举办的第二届"南中国及邻近地区古文化研究"国际会议,会后出版《南中国及邻近地区古文化研究——庆祝郑德坤教授从事学术活动六十周年论文集》,会议组织者之一邓聪在文集后记中指出此次研讨会"特别以彩陶和牙璋为焦点"。大湾遗址出土的牙璋可参看区家发等人执笔的《香港南丫岛大湾遗址发掘简报》,见该文集195—208页。
③ 夏鼐《商代玉器的分类、定名和用途》,《考古》1983年第5期。
④ 林巳奈夫《中国古代的石刀形玉器和骨铲形玉器》,《中国古玉研究》286—349页。
⑤ 王永波《耜形端刃器的分类与分期》,《考古学报》1996年第1期。
⑥ 孙庆伟《周代用玉制度研究》215—216页,上海古籍出版社,2008年。

孙庆伟《〈考工记·玉人〉的考古学研究》：

据郑注，牙璋和中璋均为琰侧有牙饰者，而两者的不同是牙璋上有纹饰，而中璋则无。在上文有关璋的论述中，我们已经对所谓的牙璋作了详细的说明，并且明确指出当前学者所习称的牙璋，在两周时期已经非常罕见了，因此，如果《周礼》中屡屡提到的牙璋就是指在援内部有牙状突起的戈形器，则这里有关牙璋形制的记载和出土器物完全不相符合，而将牙状饰和"起军旅""治兵守"联系起来，则更属望"纹"生义。如果《周礼》中的牙璋不是学者们所理解的这一类器物，如王永波就认为出土玉器中的柄形器才是牙璋[①]，也就无法把牙璋和"起军旅"联系起来了。[②]

孙庆伟《周代用玉制度研究》不赞同"把周代墓葬常见的柄形器和璋对应起来"：

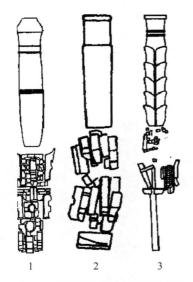

图4-11 周代墓葬所见的有牙柄形器
1. 茹家庄M1甲：73 2. 张家坡M187：13
3. 北窑M155：17

在有关周代玉璋的论述中，另有一种观点也值得注意，即把周代墓葬常见的柄形器和璋对应起来。如王永波在否定吴大澂牙璋说的同时，就曾论证带牙饰的柄形器是《周礼》所说的"牙璋"[③]；此后，姜涛、李秀萍也把西周墓葬中所见的有纹柄形器称为璋[④]；而李学勤则释柄形器为周代裸玉之一种，其中也暗含柄形器为璋的意思[⑤]。

柄形器并非周代特有的器类，在夏、商墓葬中皆可见到，已有研究者对柄形器的出土情况作过较详细的资料收集[⑥]。虽然柄形器在三代墓葬中较为常见，但对于其功能和名称一直不明，最初称之为"琴具"和"琴拨"[⑦]，以后虽改称为柄形器，但对于其功能，仍有"佩饰"[⑧]"大圭"[⑨]"石主"[⑩]引多种说法。

西周墓葬中不仅有条形的无牙饰柄形器，而且出现前端带牙饰的新器形。所谓有牙饰的柄形器就是在柄部下端连接一块木片或其他片状器，并在其上镶嵌数量众多的玉牙饰、绿松石甚至金片（图4-11，1）；有些柄形器在牙饰前端还有横置的蚌托

① 王永波《牙璋新解》，《考古与文物》1988年第1期。
② 孙庆伟《〈考工记·玉人〉的考古学研究》，北京大学考古学系编《考古学研究》（四）133—134页，科学出版社，2000年。
③ 王永波《牙璋新解》，《考古与文物》1988年第1期。
④ 姜涛、李秀萍《论虢国墓地M2001号墓所出"玉龙凤纹饰"的定名及相关问题》，《南中国及邻近地区古文化研究——庆祝郑德坤教授从事学术活动六十周年论文集》107—113页。
⑤ 李学勤《〈周礼〉玉器与先秦礼玉的源流——说裸玉》，《东亚玉器》Ⅰ，34—36页。在该文中李先生并未直接表述柄形器为璋的观点，但文中以小臣𨸂柄形器为裸瓒之柄，而李先生在其文中明确指出圭瓒之柄为玉圭，则王赐小臣𨸂的瓒只能是指璋瓒，如此可推柄形器为璋的意见。
⑥ 张剑《商周柄形玉器（玉圭）考》，《三代文明研究》（一）399—411页，科学出版社，1999年；张长寿《西周的玉柄形器》，《考古》1994年第6期。
⑦ 中国科学院考古研究所《洛阳中州路》59页。
⑧ 夏鼐《商代玉器的分类、定名和用途》，《考古》1983年第5期。
⑨ 林巳奈夫《中国古代的祭玉瑞玉》，《中国古玉研究》8—87页。
⑩ 刘钊《安阳后岗殷墓所出"柄形饰"用途考》，《考古》1995年第7期。

（图4-11,2）①以及插在蚌托上的长条玉柱（图4-11,3）②。因为片状器均已腐朽,所以其形制如何并不清楚。

把柄形器释为璋,目前并无确凿的证据,但有两点值得注意:首先,柄形器之柄大多采用软玉制作,西周中期以后其器柄更是常饰凤鸟纹或龙凤纹,这也是迄今所见最为精美的周代玉器纹饰（图4-12,1—4）;其次,制作繁缛的牙饰和绿松石饰也需耗费大量的劳动力,所以有牙饰柄形器仅身份地位尊崇者才可能拥有,而事实上它们也几乎都见于第一等级墓葬中,这与璋的礼器性质可以吻合。

但以柄形器为周代的玉璋也有不利的因素,比如柄形器的柄部长度一般不过10厘米左右,以其为璋瓒之柄,很难想象这种短把之器可以方便地"挹鬯",而如以脆弱的有牙柄形器作为裸瓒之柄则更加不可思议。此外,北宋出土的湫渊、巫咸和亚驼三篇秦诅楚文皆自记"箸者(诸)石章"③,三文各有318、323和325字,假如柄形器就是璋,那么是很难容纳如此长篇铭文的;而有学者据新出的两件秦驷祷病玉版推测书写诅楚文的石璋"不排斥是作版牍的形制",此说对于了解周代玉璋的形制颇有启发意义（图4-12:5、6）④。⑤

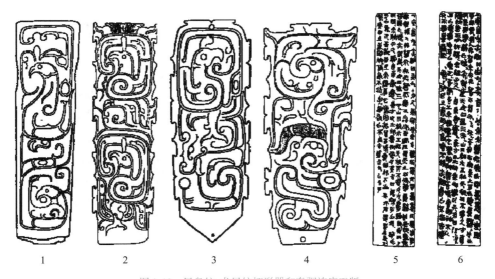

图4-12　凤鸟纹、龙凤纹柄形器和秦驷祷病玉版

1. 茹家庄M1甲:235　2. 刘台子西周墓地采集　3. 晋侯墓地M31:105　4. 虢园墓地M2001:685　5、6. 秦驷祷病玉版甲版、乙版正面铭文摹本

---

① 中国科学院考古研究所《沣西发掘报告》127页,图83。
② 这类柄形器主要见于洛阳北窑西周墓,其具体资料可参看前引张剑《商周柄形玉器(玉圭)考》一文。
③ 郭沫若《诅楚文考释》,《郭沫若全集·考古编》第9卷,275—341页,科学出版社,1982年。
④ 李零《秦驷祷病玉版的研究》,《中国方术续考》451—474页,东方出版社,2000年。甲乙两版分别长23.2、23厘米,宽4厘米,二器正背两面均有文字,版铭各有176和298字(含重文、合文)。如果诅楚文写在柄形器上,则用来书写之器至少要和这两件玉版大小相仿,但迄今所见的柄形器无一例如此硕大;同时,也无一篇诅楚文分载于数器的可能性,因为据董逌的记载秦诅楚文"世有三石",由此可知一文载于一器(董说据上引郭沫若文);此外,吕静《关于秦诅楚文的再探讨》一文对三件刻石的流传也有较系统的描述,文载中国文物研究所编《出土文献研究》五,科学出版社,1999年。
⑤ 孙庆伟《周代用玉制度研究》216页,上海古籍出版社,2008年。

18. 案

案十有二寸，枣栗十有二列，诸侯纯九，大夫纯五，夫人以劳诸侯。

孙诒让："案十有二寸"者，此附记饰玉之器也。《说文·木部》云："案，几属。"《急就篇》颜注云："无足曰盘，有足曰案，所以陈举食也。"案：此承食物之案，与《掌次》"毡案""重案"为床异。十有二寸，盖案之高度。《曾子问》孔疏引阮谌《礼图》谓几高尺二寸。此案亦几属也。其椭方广长之度，无文。依后郑义，每案各陈枣栗二器，此必非尺二寸之长所能容，则郑亦不以此为案之长度可知矣。贾疏云："案十有二寸者，谓玉案十有二枚。"亦非是。戴震云："案者，梜禁之属。《仪礼》注曰：'梜之制，上有四周，下无足。'盖如今承槃[1]。《礼器》注曰：'禁，如今方案，隋长局足，高三寸。'梜又名斯禁，斯，尽也，切地无足。此以案承枣栗，上宜有四周。汉制小方案局足，此亦宜有足。"惠士奇云："案有大小。《汉旧仪》'旋案，丈二，以陈肉食'，大案也；《汉书》许后奉案上食，孟光举案齐眉，小案也。案者，今之盘，古之禁。"云"枣栗十有二列"者，贾疏云："案案皆有枣栗，为列十有二者，还据案十二为数，不谓一案之上十有二也。"

纯犹皆也。郑司农云："案，玉案也。"玄谓案，玉饰案也。……玉案十二以为列，王后劳朝诸侯皆九列，聘大夫皆五列，则十有二列者，劳二王之后也。枣栗实于器，乃加于案。《聘礼》曰："夫人使下大夫劳以二竹簋方，玄被纁里，有盖，其实枣栗烝择，兼执之以进。"

孙诒让：注云"纯犹皆也"者，此引申之义，《缁衣》注同。后郑意枣栗合庋一案，数皆以或九或五为列也。戴震云："列谓两以列也。纯，耦也。《乡射礼》二算为纯，一算为奇。"惠士奇云："纯犹两也，与淳通。《左·襄十一年传》'淳十五乘'。或曰列，或曰纯，纯谓两行并列。"案：惠、戴皆训纯为耦，盖依贾、马义，较郑说为长。郑司农云"案，玉案也"者，犹《大宰》《司几筵》之"玉几"也。惠士奇云："《艺文类聚·服饰部》引《楚汉春秋》：'淮阴侯曰：臣去项归汉，王赐臣玉案之食。'"……云"玄谓案，玉饰案也"者，谓梓人为之案，而玉人以玉饰之，此增成先郑义也。先郑但云玉案，不云玉饰，嫌于以全玉为案，故后郑补释之。贾疏云："以其在《玉人》，故知以玉饰案也。"……云"玉案十二以为列"者，郑意案之成列者，有十二列也。贾疏云："微破贾、马以此十二列比《聘礼》'醓醢夹碑百瓮。十以为列'。"诒让案：《聘礼》："醓醢百瓮，夹碑，十以为列，醯在东。"彼文谓醯五十瓮，为五列，在东；醢五十瓮，为五列，在西。贾、马据彼为训，盖谓此玉案枣与栗各以一案盛一器陈之，枣栗各十有二列，则二十有四案也。若后郑之义，则每案之上，各有枣一簋，栗一簋，十有二列止十有二案。以经文审之，当以贾、马为长。惠士奇亦申贾、马义云："二王后二十有四，两两列之，则十有二[2]；诸侯十有八，两两列之，则九；大夫十，两两列之，则五。"案：惠说是也。经于诸侯大夫言纯九、纯五，于十有

---

[1] 引者按：《仪礼》注仅有"梜之制，上有四周，下无足"（阮元《十三经注疏》1180页上），王文锦本误将"盖如今承槃"置于单引号内。

[2] 引者按："十有二"从乙巳本，与惠士奇《礼说·案十有二寸枣栗十有二列诸侯纯九大夫纯五》（阮元《清经解》第2册104页下）合。王文锦本从楚本讹作"有十二"。

二列不言纯者,盖互文以见义。……云"枣栗实于器,乃加于案"者,以《聘礼》推之。《笾人》《弓人》皆经用古字作"桌",注用今字作"栗",惟此职及《矢人》经注皆作"桌",疑后人所改,下同。引《聘礼》者,明枣栗所实之器,即竹簠之类也。渜,《礼经》作"蒸",字通。彼注云:"竹簠方者,器名也,以竹为之,状如簠而方。兼犹两也。右手执枣,左手执栗。"贾疏云:"《聘礼》'五介入境张旃',是侯伯之卿大夫聘者也。而主国夫人使下大夫劳宾以二竹簠方者,簠法圆,今此竹簠方为之者,此或枣栗与黍稷簠异也。玄被者,以玄缯为表。彼《聘礼》,诸侯大夫[1]使下大夫劳,无案,直有枣栗。此后劳有枣栗,又亦有案。引之者,证此枣栗亦盛于竹簠者也。"[2]

孙庆伟《〈考工记·玉人〉的考古学研究》:

两周时期禁一类器物保留至今者,也只有那些铜制品了。据朱凤瀚先生的统计,迄今所见出土的周代铜禁共有3件,其中西周早期的2件无足,而春秋晚期的1件则有足[3]。而此处经文所记载的玉案,当是郑玄所说的装饰有玉件的案,但其形制如何,因缺乏可资比较的例证,暂时存疑。[4]

扬之水《关于梜、禁、案的定名》:

梜和禁都是两周时代主要用作置放酒器的器座,二者功用大致相同而形制稍有分别,即禁有足,梜无足。这一区别似可作为分辨梜和禁的主要依据。钱玄《三礼通论》云……今出土有青铜制承尊之器。长方无足,四周皆镂空,面上有三大椭圆形孔。由其形状知为承卣之禁,因卣之圈足椭圆形。西周器。考古家定为禁。此器无足,据郑注似应定为梜,或斯禁。

《三礼通论》中提到的"考古家定为禁"的西周器,有两件原在上世纪初年先后出土于陕西宝鸡斗鸡台,先出的1件今藏美国大都会博物馆,后出的1件今藏天津市历史博物馆。后者长126厘米,宽46厘米,高23厘米,它的前后两面各有两排十六个长方孔,左右两侧两排四个长方孔,座面突起椭圆中空大小略有不同的三个子口,四周是夔纹组成的装饰框。前后左右四面也用了与之纹样和风格一致的装饰[5](图二)。大都会藏品的形制和装饰纹样都和此件大体相同,不过体量稍小,而同时出土的尚有1尊2卣[6](右图)。

图二 西周铜梜 天津市历史博物馆藏

西周铜梜 美国大都会博物馆藏

两周时代的铜梜发现不多,而在战国楚贵族的墓葬中却出现了数量不少的漆木梜,如湖北荆州天星观二号墓[7]、

---

① 引者按:"大夫"原作"夫人"(阮元《十三经注疏》923页下),涉下而讹。贾疏上句说"主国夫人使下大夫劳宾以二竹簠方",上文郑注引《聘礼》"夫人使下大夫劳以二竹簠方,玄被缥里",显然是"夫人"。
② 孙诒让《周礼正义》4038—4041/3346—3348页。
③ 朱凤瀚《古代中国青铜器》130页,南开大学出版社,1995年。
④ 孙庆伟《〈考工记·玉人〉的考古学研究》,北京大学考古学系编《考古学研究》(四)134页,科学出版社,2000年。
⑤ 天津市文物管理处《西周夔纹铜禁》,《文物》1975年第3期。
⑥ 李建伟等《中国青铜器图录·下》,中国商业出版社,2000年,第394页。
⑦ 湖北省荆州博物馆《荆州天星观二号楚墓》,文物出版社,2003年,第132页;图一一〇。

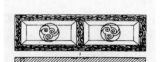

图五：1　战国漆木椸　天星观二号墓出土

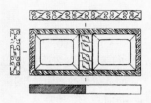

图五：2　战国漆木椸　包山二号墓出土

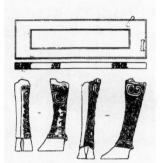

图六　西周漆木禁　张家坡西周井叔墓出土

春秋铜禁　淅川下寺二号墓出土

一号墓[1]，又荆门包山二号墓、江陵望山一号墓、河南正阳苏庄一号楚墓[2]，等等，时间通贯整个战国时代。包山二号墓的两件，为整材做成的8厘米厚的长方板，长92.4厘米，宽44.4厘米，中间用两个长方形的斜槽围起一对隆起与周边同高的长方台，通体黑色，四边与中间绘白色绹纹，侧边为勾连云纹[3]。望山一号楚墓出土的1件，系斫制而成的长方形厚木板，通体髹黑漆，朱漆绘花纹，椸面用与绹纹装饰带勾勒出两个方框，框内各绘一个圆环，出土时，各有1件装饰秀美的陶方壶放在方框上面[4]（图五）。

很明显，战国楚墓中的漆木椸虽已演变成为一块精心装饰的厚木板，但仍大都保持了早期铜椸的主要特点，即在台面上做出用方框围起的器座，即便有的只是用图案来表示。

禁则专门用来放置酒器。……可以明确指称为禁的最早的一例，是陕西张家坡西周墓地井叔墓中出土的1件漆木制品，不过它一直被称作漆案[5]。全器长130厘米，宽40厘米，下有四个铜制的兽蹄足。器面通髹黑漆，惟在四边和中央朱绘两个长方框（图六）。

铜禁中的精品是河南淅川下寺二号楚墓中出土的1件，时代为春秋后期。禁长102厘米，宽47厘米，通高29厘米。台面正中是一个微起边栏的长方形铜板，其四边和禁的四壁由五层铜梗相互扭结拼斗而成错落的云纹，透雕的十二夔龙分别攀缘在禁沿，禁底为十二个透雕虎足[6]。它的制作工艺，一般认为是失蜡法[7]，但最近又有了不同的意见，认为此器仍是传统的范铸，即各个部件先分别铸就，然后再拼合焊接[8]。这1件铜禁的制作之精自然远过于张家坡的漆木禁，但结构造型的几个基本元素却是一致的，比如"局足"，比如台面的装饰框。

淅川下寺之外便是曾侯乙墓出土的1件。铜禁出在中室，出土时上面放了1对铜壶亦即酒尊。壶高近1米，上有勾连纹的镂孔盖，长颈两侧一对龙耳，龙首饰圆雕小龙二，龙尾附小龙一，壶腹以纵横的凸棱作出八个装饰区，内里各浮雕蟠螭纹。铜禁长117厘米，宽53.4厘米，

① 湖北省荆州地区博物馆《江陵天星观一号楚墓》，《考古学报》1982年第1期。
② 驻马店地区文化局等《河南正阳苏庄楚墓发掘报告》，《华夏考古》1988年第2期。
③ 湖北省荆沙铁路考古队《包山楚墓》，文物出版社，1991年，第125页，图七八，图版三八：6。
④ 湖北省文物考古研究所《江陵望山沙冢楚墓》，文物出版社，1996年，第91页，图六一：7。按该书正确指出此是椸，不是禁。
⑤ 中国社会科学院考古研究所《张家坡西周墓地》，中国大百科全书出版社，1999年，第313—314页，图二三五、二三六。
⑥ 河南省文物研究所等《淅川下寺春秋楚墓》，文物出版社，1991年，第126页，图版五〇至五一。
⑦ 任常中等《河南淅川下寺春秋云纹铜禁的铸造与修复》，《考古》1987年第5期。
⑧ 周卫荣等《中国青铜时代不存在失蜡法铸造工艺》，《江汉考古》2006年第2期。

高 13.2 厘米，其上并列一对下凹的圆座以承铜壶，底下四兽为足，兽口和前肢衔托禁板，后腿撑起用力蹬地，禁面满饰蟠螭纹①（图七）。与淅川下寺铜禁相比，这 1 件不如它的繁缛，但仍有着形制与装饰纹样的近似，而由器下的"局足"更见出风格的一致。

曾侯乙墓又有形制大同小异的 3 件漆木禁，出东室者 2，出北室者 1。案面都是用一块整板斫成，包括两端接足之处附加的横板条。板条的凸起部位作出三个榫眼，两边接兽足（其中两件为鸟足），中央接一个带束腰的立柱，底端则与趺接。案面用浮雕的兽面纹作出围绕着两个矩形的宽宽的装饰带，矩形中央分别是两个装饰云纹的圆环。其中 1 件长 137 厘米，宽 53.8 厘米，高 44.5 厘米②。信阳一号墓出土的 1 件与此形制相同，只是工艺不如这几件精。其禁面浮雕下凹的两个方框，框里分别有两个略略凸起的圆座③。

一个可作棜、禁对比的好例见于成都市商业街战国早期偏晚的船棺墓④。其中 3 件被称作"漆几面"的形制相同的漆木器，均为长方形，底部三边起沿成直壁，器表髹漆，四周框形装饰带彩绘龙纹。出自二号棺的 1 件，长 84.6 厘米，宽 18.8 厘米，高 6 厘米（图八：1）。被称作"B 型漆案"的 1 件，亦出二号棺，系由案面、案足、足座三部分榫卯相接而成。台面四边抹起，四周框形装饰带彩绘龙纹，下为栅足，惟横趺极厚。台面长 146 厘米，宽 45.5 厘米，厚约 10 厘米（图八：2）。若前面对棜、禁之别所作的分析可以成立，那么这里的"漆几面"当是棜，"B型漆案"则是禁。

案式器具的出现很早，但案作为名称却出现得很晚，就目前所知，差不多要到战国⑤。而案大概也可以视作从禁中分化出来的一支，初始的时候二者共存，一置酒器，一置餐具，汉代才合二为一。

与案的名称出现相对应，战国时代的案已经有了区别于其他置物之具的特定样式。信阳长台关七号楚墓出土的 1 件漆木案便是很标准的一例。案长 135 厘米，宽 60 厘米，下接矮矮的四个铜质兽蹄足，足端处的案沿均作出铺首衔环，案面四周用窄板条抹起，四角包铜，朱红地子上装饰二十一个排列规整的涡纹图案⑥。长台关一号墓与二号墓也出土了同一类型的漆木案，一号墓的 1 件案面涡纹且作成很精致

图七　战国铜禁　曾侯乙墓出土

战国漆木禁　曾侯乙墓出土

图八：1　成都商业街船棺墓出土棜和禁

图八：2　成都商业街船棺墓出土棜和禁

---

① 湖北省博物馆《曾侯乙墓》，文物出版社，1989 年，彩版九：2。
②《曾侯乙墓》图版一〇四。
③《信阳楚墓》第 41 页，图版二七：2、4。
④ 成都市文物考古研究所《成都市商业街船棺、独木棺墓葬发掘简报》，《文物》2002 年第 11 期。
⑤ 案之名称的出现，比较可靠的依据是楚墓遣策中的记载。
⑥ 河南省文物考古研究所等《河南信阳长台关七号楚墓发掘简报》，《文物》2004 年第 3 期。

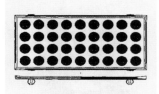

图十二　漆木案　望山一号
墓出土

的金银彩绘[1]。又望山一号墓出土的矮足案,长141厘米,宽64厘米,通高10.8厘米。通体红漆,案面则是黑漆绘出四行九列三十六个涡纹图案,案底四个兽蹄矮足,足端的案沿各有铺首衔环[2](图十二)。长台关二号墓遣策17号简曰:"其木器:一漆案、□铺首、纯有镮。"同墓所出漆木案已残,但以二号墓形制相同的1件为参照,可知遣册所说的正是这一类装饰铺首衔环的漆木案。正如梜和禁的台面有放置酒器的或方,或圆,或椭圆的器座或器座标识,案面上也应有陈放餐具位置的符记,成行成列兼有装饰之美的涡纹即是也。案本来是从禁中分化出来,台面上的装饰纹样正是特别用来显示二者功用的不同,它当然也成为区别禁和案的重要标志。

目前可以得出的结论是:就功用来说,梜和禁主要用作置放酒器,案则用作置放餐具。就形制来说,梜无足,禁有足。梜和禁均在台面上作出"四周",亦即框式装饰带,又或在"四周"中间作出用来置放酒器的一对台座,或者仅用图案来表示。案则台面上装饰成行成列的涡纹,它最初应是置放餐具的标识。[3]

19. 璋邸射

《玉人》: 璋邸射,素功,以祀山川,以致稍饩。

孙诒让:"璋邸射"者,璋以琮为邸,又于琮剡之为八角也。其尺度无文,疑当璋五寸,邸琮六寸,与上圭璧同。云"以祀山川,以致稍饩"者,《典瑞》云:"璋邸射以祀山川,以造赠宾客。"赠与致稍饩为二事,此不云赠者,文不具也。

郑玄:邸射,剡而出也。致稍饩,造宾客纳稾食也。郑司农云:"素功,无瑑饰也。"饩或作气,杜子春云:"当为饩。"

孙诒让:注云"邸射,剡而出也"者,《典瑞》先郑注义同。贾疏云:"向上谓之出。半圭曰璋,璋首邪却之。今于邪却之处,从下向上

---

[1]《信阳楚墓》第42页,彩版六,第103页,图版九五:5。
[2]《江陵望山沙冢楚墓》第89页;图六〇。
[3] 扬之水《关于梜、禁、案的定名》,《中国历史文物》2007年第4期。

总邪却之，名为剡而出。"案：贾说非也。"剡而出"者，专据琮邸言之，出即谓邸八出也。贾谓于璋首为之，误，详《典瑞》疏。云"致稍饩，造宾客纳稾食也"者，造宾客，据《典瑞》文。"稍"即《浆人》云"共宾客之稍礼"，注谓王不亲飨食，而致以酬币、侑币。又《聘礼记》"既致饔，旬而稍"，注云："稍，稾食也。"是二者皆得称稍也。"饩"即《司仪》《掌客》之"致饔饩"。二者皆造宾客所舍之馆纳之，其使者则执玉帛以致命也。凡天子待朝聘宾客及五等侯国君相为宾，臣相为国客，盖皆通有此礼。但聘礼致饔饩止以束帛致之，不用玉致，稍礼尤杀，其无玉可知。此璋邸所用，疑为天子待朝宾之礼。聘客礼降于朝君二等，其致稍饩用玉与否，经注无文，未能详也。互详《典瑞》疏。稍为稾食，详《掌客》疏。郑司农云"素功，无瑑饰也"者，《礼器》云："大圭不瑑，此以素为贵也。"是素即不瑑之谓。素功与画缋之事同，彼布帛则为白采，此玉则为无瑑饰。璋邸之琮，但为剡射，无瑑饰，对上文瑑琮等有瑑饰也。云"饩或作氣，杜子春云：当为饩"者，段玉裁云："《说文·米部》曰'氣，馈客刍米也。从米，气声'，引《春秋传》曰：齐人来氣诸侯，又曰'或从既'作槩，又曰'或从食'作饩。然则氣正字、饩或字，不当云氣当为饩也。盖汉时已用气为气假字，氣为云气字，而饩为饔饩字，略如今人。子春以今字释古，往往读古字为今字，于此可得其例。《聘礼》注'古文饩为既'，《中庸》'既稟称事'，此皆'槩'文之烂与？"[1]

《典瑞》：璋邸射以祀山川，以造赠宾客。

孙诒让："璋邸射以祀山川，以造赠宾客"者，贾疏云："此祀山川，谓若《宗伯》云'兆山川丘陵，各于其方'，亦随四时而祭。则用此璋邸以礼神，《玉人》云'璋邸射，素功，以祀山川，以致稍饩'。注云：'致稍饩，造宾客纳稾食也。'以此而言，则造赠宾客，谓致稍饩之时，造馆赠之。言赠，则使还之时，所赠贿之等，亦执以致命耳。"案：贾说未析。此造宾客，盖通晐《玉人》"致稍饩"之事，凡造至宾馆而致礼皆是也。而赠则为宾行至近郊劳送之礼，非致稍饩之时所赠也。赠即《司仪》"诸公相为宾"之致赠，凡天子待朝聘宾客，盖亦有之。但侯国赠聘使见于《聘礼》，云"遂行，舍于郊。公使卿赠，如觌币"。而觌则止束锦乘马，不以玉致，其礼微杀。若天子待朝宾，则据《诗·大雅·韩奕》及《乐记》，所赠有大路龙旗之等，其礼甚盛，盖即以璋邸射致之。《聘礼》致饔饩，唯云"大夫奉事帛"，亦不以玉将命，则用璋邸致者，当唯天子待朝宾乃有此盛礼。聘客虽亦有郊赠，恐未必用玉也。互详《司仪》《玉人》疏。

郑玄：璋有邸而射，取杀于四望。郑司农云："射，剡也。"

孙诒让：注云"璋有邸而射，取杀于四望"者，上四望用两圭，此山川止用一璋，璋既卑于圭，数又减少，是其礼为杀，犹日月杀于五帝也。但四望亦是山川，以其尊大，故特殊异之，与地同玉。此山川则谓中小山川，不在四望之列者也。陈祥道云："日月星辰，天类也，一圭邸璧；山川，地类也，必一璋邸琮。"戴震说同。案：陈、戴说是也。贾推郑义，谓璋邸亦为璧，聂崇义说同，失之，璧圆不得有射也。经注亦不著璋邸之色，聂氏以为色白，祀山川则各随方色，亦未知是否。王氏《订义》又引崔灵恩

---

[1] 孙诒让《周礼正义》4041—4042/3348—3349页。

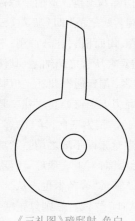

《三礼图》璋邸射，色白

璋

说，祭司中、司命、风师、雨师，玉亦用璋邸射。案：司中等皆天神，与邸琮象地不合，崔说非是。郑司农云"射，剡也"者，《玉人》注云："邸射，剡而出也。"《说文·刀部》云："剡，锐利也。"戴震云："琮八方，言射者，则角剡出。"黄以周云："射即《玉人》'大琮射四寸'之射。"案：戴、黄说是也。琮本八方，此有射者，谓别剡为锐角八出也。[①]

聂崇义《新定三礼图》卷十一绘有"璋邸射"。那志良《中国古玉图释》认为《三礼图》中所绘的图不可信，是考古学者所共知："1.'璋邸射'不是一个器物的名称，应当读作'璋，邸射'，他是讲大璋、中璋、边璋的形制，是'邸射'，是说璋的身有一条斜边。2. 在《玉人》中，'璋，邸射，素功，以祀山川，以致稍饩'这句话，应当在'大璋、中璋九寸，边璋七寸，射四寸，厚寸'之下，然后接'天子以巡守'，是说明了各种璋的尺寸，总说一句'璋的身有一条斜边'，最后再说璋的用途，是'以祀山川，以致稍饩，天子以巡守'。《玉人》把'璋，邸射'三字，放在最后，而阑入'黄金勺，青金外，朱中，鼻寸，衡四寸，有缫'一段话，是讲不通的。璋不会有'勺'，也无所谓'外'与'中'，'鼻'与'衡'。3. 在《典瑞》中，因为大璋、中璋、边璋的用处相同，总说一句'璋，邸射，以祀山川，以造赠宾客'。"[②]

詹鄞鑫《神灵与祭祀——中国古代宗教综论》认为"'射'读为'抒'，义为宽抒"："这种璋底部如本，上部也较宽舒，大约就是如左图的那一类璋，是一种较少见的古戈。"[③]

杨伯达《释璋》认为"'邸射'应为斜杀的柄底"：

此璋应为"𢆶"形。郑玄注邸射："有邸而射，取杀于四望。"郑司农云："射，剡也"。这里关键在于邸射作何解。笔者认为，邸：凡物之底皆曰邸。《尔雅·释器》："邸谓之抵。"注："根邸皆物之邸，邸即底，通语也。"璋之邸应指其呈方形或长方形之柄下端。射：郑司农云："射，剡也。"《说文》解"剡"："锐利也，从刀炎声。"《易·系辞》："剡木为矢。"剡，可以理解为切削锐利，像矢镞那样锐利。邸射合而释之：将璋之柄部下端切成斜边状，见有"∪"状或"∨"状，究竟哪一种切割符合古璋柄下端的形式，亦须与出土玉璋进行比较验证。从已掌握的出土玉璋之柄端观察，可知有邸平与邸斜杀（邸射）两类，邸平"∪"见于偃师二里头1974年夏社员采集的玉璋、VM3：5玉璋。而邸斜杀

① 孙诒让《周礼正义》1919—1921/1591—1592页。
② 那志良《中国古玉图释》129—130页，台湾南天书局1990年。
③ 詹鄞鑫《神灵与祭祀——中国古代传统综论》254页，江苏古籍出版社，1992年。

者已知下列几种邸形，如"□"形（临沂大范庄出土玉璋）、"∀"形（1958年7月郑州南郊杨庄村农民杨小中挖出的玉璋）、"∪"形（石峁牙璋SSY24）、"∀"形（石峁牙璋SSYl8）等等形式，除第一种不属"邸射"之外，其后的三种均属"邸射"，只是处理方法不同而已。这些实例都可作"邸射"的注脚，同时又丰富了"邸射"的形式。

从上述文字与实物的对证可知，"邸射"应为斜杀的柄底。它不仅涉及璋柄的形式，同时也关系到其功能上的区别。

璋邸射的功用有二，一为"以祀山川"；二为"致稍饩之时，造馆赠之"，"赠则使还之时，所赠贿之等亦执以致命耳"。"以祀山川"，在所见玉璋中查明，仅有一件出土于群山环抱的石坑里面，这就是五莲县上万家沟山腰处出土的玉璋，其柄底不平而有斜杀，左右两边相差2厘米。我以为这是典型的璋邸射，是龙山文化部落祀山后瘗埋的。四川广汉三星堆2号祭祀坑出土边璋（K2③：201附4），上面刻画巫觋插璋祭山的情景，可供研究"璋邸射素功，以祀山川"时参考。此璋是否"邸射"无法查明，但其形已衍为有钮牙饰的牙璋，这可能反映了时代、地区的不同特点，值得注意。①

孙庆伟《〈考工记·玉人〉的考古学研究》认为"以璋和琮相配合使用的可能性不大"："据郑注和贾疏，所谓的璋邸射，是指璋以琮为邸，这显然是为了和'圭璧五寸，以祀日月星辰'相对应。既然我们在上文中已经用确凿的证据证明了从来就不曾有过以璧为邸，一玉俱成的所谓'圭璧'，则以琮为邸的璋邸射同样是不可能存在的。在对'四圭有邸'一类记载的分析中，我们认为它更可能是反映了圭和璧两类玉器被同时用作祭玉的情况，相对而言，璋邸射的可靠性还要小。首先，我们已经证明了璋实质上也是圭；其次，琮类玉器在两周时期已经非常衰落，因此，以璋和琮相配合使用的可能性不大。"②

涂白奎《璋之名实考》质疑"璋邸射"郑玄注："如郑玄注则所谓'邸射'，当是指璋的柄部有锐利的牙状突起。据《玉人》所记，大璋、中璋、边璋、牙璋，其射或四寸或二寸，比照实物，以其指璋前部的两歧或半圭之璋斜削的刃端已觉勉强，何况邸当是指器物的下端或柄部呢，因此这种解释难以圆通。如果将其内部两侧的栏齿看作是射，虽然部位可与文献相合，但其长度则相去甚远，同时边璋也难以厕身其间了。另外，《玉人》在述琮制时说：'大琮十有二寸，射四寸。'如果以牙状之歧或内部之栏齿为射的话，那么琮的射又作何解呢？再者，《玉人》所言牙璋、中璋的形制并无区别，则何以又有不同的名义，这也是难解之谜。"③

唐忠海《"射"名实考》则认为"璋之'邸射'和'射'所指不同""琮之'射'仍应以郑注'其外钮牙'为准"：

《考工记》中凡言"邸射"，皆未有"邸射……寸"的

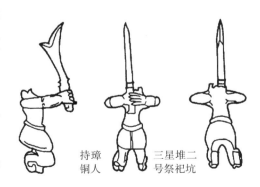

持璋　　三星堆二
铜人　　号祭祀坑

① 杨伯达《古玉史论》138—139页，紫禁城出版社，1998年。
② 北京大学考古学系编《考古学研究》（四）134页，科学出版社，2000年。
③ 涂白奎《璋之名实考》，《考古与文物》1996年第1期。

说法。"璋有邸而射"明言璋有邸，邸呈射貌，即"若芒刺"锐利之貌，四川广汉三星堆二号祭祀坑"持璋铜人像"中璋持手处的牙状突起即"邸射"。

璋、琮之"射"专指璋或琮上某个部位。《诗经·大雅·棫朴》"奉璋峨峨"，《说文》"奉，承也"，即以双手将物体握持上举。孙诒让"角尤尖锐，若芒刺上出，以达于端也"，即指璋之长尖顶至叉口处（歧）的区间为"射"。考古发掘，有的璋没有歧首（或曰歧锋），山西侯马盟誓遗址出土的玉璋其上端只是一个斜坡构成一个三角形。阎艳《〈全唐诗〉名物词研究》认为"'射'指璋端斜出之角"[1]，此言得之。

关于"琮"的"射"，学者多认为指琮体上下两端突出若井沿的部分。"射四寸"则"井沿"高约7.88厘米，在众多考古发掘报告中均未见"井沿"突出如此之高的琮。出土实物中还有无"井沿"的琮，"射"又作何解呢？同一物同一名不可能作两解。成都金沙遗址及余杭反山、瑶山良渚遗址出土的琮实物与《白虎通义·文质篇》"圆中方外牙身曰琮"之说相近，琮之"射"仍应以郑注"其外鉏牙"为准，贾疏"据八角锋，故云鉏牙也"作了进一步的解释。考之反山"琮王"（M12：98）等良渚玉琮，其实物柱体圆面外都附有四个突块，突块以中线分界各成两个平面，共八个平面，每一突块中俩平面或成直角或成钝角。"牙身"即指琮体外部四个似牙的直角或钝角。四个突块上下锋出八角如八个尖锥，恰似牙尖的形状，"射"就是这八个角尖，与山西侯马盟誓遗址出土的玉璋"璋端斜出之角"同形同名。"射四寸""据角各出二寸"，则是指琮体突块所依附之柱体最外层弧面到尖角的距离为二寸，两对角之射则是外突了四寸，故《玉人》云"射四寸"。[2]

① 巴蜀书社，2004年，28页。
② 唐忠海《"射"名实考》，《汉语史研究集刊》第8辑，2005年。

三　冶铸

削
（书刀）

削合六而成规

1. 六齐

《攻金之工》: 金有六齐。

孙诒让:"金有六齐"者,下文金皆与锡相和,《职金》贾疏谓此金皆谓铜,是也。《左传·僖十八年》杜注云:"古者以铜为兵。"案: 古钟鼎及兵器、田器之属,皆以铜为之。然兵器、田器亦间有用铁者,故《越绝书·外传记宝剑》[1]云:"风胡子曰: 神农、赫胥之时,以石为兵,黄帝时以玉为兵,禹之时以铜为兵,当今之时作铁兵。"《越绝》说古兵器变易原流甚析。盖太古唯有石兵,中古用铜,最后乃用铁,今古器出土者,犹可征譣。但依《世本》《史记》,黄帝、蚩尤已以金为兵,玉兵之说诡诞不足冯耳。综而论之,自黄帝至周初,大抵皆用铜兵,而铁兵亦渐兴,迄晚周,始大盛。故《矢人》二郑注并以刃为铁。《六韬·军用篇》说兵械亦有铁者,《孟子·滕文公篇》又云"以铁耕",即铸器也。是知夏禹作贡,亦有铁镂,殷周之际,铁器必繁。唯究不及铜之多,故今所传古戈剑之等有款识可征者,率皆铜质,明铁兵尚尠,且易朽饬,故不经见也。若然,则此金齐固当以铜锡为主,而金工所用之材,则当兼有铁,经文不具也。互详《职金》疏。

郑玄: 目和金之品数。

孙诒让: 注云"目和金之品数"者,《少仪》注云:"齐,和也。"《亨人》注云:"齐,多少之量。"故和金锡亦谓之齐,品数即谓多少之量也。

六分其金而锡居一,谓之钟鼎之齐; 五分其金而锡居一,谓之斧斤之齐; 四分其金而锡居一,谓之戈戟之齐; 参分其金而锡居一,谓之大刃之齐; 五分其金而锡居二,谓之削杀矢之齐; 金锡半,谓之鉴燧之齐。

孙诒让:"六分其金而锡居一,谓之钟鼎之齐"者,以下辨六齐之等也。钟,凫氏所为也。为鼎之工无文,《㮚氏》注谓钟鼎与量异工,则郑意鼎或亦凫氏为之与? 江永云:"钟鼎欲其坚,不剥蚀,故金最多。"云"五分其金而锡居一,谓之斧斤之齐; 四分其金而锡居一,谓之戈戟之齐"者,并冶氏所为也。《说文·斤部》云:"斤,斫木斧也。斧,斫也。"贾疏云:"上文'筑氏执下齐,冶氏执上齐'者,今于此文,戈戟之齐在四分其金而锡居一之中,则此已上六分其金与五分其金在上齐中,参分其金已下为下齐中可知。其斧斤在上齐,上齐中惟有冶氏造戈戟,则斧斤亦当冶氏为之矣。"云"参分其金而锡居一,谓之大刃之齐; 五分其金而锡居二,谓之削杀矢之齐"者,亦并冶氏所为。江永云:"斧斤至削杀矢皆有刃。其用之重,欲其难缺者,金多; 用之轻,欲其不折者,金少。"[2]

---

① 引者按:"外传记宝剑"是篇名(见袁康、吴平辑录,乐祖谋点校《越绝书》79页,上海古籍出版社,1985年),王文锦本"记宝剑"未置于书名号之内。
② 孙诒让《周礼正义》3908—3909/3240—3241页。

对于"六齐"是否科学、是否符合实际情况,近现代学者意见不一。梁津《周代合金成分考》考察的结论是"凡确可审定之周器,其分析结果成分多少与《考工记》颇为相合,其差恒不出百分之五之范围":

周代规定模范彝器之种类		原书所载六齐之法	改算为近日科学上之百分比	
			百分中金之成分	百分中锡之成分
在上齐者	一钟鼎 二斧斤 三戈戟	六分其金而锡居一 五分其金而锡居一 四分其金而锡居一	83.33以下 80.00以下 75.00以下	16.67以上 20.00以上 25.00以上
在下齐者	四大刃 五削杀矢 六鉴燧	三分其金而锡居一 五分其金而锡居二 金锡半	66.67以下 60.00以下 50.00以下	33.33以上 40.00以上 50.00以上

著者六年以来,欲就周代彝器合于六齐之数者,精密选择,一一化验,以相印证,再就秦汉间之铜器近六齐者付之分析以资比较。

《周礼》所云金者当即统金银铜铁而言。……周代所云锡者,当亦统有铝锌等之同族物质而言,决非如近代化学上所称单纯之黄金与锡之两原素也。若然则《考工记》所云金与锡之比例,应即锡、铅、锌等与金、银、铜、铁等两混合物之比例。不过此两混合物体中,铜与锡为其主要成分而已。今欲证明此时代之合金,请先就上述六齐之成分,改算为近世通用之百分数,为表如上。[①]

袁翰青《我国古代人民的炼铜技术》则认为《攻金之工》"这段文字所列举的比例数字,与从实物经过化学分析所得的结果并不相符。所以《考工记》里的记载,科学性似乎是不够的[②]","铜与锡之比,由实物的分析结果与《考工记》里所谓'六齐'比值均不相符,可见《考工记》的记载在这方面是不大可信的[③]"。此文袁翰青修订后收入《中国化学史论文集》[④]改名为《我国古代的炼铜技术》,将"并不相符"改为"不大符合",删去"所以《考工记》里的记载,科学性似乎是不够的";将"均不相符"改为"少数符合,大部分不符合",删去"可见《考工记》的记载在这方面是不大可信的":"这段文字里的'金'是指青铜而言,不是指纯铜。所以对于上面成分的解释,应当是这样的:做钟和鼎的合金,其中六分之五是铜,六分之一是锡;做斧和斤的合金,其中五分之四是铜,五分之一是锡;其余的可以由此类推。这里所谓'鉴燧',即是青铜镜子。这段文字所列举的比例数字,与从实物经过化学分析所得的结果不大符合。"[⑤]

袁翰青《我国古代的炼铜技术》介绍化学家从化学成分来考察古代铜合金的工作:

---

① 梁津《周代合金成分考》,《科学》第9卷第10期,1925年3月;引自《中国古代金属化学及金丹术》52—64页,中国科学图书仪器公司,1955年。

② 陈梦家《海外中国铜器图录》第一集上册第57页(1946年北平图书馆出版)。

③《化学通报》1954年第2期。

④ 生活·读书·新知三联书店,1956年第1版。

⑤ 引自《中国化学史论文集》55—56页,生活·读书·新知三联书店,1956年第1版,1982年第3次印刷。

我国古代铜器的成分被化验测定的为数很不少。殷周两代的铜器都有人分析过。现在引用一部分古代铜器的分析数字如下：

第一表：四十四种殷周铜器成分限度表
（分析者：梁树权和张赣南）[1]

时　代	样品数	Cu%	Sn%	Pb%	Zn%	Fe%	Ni%
殷	8	79.12～96.06	1.83～20.32	0.05～2.59	无	<0.13	<0.1
西周	18	68.43～94.52	1.93～16.88	全无～21.54	0.04～0.93	0.04～0.59	<0.05
东周	18	64.88～81.05	11.12～20.25	全无～14.41	0.04～0.27	0.02～1.04	<0.18

第二表：安阳殷墟出土的部分铜器及古代铜镜成分表[2]

样品	分析者	Cu%	Sn%	Pb%	Fe%	Si%	据《考工记》的理论数 Cu%	据《考工记》的理论数 Sn%	备　注
矢镞	王琎	59.21	10.71	—	1.14	7.37	60.0	40.0	化学法
矢镞	梁冠宇	28.09	5.60	—	2.16	3.66	60.0	40.0	化学法
刀	卡本道	85	15	—	—	—	66.7	33.3	用显微镜法
戈头	同上	80	20	—	—	—	75.0	25.0	同上
矢镞	同上	83	17	—	—	—	60.0	40.0	同上
礼器残片	同上	—	10～20	—	—	—	83.3	16.7	同上
古镜	小松茂及山内淑人	69	24	6	—	—	50.0	50.0	此是40面秦、汉、隋、唐古镜的平均值
古镜	同上	69	8	15	Zn 6	—	50.0	50.0	此系4面宋、元、明古镜的平均值

第三表：梁津《周代合金成分考》文中的铜器成分表[3]

样品	分析者	Cu%	Sn%	Pb%	Fe%	据《考工记》的理论数 Cu%	据《考工记》的理论数 Sn%
周鲁公作文王鼎	郑宝善、黄次卿	78.48	7.02	11.39	2.12	83.3	16.7
周吕太叔斧	郑宝善、汪度	81.41	11.32	8.16	—	80.0	20.0

[1] 梁树权、张赣南《中国古铜的化学成分》（英文），载《中国化学会会志》第十七卷9—17页，1950年。
[2] Carpenter: Preliminary Report on Chinese Bronzes，载《安阳发掘报告》第四册，1933年。小松茂、山内淑人《古镜的化学研究》，载《东方学报》第八册第20页，1937年。
[3] 梁津《周代合金成分考》，载《科学》第9卷第1261—1278页，1925年。

（续表）

样　品	分析者	Cu%	Sn%	Pb%	Fe%	据《考工记》的理论数	
						Cu%	Sn%
"因之公戈"	同上	70.33	15.27	——	——	75.0	25.0
齐宝货刀	陈君	67.15	29.41	3.37	——	66.7	33.3
古削	陈君	58.01	18.15	19.20	1.20	60.0	40.0
周镜	王季点	66.09	24.2	4.54	2.36	50.0	50.0

我国学者梁津在1925年的工作以及梁树权在1950年发表的结果，最值得重视。

从上面的这些化学分析数字，可以看出几点：

1. 除了少数例外，早在殷代所用的铜器就是铜锡合金的青铜；

2. 殷代的青铜，锡与铜之比不如两周、秦、汉时代含锡的比例高；

3. 两周铜器含铅量较殷时为高；周时似乎锡和铅不分；

4. 宋以后含铅的比例增高，同时显然大量的用锌；

5. 铜与锡之比，由实物的分析结果与《考工记》里所谓"六齐"比值，少数符合，大部分不符合。[1]

周则岳《试论中国古代冶金史的几个问题》不同意袁翰青《我国古代人民的炼铜技术》"科学性似乎是不够"的结论：

如果我们孤立的来研究六齐分级法，不但和袁先生所举分析不符，即与近代科学的青铜分级法对照，《考工记》亦是错的。试列表如下：

考工记分级法			科学分级法（缓冷）	
齐　名	铜：锡	含锡量%	合　金　名	含锡量%
钟鼎齐	5：1	16.7	α	0 ～ 14.0
斧斤齐	4：1	20.0	α+β 或 α+δ	14.0 ～ 32.0
戈戟齐	3：1	25.0	同上	同上
大刃齐	2：1	33.3	同上或 β·β+γ，β+δ	32.0 ～ 38.0
削矢齐	3：2	40.0	同上或 δ，δ+Cu_3Sn $Cu_3Sn+ε$ 或 $Cu_5Sn+ε'$	38.0 ～ 59.0
鉴燧齐	1：1	50.0		

照近代科学分类，最高强韧度合金都在"α"范围以内即所谓炮铜级，含锡在10%上下。"钟鼎之齐"如求强度，则16.7%为太高。音乐（钟、铃等）用合金通常应含锡在20%上下，钟如要合音律，又

①　袁翰青《我国古代的炼铜技术》，《中国化学史论文集》61—63页，生活·读书·新知三联书店，1982年。

似太低。造镜之合金通常含锡应在30%上下，"鉴燧之齐"更是太高。至于兵器用合金，既要硬度又要韧度（当然要经热处理）应当含锡在10%～32%之间。自斧斤至削杀矢之齐都嫌过高。整个都觉得不够科学。但是，如果我们把《考工记》"六齐"分级法和它对熔炼合金的技术控制法结合起来研究，就会得出完全不同之结论。就是说，古人攻金之工，对他们所用的原料的纯度是不相信的，他们一面作出对"桌氏为量，改煎金锡则不耗"之规定，要求熔炼至不再减少重量；一面又说要做到"凡铸金之状：金与锡，黑浊之气竭，黄白次之……青气次之，然后可以铸也"。这明明是因为原料中之铜不纯（锡易纯，铜则古代有二火三火以至九火铜之称，成分大约自八八—九九），必需用适当氧化方法加以精炼，要等到铁、砷、锑、硫、铅、锌等排除相当净尽（黑浊至青白之气），只剩了锡与铜的澄澈青色的合金，方适合于铸造。在这氧化精炼过程中，由于锡比铜易于氧化（氧化锡的杂解压在同温度比氧化亚铜低得多），它的相对损失亦大得很多，而且它的浓度愈大，氧化亦愈多。因此钟鼎之齐所配之锡比理论量尚相差不多，而鉴燧之齐配锡就必然要高得多。至于中间的四种齐，就可以类推了。如果将这种氧化损失估计进去，炼成之品就会很接近于近代科学配合成分。在当时的技术条件，有此合理的分级法，我以为是够科学了。再则，这样的分级法，当时一定是根据某些长期经验制出，只作为制法的统治者自己用的，它不可能有甚么普通约束力。近代分析的古铜器，来源不一，时代极长，用料，配料（隋意"择其吉金"）原无拘束。分析结果与《考工记》的分析不符，自在意中。若要以近代国家对"合金规格"的重视来衡量古人，我们亦未免过于书生气了。[①]

郭宝钧《中国青铜器时代》认为："六分其金而锡居一"即"铜百分85.71，锡14.29"，"五分其金而锡居一"即"铜百分83.33，锡16.67"，"四分其金而锡居一"即"铜百分80，锡20"，"参分其金而锡居一"即"铜百分75，锡25"，"五分其金而锡居二"即"铜百分71.43，锡28.57"，"金，锡半"即"铜百分66.66，锡33.33"，"这一张青铜调剂表，是很合乎今天科学上合金试验的结论的"。[②]

闻广《中国古代青铜与锡矿》认为："首先，《考工记》中'六齐'所记的青铜是铜锡二元合金的锡青铜，而如前所述西周春秋战国的青铜器实物主要是铜铅锡三元合金，因此与基本事实不符。……各时代各器类青铜器中铜含量，与《考工记》的'六齐'含量标准比较，无论采取何种解释，其波动变化的差异都超过了不同器类含量标准间的差异。联系到……各类青铜器中铜铅锡的平均含量，不存在按'六齐'顺序的相对消长变化。因此，即使将我国古代的青铜器都当作二元铜锡合金来衡量，'六齐'的标准也是不符合当时事实的。"[③]

何堂坤《"六齐"之管窥》认为"六齐不是生产经验的直接反映，也不是用来指导生产的一种工艺规范，而是某种试验资料、观察资料的反映和归纳"：

它规定的百分比成分只从某一侧面，即从颜色、强度、硬度等方面反映了制作某类器物所需要的主要元素——铜和锡的"最佳"含量、"极限"含量，但是除钟鼎之外，这些数字规定是不宜或者不允许达到的。为适应生产需要，古代工匠从很早的时候起就使用适当降低含锡量、加入少量铅这两种

① 周则岳《试论中国古代冶金史的几个问题》，《中南矿冶学院学报》1956年第1期。
② 生活·读书·新知三联书店，1963年，12页。
③《地质论评》1980年第4期。

办法对"六齐"作了修正。所以,它与考古实物科学分析间存在差距是人为的。假若"六齐"直接来自于生产,或者曾经直接指导过生产的话,就不管有多少复杂因素的影响,从统计规律、概率上看,考古实物总应当在"六齐"规定的成分周围波动,总应当有那么一些,哪怕是五分之一或十分之一实物正好与"六齐"相符,而这种情况目前都未看到。

既然"六齐"不宜作为指导生产实践的工艺规范,那么,它的科学意义何在? 我想至少包括下述几方面:(1)我国古代青铜器种类很多,但这里只提到了六大种,并且其中没有锄、镈等农器和盆、镬等类的生活用器,因为这些器物对成分的要求不十分严格;这说明人们对各种器物的使用性能是有较深了解的。(2)它反映的"不同用途的器物应使用不同成分的合金",这一观点无疑是正确的。从钟鼎到大刃、鉴、燧,含锡量在一定范围内递增,这与现代金属学原理也相符。所以,"六齐"是人们对合金规律一种最早的认识。(3)它指出了制作某类器物的"最佳"成分、"极限"成分,实际上也为人们提出了一些最基本的原则,如:制作刀剑的材料应以刚强为佳,但含金含锡量不宜达到25%,制镜则不宜达到33.33%Sn等。(4)因为它是一种试验资料的反映,故高于一般生产经验,反映了更深一层的组织,便具有更深一层的意义。[1]

何堂坤《先秦青铜合金技术的初步探讨》曾分析、统计过春秋战国时代的14件响器(钟11件、铃1件、镈2件)的合金成分,波动范围是:铜71.88% ～ 85.27%、锡10.482% ～ 17.72%、铅0 ～ 8.65%;统计过9件东周青铜鼎合金成分,波动范围是:铜60.91% ～ 76.5%、锡6.4% ～ 18.21%、铅2.84% ～ 15.851%;统计过30件春秋战国一般青铜容器合金成分,平均成分为:铜76.684%、锡13.357%、铅7.82%;分析了12枚春秋战国青铜剑(刃)成分,波动范围是:铜70.503% ～ 82.458%、锡17.214% ～ 21.160%、铅0 ～ 8.3%;分析并统计过12枚战国青铜镜,成分波动范围是:铜63.13% ～ 78.826%、锡16.63% ～ 25.18%、铅0 ～ 9.77%。其结论是:

不管依照上述哪种观点来解释,"六齐"规定成分与考古实物分析资料间都存在两方面的差距:(1)是除了钟鼎外,实物含锡量皆较"六齐"规定数稍低;(2)是"六齐"成分是不包含铅的,但在实物分析中,除了钟含铅量稍低或不含铅外,其余几种器物一般都是含铅的。"六齐"成分中没有提到铅,是人们把锡当成了主要合金元素,把铅当成了次要的、辅助性元素之故。

"六齐"合金规律的主要意义是:(1)它提出了不同使用性能的器物应使用不同成分的合金,这与现代技术原理是基本相符的。(2)依"金之赤铜"说和"金一锡半"说时,"钟鼎之齐"规定含锡量适与相开始大量析出 δ 的成分相近,"大刃之齐"适与材料最高强度值成分相近,"削杀矢之齐"适与最大硬度值成分相近,刃器四齐适处于高强度、高硬度的成分范围,从而使"六齐"成分具有了更深一层的学术意义。这是人类古代在青铜合金技术方面所获得的最高认识成果。

通过大量考古实物的科学分析,探讨了我国古代青铜合金技术发明、发展的一般情况,可知其大体经历了四个不同的阶段:孕育期、发明和初步发展期、确立期、提高期。提高期相当于春秋战国时期,此时不同使用性能的器物使用了不同成分的合金,含锡量由钟鼎到斧斤、戈戟、大刃、削杀矢、鉴燧逐渐升高,并且总结出了世界上最早的青铜合金规律——"六齐"规律,人们对锡和铅与铜合金性

---

[1] 何堂坤《"六齐"之管窥》,中国科学院自然科学史研究所物理–化学史研究室主编《科学史文集》第15辑(化学史专辑),上海科学技术出版社,1989年。

能的关系有了更深的认识。[1]

赵匡华、周嘉华《中国科学技术史·化学卷》认为《攻金之工》"这段文字可能是青铜冶铸工匠实践经验的记录，更可能是生产技术的档案，那么就更具有权威性了"，"通过以上对殷周时期各类青铜器金属组成的剖析"，初步结论是："（1）鉴于殷周青铜器中普遍存在铅，'六齐规则'对锡铅青铜三元合金来说，其中的'锡'当包括'黑锡'——铅在内，无论它是用来替锡，还是为了增加铸液的流动性。否则铜锡比与合金性能的关系就无从谈起，'六齐规则'也就失去了意义；而且'锡'中若不包括铅，前文所讨论过的很多事实也就难以解释。（2）关于'六齐规则'，无论对其中的'金'作'青铜'解，抑或作'铜'解，与实物分析的结果对比，都不能证明它在战国时期已被广泛采用、执行，作为铸造的统一规范。只可能在一个邦国或一个局部地区发挥过作用，但这也还有待取得旁证。（3）从已掌握的殷周青铜器分析资料看，当时熔炼用途不同的青铜时，从总体上来看，却已有了一个粗线条的分类轮廓，即在制造钟、镞、刀剑、镜四个类别的器物时，金属配料似乎已分别有了一个大致的配方，含'锡'量依此顺序递增。这个变化趋势基本上是符合科学的，可能是建立在大量的实践经验基础上的。但鼎彝、戈戟、斧斤的金属组成变化幅度很大，似乎看不出有什么规范的制约，而且它们的金属组成资料相互交织在一起，也看不出有什么分野。（4）据实物分析的结果，还难以判断对'六齐规则'的哪一种解释是符合原意的。但把其中的'金'解释为青铜（第一种解释），那么在科学上会出现很不合理的情况，但第二种解释与实物分析的结果则有较多相左之处。"[2]

苏荣誉《〈考工记〉"六齐"研究》依据979件商周青铜器的1 040个成分分析资料，对"六齐"的内涵作一探讨。发现先秦青铜器的锡含量集中在4%～20%，无论"六齐"哪种解释，无疑都高于先秦青铜器合金的实际含锡量。"总之，'六齐'是一个十分复杂的问题。它有合乎科学的一面，即正确地认识到不同含锡量的青铜器具有不同的性能，当用于制作不同的器物。然而，'六齐'的具体内涵确与先秦青铜器的实际含量具有较大差距。可见，从整体上说，'六齐'并非先秦青铜合金的配置规范，更不应该是实际生产的科学总结。"[3]

苏荣誉、华觉明、李克敏、卢本珊《中国上古金属技术》指出："从本书罗列979件先秦青铜器的1 040件样品的检测结果可知，先秦青铜器的锡含量主要分布在4%～20%。无论哪种解释，都明显高于青铜器的实际含锡量。又从各类铜器的讨论得知，自'钟鼎之齐'至'鉴燧之齐'，均与青铜器实际含锡量有较大出入，尽管差别的程度各不相同，大体上也是从'钟鼎'类向'鉴燧'类递增。""'六齐'是一个十分复杂的问题，它既有合乎科学的一面，即正确地认识到不同含锡量的青铜合金具有不同的性能，当用于制作不同的器物。然而，'六齐'的具体内涵确与先秦青铜器的实际含锡量具有较大的差距，可见，从整体上来说，'六齐'并非青铜合金配制的规范，更难以认为是实际生产的科学总结。"[4]

---

[1] 何堂坤《先秦青铜合金技术的初步探讨》，《自然科学史研究》第16卷第3期，1997年。
[2] 科学出版社，1998年，130—144页。
[3] 华觉明主编《中国科技典籍研究——第一届中国科技典籍国际会议论文集》85页，大象出版社，1998年。
[4] 山东科学技术出版社，1995年，307页。

路迪民《"六齐"新探》认为"六齐"所论的铜锡比例,决非纯铜与纯锡之比,而是铜原料与锡原料之比。若用现代概念,由"六齐"计算青铜合金中的纯锡比例,不但要考虑原料的配比和纯度,还要考虑原料的烧损率[①]。

吴来明《"六齐"、商周青铜器化学成分及其演变的研究》收集海内外已发表文献和上海博物馆未发表资料中的相关数据,对626件器物(钟鼎类322件、斧斤类20件、戈戟类93件、刀剑类93件、削杀矢类18件、鉴燧类80件)的定量分析结果,按照"六齐"的分类法和不同时代,统计计算列表;从"六齐"所分各类器物的使用要求出发,以Cu铜–Su锡–Pb铅三元系代替传统的二元系研究方法,用现代冶金学知识来评价和探讨。结论是:"1. 商周青铜器的实际合金配料比是符合现代冶金学理论和器物使用要求的。但它们只分为钟鼎、工具和兵器、鉴燧三类,钟鼎以下各'齐'含锡量不完全按'六齐'规律递增。2. 工具和兵器合金分为含锡小于14%、含锡17%左右和两者综合应用(如双色剑)三大系列锡青铜。3. 铅的使用并不是随意的。制造实用器能较熟练地、合理地控制在小于6%的范围,以便在保证较高机械能条件下,最大限度地降低熔点、提高流动性和改善磨削性能。4.《考工记·六齐》是当时对青铜合金配料比的记述,有其正确性,也有与实际相悖处。钟鼎、斧斤之齐是正确的;鉴燧之齐虽基本正确,但锡配比过高;而对兵器成分的记述与实际有较大差别。"[②]

张世贤《见微知著——陶瓷青铜器的化学分析在若干历史研究上的应用》认为:一、"六齐"配方如属真实可靠,它的实验和定案却是在某个时代才完成,在那个时代以前所铸造的青铜器,若其合金成分与"六齐"所述相符,也纯属偶然;二、即使铸师们遵循"六齐"以铸器,但"六齐"只论铜锡而不论铅,加入铅的因素必使现代分析的结果偏离原来的配方;三、《考工记》是春秋战国时期齐国的官书,"六齐"反映的是当时上层贵族铸造器具所用的合金配比,贵族以外和齐地以外的青铜器铸造不必遵循"六齐";四、各地矿产供应情况不同,当原料短缺时,无法依循"六齐"法则;五、度量器具和标准的差异必使铜器实际化学成分不能完全符合"六齐"。[③]

对于"六齐"的解释,无论哪种说法,都认为金锡比为质量比,对于"锡"是否包括铅也有争论。孙飞鹏《从柏林东亚艺术馆藏中国古代铜镜成分看〈考工记〉的流传》"赞同'金'为赤铜说;'锡'应理解为广义的锡类金属,即包含锡和铅;并认为'六齐'中金锡的比应是合金铸锭的体积比":"当时金属冶炼与铸造是分别进行的,将矿山冶炼出的金属原料制成统一规格的铸锭,运至铸造作坊进行青铜器的铸造,统一规格的铸锭可以很方便地按照块数即体积进行投料。即使铸锭的规格稍有差异,而将它们分别装入容器中,再按容器的大小与数目投入熔炉中,也可得到大致相同的体积比配方。近年来,一些古矿冶及铸铜遗址相继有规则形状的铸锭出土[④],这为以体积比配方投料提供了佐证。"[⑤]杨欢《新论"六齐"

① 《文博》1999年第2期。

② 《文物》1986年第11期。

③ 文史哲出版社,1991年。转引自苏荣誉、华觉明、李克敏、卢本珊《中国上古金属技术》307页,山东科学技术出版社,1995年。

④ 山西省考古研究所侯马工作站《晋都新田》,山西人民出版社,1996年,第68页;华觉明《中国古代金属技术》,大象出版社,1999年,第74、77、78页;黄石市博物馆《铜绿山古矿冶遗址》,文物出版社,1999年,第154页。

⑤ 《中国国家博物馆馆刊》2011年第5期。

之"齐"》也认为"六齐"中的铜锡比例应该为它们的体积之比，绘制出"六齐"的体积之比表：

六齐之名	钟鼎之齐	斧斤之齐	戈戟之齐	大	削杀	鉴
机械性能合理的含锡量	18.3～22	22	22～24.4	24.4	36.6	24.4～30.5

并指出："除了大刃之齐之外，其他数值都很接近，即在体积比的前提下，'六齐'中的金为合金，可以更好地解释'六齐'的配比比例"，"在侯马铸铜遗址的发掘中，发现了一个专门用于贮藏铅锭的窖穴，放置着排列整齐、大小形制相当的110块铅锭[1]，笔者认为据此可以从侧面推测'六齐'中的铜锡之比或为体积比。"[2]

孙飞鹏《从柏林东亚艺术馆藏中国古代铜镜成分看〈考工记〉的流传》依据"六齐"新解对柏林东亚艺术馆藏铜镜成分的比较分析：

柏林国立博物院拉特根研究所李德和（Riederer）教授曾采用原子吸收光谱法，对该院东亚艺术博物馆藏数十件中国古代铜镜进行了合金成分分析。所分析铜镜跨越多个历史时期，自公元前6世纪春秋时起，至公元9世纪唐代止（铜镜时代和主元素成分见表二）[3]。通过对这些铜镜合金成分的统计分析，为我们研究《考工记》的流传提供了证据。

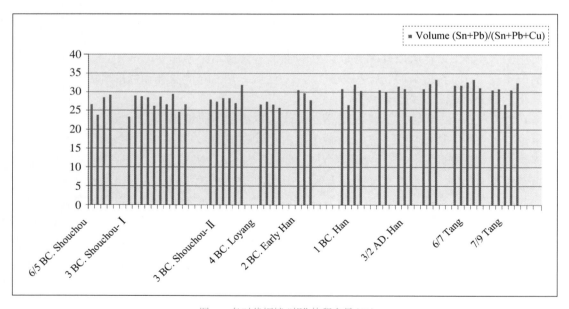

图一　各时代铜镜"锡"体积含量（%）

---

① 山西省考古研究所《侯马铸铜遗址》58页，文物出版社，1993年。

② 《文博》2015年第1期。

③ Riederer J., "Metallanalysen chinesischer Spiegel", Berliner Beiträge zur Archäometrie, Band 2, 1977: 6–16.

由上图可以看出不同时代铜镜"锡"（锡与铅）所占体积百分比（图一）。总体上可以认为，在分析的中国古代铜镜中，"锡"含量随时代递进而略有增加；公元前2世纪以前铜镜合金成分与"六齐"有较大的差异，自汉代后普遍与《考工记》"六齐"较吻合，其转折期在公元前1世纪。

虽然所分析公元前2世纪前铜镜合金成分与"六齐"有较大的差异，但由于以上先秦铜镜所出区域集中于寿州和洛阳两地，笔者不能以此论断先秦时铜镜普遍与《考工记》"六齐"不符，《考工记》成书不早于西汉。此问题的解决仍有待对更多有明确出土区域和时代的青铜成分的统计比较分析。

公元前1世纪起，铜镜成分基本符合"六齐"配方。这反映了自汉武帝"罢黜百家、独尊儒术"，《考工记》作为《周礼》的一部分而得以广泛流传，其所涉及的技术规章也因之而得到广泛遵循。[①]

表二　柏林东亚艺术馆所藏铜镜成分

Nr.	时代/成分（%）	Cu	Sn	Pb
7	6/5 BC. Shouchou	76.7	20.7	3.53
16	6/5 BC. Shouchou	78.2	18.1	3.19
15	4 BC. Shouchou	74	23.5	1.32
45	4 BC. Shouchou	73.2	22.5	3.58
6	3 BC. Shouchou-I	77.5	15.7	5.45
8	3 BC. Shouchou-I	69.2	20.5	4.47
10	3 BC. Shouchou-I	73.9	23.3	2.51
11	3 BC. Shouchou-I	73.1	21.9	3.03
12	3 BC. Shouchou-I	75.5	19.9	3.45
14	3 BC. Shouchou-I	73.4	22.7	2.75
29	3 BC. Shouchou-I	76.3	19.7	4.6
30	3 BC. Shouchou-I	73.4	23.7	2.38
31	3 BC. Shouchou-I	76.6	16.7	6.73
32	3 BC. Shouchou-I	75.5	18.4	6.74
35	3 BC. Shouchou-II	71.5	23.6	2.7
36	3 BC. Shouchou-II	74.5	21.7	2.2
37	3 BC. Shouchou-II	75	22.3	3.76
38	3 BC. Shouchou-II	75.3	23.1	2.33
39	3 BC. Shouchou-II	74.7	19.2	5.76

[①] 孙飞鹏《从柏林东亚艺术馆藏中国古代铜镜成分看〈考工记〉的流传》，《中国国家博物馆馆刊》2011年第5期。

（续表）

Nr.	时代/成分（%）	Cu	Sn	Pb
40	3 BC. Shouchou-Ⅱ	71.2	26	2.7
17	4 BC. Loyang	76.5	20.5	3.45
18	4 BC. Loyang	75.8	19.5	6.2
23	3 BC. Loyang	75.7	21.3	2.05
24	3 BC. Loyang	75.6	19.2	4.02
27	2 BC. Early Han	71.3	20.9	7.63
28	2 BC. Early Han	74	22.8	4.5
34	2 BC. Early Han	72.5	19.8	5.37
41	1 BC. Han	72	22.9	5.9
42	1 BC. Han	75.2	17.3	8.05
47	1 BC. Han	69.5	24	5.2
54	1 BC. Han	70.5	21.8	6.08
43	1 AD. Han	70.5	22	6.13
44	1 AD. Han	70.6	21.2	6.31
48	3/2 AD. Han	71.2	23.2	6.35
50	3/2 AD. Han	69.7	21.8	6.71
53	3/2 AD. Han	78.5	16.5	5.67
49	Six Dynasties	69.5	21.8	6.68
51	Six Dynasties	70.5	23.8	6.64
68	Sui	67.2	25	4.8
56	6/7 Tang	68	23.3	5.38
57	6/7 Tang	69.2	23.3	6
58	6/7 Tang	69.2	23.7	6.64
60	6/7 Tang	67.5	24.9	5.13
66	6/7 Tang	70.3	24	4.13
55	7/9 Tang	70.2	22.6	5.48

（续表）

Nr.	时代/成分（%）	Cu	Sn	Pb
59	7/9 Tang	69.7	23.4	4.2
62	7/9 Tang	72.3	18.4	6.05
64	7/9 Tang	70.6	22.6	5.76
65	7/9 Tang	67.9	23.4	6.47

由于"六齐"的具体内涵与先秦青铜器的实际含量有较大差距，所以研究者往往为了缩小差距而改读《考工记》将金的比例数皆增加1，对于差距最大的"鉴燧之齐"，甚至"不免违犯了清代汉学家所持的增字解经之戒律"将"金锡半"释为"金一锡半"[①]。这是违背《考工记》原意的。《考工记》所谓将某物分为某等份，则相应的划分在此等份数内进行，分母即此等份数，例如《轮人》"参分其毂长，二在外，一在内，以置其辐"，郑玄注："毂长三尺二寸者，令辐广三寸半，则辐内九寸半，辐外一尺九寸。"赵溥云："以毂长三尺二寸，三分之，以二分为外，一分为内。"《舆人》"参分其隧，一在前，二在后，以揉其式"，《𪎮氏》"参分其甬长，二在上，一在下，以设其旋"，《磬氏》"参分其股博，去一以为鼓博；参分其鼓博，以其一为之厚"，《矢人》"参分其长而杀其一"，《车人》"参分其长，二在前，一在后，以凿其钩"，无不如此。又如《轮人》"参分其牙围而漆其二"，"漆其二"就是漆者 $\frac{1}{3}$、不漆者 $\frac{2}{3}$，如郑玄注："漆者七寸三分寸之一，不漆者三寸三分寸之二。"《庐人》"凡为酋矛，参分其长，二在前、一在后而围之……参分其晋围，去一以为刺围"，孙诒让疏："殳围九寸，'参分去一以为晋围'，则晋围六寸也。'五分其晋围，去一以为首围'，则首围四寸又分五分寸之四也。酋矛围与殳同，'五分其围，去一以为晋围'，则晋围七寸五分寸之一也。'参分其晋围，去一以为刺围'，则刺围亦四寸又五分寸之四也。"再如《梓人》"梓人为侯，广与崇方，参分其广而鹄居一焉"，郑玄注："居侯中参分之一，则此鹄方六尺。"侯广与高（崇）相等（方），侯广一丈八尺（天子侯中丈八尺），"鹄居一"就是 $\frac{1}{3}$ 侯广＝六尺。

"六齐"一段不难理解，从无歧义。《冶氏》孙诒让疏："云'则三锊为一斤四两'者，一锊为六两大半两，三六得十八两，三大半两合成二两，故得一斤四两。以'四分其金而锡居一'之齐计之，则金十五两，锡五两也。"可见锡（5）与金（15）之比是 1：3，这是"四分其金而锡居一"；《桌氏》孙诒让疏引徐养原云："据郑注，量与钟鼎同齐，'六分其金而锡居一'，为金二十五斤，锡五斤。"可见锡（5）与金（25）之比是 1：5，这是"六分其金而锡居一"；《函人》孙诒让疏："以'三分其金而锡居一'之齐计之，则重九锊者，金二斤八两，锡一斤四两也。"可见锡（1.4）与金（2.8）之比是 1：2，这是"三分其金而锡居一"。明徐昭庆《考工记

[①] 张子高《六齐别解》，《清华学报》第4卷第2期，1958年。周始民《〈考工记〉六齐成份的研究》（《化学通报》1978年第3期）赞同张子高说，认为"金锡半"应理解为"金，锡半"；路迪民《"六齐"新探》（《文博》1999年第2期）亦认为"金锡半"指"铜一锡半"而不是"铜锡各半"，是"二分其金而锡居一"的简述。

通》是一部"惟欲取便初学"（《凡例》）的普及读物，其卷上解释"六齐"十分清楚："用金和锡，其齐有六等：金五分，锡一分，此谓钟鼎之齐；金四分，锡一分，此谓斧斤之齐；金三分，锡一分，此谓戈戟之齐；金二分，锡一分，此谓大刃之齐；金三分，锡二分，此谓削杀之齐；金锡各半，此谓鉴燧之齐。"所以，《考工记》原意应当是：

六分其金而锡居一	金5：锡1	金83.3%：锡16.7%
五分其金而锡居一	金4：锡1	金80%：锡20%
四分其金而锡居一	金3：锡1	金75%：锡25%
参分其金而锡居一	金2：锡1	金66.7%：锡33.3%
五分其金而锡居二	金3：锡2	金60%：锡40%
金锡半	金0.5：锡0.5	金50%：锡50%

前揭梁津《周代合金成分考》的换算是正确的：

六分其金而锡居一	83.33以下	16.67以上
五分其金而锡居一	80.00以下	20.00以上
四分其金而锡居一	75.00以下	25.00以上
三分其金而锡居一	66.67以下	33.33以上
五分其金而锡居二	60.00以下	40.00以上
金锡半	50.00以下	50.00以上

　　略早于梁津《周代合金成分考》，王琎《中国古代金属原质之化学》[1]、章鸿钊《中国用锌的起源》[2]的换算相同。

　　显而易见，《考工记》所谓"n 分其 X 而 Y 居 m"者，均是指"将 X 分为 n 等份而 Y 占其 m"：$X = \dfrac{n-m}{n}$，$Y = \dfrac{m}{n}$，总份数即分母为 n 而不是 $n+m$。可是吴文俊主编、李迪分主编《中国数学史大系》第一卷却将分母误为 $n+m$："从分数表达形式上看，'n 分其金，而锡居其一'，是说分母为 $n+1$，赤铜占 $\dfrac{n}{n+1}$，锡重占熔成合金的 $\dfrac{1}{n+1}$。于是'六齐'成分可列表如下："[3]

青铜器	赤铜	锡	赤铜百分比
钟　鼎	6/7	1/7	86%
斧　斤	5/6	1/6	83%
戈　戟	4/5	1/5	80%

① 《科学》第5卷第6期，1920年6月；引自《中国古代金属化学及金丹术》6页，中国科学图书仪器公司，1955年。
② 《科学》第8卷第3期，1923年3月；引自《中国古代金属化学及金丹术》21页，中国科学图书仪器公司，1955年。
③ 北京师范大学出版社，1998年，255页。

（续表）

青铜器	赤铜	锡	赤铜百分比
大 刃	3/4	1/4	75%
削杀矢	5/7	2/7	71%
鉴 燧	2/3	1/3	67%

这个"分数表达形式"是建立在错误理解文意上的，"居其一"是说占据其中之一，则分母只能 n，岂能凭空添加 1？应当改为：分母为 n，赤铜占 $\dfrac{n-1}{n}$，锡重占熔成合金的 $\dfrac{1}{n}$。

2. 鉴燧

《攻金之工》：金锡半，谓之鉴燧之齐。

孙诒让：云"金锡半，谓之鉴燧之齐"者，燧，叶钞本《释文》作"隧"。阮元云："燧隧皆《说文》䥽字之误。此于爨燧无涉，《秋官》'夫遂'只作'遂'，是为正字。"诒让案：燧，俗䥽字。鉴燧正字当作"鑗"，古或假"遂""隧"为之。《凫氏》注亦作"夫隧"，疑叶钞《释文》近是。互详《司烜氏》疏。江永云："鉴燧欲明，故金锡半。"

郑玄：鉴燧，取水火于日月之器也。鉴亦镜也。凡金多锡，则刃白且明也。

孙诒让：注云"鉴燧，取水火于日月之器也"者，据《司烜氏》云："掌以夫遂取明火于日，以鉴取明水于月。"六齐之工惟鉴燧无文，盖记者失之。云"鉴亦镜也"者，《司烜氏》注义同。鉴锡最多，故《管子·轻重己篇》说，天子迎春带玉监，迎秋带锡监。监鉴字通。玉监者，以玉饰监。天子带之者，盖事佩之属。云"凡金多锡，则刃白且明也"者，刃即坚韧字。《释文》作"忍"，宋附释音本及注疏本并同。嘉靖本作"刃"，与贾疏述注合，今从之。《山虞》注"柔刃"，《辀人》《车人》注"坚刃"，字亦并作"刃"，贾以为即大刃之刃，则谬也。《史记·夏本纪》集解引郑《书注》云："锡所以柔金也。"《吕氏春秋·别类[1]篇》云："金柔锡柔，合两柔则为刚。"盖金锡相得则坚刃。锡在银铅之间，其色白，故多则白而含明，又宜为鉴燧也。《吕氏春秋》又云："相剑者曰：白所以为坚也，黄所以为牣也，黄白杂则坚且牣[2]，良剑也。"牣亦与韧同。彼白即谓锡，黄即谓金，而云白以为坚与黄以为牣，相反者，彼谓柔

---

① 引者按："别类"当为"召类"，见陈奇猷《吕氏春秋新校释》1370页，上海古籍出版社，2002年。

② 引者按：此三句王文锦本排印错讹作"黄白所以为坚也，黄所以为牣也，白杂则坚且牣"。

表3　古镜合金成分分布率（件数）

（1）含铜量

成分(%)　时代	<64	64~66	66~68	68~70	70~72	72~74	74~76	76~78	78~80	80~82	82~84	>84
战国至西汉早期	1	1	3	5	5	1	1	1	4			
西汉中期至五代	3	3	15	39	23	10	12	11	2			
宋至明清	2	5	5	3	6	5	4	1	2	2	3	5

（2）含锡量

成分(%)　时代	0~2	2~4	4~6	6~8	8~10	10~12	12~14	14~16	16~18	18~20	20~22	22~24	24~26	26~28	>28
战国至西汉早期		5	1		4	3			1	4	7	2	5	2	
西汉中期至五代		17	52	33	7			2	12	24	24	46	22	9	3
宋至明清	3	2	6	14	6	4	2	2	3	3			1		

（3）含铅量

成分(%)　时代	0~2	2~4	4~6	6~8	8~10	10~12	16~18	18~20	20~22	22~24	24~26	>26
战国至西汉早期	7	5	1	4	3	1	1	3				
西汉中期至五代	8	17	52	33	7	1	2					
宋至明清	5	5	3	5	6	3	2	2	2	6	1	2

刃，郑则谓刚刃，义各有所取也。①

何堂坤《中国古代铜镜的技术研究》第二章《铜镜合金成分的选择》第一节《由科学分析看古镜合金成分》：

分析了107枚，分属于西周（或春秋早期）、战国、两汉、六朝、唐、五代、宋，以及金元明清，有湖南、湖北、安徽等南方诸省出土的，也有山东、山西、陕西、内蒙古、黑龙江等北方诸省出土的；这些试样一方面皆系科学发掘品，有着明确的出土地点和断代，另外数量也较多，跨越的时间、地域亦较宽，这对我们了解古镜合金技术当更为有利。今且把我们分析的107枚，以及所见其他学者分析的81枚古镜成分分列在表1、表2中。表3是由此两表整理出来的铜镜成分分布率。

表3清楚地显示了此期铜镜成分相对稳定、相对集中的情况。战国至西汉早期的镜统计了22枚，含锡量多处于18%～26%间；含铅量相对集中的区域是0～4%；含铜量相对集中于66%～72%和78%～80%两个区间。……从现代技术原理看，战国汉唐镜合金，是最佳的铸镜合金，它在较大程度上反映了我国古代青铜合金技术的杰出成就和发展水平。②

《司烜氏》：司烜氏掌以夫遂取明火于日，以鉴取明水于月，以共祭祀之明齍、明烛，共明水。

郑玄：夫遂，阳遂也。鉴，镜属，取水者，世谓之方诸。取日之火，月之水，欲得阴阳之絜气也。明烛以照馔陈，明水以为玄酒。郑司农云："夫，发声。明粢，谓以明水潎涤粢盛黍稷。"

孙诒让：注云"夫遂，阳遂也"者，即《内则》之"金燧"，《攻金之工》以金锡半铸之者也。《说文·金部》云："鐆，阳鐆也。"《淮南子·天文训》云："阳燧见日则燃而为火。"高注云："阳燧，金也。取金杯无缘者，熟摩令热，日中时以当日下，以艾承之，则燃得火也。"释慧琳《一切经音义》又引许慎注云："鐆，五石之铜精，圆以仰日，则得火。"《论衡·率性篇》云："阳遂取火于天，五月丙午，日中之时，消炼五石，铸以为器，磨砺生光，仰以向日，则火来至。"《古今注》云："阳燧，以铜为之，形如镜，向日则火生，以艾承之，则得火也。"案：遂，《考工记·攻金之工》经注及《菙氏》注并作"燧"。《凫氏》注文作"隧"，《内则》亦作"燧"。鐆正字，遂隧并假借字，鐆即鐆之省，燧则燧之俗。燧为爨火，与阳鐆义别也。阳遂形制，注无其说，崔云"形如镜"，近是。《御览·服用部》引《魏名臣奏》高堂隆说，亦同。古阳遂盖用窐镜，故《凫氏》注云："隧在鼓中，窐而生光，有似夫隧。"高氏云"金杯无缘"，即窐镜之形，非真用杯也。依光理，窐镜回光，则光线聚于弧心，故可以取火于日矣。云"鉴，镜属"者，《考工记》"鉴燧"注云："鉴亦镜也。"《广雅·释器》云："鉴谓之镜。"《御览》引高堂隆云："阳燧取火于日，阴燧取水于月，并铜作镜，名曰阴阳之镜③。"与郑说同。《说文·金部》云："鑑，大盆也。一曰鑑诸，可以取明水于月。"案：《许书》前一义，即《凌人》之冰鉴，后一义即此及《考工记》之鉴。鉴，鑑之变体。《郊特牲》注云："明水，司烜以阴鉴所取于月之水也。"贾《大司寇》疏及《士昏礼》疏引此经，亦

①　孙诒让《周礼正义》3909—3910/3240—3242页。
②　何堂坤《中国古代铜镜的技术研究》，紫禁城出版社，1999年，32—47页。
③　引者按："阴阳"，《太平御览》卷七一七《服用部》十九作"水火"（李昉等《太平御览》3178页，中华书局，1995年）。

并云"阴鉴"，疑皆以义增之，非郑、贾经本多一字也。云"取水者，世谓之方诸"者，此亦以汉时方言为说。《淮南子·天文训》云："方诸见月则津而为水。"高注云："方诸，阴燧，大蛤也。熟摩令热，月盛时，以向月下则水生，以铜盘受之，下水数滴，先师说然也。"《华严经音义》又引许注云："方诸，五石之精，作圆器似杯坏，向月则得水也。"又《御览·天部》引许注云："诸，珠也。方，石也。以铜盘受之，下水数升。"是许君《淮南注》有二说，其后说与高诱略同。盖以方诸为别一物，鉴则受水铜盘也。又《御览·地部》引《淮南·万毕术》云"方诸取水"，注云："方诸，形若杯，无耳，以五石合作治①，以十二月壬子夜半作之，以承水，即来。"此与许前说同。郑君之意，则以方诸为鉴，鉴即镜，与《万毕术》及许、高诸说并异。《旧唐书·礼仪志》载②李敬贞议，亦从高诱说，以方诸为大蛤，云："《考工记》云：'金有六齐，金锡半，谓之鉴燧之齐。'郑注云：'取水火于日月之器也。'准郑此注，则水火之器皆以金锡为之。今司宰有阳燧，形如圆镜，以取明火；阴鉴形如方镜，以取明水。但比年祠祭，皆用阳燧取水，应时得；以阴鉴取水，未有得者。《周礼》金锡相半，自是造阳燧法。郑玄错解以为阴鉴之制。依古取明水法，合用方诸，用大蛤也。"又称"曾八九月中取蛤一尺二寸者，依法试之，自人定至夜半，得水四五斗。"依敬贞说，大蛤取水，得之目验，然与《考工记》鉴燧同齐文违，又与阴鉴名义不相应，恐非古制。今考水为流质，既非光气所生，又月绕地，映日成景，原其光体，亦非积水，承月得水，于理难通。但明水配齐，古祭祀所通用，必非虚妄。窃意取明水，止是用鉴承露。湿润烝腾，遇冷成露，月夜澄朗，更无风云，露下尤多，因谓取水于月，以配明火。大蛤得水，亦同兹理。斯由古人测天未精，沿习弗察，固不得以此庸郑之误解矣。又案：依许《淮南注》说，则方诸为圆镜，而《抱朴子》云："水出于方诸，方诸方而水不方也。"此与唐司宰方镜制同，亦不知古制然否。云"取日之火，月之水，欲得阴阳之絜气也"者，释明水火之义。《郊特牲》云："祭齐加明水，报阴也。其谓之明水也，由主人之絜著此水也。"此注与彼义异，而训明为絜则同。云"明烛以照馔陈"者，贾疏云："谓祭日之旦，馔陈于堂东，未明，须烛照之。"云"明水以为玄酒"者，明经于共明齍之外，别云共明水也。贾疏云："郁鬯五齐以明水配，三酒以玄酒配。玄酒，井水也。玄酒与明水别，而云明水以为玄酒者，对则异，散文通谓之玄酒。是以《礼运》云'玄酒在室'，亦谓明水为玄酒也。"郑司农云"夫，发声也"者，《淮南子·览冥训》云"夫燧取火于日"，高注云："夫读大夫之夫。"《少仪》"加夫襓与剑焉"，注云："夫襓，剑衣也。夫，发声。"此阳遂谓之夫遂，亦是发声，与剑衣谓之夫襓同。云"明粢谓以明水潃涤粢盛黍稷"者，明粢，旧本并误作"明齍"，今依《蜀石经》正。《释文》出经"明齍"，云"注作粢"，则注本不与经同，《蜀石经》与陆本正合。今本注亦作"明齍"，后人依经改。此盖亦读"齍"为"粢"，《甸师》注云："齍盛③，祭祀所用谷也。"凡经齍盛字，郑并读为粢，详《甸师》《小宗伯》疏。《诗·小雅·甫田》云"以我齐明，与我牺羊，以社以方"，毛传云："器实曰齐。"郑笺云："絜齐丰盛。"彼《释文》云："齐，本又作齍。"案：《诗》"齐明"即此"明齍"，倒文以协韵。又《士虞礼》祝辞亦有"明齐"，注云："今文曰明粢。"王引之谓即此经之明齍，其说甚塙，齍齐粢字并通也。潃者，《内则》注云："秦人溲曰潃。"《说文·水部》云："浚，浸沃也。"凡祭祀以明水潃涤粢盛，而后炊饎之，所以示絜。《左·桓六年传》云："奉盛以告曰絜

① 引者按："合作治"，《太平御览》卷五八《地部》二三作"合作冶"（李昉等《太平御览》282页，中华书局，1995年）。《汉书·王莽传》（中华书局《汉书》4151页）："威斗者，以五石铜为之。"苏林曰："以五色铜矿冶之。"

② 引者按："载"王文锦本从楚本讹作"戴"。

③ 引者按：《天官·甸师》"以共齍盛"郑玄注："齍盛，祭祀所用谷也。"可见"祭祀所用谷也"是对"齍盛"的解释。《地官·春人》"供其齍盛之米"郑玄注："齍盛，谓黍稷稻粱之属，可盛以为簠簋实。"王文锦本"盛"字误属下句。

粢丰盛。"明蕰即絜粢也。贾疏云:"潃谓潃濯,涤谓荡涤,俱谓释米者
也。"①

　　李东琬《阳燧小考》证之以出土实物:

　　在现存文物中,作为凹面镜的阳燧较为少见,至少比平面青铜镜
少得多。较早期的阳燧有1975年北京昌平白浮村西周木椁墓出土两
枚,一枚直径9.9厘米,背素而微凸,半环钮,缘部无任何装饰。经有关
专家实际考察,内厚约0.14厘米,正面中心凹下约0.4厘米,各部曲率
较为均匀,曲率半径0.308米。正面大部分地方为灰绿色的锈块覆盖,
无锈处是红黄色的,显得比较光洁。另一枚形制同前,径9.5厘米,钮
已残失。此两枚阳燧断代为西周早期。1972年陕西扶风王太川村出土
土一枚,径8.0厘米,弓形钮,主纹为重圈纹。断代为西周中晚期②。

　　50年代中期,河南陕县上村岭1052号虢国墓出土阳燧一枚,径
7.5厘米,背有高鼻钮,可穿佩带,钮旁纹饰精美。正面作凹入球面,
呈银白色,有绿色积锈数处,未锈处可见打磨十分光洁。同出土有
一件盘螭纹扁圆形小铜罐。口沿和器盖两侧有穿孔,可以系绳,可
能是随携带用以盛艾绒,以备阳燧取火之用。断代为春秋早期③。

　　80年代初绍兴战国初期墓出土阳燧一枚,径3.6厘米,呈黑色,燧
面内凹,光可鉴人。背有弓形水钮,环布昂首舞爪的奔龙四条,断代为
战国早期。1975年丹东地区出土阳燧一枚,径达12.3厘米,有双钮,
钮长1.3厘米。正面微凹,背面微凸。断代为战国中晚期④。

图1

　　中华人民共和国建国前长沙出土过阳燧一枚,径10.0厘米,边厚
约1.5厘米,中间凹下,无钮。有穿鼻。背缘部有10余字铭,字迹难
辨,其色黝黑发亮。从字体上看应是东汉物⑤。

　　50年代上海文物部门整理抢救出阳燧数枚,其中有两枚为唐代
制品。一枚外方内圆,四角各铸一小狮钮;另一枚作荷叶形,内饰莲
花瓣花纹,中心为一凹形圆镜。从它们的形制上看,都是唐代的风格,
虽然经历了一千多年,但有的部分还光亮如银⑥。另有两枚为宋代制
品。一枚径6.3厘米,柄部作瓶状,长4.5厘米,背平而面凹,曲率半径
为0.118米,另一枚径5.7厘米,亦是背平而面凹,曲率半径为0.073米,
边厚0.9厘米,长方形柄,长2.7厘米。此两枚阳燧的凹面都较光滑⑦。

① 孙诒让《周礼正义》3505—3508/2909—2912页。
② 何堂坤《中国古代铜镜的技术研究》,中国科学技术出版社,1992年,266页。
③ 浙江省文物管理委员会《绍兴306号战国墓发掘简报》,《文物》1984年第1期。
④ 何堂坤《中国古代铜镜的技术研究》,中国科学技术出版社,1992年,266页。
⑤ 何堂坤《中国古代铜镜的技术研究》,中国科学技术出版社,1992年,267页。
⑥ 《我国古代利用太阳热力的"阳燧"》,《解放日报》1958年11月13日。
⑦ 钱临照《阳燧》,《文物参考资料》1958年第7期。

1964年白城遗址出土金代阳燧一枚,径8.5厘米,无钮,缘部外侧另设有一鼻穿,背刻观音纹,正面稍凹。1973年阿什河公社又出土金代阳燧一枚,径7.4厘米,正背皆素,有瓶状柄[1]。

天津市艺术博物馆藏有阳燧一枚(图1)。此枚阳燧未正式发表过。1963年考古学家鉴定认为此枚凹面镜是取火器,铭文好,很有研究价值。此器呈圆形,器物的正面凹进,背面凸起,中央有钮。器高3厘米,径8.3厘米,曲率半径约5.8厘米,焦距约2.9厘米。器物口部残缺一处,似曾受过强力撞击,器物稍有一点变形,所以曲率半径、焦距的数字不是特别准确。此物表面已呈灰黑色。器物的外部饰四道弦纹,铸铭文两周二十六字。……从铭文的书体及其内容来看,该器物的铸造时间当为汉代。[2]

1995年4月,陕西扶风县黄堆60号墓出土一件凹面铜镜。据罗西章《阳燧》介绍,"经过测量,它基本呈圆形,平均直径8.8厘米,厚0.19厘米。凸面中央有一桥形小纽,纽高0.9厘米,纽长1.8厘米。整个造型看起来像是现在人们常见的茶杯的盖子",罗西章"翻模复制了一件,经过打磨抛光等技术处理之后,在太阳光下一试,果然可以聚日光取火,并测得焦距为10～11厘米。日光强烈时最快仅二三秒钟即可引燃纸条、棉絮",认为"这就是阳燧"。推测墓主生前可能就担任过掌管阳燧的司烜氏[3]。

杨军昌《周原出土西周阳燧的技术研究》绘出阳燧的实际投影示意线图(图三),用三维坐标测量法和光学对样板测量法分析测量阳燧凹面面型,用扫描电镜对阳燧凹面表面元素进行无损分析,"取两种方法测量结果的算术平均值作为阳燧凹面原始面的曲率半径,即R=207.5毫米";并分析阳隧的光学特性:"由光学原理知,球面反射镜的焦距为其球面曲率半径之半。这样,曲率半径R=207.5毫米的阳燧焦距f=103.75毫米。图四是R=207.5毫米的复原阳燧实际聚光特性线图,是按照光学反射定律绘制而成,其比例为1:1。经除锈后阳燧对日聚光实际测量,其聚光点距阳燧凹面中心102毫米左右,与理论计算比较接近。"阳燧凹面元素分析结果反映出:"a. 阳燧为铜锡合金。阳燧除锈后,选择了三个青铜裸露点进行了分析,其三点铜锡比为:85:15,90:10,82:18,其平均值为86:14。我们认为阳燧基体的铜锡比要比平均值大。b. 光亮的原始面锡含量增大

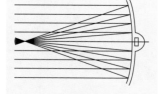

图三　阳燧及纽的实际投影线图(1/2)

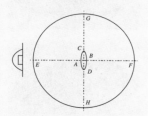

图四　阳燧复原凹面聚光特性线图(曲率半径R=207.5毫米　有效孔径D=90毫米)

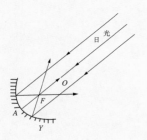

图2-13　阳燧对日取火图

Y为阳燧,F为其焦点,O为其弧面的中心点,AF为阳燧焦距,AO为阳燧曲率半径

① 何堂坤《中国古代铜镜的技术研究》,中国科学技术出版社,1992年,267—268页。
② 李东琬《阳燧小考》,《自然科学史研究》1996年第4期。
③《寻根》1996年第3期。

（Cu：Sn=69：31）。c. 绿白色粉状锈区域锡含量比铜高（Cu：Sn=33：67）。"[1]

戴念祖《文物与物理》图示"掌以夫燧取明火于日"的道理："阳燧，古又称'夫燧''金燧'，或简称'燧'。利用它可以对日取火。如图2-13，阳燧对日时，远处来的日光可以看作是一束平行光，经过阳燧光滑表面反射后，反射光交于阳燧的焦点上。在焦点处放置易着火的艾绒，不一会儿，艾绒起火。"[2]

路迪民、翟克勇《周原阳燧的合金成分与金相组织》"用扫描电子显微镜对样品的平均化学成分及边缘和不同组织的微区成分分别进行了分析"，"分析表明，该样品属于含有铅的高锡青铜。对于平均成分的两次测定，具有较好的重复性。样品中的硅、铝、铁、磷含量不会是有意加入的，是冶炼时从原料中带进去的。现取两次内部成分测定的平均值，可以认为，周原阳燧是含铜72.4%、含锡18.3%、含铅5.8%的铅锡青铜（余为杂质），基本属于三元合金"；并将已发表的先秦铜镜成分与周原阳燧成分加以对比，"由表二可见，周原阳燧的化学成分与先秦铜镜的化学成分基本一致。古人把铜镜（鉴）和阳燧所用合金作为含锡量最高的一个'齐'类是有道理的，因为它们都不受多大冲击力，并需要较高的强度硬度，以便在磨制后能得到更好的表面光洁度"[3]。

表二　已发表的先秦铜镜化学成分与周原阳燧化学成分之对比

序号	样品名称	元素含量/%				资料来源
		铜	锡	铅	铁	
1	青海贵南尕马台铜镜M25	90	10			李虎侯《齐家文化铜镜的非破坏性鉴定》
2	宁城南山根铜镜N1	86.4	11.2	2.4		何堂坤《我国古镜化学成分的初步研究》
3	铜镜N2	80.7	19.3			
4	长沙铜镜1	71.7	19.6	2.7	0.50	湖南省博物馆《长沙楚墓》
5	长沙铜镜2	66.3	22.0	3.4	0.39	
6	长治铜镜	63.1	25.2	7.4		田长浒《中国古代青铜镜铸造技术的分析研究》
7	长沙铜镜3	68.8	23.5	7.7		
8	铜镜1	73.5	18.8	7.6		何堂坤《我国古镜化学成分的初步研究》
9	铜镜2	75.3	20.9	3.8		
10	周原阳燧	72.4	18.3	5.8	0.65	本项目
11	总平均	74.82	18.88	4.08		

① 《文物》1997年第7期。
② 东方出版社，1999年，98—99页。
③ 《考古》2000年第5期。

3. 铸金之状

《桌氏》: 凡铸金之状, 金与锡, 黑浊之气竭, 黄白次之; 黄白之气竭, 青白次之; 青白之气竭, 青气次之: 然后可铸也。

孙诒让:"凡铸金之状"者,《说文·金部》云:"铸, 销金也。"此通论攻金诸工铸冶之度, 以桌氏为量改煎之法最详, 故缀于此也。"金与锡, 黑浊之气竭, 黄白次之"者, 凡金朴改煎之, 所含粗质得热则化为气而上腾, 其色有此数等也。

郑玄: 消涑金锡精粗之候。

孙诒让: 注云"消涑金锡精粗之候"者, 消涑金锡, 久则浊滓净尽, 而质弥精, 故视其烟气以为候也。[1]

梁津《周代合金成分考》认为"铸金之状"是"察验火候之法":

今就此冶铸所出烟气之色, 证以近世试金学上用吹管之方法, 其据火色而检定各物质, 学理正同。兹摘取其重要金部之一部为比较于下。

《考工记》所载用吹管试金可检定之物

烟气之色	闭管内气质所生升华物体	开管内气质所生升华物体	木炭上蒸皮色物体	焰色反应之物体（用酸化焰或还原焰）
黑浊	汞、砒、硒、锑等	汞	—	溴硝石、钙、P_2O_5 及炭素、燐等
白色	锌、铅、锑、砒等	辉锑矿、自然砒	二酸化锑, 自然砒铅矿砒锡矿锑等	锌
黄色	甘汞、酸化锑、硫黄等	酸化钼、硫黄、酸化铅、盐化铅等	锡石、锌及锌矿铟一酸化锡等	钠、臭素、钼, 又锌己身热时亦带黄色
青白	硫化锑等	硫化汞及锑等	盐化铜（绿盐铜矿）铋及辉铋矿等	锌（菱锌矿、闪锌矿）锑砒（自然砒、鸡冠石、雄黄、毒砂）等
青色	—	硫化铅等	硫化锡、自然银等	铅、硒自然铜, 铜蓝砒、钨绿等

盖物质加热时, 必起蒸发分解化合等等作用。故其气呈黑浊时, 多半为汞、砒、钙、燐、炭素、硝石等物质。呈白色时多半为砒、锑、锌及绿铅矿等物质。呈黄白色时, 多半为硫、钠、钙、溴、铜等物质。呈青白色时, 多半为锌、锑、砒及盐化铜等物质。呈青色时, 多半为铅、硒、钨、镍、银、铜、硫化镉、酸化铅等物质。故气色呈青以后, 其金锡中所含之夹杂物, 比较极少。而其间因蒸发分解所消失之量, 亦势所必有。兹再就单纯金属之重量者, 摘其熔融点、熔融时所要之热量、熔融潜热及蒸发点, 再为比

---

① 孙诒让《周礼正义》3961/3283 页。

较表于下（表内以蒸发点为次序）。

名称	熔融点	熔融时所要之热量（加罗利）	熔融潜热（加罗利）	蒸发点（摄氏）	蒸发点测定者之姓氏
水银	零下39	—	2.82	357	Crafts
镉	322	—	13.70	770	Le Chatelier
锌	419	62.0	28.00	918	Berthelot
镁	633	—	—	950	—
铋	267	18.0	12.50	1 435	Barus
银	962	75.0	21.10	1 300	
锡	232	26.0	14.60	1 500	
铅	326	14.0	5.37	1 450～1 600	Casselley
锑	630	65.0	—	1 500～1 700	Mensching and Meyer
金	1 064	—	—	2 000（？）	—
铜	1 065	165.0	43.00	2 900	

据上表则蒸发点以水银为最低，镉次之，锌又次之。锌之蒸发点恰与银之熔融点约略相等。若锌达一千度以下之纯金银熔化时，则早已飞散尽净。可知周代之金与锡，当配合原料时，其中未始无含锌之夹杂物，如黝铜矿（tetrahedrite）含（$Cu_2Ag_2Fe\cdot Zn$）$_4Sb_2S_7$及（$Cu_2Fe\cdot Zn$）$_4As_2S_7$或（$Cu_2Hg_2Fe\cdot Zn$）$_4$（$Sb\cdot AS$）$_2$铜中常带有锌，不过温度较高时则锌等早已蒸发。此似为古代青铜内无含铅之实在原因也。[①]

朱泰生《我国古代在光测高温技术上的光辉成就》质疑梁津说："吹管分析是鉴定物质的一种粗略方法，由于可靠性差，在现代化学分析中已很少采用。这种分析方法是在特定条件下加热，如含硫和砷的物质试验时的黄色烟气和黄色升华物，是在氧化焰急速烧灼下完全氧化时产生的；采用火焰试验法时，试物要事先经盐酸、硫酸处理。显然，这与浇铸青铜时加热的情况不同，不能进行类比。其次，吹管分析只能鉴别含量比较多的某些物质，而根据杨根与丁家盛对郑州出土的殷代前期铜器的分析[②]，梁树权和张赣南对殷周青铜器的分析[③]，殷周青铜器中铜、锡、铅三种金属合计要占百分之九十九以上，其他杂质的含量极少。而且这些杂质的存在与否、量的多少都随所选用的原料而异，就是采用吹管法，也不可能凭肉眼分辨出这些微量杂质的烟气，更谈不上无论什么青铜加热时，其中所含杂质烟气

① 梁津《周代合金成分考》，《科学》第9卷第10期，1925年3月；引自《中国古代金属化学及金丹术》64—66页，中国科学图书仪器公司1955年。
② 杨根、丁家盛《司母戊大鼎的合金成分及其铸造技术的初步研究》，载《文物》1959年第12期。
③ 梁树权、张赣南《中国古铜的化学成分》，载《中国化学会会志》。

的颜色，必然地以黑浊、黄白、青白、青色，顺序出现。所以我们认为，'铸金之状'中所说的'黑浊之气''黄白之气'等等，不能理解为青铜中所含杂质生成的烟气。"①

袁翰青《我国古代人民的炼铜技术》认为"这是说，铜和锡混和起来熔化的时候，里面大概加了木炭，所以先有黑烟，然后有黄烟等等"②。

朱泰生《我国古代在光测高温技术上的光辉成就》质疑袁翰青说："根据安阳殷墟和郑州商代文化层等的地下发掘，伴随孔雀石（$CuCO_3 \cdot CuO \cdot H_2O$）、炼埚、铜渣、铜范，还有多量木炭。但以为木炭在加热时依次出现黑浊烟、黄白烟等等，则是勉强去凑合《考工记》里的记载。实际上木炭所生烟气不能反映被熔金属的火候，如果铸工真的以木炭的烟气为依据来浇铸青铜，必然会出笑话误大事。"③

郭宝钧《中国青铜器时代》解释"铸金之状"："铜锡按所铸器类（如戈戟或钟鼎）分剂调配适当后，就要装入坩埚精炼。精炼的程度，要看火候。青铜火候的观察，《考工记》中也曾分出几种层次：'凡铸金之状，金与锡黑浊之气竭，黄白次之'；（黑浊气是挥发性的不纯洁物质的气化。）（黄白气是锡先熔化，现黄白色，因锡的熔点低之故。）'黄白之气竭，青白次之'；（到温度上升，铜的青焰色也有几分混入，故现青白气。）'青白之气竭，青气次之'；（温度再高，铜全熔化，铜量大于锡量，只有青气了。）'然后可铸也。'（销炼火候已熟，可以浇铸了。）"④

朱泰生《我国古代在光测高温技术上的光辉成就》质疑郭宝钧说："这里'黑浊之气'的'气'，理解为杂质的蒸气，但挥发性的不纯洁物质气化时，未必都是黑浊的。对'黄白之气'等的理解，也是凭直觉猜想，缺乏科学的分析，不了解受热物体的颜色与温度有关，铜与锡全熔化了，实际上也还不到浇铸的温度。"⑤

朱泰生《我国古代在光测高温技术上的光辉成就》根据现代物理学观点阐述"铸金之状"是用肉眼来观测的一种光测高温技术：

在选择合适的合金成分后，青铜铸件的铸造成功与否，主要决定于熔化和浇铸的情况。其中浇铸温度和速度的掌握最为重要，而温度的高低更是关键所在。如果熔化的温度不够，会产生浇不到和冷夹现象；气体散逸不易，造成表面气孔，外表缩下，以及氧化物和其他非金属夹杂不易浮出，造成夹灰等瑕疵。但如果加温过了头，温度太高了，又会发生另外一些弊病，如吸收气体的分量增多，造成大量小气泡；结晶变粗，发生晶粒间空隙，使机械强度减低，锡或锌发生偏析等。所以一个好的铸件，必须准确地掌握温度，温度升高到足够高时，毫不犹豫地立即进行浇铸。

合金浇铸的温度大约比合金的熔点高160℃，以合金成分中铜、锡、锌各占88%、10%、2%为例，浇铸温度约为1 200℃。在现代，这样高的温度通常是用光学高温计来测量的。1968年国际实用温标规定，金凝固点（1 064.43℃）以上，以光学高温计为基准仪器，用黑体辐射的普朗克公式来

① 《北京邮电学院学报》1979年第1期。
② 《化学通报》1954年第2期。
③ 《北京邮电学院学报》1979年第1期。
④ 生活·读书·新知三联书店，1963年，13页。
⑤ 《北京邮电学院学报》1979年第1期。

决定温度。

光学高温计是根据物体热辐射的原理来测定炽热物体的温度。任何物体在任何温度下都要发射电磁波。在一定时间内辐射能量的多少,以及辐射能量按波长的分布都与温度有关。具有指导意义的是黑体的辐射规律。黑体的单色发射本领遵从普朗克公式:

$$e_0(\lambda \, \, T) = -\frac{2\pi c^2 h}{\lambda^5(e^{hc/\lambda kT}-1)} \tag{1}$$

由斯忒藩–玻尔兹曼定律给出黑体的总发射本领:

$$E_0(T) = \int_0^\infty e_0(\lambda \, \, T)\mathrm{d}\lambda = \sigma T^4 \tag{2}$$

由式(1)可以证明黑体单色发射本领最大值所对应的波长λ_m与绝对温度T成反比的维恩位移定律:

$$\lambda_m T = b \tag{3}$$

式(2)指出黑体的总发射本领与绝对温度的四次方成正比,式(3)说明λ_m与T成反比,而辐射颜色主要决定于λ_m,即辐射颜色要随温度而变化。

根据辐射定律可以制成各种光学高温计。方法之一是把待测物体的颜色和已知温度黑体的颜色比较来求出它的温度。对于一切可以近似地看作黑体的物体,如开一小口的金属冶炼炉,就可用这种方法来测量温度。对于非黑体,这样测得的温度称为色温度。

现在我们已经很明白,熔铸青铜时,随着温度的升高,合金的颜色要逐渐变化。《考工记》正是确切地记述了合金的颜色随温度变化的规律,根据颜色的变化掌握浇铸温度的方法。显然,这里的"气"不是分量有无、多少都不定的杂质的烟气,也不是某种外来的偶然因素,是指受热合金本身的热辐射。由于合金热辐射的规律与温度有关,因而可以根据热辐射的颜色和温度之间关系的这一必然规律来掌握合金的浇铸温度。《考工记》描述铜与锡投入坩埚中加热后的情景,先是"黑浊之气",这正是温度较低时的情形。在较低的温度下,单色发射本领的最大值位于长波区域,主要发射红外线,而且辐射功率小,眼睛感觉不到。当温度上升到足够高时,可见光的辐射就能引起视觉。可见光的波长范围约自7 700埃至4 000埃,波长不同的光线色感不同,辐射颜色主要决定于单色发射本领最大值所对应的波长λ_m。所述"黑浊之气竭,黄白次之;黄白之气竭,青白次之;青白之气竭,青气次之"真实地科学地表达了用肉眼观察到的合金的单色发射本领最大值自长波向短波推移的过程。当"青白之气竭,青气次之"的时候,合金已到达浇铸的温度,"然后可铸也"。这就是"铸金之状"的含义。也就是说,"铸金之状"是用肉眼来观测的一种光测高温技术。

还应该指出,从安阳、郑州等地冶铜遗址的发掘知道,古代熔融青铜是用广口的坩埚,被加热的青铜表面敞开,周围的温度比较低,是在不平衡温度下的辐射,有强烈的选择辐射,它的颜色与同温度黑体的颜色有显著不同。当温度高到合金的辐射足以引起人眼的视觉时,就已经是黄白色了,所以不是先看到红色,然后由红色变为黄色。[①]

① 朱泰生《我国古代在光测高温技术上的光辉成就》,《北京邮电学院学报》1979年第1期。

闻人军《考工记译注》指出这一段描写如何掌握冶铸火候："文中提到的各种不同颜色的'气',是在加热时由于蒸发、分解、化合等作用而生成的火焰和烟气。开始加热时,附着于铜料的木炭或树枝等碳氢化合物燃烧而产生黑浊气体。随着温度的升高,氧化物、硫化铜和某些金属挥发出来形成不同颜色的火焰和烟气。例如:作为原料的锡块中可能含有一些锌,锌的沸点只有907℃,极易挥发,气态锌原子和空气中的氧原子在高温下结合为氧化锌(ZnO)白色粉末状烟雾。又青铜合金熔炼时的焰色,主要取决于铜的黄色和绿色谱线,锡的黄色和蓝色谱线,铅的紫色谱线及黑体辐射的橙红色背景。参与'铸金之状'的可能还有杂质砷,它的焰色呈淡青色。根据色度学原理,这些原子焰色混合的结果,随着炉温的升高,逐渐由黄色向绿色过渡,铜的绿色所占的比重越来越大。在1 200℃以上,锌将彻底挥发;锡的蒸气经过燃烧生成白色的二氧化锡(SnO_2),但影响微弱;铜的青焰占了绝对的优势,看起来全是青气,意味着'炉火纯青'的火候已到。此时精炼成功,可以浇铸了。这种原始火焰观察法是近世光测高温术的滥觞。现代大多数冶铸厂已经能配备高温监测仪表,但火焰观察法依然是准确判断冶铸火候的有效辅助手段。"[1]

4. 削

《筑氏》:筑氏为削,长尺博寸,合六而成规。

孙诒让:云"长尺博寸,合六而成规"者,削为曲刃,合六成规,著其句之度也。申其句而度之,其长一尺。贾疏云:"削反张为之,若弓之反张,以合九、合七、合五成规也。马氏诸家等,亦为偃曲却刃也。"案:据贾说,疑贾、干诸家咸以削为偃曲却刃,谓削形偃,折刃却向内也。《说文·刀部》云:"剞剧,曲刀也。"即此。陈祥道云:"《少仪》曰:'刀,却刃授颖;削,授拊。'郑曰:'颖,镮也。拊,把也。'然则直而本镮者,刀也;曲而本不镮者,削也。"刘岳麐云:"削长一尺,合六而成规,是规周六尺也。周六尺,应得半径九寸五分五厘,即六十度,通弦削长一尺,首末相距之数也。"[2]

"长尺博寸",后德俊《楚文物与〈考工记〉的对照研究》认为是"削刀的刀身长与刀身宽的比例应为十比一":

楚墓及属楚文化范畴的墓葬中常常有青铜削刀出土,在考古报告中将它们归为工具一类器物加以介绍。削刀一般由刀身、刀柄和刀环三部分组成;刀身、刀柄一次铸成,刀环则另外铸成,也有的刀环是用玉或其他材料制成。

---

① 上海古籍出版社,2008年,57—58页。
② 孙诒让《周礼正义》3911/3242页。

湖北随县（今随州市）曾侯乙墓出土四件削刀，均为薄长刃，刃部微弧，柄端有环纽。其中编号为E.136的削刀，刀环为玉质。

湖北荆门包山2号楚墓出土三件削刀，其中一件残，刀柄末端均铸有铜质椭圆形环。三件削刀的刀身弯曲弧度不一样，如编号2：446的削刀，柄平直，刀身微弧。

湖北江陵雨山楚墓群出土削刀15件，分属15座墓葬。其中13件削刀的刀身弧形，另二件削刀的刀身两端上翘、中间下凹、刀锋上扬，成反方向的弧形。15件削刀的刀柄末端都有铜质扁圆环。

湖北当阳赵家湖楚墓，有4座墓出土削刀4件，均为弧形刀身，柄末端有一扁圆环。其中一件削刀的刀背也作刃。现将上述各墓中出土部分削刀的有关情况列成表2：

表2　部分出土削刀的有关尺寸（单位：厘米）

墓葬及编号	通　长	刀身长	刀身宽	柄长（连环）
曾 E. 136	28.6	17.4	1.7	11.2
曾 E. 138	28.5	17.8	1.9	10.7
曾 E. 188	28.5	18	2.2	10.5
曾 E. 214	26	16.4	1.7	10.6
包 2.446	27.8	18.4	约1.5	9.4
包 2.1–1	28.5	15.7	约1.7	12.8
雨 528.10	14	约8.4	约1.4	5.6
雨 176.22	12	7	约0.7	5
赵 JM47.4	29.2	18.6	1.6	约10.6

从表2中所列举的数据来看，"长尺博寸"既不是指削刀的通长为1尺、刀身宽为1寸，也是不指削刀的刀身长为1尺、刀身宽为1寸。它的正确含义是：削刀的刀身长与刀身宽的比例应为十比一。因为表2中所列的资料不仅与至今我们所了解的有关当时长度单位的数值相差较大，而且也与其本身的记载"合六而成规"不相吻合。我们知道，削刀都有刀柄和刀环，刀柄的弧度也往往与刀身的弧度不一样，6件削刀合在一起是形成不了一个圆的。[1]

"合六而成规"，钱宝琮编《中国数学史》："拼合六个'削'可以环成整个圆周，每一个'削'的圆心角是60°。"[2] 关增建《〈考工记〉角度概念刍议》认为"这是说六把削拼合起来正好组成一个圆，因此每把削的曲率应为60°"[3]。闻人军《考工记导读》认为"这是用分规法通过对应的圆心角的大小来表示削或弓背的曲率"[4]。朱凤瀚《中国青铜器综论》："规是指正

① 后德俊《楚文物与〈考工记〉的对照研究》，《中国科技史料》1996年第1期。

② 科学出版社，1964年，16页。

③ 《自然辩证法通讯》2000年第2期。

④ 中国国际广播出版社，2008年，80页。

削
（书刀）

削合六而成规

圆，合六成规，是言六件削围起来正合成正圆，所以削背的弧度是 $\frac{\pi}{3}$（所对圆心角为60度，俗称曲度为60度）[1]。但验之考古发掘与传世的铜削，知削背之弧度并非一致，弧度较大者与《考工记》所言近合。但一般削的曲度均稍小于60度。实际上，削也有作平直的，见以下B型。削的用途之一是用来刮书写在简上的字，故亦称书刀。多作凹形正是为了适于削刮。柄作环首则是为了穿绳佩带。"[2]张道一《考工记注译》[3]图示如左。

"合六而成规"的原因，后德俊《楚文物与〈考工记〉的对照研究》：

> 楚墓中出土的削刀，刀身弯曲呈弧形的占大多数，刀身平直或向外扬的为少数，因此将"合而成规"理解为：6件削刀的刀身可以合成一个圆形，即每件削刀刀身弯曲的弧度约为60度。那么，为什么要将削刀的刀身制成向内的弧形呢？这与削刀的功能有关。现以制作竹简的坯料为例说明之：制作竹简的坯料，首先是将毛竹截成一定长度的竹筒，然后剖成篾片，削刀的作用主要就是用来将篾片内表面削平整的。通过对多批楚简的实际测量可知，竹简坯料的宽度一般为0.7～1.0厘米。实际削制篾片的结果表明，如果采用刀身平直或刀身外扬的削刀削制篾片，就容易将篾片削成中心部位微微下凹、两边微凸的形状，这种形状的篾片用来书写文字是很不方便的！如果采用刀身向内弯曲呈弧形的削刀削制篾片，就不会出现上述现象。所削出的篾片中心部位不会微凹，而是成微凸的形状。现以削刀的刀身长为20厘米、竹简坯料的宽度为1厘米进行计算："合六而成规"，6件削刀的刀身合起来为一个圆周，即360度，该圆的周长为120厘米、直径约为38.2厘米；一件削刀刀身的弧度为60度，1厘米长刀身的弧度为3度，对应圆心角也是3度，由此计算出篾片中心凸起的高度为0.065毫米。这种篾片用来书写就比较方便。此外，削刀是小型工具，常用来削制竹木等小型构件，实际操作表明，采用刀身向内呈弧形的削刀比之刀身成平直或外扬的削刀更容易削制出合格的构件。[4]

陆锡兴《论汉代的环首刀》认为贾疏所谓"反张"即"刀

---

[1] 梓溪《青铜器名辞解说》（十二）（《文物参考资料》1958年第12期）引《考工记》此语，释为六个削合成半圆，弧度是三十度，似与文义不合。

[2] 上海古籍出版社，2009年，513—514页

[3] 陕西人民美术出版社，2004年，173页。

[4] 后德俊《楚文物与〈考工记〉的对照研究》，《中国科技史料》1996年第1期。

背向外弯曲,刀刃向内弯曲,我称之为内弯":"先秦墓葬出土的环首刀基本上是筑氏之内弯刀。战国时期通行的筑氏式样,当时作为杂用刀具,内弯有其方便处,内弯能拦住切割物品,特别如布帛软质材料。汉代这种内弯刀为古式刀具,逐步减少。新乡市王门东汉画像石墓出土内弯刀一件(图二八),背厚0.5、通长22.1厘米,完全是战国式样,证明东汉时代依然在使用。"①

《筑氏》:筑氏为削,长尺博寸,合六而成规。

郑玄:今之书刀。

孙诒让:注云"今之书刀"者,孔广森云:"《释名》曰:'书刀,给书简札有所刊削之刀也。'《汉书音义》晋灼曰:'旧时蜀郡工官作金马书刀者②,似佩刀形,金错其拊。'"诒让案:古作书,以削刻简札,故谓之书刀,《御览·兵部》有汉李尤《金马书刀铭》,《三国志·魏志》韩馥以书刀自杀是也③。又《晏子春秋·内篇杂上④》云:"景公使晏子于楚,楚王进橘置削。"是此刀亦用以剖削果实,不徒削牍作书也。《书·顾命》孔疏又引郑此注,云"曲刃刀也",今本注无此文。据疏云"马氏诸家亦为偃曲却刃","亦"者冡上为文,疑本有此注而今本挽之与?⑤

钱存训《汉代书刀考》强调"郑玄所说削'今之书刀',只能解释为削的功用之一与汉代的书刀相同,并不能说削就是书刀":

根据上面所引各种文献,可以知道刀、削、剞劂均非书刀。剞劂镂刻文字于金石,其功用近于笔而不同于削。至于刀削虽然可以削书、削牍,但亦用作削木、削橘、削瓜,而与专门用作削治简牍的书刀,又有所不同。如以《周礼·考工记》所载关于削的规制,和现存的书刀作比较,便可知道削与书刀的形状亦不相似。

汉代的书刀自有其特殊的规制,与普通用以剖割的刀削不同。所著录过的实物,并有铭文,确知为汉代书刀者,约有六件。汉永元

图二八

---

① 《南方文物》2013年第4期。
② 引者按:"书"原诒"削",据孔广森《礼学卮言》卷六《周礼郑注蒙注》(阮元《清经解》第4册785页上)改。
③ 引者按:韩馥以刀自杀,不见于《三国志·魏志》。《资治通鉴·汉献帝初平二年》:"后绍遣使诣邈,有所计议,与邈耳语;馥在坐上,谓为见图,无何,起至溷,以书刀自杀。"《后汉书·袁绍传》:"后绍遣使诣邈,有所计议,因共耳语。馥时在坐,谓见图谋,无何,如厕自杀。"李贤注引《九州春秋》:"至厕,因以书刀自杀。"
④ 引者按:"上"当为"下",见吴则虞《晏子春秋集释》396页,中华书局,1982年。
⑤ 孙诒让《周礼正义》3911—3912/3242页。

图五

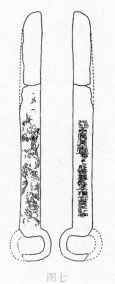

图七

十六年（104）金马书刀（图五）。汉永元金马书刀。汉光和七年（184）广汉金错书刀（图七）。此件为1957年在成都天回山崖墓出土①，环柄，直身，环部鎏金，刀身一面有铭文，一面有飞凤图案，长18.5公分，阔1.5公分。

参考各家的解释，刀和削最主要的区别，似乎是在刃、背、首三个主要部分。

刀系直刃，削系曲刃，弧形向内弯曲约六十度。

刀削的另外一种分别，似在末端的柄首。刀的末端有环，可以佩戴悬挂。削的末端用把，执取便利。

根据各家的说法，似乎削是曲刃，偃身，面狭，下端用把，较刀为小。刀是直刃，直身，面较阔，下端有环，较削为大。虽然如此，实际上的区别亦非如此清楚简单。有的是平刃直身者下端有把，有的是曲刃偃身者柄首有环。据罗振玉《古器物识小录》，刀削最主要的分别，大概还是刀身的长短和刃的曲直。至于下端的环首，虽然削亦采用，当系刀的原来规制。

书刀的形式是直刃，直身，环首，这是近于刀形而不同于削；想系由刀的形制变化而来，而非削的变形。虽书刀的功用与削相似，但观于上节所著录的数柄汉代书刀的实物图形，可知其形制特殊而并不与削相同。

书刀的长短亦与《考工记》"长尺博寸"削的规制不甚相符。罗振玉《古器物识小录》云："予所得五六枚，长短无定制。最长者九寸三分，又次八寸五分。"成都天回山出土的一柄，形状最完全。此刀通长18.5公分，宽1.5公分，合战国或汉尺约长八寸，阔六分许②，均较《考工记》所述削的规制短而狭。

汉以前的刀削虽亦间有铁制者，但大多皆系铜质，其材料乃系合金。《考工记》云："五分其金而锡居二，谓之削杀矢之齐。"这里面锡的比重较他器为多，所以削的质地锋利而坚刃。

至于汉代的书刀，皆系铁制。罗氏旧藏数柄及最近成都出土的一柄书刀，皆系铁质鎏金。③

陆锡兴《论汉代的环首刀》认为"《周礼》记载的是周朝制度，于汉代不完全相合。汉代的书刀是直刀，不是弯刀，已经不是'合六而成规'了"④。

---

① 《成都天回山崖墓清理记》，载《考古学报》1958年第1期，页101，图版12（4）。
② 罗福颐《历代传世古尺图录》（1957）著录战国尺六种，平均约长23公分；西汉尺六种，约长23.3公分；东汉尺四种，约长23.5公分；宋尺五种，约长31.6公分。
③ 钱存训《汉代书刀考》，钱存训《中国书籍纸墨及印刷史论文集》43—56页，香港中文大学出版社，1992年。
④ 《南方文物》2013年第4期。

早在河南安阳殷墟就有出土铜刀,李济《殷虚铜器五种及其相关之问题》:"殷虚出土的铜刀,只有两柄;各具一个特别的形制。(1)直背凸刃带柄。(2)凸背曲刃带柄,柄端有环。……这两柄铜刀是否与削治甲骨的工作有关系,我们现在固然不能断定;但就形制说,那曲刃凸背的一柄,极近《考工记》所说的削形。削治甲骨,可以说与刊书削牍是一种同样的工用,所以上边的揣测不能算完全无稽之谈。"[1]

　　长沙战国墓出土铜削2件,"一边有刃,削身微作曲形,柄端有环饰,削长17、宽1.5厘米"[2],钱存训《汉代书刀考》认为"亦极近《考工记》所谓的削形"[3]。

　　湖南省博物馆等《长沙楚墓》详细描述:

　　削12件。出自12座墓。只有4件能分式。可分三式:

　　Ⅰ式1件。标本M22:6,浅绿色。长条形,环首已残,柄刃相交处呈直角,刃稍弧。残长22.9、宽1.8、柄长10.3厘米(图一五四,3)。

　　Ⅱ式2件。标本M398:17,身较瘦长,椭圆形环,削身横断面呈三角形。身饰云纹和菱形纹。残长21.1、首径2.4～4.1厘米(图一五四,4)。

　　Ⅲ式1件。标本M1274:33,颜色灰黑。保存完好。环首椭圆,柄由窄变宽,上饰两根弧线。刃部由宽变窄,刀背作弧形,刃稍内凹。通长19.5、环首宽4.4、刃宽2.5、背厚0.4厘米(图一五四,5)。[4]

插图十:殷虚铜刀

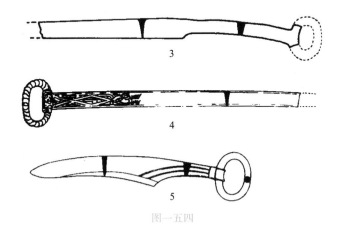

3

4

5

图一五四

①《庆祝蔡元培先生六十五岁论文集》上册90—91页,中研院历史语言研究所集刊外编第一种,1933年。
②　湖南省博物馆《长沙楚墓》,《考古学报》1959年第1期。
③　钱存训《中国书籍纸墨及印刷史论文集》47页。
④　湖南省博物馆等《长沙楚墓》231页,文物出版社,2000年。

1953年长沙左家公山战国墓中发现一竹筐，其中铁削、毛笔与竹片、小竹筒放在一起[①]。

1957年河南信阳一号战国楚墓出土削2件（1–698、1–699）。削身凸背凹刃，刃锋利。柄细长，柄端有椭圆形环。标本1–698，通长23.6厘米、宽1.55、厚0.4厘米，环径2.4～3.6、环粗0.4厘米。削身两面皆饰有相同的钩状纹和变形三角纹，柄无饰纹。器表鎏金已经脱落。环柄缠裹织物，已腐朽。标本1–699，纹饰稍异，柄有纹饰，余同标本1–698（图四五，1、2）。[②]

1975年湖北江陵凤凰山一六八号汉墓出土一套完整的文书工具，是在该墓椁室边箱一个竹笥中发现的，出土时文书工具的位置已有错动，但仍可清楚看出原来是存放在一起的，有一支笔、碎成不同大小的墨块、石砚和研墨用的研石各一件、六片无字木楬、一件青铜削刀。该削刀通长22.8厘米，刃长13.9厘米，前端尖而薄，柄长8.9厘米，环首（图版贰）[③]。

1993年河南省桐柏县月河一号春秋墓出土3件削，"又称削形刀，形制完全相同。标本M1北坑：11，已碎为数段，但未残，凸背凹刃，柄向下弯，柄首有一圆环可以穿系佩带。通长22.3厘米、刃宽1.9厘米，重34克（图十五–1）"[④]。

1975年湖北云梦睡虎地秦墓出土铜削一件（M11：64）："环首、削平直，通长17.2厘米，单刃，较薄。刃部略有残缺，是使用时损坏的。带木鞘（图版一〇：2）。"[⑤]

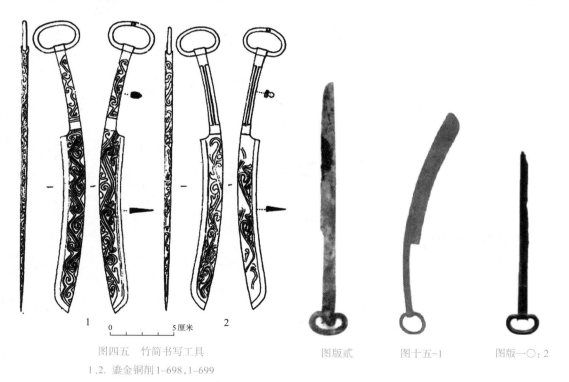

图四五　竹简书写工具
1、2. 鎏金铜削 1–698，1–699

图版贰　　　　图十五–1　　　　图版一〇：2

① 湖南省文物管理委员会《长沙出土的三座大型木椁墓》，《考古学报》1957年第1期。
② 河南省文物研究所《信阳楚墓》65—66页，文物出版社，1986年。
③ 钟志成《江陵凤凰山一六八号汉墓出土一套文书工具》，《文物》1975年第9期。
④ 南阳市文物研究所、桐柏县文管办《桐柏月河一号春秋墓发掘简报》，《中原文物》1997年第4期。
⑤ 《云梦睡虎地秦墓》编写组《云梦睡虎地秦墓》26页，文物出版社，1981年。

1987—1988年在山西临猗程村春秋墓出土削5件,形制相同,弧形背,凹刃,长柄,椭圆形环首,刃部剖面呈楔形,近锋处略窄于近柄处。M1072：2,长20.6厘米,刃宽1.7厘米(图103：1)。M0003：30,通长19.2厘米,刃宽1.8厘米(图103：2)。M0023：1,长21.5厘米,刃宽1.6厘米(图103：3)。①

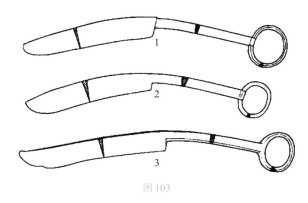

图103

关于削刀的用途,后德俊《楚文物与〈考工记〉的对照研究》：

楚墓中出土的削刀比较多,考古发掘中,削刀往往与其他工具在一起,江陵楚墓中曾有削刀与竹简、墨等在一起出土的实例。这也说明削刀是一种工具,是用来削制竹简的。削刀除了削制竹简外,还有一种功能就是为文字的书写进行改错。当竹简上的某个字写错了时,可用削刀将错字刮去重写,十分方便。可以这样说：在战国时期,竹简作为一种书写用品能得到较广泛使用的原因之一就是因为有了削刀。正是削刀的这一功能,所以笔者在《楚国科学技术史稿》一书中将削刀与竹简、毛笔、墨一起统称为楚国的"文房四宝"。当然,两千多年前的时候生产力比较低下,往往一器多用,削刀不仅用来制竹简,也用于其他方面,但其功能主要是"削"。②

陈振中《我国古代的青铜削刀》介绍至20世纪80年代所见青铜削刀的数量及分布：

削是刀的一种。削即是一种弧背凹刃的小刀,这里一并称为刀。本文只介绍主要作为工具的铜刀。属于殷周两代的青铜刀,各地都有大量出土。见于书刊的发掘品约有1 119件,出土自河南、陕西、山西、河北、天津、北京、山东、湖北、湖南、安徽、江西、江苏、上海、浙江、广东、广西、四川、云南、辽宁、内蒙古、吉林、甘肃、青海、新疆等24省(市、区)168个县295个以上的地点,此外,还有被定为这一时期的传世品青铜刀约106件,两者相加计有1 225件,连同早期铜刀,总数在1 264件以上。③

图2　西壁画像图

汉代画像石有腰间系书刀,朱启新《簪笔与白笔》：

1954年,山东沂南北寨村发掘了一座画像石墓,墓内前室的东壁和西壁横额上,发现两幅簪笔人物图。西壁图上的官员拜跪,戴进贤冠,簪笔,双手捧着簿册,腰间系一把带鞘的书刀(削)(图2)。图上所示簪笔,既与簿册配套,也同书刀有关。所簪之笔,取

① 中国社会科学院考古研究所等《临猗程村墓地》113—114页,中国大百科全书出版社,2003年。
② 后德俊《楚文物与〈考工记〉的对照研究》,《中国科技史料》1996年第1期。
③ 陈振中《我国古代的青铜削刀》,《考古与文物》1985年第4期。

下即书,书误可削删修改,三物相关,应是当时文具。[①]

《筑氏》: 欲新而无穷。

郑玄: 谓其利也。郑司农云:"常如新,无穷已。"

孙诒让: 注云"谓其利也"者,《说文·刀部》云:"利,铦也。"郑司农云"常如新,无穷已"者,谓久用之,常如新发于硎,无已时也。

敝尽而无恶。

郑司农云:"谓锋锷俱尽,不偏索也。"玄谓刃也,脊也,其金如一,虽至敝尽,无瑕恶也。

孙诒让: 注郑司农云"谓锋锷俱尽,不偏索也"者,锋谓刃末,锷即刃也,详《桃氏》疏。凡炼冶不精,用久则金恶者先销,故有偏索之患。此敝尽而无恶,则锋与锷同敝,无偏索之弊也。云"玄谓刃也,脊也,其金如一,虽至敝尽,无瑕恶也"者,敝与《轮人》"轮敝三材不失职"之敝义同。削,一面铦者为刃,一面钝者为脊。脊无刻削之用,金或不精。今脊金之精与刃同,故虽刃金销敝至尽,而不见瑕恶也。又案:郑说削刃脊盖止一面有刃;而《淮南子·本经训》高注云:"削,两刃句刀也。"依高说,削两面有刃,则当为剑脊,郑意似不如是也。[②]

关于"欲新而无穷,敝尽而无恶",后德俊《楚文物与〈考工记〉的对照研究》解释:

"欲新而无穷",是指削刀铸成后的开口磨励。"无穷",指削刀的刀刃可以磨励得很锋利。因削刀是铸制而成的,其刀口部分不可能铸得十分薄,铸成后必须经过开口磨励才能使用。江陵雨台山253号楚墓的时代为战国中期,该墓出土的一件削刀,其刀尖和刀刃还保留有削磨的痕迹。这表明,削刀不仅在铸成后要进行开口磨励,在使用的过程中当刀刃用钝之后也需要进行磨励。所以在楚墓的发掘中,出土有青铜工具时往往同时还有励石出土。例如河南信阳长台关楚墓出土的工具箱中,除去包括青铜削刀在内的工具外,还有一块励石。

"敝尽而无恶"。"敝",无用也,是指削刀的刃部开口时被磨励去的金属;"恶",不好也,指削刀刃部在开口磨励过程中或之后出现的因铸造等原因产生的砂眼等缺陷。上述两句话的整个意思是:铸成的削刀,在开口磨励后锋利无比,而且其刃部没有因铸造等原因而产生的砂眼等缺陷。[③]

---

① 朱启新《文物物语》30页,中华书局,2006年。
② 孙诒让《周礼正义》3912/3242—3243页。
③ 后德俊《楚文物与〈考工记〉的对照研究》,《中国科技史料》1996年第1期。

四

兵器

首　铤

茎、后珥

镡

腊　从

脊

身

锷（鄂）、刃

锋、末

1. 戈

戈

《冶氏》: 戈广二寸,内倍之,胡三之,援四之。

孙诒让:"戈广二寸"者,《说文·戈部》云:"戈,平头戟也,从弋,一横之,象形。"《方言》云:"凡戟而无刃,吴扬之间谓之戈。"赵溥云:"广二寸,总内与援胡言,三者皆径广二寸。疏谓广二寸只说胡广[①],则经当言胡广,不当说戈广也。"案:赵说是也。金榜说同。云"内倍之,胡三之,援四之"者,明戈诸体之长度,并以广为根数也。凡戈三体,援为横刃,主击,故最长;胡半刃,主决,次之;内即援本之入秘为固者,又次之。黄伯思《东观余论》云:"戈之制,两旁有刃,横置,而末锐若剑锋,所谓援也。援之下如磬折,稍刓而渐直,若牛颈之垂胡者,所谓胡也。胡之旁一接秘者,所谓内也。援形正横,而郑以为直刃,《礼图》从而绘之若矛槊然,误矣。盖戈,击兵也,可句可啄,而非用以刺也。是以衡而弗从。"程瑶田云:"戈之制有援,援其刃之正者,衡出以啄人。其本即内也。内衡贯于秘之凿而出之,故谓之内。援接内处下垂者,谓之胡。胡上不冒援而出,故曰平头戟也。近见山东颜崇槼所藏铜戈,以证冶氏制度,无不相合。铜戈之胡贴秘处,有阑以限之。阑之外复为物,上当内而垂下,广一二分,如胡之修而加长焉。盖恐内广二寸,仅足以持援,而或不足以持胡,致有摇动之患。为此物于秘凿之下,亦刻其凿以含之,则胡有所制而不能摇动矣。又于胡上为三空,内上为一空,殆于既内之后,复以物穿空处,约之以为固与?"又云:"戈戟谓之句兵,又谓之毄兵。其用主于横毄,故其著秘处,不用直戴,而用横内。戈戟之有内也,其名盖出于此。内者,于秘端却少许为凿,戈戟之内,以薄金一片,横内于其凿。内与凿柄之柄同义。非若矛之著秘者,为圜箭,空其中,而以秘贯之,如人足之胫,故名之为骹也。戈之著秘,横内于后,则其正锋必横出于前,如人伸手援物,故谓之援。援体如剑锋,既横出,则上下皆有刃,如剑之锷,锋以啄,上刃以桩,下刃以句。下刃之本,曲而下垂为刃,辅其下刃,以决人,所谓胡也。胡之言喉也,援曲而有胡,如人之喉在首下曲而下垂。然则胡之名,因援而有者也。"案:戈戟之制,汉时所传已误,故二郑所说形制与古器不合,《曲礼》孔疏亦沿其误,宋以后说戈制者亦多不得其解。惟黄氏、程氏据世所传古戈,就其形度,别为考定,其说特为精塙,校以经文,亦无不密合,信为定论矣。

郑玄:戈,今句孑戟也,或谓之鸡鸣,或谓之拥颈。内谓胡以内接秘者也,长四寸。胡六寸,援八寸。

孙诒让:注云"戈,今句孑戟也"者,《夏官·叙官》注同。郑意古戈胡横句,与汉时句孑戟形制同。然戟为刺兵,戈为句兵,形制绝异。汉句孑戟乃戟之别制,非即古之戈也。云"或谓之鸡鸣,或

[①] 引者按:"广二寸只说胡广"是臝栝贾疏(阮元《十三经注疏》915页中):"'戈广二寸'者,据胡宽狭。"王文锦本误加引号。

谓之拥颈"者,《方言》郭注谓大戈即鸡鸣、钩钤戟。《御览·兵部》引张敞《晋陈宫旧事》云[1]:"东列崇福门之右,鸡鸣戟十枚。"即此。拥颈,未闻。云"内谓胡以内接秘者也"者,此郑意谓戈有直刃,有横刃。其直刃谓之援,横刃谓之胡,内则其直刃之首近胡入秘者,故云胡以内接秘者也。然古戈平头,实无直刃,援乃其横刃,胡乃横刃之下,当援内相接处,为半刃下垂,附于秘者。注就汉时所传句子戟说之,与古戈制度并不合也。云"长四寸"者,谓内之长也。倍二寸故得四寸。云"胡六寸,援八寸"者,三二寸故得六寸,四二寸故得八寸也。

　　郑司农:援,直刃也。胡,其子。

　　孙诒让:郑司农云"援,直刃也"者,亦误以横刃为直刃也。云"胡,其子"者,子者小枝之名。《释名·释兵》说子盾云:"子,小称也。"故枝兵小枝亦谓之子也。先郑意亦以胡为戈之横刃,误与后郑同。[2]

　　李济《豫北出土青铜句兵分类图解》图解句兵各部位,见图1。[3]

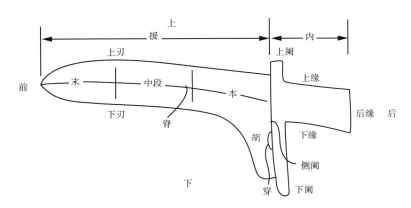

图1　句兵各部名称图解

　　郭宝钧《殷周的青铜武器》:"内是戈的纳入柄中横出秘后的柄部;援是横在秘前有锋有刃,可以勾杀的刃部。在内和援的交界处,多有左右突起的棱叫作阑,是用来阑阻戈援,使其不致后陷的。再有上下突出援本长约1厘米的窄条,叫作齿。齿与阑都是纳入柄槽中备缚绳用的。晚期的戈,更在援的下刃,接近戈柄处,再生出弯曲下垂的部分叫作胡,胡上的小孔叫作穿。穿也是预备穿绳以缠秘的。这是戈体上各部分的名称(图一)。"[4]

　　李健民、吴家安《中国古代青铜戈》对青铜各个部位的名称,尽量采用比较流行的说法,并加以图解说明(图二):"BⅢ型戈的a、b、c式是东周各诸侯国普遍使用的青铜戈。"[5]

─────────────

① 引者按:"陈"当为"东",见李昉等《太平御览》1621页下,中华书局,1995年。
② 孙诒让《周礼正义》3914—3916/3244—3246页.
③ 《中研院历史语言研究所集刊》第22本;引自《李济文集》卷三637页,上海人民出版社,2006年。
④ 《考古》1961年第2期。
⑤ 《考古学集刊》第7集106、118页,科学出版社,1991年。

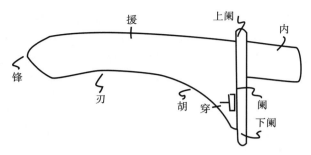

图一　戈头各部名称图

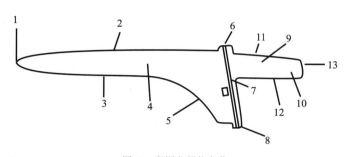

图二　青铜戈部位名称

1. 前锋　2. 上刃　3. 下刃　4. 援　5. 胡　6. 上栏　7. 侧栏　8. 下栏
9. 穿　10. 内　11. 上缘　12. 下缘　13. 后缘

　　"戈广二寸"，贾疏认为"据胡宽狭"，赵溥认为"总内与援胡言，三者皆径广二寸"。郭德维《戈戟之再辨》引用贾疏，指出"戈广二寸，内倍之，胡三之，援四之""这一段记载，如用周尺折合现代厘米去计算，出土文物中，没有一件能与之符合。若把胡宽（一般指最宽处）作为基数，其余按它的倍数去计算，对于曾侯乙墓出土的戈来说，却与这一记载基本相符，试举两例列表对比（见表一）。由表一可见，有关戈的记载和出土文物实际相差不是很大的"[1]。

表一
（单位：厘米）

器号	对比	通长	援长	胡长	胡宽	内长	铭文
北室 257	实测数	21	13.4	11.4	3.75	7.5	曾侯乙之走戈
	按《考工记》计算	21.5	14	11.25	3.75	7.5	
东室 150	实测数	14.1	9.1	7.2	2.4	4.8	
	按《考工记》计算	14.4	9.6	7.2	2.4	4.8	

[1] 《考古》1984年第12期。

已倨已句

《冶氏》：已倨则不入，已句则不决，长内则折前，短内则不疾。

孙诒让："已倨则不入，已句则不决"者，明戈援横出倨句之度也。凡戈之用，以援为主。援横出，微邪向上。若太昂，则倨；正平或微俛，则句：皆不适用也。程瑶田云："倨谓援倨于外博，太向上也。戈啄人盖横用之，太向上是以不能入也。句谓援句于外博，横啄之虽可入，然太向下，与胡相迫，是以入而难决断也。倨句外博，则二病除。"云"长内则折前，短内则不疾"者，明内长短之度也。程瑶田云："前谓援也。内长则重，而援转轻，轻则为重者所累，故易掉折，亦啄而不能入也。内短则轻，而不足以为援助，故入之而不疾也。二病①弗除，虽倨句外博，戈亦未尽善也。"

郑玄：戈，句兵也，主于胡。已倨，谓胡微直而邪多也，以啄人，则不入。已句，谓胡曲多也，以啄人，则创不决。胡之曲直锋，本必横，而取圜于磬折。前谓援也。内长则援短，援短则曲于磬折，曲于磬折则引之与胡并钩。内短则援长，援长则倨于磬折，倨于磬折则引之不疾。

孙诒让："戈，句兵也"者，贾疏云："下文《庐人》云'句兵欲无弹'，郑注云：'句兵，戈戟属。'是戈为句兵也。"云"主于胡也"者，程瑶田云："注意以句之名，由横者而生，定胡为横刃，故谓胡为戈之主。其实主于援，援其横刃也。"云"已倨，谓胡微直而邪多也"者，谓刃直太侈向上，邪势多也。然经云倨句并据援言之，郑谓据胡言，并误。云"以啄人，则不入"者，刃向上多，则下击其锋不正，故不能入也。金榜云："戈击人，若鸟之开口啄物然，注释为啄人，取其象类。"云"已句，谓胡曲多也"者，《说文·句部》云："句，曲也。"刃大屈向下，曲势多也。云"以啄人，则创不决"者，《广雅·释诂》云："创，伤也。"《曲礼》郑注云："决犹断也。"言胡过曲，则啄人虽伤，而不能割断也。云"胡之曲直锋，本必横，而取圜于磬折"者，贾疏云："胡子横捷微邪向上，不倨不句，似磬之折杀也。"案：贾说非郑意也。郑盖谓胡为戈之横刃，其本虽横出正平，其外却微邪向下，与直刃为圜势，其折处若圜之钝角，与磬折相似也。贾谓子微邪向上，则正与注义相反矣。云"前谓援也"者，谓援在胡前也。然郑意援为直刃，出胡前，故以前为援，与经之援为横刃出胡前者不合，义虽无违，而形制失矣。云"内长则援短，援短则曲于磬折，曲于磬折则引之与胡并钩"者，贾疏云："曲于磬折，由胡向上近援，胡头低，胡头低则胡曲于磬折也。胡既与援相近，故援共胡并钩，并钩则援折，故云折前也。"诒让案：郑意以内长则横刃近下，前之直刃不得不短，其刃短则其锋接横刃近，若微曲而内向有横刃之一边，引之则与横刃并钩矣。云"内短则援长，援长则倨于磬折，倨于磬折则引之不疾"者，贾疏云："以其由胡近下安之，则头舒，头舒则倨于磬折也。以头舒，则引之不疾也。"程瑶田云："长内短内二语，释内之所以四寸，以配援之八寸，于倨句无与也。"案：程说是也。郑意以内短则横刃近下，前之直刃不得不长，直刃长则锋接横刃远，必渐倨，若外向无横刃之一边，而引之不疾矣。以上诸义，并

---

① 引者按：乙巳本、程瑶田《考工创物小记》（阮元《清经解》第3册726页中）并作"二病"。此"二病"与上文引程瑶田"则二病除"，并属"不入、不决、折前、不疾之四病"。王文锦本从楚本涉上讹作"二疾"。

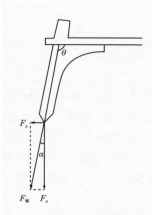

图二　戈的啄击力 $F_{啄}$ 分解图示

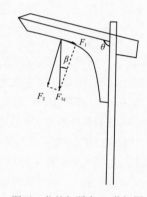

图三　戈的勾斫力 $F_{勾}$ 分解图示（ $\beta = \theta - 90$ ）

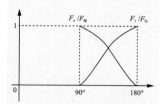

图四　$F_a / F_{啄} = \cos(\theta - 90)$
$F_1 / F_{勾} = \sin(\theta - 90)$

是郑以意说之。实则经言倨句，既不取圜于磬折，而内之长短与倨句尤不相蒙，郑说并非经义。[1]

姚智辉、范云峰《〈考工记〉"戈体已倨已句二病"新探》分析援与胡夹角对戈戟杀伤力的关系："实战中，啄击和勾斫往往表现为一个连贯的动作，后者是前者的延续，而不是两个截然分开的动作。但二者之间却存在着质的区别，主要表现在兵器的着力点、施力方向及作用原理三个方面。啄击时，着力点在援的锋部，兵器沿弧线向下或横向挥出，借助惯性刺入人体。勾斫时，着力点在援的下刃，作用力的方向向后，与戈柲平行，相当于一个长柄的大镰刀往回拉。啄之功效在于入，勾之功效在于决（断）。啄击时，要求援与胡的夹角在90°左右，援锋着力正，效果最佳。当援与胡的夹角大于90°时（图二），戈的啄击力会发生分解，其中有效分力 $F_a = F_{啄}\cos(\theta - 90)$，$F_b$ 为无效分力。勾斫则要求援与胡的夹角大于直角，从而沿援的刃部产生一个横向的切割力 $F_1 = F_{勾}\sin(\theta - 90)$，如利刃划过，有利于切开创处，形成较深的切口，以致敌于死命（图三）。并且，当戈击中人体或其他物体后，F_1 起到克服阻力，使戈援向后退刃的作用，从而避免兵器毁损。F_2 起到类似于青铜剑的劈砍作用。由于铜合金不及钢铁坚韧，其劈砍功能并不理想，如青铜剑的使用即注重直刺功能，而不以劈砍为主[2]。所以上述 F_2 的作用有相当大的局限性，必须有一定大小的 F_1，才能保证勾斫的功效（θ 大于90°，角 α 的大小会随着击中对方身体部位高度的不同而变化，考虑到戈柲较长，这一变化可忽略。$\alpha = \theta - 90$）。戈体援与胡的夹角 θ 越大，F_1 越大，而 F_a 就越小（图四）；即勾斫效果提高的同时，啄击的效果会随之衰减。可见，援与胡夹角的大小直接关系到戈、戟勾斫和啄击性能的发挥，如何统筹二者之间的矛盾，选择合理的角度，对其杀伤力来说至关重要。"[3]

姚智辉、范云峰《〈考工记〉"戈体已倨已句二病"新探》指出"《考工记》中'戈体已倨已句二病'分别是指戈的两种主要功能——啄击和勾斫对于其形制的要求"，认为程瑶田说"虽对戈体'已倨'之病有较为清楚的认识，但对于'已句'之病难

① 孙诒让《周礼正义》3916—3918/3246—3248页。
② 肖梦龙、华觉明、苏荣誉、贾莹《吴干之剑研究》，《吴国青铜器综合研究》，科学出版社，2004年。
③ 《中原文物》2010年第2期。

以做出确切的解释"，"正确的解释应为：如果戈援与胡夹角过大，啄击时着力不正，就会啄不进；如果夹角太小，勾斫时，就会割不断创处，不能致命。所以，戈援与胡的夹角要稍大于直角，以兼顾这两种功能"，《考工记》的记载说明古人在创造和长期使用勾兵过程中，清楚地认识到其啄击和勾斫功能之间的区别。青铜戈、戟上千年的形制演变，包括装柲方式的改进和援、胡夹角的变化，都是围绕着这两大功能进行的，呈现出明显的规律性。'戈体已倨已句二病'正是对戈、戟形制演变规律的理论总结"①。

倨句外博

《冶氏》：是故倨句外博。

孙诒让："是故倨句外博"者，程瑶田云："倨句外博，专承已倨已句二语而定之。戈之刃在援与胡，其用以为句兵也，主于援，故其发敛之度，以援与胡定倨句之形，而曰倨句外博。外博云者，不中矩之云也。"又云："戈之援，昂然如桥衡。其衡不与内之平相应，故戈之倨句外博。外博者，援与胡纵衡②不正方也。所以然者，戈无枝，其上徒平，故使其援外博焉，而不令中矩也。倨句外博者，外博于矩也。"案：程说是也。此经说制器曲折形势，凡侈者曰倨，敛者曰句，合校其角度之锐钝，则曰倨句，《乐记》云"倨中矩，句中钩"是也。互详《车人》疏。

郑玄：博，广也。倨之外，胡之里也。句之外，胡之表也。广其本以除四病而便用也。俗谓之曼胡，似此。

孙诒让：注云"博，广也"者，《磬氏》注同。《广雅·释诂》云："广，博也。"郑意博即上文"戈广二寸"之广。然经"外博"，实言外侈，与广度不相涉，郑未得其义。云"倨之外，胡之里也"者，金榜云："外读如'大防外埩'之外。戈广二寸，广于二寸外者，谓之外博。胡上邪与援接，取圆磬折者为倨，由倨下度之，博逾二寸者为倨之外博，故外为胡里也。"诒让案：郑意横刃之锋邪向内，其近直刃者为倨，其近内者为句。自倨处视之，则胡里句者为外，故云"倨之外，胡之里也"。云"句之外，胡之表也"者，金榜云："胡下横与援接者为句。由句上度之，博逾二寸者为句之外博，故外为胡表也。"诒让案：郑意自句处视之，则胡外倨者为外，故云"句之外，胡之表"。云"广其本以除四病而便用也"者，郑意倨外者博，则横刃之本当句处者博矣；句外者博，则本之当倨处者亦博矣。表里俱博于二寸，是其本之广也。欲其除不入、不决、折前、不疾之四病。然经外博，实言援胡倨句之度。援侈邪指，外不谓胡之表里，博亦非谓广于二寸，郑说亦并非经义。云"俗谓之曼胡，似此"者，证戈横刃本广，故有曼胡之称也。曼胡义，互详《鳖人》疏。金榜云："《方言》：'凡戟而无刃，秦晋之间谓之钪，或谓之镘，吴扬之间谓之戈，东齐、秦、晋之间谓其大者曰镘胡，其曲者谓之钩钪镘胡。'郭注云：'即今鸡鸣、钩钪戟也。'"③

① 《中原文物》2010年第2期。
② 引者按："衡"原作"横"，据孙诒让校本改。
③ 孙诒让《周礼正义》3918—3919/3248—3249页。

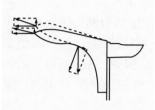

图六　戈啄、勾两种功能的兼顾

姚智辉、范云峰《〈考工记〉"戈体已倨已句二病"新探》认为"'倨句外博'是戈戟形制演变的主要趋势":"战国早期,由于冶铸技术的进步,戈援开始由直刃变成弧刃,援体变弯,首部下勾。这一变革,使戈援的上仰突破限制,与秘的夹角进一步增大,战国中期达到110°,戈戟的形制臻于完善,较好地兼顾了啄、勾两种功能,杀伤力发挥到极致(图六)。首先,援的上、下刃均为弧形,尤其是下刃为两度弧曲,在中部靠前位置有一拐点,这种设计可能是受到了吴越剑的影响。春秋时期,吴越剑前锋内敛,形成凹弧状(两度弧曲),这种'流线型'设计有利于穿刺和退刃。战国中晚期戈援下刃也为两度弧曲,呈凹弧状。加之援锋锐尖,援体狭长,啄击时阻力减小,有利于击穿敌人的甲胄。其次,援的下刃弧线过拐点后上折,再下弯与胡刃相连形成圆弧,使勾斫性能大为提高。"①

2. 戟

《冶氏》: 戟广寸有半寸,内三之,胡四之,援五之,倨句中矩,与刺重三锊。

孙诒让:"戟广寸有半寸"者,亦通内胡援刺四者言之。程瑶田云:"戈戟并有内,有胡,有援,二者之体,大略同矣。其不同者,戟独有刺耳。是故《说文》曰'戈,平头戟也',然则戟为戈之不平头者矣。又曰'戟,有枝兵也',然则戈为戟之无枝者矣。《说文》言枝,《考工记》言刺,枝刺一物也。"云"内三之,胡四之,援五之"者,戟胡长与戈同,内则赢于戈半寸,援则胁于戈半寸,制形与戈同。云"倨句中矩"者,程瑶田云:"戟之制,内也、胡也、援也,犹之乎戈之内也、胡也、援也。其刺则胡上冒援而枝出者也。内、胡、援、刺,四物相际,交午于中,不似戈形三相际,平其上而不交午也。戟之援衡如内之平,而内小郤焉。倨句中矩,中矩云者,援与胡一纵一横,适正方也。"云"与刺重三锊"者,亦明戟金全体之重也。程瑶田云:"戈戟广之数,援之数,胡

---

① 《中原文物》2010年第2期。

之数，内之数，并有纪，惟戟之刺无度。然二者并重三锊，而戈形或丰于戟。两相较焉，取其戈之所有余者，以与戟之刺，刺亦如戟之广，则其长当六寸与？司马相如《上林①赋》有'雄戟'，张揖注云'胡中有鉅者'②，盖言有刺如鸡距。《增韵》云：'凡刀锋倒刺皆曰距。'"然《说文》解刺为直伤③，且以有枝对平头，其非倒刺明矣。有刺谓之雄戟，其名甚正。而曰鉅在胡中，是为倒刺，《记》曰"已句则不决"，戟中矩，视戈为句矣，胡中设又加刺，岂能决乎？盖所传闻异辞矣。又云④："'戟广寸有半寸，内三之，胡四之，援五之'，三事并之，长十八寸，与戈三事并数同其长，而杀于戈之广者四分之一，则轻于戈者亦四分之一矣。取所杀之长，截之为三，而并之成广寸半，长六寸，以之为刺，加于胡之上，适与戈同其重，故《记》云'与刺重三锊'也。"阮元云："戟之异于戈者，以有刺。刺同援长，可省言刺五之，但曰与刺而已。"又记歆程敦所拓古戟，其刺直上出于柲端，与旁出之援絜之，正中乎矩，且刺与援长相同，可以为《考工》之证。诒让案：《淮南子·泛论训》云："古之兵，修戟无刺。"高注云："刺，锋也。"盖戟有直锋，故谓之刺。戟制，二郑所说亦误，程、阮二说得之。阮所见古戟，胡内有文云："龙伯作奔戟。"铭度相应，尤为塙证。惟程以戟与戈广杀而重同，推刺当长六寸，与胡等；而阮所见古戟，刺之度乃与援同，长于胡。案：此记"与刺"冢上"援五之"为文，明刺度与援同，故不别出。阮图出于目验，亦较程说尤确。

郑玄：戟，今三锋戟也。内长四寸半，胡长六寸，援长七寸半。三锋者，胡直中矩，言正方也。郑司农云："刺谓援也。"玄谓刺者，著柲直前如镡者也。戟胡横贯之，胡中矩，则援之外句磬折与？

孙诒让：注云"戟，今三锋戟也"者，《释名·释兵》云："戟，格也，旁有枝格也。"《方言》云："三刃枝，南楚、宛、郢谓之匽戟。"郭注云："今戟中有小孑刺者，所谓雄戟也。"程瑶田云："郑意，据司农刺为援，是以刺援为一物，与胡仅两锋耳，故以今戟三锋破其说。"诒让案：古戟止刺援二锋，胡则有锷而无锋，以其附柲也。汉之三锋戟，盖直刃二，与横刃一而三，与古戟刺不同。郭所云"小孑刺"，即中之直刃也。云"内长四寸半"者，戟广寸半，三之，得四寸半也。云"胡长六寸"者，以四乘寸半，得六寸也。云"援长七寸半"者，以五乘寸半，得七寸半也。云"三锋者，胡直中矩，言正方也"者，郑意戟有三锋，中直刃为刺，旁二刃，其一横出者为胡，其一本横而外句微直向上者为援；经言中矩，即指横刃旁出正平，无邪曲⑤，与戈之横刃取圆于磬折者异也。《史记·司马相如传》索隐引《礼图》云："戟支曲下为胡也。"此说又与郑异，不知何据。郑司农云"刺谓援也"者，凡刃直出曰刺。先郑以戈援为直刃，故以戟刺即为援。然刺直伤，援横击，实为二刃。此并而一之，与经不合，后郑亦不从。云"玄谓刺者，著柲直前如镡者也"者，《曲礼》"进戈者前其镡，后其刃"，注云："锐底曰镡。"《庐人》先

① 引者按："雄戟"出自司马相如《子虚赋》，非《上林赋》（中华书局《文选》120页下）。
② 引者按：张揖注仅有"胡中有鉅者"（中华书局《文选》120页下），王文锦本误将"盖言有刺如鸡距"视作张揖注。
③ 引者按：程瑶田《考工创物小记·冶氏为戈戟考》引"雄戟"张揖注"胡中有鉅者"，认为这是"盖言有刺如鸡距"，接着说："鸡距出踵后，今戟刺在内之后，正符鉅名。注曰'胡中'，恐言之未审，今据字义宜言胡后，古戟之刺正在后，抑又信而有征者也。"（阮元《清经解》第3册715页中）后来又在引用《增韵》云"凡刀锋倒刺皆曰距'"之后说："今内有刃出于柲后如鸡距，惟戟有之。"（阮元《清经解》第3册722页下）可见他坚持"戟刺在内之后"说。"然《说文》解刺为直伤"以下则是孙疏，据《说文》解"刺"为"直伤"，且以"有枝"（戟，有枝兵也）对"平头"（戈，平头戟也），证明"其非倒刺"，这是对程瑶田说的辩驳。王文锦本引号有误。
④ 引者按："又云"以下另起引程瑶田《冶氏为戈戟考》（阮元《清经解》第3册716页中），王文锦本引号有误。
⑤ 引者按："邪曲"与"正平"相对。王文锦本从楚本讹作"衺曲"。

郑注云："刺谓矛刃胸也。"后郑不知戈戟刃皆横著于柲，与矛刃之直冒于柲者不同，而误谓刺即戟直刃之胸著柲，直前而锐其端，与兵器之镈略相似，故云如镈也。云"戟胡横贯之"者，谓横贯刺之近本处也。云"胡中矩，则援之外句磬折与"者，程瑶田云："郑意胡既横贯于刺，中矩，则援必不中矩，邪① 出于刺，其外句成磬折，而为三锋矣。然胡横贯于刺，其用止能横毇，若斩首，必不能决；而援邪倚于刺，即以刺人，亦恐难胜任也。"案：程说是也。郑盖谓戟横刃直出，与刺为中矩，惟旁出之直刃外句，亦取圆于磬折，云外句者，别于戈横刃之内句也。通校经注，盖戈戟本制，并横著于柲。戈上一横刃，平出而微昂，谓之援。援之下直下，其半为刃，半无刃，附于柲者，谓之胡。与援相接，横贯于柲者，谓之内。戟则二刃，援胡与戈正同，惟援上别为一刃直出者，谓之刺；而援则正平，不昂起，与戈异。此古制也。先郑所说之制，则戈戟并二刃，戈之直刃上出者为援，其横刃下句者为胡，援之下直冒于柲者为内；戟援内并与戈同，惟胡横出正平，与戈胡之下句者异。此其所说戈制全误，戟制则与古戈相类，而以刺为援，以援为胡，又其著柲以横穿为直冒，则与古戈制亦不合。后郑之说戈制与先郑同，而戟则三锋，中一直者谓之刺，两旁二小刃，一横出正平者为胡，一本横出而锋上句者为援；其著柲亦并以横穿为直冒。盖沿先郑之说而少变之，其误尤甚。今谨据程、阮所考纠正之，而综论其义于此。②

郭德维《戈戟之再辨》"把胡宽（一般指最宽处）作为基数，其余按它的倍数去计算"，发现"对于戟来说，实际情况与《考工记》所载，就有一些距离。……由表二可以看出，第一个戟头援的长度比文献记载的均要长。从出土文物来看，戈头与戟头虽然外表形状大体相似，但实际是有区别的。一般戈身均较短（主要是援短），援较宽，脊不太厚；而戟头的援窄而细长，脊厚。《考工记》正反映出两者间这一点差异。从这一角度看，《考工记》的记载大体符合当时的实际。由是观之，戈与戟的主要区别之一就是戟头较戈头窄而瘦长"③。

表二 （单位：厘米）

器号	对比	通长	援长	胡长	胡宽	内长	铭文
北室 130：1	实测数	24.2	16.7	10.6	2.5～3	7.3	曾侯邸之行戟
	按《考工记》计算		12.5～15	10	2.5～3	7.5	
北室 209：1	实测数	24.4	17.2	11.4	2.4～3.2	7.1	曾戟乙之用戟
	按《考工记》计算		12～16	9.6～12.8		7.2	

对于程瑶田说，郭沫若《说戟》认为尚有可商榷处："第一，细读《冶氏》之文，分明言'与刺重三锊'，则于胡、援、内之戈体以外，尚有不属于戈体之'刺'，'与'之合计始'重三锊'也。戟叶狭于戈，而各部之总长与之相等，其重自必轻于戈，虽其比例不必即如程氏所推算者为'四分之一'（因戈与戟之厚薄是否相等，《记》文并未言明）。惟其稍轻，故加'刺'始能同重。故就文法而言，'刺'之为物终当与胡、援、内等之戈体分离而后始可言'与'。今程氏云："'与刺重三

---

① 引者按：乙巳本、楚本、程瑶田《考工创物小记》（阮元《清经解》第3册717页下）并作"邪"，王文锦本排印讹作"衺"。
② 孙诒让《周礼正义》3922—3925/3251—3253页。
③ 《考古》1984年第12期。

铻"者是刺虽连内，而实长出于内之外。'以此释'与'字，殊甚牵强。……第二，传世古戈，其内末之有刃者，依程说当为戟矣，然其铭则并不名以戟，而每每名之以戈……凡此均程说之反证。此所示者即内末有刃者古亦为戈。即戈之内末可以有刃，可以无刃；犹他戈之可以方，可以圆，可以凹其下角作矩形，可以穿孔，可以镂花。内末之变形至不一，未可执其一以为戈与戟之辨也。"[1]

戟的最主要特征，郭沫若《说戟》认为在于有"刺"："故余意戟之异于戈者必有'刺'……而'刺'则当如郑玄所云'著秘直前，如铧者也'。此物当如矛头，与戟之胡、援、内分离而著于秘端，故《记》文言'与'。'刺'与戟体本分离，秘腐则判为二器，故存世者仅见有戈形而无戟形也。"[2]郭德维《戈戟之再辨》则认为"戟的本义，就应是多戈，有没有刺，不是戟的最主要特征，最主要的特征，是枝兵"："戈与戟的第三个主要区别在于：戈是句兵，戟是枝兵。历代的注家，皆言戟为枝兵，但对枝兵的理解有不同。《释名》：'戟，格也，傍有枝格也。'《增韵》：'双枝为戟，单枝为戈'，程瑶田后以内末有刃之戈为戟，另拟一图，认为这即是'双枝为戟'[3]。郭沫若力主'戟之异于戈者必有刺……对直刃之刺而言则援与内为枝，故戟为"有枝兵"'[4]。唐释慧苑也提出过：'按《论语图》：戈形，旁出一刃也；戟形，旁出两刃也。'[5]现在根据出土实物来看，戈矛结合在一起，按郭沫若的说法，对戈来说，矛是分枝，对矛来说，戈也是分枝，因此应称为枝兵，这一看法无疑是正确的。然而，尚不全面，双戈头或三戈头，不论带不带矛，无疑也是枝兵，因此也是戟。这样，我们就比较容易理解'戈，戟也；戟，戈也'的含义。就一件戈来说，可以称之为戈，戈若与矛或与另一件戈结合，就应称之为戟。而'戟'字从戈，也可见它是由戈演变来的。"[6]

郭沫若《说戟》论戈戟之进化："凡最古之戈仅有援有内，而无胡。……故戈之有胡当为戈之第一段进化，其事当在东周前后，因而可以推知《考工记》之文亦不甚古。……内末之有刃，又戈之第二段进化。……使戈体之前后左右均具锋芒矣。……内末之刃以专备句啄之用。……戈之第三段进化则

郭沫若《说戟》

① 郭沫若《殷周青铜器铭文研究》189—200页，科学出版社，1961年。
② 郭沫若《殷周青铜器铭文研究》189—200页，科学出版社，1961年。
③ 程瑶田《冶氏为戈戟考》，见程著《考工创物小记》（见《皇清经解》卷五三七）。
④ 郭沫若《说戟》，载《殷周青铜器铭文研究》，科学出版社，1961年。
⑤ 转引自程瑶田《冶氏为戈戟考》。
⑥ 《考古》1984年第12期。

当是柲端之利用,戟之著刺是已。……古戟至秦汉而制改。……刺与援内合而为一体,更进则古戟之内变而为鎲矣。"[1]

郭宝钧《戈戟余论》根据发掘结果,重为表列,补正郭沫若所论:[2]

句兵演化顺序表

进化阶段	形 制	时 代	备 注
第一级	天然兽角	石器时代以前	可假名为角兵时代此时人类尚未能制造石器仅利用树枝及天然骨角为兵器
第二级	无胡无穿石戈	石器时代	如安迭生所拟参看中国远古之文化
第三级	无胡无穿铜戈	殷代	参看安阳报告第三期俯身葬图版五
第三级	无胡无穿勾内铜戈	殷周之际	参看安阳报告第三期俯身葬图版六
第四级	短胡一穿铜戈	西周	说明见后
第四级	戈之分化一……钩	起于春秋初叶	说明见前
第四级	钩之分化二……戟	起于春秋中叶	说明见前
第五级	长胡多穿铜戈	……战国……?	待证
第六级	内二胡三援四比例有定之铜戈	考工记时代	

3. 剑

剑

《总叙》: 郑之刀,宋之斤,鲁之削,吴粤之剑,迁乎其地,而弗能为良,地气然也。

孙诒让: 云"吴粤之剑"者,《土地名》云:"吴,吴郡吴县。"案: 今属江苏苏州府。吴粤出金锡,利以为剑,故《庄子·刻意篇》云"干越之剑",彼《释文》引司马彪云"干,吴也,吴越出善剑"是也。剑,详《桃氏》疏。[3]

---

[1] 郭沫若《殷周青铜器铭文研究》193—195页,科学出版社,1961年。
[2] 《中研院历史语言研究所集刊》第五本第三分,1935年;引自《历史语言研究所集刊》第五册318—319页,中华书局,1987年。
[3] 孙诒让《周礼正义》3758—3759/3118—3119页。

　　"吴粤之剑"，春秋时期的吴越简直成了"宝剑之乡"了，杨泓《剑和刀》："近几年来在考古发掘中获得的吴越铜剑，更是提供了有力的实物例证。这些铜剑中，有几把上面带有吴王或越王造剑的铭文，比较重要的有山西原平峙峪出土的吴王光剑[①]，湖北襄阳蔡坡十二号墓出土的吴王夫差剑[②]和河南辉县发现的另一把吴王夫差剑[③]，另外，还有在安徽淮南市蔡家岗蔡墓里出土的吴王夫差大子'姑发间反'剑[④]。出土的重要的越王剑，有湖北江陵出土的两把越王剑——望山一号墓出土的越王勾践剑[⑤]和藤店一号墓出土的越王州句剑[⑥]。特别是望山一号墓里获得的那把越王剑，出土时完好如新，锋刃锐利，制工精美，全剑长55.7厘米，剑颈缠緱还保留着清晰的痕迹，剑格饰有花纹而且嵌着蓝色琉璃，剑身满布菱形的暗纹，衬出八个错金的鸟篆体铭文，为'越王鸠浅自作用铴'八字，鸠浅就是那位卧薪尝胆的勾践。"[⑦]钟少异《龙泉霜雪：古剑的历史和传说》："东周时期的吴越铜剑，今天有不少遗留于世。其中有一些是传世品，有一些是自50年代以来在各地陆续发掘出土的。由于绝大部分剑上铭有吴王或越王之名，故能肯定地被确定为吴越之剑。它们不仅剑型相同，而且装饰的方法、铭文的格式也很一致。……从吴王阖闾至越王朱句，年代相当于春秋晚期至战国初期，这几位吴王和越王之剑（图一八），不仅所占的数量多，而且器型最为完美，铸作最为精细。与之相比，早期的诸樊剑器形短小，尚不成熟；晚期越王之剑则铸工平平，铭文字体简省，有衰颓之势。将铜剑实物的上述特点与文献记载相印证，我们就可以看出，从春秋晚期至战国初期，吴越铜剑正值鼎盛。如果说吴越铜剑是在春秋晚期臻于成熟完备，那么它的盛期则延续到了战国前期。在前后一百多年的时间里，吴越铜剑遥领风骚。所谓吴越出宝剑，当就是指这个时期的吴越地区。"[⑧]

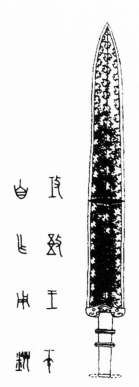

图一八　吴王光（阖闾）铜剑
春秋晚期　山西原平峙峪
出土

① 戴遵德《原平峙峪出土的东周铜器》，《文物》1972年第4期。
② 襄阳考古训练班《襄阳蔡坡墓出土吴王夫差剑等文物》，《文物》1976年第11期。
③ 崔墨林《河南辉县发现吴王夫差铜剑》，《文物》1976年第11期。
④ 安徽省文化局文物工作队《安徽淮南市蔡家岗赵家孤堆战国墓》，《考古》1963年第4期；陈梦家《蔡器三记》，《考古》1963年第7期。
⑤ 湖北省文化局文物工作队《湖北江陵三座楚墓出土大批重要文物》，《文物》1966年第5期。
⑥ 荆州地区博物馆《湖北江陵藤店一号墓发掘简报》，《文物》1973年第9期。
⑦ 《社会科学战线》1979年第1期，引自杨泓《中国古兵器论丛》增订本118—119页，文物出版社，1985年。
⑧ 生活·读书·新知三联书店，1998年，39、40、42页。

《桃氏》：桃氏为剑，腊广二寸有半寸。

孙诒让："桃氏为剑"者，桃，名义未详。疑即斛之假字，《说文·斗部》云："斛，一曰利也。《尔雅》曰：'斛谓之疀。'"《有司彻》"桃匕"，注云"桃谓之歃"，即用《雅》训，而以桃为斛，是其证也。刀剑锋锐利，有似匕舌，故以名工。《说文·刃部》云："剑，人所带兵也。"《释名·释兵》云："剑，检也，所以防检非常也。又敛也，以其在身，拱时敛在臂内也。"云"腊广二寸有半寸"者，明剑身一面之横度也。腊广者，中为一脊，左右两从，合为一面，谓之腊。其横径之度，广二寸半，则腊上下周匝盖围五寸。知非两面之广者，下首广兼言围，则云"参分其腊广，去一以为首广而围之"，此不言围之，是仅言横径，不兼围度可知。假令以二寸有半寸分为二面，则一面止得一寸四分寸之一，于今度不逾八分，其腊太狭，知其非也。

郑玄：腊谓两刃。

孙诒让：注云"腊谓两刃"者，剑刃为薄匕形，犹《聘礼》栖匕之撎，故谓之腊。贾疏云："两面各有刃也。"

两从半之。

孙诒让："两从半之"者，此明分腊广为二之度，以其从夹剑脊，故云两从。脊中隆起，分为两刃，故其横径适得腊广之半度。半之者，自脊中分，两边各广一寸四分寸之一也。

郑司农云："谓剑脊两面杀趋锷。"

孙诒让：注郑司农云"谓剑脊两面杀趋锷"者，锷，《说文·刀部》作"劋"，云："刀剑刃也。"凡剑，自脊以下，杀之渐薄，以趋于刃。《战国策·赵策》赵奢说剑云："夫毋脊之厚而锋不入，无脾之薄而刃不断。"脾即所谓锷也。贾疏谓锷即锋。案：锋，《说文·金部》作"鏠"，云"兵端也"。盖即剑末。《庄子·说剑篇》锋锷两出。贾合为一，失之。《庄子·释文》引一说云"锷，剑棱也"，则误以锷为即剑脊，亦非。

以其腊广为之茎围，长倍之。

孙诒让："以其腊广为之茎围，长倍之"者，明剑柄围长之度也。茎纤细挺直，含贯夹木之中，义盖与桯相近。程瑶田云："茎者，人所握者也。茎之言颈也，在首下。以腊广为之围，则参分腊广之一，其茎围之径也。"案：程说是也。茎围二寸半，其形正圆，径盖八分强也。

郑司农云："茎谓剑夹，人所握，镡以上也。"玄谓茎在夹中者，茎长五寸。

孙诒让：注郑司农云"茎谓剑夹，人所握，镡以上也"者，金榜云："剑夹以木为之，桃氏攻金之工，而明剑夹大小之数，殆非也。"程瑶田云：'《庄子·说剑篇》：'天子之剑，以燕溪、石城为锋，齐岱为锷，晋、魏为脊，周、宋为镡，韩、魏为夹。诸侯之剑以知勇士为锋，以清廉士为锷，以贤良士为脊，以忠胜士为镡，以豪杰士为夹。'据其所次者言之，则锋者其端也，锷者其刃也，脊者身中隆者也，镡者其首也，夹次镡后，继夹遂言包裹。《释文》司马彪云：'夹，把也。'先、后郑亦并以人所握者为夹，是谓茎外著木，如今之刀剑拊者。先、后郑目验汉剑，亿之以为说，故与记文违异。"又云："《说文》云：'镡，剑鼻也。'《释名》云：'旁鼻曰镡。镡，寻也，带所贯寻也。'《广雅》云：'剑珥谓之镡。'《庄子·释文》：'镡，《三苍》云"剑口也"，徐云"剑环也"，司马云"剑珥也"。'又引一云'镡从棱向背，铗从棱向刃也'。《汉书·韩延寿传》注曰：'镡，剑喉也。'又曰：'似剑而小陕。'又案：《说文》云：'璏，剑鼻玉也。'《玉篇》璏与镡同释，并云剑鼻也。《王莽传》莽进玉具宝剑于孔休，解其璏。苏林曰：'璏，剑鼻也。'《隽不疑传》'带櫑具剑'，应劭曰：'櫑具，木标首之剑，櫑落壮大也。'晋灼曰：'古长剑首以玉作井鹿卢形[①]，上刻木作山形，如莲花初生未敷时。今大剑木首，其状如此。'然则剑鼻玉谓之璏，以物施置其上则曰具，并谓剑首。古剑首铸铜为之，后世界其制，而饰之以玉与？"案：程释镡为剑首，甚精核，深合郑恉。贾疏谓二郑意剑夹是柄，茎又在夹中，即剑镡，非也。凡剑把著木，所以便握击，古今制当不异。今所传古铜剑，木夹皆已朽，故不可见，非古剑把不著木也。先郑释茎为人所握，不误；但以茎为夹，不知茎函夹内，金木异材，则其疏也。云"玄谓茎在夹中者"，后郑不从先郑说，谓茎在夹中，明与夹异材也。戴震云："刃后之铤曰茎，以木傅茎外便持握者曰夹。"云"茎长五寸"者，即茎围之倍数也。[②]

　　为理解桃氏剑制，必须先了解东周时期对于剑器各部位的特定名称，钟少异《龙泉霜雪：古剑的历史和传说》综合戴震、阮元、程瑶田、孙诒让、林巳奈夫、孙机诸位的合理观点，参以出土实物，作了图示（图三四）："明确了古剑各部位的名称，桃氏剑制的内容也就清楚了……桃氏剑制是第一个用文字记录下来的铜剑形制标准，它反映了春秋战国之际中原铜剑的情况，而又有所理想化，高于现实，这就在一定程度上起到了促进剑型规范化的作用。"[③]

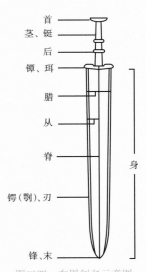

图三四　东周剑名示意图

后

《桃氏》：中其茎，设其后。

　　孙诒让："中其茎，设其后"者，明剑把之饰也。程瑶田云："中其

---

① 引者按："古长剑"下原脱"首"字，则"以玉作井鹿卢形"的就是剑而非剑首；"木作山形"上原脱"刻"字，则不知"山形"何以然，据程瑶田《考工创物小记·桃氏为剑考》（阮元《清经解》第3册730页上）补。
② 孙诒让《周礼正义》3925—3927/3253—3256页。
③ 生活·读书·新知三联书店，1998年，87—89页。

茎者何？当茎长之中也。《史记·孟尝君传》'冯煖有一剑，又蒯缑'，说者谓剑把以蒯绳缠之。剑把者，茎也。茎必缠以缑，中其茎而设之者在是也。"戴震云："设其后，犹之曰设其旋，设其羽尔。"案：程、戴说是也。江永亦谓设当训置。后之为物，古书未见。程氏目諗古剑，当茎中别有隆起为沂鄂者二，以为即缠缑之处，亦即此经之后。其说与"中其茎"之文颇合。但设后之处，虽即缠缑之处，然不可谓缑即为后。以意推之，疑古剑把茎外之饰，盖分三节，上近刃及下近镡者各自为一木夹，两夹之间别以铜为环，大于两夹，著于茎五寸适中之处。则既可助把握以为固，而后与承刃之金及把后之镡相间，周匝隆起，亦足以饰观。程氏所见古剑茎中之沂鄂，即设后之界埒也。今所传古剑多无此者，盖以铸冶时与茎不相属，故易坠失；抑或亦刻玉石角木为之，则固不能久存。今古剑亦有无首者，斯其諗矣。至冯煖之长铗蒯缑，则因贫不能具饰，不设后，亦并无夹，故直以蒯绳缠之耳。凡剑身以锋为前，其与茎相属处，虽别有金承之，而此物著剑茎，则亦在剑身之后，故对锋而谓之后也。至其围径之度，则取足函茎而突出夹外，可以意量度之，故经不著耳。

郑司农云："中谓穿之也。"玄谓从中以郤稍大之也。后大则于把易制。

孙诒让：注郑司农云"中谓穿之也"者，旧本无"中"字，今据明注疏本增。贾疏云："谓穿剑夹，纳茎于中。"诒让案：经文二句相贯为义。先郑以中其茎别穿夹纳茎，与设后为二事，于文例不合，故后郑不从。云"玄谓从中以郤稍大之也。后大则于把易制"者，郑意谓后即茎后与首相属者也，从中以郤稍大之，谓从茎中半以下二寸半稍大之，以趋于镡，则把之易制。然今所传古剑，并无此制。贾疏云："郑意设训为大，故《易·系辞》云'益长裕而不设'，郑注云：'设，大也。《周礼·考工》曰：中其茎，设其后。'"案：贾引《易注》证注义，深得郑恉。但训设为大，与经文例不合，不足据也。[1]

周纬《中国兵器史稿》介绍中国古剑专家瑞典学者向斯分类中国双峰古剑，其中甲种为"实茎有后之剑（即柄上有凸箍形者）"："剑柄，大都作实中圆棒形，柄体（茎上）有两或三凸箍……凸箍（后）则用以分隔其他三个手指。"第二十六图3为安徽寿州出土铜剑，茎有三后（瑞典远东古物博物馆藏器）。长

第二十六图3

---

① 孙诒让《周礼正义》3927—3929/3253—3256页。

四五四公厘。①如闻人军《考工记译注》所说：后，指剑茎（即剑柄）上的环状凸起（箍）②。

钱玄《三礼通论》认为"夹上缠绕以绳，谓之后，后通缑"③。后德俊《楚文物与〈考工记〉的对照研究》也认为"后"即"缑"，"是指剑柄上所缠绕的丝、麻织品"："如江陵雨台山楚墓出土的19件二型2式青铜剑，其中15件为实用剑，4件为明器。这些剑的共同点是空茎、窄格，剑柄上多留有缑痕。雨台山89号楚墓出土的编号为17的青铜剑'出土时茎用麻织物缠裹，用细麻绳捆扎一遍，共40周，然后将近格一端的握手部分用麻绳缠菱形方格纹，最后在菱形纹之上又用细麻绳缠等距离的三道，每道两周'。同一墓群出土的三型3式青铜剑84件，81件为实用剑，3件为明器。这些剑的共同点是实茎、双箍、广格，出土时其茎上'多有缑痕'④。荆门包山2号墓出土的墓主人佩剑，为'柱状实茎，双箍，茎上套木柄。木柄截面圆形，分内外两层。内层近格一端箍两侧各以两个半圆形本片镶嵌，近首端两木片拼合成上小下大两层圆台形，其外以编织绦带缠紧固定，外层用两块半圆形木片夹住下层绦带缠绕部分。最外面用纺织绦带缠绕一层，两端绦带头扎入其内'⑤。可见，无论是有箍剑或是无箍剑，其剑柄上都有一个缠绕丝、麻制品的问题。剑柄上缠绕丝、麻织品的目的就是便于手握，不仅增加了手与剑柄之间的摩擦力，而且也一定程度上减轻了格斗时对手掌、手臂产生的冲击力，起到缓冲物的作用，实践也证明了这一点。一般的双箍剑的剑茎直径均在2厘米或以下，较细，而缠上丝、麻织品后直径增加，便于把握。双箍的出现只是增加了剑柄与缠绕的丝、麻制品或加入的木片间的固定作用，使缠上的丝、麻制品被双箍分成了三部分，减少了表层丝、麻制品在长期使用过程中滑向一端的现象发生。因此，'中其茎，设其后'应释为：剑茎在中间，其外表都必须要用丝、麻制品缠绕，而形成所谓的'缑'。"⑥

首　镡

《桃氏》：参分其腊广，去一以为首广，而围之。

孙诒让："参分其腊广，去一以为首广，而围之"者，《曲礼》云"进剑者左首"，孔疏云："首，剑拊环也。《少仪》曰'泽剑首'，郑云：'泽，弄也。'推寻剑刃利，不容可弄，正是剑环也。《春秋》鲁定公十年，叔孙之圉人欲杀公若⑦，伪不解礼，而授剑末。杜云：'以剑锋末授之。案：解锋为末，则环是首也。'"⑧金榜云："首谓剑之标首也。汉时或用玉若木为之，古剑首皆用铜。《韩延寿传》：'取官铜物，铸作刀剑钩镡。'镡即剑首，殊言之者，明剑与镡铸作异事，与古合矣。今时所见古剑，其首圆长，丰

① 百花文艺出版社，2006年，72页。

② 上海古籍出版社2008年，47页。

③ 南京师范大学出版社，1996年，216页。

④ 湖北省荆州地区博物馆《江陵雨台山楚墓》，文物出版社，1984年，77—78页。

⑤ 湖北省荆沙铁路考古队《包山楚墓》，文物出版社，1991年，210页。

⑥ 《中国科技史料》1996年第1期。

⑦ 引者按："公若"是人名，王文锦本误将"若"属下句。

⑧ 引者按："解锋为末，则环是首也"仍是孔疏（阮元《十三经注疏》1244页下），王文锦本误置于引号外。

下而祂上。《少仪》'泽剑首',谓其形楣落,弄之便也。首渐杀,而上端有小孔,以绳导之,若印鼻然,庄周所谓'吹剑首'者是也。剑首,或谓之镡,或谓之镮,或谓之鼻,或谓之口,或谓之珥,皆据其端小孔命名者。贾疏以剑把接刃处为首,失之。"程瑶田云:"首者何? 戴于茎者也。首也者,剑鼻也。剑鼻谓之镡,镡谓之珥,又谓之镮,一谓之剑口。有孔曰口,视其旁如耳然曰珥,面之曰鼻。对末言之曰首。"又曰:"首及茎并与剑同物,铄金而成,自首至末一体也。《少仪》云'泽剑首',郑以为'金器弄之易于汗泽',是也。去三分腊广之一以为首广,则其广与其围,并视茎而倍之。"又云:"汪中得一古剑,有剑首,形如覆盂,宛然而中空,可以证《考工》制度。《庄周书》:'夫吹管也,犹有嗝也;吹剑首者,映而已矣。'《释文》司马彪云:'剑首,谓剑镮头小孔也。映然如风过。'剑首必如此乃可言吹[①]。吹声异于管者,管空长,故其声嗝;剑首空浅,不能有嗝声,但映然而已。然则剑首之义可定矣。"案:孔、金、程说是也。剑首与《庐人》"殳首"同义。贾疏推郑义,以首广为"剑把接刃处之径",误。贾疏云:"围之者,正谓圜之,故《庐人》皆以围为圜之也。"

郑玄:首围,其径一寸三分寸之二。

孙诒让:注云"首围其径一寸三分寸之二"者,《轮人》"部广"注云:"广犹径也。"贾疏云:"以一寸为六分,二寸为十二分,半寸为三分,添十二为十五分;三分去一得十分,取六分为一寸,余四分名为六分寸之四。六分寸之四即三分寸之二,故云一寸三分寸之二也。"诒让案:以圜径求周率课之,首围盖五寸强。[②]

孙诒让认为"程释镡为剑首,甚精核,深合郑旨"。但是不少学者质疑程说,马衡《中国金石学概要》第三章《历代铜器》六《古兵》:

程氏之解剑首曰,"对末言之曰首",是也。而即以剑鼻之镡当之,似犹未当。按《汉书·匈奴传》:"单于朝,天子赐以玉具剑。"孟康曰:"标、首、镡、卫,尽用玉为之。"颜师古曰:"镡,剑口旁横出者也。卫,剑鼻也。"盖玉具剑者,以玉饰其标、首、镡、卫。标者,刀削末铜也(《汉书·王莽传》宋祁校语引《字林》)。首者,茎端之首也。镡、卫者,身与茎之间之饰,程氏误认为腊者也。旁出于锷本者曰镡,当腊而中隆者曰卫。镡旁出如两耳,又谓之剑珥。卫隆起象鼻形,又谓之剑鼻。卫即《说文》之璏(颜师古注:"卫字本作璏,其音同。"又《王莽传》"即解其璏"注,服虔曰,"璏音卫")。《说文》于璏训剑鼻玉,于镡亦训剑鼻。盖镡璏同为一物,而中与侧异名,致相混耳。剑鼻之饰,后世始盛。桃氏初制不如是也。[③]

商承祚《程瑶田桃氏为剑考补正》驳正道:

首之别名仅曰环而已矣,为其形圜也,镡、珥、剑口,皆指璏言之,剑鼻则铋也。《说文》:"璏,剑鼻也。"《汉书·匈奴传》:"汉赐以玉具剑。"颜注同。别名曰镡(《说文》、《释名》、《庄子·说剑篇》引《三苍》、孙诒让《周礼正义桃氏疏》引金榜说)。曰珥(《说剑篇》释文、《楚辞·九歌·东皇

---

① 引者按:司马彪注仅为"剑首,谓剑镮头小孔也。映然如风过"(黄焯汇校《经典释文汇校》809页),"剑首必如此乃可言吹……但映然而已"为程瑶田《考工创物小记》语(阮元《清经解》第3册730页上),王文锦本误置于司马彪注,且"剑首"误属上句。

② 孙诒让《周礼正义》3929—3930/3256—3257页。

③ 马衡《凡将斋金石丛稿》60页,中华书局,1977年。

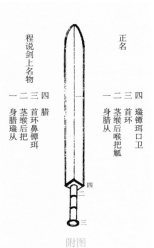

太一》向注）。曰卫（《汉书·匈奴传》注引孟康）。曰剑口（《匈奴传》颜注），俗名剑格。镡者挡也。上挡于刃，下挡于手。珥者耳也，横视如耳，故《九歌》"抚长剑兮玉珥"。卫者，卫剑身与手也。剑口者，纳剑身与茎如衔诸口也。格之义与镡同。剑鼻即瑉，瑉为借字，施于鞘末之饰也。夹非剑室，《楚辞·九章·涉江》："带长铗之陆离。"王注："长铗，剑名，其所带长剑，楚人名为长铗。"是楚人名长剑为长铗也。冯谖弹铗取其声之铿铃，剑鞘为漆质，弹之则不得声音，不言剑而言鞘，觉不辞矣（注谓："茎外著木拊，古剑无是物。"）案《前汉书·隽不疑传》："带櫑具剑。"应劭曰："櫑具，木摽首之剑。"……见附图。[1]

孙机《玉具剑与璏式佩剑法》也考证"镡"是通常所说的"剑格"：

《考工记·桃氏》郑玄注引郑众云："茎谓剑夹，人所握，镡以上也。"《庄子·说剑篇》释文引司马彪云："夹，把也。"既然人所握的剑把位于镡以上，则镡当居剑把和剑身之间，所以它就是通常所说的剑格。《急就篇》颜注："镡，剑刃之本，入把者也。"《汉书·匈奴传》颜注："镡，剑口旁横出者也。"又同书卷七六《韩延寿传》颜注："镡，剑喉也。"颜师古在以上三处的解释中，说法虽各不相同，但审其文义，均应指剑格而言。

镡又名剑珥。《说剑篇》释文引司马云："镡，剑珥也。"《楚辞·九歌》："抚长剑兮玉珥。"王逸注："玉珥谓剑镡也。"珥的用意和上引颜注所谓剑口旁"横出"的意思是相同的。《释名·释天》："珥气在日两旁之名也。珥，耳也；言似人耳之在两旁也。"《吕氏春秋·明理篇》高诱注："珥，日旁之危气也。两旁内向为珥。"剑格的形状正向两旁横出，所以根据剑珥的命名判断镡即剑格，也具有其合理性。

此外，断定镡是剑格还可以从《庄子·说剑篇》的叙述中找到旁证。《说剑篇》谓："天子之剑，以燕溪、石城为锋，齐、岱为锷，晋、卫为脊，周宋为镡，韩、魏为夹。"这里提到了剑上的五个部位：锋、锷、脊、镡、夹，乃是自剑末至剑首循序列举的。锋指剑末。锷，《说文》作㶵，指剑刃。脊指剑身中部隆起处。锋刃毕露的剑，自当不在鞘内，所以此处并不涉及鞘外的剑扣即璏。因之，脊与夹之间的镡，也就只能被认为是剑格了。顺便提一下，日文つば（刀剑之格）的汉字是镡，可见当这个汉字传到日本时，它的意义也是被这样理解的。

[1] 商承祚《程瑶田桃氏为剑考补正》，《金陵学报》第8卷第1、2期，1938年；引自《商承祚文集》112—114页，中山大学出版社，2004年。

造成对剑镡的定名众说纷纭的现象还有一个原因，即由于自东汉以来，文献中对它的解释已产生若干舛误。如《释名·释兵》说：剑"其旁鼻曰镡。镡，寻也，带所以贯寻也。"则把剑扣即璏称为镡。尽管《释名》是汉代人的著作，这种说法仍是不正确的；这可以用铩的构造作为有力的反证。铩在秦汉时是一种重要的武器，贾谊《过秦论》说："钼扰棘矜，非铩于句戟长铩。"马王堆3号墓的遣册中记其兵卫有"执短铩六十人"，"操长铩[执]盾者百人"。据《说文》说，铩的形制是"铍有镡也"。通过对秦俑坑出土兵器的研究，已证实铍是一种长刃矛[1]。而出土物中确有在这种长刃矛的喉部装镡的武器（图四：1-3），应即是铩。在一些画像石中的兵簜上也曾见到它（图四：4-5），其中江苏徐州白集画像石中的一例，将铩插在兵簜正中，可见对它的重视。《西京赋》："植铩悬瞂，用戒不虞"，铩是长兵，无法装扣贯带以佩，所以它的镡只能是那上面所装相当于剑格之物。又《说文·金部》："镡，剑鼻也。"则误以剑珥为剑鼻。徐传："镡，鼻也，人握处之下也。"虽仍尊许说训镡为鼻，却又说它在手握处之下，则指的还是剑格。何况《说文》已训璏为剑鼻，一剑之上不能兼存两鼻，因知镡字所训之剑鼻当为"剑珥"之讹。[2]

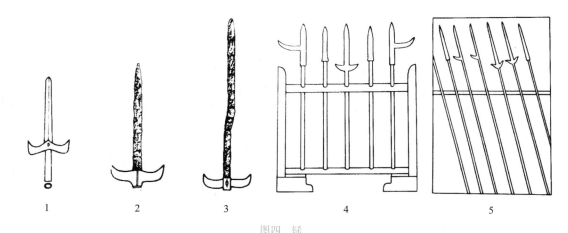

图四　铩

1. 定县北庄出土　2. 洛阳烧沟出土　3. 包头后湾出土　4. 徐州青山泉汉画像石　5. 河南唐河汉画像石

图35-3

孙机又在《汉代物质文化资料图说》中总结道："镡即通称之剑格。《考工记·桃氏》先郑注：'茎谓剑夹，人所握，镡以上也。'《庄子·说剑篇》释文引司马彪云：'夹，把也。'既然人所握的剑把位于镡以上，那么镡应当处于剑把和剑身之间。这和《急就篇》颜注：'镡，剑刃之本，入把者也。'……《汉书·匈奴传》颜注：'镡，剑口旁横出者也。'说的是同样的意思，均应指剑格而言。汉代的玉剑镡有一字形的，也有接近吴越式铜剑之蝠形镡的（图35-3[3]）。"[4]

① 刘占成《秦俑坑出土的铜铍》，《文物》1982年第3期。
② 孙机《玉具剑与璏式佩剑法》，《考古》1985年第1期；引自孙机《中国圣火》19—24页，辽宁教育出版社，1996年。
③ 河北满城陵山出土玉镡，中国社会科学院考古研究所《满城汉墓发掘报告》上册，文物出版社，1980年，104页。
④ 孙机《汉代物质文化资料图说》（增订本），上海古籍出版社，2008年，155—156页。

后德俊《楚文物与〈考工记〉的对照研究》则认为"《考工记·桃氏为剑》记载青铜剑由腊、从、茎、后、首五部分组成,而没有提到剑格":

剑格是青铜剑的组成部分之一。出土的青铜剑实物表明,战国时期的青铜剑逐步地从窄格向广格发展,表明剑格的重要性越来越大。

湖北江陵雨台山楚墓共550多座,出土青铜剑172件,分为四种类型。《江陵雨台山楚墓》一书指出:据以上四型分析,我们认为这批剑的发展变化趋势,应是由短到长,由空茎、窄格发展到实茎、双箍、广格,由无从发展到有从。更早一些的剑,格、首全无,再晚一些的剑,则是格与剑身分铸,然后合成的。

湖北当阳赵家湖楚墓出土青铜剑57件,分出56座墓中。剑的变化规律是:由短到长,由空茎、窄格到半空茎、窄格,再到实茎、窄格,最后发展到实茎、双箍、广格。

剑格的作用是在格斗中,双方剑上较量时,防止对方剑刃向下滑动伤及握剑的手。从窄格到广格,正是青铜剑由单一的佩带护身、车战时作短兵器护体向徒兵单兵格斗发展的表现;它与剑茎从空茎、半空茎向实茎的发展趋向是一致的。青铜剑的空茎,如茎壁较薄的话,在强力格斗中容易破碎,所以实茎的出现也是加强剑的强度的措施之一,利于格斗。

绝大部分有格剑的剑格,都是与剑身同时铸成的。在此前提下,广格剑的生产技术比窄格剑的生产技术要稍稍复杂一些,特别是剑格上具有为镶嵌而用的花纹凹槽时更是如此。

《考工记·桃氏为剑》中没有提到剑格,一种可能是文字的缺漏造成的,另一种可能就是"桃氏"之剑是专门指那种窄格剑,其剑格长度不足1厘米,所以没有必要指出来了。不过从楚墓的情况来看,战国时期及之后,广格剑占大多数。[①]

其实还有第三种可能,即上述孙机《玉具剑与璏式佩剑法》认为"镡"就是通常所说的剑格。

"中其茎",郑司农云"中谓穿之也",郑玄"谓从中以郄稍大之也。后大则于把易制"。商承祚《程瑶田桃氏为剑考补正》批评"皆未当也":"中、内也,对剑端言之也。言于茎内设其后也。茎中环节如喉头隆起故曰喉,以绳缠之则曰缑,对锋言之即曰后也。"[②]

上制　中制　下制

《桃氏》:身长五其茎长,重九锊,谓之上制,上士服之;身长四其茎长,重七锊,谓之中制,中士服之;身长三其茎长,重五锊,谓之下制,下士服之。

孙诒让:"身长五其茎长,重九锊,谓之上制,上士服之"者,记三等服剑长短轻重之差。身长即腊之从度也。身之长度,三等不同,而腊茎广长之度及首之围径之度同。程瑶田云:"身长五其茎,亦略以人况之,人身五其头之长也。茎五寸,五倍之,则连茎长三尺也。上中下异制者何也? 人貌异

① 后德俊《楚文物与〈考工记〉的对照研究》,《中国科技史料》1996年第1期。
② 原载《金陵学报》第8卷第1、2期,1938年;引自《商承祚文集》112页,中山大学出版社,2004年。

形,服剑宜称。上士服中制,则病剑短;中士服下制,则病形长矣。"

郑玄:上制长三尺,重三斤十二两。中制长二尺五寸,重二斤十四两三分两之二。下制长二尺,重二斤一两三分两之一。此今之匕首也。人各以其形貌大小带之。此士谓国勇力之士,能用五兵者也。《乐记》曰:"武王克商,裨冕搢笏,而虎贲之士说剑。"

孙诒让:注云"上制长三尺,重三斤十二两,中制长二尺五寸,重二斤十四两三分两之二,下制长二尺,重二斤一两三分两之一"者,贾疏云:"以其言五其茎长,上文长倍之,茎长五寸,五其茎长,二尺五寸,并茎五寸为三尺也。已下皆如此计之可知。重三斤十二两者,以其言九锊,锊别六两大半两,六九五十四为五十四两;九锊皆有大半两,锊别有十六铢,为百四十四铢;二十四铢为一两,总为六两,添前五十四为六十两。十六两为一斤,取四十八两为三斤,余十二两,故云重三斤十二两。已外皆如此计之,亦可知也。"诒让案:以三分其金而锡居一之齐计之,则重九锊者,金二斤八两,锡一斤四两也。重七锊者,金一斤十五两二铢又三分铢之二,锡十五两十三铢又三分铢之一也。重五锊者,金一斤六两五铢又三分铢之一,锡十一两二铢又三分铢之二也。又《书·吕刑》释文引马融《书注》云:"俗儒以锊重六两,《周官》剑重九锊,俗儒近是。"依马说,则上制重三斤六两,中制重二斤十两,下制重一斤十四两,与郑微异。锊义详前疏。云"此今之匕首也"者,《御览·兵部》引《通俗文》云:"匕首,剑属,其头类匕,故曰匕首,短而便用。"《史记·邹阳传》索隐引《风俗通》说同。程瑶田曰:"《史记·刺客传》'曹沫执匕首劫齐桓公',《索隐》曰:'匕首,刘氏云"短剑也"。《盐铁论》以为长尺八寸。'郑注下士之剑为今匕首,则二尺,非尺八寸也。"诒让案:匕首为刀剑之最短者,故郑以况下士之剑。《御览·兵部》引魏文帝《典论》述所作匕首,有长二尺三寸、二尺二寸者,则不必定长二尺也。云"人各以其形貌大小带之"者,贾疏云:"解经上士、中士、下士,非谓三命如上士之属,直以据形长者为上,次者为中,短者为下。"诒让案:经言服,即谓带之绅带之间。《大戴礼记·武王践阼篇》:"剑铭曰'带之以为服'。"《吕氏春秋·顺民篇》云"服剑臂刃",高注云:"服,带也。"剑有三等,各以人形貌大小所宜带之。故《庄子·说剑篇》赵文王问庄子曰"夫子所御杖长短何如",是人所用剑长短不同也。云"此士谓国勇力之士,能用五兵者也"者,据《司右》文证此士即彼勇力之士也。引《乐记》曰"武王克商,裨冕搢笏,而虎贲之士说剑"者,证此三等之士亦兼有虎士也。郑彼注云:"裨冕,衣裨衣而冠冕。裨衣,衮之属也。搢犹插也。"虎贲,详《夏官·叙官》疏。[1]

商承祚《程瑶田桃氏为剑考补正》认为"非以貌合剑",郑玄注、程瑶田说"均失之":"上制、中制、下制,言剑之长短,上士、中士、下士,乃虎贲之秩阶,如上大夫、中大夫、下大夫也。中士服上制剑,下士服中制剑则为越次。上士而侏儒,不能佩中士之剑,下士而魁梧,亦不能服上中制之剑,各有差等,在德不在貌,非以貌合剑也,郑、程均失之。"[2]

钟少异《龙泉霜雪:古剑的历史和传说》:"剑身长度是茎长的五倍,即二尺五寸,约合50厘米,这是上制之剑。如此,整剑(身加茎)应长三尺,大致合60厘米。依此类推,中制

① 孙诒让《周礼正义》3930—3932/3257—3259页。
② 《金陵学报》第8卷第1、2期,1938年;引自《商承祚文集》113页,中山大学出版社,2004年。

之剑约长 50 厘米，下制之剑约长 40 厘米。上述剑制与春秋战国之际的铜剑实物基本相符。但不能否认，桃氏剑制是有所理想化的。出土铜剑实物，其尺寸、比例并没有如此规范。至于说上中下三等之剑分为上士、中士、下士所服（郑玄注：人各以其形貌大小带之），现实中恐怕也不会有这样严格的区分。"[1]

后德俊《楚文物与〈考工记〉的对照研究》指出"《考工记·桃氏为剑》一节中十分明确地记述了青铜剑的有关部位尺寸或它们之间的比例关系"：

准此，我们可以得出"桃氏"之剑的具体尺寸为：剑身宽（腊广）2.5 寸，剑柄（茎）长 5 寸，剑柄直径约 1.6 寸，首径约 1.67 寸；"上制"剑身长 25 寸，"中制"剑身长 20 寸，"下制"剑身长 15 寸。而剑格、剑首的长度没有提及，可能分别包括在剑身、剑柄之内或根本未予记述。

从《考工记》中其他章节的有关叙述"四尺有四寸""六尺有六寸"看，《考工记》中的尺和寸之间是十进制的。按此计算，"桃氏"的"上制之剑"通长 3 尺，"中制之剑"通长 2.5 尺，"下制之剑"通长 2 尺。这一点早在郑玄作注释时就提出来了。由于这种尺寸的提出是以"剑"作为基础的，所以有的研究者将之称为"剑尺"。

闻人军在《〈考工记〉齐尺考辨》一文中认为："战国时期的齐国，确实存在着一种小尺系统。《考工记》中记载的尺度，是小尺系统的齐尺，而不是周制的大尺。周制的大尺长 23.1 厘米，而《考工记》齐尺相当于米制的 19.5 ～ 20 厘米，约在 19.7 厘米左右。它的具体精确数值，有待于进一步研究和验证。"

我们知道，《考工记》中记述的剑是指按礼制制成的佩剑，无论是周制的大尺或是齐制的小尺，"桃氏"的"上制之剑"的长度（将剑格、剑首包括在内）都应当在 60 厘米以上或更长一些才是，而这与楚墓中出土的大多数青铜剑是不相吻合的。下面是部分出土青铜剑的有关尺寸（单位：厘米）：

表3　部分出土青铜剑的有关部分的尺寸（单位：厘米）

墓葬及器号	时代	墓主人身份	其他	青铜剑有关部分的尺寸					
				通长	身长	身宽	柄长	首径	格宽
荆门包山 M2：444	战国中期	左尹	佩剑	57.1	约46.5	约4.3	约9.6	约4	
荆门包山 M4：58	战国中期	上士	佩剑	54.1	约44.7	约4	约8.4	约4	
当阳赵家湖 JM229：4	战国早期	上士	佩剑	54.8	44.5	4.7	9.4	3.7	4.8
江陵雨台山 M253：2	战国中期	上士		53.4	约41	5	约8.2	约4.1	

战国时期的楚墓中出土青铜剑的数量比较多，但由于一些因素的影响，很多小型墓葬的墓主人身份无法确定，中士、下士或庶民往往分不清，因此这些墓葬中出土的青铜剑就无法用来研究"剑

---

[1] 生活·读书·新知三联书店，1998年，88页。

尺"。此外,是否墓主人的佩剑一般也难以分清,例如江陵雨台山253号墓出土有一套陶礼器和剑、矛、戈、镞等兵器,其身份可定为上士,但其剑是否为佩剑就难以确定;而当阳赵家湖229号墓,因出土两把青铜剑,另一把是长约39厘米的短剑,所以可以确定该剑为佩剑。

《考工记·桃氏为剑》记载:"腊广二寸有半寸,两从半之。"其中"×寸有×寸"的用句方法在该书中多有记载,但是与"××半之"连用的仅此一处,因此可以将这句话改成"腊广二寸,有半寸,两从半之"。"从"者,剑脊也。"有半寸"是指剑身的菱形截面中短的一条对角线的长度。"两从半之"是指两条剑脊各比两边剑刃的连线高四分之一寸。如此计算,则"上制之剑"的通长为2.4尺,"中制之剑"的通长为2尺,"下制之剑"的通长为1.6尺。按1尺约为21～23厘米计算,"上制之剑"通长约为50～56厘米,与表中的数据比较吻合。其次,一般青铜剑的剑脊厚度均为1.5厘米左右,与"有半寸"也是比较吻合的。另外,从楚墓及属楚文化范畴的墓葬中出土的剑的宽度来看,一般都在4～4.5厘米左右,达到5厘米或以上者少见,与"腊广两寸"比较接近。[①]

杨立新《楚国青铜剑浅谈》介绍"楚墓出土的铜剑有长短之分。如江陵九店楚墓出土的青铜剑大部分为战国时期,以空茎剑和实茎剑为主。其中空茎剑分四式,按剑的长度分别为30～40、40～45、45～57、59～69厘米;实茎剑分三式,剑长度分别为35～39、39～55、55～57厘米。按这两型剑的长度,大体可分为长、中、短三组";认为《考工记》"是按其剑的重量、剑茎与剑身的比例制作,分上、中、下三等。九店楚墓中青铜剑的长、中、短三种型式,大体与文献记载吻合"[②]。

4. 庐(矜,柲)

积竹

《总叙》:秦无庐。

郑司农云:庐读为纼,谓矛戟柄,竹欑柲,或曰摩鐦之器。胡,今匈奴。[③]

孙诒让:云"庐读为纼"者,贾疏云:"纼缕之纼,取细长之义也。"段玉裁云:"《说文·竹部》'筡,

---

① 后德俊《楚文物与〈考工记〉的对照研究》,《中国科技史料》1996年第1期。

② 《楚文化研究论集》第6集601—602页,湖北教育出版社,2005年。

③ 引者按:"庐读为纼"以下,段玉裁《周礼汉读考》视为郑司农注:"郑司农云:庐读为纼……"(阮元《清经解》第4册216页下)马国翰亦辑入《周礼郑司农解诂》卷四(《玉函山房辑佚书》第1册726页)。但孙诒让似乎并未视为郑司农注:"云'谓矛戟柄,竹欑柲'者,后注亦云'庐,矛戟矜柲也。'"——"后注"是郑玄注,称"注"未称"后郑注";"云'胡今匈奴'者……故郑云今匈奴"——称"郑"未称"先郑"或"司农";《总叙》注云:'庐谓矛戟柄竹欑柲。'"——称"注"未称"司农注"或"先郑注"。录以备考。

积竹矛戟矜也,从竹卢声',引《春秋国语》'侏儒扶笴'。此注笴当作笴。若依笴字,则当云'读如'
不当云'读为'矣。《释文》'庐,本或作笴',此正用注说易正文也。"案:段说是也。《说文·糸部》
云:"纑,布缕也。"与庐器义远,贾曲为之说,失之。云"谓矛戟柄,竹欑柲"者,后注亦云"庐[1],矛戟
矜柲也。"阮元云:"《释文》作'竹欑柲也',此脱'也'字。按《说文·木部》:'欑,积竹杖也。柲,欑
也。'"段玉裁云:"欑,聚也。竹欑者,积竹也,合细竹梃为之,《昌邑王传》所谓积竹杖。"案:阮、段
说是也。贾疏谓"欑谓柄之入銎处",非其义。云"或曰摩鐧之器"者,段玉裁云:"此以鐧庐同音为
训,别一说,非谓矛戟柄也。"丁晏云:"《方言》云:'希、铄,摩也。燕齐摩铝谓之希。'即郑所云摩鐧
也。《玉篇·金部》:'铦,错也。'铝同上。《集韵》九《御》'铦、铝、鐧',引《说文》'错铜铁也',或从吕
从间。《磬氏》先郑注云:'摩铦其旁。'《大雅·抑》笺云:'玉之缺者,可摩铦而平。'即摩鐧也。"诒让
案:《说文·手部》云:"摩,研也。"铦,鐧之正字,与庐声近,故或以庐为摩铦之器。然摩鐧为刮摩之
事,此后文以庐人属攻木之工。况庐人本职庐器,自为矜柲,亦无取摩鐧之义,或说非也。贾疏谓"柄
须摩鐧令滑,或解得为一义",亦非。[2]

所谓"积竹",郭沫若《说戟》:"据《考工记·庐人》
文,戈戟之柲皆为庐器,庐器以积竹为之。揣其制当取竹之青皮而
去其黄,细撕而再加以胶合,则较木强韧而有弹性,高贵者戈
戟之柲恐均以庐器为之,惟戈戟之柲自亦可以用木,不必尽庐
器耳。"[3] 1971年长沙浏城桥战国墓出土的一部分戈、戟、矛带
有积竹柄,湖南省博物馆《长沙浏城桥一号墓》描述其中"最
完整的1件,柄中心有一直径为2厘米的圆木棒,外包0.3厘
米宽的青竹篾18根,再用丝线紧缠髹黑漆。长2.97、径2.8厘
米。斗入矛銎部分长5厘米、径1.4厘米。另3件均折断,制
作完全相同。黑漆间有一小段红漆。一件长266、径2～2.4
厘米。另一件长203、径1.7～2.1厘米。再有一件长194、径
1.7～1.9厘米。上端长68厘米,髹红漆",认为"带有积竹

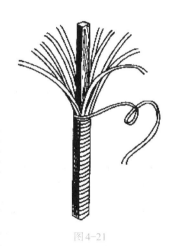

图4-21

柄的戈戟矛的出土,证明《考工记》等书的记载和注释是可信的","这次出土戈戟矛12
件,积竹柄7件,籚柄1件,木柄7件(其中一件做竹节状),证明郭沫若同志的考证是准确
的"[4]。成东、钟少异《中国古代兵器图集》认为是以木棒为芯,外贴10多根竹片,然后用
丝麻缠紧,髹漆成柄(图4-21),积竹柲较之简单的竹木柄更为坚韧耐用,因此东周时期
的兵器广泛采用[5]。

后德俊《楚文物与〈考工记〉的对照研究》证以楚墓中出土的"柲"——"积竹柄":

包山2号楚墓出土戈、戟、矛、殳等长柄青铜兵器25件,其器柄大多数都是积竹柄,也就是"柲"。

① 引者按:"庐"下王文锦本未逗开。
② 孙诒让《周礼正义》3750—3751/3111—3113页。
③ 郭沫若《殷周青铜器铭文研究》200页,科学出版社,1961年。
④ 湖南省博物馆《长沙浏城桥一号墓》,《考古学报》1972年第1期。
⑤ 解放军出版社,1990年,73页。

现略举几例如下：

包山M2∶290有箍殳，其"柲"的中心是一根截面为九棱形的木心；木心外包裹着两层篾片，内层15根、外层17根；篾片外用丝线缠绕固定；丝线外髹红漆，绘黑彩。残长280厘米。

包山M2∶229戟，其"柲"的中心是一根截面为前扁后圆形的木心；木心外包裹着两层篾片，共19根；篾片外用丝线缠绕固定；丝线外髹红黑相间两色漆。戟全长370厘米，在"柲"的上部还捆扎着羽毛。

包山楚墓出土的3件小刺矛和6件宽叶矛，均为积竹柄，其"柲"的中心是一根截面为圆形的木心；木心包裹着两层篾片，共19～32根；篾片外用丝线缠绕固定；丝线外面髹漆，有的"柲"上还捆扎着羽毛。其长度均在356厘米以上，有的达到近420厘米。

湖北随县曾侯乙墓出土的带刺三戈戟，其"柲"的中心是一根截面呈梨形，即前窄后宽形的木心；木心外包裹着一层篾片；篾片外用丝线缠绕成宽带状固定；丝线外髹红黑两色漆。其中N.139戟，全长325厘米。

湖北江陵雨台山楚墓出土的积竹柄戈，其"柲"的中心是一根棱形木条；木条的外面包裹着一层10～12根篾片；篾片外用丝线缠绕固定，使其截面呈前扁后圆形；丝线外髹红黑两色漆。其中标本264∶2，残长138厘米。

湖北江陵雨台山楚墓出土的积竹柄矛，其"柲"的中心是一根圆形木条；木条的外面包裹着一层8～12根篾片；篾片外用丝线缠绕固定，使其截面呈圆形；丝线外髹黑色漆。其中标本421∶28，残长193厘米。[1]

东周时期戈戟木柲与积竹木柲的制作流程，井中伟《夏商周时期戈戟之柲研究》综合考古发现归纳为："是先选择一根完整且笔直的木棍做胎，将其加工成前窄后宽的扁圆体或椭圆体，然后在柲上端沿截面长径开凿出一长方形榫眼，它的长、宽同戈内的宽度与厚度恰如其分，使得戈内能够纳入榫眼且不留多余的空间；然后在扁窄的一侧于榫眼下凿出一条浅槽，用以嵌入戈栏。柲底端削细以便套铜或骨镈，或直接雕制出镈形。柲胎制成后，可能在其表面涂漆灰并打磨光滑，然后开始缠绕丝绳，自上而下当密密缠绕一定的线圈宽度后即跳开一定距离，接着再缠。这样做不仅可以增加木柲的韧性，使之不易折断，而且可以增加手握持戈柲时的摩擦力，使其不会轻易发生转动甚至脱手。不缠丝绳的木柲一般会雕成竹节状，其作用与缠绳者是一致的。下一步工序是髹漆，通体一般髹黑漆或黑、红相间两色漆，目前还未见其他漆色。从漆膜厚度看，多不只髹漆一次。髹漆完成后，有的还要彩绘花纹。积竹木柲的制法与木柲略有不同的是，木心制好后，先在其表面包贴数目不等的细薄竹片，然后再进行缠绕、髹漆，接着于柲上端开凿榫眼和浅槽以纳入戈或戟头，最后经穿孔将二者捆缚牢固。由于包以竹片，它的硬度和柔韧性大大优于普通的木柲。"[2]

① 后德俊《楚文物与〈考工记〉的对照研究》，《中国科技史料》1996年第1期。
② 《考古》2009年第2期。

《总叙》：秦之无庐也，非无庐也，夫人而能为庐也。

郑玄：秦多细木，善作矜柲。

孙诒让：云"秦多细木，善作矜柲"者，《方言》云："戟，其柄自关而西谓之柲。矛，其柄谓之矜。"《说文·矛部》云："矜，矛柄也。"引申之为凡长兵柄之通称，故《广雅·释器》云："矜、柲，柄也。"《汉书·地理志》云："秦有鄠、杜竹林，南山檀柘，号称陆海。"天水、陇西山多林木，故云"秦多细木，善作矜柲"也。①

《总叙》：攻木之工，轮、舆、弓、庐、匠、车、梓。

郑玄：庐，矛戟矜柲也。《国语》曰"侏儒扶庐"。

孙诒让：云"庐，矛戟矜柲也"者，《说文·矛部》云："矜，矛柄也。"详前疏。引《国语》曰"侏儒扶庐"者，庐，旧本作"卢"，与今本《国语》同，今从明刻注疏本正。此《晋语》胥臣对文公语，韦注云："扶，缘也。卢，矛戟之柲，缘之以为戏。"卢，《王制》孔疏引《国语》亦作"庐"，又引旧注云："庐，戟柄也。"《说文·竹部》引《晋语》又作"笃"。笃正字，庐卢并同声假借字。②

戈柲

《庐人》：庐人为庐器，戈柲六尺有六寸，殳长寻有四尺，车戟常，酋矛常有四尺，夷矛三寻。

孙诒让："庐人为庐器"者，亦以所作之器名工也。云"戈柲六尺有六寸"者，贾疏云："凡此经所云柄之长短，皆通刃为尺数而言。"案：贾说是也。《毛诗·秦风·无衣》传云："戈长六尺六寸。"亦通柲刃言之。五兵柲度若不通刃而言，则夷矛加刃不止三寻，过于三人之身，而弗能用矣。云"夷矛三寻"者，《唐石经》作"矛夷"，误，今从宋本及嘉靖本正。此戈、殳、车戟、酋矛、夷矛五者，即《司兵》先郑注所说"车之五兵"也。

郑玄：柲犹柄也。八尺曰寻，倍寻曰常。酋、夷，长短名。酋之言遒也。酋近夷长矣。

孙诒让：注云"柲犹柄也"者，《说文·木部》云："柲，欑也。"《总叙》注云："庐谓矛戟柄，竹欑柲。"是柲本为欑竹柄之名，引申之，凡木柄不欑者亦谓之柲。《广雅·释器》云："柲，柄也。"《方言》云："戟其柄，自关而西谓之柲。"案：古戈戟皆于柄端为凿，而以金为内，横插之，谓之柲，与矛于刺本为圜胸而以矜直贯之不同。此工所为兼有柲矜两制，经唯见戈柲，而酋矛、夷矛不云矜，盖文不具。二郑则误谓戈戟柲与矛矜同制，故注中柲矜二者咸通言不别也。又《昭十二年左传》云："剥圭以为

---

① 孙诒让《周礼正义》3752—3753/3113—3114 页。
② 孙诒让《周礼正义》3765—3768/3123—3126 页。

戚柲。"戚于刃首为鎏，而以柄横贯之，与戈柲矛矜又并不同，而亦谓之柲，则古盖以柲为兵柄之通称矣。云"八尺曰寻，倍寻曰常"者，《总叙》注同。云"酋、夷，长短名。酋之言遒也。遒近夷长矣"者，段玉裁云："前引司农云'酋矛'，酋发声，直谓矛。郑君此云'酋近夷长'以正。酋之言遒，有近义，夷有长义。"诒让案：酋遒声类同。《广雅·释诂》云："遒，近也。"《说文·大部》云："夷，平也。"凡物引之长则平，故夷引申之亦为长，矛之至长者以为名。《释名·释兵》云："矛，冒也，刃下冒矜也。夷矛，夷，常也，其矜长丈六尺，不言常而曰夷者，言其可夷灭敌，亦车上所持也。"案：刘说矛刃冒矜，深得其制；而误以为车戟之度为夷矛，义与此经注并违，不足冯也。《墨子·备蛾傅篇》有二丈四矛，即此夷矛。[1]

　　郭德维《戈戟之再辨》："据陈梦家的考证，战国时一尺相当于现代23厘米左右，楚国的一尺，还有略小于此数的[2]。按此计算，戈柲六尺六寸，相当于1.51米强。'车戟常'即为16尺，相当于现代3.68米，楚尺略小，因此在楚地或受楚影响较深的地方，数字应比此略小。以出土文物与之对比，这一记载是基本正确的（见表三）。"[3]

表三

单位：米

来　　源	戈　　长	戟　　长
《考工记》	1.51	3.68
曾侯乙墓	1.3 ～ 1.4	3.2 ～ 3.5
浏城桥 M1	1.4	3.03；3.1
天星观 M1	1.5	3.38

　　夏商时期的戈戟之柲及其长度，井中伟《夏商周时期戈戟之柲研究》根据考古发现描述："夏商时期的戈戟之柲一般为木制，横截面作前后等宽的扁椭圆形，长径2.5 ～ 4.5厘米。表面常分段涂彩或饰纹，全长70 ～ 100厘米。商代金文中常见有士兵手执戈或肩荷戈的图像，戈柲相对于人身高要短得多。石璋如先生曾对《三代吉金文存》著录的此类图像文字进行实际测量，得出戈柲长与人身高的平均比值约为70.5%，并将考古发现的小屯M20、M40等墓主的身高作为殷人的一般身高即160厘米，则戈柲长112.8厘米[4]。这一结果与考古发现也是大体相合的。"[5]东周时期戈戟之柲的长度，井中伟《夏商周时期戈戟之柲研究》根据考古发现列出统计表[6]：

① 孙诒让《周礼正义》4114—4115/3406—3407页。
② 陈梦家《战国度量衡略说》，《考古》1964年6期。
③ 《考古》1984年第12期。
④ 石璋如《小屯殷代的成套兵器》，《中研院历史语言研究所集刊》第22本，1950年。
⑤ 《考古》2009年第2期。
⑥ 《考古》2009年第2期。

部分东周戈柲长度统计表　　　　　　　　（长度单位：厘米）

器　号	全长	出　处	器　号	全长	出　处
赵巷 M4：30	206	《文物》1990年第10期	白鹤湾 M24：4	154	《考古学报》1986年第3期
包山 M4：42	176	《包山楚墓》	白鹤湾 M57：2	110	同上
包山 M4：43	176	《包山楚墓》	白鹤湾 M3：2	134	同上
旧市 M234：4	170	《考古学报》1983年第1期	雨台山 M264：2	138	《江陵雨台山楚墓》
旧市 M245：3	160	同上	雨台山 M416：12	115	《江陵雨台山楚墓》
旧市 M262：2	156	同上	天星观 M1：458	150	《考古学报》1982年第1期
旧市 M367：12	152	同上	天星观 M2：140	108	《荆州天星观二号楚墓》
旧市 M432：11	160	同上	长沙 M529：1、2	159	《长沙楚墓》
旧市 M462：8	132	同上	长沙 M934：2、3	147	同上
白鹤湾 M53：1	150	《考古学报》1986年第3期	长沙 M1761：1	144	同上
长沙 M1850：4、10	150	《长沙楚墓》	长沙 M429：2	157	同上
长沙 M1347：3、4	180	同上	长沙 M396：43	144	同上
长沙 M1855：11、4	163	同上	长沙 M89：93	120	同上
长沙 M1855：12、8	124	同上	长沙 M1965：5、7	216	同上
长沙 M1056：1、2	157	同上	长沙 M1141：2、3	144	同上
长沙 M1057：2、13	164	同上	长沙 M1757：1、2	133	同上
长沙 M1610：2、3	182	同上	长沙 M1640：7、9	166	同上
长沙 M1630：2、4	154	同上	长沙 M1333：2、4	159	同上
长沙 M1919：3、5	164	同上	长沙 M1965：5、7	216	同上
长沙 M1957	154	同上	长沙 M1633：2、4	154	同上

东周戈戟之柲有长短之别，井中伟《夏商周时期戈戟之柲研究》："短柲者全长110～160厘米，以150厘米左右最为集中；长柲者全长303～340厘米，最长达370厘米。两种柲直径大体一致，为2～3厘米。短柲者一般与戈头相配套，长柲者多与戟头相配套，然而可能有例外。……据陈梦家先生考证，战国一尺约折合今天的23厘米[①]。照此换算，戈柲长当为151.8厘米，戟柲长368厘米。上述的多数考古发现与此记载尺寸基本相当，出入不大。"[②]

[①] 陈梦家《战国度量衡略说》，《考古》1964年第6期。
[②] 《考古》2009年第2期。

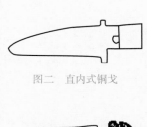

图二　直内式铜戈

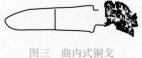

图三　曲内式铜戈

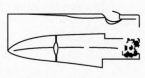

图四　銎内式铜戈

夏商时期铜戈的安柲方式，郭宝钧《殷周的青铜武器》分为值内、曲内和銎内三式、两种装柲法："直内式戈（图二），内部为长方形；曲内式戈（图三），内部透出戈柄后，向下弯曲成曲形；銎内式戈（图四），内部近援处应夹入戈柄的薄片部分，变为椭圆銎，而将木柄插入椭圆孔中，使两者结合。这三种内式，实际只有两种装柲法：一种是以铜戈头夹入木柲的劈开缝中，再缠固木柲顶端，或纳入木柲的凿开孔中，再缠绳索，用以固柲；另一种是以戈的铜銎包围在木柲的外面，用以固柲。"①沈融《论早期青铜戈的使用法》分为裂缝式、无缝、榫孔式三种："裂缝式戈柲，即将柲端劈开或锯开一条数寸长的缝，将内部沿栏夹入柲缝，再用兽筋皮条把戈体缠缚在戈柲上②。无缝戈柲，主要配用于銎内戈，即将柲端稍加削制后插入銎孔，再在銎壁和柲端之间打上木楔③。榫孔式戈柲，即在近柲端处凿一大小与内截面相当的长方孔，将内插入柲孔，再用兽筋皮条予以固定④。"⑤井中伟《夏商周时期戈戟之柲研究》根据郭宝钧、沈融说概括为劈缝式、榫孔式和以銎贯柲式三种："所谓劈缝式，即将柲顶端劈开或锯开一定长度的缝隙，将戈内沿栏侧夹入柲缝，再用革绳缠缚。所谓榫孔式，即在柲近顶端处开凿一长宽与内截面相当的长方孔，将内嵌入柲孔，再缠绳加以固定。所谓以銎贯柲式，即将柲顶端稍加削制后插入銎孔即可，少数銎壁设穿可打上销楔加以固定。"⑥

中原东周时期戈柲的长度，井中伟《夏商周时期戈戟之柲研究》根据考古发现得知"在110～160厘米之间，即使加上10厘米左右的镈高，最长也不会超过180厘米。即铜戈全长未过人身高或仅及人身高"⑦。

通过对夏商、西周、东周时期戈戟之柲的综合考察，井中伟《夏商周时期戈戟之柲研究》发现其形制发展演变轨迹主要表现为："柲的质材由单一的木制发展为复合型的积竹木；柲的上端由劈缝式发展为榫孔式；柲的截面由前后等宽的扁椭圆

① 《考古》1961年第2期。
② 郭宝钧《殷周的青铜武器》，《考古》1961年第2期。
③ 梁思永未定稿、高去寻辑补《侯家庄》第五本《1004号大墓》，1970年，台北。
④ 郭宝钧《殷周的青铜武器》，《考古》1961年第2期。
⑤ 《考古》1992年第1期。
⑥ 《考古》2009年第2期。
⑦ 《考古》2009年第2期。

形发展为前窄后宽（或前扁后圆）的所谓'梨形'，与之大约同时还出现了圆形柲；柲的表面由简单地分段涂彩发展为先缠绕丝绳后分段髹漆或再饰彩绘图案；柲的长度由不大于1米到延长至1.5米左右，甚至长达3米以上。戈戟之柲的这些变化与青铜戈戟形制的演进过程是基本同步、相辅相成的。"[1]

　　由于漆木竹器容易腐烂，历经几千年的岁月在墓葬中难以保存下来，所以考古出土的积竹柄实物绝大部分都是在楚墓或受楚文化影响的墓葬中发现的。后德俊《楚文物与〈考工记〉的对照研究》统计了部分出土积竹柄兵器的有关尺寸（表4）：

表4　部分出土积竹柄兵器的有关尺寸　　　　　　　　　　　　（单位：厘米）

墓葬名称	兵器名称、编号、通长				
	戈	戟	矛	殳	晋殳
曾侯乙墓	N.218　132 E.40　138 N.215　133 N.257　129	N.203　336 N.210　332 N.68　335 N.150　340	8件柄完整的矛通长为440～380 N.265　436	共出7件其中二件 N.153　330 N.155　329	共出14件其中一件 N.292　321
包山楚墓	M2：222　124.8 M2：257　132.4 M2：283　143.2 M2：291　142.4 M2：396　149.6	M2：229　370	南室出土矛9件，通长256.4～417.2		
雨台山楚墓	M421：29a　142 M264：2　残长138				

　　按"八尺曰寻，倍寻曰常"，每尺21～23厘米计算，上表的数据表明，出土的楚文物中戈的长度与"六尺有六寸"比较吻合；戟的长度与"车戟常"也比较吻合，特别是包山M2：229戟，该墓出土的竹简上记载为"一格车戟"，表明它是车戟无疑，其长度与"常"几乎完全吻合；部分矛的长度与"常有四尺"的酋矛比较吻合，一部分不吻合，特别是尚未发现长度达"三寻"的夷矛；殳的长度差别很大，曾侯墓出土的6件殳的长度都在320厘米以上，而"殳长寻有六尺"只有252～276厘米，相差近80厘米。其原因可能是：曾侯乙墓出土的殳可能主要是用于仪仗，所以长度较大。此外，曾侯乙墓出土的这些殳有尖有刃，有的在殳头下面还装有带刺的球形铜箍，说明这些殳还有击兵的功能，但主要是刺兵的功能，所以柄比较长。[2]

　　1971年，湖南省博物馆在湖南长沙浏城桥清理了一座较大而完整的楚墓，出土了很多兵器的柄，其中戈柄有7件，出土时，2件嵌于戈上，5件与戈脱离，断面均前窄后圆，柄身都髹黑漆，长短不一，有短柄、积竹长柄、长柄和竹节形柄四种：

① 《考古》2009年第2期。
② 后德俊《楚文物与〈考工记〉的对照研究》，《中国科技史料》1996年第1期。

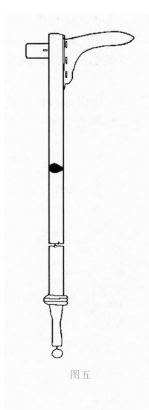

图五

图六

短柄2件。木柄髹漆，断面前窄后圆，戈镦亦用木雕成，手握处有23.5厘米长，无漆。出土时，铜戈还嵌于柄上。戈呈灰色，胡三穿。援长14、宽2.7、内长26、胡长10.8厘米。全长140厘米（图五）。

积竹长柄2件。中心为一近四棱形的木棒，外包青竹篾16根，再用丝线紧密缠绕，最后髹黑褐色漆。下有素面铜镦，长5.2厘米。柄前窄后圆，断面长3.2、宽2.5厘米。上端8厘米无积竹，露出木棒，但不见安戈内的孔眼，这可能是备用的戈柄。一件长303厘米，另一件长310厘米。

长木柄2件。髹漆，下有椭圆筒形戈镦，长5.2厘米。柄中心为菱形木棒，四面再加一弧形薄板，厚仅0.2至0.4厘米，断面作◎形，然后用丝线紧缠髹漆，共缠九段，每段相隔30多厘米。加薄板的作用在于增强戈柄的韧性，以防折断。这种做法，还是第一次见到。全戈长314厘米。

竹节形柄1件。用木棒雕作竹节形，全身髹黑漆，甚光亮。上绘褐色云纹，制作甚精。共5个节，节间相距5.5至30.5厘米。手握处有25.2厘米的漆未"握光"，较粗涩。戈柄长91、断面2.1厘米（图六）。

1件戟的积竹柄，形式与戈的积竹柄同，柄中心为菱形木柱，周围包青竹篾一圈，共18根，每根宽约4厘米。周围用丝线紧缠，再髹漆黏牢。柄的绕线分九段，每段内又分成许多股。每绕线约21或22圈（宽约0.7～0.8厘米），把线斜绕一圈，空约0.4厘米，再继续密绕。柄长283.5厘米[①]。

1978年湖北江陵天星观一号楚墓出土戟柲约二十余根，均残，积竹，截面八棱形。中间木心，外裹长条竹篾二层，外层五根，内层三十八根。竹篾用丝绸缠裹，髹红、黑相间漆。局部黑漆地色上，用金色饰三角云纹。标本226，残长338、径3厘米。[②]1991年安徽六安县城西窑厂2号楚墓出土戈柲约7根，出于外椁南侧紧靠椁壁处，出土时皆残断。均位积竹柲，中间用起棱的木条做心，外用10～14根细竹片包裹，再用丝线缠紧，外髹黑红相间的两色漆，断面前扁后圆。标本M2:1，残长350、一端径3.5×3、一端径1.6×1.2厘米。[③]

① 湖南省博物馆《长沙浏城桥一号墓》，《考古学报》1972年第1期。
② 湖北省荆州地区博物馆《江陵天星观1号楚墓》，《考古学报》1982年第1期。
③ 安徽省六安县文物管理所《安徽六安县城西窑厂2号墓》，《考古》1995年第2期。

无过三其身

《庐人》：凡兵无过三其身，过三其身，弗能用也而无已，又以害人。

郑玄：人长八尺，与寻齐，进退之度三寻，用兵力之极也。而无已，不徒止耳。

孙诒让：注云"人长八尺，与寻齐"者，据《总叙》文。云"进退之度三寻，用兵力之极也"者。言三寻之外，人力有所不及。《司马法·天子之义篇》云："兵大长则难犯。"义亦通也。云"而无已，不徒止耳"者，戴震云："不徒止于不能用也，又适以害执兵之人。"①

《庐人》：故攻国之兵欲短，守国之兵欲长。攻国之人众，行地远，食饮饥，且涉山林之阻，是故兵欲短；守国之人寡，食饮饱，行地不远，且不涉山林之阻，是故兵欲长。

孙诒让："故攻国之兵欲短，守国之兵欲长"者，通论攻守之兵长短互用之法。贾疏云："按《司马法》云：'弓矢围，殳矛守，戈戟助。'此言'攻国之兵欲短'，则弓矢是也。'守国之兵欲长'，则殳矛是也。言'戈戟助'者，攻国守国皆有戈戟，以助弓矢殳矛，以其戈戟长短处中故也。"

郑玄：言罢羸宜短兵，壮健宜长兵。

孙诒让：注云"言罢羸宜短兵"者，谓行地远而食饥，故不任用长兵而用短也。江永云："人众地阻，则势不便；人劳饥罢，则力不胜，故兵宜短不宜长，注未该。"云"壮健宜长兵"者，谓行地近而食饱，则任用长兵也。②

郭德维《戈戟之再辨》："由表三可见，戈与戟的主要区别之二在于：戟是长兵器，戈是短兵器。《考工记》说：'攻国之兵欲短，守国之兵欲长。'兵器的长短，正是因为它们的用途不一样。'攻国之兵'即进攻武器，要求灵活机动，故短兵器好。'守国之兵'即防御武器，一般防守城池对付攻城之敌，自然长兵器又比短兵器好。故从用途来分，戈是进攻武器，戟是防守武器。"③

表三　　　　　　　　　　　　　　　　　　单位：米

来　源	戈　长	戟　长
《考工记》	1.51	3.68
曾侯乙墓	1.3 ～ 1.4	3.2 ～ 3.5
浏城桥M1	1.4	3.03；3.1
天星观M1	1.5	3.38

---

① 孙诒让《周礼正义》4115—4116/3407页。
② 孙诒让《周礼正义》4116/3407页。
③ 《考古》1984年第12期。

试庐

《庐人》：凡试庐事，置而摇之，以视其蜎也；灸诸墙，以视其桡之均也；横而摇之，以视其劲也。

孙诒让："凡试庐事"者，记庐人为庐，器成后，试其利用与不，其法有三也。程瑶田云："三法之试，初一法，防其蜎；次二法，防其末弱；次三法，无上二病，专主于强。刺兵无掉病，而防其蜎，故曰欲其无蜎也。然三法之试，凡兵皆然，故刺兵抟而试之以三法，则可无蜎病，且均而同强。句兵之不抟而椑也，专以防掉，然亦不可有蜎病，故试庐之法，句兵亦然。故记言'凡'以包之。"云"置而摇之，以视其蜎也"者，戴震云："视其蜎，审察摇掉之势也。"云"灸诸墙，以视其桡之均也"者，戴震云："审察屈势，皆欲通体无胜负。苟材有胜负，必自负处动折。"程瑶田云："如为庐三寻，择两墙间函二丈者，屈庐而柱诸墙，令桡，而因以观其所桡两端，初无胜负则均也。"云"横而摇之，以视其劲也"者，《说文·力部》云："劲，强也。"戴震云："试之既齐均，又以强劲为尚。"程瑶田云："劲谓通体同强无弱，视之挺直不下垂也。"

郑玄：置犹尌也。灸犹柱也。以柱两墙之间，挽而内之，本末胜负可知也。正于墙，墙涩。

孙诒让：注云"置犹尌也"者，《说文·壴部》云："尌，立也。"《广雅·释诂》云："置，立也。"是置与尌义同。案：置凡训尌立者，并植之假字，《说文·木部》植或作櫃可证。植谓直立，与横摇正相对。云"灸犹柱也，以柱两墙之间，挽而内之，本末胜负可知也"者，惠栋云："灸，《说文·久部》引作'久'，云'从后灸之，象人两胫后有距也'。案：《士丧礼》云'幂用疏布久之'，注云：'久读为灸。'《既夕》云'木桁久之'，注云：'久当为灸，谓以盖案塞其口。'注云'以柱两墙之间，挽而内之'，与《仪礼》'久之'同义。是久为古文，灸为今文也。灸从火久声，古文省火。"段玉裁云："《说文》久字下引《周礼》'久诸墙以观其桡。'案：此则故书作久，师读为灸也。许君从故书作久，自可通，无劳易字。久灸义相近，许以灸释久。案：久之本训从后抵拒，引申为长久之训。后人乃知长久之训，而不知本训，遂以抵拒之训专归灸字。注家欲知古今异言、古今异字之梗概耳。柱，今之拄字。"云"正于墙，墙涩，"者，《释文》云："涩，本又作澁，又作涩，同。"案：《说文·止部》云："澁，不滑也。"涩涩并澁之俗。取墙涩者，欲其柱之定也。[1]

闻人军《考工记译注》指出"这是测试庐器质量的三种科学方法"："树立于地上摇动，为固定一端；撑在两墙之间，为固定两端；横握中部摇动，为固定中点。如今材料力学实验中，测试棒状体的机械性能，也往往用这三种方式。"[2]

戴吾三《考工记图说》为检验长兵器柄强度的方法作图示（图51）。[3]

后德俊《楚文物与〈考工记〉的对照研究》推测"对于制造'庐器'的用料和工艺基本

---

[1] 孙诒让《周礼正义》4124—4125/3414—3415页。
[2] 上海古籍出版社，2008年，108页。
[3] 山东画报出版社，2003年，78页。

上没有记述"的原因:"'庐器'是庐人制造的器物。它具有三个特点:'凡试庐事,置而摇之,以视其蜎也'——平直、均匀;'灸诸墙,以视其挠之均也'——各向弯曲度均匀一致;'横而摇之,以视其劲也'——弹性好,有力。具有这三个特点的兵器杆柄,仅采用木材制作是难以达到的,必需采用木、竹、丝等复合材料制造的积竹柄才能达到。事实证明了这一点。所以说'庐器'就是指的积竹柄。奇怪的是,《考工记·庐人为庐器》中对于'庐器'的尺寸、截面形状、应达到的使用性能和特点等都有详细的记载,唯有对于制造'庐器'的用料和工艺基本上没有记述,这是为什么呢?'庐人',可能就是指庐戎国的工匠。庐戎,春秋早期位于现今湖北省襄阳县西一带,与楚国相邻。《左传·桓公十三年》记载:'楚屈瑕伐罗……及鄢,乱次以济,遂无次,且不设备。及罗,罗与庐戎两军之,大败之。'据何浩先生考证庐戎在公元前698年—前691年之前就被楚国灭亡了。有关'庐器'的制造技术为楚人所吸取,所以在楚墓中才会有大量的装有积竹柄的长杆兵器出土。然而远在黄河流域的人们对此并不十分了解,所以才没有加以详细的记述。"[1]

置而摇之,以视其蜎也。

灸诸墙,以视其挠之均也;
横而摇之,以视其劲也。

图51　检验长兵器柄强度的方法示意图

句兵　刺兵

《庐人》: 凡兵,句兵欲无弹,刺兵欲无蜎,是故句兵椑,刺兵抟。

孙诒让:"句兵欲无弹"者,以下记制兵柲之法也。

郑玄:句兵,戈戟属。刺兵,矛属。故书弹或作但,蜎或作绢。郑司农云:"但读为弹丸之弹,弹谓掉也。绢读为悁邑之悁,悁谓挠也。椑读为鼓鼙之鼙。"玄谓蜎亦掉也。谓若井中虫蜎之蜎。齐人谓柯斧柄为椑,则椑,隋圜也,抟,圜也。

孙诒让:注云"句兵,戈戟属"者,《吕氏春秋·知分篇》云:"句兵钩颈",高注云:"句[2],戟也。"贾疏云:"以戈有胡子,其戟有援向外,为磬折入,胡向下,故皆得为钩兵也。"案:戈戟之句主于援,不主于胡,贾不识古戈戟形制,详《冶氏》疏。云"刺兵,矛属"者,程瑶田

---

① 《中国科技史料》1996年第1期。
② 引者按:王文锦本"句"下未逗开。

云:"矛用恒直,故曰刺。《说文·刀部》:'刺,直伤也。'"诒让案:刺兵亦谓之直兵。《吕氏春秋·知分篇》云"直兵造胸",高注云:"直[①],矛也。"《淮南子·泛论训》云:"槽矛无击,修戟无刺。"是矛亦得称击,戟亦得称刺,盖散文通也。云"故书弹或作但"者,段玉裁:"《说文·人部》曰:'僤,疾也,从人单声,《周礼》:句兵欲无僤。'此注当云'故书弹或作僤',司农读僤为弹也。"案:段说是也。惠士奇亦谓此注但为僤之误。云"蜎或作绢"者,蜎绢声类同。郑司农云"但读为弹丸之弹,弹谓掉也"者,但,亦当为僤。《御览·兵部》引《字林》云:"弹,行丸者。又枰也,枰使战动掉弹也。"是弹有掉义。段玉裁云:"司农易但为弹,书亦或为弹。弹丸者,倾侧而转者也。掉之义取此。《说文》:'僤,疾也。'疾与掉义相足。"案:段说是也。《说文·手部》云:"掉,摇也。"凡持长物,缓则定,疾则动掉,故僤训疾,亦训掉,二义相成。惠士奇谓僤训疾,训动,读为《上林赋》"象舆婉僤"之僤。戴震又读为"宛蟺"之蟺,训为转掉。今案:婉僤即宛蟺,与僤[②]弹义亦通,然与蜎掉义近,不若先郑义之切也。句兵之刃横向一边,若一转掉,则其刃违鏊而不能中,故欲其无掉。程瑶田云:"司农云弹掉,盖言戈戟之柲欲其不转掉于手。戈戟之体,其援横出而偏长,用之防其转掉,故为之内,令穿柲之凿而出之,以与援相称,为其援之重也。若内过长,则内转重而援反轻。是故援重亦掉,援轻亦掉。《冶氏》云:'长内则折前。'前谓援,折谓掉也。合《冶氏》《庐人》两职观之,知句兵之病在易转掉也。"云"绢读为悁邑之悁,悁谓桡也"者,《诗·陈风·泽陂》"中心悁悁",毛传云:"悁悁犹悒悒也。"邑即悒之借字。段玉裁云:"大郑本作绢,易为悁。悁邑者,悁悒也,郁抑之皃。桡之义取此。"程瑶田云:"先郑谓'蜎,桡也',是也。案下《记》云:'凡试庐事,置而摇之,以视其蜎也。'置谓植之也。蜎谓不直皃,如蜀之蜎蜎然也。立而摇之,以视其往来,或有偏强偏弱处也。偏强处则往少来疾,偏弱处则往多来缓,所谓蜎也。"案:程说是也。刺兵直刃,所遇必决,不患其掉,惟患其桡弱,则刺之无力而不入。先郑训为桡,义最精。而读为悁,则取义转迂远,不若后郑作蜎之当矣。云"椑读为鼓鼙之鼙"者,段玉裁云:"'读为'当为'读如',拟其音耳。"案:段校是也。云"玄谓蜎亦掉也,谓若井中虫蜎之蜎"者,惠士奇云:"《尔雅·释鱼》'蜎[③],蠉',注云:'井中小蛣蟩,赤虫。'《广雅》:'孑孑,蜎也。'《庄子·秋水篇》释文:'司马彪云:"虷,井中赤虫,一名蜎。"'然则蜎者,水中孑孑掉尾之虫,动摇不定,蜎乃动摇之状也。"诒让案:此破先郑悁邑之读,则"谓"疑当为"读"之误,盖拟其音而义亦存乎其中也。程瑶田云:"后郑谓'蜎亦掉'者,非也。《尔雅》'蜎[④],蠉',郭注'一名孑孑'。据《说文》,无右臂曰孑,无左臂曰孓。是虫行水中,恒屈曲其体,转变无定,胜负不均。苟为庐一器中若此虫然,偏强偏弱,节节相间,是之谓蜎。井中蜎,是桡象,而亦以掉释之,与弹相溷,不可从。"云"齐人谓柯斧柄为椑,则椑,隋圜也"者,《说文·木部》云:"椑,圜木梋也。"《广雅·释器》云:"匾梠谓之椑。"案:圜而匾即隋圜也。此假借为兵柲隋圜之名。柯即《车人》"柯楢"之柯。《毛诗·豳风·伐柯》传云:"柯,斧柄也。"又《破斧》传:"隋銎曰斧。"斧以柄纳于銎,銎隋故柄亦隋,銎与柄适相函也。但戈戟之柲与斧柄制实不同,以其同为隋圜,假以证义耳。贾疏:"隋圜谓侧方而去棱是也。"段玉裁云:"斧柄必隋圜,则椑者隋圜之言,隋圜对下文柎是正圜言也。"程瑶田云:"柲正圜则易转掉,柲隋圜则难转掉,故曰句兵

椑。"云"抟,圜也"者,《梓人》注同。[1]

对"句兵椑,刺兵抟",郭宝钧《殷周的青铜武器》:"戈的用法主要在横击,击中之后,继以内勾,故戈柲的安装,也应具有辅助功用,为了使戈锋不致转向,戈柲削制的截面呈 0 形,戈援的侧阑,密接在戈柲的扁平面上,上下齿没入窄槽中,戈内则透出于柲后的圆钝一侧。这样当人们手执戈柲时,就不用眼看,仅凭触觉,也易于使戈锋向前以利击杀。各地出土的战国铜镈,都具有上述截面的形式,而长沙木椁墓出土的戈柲,更可直接为之证实(参看图一二)。……矛因是刺兵,欲刺之有力,无偏强偏弱之差,则矛柄就须要浑圆。……矛柄因用浑圆,故庐人或积细竹条,中贯木心,缠缚成束为之,以求其力均而强,有弹性,不易折。矛下的铜镈也与戈镈异,是浑圆筒状的,下平无尖,别名镦。……铜镦多出土于东周墓葬,西周的尚罕见。"[2]

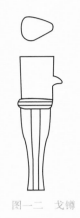

图一二　戈镈

老亮《中国古代材料力学史》指出:矛直刺,尽可刚直不弯,圆形截面能使其各向横向约束相同,强度与刚度相等。[3]

后德俊《楚文物与〈考工记〉的对照研究》证之以出土实物:"'句兵',是指戈、戟等兵器。这类兵器的器柄截面一般都不是呈圆形,而是呈前窄后宽的扁圆形或椭圆形。如包山2号墓出土的8件戈,戈柄分木柄与积竹柄两种,无论是木柄还是积竹柄,其戈柄的截面均为前扁后圆;曾侯乙墓出土的戟,其戟柄的截面呈前窄后宽的扁圆形;江陵雨台山楚墓出土的戈,其木制戈柄的截面也是呈扁圆形。……'刺兵',是指矛、殳等兵器。这类兵器的器柄截面一般都是呈圆形。如包山2号墓出土的小刺矛、宽叶矛、梭形矛等。器柄分木柄与积竹柄两种,无论是木柄还是积竹柄,其器柄的截面均为圆形。曾侯乙墓出土的53件矛柄,其截面均是圆形;曾侯乙墓出土的8件殳,其殳柄截面均为近圆的八棱形;江陵雨台山楚墓出土的矛,其木制矛柄也是圆形。"[4]

井中伟《夏商周时期戈戟之柲研究》:"目前考古发现大量的东周戈戟之柲横截面呈前扁后圆的椭圆形,同墓(如曾侯乙墓、包山M2等)共出的矛柲截面均为圆形,它们基本印证了文献的说法。当然,考古所见的有些戈戟之柲截面也呈圆形,如前面提到的长沙浏城桥71M1出土的2件均配与戈、矛联装戟。

[1] 孙诒让《周礼正义》4116—4119/3407—3409页。

[2] 《考古》1961年第2期。

[3] 国防科技大学出版社,1991年,145页。

[4] 《中国科技史料》1996年第1期。

戈戟之柲之所以做成前扁后圆的椭圆体,可以帮助操持者仅凭触觉就能辨认和掉转戈戟援锋的朝向。而圆形柲装配于内端出刃戈或与矛联装的戟上,使得操持者在激烈的格斗中无需凭借柲之前后,即可对敌方实施有效的打击。"①

5. 殳

《总叙》: 殳长寻有四尺,崇于人四尺,谓之四等;车戟常,崇于殳四尺,谓之五等;酋矛常有四尺,崇于戟四尺,谓之六等。

郑玄: 殳长丈二。戈、殳、戟、矛皆插车輢。

孙诒让: 云"殳长丈二"者,寻八尺,"寻有四尺"则丈二尺也。殳制详《司戈盾》疏。②

《司戈盾》: 授旅贲殳、故士戈盾。

郑玄: 殳如杖,长寻有四尺。

孙诒让: 云"殳如杖"者,《说文·殳部》云:"殳,以杖殊人也。《礼》:殳以积竹,八觚,长丈二尺,建于兵车,旅贲③以先驱。"又云:"杸,军中士所持殳也。《司马法》曰:执羽从杸。"《释名·释兵》云:"殳,殊也,长丈二尺而无刃,有所撞挃,于车上使殊离也。"《淮南子·齐俗训》"揗笭杖殳",高注云:"殳,木杖也。"《文选·西京赋》薛注云:"殳,杖也,八棱,长丈二而无刃,或以木为之,或以竹为之。"案:殳杸声义并同。殳以竹木为之而无刃,与杖相似,故高诱、薛综即称为杖也。互详《庐人》疏。云"长寻有四尺"者,据《考工记·总叙》及《庐人》文。④

《庐人》: 凡为殳,五分其长,以其一为之被而围之。参分其围,去一以为晋围;五分其晋围,去一以为首围。凡为酋矛,参分其长,二在前、一在后而围之。五分其围,去一以为晋围;参分其晋围,去一以为刺围。

孙诒让:"凡为殳,五分其长,以其一为被而围之"者,殳制,详《司戈盾》疏。贾疏云:"殳长丈二

① 《考古》2009年第2期。
② 孙诒让《周礼正义》3772—3774/3129—3131页。
③ 引者按: 乙巳本、楚本、《说文》(中华书局《说文解字》66页)并作"贲",王文锦本排印讹作"驭"。
④ 孙诒让《周礼正义》3072—3073/2549—2550页。

尺，五分取一，得二尺四寸，为把处而圜之也。”

郑玄：被，把中也。围之，圜之也。大小未闻。凡矜八觚。郑司农云：“晋谓矛戟下铜镈也。刺谓矛刃胸也。”玄谓晋读如“王搢大圭”之搢，矜所[①]捷也。首，殳上镈也。为戈戟之矜，所围如殳，夷矛如酋矛。

孙诒让：注云“被，把中也”者，《说文·手部》云：“把，握也。”言当手握处之中也。云“围之，圜之也”者，明殳虽与戈戟同为毄兵，而围则与酋矛同为正圜形也。云“大小未闻”者，以经文不具。程瑶田云：“‘凡为殳，五分其长，以其一为之被而围之。参分其围，去一以为晋围；五分其晋围，去一以为首围’，是晋围、首围之数皆出于其围也。‘凡为酋矛，参分其长，二在前、一在后而围之。五分其围，去一以为晋围；参分其晋围，去一以为刺围’，是其晋围、刺围之数亦皆出于其围也。然则殳与酋矛之围，乃其庐体上下诸围之宗也。而郑注则云‘大小未闻’。夫既为其诸围之宗，安得不以大小示人也？考之《丧服传》‘苴绖大搹’，注云：‘盈手曰搹。搹，扼也。中人之扼围九寸。’今训‘被’为‘把中’，《说文》训‘搹’为‘把’，搹围九寸，是把围九寸也。用殳与矛以把，故即以把之数为其围之数。《庄周书》言‘栎社树絜之百围’，《吴越春秋》言‘伍子胥腰十围’，皆具数于人之把，岂庐之用在把，反疑其围之之云非即其把之数乎？曰‘为之被而围之’，盖谓为之把而围之也。依文义读之，亦是著数之辞。”案：程说甚精，足补郑义。郑训‘被’为把中，则被围即把围。《庄子·人间世·释文》引司马彪云“一手曰把”，李颐云“径尺为围”，亦与程所定相近。此经言‘围之’者二。《桃氏》为剑，云“参分其腊广以为首广而围之”，首广即首径，以求其围，可得其度，故不言围义，而度即寓乎广；此为殳，云“五分其长，以其一为之被而围之”，亦不言围度，而度即寓乎被。求度不同，而文例则一也。至诸围之度，以程说推之，殳围九寸，参分去一以为晋围，则晋围六寸也。五分其晋围，去一以为首围，则首围四寸又五分寸之四也。酋矛围与殳同，五分其围，去一以为晋围，则晋围七寸五分寸之一也。参分其晋围，去一以为刺围，则刺围亦四寸又五分寸之四也。然而酋矛之刺围与殳之首围正同，惟殳之晋围，视酋矛六分减一。盖凡毄兵刺兵柲之围度并同，其被皆渐杀以趋于晋，毄兵所杀多，举之则细；句兵所杀少，举之则重，故被围虽同，而近晋之举围，则又不害其异也。长兵之制，其可考者如此。云“凡矜八觚”者，贾疏云：“以经二者近手皆云‘围之’，明不圜者为八觚也。”程瑶田云：“殳，据《说文》‘积竹八觚’。《说文》又云：‘笲，积竹矛戟矜也。’盖言凡庐皆积竹为之。《记》所言庐，似并用木，今注云‘凡矜八觚’，类同《说文》所谓积竹者，或亦为庐之一法。然如戈戟之柲隋圜，则断不能积竹为之矣。”案：程说甚析。《文选》张衡《西京赋》“竿殳之所揘毕”，薛注云：“殳，杖也，八棱，长丈二而无刃，或以木为之，或以竹为之。”是殳本有竹木两种。唯古戈戟柲为凿以函内，自不能以积竹为之。许说似据汉制，与古不合。至戈戟柲虽为隋圜形，然举围之外亦未尝不可为八觚而隋之，郑说与经卻不相迕也。郑司农云“晋谓矛戟下铜镈也”者，《说文·金部》云：“镈，柲下铜也。”《释名·释兵》云：“矛下头曰镈，镈入地也。”《曲礼》“进戈者前其镈后其刃，进矛戟者前其镦”，注云：“锐底曰镈，平底曰镦。”案：镈镦对文则异，散文得通。段校《说文·金部》云：“镦，矛戟柲下铜镈也。”《毛诗·秦风·小戎》“厹矛鋈錞”，传云：“錞，镈也。”是兵器柲末并以铜锴之，名曰镈，亦曰晋。程瑶田云：“殳以晋围对首围，酋矛以晋围对

① 引者按：乙巳本、楚本并作“矜所”，王文锦本排印讹作“所矜”。

刺围，则晋围者，庐所内镈之一端也。晋尊一声之转。"云"刺谓矛刃胸也"者，《淮南子·泛论训》高注云："刺，锋也。"即谓矛刃本与矜相含之圜銎。《诗·郑风·清人》笺所谓"室"是也。云"玄谓晋读如王搢大圭之搢，矜所捷也"者，据《典瑞》文。段玉裁改搢为晋，云："谓其音义同'晋大圭'，训为舌于绅带之间。知此晋谓矜舌于铜镈。捷同舌，俗作插。晋大圭，俗本作'搢大圭'，非。"案：段校是也。《典瑞》亦作"晋"，注引先郑读为荐申之荐，今本彼注"荐申"作"搢绅"，误也。捷插古通，详《总叙》疏。云"首，殳上镈也"者，贾疏云："殳下有铜镈，此殳首无，亦以上头为首而稍细之，以其似镈，故郑云'首，殳上镈'也。"案：殳无刃，盖首末并有铜镈以为固，贾说疑非。程瑶田云："矛之用在刺，故即以刺名其内刺之一端；殳所用之一端无刺，但平其首，故名之曰首。"云"为戈戟之矜，所围如殳，夷矛如酋矛"者，经不箸戈戟夷矛之围度，故郑补其义，以殳为毄兵。戈戟亦可句可毄，与殳用同，其柲虽有隋圜、正圜之异，而围度大小可约略相等。夷矛、酋矛则并为刺兵，其矜自当同也，其由被以下渐杀以趋于晋者则异。①

　　1978年，湖北随县曾侯乙墓出土7件套在长杆上使用的三棱刮刀型的铜兵器，其中三件有铭，文曰"曾侯邸之用殳"，裘锡圭《谈谈随县曾侯乙墓的文字资料》：

　　过去只知道殳是无刃的，因此这几件有刃殳引起了人们的注意。如果把简文关于殳的记录跟出土实物结合考察，可以发现这座墓里不但有上述有刃殳，也有跟一般古书所说相合的无刃殳。《诗·卫风·伯兮》毛传："殳长丈二而无刃。"《说文·殳部》："殳，以杸殊人也。礼，殳以积竹八觚，长丈二尺，建于兵车，旅贲以先驱。"同部又出"杸"字，注曰："军中士所持殳也。从木从殳。"《考工记·庐人》："殳长寻有四尺……凡为殳，五分其长，以其一为之被，而围之，参分其围，去其一以为晋围，五分其晋围，去一以为首围。"郑众注："晋，谓矛戟下铜镈也。"郑玄注："首，殳上镈也。"从上引材料可以知道殳是长一丈二尺（约当现在八九尺）的八觚竹形木杖。据《考工记》注，殳的两端还有铜套。墓中出土了十四根长三米强的旗杆形物，一端有横剖面为八觚形的铜镈，另一端有横剖面为圆形的铜帽，帽顶有一个半圆形纽。这种东西的形制和长度都跟古书里所说的无刃殳相近，应该就是这种殳的实物遗存。简文所记的殳正好也有两种，一种称"杸"，一种称"晋杸"。据现存简文统计，前者共有七件，后者共有九件。显然，"杸"就是有刃的殳，"晋杸"则是两端有铜套的无刃殳。"杸"上"晋"字大概不是国名，疑与上引《考工记》文的"晋"字义近。无刃殳带有浓厚的仪仗性质，首上的纽也许是系饰物用的。在山彪镇1号大墓、洛阳中州路（西工段）2717号墓等东周墓葬里，也出过与曾侯晋殳殳首类似的带半圆形纽的铜帽，原报告称之为戈柲帽或戈镈②。东周墓所出的有些没有半圆纽的铜帽，也有可能是殳首。三棱刀型的殳头过去也曾出土过，由于没有铭文，大家都不认识。例如寿县蔡侯墓所出的有刃殳头，过去就被误认为矛③。④

　　邱德修《〈考工记〉殳与晋殳新探》认为裘锡圭的说法"是可信据的"，指出"他所谓

① 孙诒让《周礼正义》4121—4124/3411—3414页。
② 《山彪镇与琉璃阁》26页，《洛阳中州路》100页，所引二墓皆属战国。
③ 引者按：安徽省文物管理委员会、安徽省博物馆《寿县蔡侯墓出土遗物》（科学出版社，1956年，11页）：一件铜殳与一件镦同出，殳銎和镦銎内均作八方形，外圆有花纹。殳长13.5、銎径2.8、镦长4、銎径3厘米（图257）。
④ 裘锡圭《谈谈随县曾侯乙墓的文字资料》，《文物》1979年第7期；引自《裘锡圭学术文集》第三卷350—351页，复旦大学出版社，2012年。

《考工记》文的'晋'，恐怕是指《考工记》郑注读'晋殳'的'晋'字为'王搢大圭'的'搢'字。似乎郑氏那时已知道'晋殳'是用来做旗杆用的，所以他用'搢'来训释'晋'字，'搢'含有插入的意思，'晋殳'上头有铜帽，铜帽上的半圆形钮可以插入绳索系住旄旗。因而，古人就命名具有这种用途的'殳'为'晋殳'了。"[1]

对于"殳"与"晋殳"的区别及用途，邱德修《〈考工记〉殳与晋殳新探》："简单地说'殳'就是杆头上有刃的'殳'，又可叫它做'锐殳'；'晋殳'则是在杆的两端有铜套的无刃殳。至于它们的用途也有同有异：有刃的'殳'一方面可以作为实战的武器，供做杀敌；另一方面，也可以用它来悬挂旗帜，充当旗杆的用处。'晋殳'因为没有三棱刃，杆的两端只有铜套。套上有钮口，可以用它来悬挂旗帜，纯粹只供作'旗杆'之用的仪仗器。"[2]

湖北省博物馆《曾侯乙墓》将出土的7件殳按殳头附饰的不同分为二式：

Ⅰ式6件。殳头作三棱矛状，刃的中部均稍内收，呈凹弧形，刃的下部接一个八棱形的箍，箍的顶部平，外饰浮雕的龙纹，内中空，用以安装积竹柄。有三件大小相若，纹饰一样，均刃部较长，在一侧的刃上，皆铸制篆书一行，共六字，"曾侯郎之用殳"，字迹细若针刺。

杆皆为积竹木柲，八棱形，外用丝线绕成宽带状，带宽0.3～0.5厘米不等，粗粗看去似为宽带密密缠绕，而实则每道宽带由十一至十三道丝线缠成。两个宽带的间距一般为0.25厘米，均有一根丝线斜绕相连，即丝线缠绕完一个宽带后，又斜绕隔一定距离去缠另一个宽带，斜绕的地方几乎在杆的同一个侧面。殳杆外面先髹一层黑漆，在黑漆上再髹一层红漆。出土时有的保存完好，见不到黑漆；有的红漆脱去一部分露出黑漆。殳杆的前端，在距殳箍部49～51厘米的地方，还装有一个青铜花箍，花箍上的纹饰与箍部相同亦为浮雕龙纹。殳杆的末端均有角质的镦，亦呈八棱形，皆无底，长3.5～4.5厘米。殳杆以当中最粗，上端次之，中部往下慢慢缩小，镦部最小。六件通长为3.27～3.40米，径粗2.6～3.2厘米。N.155，通长3.29，中部径最粗3.1、上端径3.0、镦部径2.5厘米。

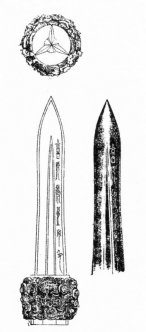

曾侯郎之用殳

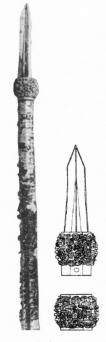

Ⅰ式N.155

①《汉学研究》第9卷第1期，1991年。
②《汉学研究》第9卷第1期，1991年。

Ⅱ式1件（N.153）。与Ⅰ式不同之处在于箙部为刺球状，殳杆上方的一个花箍亦为刺球状。箙部圆球伸出的圆锥形尖刺粗而长，计三十个，三个一排，共十排；殳杆上的铜箍略小，箍上伸出的圆锥形尖刺密而短，计八十个，五个一排，共十六排。其余部分皆同Ⅰ式，通长3.30米，殳杆径最粗处3.2、上端径2.6、镦部径2.3厘米。

湖北省博物馆《曾侯乙墓》描述14件晋殳（N.292～N.305）：

其形制为一长杆，两端装铜套，铜套无刃。我们把这种兵器定名为晋殳，因此墓竹简简文中所载殳有两种：一种称"殳"，一种称"晋殳"。据现存简文统计：前者共有七件，后者共有九件。简文中还有五处，虽没有明确提及晋殳，但从简文行文句式判断应有晋殳，与其他简文已述及的晋殳加在一起恰好是十四件，与墓中所出相符。对照墓中所出兵器，显然殳有刃，晋殳则无刃而仅有铜套。杆均为积竹木柲，外表缠丝线再髹红漆，上、下基本等粗，有的上部略粗，下部略细；上部多呈不规则的八棱形，下部呈圆形，但N.302全杆均呈圆形。晋殳殳头呈八棱筒状，有顶，顶端小，末端大，其中九件有凸弦纹三周，三件有凸弦纹一周，另有两件为素面。镦除个别呈不规则的八棱形外，余皆呈圆筒形，上粗下细，有底，底平并侈出于镦身之外，底之下附一半圆环钮。一般说来，殳头均较镦厚重。殳头和镦均有安钉的小眼，有的一面有两眼，有的只有眼痕，却未穿透，小眼多为方形，一般为0.2～0.4厘米见方。

N.292，通长3.21米，杆径顶部2.5、底部2.6、上部最粗径3.2、头长11.4、镦长（连钮）7.6厘米。[①]

Ⅱ式N.153　　　　　　N.302　　　　　　N.292

① 湖北省博物馆《曾侯乙墓》（上册）292—295页，文物出版社，1989年。

邱德修《〈考工记〉殳与晋殳新探》认为："从这些实物资料可以看出考古学家的叙述与《考工记》《说文解字》的记载，是能彼此密合，可以互相发明的。……从简文与实物，可以证明《考工记》所云及郑氏所注，皆有信史，而非子虚。"[1]

《曾侯乙墓》整理者认为呈八棱形的铜套是殳头，圆筒形带半圆环钮的铜套是殳镦。顾莉丹《〈考工记〉兵器疏证》指出"很多学者的定名与其相反"，因而对殳首和殳镦的形制和功用进行讨论：

裘锡圭先生在《谈谈随县曾侯乙墓的文字资料》一文中描述："墓中出土了十四根长三米强的旗杆形物，一端有横剖面为八棱形的铜镦，另一端有横剖面为圆形的铜帽，冒顶有一个半圆形钮。这种东西的形制和长度都跟古书里所说的无刃殳相近，应该就是这种殳的实物遗存。"[2]《楚文物图典》关于晋殳的描述："顶端装一圆形铜套，套顶有一半圆环钮，当为殳首。底端装有八棱形铜镦。"[3]长兵器木柄下端的铜套（镦和鐏）截面呈圆形、扁圆形、多棱形不等，整体上粗下细，便于插地。据此我们可以推知曾侯乙墓出土晋殳中一端大一端小八棱形筒状的铜套应是殳镦；圆形铜套一端侈出器身，端顶有小圆钮，这样的结构不易插地，裘锡圭推测"无刃殳带有浓厚的仪仗性质，首上的钮也许是系饰物用的"[4]，其说甚是。1986年湖北荆门包山楚墓出土的一件有箍殳（标本2：225），首端套一圆筒形铜帽，顶端凸出一圆钮，钮上残留有一丝带，结死结，可知殳首铜帽上的圆钮确实用于系物。包山楚墓共出土2件有箍殳和1件无箍殳，殳首皆是顶端带圆钮的圆筒形铜帽：[5]有箍殳2件，铜质帽、镦、积竹长柲，有箍。标本2：225，首端套一圆筒形铜帽，上端饰凸棱一周，顶端凸出一圆钮，钮上残留有一丝带，结死结。帽中部一穿，穿内插竹钉。积竹柲前段圆形，后段八棱形，外髹红漆。后段套两个八棱弧形铜箍。尾端套八棱形铜镦，其上饰凸棱一周。通长319.2、首长8、镦长6.8厘米（图3-70：1）。标本2：290，中部残。形制与上述标本相同。积竹柲木芯截面九棱形，外包篾丝两层，内层十五、外层十七根，以丝线固定。外髹红漆，绘黑彩，上部绘菱形纹，其下分绘五组二方连续三角云纹。残长280厘米（图3-70：2）。无箍殳1件。标本2：403，铜质帽、镦、积竹柲。首端套一圆形铜帽，帽上端饰凸棱一周，顶端凸出一圆钮。积竹柲前端截面圆形，后段截面八棱形，外髹黑漆。尾端套一八棱铜镦，镦上部饰凸棱一周。通长163、帽长5.8、镦长4.4厘米（图3-70：3）。[6]

1978年湖北江陵望山1号墓也出土1件楷殳（WM1：B10）。积竹柲，头端断面为圆形，其余的断面为八棱形，中间为圆条木心，外面用二层细竹片（每层48根）包裹，再用丝线缠紧，外涂红黑相间的两色漆。头端还套有铜质的殳头，铜头呈圆筒形（头端略粗大），顶部有一环钮，中部与末端各有一小圆孔以栓钉加固，殳的中部还有两个八棱形的铜箍加固，箍上铸有八组卷云纹和雷纹的浮雕图案。柲已残断，残长270厘米（图3-70：4）。[7]

① 《汉学研究》第9卷第1期，1991年。
② 裘锡圭《谈谈随县曾侯乙墓的文字资料》，《文物》1979年第7期，24—32页。
③ 高至喜《楚文物图典》，湖北教育出版社，2000年，132页。
④ 裘锡圭《谈谈随县曾侯乙墓的文字资料》，《文物》1979年第7期，24—32页。
⑤ 湖北省荆沙铁路考古队《包山楚墓》，文物出版社，1991年，206—207页。
⑥ 湖北省荆沙铁路考古队《包山楚墓》，文物出版社，1991年，206—207页。
⑦ 湖北省文物考古研究所《江陵望山沙冢楚墓》，文物出版社，1996年，57、59页。

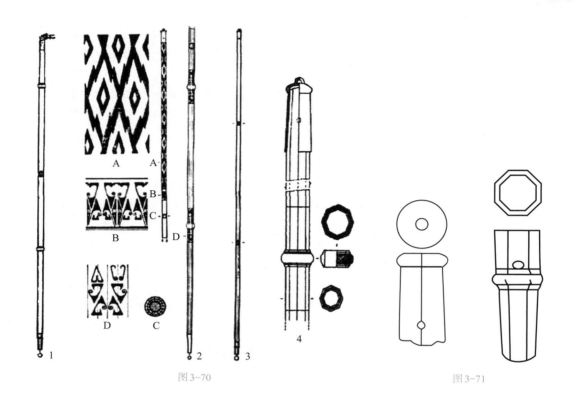

图3–70　　　　　　　　　　　　　　　　　图3–71

除了顶端带环钮的圆筒形铜帽殳首，也有不带环钮的，如1974年长沙识字岭战国一号墓出土一件铜殳，铜帽呈圆筒状，中空，上踏实。长5.5、直径2.1厘米。镦，呈八柱状，中空，上有对称的圆孔，有凸箍一周，长6.2、直径2.1厘米。从出土位置和漆木痕迹观察，应为兵器殳两端上的铜饰，其长度为164厘米（图3–71）。①

顾莉丹《〈考工记〉兵器疏证》认为：这类殳应该就是文献常见的殳，古代殳长一丈二尺，按一尺为23厘米计算，相当于2.76米，接近3米，这跟出土晋殳的长度相近。圆形铜套是"首"，顶端的小圆纽可能是系饰物用的，八棱形筒状的铜套是"晋"。曾侯乙墓"晋殳"之"晋"并非国名，乃《庐人》中的"晋"，郑玄注"晋读如'王搢大圭'之搢，所矜捷也"，《周礼·春官·典瑞》："王晋大圭，执镇圭。"郑司农曰："晋，读为搢绅之搢，谓插于绅带之间，若带剑也。"长兵器木柄下端的铜套是为了便于插地，故谓之"晋"。②

对于"殳长寻有六尺"，后德俊《楚文物与〈考工记〉的对照研究》解释何以出土实物与《考工记》差别很大：

按"八尺曰寻，倍寻曰常"，每尺21～23厘米计算……殳的长度差别很大，曾侯墓出土的6件殳的长度都在320厘米以上，而"殳长寻有六尺"只有252～276厘米，相差近80厘米。其原因可能是：

① 单先进、熊传新《长沙识字岭战国墓》，《考古》1977年第1期，64页。
② 顾莉丹《〈考工记〉兵器疏证》91—92页，复旦大学汉语言文字学专业博士学位论文，2011年。

曾侯乙墓出土的殳可能主要是用于仪仗,所以长度较大。此外,曾侯乙墓出土的这些殳有尖有刃,有的在殳头下面还装有带刺的球形铜箍,说明这些殳还有击兵的功能,但主要是刺兵的功能,所以柄比较长。①

　　徐占勇《浅谈镦与镦的区分》根据《曲礼》郑注"锐底曰镦,平底曰镦"标准,认为"理解为凡是锐底者即为镦(图一),凡是平底者即为镦(图二)"②。

图一　镦

1. 矛镦(春秋)　2. 戈镦(战国)　3. 银饰金镦(战国)

图二　镦

1. 铭文殳镦(战国)　2. 鎏金矛镦(战国)　3. 错银戈镦(西汉)

6. 矢

《矢人》: 矢人为矢,镞矢参分,茀矢参分,一在前,二在后。

　　孙诒让: 云"镞矢参分,茀矢参分,一在前,二在后"者,程瑶田云:'《司弓矢职》掌八矢之法: 枉矢、絜矢、杀矢、镞矢、矰矢、茀矢、恒矢、庳矢。' 郑注:'杀矢、镞矢,二者前尤重,中深而不可远也。恒庳二者前后订,其行平也。' 又云:'恒矢之属轩辀中,所谓志也。'《矢人职》所举五矢,仅三等。镞矢、茀矢曰参分,一在前,二在后,即《夏官》注所谓'前尤重'者也。" 易祓云:"三分其稾之三尺,则一尺在前,二尺在后。以后二尺之重与前一尺相等,则稾前之铁为极重矣,故其发迟,而近射用焉。" 诒让案: 恒矢之镞,盖有二种,礼射用金,习射用骨,《既夕礼》及《尔雅》所谓"志"也。此经不及恒矢、庳矢者,以其前后订,分数易明,文不具也。互详《司弓矢》疏。

　　郑玄: 参订之而平者,前有铁重也。《司弓矢职》茀当为杀。郑司农云:"一在前,谓箭稾

_____

① 后德俊《楚文物与〈考工记〉的对照研究》,《中国科技史料》1996年第1期。
② 徐占勇《浅谈镦与镦的区分》,《文物春秋》2013年第5期。

中铁茎居参分杀一以前。"

孙诒让：注云"参订之而平者，前有铁重也"者，订谓平比之。《释文》云："订，李音亭，吕、沈同。"则读订为亭。《毛诗·大雅·行苇》传云："镞①，矢参亭。"《淮南子·原道训》高注云："亭，平也。"亭订字通，详《司弓矢》疏。铁谓刃也。前《攻金之工》云："五分其金，而锡居二，谓之削杀矢之齐。"则矢镞亦以铜为之，故得与锡相和。而二郑此注并云铁者，盖据汉时为矢皆用铁镞，周时矢镞亦容兼用铜铁，故并云铁矢。郑意凡矢以刃为前，刃以铁为之，故恒重；后则唯著栝羽，故恒轻，《既夕》注云"凡为矢，前重后轻"是也。此二矢后多而前少，以相称量而适平者，明铁重，故厌前一，使重得与后二等也。云《《司弓矢职》茀当为杀"者，段玉裁云："'当'字衍文。"贾疏云："彼镞矢与杀矢相对，茀矢自与赠矢相对。此上既言镞矢，明下宜有杀矢对之，故破此茀为杀也。"《司弓矢》注亦云："杀矢之属参分，一在前，二在后。"②郑司农云"一在前，谓箭槀中铁茎居参分杀一以前"者，槀，旧本并误橐，《释文》同，今依毛晋本正，后注并同。铁茎即铤也。此矢槀三尺，杀者居一尺，铤之入槀中者亦止一尺，故云"居参分杀一以前"也。

兵矢、田矢五分，二在前，三在后。

孙诒让："兵矢、田矢五分，二在前，三在后"者，程瑶田云："《司弓矢》注：'枉矢絜矢二者，前于后重微轻，行疾也。'《记》言'兵矢田矢五分，二在前，三在后'，即《夏官》注所谓'前于重微轻'者也。"易祓云："五分其槀之三尺，则尺有二寸在前，尺有八寸在后也。以后尺有八寸之重，而与前尺有二寸相等，则槀前之铁比杀矢盖短而小矣，故其发远而火射用焉。"

郑玄：铁差短小也。兵矢，谓枉矢、絜矢也。此二矢亦可以田。田矢，谓赠矢。

孙诒让：注云"铁差短小也"者，贾疏云："前参分一在前，得订，此五分二在前得订，故知铁差短小也。"云"兵矢谓枉矢、絜矢也"者，亦据《司弓矢》文。彼注云："枉矢者，今之飞矛是也，或谓之兵矢，絜矢象焉。"是也。云"此二矢亦可以田"者，郑意谓二矢虽为兵矢，亦兼为田矢也。《司弓矢》以二矢为利火射，用诸守城车战，则专属兵事，不云可以田，郑以意定之。彼注亦云："枉矢之属五分，二在前，三在后。"云"田矢，谓赠矢"者，贾疏云："按《郑志》，赵商问：'《司弓矢》注云："凡矢之制，赠矢之属七分，三在前，四在后。"按《矢人职》曰："田矢五分，二在前，三在后。"注云："田矢谓赠矢。"数不相应，不知所裁。'答曰：'"田矢，谓赠矢"，此先定，后云"此二矢亦可以田"。顷若少疾，此疏初在篋笥之间，属录事得之，谨答。'若然，郑君本意以赠矢为田矢，非经田矢，自是寻常田矢。'此二矢亦可以田'，解经田矢是枉矢、絜矢，非直为兵矢，此二者亦可以田也。此郑云'田矢谓赠矢'，案《司弓矢》职，枉矢、絜矢言利诸田猎，茀矢、赠矢直言弋射，不言田猎，而云田矢者，弋射即是田猎也。"案：《司弓矢》云："杀矢镞矢，用诸田猎。"贾说似误记。郑以杀矢、镞矢参分，一在前，二在后，已见上文，则此田矢不得为彼二矢，故别以枉矢、絜矢为释，而又以为赠矢者，盖因《司弓矢》云"田弋共赠矢"，故注复著此说。然与彼注违牾，故赵商疑而发问。据郑君所答，则"田矢谓赠矢"乃郑初定

---

① 引者按：《行苇》"四镞既均"之"镞"，毛传释为"矢参亭"，孔疏："言镞是矢参亭者也。"（阮元《十三经注疏》534页下）王文锦本"镞"下未逗开。

② 引者按：《司弓矢》注亦云……"非贾疏（阮元《十三经注疏》924页上），而是孙疏引。王文锦本误置于贾疏内。

之注。后因与《司弓矢》注不合，乃重定云"此二矢亦可以田"。则谓田矢仍是枉矢、絜矢，其矰矢自与下茀矢同度，与《司弓矢》注无不合矣。然则郑后定之注，当删去"田矢谓矰矢"五字。而今本兼有之者，殆由郑先定本早已行世，学者见后定本有"此二矢亦可以田"之语，辄据增入，而忘去"田矢谓矰矢"五字，遂成两载。亦犹《保氏》"九数"注，郑云"今有重差句股"，马融、干宝云"今有重差夕桀"，校者误合两注，遂于郑本增"夕桀"二字也。贾疏所见本已误，而不知郑后定本当无此五字，乃强圆其说，云"郑君本意以矰矢为田矢，非经田矢"。若然，郑君既以非经田矢，则又何为于此注出之乎？其误甚矣。①

对于上述郑玄、郑司农注，周纬《中国兵器史稿》指出镞用铁：

然则八矢古用铁，杀矢之齐，不唯五分其金而锡居二矣。或曰二郑之注，以汉制说经，非古矢制也。则《左传·宣公四年》皋浒之战，"楚伯梦射王，汰辀及鼓跗，著于丁宁；又射，汰辀，以贯笠毂。"服虔注曰："笠毂车毂上铁。"是即《吴子·图国》篇所谓铁毂，亦即《史记·田单传》所谓铁笼。若非铁矢，能著丁宁之钲，岂能贯入笠毂之铁。又昭公二十六年炊鼻之战，"齐子渊捷从泄声子，射之，中盾瓦，繇胸汰辀，匕入者三寸"。杜预注以匕为矢镞，瓦为盾脊。考盾瓦及《礼·郊特牲》记朱干设锡之锡，郑注谓"锡傅其背如龟"。安邱王氏《说文句读》曰："今谓铜为铗瓦。"铗即铁或字，若非铁矢，岂能中盾脊之铁而匕入三寸。又古人记载，须推阐始明，但至今日则周代铜头铁尾镞，出土者已日见其多，如第四十五图所示之镞，系北平历史博物馆藏器，先后出土于北方各地，均周时战国之镞也。此种镞形体不尽相同，盖制镞者手工各异，各国习尚又相殊也。就其大体言之，镞之茎较长，而茎末另有一尾贯入箭杆之中，以防镞之脱落。此种镞实居多数。铁值较铜值低廉，箭为一去不复返之物，战国末既能用铁制尾，则全部用铁制镞当有可能矣。②

王学理《秦始皇陵研究》从秦俑出土的镞判断"战国到秦统一至少在秦人并没有采取铁镞"："秦俑三坑出土完整的箭支300簇，零散的镞41 000支。这些箭镞中，除一枚铁镞外，其余全是青铜质的。至于铜首铁铤镞，如果加上陵园其他遗址或墓葬出土的，也不过10支。……青铜镞的数量占绝对的优势，说明战国到秦统一至少在秦人并没有采取铁镞。"③陆锡兴主编《中国古代器物大词典》兵器刑具卷《箭》认为铁镞尚不足以取代铜镞："河北省满城县西汉刘胜墓中，出土了不少体呈圆柱形，前端呈四棱形的铁镞，经金相考察，它们是铸造成型后，退火脱碳而成。但因其毛坯为生铁铸件，不太规整；大量箭镞同时退火，脱碳程度亦难一致，所以它的硬度和锋利程度都不是很好。尚不足以取代青铜镞。故内蒙古自治区额济纳旗古居延遗址出土的汉简中，凡是记明质地的，都是铜镞；这一地区出土的箭镞实物，也都是铜质的。如居延甲渠侯官遗址出土的西汉昭帝始元元年（公元前81年）所制箭，竹杆，装三棱铜镞。直到东汉后期，出现了锋部呈锐角三角形的扁平铁镞。如四川省新繁县和安徽省亳县东汉墓中所出土的实例。"④成东、钟少异《中国古代兵器图集》指出

① 孙诒让《周礼正义》4053—4056/3357—3359页。
② 周纬《中国兵器史稿》141页，百花文艺出版社，2006年。
③ 上海人民出版社，1994年，210页。
④ 河北教育出版社，2004年，179页。

1:56号镞

圆锥形镞

"西汉大量生产并普遍使用的铁镞":"西汉初期,箭镞多用铜制,基本性质仍承袭了秦代的三棱形。西汉中期以后,开始大量用钢铁制造箭镞,到东汉时,铜镞就很少见了。西汉大量生产并普遍使用的铁镞,是一种尖锋呈四棱形的铁镞。……汉代也还使用铁铤铜镞。"①

关于"志矢",郭宝钧《山彪镇与琉璃阁》揭示山彪镇第一号墓葬出土"壹:伍陆号镞,无锋无刃,体若圆柱,上顶平齐,下有长铤。长壹肆.玖,身长陆.肆,径零.陆伍厘米,如是者出肆枚。又壹:贰壹叁号叁枚,壹:贰贰壹号叁枚,式同。又壹:贰零零号出壹零枚,大体相同,顶亦平齐,惟身略短,中腰收缩若细腰葫芦",认为"此等无锋无刃,不可杀伤的形式,疑即古之所谓志矢。志矢是一种练习打准的矢。按仪礼既夕礼'志矢一乘'注'志犹拟也。习射之矢'。此式只可拟准,不能杀伤,正合习射之用,犹今日之打靶。有人说,这种形式适于弋射。射中鸟类,只使晕落,不伤羽毛,可备一解。其中一镞,铤侧生小环,若用于弋射,系以丝缴,矢可复回,更为合用"②。

湖北随县曾侯乙墓出土圆锥形镞20件,湖北省博物馆《曾侯乙墓》描述为"圆锥形,其身似一带盖的小圆瓶,盖作圆尖顶,口部下有颈,肩部加宽,下腹慢慢收缩,底部又加宽,底部下附圆锥形长铤",认为"这一种镞,若用于实战,难以杀伤敌人,有可能是用作打靶的,亦可能是古文献中提到的'志矢'或'投壶'之矢③,其用途尚待探讨"④。

丛文俊《弋射考》考证上述箭镞不可能是"志矢"或投壶用矢,而是"莆矢":"春秋到汉代的出土箭镞中有一类无锋的镞,如湖北江陵雨台山楚墓M89、M159、M556共出土20件平头柱状铜镞⑤;湖南长沙浏阳桥楚墓也出土过13件这种镞⑥;湖北随州曾侯乙墓出土圆锥形镞20件,'其身似一带盖的小圆瓶',上有精美的花纹⑦;河北满城汉墓出土92件头部呈球形的铁镞,铤的断面为方形,外包比重较大的铅锡合金、呈圆棒状⑧。

① 解放军出版社,1990年,147页。
② 科学出版社,1959年,28页。
③ 参见郭宝钧《殷周的青铜武器》,《考古》1961年第2期;又《礼记·投壶》:"投壶之礼,主人奉矢,可射奉中,使人执壶……"
④ 文物出版社,1989年,上册299—300页。
⑤ 荆州地区博物馆《江陵雨台山楚墓》85页。
⑥ 湖南省博物馆《长沙浏城桥一号墓》,《考古学报》1972年第1期。
⑦ 湖北省博物馆《曾侯乙墓》299页。
⑧ 考古所、河北省文管处《满城汉墓发掘报告》111页。

在上述箭镞的考古报告中，报告者或将它们当作习射用的'志矢'，或推测为投壶用矢。按郑玄注《仪礼·既夕礼》'志矢一乘'已明确指出志矢'无镞短卫'，而《礼记·投壶》载其矢'以柘若棘，毋去其皮'，郑注：'旧说云：矢大七分。'可见投壶之矢形体绝小。所以上述箭镞不可能是志矢或投壶用矢。如果把这类箭镞安装在弋射用矢上，以其形制和重量，既可以达到《周礼·司弓矢》郑注讲的'前于重又微轻，行不低也'的目的，又可以加强射中禽体时的撞击力，称之为'茀矢'，颇为相宜。茀矢是春秋以后出现的用于弋射的改良型箭矢，大概是为了弥补用矰矢弋射飞禽时可能出现的误差，即使缠缚不中，也可以把飞禽射中击伤，达到猎获目的。因为它既能系缴以缠缚飞禽，又有明确的击伤作用，所以郑玄说它像矰矢，以示异同。当然，这种箭镞也可以用来猎取珍贵的皮毛兽，以防止破坏皮毛。至少可以确认，把曾侯乙墓那些制作精美的镞视为射出后能够收回的弋射所用箭镞是合理的（图三）。"[1]

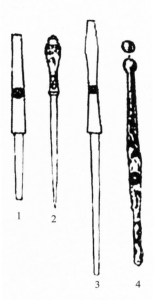

图三　考古所见非杀伤性矢镞

1、3. 江陵雨台山楚墓出土
2. 随州曾侯乙墓出土
4. 满城汉墓出土

何弩《缴线轴与矰矢》也认为这种圆身无锋、与缴线轴复合使用的箭镞并非"志矢"或"投壶"之矢，而是矰矢[2]。袁艳玲《楚地出土平头镞初探》对流行于春秋晚期到战国中期的楚地出土平头镞——"平面多呈亚腰葫芦状，无锋也无刃，顶部平齐，横截面多为圆形"进行整理和分类，也认为"从青铜器上的射礼图案来看，平头镞不太可能为用于射礼的恒矢或库矢"，"也不可能是投壶用矢"，"应是弋射用矰矢"[3]。陈春慧《矰矢、恒矢、绕缴轴——兼与何弩先生商榷》则认为"依郑注知恒矢即志矢"，"《周礼》记载恒矢之'无镞'，与考古发掘之圆身平首镞相符，故圆身平首铜链应为恒矢"，"平首圆身镞不唯与《周礼》记载之恒矢概念相符，其制亦与恒矢相近"，"与其伴出的绕线轴非矰矢用绕缴轴而是缠缚恒矢镞铤以插木笴之绕线轴"[4]。

《矢人》：杀矢七分，三在前，四在后。

孙诒让："杀矢"者，杀，《释文》作"羢"。阮元云："经当作'羢'，此因注云'杀当为茀'，遂改'杀'也。"钱大昕云："《梓人》《矢人篇》

---

① 吉林大学考古学系《青果集——吉林大学考古专业成立二十周年考古论文集》222—223页，知识出版社，1993年。
② 《考古与文物》1996年第1期。
③ 《江汉考古》2008年第3期。
④ 《文博》1998年第6期。

皆有'觌'字。《说文》无杀部，从闪亦无义。此即籀文'毅'字，'叵'讹为'門'，'又'讹为'人'，非别有觌字也。"案：阮、钱说近是。段玉裁说同。此经下篇《梓人》《匠人》《弓人》凡杀字皆作"觌"，疑此职五"杀"字亦当同。今本作"杀"，字例岐互，非其旧也。云"七分，三在前，四在后"者，程瑶田云："《司弓矢》注：'赠矢、茀矢二者，前于重又微轻，行不低也。''杀矢七分，三在前，四在后'，即《夏官》注所谓'前于重又微轻'者也。"易被云："七分其稾之三尺，则在前者尺有三寸七分寸之六，在后者尺有七寸七分寸之一也。以后七分之四与前七分之三相等，则稾前之铁比兵矢又短而小矣，故其发高，而弋射用焉。"贾疏云："此经直言茀矢，不言赠矢者，以其与茀矢同制，故略而不言也。"

郑玄：铁又差短小也。《司弓矢职》杀当为茀。

孙诒让：注云"铁又差短小也"者，贾疏云："以其前五分二在前，此七分三在前，是差短小也。"云《司弓矢职》杀当为茀"者，段玉裁谓"当"亦衍文。此"茀"字与上文"杀"误互易，故郑两破之。《司弓矢》注云："赠矢之属，七分，三在前，四在后。"此破"杀"为"茀"，亦当兼晐赠矢也。

参分其长而杀其一。

孙诒让："参分其长而杀其一"者，以下通记为矢之法，六矢所同。杀，《释文》亦作"觌"，云"本又作杀"。

郑玄：矢稾长三尺，杀其前一尺，令趣镞也。

孙诒让：注云"矢稾长三尺"者，《乡射记》云："物长如笴。"注亦云："笴，矢干也，长三尺，与跬相应。"贾疏云："按《稾人》注：'矢服长短之制，未闻。'彼以无正文，故云未闻。此云三尺者，约羽六寸，逆差之，故知三尺也。"江永云："矢笴有长短，三尺其中制。"诒让案：《稾人》云"矢八物，皆三等"，则八矢长短各异，与弓同。又《辀人》注云："凡弓引之中参。"中参者，盖谓弓之下制六尺，引满之，中容矢长三尺。然则矢之制，以三尺为最短，其上中制当以次递增也。云"杀其前一尺，令趣镞也"者，镞即刃也。《释名·释兵》云："矢本，齐人谓之镞。镞，族也，言其所中皆族灭也。"正字当作族。《说文·金部》云："镞，利也。"《㫃部》云："族，矢锋也，束之族族也。"趣与趋同。镞细而稾丰，故杀稾前一尺，使趣前渐杀，至于镞而平也。

关于"矢稾长三尺"，陈士银《〈考工记〉里的弓箭是什么样的》考证孙诒让"矢之制，以三尺为最短"之说较为可信：

结合对《周礼》《仪礼》及其深入的研究，郑玄至少三处均完全肯定箭长三尺。然而在实际操作中，郑注三尺之箭明显偏短，难以用来行射。江永云："矢笴有长短，三尺其中制。"孙诒让："矢之制，以三尺为最短，其上中制当以次递增也。"由上，我们不难看出，郑玄、江永、孙诒让对箭的长度就有三种不同的看法。那么，究竟哪种说法较为可信呢？

根据《临潼县秦俑坑试掘第一号简报》，秦始皇兵马俑，出土箭镞近7 000支，其中，I式箭镞"箭通长68～72厘米"，但是根据出土的铜弩机，我们认为这些短箭更可能为弩用箭，而非弓用箭。另外，我们请教相关射箭和弓箭制作人士，包括徐开才老先生和中国射箭协会传统弓分会副主席张国权先生、副秘书长王刚先生等人，根据人的身高和射箭习惯，三尺（约合今69.3厘米）之箭显然太短，适合孩子使用，无法满足成人射箭的要求。成人用三尺之箭搭弓，根本拉不满弓，箭就开始坠落。现在成人所用箭长在85厘米左右，清人所用箭偏长，有的甚至在100厘米之上。因此，我们认为，郑玄理解的"矢长三尺"只是一种参考长度，在实际操作中，这种三尺之箭当为最短，孙说可从。[①]

石璋如《小屯殷代的成套兵器》由弓长求箭长："箭长=$\frac{弓长}{2}$+0.078　殷代的弓长，在可能的假定与复原之下，其弓长为1.60公尺，则箭长=$\frac{1.60}{2}$+0.078=0.878公尺。"认为："殷代的矢，筈可能为木质，末端有骨镞、石镞、铜镞等，本端刻比，比前按羽。全长可能为0.87公尺，径约为0.010公尺，羽长为五分之一。矢的重心可能在前端的三分之一处，如《考工记》所云：'一在前二在后'（插图十九）。"[②]

成东、钟少异《中国古代兵器图集》指出："箭杆的长度与弓长有固定的比例。商代的弓长等于人的身高，由此推知，箭长在87厘米左右。河南安阳殷墟中曾发现箭的遗痕，全长约为87厘米，箭径1厘米，羽长为箭杆的1/5，河北藁城台西亦发现一支箭的遗痕，全长85厘米，羽长20厘米左右，可知上述推算与这两例实物很接近。"[③]又说："从出土实物看，东周时期的弓用箭一般长70厘米左右，弩用箭较短，长50厘米左右。"[④]王学理《秦始皇陵研究》："完整的一支箭通长68～72厘米，其筈有竹制的，也有木质的。表面髹漆，除个别的筈表分赭、红、黑三段颜色外，主要涂两色漆，即前段朱红占50厘米左右，约为箭总长的70%；后段褐（赭）长18厘米，约占箭总长的25%。羽已腐朽，橙黄色的羽迹长13～18厘米。"[⑤]

闻人军《考工记译注》绘出箭各部分名称图（图四九）[⑥]。

《矢人》：五分其长而羽其一。

孙诒让："五分其长而羽其一"者，《释名·释兵》云："矢其旁有

————————

[①]《文汇报》2015年1月30日第T07版。

[②]《中研院历史语言研究所集刊》第22本，1950年。

[③]解放军出版社，1990年，37页

[④]解放军出版社，1990年，92页。

[⑤]上海人民出版社，1994年，209—210页。

[⑥]上海古籍出版社，2008年，90页。

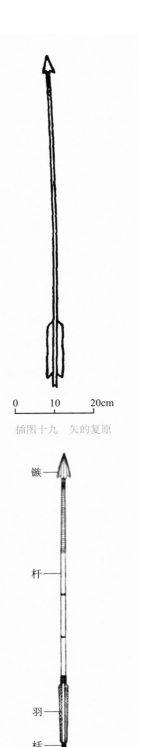

插图十九　矢的复原

镞

杆

羽

栝

图四九　箭各部分名称图

羽，如鸟羽也。鸟须羽而飞，矢须羽而前也。"《说文·羽部》云："翭，矢羽。"《既夕记》有翭矢、志矢，并短卫。郑注云："示不用也。"然则羽短则矢不可用，太长则又行迟，故必以五分矢长之一为度。

郑玄：羽者六寸。

孙诒让：注云"羽者六寸"者，以三尺之稾五分之，而取一分，则六寸也。[1]

对于"矢人为矢，镞矢参分，茀矢参分，一在前，二在后。兵矢、田矢五分，二在前，三在后。杀矢七分，三在前，四在后"，钱宝琮编《中国数学史》认为这是"《考工记》常用简单的分数来表示工业产品的各部分尺寸的比"，将此作为"分B的长度为两部分成m与n−m之比"的例证[2]。王学理《秦俑专题研究》指出："镞入笴之后，为使重心落在箭的中心位置，使之在空气运行中保持平稳状态，人们在长期的射击实践中总结出铤与箭长之比为：1∶3、2∶5、3∶7。换言之，镞铤之长分别占箭杆长的33.33%（镞矢、茀矢）、40%（枉矢、絜矢、矰矢）和42.85%（杀矢）。"[3]而仪德刚《中国传统箭矢制作及使用中的力学知识》批评"显然这与原文题意并不相符，这把原文误解为是在讨论箭铤的长短问题"，指出"各代注经家的理解都认为是箭杆的重量分配情况：镞矢、杀矢，箭前部的1/3与后部的2/3轻重相等；兵矢、田矢，箭前部的2/5与后部的3/5轻重相等；茀矢，箭前部的3/7与后部的4/7轻重相等"，据此做一简表，如表1所示："《考工记》并没有明确指出如何去找到那平衡点或如何划分箭长以配重，但在实践中应不难做到，这是一个不等臂的平衡。郑玄等经学家在注里都说到为什么不等臂会平衡，是因为箭杆的一段有铁而重也，这是一种直觉的经验认识。……在现代国际射箭运动中，常使用术语F.O.C（Front-of-Center，可译成形心与重心的距离）来表示这个影响射箭效果的重要参数。F.O.C的计算方法为：$F.O.C\% = [100 \times (A - L/2)] \div L$。通常射程越大，F.O.C对射击结果的影响就越大。在不同类型的射箭运动中，F.O.C大小的最佳效果也不同。用现代的F.O.C的标准去验证《考工记》中那5种箭的特性，可以看出大部分是相符的。"[4]

表1

箭 类 型	平衡点到箭头端长度比例	平衡点到箭尾端长度比例
镞矢、杀矢	1/3（33.3%）	2/3
兵矢、田矢	2/5（40%）	3/5
茀矢	3/7（42.8%）	4/7

对于"矢稾长三尺"及"五分其长而羽其一"，湖南省文物工作委员会《楚文物图片集》：

① 孙诒让《周礼正义》4056—4057/3359—3360页。
② 科学出版社，1964年，15页。
③ 三秦出版社，1994年，316页。
④ 姜振寰、苏荣誉编《多视野下的中国科学技术史研究——第十届国际中国科学史会议论文集》244—245页，科学出版社，2009年。

长沙楚墓出土的铜镞（矢）很多，约可分为三类：1. 翼形镞，刃部两端伸出如鸟的双翼，前后锋均极锐利，镞茎较长。2. 三棱形镞，三刃四锋，前锋极锐利，后锋较钝。3. 扁平形镞，镞身如叶，中脊隆起，断面作棱形，锋及两刃颇为锐利。镞茎系铜制，做三角形或方形，未发现圆形的茎。一般出土的矢镞，多仅残剩铜制箭镞，无从见古代矢镞的全貌。长沙楚墓出土完整的矢镞，全长70公分。镞长36公分，笴（干）长34公分，笴茎约0.5公分，笴上并有彩绘。矢的末端尚存有残羽，设羽的长度约16公分，羽分三组装置于笴的四周，笴的末端，缠缚有对称的竹片二块，宽约0.2公分，凸出于笴端之外约0.4公分。其作用与括相同，以便扣于弦上。楚矢设羽的部分，约为矢全长的五分之一弱，与"五分其长而羽其一"不完全相合。《考工记》所载，或仅为当时的标准范例，各国因制作的材料及用途的不同，或有所变革改进，但其形制基本上还是大致相同的。[1]

《矢人》：以其笴厚为之羽深。

孙诒让："以其笴厚为之羽深"者，深谓羽入笴之深。凡设羽深浅之度，必视笴之厚薄为差，则不伤其力也。

郑玄：笴读为稾，谓矢干，古文假借字。厚之数，未闻。

孙诒让：注云"笴读为稾，谓矢干，古文假借字"者，《总叙》杜注义同。《释名·释兵》云："矢其体曰干，言挺干也。"郑意笴自有本义，与矢干之稾声近，故假笴为稾也。《说文·竹部》无笴字，然许、郑二君说字不尽同，疑古本有此字，从竹可声，而别有本义，今不可考。《礼经》借为矢干之稾，故云古文假借。若《乡射》《大射礼》注并训笴为矢干，则即以借义释之，故不复正其读，与此注不相盭也。互详《总叙》疏。又案：此经笴字，盖故书今书所同，郑云"古文假借字"，乃释字例，非校故书也。与《小史》注以轨为簋古文同，与《庖人》《槀氏》注所称古文即指故书异。云"厚之数，未闻"者，矢厚经无文，故郑云未闻。程瑶田云："'刃围寸'者，刃本之围也。刃之本即笴之末。循其所斮之末而渐丰之，至于其所斮之始，所谓'参分其长而斮其一'也。准之而为笴末之斮围，则亦参分其围而斮其一而已矣。斮围寸，则不斮者围寸有半，其厚半寸可知也。若是，刃之围寸似无三等之差矣。围寸无差，而三等之差实由金镞。岂所谓'铤十之，重三垸'者惟杀矢之属为然，故《冶氏》专言杀矢与？"案：此程氏以意推之，未知是否，姑存之，以备一义。[2]

"笴厚"，程瑶田推出"其厚半寸"，换算后约为今天的1.15厘米（1汉尺＝23.1厘米，0.5汉寸＝1.155厘米）。林卓萍《〈考工记〉弓矢名物考》认为"从近年陆续出土的一些先秦矢镞形制看，程氏的推论比较可信"：

1990年山东沂水县发掘的战国墓，其中一件出土的铜镞较大（如图11），两面刃平直，脊起棱，圆銎中空，内有朽木，銎上有对称二穿孔，长12，銎径1厘米。[3]这类镞的箭笴是直接插进銎内的，箭笴入

① 湖南省文物工作委员会《楚文物图片集》8—9页，湖南人民出版社，1958年。
② 孙诒让《周礼正义》4057—4058/3360—3361页。
③ 参见沂水县博物馆《山东沂水县埠子村战国墓》，《文物》1992年第5期，73—74页。

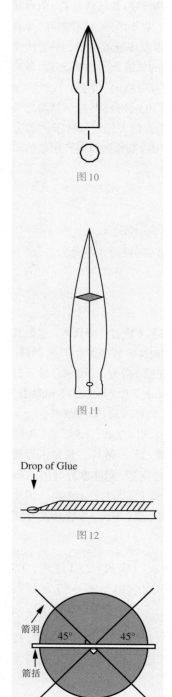

图10

图11

Drop of Glue

图12

箭羽 45° 45°

箭括

图13　箭杆尾部设羽剖面图

鋈部分的直径应与鋈的直径大小相近,那么箭笴尾部的直径可能在1～1.5厘米之间。秦始皇陵一号铜车马上的Ⅰ、Ⅱ型铜矢,笴(杆)径0.5厘米。[①]始皇陵发掘的铜车一般认为是原物的1/2缩尺的模型。按这个比例算,实际笴径应为1厘米。非常接近程氏的推算。而荆州市纪南镇纪城村1995年发现的一号楚墓中,B型Ⅰ式铜镞(图10)"关呈圆筒状,无铤。通长5、关径0.8厘米。"[②]这里的"关"当称为"鋈",其作用与前一例提到的相同。当然,《考工记·矢人》记载的是杀矢的形制,不同用途的矢,长度略异,箭笴径也会以1厘米这个标准上下调整,但差别应该不会很大。[③]

对于"笴厚为之羽深",林卓萍《〈考工记〉弓矢名物考》:

按字面上的解释应该是箭杆的直径为羽毛进入箭杆的深度。先秦时期箭羽究竟是如何装入箭杆的呢?《考工记·矢人》中并没有记载;《天工开物·佳兵》记曰:"箭本近衔处,剪翎直贴三条,其长三寸,鼎足安顿,粘以胶,名曰箭羽。"——它所记录的制作方法与现代的相近,都是把羽毛直接粘贴在箭杆上(见图12[④]),这显然与先秦的制作方法有所不同。闻人军《考工记译注》:"羽毛进入箭干的深度与箭干的半径相等。"[⑤]依照这个解释,我们构拟了一个古代安装箭羽的方法:如图13,先把箭杆尾部以箭括线为中心线平分成两半。一半以45°弧、135°弧再裂分成三部分,把两羽片夹粘在这三部分之间;再把箭杆上另一半竹片作相同处理,最后两半合在一起。以一根羽毛为准,则羽深等于箭杆半径;而四根箭羽刚好形成两条对角线,两两相接的长度则等于箭杆直径。当然,这仅仅是个没有根据的猜想,要了解"笴厚为之羽深"的真正含义还有待更多的文献资料和名物来印证。[⑥]

《矢人》: 水之以辨其阴阳。

孙诒让:"水之以辨其阴阳"者,为欲设比也。水之,谓取笴木渐之水中,犹《轮人》云"水之,以视其平沉之均也"。阴阳,谓棗之向日背日者,亦与《轮人》"斩榖必矩其阴阳"同。贾疏云:"就其浮沉刻记之。"

① 参见陕西省秦俑考古队《秦始皇陵一号铜车马清理简报》,《文物》1991年第1期,8页。
② 湖北省文物考古研究所《湖北荆州纪城一、二号楚墓发掘简报》,《文物》1999年第4期,7页。
③ 林卓萍《〈考工记〉弓矢名物考》26～27页,杭州师范学院汉语言文字学专业硕士学位论文,2006年。
④ 引自http://198.66.52.119/photo/index.php?folder=/。
⑤ 上海古籍出版社,1993年,69页。
⑥ 林卓萍《〈考工记〉弓矢名物考》27页,杭州师范学院汉语言文字学专业硕士学位论文,2006年。

郑玄：辨犹正也。阴沉而阳浮。

孙诒让：注云"辨犹正也"者，此引申之义。《小尔雅·广言》云："辨，别也。"辨别所以正其阴阳之面，故云犹正也。云"阴沉而阳浮"者，阴润就下故沉，阳燥向上故浮也。①

闻人军《〈考工记〉中的流体力学知识》认为徐光启说优于郑注：

明末科学家徐光启的《考工记解》认为："阴阳者，竹生时向日为阳，背日为阴。阴偏浮轻，阳偏坚重。试之水，则阳偏居下，阴偏居上矣。矢三（原文如此，疑抄者笔误—笔者注）离弦，亦欲令阳下阴上，则无倾敧，故水之以辨也。"②郑、徐之说互异。今按《考工记》"轮人"条曰："凡斩毂之道，必矩其阴阳。阳也者，积理而坚；阴也者，疏理而柔。"郑玄注："矩，谓刻识之也。"由此看来，阴阳的划分，以徐说为佳。标识箭干的阴阳是为了"夹其阴阳，以设其比（箭括）；夹其比，以设其羽"③，即在正确的位置设置箭括和箭羽，使箭的质量分布左右对称，有利于保证箭飞行的稳定性。④

仪德刚《中国传统弓箭制作工艺调查研究及相关力学知识分析》："这种检测方法体现出了古人对于木材阴阳面的特性有着清晰的认识，树木面向太阳的一面（称为阳面）密度较阴面大⑤，这是符合实际的。并用水浮法测试轻重面，从而来确定切割箭扣（即比）的方向。这样制成的箭杆，使用时密度大的阳面处于下方，有利于箭体飞行的平稳。"⑥

《矢人》：夹其阴阳以设其比，夹其比以设其羽。

孙诒让："夹其阴阳以设其比"者，庄存与云："比，今人谓之扣，所以扣弦也。夹其阴阳以为扣，谓箭筈当弦处，半阴半阳，不偏重也。"程瑶田云："如弓矢既辨其沉而在下者为阴，浮而在上者为阳，而刻记之矣。乃夹其两旁而设比，是为夹其阴阳。"案：庄、程说是也。云"夹其比以设其羽"者，矢羽有四，设之必夹比，盖在四角邪夹之，故羽著四角，自从横相直，而不与比相侵也。古矢皆四羽，与今矢三羽异。

郑玄：夹其阴阳者，弓矢比在稾两旁，弩矢比在上下。设羽于四角。郑司农云："比谓括也。"

孙诒让：注云"夹其阴阳者，弓矢比在稾两旁，弩矢比在上下"者，贾疏云："以其弓竖用之，故比在稾之两畔；弩弓横用之，故比在稾上下。"诒让案：设比盖当阴阳均处，弓矢则比在两旁，阴阳在上下；弩矢则比在上下，阴阳在两旁也。云"设羽于四角"者，弓弩之矢，比在两旁上下，则四角皆适当空处，故就之设羽也。郑司农"比谓括也"者，《文选·西京赋》薛注云："括，箭括之御弦者。"括正字作"栝"。《说文·木部》云："栝，一曰矢栝，筑弦处。"《释名·释兵》云："矢，其末者栝⑦，栝，会也，

---

① 孙诒让《周礼正义》4058/3361页。
② 徐光启《考工记解》，复旦大学图书馆藏清代抄本。
③ 《考工记》"矢人"条。
④ 闻人军《〈考工记〉中的流体力学知识》，《自然科学史研究》1984年第1期。
⑤ 笔者就此问题曾请教过中国科学院植物研究所的有关学者，答案是肯定的。
⑥ 中国科学技术大学科学技术史专业博士学位论文，2004年，145页。
⑦ 引者按："者"从楚本讹，乙巳本、《释名》（王先谦《释名疏证补》，《尔雅广雅方言释名清疏四种合刊》1086页上）并作"曰"。

与弦会也。栝旁曰叉，形似叉也。"《国语·鲁语》说楛矢云："铭其栝曰，肃慎氏之贡。"韦注云："栝，箭羽之间也。"案：栝即楛之隶变。此注及《仪礼》《尚书》并作括，同声假借字。比即于笴末刻之。《鲁语》云"铭其栝"者，即铭其笴也。经不著比之长度者，比之长不过数分，于三尺之笴所增损无多，不关前后轻重之数，故可从略也。①

孙诒让认为"古矢皆四羽"。秦始皇兵马俑博物馆、陕西省考古研究所《秦始皇陵铜车马发掘报告》介绍秦始皇陵一号铜车上的66支铜箭分二型：其中Ⅰ型62支，通长35.2厘米，"在距箭杆的末端2～8.1厘米的一段，装有上下、左右两两对称的四片尾羽，每片尾羽长6.1、宽0.95、厚0.1厘米"；Ⅱ型箭杆"长32.5、径0.5厘米。……在距末端2～8.1厘米的一段，有上下、左右互相对称的四片尾羽与箭杆铸接成一体。尾羽长6.1、宽1、厚0.1厘米"②。

《矢人》：参分其羽以设其刃。

孙诒让："参分其羽以设其刃"者，江永云："此刃并铤言之，设刃即设铤也。"俞樾云："'分'字衍文也。《记》文本云'参其羽以设其刃'，刃者兼铤而言之也。羽长六寸，三六一尺八寸，加铤一尺刃二寸，适合矢长三尺之数，故曰'参其羽以设其刃'，明设铤刃在一尺八寸之外也。上文云'五分其长而羽其一'，此就全矢计之。若除去铤刃一尺二寸，则参分其长而羽其一矣，所谓'参其羽以设其刃'也。误衍'分'字，义不可通矣。"案：俞谓经"分"字当为衍文，其说近是。

郑玄：刃二寸。

孙诒让：注云"刃二寸"者，贾疏云："以其言'参分其羽以设其刃'，不可参分取二分，作四寸，明知参分取一，得二寸为刃，故知刃二寸。"俞樾云："如疏义，则当云'参分其羽以为刃长'，不当言'参分其羽以设其刃'也。且羽长六寸，但云'参分其羽'，将取二分乎？抑取一分乎？古人之辞不应如是之鹘突也。"诒让案：郑、贾之意，以经"参分其羽"为参分六寸之长，而取其一为二寸，故下文又增刃长寸为刃长二寸。于此经义虽未协，但以下文校之，刃长寸为薄比之度，其比上为丰本，出笴外围寸者，长亦一寸，合之亦得二寸；则郑云"刃二寸"，于矢镞之度，固不谬也。

则虽有疾风，亦弗之能惮矣。

郑玄：故书惮或作"但"。郑司农云："读当为'惮之以威'之惮，谓风不能惊惮箭也。"

孙诒让：注云"故书惮或作但，郑司农云：读当为惮之以威之惮，谓风不能惊惮箭也"者，段玉裁云："《大司马职》注：'坛读从惮之以威之惮。'坛、但、惮三字古音同部。"张文虎云："《庐人》'句兵欲无弹'，注'故书或作但，郑司农云：但读为弹丸之弹，但谓掉也'。此惮弹二字同义，当皆训为掉。"

---

① 孙诒让《周礼正义》4058—4059/3361—3363页。
② 文物出版社，1998年，115、121页。

《商颂》'不震不动'，笺：'不可惊惮也。' 以惊惮训震动，盖弹、惮、但、动、掉，皆声之转。"案：张说是也。注云"惊惮箭"，亦谓矢行为风所撼而振掉，若惊惮然，与《庐人》注读虽异，而意则同。又《庄子·大宗师篇》"子犁曰无怛"，彼《释文》引先郑注作"不能惊怛"，盖以音同改之，以就《庄子》之文，不知此经故书"惮"作"但"，与《庐人》"弹"作"但"正同。"不能惊惮"之训，又正承"惮之以威"之读，改作"怛"，不可通也。①

　　"夹其阴阳以设其比……亦弗之能惮矣"，闻人军《〈考工记〉中的流体力学知识》认为"是出于对箭矢飞行稳定性要求的考虑"：

　　按《考工记》所言，箭干后视图当如图3所示。除了整枝箭的重心对飞行轨道有影响之外，当箭飞速前进时，如因侧风干扰，使头部偏向左方（或右方）；箭矢由于惯性，仍沿原来的方向往前飞，于是迎面而来的空气阻力F与垂直的箭羽间便形成了角度，垂直于箭羽的分力F_1向左（或向右）推箭羽，使箭镞向右（或向左）转（图4）。所以垂直的箭羽有横向稳定作用。同理，水平箭羽有纵向稳定作用。②

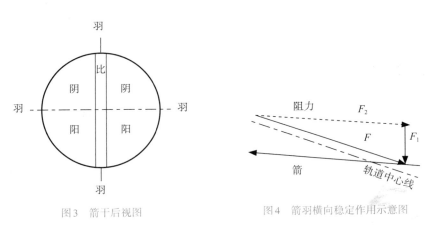

图3　箭干后视图　　　　　　　　图4　箭羽横向稳定作用示意图

《矢人》：刃长寸，围寸，铤十之，重三垸。

　　孙诒让："刃长寸"者，记镞末之长也。以下《冶氏》文同。凡矢镞以金铸之，与槀异材，别使金工为之。既成，以授此工，设之于槀，故其文两见，亦百工之联事通职也。云"围寸"者，此专指镞本之圆在槀外者言之，其长与镞末之薄比等也。镞末之比，薄而且锐，不可以言围，则围寸指镞本言明矣。镞本与末各寸，合之适二寸。云"铤十之"者，谓镞本之入槀者，十倍围之度也。郑读"刃长寸"为"长二寸"，则谓此不家彼为文也。云"重三垸"者，并镞与铤之重也。程瑶田云：《冶氏》曰为杀矢，《矢人》言刃同，不专言杀矢也。余以三等之矢，订之而平者，前后殊所，其故在金镞有轻重，则《记》所云刃之度法与权刃之数，宜如《冶氏》专指杀矢言也。其他二等，则以次差短，亦以次差轻，准订平

① 孙诒让《周礼正义》4059—4061/3361—3363页。
② 闻人军《〈考工记〉中的流体力学知识》，《自然科学史研究》1984年第1期。

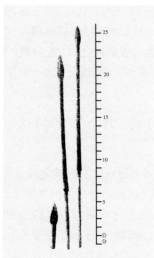

1. 54.长.麻.M8出土铜箭镞

3. 57.长.左.新.M15出土
铜箭镞

4. 56.长.子.M21出土铜箭镞

图一二　长沙出土的铜箭镞

处试之，可知其数。"诒让案：杀矢之刃，在三等为最重，兵矢、田矢、茀矢等当以次递轻。然此皆就铤之长短丰杀消息之以取均平，而刃长寸、围寸之度，则诸矢固无不斠若画一也。铤之度法，八矢为四等，可以意参定之，故经不分别著之也。互详《冶氏》疏。

郑玄：刃长寸，脱"二"字。铤一尺。

孙诒让：注云"刃长寸，脱'二'字"者，段玉裁云："谓'寸'上脱'二'。"江永云："刃长寸，此及《冶氏》两言之。谓此处脱'二'字，既未安，而'刃长二寸，铤十之'者，又有铤二十寸之嫌，文意尤不协。"案：江说是也。此经本无脱文，但郑说矢长二寸，亦不误。戴震谓矢比中博，刃长寸，自博处至锋。程瑶田云："余见古矢镞不为匕，丰本锐末，自其半而渐杀。然则二寸者，刃之通长。言'刃长寸'者，盖言其半之发于硎者耳。"案：古矢镞盖有丰本及薄匕两制，其锋皆一寸。戴、程两说并得通。《左·昭二十六年传》云："齐子渊捷从泄声子，射之，中楯瓦，繇胸汏辀，匕入者三寸。"杜注云："匕，矢镞也。"孔疏云："今人犹谓箭镞薄而长阔者为匕。"据杜、孔说，则古矢镞多为匕。《方言》云："凡箭镞胡合嬴者，四镰，或曰拘肠。三镰者，谓之羊头。其广长而薄镰，谓之錍，或谓之钯。"郭注云："镰，稜也。"子云[1]所谓四镰、三镰、胡合嬴者，即丰本锐末之制。广长而薄镰者，即古薄匕之制。是矢镞有二制，汉时犹然矣。[2]

高至喜《记长沙、常德出土弩机的战国墓——兼谈有关弩机、弓矢的几个问题》认为"刃长寸"并未脱"二"字：

根据出土箭镞来看，刃长一般是在2厘米左右。即一寸左右，并没有脱"二"字，个别的有4厘米左右。如54.长.左.M15出土的一种镞刃长1.9厘米，57.长.左.新.M15出土的镞刃长2.2厘米（图一二：3）；湖南省博物馆收集的一件镞刃长2.3厘米。54.长.麻.M8出土的镞刃长2.7厘米（图一二：1）。56.长.子.M21出土的镞刃长4厘米左右（图一二：4），54.长.左.M15出土的另一种镞长也是4厘米。因此，"刃长寸者"，应是当时镞的一种，也许即杀矢之制，并非脱"二"字；同时也有长二寸左右的。可见当时镞刃的长，有一寸的，也有二寸的。所谓刃长寸者，也许仅是指其大概数字或取其平均数字而言，或许指其官镞的标准而言，实际铸造起来，是不会那

---

[1] 引者按："子云"原作"杨氏"，据孙校本改。"子云"较"杨氏"确切，因为"杨氏"也可指杨倞，如称《荀子》杨注"为"杨氏"。
[2] 孙诒让《周礼正义》4061—4062/3363—3364页。

么一致的。[1]

《矢人》：前弱则俛，后弱则翔，中弱则纡，中强则扬，羽丰则迟，羽杀则趯。

孙诒让："前弱则俛"者，俛，《唐石经》作"勉"，宋余仁仲本同。钱大昕云："勉与俛，古多通用。俛勉，汉碑多作'僶俛'。陆机《文赋》'在有无而僶俛'，李善注引《诗》'僶俛求之'。《汉书·谷永传》'闵免遁乐'，师古注：'闵免犹僶勉也。'《表记》'俛焉日有孳孳'，读如勉，此经又读勉为俛，音同义亦同也。"案：钱说是也。以下并论作[2]矢不中法之弊。程瑶田云："前弱后强，后弱前强，与前后强弱同而中或偏强偏弱，则俛翔纡扬之病生。"云"羽杀则趯"者，杀亦当作"㣤"，下章并同。羽杀谓羽减少也。

郑玄：言干羽之病，使矢行不正。俛，低也。翔，回顾也。纡，曲也。扬，飞也。丰，大也。趯，旁掉也。

孙诒让：注云"言干羽之病，使矢行不正"者，凡矢行正，必应抛物线。若干羽有病，则行失其正。前弱、后弱、中弱、中强，干之病；羽丰、羽杀，羽之病也。俛、翔、纡、扬，谓矢行不应正线；迟、趯，则不中常节也。云"俛，低也"者，《说文·页部》云："頫，低头也，重文俛，頫或从人免。"引申之，矢行低亦通谓之俛。程瑶田云："俛者前低。"云"翔，回顾也"者，《说文·羽部》云："翔，回飞也。"程瑶田云："翔者前高。"云"纡，曲也"者，《楚辞·惜诵》王注同。程瑶田云："纡者中曲而不直。"云"扬，飞也"者，《说文·手部》云："扬，飞举也。"《大射仪》云："扬触，梱复"，与此扬义略同。程瑶田云："扬者，前后轻而不定。"云"丰，大也"者，《函人》注同。云"趯，旁掉也"者，《说文·走部》云："趯，疾也。"《广雅·释诂》云："掉，动也。"谓矢太疾则动而旁出。[3]

对于"前弱则俛，后弱则翔；中弱则纡，中强则扬；羽丰则迟，羽杀则趯"，王燮山《"考工记"及其中的力学知识》认为这一段说明：

箭干前轻或后轻会影响箭飞行的高低；中间轻或重会影响飞行的稳定性（纡或扬）；羽毛的多寡则和飞行速度、稳定性有关，羽毛太多，飞行速度慢，而羽毛太少，飞行不准（"趯"—旁掉）。

因此这一段是表明了在空气中飞行物体的形状、重量分布和物体运动的关系，以及物体的形状和空气阻力的关系（"羽丰则迟，羽杀则趯"）。[4]

闻人军《〈考工记〉中的流体力学知识》认为"羽丰则迟，羽杀则趯"指出了箭羽大小失当的后果：

按空气动力学常识，箭矢所受的摩擦阻力、压差阻力和诱导阻力均与箭羽的大小有关[5]。若箭

---

① 高至喜《记长沙、常德出土弩机的战国墓——兼谈有关弩机、弓矢的几个问题》，《文物》1964年第6期。
② 引者按："作"原脱，据孙校本补。
③ 孙诒让《周礼正义》4062—4063/3364—3365页。
④ 王燮山《"考工记"及其中的力学知识》，《物理通报》1959年第5期。
⑤ 史超礼等《航空概论》56—57页，高等教育出版社，1955年。

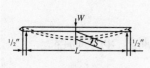

图 5　箭干 spine 的测量和计
　　　　算方法

$S = \dfrac{WL^3}{48EI}$，S——spine，W——外
压力，L——支点间的长度，
E——弹性模量，I——和截面形
状有关的系数。

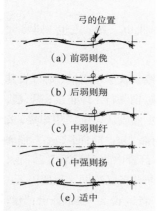

（a）前弱则俛

（b）后弱则翔

（c）中弱则纡

（d）中强则扬

（e）适中

图 6　spine 对飞行轨道的
影响

羽过大，则阻力增大，使飞行速度降低，这就是所谓"羽丰则迟"。而
"羽杀"就是箭羽过少或零落不齐，箭的纵向或横向稳定作用较差，
飞行时容易偏斜，这就是"羽杀则趮"的含义。[1]

对于"前弱则俛，后弱则翔；中弱则纡，中强则扬"，闻人军
《〈考工记〉中的流体力学知识》阐述道：

近代为了研究射箭术的方便，引进了一个所谓（箭干）"挠度"
（spine）的概念[2]。箭干的 spine 和弓的配合十分重要。拉弓满弦时，
箭干在弓弦的压力下弯曲变形。撒放后，由于箭干的弹性作用，反复
拱曲，蛇行前进。现代利用高速摄影术已经证实了这种蛇行现象。
spine 对箭矢飞行轨道的影响有多种表现，在国外，从前的人们不了解
它的道理，曾经出现过所谓射箭术佯谬（paradox）的提法[3]。而《考工
记》"矢人"条对箭干的选择提出了上述[4]一系列严格的要求，确系事
出有因；否则，将如此条所说的，箭干"前弱则俛，后弱则翔；中弱则
纡，中强则扬"，难以命中目标。

古代的注释者，对"矢人"条中的"弱""强"两字，解释含糊其
词。而近人又往往将"弱"和"强"简单地理解为"轻"与"重"[5]。按
照这种解释，"矢人"条的意思将变成箭干前轻则低，后轻则高飞，显
然跟空气动力学原理相悖。

其实，"矢人"条提到"桡之，以视其鸿杀之称也"，"桡"即"挠"，
"鸿"即粗大，"杀"即细削。清人李塨认为："桡楛其干，则知干之或鸿
而强，或杀而弱也"[6]，指出了《考工记》上下文之间的联系。我以为
箭干的强弱实际上是指 spine 而言，由图5可以看出[7]，古人用"桡之"
的办法检验箭干的粗细和刚硬程度，跟现代测量箭干 spine 的方法何
其相似乃尔！

日人高柳宪昭分析了箭的强度和箭行方向的关系，他的分析包
括 spine 适中、过强、过弱三种情况，各有图示（图6e，d，c）[8]。我认为

[1] 闻人军《〈考工记〉中的流体力学知识》，《自然科学史研究》1984年第1期。
[2] "Encyclopaedia Britannica"，vol. 2，1956，p. 269.
[3] 高柳宪昭《トップアーチセーへのいざない用具编》，《アーチェリー》，No. 34，1977年8
　　月号。古人对于架在弓的左侧的箭，不向弓的右侧，却向目标中心飞去的现象困惑莫解，
　　称之为佯谬现象。
[4] 引者按：即"凡相笴，欲生而抟。同抟，欲重。同重，节欲疏。同疏，欲栗"。
[5] 王燮山《"考工记"及其中的力学知识》，《物理通报》1959年第5期。
[6] 李塨《学射录》卷二，《畿辅丛书》本，第7页下。
[7] 高柳宪昭《トップアーチセーへのいざない用具编》，《アーチェリー》，No. 34，1977年8
　　月号。
[8] 高柳宪昭《トップアーチセーへのいざない用具编》，《アーチェリー》，No. 34，1977年8
　　月号。

高柳的分析正适用于箭干强度适中、箭干"中强"和箭干"中弱"三种情况。

如果箭干"中强"，即 spine 值过小，则弓弦受到的压力和随之而来的形变较大。由于它对箭干的反作用较强，箭矢迅速飞离箭台，向左方倾斜而出（图6d）。《考工记》把这种情况叫作"中强则扬"。

如果箭干"中弱"，则 spine 值过大；在弓弦的压力下，箭干过分弯曲。撒放后，由于箭干本身的反弹作用强，箭干将绕过中心线，向右侧飞出。其偏离中心线的程度比"中强"的箭干尤甚（图6c）。《考工记》称这种情况为"中弱则纡（曲）"。假如对于给定的弓，箭干的强度适中，spine 值恰到好处，箭的飞行轨道就比较理想（图6e）。

推而广之，箭干"前弱"和"后弱"对箭行方向的影响也可作类似解释。如果箭干"前弱"，即前部偏于细弱，那么拉弓时箭干前部的弯曲较大。撒放后，由于箭干本身的弹性作用，箭矢的前部比后部振动厉害。因此阻力增大，箭行迟缓，飞行轨道较正常情况为低，故曰"前弱则俛"，试以图6a表示之。如果箭干"后弱"，则拉弓时后部弯曲较大。撒放后，装有箭羽的箭矢后部振动厉害。这些振动能量的一部分将转化为帮助箭矢前进的空气动力，箭行速度较正常情况为快，故偏离正确的轨道而高翔，所以说"后弱则翔"（图6b）。

当然，如果箭干的刚柔软硬和弓力配合不当，撒放后箭干振动过快或过慢，与弓体振动不协调，经过箭台附近时可能与弓体相撞，也会使飞行方向转歪。[①]

仪德刚《中国传统箭矢制作及使用中的力学知识》不同意闻人军将"前弱则俛，后弱则翔，中弱则纡，中强则扬"看作中国古人早就知道"射箭术佯谬"问题的一个证据："箭体在飞离弓把的短暂过程中所做的主要是水平方向的弯曲运动，而《考工记》所描述的是箭体上下弯曲的不正常运动方式，显然与解释'射箭术佯谬'根本不能等同。在实际习射中，选用一些不正常的箭试射，可以发现，很难总结出一些规律性的结论，因为这关系到箭体每一部分的弹性以及放箭的姿势、动作的快慢、发箭点的高低等因素。另外，箭体在飞离弓把的瞬间速度很快，一般不易观察到明显的箭体弯曲飞行的状态。因此《考工记》里所记载的箭体非正常飞行状态应是融合经验与直观感觉，并高度概括的结论，不是准确的结果。"[②]

《矢人》：是故夹而摇之，以视其丰杀之节也。

孙诒让："是故夹而摇之"者，《释文》云："摇，本又作搚。"案：搚即摇之变体。汉隶凡从䍃之字，或变从晋。刘球《隶韵》载《汉孔庙礼器碑》《刘宽碑》《朱龟碑》李翕《西狭颂》，"䍃"并作"䍃"，《韩敕碑》《郑固碑》"瑶"并作"瑫"，是其证也。阮元云："叶本作'本又作摇'，疑正文摇字当本作'䍃'。"案：阮说亦通。以下记试羽之法也。云"以视其丰杀之节也"者，《弓人》注云："节犹适也。"程瑶田云："丰杀得其节，则迟趯之病亦除矣。"

① 闻人军《〈考工记〉中的流体力学知识》，《自然科学史研究》1984年第1期。
② 姜振寰、苏荣誉《多视野下的中国科学技术史研究——第十届国际中国科学史会议论文集》251页，科学出版社，2009年。

郑玄：今人以指夹矢儛卫是也。

孙诒让：注云"今人以指夹矢儛卫是也"者，《释名·释兵》云："矢羽，齐人曰卫，所以导卫矢也。"程瑶田云："今人试矢，以左手指搞而围之，藏矢其中，复以右手两指夹其比，旋之令前行，以观其迟趣之宜。卫即羽也，《既夕记》云：'翭矢短卫，志矢亦短卫。'疏言'羽所以防卫其矢，不使不调，故名羽为卫'是也。"

桡之，以视其鸿杀之称也。

孙诒让："桡之，以视其鸿杀之称也"者，记试干之法也。贾疏云："此言鸿，即上文强是也；此言杀，即上文弱是也。"

郑玄：桡搦其干。

孙诒让：注云"桡搦其干"者，《广雅·释诂》云："桡，曲也。"《说文·手部》云："搦，按也。"谓抑按其干令曲，则杀者先屈，可以验其称否也。

凡相笴，欲生而抟，同抟欲重，同重节欲疏，同疏欲㮚。

孙诒让："凡相笴"者，记选笴之法也。云"同重节欲疏"者，节谓笴之节目也。《吕氏春秋·举难篇》云："尺之木，必有节目。"矢笴长三尺以上，必不能无节目，但以疏为善耳。

郑玄：相犹择也。生谓无瑕蠹也。抟读如"抟黍"之抟，谓圜也。郑司农云："欲㮚，欲其色如㮚也。"

孙诒让：注云"相犹择也"者，《尔雅·释诂》云："相，视也。"相笴亦谓视而择之。云"生谓无瑕蠹也"者，谓若初生之木也。贾疏云："无瑕谓无异色，无蠹谓无蠹孔也。"程瑶田云："'生'如《汉·律志》'泠纶取竹之解谷生，其窍厚均'之'生'。晋灼曰：'生而自然均也。'彼言其厚生而自然均，此言其形生而自然圜。且'生'字真贯下四者抟、重、疏、㮚，生而自然者也。"案：程说较郑为长。云"抟读如抟[①]黍之抟"者，贾疏云："读如《尔雅·释鸟》黄鸟，抟黍也。"云"谓圜也"者，《轮人》注云："抟，圜厚也。"义同。郑司农云"欲㮚，欲其色如㮚也"者，㮚，注例用今字作"栗"，此经注皆作"㮚"，疑亦后人所改。详《笾人》《玉人》疏。戴震云："坚实之色。"诒让案：《聘义》"缜密以栗"，注云："栗，坚貌。"此云色如㮚，亦由质坚，故色如㮚也。[②]

对于"相笴"，石璋如《小屯殷代的成套兵器》："它所说的笴从竹，而所选择的样准是节小而重的，当然是指竹而言，因为竹子节多则皮厚而重，节少则皮薄而轻，若是节少而重，当

① 引者按："抟"原讹"搏"，据孙校本改。
② 孙诒让《周礼正义》4063—4065/3365—3366页。

然是好的竹子了。"①

《冶氏》: 冶氏为杀矢, 刃长寸, 围寸, 铤十之, 重三垸。

孙诒让: 云"为杀矢"者, 为金镞, 与矢人为联事也。……云"刃长寸围寸"者, 江永云: "刃者, 镞锋。锋上渐广, 阔一寸。不言博而言围者, 阔处有脊, 厚薄不等, 故以围言之。谓转一周皆一寸也。"戴震云: "矢匕中博。刃长寸, 自博处至锋也。《矢人》'刃长二寸', 通谓匕为刃也。'围寸', 不言博言围者, 矢匕有脊之减, 博不及一寸。"案: 戴说与《矢人》注异。彼经亦作"刃长寸", 注谓当作"刃长二寸", 经脱"二"字。此注不言者, 郑以彼为正经, 此为补脱之误, 故不详校。戴氏则谓矢刃中博, 自其中刿而上下者各一寸, 是亦二寸也。其说近是。互详《矢人》疏。云"铤十之"者, 段玉裁云: "刃围一寸, 而颖入稾中者一尺。"

郑玄: 杀矢, 用诸田猎之矢也。铤读如"麦秀铤"之铤。郑司农云: "铤, 箭足入稾中者也。垸, 量名, 读为丸。"

孙诒让: 云"杀矢, 用诸田猎之矢也"者, 《司弓矢》云: "杀矢、鍭矢, 用诸近射田猎。"彼六矢, 杀矢第三, 此不举余五矢者, 据《矢人》, 诸矢惟铁入稾者轻重长短不同, 刃则不异, 故此举中以晐其余也。云"铤读如麦秀铤之铤"者, 段玉裁云: "'读如'者, 谓其音同也。麦秀铤, 郑时盖有此语, 谓麦秀芒束森挺然也。箭足入稾中者, 纤锐似之。"诒让案: 《集韵》: "梃, 稻麦杰立皃。"铤梃字通。郑司农云"铤, 箭足入稾中者也"者, 稾, 旧本并讹作"稁", 《释文》同。今据岳本正。箭足谓金也。《释名·释兵》云: "矢又谓之箭, 其本曰足。矢形似木, 木以下为本, 以根为足也。又谓之镝, 齐人谓之镞。"案: 稾即矢干, 箭足著金, 惟见其刃, 其茎入干中不见者, 谓之铤也。云"垸, 量名"者, 此量谓权也。《家语·五帝德篇》王注云: "五量: 权衡、斗斛、尺丈、量步、十百。"②是权衡亦通称量。贾疏谓"垸是称两之名, 非斛量之号", 非先郑意。至垸之为量, 经注无文。戴震谓即锾之假字, 云"十一铢二十五分铢之十三"。程瑶田及段玉裁并从其说, 详后及《弓人》疏。云"读为丸"者, 段玉裁云: "'读为'疑当作'读如'。"案: 段校是也。此亦拟其音也。《说文·土部》"垸"训丸桼。《列子·黄帝篇》"累垸", 殷氏《释文》音丸, 《庄子·达生篇》"垸"作"丸", 是其证。③

"刃长寸, 围寸, 铤十之", 王学理《秦代军工生产标准化的初步考察》认为这是"说镞首的高度同底边的周长相等, 铤是首高(或底边周长)的十倍。秦的平翼三棱铜镞, 基本符合这个标准", "秦镞有三棱、四棱、三出刃、双翼等几种形式, 据6798支铜镞的统计, 三棱式的'羊头镞'约占99.85%, 而此式又有平翼、倒刺和杀翼三种型号, 其规格如表一"④。

---

① 《中研院历史语言研究所集刊》第22本, 1950年。
② 引者按: 四部丛刊本《孔子家语》"斗斛"作"升斛"、"量步"作"里步"。
③ 孙诒让《周礼正义》3912—3914/3243—3244页。
④ 《考古与文物》1987年第5期。

表一

（单位：毫米）

型 别	首 长	通 长	总 计	所占比例
平翼	42 ～ 45	415	36	0.052%
倒刺	35 ～ 40	384 ～ 419	6	0.008%
	32 ～ 34	323 ～ 326	1 090	16.03%
	28	182 ～ 200	1 989	29.25%
杀翼	28	110 ～ 103	3 345	49.20%
	27	90 ～ 105	332	4.33%

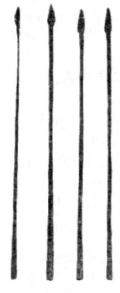

图版捌, 7

"冶氏为杀矢，刃长寸，围寸，铤十之"，高至喜《记长沙、常德出土弩机的战国墓——兼谈有关弩机、弓矢的几个问题》指出"这与1954年长沙左家公山15号墓中出土的一件漆绘花纹的箭矢正合。该箭矢全长70厘米，铤和镞长19厘米，镞（即刃）长1.9厘米，刃的长度正是铤的十分之一。周尺一寸长2.31厘米，这类箭矢可能即是用于田猎的杀矢"[1]。

"铤十之"，湖南省文物管理委员会《湖南长沙紫檀铺战国墓清理简报》："铜箭镞6件，三棱形，全长21.5，铤长19.5厘米，三角形。"（图版捌, 7）[2]闻人军《考工记译注》指出这铜镞"正与《考工记》的记载相合"[3]。

沈融《杀矢考》"可基本确定长铤三棱镞就是《周礼·考工记》所谓的'杀矢'"："春秋晚期至战国时期，考古发现的青铜矢镞可概括为四种基本形制：双翼镞、三棱镞、教练镞和弋射镞。教练镞没有锋刃，镞身有做成圆柱体、葫芦形等形状的，主于训练射技；弋射镞锋刃下有一半环形钮，可穿上丝缴、猎取空中飞鸟：这两种都不属于主要形制，数量上只占很小比例。双翼镞是从夏商时期延续下来的形制，到《考工记》时代已经沿用了十几个世纪，双翼镞一锋两刃，刃末还有一对后掠的倒刺，长期以来作为唯一的主要形制。随着防护装具——甲胄、盾牌的改进和普及，双翼镞的有效性开始面临着严峻的挑战。双翼镞的铤部长度一般不超过镞身长度，鲜有长铤者，更无铤长接近或超过镞身10倍者。针对交战对象防护能力的提高，三棱镞异军突起。三棱镞三个刃的间距几乎完全相等，实现了锋利度和自身强度的最佳统一，穿透力较双翼镞大幅提高，可致敌人战车部队、甲胄步兵以严重杀伤。随着战争的需要，三棱镞很快就在数量上接近甚至超过了双翼镞：太原金胜村赵卿墓出土青铜矢镞510件，其中215件可辨认形制：计有三棱镞99件，双翼镞98件，教练镞18件，年代为春秋晚期。三棱镞的进化趋势之一就是铤部加长，河北平山县中山国王墓出土的126件三棱镞中，长铤三棱镞占了108件：CHMK2: 27-1-6

---

① 高至喜《记长沙、常德出土弩机的战国墓——兼谈有关弩机、弓矢的几个问题》，《文物》1964年第6期。

② 《考古通讯》1957年第1期。

③ 上海古籍出版社，2008年，45页。

等五十件镞身长2、铤长31、径0.4厘米；CHMK2：36–1–3等二十三件镞身长2.2、铤长31.1、径0.4厘米；BDD：56–2等7件镞身自前锋至关长4厘米，铤长14、径0.35厘米；CHMK2：31–1–3等十九件镞身长2.3厘米，铤部上下粗细不等，上半部长8.1、径0.5～0.6厘米，下半部长10.5、径0.3～0.4厘米；CHMK2：29–1–0等9件为铁铤铜镞，通长54厘米，铤长达52.7厘米。年代为战国中期。长铤三棱镞是接近或超过《考工记·冶氏》'冶氏为杀矢，刃长寸，围寸，铤十之'规格的唯一形制。由于铤长、矢镞重量增加，全矢重心前移，又与《考工记·矢人》'参分一在前、二在后'的标准相符。重量大，动能消耗也大，安长铤三棱镞的箭射程不可能很远，但射入深、杀伤力强，又与《周礼·夏官大司马·司弓矢》'杀矢、镞矢用诸近射田猎'及其郑注'杀矢，言中则死'相符。三棱镞代表春秋晚期至战国时期青铜矢镞的发展方向，稍晚的秦始皇陵兵马俑坑，出土的有刃铜镞几为清一色三棱镞，包括大量的长铤三棱镞，可以证明这一点。《考工记·冶氏》介绍矢镞但言杀矢，忽略了其他形制，是这一时期兵器手工业重点生产长铤三棱镞的反映。"[1]

7. 弓

《弓人》：弓人为弓，取六材必以其时。

郑玄：取干以冬，取角以秋，丝漆以夏。筋胶未闻。

孙诒让：注云"取干以冬，取角以秋，丝漆以夏"者，贾疏云："郑知'取干以冬'者，见《山虞》云：'仲冬斩阳木，仲夏斩阴木。'二时俱得斩，但冬时尤善，故《月令》云'日短至，伐木，取竹箭'，注云'坚成之极时'，是知冬善于夏，故指冬而言也。'取角以秋'者，下云'秋杀者厚'，故知用秋也。'丝漆以夏'者，夏时丝孰，夏漆尤良，故知也。必知六材据此六者，皆依下文而说也。"云"筋胶未闻"者，二者取时，经无见文。《齐民要术》有煮胶法，云："煮胶要用二月、三月、十月，余月则不成。热则不凝，无饼；寒则冻瘃，白胶不黏。"然则取胶其以春与？[2]

"取干以冬"，张景良编著《木材知识》："树木在冬季休眠期，形成层颇为固定，原生质呈乳胶体状态，水分减少。"[3]

"筋胶未闻"，谭旦冏《成都弓箭制作调查报告》描述取筋："制筋以腊月为佳，废历八九

---

① 《中国文物报》2007年1月19日。
② 孙诒让《周礼正义》4272—4273/3531—3532页。
③ 中国林业出版社，1983年，5页。

月亦可,可以头几年做好一批,留着以后用。"牛筋为牛背脊上的筋,于杀牛破腹后,趁着肉还没有冷,立即用抓子抓出,否则肉冷,便会连肉抓下,屠户不乐意,因为会把肉弄烂了。筋以强壮的瘦牛者为佳,因其拉力重,筋亦劲大。"[①]

《弓人》:六材既聚,巧者和之。

郑玄:聚犹具也。

孙诒让:注云"聚犹具也"者,明此于《轮人》"三材既具,巧者和之"同义。《说文·亻部》云:"聚,会也。"聚会则备具,故引申之亦得为具也。

干也者,以为远也;角也者,以为疾也;筋也者,以为深也;胶也者,以为和也;丝也者,以为固也;漆也者,以为受霜露也。

孙诒让:"干也者,以为远也"者,此明六材各有其主用也。《史记·田敬仲世家》索隐云:"幹,弓幹也。"案:幹者,榦之变体。《说文·木部》云:"干,筑墙端木也。"是干本桢干字,引申之,凡木材通谓之干,故《月令》注云"干,器之木也"。此干则专为弓材之名,即弓身木,统柎及两隈两箫为一,所以发矢及远也。云"角也者,以为疾也;筋也者,以为深也"者,《曲礼》云:"凡遗人弓者,张弓尚筋,弛弓尚角。"注云:"弓有往来体,皆欲令其下曲,隩然顺也。"孔疏云:"弓之为体,以木为身,以角为面,筋在外面。"案:据孔说,盖弓张则曲面向内,而筋上见;弛则反是,而角上见。是角著弓里,亘左右隈及两箫,筋著弓表,皆所以助其力,故一以为疾,一以为深。江永云:"射深之力在干,亦在筋。后言'九和之弓,角不胜干,干不胜筋',则筋力在角干之上,故篇末云'覆之而筋至,谓之深弓'。"云"胶也者,以为和也;丝也者,以为固也"者,胶丝所以黏缠弓身,使干角筋相著而不解,故一以为和,一以为固也。云"漆也者,以为受霜露也"者,制弓既成,乃施漆于干角之外,以御霜露也。

郑玄:六材之力,相得而足。

孙诒让:注云"六材之力,相得而足"者,贾疏云:"六材在弓,各有所用,六材相得,乃可为足也。"[②]

石璋如《小屯殷代的成套兵器》:"复体弓也可叫它角弓,制作最为复杂所用的材料也最多,即《考工记》上所说的六材,也就是成都用三年工夫才能作成的弓。现在即以成都弓为例来说明(插图六),这种弓全身分为六段;一个竹质弓身(干),一个木质把子(柎)置于弓身的正中,两个木质的脑子(隈),以插锲形的姿态与弓身的两端相接。两个木质的梢子

[①] 《中研院历史语言研究所集刊》第23本226页,1951年。
[②] 孙诒让《周礼正义》4273—4274/3532—3533页。

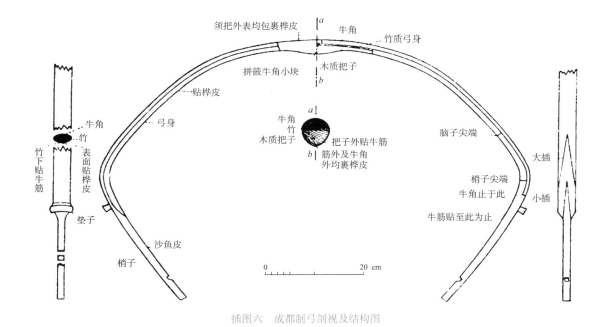

插图六　成都制弓剖视及结构图

（此图系谭旦冏先生所示）

（梢）也以插与锲的姿态与两脑相接。全厚分为四层：中间为竹质的弓身，外面为一层牛角，内面为一层牛筋，在牛筋的上面还贴一层桦皮，此外并在梢子上贴鲨鱼皮。套上弦的时候，筋在外面角在内面好像两个单体弓，与合体弓的第二种形式相同，卸下弦的时候，则翻转过来，角在外面筋在内面，成功一个大半圆形。这种弓是什么时候开始制造的现在尚不可知，据籍载所记至迟从《考工》起，至清代末叶止，兵战所用弓都是这一种。"①

　　在居延汉代遗址发现一件缺弦的反弓，甘肃居延考古队《居延汉代遗址的发掘和新出土的简册文物》："缺弦的反弓，长130厘米。外侧骨为扁平长木，中部夹辅二木片；内侧骨由几块牛角锉磨、拼接、黏结而成。两梢渐细，各凿系弦的小孔（或为装弭处）。表面缠丝髹漆，外黑内红。"②

　　"角也者，以为疾也"，谭旦冏《成都弓箭制作调查报告》称"牛角是贴于弓张时里面的材料，成都本地即可收买，惟尺寸须长，够弓上的需要，一对角只能够一张弓的用，锯下的剩余部分卖给制角器者；角分黑白两种，黑的不透明，市价每对三十元；白的透明，比较稀少，每对壹百元以上"③。仪德刚《中国传统弓箭制作工艺调查研究及相关力学知识分析》："一张弓要用两只牛角，且要选用长度在60公分以上的水牛角。"④

　　"筋也者，以为深也"，谭旦冏《成都弓箭制作调查报告》："牛筋是贴于弓张时外面的材

①《中央研究院历史语言研究所集刊》第22本214页，1950年。

②《文物》1978年第1期。

③《中研院历史语言研究所集刊》第23本，1951年。

④ 中国科学技术大学科学技术史专业博士学位论文，2004年，60页。

料，成都本地即可收买，原料买到再施以制作，把筋分成一丝一丝的如丝麻状纤维，贴筋时再用胶粘合成为叶状片。"①

　　"漆也者，以为受霜露也"，谭旦冏《成都弓箭制作调查报告》描述："步弓以外一些无装饰的弓，或涂于局部铺筋处，或全部涂以漆，以资保护，不易潮解，正如《考工记》所云，漆也者以为受霜露也；漆用时须熬熟。"②

《弓人》：凡取干之道七，柘为上，檍次之，㮕桑次之，橘次之，木瓜次之，荆次之，竹为下。

　　孙诒让："凡取干之道七，柘为上"者，以下并记治干之法。《说文·木部》云："柘，桑也。"案：柘，桑属，与桑小异。寇宗奭《本艸衍义》云："柘木里有纹，亦可旋为器，叶饲蚕，曰柘蚕，叶硬，然不及桑叶。"《总叙》"荆之干"，注云："干，柘也。"贾彼疏引《书·禹贡》"櫄干栝柏"郑注云："干，柘干。"《淮南子·原道训》高注谓乌号之弓亦以柘桑为干。盖弓干以柘为上，故柘专得干名矣。云"橘次之"者，《总叙》云："橘踰淮而北为枳。"盖周时南方有以橘为弓干者。云"木瓜次之"者，《诗·卫风·木瓜》毛传云："楙木也，可食之木。"《尔雅·释木》云："楙，木瓜。"郭注云："实如小瓜，酢可食。"云"荆次之，竹为下"者，《说文·艸部》云："荆，楚木也。"又《竹部》云："箹，大竹也，可为干。"即此弓干也。

　　郑司农："檍读为亿万之亿。《尔雅》曰：'杻，檍。'又曰：'㮕桑，山桑。'《国语》曰：'㮕弧箕箙。'"

　　孙诒让：注郑司农云"檍读为亿万之亿"者，段玉裁改"为"为"如"，云"此拟其音耳"。引《尔雅》曰"杻，檍"者，《释木》文。郭注云："似棣，细叶。叶新生，可饲牛。材中车辋。关西呼杻子，一名土橿。"檍《说文·木部》作"㯷"，云："梓属，大者可为棺椁，小者可为弓材。"《诗·唐风·山有枢》孔疏引陆玑疏云："杻，檍也。叶似杏而尖，白色，皮正赤。为木多曲少直。枝叶茂好。二月中，叶疏，华如练而细，蘂正白，盖树③。今官园种之，正名曰万岁。既取名于亿万，其叶又好，故种之。共汲山下人或谓之牛筋，或谓之檍。材可为弓弩干也。"案：陆谓檍取名于亿，与先郑读同。云"又曰：㮕桑，山桑"者，亦《释木》文。郭注云："似桑，材中作弓及车辕。"引《国语》曰"㮕弧箕箙"者，《郑语》文。今本《国语》箙作"服"，假借字也。韦注云："山桑曰㮕。弧，弓也。箕，木名。服，矢房也。"④

　　李约瑟《中国科学技术史》卷五第六分册："《周礼》又列举了最适于制弓的木材。按照优先选用的次序，始于名为蚕棘（silkworm thorn）的硬木，终于竹，中间有：某种水腊树（檍），野桑树，橘木，楩梓树（木瓜）和荆，价值依次下降。"⑤

---

① 《中研院历史语言研究所集刊》第23本214页，1951年。
② 《中研院历史语言研究所集刊》第23本215页，1951年。
③ 引者按：王文锦本标点为"华如练而细蘂，正白盖树"，不妥。陆玑《毛诗草木鸟兽虫鱼疏》常用"正白""正赤""正黑""正青"，"正白"谓纯白，是形容"蘂"的。"盖树"，阮元《十三经注疏校勘记》："'盖树'二字为一句，言华之盛多撽盖其树也。"
④ 孙诒让《周礼正义》4274—4275/3533页。
⑤ 科学出版社、上海古籍出版社，2002年，83—84页。

柘树，"落叶灌木或小乔木，高可达8米或更高；枝无毛，具硬棘刺……叶卵形至倒卵形，长3～14厘米，先端钝或渐尖，基部楔形或圆形……分布自中南、华东、西南至河北南部。常生于阳光充足的荒坡、灌木丛中"①。木质密致坚韧，是贵重的木料，叶可饲蚕。

柘树

檟，《说文·木部》作"檟"，云"梓属"。梓属，指紫葳科的梓属植物。叶子为卵形或心形，花有白、黄和粉红等颜色，圆锥花序。果实呈细长圆条状，长悬于树上。梓属植物有10种。其中"梓树原产于中国。……梓属的木材在土中可耐久而不腐化，据悉能保存35～50年以上，因此常被制成船桅、矿坑木柱及桩木等"②。

栞桑，野桑树，也称柞树。柞树，"落叶乔木，高达30米；幼枝具棱，无毛，紫褐色。叶倒卵形至长椭圆状倒卵形……分布于山东、河北、山西、内蒙古和东北……生于200～2 000米的阳坡上。……木材坚硬，可供建筑等用材；也可养柞蚕"③。

木瓜，《尔雅·释木》云："楙，木瓜。"郭注云："实如小瓜，酢可食。"野木瓜，木通科。"常绿木质藤本；茎、枝无毛。叶为掌状复叶，小叶叁～柒，近革质，大小和形状变异很大，顶端渐尖……分布于广东、福建、浙江、湖南等省。生于山谷、林缘灌丛中。果实味甜可生食"④。

荆，灌木名，又名楚。马鞭草科牡荆属落叶灌木，种类很多，有牡荆、黄荆、紫荆。图为山牡荆，"乔木，高达10米以上，嫩枝四方形。掌形复叶，有长柄，小叶通常5片……倒卵状披针形或椭圆状披针形。……分布于浙江、台湾、福建、湖北、湖南、两广、云南……生溪谷、溪边和山坡，木材建筑和桥梁之用"⑤。

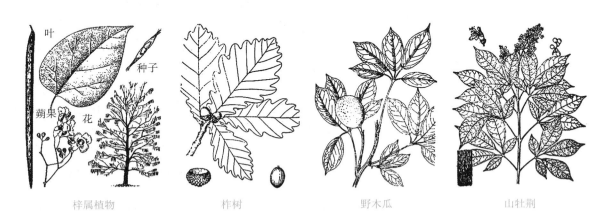

| 梓属植物 | 柞树 | 野木瓜 | 山牡荆 |

① 中国科学院植物研究所主编《中国高等植物图鉴》第1册500页，科学出版社，1972年。
②《大美百科全书》379页，光复书局，1991年。
③ 中国科学院植物研究所主编《中国高等植物图鉴》第1册462页，科学出版社，1972年。
④ 中国科学院植物研究所主编《中国高等植物图鉴》第1册757页，科学出版社，1972年。
⑤ 中国科学院植物研究所主编《中国高等植物图鉴》第1册594页，科学出版社，1972年。

谭旦囧《成都弓箭制作调查报告》介绍成都制弓的骨架是由竹木所拼成的，材料共有三种："楠竹——是弓身本体（他们称呼为胎心或心子）的材料，出产于川南长宁一带，须冬腊月砍下者，防其生虫，并选二年以上老竹。……檀木——是弓坯脑弯的材料，出产于灌县附近，防其生虫，亦须冬腊月砍下者，选择条件，为节疤少而纹路较直者。……桑木——是弓坯把手及梢子的材料，出产于成都附近，其他同檀木。……桑木亦可用核桃木代替。"[①] 陈士银《〈考工记〉里的弓箭是什么样的》解释目前弓用竹木的原因："目前中国筋角弓的材质主要用3到5年生的毛竹，不用柘木等。竹木在《考工记》中是最下等的材质，如今却成为最常用的材质。我们以为主要原因有二：一、根据现代民间制作经验，竹木的韧度明显优于桑木；二、符合《考工记》要求的桑木数量极少，现代社会与古代'膏壤千里，宜桑麻'的情形迥异，柘木、桑木等锐减。弓的制作材料多是因地取材，《史记·货殖列传》中提到：'蜀、汉、江陵千树橘……齐、鲁千亩桑麻；渭川千亩竹。'要之，无论是明人造弓，'以竹与牛角为正中干质'，还是1942年成都的长兴弓铺与今日北京的'聚元号'弓铺，以及中国射箭协会传统弓分会的弓箭坊，弓干都是选用竹木。因此，我们现在复原传统弓时，弓干主要用竹木，但在弓弣和弓梢部分确实可用少量桑木等。"[②]

杨泓《弓和弩》证之以出土实物：

近年来在考古发掘中获得的春秋战国时期的古弓资料，主要都是在湖南、湖北等地的楚墓中获得的，或是与楚文化关系密切的曾侯墓中获得的，这些标本除了反映出整个时代的特征外，自然还带有地域特色，与《考工记》中基于齐国产品而制定的标准，难以完全符合，但是其基本情况，特别是制造工艺的特点，都是相一致的。在楚墓中获得的弓，有竹弓和木弓两种，主要出土于湖南长沙五里牌406号墓[③]、紫檀铺30号墓[④]、扫把塘138号墓[⑤]、月亮山41号墓[⑥]、浏城桥1号墓[⑦]，常德德山10号墓和51号墓[⑧]；湖北江陵藤店1号墓[⑨]、天星观1号墓[⑩]、拍马山22号墓[⑪]、襄阳蔡坡12号墓[⑫]，云梦珍珠坡1号墓[⑬]、鄂城鄂钢51号墓[⑭]。此外，在雨台山楚墓发掘中，有十九座墓曾出土过竹弓，多已残毁，长度不详。在随县曾侯乙墓，则出有竹制和木制的弓多张，有长有短，有单体弓也有复合弓。

从这些标本观察，一般来看木弓的长度，都较竹弓为长，也可以说弓干的选材，应是木优于竹，

① 《中研院历史语言研究所集刊》第23本，1951年。
② 《文汇报》2015年1月30日第T07版。
③ 中国科学院考古研究所《长沙发掘报告》，科学出版社，1957年。
④ 湖南省文物管理委员会《湖南长沙紫檀铺战国墓清理简报》，《考古通讯》1957年第1期。
⑤ 高至喜《记长沙、常德出土弩机的战国墓——兼谈有关弩机、弓矢的几个问题》，《文物》1964年第6期。
⑥ 湖南省博物馆《长沙楚墓》，《考古学报》1959年第1期。
⑦ 湖南省博物馆《长沙浏城桥一号墓》，《考古学报》1972年第1期。
⑧ 湖南省博物馆《湖南常德德山楚墓发掘报告》，《考古》1963年第9期。
⑨ 荆州地区博物馆《湖北江陵藤店一号墓发掘简报》，《文物》1973年第9期。
⑩ 湖北省荆州地区博物馆《江陵天星观1号楚墓》，《考古学报》1982年第1期。
⑪ 湖北省博物馆等《湖北江陵拍马山楚墓发掘简报》，《考古》1973年第3期。
⑫ 襄阳考古训练班《襄阳蔡坡12号墓出土吴王夫差等文物》，《文物》1976年第11期。
⑬ 云梦县文化馆《湖北云梦县珍珠坡一号楚墓》，《考古学集刊》第1集，中国社会科学出版社，1981年。
⑭ 鄂城县博物馆等《湖北鄂钢五十三号墓发掘简报》，《考古》1978年第4期。

这正合于《考工记》中所定的选材标准。不过从楚墓出土的这些标本看，用竹材制造的弓的数量相当多，超过出土总数的半数以上，大量使用竹材造弓，又与《考工记》所述不相符合，很可能是由于地域不同，取材的标准也有差别，楚地与齐地不同，似并不把竹材视为干材中最下等的原料，并能采用复合多层的办法，以补救竹材本身的缺陷，仍能制成适用的良弓。这类用竹材造的复合弓，可以长沙五里牌406号墓出土的一张为代表，弓体为竹质，中间一段用四层竹片叠成，取其富于弹力。在竹股外缠以胶质薄片。再外面，用丝密密地缠绕，然后涂漆，出土时漆皮及丝线已大部剥落，现作黑褐色。在弓两端附有角质的弭，长5厘米，上有刻槽，即所谓镞，是用来弦弣的。弓弦保存完整，丝质，黄褐色，长80厘米，弦径7毫米。在弓弦两端有弦弣，以挂于弓弭上的镞中[①]。由这张弓，可以看到正如《考工记》所说的"干、角、筋、胶、丝、漆"六材具备。[②]

《弓人》：凡析干，射远者用埶，射深者用直。

孙诒让："凡析干，射远者用埶，射深者用直"者，贾疏云："此说弓力多少之事。弓弱则宜射远，谓若夹庾之类；弓直则宜射深，谓若王弧之类也。"

郑司农云："埶谓形埶。假令木性自曲，则当反其曲以为弓，故曰审曲面埶。"玄谓曲埶则宜薄，薄则力少；直则可厚，厚则力多。

孙诒让：注郑司农云"埶谓形埶"者，木形曲则自有容突矫变之埶力也。埶势古今字，详《总叙》疏。云"假令木性自曲，则当反其曲以为弓"者，曲木不反之，则发之不剽，故必矫而反之，取其埶之自还，以射则远也。云"故曰审曲面埶"者，明此埶与《总叙》"审曲面埶"之埶同。云"玄谓曲埶则宜薄，薄则力少，直则可厚，厚则力多"者，此增成先郑义。曲埶逆揉，必薄而后可矫而反之，故力少；直者顺揉，故可厚而力多也。[③]

"凡析干，射远者用埶，射深者用直"，闻人军《〈考工记〉中的流体力学知识》认为：

这句话的含义是，劈开干材，制作弓体时，凡是用来射远的弓，其弓体偏薄，弯曲方向宜反顺木的曲势，弓体曲率较大，弓高（弓体中点到弓弦的距离）也较大。凡是射深用的弓，其弓体较厚直。高柳宪昭曾作有现代射箭术方面的箭行初速、方向性对于弓高的函数关系示意图（图7）[④]，上述"弓人"条关于制作弓体的经验总结，也可用此图定性说明。

如图7所示，我们发现初速的极值出现在较小的弓高处。这种情况相当于弓体厚直，利于射深。至于箭行的方向性，在一定的范围内是随着弓高的增加而增加的。这种关系表明，如果弓体逆

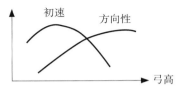

图7　初速～弓高，方向性～弓高函数关系示意图

① 中国科学院考古研究所《长沙发掘报告》，科学出版社，1957年。
② 杨泓《中国古兵器论丛》（增订本）203—205页，文物出版社，1985年。
③ 孙诒让《周礼正义》4275—4276/3534页。
④ 高柳宪昭《トップアーチェーへのいざない用具编》，《アーチェリー》，No. 34, 1977年8月号。

木的曲势,薄而弯的话,箭行的方向性较好,利于射中远处的目标。[①]

《弓人》:鹿胶青白,马胶赤白,牛胶火赤,鼠胶黑,鱼胶饵,犀胶黄。

孙诒让:"鹿胶青白,马胶赤白"者……《论语·乡党》皇疏引颖子严云:"以白加青为碧,以赤加白为红。"是鹿胶色碧,马胶色红也。云"牛胶火赤"者,谓纯赤如火也。

郑玄:皆谓煮用其皮,或用角。饵,色如饵。

孙诒让:注云"皆谓煮用其皮,或用角"者,《说文·肉部》云:"胶,昵也,作之以皮。"案:用皮谓马、鼠,用角谓鹿、牛、犀也。鱼胶用鳔,郑不言者,文略。云"饵,色如饵"者,《说文·鬻部》云:"鬻粉饼也。"饵即鬻之或体,详《笾人》疏。饵之色盖白而微黄,鱼胶之色似之则佳也。《列女传·辩通篇》晋弓工妻说造弓曰"糊以河鱼之胶",是弓用鱼胶之证。[②]

谭旦冏《成都弓箭制作调查报告》称"牛胶是胶汁中之次者,仅用以粘贴桦皮及表面无关紧要之处,系牛皮所熬成,成都及附近各县均产,选择标准以无特殊臭味及不发黑者"[③]。

谭旦冏《成都弓箭制作调查报告》称"脬胶是胶汁中最佳者,有坚韧黏性,系用鱼脬杂肠等熬成,出产上海等地,为贴合各部分所必需者,选择标准以白色者为佳……脬胶用时的熬法,先把脬胶用清凉水洗净,再用温热水泡涨开,约半日,始用文火熬化;熬好还要舂烂滤过,使无渣滓及硬块,用时如嫌浓或干,再渗开水缴匀,其适用稠稀,以提起丝粘着为佳"[④]。仪德刚《中国传统弓箭制作工艺调查研究及相关力学知识分析》也指出"鱼鳔是非常好的粘贴材料":

"鳔"是北京弓箭大院的师傅们对粘贴各种材料所用的动物胶的称呼,它是弓箭行业里非常关键的材料。一张弓所用鳔的分量很大,常有"一张弓4两鳔的说法"。而且鳔的质量好坏也是直接影响做弓质量的关键因素之一。弓箭行业中最早使用的是鱼鳔。鱼鳔是非常好的粘贴材料,其制作方法主要是选用大王鱼(中文名:大黄鱼,学名:Pseudosciaena crocea)的鱼泡熬制。先把鱼泡用清水洗净,再用温水泡,使其涨开。一段时间后,用慢火熬。待熬到一定程度后还要经过捣烂过滤,以除净渣滓及硬块。使用时可加开水稀释。

鱼鳔虽是弓箭制作行业中首选的黏合胶,但现在多用猪皮鳔。按杨福喜的说法,鱼鳔不用快一百年了。[⑤]

李约瑟《中国科学技术史》第五卷第六分册:

现在,让我们对塑料工业的祖先——胶作深入的考察。它不外是按不同纯度配制的蛋白质明

---

① 闻人军《〈考工记〉中的流体力学知识》,《自然科学史研究》1984年第1期。
② 孙诒让《周礼正义》4283/3539—3540页。
③ 《中研院历史语言研究所集刊》第23本,1951年。
④ 《中研院历史语言研究所集刊》第23本,1951年。
⑤ 中国科学技术大学科学技术史专业博士学位论文,2004年,60页。

胶，这是另一种蛋白质，即胶原的直系派生物。胶原是动物体内所有连接组织，尤其是腱和皮的最重要成分之一。我们今天能够借助电子显微镜对胶原进行观察，在最高放大率下可以看到，其高度伸长的原纤维的自然形态，仿佛粗钢缆或是庭园中的波纹软管。明胶的分子当然是较小而短的，但在浓缩的水溶液中，它们形成坚韧的糊状物，胶质化学中如此基本的一个术语——凝胶体（gel），即由此产生。由于黏合时物体表面被胶粘剂弄湿，随着系统中水分的丧失，就引起强烈的收缩（胶体脱水收缩作用）并硬化，其边界力（boundary force）遂造成紧固的联结。胶的制备方法总是将兽皮和其他动物组织放进水里滚煮，有时加些石灰使稍呈碱性，然后进行过滤、蒸浓，形成胶体。①

《弓人》: 筋欲敝之敝。

郑司农云:"嚼之当孰。"

孙诒让: 注郑司农云"嚼之当孰"者，贾疏云:"筋之椎打嚼啮，欲得劳敝。"诒让案:《一切经音义》引《通俗文》云:"咀啮曰嚼。"凡椎打筋谓之嚼，盖汉人常语。《淮南子·主术训》云:"聋者可令嚯筋。"嚯即嚼之误。嚼字亦作"嗺"，故误为"嚯"。《易林·蒙之离》云:"聋跛搋筋。"搋亦嗺之误。后文云"引筋欲尽"，故治筋宜椎打劳敝也。②

仪德刚《中国传统弓箭制作工艺调查研究及相关力学知识分析》描述道:

牛筋是制作弓体中非常重要的弹性材料，取自牛背上紧靠牛脊梁骨的那块筋。牛筋买回后放在房檐上风干，风干到八九成，用粗湿布把它裹上。接下来的工作是砸牛筋，如果住在农村就方便了，可放在碾子上碾。但北京没有碾子只好用木锤子砸，力量不要过大，还要慢慢砸。因力量太大就把它砸碎了，而慢慢砸可以把它砸劈。砸完之后可看到筋已被劈成了一条一条的状态。然后一点一点地撕，撕成所需要的粗细，最后变成一丝一丝的。撕筋的过程是一个慢工，旧时常由妇女来做。弓箭大院里人们常说的一句话，"好汉子一天撕不了4两筋"。把撕完了的筋打成捆，待用时提前把它泡在水里，泡的时间越长越好。旧时弓箭大院里的店铺门口常年有泡着的筋。待使用时需要用净水冲洗，用这样的筋铺起来的弓也非常光滑。如果筋泡的时间不够长，师傅会说那筋"比较脏、硬、不滋润"，用它做成的弓，弓面可能会出现一道一道的裂纹，他们常称之谓"水裂子"。③

陈士银《〈考工记〉里的弓箭是什么样的》指出牛筋的运用主要有三:"一是与弓干黏合，增加弓体的韧度，二是作为弓弦的制作材料，三是缠缚弓体、箭羽等。牛筋用途广泛，可以用来附在弓的外侧增加弓的韧性，也可以用来制作弓弦，牛筋丝还可以用来缠缚箭羽，防止箭羽脱落。"④

---

① 李约瑟《中国科学技术史》第五卷第六分册 85 页，科学出版社、上海古籍出版社，2002 年。
② 孙诒让《周礼正义》4285/3541 页。
③ 仪德刚《中国传统弓箭制作工艺调查研究及相关力学知识分析》，中国科学技术大学科学技术史专业博士学位论文，2004 年，60 页。
④ 《文汇报》2015 年 1 月 30 日第 T07 版。

《弓人》：材美，工巧，为之时，谓之参均。角不胜干，干不胜筋，谓之参均。量其力有三均。均者三，谓之九和。

孙诒让：“材美，工巧，为之时，谓之参均”者，材通六材言之，即上文所云是也。云“角不胜干，干不胜筋，谓之参均”者，《唐石经》作“谓之不参均”，误涉先郑注而衍，今从宋本删。此别言角干筋之参均也。云“均者三，谓之九和”者，参均者凡三，相乘为九，是谓九和也。和均义同。

郑玄：“有三”读为“又参”。量其力又参均者，谓若干胜一石，加角而胜二石，被筋而胜三石，引之中三尺。假令弓力胜三石，引之中三尺，弛其弦，以绳缓擐之，每加物一石，则张一尺。故书胜或作称，郑司农云：“当言‘称’‘谓之不参均’。”玄谓不胜，无负也。

孙诒让：注云“有三读为又参”者，段玉裁云：“有又古文通用。三读为参者，欲使与上文一例，乃后下文言参均者三也。”云“量其力又参均者，谓若干胜一石，加角而胜二石，被筋而胜三石，引之中三尺”者，《汉书·律历志》以三十斤为钧，四钧为石。三石则十二钧，三百六十斤也。贾疏云：“此言谓弓未成时，干未有角，称之，胜一石。后又按角，胜二石，后更被筋，称之，即胜三石。引之中三尺者，此据干角筋三者具，总称物三石，得三尺，若据初空干时，称物一石，亦三尺；更加角称物二石，亦三尺；又被筋称物三石，亦三尺。”江永云：“注言以绳试弓之法，每加物一石，则张一尺，本已成之弓，先言干胜一石，加角胜二石，被筋胜三石。此推三均之由，谓其由此三者之力耳，非谓弓未成而迭试之也。疏谓初空干时称物一石，则失之矣。被筋必先于加角，安能使角先于筋？”案：江说是也。云“假令弓力胜三石，引之中三尺，弛其弦，以绳缓擐之，每加物一石，则张一尺”者，此言量弓力之法。必引之中三尺者，以此为准，若过三尺，则为不胜矣。《说文·弓部》云：“弛，解也。”《广雅·释诂》云：“擐，著也。”谓解弦而别以绳缓著弓箫。必以绳易弦者，恐试时伤弦之力。必缓擐者，恐其急而断也。贾疏云：“此即三石力弓也。必知弓力三石者，当‘弛其弦，以绳缓擐之’者，谓不张之，别以一条绳系两箫，乃加物一石，张一尺，二石张二尺，三石张三尺，则与前三干角筋力各一石也。”云“故书胜或作称”者，故书别本两“胜”字并作“称”也。胜称古字通。《易·系辞》：“吉凶者，贞胜者也。”《释文》引姚信本作“贞称”。郑司农云“当言称谓之不参均”者，谓经“胜”并当从故书或本作“称”，经“谓之参均”又当云“谓之不参均”。此先郑依故书改二字，又以意增一字也。段玉裁云：“司农从‘称’，故如此说。郑君则从‘胜’，此彼无胜负，则谓之参均宜矣。《唐开成石经》作‘谓之不参均’，此从仲师说也，不知仲师说已经郑君驳正矣。”徐养原云：“注‘当言’二字贯下六字，不举经语，从省也。”云“玄谓不胜，无负也”者，谓与角无负弦义同。角与干，干与筋，并相得均一，不相胜害，则自无辟戾也。[1]

关增建《略谈中国历史上的弓体弹力测试》认为“从中可以了解到古人测定弓体弹力的方法及其不同的应用”：“根据这些注疏，古人在测定弓体弹力时，首先松开张紧在弓上的弦，让弓处于松弛状态，再用绳系在弓的两箫（即弓两端架弦之处，也叫峻），保持弓不受力，然后在绳上悬吊重物，调节物体重量，使得弓被拉开的长度为三尺，这时物体的重量就反映

[1] 孙诒让《周礼正义》4305—4307/3557—3559页。

了弓的额定弹力。若物体重三石,则该弓额定弹力为三石,此即郑、贾所谓'三石力弓'。"①

仪德刚、赵新力、齐中英《弓体的力学性能及"郑玄弹性定律"再探》证实中国传统牛角弓的力学性能:

中国传统角弓正是以竹、角、筋三种密度相近的材料黏合而成。从弓的结构上看,铺在弓臂背面的牛筋,其密度比木材稍大并具有很好的抗拉性能;贴在弓腹上的牛角,其密度比木材稍大并具有很强的抗压性能;在内胎的弹性木材(桑木或竹)具有很好的抗切力性能。

克洛普斯特格对单木弓和复合弓的弓力与张弦关系做过对比实测(图2)②。图2中A是短而直的单木弓所表现出的在张弦的末期变得非常僵硬的曲线;B是一张6英尺长的单木弓表现出的曲线,几乎成一根直线;C是带弓梢(绷紧弓弦时,弓梢与弦成一直线)的单木弓表现出的在张弦开始时比较硬,到了末期反而比较软的情况;D是亚洲复合弓表现出的弯曲程度最大的效果。

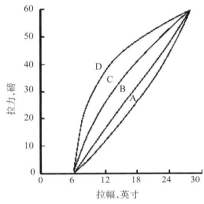

图2　弓的"拉力"曲线图

从力学上来说,当弓张满弦时,拉力曲线下面的面积是其所储存能量的一种量度。从克洛普斯特格的对比实测结果可见,亚洲复合弓是最有效的设计。这种弓也较易于保持张满状态,并使箭在即将自由飞行之前获得最大的推力。这里所提到的亚洲复合弓,应是指在亚洲区域历史上所特有的由牛角、牛筋、竹等多种材料制成的传统弓的简称。从目前笔者所见到的实物(如中国、韩国、蒙古、不丹、土耳其等国的传统复合弓)来看,制作方法、形制、选材都很相近,因此克洛普斯特格的对比结果也部分地代表了中国传统牛角弓的力学性能。③

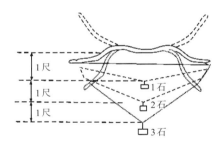

图3　"加物三石,弓张三尺"示意图

仪德刚、赵新力、齐中英《弓体的力学性能及"郑玄弹性定律"再探》为郑玄注、贾公彦疏绘出示意图(图3),认为郑玄对"量其力有三均"的理解,"是用来论证角、筋、竹三者对产生弓体弹性的作用相当",并且探讨中国传统角弓的弓力与张弦距离的关系:

借助于对原北京弓箭大院"聚元号"后代所做的传统弓进行测试。我们测量三张弓后选出其中一组数据进行分析,其弓力与张弦距离关系(简称拉力曲线)如图4所示。

由图4可见,中国传统复合弓的拉力曲线不是线性关系。

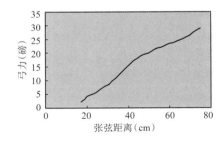

图4　中国传统角弓(弓长100 cm)拉力曲线图

① 《自然辩证法通讯》1994年第6期。
② 根据《中国科学技术史》(李约瑟、叶山著,钟少异等译,科学出版社,2002年)第5卷第6分册87页图复制。
③ 仪德刚、赵新力、齐中英《弓体的力学性能及"郑玄弹性定律"再探》,《自然科学史研究》2005年第3期。

通过上文分析可知，拉力曲线越向上弯曲，那么这张弓的力学性能及可操作性就越好。[1]

1678年，胡克以公布字谜谜底的形式发表了力和变形成正比的关系。老亮《我国古代早就有了关于力和变形成正比关系的记载》认为《弓人》"量其力，有三均"郑玄注是早于胡克定律发表之前约一千五百年的有关记载：

郑玄讲的测量弓力的方法是把弦松开或卸下（弛其弦），另用绳松套着（缓擩）弓的两端（两箫）。郑玄在讲了"引之中三尺"以后才讲"弛其弦"，也可能涉及两种试验情况：一是直接对弓和弦进行测量；另一是用松套的绳替换绷紧的弦，使弓和绳开始时处于自然状态。当然，这只是一种猜想，不一定合乎原意。

虽然弓是由几种材料制成的变截面曲杆，但从文献[2]关于单一材料等直梁大变形的分析和我们相应的初步试验亦可大体上推知，在"试弓力"的开始一段，力和位移基本上成正比关系。所以，郑玄"每加物一石，则张一尺"之说，是正确表示了这一段的线性关系的。但当六尺的弓张至三尺时，这种关系就不再是线性的了。如果郑玄等能注意到这一点，那当然更好了。但我们不能苛求前人。[3]

老亮《中国古代材料力学史料杂录（一）》认为"郑玄作出'每加物一石，则张一尺'的注释，并非偶然或空想，而是具备了主客观条件的"：

在郑玄注《考工记》以前，我国对于弓弩的刚度，即拉满弓弦所需的力，已有了定量的测量。在古籍中有不少关于弓弩刚度的定量描述。例如，《左传·定公八年》有"颜高之弓六钧"的记载；《荀子·议兵篇》有"魏氏之武卒……操十二石之弩"的记载；王充《论衡·儒增篇》有"车张十石之弩，射垣木之表，尚不能入尺"的记载（用车绞拉弩的弓弦，射立在墙上的木靶）；《六韬·犬韬·武车士》有"选车士之法，取……力能彀八石弩，射前后左右皆便习者"的记载，等等。出土文物方面，在《居延汉简甲乙编》中，记有一石弩、二石弩、三石弩、四石弩、五石弩、六石弩、七石弩、八石弩和九、十石弩的，据笔者初步统计有94处之多。至少有四处准确到斤，例如，编号为一四·二六A（甲七九四B）的简，有"今力三石廿九斤射百八十步辟木郭"的记录；编号为三六·一〇（甲二六七）的简，有"官第一六石具弩一今力四石卌二斤射八十五步完"的记录；……等等。有一处甚至准确到两："夷胡隧七石具弩……今力三石卌六斤六两"，此简编号为三五三·一（甲一七九六）。居延汉简是在今内蒙古额济纳河流域的汉代烽燧遗址出土的屯戍文书，大部分属西汉晚期至东汉初年。在近百处记有弩的石数的汉简中，至少有八处同时记有西汉的元凤、元康、五凤、永光、建昭、永始、元延等年号，时域为公元前78年至公元前11年。另据文献（河南省博物馆《灵宝张湾汉墓》，《文物》1975年第11辑。）报导，在河南灵宝张湾东汉墓出土的弩机上，刻有"永元六年（即公元94年）考工所造八石镶"等字样。这些出土文物表明，汉代的弩不仅在制造时常有标明是几石的，而且在边远地区屯戍时还经常就地复核它的实际刚度。由此可见，汉代对于弓弩的刚度测量是经常进行的，而且测量方法也是很方便的。

---

① 仪德刚、赵新力、齐中英《弓体的力学性能及"郑玄弹性定律"再探》，《自然科学史研究》2005年第3期。
② 铁摩辛柯等《材料力学》，科学出版社，1978年。
③ 老亮《我国古代早就有了关于力和变形成正比关系的记载》，《力学与实践》1987年第1期。

郑玄不仅是个经学家,而且对数学和历法等也有所研究。据史书记载,郑玄"善算","通三统历、九章算术"(《后汉书·郑玄传》),"精历数,兼精算术"(郑珍《郑学录》)。他一生不愿为官,青壮年时曾在今山东、山西、河南、河北、陕西一带"游学十余年",归乡里后,"学徒相随已数百千人"。所以他很有可能接触和了解到测量弓力的问题。他所写"弛其弦,以绳缓摆之",可能就反映了当时测量弓力的一种具体的方法。[1]

老亮考证:我国郑玄(127—200)发现线性弹性定律比英国 R.Hooke 在 1678 年的发现要早大约 1 500 年。李平、戴念祖也提出了类似的观点[2]。《力学词典》编辑部编《力学词典》在解释"弹性定律"时,加入了郑玄在这方面做出的贡献[3];戴念祖、老亮著《中国物理学史大系·力学史》重申郑玄发现弹性定律的观点[4],并得到中国科学院院士杨国祯的认同[5]。

关增建《略谈中国历史上的弓体弹力测试》质疑郑玄发现弹性定律:

弹性定律的主要内容是说在弹性限度内,物体的形变与引起形变的外力成正比。在这里,与外力具有线性关系的是物体的形变量,不包括它原来的尺度在内,对此,胡克是有清醒的认识的。那么,郑玄是否也认识到这一点呢?

问题的关键在于对郑玄注"每加物一石,则张一尺"中"张"字的理解。这里的"张"表示将弓拉开,它与"引"具有同样的意思。《论衡·儒增篇》说"车张十石之弩",就是表示用机械拉开十石之弩。《诗·小雅·吉日》:"既张我弓,既挟我矢。"表示的也是开弓之意。一般地,在"张"之后加上数字和长度单位,表示把弓拉开后弦与弓腰(弓的中心点)之间的距离。例如张弓三尺,就表示弦与弓腰之间的距离为三尺。贾公彦疏中所谓"引之皆三尺,以其矢长三尺,须满故也",也明白无误地昭示着这一点。这就是说,郑、贾注疏中所谓"加物一

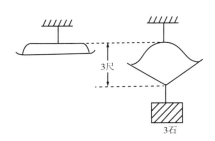

"加物三石,弓张三尺"示意图

石张一尺,二石张二尺,三石张三尺",指的是加上重物以后弓弦与弓腰的距离(如图)。换言之,这些数据包括了弓原来的轴向尺度,这与弹性定律所要求的净形变量显然不同。

但是,在郑、贾注疏所列举的数据之间,的确有一种线性关系,这当如何解释呢?这里有两种可能性,一是郑玄的确做过实验,在实验中就弓这一特例发现了弹性定律,但由于缺乏科学的记述方式,未能将弓的形变量与形变后弓总的轴向尺度区分开来,从而造成了混乱。不过要肯定这种可能性,还需要有更多史料的支持。

另一种可能性是,这只不过是郑玄的随文衍义,并非他实验所得。这种可能性是比较大的。诚如老亮所言,"张弓射箭、测量弓力,这是一个大变形的问题。……当六七尺的弓张开至三尺时,力和

① 老亮《中国古代材料力学史料杂录(一)》,《力学与实践》1990年第3期。
② 《中国古代弓箭的制造及弹性定律的发现》,中国科学技术史国际学术讨论会论文,北京,1990年8月。
③ 中国大百科全书出版社,1990年,128页。
④ 湖南教育出版社,2001年,362页。
⑤ 杨国祯《中国对物理学的独特贡献》,《中华读书报》2003年4月30日。

变形的关系早已不再是线性的了"①。这就是说,如果郑玄真的去做实验,他也许能得到"加物一石、弓张一尺"的数据,那么"二石张二尺"就比较勉强,"三石张三尺"则不可能。反之,如果加物三石,弓张三尺,则前面一石张一尺、二石张二尺的数据将不复存在。凭据这样的数据,郑玄不可能发现弹性定律。因为他每次砝码的改变量是一石,这样所能得到的数据只有三组,而这三组数据之间又不具备线性关系。所以,他所说的"每加物一石,则张一尺",不可能是对实验结果的总结。由此看来,对郑玄究竟是否发现弹性定律,现在还难以得出肯定的结论。②

仪德刚《中国古代计量弓力的方法及相关经验认识》认为"郑玄发现弹性定律"的结论是错误的:

其一,从文字层面上看,郑玄的表述仅为解读《考工记》中的"量其力,有三均。角不胜干、干不胜筋"而作,根本不是为了验证某一具体的数量关系,因此郑玄不具备发现某一科学意义上定律的条件。其二,从弓匠们的经验、实测结果及现代的材料力学知识来看,弓体的弹性本身也不是线性变化的,严格上说郑玄得出的结论——"一石张一尺,二石张二尺、三石张三尺"本身是错误的。其三,即使把郑玄的结论看成是近似的弹性定律,也是不科学的。因为他的结论存在的误差很明显,甚至连普通的工匠们都能体会这种非线性的变化,这种误差与胡克在做弹性定律实验时存在的误差是不能相提并论的。其四,如果认为郑玄曾发现了弓体的拉力与拉距成正比的比例关系,那也是理由不充分的。因为郑玄仅指出了1石张1尺、2石张2尺、3石张3尺这三个定点的拉力与拉距的关系,而没有推论1.5石、2.5石或1.25石、1.75石等能张几尺,即郑玄并没有给出一个成比例的结论。即使郑玄说了"每加物一石则张一尺",也仅对这三个定点而言,因为弓在满弦时的拉距通常超不过四尺。因此仅凭那三个间隔较大的定点数量关系不能断然下定拉力与拉距成线性变化的结论。另外,对待中国古代那些更多具有实践和直觉经验上的力学知识,我们更不能简单地以现代理论力学定律来机械套用。否则只能会产生越来越多的诸如"郑玄弹性定律"等那些根本不存在的命题。③

李银山《再谈郑玄最早发现线弹性定律——兼与仪德刚同志商榷》反驳仪德刚所说其一不符合史实:

(1)郑玄把弓作为弹性体研究,引入了弹性限度的概念,即"假令弓力胜三石,引之中三尺"。

(2)郑玄给出了力与位移的定量关系,即"每加物一石则张一尺"。

(3)郑玄研究了弓的刚度特征,引入了刚度单位,即"石/尺"。

从以上3个方面的文字层面上看,郑玄表达的线性弹性定律,与胡克的表达相比是等价的,完备的。

(4)《考工记》本身就是关于工艺技术的著作,内中饱含自然科学知识,正确地解读经书需要研究、考察和实验,这本身就是探索科学的过程。

---

① 老亮《中国古代材料力学史》,国防科技大学出版社,1991年,26页。
② 关增建《略谈中国历史上的弓体弹力测试》,《自然辩证法通讯》1994年第6期。
③ 仪德刚《中国古代计量弓力的方法及相关经验认识》,《力学与实践》2005年第2期。

（5）从郑玄对线性弹性定律表达的完备性上看，他对弓力的弹性问题不仅有感性认识而且上升到了理性认识。[1]

李银山《再谈郑玄最早发现线弹性定律——兼与仪德刚同志商榷》反驳仪德刚所说其二无根据：

（1）《弓人》把弓力平均分成了九等分，可见古人认为弓是有弹性的，弓力是可以等分测量的，但这里没有关于弓力与张弦位移的关系描述。

（2）"假令弓力胜三石，引之中三尺"是描述弓的弹性限度，即在弓的弹性限度内，从力的角度看如果弓能承受三石的力（这里石表示力的单位，汉新莽时期1石≈0.28 kN），从变形的角度看假定弓的最大弹性变形为三尺（这里尺表示长度的单位，东汉时1尺≈0.23 m）。"弛其弦，以绳缓擐之"，是描述在弦的变形过程中，采用绳来测量变形大小的方法。"每加物一石，则张一尺"，是郑玄描述张弦位移与弓力成正比的关系。

拉开三尺，大致能体现出弓达到满弦时弦与弓腰的距离（弹性限度），与该弓所用箭的长度相近。三尺（大约0.69 m）与出土的汉代的箭长相近。当然，即使是同一时期的弓所用箭长也不是完全相同的，但大致在此范围内应是可行的。可见郑玄对弓弹性限度的描述是经过实际考察的，并不是像仪德刚所说："东汉时期郑玄的描述并没有能正确反映出弓体的力学性能，他的注文仅表明他对弓体的弹性有一定的直观印象。"

总之，弓力与张弦位移成正比例关系是不容怀疑的，郑玄的描述是符合实际的，弓力与张弦位移的正比例关系是由郑玄首先表述。[2]

李银山《再谈郑玄最早发现线弹性定律——兼与仪德刚同志商榷》反驳仪德刚所说其三不确切：

胡克定律应该是"线弹性定律"，而不是"弹性定律"：（1）材料的比例极限 σ_p 与弹性极限 σ_e 是不同的两个概念，不可将二者混为一谈。（2）胡克对"线弹性定律"的表述，并没有区分 σ_p 和 σ_e，即弹性和线性弹性的差别。这是因为对于钢和许多其他金属，比例极限 σ_p 和弹性极限 σ_e 非常接近，工程实用中，通常认为它们相等。胡克做实验所用的材料主要是金属（$\sigma_p \approx \sigma_e$），用 σ_e 代替 σ_p 误差不大。

弓的拉力－张弦位移曲线是一条线性弹性曲线而不是一条非线性弹性曲线：（1）典型的非线性弹性应该具有硬弹簧特征或软弹簧特征[3]。从仪德刚文中图2和图3可以看出弓的拉力－张弦位移曲线不具有硬弹簧特征或软弹簧特征。（2）从仪德刚文中图2和图3可以看出弓的拉力－张弦位移曲线满足单调增加性，经过线性回归后可以得到一条直线（它们的相关系数均达95%以上），可见弓的拉力－张弦位移曲线确实是线性弹性曲线。图2和图3实际上是工艺操作曲线，并非力学意义上的拉力曲线。（3）任何实验都是具有一定误差的，测量弓的拉力－张弦位移曲线存在测量误差；工匠制造弓

① 李银山《再谈郑玄最早发现线弹性定律——兼与仪德刚同志商榷》，《力学与实践》2006年第4期。
② 《力学与实践》2006年第4期。
③ 陈予恕《非线性振动》，高等教育出版社，2002年。

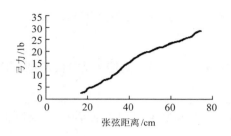

仪德刚文图2　中国传统角弓（弓长100 cm）拉
力曲线图

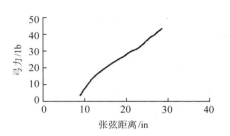

仪德刚文图3　国际玻璃钢弓【上海"燕子"
牌弓，弓片长（71 cm）】拉力曲线图

的制造误差；制造弓的材料的不均匀性误差；再者弓本身就是复合材料制成的也会产生误差。弓的拉力–张弦位移曲线实验与现在的钢标准件拉伸实验相比是粗糙的，与胡克的金属弹簧实验相比也是粗糙的。但是弓的拉力–张弦位移曲线有3点是可以肯定的：（1）它属于弹性曲线；（2）具有单调增加性；（3）弓力与张弦位移基本满足正比关系。从弓体本身的力学性能和制弓匠对弓体的感觉来看，张弦与弓力的线性关系是客观存在的。[①]

李银山《再谈郑玄最早发现线弹性定律——兼与仪德刚同志商榷》反驳仪德刚所说其四是对郑玄表述线弹性定律的曲解：

（1）郑玄讲的"每加物一石则张一尺"，与胡克讲的"外力与变形成比例"是完全等价的。

（2）如果出一道算术题："已知每加物一石则张一尺，问1.5石、2.5石或1.25石、1.75石则各能张几尺？"一个小学生就可以计算出，是不需要郑玄给出的。

（3）正如"勾三股四弦五"是"勾股定理"的最初表达，"周三径一"是 π 的最初发现一样。"一石张一尺、二石张二尺、三石张三尺"正是线弹性定律的最初表达。这些表达虽然是朴素的，简单的，但也是最重要的。众所周知，没有 $\pi \approx 3$ 的发现，就不会有 $\pi \approx 3.14$，$\pi \approx 3.141\,592\,6$ 等的研究。

（4）郑玄的描述是一个比方，实际的弓力与变形并不一定正好一石张一尺。弓有大小之分，根据不同的用途，种类也不一样，有用于战争射箭的弓；有用于武举考试中测量选手力量的重弓；有体育比赛射箭运动的弓；有杂技表演定做的弓。在不同时期由于科技的发展，制造弓的材料也不一样，那么弹性限度也差别很大。决不能把"一石张一尺、二石张二尺、三石张三尺"理解成三个定点的拉力与拉距的关系。因为很难找到恰好满足所谓三个定点的弓，就是找到了也没有实际意义。

（5）《周礼·考工记·弓人》中关于弓的论述并没有单位，郑玄引入"石"和"尺"这两个单位打比方作注解，就像现在的国际单位制中的"N"和"m"一样。

郑玄表达的弓的刚度单位是石/尺；胡克表达的弹簧的刚度单位是N/m，弹簧常用的单位是kN/m。

$$石/尺 \approx 1.217 \text{ kN/m} \tag{3}$$

可见郑玄引入的弓的刚度单位与胡克引入的常用弹簧的单位是基本一致的。

---

① 《力学与实践》2006年第4期。

弹性模量 E、剪切模量 G 和拉梅系数 λ 的单位是 Pa，泊松比 ν 没有单位。

郑玄和胡克表达的线性弹性定律都具有尺寸效应。采用应力—应变表达的线性弹性定律才消除了尺寸效应。

从公式（2）可以看出 k 与 G 的关系，k 是由材料性质和几何性质决定；G 仅仅由材料性质 E 和 ν 决定。[①]

仪德刚、赵新力、齐中英《弓体的力学性能及"郑玄弹性定律"再探》重申郑玄并未发现"弹性定律"：

> 无论从弓体本身的力学性能，还是从制弓匠对弓体的感觉来说，郑玄认为张弦与弓力成线性关系都是不准确的，更何谈发现"弹性定律"？虽然从实际测量的结果中可以看出张弦与弓力大致成线性关系，但是它们的非线性特点却是一般射手们都能感知到的。在笔者对北京的做弓者进行调查时，杨文通师傅认为，弓力随张弦的不均匀性变化，正是每位射手熟悉的复合弓比单体弓好用之处。由此可知，东汉郑玄的描述并没有正确反映弓体的力学性能，他的注文仅表明他对弓体的弹性有一定的直观印象。同时，郑玄对"量其力有三均"的理解，更有可能是用来论证角、筋、竹三者对产生弓体弹性的作用相当。郑玄的表述仅是为解读《考工记》中的"量其力，有三均。角不胜干、干不胜筋"而作，他的解释是从文字本身出发，加上个人的理解而形成的一种并不准确的观点，根本不是为了验证某一具体的数量关系而做的科学研究，因此不具备发现某一科学意义上定律的条件，即使将郑玄的"量其力有三均"看成是弹性定律的近似结果，也是牵强附会的。弹性定律的发现是胡克在实验的基础上探索科学理论，这一过程与郑玄的注释经书有本质的不同。[②]

刘树勇、李银山《郑玄与胡克定律——兼与仪德刚博士商榷》从材料力学的原理出发，解读和阐明郑玄的发现，证明郑玄和胡克的表述是等价的，但都有些不足，并认为郑玄具备发现弹性定律的条件，从而否定了仪德刚等人的观点：

> 郑玄注文和贾公彦疏文的前段，道出了材料力学中一个基本概念：复合材料的刚度（或许包含强度的概念在内）随材料的增加而加大。郑玄注文的后段，其前一句"假令弓力胜三石，引之中三尺"，这个"假令"明确指出了箭弓的弹性限度。只有在材料的弹性限度内才能谈及其形变与拉力之关系。在这限度内"每加物一石，则张一尺"，此句显然叙述了施于弓的外力与弓本身的形变位移成线性关系。郑玄从总体上把握了箭弓材料具有线性弹性特点。贾公彦疏文说"乃加物一石张一尺，二石张二尺，三石张三尺"，其对郑注的理解完全正确。
>
> 胡克《论弹性的势》(De Potentia Restitutiva) 系统地论述了弹性与力的关系。他在总结螺旋弹簧、盘簧、金属丝拉伸和悬臂木梁的实验中说："一分力使弹簧弯曲一个单位，二分力就使它弯曲二个单位，三分力就使它弯曲三个单位，以此类推。如果某一重量（1 盎司或 1 磅）使弹簧伸长某一段距离（1/12 英寸或 1 英寸），则两倍的重量将使它伸长两倍的距离，三倍的重量就使它伸长三倍的距离，以此类推。"最后，胡克总结道："综上所述，显然在任何弹性体中自然规律或定律是，把它自己恢复

---

① 《力学与实践》2006 年第 4 期。
② 《自然科学史研究》2005 年第 3 期。

到自然位置的力或能力总是与它所变动的距离或空间成正比……不仅从上述物体中可以看到这一规律，而且在所有弹性物体中，如金属、木料、石块、干土、毛发、兽角、蚕丝、骨骼、筋、玻璃等等，都是如此。"[①]

郑玄述及的箭弓显然是胡克陈述的材料之一例，郑玄和贾公彦的说法也与胡克非常相似。仅从文字上看，郑玄的表述和胡克的论述是等价的。胡克测试的构件显然比郑玄讲的要多，且明确地将实验结果概括成定律。但胡克在总结每一个实验中都有"以此类推"一句，他既没有从总体上，也没有具体针对某一构件指出弹性限度的问题。相比之下，郑玄却先指明了弹性限度。从文字上看，郑玄在这点上比胡克的叙述更具科学性。当然，郑玄并没有指明单质材料与物理复合材料之区别。箭弓有单质弓和物理复合弓，在弹性限度内，线性弹性定律对于单质料（如单质弓）完全成立，但对于物理复合材料（如复合弓）而言，仅在初始变形阶段成立。比较郑玄和胡克各自的陈述，他们都表述了材料的弹性规律，但都有些不足。鉴于此，把二人的表述综合会更明确和全面，所以近年不少人提出将线性胡克定律称为"郑玄–胡克定律"，并得到力学界、物理学界诸多前辈大师的赞赏。

胡克叙述中的"以此类推"容易使人"推"到超出材料弹性限度之外的区间，因此，他的陈述在后来受到莱布尼兹（G. W. Leibniz, 1646—1746）和惠更斯的质疑。郑玄对弓干弹性规律的陈述若是对于物理复合材料而言也有其局限，从老亮先生发现其陈述的科学含义之日起，其不足之处就为老亮等人指出来了[②]。

郑玄发现线性弹性定律的条件：

科学史界的一般看法是，在古代所处的经验科学阶段，所谓"科学发现"要符合3个条件：

A 有相当的与该发现有关的生产经验或观察实践；

B 有文字对此生产经验或观察结果作出总结；

C 该总结与近代科学形成后的某一科学原理或理论（或定义、定理、概念）相符或近似。

就郑玄而言，他关于《考工记》的注文，如前所述，符合条件B、C。也就是说，郑玄以文字总结了造弓经验及弓干材料的线性弹性定律，并且其总结与后来的胡克定律相吻合。

至于A，一般地讲，周、秦、汉时期民间与宫廷作坊中已有大量而丰富的造弓实践。《考工记》中的这一记载本身表明，在周代宫廷作坊中，弓弩弹力测量是弓弩制作中一道不可或缺的工序，且已成为弓弩作坊的工艺操作制度之一。到郑玄生活的年代，有大量典籍涉及弓弩弹力的测量。仅在1980年之前发现的居延汉简中，关于弓弩弹力的数值记述就有94处之多，有些数值不仅准确到"石"，而且准确到"斤""两"[③]。值得注意的是，如此大量的有关弓力测量的技术操作的记录，其年代正是在郑玄生活的时代或其前不久。我们大概很难在欧洲的古代或文艺复兴之前的弓弩制作中见到如此大量的弹力数值记载。

除了时代或环境的因素之外，郑玄本人对于发现线性弹性定律也是条件充足的。据郑珍《郑学录》和《后汉书》等记载，郑玄"少好学书数，八九岁能步算乘除"，年十三"好天文"；年轻时，"常诣学官，不乐我吏，父数怒之，不能禁"，于是，在"太学受业"，始通"三统历""九章算术"；青壮年时，

---

① 铁木辛柯《材料力学史》，上海科学技术出版社，1961年。

② 老亮《中国古代材料力学史》，国防科技大学出版社，1991年。

③ 中国社会科学院考古研究所《居延汉简甲乙编》，中华书局，1980年。

在今山东、山西、河南等地"游学十余年";归乡里后,因党事受牵连而被禁锢,"遂隐修经业,杜门不出",《周礼郑氏注》乃隐修时所作。我们没有理由怀疑,一个通天文知数的经学大师,在谙熟有关弓箭的制作程序、"量其力"的方法及其大量数据基础上,在注解《周礼·考工记》中写下那样一段令人称奇的文字。[①]

《弓人》:为天子之弓,合九而成规;为诸侯之弓,合七而成规;大夫之弓,合五而成规;士之弓,合三而成规。

孙诒让:"为天子之弓,合九而成规"者,以下记弓尊卑、良敝、倨句、形体之异。《司弓矢》文同。江永云:"此言尊卑制度如此,至用弓时,自有变通。下文所言,则变通之法也。亦犹大射侯道有九十弓、七十弓、五十弓,以此辨尊卑,至射时,臣各射其侯,而君则三侯皆可射也。"案:江说是也。此假王侯大夫士,以明弓良敝之衰有此四等耳,非谓用弓者必如其等也。《韩诗外传》云:"夫巧弓在此手也,傅角被筋,胶漆之和,即可以为万乘之宝也。"此为天子之弓,犹云为万乘之宝矣。并详《司弓矢》疏。

郑玄:材良则句少也。

孙诒让:注云"材良则句少也"者,材良则其力劲,故句屈之势少也。凡弓合九成规者句最少,合七成规者次之,合五成规者又次之,合三成规者句最多,材亦最劣。[②]

"合九而成规",杨泓《弓和弩》认为"这是因为选用的干材越优良,则弓的钩曲度越小的缘故"[③]。钱宝琮编《中国数学史》:"这是用圆心角的大小来规定弓背的曲率。……天文学家因太阳的视运动是在约$365\frac{1}{4}$日内绕地一周(不计岁差),分一周天为$365\frac{1}{4}$度,1度约等于59′8″。这和《考工记》'合几而成规'的思想是一贯的。"[④]闻人军《考工记导读》认为

"这是用分规法通过对应的圆心角的大小来表示削或弓背的曲率"[⑤]。仪德刚《中国传统弓箭制作工艺调查研究及相关力学知识分析》认为上述观点不符合实际:"首先要明确的一点是,如何才能做到'合九而成规'?如果想把几张弓组合成一个圆,只有组合几张释弦后反曲成弧状的弓才能达到这个要求(参见图1)。否则挂弦的弓,形状都基本一致,无法组合出不同半径的圆周。根据现代弓匠们的观点,他们很难能实现这个要求。另外,弓胎反曲弧度的大小与材料、弓力没有直接的关系。即同样弧度的弓,弓力可以不等;不同材料的弓胎,也可以被做成同样的弧度。由此看来,一些学者对这种'合几成规'的理解是不符合实

① 《自然科学史研究》2007年第2期。
② 孙诒让《周礼正义》4309—4310/3560—3561页。
③ 杨泓《中国古兵器论丛》(增订本)203页,文物出版社,1985年。
④ 科学出版社,1964年,16页。
⑤ 中国国际广播出版社,2008年,80页。

际的。"[1] 武家璧、夏晓燕《〈考工记〉制弓技术中的"成规"法与弹性势能问题》反对仪德刚说，认为此"成规法"是指弓上弦状态[2]。

图1　"合五而成规"示意图

"天子之弓合九而成规""诸侯之弓合七而成规""大夫之弓合五而成规""士之弓合三而成规"，闻人军《考工记译注》："凡选用的干材越优良，弓的弯曲度越小。天子、诸侯、大夫、士的弓的弧度分别是圆周（弧度为 2π）的九、七、五、三分之一。"[3] 关增建《〈考工记〉角度概念刍议》换算为具体的弓背曲率："规为圆，圆心角为360°，'合九而成轨'，则意味着'天子之弓'的弓背曲率为40°。同样，'诸侯之弓'为51.4°，'大夫之弓'为72°，'士之弓'为120°。"[4] 鉴于《考工记》的表述天子之弓应该是优于其他角弓的良弓，仪德刚《〈考工记〉之"成规法"辨析》质疑上述的解释不合情理："据此可推知天子的弓是释弦后反曲程度最小弓，待拉弓后与同等磅数的弓相比，天子之弓出箭速度最小工作效率最差，士的弓反而是工作效率最好的弓。"[5] 仪德刚《〈考工记〉之"成规法"辨析》通过角弓制作与习射实践，发现"合九而成规"并非指如武家璧所言九张角弓在上弦时首尾相接组成一个整圆，而指在角弓下弦后的反曲状态，但难以认定《考工记》"成规法"的实践可操作意义，推断这是一个比较理想化的用以界定天子、诸侯和士兵的一种礼制规范，即"九、七、五、三"是周礼的常用的用以界定和规范天子、诸侯、大夫、士这四大等级的一种定量化体现，也就是"名位不同、礼亦异数"的等级思想以及"藏礼于器"的礼制观念[6]。

《弓人》：弓长六尺有六寸，谓之上制，上士服之；弓长六尺有三寸，谓之中制，中士服之；弓长六尺，谓之下制，下士服之。

孙诒让："弓长六尺有六寸，谓之上制，上士服之"者，此即《稾人》所谓"弓六物为三等"也。士亦谓国勇力之士。三等之差，与桃氏为剑同。

① 中国科学技术大学科学技术史专业博士学位论文，2004年，100—101页。
② 第三届中国技术史论坛论文，2013页。
③ 上海古籍出版社，2008年，147页。
④ 《自然辩证法通讯》2000年第2期。
⑤ 《内蒙古师范大学学报》（自然科学汉文版）2015年第1期。
⑥ 《内蒙古师范大学学报》（自然科学汉文版）2015年第1期。

郑玄: 人各以其形貌大小服此弓。

孙诒让: 注云"人各以其形貌大小服此弓"者, 贾疏云: "此上士、中士、下士, 以长者为上士, 次者为中士, 短者为下士, 皆非命士者, 故郑云'人各以其形貌大小服此弓'也。"[①]

石璋如《小屯殷代的成套兵器》: "从 M20、M40、M164、M238 等四墓中所量人骨的高度, 平均为 1.6 ～ 1.65 公尺的样子, 那么殷代的弓长, 是不能超过 1.60 公尺的。"[②]

高至喜《记长沙、常德出土弩机的战国墓——兼谈有关弩机、弓矢的几个问题》: "按周尺每尺折合现今 23.1 厘米, 则上制为 152.5 厘米, 中制为 145.5 厘米, 下制为 138.6 厘米。1958 年常德德山 10 号墓出土的一件木弓长 160 厘米, 1953 年长沙月亮山 41 号墓出土的漆木弓长 157.2 厘米, 都应属'上制'。长沙近郊解放前出土的一件木弓长 146 厘米, 应是'中制'。扫把塘 138 号墓出土的竹弓因其残破干裂缩短, 现长仅 106.5 厘米, 如复原约有 120 ～ 130 厘米, 当属'下制'了。"[③]陈士银《〈考工记〉里的弓箭是什么样的》: "《考工记》提到的三种长度不一的弓, 约合今 152.46 厘米、145.53 厘米、138.6 厘米。据《临潼县秦俑坑试掘第一号简报》, 秦始皇兵马俑出土铜弩机、木弓和弓囊 28 件, 其中, '木弓已朽, 长约 117 ～ 140 厘米'。在居延汉代遗址也发现一张缺弦的反弓, '长 130 厘米'。虽然汉出土的弓弩长度较《考工记》偏短, 但是亦可作为参考。"[④]

杨泓《弓和弩》证之以出土实物, 认为"《考工记》所定的尺寸标准, 在当时是很恰当的":

近年来在考古发掘中获得的春秋战国时期的古弓资料, 主要都是在湖南、湖北等地的楚墓中获得的, 或是与楚文化关系密切的曾侯墓中获得的, 这些标本除了反映出整个时代的特征外, 自然还带有地域特色, 与《考工记》中基于齐国产品而制定的标准, 难以完全符合, 但是其基本情况, 特别是制造工艺的特点, 都是相一致的。……现据已发表弓长数字的标本, 依其长短次序分列如下:

紫檀铺 30 号墓	竹弓	长 215 厘米
藤店 1 号墓	木弓	长 169 厘米
德山 25 号墓	木弓	长 160 厘米
月亮山 141 号墓	木弓	长 157 厘米
五里牌 406 号墓	竹弓	长 140 厘米
德山 51 号墓	木弓	长 138 厘米
浏城桥 1 号墓	竹弓	长 130 ～ 125 厘米
珍珠坡 1 号墓	木弓	长 126 厘米
蔡坡 12 号墓	木弓	残长 124 厘米
扫把塘 138 号墓	竹弓	长 106.5 厘米
天星观 1 号墓	竹弓	残长 72 厘米, 原约 90 厘米

① 孙诒让《周礼正义》4310/3561 页。
② 《中研院历史语言研究所集刊》第 22 本, 1950 年, 35 页。
③ 《文物》1964 年第 6 期。
④ 《文汇报》2015 年 1 月 30 日第 T07 版。

鄂钢53号墓	竹弓	长85厘米
天星观1号墓	木弓	残长70厘米，原约80厘米
拍马山22号墓	竹弓	长70厘米

如将上列标本的长度，与《考工记》所定的上、中、下三制相对照，可以看出有些是较为符合的。如以当时一尺约当今23厘米计算，六尺六寸约为152厘米，六尺三寸约为145厘米，六尺约为138厘米。则藤店1号墓、德山25号墓和月亮山41号墓所出的三张木弓，应属上制，至于紫檀铺30号墓所出竹弓，简报中说残长已有215厘米，可能有误，暂略去不计。五里牌406号墓的竹弓，或可属于中制。德山51号墓木弓和浏城桥1号墓竹弓，均合于下制。其余的弓均比标准的下制为短，也应划入下制，同时也不排除这些短弓中有些应是安于弩机上的弩弓。仅就这些标本反映出的情况，上、中制的弓数量较少，而下制的数量较多，说明《考工记》所定的尺寸标准，在当时是很恰当的。①

《弓人》：凡为弓，各因其君之躬志虑血气。

孙诒让："凡为弓，各因其君之躬志虑血气"者，言为弓又当视所射之人以为安危也。

郑玄：又随其人之情性。

孙诒让：注云"又随其人之情性"者，冢上文为释，明不徒据人形貌大小为之也。

丰肉而短，宽缓以荼，若是者为之危弓，危弓为之安矢。骨直以立，忿埶以奔，若是者为之安弓，安弓为之危矢。

郑玄：言损赢济不足。危、奔，犹疾也。骨直谓强毅。荼，古文舒假借字。郑司农云：荼读为舒。

孙诒让："丰肉而短"者，谓其君子之躬也。《大司徒》"原隰其民丰肉而庳"，注云："丰犹厚也，庳犹短也。"此义与彼同。云"宽缓以荼"者，谓其君志虑宽缓而体舒迟也。云"若是者为之危弓，危弓为之安矢"者，贾疏云："此经以下说君之躬与志虑弓之所宜者也。危弓则夹庾、弱者为言；安弓谓王弧之类，强者而言。若然，危矢据恒矢，安矢据杀矢者也。"江永云："危弓、安弓，疏说非是。下文言弓安矢安而莫能速中，且不深，是弓弱也。乃以强者为安、弱者为危，何耶？当是剽疾者为危，柔缓者为安。然则三等之弓皆有危安与？"案：江说是也。

孙诒让：注云"言损赢济不足"者，贾疏云："言②丰肉宽缓是不足，则危弓济之；危弓为赢，则以安矢损之；骨直忿埶是赢，则安弓损之；安弓是不足，则以危矢济之。"云"危、奔，犹疾也"者，《说文·危部》云："危，在高而惧也。"引申之亦为急疾，对安为舒缓。《释名·释姿容》云："奔，变也，有

---

① 杨泓《中国古兵器论丛》（增订本）203—204页，文物出版社，1985年。
② 引者按：乙巳本作"言"，与贾疏（阮元《十三经注疏》937页上）合，王文锦本从楚本讹作"明"。

急变奔赴之也。"云"骨直谓强毅"者，骨直言骨干挺直，其人必刚强而果毅也。《周书·谥法篇》云："强毅果敢曰刚。"云"荼，古文舒假借字"者，谓荼舒声类同，古字假借通用，详前疏。段玉裁云："郑君与仲师说小异。本职荼字已见，此又言者，详略互相足也。"郑司农云"荼读为舒"者，先郑前注同。此破字，与后郑微异。

其人安，其弓安，其矢安，则莫能以速中，且不深。

孙诒让："其人安，其弓安，其矢安，则莫能以速中，且不深"者，此明丰肉而短、宽缓以荼者，不可以用安弓也。

郑玄：故书速或作"数"，郑司农云："字从速。速，疾也。三舒不能疾而中，言矢行短也，中又不能深。"

孙诒让：注云"故书速或作数"者，《总叙》注同。郑司农云"字从速"者，段玉裁云："数字义短，故从速。前文'无以为戚速'，司农亦不从数。"云"速，疾也"者，《总叙》注同。云"三舒不能疾而中，言矢行短也"者，射者躬与志虑既缓，所用弓矢又缓，则发矢无力，其行必缓而短，不能及远常不能中也。云"中又不能深"者，谓即使镞中，仍不能深入，亦势缓之故。

其人危，其弓危，其矢危，则莫能以愿中。

孙诒让："其人危，其弓危，其矢危，则莫能以愿中"者，此明骨直以立、忿埶以奔者，不可以用危弓也。

郑玄：愿，悫也。三疾不能悫而中，言矢行长也。长谓过去。

孙诒让：注云"愿，悫也"者，《大司寇》注义同。愿中，谓矢不旁掉，适中其所射，若谨愿然。云"三疾不能悫而中，言矢行长也，长谓过去"者，郑意射者躬与志虑既急，所用弓又急，则发矢力太劲，其行至急而长，常越过所射之物，不能正贯而止也。然经云"莫能愿中"，似当兼含《大射仪》所云"扬触梱复"诸弊而言。郑唯据矢行长过去为释，约举以见义耳。[1]

"其人安，其弓安，其矢安……其人危，其弓危，其矢危……"，闻人军《〈考工记〉中的流体力学知识》认为："在这两种情况下，箭的 spine 都不易与弓的特性协调一致。人若宽缓舒迟，再用软弓，柔缓的箭，箭行的初速必定小，箭行迟缓，不易命中目标，即使射中了也无力深入。反之，强毅果敢的人，用强劲的弓，剽疾的箭，由于箭的蛇行距离过长，当然也不能准确中的。为了避免上述弊病，'弓人'条规定了人安者，用危弓和安矢；人危者，用安弓和危矢的搭配方式，这些经验对于现代的射箭运动仍有一定的参考价值。"[2]

---

[1]　孙诒让《周礼正义》4310—4312/3561—3563 页。
[2]　闻人军《〈考工记〉中的流体力学知识》，《自然科学史研究》1984 年第 1 期。

《弓人》: 往体多，来体寡，谓之夹臾之属，利射侯与弋。

孙诒让:"往体多，来体寡，谓之夹臾之属" 者，臾，《司弓矢》作 "庾"，声同字通。黄以周云:"庾当从记作 '臾'。《说文》:'束缚捽抴为臾。' 束缚谓之夹，捽抴谓之臾。" 案: 黄说亦通。往体，谓弓体外挠；来体，谓弓体内向。凡弓必兼往来两体，而后有张弛之用，但以往来之多少为强弱之差。此夹臾，谓弓之最弱者也。云 "利射侯与弋" 者，侯盖通《梓人》三侯言之。凡大射、燕射、宾射，弓皆用夹臾也。详《司弓矢》疏。

郑玄: 射远者用埶。夹庾之弓，合五而成规。侯非必远，顾埶弓者材必薄，薄则弱，弱则矢不深中侯，不落。大夫士射侯，矢落不获。弋，缴射也。故书 "与" 作 "其"，杜子春云:"当为与。"

孙诒让: 注云 "射远者用埶" 者，据上文，明此夹、臾曲多亦为埶弓也。云 "夹庾之弓，合五而成规" 者，此依《司弓矢职》作 "庾"。以其往体多则句亦多，即是上合五成规，大夫之弓也。云 "侯非必远，顾埶弓者材必薄，薄则弱，弱则矢不深中侯，不落" 者，《司弓矢》注说夹庾[1]射豻侯云 "豻侯五十步，及射鸟兽，皆近射也"，故云侯未必远。贾疏云:"夹庾反张多，随曲埶向外，弱，则射远不能深，则近亦不深，故射近侯用之。" 诒让案: 郑意上文云 "凡析干，射远者用埶，射深者用直"，此夹臾往体多，来体寡，即埶弓也，射远宜莫如用此。而《司弓矢》说夹庾以射豻侯，彼注推之，以为射大侯用王弧，参侯用唐大。此夹臾所射，乃非最远之侯，大侯、参侯侯道皆远于豻侯，而射反用直弓而不用埶弓，嫌彼注义与此经上文乖牾，故此注自圆其说，谓夹臾弓反句，则材必薄而力弱，矢射物必不深，中侯时不至太深而穿过，故可不落，欲明用夹臾之埶弓，射最近之侯者，不取其射远，惟取其中侯不落也。实则此射侯当通晐三侯，夹臾不专射豻侯，亦非取矢不落之义，郑说非经义，详《司弓矢》疏。云 "大夫士射侯，矢落不获" 者，据《大射仪》。郑意因大夫士矢落不获，故必用夹臾之弓也。贾疏云:"按《司弓矢职》云:'夹弓、庾弓以授射豻侯、鸟兽者。' 豻侯、鸟兽，则射侯与弋也。按彼注:'近射用弱弓，则射大侯者用王弧，射参侯者用唐大矣。' 如是，君用王弧射大侯，大夫用唐大射参侯，士用夹庾射豻侯。若然，此大夫与士同用夹庾射近侯者，据天子之臣多，则三公、王子为诸侯者射熊侯，卿大夫士同射豹侯也。若然，射七十步侯用唐大，其远中侯亦不落也。" 案: 郑言此者，亦欲明大夫士皆不用直弓之王弧，取其不穿侯而落耳。盖大夫参侯七十步，尚非甚远，而所用唐大之弓，则比之王弧，尚为埶弓，故谓同取矢不落之义，非谓大夫士同射豻侯也。贾说未达郑恉。但依经，夹臾当射三侯，通于贵贱，王弧、唐大并非射侯所用，郑说亦与经义不甚合耳。云 "弋，缴射也" 者，《诗·齐风·卢令》序笺同。弋即隿之假字，亦详《司弓矢》疏。云 "故书与作其，杜子春云当为与" 者，段玉裁云:"此字之误也。"[2]

《夏官·司弓矢》: 矰矢、茀矢用诸弋射。

郑玄: 结缴于矢谓之矰。矰，高也。茀矢象焉，茀之言制也。二者皆可以弋飞鸟，刺罗

---

[1] 引者按: 乙巳本、楚本并作 "庾"，与2553页《司弓矢》"夹弓、庾弓以授射豻侯、鸟兽者" 合。王文锦本排印讹作 "臾"。
[2] 孙诒让《周礼正义》4312—4314/3563—3564页。

之也。前于重，又微轻，行不低也。《诗》云："弋凫与雁。"

孙诒让：云"结缴于矢谓之矰"者，《说文·矢部》云："矰，隹射矢也。"又《系部》云："繁，生丝缕也。"《淮南子·说山训》高注云："矰，弋射短矢。缴，大纶。"是缴者所结于矢之缕，其矢则谓之矰也。丁晏云："《史记·留侯世家》索隐引马融注：'缴系短矢谓之矰。'郑君亦同师说。"云"矰，高也"者，释弋矢名矰之义。《文选》贾谊《吊屈原文》李注引如淳云："曾，高高上飞意也。"矰曾声同。结缴于矢，使之升高以射飞鸟，故其矢谓之矰，声义相贯也。《国语·吴语》说吴陈军有白羽、赤羽、乌羽之矰，韦注云："矰，矢名也，以羽为卫。"《初学记·武功部》引贾逵云"矢羽为矰"，则矰又为战守所用矢之通名，不徒缴弋矣。云"茀矢象焉"者，以经与矰矢同言，用诸弋射，明其制同，但用之弩。《墨子·备高临篇》说连弩矢端以绳如弋射，即此茀矢之类。云"茀之言刜也"者，《说文·刀部》云："刜，击也。"茀刜声类同。黄以周云："《广雅》'第矢，箭也'。茀作第，古从竹之字多作艸，茀第皆假借字，以刜为正。"云"二者皆可以弋飞鸟，刜罗之也"者，明茀矢亦可升高，矰矢亦可刜罗，各取一端为名。贾疏云："解结缴以罗取而刜杀之义。"云"前于重，又微轻，行不低也"者，贾疏："此又对枉矢絜矢五分者是重，此于五分之重，又微轻于彼，以此矢七分故也。"诒让案：行不低者，谓矢前较轻，故势易举而行不低，中弋射飞鸟之用也。引《诗》云"弋凫与雁"者，《郑风·女曰鸡鸣篇》文。此引以证弋射飞鸟之义。郑彼笺云："弋，缴射也。"《说文·隹部》云："隹，缴射飞鸟也。"则"弋"正字当作"隹"，经典并假"麜弋"字为之。《汉书·司马相如传》颜注云："以缴系矰，仰射高鸟，谓之弋射。"[1]

"弋射""缴射"，徐中舒《古代狩猎图像考》描述《四耳洗》所镌的弋射形"摹写极为周到"："上镌三雁，其一作伸足张翅飞翔之形，其二之翅仍张，而足已缩，矰矢萦其颈，而下系于磻，皆示适已受创之形。此三雁之下，镌三人与三雁相对，其一作张弩欲发形，其二作俯伏持弩注视之形。张弩者矢尚未发，故其上之雁仍伸足飞翔自如（其实鸟飞不能伸足，惟下坠则足垂，此古代观察未精之故）。持弩者其矢适发，而雁适受创，故翅虽张而足已缩。此三人之下复镌二人，一人俯伏拾取既下之雁，一人带剑植发，持磻与缴。"[2]

宋兆麟《战国弋射图及弋射溯源》证之以出土文物上的画面：

我们从几件战国时代的文物上可以看到弋射的生动画面。湖北随县战国曾侯乙墓出土的一个衣箱上有两组图案，描绘扶桑、飞鸟及弋射者（图一）[3]。故宫博物院有一件战国宴乐纹铜壶，图案分三层六组，第二层中部画的也正是弋射场面：上有鸿雁翱翔，下有乌龟游动，四人俯身弋射，五只大雁已被射中，拖着长缴进行挣扎（图二）[4]。辉县琉璃阁出土的战国狩猎纹铜壶（图三）[5]，成都百花潭出土的战国铜壶（图四）[6]，以及上海博物馆收藏的战国宴乐纹铜杯，都有或简或繁的弋射纹样。遗风所及，战国以后的文物上也可以看到生动的弋射图。成都出土的一块汉画像砖，描绘了一幅水边弋射的景

[1] 孙诒让《周礼正义》3083—3087/2558—2562页。

[2] 《庆祝蔡元培先生六十五岁纪念论文集》下册，1933年；引自《徐中舒历史论文选辑》278页，中华书局，1998年。

[3] 《湖北随县战国曾侯乙墓发掘简报》，《文物》1979年第7期。

[4] 杨宗荣《战国绘画资料》，图版22，中国古典艺术出版社，1957年。

[5] 《山彪镇与琉璃阁》，图版壹零叁，科学出版社，1959年。

[6] 《成都百花潭中学十号墓发掘记》，《文物》1976年第3期。

象：水中荷花盛开，凫游鱼泳，天空飞雁成行，弋射者隐蔽在树荫下，正在引弦发矢（图五）①。

弋射之矢，箭头有倒刺，箭铤中有孔槽。前者防猎物逃脱，后者适于系绳。广东四会鸟旦山②、潮安皈靴子山③、江苏邳县冯庄④等地所出土的战国及汉代铜矢，都具有上述特征，当为弋射所用的实物。

缴即系在矢上的绳子，可能用生丝捻成。曾侯乙墓的弋射图上缴尾分成三股，似乎有些缴是由三股合成的。在图四、五上清晰可见，缴的下端坠有圆球状物体，应是绕缴之磻。《说文》："磻，以石著弋缴也。"亦即拴缴的石质工具，取其量重，以作坠石，射中的飞禽不致将矢缴带走。磻的作用如此，那么它必须易放缴又易收缴，形状当以亚腰长圆形为宜。比较完善的绕缴设备，应该是一种便于旋转的木轴。从成都百花潭出土铜壶的弋射图上可见到缴后有一半圆形绕缴轴，下有立木插于地。成都出土汉画像砖上也有类似的形象，猎人身旁的木架上并排插三或四个缴轴，上有提梁。轴应套在立木上，立木插于地上或安在架上。⑤

丛文俊《弋射考》认为徐中舒的论说未得要领，宋兆麟的解说出于误解，"弋射所用箭矢必须结缴"，"缴的作用并不单在于收回箭矢，而重要之点是在空中缠缚飞禽"："《淮南子·修务》：'夫雁顺风以爱气力，衔芦而翔以备矰弋。'高注：'衔芦所以令缴不得截其翼也。'大雁是否真有如此智慧另当别论，但弋射时丝绳有缠缚飞禽的作用昭然若揭。所以，古代人描述弋射而称'加'"，"由于缴在弋射中的这种重要作用，故弋射亦迳谓缴"，"由此可见，弋射用矢的目的不在于射杀，而是要牵带绳索，在空中将禽鸟缚住。为此，其飞行高度必须超出猎获目标之上"，"缴的前端结系矰弋，末端则牵挂在磻石上面"，"弋射以鸟颈为的，矰矢的飞行高度必须超过猎获目标，缴自前方与之相遇，飞鸟受到自身的飞行冲力影响，必然会与缴相撞；缴受到撞击之后，牵动矰矢迅速下折，从前向后翻转，越过飞鸟的双翅或颈，再旋绕回来，即可以把它们缚住，从而形成了射者、缴、被缚的飞鸟之间相挂连的关系。……另一方面，飞鸟也会因为

图一　曾侯乙墓衣箱上的弋射图

图二　战国宴乐纹铜壶上的弋射图

图三　战国狩猎纹铜壶上的弋射图

图四　成都百花潭战国铜壶上的弋射图

图五　成都汉画像砖上的弋射图

① 闻宥《四川汉代画像选集》，图七二，群联出版社，1955年。
② 《广东四会鸟旦山战国墓》，《考古》1975年第2期，图七：1。
③ 《介绍广东近年发现的几件青铜器》，《考古》1961年第11期，图壹：六。
④ 《江苏邳海地区考古调查》，《考古》1964年第1期，图八：2。
⑤ 宋兆麟《战国弋射图及弋射溯源》，《文物》1981年第6期。

突然受到矰矢的打击而受伤、失去平衡,纷纷陨落被捉","漆绘
'后羿射日图',上图射者居翳坎中,正作手御矰缴之形,其他
弋射图像都没有画出这个动作。以手御缴,可以适当地控制并
调整矰矢的飞行方向,以保证达到足够的高度和准确程度。弋
射图像中的缴都是结系于矰弋的中间或略偏上的位置,其原理
与放风筝有点相通,但御缴的动作和技艺的水准都是在瞬间显
示出来的","弋射之弓文献每每以'弱弓'名之,《周礼·考工
记·弓人》'夹臾之属,利射侯与弋',注疏均言近射用弱弓",
"弋射是一种难度很高的技艺,它不为射中射深,故不用强弓;
而弋射要善于捕捉时机,自然以轻便的弱弓更为理想","弋射
是在低空猎获飞禽,故用弱弓","弋射也用弩,文献记载大约始
于春秋以后,但在弋射图像中得不到证明,墓葬中却屡屡发现
弩机实物,有时与茀矢同出"①。

图十一　后羿射日图
湖北随州曾侯乙墓出土漆箱

　　程刚《缴射新证》也认为"缴射是以无杀伤力的平头或圆
头矢牵引丝绳缠绕飞禽的狩猎方式,捕获的活禽可用于礼仪活
动中":"日本学者林巳奈夫书中有图表现缴射场景的②(图八),
《中国青铜图典》中同样收入此图③。虽然线描图像的准确程度
远不及拓片,但此图仍可清晰地观察出矰矢的面貌,墓葬中出
土的平头、圆头镞可以大体依据形态'对号入座',可证此类镞
为缴射用。"④

图八

《弓人》: 往体寡,来体多,谓之王弓之属,利射革与质。

　　孙诒让:"往体寡,来体多,谓之王弓之属"者,此王弓,谓弓之最
强者也,亦兼有弧弓。云"利射革与质"者,贾疏云:"即《司弓矢职》
云:'王弓、弧弓以受⑤射甲革、椹质者。'亦一也。"

　　郑玄:射深者用直,此又直焉,于射坚宜也。王弓合九而
成规,弧弓亦然。革谓干盾。质,木椹。天子射侯亦用此弓。

---

① 吉林大学考古学系《青果集——吉林大学考古专业成立二十周年考古论文集》220—231
　页,知识出版社,1993年。
② 林巳奈夫《春秋战国时代青铜器の研究》,《殷周青铜器综览》东京吉川弘文馆,1989年,340页。
③ 顾望、谢海元编《中国青铜图典》,浙江摄影出版社,1999年,505页。
④ 《考古与文物》2012年第2期。
⑤ 引者按:"受"为入,"授"则出。此"受"贾疏(阮元《十三经注疏》937页上)、《司弓矢》原
　文均作"授"。上文引贾疏称《司弓矢》"夹弓、庾弓,以授射犴侯、鸟兽者",下文引贾疏称
　《司弓矢》"唐弓、大弓以授学射者、使者、劳者",均可证作"授"。

《大射》曰："中离维纲^①、扬触、梱复，君则释获，其余则否。"

孙诒让：注云"射深者用直"者，亦据上文，明后唐弓曲少，即得为直弓也。云"此又直焉，于射坚宜也"者，谓此王弓更直于唐弓，弓直则力劲，故宜射坚。革质皆坚物，故以此弓射之。云"王弓合九而成规"者，以其往体寡，则句亦寡，即是上合九成规，天子之弓也。云"弧弓亦然"者，据《司弓矢》，王弓、弧弓同类。《说文·弓部》亦云："往体寡，来体多，曰弧。"云"革谓干盾"者，《国语·齐语》"定三革"，韦注云："甲、胄、盾也。"郑《司弓矢》注云"甲革，革甲也"，与此异者，干盾与甲并以革为之，此注与《司弓矢》注义互相备也。云"质，木椹"者，《司弓矢》注云："树椹以为射正。"《谷梁·昭八年传》"以葛覆质以为槷"，范注云："质，椹也。"案：质椹异名同物，谓以斫斩之木藉，树之以当射的，与三侯之正质异也。详《司弓矢》疏。云"天子射侯亦用此弓"者，郑意合九成规是天子之弓，又《司弓矢》以夹庾射豻侯推之，知大侯当用王弧也。今案：天子射侯亦当用夹庾，不用王弧，郑说未当，详前疏。引《大射》曰"中离维纲、扬触、梱复，君则释获，其余则否"者，《大射仪》文作"公则释获，众则不与"。郑彼注云："离，犹过也，猎也。侯有上下纲，其邪制豻舌之角者为维。扬触者，为矢中他物，扬而触侯也。梱复，谓矢至侯，不著而还复。复，反也。公则释获，优君也。众当中鹄而著。"引之者，证天子射侯虽过而落，犹得释获，故用王弧。若他人，则当以夹庾射侯，取其矢不深中侯，不落也。

往体来体若一，谓之唐弓之属，利射深。

孙诒让："往体来体若一，谓之唐弓之属"者，此谓弓之强弱中者也。贾疏云："唐弓之外仍有大弓，故云之属也。按《司弓矢职》云：'唐弓、大弓以授学射者、使者、劳者。'此不言者，亦各举一边而言，兼有彼事可知。"

郑玄：射深用直。唐弓合七而成规，大弓亦然。《春秋传》曰："盗窃宝玉大弓。"

孙诒让：注云"射深用直"者，唐大来往体若一，虽不及王弧之强，然以较夹庾则已为直，故得与王弧同属直弓也。云"唐弓合七而成规"者，以其往来体若一，在强弱之中，即是上合七成规，诸侯之弓也。云"大弓亦然"者，据《司弓矢》，唐弓、大弓同类也。引《春秋传》曰"盗窃宝玉大弓"者，定八年经文。云《传》者，顺文便也。郑引之者，谓彼大弓即《司弓矢》之大弓也。贾疏云："彼以为阳虎盗窃宝玉大弓。《公羊传》云：'宝者何？璋判，白弓绣质。'引之者，证大弓同也。"诒让案：《司弓矢》"唐弓大弓以授劳者"，彼注以"劳者"为"勤劳王事，若晋文侯、文公受王弓矢之赐者"。若然，郑意盖谓周公以勤劳受赐，当授以唐大，故并以为一与？但《谷梁传》云："大弓，武王之戎弓也。周公受赐，藏之鲁。"《明堂位》云："越棘大弓，天子之戎器也。"《公羊》何注又引"礼天子雕弓"，"雕弓"即《诗·大雅·行苇》之"敦弓"，毛传云"画弓也"，又引"天子之弓合九而成规"。毛云"画弓"，与《公羊》"绣质"亦正相应。依《公》《谷》及《明堂位》说，则彼大弓当为王弧之属，何义较郑

---

① 引者按：《仪礼·大射仪》郑玄注："离，犹过也，猎也。侯有上十纲，其邪制豻舌之角者为维。"贾公彦疏："中谓中侯，注不言可知。云'离犹过也，猎也'者，谓矢过猎，因著维与纲二者。"可见"中离维纲"谓射中箭靶上下的绳索。王文锦本"中离"下顿开不妥。

为长也。[①]

　　"往体，来体"，石璋如《小屯殷代的成套兵器》："套上弦的弓叫张（插图五：一），张着的弓筋在外面，角在内面，《曲礼》云：'凡遗人弓者张弓尚筋。'卸下的弓叫弛（插图五：二），弛着的弓角在外面筋在内面，《曲礼》云：'弛弓尚角。'套弦时弓身抵抗用的力量，叫往体，叫倨，也可以说外桡；卸弦时弓身回转的力量，叫来体，叫句，也可以说内向。《周礼·夏官司马·司弓矢》孙疏云：'凡弓有往来体，则有倨句。'又《考工记·弓人》孙疏云：'往体谓弓体外桡，来体谓弓体内向，凡弓必兼往来两体而后有张弛之用。'弓的强弱，按照往来的力量的大小为断。"[②]

　　林卓萍《〈考工记〉弓矢名物考》也绘图表示"往体就是弓弛弦时弓臂外桡的体势；来体则是弓张弦时弓臂内向的体势（如图8）"[③]。

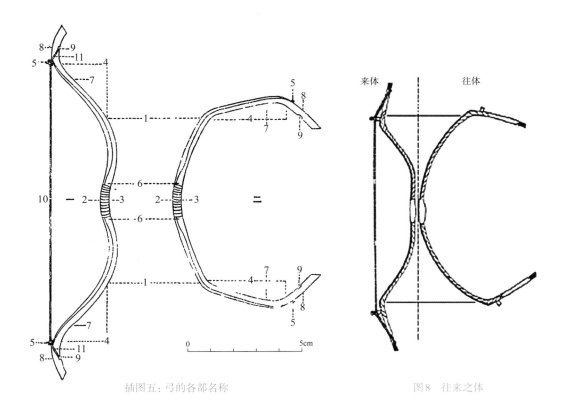

插图五：弓的各部名称　　　　　　　　图8　往来之体

　　仪德刚《〈考工记〉之"成规法"辨析》指出郑玄注说明了弓体弯曲程度与"成规"的关系、弓体的反曲程度与"利射"的关系，把"往体"与"来体"的区别及其与成规法的关系直解联系起来；贾公彦疏将"往体"与"来体"定量化，建立弓体张弛的数值模型来

① 孙诒让《周礼正义》4314—4316/3564—3566页。
② 《中研院历史语言研究所集刊》第22本，1950年。
③ 杭州师范学院汉语言文字学专业硕士学位论文16页，2006年。

解说"往来"之体的变化趋势,详细地给出了弓高与满弦之间的数量关系。按郑玄及贾公彦的注释推理出其本意是指在角弓下弦后的反曲状态,综合《考工记》原文,结合郑注和贾疏的注释,按实际的做弓方法及射箭效果,对弓名、合数、弓力对照及其合理性作出图示[①]:

制式	弓名	成规	《考工记》原文		郑玄《注》	贾公彦《疏》		弓力强弱	弓高/尺（cm）	实际效果
			特性	利射		弛/cm	张/cm			
天子之弓	王弧之弓	合九	往体寡来体多	利射革与质	又直于射坚宜	弛五寸（11.55）	张尺五寸（34.65）	强弓	0.57（13.16）	可行
诸侯之弓	唐大之弓	合七	往体来体若一	利射深	射深者用直	弛一尺（23.1）	张一尺（23.1）	中弓	0.74（17.09）	可行
大夫之弓	夹庾之弓	合五	往体多来体寡	利射侯与戈	射远者用势	弛尺五寸（34.65）	张五寸（11.55）	弱弓	1（23.09）	可行
士之弓		合三						弊弓	1.6（36.90）	不切实际

8. 函（甲）

函（甲）

《总叙》: 燕无函。

孙诒让: 云"燕无函"者,《土地名》云:"燕,燕国蓟县也。"案: 燕都在今顺天府大兴县。

郑司农云:"函读如国君含垢之含。函,铠也。《孟子》曰:'矢人岂不任于函人哉! 矢人唯恐不伤人,函人唯恐伤人。'"[②]

孙诒让: 郑司农云"函读如国君含垢之含"者,《说文·马部》云:"圅,舌也。"隶变作函,假借为甲名,亦取含容为义,故拟其音也。国君含垢,《左·宣十五年传》文。云"函,铠也"者,《广雅·释诂》同。《释名·释兵》云:"甲亦曰函,坚重之名也。"名甲为铠,汉时语,详《司甲》疏。引《孟子》者,《公孙丑篇》文,赵注与先郑同,此引以证甲之名函也。

---

① 《内蒙古师范大学学报》(自然科学汉文版)2015年第1期。
② 引者按:"矢人岂不仁于函人哉! 矢人唯恐不伤人,函人唯恐伤人"是郑司农所引《孟子》,王文锦本标点不妥。

燕之无函也，非无函也，夫人而能为函也。

郑玄：燕近强胡，习作甲胄。

孙诒让：云"燕近强胡，习作甲胄"者，《史记·匈奴传》云："燕北有东胡、山戎。"《汉书·地理志》云："燕上谷至辽东，地广民希，数被胡寇。"盖以战为常，故习作甲胄也。[①]

对于郑玄所说"燕近强胡，习作甲胄"，高昊《从气候环境的变迁看燕国造甲技术的繁盛》认为这仅是一方面，"另一方面不可避免需要大量的制甲原材料"，"如果燕国造甲技术兴盛，在当时交通条件下，单纯依靠外来运输大量的犀牛皮原料几乎是不可能的，燕国如果需要的犀牛皮原料，只能依靠本地提供或者是大部分本地提供，这也就是说当时燕国地区必然存在大量犀牛，这些犀牛为燕国繁盛的造甲业提供了原料保障"，"而燕国气候并不适宜犀牛的生存"，因而"大胆推测春秋战国时期燕国生态气候环境与现在的气候存在巨大差异，当时燕国气候温暖湿润，气候环境适宜犀牛的生长繁衍，大量犀牛的存在为燕国繁盛的造甲业提供的大量的制甲材料，最终形成了燕国繁盛的造甲业"[②]。

杨泓《中国古代的甲胄》指出："现在我们所发现的时代最早的铁铠，恰恰正是在燕下都遗址所获得的，这似乎可以说明燕国有着制造甲胄的优良工艺传统。这件标本，是一具由铁甲片编缀成的兜鍪，与它同时还出土了质量很高的钢铁兵器，有剑、戟和矛，它们是战国后期的遗物，于1965年在河北易县燕下都44号墓的发掘工作中发现的[③]。铁兜鍪用八十九片铁甲片编成，虽经部分扰动并已散失了三片甲片，但基本保存原状，现已复原。全高26厘米。顶部用两片半圆形甲片合缀成圆形平顶，以下主要用圆角长方形的甲片自顶向下编缀，共七层。甲片的编法都是上层压下层，前片压后片。仅用于护颊、护额的五片甲片形状较特殊，并在额部正中一片甲片向下伸出一个护住眉心的突出部分（图一一）。每片甲片的大小视其位置不同而有差异，一般大约高5、宽4厘米。总观这件兜鍪的形制，和过去传洛阳金村出土的铜镜上武士像所戴的兜鍪（图七五）大

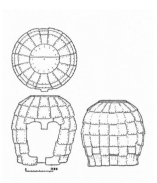

图一一　燕下都出土铁兜鍪

图七五　传洛阳金村铜镜上骑士像

---

① 孙诒让《周礼正义》3750—3752/3111—3114 页。
② 《黑龙江史志》2014年第5期。
③ 河北省文物管理处《河北易县燕下都44号墓发掘报告》，《考古》1975年第4期。

致相近①。与这件兜鍪所用铁甲片形制相同的实物,过去在燕下都13、21、22号遗址中曾有出土②。燕下都出土的这件铁兜鍪,清楚地说明在战国后期已经使用了铁制的防护装备,而且制造技术已经相当成熟了。"③

《夏官·叙官》：司甲，下大夫二人，中士八人，府四人，史八人，胥八人，徒八十人。

郑玄：甲，今之铠也。司甲，兵戈盾官之长。

孙诒让：注云"甲，今之铠也"者，《释名·释兵》云："铠犹垲也，垲，坚重之言也。或谓之甲，似物有孚甲以自御也。"《广雅·释器》云："函、甲、介，铠也。"《书·费誓》孔疏云："《世本》云'杼作甲'，宋仲子云：'少康子杼也。'经典皆言甲，秦世以来始有铠之文。古之作甲用皮，秦汉以来用铁。铠字从金，盖用铁为之，而因以作名也。"武亿云："郑盖以汉制况之，谓汉名甲为铠。其实用皮用金，在古并有此制。《管子·地数篇》：'葛卢之山，发而出水，金从之。蚩尤受而制之，以为剑铠矛戟。'蚩尤已以金作铠，《韩子》'共工之战，铁铦矩者及乎敌，铠不坚者伤乎体'。此又在蚩尤以前已云铠，铠所从来远矣，非自后世为然。春秋时此制益广，《吴越春秋》'王僚乃被棠铁之甲'。又《战国策》'当敌则斩，坚甲盾、鞮鍪、铁幕'④，刘氏云'谓以铁幕为臂胫之衣'。《吕氏春秋·贵卒篇》：'赵氏攻中山，中山之人多力者曰吾丘鸩⑤，衣铁甲，操铁杖以战。'则甲用金与革，古盖兼之。诸说妄为区分，其义非也。"案：武说是也。贾疏说亦与孔同误。⑥

杨泓《中国古代的甲胄》认为《战国策》《吕氏春秋》"这两则文献，说明早在战国时代就已经使用了铁质的铠甲。这一情况，已为近年来的考古新发现所证实"⑦。

属

《函人》：函人为甲，犀甲七属，兕甲六属，合甲五属。

孙诒让："函人为甲"者，亦以所作之器名工也。《孟子·公孙丑篇》亦有函人，赵注云："函，甲也。"详《夏官·叙官》疏。云"犀甲七属，兕甲六属"者，《说文·牛部》云："犀，南徼外牛，一角在鼻，

---

① （日）梅原末治《（增订）洛阳金村古墓聚英》，1945年。
② 河北省文化局文物工作队《河北易县燕下都故城勘察和试掘》，《考古学报》1965年第1期。
③ 《考古学报》1976年第1期，引自杨泓《中国古兵器论丛》增订本13—14页，文物出版社，1985年。
④ 引者按：《战国策·韩策一》："韩卒之剑戟，皆出于冥山、棠溪、墨阳、合伯膊。邓师、宛冯、龙渊、大阿，皆陆断马牛，水击鹄雁，当敌即斩。坚甲、盾、鞮鍪、铁幕、革抉、㕹芮，无不毕具。以韩卒之勇，被坚甲，跖劲弩，带利剑，一人当百，不足言也。""当敌即斩"与"陆断马牛，水击鹄雁"都是形容韩卒所佩"邓师"等剑之锐利，"斩"的对象是"敌"；而"无不毕具"的是"坚甲、盾"等防御装备。王文锦本"当敌则斩"下未逗开。
⑤ 引者按："吾丘鸩"是"中山之人多力者"之名，此人力大，可以身穿铁甲、手操铁杖作战。王文锦本"吾丘鸩"误属下句。
⑥ 孙诒让《周礼正义》2722—2723/2262—2263页。
⑦ 《考古学报》1976年第1期；引自杨泓《中国古兵器论丛》增订本13页，文物出版社，1985年。

一角在顶,似豕。"《㲋部》云:"㲋①,如野牛而青,重文兕,古文从儿。"《尔雅·释兽》云:"犀似豕,兕似牛。"郭注云:"犀形似水牛,猪头,大腹,庳脚,脚有三蹏,黑色。三角,一在顶上,一在额上,一在鼻上。鼻上者,即食角也,小而不椭。好食棘。亦有一角者。兕一角,青色,重千斤。"《国语·晋语》云:"唐叔射兕于徒林,殪,以为大甲。"又《越语》云"衣水犀之甲",韦注云:"犀形似象而大。今徽外所送,有山犀,有水犀。水犀之皮有珠甲,山犀则无。"《一切经音义》引《南州异物志》云:"兕角长二尺余,其皮坚,可为铠甲。"七属、六属,甲每旅连属之数也。云"合甲五属"者,江永云:"犀甲、兕甲皆单而不合。合甲则一甲有两甲之力,费多工多而价重。"诒让案:《荀子·儒效篇》云"定三革",杨注云:"三革,犀也,兕也,牛也。"亦引此经三种。疑杨倞即以合甲为牛革所为。今考牛革虽亦可为甲,然甲材究以犀兕为最善。此三甲以合甲为尤坚,当亦以犀兕为之,但材良而工精耳,非别用他革也。《荀子·议兵篇》注又说楚人以鲛鱼皮为甲,则非恒制也。

郑玄:属读如灌注之注,谓上旅下旅札续之数也。革坚者札长。

孙诒让:注云"属读如灌注之注"者,《匠人》"水属不理孙",注亦云"属读如注。"《司服》贾疏引《郑志》释《左传》"靺韦之跗注":"以跗为幅,注为属,谓以靺韦幅如布帛之幅,而连属以为衣。"②此属读如注,义亦与彼同。段玉裁云:"属者,连属附著之义。读如注者,重言之也。"云"谓上旅下旅札续之数也"者,贾疏云:"谓上旅下旅皆有札续。一叶为一札,上旅之中,续札七节、六节、五节,下旅之中亦有此节,故云札续之数也。"惠士奇云:"《大玄·玄棿》曰:'比札为甲。'此犹属也。凡皮皆曰札。《淮南子·齐俗训》'羊裘解札',言裘敝也。合为属,散为解。"案:惠说是也。惠又据《成十六年左传》"养由基蹲甲而射之,彻七札焉",《吕氏春秋·爱士篇》"晋惠公之右路石奋投而击缪公之甲,中之者已六札矣",未彻者特一札耳,谓古甲皆七札,亦塙。《韩诗外传》及《列女传》说齐景公、晋平公射事,并云穿七札,足与《左传》《吕览》互证。但札与属不同制,革片谓之札,为甲则以组帛缀属之,所谓"组甲、被练"也。《左传》所云"七札"者,甲内外层厚薄复叠之数。此经云"七属、六属、五属"者,札上下层长短连属之数也。云"革坚者札长"者,释兕甲、犀甲、合甲属数递减之义。江永云:"甲续札为之,节节相续,则一札而表里有两重。不甚坚者,续欲密,札稍短而多;坚则可稍长而少也。如第一札之半,第二札续之,第二札之半,第三札续之,则第三札之上端,当第一札之尽处,故一札有两重。"惠士奇云:"《荀子·议兵》曰:'魏氏武卒衣三属之甲。'《汉·刑法志》注如淳谓上身一,髀裈一,踁缴一。苏林谓兜鍪、盆领、髀裈为三属。兜鍪,胄也。以胄为甲固非,以踁缴为甲尤非。上旅甲,下旅裳,甲裳三属,其甲更长于合甲矣,革之最坚者欤?"案:江、惠说是也。《荀子》甲属与此经义同。若如如、苏二说,则此经云七属、六属、五属甲裳上下旅之外,不得有属数如此之多,足明其非也。

郑司农云:"合甲,削革里肉,但取其表,合以为甲。"

孙诒让:郑司农云"合甲,削革里肉,但取其表合以为甲"者,戴震云:"合之为言取重坚相并。"惠士奇云:"革里肉者,革之败蓘,去之则材良,所谓'视其里而易,则材更也'。《战国策·燕策》:'燕

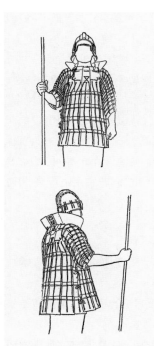

图四　随县曾侯乙墓出土皮甲胄复原示意图

王思欲报齐，身自削甲札，妻自组甲绯。' 削甲札者，司农所谓削其里而取其表也。《管子·小匡》'轻罪入兰盾、鞼革、二戟，注云：'鞼革，重革，当心著之，可以御矢。'①鞼省为合，古今文。鞼犹坚也。《荀子·议兵》曰：'楚人鲛革犀兕以为甲，鞼②如金石。'杨注云：'鞼，坚貌。'"武亿云："鞼即合，《士丧礼》注云'古文鞼为合'也。然则合或从韦，或从革，均一字耳。《函人》'合'，从古文。《管子》及《荀子》'鞼'，从今文。"

犀甲寿百年，兕甲寿二百年，合甲寿三百年。

郑玄：革坚者又支久。

孙诒让：注云"革坚者又支久"者，冡上注"革坚者札长"为文，故云又支久也。③

1978年3月至6月，湖北省博物馆等单位在随县发掘了擂鼓墩一号墓，发现了大量的兵器和皮甲④，根据出土的文字资料，推定这是战国早期曾侯乙的坟墓。清理出的皮甲中以Ⅲ号甲保存较好，杨泓《中国古代的甲胄》认为"可以选为这些皮甲的典型标本"：

全甲由身甲、甲裙和甲袖三部分组成。身甲由胸甲、背甲、肩片、肋片共计二十片甲片编成，所用甲片尺寸比较大，最长的达26.5厘米，由于所在部位不同甲片的形制各有特点，采用固定编缀。身甲的上口接编竖起的高领，下缘接缀甲裙，两肩联缀双袖（图四）。甲裙由上下四列甲片编成，每列十四片甲片，自左向右依次叠压，作固定编缀，然后再上下纵联，是活动编缀。所用甲片上缘比下缘窄，大致呈一上底和下底差别不大的梯形，因此整个甲裙上窄下宽，便于活动。身甲和裙甲均在一侧开口，战士穿好后再用丝带结扣系合。两只甲袖左右对

---

① 引者按：《管子·小匡》注先释"鞼革"为"重革"，再说功用"当心著之，可以御矢"。"可以"，《管子》（黎翔凤《管子校注》423页，中华书局，2004年）、惠士奇《礼说·〈函人〉合甲》（阮元《清经解》第2册103页中）并作"所以"。
② 引者按：既然引杨注释"鞼"为"坚貌"，则"鞼"当属下"鞼如金石"一句，因为杨注又解释全句："以鲛鱼皮及犀兕为甲，坚如金石之不可入。"（王先谦《荀子集解》281页）王文锦本"鞼"误属上句。
③ 孙诒让《周礼正义》3963—3966/3285—3287页。
④ a. 湖北随县擂鼓墩一号墓考古发掘队《我国文物考古工作的又一重大收获——随县擂鼓墩一号墓出土一批珍贵文物》，《光明日报》1978年9月3日第三版；b. 随县擂鼓墩一号墓考古发掘队《湖北随县曾侯乙墓发掘简报》，《文物》1979年第7期；c. 湖北省博物馆等《湖北随县擂鼓墩一号墓皮甲胄的清理和复原》，《考古》1979年第6期。

称，各由十三列五十二片甲片编成，每列横联四片，由于甲片均有一定弧度，编联后构成下面不封口的环形。甲片宽度由肩向下递减，作下列依次叠压上列的活动编缀，形成上大下小可以伸缩的袖筒。皮胄也是由甲片编缀成的，中有脊梁，下有垂缘护颈，共用甲片十八片编成。其余十几领皮甲胄大致与Ⅲ号甲相同，仅只是局部结构有些差别，例如有的甲裙不是四列甲片而用五列甲片缀成，等等。[①]

随县擂鼓墩一号墓总计清理出12件皮甲，其中以Ⅲ号甲（带胄）和Ⅻ号甲（带胄）保存较较好，湖北省博物馆、随县博物馆、中国社会科学院考古研究所技术室《湖北随县擂鼓墩一号墓皮甲胄的清理和复原》介绍：

（一）Ⅲ号甲（带胄）

分甲身、甲裙、甲袖和胄四部分：

1. 身甲，由胸甲、背甲、肩片、肋片及大领共三十三片甲片组成。胸甲计三片，左右两片对称，当中一纵片压在上面，甲片上端均伸出一小折领，与两肩片及背甲上的同样小折领，共同组成一个前低后高的领口。背甲计六片，分上下两排，下排三片基本同于胸甲，上排三片组成稍窄于下排的矩形，两侧联肩，上缘也有小折领。肩片计两片，左右各一片，前接胸甲，后联背甲，肩上有用于编缀甲袖的孔眼。肋片计九片，左四右五，连接于胸、背，左边连定，右侧开口。由以上四部分组合成一个类似背心状的甲身（图二，右中）。再在甲身肩以上编联甲袖，领部由三片甲片组成，中间一片近方形，上边及两侧有压边（图二，右上）。

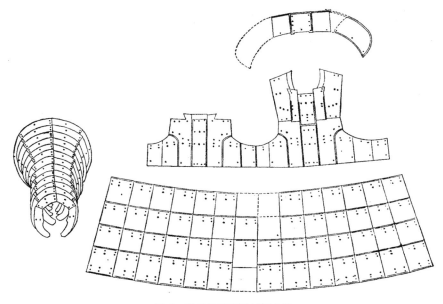

图二 Ⅲ号甲展开图（约1/14）

左，甲袖 左上，大领 右中，甲身 右下，甲裙

① 杨泓《中国古代的甲胄》，《考古学报》1976年第1期；引自杨泓《中国古兵器论丛》增订本5—6页，文物出版社1985年。

3. 甲裙，由四排甲片编成，每排十四片，共计五十六片，因第一排缺二片，二、四两排各缺一片，实存五十二片（图二，右下）。裙片形制是上窄下宽略呈梯形，同排甲片尺寸基本相同，自左而右依次叠压，通过侧边两角的穿孔，用丝带编联成排。上排甲片均比下排甲片为小，其宽的底边与下排窄的顶边长度相等，上下两排之间的编联，除自边孔上下穿联外，主要通过各片上部居中的穿孔来联结。甲片编联圈接起来以后，形成上圈较小下圈稍大的情况，便于伸缩活动。通过横排上边各孔透出的编带，均有一条丝带横贯通排，两头伸延出一段，以为接缝处结扣合口之用。甲裙最上一排，用丝带与甲身最下一排编联在一起，形成垂缀于其下的上小下大的活动垂裙，护住战士的腹、臀及大腿根部。在第四排裙片下部当中也有孔，虽也通编带，但不起连接作用，只是起着装饰作用，在大领片和胸、背当中的纵长甲片上，也都可见到这种情况。

（二）Ⅻ甲（带胄）

1. 甲身，胸甲由八片组成，背甲由十片组成。胸、背甲上部由两片肩片相连，惜肩片已残损。下部在左肋处将胸、背甲的底片编联，右侧为便于穿着的开口，靠多出的一片甲片搭接。在胸、背甲上缘均延出有小折领，领口前低后高（图三，中）。在甲身上另缀有由三片甲片组成的大折领，自后向前折于双肩而呈"凵"形。居中一片领片近于方形，而两侧之底端向下延伸出两个小凸块，背面平，正面除底边外其余三面均有一道宽约5毫米的压边，片上共有十个穿孔，两侧上下各纵列四孔，上、下缘居中各有一孔，各孔间以丝带组成"囧"形的装饰图案。左、右两片领片相对称，形制相同。以左侧为例，领片分为两段，其右侧一段呈矩形，与中片等面，通过右侧边孔与中片相连；左侧一段如刀形，上边、左边均有压边，但无穿孔，底边则设三孔。此甲片沿左右两侧的分界线向前折，通过底孔与左肩缀合在一起。形成立于后颈和两肩的大立领（图三，上），很像秦俑坑陶俑所披之Ⅳ式甲的领形，但更为宽大。

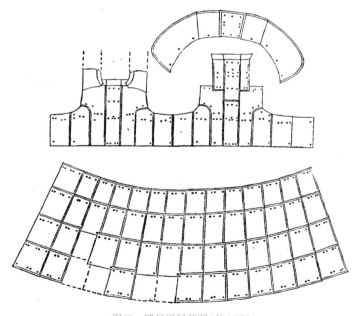

图三　Ⅻ号甲展开图（约1/12）
上．大领　中．甲身　下．甲裙

3. 甲裙，由四横排组成，每排十四片，共应有五十六片，现缺五片。其特点是与身甲右肋开口处相对应，裙片也有开口。同时与其余皮甲不同处是在开口接缝两侧甲片的孔眼，均为并列的双孔，可能是为了便于以带结扣而设(图三，下)。[①]

邵碧瑛《属数辨正》认为从Ⅲ号甲和ⅩⅡ号甲"构造和展开图看，形制相似，都是上旅(含胸甲和背甲)两排[②]，下旅(裙甲)四排，总共六横排。因此所谓的'七属''六属''五属'根本不可能如贾公彦、戴震所认为的上旅、下旅分别之属数。相反，却正好印证了郑玄、孙诒让之观点"；"郑注言'谓上旅下旅札续之数也'是上旅和下旅札续数之和，而非上下旅分别之属数。孙诒让所疏'七属、六属，甲每旅连属之数也'，'此经云七属、六属、五属者，札上下层长短连属之数也'正是对七属、六属、五属的精当解释：不仅讲明了属数的确切含义('每旅''上下层''连属')；还透露当时编联甲片的编联顺序——先横排编联成串，再上下编联；更反映了当时甲衣制作还处于起步阶段，离标准化、统一化生产还有距离('长短')。寥寥数语，内容丰富，且都被出土实物证实"[③]

后德俊《楚文物与〈考工记〉的对照研究》以曾侯乙墓出土Ⅲ(3)号和ⅩⅡ(5)号甲印证"属"的含义：

从复原后的3号人甲的正面来看，肩片与领甲组成甲的横向第一排，胸甲与肋片组成甲的横向第二排；从3号人甲的背面看，背甲分两排，其上排每块甲片的上端与领甲相连。需要指出的是：整个身甲与胄一样是固定的，是不能活动的。3号人甲的裙甲是由四横排甲片编成，每排由14块尺寸相同的甲片自左向右依次叠压而成，下排甲片大于上排甲片，同时联结它们之间的丝带都有余量(包括裙甲与身甲之间)，所以穿着它们时能够活动自如而不受拘束。3号人甲的袖甲分左右对称两袖，各由52块甲片分13排依次叠压而成，是可以活动的。由此可见，曾侯乙墓出土3号人甲的身甲和裙甲是由六横排甲片编缀而成的，是可以活动的，这可能就是"六属"的含义。曾侯乙墓出土的5号人甲，其编连方法与3号人甲基本相同，只是其裙甲是由五排甲片编成，每排由15块尺寸相同的甲片组成。该甲片比3号人甲的裙甲片要小得多，所以它可能是一件"七属"甲。

以上的看法是否成立呢？在此还有下面两条资料予以证之：

(1)曾侯乙墓出土的1号人甲、7号人甲的身甲的结构均与3号人甲相同，其中1号人甲的裙甲也是由四排甲片编成。可见，当时对于身甲的制造已经形成了比较固定的工艺方法。而5号人甲的裙甲，其部分甲片的尺寸已经小到10厘米左右，不可能再小，因为还要在甲片上进行穿孔，孔径一般为0.3～0.4厘米。每块裙甲甲片上至少要钻8个孔，多的达12个，所以裙甲的甲片不能再小。也就是说只能制作"七属"甲，不能制作"八属""九属"之类的甲了。而该甲正是"七属"甲，与《考工记·函人为甲》记载的内容相符。

① 湖北省博物馆、随县博物馆、中国社会科学院考古研究所技术室《湖北随县擂鼓墩一号墓皮甲胄的清理和复原》，《考古》1979年第6期。
② 就展开图来看，尽管Ⅲ号甲貌似胸甲只一排，而背甲有两排(上排与肩甲并排)，考虑到肩甲具有连接胸甲和背甲的作用，所以它与胸甲相连时，必定还得增加一札数，故前后札续之数还是一致的。Ⅶ甲展开图的画法正说明了这个问题。
③ 邵碧瑛《〈考工记〉之〈函人〉〈画缋〉考辨》，杭州师范学院汉语言文字学专业硕士学位论文，2007年，12、14页。

（2）杨泓先生在《中国古兵器论丛》一书中引用了一件传为长沙地区楚墓出土的彩绘木俑，模拟着一个披甲的战士，上身披甲，涂黑色，并用黄线画出一排排的甲片。从图上看，身甲为二排、裙甲为五排，正是一件"七属"甲。木俑是代表真人陪葬的，身份不高，身穿"七属"甲与其身份也较相符。①

邵碧瑛《属数辨正》则认为不是上下旅有几排甲札就是几属甲："'属'作动词解更确切，郑注、孙疏即这样理解，到了段玉裁则明确将之释作本义'连属附著'。而且'属'作动词解，也较符合上古汉语数词在与动词组合中少用量词之特点。属既作连属义，Ⅲ号甲、Ⅻ号甲共六排甲片，需连缀五次，当为五属甲才是②；而由七排甲片编缀而成的Ⅹ号甲，很有可能就是《考工记》所记载的六属甲。"③

"合甲"，杨泓《中国古代的甲胄》："综观上述楚国的皮甲，可知当时甲片的尺寸是比较大的，主要的甲片呈长方形或近于梯形，较迟的标本都是由两层皮革合在一起的'合甲'，甲片上髹漆，甲片之间用丝带或细皮条编缀。"④闻人军《考工记译注》认为是"削去残留在皮革表皮内侧的肉质部分，取两张表皮，合以为甲。牛皮是由天然蛋白纤维组合成的纤维束以错综复杂的方式交织而成的。牛皮革的生胶质纤维分为恒温层和网状层两个部分。……因此十分坚牢。近年考古发掘中所获得的春秋至战国时期的皮甲实物资料，时代较迟的标本，往往是合甲，表面还髹漆"⑤。湖南省博物馆等《长沙楚墓》整理收入5件漆皮甲，2件完整。其中3件甲衣出现了单层甲札和双层甲札并存的现象，例如标本M89：8，保存完整的皮甲片有257片，部分残破。根据皮甲片的不同形状可分为长方形、正方形、璜形、镰形、枕形、弯角形和五边形等。皮甲上均有孔，直径0.4～0.6厘米。长方形，56片。26片双层，30片单层。正方形，79件。8件双层，71件单层。璜形，63件。15件双层，48件单层。镰刀形，52件。9件双层，43件单层⑥。邵碧瑛《"合甲"名实初探》由此所见在同一甲衣中双层甲片和单层甲片并存的现象，推测"'合甲'很可能是在人体要害部位、非关节部位用双层，而在其他部位用单层皮革制成的甲衣"⑦。

对于郑注"革坚者札长"，中国社会科学院考古研究所技术室《试论东周时代皮甲胄的制作技术》解释："和其他一切原材料都必需计划使用的情况相同，一张皮革料，因取用部位不同而有优劣之别。在具体裁制加工时，操作者都不是取来任意分割，而是量材尺用，必然将牢固的部位用来制作用于保护主要部位的甲片，而将次等材料去制作次要部位的甲片，以达到物尽其用。甲衣型号虽有大小之别，而各部位甲片的长短宽窄是根据原设计而有一定形状尺寸的。以曾侯乙墓出土的甲片来看，因为胸、背部位甲衣的相对运动幅度不大，所以把该处甲片较之裙、袖等部位的甲片设计得长些。但就这种长甲片防护的部位而

---

① 后德俊《楚文物与〈考工记〉的对照研究》，《中国科技史料》1996年第1期。

② 如果加上领片则为六属甲，至于到底要不要加上，还有待进一步研究，本文参照天星观1号楚墓无领片计算。

③ 邵碧瑛《〈考工记〉之〈函人〉〈画缋〉考辨》，杭州师范学院汉语言文字学专业硕士学位论文，2007年，12—13页。

④ 《考古学报》1976年第1期；引自杨泓《中国古兵器论丛》增订本6页，文物出版社，1985年。

⑤ 上海古籍出版社，2008年，61页。

⑥ 文物出版社，2000年，409—411页。

⑦ 邵碧瑛《〈考工记〉之〈函人〉〈画缋〉考辨》，杭州师范学院汉语言文字学专业硕士学位论文，2007年，37页。

论，正属于人体的要害部位，故应选取皮革料中最牢固的部分（脊背及其两侧部位）来制作这些胸部、背部甲片，这应是'革坚者'用于'札长'部位的基本原因。"[①]邵碧瑛《"革坚者札长"别解》"补充一点产生这种状况的更深层次原因"："我们认为这样的制作首先还得基于一个前提，那就是在当时的生产力发展水平下，制甲工艺不可能像后代那样精细和复杂[②]。所以，只能从经济实用上下功夫，即用较少的甲片制成较实用的甲衣，因而其甲片尺寸都是比较大的，在活动少的部位如胸甲、背甲则更甚。不管怎样，这种视具体部位而定甲片形制的方法，由于缺乏标准化和统一化，不但在制作时费工费时，而且给损坏后修配增添了困难。因而就整个甲衣的发展历程来看，'革坚者札长'又说明了当时的革甲制作还处于起步阶段。"[③]。

邵碧瑛《"革坚者札长"别解》：

由孙氏正义看，"革坚者札长"是将"革坚"与"札长"[④]的对应关系纳入犀甲、兕甲、合甲三种不同形质的甲衣体系中进行比较得出的结果。在甲衣总体长度基本不变的前提下，甲札越长，排数越少，属数也就越少。据郑注所言，合甲最坚，故而其所用之札片最长，连属次数最少，五次即可；兕甲次坚，则札长亦次之，连属次数较多，需六次；犀甲最次，札片最短，故而连属次数最多，需七次。孙氏此解与经注无异，当属正解[⑤]。

然从地下出土春秋战国时期皮甲来看，郑注"革坚者札长"作为当时皮甲的制作规范，还切实体现在单件甲衣的裁制上。具体表现为在身体的要害部位（对材质要求较高，体现"革坚"）用的甲札相对较长，而在其他部位用（对材质的要求相对不高）的甲札相对较短。[⑥]

考古发现的东周皮甲主要集中在楚系墓葬中，据张卫星整理研究，目前有二十余处墓葬发现皮甲遗存，但多数残破严重，难以复原，现得以修复完整的仅湖北随县曾侯乙墓Ⅲ甲、荆门包山楚墓2号墓M2：282甲和江陵天星观1号楚墓皮甲[⑦]。从考古发掘报告提供的相关资料及复原图形看，三件皮甲均可体现"革坚者札长"。

从考古报告对Ⅲ皮甲片的详细描述，可知其较长的甲札都集中在胸部和背部：最长的是左右胸甲，均长27厘米左右[⑧]，其次是胸甲中间的甲片，长26.5厘米，再是背甲的左右下片，长26厘米，再次是背甲两侧上及肩部甲片，长约25厘米，再是背甲上片，长15.5厘米。而这些甲札所在部位正是人体要害之所在，皮质要求最高故而最坚。Ⅻ甲虽未复原，但其形制与Ⅲ甲基本相同，亦是胸背部分的甲札最长。将长甲札用于身体要害部，此做法既兼顾人体运动学原理，亦符合《考工记》所追求的物尽

---

① 《考古》1984年第12期。

② 即便如此，曾侯乙墓出土的一套甲胄，总计有二百零一片之多，这些甲片可分为二十三型、三十九式，全副甲胄包含着九十余种不同形状的甲片，而每种甲片压制成形都需要有专用的模具，就当时而言其工艺也算是相当复杂了。

③ 杭州师范学院汉语言文字学专业硕士学位论文，2007年，27页。

④ 按：将"札长"理解为上下旅（即身甲和裙甲）横排甲片的平均长度，可能比较符合郑注和孙疏原意。

⑤ 《函人》下文言"犀甲寿百年，兕甲寿二百年，合甲寿三百年"，郑玄曰"革坚者又支久"，"又"字的运用亦可证明郑注"革坚者札长"是针对犀甲、兕甲、合甲三种不同形质的甲衣而言。

⑥ "札长"判断比较容易，用尺寸测量甚至通过目测就可知道。由于皮甲腐烂只剩下外面的漆膜，要直接辨别"革坚"与否，似不太可能。但我们可以通过甲札所在部位的要害程度来间接辨识——所处部位越重要，其甲片也越坚硬。

⑦ 张卫星《先秦至两汉出土甲胄统计表》，见《先秦至两汉出土甲胄研究》，郑州大学博士学位论文，2005年，132页。

⑧ "革坚者札长"所说的"长"当指纵长，所以就长度而言，大领两侧片最长，约为28厘米，但由于其为横长，纵长即高仅为11厘米，故将之排除在外。

其用的技术思想。

包山2号楚墓皮甲最长之甲札在背部，其中背中片长23厘米，背中侧片长22.3厘米；胸部甲片虽次于肩甲[1]，但亦属较长，其中胸侧片长18.6厘米，胸中片长15.6厘米。

湖北江陵天星观1号楚墓发掘出土的战国木胎皮甲，亦是胸部、背部甲片最长。该甲形制相对简单，无领甲、袖甲，由身甲一排，裙甲四排，总共66片甲片组成。甲衣全长90、肩宽64、裙下端宽90厘米[2]。[3]

《函人》：凡为甲，必先为容。

郑玄：服者之形容也。郑司农云："容谓象式。"

孙诒让：注云"服者之形容也"者，《说文·页部》云："颂，皃也。"容，颂之借字。贾疏云："凡造衣甲，须称形大小长短而为之，故为人之形容，乃制革也。"江永云："甲片片而为之，非若裁衣之易，故必为人身之形容，而后裁制之。为甲甚多，其容亦当有大小长短，服时以身合之，非先拟一人之身，而后制甲为此人服也。"郑司农云"容谓象式"者，此直谓甲之通式，不为人之形容，说与后郑微异。

然后制革。

郑玄：裁制札之广袤。

孙诒让：注云"裁制札之广袤"者，《说文·刀部》云："制，裁也。"《衣部》云："裁，制衣也。"制甲与制衣相似，故亦言裁制。《淮南子·兵略训》云："割革为甲。"制即割也。贾疏云："节数已定，更观人之形容，长大则札长广，短小则札短狭，故云裁制札之广袤。广即据横而言，袤即据上下而说也。"[4]

湖北省博物馆《曾侯乙墓》将"凡为甲，必先为容，然后制革"对照曾侯乙墓出土的甲胄片，发现甲胄制作难度很大：

所组成甲胄的片块，一片片都是经过模具压制而成。这些片块因在不同部位，所以形状都不尽相同，故此也就需要大量不相同的模具。现以复原出来的Ⅲ号人甲（带胄）来说，至少需要下列模具数：

胄，十八副模具，压成十八片；

身，十九副模具，压成二十三片；

---

① 这与肩甲连接胸背甲的特定作用有很大关系。
② 湖北省荆州地区博物馆《江陵天星观1号楚墓》，《考古学报》1982年第1期，87页。
③ 邵碧瑛《〈考工记〉之〈函人〉〈画缋〉考辨》，杭州师范学院汉语言文字学专业硕士学位论文，2007年，19—26页。
④ 孙诒让《周礼正义》3966/3287页。

裙,四副模具,压成五十六片;

袖,五副模具,压成一百零四片。

这些模具,当时很可能是用金属制作的。裙甲、袖甲片较为简单,而胄片及异形马甲片,有一些特殊的形状,故其模具相应较为复杂。从此墓青铜器的铸制可以看出,要做出这些模具并不算太难,然而这许多模具压出的甲片,拼在一起,要能完好地组装,却并不是一件很容易的事。

前面已述及此墓出土甲胄,经天津皮革技术研究所鉴定其质"为生皮,尚未加工成革"。既然是生皮要压模成型,就不能不是问题。根据《考工记·鲍人之事》提到:"革欲其荼白,而疾瀚之,则坚;欲其柔滑,而脲脂之,则需。"郑玄注:"郑司农云:'韦革不欲久居水中。'又云:'脲读如沾渥之渥,韗读为柔需之需,谓厚脂之韦革柔需。'"这就明确告诉人们,如果要革柔软,就要用很厚的油脂去沾染。具体是怎样用油脂去沾染的,就不得而知。由此可见,当时起码要用水泡或油脂沾染的方法来处理。这样一种方法,较之后世用酸碱方法去处理,自然原始,而在当时却达到了理想的效果,这是很不简单的。[①]

中国社会科学院考古研究所技术室《试论东周时代皮甲胄的制作技术》考释"容"在下列三种工艺流程中均可释通:

1. 凡制作甲胄,必先进行总体设计,或画出一张图,或是用陶土或木料制作出一个完整的甲胄形状来,这个最初的整体"模"不先设计出来,就不知道要生产什么样子的甲片。《考工记》郑玄注"为容谓服者之形容也"。我们认为此注颇合道理,"容"即指最初设计的这个整体的"模"。《汉书·惠帝纪》"……有罪当盗械者皆颂系"颜师古注"古者颂与容同"。《说文》:"颂,皃(貌)也。"容貌一般用以形容人的模样长相,这里的"容"是用来表示先要做个与实体大小相当的模型,这是"容"的第一解。

2. 曾侯乙墓出土的一套甲胄,总计有二百零一片之多,这些甲片可分为二十三型、三十九式,全副甲胄包含着九十余种不同形状的甲片。每种甲片压制成形都需要有专用的模具,而每套特制的模具,都要先塑制出相应的甲片模型,因此"先为容"的"容",自然也包括这近百种甲片的个体模型了,这是"容"的第二解。湖北江陵楚墓中出土的战国皮甲,在甲片内附有木胎[②],其形状与曾侯乙墓的皮甲片颇有相似之处,那种木胎可用为翻制模具而设计制作的模型。

3. 光有了总体和个别具体甲片的模型,仍实现不了"为甲"的愿望。甲片模型制出以后,下一步就是用来翻制模具了,而这些用来压制皮甲片的模具,理所当然地成了"为甲"之"先"所"为"的"容"了,这是"容"的第三解。《说文》"容,盛也",作为模具的"容"盛的正是剪裁合度的皮革料,置料于模具之中,方可压制出合于设计的皮甲片来。[③]

中国社会科学院考古研究所技术室对湖北随县擂鼓墩一号墓出土皮甲胄的制作工艺进行了分析,"从甲片压边、胄梁结构、马胄上的花纹等特征判断,发现有明显的模压成形的特点",因此"认为当时皮甲胄模具的制作,应与商周青铜铸造工艺有密切联系。用青铜或

---

① 湖北省博物馆《曾侯乙墓》(上册)351页,文物出版社,1989年。

② 《江陵天星观1号楚墓》,《考古学报》1982年第1期。

③ 中国社会科学院考古研究所技术室《试论东周时代皮甲胄的制作技术》,《考古》1984年第12期。

锡铅等铸造出金属模具，然后用这些模具压制出皮质甲片，这当是甲片成形的基本方法。整个工艺的程序大体如下：塑形→翻范→焙烧→浇注模具→修整和配套→夹入皮料→压合成甲片→打开模具逐片取出修整→甲片打孔→髤漆→组编"①。

杨泓《中国古代的甲胄》："从近年来考古发掘中所获得的春秋至战国时期的皮甲实物资料，其特点正是和《考工记》的记录相吻合的。"②

《函人》：权其上旅与其下旅，而重若一。

孙诒让："权其上旅与其下旅，而重若一"者，此权甲之轻重也。戴震云："合言之，上旅下旅通谓之甲。分言之，上旅谓之甲，又名为盘领；下旅谓之髀裈。甲之札有七属、六属、五属，髀裈之札属与甲等。"案：戴说本苏林《汉书注》。江永云："甲自要半上下相等，故权之而重若一。"

郑司农云："上旅谓要以上，下旅谓要以下。"

孙诒让：注郑司农云"上旅谓要以上，下旅谓要以下"者，《说文·臼部》云："要，身中也。"甲与衣同，亦上衣下裳。《左·宣十二年》晋楚战于邲传云："赵旃弃车而走林，屈荡搏之，得其甲裳。"杜注云："下曰裳。"贾疏云："上旅谓衣也，下旅谓裳也。"吕飞鹏云："先郑以要释旅，旅当为膂。《说文》：'吕，脊骨也。'篆文从肉从旅。要以上、要以下，犹言膂以上、膂以下也。经文盖省膂作旅，疏训旅为众，非。"案：吕说是也。江永说亦同。

以其长为之围。

孙诒让："以其长为之围"者，此度甲之要围也。江永云："以其长为之围，文承权其上旅下旅之后，必通计上旅下旅之长。盖甲裳当下蔽胫及跗。中人长八尺，自肩及跗，约六尺五六寸，计上旅下旅，正合人身之要围。"又云："深衣裳计要半下七尺二寸者，彼礼服欲宽博，又有带束之。甲欲贴身紧束，故要围当杀数寸。"案：江说是也。戴震说同。贾疏谓止取一旅之长，则围必太小而与甲不称，不可从。

郑玄：围谓札要广厚。

孙诒让："围谓札要广厚"者，长谓甲旅札上下之直度，故围即指上下旅之间要围之横度也。③

关于"上旅"与"下旅"，后德俊《楚文物与〈考工记〉的对照研究》："《考工记·函人为甲》中记载了制甲的全过程：'必先为容'，根据人体的尺寸首先制好模具，'容'，包容，表示将皮革放入模具中间的意思，实际上是指模具；'然后制革'，即鞣制皮革。那么，'权其上旅

① 中国社会科学院考古研究所技术室《试论东周时代皮甲胄的制作技术》，《考古》1984年第12期。
② 《考古学报》1976年第1期；引自杨泓《中国古兵器论丛》增订本7页，文物出版社，1985年。
③ 孙诒让《周礼正义》3966—3967/3287—3288页。

与其下旅，而重若一' 是指什么呢？闻人军认为'要使上身和下身革片的重量相等'。笔者粗略计算了一下曾侯乙墓出土3号人甲的面积，约为15 000平方厘米，其中裙甲约为7 500平方厘米，与上说较为吻合，但'而重若一'无法解释。笔者认为，这句话的意思是：用来制身甲、袖甲和裙甲的皮革均应该厚薄一致，尺寸大小相同的甲片重量应该相等，只有这样整个甲才能比较均匀，不会出现某一部分重量大而向下坠的现象。同时不均匀的皮革制出的甲，穿着也不舒服的。"①

《函人》：凡甲锻不挚则不坚，已敝则桡。

孙诒让："凡甲锻不挚则不坚"者，此记治甲之法。

郑司农云："锻，锻革也。挚谓质也。锻革大孰，则革敝无强，曲桡也。"玄谓挚之言致。

孙诒让：注郑司农云"锻，锻革也"者，《广雅·释诂》云："锻，椎也。"《韩非子·外储说右篇》云："椎锻者，所以平不夷也。"案：锻，段之借字。此与段氏之段义略同，谓椎击皮革使纯孰也。《丧服》记斩衰冠、《深衣》注说衣布并有锻。此锻革与锻布事同。云"挚谓质也"者，挚质字通。《左·昭十七年传》"少皞挚"，《周书·尝麦篇》"挚"作"质"，是其证。《论语·雍也》皇疏云："质，实也。"锻不挚亦谓锻之不实，故不坚。云"锻革大孰，则革敝无强，曲桡也"者，《说文·木部》云："桡，曲木也。"引申之，凡物曲弱并谓之桡。《广雅·释诂》云："桡，曲也。"治革锻过其度，则革理伤敝，故曲弱不强韧也。《御览·兵部》引此注作"桡曲也"，亦通。云"玄谓挚之言致"者，《弓人》注同。此以声类为训也。致即今缴字，详《大司徒》疏。锻不挚，谓椎锻不精缴也。②

后德俊《楚文物与〈考工记〉的对照研究》印证"锻革"：

曾侯乙墓出土的甲片，一片片都是经过模具压制而成的。该墓出土的皮甲用皮经"初步鉴定无有机和无机可鞣物质，故拟定为生皮。但是否经过简单酸、盐加工，则无法确定"③。由于生皮是不能"锻革"的，联系到《考工记·鲍人之事》中的记载，曾侯乙墓出土的皮甲用皮一定也是通过鞣制的，只是其鞣制的方法我们不得知而已。"函人"一节中已明确记载了"制革"，如果是采用生皮制甲的话，还要提"制革"做什么呢？该墓出土3号人甲的复原结果表明，为了制作该甲，共用模具28副，它们是：身甲，19副，压制23块甲片；裙甲，4副，压制56块甲片；袖甲，5副，压制104块甲片。所以"锻革"就是指用模具压制甲片。

曾侯乙墓出土甲片的另一特点是其中部呈凸起或呈弧形，部分甲片还有压边，这样就增强了甲的防护能力。因此，"挚"即是指皮革经模压后定型，甲片的中部呈凸起或呈弧形，否则甲片的防护能力就不大，即"不坚"；"敝"是指甲片没有定型好的时候所产生的不规则的波折状，

---

① 《中国科技史料》1996年第1期。
② 孙诒让《周礼正义》3967—3968/3288—3289页。
③ 湖北省博物馆《曾侯乙墓》，文物出版社，1989年，655页。

即"桡"。①

《函人》: 凡察革之道, 视其钻空, 欲其惌也;

孙诒让:"凡察革之道"者, 以下记相甲之法。云"视其钻空, 欲其惌也"者,《说文·金部》云: "钻, 所以穿也。"又《穴部》云:"空, 窍也。"钻空, 谓以组缕缀甲所穿之空窍,《燕策》所谓"组甲 絣", 是穿甲用组之事。惠士奇云:"《左·襄三年传》'组甲三百, 被练三千', 孔疏引贾逵注:'组甲, 以组缀 甲。被练, 帛也, 以帛缀甲。' 而有盈窍半任力、尽任力之说。其说本于《吕氏春秋·去尤篇》云:'邾 之故法, 为甲裳以帛。公息忌谓邾君曰:"不若以组。凡甲之所以为固者, 以满窍也。今窍满矣, 而任 力者半耳。且组则不然, 窍满则尽任力矣。" 邾君以为然。' 然则察革之道, 先视其窍, 窍大则难盈, 故 任力半; 窍小则易满, 故任力全。合甲者, 任力全之谓也。而组练实为之助焉, 故曰随绳而斫, 因钻而 缝。窍者钻空, 所谓视其钻空而惌, 则革坚者以此, 合甲之坚亦以此。"

郑司农云:"惌, 小孔貌。惌读为'宛彼北林'之宛。"

孙诒让: 注郑司农云"惌, 小孔貌"者,《说文·宀部》云:"宛, 屈艸自覆也。重文惌, 宛或从 心。"《诗·小雅·小宛》②毛传云:"宛, 小貌。"是惌有小义也。空孔古今语。云"惌读为宛彼北林之 宛"者, 段玉裁改"为"为"如"云:"此拟其音也。今本作'读为', 误。"案: 段校是也。宛彼北林, 《诗·秦风·晨风》文。今《毛诗》"宛"作"郁"。此所引盖出三家《诗》。宛郁古通用,《内则》"兔 为宛脾", 郑注云:"宛或作郁。"依先郑说, 则惌宛非一字, 与许说异。③

关于"组甲",《左传·襄公三年》"组甲三百, 被练三千", 杨伯峻注认为贾逵说有据: "练是煮熟之生丝, 柔软洁白, 用以穿甲片成甲衣, 自较以组穿甲为容易, 但不如组带之坚 牢。'组甲三百''被练三千', 或组甲是车士, 被练是徒兵。"④湖北省博物馆《曾侯乙墓》"根 据此墓出土的甲胄看, 杨伯峻先生的意见是正确的; 组甲应该是以丝带将甲片编缀, 组成 甲衣"⑤。

后德俊《楚文物与〈考工记〉的对照研究》认为"'组甲'就是用'组'这种丝织品编缀 的甲":

《左传·襄公三年》记载: 楚"使邓廖帅组甲三百, 被练三千, 以侵吴。"历代注家对"组甲""被 练"就有不同的看法。曾侯乙墓出土的甲片上尚存有编缀丝带的痕迹, 丝带染色的朱砂仍然存在, 丝 带宽度为 0.6 ～ 0.8 厘米。由于丝带腐烂太甚, 未能鉴定其组织, 但是在该墓出土的竹简简文中记载 着编缀甲片所用丝带的产地、质料和颜色, 如"吴组之縢""紫组之縢"等, 说明编缀甲片的丝带是一 种称为"组"的丝织品。该墓出土甲片上用于编缀的孔眼的孔径一般约为 0.3 ～ 0.4 厘米, 与丝带宽

---

① 后德俊《楚文物与〈考工记〉的对照研究》,《中国科技史料》1996 年第 1 期。
② 引者按:"小宛"是篇名, 当置于书名号内, 毛传所释对应的是其中"宛彼鸣鸠"(阮元《十三经注疏》451 页下)。王文锦本置于书名号外。
③ 孙诒让《周礼正义》3968/3289 页。
④ 杨伯峻《春秋左传注》925 页, 中华书局, 1981 年。
⑤ 湖北省博物馆《曾侯乙墓》(上册) 352 页, 文物出版社, 1989 年。

度正相吻合。

"组"是一种经线交叉编织的带状织物,是楚国丝织品的一种。江陵马山1号楚墓和荆门包山2号楚墓中都有出土,后者出土的"组"主要用于衣服的系带、陶罐和铜壶封口的系带。由此可见,"组"在当时常被人们用来当绳索使用,用它来编缀甲片是比较适合的。所以"组甲"就是用"组"这种丝织品编缀的甲。由于"组"是一种比较高级的丝织品,因此"组甲"也是比较高级的物品。古代文献中的记载"年不登,甲不组缨"(《初学记》22)、"身自削甲札,妻自组甲并"(《战国策·燕策》),均证明了这一点。①

杨泓《中国古代甲胄的新发现和有关问题》认为:"'组甲',正是以丝织成专用的组带,将皮甲片编缀成整领皮甲,因此要求组带本身坚韧耐磨,以保持甲片的联缀。同时,由于组带编甲后暴露于皮甲外表,它也必需牢固以抗击兵器的刺砍,因此也有辅助皮甲片的防护作用。组带的色泽鲜艳,有时还可编出花纹,还起着装饰皮甲的作用,曾侯乙墓皮甲外表髹黑漆,组带是红色的,两色相配,增加了皮甲外观的华美。"② 杨泓《中国古代甲胄续论》指认曾侯乙墓出土的"组甲":"这些皮甲胄的皮胎,为未加工成革的生皮。皮胎外髹黑漆或深褐色漆,一般要髹二至三层,有的甲片先髹红漆上面再髹黑漆。用宽0.6～0.8厘米的丝带编联成甲,丝带用朱砂染成朱红色,正是古代文献中所记的'组甲'。"③

《函人》：视其里，欲其易也。

孙诒让："视其里，欲其易也"者，戴震云："易，治也。治除革里败莍，犀甲兕甲皆然，若合甲，则用功尤多，但存其表。"诒让案：《弓人》"冬析干则易"，注谓"理滑致"。此"易"亦谓革里滑致也。

郑玄：无败莍也。

孙诒让：注云"无败莍也"者，《释文》云："莍，本或作秽。"案：秽即莍之俗，详《蜡氏》疏。《文选·西都赋④》李注引《字书》云："秽，不洁清也。"革有败莍者，即前注云"革里肉"是也。

视其朕，欲其直也。

孙诒让："视其朕，欲其直也"者，江永云："甲缝欲正直，不可斜枉。《深衣篇》：'负绳及踝以应直。'深衣背缝直中绳，此缝甲亦欲如是也。"

郑司农云："朕谓革制。"

孙诒让：注郑司农云"朕谓革制"者，据下"制善"为释，谓裁制革之缝也。江永云："朕为目缝，

---

① 后德俊《楚文物与〈考工记〉的对照研究》，《中国科技史料》1996年第1期。
② 杨泓《中国古兵器论丛》增订本242页，文物出版社，1985年。
③ 《故宫博物院院刊》2001年第6期；引自杨泓《中国古兵与美术考古论集》86页，文物出版社，2007年。
④ 引者按：李注引《字书》云"秽，不洁清也"，见于《东都赋》"于是百姓涤瑕荡秽"之下(中华书局《文选》34页上)。

则朕谓甲之缝也。"戴震云:"舟之缝理曰朕,故札续之缝亦谓之朕。"

櫜之,欲其约也。

孙诒让:"櫜之,欲其约也"者,《广雅·释诂》云:"约,少也。"谓卷束藏之櫜中,约少易持载也。

郑司农云:"谓卷置櫜中也。《春秋传》曰:櫜甲而见子南。"

孙诒让:注郑司农云櫜"谓卷置櫜中也"者,武亿云:"甲衣谓之櫜。《檀弓》'赴车不载櫜韔'注:'櫜,甲衣。'《乐记》'键櫜'注:'兵甲之衣曰櫜。'《少仪》'袒櫜'注:'弢铠衣也。'《吕氏春秋·悔过篇》:'櫜甲束兵。'"引《春秋传》者,证甲之有櫜。贾疏云:"按《昭·元年传》:郑公孙黑①与子南争徐吾犯之妹,'适子南氏,子皙怒,既而櫜甲而见子南,欲杀之'。彼以衣里著甲谓之櫜,此以甲衣藏甲为櫜,相似,故引以为证也。"

举而视之,欲其丰也。

郑玄:丰,大。

孙诒让:注云"丰,大"者,《易·彖》下传文。《矢人》《弓人》注并同。

衣之,欲其无齘也。

郑司农云:"齘谓如齿齘。"

孙诒让:注郑司农云"齘谓如齿齘"者,王聘珍云:"《方言》云'齘,怒也',郭注云:'言噤齘也。'《说文》云:'齘,齿相切也。''欲其无齘也'者,谓札叶不欲其相摩切,如人之怒而切齿也。"案:王说是也。贾疏谓"人之齿齘前却不齐,札叶参差,与齿齘相似",非经注之义。

视其钻空而惌,则革坚也;视其里而易,则材更也;视其朕而直,则制善也;櫜之而约,则周也;举之而丰,则明也;衣之无齘,则变也。

孙诒让:"视其钻空而惌,则革坚也"者,此下总论察革六事备具之善。

郑玄:周,密致也。明,有光耀。郑司农云:"更,善也。变,随人身便利。"

孙诒让:注云"周,密致也"者,《说文·口部》云:"周,密也。"《白虎通义·号篇》云:"周者,至也,密也。"致亦即缀字。云"明有光耀"者,《贾子·道德说》云:"光辉之谓明。"郑司农云"更,善

---

① 引者按:"郑""公孙黑"分别是国名、人名,王文锦本误标书名号。

也"者,俞樾云:"更之为善,犹易之为善也。《周易·系辞传》:'辞有险易。'《释文》引京房曰:'易,善也。'易与更同义。变谓之更,亦谓之易;善谓之易,亦谓之更:正古训之展转相通者。"案:俞说是也。云"变,随人身便利"者,谓随人屈申不蓘忤也。[1]

附:侯

《梓人》:梓人为侯,广与崇方,参分其广而鹄居一焉。

孙诒让:"梓人为侯"者,《乡射礼》注云:"侯,谓所射布也。"梓人攻木之工,而为侯者,凡侯皆以木为植以张之也。云"广与崇方,参分其广而鹄居一焉"者,以下通说三射之侯制。凡侯鹄个身之度,皆以侯中为根数。不正言其度者,侯中大小视侯道为差,天子、诸侯、大夫、士侯道不同,侯中崇广不能齐壹,故先差分以起度,使可互通也。三射之侯,依《司裘》先郑注说,皆有正有鹄,正小而鹄大,正中又有质。此不及正质之度者,文略。侯制,互详《司裘》疏。

郑玄:崇,高也。方犹等也。高广等者,谓侯中也。天子射礼,以九为节,侯道九十弓,弓二寸以为侯中,高广等,则天子侯中丈八尺。诸侯于其国亦然。鹄,所射也。以皮为之,各如其侯也。居侯中参分之一,则此鹄方六尺。唯大射以皮饰侯。大射者,将祭之射也。其余有宾射、燕射。

孙诒让:注云"崇,高也"者,《总叙》注同。云"方犹等也"者,《毛诗·大雅·生民》笺云:"方,齐等也。"此"广与崇方",亦言侯之广与其高齐等也。云"高广等者,谓侯中也"者,即正鹄所居者也。《乡射记》云"乡侯中十尺",注云"方者也",亦引此经为释。此不云中,郑知者,以下文有身及两个,即《乡射记》之躬与舌;独侯中不见,明此文即指中而言也。云"天子射礼,以九为节"者,贾疏云:"按《射人》及《乐师》皆云'天子以《驺虞》九节'是也。"云"侯道九十弓,弓二寸以为侯中,高广等,则天子侯中丈八尺"者,《司裘》注说天子三侯云:"虎九十弓,熊七十弓,豹麋五十弓。"此偏举虎侯侯中之度以概其余。一弓取二寸,九十弓则丈八尺。若然,熊侯七十弓,侯中当丈四尺;豹侯、麋侯五十弓,侯中当一丈:皆以侯道递减,而广与崇方则一也。"弓二寸以为侯中",亦《乡射记》文。云"诸侯于其国亦然"者,谓畿外诸侯于其国大射,亦具三侯,大侯侯道亦九十弓,则侯中及鹄之广崇亦同。《大射仪》云:"大侯九十,糁侯七十,豻侯五十。"郑彼注云:"大侯之鹄方六尺,糁侯之鹄方四尺六寸大半寸,豻侯之鹄方三尺三寸少半寸。"是与天子同,《司裘》注所谓"远尊得伸"是也。畿内诸侯及畿外诸侯入为卿士者,则当依熊侯七十弓之制,不得与王同,详《司裘》疏。云"鹄,所射也。以皮

---

[1] 孙诒让《周礼正义》3968—3970/3289—3291 页。

为之，各如其侯也"者，贾疏云："侯谓以皮饰两畔，其鹄之皮亦与饰侯用皮同也。谓若虎侯以虎皮饰侯侧，其鹄亦用虎皮。其余熊豹麇等亦然。"云"居侯中参分之一，则此鹄方六尺"者，此冢上"天子侯中丈八尺"而以参分居一之率[①]推其鹄也。贾疏云："以侯方丈八尺，三六十八，故知方六尺也。"云"唯大射以皮饰侯。大射者，将祭之射也。其余有宾射、燕射"者，《乡射礼》注云："天子大射张皮侯，宾射张五采之侯，燕射张兽侯。"案：郑以皮侯惟大射得有之。宾射采侯画布，燕射兽侯画兽，皆不以皮饰，故特著之。今以《乡射记》考之，天子诸侯之兽侯亦杂以皮饰，郑说非也。三射之外，又有乡射，亦有兽侯。贾疏依郑《乡射记》注说，谓乡射用采侯，与宾射同，亦非也。详后疏。[②]

　　杨杰《〈三礼〉所见射侯形制考释》[③]绘制侯道长短与侯中、鹄、正、质各部分大小之间的关系简表：

侯道（弓数）	90	70	50
侯中边长（"弓二寸以为侯中"）	一丈八尺	一丈四尺	一丈
鹄边长［"参分其（侯中）广而鹄居一焉"］	六尺	四尺六寸大半寸	三尺三寸少半寸
正边长（尺数）	2	14/9 ≈ 1.56	10/9 ≈ 1.11
质边长（寸数）	20/3 ≈ 6.67	140/27 ≈ 5.19	100/27 ≈ 3.70

《梓人》：上两个，与其身三，下两个半之。

　　孙诒让："上两个与其身三"者，王引之云："《说文》：'个，画也。从人从八。'隶书作个，省人则为个。介音古拜反，转音古贺反。后人于古拜反者则作'介'，于古贺反者则作'个'，而不知非两字也。《梓人》为侯，上两个，下两个，《大射仪》谓之左个右个，义与明堂左右个相近。侯之有个，偏处于旁，而副介乎中，则亦介字隶书之省明矣。《白帖》八十五载《梓人》之文，正作'介'。《乡射礼》'适右个'，《白帖》作'适右介'，是侯之左右个皆介字也。《大雅·生民》笺曰：'介，左右也。'《乡射礼记》注曰：'居两旁谓之个。'"案：王说是也。贾疏云："此经云'身'，即中上布一幅者是也。上两个居二分，身居一分，故云'与其身三'，谓三分如等也。"云"下两个半之"者，贾疏云："谓半其出者也。"戴震云："九节之侯，上个左右出各丈八尺，下个左右出各九尺。"

　　郑司农云："两个，谓布可以维持侯者也。上方两枚，与身三，设身广一丈，两个各一丈，凡为三丈。下两个半之，傅地，故短也。"玄谓个读若"齐人撎干"之干。上个、下个，皆谓舌也。身，躬也。《乡射礼记》曰："倍中以为躬，倍躬以为左右舌，下舌半上舌。"然则九节之侯，身三丈六尺，上个七丈二尺，下个五丈四尺。其制，身夹中，个夹身，在上下各一幅。此

---

① 引者按："率"原讹"数"，据孙校本改。"率"为比率，例如"此亦如前三分去一之率计之""以廛征二十而一之率计之""亦据《王制》三分去一之率通计之也"。
② 孙诒让《周礼正义》4097—4099/3392—3393页。
③ 《古文献研究集刊》第五辑，凤凰出版社，2012年。

侯凡用布三十六丈。言上个与其身三者,明身居一分,上个倍之耳,亦为下个半上个出也。个或谓之舌者,取其出而左右也。侯制上广下狭,盖取象于人也。张臂八尺,张足六尺,是取象率焉。

孙诒让:注郑司农云"两个,谓布可以维持侯者也"者,明个亦以布为之也。云"上方两枚,与身三,设身广一丈,两个各一丈,凡为三丈"者,此先郑读个为箇也。《说文·竹部》云:"箇,竹枚也。"郑《士虞礼》注云:"个犹枚也。今俗或名枚曰個,音相近。"案:個即箇之俗。凡汉以后经典言个者,多为箇之借字,故先郑易两个曰两枚。一丈、三丈,皆假设其数以明之。《司裘》先郑注云"方十尺曰侯",即此身广一丈,彼亦设数也。依先郑义,则上下个夹中,上下共三层。贾疏云:"先郑意,身即与中为一,谓方丈者,其上又加布一幅,长三丈,为两个。后郑不从者,侯有中,有躬,有个三者,今先郑唯有身,不见中,故不从也。"云"下两个半之,傅地,故短也"者,下两个与纲相连。《乡射礼》云:"乃张侯,下纲不及地武。"武,尺二寸,是两个傅地至近,故短也。云"玄谓个读若齐人挋干之干"者,段玉裁云:"此拟其音也。"贾疏云:"此读从《公羊传》'桓公朝齐,齐侯使公子彭生挋干而杀之'。是干为胁骨,故云挋干之干。"案:贾引《公羊·庄元年传》文。后郑意,此上下两个夹身为之,若两胁然,故以挋干拟其音,而其义亦见,明不当如先郑读为箇而训为枚也。云"上个下个,皆谓舌也。身,躬也"者,明此个与身即《乡射记》之上舌、下舌与躬也。引《乡射礼记》曰"倍中以为躬,倍躬以为左右舌,下舌半上舌"者,欲破先郑"上方两枚,与身三"之说,故先引此文为证。郑彼注云:"躬,身也,谓中之上下幅也。半者,半其出于躬者也。"云"然则九节之侯,身三丈六尺,上个七丈二尺,下个五丈四尺"者,谓身个横长之度也。九节之侯,中丈八尺,身倍之,得三丈六尺,上个又倍身,得七丈二尺。出于身者,左右各一丈八尺,下个当身处三丈六尺,不减,其出于身者减之,得上个之半,左右各九尺,凡一丈八尺,连当身总五丈四尺也。然则七节之侯,侯身二丈八尺,上个五丈六尺,下[①]个四丈二尺。五节之侯,侯身二丈,上个四丈,下个三丈。故《乡射记》云"乡侯上个五寻",注云"八尺曰寻,上幅用布四丈"是也。此可以类推,故注不出。云"其制,身夹中,个夹身"者,皆谓上下夹之也。身夹中之上下端,两个夹身之外,上下共五层也。云"在上下各一幅"者,明身及上下个长度不同,而广则皆充幅,除削缝一寸,为二尺。《乡射记》注云"今官布幅广二尺二寸,旁削一寸"是也。上身、下身、上个、下个各有一幅,共四幅。其侯中幅数,则随侯道为增减,不能等也。云"此侯凡用布三十六丈"者,《白虎通义·乡射篇》云:"侯者,以布为之。布者,用人事之始也。本正则末正矣。"贾疏云:"古者布幅广二尺二寸,二寸为缝,皆以二尺计之。此侯是九十弓侯,侯中丈八尺,则九幅布,布长丈八尺。九幅九丈,幅有八尺,为七丈二尺,添前为十六丈二尺。上下躬各三丈六尺,即上下共为七丈二尺。其上个七丈二尺,下个有五丈四尺,添前总用布三十六丈也。"诒让案:此亦指九节之侯也。若七节、五节之侯,亦依此为差。故郑《乡射记》注云:"凡乡侯用布十六丈,数起侯道五十弓以计。道七十弓之侯,用布二十五丈二尺;道九十弓之侯,用布三十六丈。"是其差也。云"言上个与其身三者,明身居一分,上个倍之耳"者,明此经所谓三,乃上二合之下一为三,是两层之和数,亦以破先郑两个各一丈与身为三丈之说也。云"亦为下个半上个出也"者,谓为下个半上个之出身外者,故经先明上个倍躬之度也。其当身之度,则上下个等,不半之。云"个或谓之舌者,取其出而左右也"者,郑注

---

① 引者按:乙巳本、楚本并作"下",王文锦本排印讹作"上"。

《乡射记》"左右舌"云："谓上个也。居两旁谓之个，左右出谓之舌。"盖两个陿长，犹人舌外出，故以为名。云"侯制上广下狭，盖取象于人也。张臂八尺，张足六尺，是取象率焉"者，《释文》云："率，本又作类。"案：率类声义并相近。《乡射记》"下舌半上舌"，注云："所以半上舌者，侯，人之形类也。上个象臂，下个象足。中人张臂八尺，张足六尺。五八四十，五六三十，以此为衰也。"案：张臂八尺，所谓寻也；张足六尺，所谓步也。又《乡射礼》"下纲不及地武"，郑注亦云："武，迹也。中人之迹尺二寸。侯象人，纲即其足也，是以取数焉。"是侯制取象于人者，其义甚广，不徒躬舌诸名也。

上纲与下纲出舌寻，缒寸焉。

孙诒让："上纲与下纲出舌寻，缒寸焉"者，臧琳云："《释文》：'缒，于贫反，或尤粉反。刘侯犬反，一音古犬反。'案：于贫、尤粉两反皆员声，字作'缒'。侯犬、古犬两反，皆肙声，字作'绢'。《乡射礼》疏曰：'《周礼·梓人》云"绢寸焉"。'此缒字作绢之证。然《说文·糸部》云：'缒，持纲纽也，从糸员声，《周礼》曰"缒寸"。'则纲纽字员声为正。许叔重所据古文本作'缒'。作绢为缯，如麦稍，义别。刘昌宗音侯犬反，《仪礼疏》作'绢'，非也。"案：臧说是也。依先郑读推之，亦当以从员为正。《大射仪》"中离维纲"，注云："或曰维当为绢，绢，纲耳。"绢亦即缒之讹。戴震云："《乡射礼》曰：'乃张侯，下纲不及地武。'尺二寸为武，然则九节之侯高二丈七尺四寸，上纲两植相去八丈八尺，下纲两植相去七丈。"案：依戴说，则七节之侯高二丈三尺四寸，五节之侯高一丈九尺四寸。《大射仪》说畿外诸侯三侯云："大侯之崇，见鹄于参，参见鹄于干，干不及地武。"注云："以豻侯计之，糁侯去地一丈五寸少半寸，大侯去地二丈二尺五寸少半寸。"贾彼疏谓以豻侯五十弓上纲去地丈九尺二寸计。与戴率较二寸者，戴兼上下各缒寸计之，郑、贾不兼缒计之，戴说为密。郑、贾所计皆当增二寸。但王大射、宾射等，皆三侯并张，则熊侯当见鹄于虎，虎侯当见鹄于豹，所谓下纲不及地武者，惟豹侯为然耳。其熊虎二侯各以见鹄于次侯，而递增其去地之高度，如大射糁侯豻侯之数，非三侯皆下纲不及地武也。

郑玄：纲所以繋侯于植者也。上下皆出舌一寻者，亦人张手之节也。郑司农云："纲，连侯绳也。缒，笼纲者。缒读为竹中皮之缒。舌，维持侯者。"

孙诒让：注云"纲所以系侯于植者也"者，贾疏云："植则在两傍邪竖之也。必知邪竖之者，下个半上个，皆出舌寻，明知两相皆邪向外竖之也。"诒让案：植谓侯两旁所树之长木。云"上下皆出舌一寻者"，明纲虽亦上长下短，而左右出舌之数则同，与舌之下半上者异也。云"亦人张手之节也"者，谓象人张臂八尺也。郑司农云"纲，连侯绳也"者，《乡射礼》注云："纲，持舌绳也。"持舌即所以连侯，彼注与司农说同。《说文·糸部》云："纲，维纮绳也。"是纲为绳名，故连侯绳亦谓之纲也。云"缒，笼纲者"者，即《说文》所谓"持纲纽也"。戴震云："缒者，个上之纽，以纲贯之。"诒让案：《大射仪》注又谓之"纲耳"。纲贯缒中，缒笼络纲，使不脱，故曰笼纲。贾《大射仪》疏谓亦以布为之。聂氏《三礼图》引《旧图》云："上纽皆十二，下纽皆十，而三侯数同。"今案：纽数经注无文，《三礼旧图》说未知所据。聂氏驳之，谓"九十弓、七十弓、五十弓之侯，丈尺广狭不同，缒纽笼系宜异，但依侯大小取称为是"，是也。又《大射仪》别有"维"，注谓"邪制躬舌之角者"。贾彼疏谓"小绳缀角系著植"，则与缒纽迥异。聂《图》以缒维为一，大谬。云"缒读为竹中皮之缒"者，段玉裁云："当作'读如竹青皮筩之筩’，拟其音也。筩，于贫反，今之筊字。《顾命》《礼器》《聘义》注字皆作筩。”云“舌，维持侯者”者，亦谓舌即个也。与后郑说两个义同。

张皮侯而栖鹄，则春以功。

孙诒让：“张皮侯而栖鹄”者，以下辨三侯之用也。皮侯者，大射于学之侯也。《说文·西部》云：“西，鸟在巢上也。重文楼，西或从木妻。”案：鹄取名于鸟，故亦以栖言之。贾疏云：“张皮侯者，天子三侯，用虎熊豹皮饰侯之侧，号曰皮侯。栖鹄者，各以其皮为鹄，缀于中央，似鸟之栖也。”金鹗云：“侯中有鹄，又有正，本当兼言正鹄，《记》但言鹄而不言正者，以正在鹄中，言鹄则正可知，故省之也。下云‘张五采之侯’‘张兽侯’，并不言鹄，冡上省文可知也。郑因采侯不言鹄，遂谓画布为正，与栖皮之鹄异，误矣。”案：金说是也。朱大韶说同。郑《中庸》《射义》注并云“画布曰正，栖皮曰鹄”。陆氏《释文》、孔氏《诗》《礼记》疏咸以为大射宾射之异，其说非是。详《司裘》《射人》疏。云“则春以功”者，孔广森云：“春当如字读。《射义》曰：‘诸侯岁献贡士于天子，天子试之于射宫。’《小行人》‘令诸侯春入贡’，于春贡之时，因贡教士，乃张皮侯而大射。《三朝记》：‘天子以岁二月，为坛于东郊，与诸侯之教士射。’是其事也。《汉·五行志》曰：‘春而大射，以顺阳气。’《东京赋》曰：‘春日载阳，合射辟雍。’古者大射，本在春审矣。《乡射礼》注曰：‘今郡国行此礼以季春。’”金鹗云：“春以功，盖大射在春，而以较诸侯群臣之有功与否也。《王制》云‘习射上功’，此其明证。《射义》云：‘诸侯君臣尽志于射，以习礼乐。’《文王世子》云：‘春秋教以礼乐。’而春时阳气舒和，尤善于秋，故大射必于春也。《白虎通·乡射篇》云：‘天子所以亲射何？助阳气达万物也。春阳气微弱，恐物有窒塞不能自达者。射自内发外，贯坚入刚，象物之生，故以射达之也。’《汉书·五行志》《东京赋》皆与《白虎通》合。”案：孔、金读春如字，较郑为长。戴震读同。《说文·矢部》云：“侯，春飨所躲侯也。”亦据春行大射言之。凡诸侯三岁贡士，王与大射，及王每岁与群臣大射，皆春行之。以功者，凡射以中为功。《诗·大雅[1]·宾之初筵》云：“射夫既同，献尔发功。”是其义。

郑玄：皮侯，以皮所饰之侯。《司裘职》曰：“王大射，则共虎侯、熊侯、豹侯，设其鹄。”谓此侯也。春读为蠢，蠢，作也，出也。天子将祭，必与诸侯群臣射，以作其容体，出其合于礼乐者，与之事鬼神焉。

孙诒让：注云“皮侯，以皮所饰之侯”者，《司裘》注云：“以虎熊豹麋之皮饰其侧，又方制之以为羣，谓之鹄，著于侯中，所谓皮侯。”是侯侧之饰及鹄并以皮为之，故专得皮侯之名也。云“《司裘职》曰：‘王大射则共虎侯、熊侯、豹侯，设其[2]鹄。’谓此侯也”者，引以证皮即指虎、熊、豹、麋等皮也。云“春读为蠢，蠢，作也，出也”者，段玉裁云：“此易其字。蠢，作也，见《方言》。”诒让案：春蠢声类同。《乡饮酒义》云：“春之为言蠢也。”“蠢，作”之训，亦见《尔雅·释诂》。《广韵》十八《真》引《尚书大传》云：“春，出也，万物之出也。”又《广雅·释诂》云：“截，出也。”截亦即古文蠢字，是蠢有

---

① 引者按：“大雅”当为“小雅”，见阮元《十三经注疏》484页中。
② 引者按：乙巳本、楚本均作“其”，王文锦本排印涉上讹作“共”。

"作""出"两训。然此经春当如字读，郑破为蠢，非经义。云"天子将祭，必与诸侯群臣射，以作其容体，出其合于礼乐者，与之事鬼神焉"者，据《射义》文，详《司裘》疏。[1]

杨杰《〈三礼〉所见射侯形制考释》[2]绘制皮侯分类简表：

皮 侯		虎侯	熊侯	豹侯	麋侯	大侯	参侯	干侯
形制特点	鹄	虎皮	熊皮	豹皮	麋皮	熊皮	豹皮	豻皮
	饰	虎皮	熊皮	豹皮	麋皮	熊皮	麋皮	豻皮
功用	射类	大射						
	主射者	天子	天子、畿内诸侯	天子、畿内诸侯	畿内卿大夫	畿外诸侯	畿外诸侯	畿外诸侯
	行射者	天子	诸侯	卿大夫、士	卿大夫、士	诸侯	卿大夫	士
异 名		无	无	无	无	熊侯	参,糁侯	干,豻侯
侯道（弓）		90	70	50	50	90	70	50
"三礼"中的出处		《司裘》："王大射，则共虎侯、熊侯、豹侯，设其鹄。诸侯（大射，）则共熊侯、豹侯，卿大夫（大射，）则共麋侯，皆设其鹄。"				《大射》："量人量侯道以狸步，大侯九十，参七十，干五十。"		

《梓人》：张五采之侯，则远国属。

孙诒让："张五采之侯，则远国属"者，此宾射于朝之侯也。采侯中亦兼有鹄正。其制盖纯布而画五采，故谓之五采之侯。郑《乡射记》注谓乡射亦张此侯，非也，详后疏。金榜云："不言栖鹄，冢上皮侯省文。"

郑玄：五采之侯，谓以五采画正之侯也。《射人职》曰："以射法治射仪，王以六耦射三侯，三获三容，乐以《驺虞》，九节五正。"下曰："若王大射，则以狸步张三侯。"明此五正之侯，非大射之侯明矣。其职又曰："诸侯在朝，则皆北面。"远国属者，若诸侯朝会，王张此侯与之射，所谓宾射也。正之方外如鹄，内二尺。五采者，内朱，白次之，苍次之，黄次之，黑次之。其侯之饰，又以五采画云气焉。

孙诒让：注云"五采之侯，谓以五采画正之侯也"者，五采即下朱、白、苍、黄、黑是也。画者，统鹄

① 孙诒让《周礼正义》4099—4106/3393—3399 页。
② 《古文献研究集刊》第五辑，凤凰出版社，2012 年。

六尺全画之。不云画鹄云画正者，郑谓大射有鹄无正，宾射有正无鹄也。引《射人职》曰"以射法治射仪，王以六耦射三侯，三获三容，乐以《驺虞》，九节五正"者，郑意彼五正即此五采侯，故引以为证。《射人》注亦引此经为释，云五采之侯即五正之侯也。实则《射人》五正乃乐节，非指五采之侯，详彼疏。云"下曰：若王大射，则以狸步张三侯。明此五正之侯，非大射之侯明矣"者，贾疏云："郑引《射人职》宾射及大射二者，阴破贾、马以此五采与上春以功为一物，故云'非大射之侯明矣'。"诒让案：郑意《射人》言"若大射"，"若"为更端语，明彼上文为宾射，其说非也。《射人》所言皆大射，非宾射；此五采之侯为宾射，与《射人》所言实不相涉也。据疏，则贾、马并以此五采之侯为即上大射所用皮侯。然皮侯采侯傥同是一侯，则经不宜两见，亦不可通也。云"其职又曰：诸侯在朝，则皆北面"者，证此云"远国属"即谓诸侯来朝也。然彼文自泛指诸侯在朝之礼，不专属射，郑说亦误，并详彼疏。云"远国属，若诸侯朝会，王张此侯与之射，所谓宾射也"者，《射人》注引此文而释之云："远国，谓诸侯来朝者也。"属谓朝会，详后。贾疏云："言远国属，对畿内诸侯为远国。若以要服以内对夷狄诸侯，则夷狄为远国也。"云"正之方外如鹄"者，郑意宾射采侯之正，一如大射皮侯之鹄，外亦广与崇方，居侯广三分之一，惟内为五采异。今依先郑说，正小鹄大，正在鹄中。凡射侯，无论大射、宾射，皆有鹄有正，非以皮侯、采侯异名，详《司裘》及《射人》疏。云"内二尺"者，贾疏云："中央画朱方二尺，故《司裘》注引诸家方二尺曰正。以此二尺为本，其外以白苍等充其尺寸，使大如鹄也。"云"内二尺"者，为画五采地也。云"五采者，内朱，白次之，苍次之，黄次之，黑次之"者，《射人》注义同。彼注云"玄居外"而此云"黑居外"者，黑玄色近，古书多通称。云"其侯之饰，又以五采画云气焉"者，《射人》注云："大夫以上与宾射，饰侯以云气，用五采各如其正。"郑意此侯五正，故云气亦五采画也。然其说无据，亦详《射人》疏。[①]

杨杰《〈三礼〉所见射侯形制考释》[②]绘制采侯分类简表：

采　侯		五采侯	三采侯	二采侯
形制特点	正	以采为正		
	正之采	五采：朱、白、苍、黄、黑	三采：朱、白、苍	二采：朱、绿
	侯中之饰	五采：朱、白、苍、黄、黑	三采：朱、白、苍	二采：朱、绿
功用	射类	宾射		
	主射者	天子	天子、诸侯	天子、诸侯
	行射者	天子	诸侯	卿大夫、士
异　名		五正侯	三正侯	二正侯
侯　道		九十弓	七十弓	五十弓
"三礼"中出处		《梓人》："张五采之侯，则远国属。"	未见	未见

① 孙诒让《周礼正义》4106—4108/3399—3400页。
② 《古文献研究集刊》第五辑，凤凰出版社，2012年。

《梓人》：张兽侯，则王以息燕。

孙诒让："张兽侯，则王以息燕"者，此王于大学及大寝行息燕之射之侯也。乡遂之吏行乡射于庠序，盖亦用之。不言栖鹄者，亦冡上文省。其制，天子熊侯，诸侯麋侯，并以皮饰侯之侧，惟以布为鹄，而染其质以白赤。大夫以下则全以布为之，与采侯同，惟画其侧为虎豹鹿豕，而染其质以丹。盖兼取皮侯、采侯之制而少变之。因天子诸侯用兽皮为饰，大夫以下画兽之毛物，故名之曰兽侯也。

郑玄：兽侯，画兽之侯也。《乡射记》曰："凡侯，天子熊侯，白质；诸侯麋侯，赤质；大夫布侯，画以虎豹；士布侯，画以鹿豕。凡画者丹质。"是兽侯之差也。息者，休农息老物也。燕谓劳使臣，若与群臣饮酒而射。

孙诒让：注云"兽侯，画兽之侯也"者，谓画兽于三分侯中居一之处，以当正鹄也。郑意天子诸侯之饰亦画兽，非皮侯，故谓止取画兽之义。不知天子诸侯之侯并不画兽，兽侯实兼取兽皮及画兽为名也。云"《乡射记》曰：凡侯，天子熊侯白质，诸侯麋侯赤质，大夫布侯，画以虎豹，士布侯，画以鹿豕。凡画者丹质。是兽侯之差也"者，郑彼注云："此所谓兽侯也，燕射则张之。乡射及宾射当张采侯二正。而记此者，天子诸侯之燕射，各以其乡射之礼而张此侯，由是云焉。白质、赤质皆谓采其地。其地不采者，白布也。熊麋虎豹鹿豕，皆正面画其头象于正鹄之处耳。君画一，臣画二，阳奇阴偶之数也。燕射射熊虎豹，不忘上下相犯；射麋鹿豕，志在君臣相养也。其画之，皆毛物之。宾射之侯，燕射之侯，皆画云气于侧以为饰。必先以丹采其地，丹浅于赤。"案：依郑彼注说，则兽侯不辨尊卑，侯道皆五十弓，侯中并方一丈；其中三分居一画布为兽首，以当正鹄，天子则以白地画熊，诸侯则以赤地画麋，大夫则以白布画虎豹，士则以白布画鹿豕；其画兽之外，当侯中四旁者，尊卑同以丹地，画云气为饰。敖继公谓"凡画者丹质"，专指画虎豹鹿豕之侯。金榜申敖说云："熊麋虎豹鹿豕之侯，咸取名于鹄。记言大夫、士布侯用画，则熊侯、麋侯栖皮为鹄，对文见异矣。质，天子白，诸侯赤。记言'凡画者丹质'，谓大夫、士画以虎豹鹿豕者用丹矣。"黄以周云："《乡射记》言大夫、士布侯用画，则天子熊侯、诸侯麋侯之为皮也可知。凡皮侯不去毛，去毛无以别熊麋。又皮侯纯用皮，非以熊麋饰其侧而中仍用布。质谓质的，天子熊侯用白的，诸侯麋侯用赤的，则大夫、士之画侯亦必有的也可知。'凡画者丹质'，为大夫、士画侯言也。人有大夫、士之异，侯有虎豹、鹿豕之分，故曰'凡'以统之。人有天子、诸侯及大夫、士之异，侯有饰皮及画布之分，故曰'凡画者'以别之。郑说熊麋亦是画侯，质是采地，画熊白质，画麋赤质，与下文'凡画者丹质'语相触碍，因以凡画丹质为画宾射、燕射之侯，白质、赤质为画熊侯、麋侯之正，殊非经意。《记》又云'礼射不主皮'，则天子诸侯大射、宾射、燕射之为皮侯也可知。郑谓宾射、燕射不用皮，亦未审矣。"案：金氏、黄氏据《乡射记》虎豹鹿豕言画，而熊麋不言画，定熊侯麋侯为即皮侯不画，又以画者丹质即承上文画以虎豹、画以鹿豕而言，说皆致墒。孔广森、林乔荫、陈奂、朱大韶、俞樾说并同。今考《司裘》先郑注说凡侯皆有鹄、正、质三等[①]，其说最是。《乡射记》白质、赤质、丹质，即正中最小之的，亦即《韩非子·外储说左》所谓"五寸之的",非采其地之谓也。盖兽侯尊卑同用布为侯中。天子、诸侯则以熊麋之皮饰侯侧,又栖其皮以为鹄,鹄内又用布为正,不画,正内则又画白赤之采以为质。大夫、士用布,侯侧不饰,而画虎豹鹿豕于布以为鹄,鹄内亦用布为正,不画,正内则亦画丹采以为质。兽侯之制盖如是,则于此经及《乡射记》,义无不通矣。兽侯熊麋皆非画丹质,郑二《礼注》并误。云"息者,休农息老物也"者,《籥章》云:"国祭蜡则龡《豳颂》,击土鼓,以息老物。"注:"杜子春云:'《郊特牲》曰:"天子大蜡八,伊耆氏始为蜡。岁十二月,而合①聚万物而索飨之也。蜡之祭也,主先啬而祭司啬也。黄衣黄冠而祭,息田夫也。既蜡而收,民息已。"'玄谓十二月,建亥之月也。求万物而祭之者,万物助天成岁事,至此为其老而劳,乃祀而老息之,于是国亦养老焉,《月令》'孟冬,劳农以休息之'是也。"此注云"休农息老物",盖兼用《籥章》及《月令》之文,谓息即因大蜡息老物之祭,遂行射礼,是谓之息。敫继公云:"《乡饮酒》'乃息司正',息,疑饮燕之异名。"案:敫据《乡饮酒礼》证此经,甚塙。然窃疑息燕自是二事,息非专指息老物,与燕亦不同。考《乡饮酒》《乡射礼》,明日皆息司正。又《大戴礼记·千乘篇》云:"方冬三月,草木落,庶虞藏,五谷必入于仓。于时有事,蒸于皇祖皇考,息国老六人,以成冬事。"是皆"息"之见于经记者,不必蜡祭息老物而后有息也。《乡饮酒礼》说息云:"无介,不杀,荐脯醢,羞唯所有,征唯所欲。"《乡射》注云:"息犹劳也。劳司正,谓宾之,与之饮酒。"又云:"劳礼略贬于饮酒也。"是息亦饮酒于学,而其礼稍略。息即乡饮酒之细别,故通言之,凡饮酒皆谓之息。郑《月令》注云"劳农以休息之,党正属民饮酒正齿位是也"。《月令》又云"季冬大饮烝",注云:"十月农功毕,天子、诸侯与其群臣饮酒于大学,以正齿位,谓之大饮,别之于燕。"据郑说,则党正息民即用乡饮酒礼,天子、诸侯则别有大饮之礼,二者盖皆通称息。《千乘》之"息国老",即指养老于学,亦即用饮酒正齿位之礼。若燕礼则行于寝,而轻于乡饮酒,与《礼经》之息迥殊,不可并为一也。盖王与诸侯、卿、大夫、士咸有饮酒于学之礼,卿、大夫、士饮酒在乡遂之学,则谓之乡饮;王与诸侯、诸臣饮酒在大学,则谓之大饮,二者亦通有射。此经息燕之射,虽同用兽侯,而其事则别。息者,先行饮酒礼而射,在卿大夫士则谓之乡射;燕者,先行燕礼而射,即所谓燕射也。《射义》云:"古者诸侯之射也,必先行燕礼;卿、大夫、士之射也,必先行乡饮酒礼。"是天子、诸侯有息燕之射而无乡射,大夫、士有乡射而无燕射,《乡射记》云"唯君有射于国中,其余否"是也。陈奂云:"兽侯用诸乡射,故特著于《乡射记》;而燕射亦用兽侯,《燕礼》云'若射,如乡射之礼',是其义也。"案:陈说是也。黄以周说同。《乡射记》云"天子熊侯白质,诸侯麋侯赤质",此息燕射之侯也;又云"大夫士布侯",此乡射之侯。郑君彼注未悟,乃曲为之说,谓燕射张兽侯,乡射、宾射当张采侯,因天子、诸侯燕射各以其乡射之礼而张兽侯,故附见兽侯于《乡射》之记。此曲说,与《乡射记》及此经并不合,不足据也。云"燕谓劳使臣,若与群臣饮酒而射"者,"群臣"下宋余仁仲本、岳珂本、附释音本、宋注疏本并有"闲暇"二字。阮元谓系疏语误入,郑注本无,是也。今从嘉靖本。贾疏云:"劳使臣,谓若《四牡》劳使臣之来'。若与群臣饮酒者,君臣闲暇无事而饮酒。息老物及劳使臣并无事饮酒,三者燕皆有射法。此燕射以其事裹,天子已下,唯有五十步侯而已,无尊卑之别也。"②

---

① 引者按:乙巳本、楚本并作"合",王文锦本排印讹作"台"。
② 孙诒让《周礼正义》4108—4111/3400—3404页。

杨杰《〈三礼〉所见射侯形制考释》[1]绘制兽侯分类简表：

兽　侯		天子之兽侯	诸侯之兽侯	大夫之兽侯	士之兽侯
形制特点	鹄	熊皮为之	麋皮为之	画以虎豹	画以鹿豕
	正	布制，空白			
	质之色	白	赤	丹	丹
	侯中之饰	熊皮	麋皮	无	无
功　用	射类	燕射	乡射		
	主射者	天子	天子、诸侯	大夫	大夫、士
	行射者	天子	诸侯	大夫	士
侯　道		五十弓			

《梓人》：祭侯之礼，以酒脯醢。

孙诒让："祭侯之礼"者，梓人不掌祭事，此记其辞者，因侯制连类及之也。云"以酒脯醢"者，明有献有荐也。

郑玄：谓司马实爵而献获者于侯，荐脯醢折俎，获者执以祭侯。

孙诒让：注云"谓司马实爵而献获者于侯，荐脯醢折俎，获者执以祭侯"者，于，注例当作"於"，各本并误。《乡射礼》云："司马洗爵，升，实之以降，献获者于侯。荐脯醢，设折俎，俎与荐为三祭。获者负侯，北面拜受爵，司马西面拜送爵。获者执爵，使人执其荐与俎从之，适右个，设荐俎，获者南面坐，左执爵，祭脯醢，执爵兴，取肺，坐祭，遂祭酒，兴。适左个、中，亦如之。"即此注所据。《大射仪》载此礼略同，惟献获者作"献服不"。服不，司马之属，即获者也。贾疏云："大射虽诸侯礼，天子射亦然。又此不辨大射、宾射、燕射，则三等射皆同。"[2]

1951年底，辉县赵固战国墓中出土一件刻纹铜鉴，图案刻在铜鉴内壁，中国科学院考古研究所《辉县发掘报告》（郭宝钧执笔）称为"燕乐射猎图案刻纹铜鉴"（图一三八）[3]。郭宝钧《中国青铜器时代》描述这一"鉴刻绘贵族游园图案以中间一座翚飞鸟革的建筑物为中心"，"墙外松鹤满园，三人弯弓而射，迎面张网罗以受逃"[4]。王恩田《辉县赵固刻纹鉴图说》认为"弯弓而射者均面向正前方而射，因此，释为'射鸟'是不妥当的。所谓网罗，实为箭靶，古代称作'侯'"，"赵固鉴射礼图中部悬挂着一个长方形的器物，原释捕鸟用

① 《古文献研究集刊》第五辑，凤凰出版社，2012年。
② 孙诒让《周礼正义》4111—4112/3404页。
③ 科学出版社，1956年，115—116页。
④ 生活·读书·新知三联书店，1963年，139、141页。

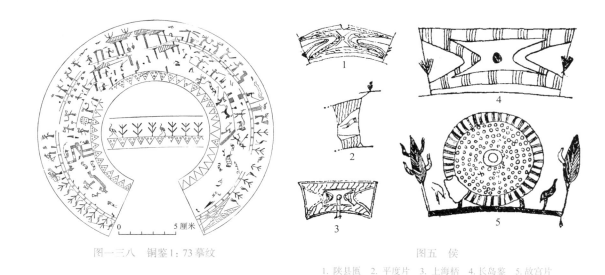

图一三八　铜鉴1:73摹纹

图五　侯

1. 陕县匝　2. 平度片　3. 上海梧　4. 长岛鉴　5. 故宫片

的'罗网'。随着刻纹图像中这类器物的不断增多，可确知为侯，即箭靶。如陕县匝、上海梧、平度残片、长岛鉴等刻纹铜器上，都画有这种器物（图五），与赵固鉴上的侯的形制极为相近"，"从赵固鉴及其他有关资料看，侯的形制不像是'张皮而射'，而像是布制的。其中所绘纹饰，可能表示以兽皮饰其侧，也可能是表示'采侯'中所绘的云气"，"《考工记》谈到侯的形状及各部分的比例关系时说：'梓人为侯，广与崇

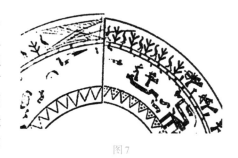

图7

方，叁分其广，而鹄居一焉。'就是说侯的宽度与高度相等，呈方形。鹄的宽度为侯的宽度的三分之一。刻纹铜器中的侯多为长方形，故宫残片一例作圆形，可证《考工记》方形说之误"①。张涛《青铜器射侯纹饰的图像学解读辨析》对《辉县发掘报告》中图一三八稍加拼合之后制成图7，可见其中的"侯"本来比较清晰。②

闻人军《考工记导读》则认为"不可贸然说《考工记》的方形说是错误的"："关于侯的形状及各部分的比例关系……据文意侯的宽度和高度相等，呈正方形。鹄的宽度为侯的宽度的三分之一。刻纹铜器的侯多为高度小于宽度的长方形。但1965年在成都百花潭中学出土的嵌错铜壶上也有一大致呈长方形的射侯，其高度却大于宽度。"③

张涛《青铜器射侯纹饰的图像学解读辨析》指出：王恩田、闻人军将《考工记》"侯"理解为正方形"是一种误读"："唯有'侯中'才是正方的，'梓人为侯，广与崇方'中的'侯'实指'侯中'而言。以图4为例，其上波浪纹饰及其内部才是'侯'，既非长方，亦非正方，波浪

① 《文物集刊》（二），文物出版社，1980年。
② 未刊稿。
③ 闻人军《考工记导读》，巴蜀书社，1988年，第64页。

纹外部与'植'所形成的三角形图案,在实际器具中是通透的。"①

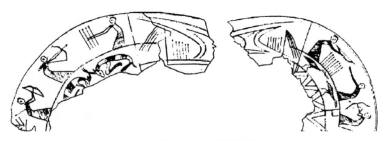

图4 山西定襄中霍村铜匜

刘道广《"侯"形制考》详尽考证了"侯"的形制:

侯的材料难以久长,至今未见有实物的出土报告,因此使其形制成一悬案。在出土物相对增多的今天,战国器物上"侯"的纹饰相继出现,为我们解答这一悬案提供了条件。

戴震的侯图(图2-1)绘制虽晚,却最受人瞩目,讨论亦多。戴震绘出的"侯",最上列水平线是"上纲",上纲缀有的三角形,其尖端是"缋"(未绘出细部),即上纲绳扣。此下一横幅是"上个",即"舌"。舌下居中处是"身";"身"下居中处是"侯中","侯中"居中处是"鹄"。"鹄"下依次是"身""下个""缋""下纲"。上纲和下纲左右伸展连系在"植"上,上纲长于下纲,故左右两植上部外倾,整个"侯"形如倒置梯形。

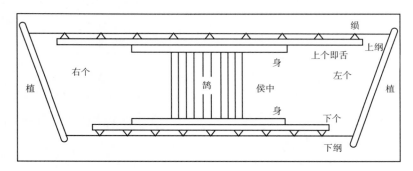

图2-1 戴震《考工记》中的"侯"图

上世纪50年代河南辉县赵固战国墓出土铜鉴、陕县后川出土铜匜、湖南长沙黄泥坑5号楚墓出土铜鉴、60年代成都百花潭中学出土嵌错铜壶、70年代山东长岛王沟出土残鉴和上海博物馆藏战国刻纹椭梧等器物纹饰上均有"侯"图(图2-2～图2-6),其中上海博物馆藏品上的"侯"靶心中还刻有两支箭矢,可见所谓图形即是"侯"(图2-8)。比较戴震所绘"侯"图,与上述出土物中所绘完全不同,可知戴图不确。

上述各图四周皆有边饰,说明"侯"的边缘都镶饰以同一材料。唐贾公彦疏云"侯中上下俱有

---

① 未刊稿。

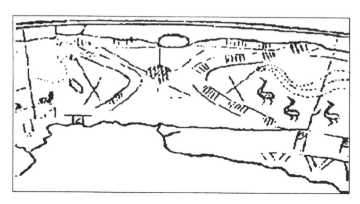

图2-2　战国铜匜残器上依稀可见呈"×"形的

图2-3　战国铜壶最上层的左右是"射侯"的场景，两位射者在室内张弓，"侯"在室外，高度与室檐高相当。"侯"取正立面，上面有三支箭矢

图2-4　战国铜壶的射侯局部

图2-5　汉代画像砖有大量的"×"纹，究其意，正是先秦"侯"的简化

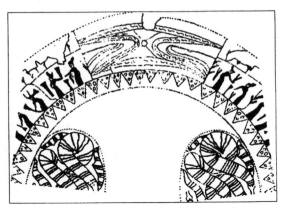

图2-6 战国铜匜"侯"图的两侧是"投壶",和"射侯"一样,都是王侯宴乐的"礼乐"活动

图2-8 战国椭栖"射侯"。图中,"侯"位上方,两射者位下方,执弓箭。"侯"的正中有两只矢,"侯"的外形加"×",和戴震所绘大不同

布幅夹之,所饰者,唯有两旁之侧",也是不正确的。

汉代郑众、郑玄两位经师对"梓人为侯"理解有异,及贾公彦疏文的失误,说明汉唐两代已不甚详明周礼中"侯"的形制,戴震绘图固然有误,今人也多有不解。如闻人军《考工记导读》……虽认同"侯"是"方形"的,但对出土物纹饰的"侯"均非方形而困惑。最后一句又是针对王恩田《辉县赵固刻纹鉴图说》中一段话……王文是完全否定《考工记》侯方形说的(王文把故宫残片一例圆形物当作"侯",是对"鼓"的误判,此不加辨析)。总之,侯的形制尚有厘清之必要。

细审郑众、郑玄的歧见,主要在侯形制的"中""身(躬)"的不同见解,郑众没有提出"侯中"的概念,他只说:"设身广一丈,两个各一丈,凡为三丈",也即"上两个与其身三"的意思。"身"是什么呢? 贾公彦疏"先郑意身即与中为一",是贾氏失误,先郑,即郑众自己未加说明。郑玄则把身(躬)、中、个(舌)单独列出成三个部分,并且把侯中理解成《考工记》所说的"侯"本体。他在提出"倍中以为躬,倍躬以为左右舌,下舌半上舌"之后,又推出"九节之侯"形制及用布:

> 侯身三丈六尺,上个七丈二尺,下个五丈四尺。其制身夹中,个夹身,在上下各一幅,

此侯凡用布三十六丈。

贾疏云:"身即中上布一幅是也……此侯是九十弓侯,侯中丈八尺。"然后再验算后郑提出共享布三十六丈不误。贾公彦疏郑玄注文,是把"身""个"解为接续在"中"的上下外边,这就是前述戴震所绘之图的依据。其实,清代吴蒉已经怀疑"郑君之注,戴氏之图"的正确性,因为按郑、戴之注与图的计算,大侯"高至五六丈","三侯并张,庶不嫌其太高矣"。

如上述戴震的图形和出土物上所绘"侯"形不同,戴图既错,那么他所依据的后郑所注、贾氏疏文不尽可靠也是理所当然的了。

事实上,考证古器物形制问题,图形文献更重于文字文献。所以,我们立足于出土器物上的"侯"形图。重新审视《考工记》原文,认为先郑所说"设身广一丈,两个各一丈,凡为三丈",据文意,他说的"身",应该指《考工记》"广与崇方"的"侯"自"身"。《考工记》和先郑均未提出"中"的概念,是因为在"侯"的形制上,它是"鹄"所在的区位,并不是射的目标,这个区位的大小会随着"侯"的大

小不同而有大小的变化，是不定的，可以不说。而"鹄"是靶心，是"射"的目标，大小与侯"身"大小直接有关，所以要说，故提出"参分其广"是"鹄"的大小。先郑与《考工记》虽未提"中"的概念，但"鹄"所在的"中间"区位即是"中"也是不言而喻的。

按照上述理解，"侯"包括大侯，即"九节之侯"的"侯"并不含上下左右的"个"。在上述先郑注中已说明"个"是维持"侯"的布，所以侯即侯身，是"广与崇方"的正方形。它的大小，如贾氏疏《仪礼》卷十六："以侯道九十弓，弓取二寸，二九十八，侯中丈八尺，三分其侯而鹄居一，故知鹄方六尺也。"他说"侯中丈八尺"的"侯中"，就是我们所认为的"侯""侯身"，这是我们和后郑理解不同的地方。据此，《仪礼》云"大侯九十"，则大侯侯"身"丈八尺，可以理解为边长是18尺的正方形$ABCD$（图2–9），"鹄"是它的三分之一，即边长6尺的正方形$abcd$。"鹄"所在的区位"中"，是多少呢？"倍中以为躬"，"躬"（身）是18，一半是9，"中"$A_1B_1C_1D_1$是边长为9尺的正方形，位于边长18尺正方形的"身"中间，"鹄"为边长6尺正方形，位于"中"的中间（图2–10）。

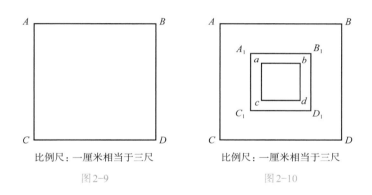

比例尺：一厘米相当于三尺　　　　比例尺：一厘米相当于三尺

图2–9　　　　　　　　　　　图2–10

按《考工记》说："上两个与其身三，下两个半之。"可以先设定在$ABCD$两侧再加接同样大小面积布各一，$AEGC$和$BFDH$分别在$ABCD$左右，面积等大，这是先郑言"维持侯者"之意。"侯"是张挂起来的，上方向左右和下方向左右张起，出土器物中"侯"形以上宽下窄为多，上下等宽只一例。但上下左右均张开是一致的，"上两个与其身等"，故EA、FB和AB等宽，其张起向外拉力相等，则其力点是：上左个E至"侯"右下角D，相交AC的中点e，上右个F同理相交于BD中点f（图2–11）。

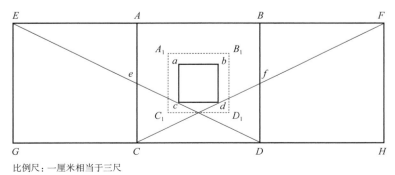

比例尺：一厘米相当于三尺

图2–11

"下两个半之"，不但 GC、DH 是"上两个"EA、BF 的一半，即 gC、Dh，而且它们的力点也是在"侯"的一半。"侯身"AB 的中点是 O，GC 的中点 g，从 g 引至力点 O，也相交于 AC 中点 e；同理，Oh 也相交于 BD 中点 f。于是出现 $EeghfF$ 的外形，也就是出土器物上的"侯"形（图 2-12）。

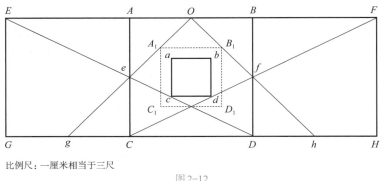

比例尺：一厘米相当于三尺

图 2-12

在工艺上"侯"的四边还要镶边，在文献中均有记录，但镶边大小无明文，镶边也有加强"侯"的张挂拉力的实用功能，而不只是等级的意义。因为有功能要求，当然有工艺要求，这就是突出"鹄"所在的区位，即沿"中"的上下，A_1B_1 和 C_1D_1 各水平延长分别与 AC、BD 相交于 A_2、C_2 和 B_2、D_2，取 A_1C_1 的中点 e_1，连结 A_2e_1 和 C_2e_1，才形成和 Eeg 同方向的拉力；同理，B_1D_1 的中点 f_1，连结 B_2f_1、D_2f_1，则 $A_2B_2C_2D_2$ 以外皆是镶边位置（图 2-13）。至此可见与出土器物上"侯"的形制相吻合。

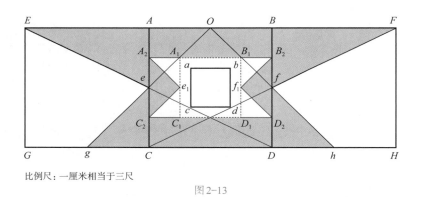

比例尺：一厘米相当于三尺

图 2-13

如上所述，大侯本身高 18 尺，去地 14 尺 5 寸又少半寸（天子大射张三侯，从前至后依次为干侯、参侯、大侯。三侯并张，三侯均要现鹄方可。最前之干侯侯身高一丈，又下纲不及地武，取中人之迹一尺二寸，干侯高共一丈一尺二寸。参侯侯身高一丈四尺，鹄下三分之一侯身的高度被前之干侯挡住，则参侯去地之数为干侯总高之一丈一尺二寸减去此被挡部分。同理推知大侯去地之数为一丈四尺五寸又少半寸。若考虑到射人身高，参侯和大侯去地高度又当有所变化，但差别不大，此不论），共 32 尺 5 寸又少半寸。和"射礼"时殿堂自檐宇至地面高度相近（此高度为 36 尺，参见孙诒让《周礼正义》卷 84，中华书局 1987 年版，第 3471 页），和出土器物如故宫博物院藏战国宴乐渔猎攻战纹壶（参见图2-4）上大侯与檐宇近齐平的图像相符。①

　　扬之水《诗经名物新证》论述“侯”的形制：“侯的形制，已多见于各地出土的东周刻纹铜器（图8-4）。精者，侯上面的三部分表现得很清楚，如前举上海栖、陕西匜，以及山东长岛王沟东周墓出土的一件残鉴。②亚腰形的侯上绘出云气纹，然后中间再作出一个小的亚腰形，即所谓‘鹄’。鹄中央一个圆心，便是‘的’。而粗者，则略存其意而已，如前举长沙匜、高庄盘、百花潭壶，以及河南辉县赵固战国墓中出土的一件刻纹铜鉴。③至于皮侯、兽侯、采侯，只是质料的分别，图像自然很难表现出来。不过最早的靶子，大约只是一具摊开来、张挂起的兽皮——皮侯、兽侯便始终保持了这样的形状，惟经着意美化，并以不同的装饰分别等级。故宫藏一件战国刻绘铜器残片，射礼场面中的侯，作圆形，或者可以认作布制的采侯。④斜树在侯两旁的长木，称作植。侯的四个角上有四根绳，称作纲。纲系于植，便是‘张侯’，也就是诗所说的‘抗’。不过更细致的过程则是未射之前，张侯，但不系于左下纲，而‘中掩束之’，直到射前之燕毕，有司请射的时候，才有司马发布‘张侯’的命令，于是，解束，系左下纲，表示射事开始，诗曰‘大侯既抗’，正是此情此景——大射有三侯，公射‘大侯’，大夫射‘参侯’，士射‘干（豻）侯’，⑤诗举大侯以概之。”⑥

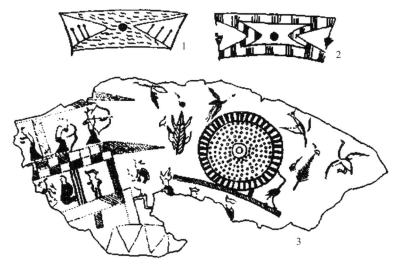

图8-4　射侯

1. 河南陕县后川村出土铜盘　2. 山东长岛王沟出土铜鉴　3. 故宫博物院藏刻纹铜器

①　刘道广《“侯”形制考》，《考古与文物》2009年第3期；引自刘道广、许旸、卿尚东《图证〈考工记〉——新注、新译及其设计学意义》22—30页，东南大学出版社，2012年。
②　烟台市文物管理委员会《山东长岛王沟东周墓群》，页70，图一二：4。
③　中国社会科学院考古研究所《辉县发掘报告》，图一三八。
④　《文物》1962年第2期。
⑤　《仪礼·大射》：“司射西面而誓之：‘公射大侯，大夫射参，士射干。射者非其侯，中之，不获；卑者与尊者为耦，不异侯。’”
⑥　《诗经名物新证》231—232页，北京古籍出版社，2000年。

　　春秋战国时期青铜器上的射侯纹饰是了解古代射礼的重要图像资料。迄今已发现20件带有射侯纹饰的青铜器,学界已有相关研究,但是具体到其中的侯制图案,则仍存在一些问题。张涛《青铜器射侯纹饰的图像学解读辨析》在对青铜器射侯纹饰的侯制进行重新解读的基础上,指出一些发掘报告或较早的研究没有将其中的射侯分辨出来,也有把射侯纹饰误认为别的图案,或对侯的形制解说出现错误的情况,其深入思考值得重视:"一方面此类器物大量出现,证明了礼书相关记载并非向壁虚构;而另一方面,在一些细节上,文物图像与经典所述有同有异,不能完全契合,像上文所述礼制文献中的'鹄''正''质'与图像中的'侯的'的关系,就是一个显著的例证。这种情况究竟该怎样看待? 有学者由此以为文献不可靠(比如认为《考工记》记载有误),也有学者根据不同时代、不同学者的注疏对经文作出迥然相异的理解(如引据清人方苞的猜测解释先秦的铜器纹饰),因之对青铜器上侯制便产生歧异的理解与描述。那么,如何才能使文物与文献二者交相为用,而不致合则两伤? 以青铜器'侯'图案与礼书记载联系起来解读,以使地下之新材料与纸上之材料的相印证,即图像与文献的相互印证,当然是正确解读侯纹饰与礼书内容最为关键的前提。而更重要的在于,在对实物与文献进行解读的过程中,应当充分考虑到各自的复杂性,对双方在各自传统中的某些特质多加留意。依靠文字记载研究古代礼制,必须要明确的是,文献不可能完全是对历史事实的如实记载,上古礼制文献的大宗——经书尤其如此。十三经中的礼书是对先秦大量古书统编并注入了特定的思想理念之后的产物,绝非与一时一地的情况相互对应,这一点许多礼学研究者都曾论及。在援引礼制文献释读图像之际,必须对经典源于事实又高于事实的性质有所体认,要考虑到礼书的形成时间、其内容所反映的时代、后代学者注解与礼制实物之间的差异所造成的释读误区。重视可能出现的实物与礼书记载、后代学者释读的差异、矛盾乃至错误的现象,如前述方苞释读所出现的错误便可以比较明显地判断出来。"①

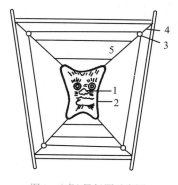

图1　(虎)侯复原示意图

1. 的(槷、质)　2. 鹄　3. 缤　4. 纲　5. 个

　　崔乐泉《"射侯"考略》在综合了各类考古资料中侯的具体形制后,参照有关文献所载,绘制了侯的示意图(图1),认为从考古资料中关于侯的形制图像可以看出:"东周时期,侯的形状多为长方形,既有高度大于宽度的长方形(如成都百花潭中学出土铜壶上的侯),亦有高度小于宽度的长方形(如上海博物馆藏铜楕梧、长岛王沟出土残鉴等上面的侯)。侯上的个、鹄、的等的位置与史书所载较为一致,至少在战国时期是如此。但这时候中各部分的比例关系,却难与《考工记》等古籍所载的周朝遗制完全相合,从这一点上,我们也可以看出春秋战国时期社会变革在传统礼制上的反映。"②

①　未刊稿。
②　《成都体育学院学报》1995年第2期。

袁俊杰《两周射礼研究》将战国时期青铜器人物画像纹射礼图案的基本情况列为表4-1[①]。

表4-1　战国青铜器人物画像纹射礼图案基本情况表

时代	器名	射礼种类	耦数	侯数	获旌数	植	器主身份
春秋末期	王家山宴乐射猎纹铜鉴	燕射礼	残存二人耦射	一侯	一获者一手执盾,一手执并夹	木杆	吴国贵族
战国早期	百花潭采桑宴饮乐舞射猎攻战纹铜壶	乡射礼	六人三耦	一侯	一获者举旌	无显示只有左上纲	蜀国军功地主
	故宫采桑宴乐射猎攻战纹铜壶	乡射礼	六人三耦	一侯	未显示	上纲固定于横木,下纲固定于地	传世品
	高王寺宴饮射猎纹铜壶	大射礼	八人四耦	一侯或二侯	一获者举旌	木框	秦国王室贵族
	后川宴饮射侯纹铜匜	大射礼	八人四耦	一侯	二旌偃于地	二棵经过修剪的树	魏国下大夫
	上博宴舞射猎纹铜椿栖	宾射礼	画面显示四人二耦,应为六人三耦	一侯	一获者执旌偃于地	木杆	传世品属于吴文化系统
	三汲宴饮射猎纹铜鉴	习射	一人	一侯	一获者执旌去侯偃于地	木杆	中山国贵族
战国早中期	中霍村宴饮竞射纹铜匜	大射礼	八人四耦	一侯	二旌立于地	木杆	戎狄人相当于中原的大夫一级
	洛阳飨射养老纹铜匜	大射礼	画面显示四人二耦,应为八人四耦	一侯	二获者各举一旌半蹲于地	二棵树	传世品
	高庄宴乐囿游射侯纹铜盘	燕射礼	未显示	一侯	未显示	木杆	越国属下的淮夷人首领
	王沟宴舞狩猎射侯纹鎏金铜鉴残片	燕射礼	未显示	一侯	未显示	两棵经过修剪的树	齐国王室贵族

[①] 科学出版社,2013年,456—457页。

（续表）

时代	器名	射礼种类	耦数	侯数	获旌数	植	器主身份
战国中期	黄泥坑宴饮射侯纹铜匜	大射礼	未显示,应为八人四耦	一侯	二旌倚于侯,旗杆下部缚有斜木	木杆	楚国大夫
	平度宴饮射侯纹铜匜残片	燕射礼	残缺	一侯	残存竹节纹旌旒一段	右上纲系于树,右下纲固定于地	齐国有田禄的士或军功地主
	赵固宴乐射猎纹铜鉴	燕射礼	六人三耦,残缺二人	一侯	一获者举旌跽坐于地	木杆	魏国有田禄的士
	故宫燕射狩猎纹铜鉴残片	燕射礼	残存二人一耦比射,一人继射	一侯	未显示	二立柱	传世品

　　袁俊杰《两周射礼研究》根据战国青铜器人物画像纹射侯图案,将射侯的形制大体分为五型十式（彩图40）：

　　A型：横束腰形,横宽长于高,可分为两个亚型。

　　Aa型：单重横束腰形,此亚型又可分为两式。

　　Aa型Ⅰ式：两腰为圆弧形,此式又可分为两个亚式。

　　Aa型Ⅰa式：侯中有"×"形两条或"＊"形三条交线,以交点为中心画圆圈鹄,王家山宴乐射猎纹铜鉴、后川宴饮射侯纹铜匜、中霍村宴饮竞射纹铜匜、黄泥坑宴饮射侯纹铜匜属此。

　　Aa型Ⅰb式：侯中没有交线,正中心直接画圆圈鹄,洛阳飨射养老纹铜匜属此。三汲宴饮射猎纹铜鉴,因侯中残缺,暂列属此式。

　　Aa型Ⅱ式：两腰为锐角形,正中心画圆圈鹄,高庄宴乐圃游射侯纹48号铜盘属此。平度宴饮射侯纹铜匜残片,因射侯大部残缺,从束腰内收趋势判断,暂列属此式。

　　Ab型：双重横束腰形,正中心画圆圈鹄,此亚型亦可分为两式。

　　Ab型Ⅰ式：两腰为圆弧形,仅上海博物馆宴舞射猎纹铜椭栻属此。

　　Ab型Ⅱ式：两腰为锐角形,仅有王沟宴舞狩猎射侯纹鎏金铜鉴残片一例属此。

　　B型：为无首耸肩尖足的布币形,其高长于宽,正中心画圆点鹄,仅有百花潭采桑宴饮乐舞射猎攻战纹铜壶一例属此。

　　C型：为两横不出头的井字形,其高远远长于宽,正中心为竖长方形鹄,故宫采桑宴乐射猎攻战纹铜壶、高王寺宴饮射猎纹铜壶属此。

　　D型：为汉五铢钱文的扁"X"字形,其横宽长于高,可分为两式。

　　D型Ⅰ式：以交点为中心画圆圈鹄,仅高庄宴乐圃游射侯纹27号铜盘一例属此。

　　D型Ⅱ式：以交点为鹄,不再画圆圈,仅见赵固宴乐射猎纹铜鉴一例属此。

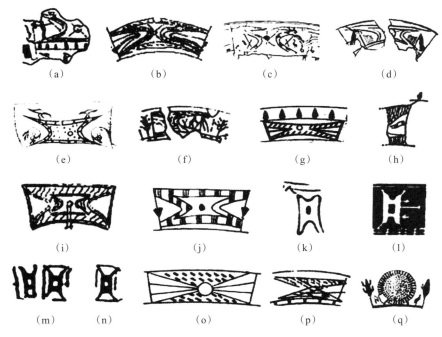

彩图40　战国射侯的形制

(a)(b)(c) Aa型Ⅰa式（王家山宴乐射猎纹铜鉴、后川宴饮射侯纹铜匜、黄泥坑宴饮射侯纹铜匜）
(d)(e)(f) Aa型Ⅰb式（中霍村宴饮竞射纹铜匜、洛阳缟射养老纹铜匜、三汲宴饮射猎纹铜鉴）
(g)(h) Aa型Ⅱ式（高庄宴乐圃游射侯纹48号铜盘、平度宴饮射侯纹铜匜）
(i) Ab型Ⅰ式（上海博物馆宴舞射猎纹铜椭栖）
(j) Ab型Ⅱ式（王沟宴舞狩猎射侯纹鎏金铜鉴残片）
(k) B型（百花潭采桑宴饮乐舞射侯攻战纹铜壶）
(l)(m)(n) C型（故宫采桑宴乐射猎攻战纹铜壶、高王寺宴饮射侯纹铜壶）
(o) D型Ⅰ式（高庄宴乐圃游射侯纹27号铜盘）
(p) D型Ⅱ式（赵固宴乐射猎纹铜鉴）
(q) E型（故宫燕射狩猎纹铜鉴残片）

E型：为圆盘形，正中心画双重圆圈鹄，仅有故宫燕射狩猎纹铜鉴残片一例属此。[1]

袁俊杰《两周射礼研究》根据战国青铜器人物画像纹射礼图案，将战国植及射侯的张挂方法归纳为六点（彩图40）："其一是立左右两根木杆，把侯的上下纲系于左右两根木杆上，王家山宴乐射猎纹铜鉴、上海博物馆宴舞射猎纹铜椭栖、三汲宴饮射猎纹铜鉴、高庄宴乐圃游射侯纹铜盘、中霍村宴饮竞射纹铜匜、赵固宴乐射猎纹铜鉴、黄泥宴饮射侯纹铜匜皆属此。其二是在左右木杆的位置栽种两棵树，把侯的上下纲系于左右两棵树上，有的树在张侯时还特意作过修剪，如后川宴饮射侯纹铜匜、王沟宴舞狩猎射侯纹铜鉴属此。有的树则不加修剪，如洛阳缟射养老纹铜匜属此。其三是上纲系于一棵树上，下纲固定于地上，平度宴饮射侯纹铜匜残片属此。其四是上纲系于横杆上，下纲固定于地上，故宫采桑宴乐射猎攻战纹铜壶、百花潭采桑宴饮乐舞射猎攻战纹铜壶即是。其五是做一个方形木框，把侯

[1]　袁俊杰《两周射礼研究》462—463页，科学出版社，2013年。

张于框内,高王寺宴饮射猎纹铜壶属此。其六是立两根木桩作支柱,把侯靶托起,故宫燕射狩猎纹铜鉴残片属此。"①

袁俊杰《两周射礼研究》:

> 关于射侯共有几部分组成,其名称如何?经学家历来众说纷纭,概括起来,可归纳为三种意见。②一说由四部分组成,即侯、鹄、正、槷(亦作质)。以《小尔雅》《孔丛子》、郑众、马融、王肃为代表。如《小尔雅·广器》《孔丛子》均曰:"侯中者谓之鹄,鹄中者谓之正。正方二尺。正中者谓之槷,槷方六寸。"郑众、马融都说:"十尺曰侯,四尺曰鹄,二尺曰正,四寸曰质。"王肃也说:"二尺曰正,四寸曰质。"除槷有六寸与四寸说的不同外,其余都相同。《周礼》贾逵注说:"四尺曰正,正五重,鹄居其内,而方二尺以为正,正大于鹄,鹄在正内。"虽与正在鹄内说不同,但也认为共有四部分。第二说主张应分三部分,即侯、鹄(或称正)、槷(也作质)。该说以郑玄为代表,孔颖达从之,认为正和鹄是一回事,只是因为质料不同而名称互异,即所谓"画(布)曰正,栖皮曰鹄……正、鹄皆鸟名也。一曰正,正也。鹄,直也。大射则张皮侯而栖鹄,宾射张布侯而设正也"。就是说画在布上的叫"正",用皮作的叫"鹄"。第三说主张只有两部分,即侯中的鹄、正和质是一回事,都是指"的"而言。该说以盛世佐为代表,他说:"凡侯中栖之以皮曰鹄……画之以采曰正……涂之以土曰质……各随其所宜而命之。其实皆射之'的'而已。"③证之以实物,战国青铜器人物画像纹射礼图案中的射侯,除极个别是由两部分组成外,如高庄宴乐围游射侯纹铜盘、赵固宴乐射猎纹铜鉴,绝大多数射侯都很清楚地分为三部分,证明郑玄三部分的说法是对的,但他的三部分名称则有可商。《诗·齐风·猗嗟》:"终日射侯,不出正兮。"毛亨传曰:"二尺曰正。"郑玄笺曰:"正,所以射于侯中者,天子五正,诸侯三正,大夫二正,士一正,外皆居其侯中参分之一焉。"《小雅·宾之初筵》:"发彼有的。"毛亨传曰:"的,质也。"《礼记·射义》孙希旦集解曰:"鹄者,侯之中,射之的也。"《仪礼·乡射礼记》:"乡侯,上个五寻,中十尺。侯道五十弓,弓二寸,以为侯中。倍中以为躬,倍躬以为左右舌,下舌半上舌。"郑玄注曰:"上个谓最上幅也",中,"方者也……《考工记》曰:'梓人为侯,广与崇方',谓中也……躬,身也,谓中之上下幅也"。左右舌,"谓上个也,居两旁,谓之个。左右出谓之舌"。很清楚乡侯由上个(包括左右舌)、上躬、中、下个(包括左右舌)、下躬五部分组成。因此,综合诸家解说并参校战国青铜器人物画像纹射侯图案,本书认为射侯应由三部分组成,即整体曰侯,侯上下边叫侯缘,包括上下个、左右舌、上下躬。侯中略呈长方而束腰的部分名正,亦称中。正中心的圆点或圆圈即质,或叫鹄,亦称臬、的。

> 关于侯的形状及各部分的比例关系,《周礼·考工记》曰:"梓人为侯,广与崇方,参分其广,而鹄居一焉。"就是说侯的宽度与高度相等,呈方形。鹄的宽度为侯的宽度的三分之一。然战国青铜器人物画像纹射礼图案中的射侯均为横长方形或竖长方形,不见方形射侯。故宫燕射狩猎纹铜鉴残片上的射侯则为圆形。而且侯与鹄的比例,只有上海博物馆宴舞射猎纹铜桮栖上的射侯,"侯与鹄接近三比一,陕县匜和长岛鉴的鹄则不到二分之一"④。因此,把《考工记》的这一记载作为整个侯体的形状去理解显然是不行的。但是,如果把这一记载作为侯中的形状来理解,则是比较近于事实的。正如

① 科学出版社,2013年,464页。
② 王恩田《辉县赵固刻纹鉴图案说》,《文物集刊》2,文物出版社,1980年。
③ (清)胡培翚撰,段熙仲点校《仪礼正义》卷十《乡射礼》三引,江苏古籍出版社,1993年。
④ 王恩田《辉县赵固刻纹鉴图案说》,《文物集刊》2,文物出版社,1980年。

郑玄注所说的:"崇,高也。方,犹等也。高广等者,谓侯中也。"而对于整个侯体的形状郑玄则另有解说,如《周礼·考工记·梓人》郑玄注云:"侯制上广下狭,盖取象于人也,张臂八尺,张尺六尺,是取象率焉。"纲"上下皆出舌一寻者,亦人张手之节也"。《仪礼·乡射礼》郑玄注曰:"侯象人,纲即其足也。"贾公彦疏曰:"云侯象人者,案郑注《梓人》云:'上下皆出舌一寻者,亦人张手之节也。'以其张侯之法,下两舌半,上舌两头纲皆出一寻,即是上广下狭象人,张足六尺,张臂八尺,故云象人也。云纲即其足也者,谓经下纲象足。"又《乡射礼记》郑玄注曰:"侯,人之形类也,上个象臂,下个象足,中人张臂八尺,张足六尺。"参校战国青铜器人物画像纹射礼画像中的射侯图案,大多数都是上宽下窄的横束腰形,只是上宽下窄的程度不同而已。如果说这种形制的侯是郑玄所谓"取象于人"的射侯的话,那么,图案中的上下等宽的井字形射侯或下稍宽于上的无首耸肩尖足布币形射侯,尽管更像人之形类,但终因不是上宽下窄而不能与之相比附,至于圆盘形射侯就更无法与之相比附了。另外,东周礼书还说到纲与植,如《仪礼·乡射礼》:"乃张侯,下纲不及地武。"郑玄注曰:"纲,持舌绳也。"《周礼·考工记·梓人》郑玄又注曰:"纲,所以系侯于植者也……郑司农云:'纲,连侯绳也。'"所谓纲就是射侯上下舌末端的绳子,植就是张侯时所立的左右两根木杆,张侯就是把射侯的上下纲分别系于左右植上,这种纲与植在战国青铜器人物画像纹射礼图案中,虽然舌与纲大多数区分不是很明显,但都有画面显示。而以树为植,或上纲系于横木、下纲固定于地,或把侯张于木框中,等等,则是文献记载中所不见的。

　　总之,以上所述射礼画像之间的一致性,并不一定都是因为出自同一地方的工匠之手,或摹仿于同一地方的工匠作品,而应是射礼礼制在战国时期还有一定约束力的反映。而与东周礼书有诸多相同的地方,则说明战国射礼与东周礼书所记射礼有着很密切的关系。而那些不同之处,有的当是僭越乱礼,如乡射礼中使用金奏编钟,因军功发家的新兴地主墓葬中随葬嵌刻有射礼画像的铜礼器,下大夫墓葬中随葬錾刻有四耦二获旌画像的铜礼器等。嵌错有射礼图案的铜壶,应该就是射礼场合陈设的礼器,按《仪礼·乡射礼》《大射仪》记载和射礼画面所展示的都是设置两件圜壶,而百花潭十号墓随葬的却只有一件,严格来讲这也是一种乱礼。有的则可能是因地区差异而形成的礼制上的特例,如射侯的形状作圆形,并被两木柱托起而不是张于两柱之间,腰插两支箭而不是四支,也不是揳三挟一个等。有的也可能是古老射礼的演变,以后很少或不再见用,如圆盘形射侯,也可能是从殷商时代射黿这种团体动物的甲壳演变而来的替代品。有的则可能是文献记载有误,如《考工记》把射侯说成是宽高相等的正方形等。就地域而言,赵固宴乐射猎纹铜鉴、后川宴饮射侯纹铜匜、平度宴饮射侯纹铜匜残片、王沟宴舞狩猎射侯纹铜鉴、洛阳飨射养老纹铜匜等两周三晋和齐国地区的刻纹资料中的射礼图案,其内容大多能与东周礼书所记相符。上海博物馆宴舞射猎纹铜桮栖、故宫燕射狩猎纹铜鉴残片上的射礼图案,则与东周礼书所记多有不同,这也多少反映出战国时期周礼与楚礼的不同和碰撞。诸如这些问题都要作具体分析,不能一概而论。①

① 袁俊杰《两周射礼研究》467—469页,科学出版社,2013年。

五

纺织染色

1. 画缋

画缋

《画缋》：画缋之事，杂五色，东方谓之青，南方谓之赤，西方谓之白，北方谓之黑，天谓之玄，地谓之黄。青与白相次也，赤与黑相次也，玄与黄相次也。

孙诒让："画缋之事"者，亦以事名工也。《司几筵》注云："缋，画文也。"《古今韵会举要》引《说文》云："缋，一曰画也。"今本《说文·糸部》云："缋，织余也。绘，会五采绣也。"案：依许说，缋画、绘绣字义殊别。经典多假绘为缋。《释名·释书契》云："画，绘也，以五色绘物象也。"亦通作会，《书·益稷》云"作会"，郑《书注》读会为缋，训为画，故《司服》注亦引作"缋"，详彼疏。盖郑亦用许义，以缋为即成文之画，与绘为绣异。此经画缋，依郑义亦止是一事，举画以晐绣。但经诸工皆云某人某氏，故此职《司服》注引作"缋人"。《总叙》以画、缋、钟、筐、㡛，为设色之工五，则似以画衣画器分为二工，而以下文五章及《书》十二章兼备缋绣证之，抑或此缋转为绘之借字，经自兼有㡛绣之工，《司几筵》筵席有画纯，又有缋纯，亦可证。若然，缋人之外，当更有画人，以其事略同，经遂合记之云画缋之事，若《瓬人职》末总举陶瓬之事，亦其比例与？互详《总叙》疏。云"杂五色"者，《说文·衣部》云："杂，五采相合也。"此即下云"杂四时五色之位以章之，谓之巧"。《荀子·正论篇》云："天子则服五采，杂间色，重文绣。"案：此杂五色，谓以正五色杂比错综成文，与绿红碧紫骝五间色不同。又此方色六而云五色者，玄黑同色而微异，染黑，六入为玄，七入为缁，此黑即是缁，与玄对文则异，散文得通。贾疏云："但天玄与北方黑，二者大同小异。何者？玄黑虽是其一，言天止得谓之玄天，不得言黑天。若据北方而言，玄黑俱得称之，是以北方云玄武宿也。"案：贾说是也。《礼运》亦云："五色，六章，十二衣，还相为质也。"孔疏云："五色谓青赤黄白黑，据五方。六章者，兼天玄也。以玄黑为同色，则五中通玄。"云"天谓之玄，地谓之黄"者，《易·文言》云："天玄而地黄。"《周髀算经》云"天青黑、地黄赤"者，青黑即玄，赤亦与黄近。《染人》注亦云："玄缥，天地之色。"缥即黄赤也。云"青与白相次也"者，以下布众采相次之法。顺其次，则采益章明也。金鹗云："此五行相克者也。"

郑玄：此言画缋六色所象及布采之第次，缋以为衣。

孙诒让：注云"此言画缋六色所象"者，谓四方天地各有所象之色。《觐礼》云"设六色，东方青，南方赤，西方白，北方黑，上玄下黄"是也。云"及布采之第次"者，采体色用义略同。《楚辞·思古》王注云："次，第也。"此经"青与白相次"以下，并指谓布采之第次，故《左·昭二十五年传》谓之六采。云"缋以为衣"者，贾疏云："案《虞书》云：'予欲观古人之象日、月、星辰、山、龙、华虫作缋。'是据衣始言缋，故郑云'缋以为衣'也。"诒让案：郑因此是画，故谓在衣。然此经画缋章采，当通冠服旗章等而言，郑约举冕服十二章为说耳。[①]

---

① 孙诒让《周礼正义》3988—3989/3305—3306页。

对于"缋",赵承泽主编《中国科学技术史·纺织卷》认为"'缋'是与染赤有关的、并专用于装饰衣物边缘的一个特殊而重要的美化织物的手段":"据马王堆汉墓出土的'遣策',衣袍的领、袖缘部以及香囊、镜套的底部,都名为'缋周缘'。有的研究者认为缋就是出土纺织品中的绒圈锦,理由是绒圈锦的色彩是红色,而古文献中有'缋似纂色赤'的话。这样的解释似乎不够全面。《仓颉篇》:'缋似纂色赤。'《说文》:'缋纂似组而赤,盖以此为席缘也。'①《急就篇》颜师古注:'缋,亦绦组之属也,似纂而色赤。'以上古代文献中对于'缋'的解释有两点是相同的,一是认为它是赤色,二是认为它是纂组类织物,还有的认为它是装饰织物边缘的。与马王堆出土遣册所记相同的是色赤和作为衣物边缘的修饰这两点。但马王堆出土的'缋周缘'却是织造的,而且工艺十分复杂和精美,而文献记载却解为编织品。它究竟是编织品还是纺织物,抑或这两者的总称,似尚无法定论。可以肯定的是,'缋'是修饰衣物边缘的赤色织物。马王堆出土的绒圈锦是单色即赤色的织物,从着色的均匀程度看,可能是先织后染的。"②

关于"画缋",陈维稷主编《中国纺织科学技术史(古代部分)》认为是局部染色:"在周代,给服装施彩的方法中,除了浸染工艺外,还有一种画的方法,即在织物或服装上用调匀的颜料或染料液杂涂各色,形成图案花纹,古籍上称之为'画缋'","所谓画缋,实际上是局部染色,它必须用不同于浸染的另一种技艺。"③

后德俊《楚文物与〈考工记〉的对照研究》认为就是绘画:

《考工记·画缋之事》中所记载的不仅是指在丝绸上绘画,更多的是指其他的绘画。丝绸上绘画的实例在楚墓的出土文物中已有多例。1949年在长沙陈家大山楚墓出土"人物龙凤帛画";五十年代在长沙一座楚墓中出土一件皮甲,外形为一件战衣,上半部分为皮质,下半部分为丝绸,丝绸上绘有纹饰;1973年在长沙子弹库楚墓中出土的"人物御龙帛画";1981年在湖北江陵马山1号楚墓中出土幡等,都是在丝绸上绘画的实物。

楚墓中出土的绘画实物,最多的应是漆器。因为不仅在大、中、小型楚墓中常常都有漆器出土,而且有的楚墓是几十件甚至是上百件的出土漆器。更重要的是楚国漆器中有相当一部分是彩绘漆器,也就是在漆器上进行绘画。长沙出土的一件漆奁上记有铭文:"廿九年六月己丑,乍告,史丞向、右工市(师)象、工大人台。"说明楚国漆器的生产已经有了分工,专司绘画的"画工"应是其工种之一。④

五采

《画缋》:青与赤谓之文,赤与白谓之章,白与黑谓之黼,黑与青谓之黻,五采备谓之绣。

孙诒让:"青与赤谓之文,赤与白谓之章"者,以下记采绣之事,皆合二采以上为之,《左·昭

① 引者按:《说文》:"纂,似组而赤。""盖以此为席缘也"是王引之《经义述闻》卷九《缋纯》引《仓颉篇》及《急就篇》颜注、《说文》后的按语。
② 科学出版社,2002年,269—270页。
③ 科学出版社,1984年,86页。
④ 后德俊《楚文物与〈考工记〉的对照研究》,《中国科技史料》1996年第1期。

二十五年传》所谓"五章"也。此五章虽参合诸色，而亦各有定法。《贾子新书·传职篇》云"杂彩从美不以章"，谓施采不应法则，不成章也。金鹗云："此五行相生者也。"云"白与黑谓之黼，黑与青谓之黻"者，《说文·黹部》云："黼，白与黑相次文。黻，黑与青相次文。"《书·益稷》伪孔传云："黼为斧形，黻为两己相背。"孔疏云："《释器》云：'斧谓之黼。'孙炎云：'黼文如斧形，盖半白半黑，似斧刃白而身黑；黻谓两己相背，谓刺绣为两己字相背。'"案：依孔引孙说，是黼黻虽以色别，亦兼取象斧己，则与文章绣微异，经义或当如是。《汉书·韦贤传》颜注云："朱绂画为亞文，亞，古弗字也。故因谓之绂，字又作黻，其音同声。"此说与孙、孔异。阮元云："亞乃两弓相背之形，言两己者讹也。绂画为亞，亞古弗字，师古此说，必有师传。经传中弜、佛、弗，每相通假，音亦近转。凡钟鼎文作亞者，乃辅庚二弓之象，正是古弜字，亦即是弗字。黻乃绣亞于裳，故从黹，义又属后起。"陈寿祺云："《玉篇·丿部》弗下云：'亞古文。'《晋书·舆服志》'綮戟韬以黻绣，上为亞字'，此亦在小颜前，似可证黻之为绣亞也。《集韵》《类篇》《古今韵会》并云'弗，古作亞'，盖皆祖《玉篇》。班固《白虎通》谓黻譬君臣可否相济，见善改恶。杜注《左·桓二年传》，孙、郭注《尔雅·释言》，伪孔注《尚书·益稷》，并谓黻为两己相背，则此字传讹已久，不知黻之为亞也。"案：阮、陈说近是。黼象斧形相背，黻象弓形相背，文正相对。窃疑古钟鼎款识有作㸚字者，即紊黼文；有作亞字者，亦即连黻文。或蟠屈钩连，繁缛满器，皆斧弓两形之递变也。云"五采备谓之绣"者，《说文·糸部》云："绣，五采备也。"《释名·释采帛》云："绣，修也，文修修然也。"《书·益稷》"五采五色"，孔疏引郑《书注》云："性曰采，施曰色。未用谓之采，已用谓之色。"案：采色亦通称，故《毛诗·秦风·终南》传云："五色备谓之绣。"即据此经，而以五采为五色。又上四章采兼众色，唯黄未见；此则五色具备，其文尤缛，故独专绣名。《祭义》云："朱绿之，玄黄之，以为黼黻文章。"彼兼有黄色而独不举绣者，错文互见，与此经义不连也。

郑玄：此言刺绣采所用，绣以为裳。

孙诒让：注云"此言刺绣采所用"者，谓箴缕所缕，别于上经为画缋所用也。《益稷》疏引郑《书注》云："凡刺者为绣。"《广雅·释诂》云："刺，箴也。"绣成于箴功，故云刺绣。此当为缝人、典妇功等所职，而与画缋同工者，其设色之法同也。凡对文，五采备谓之绣；散文，文章黼黻绣亦通称。故《尔雅·释诂》[1]："黼、黻[2]，彰也。"彰章字通。《毛诗·王风[3]·扬之水》传云："绣，黼也。"贾疏云："凡绣亦须画，乃刺之，故画绣二工共其职也。"云"绣以为裳"者，贾疏云："案《虞书》云：'宗彝、藻、火、粉米、黼、黻、绪绣。'郑云：'绪，缀也。'谓刺绣于裳，故云以为裳也。衣在上阳，阳主轻浮，故画之；裳在下阴，阴主沉重，故刺之也。"[4]

后德俊《楚文物与〈考工记〉的对照研究》认为"五采"是指绣线颜色的多样："'五采'，即'五彩'，是指青、红、白、黑、黄；'绣'，即刺绣，为丝织品的一种。战国时期的刺绣实物主要出土于楚墓之中：(1)湖北荆门包山2号楚墓出土的刺绣品是以棕色的绢为绣地，用

① 引者按："释诂"当为"释言"(阮元《十三经注疏》2582页上)。
② 引者按："黼""黻"同训"彰"，王文锦本未顿开。
③ 引者按："王风"当为"唐风"(阮元《十三经注疏》362页下)。
④ 孙诒让《周礼正义》3989—3991/3306—3308页。

深红色、深棕色、土黄色3种丝线绣成龙、凤等图案。（2）湖北江陵马山1号楚墓出土的刺绣品，其绣线的颜色有棕、红棕、深棕、深红、朱红、桔红、浅黄、金黄、黄绿、绿黄、钴蓝。采用这些颜色的绣线在以绢为主的绣地（也有以罗为绣地的）上刺绣出以龙、凤鸟为主题的各种图案。由此可见，'五采备谓之绣'中的'五采'是指绣线颜色的多样，并不是限于'五采'。"①

火以圜

火以圜。

郑司农云："为圜形似火也。"玄谓形如半环然，在裳。

孙诒让：注郑司农云"为圜形似火也"者，《左传·昭二十五年》杜注云："火，画火。"《续汉书·律历志》："《律术》云：'阳以圜为形。'"火，阳气之尤盛者，故亦为圜形也②。《书·益稷》伪孔传云："火，为火字。"肊说不可从。云"玄谓形如半环然"者，《庄子》释文引《广雅》云："环，圜也。"故郑训圜为环，与司农说异。贾疏谓"与先郑不别"，误。然火形如半环，经典无文，未详其说。云"在裳"者，贾疏云："《虞书》藻火以下皆在裳。"③

丁山《中国古代宗教与神话考·尧与舜》认为："冀父乙鼎也是以'梼杌纹'为主'回纹'为辅的，但于左右蛇身盘屈之处，各填以四个圆圈，圈中且各有六个点子……冀父乙鼎于'梼杌纹'的左右身周围，各缋以四个圆圈，正是《考工记》所谓'画缋之事，火以圜'。然则'梼杌纹'，正是雷电之纹；载记所谓梼杌者，当是雷电之神。"④ 1962年，马承源《商周时代火的图像及有关问题的探讨》认为商周青铜器上的这种"圆涡纹""就是太阳的图像、光的图像"，"可以称为太阳纹""火纹"，"在古代经籍中，这一纹饰正是称之为火"，举"火以圜"及郑司农注为证，图13两龙间置一火纹，就是"火以圜"的具体证据。⑤

图13　上海博物馆藏圆涡夔纹鼎

刘敦愿《圆涡纹与〈考工记〉的"火以圜"》认为丁山和马承源"两家的说法虽然各有不同，但在考订圆涡纹即《考工记》所谓的'火以圜'这一点上则是一致的，我认为这是很正确的。这在使青铜器纹样与文献记载两相符合方面，应该说是一个重大的突破"，提出一种假说："这种圆涡纹是钻木取火劳动的符号抽象化，因此，《考工记》才说是'火以圜'……

① 《中国科技史料》1996年第1期。
② 引者按：《续汉书·律历志》所引《律术》仅有"阳以圜为形"一句（中华书局《后汉书》3001页），王文锦本误将"火，阳气之尤盛者，故亦为圜形也"置于引号内。
③ 孙诒让《周礼正义》3993/3309页。
④ 龙门联合书局，1961年，275—276页。
⑤ 《中国青铜器研究》413—432页，上海古籍出版社，2002年。

由于钻木取火是一种最经常而又最重要的劳动,操作既非常艰苦,而引起火种之后,又为人们带来莫大的喜悦,因此给予人的印象特别深刻。中国古代质朴的,然而又富于智慧的艺术家,从丰富多样的有关火的形象与宗教神话中,选择出了钻木取火这一最基本最常见的现象,加以抽象、夸张、整齐、美化,创作出了这种圆涡纹——他们从俯视的角度,把钻棒与钻孔简化成为两个相套的同心圆,钻棒的圆缩小成为圆心,钻孔的圆扩大成为圆周,再把那四面扩散的火花,稍稍加工成卷曲的弧线,纳入到这两个同心圆之间的面积之内,于是那种常见于中国古代青铜器上的圆涡纹,也就很自然地形成了。这确实是颇具巧思的,因而中国古代所以认为'火以圜'的奥秘便要在这寻找了。"①

后素功

凡画缋之事,后素功。

郑玄:素,白采也。后布之,为其易渍污也。不言绣,绣以丝也。郑司农说以《论语》曰"缋事后素"。

孙诒让:注云"素,白采也"者,《小尔雅·广诂》云:"素,白也。"采谓采色,明非白质。云"后布之者,为其易渍污也"者,白色以皎洁为上,渍污则色不显,故于众色布毕后布之。若先布白色,恐布他色时渍污之,夺其色也。凌廷堪云:"《诗》云:'素以为绚兮',言五采待素而始成文也。今时画者尚如此,先布众色毕,后以粉句勒之,则众色始绚然分明。《诗》之意即《考工记》意也。"云"不言绣,绣以丝也"者,郑意绣以色丝刺之,刺成后不布色,故此不言也。云"郑司农说以《论语》曰'缋事后素'"者,《八佾篇》文。何晏本"缋"作"绘",《释文》云:"本作缋。"先郑所引与陆所见或本同。《集解》引郑注云:"绘,画文也。凡绘画,先布众色,然后以素分布其间,以成其文②。"与此事同,故引以为证。俞樾云:"《玉人》'璋邸射,素功',司农云:'素功,无瑑饰也。'然则素功不专以画缋言。凡不画缋者,不雕琢者,皆谓之素功。画缋之事后素功,言其居素功之后也。孔子言绘事后素,义亦如此。"案:俞说与郑异,而与《玉人》文合,义亦得通。③

"凡画缋之事,后素功",刘道广《孔子的"绘事后素"和"质素"说浅析》认为这是指"所有涉及到'杂五色'的画缋之事,都必须经过最后一道'素',工作才告'功',全部工艺至此完成。这里的'素',是指素色而不是画缋的粉底":

"凡画缋之事",要"后素"才算功,是由当时画缋的内容和制作材料本身的性质所决定的。它的内容是为标明执政者的不同等级服务,制作不能马虎从事,《周礼·春官·宗伯下》云:"春官司常,掌

---

① 《浙江工艺美术》1985年第1、2期,原题《青铜器装饰艺术中的"火以圜"——圆涡纹含义的探索》,引自刘敦愿《美术考古与古代文明》178—187页,人民美术出版社,2007年。

② 引者按:"凡绘画,先布众色,然后以素分布其间,以成其文"仍为《集解》引郑注(阮元《十三经注疏》2466页中),王文锦本误置于引号外。

③ 孙诒让《周礼正义》3995—3996/3311页。

九旗之物，名各有属，以待国事。日月为常，交龙为旗，通帛为旜，杂帛为物，熊虎为旗，鸟隼为旟，龟蛇为旐。全羽为旞，析羽为旌。……皆画其象焉。"在天子大阅时，不同等级的职位都有不同图案形象的旗帜作为自己的标志。……凡此种种须用色彩的图案，即"画缋之事"，都是在帛之类的丝织物上赋色。由于纤维及经纬编织的关系，赋色时一般都要产生互相渗化的现象，尤其是当胶质不够的时候，渗化最为严重。这些渗化的色彩也就往往弄"脏"了画面，使图案内容不够清晰明确。这样就只有用与帛相同色调的色彩进行修整，才可以遮掉那些渗化部分而使图案形象突出来。因此，从工艺制作的角度来说，无论使用什么色彩，绘制什么样的图案，也就都必须有最后一道使用单一色彩的修整和提醒过程才算全部完成。正如今天的某些绘制工艺，如制版稿，最后都要用粉（白色）修整一样。那么"素"是指一种什么样的色彩呢？"子曰：吾思夫质素，白当正白，黑当正黑。""素"就是指某种纯正单一的"极色"。在这里，如《诗·召南·羔羊》中"羔羊之皮，素丝五纮"一样，是指白色。①

陈维稷主编《中国纺织科学技术史（古代部分）》认为是"在上彩色后，再画白色花纹加以衬托"："从周代画绘图案之复杂，色彩之丰富，可以推测当时用于画绘的颜料液中，必定加了浆料作增稠剂。否则由于颜料液体渗化，会导致图案模糊，色彩混杂，就不可能完成上述工艺要求。分析出土的周代绣痕②可看到一个复杂的工艺过程。即丝绸先用植物染料染成一色，然后用另一色丝线绣花，再用矿石颜料画绘，此即所谓'绣画并用'，'草石并用'。将朱砂、石黄研细，调成黏稠的液体（可能用淀粉、动植物胶为浆料和黏合剂），画绘时，既能把草染地色覆盖，又不渗化，花纹边缘清晰锐利。而且当时画工已经知道，图案背景的洁白，可以突出花纹，加强效果。因而必须在上彩色后，再画白色花纹加以衬托，即所谓'绘事后素''素以为绚矣''后素功。'"③陈维稷主编《中国纺织科学技术史（古代部分）》证之以出土文物："1979年，在江西贵溪仙岩一带的春秋战国崖墓中出土了双面印花苎麻织物，这是迄今所发现的最早的印花织物④。它的花纹为银白色，印在深棕色的苎麻布上，印花用的涂料，经初步分析是含硅化合物⑤。印花布虽然有好几块，但面积太小，无法判断所采用的型板和印制工艺。值得庆幸的是崖墓中同时出土了两块刮浆板，板薄，断面楔形，平面长方形（25×20厘米），短把。这个主要的发现，不仅证实了前引《周礼》和《论语》中关于画绘和白色涂料的记载是可靠的，也证实了当时确已开始采用浆料，在春秋战国之交，印花工艺已正式在生产中出现（图Ⅱ6-4-1）。"⑥

后德俊《楚文物与〈考工记〉的对照研究》指出楚墓中出土的器物所反映的情况却不是先上彩色再画白色背景图纹："楚墓中出土的彩绘漆器，一般是在黑（或红）色面漆上进行彩绘，背景是先有的。楚墓中出土的锦、绣等丝织品其绣地的颜色也预先就有的，不存在先绣彩色图案，后加白色背景的情况。"后德俊认为"后素功"中的"后"即是"厚"，是依赖的意思；"素"是素描，即画的底稿；"功"即功底，指画稿的水平。就是说，绘画的好坏依赖于

① 刘道广《孔子的"绘事后素"和"质素"说浅析》，《学术月刊》1983年第12期。
② 李也贞等《有关西周丝织和刺绣的重要发现》，《文物》1976年第4期。
③ 科学出版社，1984年，86页。
④ 刘诗中等《贵溪崖墓所反映的武夷山地区古越族的族俗及文化特征》，《文物》1980年第11期。
⑤ 绢云母、蜃灰均为含硅的化合物。
⑥ 科学出版社，1984年，86—87页。

画稿水平的高低。并在出土文物上可以找到有关的证据：

（1）湖北江陵马山1号楚墓中出土的绣品，在一些彩色丝线旁边至今还能看到用淡墨先画的底稿，说明刺绣时是按预先绘好的画稿进行的。绣品上刺绣成的龙凤等图案为什么会栩栩如生，就是因为画稿水平高的缘故。荆门包山2号楚墓出土的绣品上局部还保留有原来描绘的画稿，一般以红色与黑色绘出。刺绣时，绣工对画稿往往有些小的改动故而使画稿有些暴露。

（2）楚墓中出土的彩绘漆器，其彩绘花纹也是在底稿上绘制的，因为彩绘的线条一般都是一段段画出来的，也就是按照画稿绘制的，如果没有底稿完全可以一气呵成，不必要一段段地画。另外，一些大型的彩绘漆器如曾侯乙墓的内、外棺，画面大，内容多，如事先没有画稿是难以绘制的；而一些小型彩绘漆器因画面内容复杂也必须先有画稿，如江陵雨台山楚墓出土的鸳鸯豆、荆门包山楚墓出土的漆奁上的"出行图"等。[①]

邵碧瑛《"素功"辨异》批评后德俊说"夸大了出土文物的印证作用，将之凌驾于语言文字发展规律之上，背离了词义的时代性原则，生造出当时不可能存在的词义"[②]。

赵匡华、周嘉华《中国科学技术史·化学卷》评论道："在衣服上绘画是如此复杂的事物，且又色彩鲜明，并还有白色，在那个时代显然用植物染料是绝对办不到的，只可能是利用矿物颜料。"列举出周代用于石染、石绘的八种颜料：（1）赭石。是一种赤铁矿粉，主要成分是Fe_2O_3，呈棕红色或棕橙色。（2）丹砂。主要成分为HgS。至迟在商周之际，它已被用来涂染麻布、绢绸。由于它来之不易，只可能用来在华贵的织品或器物上进行画绘，为王室、权贵所享用。（3）石黄。石黄包括雌黄与雄黄，黄色成分分别是As_2S_3和As_4S_4，雌黄粉末色黄，雄黄粉末色橙，它们是先秦时期主要的黄色天然矿物颜料。（4）空青。又名青䂩，是一种结构疏松的碱式碳酸铜矿石，即孔雀石之类，颜色翠绿，青色成分是$CuCO_3 \cdot Cu(OH)_2$，是先秦乃至后代最重要的绿色颜料，色泽鲜艳，性质稳定。（5）曾青。即蓝铜矿石，呈翠蓝色。蓝色成分是$2CuCO_3 \cdot Cu(OH)_2$，又名石青、大青、扁青，是先秦乃至后代主要的蓝色颜料。（6）胡粉。又名

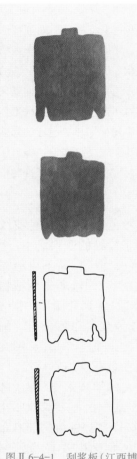

图Ⅱ6-4-1　刮浆板（江西博物馆提供）

① 后德俊《楚文物与〈考工记〉的对照研究》，《中国科技史料》1996年第1期。
② 邵碧瑛《〈考工记〉之〈函人〉〈画缋〉考辨》，杭州师范学院汉语言文字学专业硕士学位论文，2007年，46页。

糊粉，即铅白，化学成分是碱式碳酸铅$PbCO_3 \cdot Pb(OH)_2$。它可以说是中国最早的一种人工合成的颜料。（7）蜃灰。是煅烧蛤蚌之壳所得之白灰，基本上就是氧化钙（石灰），是周代时常用的帛、麻脱胶剂，也是较廉价的白色涂料，不仅用来画绘织物、祭器，而且已用于涂饰宗庙墙壁，此外还垫墓穴以防潮。（8）墨。中国最早的墨是研磨石炭（煤）为汁，以书写。①

邵碧瑛《"素功" 辨异》根据出土的绘画资料，进一步补正郑注不可易，"'后素功'就是后施白彩，指的是一种绘画技巧"：

> 1976年，在金雀山九号汉墓出土一幅长200、宽42厘米的帛画②。据刘家骥、刘炳森对之临摹所感，该画在绘制方法上，采用的主要方法是先用众色平涂，后用红、白色勾勒，以起 "提神" 作用：
>
> > 这幅帛画的绘制方法，主要是以淡墨线和朱砂线的灵活运用，先起画稿，然后分别用各种颜色以平涂方法绘出画意，最后以朱砂线和白粉线作部分勾勒。……至于勾线，多是在染色之后，只是用以 "提神"，起些辅助作用，而不是利用勾线解决一切画意的造型问题。实际上，用后来的绘画技法比喻，就是先用 "没骨" 法，后辅以部分勾勒。③
>
> 马王堆一号汉墓出土的印花敷彩纱，是一种用印花和彩绘相结合的方法加工而成的丝织物。该墓出土的同类实物约有五种，设色虽各有不同，但花纹相似，工艺也一致。考古研究者已对它们的制作工艺作了还原，王抒《马王堆汉墓的丝织物印花》一文以标本N–5④为例，根据其笔墨关系，对绘花敷彩工序作了细致还原，为我们正确理解 "后素功" 提供了可靠的文物印证。
>
> > 银灰色的藤蔓底纹可以说是图案的基础。印得底纹之后，等于为敷彩工艺打了底稿。随即可以按设计要求进行彩绘。……关于绘花敷彩的过程，从几件标本的笔墨关系分析，一般约有六道工序。（一）在印好的底纹上，先绘出朱色的花穗（或花蕊）。（二）用重墨点出花穗的子房。（三）勾绘浅银灰色的叶（或卷须）、蓓蕾及纹点。（四）勾绘暖灰色调的叶与蓓蕾的苞片。（五）勾绘冷灰（近于兰黑）色调的叶。（六）最后用浓厚的白粉勾结加点。做到这里，印花和敷彩的全部工艺才算完成。⑤

N–5标本印、绘工序示例

1. 一版所印成的底纹　2—7. 敷彩顺序　8. 完成后的样子（《考古》1979年5期图版拾贰图3）

---

① 科学出版社，1998年，621—623页。

② 临沂金雀山汉墓发掘组《山东临沂金雀山九号汉墓发掘简报》，《文物》1977年第11期。

③ 刘家骥、刘炳森《金雀山西汉帛画临摹后感》，《文物》1977年第11期。

④ 按：标本N–5即印花敷彩衾被类残片，该标本残片数量较多。

⑤ 王抒《马王堆汉墓的丝织物印花》，《考古》1979年第5期。

按：古代印花，起源于彩绘。上述标本N–5可谓是由彩绘向印花过渡时的产物，因而可据此研究古代绘画技巧。王㐨对绘花敷彩工序的还原，特别是其中的第六条工序——“最后用浓厚的白粉勾结加点”，可以说正是“画缋之事后素功”的工艺再现。也正因为此，画面效果才能达到“没有渗化污渍之病，花地清晰”①，而这正与郑玄所注“后布之，为其易渍污也”暗合。

有人可能会以《考工记》为先秦时期的手工艺汇编为由提出质疑，认为马王堆一号汉墓出土的丝织物上的敷彩印花、金雀山九号汉墓出土的帛画都为汉代绘画工艺，尚不足以说明“后素功”为后施白彩。我们认为，这种怀疑是必要的，但担心却是多余的。1973年5月，在长沙市城东南子弹库发现的战国时期《人物御龙帛画》②中，即可见此种绘画技法的端倪。该帛画为细绢地，呈长方形，长37.5、宽28厘米，右边和下边未加缝纫。最上横边裹着一根很细的竹条，上系有棕色丝绳。整个画幅因年久而呈棕色。出土时平放在椁盖板与外棺中间的隔板上面，画面向上：

> 这幅帛画与《晚周帛画》时代大体相当，从共存的器物组合判断，应是战国中期的作品。……设色为平涂和渲染兼用。画中人物略施彩色，龙、鹤、舆、盖基本上用白描，画上有的部分用了金白粉彩，是迄今发现用这种画法的最早的一件作品。③

按：据上述发掘报告的描述，结合相关研究文献提供的绘画彩图④，其绘画过程大致应当是先白描，再用淡彩平涂和渲染，而金白粉彩则最后施用。这样既可避免金白粉彩被他色污渍，又可起到加强艺术效果的作用。

此外，专家从技术层面对当时的印花和印花敷彩技术作过较全面分析，也认为马王堆一号汉墓出土的丝织品绝非草创时间的作品：

> 彩绘和印花，据传起源于秦汉以前，但从未见过早期实物。这次出土的印花、彩绘很多，归纳为印花和印花敷彩两种，花纹也只有两种，即：印银白云纹灰色纱和印茱萸花敷彩柘黄纱。前者，以灰色方孔纱为地本，用白色和银粉套印成白色细线、金色小圆点的云纹图案，花色极为淡雅。白色细线匀劲，高而弧度大，光洁挺拔；金点小而圆厚，立体感强。后者，以柘黄色方孔纱为地本，先用黑色印出茱萸花枝干，再用白粉、朱红、蓝、黄等色描绘花枝叶，花纹单元小，色彩调和，线条秀丽，笔触明显，别具风趣。两者的共同点是，线条细而均匀，极少有间断现象，用色厚而立体感强，没有渗化污渍之病，花地清晰，全幅印到，可见当时配料之精，印制技术之高，都达到了十分惊人的程度。从这批印花、彩绘品的制造水平看，决不同草创时期的作品，它们的创始，应当还要早得多。⑤

赵承泽主编《中国科学技术史 · 纺织卷》还利用现代光谱分析材料，得出当时白色颜料的来源是硫化铅和云母：

> 硫化铅和云母皆为古代施色用白色颜料。长沙马王堆一号汉墓出土印花敷彩颜料的光谱

---

① 魏松卿《座谈长沙马王堆一号汉墓 · 关于丝织品》，《文物》1972年第9期。

② 刘治贵在《中国绘画源流》（湖南美术出版社，2003年，436页）中曾这样评价《人物御龙图》，他说“《人物龙凤图》和《人物御龙图》，是战国时期绘画艺术最具代表性的作品，是迄今我国发现最早的绘画作品，亦是目前所知世界上最早的丝质品上的绘画”。

③ 湖南省博物馆《新发现的长沙战国楚墓帛画》，《文物》1973年第7期。

④ 参考张长寿、殷玮璋主编，中国社会科学院考古研究所编《中国考古学 · 两周卷》，中国社会科学出版社，2004年，图版30长沙楚墓出土的战国帛画。

⑤ 魏松卿《座谈长沙马王堆一号汉墓 · 关于丝织品》，《文物》1972年第9期。

分析表明,这件作品勾绘叶片边缘的白色颜料为绢云母和硫化铅[1],按照古籍所载,白色颜料是在别的色彩都施绘完后最后使用的色彩,即《考工记》所谓"画绘之事后素功"[2],清戴震注[3]:"素,白采也。后布之,为其易污渍也。"[4]

尽管都是绘画后用白彩,细细品味战国帛画和汉代敷彩印花和帛画,它们运用白彩的技法是有区别的。人物御龙帛画所用之金白粉彩,应是渲染或点缀,金雀山帛画则是后用白线勾勒,马王堆汉墓敷彩印花"最后用浓厚的白粉勾结加点"当是勾勒、点缀兼而有之[5]。由此,我们认为郑玄所谓的后施白彩,若从具体技法上细分,可能还包含了勾勒、点缀、渲染等手法的不同。而且,就地下出土绘画资料看,后施白彩除了为防止画面渍污外,似乎还兼有"提神"作用。这可能就是凌廷堪所谓的"先布众色毕,后以粉勾勒之,则众色始绚然分明"[6]。也正因为此,"后素功"在后代就成了绘画技巧纯熟运用的代名词。"妙手能收后素功,画苑群工空叹息"[7],即反映了这一情况。[8]

2. 钟氏

钟氏　羽　朱　丹秫

钟氏染羽,以朱湛丹秫三月,而炽之。

孙诒让:"钟氏染羽"者,名义未详。《职金》说受丹青之征有数量,《掌染草》"敛染草"亦云"以权量受之"。若然,此工受染石染草,或以钟鬴计与?此工掌染羽,与染人染布帛丝枲职互相备,凡石染法略同也。云"以朱湛丹秫三月,而炽之"者,贾疏云:"《染人》云'春暴练,夏纁玄',注云:'石染,当及盛暑热润始湛研之,三月而后可用。'若然,炽之当及盛暑热润,则初以朱湛丹秫,春日豫湛,至六月之时即染之矣。"案:贾意盖谓季春湛石,历三月至季夏,乃染。凡染羽,盖皆用石染。《说文·木部》云:"朱,赤心木。"假借为赤石之名,即《职金》之丹。故《吕氏春秋·诚廉篇》云:"丹可磨也,而不可夺赤。"《论衡·率性篇》云:"染之丹则赤。"《乡射记》注云:"丹浅于赤。"贾彼疏谓朱与赤同,丹亦浅于朱。盖丹朱浅深虽异,而其染石用丹砂则同。以朱湛丹秫,此专据染赤法。若四入以后,将染黑,则以涅不以朱,其湛炽淳渍法同尔。染法,互详《染人》疏。

---

① 上海纺织科学院主编《马王堆一号汉墓出土纺织品研究》,文物出版社,1973年。
② 按:《考工记》"绘"作"缋"。
③ 按:此当为郑玄注,且"为其易污渍也"中的"污渍"当为"渍污"。
④ 赵承泽主编《中国科学技术史·纺织卷》,科学出版社,2002年,285页。
⑤ 这从我们所附的图片上也可看出。
⑥ 凌廷堪著,王文锦点校《校礼堂文集》,中华书局,1998年,146页。
⑦（明）吴宽《题周仲瞻藏彩绣花鸟》,《匏翁家藏集》卷十九,上海涵芬楼影印《四部丛刊》本。
⑧ 邵碧瑛《〈考工记〉之〈函人〉〈画缋〉考辨》,杭州师范学院汉语言文字学专业硕士学位论文,2007年,42—45页。

郑司农云："湛，渍也。丹秫，赤粟。"玄谓湛读如"渐车帷裳"之渐。炽，炊也。羽，所以饰旌旗及王后之车。

孙诒让：注郑司农云"湛，渍也"者，《月令》"湛炽必洁"，注同。谓合染羽之色，先以朱及丹秫渍而炊之也。《一切经音义》引《通俗文》云："水浸曰渍。"云"丹秫，赤粟"者，《说文·禾部》云："秫，稷之黏者。"程瑶田云："稷，大名也。黏者为秫。北方谓之高粱，或谓之红粱，通谓之秫。秫其黏者，黄白二种；不黏者赤白二种。民俗多种赤者，故得专红粱之名也。"案：赤秫疑亦有黏不黏两种，程偶未见耳。此染羽当用黏者。《尔雅·释文》云："江东人皆呼稻米为秫米。"《古今注》云："稻之黏者为秫。"此以秫为黏稻，盖汉晋以后方语之变易，周秦时所未有也。云"玄谓湛读如渐车帷裳之渐"者，依注例，"读如"当作"读为"，明湛改读为渐，而后得训渍也。渐车帷裳，《卫风·氓篇》文。毛传[1]云："渐，渍也。"与先郑义同。段玉裁云："湛者，今之沉溺字，于义无施，故易为渐渍之渐。"云"炽，炊也"者，《月令》注同。炽即饎之借字。《月令》"湛炽"，《吕氏春秋·仲冬纪》作"饎"，高注亦云："饎，炊也，饎读炽火之炽。"云"羽所以饰旌旗及王后之车"者，贾疏云："《司常》云：'全羽为旞，析羽为旌。'自余旌旗竿首亦有羽旄，《巾车》有重翟、厌翟、翟车之等，皆用羽是也。案《夏采》注云：'夏采，夏翟羽色。《禹贡》徐州贡夏翟之羽，有虞氏以为緌。后世或无，故染鸟羽，象而用之，谓之夏采。'此是钟氏所染者也。"

淳而渍之。

郑玄：淳，沃也。以炊下汤沃其炽，炊之以渍羽。渍犹染也。

孙诒让：注云"淳，沃也"者，《广雅·释诂》云："潪、沃，渍也。"《说文·水部》云："潪，渌也。"淳即潪之隶省。淳沃并以水浇渌物之称，故郑此注及《士虞礼》《内则》注并训淳为沃。云"以炊下汤沃其炽，炊之以渍羽"者，贾疏云："上炽之，谓以朱湛丹秫，三月末乃炽之，即以炊下汤淋所炊丹秫，取其汁以染鸟羽，而又渐渍之也。"案：贾说非也。郑意盖谓炊者，以箅隔水炊之，水气上炊而下于汤，炊毕，遂以所炊之汤，复沃所炊之朱秫，并炊之使浓厚，乃可染也。经止言淳沃，不言更炊，注知更炊者，盖据汉时染羽法如是。云"渍犹染也"者，亦谓浸而染之。段玉裁云："与上文注渐渍不同训，贾疏误。"[2]

对于"钟氏"，刘明玉《〈考工记〉服饰染色工艺研究——试论"钟氏染羽"》的推测近似孙诒让："在春秋战国时的齐国，'钟'字的含义之一是一种容量单位……钟是和豆、区、釜并列的容量单位，十釜为一'钟'。古代的容量单位名称多是从器物名得来，因而'钟'字应该也有容器的含义，其偏旁从金，可知是一种金属器物，而当时的金属主要就是青铜，据此可推测'钟氏染羽'的'钟'就是一种青铜盛器，其用途是提炼、盛装染液，染治服饰品的。"[3]赵承泽主编《中国科学技术史·纺织卷》则释"钟"为"重"："钟者，重也，多次浸染也，因而必为植物染料所染，而朱砂涂染是做不到这一点的。钟氏的命名与㡛氏一样，在古

---

① 引者按："渐，渍也"并非毛传，而是陆德明释文（阮元《十三经注疏》325页上）。
② 孙诒让《周礼正义》3996—3998/3312—3313页。
③ 《武汉理工大学学报》（社会科学版）2007年第1期。

代往往是以工艺名而代工匠名的。""'钟氏'之钟字,应解为大型器皿,在此指代用它从事染色生产的工匠,以从事的工艺性质和所使用的工具指代工匠名称,在秦以前是习见的,《考工记》中这样的称谓很多,无须枚举。"①赵翰生、李劲松《〈考工记〉"钟氏染羽"新解》认为赵承泽说有一定道理,进而释"钟"为"緟":"因为它与《周官集解》所云:'钟氏掌染羽名曰钟,何也? 为羽不受色,其染尤难,至于久,然后其色聚焉,故名官曰钟。钟者聚也,欲其色钟聚于此也',《周礼详解》所云:'物莫重于钟,莫轻于羽。羽之色欲其重,故以钟氏染之',两文中的'聚''重'之意吻合。亦就是,'聚'缘于'重'(chóng),'重'(chóng)乃至'重'。中国传统绘画中的'工笔重彩'之绘法,无疑为这种说法作出了准确的诠释。'钟'有'重'意,故以'钟'代'重'命名之。而'重'即'緟',《说文》'重,厚也。凡重之属皆从重'緟,增益也'。《玉篇》:'緟,迭也,复也。或作褈。今作重。'又《集韵》緟'一曰厚也'。緟与文中'三入''五入''七入'之重复进行的丝绸染色工艺是极为相符的,而且緟字内涵意思中还有丝帛之意,如《集韵》释緟为'缯缕也'。以此推知,《考工记》中'钟氏'从金不从系,实乃'钟'为'緟'之假借字。"②

对于"羽",赵翰生、李劲松《〈考工记〉"钟氏染羽"新解》质疑"飞禽羽毛"说,认为"不可能是指飞禽羽毛,应与丝帛有关":"所记画、缋、筐、帾四工皆与丝帛着色有关,为何处于上下文位置的'钟氏染羽'除外? 这太不符合行文规范或习惯了","羽毛表面有一层油脂,着色时必须将其去除方能使羽毛着色。但去除油脂后,羽毛特有的油光明艳之特点丧失殆尽,为其着色又有何意义?"《周礼·天官·叙官》"夏采"郑玄注:"夏采,夏翟羽色。《禹贡》:徐州贡夏翟之羽。有虞氏以为绥,后世或无,故染鸟羽,象而用之,谓之夏采。"《周礼·天官·染人》"染夏"郑玄注:"染夏者,染五色,谓之夏者,其色以夏狄为饰。《禹贡》曰:'羽畎夏狄',是其总名。其类有六……其毛羽五色皆备成章,染者拟以为深浅之度,是以放而取名焉。"孙诒让正义:"染丝帛与染羽术同。"赵翰生、李劲松认为:"'染者拟以为深浅之度,是以放而取名焉'这句话非常关键,一语道出了'羽'之内涵。我们知道周代的礼仪制度对什么场合穿什么颜色的服装有着严格的规定,而统一颜色的前提是必须要有具象色样作为标准,就像今天染色生产中所用的色标一样。所以此'羽'字当含有以特定羽毛为标准色样之意,亦有泛指'五色'(多彩)之意。由此可推知'染羽'实乃是借用'羽'之多彩,隐喻染出多彩的丝帛。"③

对于"朱",陈维稷主编《中国纺织科学技术史(古代部分)》沿袭传统说法,认为是朱砂:"这段文字记载是石染法。在汉以前,朱砂用作服装或其他物品的着色颜料是比较多见的,很多出土文物上都沾有朱砂痕迹,因此,这样的解释是比较可信的。"④对于"丹秫",陈维稷主编《中国纺织科学技术史(古代部分)》根据《钟氏》郑司农注以及《尔雅·释草》"众秫"郭璞注"谓粘粟也"、《说文·禾部》"秫,稷之粘者"、崔豹《古今注》"稻之粘者为

① 科学出版社,2002年,270—271页。
② 《广西民族大学学报》(自然科学版)2012年第3期。
③ 《广西民族大学学报》(自然科学版)2012年第3期。
④ 科学出版社,1984年,84页。

秫"、程瑶田《九谷考》"秫为粘稷""认为丹秫是一种以粘为特征的谷物"[1]。"以朱湛丹秫，三月而炽之"，陈维稷主编《中国纺织科学技术史（古代部分）》指出："是指矿石颜料、黏性谷物一起浸泡很长时间，通过发酵作用，谷粒分散成为极细的淀粉粒子，然后炊炽之，淀粉转化为浆糊，显出很大黏性。此时，'淳而泽之'，颜料粒子就粘在羽毛纤维上。干燥后即生成有色的淀粉膜，短时间的水淋也不会脱落。这样的牢度，对于装饰用的羽毛或者祭服来说，大概也就可以了。古代染工选择黏性大的秫为黏合剂，是颇具匠心的。"[2]

赵匡华、周嘉华《中国科学技术史·化学卷》认为陈维稷的解释值得商榷：

第一，贾公彦在解释"钟氏染羽"中的"三入为纁"多次复染时明确说"三入谓之纁……此三者皆以丹秫染之"，丹秫显然是红色染料或颜料，怎么可能是谷物；其二，"以朱湛丹秫"，按语意，"朱"应该是红色液体，才能去浸渍丹秫，不应是固体朱砂；其三，在先秦时，"丹砂"尚无"朱砂"的别名，梁代陶弘景的《本草经集注》谓："丹砂……即是今朱砂也。"所以"朱砂"一词的出现当在魏晋以后，《周礼》中的"朱"若解释为"丹砂"依据不足；其四，谷物的黏性是由于其中的淀粉经糖化或加热后，水解出糊精。但这类多糖类物质，在暑热之季，又很快会发酵水解变酸或发霉而失去黏性，所以从"春日湛之，至六月之时"，经过三个月后，肯定已经无黏性而腐臭了。[3]

赵承泽主编《中国科学技术史·纺织卷》质疑"朱"为朱砂、"丹秫"为赤粟"是缺乏起码实践经验的纸上猜度"："首先，秦以前，朱并不特指朱砂，朱砂在秦以前有丹、丹砂、辰砂等名，而未出现朱砂一名，将朱仅解为朱砂是不对的，因此石染说也不是唯一的；其次，认为其染色是将丹秫与朱砂一起炊炽三个月，然后上染鸟羽。这样的解释实在太牵强了。将丹砂熬制三个月并不能有助于其'变成更细小的颗粒'，丹砂类矿物颜料若要得到更细小的颗粒必须依靠研磨方法；更何况丹砂是天然的硫化汞，在加温情况下毋需长期熬制即会升炼为单质汞，即水银而失去其色彩；在盛夏时节连续三个月'炊炽'熬制'黏性谷物丹粟'是不可能的，糊料一经熬制会很快水解，且不论即使放置时间再长，也无助于朱砂的颗粒与黏合剂的充分混合；再者，这一条所记是'染羽'，这也是应该充分注意到的。羽毛是动物纤维，去除油脂后显得松软飘逸。如果按照郑说，以黏性谷物作为糊料为羽毛涂染朱砂，羽毛不是布帛，它本身的分量很轻，羽毛纤维被加了黏合剂的矿物颜料黏住，则必定硬挺、沉重而滞涩，又怎么可能保持羽毛特有的轻柔的美感呢？……另外，动物羽毛以织物染料上染的染色性能颇佳，《考工记》成书年代，我国植物染已经相对发达，似无必要以朱砂加黏合剂这样麻烦而效果又差的方法涂染，更何况还要'炊炽三月'。"[4]

赵翰生、李劲松《〈考工记〉"钟氏染羽"新解》补充质疑："把朱砂和丹秫一起浸泡三个月，丢失黏性的丹秫是不可能将朱砂黏附在着色之物上的。仅此一'硬伤'，其说就很难自圆。"[5]

[1]　科学出版社，1984年，85页。
[2]　科学出版社，1984年，85页。
[3]　赵匡华、周嘉华《中国科学技术史·化学卷》，科学出版社1998年，628页。
[4]　科学出版社，2002年，270页。
[5]　《广西民族大学学报》（自然科学版）2012年第3期。

　　赵匡华、周嘉华《中国科学技术史·化学卷》认为"朱"为朱草、"丹秫"即丹粟、丹砂："为了制作丹砂颜料，其工艺中要'以朱湛丹秫'。对于'丹秫'，郑玄注曰：'丹秫，赤粟。''赤粟'当然也就是'丹粟'，按'丹粟'是春秋战国时丹砂的别名。……而'朱'者，既然'以朱湛丹秫'，那么当是一种液体，更可能是红色，所以很可能是指'朱草'的浸泡液。按'朱草'是一种红色的草，很早就是用作染红的染料植物。……我们可以推测，朱草大概就是茜草类植物"，"茜草（Rubia cordifolia）是茜草科多年生攀援草本植物，根部为红黄色，其中所含色素的主要成分是红色的茜素和茜紫素，春秋两季皆可采收，但以秋季挖到的根较好，既粗壮且含色素丰富，因而呈深红色。采集后晒干贮存，用时切成碎片，以温汤抽提茜素。"[1]

　　赵承泽主编《中国科学技术史·纺织卷》赞同赵匡华说，介绍"茜草含茜素（$C_{14}H_8O_4$），是媒染染料，使用不同的金属盐及配方和染色工艺可得到从浅黄到绛红的十分广阔的暖色色谱"，并介绍了其在实验室条件下所做的茜草和苏方的染色模拟实验："以苏方的色素萃取液反复多次浸染丝绢，得到的样品与一次浸染的丝绢样品色泽差别几乎可以忽略不计，而以茜草加入不同种类的媒染剂，或在几组对照染液中媒染剂的用量不同，结果样品的色泽差别明显。由此得出，《考工记·钟氏》条所记确为茜草染色。"[2]赵承泽指出："为红色的植物染料，如联系下文的三入、五入、七入文字看，则只有媒染染料能达到这样的工艺要求，即一染一入即可得到一种完全不同的色谱，而秦以前最常用的红色媒染染料是茜草。苏方虽然可染出鲜艳的红色，但根据笔者所作的模拟染色实验，在相同工艺条件下多次浸染的色泽差别不大，不会出现色名完全不同的差别明显的色谱。"认为"以朱湛丹秫三月而炽之淳而渍之"当断句为"以朱湛丹秫，三月。而炽之，淳而渍之"，应理解为"以植物染料茜草的浸泡液加入硫化汞，研磨三个月"："丹砂是坚硬的矿物颜料，要得到细微颗粒，需要长时间研磨，这里的'三月'实际上是指研磨丹砂所用的时间。至于为什么要在盛夏时节研磨丹砂，与加工目的和加工工艺有关。湛水研磨丹砂的目的并不是为了'以细小颗粒与糊料充分混合上染羽毛'……而是为了得到茜草染色所需的作为媒染剂的硫酸根。盛暑时，加水（朱草的浸泡液）慢慢研磨的过程中，丹砂即硫化汞分解，其中的汞元素在一定温度条件下挥发，而硫元素与水产生氧化反应形成硫酸根，之所以需时三个月，正反映了先秦时丹砂加工工艺的原始状态。三月后，炊炽之，加热，因为茜素需在热水中抽提。淳，提纯浓缩，渍之，上染。秦以前，中国古代常用的大型器皿一般为铜制容器，官方所用染色器皿亦更应为铜器。硫酸根与铜制容器中的铜生成硫酸铜，成为可发色上染织物的媒染剂。三月后，加热，促使茜素析出，提纯浓缩，上染羽毛，并且由于染色配方的不同，可得到浅深不同的色彩。丹砂中含的硫元素与水生成氧化反应而产生硫酸根进而再生成硫酸铜的过程比较慢，但放置不会造成染液的发酵腐败，这是因为丹砂具有防腐作用，而以丹砂为防腐剂在中国古代是应用十分普遍的。"[3]

————————————

① 科学出版社,1998年,628、624—625页。

② 科学出版社,2002年,277页。

③ 科学出版社,2002年,270—271页。

　　赵翰生、李劲松《〈考工记〉"钟氏染羽"新解》质疑赵承泽上述说法"看似合理,实则不然":"一者,纁、缊、缁三色,皆为常见之色,染量极大。此说将染色器皿限定在铜质材料上,但在当时是否能普遍使用铜质染缸,从成本到规模来说可能性都极小;二者,茜素在铜媒染剂作用下只能增加红色的明艳度而不可能使红色变成黑色。"①并且质疑赵匡华、周嘉华"朱"为朱草说:"茜草是古代使用最广泛的红色染料,有茹藘、茅蒐、蒨草、地血、牛蔓等多种别名,未见'朱'之名称。早在春秋时期用茜草染色的技术就已相当成熟,如《诗经》中便有多处提到茜草和其所染服装,如《诗经·郑风·东门之墠》云:'东门之墠,茹藘在阪。'《诗经·郑风·出其东门》云:'缟衣茹藘,聊可与娱。'《考工记》成书时,茜草已普遍使用,人们对茜草耳熟能详,而《考工记》却以'朱'命名之,不以'茜'直接记述,有悖常理,令人费解。"②

　　"朱",闻一多认为是柘木。《说文·木部》:"朱,赤心木也,松柏属,从木,一在其中。"闻一多《释朱》指出:"'松柏属'三字,似后人所黏,自余皆许旧文。许说亦自不误。云'赤心木'者,赤心二字,义别有在,非中心赤色之谓。""木身之具有尖刺状者二,古皆曰心,一为松属之叶,所谓松心是也,一为棘属之芒,所谓棘心是也。""赤心即棘心,亦即刺……许君训朱为赤心木,犹言有刺之木矣。""朱为木名,不见于经传。以声求之,疑即柘木。朱在侯部端母,柘在鱼部定母,最相近,朱转为柘,固自可能。株邑一曰柘城。……朱有刺,柘亦有刺,而二字复声近可通,朱柘一木,殆无可疑。""凡表采色之名,多以染料之名名之,而古人染料取诸植物者尤夥。柘木即朱木,朱可以染,故为木名,又为色名。……盖矿物之可以染赤者谓之洀,植物之可以染赤者则谓之柘,其例一也。"引以为证的柘染记载有:《太平御览》九五八引《四民月令》:"柘染色黄赤,人君所服。"《本草》:"柘木染黄朱色,谓之柘黄,天子服柘黄。"《封氏闻见记》四:"赭,赤色。赭黄,黄色之多赤者,或谓之柘木染。"③

　　赵承泽主编《中国科学技术史·纺织卷》认为闻一多的解释"虽可作为一家说,但未对后面的'炊炽'等文字给出解释,同时未能考虑到,柘木色素的来源是相对稀少的,无法满足秦以前大规模染赤的需要"④。赵翰生、李劲松《〈考工记〉"钟氏染羽"新解》认为"柘为落叶灌木或小乔木,非四季常青之植物,与《说文》所载朱系'松柏属'之说相左。而闻一多仅以一句'松柏属'系'后人黏附之语'解释,是很难令人信服的","从染色机理来说,释'朱'为柘木也行不通。因为用柘木只能染稍有红光的黄色。史载,自隋唐以来帝王所服之黄色多由柘木所染。唐王建《宫词》之一:'间著五门遥北望,柘黄新帕御床高。'元顾瑛《天宝宫词寓感》之十:'娣妹相从习歌舞,何人能制柘黄衣。'明李时珍《本草纲目·木三·柘》:'其木染黄赤色,谓之柘黄,天子所服。'柘木和茜草一样,无论是加入铝盐或是铁盐媒染,都不能出现黑色(见表1)。"⑤

————————

① 《广西民族大学学报》(自然科学版)2012年第3期。
② 《广西民族大学学报》(自然科学版)2012年第3期。
③ 原载《文学年报》第三期(1937年5月),引自闻一多《古典新义》527—536页,古籍出版社,1956年。
④ 科学出版社,2002年,270页。
⑤ 《广西民族大学学报》(自然科学版)2012年第3期。

表1　染料植物与金属媒染剂色相关系

媒染剂	染　料			
	茜草	荩草	紫草	皂斗
不用金属盐	浅黄赤色	黄色	不上色	灰色
铝盐	浅橙红至深红	艳黄色	红紫	无效果
铁盐	黄棕色	黝黄色	紫褐	黑色

赵翰生、李劲松《〈考工记〉"钟氏染羽"新解》考证"朱"即红豆杉:

《考工记》"钟氏染羽"是记载古代染色工艺的史料,"朱"在文中是指某种染料应是没有疑问的。明了古人对染料的分类方式,无疑有助于我们对"朱"的认识。实际上,古代织物着色的方法是细分为石染、木染和草染三种,如《论语》中"君子不以绀緅饰"的郑玄注,就是这样分的。而不是今天笼统分为石染、草染两种。所谓木染,顾名思义,是利用木本植物的枝、干、皮、果,如皂斗、柘木、核桃果皮等,犹如草染是利用草属植物,如茜草、红花、紫草等。朱字早在甲骨文中就已出现,其形状是在木的原字中间加上一个黑点,这是属于造字中的借喻手法,指的是某种木材的心材色相,这也是在以部首当作查询手段的字典里,朱字是被安排在木的部首里的原因。既然古人着色分类将木染单列为一类,再联系《说文》对朱的解释:"赤心木,松柏属"、《艺文类聚》卷八九木部下对朱的解释:"朱树,松柏属",显然钟氏染羽系木染,"朱"应该是一种树,而不是"草",更不可能是朱砂,惜所有注疏都没有言明是哪一种树。

此外,古代凡染彩之名很多是以染料之名命之,而古代染料取诸树木者甚多,犹如闻一多所言"朱可以染,故既为树名,又为色名"[①]。

在明了"朱"为木染植物后,根据《说文解字》所云"朱"之特征及《考工记》中"朱"之用途,比照现代植物学著作对各类植物的描述,唯"赤心""松柏属"的红豆杉最为相符。

据现代植物学著作描述:浙江、福建、台湾、江西、广东、广西、湖北、四川、云南、贵州、陕西、甘肃等地均生长有红豆杉[②],在不同的地方有不少别名,如紫杉、赤柏松、扁柏、观音杉、朱树等,它系红豆杉科常绿乔木,树皮红褐色,薄质,有浅裂沟,叶排列成不规则两则、微呈镰形,表面深绿色,背面有两条灰色气孔带,木材呈红褐色或红色,散生于海拔500～1 000米林中,适合冷且潮湿的酸性土壤,树材色素可提取利用。

其中:1)"朱树"一名与《说文解字》之"朱"对应。名称相符,此其证一。

2)"木材呈红褐色或红色""常绿乔木"与《说文》之"赤心木,松柏属"对应。形态特征相符,此其证二。

3)"树材色素可提取利用"与《考工记》中用"朱"染色对应。用途相符,此其证三。

除上述三个表面证据外,还有一个最直接、最重要的证据则是红豆杉的化学成分确实包含有大量色素分子。据现代科学分析,红豆杉枝叶中所含有的天然染料成分并不是单一的,而是有多种,既

① 闻一多《闻一多全集》,上海开明书店,1948年。
② 中国科学院植物研究所编《中国经济植物志》,科学出版社,1961年,685页。

有类胡萝卜素类、黄酮类,也有萘醌类①,这些均系染黄色及红色成分(见表2)②。最为重要的是其中所含染紫的萘醌类成分,是染黑的必备成分之一,因为从红至黑一般都要经过从紫到黑这一过程,如紫草中的色素成分乙酰紫草素,即属萘醌类,用紫草染色时加铁盐,颜色即由紫转黑。可见上述成分均与文献所载染红和染黑要素相符。③

表2　各类色素可染颜色及提取方法

分　类	颜　色	结构特点	溶剂提取法
类胡萝卜素类	主要是黄、橙、红色	组成上主要是碳和氢	极性较小的有机溶剂提取
黄酮类	以黄、红色调为主	具有黄酮结构	醇、沸水
萘醌类	主要为紫色,也有黄、棕、红色	具有萘醌结构	可溶于水

赵翰生、李劲松《〈考工记〉"钟氏染羽"新解》论证"丹秫"指红色的黏高粱:

1)根据文献记载,如《尔雅·释草》郭璞注和邢昺疏、许慎《说文·禾部》、程瑶田《九谷考》所载(各文献内容详见前文第一种释文)。

2)"秫"之本义为谷物之有黏性者,谷物类一般包括高粱、小米、玉米、红米、黑米、紫米、大麦等粮食作物。而早期古籍中出现的秫,则多指高粱和小米。这两者皆有外观呈红色的品种,所含色素成分也非常相近,但因应用红高粱染色的资料现仍可以找到,红小米染色的资料则未发现,故将"丹秫"判定为红高粱。

3)高粱来源广泛、成本低廉。虽然高粱是不是我国原产的问题在农史界一直争论不休,但现有的考古资料向我们提供的事实表明:我国高粱栽培有一部从史前到如今连续发展的历史,其时间最早可上溯到新石器时代,而自商周至两汉时期,黄河中下游已大范围的栽培④。作为"九谷"之一的高粱,因其种植范围广,廉而易得,亦是古代常用染料之一。不过因其主要色素成分为黄酮衍生物,直接染色只能得到土红色,非主流红色染料,民间用得较多。据今人调查,20世纪50～60年代河北高阳县的很多农家还以其做红色染料使用。

4)高粱不但可以作为染料用,还可作为染料的辅料用。根据记文所云"以朱湛丹秫三月,而炽之,淳而渍之"的染色工艺,谷物在水中长久浸泡后水解发酵变酸,染丝在酸性染液中进行,可得到助染、增加光泽和丝鸣声三种效果。秦汉以后,染色往往使用泔水或醋助染,在《大元毡罽工物记》所载各种染色原料中,醋即是一种,便是最好的证明。用醋助染的方法曾传到日本,日本古籍《延喜式》记载的一些染色方子中也都提到加醋。就染色机理来说,酸性染液有助于染料分子与丝纤维的结合。另据研究,丝在弱酸液中纤维上诸如丝胶等杂质能得到进一步去除,使其在不失柔软的同时,提高丝纤维的光泽和脆性⑤。所谓丝鸣声是指丝织物在相互摩擦中产生的类似"嚓、嚓"的声音,这种声音就

① 王永毅《东北红豆杉枝叶的化学成分研究》,沈阳药科大学硕士学位论文,2008年。
② 陈业高《植物化学成分》,化学工业出版社,2004年。
③ 赵翰生、李劲松《〈考工记〉"钟氏染羽"新解》,《广西民族大学学报》(自然科学版)2012年第3期。
④ 官华忠、祁建民等《浅析中国高粱的起源》,《种子》2005年第4期。
⑤ 周锦云《真丝绸单宁加工工艺研究》,《针织工业》1995年第2期。

得自丝的脆性。《汉书·班婕妤传》所载："纷综绕纵素声"，西晋潘岳《籍田赋》所云："绡纨绰縏"，都是指这种声音，可见唐以前的人穿丝绸时特别讲究丝鸣声。

5）红高粱中含有大量的单宁。此物质是植物体内所含多元酚衍生物，故又称植物鞣质，是植物次生代谢产物酚类多聚体中的一类物质，属于多元苯酚的复杂化合物，即可作染料，亦可作固色剂。现代科学证明，红高粱的单宁含量远远超过普通高粱，而且颜色越红的高粱，单宁含量越高。经单宁处理的丝纤维，其柔软性、蓬松性、抗皱性、耐洗涤性和耐紫外线性能均有所改善，并且还能部分弥补丝纤维因脱胶损失的重量，有明显的增重效果和具有很好的固色作用[①]。

6）单宁遇铁盐变黑，记文中"五入为緅，七入为缁"之緅、缁二色，均是因它而得。

7）红高粱中淀粉含量高。据分析，红高粱中淀粉含量能达到60%以上，是最好的制酒原料。浸泡三个月的红高粱会发酵释放出乙醇成分，有助于红豆杉色素的析出。[②]

从《考工记》用词考察，"朱"不能释为"朱草""柘"或者"红豆杉"。《考工记》有"柘"，《弓人》："凡取干之道七，柘为上，檍次之，柘桑次之，橘次之，木瓜次之，荆次之，竹为下。"孙诒让："《说文·木部》云：'柘，桑也。'案：柘，桑属，与桑小异。寇宗奭《本艸衍义》云：'柘木里有纹，亦可旋为器，叶饲蚕，曰柘蚕，叶硬，然不及桑叶。'《总叙》'荆之干'，注云：'干，柘也。'贾彼疏引《书·禹贡》'橁干栝柏'郑注云：'干，柘干。'《淮南子·原道训》高注谓乌号之弓亦以柘桑为干。盖弓干以柘为上，故柘专得干名矣。"

"朱"为朱砂说，诚如赵翰生《石染述义》所说，"一是周王朝时期已经掌握了朱砂的加工制作技术。二是周王朝时期朱砂乃使用最普遍的矿物颜料之一。三是由于朱砂具有纯正、浓艳、鲜红的色泽和较好的光牢度，被视为颜料珍品，用于王室或贵族所享用的高档物品的着色。当时朱砂除用于给织物的着色外，还用于画绘和书写。四是根据'纁'系红色相，朱砂恰为红色颜料，两者色相相吻合。"[③]然而这四点却不是"朱"为朱砂说"致误的深层原因"。事实上，出土实物中采用朱砂染色的织物屡有发现，据后德俊《楚文物与〈考工记〉的对照研究》："湖北荆门郭家岗1号楚墓中出土的丝织品上红色花纹就是采用朱砂染色的。该墓曾遭破坏，出土丝织品几经周折已成残片，但其红色花纹仍然鲜艳如新。笔者曾经在显微镜下观察过其实物，可见朱砂的微粒散布在丝纤维的中间。湖南长沙左家塘楚墓中出土的朱条暗花对龙对凤纹锦，其红色的条纹就是采用朱砂染成的。"[④]后德俊《楚国科学技术史稿》论述采用朱砂进行丝绸染色的工艺："（1）将朱砂碾成极细的粉末，然后把它与胶液混合，制成类似乳剂的液体，由于胶的作用，朱砂的粉末不易立即发生沉淀。（2）将经过精练后的蚕丝浸入上述的胶液中，使染料渗入到丝纤维的缝隙中，得到染色的效果。（3）经过染色后的蚕丝干燥后作经线配置，纺织成朱色彩条。或者将朱砂的胶液直接涂刷在已纺织好的丝织品上面。这种采用矿物染料进行染色，被称为'石染'。"[⑤]后德俊

---

① 周锦云《真丝绸单宁加工工艺研究》，《针织工业》1995年第2期。
② 赵翰生、李劲松《〈考工记〉"钟氏染羽"新解》，《广西民族大学学报》（自然科学版）2012年第3期。
③ 台湾《中华科技史学会学刊》第16期，2011年。
④ 《中国科技史料》1996年第1期。
⑤ 湖北科学技术出版社，1990年，126页。

《楚文物与〈考工记〉的对照研究》说："这一论述已被荆门郭家岗1号楚墓（时代为战国中期前后）出土的丝织品所证实。由此可见，在战国时期采用朱砂染色是比较普遍的。那么'丹秫'所起的就是类似胶的作用，所以它一定具有较好的黏性。由此推测'丹秫'是一种带有红色的农作物果实，如现今的'血糯'（呈红颜色的糯米）等，因为只有这类黏性较大的物质才能较牢固地将朱砂黏附在丝纤维中间，从而达到染色的效果。楚墓中还出土过一种漆染的丝织品，称之为'漆丽'。这是将精制后的天然漆液直接涂刷在丝帛上面制成的，从而达到使丝织品改变颜色和挺括的效果。这与采用丹秫浸泡的朱砂液进行丝绸染色是十分相近的。"①

王矜《汉代织、绣品朱砂染色工艺初探》："丝绸用朱砂（cinnabar）加工染色（以下简称'朱染'），是中国古代一种特殊的涂染着色技术。其着色机理不同于使用水溶性有机料，它是把研磨得极细腻的矿物颜料——朱砂粉末与某种天然黏合剂共混，调制成色浆，再对织物作染着处理。干燥后，黏合剂凝固，便把颜料颗粒均匀地黏着在织物纤维上，使织物覆盖上一层威重鲜明的朱红颜色，达到预定的染色效果。"②朱染织物的考古发现，20世纪70年代初发现增多，时代自殷周战国直到两汉，数量、品种不断扩大，从王矜搜集整理的附表一可以一目了然。

附表一 出土朱染织物（包括朱绣）简表

出土时间	地 点	时代	织物名称	染色分类	发表书刊	注
1924—1925	蒙古·诺因乌拉墓葬	汉	绢网（应为四绞罗）	匹染罗		
1930	河北·怀安五鹿充墓	汉	绣片，绢地朱丝绣人物	朱染绣丝	《文参》1958.9. p.10. 彩版	
1957	长沙·左家塘楚墓	战国	朱条纹暗花对龙凤锦	朱染经丝	《文物》1975.2. p.50	1957年发现，1972年清理
1958	长沙·烈士公园三号楚墓	春秋	丝绸被，朱绣	绢（？）	《文物》1959.10. p.70	
1968	河北·满城刘胜墓	西汉	朱色绢残片	朱染绢	《满城汉墓发掘报告》	
1968	河北·满城窦宛墓	西汉	朱丝绣绢残片	朱染绣丝	《满城汉墓发掘报告》	
1972	甘肃·武威磨咀子汉墓	王莽	"轧纹绉"织物	绢，（纱）	《文物》1972. 12. p.18表2，p.11	文称涂红实为朱染
1972	长沙·马王堆一号汉墓	西汉	朱绢，朱罗，朱绣，朱色绘，印花	匹染绢罗，绣，印	《长沙马王堆一号汉墓》	

① 《中国科技史料》1996年第1期。
② 《传统文化与现代化》1994年第6期。

（续表）

出土时间	地　点	时代	织物名称	染色分类	发表书刊	注
1973	长沙·马王堆三号汉墓	西汉	游豹纹锦,印花	朱染经丝	《文物》1974.7. p.45.图版14	
1974	北京·大葆台汉墓	西汉	朱绢	匹染绢		
1975	江陵·凤凰山167汉墓	西汉	朱绢,刺绣,织锦	匹染,绣丝,经丝		
1975	宝鸡·茹家庄西周墓	西周	绣花朱绢	绢	《文物》1976.4. 图版1.p.63	
1976	安阳·殷墟妇好墓	殷	朱绢残迹	绢		附在铜器上,多见
1982	江陵·马山一号楚墓	战国	朱绣,条纹织锦	绣线,经丝	《文物》1982.10. 彩版	

王㐀《汉代织、绣品朱砂染色工艺初探》:

朱砂着色不仅用于染刺绣丝线,也用于织锦染经,还用于绘花、印花,以及对整幅整匹的罗、绢浸涂染色。尤其1972年长沙马王堆一号汉墓大量完好朱染织物的出土,1982年江陵马山一号楚墓朱锦、朱绣织物的出土[①],更开扩了我们的眼界,提供了观察、分析朱染技术的极好条件,使我们对于古代朱染工艺得到了一些新的认识。这里仅将马王堆汉墓的实物择要列举如下:

一、朱染罗织物　成幅的实物有两种(编号354—1,354—2),定名为朱红菱纹罗绮。幅宽均为48 cm,密度也都是$108 \times 36/cm^2$;两者可能是同一匹织物的裁块。色调凝重,呈深红色,保存比较完整。成件的衣物有朱红罗绮绵衣一件(编号329—8),朱红罗绮手套一副(编号443—3)。这两件实物形制完好,朱染色调鲜明,质地手感柔爽。此外,在内棺中,也得到朱红罗绮残片若干(编号N—17),颜色更为艳丽,但丝质已经非常脆弱,朱砂粉粒也容易脱落。棺液中的汞即可能是它的落屑造成的。

二、朱染绢织物　两件香囊(编号442,65—1)都用朱绢作袋口,一件夹袱(编号443—1)用朱绢作缘,表面颜色已消减脱落,呈淡薄的肉红色,但夹层内掩部分朱色仍比较浓艳。

三、朱染刺绣丝线　这类例证非常之多。除方棋纹绣绢和三件粗率的云纹绣外,其他如乘云绣、长寿绣、信期绣等十余种35件刺绣织物,几乎件件都有朱砂染线刺绣的花纹。大多呈朱红色,少数泛着钴蓝调的紫光,显得更加绚丽。

经分析鉴定,以上标本着色物质均为天然硫化汞(HgS)[②]。当在显微镜下观察实物时,可看到朱砂颜料的细小颗粒,均匀地附着于纤维表面和嵌入纤维之间,朱染织物反正两面效果相同,找不到色浆滞涩、堆积与糊孔现象,织物结构异常清晰,外观具消光性。实物在饱含水分条件下,埋藏了2 100

---

① 《长沙马王堆一号汉墓》上,56、57页;《江陵马山一号楚墓》35—38页,63、70页。

② 参阅《长沙马王堆一号汉墓》上,56页,及王守道《马王堆一号汉墓印花敷彩纱(N—5)颜料X射线物相分析》,《化学通报》1975年第4期。

多年，原来使用的黏合物质必然受到很大的削弱，但颜料却仍有相当好的附着牢度，不受到较重的摩擦还不会轻易脱落，据北京造纸研究所测定，朱罗标本上的朱砂颗粒，2^μ以下的约占76％，$2\sim5^\mu$占20％（见附表二）。细度已接近现代涂料印染工艺的要求。说明当时在颜料研磨、色浆制备以及染着工艺方面，都达到了很高的水平。

附表二　北京造纸研究所关于马王堆一号墓出土N—17朱染织物及实验用朱砂粒度测定

检验项目	单位	马王堆出土朱染织物	实验用中国朱砂	实验用美国朱砂
粒度分布％	2^μ以下	76	56	56
	$2\sim5^\mu$	20	33	27
	$5\sim10^\mu$	3	9	10.5
	$10\sim15^\mu$	1	1	5
	$15\sim20^\mu$		1	1
	$20\sim30^\mu$			0.5
注	显微镜下观察出土织物，朱砂与纤维的结合为朱砂附着在纤维表面。			

从现代印染学所记录的资料来看，"涂料印染"工艺，早期所用黏合剂，主要是卵蛋白和动物胶，产品的耐摩擦、耐水洗牢度都很低。其历史不过距今400年左右。但考古学近半个世纪所提供的资料，却大大突破了上述记录。其上限一直提前到殷商时代的末期，兴盛流行的发端也可以划到西周中叶，大约在公元一世纪前后渐趋衰落。在距今两千年前，朱染织物便有了一千六七百年的历史沿革，创造出一个名贵的丝绸品种和高超的涂料印染技术。也许由于原材料的昂贵，加工技术复杂、独特，使用范围与生产亦有种种限制（如由官工场专营）。故方法民间不传，终于湮没。而今天考古发掘所得到的朱染丝绸遗物，真可谓娇艳绝代，在染织史、化学史、应用技术史和服色制度史上，它都是非常珍贵的一份遗产，值得深入研究探讨。[①]

三人为纁，五人为緅，七人为缁

《钟氏》：三人为纁，五人为緅，七人为缁。

孙诒让："三人为纁"者，此明染色浅深之异名。入，谓入染汁而染之，故《尔雅》云"三染"也。朱染四，黑染三，各有其名。而此止著纁緅缁三色者，疑染羽止有此三色，缥纩诸色并为染缯帛及他器服设，故文不具与？

---

① 王㐨《汉代织、绣品朱砂染色工艺初探》，《传统文化与现代化》1994年第6期。

郑玄：染缥者，三入而成。又再染以黑，则为绡。绡，今礼俗文作爵，言如爵头色也。又复再染以黑，乃成缁矣。郑司农说以《论语》曰"君子不以绀绡饰"，又曰"缁衣羔裘"。《尔雅》曰："一染谓之缘，再染谓之窥，三染谓之缥。"《诗》云："缁衣之宜兮。"玄谓此同色耳。染布帛者，染人掌之。凡玄色者，在绡缁之间，其六入者与？

孙诒让：注云"染缥者，三入而成"者，《说文·糸部》云："缥，浅绛也。"《士冠礼》注义同。《王制》孔疏引郑《易注》云："黄而兼赤为缥。"案：《说文》绛为大赤，缥虽三入，深于缘经，而色尚兼黄，则浅于绛也。缥亦谓之彤，故《书·顾命》"彤裳"，伪①孔传云："彤，缥也。"绛缥散文亦通，故《染人》注云："缥谓绛也。"云"又再染以黑，则为绡"者，黑谓涅也。染朱以四入而止，不能更深，故五入之后即染以黑也。云"绡，今礼俗文作爵，言如爵头色也"者，《士冠礼》注云："爵弁者，其色赤而微黑如爵头然，或谓之绡。"爵字又作雀，《巾车》"漆车雀饰"，注云："雀，黑多赤少之色韦也。"案：《巾车》注疑当作"赤多黑少"，详彼疏。段玉裁云："此注谓爵为今之俗文，然则古经皆当作绡矣。《说文》不取绡字，取纔字，云：'帛雀头色，一曰微黑色，如绀。纔，浅也。读若谗。'盖汉时《礼》今文作爵，亦作纔，许与郑所取不同。郑不取纔，故今《礼》无纔字。纔与绡爵皆双声。"云"又复再染以黑，乃成缁矣"者，《说文·糸部》云："缁，帛黑色也。"《释名·释采帛》云："缁，滓也，泥之黑者曰滓，此色然也。"贾疏云："若更以此绡入黑汁，则为玄。更以此玄入黑汁，则名'七入为缁'矣。但缁与玄相类，故礼家每以缁布衣为玄端也。"云"郑司农说以《论语》曰'君子不以绀绡饰'"者，《乡党篇》文。皇疏及《玉烛宝典》引郑注云："绀、绡，玄之类也。玄缥所以为祭服等其类。绀绡石染，不可为衣饰，饰谓纯缘也。"案：依郑义，盖绀绡色近祭服之玄，故不敢亵用，非谓君子所不服。《庄子·让王篇》云："子贡中绀而表素。"《墨子·节用中篇》云："古者圣王制为衣服之法，曰冬服绀绡之衣，轻且暖。"皆以绀绡为法服之证。先郑引之者，证此"五入为绡"义当与后郑同。何氏《集解》引孔安国云："一入曰绀。绀者，齐服盛色。绡者，三年练，以绡饰衣。"案：孔以绡为一入，与此经异者，江永、钱大昕、钱坫②并谓孔误以绡为缘，盖据《尔雅》"缘一染"及《檀弓》"练中衣缘"为说，绡本无是义，其说绀为齐服，则又误以绀为玄。是也。《续汉书·舆服志》云："宗庙诸祀皆服袀玄。"《独断》则云："袀，绀缯。"盖汉时绀玄不别，故孔有此说，皇疏亦席其误矣。贾疏云："《淮南子》云：'以涅染绀，则黑于涅。'涅即黑色也。缥若入赤汁，则为朱；若不入赤而入黑汁，则为绀矣。若更以此绀入黑，则为绡。则此五入为绡是也。"案：依贾说，则绀为四入，微浅于绡也。贾引《淮南子》，见《俶真训》，今本"绀"作"缁"，贾《士冠礼》疏两引并作"绀"，疑唐本文异。涅为染黑之石，故郑《论语注》云"石染"。俗本皇疏作"木染"者，乃传写之误。今据《宝典》校正。古止有石染、草染，无木染，详《地官·叙官》疏。金鹗云："疏缥入黑汁为绀，是绀赤黑间色也。而《说文》云：'绀③，帛深青扬赤色也。'《释名》：'绀，含也，青而含赤色也。'与贾不同。案《礼器》注：'秦时或以青为黑，民言从之，今语犹存也。'汉人所谓青者，即黑也。"引又曰"缁衣羔裘"者，亦《乡党》文，证缁为深黑色也。引《尔雅》曰"一染谓之缘，再染谓之窥，三染谓之缥"者，《释器》文。《释文》云："窥，本又作经，亦作赪。"案：郭本《尔

① 引者按：乙巳本、楚本并作"伪"，王文锦本排印讹作"为"。

② 引者按："坫"王文锦本从楚本讹作"玷"。

③ 引者按："绀"原讹"缁"，据《说文》（中华书局《说文解字》274页）、金鹗《求古录礼说·间色说》（王先谦《清经解续编》第3册272页下）改。

雅》作"赪"。据《说文》，则緹为正字，赪为或体，窥又緹之借字。《夏采》《小祝》《司常》注并有"赪"字，郑本疑当与郭同。《左·哀十七年传》"如鱼窥尾"，杜注云："窥，赤色。"《释器》郭注云："缌，今之红也。赪，浅赤。緟，绛也。"此经无一入再入之文，故郑引以补其义。贾疏云："凡染缌玄之法，取《尔雅》及此相兼乃具。按《尔雅》：'一染谓之缌，再染谓之窥，三染谓之緟。'三入谓之緟，即与此同。此三者皆以丹秫染之。此经及《尔雅》不言四入及六入，按《士冠》有'朱纮'之文，郑云：'朱则四入与？'是更以緟入赤汁，则为朱。以无正文，约四入为朱，故云'与'以疑之。"黄以周：《说文》云：'絑，纯赤也。緟，浅绛也。绛，大赤也。'緟为浅绛，则绛深于緟矣。绛即赤也。《乾凿度》云'天子朱芾，诸侯赤芾'，《诗·斯干》笺谓'芾者，天子纯朱，诸侯黄朱'，则赤者黄朱也。黄朱非纯赤，纯赤则为朱矣。许意如此，但分絑緟绛为三色，义与郑异。郑意赤为黄朱，即所谓緟也。《士冠礼》注云：'緟裳，浅绛裳也。'对朱为深绛言之。"诒让案：《说文》"絑"即今之朱字。以许、郑说参互考之，盖朱与绛为一色，赤与緟为一色。朱绛色最深、最纯，赤緟较浅而不甚纯，故赤为朱而兼黄。《诗·小雅》孔疏引郑《易注》，谓朱深于赤，而緟又为浅绛。《诗·豳风·七月》毛传亦云："朱，深緟也。"再浅则为緹，为缌。缌色赤而兼黄白。《既夕》注云："缌，今红也。"《说文·糸部》训缌为帛赤黄色，红为帛赤白色。盖赤浅则近于黄，更浅则又近于白矣。通言之，则自朱以下通谓之绛，故《士冠礼》注以缌赪緟通为染绛也。又案：此经及《尔雅》所云染绛，皆石染之法。其草染则以茅蒐，深浅之度，此经无文。考《说文·韦部》云："韎，茅蒐染韦也，一入曰韎。"是韎为草染绛之最浅者，与石染之缌正同。其最深者则为綪，《说文·糸部》云："綪，赤缯也。"《左·定四年传》"綪茷"，杜注云："綪，大赤，取染草名也。"綪盖与石染之绛同，则当为四入。其二入、三入，名无可考。经有緝、緹，意或是与？引《诗》云"缁衣之宜兮"者，《郑风·缁衣》文。毛传云："缁，黑色。"云"玄谓此同色耳"者，谓染羽与染布帛色同也。云"染布帛者，染人掌之"者，贾疏云："染布帛者，在天官染人。此钟氏惟染鸟羽而已，要用朱与秫则同。彼染祭服有玄緟，与此不异故也。"云"凡玄色者在緅缁之间，其六入者与"者，六入之色，此经及《尔雅》并无文，故郑又补其义。《士冠礼》注义亦同。《毛诗·豳风·七月》传云："玄，黑而有赤也。"《说文·玄部》云："黑而有赤色者为玄。"贾疏云："若更以此缁入黑汁，即为玄，则六入为玄。但无正文，故此注与《士冠礼》注皆云'玄则六入与'。"诒让案：玄与缁同色，而深浅微别。其染法亦以赤为质，故毛、许、郑三君并以为赤而兼黑。玄于五行属水。《史记·封禅书》："张苍以为汉水德，年始冬十月，色外黑内赤，与德相应。"是正玄以赤为质，而加染以黑之确证。张苍与毛公时代相接，其言可互证也。[1]

对于"三入为緟，五入为緅，七入为缁"，陈维稷主编《中国纺织科学技术史（古代部分）》认为"说的是另一种染色工艺"："《周礼·染人》郑玄注：'钟氏则染緟术也，染玄则史传阙矣。'明显地把前半段文字说成是染緟术，后半段文字是染玄，是两种染色工艺。古时偏重于从色泽上将染法分类，而緟玄二色是周代作为祭服的天地之色，在诸色中具有特殊地位，因而作为上下文同列于《钟氏》之中。现代染色工艺是按所用染料的品种和性能分类的，古时并非完全如此。"[2]陈维稷主编《中国纺织科学技术史（古代部分）》将《淮南

① 孙诒让《周礼正义》3998—4002/3313—3316页。
② 科学出版社，1984年，84页。

子·俶真训》"今以涅染缁，则黑于涅"（高诱注"涅，矾石也"）与此作为"两段关于媒染工艺的文字"："说的是以涅染缁和染缁的过程。涅就是青矾，因为可以用于染黑、谓之皂矾，也即是绿矾，是含硫酸亚铁的矿石，它可以与许多植物媒染染料形成黑色沉淀，所以《钟氏》所述，实际上是红色媒染染料（繮）为地色，再以矾石交替媒染而成黑色（缁）。按铁盐染媒，大多数染料色泽变暗，红色媒染染料也不例外，例如，以铁盐媒染时，茜素成紫，苏枋成黑，柘黄也成黑，因而三入、五入、七入是对这一类染料媒染过程的描写，也是这些染料性能的一个总结。即用它们染色的丝绸，以涅处理。即转化为缁，从这点出发，古人将涅的字义引申为'化'[①]，即变化的意思。以涅媒染，得色乌黑，特别是丹宁类染料、色泽更为深沉，很为人们喜爱，以至沿用至今。涅本身不甚黑，故曰缁虽由涅染，而黑于涅。因为涅不是单纯地和丝绸上原有的染料混合，而是发生了化学反应。高诱是东汉人，他在《淮南子》的注释里，把涅、矾石、染黑三者紧紧地连在一起，表示当时用铁盐媒染的规律性已经了解得相当清楚了。"[②]对于"涅石"，赵匡华、周嘉华《中国科学技术史·化学卷》考证道："在春秋战国之际用于与皂斗配合染黑的涅石就是含煤黄铁矿石。因为在用于染皂之前，须先对它进行焙烧，所以至迟到了汉代，便将它更名为樊石了。""古代多通过焙烧黄铁矿而制取用于染黑的绿矾。因此，古代便又用'涅石'来称呼这种黑色含煤黄铁矿为一种矾石了。所以'涅石'后来又可指用于染黑的皂矾，并以'涅'为黑色染料，甚至'涅'又进一步发展而指染黑的工艺操作。"[③]

赵丰《植物染料在古代中国的应用·复色染工艺的形成和发展》认为"三入为繮，五入为緅，七入为缁"，经《尔雅·释器》和郑玄注等补充后，把整个过程完善成为缐、赪、繮、绀、緅、玄到缁的七个步骤。推测这七个步骤的工艺流程可表示如下，其中包括茜和蓝的复染，茜、蓝及橡斗的复染[④]：

$$\text{本色} \xrightarrow[1]{\text{茜根}} \underset{(\text{赤黄})}{\text{缐}} \xrightarrow[2]{\text{茜根}} \underset{(\text{赤})}{\text{赪}} \xrightarrow[3]{\text{茜根}} \underset{(\text{大赤})}{\text{繮}} \xrightarrow[4]{\text{蓝草}} \underset{(\text{青而扬赤})}{\text{绀}} \xrightarrow[5]{\text{蓝草}} \underset{(\text{青赤色})}{\text{緅}} \xrightarrow[6]{\text{橡斗}} \text{玄} \xrightarrow[7]{\text{橡斗}} \underset{(\text{黑})}{\text{缁}}$$

赵匡华、周嘉华《中国科学技术史·化学卷》解释"复染"和"套染"："所谓复染，即多次重复染色，就是将丝、麻纤维或帛、布织品用同一种染（颜）料反复多次着色，使之逐渐加深；所谓套染是指用两种甚或两种以上不同颜色的染料交替染色或混合染色，这样就可以利用有限的几种染料而获得色谱很广阔的色染织物，并弥补天然染料色谱之不足。"认为复染最早的记载见于《尔雅·释器》"一染谓之缐，再染谓之赪，三染谓之繮"，而《钟氏》的记载是"套染的早期实例"，这项复染与套染工艺可简要表示如下：[⑤]

① （汉）扬雄《方言》卷三："涅，化也。"
② 科学出版社，1984年，87—88页。
③ 科学出版社，1998年，632、507—508页。
④ 朱新予主编《中国丝绸史》232—233页，中国纺织出版社，1997年。
⑤ 科学出版社，1998年，629—630页。

复染与套染	赤汁（丹砂）染	黑汁（涅）染
一入		
二入	缬	
三入	赪	
四入	纁	
五入	朱	绀
六入		纎
七入		玄
		缁

对于"三入为纁，五入为纎，七入为缁"，赵承泽主编《中国科学技术史·纺织卷》则认为"不能像以前有的文献解释的是多次浸染的结果"，而"是茜素与不同种类的媒染剂配伍而产生的由浅到深的不同色泽"，"三入、五入、七入所得到的色谱，显然是三种不同的色谱。从'钟氏'条行文语气看，显然是使用同一种染料或染液。……笔者认为染羽是茜素以硫酸根媒染所得，而使用不同种的媒染剂染色与上述含硫酸根的茜草染液的使用岂不矛盾？实际上，它不但不矛盾，恰是早期媒染工艺幼稚形态的反映。'钟氏'条记染羽，却未记所得到的色谱名，即一染是什么颜色？后文只记三入、五入、七入的色名，而这恰是在一入得到的色谱上进一步以其他媒染剂染得的"[①]。

由以下文献研究和实验所得结果，赵承泽主编《中国科学技术史·纺织卷》的结论是"秦以前文献中的纁色即绛色的染色工艺是用茜素染料以铜盐媒染得到的"：《钟氏》"三入为纁"、《尔雅·释器》"三染谓之纁"，"出现了一个共同的色名即纁……纁作为一个色名，它的色谱是固定的或者可以说当时纁已成为一种标准色谱"，"纁在中国古代是一个非常重要的色谱。不仅因为它被赋予宗法意义，是象征天地之色中的一种，所谓'纁玄者天地之色'，更因为它在上古时期在实际生活中是被应用得非常广泛的一种色彩，即在宫室、衣饰、车马、器用、丧葬、绘画及民间生活中最常见的深绛红色。这样一个涉及礼法制度的尊严的色谱的得到，它的染料和工艺必定是有严格规定的。……而秦以前应用最广泛、工艺也最成熟的染红色系列色谱的染料则只能是茜草。茜草以铜盐媒染所得到的色谱，恰是绛色。日本吉冈常雄著《天然染料之研究》记以铜盐为媒染剂染茜之工艺，即以硫酸铜溶液和少量碳酸钠加入染液，在一定工艺条件下媒染，水洗后再加入少量重硫酸钠溶液促使其继续发色，后水洗数次，染色即告完成。根据此方法所做的模拟染色实验标本，正是中国古代器用中最常见的绛红色"[②]。赵承泽主编《中国科学技术史·纺织卷》认为"这一基本结论……不仅涉及先秦时一种重要色谱之染色工艺性质和方法的确定，同时也涉及染缬、赪、纁、纎、缁等重要的系列色谱之染色原料及工艺的确定"，"可以断定，缜、赪、纁、缫、缁等色谱是茜素染料在不同染色条件下得到的不同色谱"，"这里的染、入并不是多次浸染的次数，而是不同金属盐为媒染剂茜染而形成的色谱。笔者在实验室条件下做的模拟实验证明，同一浴比同一种媒染剂的茜素染液即使多次浸染，其色谱深浅的变化是可以忽略不计的，绝不会变为另一种色谱"①。

赵翰生、李劲松《〈考工记〉"钟氏染羽"新解》认为"钟氏染羽"的染色工艺为复染工艺，它分为两个过程，即染红及染黑：

染红即染纁，在"钟氏染羽"记文中，纁色为入染三次而得，一染至三染得色如《尔雅·释器》所云："一染谓之缜，再染谓之赪，三染谓之纁。""缜"是浅红色偏黄，"赪"是稍重些的浅红色偏黄，"纁"是红里泛黄，三种颜色都是红色色相，可见红色色相是随着浸染次数增加而逐渐依次加深的。需要指出的是"纁"之色系当时红色相标准之一，其色调应是偏重的。因为古代视纁玄之色，为天地之色，以为祭服，并规定祭服的颜色为玄衣纁裳。而茜草染出的红色较明艳，最典型的例子，在春秋战国时，以茜草所染之物品，常做夺人眼目或炫耀之用途，如《左传》中曾出现用茜草染出的旗帜——"綪茷"②。庄重的纁之色调似乎只有以红豆杉和红高粱为染料才能染出，这也是本文不认同茜草之说的另一原因之一。

染黑即染缁、缫二色。缫为黑中带红的颜色，缫为黑色，皆系黑色调，而不是加重的红色，表明此时染液的成分有了变化。这种染液成分的变化出现在"四入"，对此，古文献记载得异常清楚。清人孙诒让道："染朱以四入为止，不能更深，故五入之后即以黑也。"③意思是说通过几次复染至朱色后，颜色就不能再加深了。若想改变颜色，需采用其他方法。孙诒让采用的是汉代郑玄"朱则四入"的说法，实际是从红色相的"纁"到黑色相的"缫"，还有一过渡色，即青扬赤色的"绀"。此"绀"是从成分已发生变化的染液"四入"而得，《仪礼注疏》载："凡染黑，五入为缫，七入为缫，玄则六入与？案《尔雅》：'一染谓之缜，再染谓之赪，三染谓之纁。'此三者皆是染赤法。《周礼·钟氏》染鸟羽云：'三入为纁，五入为缫，七入为缫。'此是染黑法，故云'凡染黑'也。但《尔雅》及《周礼》无四入与六入之文，《礼》有色朱玄之色，故注此玄则六入，下经注云'朱则四入'，无正文，故皆云'与'以疑之。但《论语》有绀缫连文，绀又在缫上，则以纁入赤为朱，若以纁入黑则为绀。"可见从"四入"到"七入"颜色分别是绀、缫、玄、缫。

染红和染黑的工艺流程可概括如下：

染红：纤维织物 —一入红汁→ 缜 —二入红汁→ 赪 —三入红汁→ 纁 —四入红汁→ 朱

染黑：纤维织物 —一入红汁→ 缜 —二入红汁→ 赪 —三入红汁→ 纁 —四入黑汁→ 绀 —五入黑汁→

缫 —六入黑汁→ 玄 —七入黑汁→ 缫

---

① 科学出版社，2002年，278—279页。

② 綪茷即染旗。《左传·定公四年》："分康叔以大路、少帛、綪茷、旃旌、大吕。"杜预注："綪茷，大赤，取染草名也。"孔颖达疏：《释草》云：'茹藘茅蒐。'郭璞曰：'今之蒨也，可以染绛。'则綪是染赤之草，茷即斾也……知綪茷是大赤，大赤即今之红旗，取染赤之草为名也。《说文》："綪，赤缯也。以茜染，故谓之綪。"

③ 孙诒让《周礼正义》卷七九，商务印书馆，1938年。

关于染液成分从染红到染黑变化原因，虽古文献未见记载，但仍有蛛丝马迹可寻。《论语·阳货》有"涅而不缁"之语，《淮南子》有"今以涅染缁，则黑于涅"之文，均说明染黑时染液中要加入了"涅"。涅是什么？《说文》"黑土在水中者也"，黑土，即河泥。另据汉末高诱注："涅，矾石也。"矾石又称为青矾、皂矾、绿矾，成分为硫酸亚铁。河泥和矾石均为古代使用最普遍的铁媒染剂。其铁离子与染液中的黄酮类、萘醌类、单宁类成分发生化学反应生成黑色色素，与所染纤维亲和在一起。这种加入铁盐染缁的工艺，不是染液与被染物上原有染料的简单结合，而是通过化学反应形成不同于原先的颜色，以致有人誉此工艺为后世"植物染料铁盐媒染法"之先声[1]。[2]

3. 丝

涚水　沤其丝　去地尺暴之

《巟氏》：巟氏涷丝，以涚水沤其丝七日，去地尺暴之。

孙诒让："巟氏涷丝"者，亦以事名工也。此记丝灰涷之法。《说文·水部》云："涷，潃也。"案：凡治丝治帛，通谓之涷。《染人》云"春暴练"者，借练为涷也。《华严经音义》引《珠丛》云："煮丝令熟曰练。"练亦涷借字。云"以涚水沤其丝七日"者，《释文》出"沤丝"二字，则陆所见本无"其"字，《郊特牲》注引同。戴震云："凡涷丝、涷帛，灰涷水涷各七日。"

郑玄：故书涚作湄。郑司农云："湄水，温水也。"玄谓涚水，以灰所泲水也。沤，渐也。楚人曰沤，齐人曰涹。

孙诒让：注云"故书涚作湄，郑司农云湄水，温水也"者，段玉裁云："湄当作'澳'。《释文》曰'湄一音奴短反'可证也。《士丧礼》'澳濯弃于坎'，古文澳作'湪'，湪涚同字，犹祿税同字。司农据作湪之本。《说文》据作涚之本，《水部》曰'涚，财温水也，从水兑声'，引《周礼》'以涚沤其丝'。郑君则从涚而义异。"阮元云："《说文》引《周礼》无水字，司农与《说文》义同。疏又云'诸家及先郑皆以涚水为温水'，是贾、马诸кет义亦与许、郑同也。"诒让案：《说文》引此经盖挩"水"字。湄，段谓当作"澳"，近是。《说文·水部》云："澳，汤也。"云"玄谓涚水，以灰所泲水也"者，灰即栏灰也。后郑以此方言灰涷，则不徒用温水，故易先郑说也。涚训泲，《司尊彝》"涚酌"注义同。《郊特牲》"明水涚齐"，注云："涚犹清也，泲之使清。"亦引此经为释，然则此涚亦谓泲清之水也。涷丝必以灰和水，又恐其浊而失其色，故必泲而清之，而后可沤。古凡治丝麻布帛，必以灰。故《丧服》有澡麻绖，《杂记》说

缌布加灰为锡,《深衣》注亦谓用布锻濯灰治,《盐铁论·实贡篇》云"浣布以灰"①,皆以灰治麻布之事。治丝帛用灰,与彼同。但丝之灰涑,盖唯用栏灰沤之,不淫以蜃,与帛灰涑小异也。云"沤,渐也"者,《广雅·释诂》云:"沤,渐渍也。"②《说文·水部》云:"沤,久渍也。"此涑丝以水渍之七日,故曰沤。云"楚人曰沤,齐人曰漙"者,盖汉时方言。引之者,广异语也。③

对于"涚水",陈维稷主编《中国纺织科学技术史(古代部分)》调和郑玄与郑司农说:"我们认为它可能是和了灰汁的温水。……草木灰中含碳酸钾,它的浸出液——灰汁是碱性的,古时用以练丝和洗濯衣服,用量颇大。《周礼》记载,当时有征集草木灰的专职官员④。灰水练丝是利用丝胶在碱性溶液里易于水解、溶解的性能,进行脱胶精练。直到现代,极大部分丝的精练还是用碱性药剂。"⑤赵承泽主编《中国科学技术史·纺织卷》则赞同郑玄注而否定郑司农说:"郑众的说法是缺乏实践根据的纸上猜度。因为丝胶在温水中并不能得到充分的溶解,达不到较充分脱胶的要求。只有在碱性条件下,才能充分脱胶。因此,'涚水'不能解为温水。同样,也不能解为'和了灰汁的温水'。碱剂在热水、温水和冷水中的溶解度差别很小,经加温的碱性溶液并没有明显的促进丝胶溶解的作用。故而,'涚水'应解为郑玄所注的'以灰所沸水也'。脱胶必须在碱性条件下进行;其次,与丝帛的脱胶不同,丝束的脱胶没有强调其场所或容器的密闭性。保持水温的方法更没有提及,历代文献及传统的练漂工艺中,亦未见碱剂溶液加温精练的记载。"⑥

对于"沤其丝",赵承泽主编《中国科学技术史·纺织卷》根据《诗经·郑风》"东门之池,可以沤麻""东门之池,可以沤苎"均在露天场所"池",判断"'沤其丝'似乎亦应指在露天条件下的碱性溶液沤泡"⑦。

对于"去地尺暴之",陈维稷主编《中国纺织科学技术史(古代部分)》指出"是日光脱胶漂白工艺。在阳光和空气的作用下,丝胶吸收紫外光,发生氧化作用而降解,部分色素也会分解,而水的存在加速这种分解的速度",而"特意注明了暴晒的条件是丝与地面相距一尺(去地尺),大概是因为地面风速小,日光暴晒时,蚕丝在较长时间里保持湿润状态,而加快光化分解作用"⑧。赵匡华、周嘉华《中国科学技术史·化学卷》也持相同观点:"大概是因为考虑到地面风速小,水分蒸发慢,因此蚕丝在较长时间里仍可保持湿润状态,这在当时是经验告诉人们如此脱胶、脱色效果较好,而客观上这有利于丝胶与色素的光化学分解作用的进行。"⑨赵承泽主编《中国科学技术史·纺织卷》则否认陈维稷说:"去地一尺和去地一丈的风速差距对蚕丝中胶质、色素等的光化分解程度的影响是可以忽略不计的。强调'去

---

① 引者按:《实贡篇》云"浣布以灰",出自东汉王符《潜夫论》(汪继培笺、彭铎校正《潜夫论笺校正》156页,中华书局,1997年),非西汉桓宽《盐铁论》。
② 引者按:《广雅》"沤、渐"同训,王文锦本"沤"下未顿开。
③ 孙诒让《周礼正义》4002—4003/3317—3318页。
④ 《周礼·掌炭》:"掌灰物、炭物之征令,以时入之。"(汉)郑玄注:"灰炭皆山泽之农所出也,灰给湅练。"
⑤ 科学出版社,1984年,71页。
⑥ 科学出版社,2002年,264页。
⑦ 科学出版社,2002年,264页。
⑧ 科学出版社,1984年,71页。
⑨ 科学出版社,1998年,619页。

地一尺'是因为：如果在高处挂晒丝束，丝束在重力作用下，含有杂质及丝胶的水分会沿着丝纤维向下慢慢滴落，杂质等容易聚集在丝束下方，造成生熟不均而产生练漂质量的差异。根据重力学原理，悬挂越高，其势能越大，聚集速度和质量也越大，杂质等也会越多。古代工匠肯定是在长期的实践中发现了这一现象并总结出解决的办法，即减低高度，使浼水较均匀地蒸发和滴落。因此，这一看似简单的工艺环节包含着科学性。在先秦工艺条件下，不如此便不能保证练漂质量，因此，这里明确强调'去地尺'而晒丝。"①

后德俊《楚文物与〈考工记〉的对照研究》证之以出土文物："湖北江陵马山1号楚墓、荆门包山2号楚墓等出土的丝织品中绢的数量比较多，而且大部分是熟绢，也就是经过脱胶处理的绢，说明'练丝'、'练帛'已是战国时期楚国丝织业常用的工艺技术之一。"②

水涑

《幌氏》：昼暴诸日，夜宿诸井，七日七夜，是谓水涑。

郑玄：宿诸井，县井中。

孙诒让："是谓水涑"者，记丝水涑之法。注云"宿诸井，县井中"者，县而渐之于水，经宿也。井有韓，构木为之，可县丝帛。③

对于"昼暴诸日，夜宿诸井，七日七夜，是谓水涑"，陈维稷主编《中国纺织科学技术史（古代部分）》指出："这意味着日光暴晒和水浸脱胶交替进行。每天夜里将丝悬挂在井水里④，白天光化分解的产物就会溶解到井水里去。在井内浸泡，浴比大，有利于丝胶和其他杂质的溶解。《染人》记载'春暴练'，《幌氏》又记载'去地尺'，这就相对地说明了暴晒时日光的强度，角度，气温。这样的条件下，根据实际经验定下另一个工艺参数——时间，七日七夜⑤。"⑥

对于"昼暴夜宿"的工艺原理，赵承泽主编《中国科学技术史·纺织卷》解释："一是利用日光中所含紫外线照射，使得丝纤维中含有的丝胶溶融，色素降解，起到脱胶、漂白作用；二是利用昼夜温差和日光、水洗的反复交替产生的热胀冷缩，使丝纤维中残留的色素、丝胶析出并洗掉。"⑦

后德俊《楚文物与〈考工记〉的对照研究》证之以出土文物：

---

① 科学出版社，2002年，264—265页。
② 《中国科技史料》1996年第1期。
③ 孙诒让《周礼正义》4003—4004/3318页。
④ 这种办法是非常合理的，它使精练的丝帛既不浮于水面，又不沉堆于井底，而是悬在井水中央，丝帛各部分能充分地接触到水，练的效果就十分均匀。目前很多工厂里还在采用这种形式，将丝帛悬挂在溶液里进行精练，称之为"挂练法"。
⑤ 关于练丝的时间有两种解释，（清）戴震《考工记图》："凡涑丝涑帛，灰涑水涑各七日。"另有人认为幌氏练丝，每天浸灰水、晒干、悬在井里浸洗，反复浸晒七日七夜。按练丝全文看，似乎以前说为妥。
⑥ 科学出版社，1984年，71页。
⑦ 科学出版社，2002年，265页。

在湖北江陵楚故都纪南城的发掘中，曾发现了多口水井集中在一个小范围内。这些水井除生活用水外，主要是生产用水。在其中一口井中出土了一件冷藏用的陶瓮，说明该井是冷藏用井，当然也可以用来练丝和练帛。在湖北老河口市杨营战国中期遗址内，发现6口水井两两相连，分布在约300平方米的范围内。这些井绝不仅仅是为了生活用水，一定也是为了生产用，当然可以用于练丝与练帛。[①]

涑帛

《慌氏》: 涑帛，以栋为灰，渥淳其帛，实诸泽器，淫之以蜃。

孙诒让："涑帛"者，以下记帛灰涑之法也。云"以栏为灰，渥淳其帛，实诸泽器，淫之以蜃"者，淳与《钟氏》"淳而渍之"之淳同。戴震云："渥淳者，以栏木之灰，取洇厚沃之也。凡涑帛，朝沃栏洇，夕涂蜃灰。"

郑玄：渥读如缯人渥菅之渥。以栏木之灰渐释其帛也。杜子春云："淫当为涅，书亦或为湛。"郑司农云："泽器，谓滑泽之器。蜃谓炭也。《士冠礼》曰：'素积白屦，以魁柎之。'说曰：'魁蛤也。'《周官》亦有白盛之蜃。蜃蛤也。"玄谓淫，薄粉之，令帛白。蛤，今海旁有焉。

孙诒让：注云"渥读如缯人渥菅之渥"者，《左·哀八年传》云："初，武城人或有因于吴境田焉，拘鄫人之沤菅者，曰：'何故使我水滋？'"段玉裁云："云读如者，音义同也。今《左传》作'鄫人沤菅'。郑君所据作'渥'。渥之言厚也，久也。以栏和水，久日浓，沃其帛。"诒让案：缯，今《左传》作"鄫"。鄫正字，缯借字。郑所见本作"缯"。《毛诗·邶风·简兮》传云："渥，厚渍也。"《陈风·东门之池》"可以沤菅"，传云："沤，柔也。"此涑丝言沤，涑帛言渥，文异义同。云"以栏木之灰渐释其帛也"者，郑释渥为渐，与沤同。栏即栋字。《说文·木部》云："栋，木也。"《玉篇·木部》云："栋，木名，子可以浣衣。"《证类本草》栋实引《图经》云："木高丈余，叶密如槐，三四月开花，红紫色，芬香满庭间，实如弹丸，生青熟黄。"段玉裁云："渐释者，犹今俗云浸透也。"案：段说是也。郑意淳亦训沃，而渥又为厚沃，经兼言之，明欲帛之渐浸柔润，如解释然。杜子春云"淫当为涅，书亦或为湛"者，王引之云："涅与淫声俱不相近。涅即湛之讹也。湛淫古字通，故子春读淫为湛。《尔雅》曰：'久雨谓之淫。'《论衡·明雩篇》曰：'久雨为湛。'湛即淫字也。下云'书亦或为湛'，《大宗伯》'五祀'，郑司农云：'禷当为祀，书亦或作祀。'《肆师》'为位'，杜子春云：'泣当为位，书亦或为位。'《乐师》'趋以《采齐》'，郑司农云：'趣当为趋，书亦或为趋。'是凡言'书亦或为某'者，皆承上之辞。湛涅隶书形相似，故湛讹涅耳。《释文》有湛无涅，以是明之。"案：王说是也。淫帛以蜃，欲其白。涅以染缁，于义无取，足知其非。郑司农云"泽器，谓滑泽之器"者，《说文·水部》云："泽，光润也。"器之润者必滑，故即谓之泽器。必用滑泽之器，取其难干也。云"蜃谓炭也"者，炭，明注疏本作"灰"。案：蜃炭，见《赤发氏》，炭捣之即为灰。《掌蜃》"共白盛之蜃"，注云："今东莱用蛤，谓之叉灰云。"此蜃亦即蛤

① 后德俊《楚文物与〈考工记〉的对照研究》，《中国科技史料》1996年第1期。

灰也。引《士冠礼》曰"素积白屦，以魁柎之"者，《释文》云："魁又作魌。"案：魌即魁之讹体。郑引之者，证此蜃灰即《士冠礼》之魁也。郑彼注云："柎，注也。"云"说曰，魁蛤也"者，盖礼家旧说。郑《士冠礼》注云："魁，蜃蛤。"案：魁蛤二字连读。魁蛤者，蛤之一种。《说文·虫部》说螷有三，云"螷螾，一名复絫，老服翼所化也。"《尔雅·释鱼》云"魁陆"，郭注云："《本草》云：'魁，状如海蛤，圆而厚，外有理纵横。'即今之蚶也。"考《本草经》云："海蛤，一名魁蛤，生东海。"又云："魁蛤一名魁陆，一名活东，生东海，正圆，两头空，表有文。"两文错出，未知孰是。据《释鱼》郭注及陆音引《说文》，则魁蛤与海蛤墒是二种。又《本草》陶注云："魁蛤形如纺纤，小狭长，外有纵横文理。"又引蜀本《图经》云："形圆长，似大腹槟榔，两头有乳。"则又与蚶异。周时所用蜃灰，不知是何蛤也。云"《周官》亦有白盛之蜃"者，见《掌蜃》及《匠人》。云"蜃蛤也"者，《鳖人》注云："蜃，大蛤。"案：蜃蛤二字亦连读，即所谓大蛤也。大蛤正名为蜃，通言之则曰蜃蛤，与《说文》三种蛤异物。先郑意，盖以《礼经》之魁为魁蛤，此经之蜃为蜃蛤，二者同类而小异，故分别释之。后郑则以魁亦即蜃蛤，涑帛之蜃灰，即柎屦之魁灰，与先郑微异。任大椿云："魁亦训大，《本草》'魁蛤'，《尔雅》'魁陆'，皆以魁为大也。盖蛤粉本白，魁蛤则蜃之尤大者，为尤白也。"云"玄谓淫薄粉，令帛白"者，郑读淫如字，不从子春破为湛也。《说文·水部》云："淫，浸淫随理也。"淫之以蜃，亦谓以蜃粉浸淫附着之，与《匠人》"善防者水淫之"义同。段玉裁云："郑君从淫训薄粉之，然则淫之言糁也。"任大椿云："盖蜃粉与栏灰及水参相和，则浸淫渐渍而善入，粉必薄乃善入也。云淫者，浸润之，使易彻也。"云"蛤，今海旁有焉"者，《说文·虫部》云："蜃属有三，皆生于海。"[1]

对此，陈维稷主编《中国纺织科学技术史（古代部分）》指出：

这一套繁复的过程，贯串了一个构思——利用丝胶在碱性溶液中有较大的溶解度，先用较浓的碱性溶液（栋灰水）使丝胶充分膨润、溶解，然后用大量较稀的碱液（蜃灰水）把丝胶洗下来。这种灰水练绸的工艺，国内外也沿用了几千年。

由于丝胶的膨化，妨碍了碱液进一步渗透，因此，与绞丝相比，丝织物的精练往往不易均匀，即现在工厂里常说的"外焦里不熟"。在这段文字里，提出要反复地浸泡，脱水，振动，使织物比较均匀地和碱液接触，同时要求容器光滑（泽器），避免在反复操作中擦伤丝绸。这些考虑和安排，都是非常周详的。

练丝、练帛所用的灰、蜃都是含碱物质。蜃是蚌蛤之属，贝壳内含碳酸钙，煅烧之后，即成氧化钙。直到近代，东南沿海地区仍以蛎房烧炼矿灰。它的浸出液也是碱性的。灰蜃共用，碳酸钾遇氧化钙会生成碳酸钙沉淀。要挥之而去的污物，其中也包括这个。钾盐溶液的渗透性比钙盐好，这就是练帛时先用栋叶灰，后用蜃灰的道理。[2]

对于"以栋为灰"，赵承泽主编《中国科学技术史·纺织卷》指出"栋灰是见于记载最早使用的草木灰碱剂"[3]。

对于为何同时使用栋灰和蜃灰两种碱剂，赵承泽主编《中国科学技术史·纺织卷》解

---

[1] 孙诒让《周礼正义》4004—4006/3318—3320页。

[2] 陈维稷主编《中国纺织科学技术史（古代部分）》72页，科学出版社，1984年。

[3] 科学出版社，2002年，265页。

释："楝灰是楝树叶烧制成的草木灰，化学成分是碳酸钾（K_2CO_3），蜃是蛤蚌，这里指蛤蚌壳及其烧制的灰，化学成分为碳酸钙（C_aCO_3），是天然石灰石，经煅烧后为氧化钙（C_aO），氧化钙遇水即碎裂，释放出大量热能，变成氢氧化钙沉淀（$C_a(OH)_2$）。氧化钙呈强碱性。练帛工艺所以这样安排，它的道理可能在于：若直接以强碱性的氧化钙浸泡匹帛，由于丝帛表面含胶不均，会造成匹帛各部位的生熟不一，同时，也会造成匹帛表面'练焦'而丝腔内部未练熟的现象。因此，先以较温和的碱剂处理匹帛表面，将蚕丝纤维外面包裹的丝胶溶解，使得氧化钙能均匀地渗透到丝腔内部，丝腔内部的丝胶充分溶解，丝腔才能膨化、圆润，产生蚕丝特有的珠玉样丝光色泽、悬垂感、柔软滑爽的手感等。匹帛的碱练强调必须'实诸泽器'，即放置在光滑的容器内，是为了防止织物在碱练的过程中刮伤。"[1]

后德俊《楚文物与〈考工记〉的对照研究》证之以出土文物：

在湖北潜江龙湾春秋战国时期楚国宫殿遗址的发掘中，出土了一条"贝壳路"，路面全部是采用贝壳铺成的，说明当时人们使用贝壳的情况比较多，当然也可以将贝壳烧成灰后使用。

江陵凤凰山168号西汉墓中出土的苎麻纤维，经分析其纤维中含有比较多的钙离子，同时苎麻纤维的脱胶处理也比较充分，据此推测在西汉初年已经采用了含有钙的碱性溶液进行苎麻的脱胶处理。该墓的年代为西汉文帝十三年（前167年），距楚国灭亡之年仅有60多年，而且江陵又是楚国的故地，所以楚国使用含有较多钙离子的碱性溶液（应该为蜃灰浸水制成的溶液，因为用楝树灰烬浸泡的水中钾离子应较多）来"练帛""练丝"是极有可能的。

湖北随县（今随州市）曾侯乙墓出土的纱，是一种丝、麻交织的平纹组织。纱的经线采用丝和麻线相间排列，纬线则全用丝线，经纬密度一般为每平方厘米30根×25根，该麻线主要是苎麻纤维，也夹有大麻纤维。1952年，在湖南长沙106号楚墓中出土了两块苎麻布，其经纬密度为每平方厘米28根×24根。从这两块麻织物来看，当时麻纤维的加工是有相当水平的：麻纤维与丝混纺，麻纤维的细度应与丝相近才行，在麻纤维的加工过程中如不采用碱性溶液进行处理，是难以得到如此细的麻纤维。据此推测，战国时期的楚国已经采用碱性溶液进行麻纤维的脱胶，能用碱性溶液处理麻纤维，当然也可以用它来处理丝和帛。[2]

《帻氏》：清其灰而盝之，而挥之。

孙诒让："清其灰而盝之，而挥之"者，此灰兼栏灰、蜃灰，二者皆清之。戴震云："每日之朝，置水于泽器中，以澄蜃灰，乃取帛出，盝之挥之。"

郑玄：清，澄也。于灰澄而出盝晞之，晞而挥去其蜃。

孙诒让：注云"清，澄也"者，《说文·水部》云："清，朖也，澂水之貌。"又云："澂，清也。"澂澄字同。盖以水澄去其灰之粗滓，其细灰仍着帛不去，故后复振之也。云"于灰澄而出盝晞之"者，《尔

---

[1] 科学出版社，2002年，265—266页。

[2] 后德俊《楚文物与〈考工记〉的对照研究》，《中国科技史料》1996年第1期。

雅·释诂》云："盝、涸①，竭也。"正字当作"渌"。《说文·水部》云："漉，浚也，重文渌，漉或从录。"字亦作潊②，《方言》云："盝，涸也。"盝即盝之省。《说文·日部》云："晞，干也。"谓涚灰清时，出布，去其水而暴干之。云"晞而挥去其蜃"者，《战国策·齐策》高注云："挥，振也。"谓因其干，更振去其蜃也。

而沃之，而盝之；而涂之，而宿之。

孙诒让："而沃之，而盝之"者，沃，渂之隶省。《说文·水部》云："渂，溉灌也。"谓更以灰水浇沃，又漉干之。戴震云："更沃栏涒。"云"而涂之，而宿之"者，戴震云："每日之夕，盝栏涒，涂蜃灰，经宿。"

郑玄：更渥淳之。

孙诒让：注云"更渥淳之"者，明沃与淳义同。《钟氏》注云："淳，沃也。"

明日，沃而盝之。

孙诒让："明日，沃而盝之"者，戴震云："明日者，承宿之为言也。沃前则清其灰而盝之，挥之；沃后则盝之，涂之，宿之。详略互见。"

郑玄：朝更沃，至夕盝之。又更沃，至旦盝之。亦七日如沤丝也。

孙诒让：注云"朝更沃，至夕盝之。又更沃，至旦盝之"者，明沃盝相继，无间朝夕也。云"亦七日，如沤丝也"者，明湅丝湅帛日数等也。

昼③暴诸日，夜宿诸井，七日七夜，是谓水湅。

孙诒让："是谓水湅"者，贾疏云："湅帛湅丝皆有二法，上文为灰湅法，此文是水湅法也。"④

上述文字"非常明确地将练丝和练帛分为两个不同的工艺，从流程的安排、工艺内容和所使用的碱剂、工艺方法等都有很明显的区别"，赵承泽主编《中国科学技术史·纺织卷》指出"这是根据其不同的用途而安排的"："练丝所用的碱剂是比较温和的草木灰水，灰练和水练的时间都是七日，整个工艺过程所需时间长，它采用的是缓慢温和均匀的脱胶方法。使用井水清洗是因为井水的水质较稳定，所含矿物质成分相对固定，同时井水有利于微生物活动，而微生物的活动有利于丝胶、色素等杂质的分解。作为丝绸原料的丝束对色泽的白度和纤维的纯净度要求较高，只有这样，才能具有优良的纺织和染色性能。而以上工艺的安排可以较好地达到这个目标。练丝工艺使用的时间是两个七日，即'以涚水沤其丝'，

---

① 引者按：《尔雅》"盝""涸"同训"竭"，王文锦本"盝"下未顿开。
② 引者按：《说文》止于"盝或从录"（中华书局《说文解字》236页）。王文锦本误将"字亦作潊"置于引号内。
③ 引者按："昼"原讹"画"，据阮元《十三经注疏》（919页中）改，4003/3318重复句"昼暴诸日，夜宿诸井，七日七夜，是谓水湅"可证。
④ 孙诒让《周礼正义》4006—4007/3320—3321页。

灰练之后，而后'昼暴夜宿'，水洗七日；而练帛则不同，灰练的时间是两日，然后'昼暴夜宿'，水洗七日。"[1]

赵丰《中国古代丝绸精练技术的发展》将上述三种精练工艺用框图表示如下[2]：

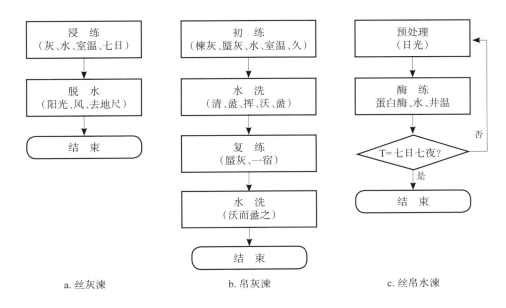

a. 丝灰湅　　　　　　　b. 帛灰湅　　　　　　　c. 丝帛水湅

陈维稷主编《中国纺织科学技术史（古代部分）》证之以出土的丝绸文物：

出土的丝绸文物表明，商周时期确已进行精练，并且在技术上不断取得进展。斯德哥尔摩远东古物博物馆藏的铜钺上粘贴着一些丝绸残片。据西尔凡[3]的观察和分析，认为其中一块平纹织物的丝纤维上有黏性物质（即指丝胶），说明是未经精练的；另一块织物，即平纹地上显菱形花纹的那一块，丝纤维显得非常柔软，显然是经过水洗精练，是去除丝胶的结果。西尔凡将两种织物进行对比后作出这样的结论，虽只是外表的观察，但有一定的参考价值。

陕西省岐山县贺家墓地西周墓出土的丝织物，给了我们实际考察周代精练技术水平的机会。丝胶的绝大部分是靠精练除去的。缫丝浴中的热水主要作用是使丝胶软化，蚕口吐出的截面为三角形的丝纤，缫丝后，若干个茧的丝依靠丝胶粘连抱合在一起，形成一根生丝。图Ⅱ6-1-1是三根生丝的截面照片，可以清楚地看出丝纤分别地结成三团，每一团代表一根生丝。如果经过精练，丝胶除去，蚕丝就分散成为单纤状态，截面照片中结成一团的情况就会消失，形成均匀的分布。图Ⅱ6-1-2是一张熟丝的截面照片，正反映了这个事实。因此，黏结情况的消失程度相对地代表了精练脱胶的深度。图Ⅱ6-1-3是岐山西周墓出土丝织物截面照片，可以看出基本上是均匀分布的，证明是已经进行精练的，技术上已经达到相当好的水平。

① 赵承泽主编《中国科学技术史·纺织卷》，科学出版社，2002年，266页。
② 《浙江丝绸工学院学报》1984年第3期。
③ Vivi Sylwan, Silk From The Yin Dynasty, Bulletin of The Museum of Far Eastern Antiquities, 1937, 9, p.123.

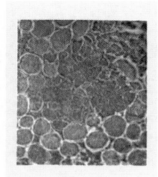

图Ⅱ6-1-1

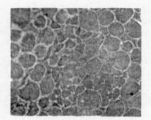

图Ⅱ6-1-2

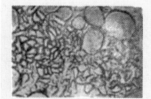

图Ⅱ6-1-3

关于周代晚期的精练工艺，由于发掘文物比较多，情况会更清楚一些。日本学者布目顺郎曾对我国战国时代楚国的丝织品精练程度作了研究，其中包括举世闻名的帛书[①]。从试验的结果中，他发现不同用途的织物精练深度不一，例如帽带、竹器上的带子、剑柄上的编结带等没有经过精练，这大概和后世的带子、编织物、琴弦一样，为了保持丝纤维的强度，是不脱胶的。后世的画绢，为了保证它们的强度，大多不进行精练，而楚国帛书看起来精练得不错。至于丝头巾、剑鞘绸，则是经过精练的。精练得最好的是包裹绸。从这里可以大致地估计周代晚期精练技术水平。当时已经掌握了控制精练深度的技巧，按照丝织品的用途和质量要求，施以不同程度的精练，这比之于周代前期，又大大地前进了一步。[②]

赵丰主编《中国丝绸通史》证之以江陵战国楚墓出土的丝织品："可观察到丝的脱胶程度高低的差别。在暗红绢的纬丝的电镜照片上，发现各根茧丝间的夹杂物较多，为丝胶的残存物，可能是织造后再'涑帛'的，不易完全脱去包覆在各根茧丝外的丝胶，精练度较低。而在另一块十字菱形纹锦经丝的电镜照片上，茧丝间的夹杂物明显要少得多，松散分离，不相黏连（图1-2-13）。这说明锦是熟织的产品，织造前先对丝束用'涑丝'工艺进行脱胶，丝胶脱得较干净，精练度高。"[③]

a. 暗红绢纬丝，紧密
（Densely woven dark red wefts in a tabby weave）

b. 十字菱形纹锦经丝，松散
（loosely constructed warps in a polychrome silk with lozenges）

图1-2-13　电镜照片显示的丝线精练程度
Microscopic detail of the silk threads

---

① （日）布目顺郎《养蚕の起源と古代绢》，雄山阁出版，1979年，220—224页。
② 陈维稷主编《中国纺织科学技术史（古代部分）》72—74页，科学出版社，1984年。
③ 苏州大学出版社，2005年，53页。

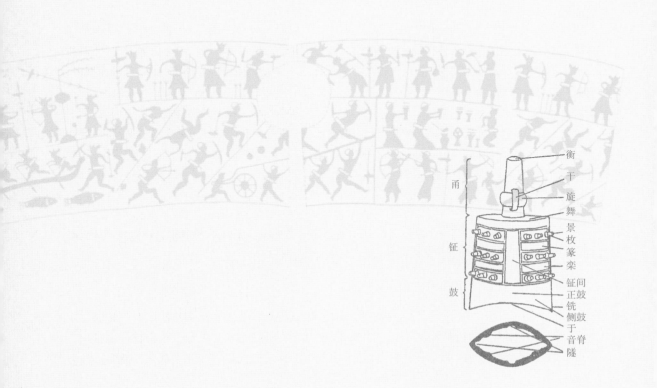

六

乐器

衡
干
旋舞
景枚篆栾
甬　　　　　钲间鼓
　　　　　正鼓
钲　　　铣侧鼓于音脊
鼓　　　　　　音隧

1. 钟

《凫氏》：凫氏为钟，两栾谓之铣。

孙诒让：程瑶田云："此记欲见钟体、钟柄、饰之、县之诸命名及其分布位置之所也。古钟羡而不圜，故有两栾在钟旁，言其有棱栾栾然。两栾谓之铣，钟是以有两铣也。"诒让案：栾者，小而锐之貌。《说文·山部》云："峦，山小而锐者。"钟两角亦小而锐谓之栾，犹山小而锐谓之峦矣。

郑玄：铣，钟口两角。

孙诒让：云"铣，钟口两角"者，《说文·金部》云："铣，金之泽者。一曰钟两角谓之铣。"贾疏云："古之乐器应律之钟，状如今之铃，不圜，故有两角也。"程瑶田云："两栾通长生光泽，故谓之铣。"

铣间谓之于，于上谓之鼓，鼓上谓之钲，钲上谓之舞。

孙诒让："铣间谓之于，于上谓之鼓"者，程瑶田云："两铣下垂角处相距之间，即钟口大径，其体于然不平，故谓之于。于上为钟体下段击处，故谓之鼓。"徐养原云："于者，钟口上下之圜周也，与舞相对。于上谓之鼓，犹钲上谓之舞，非直上也。卧钟而观之，一端似璧而椭者，舞也；一端似环而椭者，于也。立钟而观之，钲上不见舞，鼓下不见于。铣间谓之于，弧背也，以其钲为之，铣间弧弦也。《记》两言铣间，其义不同。"云"鼓上谓之钲，钲上谓之舞"者，程瑶田云："鼓上为钟体之上段正面也，谓之钲。钲上为钟顶，覆之如庑，故谓之舞。"又云："见铣间者，以铣间有于之名而见之。不见鼓间、钲间者，无名可纪，亦如舞之修广，必俟后文出度乃可一一纪之也。"诒让案：《鼓人》注云："镯，钲也，形如小钟。"凡钟上段杀小，其形如镯，故谓之钲。

郑玄：此四名者，钟体也。

孙诒让：注云"此四名者，钟体也"者，贾疏云："对下甬衡非钟体也。"程瑶田云："铣判钟体为两面，面之上体曰钲，其下体曰鼓。体有两面，故有两钲、两鼓也。"

郑司农：于，钟唇之上祛也。鼓，所击处。

孙诒让：郑司农云"于，钟唇之上祛也"者，《檀弓》"长祛"注云："祛，谓褒缘袂口也。"钟唇之侈者，与褒缘相似，故先郑以祛释于也。云"鼓，所击处"者，《小师》注云："出音曰鼓。"此于上正钟所击而出音处，故亦谓之鼓也。江藩云："钟磬之制，击处谓之鼓，《凫氏》'于上谓之鼓'，《磬氏》'鼓为三'是也。"

舞上谓之甬，甬上谓之衡。

孙诒让："舞上谓之甬"者，戴震云："钟体钟柄皆下大，渐敛而上。甬之为言如华甬之耸长，故甬长与钲等。"程瑶田云："舞上连钟顶而出之钟柄也。为箫，故谓之甬。"云"甬上谓之衡"者，戴震云："衡者，钟顶平处。"程瑶田云："甬末正平，故谓之衡。"江永云："衡，甬之上端，非别有一物为衡。郑意甬之上一截为衡者，误。"

郑玄：此二名者，钟柄。

孙诒让：注云"此二名者钟柄"者，对上于、鼓、钲、舞四者为钟体也。钟以甬县于虡，故通谓之钟柄。

钟县谓之旋，旋虫谓之干。

孙诒让："钟县谓之旋，旋虫谓之干"者，此记钟纽之名也。王引之云："钟县者，县钟之环也。环形旋转，故谓之旋。旋环古同声。环之为旋，犹还之为旋也。旋虫谓之干者，衔旋之纽，铸为兽形，居甬与旋之间，而司管辖，故谓之干。干之为言犹管也。《楚辞・天问》'干维焉系'，干一作'筦'，筦与管同。《后汉书・窦宪传》注云：'干，古管字。'余尝见刘尚书家所藏周纪侯钟，甬之中央近下者，附半环焉，为牛首形，而以正圜之环贯之。始悟正圜之环所以县钟，即所谓'钟县谓之旋'也；半环为牛首形者，乃钟之纽，所谓'旋虫谓之干'也。而旋之所居，正当甬之中央近下者，则下文所谓'参分其甬长，二在上，一在下，以设其旋'也。干为衔旋而设，言设其旋，则干之所在可知矣。干（幹）即斡字隶变。"案：王说是也。

郑玄：旋属钟柄，所以县之也。

孙诒让：注云"旋属钟柄，所以县之也"者，钟柄即谓甬，旋属甬间，所以县于虡也。

郑司农：旋虫者，旋以虫为饰也。

孙诒让：郑司农云"旋虫者，旋以虫为饰也"者，王引之云："此以旋与干为一物也。若然，则记文但言'钟县谓之旋，旋谓之干'可矣，何以次句又加虫字乎？干所以衔旋，而非所以县；干为虫形，而旋则否：不得以旋为干也。"又云："旋虫为兽形，兽亦称虫。《月令》'其虫毛'，谓兽也。《儒行》'鸷虫攫搏'，郑注'鸷虫，猛鸟、猛兽也。'"案：王说亦是也。汉时县钟之制，盖已与古异，故先郑之说如此。

郑玄：玄谓今时旋有蹲熊、盘龙、辟邪。

孙诒让：云"玄谓今时旋有蹲熊、盘龙、辟邪"者，此举汉法证先郑以虫饰旋之义。贾疏云："辟邪亦兽名。"案：王氏《经义述闻》所图纪侯钟，旋虫为兽首，有角如牛形，疑即辟邪也。[1]

---

[1]　孙诒让《周礼正义》3932—3935/3259—3262 页。

孙诒让所引王引之说，见其《经义述闻》卷九，所附纪侯钟图如下①：

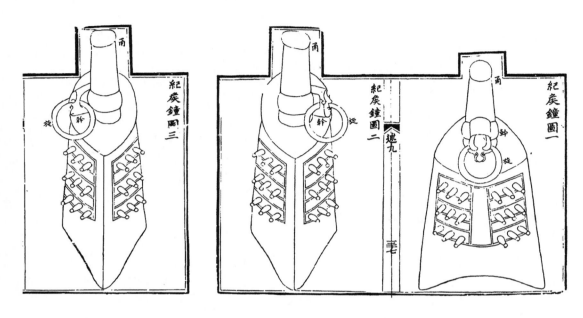

正如马衡《中国金石学概要》所说："《考工记·凫氏》一篇，纪钟制甚详。自程瑶田为《章句图说》，而铣间、鼓间、钲间之解始定。阮元命工鼓铸，而枚之为用乃明。惟旋、干之制，说者不一，虽程氏亦未能确定。"②对于"钟县谓之旋，旋虫谓之干"二句，程瑶田作《设旋疑义记》，感慨"疑义难遽析"③。他曾作《凫氏为钟图说》一文：

钟县谓之旋，所以悬钟者。设于甬上，参分其甬长，二在上，一在下。其设旋处也，《孟子》谓之"追蠡"，言追于出甬上者，乃蠡也。蠡与螺通，《文子》所谓"圣人法蠡蚌而闭户"是也。……曰旋曰蠡，其义不殊，盖为金枘于甬上，以贯于悬之者之凿中，形如螺然，如此则宛转流动，不为声病，此古钟所以侧悬也。旋转不已，日久则刓敝滋甚，故《孟子》以城门之轨譬之。旋虫谓之干，余谓干当为斡，盖所以制旋者。旋贯于悬之者之凿中，其端必有物以制之。案：《说文》："斡，扬雄、杜林说皆以为斡车轮斡。"斡或作輨。《说文》："輨，车轴端键也。"或作辖。《急就篇》注："辖，竖贯轴头，制毂之铁也。"《天问》"斡维焉系"，戴东原注云："斡，所以制旋转者。"钟之旋虫，盖亦是物与？④

在另一篇《凫氏为钟章句图说》中说："钟县于甬，变动不居，谓之旋。甬上必有物如虫，以贯摄乎旋，谓之斡。"⑤

王引之《经义述闻》卷九批评程瑶田以旋虫为旋螺："遍考古钟纽，无作螺形者。《孟

① 江苏古籍出版社，1985年，224—225页。
② 《凡将斋金石丛稿》18页，中华书局，1996年。
③ 《程瑶田全集》（贰）255页，黄山书社，2008年。
④ 《程瑶田全集》（贰）170页，黄山书社，2008年。
⑤ 《程瑶田全集》（贰）249页，黄山书社，2008年。

子·尽心篇》'以追蠡'，赵注训追为钟纽、蠡为欲绝之貌，亦未尝以蠡为螺，殆失之矣。"①

罗振玉《古器物识小录·旋虫》评判程瑶田说得失：

> 程易畴先生瑶田定钟斡为旋虫，其说甚确。惟未见其物，想象而为之图，载之《考工创物小记》。予于定海方氏见内公钟钩，表里各有铭文四字，其状上为圜环以安于笋虡，下有物如蛇状，尾上曲为钩以摄于旋，以钩钟旋。盖附于甬者为旋，而所以钩旋者为旋虫。程氏误以附于甬之旋为旋虫，所以钩旋之斡为钟悬，与记文及实物均不合。予所见之旋虫，长建初尺三寸七分。《攈古录》亦著录一钩，文与方氏藏者正同而略短。予亦藏二枚，则长六寸弱，四钩形状均无殊。其物如蛇，故名之曰旋虫，惜易畴先生不及见也。②

马衡《中国金石学概要》解释"干""旋"：

> 《筠清馆金文》载从钟钩，图其形制。一端有兽形，一端为钩。铭文二行，曰"芮公作□从钟之句"。又传世二器，形制略同。有兽形而无文字。爵文有 [字] 字，亦酷肖此形。据《凫氏》之文曰："钟县谓之旋，旋虫谓之干。……参分其甬长，二在上，一在下，以设其旋。"是旋与干明是二物，属于甬之钮谓之旋，县于笋虡之钩谓之干。干作兽形，故又谓之旋虫。爵文盖象干之形也。③

唐兰《古乐器小记》考证"干""旋"：

> 曰衡，曰旋，曰干，皆属于甬，并通用之名。旋与干，通谓之钟悬所以悬者也。干即斡字。《说文》："斡，蠡柄也。"昔人不得其解，以蠡为瓢，乃云"瓢柄为蠡，未闻其义"。不知蠡当训虫，《说文》："蠡，虫啮木中也。"则斡乃柄之饰以虫啮木之形耳。今按古钟旋之柄，多饰以蛇类或牛首之形（图四），其他有柄之古器物，如匜之属，柄上亦率为象形。古器象形，虫蛇鸟兽，变异殊多；则此类皆即《说文》所谓蠡柄之斡；故记曰："旋虫谓之干。"旋虫指旋上虫形之柄也。④

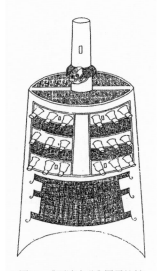

图四 《西清古鉴》周雷纹钟

唐兰《古乐器小记》评判王引之、程瑶田、罗振玉、马衡诸说之正误得失：

---

① 江苏古籍出版社，1985年，224页。
② 《罗振玉学术论著集》第3集362页，上海古籍出版社，2010年。
③ 《凡将斋金石丛稿》18页，中华书局，1996年。
④ 《燕京学报》第14期，1933年；引自《唐兰先生金文论集》351页，紫禁城出版社，1995年。

图六

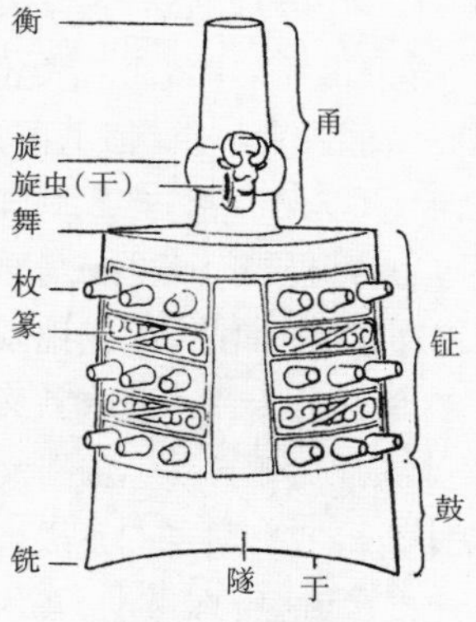

衡——
　　——甬
旋——
旋虫（干）——
舞——
枚——
篆——　　——钲
　　——鼓
铣——
隧　于

图九　甬钟各部分的名称

程氏作《设旋疑义记》，两存其说而不能定。……程氏第一说以旋为螺形之柄，干为柄端制旋之键，纯出推测，与实物不合。其第二说以旋为悬钟之钩，则与记文"三分其甬长，二在上，一在下，以设其旋"之语不合。王、罗、马三氏并据实物为说。王氏说干之制是矣。其说旋之位置，则与程氏同病，舍钟甬之本身而求之，与记文终为龃龉。惟解旋为环，则诚确切也。罗、马二氏之说，与程氏第二说适相反，旋之位置，虽合记文；而以干为甬外之物，又不如王说之善。且内公钟钩铭辞明云："从钟之钩。"干无钩义，知其非同物矣。

据记文三分甬长以设旋，则知旋必着于甬，旋义为环；今目验古钟甬中间均突起似带，周环甬围，其位置正与《考工记》合，是所谓旋也。于旋上设虫形之柄，故谓之旋虫，即所谓斡。旋虫与旋，本相联系，故名相袭。其起源当是以绳围瓦器之颈，于其末为之纽以便提携，其后变为瓦器之耳。钟为摹仿瓦鬲所制，故旋象其围，斡象其纽，其为虫状，则又后世之繁饰矣。

贯于干中有环者，仅见于纪侯钟。《西清古鉴》所著录有内公钟，《周金文存》卷六著录内公钟钩（图六），又定海方氏藏内公钟钩[1]，盖皆一人所作。钟钩上为环而下为钩，其环盖用以悬于笋簴之钩者，与纪侯钟同，惟彼则径贯于干，而此为以钩干为异耳。上虞罗氏尚藏有二钩，无文字，形制全同，则用钟钩者或较仅用环者为较普通也。[2]

夏鼐《沈括和考古学》也认为王引之错在以《纪侯钟》例外为常制，指出"《凫氏》叙述钟的各部分命名和它们之间尺寸的比例"，参照程瑶田《凫氏为钟章句图说》[3]和王引之《经义述闻》卷九[4]的附图，依据宋代《博古图录》[5]和近年出土的实物[6]，吸收唐兰《古乐器小记》[7]研究成果，改以周环甬围的带形突起为"旋"，旋上所设虫形钮（即耳状钮）为旋虫（干），绘出甬钟各部分名称图（图九）[8]。

"斡""旋"的用途，朱启新《"斡旋"的本义》详述：

① 罗振玉《集古遗文》卷十一著录。
② 《燕京学报》第14期，1933年；引自《唐兰先生金文论集》351—353页，紫禁城出版社，1995年。
③ 1931年《安徽丛书》本，《通艺录·考工创物小记》。
④ 《国学基本丛书》本，361—363页。
⑤ 《博古图录》卷22至25，共收入铜钟118件，其中甬钟75件，旋部都没有活动的圆环。甬钟中，有旋而无旋虫（耳状钮）者12件，二者皆无的3件。最后一种，形制简陋，除枚（景）外，无花纹。《博古图录》以为六朝时物，但似亦可能为最原始型的甬钟或其仿制品。
⑥ 例如西安斗门镇西周墓，一件三套；寿县蔡侯墓，一套12件；旋部皆无活动的圆环。见《五省出土重要文物展览图录》，图版三四,2；图五五。1958年。
⑦ 《燕京学报》第14期，1933年。
⑧ 《沈括和考古学》，《考古》1974年第5期。

　　"斡旋"是古代乐器甬钟上的两个构件名称,斡铸在旋上(图1)。击奏甬钟,要挂在钟架上。甬钟的"甬",是一根上细下粗的直柄。柄的下部有一道凸出的箍带,这道箍带叫作旋。旋上固定一个环钮状附件叫作斡,用以套挂在钟架上。斡往往做成浮雕或圆雕龙兽形状。《周礼·考工记·凫氏》则称之为旋虫。古人称兽类为虫。

　　斡旋本身不是钟体的发音部分,但又不如我们理解的那样简单,仅仅用于悬挂而已。没有旋,斡难以与甬连成一体。有了斡,甬钟不仅易于演奏,而且还能在演奏时达到最佳的音响效果。

　　斡的形状,有环状和长方形钮状两种。甬钟是由钟架上的套环穿过斡,套挂在钟架上。如曾侯乙墓出土的中层第三组甬钟,斡部为一兽和一龙形雕饰构成长方形钮状,上半段兽形,紧贴旋面,下段龙首紧靠甬把底部,中空为套孔。斡的铸制工艺要求较高。首先,斡附铸在旋,位置要与钟柄垂直,并且是在钟体正面,即打击面。斡铸在甬钟正面,既固定朝向对着演奏者,也符合钟体设计要求。曾侯乙墓出土的钟架有三层,上层为钮钟,中层和下层挂甬钟。中层的甬钟,正面朝里,演奏者在钟架之后打击,面向听众。下层的甬钟,正面朝外,演奏者在钟架之前撞击,背向听众。为什么要强调甬钟的正面对着演奏者呢? 因为甬钟的发音部位主要在钟体两面的正鼓部、右鼓部和左鼓部等六个打击点。曾侯乙墓中层甬钟正面的正鼓部和右鼓部、左鼓部都铸有标音铭文,明确了打击点应该在正面。其次,斡与钟柄垂直,因在正面,使钟体双面重量正面稍重于背面,这样,物体的重心就不在中心线上而略偏,与中心线形成角度,挂在架上,钟体有所侧悬,钟口微微上翘。曾侯乙墓的甬钟,同一组的铸斡、套孔形式一致,呈现出一定的倾斜度,使得打击点(发音部位)基本上在同一水平面上,有助于演奏者掌握打击角度,以达到最佳的音响效果。

　　很清楚,斡旋只不过是甬钟上的一个小构件,本身不会发音,似乎只需铸造牢固,挂上钟架,打击时能保持稳定就行了。其实不然,这个小小的构件却是卓尔不凡。有了斡旋,甬钟正面对着演奏者,打击点不会有差错;有了斡旋,同组钟体的倾斜度一致,能产生最佳音响效果。这两者的结合完成了调节发音部位与演奏者动作的协调关系。击(动)与受击(静),互承并统一起来。在这个意义上,斡旋被转述为调解矛盾冲突,确实是词语发展中一次明智的创见。[①]

　　图五七是曾侯乙墓出土编钟悬挂示意图[②]。

图1　甬钟直柄下部的斡旋构件

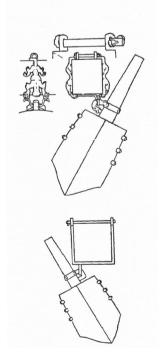

图五七　编钟悬挂示意图

————————
①　朱启新《看得见的古人生活》230—231页,中华书局,2011年。
②　湖北省博物馆《曾侯乙墓》(上)119页,文物出版社,1989年。

《凫氏》：钟带谓之篆，篆间谓之枚，枚谓之景。

孙诒让："钟带谓之篆，篆间谓之枚"者，记钟饰之制也。程瑶田云："钲体正方，中有界，纵三横四，为钟带；篆起，故谓之篆。篆之设于钲也，交午为之，中含扁方空者六。空设三枚，三六十八枚，故两钲凡三十六枚。枚之上下左右皆有篆，故曰篆间谓之枚也。"诒让案：古钟钲间，每面为大方围一，以带周盼其外，而内以二从带中分之，从列椭方围二。椭方围中又以三横带盼之，为横列椭方围五，大小相间，三大而二小。大者各容乳三，小者为篆文回环其间，此带篆所由名也。阮元云："余所见古钟甚多，大小不一，而皆有乳，乳即枚也。其枚或长而锐，或短而钝，或且甚平漫，钟不一形。余在杭州铸学宫之乐钟，算律以定其范。将为黄钟者，及铸成，则失之为夹钟。乃令其别择一钟，挫其乳之锐者，乳钝而音改矣。夫乃知《考工》但著摩磬之法，而不著摩钟之法者，为其枚之易摩，人所共知，不必著于书也。"云"枚谓之景"者，程瑶田云："枚，隆起有光，故又谓之景。"

郑玄：带所以介其名也。介在于鼓钲舞甬衡之间，凡四。

孙诒让：注云"带所以介其名也"者，《说文·人部》云："介，画也。"《左传·襄三十一年》杜注云："介，间也。"言纵横画于钟体诸名之间，示区别也。云"介在于鼓钲舞甬衡之间，凡四"者，贾疏云："中二，通上下畔为四处。"王引之云："疏误。四处者，合钟之两面计之，非谓一面有四带也。"江永云："带如人腰之有带，当设于鼓之上、舞之下，二带之间即钲间，带唯二耳。若于之上、舞之端，无所用带。注谓'介在于鼓钲舞甬衡之间、凡四'，非也。'衡'疑为衍字。若甬衡之间有介，岂带亦施于甬上乎？"案：王、江说是也。戴震亦谓带当侠钲，与今所存古钟形制正合。今以古钟校之，带皆设于钲，而其上为舞，其下为鼓。则注谓介鼓钲舞之间，义尚可通。惟不得兼介钟柄之甬及甬上平之衡耳。

郑司农：枚，钟乳也。

孙诒让：郑司农云"枚，钟乳也"者，枚隆起如乳，故亦曰钟乳。《北堂书钞·乐部》引《乐纬叶[1]图征》云："君子铄金为钟，四时九乳。"宋均注云："九乳，法九州也。"案：四时谓带有四，九乳谓枚有九也。《乐纬》文与此注义合。

郑玄：玄谓今时钟乳侠鼓与舞，每处有九，面三十六。

孙诒让：云"玄谓今时钟乳侠鼓与舞，每处有九，面三十六"者，侠夹字通。贾疏云："举汉法一带有九，古法亦当然。钟有两面，面皆三十六也。"王引之云："面当为'而'字之误也。此承上文凡四言之。钟之两面，带凡四处。每带一处而有九钟乳，四九而得三十六，故云每处有九而三十六。《博古图》所图周汉古钟，凡百一十四钟，每一面篆各两处，分列左右，两面凡四处，注所谓带介在于鼓钲舞甬衡之间，凡四也。每篆一处，钟乳上中下三列，列三钟乳，三三而九。面有篆两处，而得十八，两面四处，而得三十六，注所谓每处有九而三十六也。程氏《通薮录》所图周公举钟及余所见纪侯钟，无不皆然。郑注正合，其为'而'字无疑。贾氏不能厘正，而云'钟有两面，面皆三十六'，则是七十二

① 引者按："叶"原讹"汁"，据《北堂书钞》卷一〇八改。明孙毂编《古微书》卷二十："乐不叶，则不可以征；不可以征，则不可以图也。"

矣。无论古钟无此制，且非一钟所能容。"案：王说是也。江永亦谓："枚两面乃得三十六，注云一处有九，而疏谓一带有九，乳不设于带，何云一带有九，为失注意。"并足匡贾说之谬。

于上之摅谓之隧。

孙诒让："于上之摅谓之隧"者，于唇上当鼓处左右之中为圜规而窒之，以便考击也[①]。隧当作遂。俞樾云："下文'为遂，六分其厚，以其一为之深而圜之'，字正作遂，可证也。《释文》于《匠人》出隧字，曰'隧音遂，本又作遂'。盖隧即遂之俗字。一简之中，正俗错见，传写异耳。"案：俞说是也。作"隧"者，盖后人妄改。《释文》不为隧字发音，疑陆本尚不误矣。程瑶田云："鼓所击之处，在于之上，摅弊焉，窒下生光，如夫隧，谓之隧。"

郑玄：摅，所击之处摅弊也。隧在鼓中，窒而生光，有似夫隧。

孙诒让：注云"摅，所击之处摅弊也"者，摅，摩之变体。《说文·手部》云："摩，旌旗所以指麾也。摩，研也。"此摅即摩之假字。《后汉书·文苑传》李注引《字书》云："摅亦摩字。"《方言》云："摩，灭也。"郭注云："或作摅灭字。"案："摅弊"与《少仪》"靡弊"字通，与《总叙》"刮摩"义亦相近。钟隧常用鼓击，易销敝，故因以为名。云"隧在鼓中，窒而生光，有似夫隧"者，隧，亦当依《司烜氏》作"遂"。贾疏云："隧者，据生光而言，故引《司烜氏》'夫隧'。彼隧若镜，亦生光。窒而生光者，本造钟之时即窒，于后生光。"案[②]：贾说是也[③]。《说文·穴部》云："窒，空也。"《吕氏春秋·任地篇》"子能以窒为突乎"，高注云："窒，容污下也。"《史记·乐书》索隐云："窒即窊也。"窒而生光，谓污下而生光泽也。凡摩鐧销[④]敝而成圜窒者，通谓之遂。《庄子·天下篇》云："若磨石之隧。"与此义可互证。摅、遂[⑤]并据当鼓击处为名。郑云"似夫遂"者，以古夫遂即窒镜，钟当鼓亦窒而光，故以相比况也。

十分其铣，去二以为钲，以其钲为之铣间，去二分以为之鼓间；以其鼓间为之舞修，去二分以为舞广。

孙诒让："十分其铣，去二以为钲，以其钲为之铣间，去二分以为之鼓间"者，程瑶田云："此记以钟之命名位置既定，须制矩度，以为诸命名出分之本也。其矩度，即以钟体之长所谓铣者为之。于是十分其铣，然后以十分之铣去二得八，为钟体上段之钲，所去之二在下段者为鼓也。两铣之间，即以其钲为之，钲八，铣间亦八也，是为钟口大径。去铣间之二分，以为两鼓间，铣间八，鼓间六也，是为钟口小径。如是，则钟口纵横之度得矣。"又云："凡物有两，斯有间，是故有上下，然后有上下之间；有前后，然后有前后之间；有左右，然后有左右之间。钟有两铣、两钲、两鼓，于是乎有

---

① 此二十一字据孙校本、楚本补。
② "案"前原有"诒让"，据孙校本删。
③ "贾说是也"据孙校本、楚本补。
④ "销"原讹"摅"，据孙校本改。
⑤ 引者按：乙巳本、楚本并作"摅"，王文锦本排印讹作"摅"；乙巳本作"遂"，王文锦本从楚本讹作"隧"。经"于上之摅谓之隧"孙疏："隧当作遂……作'隧'者，盖后人妄改。"

铣间、钲间、鼓间也。十分其铣者，命其钟体之长为十分，而因以为度钟之法。去其下体之二分，余八分在上者为钲，其二分则鼓也。铣间谓之于，明钟唇于于然曲，当两铣之间，故谓之铣间。铣间者，钟口之大径。凡圜中所含直触两边之数，谓之径，步算家之率所谓径一圜三也。椭圜有羡，有敛，故径有大小。钟口大径，所谓羡者之径，大径横，小径纵。于上谓之鼓，两鼓相触，以为钟口小径，是谓鼓间。何以不名于间也？于言钟唇于曲，非钟体之名；且自两铣而中趋之，皆其于曲处，非若两鼓适当小径之所触，此鼓间之所由名也。以其钲为之铣间，去二分以为之鼓间，铣间八，鼓间六也。①"又云："钟口空，无物可指以写其纵横大小之径，于是指其两铣之下端与其两鼓之下端，而命之曰铣间、鼓间。钲间不言数者，鼓间六，舞广四，介其中者有定形，不必知也。无已，则以句股法求之，当五又十分一之六矣。"案：程说是也。徐养原说同。经凡单言铣、言钲者，皆钟体之直径也。自铣间谓之于外，凡言铣间、鼓间者，皆钟空中面角②相距之横径也。盖古钟椭圜，侈弇必有定度，而后可以协律，且无柞郁之声病③。然两铣之间，若唯纪实体之度，则隅角之锐钝与弧中之增减，无由可定，故必度其下口弧弦虚直之大径，合之鼓间及上端④舞广之小径，而弧背之实度自毕含于其中，此古经究极度数之微恉也。云"以其鼓间为之舞修，去二分以为舞广"者，记钟上端广修之度也⑤。程瑶田云："以其鼓间六为舞修六，是为钟顶大径；去其二分以为舞广四，是为钟顶小径：如是则钟顶纵横之度得矣。"又云："钲上谓之舞，舞，覆也，谓钟顶。其修六所羡之径，去二分则广之径四也。舞覆在上者一而已，故但有修广之数，不得以间命之。"戴震云："古钟体羡而不圜，故有修有广。椭圜大径为修，小径为广。舞者，钟体上覆。其修六，是为椭圜大径；其广四，是为椭圜小径。"金榜说同。徐养原云："此记钟体也。铣间鼓间一横一从于下，而钟口之大小见矣。舞修舞广一横一从于上，而钟顶之大小见矣。上下定而全体皆定，故特记此四者。鼓间之度同乎舞修，铣间之度倍于舞广，此又度数之上下相准者也。"案：程、戴、徐并以舞之广修为钟顶平体纵横之度，是也。

郑玄：此言钲之径居铣径之八，而铣间与钲之径相应；鼓间又居铣径之六，与舞修相应。**舞修，舞径也。舞上下促，以横为修，从为广。舞广四分，今亦去径之二分以为之间，则舞间之方恒居铣之四也。舞间方四，则鼓间六亦其方也。鼓六，钲方，舞四，此钟口十者，其长十六也。钟之大数，以律为度，广长与圜径，假设之耳。其铸之，则各随钟之制为长短大小也。凡言间者，亦为从篆以介之，钲间亦当六。今时钟或无钲间。**

孙诒让：注云"此言钲之径居铣径之八，而铣间与钲之径相应"者，经云"十分其铣，去二以为钲，以其钲为之铣间"，本言钟全体直径十，体上半之钲直径八，又以钲之直径为铣间，即钟口之大横径也。郑误以铣十为钟口之横径，钲八为钲之横径，铣间八为钟体下半之直径，非经义也。云"鼓间又居铣径之六，与舞修相应"者，经云"去二分以为之鼓间，以其鼓间为之舞修"，本言去钟口大

---

① 引者按：此处原有"鼓上谓之钲。钲间者，两钲之间，与鼓交接处，触两钲之下际。盖鼓间既准钟口，则钲间亦准其在下者可知"四十一字，据孙校本删。删去的原因可能是此段引文重复见于下文释经文"鼓间""钲间"。

② 引者按："面角"据孙校本、楚本补。

③ 引者按："且无柞郁之声病"据孙校本、楚本补。

④ 引者按："上端"据孙校本、楚本补。

⑤ 引者按："记钟上端广修之度也"据孙校本、楚本补。

横径之二分，为鼓间之小横径六，又以为钟顶之大径亦六。郑误以鼓间为鼓之直径，舞修为钟体近顶处之横径，亦非经义。云"舞修，舞径也"者，谓舞修即舞之横径也。郑释舞为钲上之一体，误；而释修为径，则义尚可通。云"舞上下促，以横为修，从为广，舞广四分"者，舞本钟上覆，经舞广本为小径。郑误谓钟分三体，钲上别有舞。经云"以鼓间为舞修"，修为横径，则六分去二分以为广，广为直径则四分，故云舞广四分也。云"今亦去径之二分以为之间，则舞间之方恒居铣之四也"者，郑意舞广即舞间，与铣间鼓间之为直径者同。舞间亦有正方之篆盱，从如其广，而横则减于修二分，与广度同，故曰舞间恒居铣间之四也。云"舞间方四，则鼓间六亦其方也"者，郑意以舞间推鼓间，亦当有正方之篆盱，从横皆六，为鼓方也。云"鼓六、钲六、舞四，此钟口十者，其长十六也"者，郑意鼓在下有六，舞在上有四，钲在舞鼓之间，经虽无文，以意定之，亦当有六，二六十二，加四则十六矣，故曰"钟口十而长则十六"。不知钟长实止十无十六也。云"钟之大数，以律为度，广长与圜径，假设之耳。其铸之，则各随钟之制为长短大小也"者，贾疏云："按《周语》云：'景王将铸无射，问律于伶州鸠。对曰：律所以立均出度，古之神瞀，考中声而量量以制度，度律均钟。'韦昭云：'均，平也。度律吕之长短，以平其钟、和其声也。'据此义，假令黄钟之律长九寸，以律计，身倍半为钟，倍九寸为尺八寸。又取半，得四寸半，通二尺二寸半，以为钟。余律亦如是。其以律为广长与圜径也。此口径十，上下十六者，假设之，取其铸之形，则各随钟之制为长短大小者，此即度律均钟也。"案：郑意钟之大小视律之长短以定；而铣鼓钲甬之长短亦随之。若钟长尺，则铣得其全，鼓得其寸，凡皆以此为差。假设者，命分之法，非实数。贾《小胥》疏引服虔《左传注》云："凫氏为钟，以律计，自倍半。"贾说即本于彼。但依贾义，凡钟皆依律倍之，更加半律，是以二律有半，为自倍半。聂崇义说同。《通典·乐》则云："以子声比正声，则正声为倍；以正声比子声，则子声为半。"是以或倍或半，大小不同，为自倍半，与贾义异，未知孰是。互详《典同》疏。云"凡言间者，亦为从篆以介之"者，郑意铣间、钲间、舞间，皆有从篆以盱之，使上下体易辨也。云"钲间亦当六"者，此无正文，郑以鼓与钲相接，其长度当同。今依经文，钲之长度实八，铣十而钲八含于其中，钲八不在铣十外也。郑说误。云"今时钟或无钲间"者，古钟本无舞间而有钲间，郑误以舞为钟直体之一，则与钲鼓为三体。汉时钟篆盱或有三截，与郑说巧合；而亦有止二截与古钟同者。郑不知其无舞间，而误以为无钲间，故其说如此。

以其钲之长为之甬长。

　　孙诒让："以其钲之长为之甬长"者，钲长八，即上文所云"十分其铣，去二以为钲"也。程瑶田云："钟体度定，乃度钟柄。于是以其钲之长，为之甬长，甬长亦八也。"

　　郑玄：并衡数也。

　　孙诒让：注云"并衡数也"者，衡本钟上平处，有广而无长。郑误仞甬上别有一物谓之衡，而经不著其度，故谓此甬长当并衡长数之。其说非也。[1]

　　李加宁《浅议曾侯乙编钟的频率与尺度间的关系》将曾侯乙编钟的原始数据代入对应的一元线性方程,归纳整理而得表2.编钟尺度之间的相互关系:

对应值 ＼ 编号	上2-1～3-7	中2-2～2-12	中3-2～3-10	下2-1～2-10
铣间	(66～71)%铣长	(64～68)%铣长	(66～69)%铣长	81%铣长
鼓间	(71～75)%铣间	(76～71)%铣间	(80～81)%铣间	(73～78)%铣间
舞修	(118～115)%鼓间	117%鼓间	(121～117)%鼓间	(113～116)%鼓间
舞广	(71～75)%舞修	(76～74)%舞修	(80～81)%舞修	(73～78)%舞修
钮高或甬长	(43～51)%铣间	(106～110)%铣间	(113～118)%铣间	(98～97)%铣间
中长	(74～77)%铣长	(78～76)%铣长	(71～78)%铣长	(79～71)%铣长

　　并且"以《考工记》记载的比值为细实线,编钟的实际比值为粗实线,两条虚线之间亦为实际值的变化范围"列出图5:

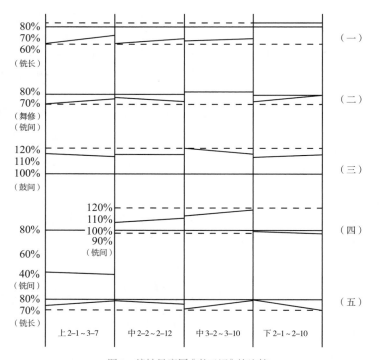

图5　编钟尺度同《考工记》的比较

（一）铣间与铣长;（二）舞广(鼓间)和舞修(铣间);（三）舞修和鼓间;（四）钮高或甬长和铣间;（五）中长和铣长

将编钟铣长同铣间与舞修平均值之比列表3如下：

编号 \ 比值	铣长同铣间与舞修平均值之比
上2–1～3–7	0.629，0.621，0.628，0.631，0.654，0.670，0.644
中2–2～2–12	0.605，0.628，0.640，0.630，0.647，0.652，0.638，0.637，0.647，0.636，0.642
中3–2～3–10	0.649，0.634，0.643，0.634，0.630，0.649，0.624，0.658，0.697
下2–1～2–10	0.753，0.755，0.760，0.760，0.852，0.743，0.766，0.737

比较的结果是："除下层甬钟的铣间和铣长同《考工记》相一致外，上层钮钟和中层甬钟的铣间和铣长的比值比《考工记》偏小15%左右。除中层甬钟（3–2～3–10）的舞广和舞修，以及鼓间和铣间之比值与《考工记》相同外，其余偏小2%～9%。编钟舞修和鼓间的比值比《考工记》偏大11%～18%，中层甬钟第三组达21%。"认为曾侯乙编钟"属于矩形黄金分割类乐器的编钟"，"曾侯乙编钟的尺度、音响及造型比《考工记》所载更精细奥妙"。[①]

《凫氏》：以其甬长为之围，参分其围，去一以为衡围。

孙诒让："以其甬长为之围"者，程瑶田云："甬长八，以其长为之围。围谓与舞交接处。准铣间、鼓间，亦指其在下者以命名。命名之法，一器中不得异也。"云"参分其围，去一以为衡围"者，戴震云："衡者，钟顶平处。钟体柄皆下大，渐敛而上。"程瑶田云："甬体上小下大，略准钟体为之。"诒让案：甬长八，参分去一以为衡围，则衡围五又三分分之一也。

郑玄：衡居甬上，又小。

孙诒让：注云"衡居甬上，又小"者，郑误谓衡别居甬上，故其围异。不知衡即甬末平处，由甬本渐杀以上至于衡，而得甬围三之二，非于甬上别为衡也。

参分其甬长，二在上，一在下，以设其旋。

孙诒让："参分其甬长，二在上，一在下，以设其旋"者，记设旋于甬上下之度，谓于三分甬八之中，旋居下之一分，上空其二也。凡古钟皆如此。

郑玄：令衡居一分，则参分，旋亦二在上，一在下。以旋当甬之中央，是其正。

孙诒让：注云"令衡居一分，则参分，旋亦二在上，一在下"者，郑误谓衡别设于甬上，而甬长又

① 《乐器》1991年第2期。

并衡长数之,则参分甬长,衡当居其一分,而甬止二分矣。今经云"二在上,一在下",上二分内当除衡一分,则甬上实仍止一分,与下等设旋,即在甬上一下一之间;通衡言之,则亦二在上,一在下也。云"以旋当甬之中央,是其正"者,设旋必当甬之中央,而后县之中正,不邪掉也。今验古钟,旋皆设于甬下,不居甬中,注与古制不合。[①]

戴念祖《中国物理学史大系·声学史》:

设已知铣长 l,则编钟形体大小即可求出。令钲长为 l_1,甬长为 l_2,铣间距为 d,则:

$$l_1 = \frac{8}{10}l, l_2 = l_1 = \frac{8}{10}l, d = \frac{8}{10}l$$

根据王湘等人对曾侯乙钟的测量[②],60 余件中有如下近似的统计平均数:王湘量出曾侯乙钟的每个钟的中长,即从舞到曲于中央点之长为 l',则:

$$l' = \frac{8}{10}l, l_1 = \frac{1}{2}l, l_2 \approx \frac{8}{10}l, d = \frac{8}{10}l - A \quad (A \text{ 为 } 2 \sim 3 \text{ cm 的一个常数})$$

由此可见,《考工记》的记载与曾侯乙钟的实测数据基本相同。曾侯乙钟的 l' 与 l 之差,可能是由于战国之前后人们对器物名称及度量范围的观念变化所致。[③]

《凫氏》:薄厚之所震动,清浊之所由出,侈弇之所由兴,有说。

孙诒让:"薄厚之所震动"者,此以体言,谓钟体有薄厚,而声之震动从之也。云"清浊之所由出"者,此以声中十二律而言。云"侈弇之所由兴"者,此以钟口之度言。《说文·舁部》云:"兴,起也。"言侈弇之所由起也。云"有说"者,江永云:"有说即在此三言中,谓其中有理可说。诸家以下文之说解之,不确。下文自说不中度之病。"案:江说是也。此明钟之薄厚清浊侈弇自有其度,下乃论其不合度之患。贾疏谓此文与下为目,失之。

钟已厚则石。

孙诒让:"钟已厚则石"者,贾疏云:"案《典同》病钟有十等,此但言薄厚侈弇者,《典同》具陈,于此略言其意。"

郑玄:大厚则声不发。

孙诒让:注云"大厚则声不发"者,《月令》"雷乃发声",注云:"发犹出也。"《典同》云"厚声

① 孙诒让《周礼正义》3942—3943/3268 页。
② 王湘《曾侯乙编钟音律的探讨》。由于当时的某种原因,王湘先生在发表文章时未曾公布全部测量数据。文载《音乐研究》1981 年第 1 期。
③ 戴念祖《中国物理学史大系·声学史》133—134 页,湖南教育出版社,2001 年。

石”,注云:"钟大厚则如石,叩之无声。"此注云"声不发",犹彼注云"叩之无声"也。

已薄则播。

郑玄:大薄则声散。

孙诒让:注云"大薄则声散"者,《文选》刘琨《答卢谌诗》李注引《声类》云:"播,散也。"贾疏云:"《典同》云'薄声甄',郑云:'甄犹掉也。'与此声播亦一也。以声散则掉也。"

侈则柞。

郑玄:柞读为"咋咋然"之咋,声大外也。

孙诒让:注云"柞读为咋咋然之咋"者,《典同》杜注云:"筰读为'行扈唶唶'之唶。"此咋咋与唶唶字亦通。云"声大外也"者,贾疏云:"《典同》注云:'侈则声迫筰,出去疾。'此声大外亦一也。"

弇则郁。

郑玄:声不舒扬。

孙诒让:注云"声不舒扬"者,《广雅·释诂》云:"郁,幽也。"声幽滞不得出,故不舒扬也。贾疏云:"《典同》注云:'弇则声郁勃不出也。'与此注不舒扬亦一也。"

长甬则震。

郑玄:钟掉则声不正。

孙诒让:"长甬则震"者,谓甬长过于八也。注云"钟掉则声不正"者,《尔雅·释诂》云:"震,动也。"《广雅·释诂》云:"掉,动也。"是震掉同义。贾疏云:"甬长,县之不得所,则钟掉,故声不正也。"[1]

闻人军《〈考工记〉中声学知识的数理诠释》阐明《考工记》对编钟特性的分析符合现代科学原理:

1. 简化模型的建立

亥姆霍兹(Helmholtz,1821—1894)说过:钟是一种弯曲的金属板[2]。中国科学院声学研究所的实验结果表明:扁钟基频的振型和一边钳定、三边自由的矩形板的第Ⅳ振型相似[参见图3,(a)中的

---

① 孙诒让《周礼正义》3943—3944/3268—3269页。
② Geiringer, K., Musical Instruments from the Stone Age to the Present Day, London, 1945, 52.

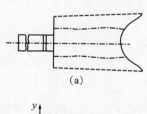

(a)

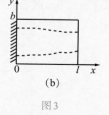

(b)

图 3

点划线和（b）中的虚线分别代表节线]①。

因为扁钟前后两半的振动对称，如果忽略钟体内部空气柱的影响，可以用具有上述边界条件的矩形板的自由振动来模拟钟体振动的大概情形。

取直角坐标系如图 3（b）所示，矩形板的自由振动方程为

$$\frac{\partial^4 W}{\partial x^4} + 2 \frac{\partial^4 W}{\partial x^2 \partial y^2} + \frac{\partial^4 W}{\partial y^4} + \frac{\rho h \partial^2 W}{D \partial t^2} = 0 \quad ② \tag{3-1}$$

其振动频率

$$\omega_{Km} = \frac{\alpha_{Km}}{l^2} \sqrt{\frac{D}{\rho h}} \quad ③ \tag{3-2}$$

式中，

α_{Km} ——和板的形状及振型有关的常数

设动力挠度

$$W(x, y, t) = \sum_{K=1}^{\infty} \sum_{m=1}^{\infty} \psi_{Km} (A'_{Km} \cos \omega_{Km} t + B'_{Km} \sin \omega_{Km} t) \tag{3-3}$$

取振型函数 $\psi_{Km} = X_K Y_m$。

上式中，X_k 取一端钳定，一端自由的均匀梁的横振动的特征函数，Y_m 取两端自由的均匀梁的横振动的特征函数④，则（3–3）式就是微分方程式（3–1）的满足图 3（b）所示边界条件的近似解。

设在点 $\left(l, \frac{b}{2}\right)$ 处敲击，使其初速在点 $\left(l, \frac{b}{2}\right)$ 处充分大，以致除了 $\iint V(x, y, 0) dx dy = U$ 其余各处均为零。

设总冲量为 P，则 $U = \frac{P}{\rho h}$.

因为 $W(x, y, 0) = 0$，

所以 $A'_{Km} = 0$.

而 $B'_{Km} = \frac{4}{\omega_{Km} lb} \int_0^b \int_0^l V(x, y, 0) \psi_{Km}(x, y) dx dy$

$= \frac{8Pl}{h^2 b \alpha_{Km}} \sqrt{\frac{3(1 - v^2)}{E\rho}} \psi_{Km}\left(l, \frac{b}{2}\right),$

① 陈通、郑大瑞《古编钟的声学特性》，《声学学报》1980 年第 3 期。
② 菲利波夫，А.Л.《弹性系统的振动》，建筑工程出版社，1959 年，223 页。
③ Barton, Journal of Applied Mechanics, 18(1951), 131.
④ Dana, Y., Austin & Texas, Journal of Applied Mechanics, 17(1950), 448.

所以 $W(x,y,t) = \sum \sum B'_{Km} \psi_{Km}(x,y) \sin \omega_{Km} t$

$$= \frac{1}{h^2} \sum \sum \frac{8Pl}{b\alpha_{Km}} \sqrt{\frac{3(1-v^2)}{E\rho}} \psi_{Km}\left(l, \frac{b}{2}\right) \psi_{Km}(x,y) \sin \omega_{Km} t.$$

则点 (x,y) 处的振幅　$A(x,y) \propto \frac{1}{h^2}.$ （3–4）

2. 释"薄厚之所震动,清浊之所由出"

将(1–2)式代入(3–2)式得到:

$$\omega = \frac{\alpha_{Km} h}{2l^2} \sqrt{\frac{E}{3\rho(1-v^2)}}.$$ （3–5）

上式说明,h 越大(或小),ω 越高(或低)。换言之,钟的厚薄关系到振动频率,这是钟声清浊的由来。

3. 释"钟已厚则石,已薄则播"

由(3–4)式可知,钟愈厚则振幅愈小。因为声强 I 和声波振幅平方成正比,所以太厚的钟声音不易发出。

反之,如果钟体太薄,则振幅过大,声强很强。而且由(3–5)式可知,h 愈小,则频率 ω 愈低,传播时衰减较少。因此,如果钟太薄的话,钟声响,传得远。

4. 释"长甬则震"

钟甬(柄)等效于一端钳定,一端自由的棒。为简单起见,假设质量均匀分布,棒长为 l_b,半径为 γ,示于图4。如果在自由端加以敲击,可以证明端点 $(x=l_b)$ 的振幅

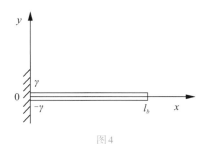

图4

$$A_n(l_b) = \frac{8l_b P}{\pi^3 \beta_n^2 \gamma^3} \sqrt{\frac{1}{E\rho}}$$ （3–6）

式中,p——给予棒端的总冲量,$\beta_1 = 0.597$,$\beta_2 = 1.494$,$n > 2$ 时,$\beta_n \approx n - \frac{1}{2}.$

由上式可知,钟甬过长,即 l_b 太大的话,钟柄的振幅太大,对钟壳体的振动形成不适当的干扰,导致声音不正。

5. 释"钟大而短,则其声疾而短闻。钟小而长,则其声舒而远闻"

为了剖析这两句话所描述的声学现象,可以借助于五十年代发展起来的有限单元法[①]。

今取上端封闭、椭圆截面的柱壳来近似模拟钟体的振动。由于对称性之故,在分析时只需考虑四分之一的钟体,划分节点和三角形单元(参见图5)。为了便于对照,将钟型的四种假设情况分别计算。兹将在DJS–6数字计算器上所获的处理结果列于下表。

---

① 朱伯芳《有限单元法原理与应用》,水利电力出版社,1979年。

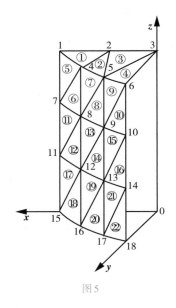

图 5

模拟钟的基频

编号	钟长（cm）	横 截 面		钟厚（cm）	基频（Hz）
		长轴（cm）	短轴（cm）		
Ⅰ	18	8	5	1	959
Ⅱ	20	8	5	1	925
Ⅲ	18	9	6	1	799
Ⅳ	18	8	5	1.2	1 149

由上表中Ⅰ与Ⅱ、Ⅲ的对比可知，钟体变大与变短对振动频率的影响是相反的。所以，"钟大而短"与"钟小而长"其振动频率可以近似或相差无几，影响钟声传播远近可能的因素主要是振幅的不同。Ⅰ和Ⅳ的对照则反映出钟体愈厚，基频愈高；与（3-5）式是一致的。

按《考工记》原文的意思，"钟大而短"，振幅较小，声强较弱，可能频率也较高，所以声音急疾消竭，传播距离近。反之，"钟小而长"，声源振幅较大，声音传得远。看来，《考工记》关于这两种情况的记载，只有在一定的范围内才是正确的。作者打算以后进一步求得模拟钟的动力响应，以便更深入地分析这个问题。

6. 释"侈弇之所由兴"及"侈则柞，弇则郁"

根据弹性力学原理，若钟口趋向弇狭，相当于附设加固环，使弯曲刚度增大。若钟口趋向侈大，则弯曲刚度变小。

据（3-2）式，钟口的侈大或弇狭对于弯曲刚度 D 的影响要牵涉到振动频率，所以说钟的频率也跟钟口的侈弇有关。

如果钟口侈大，弯曲刚度变小，其等效厚度 h 变小。由（3-4）式可知，振幅 $A_{Km}\left(l, \dfrac{b}{2}\right)$ 变大，故声强增大。由（3-5）式可知，频率 ω 降低，因此传播时衰减较小。

又因为在振速相同的情况下，振动活塞的辐射功率与面积成正比[①]，钟口与其类似，张得愈开，辐射功率也就愈大。

此外，钟口较大的话，声波在钟的空腔内由于内摩擦作用而引起的衰减也较小。

综合这三方面的因素，如果钟口侈大，则声音大而外传；如果钟口弇狭，情形正好相反，那么声音较小且抑郁不扬。[②]

戴念祖《文物与物理》解释道：

钟体发声的高低（清浊）是由它的振动状态（确切地说是由振动频率，即单位时间内的振动数）决定的，而振动频率又与钟壁的厚薄甚有关系。若钟壁太厚，则其发声如同击石（用现在的话说，太

---

① 冯秉铨《电声学基础》，高等教育出版社，1957年，113页。
② 闻人军《〈考工记〉中声学知识的数理诠释》，《杭州大学学报》（自然科学版）1982年第4期。

厚的壁,振动频率接近或超过人耳阈,声音听不见,故曰如同击石);钟壁太薄,则其声音播散("已薄"则振幅大,故其声有播散之感),钟口太大("侈"),则发声有喧哗之感,钟口太小("弇"),则发声抑郁不出;钟甬太长,不易系结牢固,钟体因敲击易震动,因而有震颤之声。[①]

《凫氏》：是故大钟十分其鼓间，以其一为之厚；小钟十分其钲间，以其一为之厚。

孙诒让："是故大钟十分其鼓间,以其一为之厚;小钟十分其钲间,以其一为之厚"者,记钟厚薄之正度也。《尔雅·释乐》云："大钟谓之镛,其中谓之剽,小者谓之栈。"凡特钟编钟,皆应十二律,其大小各不同。大钟厚得鼓间十分之一,小钟厚得钲间十分之一,亦各以其钟体直径十为根数也。程瑶田云："钟已厚则石,小钟尤易石,故大钟之厚取节于鼓间,小钟之厚取节于钲间,钲间小于鼓间也。钲间,两钲之间与鼓交接处,触两钲之下际。盖鼓间既准钟口,则钲间亦准其在下者可知。"又云："大钟之厚,十分鼓间,六而取其一;而小钟之厚,则十分钲间,五又十分一之六而取其一。必薄于大钟者,以钟小易石故也。"徐养原云："此记厚薄之差,为别声之法。大钟小钟者,一均之钟自有大小也。鼓间者,鼓之下端接于者也;钲间者,钲之上[②]端接舞者也。钟上小下大,鼓间广,钲间狭。十分鼓间以其一为厚者,羽钟也。十分钲间以其一为厚者,宫钟也。大钟声小,小钟声大,举其两端以差次其中间,即各声可得矣。上文记钟体,不言钲间,至此乃言者,盖钲属于舞,钲间即舞广耳。以其鼓间为之舞修,既以其钲间为之舞广,鼓间钲间皆与舞相应,对舞修则曰舞广[③],对鼓间则曰钲间。"

郑玄：言若此,则不石、不播也。鼓钲之间同方六,而今宜异,又十分之一犹大厚,皆非也。若言鼓外钲外则近之,鼓外二,钲外一。

孙诒让：注云"言若此,则不石不播也"者,明此所以去厚而石、薄而播之病也。云"鼓钲之[④]间同方六,而今宜异"者,此言间者,并为钟大小径之横度。郑误以为从径,而谓钲与鼓同,即上注云"钲间亦当六"是也。贾疏云："此钟有大小不同,明厚薄宜异,不得同取六也。"云"又十分之一犹大厚,皆非也"者,此承钲间六而言也。金榜云："郑疑小钟十分钲间之一犹大厚。"云"若言鼓外钲外则近之,鼓外二,钲外一"者,郑意此经"鼓间、钲间"当作"鼓外、钲外"也。贾疏云："郑不敢正言,是故云近之。'鼓外二、钲外一'者,据上所图鼓外有铣间,乃铣外有二间,钲外唯一间,就外中十分之一为钟厚可也。"金榜云："鼓外二,谓钲间、舞间。钲外一,谓舞间。"[⑤]

郭宝钧《山彪镇与琉璃阁》对河南省汲县山彪镇出土的两组14个战国编钟作出精准测量和详细记录,列出编钟的尺寸重量表[⑥]：

①　戴念祖《文物与物理》,东方出版社,1999年,144页。
②　引者按:"上"原讹"下",据楚本与徐养原《顽石庐经说·凫氏为钟说》(王先谦《清经解续编》第2册1285页上)改。
③　引者按:"广"原涉上下文讹作"间",据楚本与徐养原《顽石庐经说·凫氏为钟说》(王先谦《清经解续编》第2册1285页中)改。
④　"之"原脱,据孙校本、楚本补。
⑤　孙诒让《周礼正义》3944—3946/3269—3270页。
⑥　科学出版社,1959年,9页。

表一 编钟尺寸重量实测表（长度：厘米，重量：克）

组别	次第	号次	纽高	铣长	舞广	舞修	鼓间	铣间	钟厚	重量	备注
蟠螭纹编钟	一	1：9	11.90	36.00	24.50	29.00	29.00	33.80	0.75	26 650	音律特定，下同
	二	1：10	11.60	32.00	22.40	26.60	26.20	30.50	0.60	21 687	
	三	1：12	11.40	29.60	19.20	23.50	23.20	27.10	0.60	16 218	有裂纹，原音已失
	四	1：13	9.75	26.40	16.90	20.90	20.10	24.20	0.65	12 375	
	五	1：14	9.40	23.00	15.10	18.40	18.10	21.90	0.50	9 188	鼓微破，音不准确
散虺纹编钟	一	1：15	8.30	21.70	12.35	15.78	14.50	18.80	0.46	5 313	
	二	1：16	7.85	20.65	11.60	15.05	13.80	17.85	0.45	4 875	
	三	1：17	7.60	19.10	10.70	14.10	12.60	16.90	0.45	3 922	舞顶破，音失
	四	1：18	7.20	18.00	10.20	13.00	12.30	15.85	0.50	3 469	纽断而未影响钟体
	五	1：20	6.20	17.00	9.50	12.40	11.45	14.85	0.50	2 938	
	六	1：19	6.15	15.70	9.00	11.60	10.50	13.90	0.60	2 594	
	七	1：21	5.65	14.20	7.90	10.50	9.85	12.70	0.50	2 266	
	八	1：23	5.70	13.40	7.35	9.45	9.20	11.78	0.55	1 906	鼓铣破裂，音失
	九	1：22	4.85	11.80	6.65	8.75	8.20	10.65	0.50	1 578	

郭宝钧《山彪镇与琉璃阁》认为"战国时代关于钟制的记录，首推《考工记》'凫氏为钟'之文"，于是"拿铣长作为量度钟体各部比例的基数"，"以此两组编钟实测尺寸与凫氏所记比例相较，它们的增减关系见表二"[①]：

表二 编钟各部实测比例与《考工记》所记比例比较表（单位：厘米）

组别	次第	铣长起度	铣间		鼓间		舞修		舞广		厚	
			应	实	应	实	应	实	应	实	应	实
蟠螭纹编钟	一	36.00	28.80	+5.00	21.60	+7.40	21.60	+7.40	14.40	+10.10	2.16	−1.41
	二	32.00	25.60	+4.90	19.20	+7.00	19.20	+7.40	12.80	+9.60	1.92	−1.32
	三	29.60	23.68	+3.42	17.76	+5.74	17.76	+5.74	11.84	+7.36	1.776	−1.176
	四	26.40	21.12	+3.08	15.84	+4.26	15.84	+5.06	10.56	+6.34	1.584	−0.934
	五	23.00	18.40	+3.50	13.80	+4.30	13.80	+4.60	9.20	+5.90	1.38	−0.88
散虺纹编钟	一	21.70	17.36	+1.44	13.02	+1.48	13.02	+2.76	8.68	+3.67	1.302	−0.842
	二	20.65	16.52	+1.33	12.39	+1.41	12.39	+2.66	8.26	+3.34	1.239	−0.789
	三	19.10	15.28	+1.62	11.46	+1.14	11.46	+2.64	7.64	+3.06	1.146	−0.696
	四	18.00	14.40	+1.45	10.80	+1.50	10.80	+2.20	7.20	+3.00	1.08	−0.58
	五	17.00	13.60	+1.25	10.20	+1.25	10.20	+2.20	6.80	+2.70	1.02	−0.52
	六	15.70	12.56	+1.34	9.42	+1.08	9.42	+2.18	6.28	+2.72	0.942	−0.342
	七	14.20	11.36	+1.34	8.52	+1.33	8.52	+1.98	5.68	+2.22	0.852	−0.352
	八	13.40	10.72	+1.06	8.04	+1.16	8.04	+1.41	5.36	+1.99	0.804	−0.254
	九	11.80	9.44	+1.21	7.08	+1.12	7.08	+1.67	4.72	+1.93	0.708	−0.208

① 科学出版社，1959年，9、10页。

郭宝钧《山彪镇与琉璃阁》对《考工记》记载尺寸的推算依据是：

按《考工记》"十分其铣，去二以为钲，以其钲为之铣间"，即铣间居铣长十分之八。以蟠螭纹编钟第一为例，铣长36.00厘米，按比例，铣间应长36.00×8/10=28.80厘米。今铣间实长33.80厘米（表一第九栏），此铣间应有长度多5厘米，写作+5，表明多出的实数。

又按《考工记》续言"去二分以为之鼓间，以其鼓间为之舞修，去二分以为舞广"，是鼓间为铣长十分之六，应为21.60厘米，而实测为29.00厘米，多出7.40厘米，写作+7.40。同样舞修等于鼓间，也是应为21.60厘米，而实测29.00厘米，多出7.40厘米，写作+7.40。舞广比舞修再去二分，当铣长十分之四，应为36.00×4/10=14.40厘米，而舞广实测24.50厘米，多出10.10厘米，写作+10.10。余编钟第一以下各钟得数准此。

又按《考工记》"是故大钟十分其鼓间，以其一为之厚；小钟十分其钲间，以其一为之厚"，是大钟厚度当为鼓间的十分之一。以蟠螭纹编钟第一为例，鼓间长度应为21.60厘米，则厚度即应为2.16厘米，今实测厚度0.75厘米，比之应有厚度2.16尚不足1.41厘米，写作−1.41（−表示不足之意）。其他大钟得数准此。至小钟得数应以钲间的十分之一为准，惟钲间数《考工记》无明文，程瑶田推算为铣长的 $\dfrac{5\frac{6}{10}}{10}$，数为奇零，不易算，且十四钟中除两端大小显然外，中间各钟，孰为大，孰为小，亦无明确的分界，故以下各钟厚，统以十分之一鼓间厚度推算，以求简便。[①]

因此，郭宝钧《山彪镇与琉璃阁》认为"《考工记》确是一部战国时代的工艺界工作实况和传授技巧的真实纪录"：

根据比较结果，我们看出此组实存的古钟，比之《考工记》所载铸钟的标准尺度，在舞顶钟口两部，都比标准尺度微大；在钟高壁厚两部，都比标准尺度微小。换言之，就是若按《考工记》标准制出的编钟，外象看起来略瘦而长；此组编钟外象看起来略肥而短。但古钟实体此例，与《考工记》所载的比例，只是略有微差，而大体悉合。[②]

华觉明、贾云福《先秦编钟设计制作的探讨》指出："实测和计算表明，各个时期、各个地区的编钟尺度比值不尽相同，和《考工记》所载也并不完全符合，但常与之略接近或相当接近……这些情况表明，编钟是根据既定规范来设计的，并且以精湛的技艺，相当精确地实现了设计意图……《考工记》所记载的工艺规范，应当说基本上是符合实际情况的。"[③]

刘海旺、李京华《三百余件先秦编钟结构制度的统计与分析——实物编钟与〈考工记〉中制度的对比与研究》对《考工记》所记尺度的理解与郭宝钧《山彪镇与琉璃阁》稍有差异，假定铣长为1个单位，其等式结果是：

① 郭宝钧《山彪镇与琉璃阁》10页，科学出版社，1959年。
② 郭宝钧《山彪镇与琉璃阁》10页，科学出版社，1959年。
③ 《自然科学史研究》1983年第1期。

$$钲长^{①} = 甬长 = 铣间 = \frac{8}{10}铣长 = 0.80$$

$$鼓间 = 舞修 = \frac{8}{10}铣间 = \frac{64}{100} = 0.64$$

$$舞广 = \frac{8}{10}舞修 = \frac{8}{10}鼓间 = \frac{512}{1\,000}铣长 = 0.512$$

$$衡围 = \frac{2}{3}甬长 = \frac{16}{30}铣长 = 0.533$$

$$大钟厚 = \frac{1}{10}鼓间^{②} = 0.064$$

$$小钟厚 = \frac{1}{10}钲间^{③} = 0.051\,2$$

大钟隧深 = 0.010 67

小钟隧深 = 0.008 5

结合编钟的结构特点,在铣长确定的情况下,鼓间/铣间、舞广/舞修、舞修/铣间、舞广/鼓间,这四组比例关系决定了一件编钟的结构比例、造型等特征。这些特征对其音频或音高均有关键性影响。这也就是说,从上述等式中可特别提出最重要的四组等式:

$$鼓间 = 铣间去二分\left(即 \frac{8}{10}铣间\right)$$

$$舞修 = 铣间去二分\left(即 \frac{8}{10}铣间\right)$$

$$舞广 = 舞修去二分\left(即 \frac{8}{10}舞修\right)$$

$$舞广 = 鼓间去二分\left(即 \frac{8}{10}鼓间\right)^{④}$$

刘海旺、李京华《三百余件先秦编钟结构制度的统计与分析——实物编钟与〈考工记〉中制度的对比与研究》并且"以上述等式^⑤为条目,对三百余件具有代表性的西周中晚期至西汉早期的编钟实测尺寸与《考工记》中的有关记载进行了较为全面的对比研究":

1. 西周中晚期

所考察甬钟共11组计46件。一般3件一组,也有2、4、6、8件为一组。铣长范围46.2 ~ 11厘米。这些编钟可分两种情况,一类如茹家庄 M_1 编钟,逆钟、五、六、七式钟,竹园沟 M_7 编钟等,共9组30件,

---

① 钲长,从考古发现的实物看,《考工记》中的钲长实指钲部和正鼓部的和,即中长。

② 引者按:"鼓间"原讹"钲间",据文意改。

③ 钲间,《考工记》中没有明确,有人推算为 $\frac{1}{10} \times 5\frac{6}{10}$ 铣长(参见郭宝钧《山彪镇与琉璃阁》),作为符合文意又简明的解释,本文认定钲间即舞广。

④ 刘海旺、李京华《三百余件先秦编钟结构制度的统计与分析——实物编钟与〈考工记〉中制度的对比与研究》,华觉明主编《中国科技典籍研究——第一届中国科技典籍国际会议论文集》145页,大象出版社,1998年。

⑤ 对《考工记》中《凫氏为钟》篇的理解,因着眼点不同,一般都认为若以铣长为1个单位,所得出的等式为:钲长 = 铣间 = 甬长 = $\frac{8}{10}$ 铣长 = 0.8;鼓间 = 舞修 = $\frac{6}{10}$ 铣长 = 0.6;舞广 = $\frac{4}{10}$ 铣长 = 0.4;大钟厚 = $\frac{1}{10}$ 鼓间 = 0.06。郭宝钧先生在《山彪镇与琉璃阁》中就是按这种推断研究的。《曾侯乙墓》附录七也是如此推算。

除甬实长比《考工记》长明显较短外，其余部位尺度均与《考工记》长一致或较一致；另一类如中义钟、柞钟，其制作上显然不够规范和精细，只有少数尺寸与《考工记》制度一致，大部分钟不一致。从这一时期的编钟看，每一组的件数较少，最多8件，多组成套难以确定，一部分有铭文的编钟设计制作不够规范。这说明，无论从钟群规模、钟体大小，还是对铸造工艺的掌握等设计与制作并不完善，还处于定型阶段。尽管如此，相当部分编钟除甬长较《考工记》记载的长度明显较短外，其余部位的尺寸均与《考工记》记载的长度一致或比较一致。这表明对编钟设计制作的基本原则已较为明确，为编钟更规范化的发展奠定了基础。

2. 春秋中晚期

所考察编钟均出于楚国。钮钟数量较多，其次为镈钟和一部分甬钟。共计13组128件，分别出于八座墓葬。钮钟一般9件1组，镈钟8件1组，甬钟1组多达26件，多为两组一套，铣长范围在71.3～7.2厘米之间。除少数钟的部分部位外，大多数钟的各部位（甬钟的甬部除外）均与《考工记》记载的长度一致或比较一致。由此可知，春秋中晚期的编钟各个种类已经具备，组中数量多、成套钟的音列范围扩大，设计、制作的规范性均超过了西周中晚期。除甬钟的甬长仍较《考工记》记载的长度明显短一些外，几乎所有部位的设计与制作更趋规范化了，误差度的控制已比较精细。说明编钟的设计与铸造工艺已十分完备，对编钟的乐理原则已更为明晰，《考工记》中的规定已被严格地执行。

3. 战国早期

以湖北随县曾侯乙墓编钟为代表，计8组65件编钟。甬钟5组45件，各组数量不一，有3、10、11、12件各成一组，铣长范围87～21.2厘米；钮钟3组19件，分6件和7件一组，铣长范围31.57～16.2厘米；镈钟只有1件，且置于甬钟之间，铣长为66.30厘米。8组成一套，从结构上可分三类：下层2组12件甬钟为一类，形体最大，除衡围外，所有部位与《考工记》记载的长度极为一致；中层钮钟、上层钮钟，其铣间、鼓间均比《考工记》记载的长度短25%～10%，舞修和舞广较《考工记》记载的长度少18%～0%；而那件带铭文的镈钟各部位尺寸均略大于《考工记》记载的长度。从这些结果分析，到战国早期甬钟的设计与制作工艺已达到顶峰。钟体最大，涉及的音域最宽广，设计与制作最精良与标准。体形较小的甬钟和钮钟的主要部位略短于《考工记》记载的长度，可能是由于节省用料等方面的考虑，在不影响音阶的情况下，有目的在铸造时适当减小了尺寸。这从另一方面显示了当时对编钟的设计要求和铸造工艺技术的掌握已到了十分成熟和得心应手的程度。

4. 战国中晚期

所考察编钟共计9组66件，每组件数在4～9件，多为两组一套。铣长范围36～10厘米。钟体已显小型化，有一部分编钟与《考工记》中的规定有较大的出入，有成组钟不合《考工记》的规定。说明编钟已呈现衰落的趋势，这与当时的社会文化状况有关。

5. 西汉早期

仅举南越王墓编钟为例。分甬钟、钮钟两种，共2组19件，铣长范围30～7.6厘米，可见钟体已更小型化。其尺寸除钮钟的舞修、舞广略大于《考工记》记载的长度外，其余部位与《考工记》记载的长度一致或比较一致。[1]

---

[1] 刘海旺、李京华《三百余件先秦编钟结构制度的统计与分析——实物编钟与〈考工记〉中制度的对比与研究》，华觉明主编《中国科技典籍研究——第一届中国科技典籍国际会议论文集》145—146页，大象出版社，1998年。

通过上述对比研究,刘海旺、李金华《三百余件先秦编钟结构制度的统计与分析——实物编钟与〈考工记〉中制度的对比与研究》得出的新认识是:

第一,关于《考工记》中《凫氏为钟》篇各部位的比例理解与计算方法:有两种计算方法,一是本文的理解和计算方法,另一种是郭宝钧先生对山彪镇出土的14件镈钟的推算方法。我们用后一种方法进行了测算,结果发现这两种方式所得出的结果有较明显的不同(见书后附表)。这些不同主要在对《考工记》记载的长度(郭文中称为“应长”)中的舞广、舞修和鼓间的推算上,尤其是舞广。如果以郭文中的方法推算,除长治分水岭 M270 两组编钟外,其所有编钟的舞修和舞广均大于《考工记》记载的长度,尤其大部分编钟的舞广要远大于《考工记》记载的长度。以山彪镇编钟为例,在郭氏的研究中,编钟各部位均长于《考工记》记载的长度;按本文的方法推算,除较大的5件蟠螭纹钟各部位略长于《考工记》记载的长度外,其余9件虺纹钟均与《考工记》记载的长度一致。所以,两者相较,我们认为本文的理解和计算方法是正确的。

第二,关于编钟的设计、制作工艺发展的脉络的特点:《考工记》中《凫氏为钟》的有关规定,就是历代编钟设计制作所依据的标准和规定。西周中晚期以甬钟为主,无论是编钟的数量、规模以及铸造工艺的掌握上均处于初步发展阶段,而此时编钟的设计与制作原则、微调方法等已基本具备,《凫氏为钟》中的规定已初具规模。春秋中晚期,在以前的基础上有了进一步的发展和完善,设计的原则已经确定,制作规范和工艺已十分成熟,制作的质量和数量已较前大为提高,编钟所涵盖的音域空前扩大,使用也更为广泛,各项规则更接近《考工记》的记载。到战国早期,以曾侯乙墓为代表,编钟的数量、质量和所涉及的音域,以及设计与制作工艺的各项规范与尺度等的发展已达顶峰。有的尺度规范有意缩减而节省原料,又保持相对音阶的准确,这无疑显示出其对编钟各方面原则与原理的掌握已极娴熟。编钟的发展到战国中晚期已呈现衰落迹象,制作规范上已显草率和工艺上的粗糙。西汉早期以后,编钟的使用逐渐被限制在宫廷内部,使用数量大减。

第三,从国别分析:就现有的材料以楚国数量最多,但曾侯乙墓编钟音域最广,设计与制作最为精良和规范,其尺度与《考工记》的记载也最相符。从曾侯乙墓编钟中带铭文的镈钟为楚王所赐看,似乎可以这样认识:尽管当时曾侯属楚国的附属小国,深受楚文化的影响,但它本身所固有的中原文化风貌尚存;中原文化在许多方面于战国早期仍较楚文化发达,编钟的设计、制作情况就是这样。这也为《考工记》的作者所属国别的研究提供了思考线索。

第四,各个时代对编钟关键部位的控制:以铣间和鼓间最为严格,舞修和舞广其次。也就是说在实际铸造中严格控制铣间、鼓间及舞修和舞广的规格尺度,以期准确地达到各组编钟的音准度。足见编钟各部位与音律最关联,与音频最敏感者是铣间和鼓间。甬长和衡围尺度,绝大多数编钟均达不到《考工记》记载的长度,说明在长期的铸造、调试、演奏的过程中,已认识到保证编钟音律最关键部位符合设计要求,其他部位可以为节省用料等原因而缩减尺度规格,进行适度的调整。另外,各个时期对编钟结构控制上有一个共同点,当个别钟的主要部位实长与《考工记》记载的长度有较大的差距时,其有关的四组重要等式就显得差距极小,仍保证钟体的相对结构比例合乎规定;如曾侯乙中层甬钟鼓间实长比《考工记》记载的长度短24% ～ 17%,而鼓间实长与铣间实长差额只有9% ～ 3%。

第五,关于钟厚:这是各组编钟与《考工记》最不相符的部位。虽然随钟体的增大而钟厚递增、钟体变小而钟厚递减,但递增与递减的幅度都小于《考工记》的规定。曾侯乙甬钟不论大小,正鼓厚均在1.51～0.45厘米之间，和《考工记》记载的厚度相差甚多。有人研究，影响编钟音频的最关键性因素为钟体结构的刚度系数、壁厚和钟体长度等，并得出一简明公式[①]：

$$F(\text{音频}) = K(\text{结构刚度系数}) \cdot \frac{\&(\text{壁厚})}{L^2(\text{钟体长度})}$$

显然，作为分子，由于壁厚本身数值就小，无论其相对变化多么显著，对整个钟的音频变化的影响却不会很明显。这实际上也存在一个钟厚变化的临界值。[②]

关晓武《两周青铜编钟制作技术规范试探》举证编钟"主要形制尺寸和铣长的比值关系与《考工记》里的记载却是不尽一致"[③]，关晓武《探源溯流——青铜编钟谱写的历史》将"不尽一致"表述为"并不一致"：

编钟的长短、壁的厚薄、钟口的大小以及甬长等对于音响效果都会产生影响。为此，铸钟的人积累了很丰富的实践经验，对钟壁的厚度和用于调音的隧的深浅都有经验的规定。形制尺寸方面是以铣长为基准，各个部位的形制尺寸与铣长皆有（或可换算成）比值关系。对上述关于几个主要形制尺寸与铣长比值的文字的理解，存在两种看法，一种意见认为：征长＝铣间＝铣长的十分之八（0.8），鼓间＝铣间的十分之八＝铣长的百分之六十四（0.64），舞修＝鼓间＝铣长的百分之六十四（0.64），舞广＝舞修的十分之八＝铣长的千分之五百一十二（0.512）[④]；另一种意见认为：征长＝铣间＝铣长的十分之八（0.8），鼓间＝铣长的十分之六（0.6），舞修＝鼓间＝铣长的十分之六（0.6），舞广＝铣长的十分之四（0.4）[⑤]。

我们挑选了见存成组性相对较好的西周至战国的甬钟27例307枚和春秋至战国的钮钟29例318枚[⑥]，对它们的主要形制尺寸与铣长的比值（铣间／铣长、鼓间／铣长、舞修／铣长、舞广／铣长）进行了计算，结果见表3–2、表3–3。从计算结果来看，总体上与对《考工记》中尺寸比值的两种解读观点都有或大或小的偏离。

除去数字记录错误和原编组情况不甚明确等因素的干扰，可以看到：西周至战国甬钟、钮钟的铸制可能存在一定的尺寸规范，一般成组编钟在形制尺寸规范性上表现得比较明显一些。但主要形制尺寸和铣长的比值关系与《考工记》里的记载却并不一致，《考工记》里说舞修和鼓间相等，实际计算结果是舞修／铣长值一般较鼓间／铣长值要大。

① 参见华觉明、贾云福《先秦编钟设计制作的探讨》，《自然科学史研究》1983年第1期。

② 刘海旺、李京华《三百余件先秦编钟结构制度的统计与分析——实物编钟与〈考工记〉中制度的对比与研究》，华觉明主编《中国科技典籍研究——第一届中国科技典籍国际会议论文集》146—148页，大象出版社，1998年。

③ 关晓武《两周青铜编钟制作技术规范试探》，《机械技术史（3）——第三届中日机械技术史国际学术会议论文集》，2002年。

④ 华觉明《中国古代金属技术——铜和铁造就的文明》，大象出版社，1999年，第235—238页。

⑤ 郭宝钧《山彪镇与琉璃阁》，科学出版社，1959年，第10页；刘海旺、李京华《三百余件先秦编钟结构的统计与分析——实物编钟与〈考工记〉中制度的对比与研究》，《第一届中国科技典籍国际会议论文集》，大象出版社，1998年，第144—148页。

⑥ 甬钟（307枚）、钮钟（318枚）主要形制尺寸资料来自中国音乐文物大系总编辑部《中国音乐文物大系·上海江苏卷》《中国音乐文物大系·河南卷》《中国音乐文物大系·北京卷》《中国音乐文物大系·陕西天津卷》《中国音乐文物大系·湖北卷》《中国音乐文物大系·四川卷》，大象出版社；钮钟还有几例来自河北省文物研究所《暑墓——战国中山国国王之墓》，文物出版社，1996年；山西省文物工作委员会晋东南工作组等《长治分水岭269、270号东周墓》，《考古学报》1974年第2期；山东省博物馆等《莒南大店春秋时期莒国殉人墓》，《考古学报》1978年第3期等。

从形制尺寸比值的发展趋势来看,春秋时期甬钟的铣间/铣长值与对《考工记》所载尺寸比值0.8铣间＝铣长的十分之八较为接近,此项比值在西周时多大于0.8,春秋之后大都小于0.8。其他三项比值,在西周时总体都比春秋时要大,与铣间/铣长值的趋势基本一致;而战国时三项比值的整体趋势也在变小,不过幅度没有铣间/铣长值变化大。①

《凫氏》: 钟大而短,则其声疾而短闻。

孙诒让:"钟大而短"者,程瑶田云:"谓体太博,则钟形短。如铣十分,铣间亦十分或九分也。"

郑玄: 浅则躁,躁易竭也。

孙诒让: 注云"浅则躁,躁易竭也"者,《广雅·释诂》云:"躁,疾也。"钟大而短则内浅,鼓之,其震荡急而出声躁疾,故易竭也。

钟小而长,则其声舒而远闻。

孙诒让:"钟小而长"者,程瑶田云:"谓体太狭,则钟形长。如铣十分,铣间则六分或七分也。"云"则其声舒而远闻"者,贾疏云:"于乐器中,所击纵声舒而闻远,亦不可。是以《乐记》云'止如槁木',不欲闻近之验也。"徐养原云:"疾而短闻,舒而远闻,说者以为声病。按:上文石、播、柞、郁,声病已详,此处无庸复说声病。盖此乃声音自然之道,非病也。疾而短闻,莫甚于羽;舒而远闻,莫过于宫②。《辉人》末章亦有此四句。贾侍中释《辉人》首章云:'晋鼓大而短。'然则晋鼓必疾而短闻者。鼓虽无当于五声,而其制既殊,则其声随之,此亦自然之道,岂声病哉?"案:依郑、贾说,则此二句并为声病。依徐氏说,则为通论钟声疾舒③远近之理。以文义较之,徐说亦足备一义。

郑玄: 深则安,安难息。

孙诒让: 注云"深则安,安难息"者,《说文·予部》云:"舒,伸也。一曰舒,缓也。"《弓人》先郑注云:"舒,徐也。"声舒则不疾,故安。此谓钟体小而长,则内深,鼓之,其震荡缓而出声安徐不迫,故难息也。④

戴念祖《文物与物理》认为"这些记载,正确地反映了编钟不同形状结构与其音响和音感的关系"⑤。

《凫氏》: 为遂,六分其厚,以其一为之深而圜之。

孙诒让:"为遂"者,即"于上之攠谓之隧"之隧。阮元云:"遂是古字,《说文》无隧字。隧,后世

---

① 大象出版社,2013年,110、124、132页。
② 引者按:"疾而短闻""舒而远闻"是引文,"莫甚于羽""莫过于宫"分别予以说明,王文锦本误加单引号。
③ 引者按:乙巳本"舒",王文锦本从楚本讹作"徐"。
④ 孙诒让《周礼正义》3946—3947/3270—3271页。
⑤ 东方出版社,1999年,144页。

俗字耳。"案：阮说是也。云"六分其厚，以其一为之深而
圜之"者，遂与鼓同处，然鼓是钟下半之全体，上接钲而下
接于，其地平广，叩击易差，故于正中处，六分其厚，而圜窒
其一，使击时易辨也。贾疏云："此遂谓所击之处。初铸
之时，即已深而圜，以拟击也。"

郑玄：厚，钟厚。深谓窒之也。其窒圜。故书圜
或作围，杜子①春云："当为圜。"

孙诒让：注云"厚，钟厚"者，遂当钟下体正中处，故其
厚即钟厚也。云"深谓窒之也，其窒圜"者，即前注云"隧
在鼓中，窒而生光"，故有深也。云"故书圜或作围，杜子
春云：当为圜"者，段玉裁云："杜谓字之误。案：围义自可
通，规其处而后深之也。施之于文，则蒙上先言'以其一为
之深'耳。"诒让案：圜围义通。《庐人》云："凡为殳，五分
其长，以其一为之被而围之。"注云："围之，圜之也。"与此
文例正同。杜氏因围有方有圜，且与上甬围、衡围无别，故
改从圜也。②

上文"于上之攠谓之隧"，孙诒让引程瑶田"鼓
所击之处，在于之上，攠弊焉，窒下生光，如夫隧，谓之
隧"为释，所引出自《考工创物小记·凫氏为钟章句
图说》③。在此篇中，程瑶田所绘"凫氏为钟命名图"将"隧"
画在钟外壁的鼓部。孙诒让认为
"攠、隧并据当鼓击处为名"。可见一是认为"隧"在钟体外壁，二是视"攠""隧"为一。

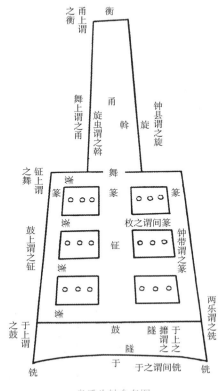
凫氏为钟命名图

冯水《钟攠钟隧考》考证"隧"在钟体内壁，"攠""隧"有别：

考《周礼·凫氏》："为钟，于上之攠谓之隧。"又："为
遂，六分其厚，以其一为之深而圜之。"此
二句盖言钟内之制也。

各家注释《凫氏为钟》一篇，于制度声音互有详解，而"隧"且于声律有大关键
也。考郑注"攠，
所击之处攠弊也。隧在鼓中，窒而生光，有似夫隧"，不言攠在钟外，而明言"隧在鼓中"，后人不善读
书，更不详其"中"字之义，而解"中"为"间"，遂谓攠在钟外鼓间，不知"中"字应作"内"字解也，更
复谓摅其攠以合"窒而生光"，于是古义尽晦矣。自贾疏以后无不皆然。故唐后之钟，其攠皆在钟外
鼓间，作圆式凸起且生光，以为合于古也。考"窒"字之义，《说文》："窒，甑孔也。"段注："《楚词》曰：
'圭璋杂于甑窒。'此甑下空也。高注《淮南》曰：'厴辅者，颊上窒也。'然则凡空穴者皆谓之窒矣。"
二者即为空穴，断不能凸出而有光者谓之窒也。郑注当作孔解更无疑矣。

---

① 引者按："子"王文锦本从楚本讹作"于"。
② 孙诒让《周礼正义》3947/3271—3272页。
③ 《续修四库全书》经部礼类，241—243页；《程瑶田全集》（贰）248—252页，黄山书社，2008年。

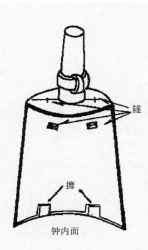

钟内面

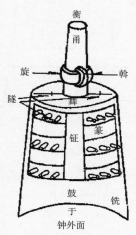

钟外面

《钟𢺵钟隧考》钟图

余曾见三代之钟，𢺵隧皆在钟内，故知𢺵隧非如程解之在钟外也。其式约为四种：一为钟内于钲带之处作孔二，或直或横，两面为四，或更于甬旁舞上为二孔者，而于钟内隧下鼓上作𢺵四，其隧之形则内大外小作斜式，内约数分，至钟面则不及分而为一线形，以取其透声音也，𢺵则凸起而形方，亦不作圆式；一种为内有隧形，或四或二，而或穿或不穿；一种为无𢺵无隧，而于钟内作凹凸痕，揣其意乃以凹为隧、凸为𢺵也；一种则内无𢺵隧而平也，盖其有孔者即郑注"窒而生光"之义。于隧下作𢺵者，即击处也。凡此三式皆有关声律，而末一式或非用于和乐，故无𢺵与隧也。其有孔者亦如磬之有穿、箫笛之有出气孔也。古钟多侧悬，𢺵在内，似击必于内，且鼓上每有花纹，亦非可击之处。有隧，音可外越。至隧有多寡、有穿有不穿，盖求取其合律，不必尽穿，如一隧穿而音合，他隧可不穿矣。凹凸形者，亦与声律有关，或音不合，可摅𢺵其厚薄而使应律，亦如磬之去旁去端之义，然击当亦在内也。可见古人制器之精、立说之确，一字之间皆有关声律。[①]

对于冯说把钟内面钲部、舞部的凹槽认作是"隧"、把钟内面鼓部的凸块认作是"𢺵"，李京华、华觉明《编钟的钟𢺵钟隧新考》认为不能成立：

后人沿用此说，也认为冯水所说的"隧"和音律有关，进而提出"隧"这种凹槽是为了校音剔凿而成的，这样以讹传讹，多年来几乎成了定论。例如：

1. 中央音乐学院民族音乐研究所调查组《信阳战国楚墓出土乐器初步调查记》一文[②]说："古代钟之内部，往往在枚间及舞部有剔凿的槽，或透空、或不透空。有人认为这就是《考工记》中所谓的隧，是用它校正音高的，与音律有关。最大的一个不仅在舞内剔三个槽，在钟身每边也各剔三个槽，而且地位较低，约在钲的中部及第二排枚间的一个和最边的一个之间。其余十二钟，舞内只有一个槽，多数居中，位于钟钮的空档的下面。钟身每边都只剔两槽，地位较高，在最上一排的枚间。有几个钟内部的剔槽，可以看得很清楚，槽旁有高起的界线，略作井形。这说明早在铸钟造范之时，已经规定了剔槽的地位。钟内的剔槽是用来校正音高的这一论断似属可信。"

① 冯水《钟𢺵钟隧考》，《古学丛刊》第一期（1939年）；引自耿素丽、胡月平选编《三礼研究》491—497页，国家图书馆出版社，2009年。
② 《文物参考资料》1958年第1期。

2. 广东省博物馆《广东清远发现周代青铜器》一文报导，清远出土编钟中008：1、007：2、007：1、008：2、009这五具，钟内都有槽，并提出钟的"正背面枚之上及舞面常有调节音调的圆或方形的小孔二三个""顶面上及钲体上各有调节音调的小孔"[1]。

3. 1973年，李纯一《关于歌钟、行钟及蔡侯编钟》一文[2]，误将内凹槽看作是调音的设施（详见后文），显然也是受冯说及前面两篇文章的影响。[3]

图4　错磨后的隧部

李京华、华觉明《编钟的钟擁钟隧新考》一则赞同冯说"隧"在钟体内壁，认为郑玄注意谓"'擁'所在部位是在鼓部的内壁，是击钟的所在"，而程瑶田把"隧"画在钟外壁鼓部则是误解；二则赞同程瑶田、孙诒让所理解的"擁""隧"为一：

事实上"隧"经错磨后呈程度不同的圜窐状，并发出青铜的金属光泽，其位置应在钟于内面的上方，正对应于钟的鼓部，也就是郑注所说"隧在鼓中，窐而生光"。

我们认为"擁"不是什么凸块，"凸为擁"的说法不能成立。我们认为，"擁"即是"隧"，位于钟的鼓部内壁，为调整音律常错磨成凹状。从出土实物来看，信阳长台关楚墓编钟钟腔有明显的磨砺痕迹[4]，其部位正在鼓部内壁（图4）。我们又见到山西万荣春秋墓葬所出编钟[5]，辉县战国编钟[6]都存在这种情形。

至于冯水所说"于声律有大关键"的"凹为隧"或近人所谓"剔槽""调节音调的小孔""调音槽"，我们经反复考察，认为它们和乐钟音律的调整毫无关系，而是铸造乐钟时，为保证钟壁厚度及钟腔几何形状的规整，在钟芯上有意设置泥质芯撑，在浇注和清理后所遗留的铸痕（图5）。

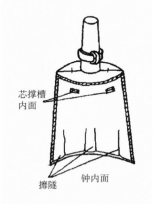

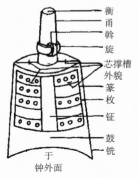

图5

确实的，在各地所出各类乐钟钟腔相应于舞部和钲部枚间的位置，常常可见到圆锥形、正方锥形或长方锥形的凹槽。有的多一些，有的少一些，有的透空并在钟体外壁可见微隙，有的则不透，钟壁外不见铸痕。这是因为乐钟壁厚的均匀度和其声律的正确、和谐有重要关系。

① 《考古》1963年第2期。引者按：作者应为"广东省文物管理委员会"。
② 《文物》1973年第7期。
③ 《科技史文集》第13辑（金属史专辑），上海科学技术出版社，1985年，40—42页。
④ 《文物参考资料》1958年第1期。
⑤ 山西万荣县春秋编钟，现存山西省文物工作委员会侯马工作站。
⑥ 河南辉县战国编钟，现存河南省博物馆。1977年夏，中央音乐学院民族音乐研究所曾测过音律。

　　为了保证钟体各部壁厚较为均匀，使钟音美好，而且浇注时不致出现缩孔、裂纹甚至穿孔等铸造缺陷，就往往需要在形成钟腔的泥芯上做出芯撑，合范时，芯撑端部和钟范内面相接，这样来撑住泥芯，使安装方便，定位正确，在铜液冲击下，悬芯不致摆动，能够得到合格成品。在浇注完成后，除去泥芯，便成为或透或不透的凹槽。设置芯撑是乐钟铸造的一项重要工艺措施。周代编钟盛行，钟体日益高大沉重，芯撑的使用也渐普遍，足证是古代冶铸匠师总结长期来铸钟的经验教训所作的技术改进。现代铸造生产多用金属芯撑，我国先秦时期则常常即在泥芯上做出泥质芯撑（最早见于殷代铜斧、铜鼎等），构思巧妙，很有特色。图6是山西侯马春秋铸铜遗址所出铜斧的芯撑槽孔及泥芯的复原示意图，可与图5对比。在有些器物的泥芯上也可以见到同样的设施（图7）。山西万荣春秋编钟舞、钲部的芯撑槽内，至今仍残存有原来的泥芯块未予清除，可作佐证。我们所见到的其他乐钟芯撑凹槽，全是原来的铸面，从不见剔凿的痕迹。如图8所示，钟腔深处的凹槽，是难以用凿子加工的；春秋时期铁器尚不普遍，用铜凿来剔凿硬度相当高的青铜钟十分困难（据《考工记》载："……六分其金而锡居其一，谓之钟鼎之齐"，乐钟含锡量至少达14%，硬度约为Hb100—120）。《信阳战国楚墓出土乐器初步调查记》所说"剔槽"旁的井状凸纹，根本

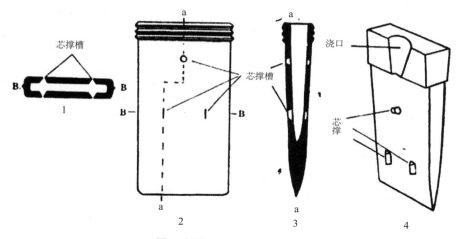

图6　铜斧泥芯、芯撑及其铸痕

1. 芯撑槽　2. 铜斧正面　3. 铜斧剖图　4. 铜斧泥芯

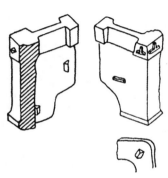

图7　泥芯及其上的芯撑

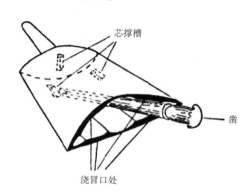

图8

和剔凿加工无关，分明是加工泥质芯撑前为确定芯撑位置所划线条，浇注后成为凸纹。因此，"剔槽"一说是不能成立的。

至于芯撑槽的透或不透，则是制作范、芯和铸型安装时必然要存在的误差所造成的，如果芯撑端面未与范的内面相密合，浇注时金属进入缝隙，槽就不透空，反之，则透空。无论透空或不透空，和钟的发声并无重要的联系。《周礼正义》说："钟已厚则石，已薄则播，侈则柞，弇则郁，长甬则震……钟大而短则其声疾而短闻，钟小而长则其声舒而远闻。"……表明钟的音响主要由形制所制约，这和现代声学原理是一致的。为了使音律正确、美好，首先要在制作钟范时保证钟体形制符合规格，铸成后又通过隧部的错磨加以调整（编钟可以近似地看作圆筒状发音元件，它的音律主要由钟体下部的形状、厚度所决定。因此，在鼓部内腔加以错磨对是较为有效的），而不是在于芯撑槽的透空与否，冯水说"有隧，音可外越"，"求其合律，不必尽穿"，也是错误的。①

华觉明、贾云福《先秦编钟设计制作的探讨》赞同李京华、华觉明说，指出"'隧在鼓中'，是说这个被磨错的部位在鼓内（钟腔），而不是指鼓的中部"，"'隧'应即位于鼓部钟腔之内的调音沟槽"，"隧是经铸后磨错形成的半圆形沟槽，其磨错量为壁厚的六分之一，这就是'六分其厚，以其一为之深而圜之'的来历"，"由此，我们认为编钟的两个乐音应分别称为'正鼓音'和'侧鼓音'，旧说称为鼓音和隧音是不妥的"。②

朱凤瀚《中国青铜器综论》也认为程瑶田、孙诒让所说"隧"的位置缺乏根据，"因现所见青铜钟外壁鼓部很少有呈凹燧状者"，而"隧是指鼓部内腔用以调整音律的沟状磨槽，根据较为充分"：

东周时期青铜镈也有错磨内腔的现象，如属战国早期的太原金胜村大墓出土编镈之多数经过磨错，其部位集中在于口内唇、铣角与中鼓处，且多形成凹槽，侧鼓部分虽亦有磨错，但一般不形成凹槽③。这种情况与长台关编钟所示磨错部分近同。学者认为磨错鼓部等部位的内腔是为了调整音律，因为编钟可以近似地看作圆筒状发音元件，它的音律主要由钟体下部的形状、厚度所决定，所以在鼓部内腔加以错磨对调整音律是有效的④。错磨（或凿刻）内腔可以降低频率，亦即降低音的高度，但有时也会产生使钟壁过薄的差错，这时即需要在鼓部内壁增铸薄铜块，以避免这种情况的发生。上海博物馆所藏钟即有此种例证⑤。类似的形制亦见于淅川下寺楚墓出土的编钟，在正、背两面左、右鼓部对应的内壁铸有四个略高出内壁的长条块。如M2出土的王孙诰甬钟内壁上述位置内的长条块，长12、宽4、高出钟壁0.3厘米，其上有磨错痕迹（研究者或即称之为"攠"）。M10出土的䰟镈、钟，M1出土的敬事天王钟鼓部内壁均贴铸有这种长条块状薄块，并多数被磨错出凹槽，可见此种长条块也是用来通过挫磨调音，以求得正确的音律，而且可以防止直接错磨钟壁导致钟变薄并因而影响音质⑥。

① 《科技史文集》第13辑（金属史专辑），上海科学技术出版社，1985年。
② 《自然科学史研究》1983年第1期。
③ 参见王子初《太原晋国赵卿墓铜编镈和石编磬研究》，《太原晋国赵卿墓》附录一一，文物出版社，1996年。
④ A. 华觉明、贾云福《先秦编钟设计制作的探讨》，收入《自然科学史研究》2卷1期，1983年；B. 李京华、华觉明《钟攠钟隧新考》，《科技史文集》金属史专辑，1985年。
⑤ 马承源《商周青铜双音钟》，《考古学报》1981年1期。其例见该文图版贰陆：5、6。
⑥ 河南省文物研究所等《淅川下寺春秋楚墓》，文物出版社，1991年。

但关于这种长方形槽孔的形成与作用现仍有不同见解。例如河南固始堆M1出土的八件铜编镈，在棱间与舞部也有数量不等的长方形的孔，或透空或未透空，研究者或认为这种槽孔是在铸造时事先即设置的，在铸成后校音时根据需要进行剔凿、错磨[1]。这实际上是坚持"调音孔"说，而且认为此种孔槽并不是铸后加工形成的。所以这个问题仍然有必要作进一步研究。[2]

李纯一《关于正确分析音乐考古材料的一些问题》纠正了调音槽说：

先秦钟镈内壁的芯撑槽，过去我没有进行过认真的考察和研究，不仅盲从旧有的调音槽说，还把它当做鉴别各个钟镈是否属于同组的一种手段。其实，容庚先生早就在《颂斋吉金图录·考释》中[3]提到他填平芯撑槽后并未改变发音的实验，但我没有予以应有的注意。芯撑槽就是芯撑槽，本无调音作用。由于我缺乏铸造知识，更重要的是缺乏认真的实事求是的精神，以致因袭并扩大前人的错误说法。这实在是太不应该，未可原谅。[4]

李纯一《中国上古出土乐器综论》斟酌古今学者的研究成果，暂定中原地区周式甬钟的各部名称（图一〇八）[5]。

戴念祖《文物与物理》则认为诠释为"隧音"和"音脊"不符合《凫氏》原意：

一些冶金史、文博与音乐史专家将此记载诠释为"隧音"，即中鼓音之所在；以为钟内壁磨锉凹处为"遂"或"隧"，凸处为"脊"或"音脊"。这似乎并不符合这段文字的原意。它是告诉人们磨锉钟内壁造成"圛"形"遂"的方法和规范。结合考古实物看，这个"遂"就是今日物理声学中所谓的钟的"声弓"结构。所谓"脊"的凸处是声弓，所谓"隧"的凹处也是声弓。从殷商到春秋时代，磨锉编钟声弓的技术是逐渐提高的：起初，条形声弓无规则、不对称，甚至出现较粗糙的沟壑；后来，条形声弓有规律，呈对称型。[6]

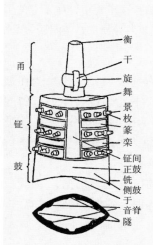

甬 { 衡
干
旋
舞
钲 { 景
枚
篆
栾
钲间
正鼓
铣
侧鼓
鼓 { 于
音脊
隧

图一〇八　Ⅰ型甬钟各部名称示意图

① 河南省文物研究所《固始侯古堆一号墓》，大象出版社，2004年。
② 朱凤瀚《中国青铜器综论》350—351页，上海古籍出版社，2009年。
③ 引者注：容庚《颂斋吉金图录考释·骏鲹纹铙》（《容庚学术著作全集》第12册84页，中华书局，2011年）："腹内有二方孔，一穿于外表，一未穿。柄上下通，正中亦有一小孔。以木击之，其声清越。初疑腹内方孔所以调节声音者，塞而击之，其声无异，殆初作器以调节声音而穿孔，后穿孔之习成，与声音无关而亦传之矣。"
④ 李纯一《关于正确分析音乐考古材料的一些问题》，《音乐研究》1986年第1期。
⑤ 文物出版社，177、179页，1996年。
⑥ 戴念祖《文物与物理》148页，东方出版社，1999年。

2. 磬

《磬氏》：磬氏为磬，倨句一矩有半。

孙诒让：云"倨句一矩有半"者，谓磬有大小，其股鼓之折，皆为钝角，侈弇之度，一矩又益以半矩乃合也。盖一矩为正方之角，侈之，而以半矩益一矩，则成钝角矣。今磬皆横县，股鼓正平，古磬则皆直县，股邪侧而鼓直下。……盖经凡云倨句者，止论角度之侈弇，与弦径无涉。今假割圜四象限之度数求之，盖一矩为九十度，益以半矩，则百三十五度，即此磬之倨句也。

其博为一。

孙诒让："其博为一"者，聂崇义云："谓股博一律也。黄钟之磬博九寸。"程瑶田云："截其股之长，半之为其博，命之为一，以为出度之本。"

郑玄：博谓股博也。博，广也。

孙诒让：注云"博谓股博也"者，磬直悬，上下为股鼓二体。鼓博之度，别见下文，故郑知此博为专主股言也。云"博，广也"者，《冶氏》注同。

股为二，鼓为三。参分其股博，去一以为鼓博；参分其鼓博，以其一为之厚。

孙诒让："股为二，鼓为三"者，鼓之长度赢于股三分之一也。聂崇义云："股为二，后长二律者也。鼓为三，前长三律者也。黄钟之磬，股长一尺八寸，鼓长二尺七寸。"云"参分其股博，去一以为鼓博"者，鼓博朒于股三分之一也。聂崇义云："黄钟磬鼓博六寸。"程瑶田云："参分其股博，去一以为鼓博，鼓博得股博之太半也。"又云："磬之体，鼓三，一片石耳。其股之二，如悬疣枝指，非所应有，以其孔必设于其旁，悬之不能正，故侈而压之使正耳。然则股二何以股博一？鼓三何以鼓博三分一之二也？曰：压之使正之道也。偏诸左者，必益之于其右；偏诸下者，必益之于其上。所益之数与所偏之数，必两相当焉，而后偏者正矣。曷为其益股于鼓而后能两相当也？曰：股与鼓之数两相函，而后股与鼓之体两相当。是故三分其鼓三，以其一为股博一；三分其股二，以其一为鼓博六六六不尽，是股博鼓博之数两相函于鼓股中也。三其股博之一，即鼓之三；三其鼓博之六六六不尽，即股之二，是鼓股之数两相函于股博鼓博中也。股鼓和而三分之一，即股博鼓博之和；股博鼓博和而三倍之，即股鼓之和，是股鼓之和数与股博鼓博之和数，又互相函于两数之中也。此其故何也？股二与股博一自乘，得积二百；鼓三与鼓博六六六不尽自乘，亦得积二百。其积同，其两体之轻重同也，故能益其偏而压之使正也。"案：程说磬股鼓体积相函之理极精，足补郑、贾义。云"参分其鼓博，以其一为之厚"者，股与鼓厚度同。程瑶田云："厚得鼓博之少半也。"聂崇义："黄钟磬厚二寸。"徐养原云："磬惟藉厚薄以分清浊，贾疏谓'厚则声清，薄则声浊'是也。依凫氏为钟之例，则当以分别大磬、小磬厚薄之度。今云'三分其鼓博，以其一为之厚'，是厚薄之度生乎鼓博。鼓博同，则厚薄亦无弗同，何以分清浊哉？是有说焉。八音惟丝与石俱倍半同声，而丝之倍半与石相反。丝音长者浊，短者清，全弦为正声，则半弦为半声；半弦为正声，则全弦为倍声。石音薄者浊，厚者清，半其厚则得倍声，倍其厚则得半声。上生者反用损，下生者反用益。然其半而又半，倍而又倍，皆自然相应，则与丝者同理，故举一声而各声可得。钟磬皆十声，而磬之十声与钟异。钟于五正声外有五清，磬则于五正声外有徵羽二浊声，宫商角三清声。传曰'钟尚羽，石尚角'，此之谓也。磬十声，清角最清，其磬最厚。磬之厚不得过其广之半。假如鼓广三寸，则角磬寸四分，商寸二分，宫一寸，羽九分，徵八分，再退一分得七分，则复为角矣；由是六分为商，五分为宫，四分半为羽，四分为徵，而十声皆备。然则鼓博三寸，其厚一寸，乃宫声也，所谓黄钟小素之首也。夫宫，音之主也。凡制乐器，必吹律以定宫声。得宫声，而五声可推；得清宫，而正宫亦可得矣。"案：徐说是也。磬亦有特县编县之异。贾前疏引《乐经》及聂氏所说为特磬之数度，徐氏所说为编磬之数度，足互相备也。特磬、编磬制，详《小胥》疏。

郑司农：股，磬之上大者。鼓，其下小者，所当击者也。

孙诒让：注郑司农云"股，磬之上大者。鼓，其下小者，所当击者也"者，贾疏云："以其股面广，鼓面狭，故以大小而言也。"程瑶田云："磬之有股，犹钟之有甬也。钟县设于甬，磬县设于股。恐著钟磬之本体而为声病[1]，故别为甬与股以设之。"又云："磬有二体，曰鼓，曰股。县设于股，故股横在上；其下纵者鼓，盖所击处，磬之本体也。司农以上下写其形，得古县磬之法。"案：程说是也。磬所击处谓之鼓，犹《凫氏》钟所击处亦谓之鼓也。股专为县磬设。其县孔所在，经无文。程氏及汪莱谓鼓与股相函同积，推其重心，县孔当于鼓上中线之右设之，于算术亦密合，可补经注义也。

郑玄：玄谓股外面，鼓内面也。假令磬股广四寸半者，股长九寸也。鼓广三寸，长尺三寸半，厚一寸。

孙诒让：云"玄谓股外面，鼓内面也"者，郑锷云："击者为前而在内，不击者为后而在外，内者在下，外者在上，故康成谓股外面、鼓内面也。"程瑶田云："先郑言上下，后郑言内外，盖互相足。先郑解直县，则鼓在下，故以上下写之。后郑申言鼓直县，故恒在内，为内面；惟鼓直县，则股斜出，故恒在外，为外面，而向人。"又云："《国语》'籧篨蒙璆'，则古人县磬，当以折处向人面，以椎旁击其鼓。磬直股斜出，有偃形，籧篨立其下，仰而蒙之。"案：程说亦是也。云"假令磬股广四寸半者，股长九寸也，鼓广三寸，长尺三寸半，厚一寸"者，贾疏云："'假令'者，经直言一二三，不定尺寸，是假设之言也。若定尺寸，自当依律为短长也。以四寸半为法者，直取从此已下为易计，非实法也。"徐养原云："郑意举黄钟磬为例，正是实法。古磬之大小，读此可得其概。若取易计，何不如《乐》云一律、二律、三律，不更整齐乎？惟林夷南无应五律，股博宜用全数。"又云："四寸半与黄钟律数相准，得黄钟而他律亦可类推。假如林钟之磬当倍律，股博六寸，修尺二寸，鼓修尺八寸，博四寸。"案：依徐说，则郑据黄钟半律，见编磬股博之数也。其说

---

① 引者按：乙巳本、程瑶田《考工创物小记》（阮元《清经解》第3册737页下）并作"病"，王文锦本从楚本讹作"疲"。

较贾为长。[①]

闻人军《"磬折"的起源与演变》：

战国前期的磬形大体上如图二八所示。图中鼓上边与股上边之间的夹角叫作"倨句"，"倨"即微曲，意为"钝"，"句"即"锐"，"倨句"意即钝锐，《考工记》中常用"倨句"一词表示角度，其他先秦文献中也有这种用法。

"一矩有半"应等于$90°+\frac{1}{2}×90°$，即$135°$。[②]

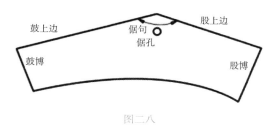

图二八

陈振裕《中国先秦石磬》将《磬氏》的记载演算成式，各部位比率如图所示；初步统计考古发现的先秦石磬有129批777具，将其中与《考工记》所记形制相近的Ⅸ式石磬12批169具列表与《磬氏》比率的应长尺寸比较分析，归纳如下："第一，石磬股长的实测尺寸与《磬氏》比率的应长尺寸，除一具完全相符之外，其余的都有一些误差，误差超过《磬氏》比率五分之一的共有28具，占26.4%；误差小于《磬氏》比率五分之一的共有78具，占73.6%。第二，石磬鼓长的实测尺寸与《磬氏》比率的应长尺寸的比较，只有一具完全相符，其余均有误差，误差超过《磬氏》比率五分之

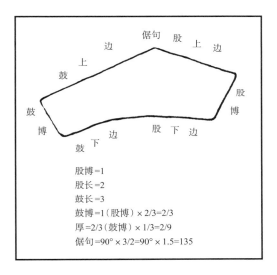

股博＝1
股长＝2
鼓长＝3
鼓博＝1（股博）×2/3＝2/3
厚＝2/3（鼓博）×1/3＝2/9
倨句＝90°×3/2＝90°×1.5＝135

一的共有44具，占41.5%；误差小于《磬氏》比率五分之一62具，占58.5%。第三，石磬鼓博的实测尺寸与《磬氏》比率的应长尺寸的比较，都有一定误差；其中误差超过《磬氏》比率五分之一的共有55具，占51.9%；误差在《磬氏》比率五分之一以下的共有51具，占48.1%。第四，石磬厚度的实测尺寸与《磬氏》比率的应厚尺寸的比较，除2具完全相符与3具无实测尺寸外，其余都有一些误差，误差超过《磬氏》比率的五分之一的共有54具，占52.4%；误差小于《磬氏》比率五分之一49具，占47.6%。第五，石磬的实测度数与《磬氏》比率的应为度数的比较，误差超过《磬氏》比率十分之一的共有17具，占34.7%；误差小于《磬氏》比率十分之一的共有32具，占65.3%，而误差小于《磬氏》比率五分之一的共49具，占100%。从上述五个方面分析比较可以看出，除少数石磬的实测尺寸与《磬氏》比率的应长（厚）尺寸完全相符之外，其余都有不同程度的误差；虽然也有些石磬的

① 孙诒让《周礼正义》4044—4049/3350—3355页。
② 《杭州大学学报》（自然科学版）1986年第2期；引自闻人军《考工司南：中国古代科技名物论集》118页，上海古籍出版社，2017年。

实测尺寸与《磬氏》比率的长（厚）尺寸误差较大，但绝大多数是基本相符的。而且石磬各个部位的误差情况也不完全相同，误差最少的是倨句，其次是股长；误差最多的是厚度和鼓博。"[1]

王子初《石磬的音乐考古学断代》认为《磬氏》的这段记载，可以看作至少2 000余年的石磬使用和制作实践经验的高度总结"："今天我们对出土的大量东周编磬的研究考察，时时会感叹其形制的合理和科学。比如磬背倨句的'一矩有半'，磬体为躬背弧底长条五边形整体造型和'股二鼓三'的基本比例、磬底的弧曲上凹等，无论从其音乐性能的最佳、使用的方便、悬挂的稳定、造型的匀称美观等角度分析，几乎都达到了这种石制乐器的完美境界，改动其中的任何一点都是困难的。"[2]

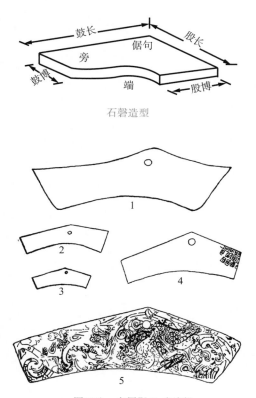

石磬造型

图三八　东周Ⅳ 3b式编磬

孙琛《〈考工记·磬氏〉验证》根据今天见到的石磬造型和《磬氏》规定的石磬各部位比例，得出了《磬氏》的石磬造型[3]。

李纯一《中国上古出土乐器综论》指出："东周编磬继承西周传统，盛行Ⅳ 3b式，并发展到高峰。……Ⅳ 3b式编磬，不论出土地点是在北方还是南方，也不论年代的早晚，几乎一律是直边拱底的凸五边形。"（图三八）[4]认为《考工记·磬氏》"所说的各部比值，除倨句是与直角（矩）之比外，其余都是以股博为基准的连比。用算式表示则如下"：

倨句 $= 90° \times 1.5 = 135°$

股博 $= 1$

股上边 $= 1 \times 2 = 2$

鼓上边 $= 1 \times 3 = 3$

鼓博 $= 1 \times \dfrac{2}{3} = \dfrac{2}{3} = 0.67$

厚 $= \dfrac{2}{3} \times \dfrac{1}{3} = \dfrac{2}{9} = 0.22$

《磬氏》只规定这种凸五边形磬石的股、鼓两博、两上边和厚度的连比关系，而不及底边；只规定倨句的度数，而不及股、鼓两端上下的四角；紧接着又说"已上则摩其旁，已下则摩其端"，可见这些比值都留有磨错的余地，是相对的，因而当是半成品磬的相对标准。

[1] 原载台湾《故宫学术季刊》第18卷2期，引自陈振裕《楚文化与漆器研究》558—566页，科学出版社，2003年。
[2]《中国音乐学》2004年第2期。
[3] 中国艺术研究院音乐学专业硕士学位论文，2007年，6页。
[4] 文物出版社，1996年，50—51页。

对于一般的东周Ⅳ 3b式编磬来说，如果用《磬氏》比值去衡量，其结果也只能是没有一石更没有一组能够与之完全相符的。今表列八组出土实例的平均比值以为证（表13）：

表13　八例东周编磬平均比值与《考工记·磬氏》比值比较表（单位：厘米）

例号	出土地点	国别	年代	计算件数*	股长	鼓长	鼓博	厚度	倨句	参考文献
1	淅川下寺M1	楚	春秋晚期	13	1.72	2.18	0.89	0.23	153°	㊼
2	长治分水岭M269	晋	春秋晚期	10	1.85	2.71	0.8	0.27	138°	㊺
3	潞城潞河M7	韩	战国初期	10	1.61	2.8	0.84	0.29	138°	㊻
4	汲县山彪镇M1	魏	战国早期	10	1.58	2.61	0.9	0.28	141°	㊼
5	长治分水岭M126	韩	战国早期	8	1.72	2.24	0.81	0.27	约135°	㊼
6	长治分水岭M25	韩	战国中期	10	1.87	2.99	0.78	0.27	133°	㊼
7	易县燕下都M16	燕	战国中期	15	1.74	2.34	0.75	0.2	约150°	㊼
8	江陵纪南城	楚	战国	24	1.83	2.57	0.82	0.3	147°	㊿
	合　　计				14.42	20.44	6.59	2.16	1 175°	
	平均比值				1.8	2.56	0.82	0.27	146°+	
	《考工记·磬氏》比值				2	3	0.67	0.22	135°	
	比　　较				−0.2	−0.44	+0.15	+0.05	+11°	

* 计算件数系就一组中的完整磬石而言。

以上事实表明，《磬氏》比值绝不是成品磬的绝对标准，只能是半成品磬的相对标准。王国维早就指出，"盖《考工》言其制度之略，至作器时仍以音律定之。《磬氏》经文言'已上则摩其旁，已下则摩其端'，则其所言之长广厚薄之度，固不能无出入矣"[1]。所言切中事理。

由于资料限制，表13所列八例中属于三晋的竟占大半，而秦、齐、鲁、吴等大诸侯国却无一例，因而还不敢相信它们能够反映当时成品磬的全部情况。不过这些三晋、楚、燕成品磬的比值虽然互相略有出入，但基本相近，表明它们之间存在着相当大的一致性。这就是说，它们的股、鼓比值都略小于《磬氏》，而鼓博、厚度和倨句的比值都略大于《磬氏》（图四二）。

图四二　八例东周编磬平均比值与《考工记·磬氏》比值比较图

我们就是根据这些实际数据提出《磬氏》比值是半成品相对标准的说法。不过我们这种说法还存在一个问题。它对于东周实物的四边比值之小于《磬氏》和倨句比值大于《磬氏》，都能解释得通，惟独对于厚度比值大于《磬氏》这一点，却无法解释。如果"以其一为之厚"的"以"字换为"去"字，就全无

① 王国维《古磬跋》，《观堂集林别集》卷二，中华书局，1959年。

问题了。会不会《磬氏》原文早就发生这样的讹误？因无版本依据,所以不敢自信,还望高明指教。[①]

对于东周编磬"股、鼓比值都略小于《磬氏》,而鼓博、厚度和倨句的比值都略大于《磬氏》"的结果、"《磬氏》比值是半成品相对标准的说法",孙琛《从两周石磬的博谈〈考工记〉的国别和年代》表示异议:"在笔者统计的齐国石磬中,情况似乎并非如此。有34件石磬的股博和厚度之比大于《磬氏》比例,44件石磬小于《磬氏》比例,5件石磬与《磬氏》比例相等。有47件石磬的股鼓之比大于《磬氏》比例,25件石磬小于《磬氏》比例和8件石磬等于《磬氏》比例。有47件石磬的倨句大于《磬氏》倨句,23件小于《磬氏》倨句和13件等于《磬氏》倨句。所有石磬的股博和鼓博之比均小于《磬氏》之比。所以,不能说《考工记·磬氏》的比值是齐国石磬的'半成品'比值。"[②]

方建军《西周磬与〈考工记·磬氏〉磬制》认为《磬氏》之磬主要部位之间的比率为:鼓/股=3/2=1.5;股/股博=2;鼓博/股博=$1 \times \frac{2}{3} = 0.66$;厚=$\frac{2}{3} \times \frac{1}{3} = \frac{2}{9} = 0.22$;倨句=$90° \times 1\frac{1}{2} = 135°$;将9件出土西周中晚期石磬尺寸与《考工记·磬氏》记载的形制、尺度进行对比,发现:

1. 西周磬的鼓、股之比与《磬氏》比率基本接近,二者所差甚微,平均仅小于《磬氏》0.05。这表明《磬氏》磬之鼓、股为3:2的比例,在西周磬上可大体反映出来。

2. 西周磬股与股博之比与《磬氏》比率差异较大,即平均大于磬氏1.84。可见西周磬的股博比《磬氏》之磬要小。

3. 正因西周磬股博尺寸偏小,其鼓博与股博之比,较《磬氏》比率略大;有的磬股博与鼓博之比则为1,即鼓博与股博的宽度近于相等。

4. 西周磬的厚度自股部至鼓部渐薄。就其平均厚度来看,均大于《磬氏》之磬。

5. 西周磬的倨句与《磬氏》最为接近,平均仅比《磬氏》倨句大1°。

结论是:"西周磬部分部位的比率与《磬氏》大体接近,因可推断,《考工记·磬氏》造磬的理论当在西周晚期即已奠定了基础。《考工记》所载造磬的尺度和比率应是磬坯的大致规格,磬坯在经过调音工艺后,其尺寸会有一定的改变。"[③]

高蕾《西周磬研究综论》将陕西、山西、河南、山东、湖北出土的13件有详细数据的西周石磬的股鼓比例及倨句度数与《周礼·考工记·磬氏》进行比较,制表如下:

磬　　别	股鼓之比	与（周）差别	倨　　句	与（周）差别
张家坡井叔墓M157:81磬	0.702	+0.035	138°	+3°
张家坡井叔墓M157:80磬	0.684	+0.017	138°	3°
周原召陈乙区遗址编磬T243:1	0.656	−0.011	135°	0°

① 李纯一《中国上古出土乐器综论》50—55页,文物出版社,1996年。
② 《乐府新声》2009年第4期。
③ 方建军《西周磬与〈考工记·磬氏〉磬制》,《乐器》1989年第2期。

（续表）

磬　　　别	股鼓之比	与（周）差别	倨　　句	与（周）差别
周原召陈乙区遗址编磬 T243：13	0.743	+0.076	134°	−1°
周原召陈乙区遗址编磬 T243：14	0.792	+0.125	140°	+5°
宝鸡上官村磬	0.719	+0.052	135°	0°
侯马工作站藏编磬：1	0.640	−0.027	139°	+4°
侯马工作站藏编磬：2	0.717	+0.050	138°	+3°
侯马工作站藏编磬：3	0.554	−0.113	137°	+2°
侯马工作站藏编磬：4	0.637	−0.030	134°	−1°
侯马工作站藏编磬：5	0.706	+0.039	138°	+3°
侯马工作站藏编磬：6	0.597	−0.070	136°	+1°
扶风云塘石磬	0.649	−0.018	135°	0°
最大值	0.554	−0.113	140°	+5°
最小值	0.792	+0.125	134°	−1°
平均值	0.676	+0.009	136°	+1°

可以看出，13件有详细数据的西周磬中，股鼓之比的最小值是0.554，最大值是0.792，平均值是0.676，与《周礼》中所规定的比例仅差0.009；倨句度数的最小值是134度，最大值是140度，平均值是136度，与《周礼》所载的倨句度数仅差1度。这说明从股鼓比例及倨句度数来看，西周磬的制作标准，与《周礼·考工记·磬氏》中所规定的制磬标准基本相符。《周礼·考工记》的成书年代一直未确定（一般被认为是东周时期所著），但可以确定的是此书中所记载的编磬的制作标准，不是凭空而来的，而是从前代多年的制造经验中总结而来，在周代将其系统化。西周编磬虽尚未完全固定成型，但可看作《考工记》中制磬标准的最初参照来源。[①]

孙琛《从两周石磬的博谈〈考工记〉的国别和年代》以《中国音乐文物大系》，特别是《中国音乐文物大系·山东卷》发表的音乐考古资料为基础，在前人研究成果基础上，较为全面地解读已发现的编磬的博与《磬氏》的关系，其结论是：

1. 鼓博和厚度比例与《磬氏》比例相符或相近的山东石磬数量均占山东石磬总数的5%和33%；而山西为3%和41%；江苏为5%和30%；湖北为3%和38%；陕西为0%和31%；河南为0%和8%。可以看出，《磬氏》与山东地区石磬的鼓博和厚度比例并不存在较大的矛盾，而在很大程度上仍是相一致的。这些山东石磬中，90%的石磬属于齐文化范围内的石磬。

2. 股博和鼓博之比接近于《磬氏》比率的齐国石磬中，3件是春秋石磬，13件是战国石磬。鼓

① 高蕾《西周磬研究综论》，《南京艺术学院学报》2004年第2期。

博和磬厚之比符合于《磬氏》比率的齐国石磬中，2件是春秋石磬，3件是战国石磬；鼓博和磬厚之比接近于《磬氏》比率的齐国石磬中，9件是春秋石磬，22件是战国石磬。

通过以上的研究发现，与《磬氏》所载各比例相符或接近的战国石磬多于与《磬氏》各比例相符或接近的春秋石磬，《磬氏》所记述的内容更应该是战国时期的写照。

3.《磬氏》股鼓之比、鼓博和厚度的比例与齐国的出土实物一致，股博和鼓博的比例却与齐国有一定的差距。《磬氏》提出的比例数都是以三等分为基础，从数理上体现了严格的系统性；但对出土实物的考察和测量数据表明，其与当时工匠的制作实践尚有一定的距离。很可能，《磬氏》是当时齐国文人制定出来的一种官方乐器工艺的理想规范，而不是官方手工业生产的实用技术资料书。①

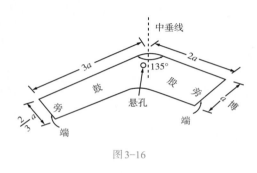

图3-16

戴念祖《文物与物理》绘出磬的各部分名称及《考工记》记载的比例示意图（图3-16）："据近代实验分析，磬的形状和尺寸比例的选定，是要使磬声中的各个分音成谐波关系，也就是要使它的各个振动模式的固有频率之间成等频率间隔。因为，各分音成谐波关系而组成的谐和音能使磬声好听，并且容易以耳测来确定其声高。古代人或磬师尚没有频率及波的概念，而他们是凭主观音感来做到这一点的。磬的悬孔并非在磬的重心位置，而是在其重心上方、中垂线偏旁。这是为了悬挂磬时，使靠近演奏音一边的鼓部略微翘起，以便敲击。磬的重心在悬孔之下，被悬挂的磬即使在演奏时也比较稳定。"②

这一实验分析成果，来自陈通《中国民族乐器的声学》：

分析磬的声学特性采用了有限元计算的方法。以一古磬的实际尺寸为基础，形状由长方形板变化到磬的形状，计算各振动模式的固有频率和尺寸间的关系如图11所示，图中 f_1，f_2……是频率由小到大的固有频率。图11（a）、（b）和（c）是长方形板的情形，改变一种尺寸并保持其他尺寸相应于实际磬不变，计算固有频率的变化。图中虚线的位置相应于实际磬的尺寸，可以看出各固有频率之间的频率间隔最接近于等频率间隔。由长方形板变化到磬的形状，保持总长度和宽度不变，经折角 θ 后保持两部分的面积相等，计算固有频率随折角 θ 的变化如图11（d）所示。虚线给出实际磬的折角，基本上是保持各固有频率之间接近于等频率间隔的上限。因此可以得出以下的推测：古人做磬的形状和尺寸比例是想使磬声中的各分音成谐波的关系，也就是想使各振动模式的固有频率之间成等频率间隔。当然他们没有振动频率和谐波等概念，而只能是凭主观感觉来做。各分音成谐波的关系组成谐和音使磬声好听。更重要的原因是听起来容易确定磬声的音高。用计算器模拟不同频率分音组成的磬声对主观感觉的实验也是如此。事实上，只使前几个分音完全做成这样就很困难。因此只能说古人企图做到使磬振动的固有频率之间尽可能接

① 孙琛《从两周石磬的博谈〈考工记〉的国别和年代》，《乐府新声》2009年第4期。

② 东方出版社，1999年，160—161页。

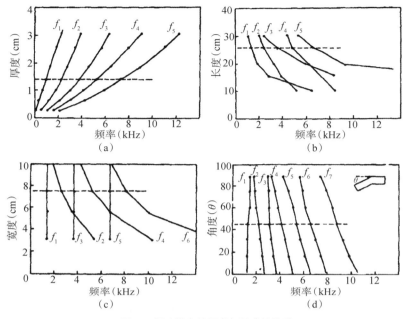

图 11　振动模态的频率与尺寸的关系

近于等频率间隔。磬的形状是使重心降低，悬挂演奏时比较稳定。用有限元分析的方法还得出计算磬声基频频率与尺寸间关系的公式。[①]

此前，闻人军《〈考工记〉中声学知识的数理诠释》：

由于磬形平板的横振动的数理分析极为复杂，故取具有自由边界条件的正方形板的横振动来模拟。

里兹（Ritz）法（1909 年发表）提供的振动频率表达式为

$$\omega = \frac{\alpha}{a^2}\sqrt{\frac{D}{\rho h}}^{[②]}, \tag{1-1}$$

式中，

ω ——板的自由振动角频率，α ——振型常数，

a ——正方形的边长，h ——板厚，

ρ ——质量密度，D ——板的弯曲刚度，其值为

$$D = \frac{Eh^3}{12(1 - \upsilon^2)}^{[③]}, \tag{1-2}$$

① 陈通《中国民族乐器的声学》，《物理学进展》1996 年第 3、4 期。

② 铁木辛柯，S. 等《工程中的振动问题》，人民铁道出版社，1978 年，337 页。

③ 铁木辛柯，ibid.，335 页。

式中,

E——杨氏弹性模量, v——材料的泊松比,

将(1-2)式代入(1-1)式得到

$$\omega = \frac{\alpha h}{2a^2}\sqrt{\frac{E}{3\rho(1-v^2)}}, \tag{1-3}$$

由上式可知

$$\omega \propto \frac{h}{a^2} \tag{1-4}$$

显而易见,《考工记》关于磬的声学特性的描述是正确的。由于磬的发声频率受长短、宽窄、厚薄的影响比较单纯,所以古人很早就认识到磬薄而广则音浊(频率低)、短而厚则清(频率高)。调音的方法是反其道而行之:若频率偏高,就摩锉两旁;使磬变薄,以降低频率。若频率过低,则摩锉两端;其边长减短,导致频率升高。[①]

对于磬的敲击部位与敲击点,湖北省博物馆、中国科学院武汉物理研究所《战国曾侯乙编磬的复原及相关问题的研究》根据郑司农注"股,磬之上大者。鼓,其下小者,所当击者也",认为敲击部位是鼓部:"既然鼓部当击,悬挂时就自然向着演奏者一边,从演奏者来看,便是股在外、鼓在内。此即郑玄所谓'股,外面。鼓,内面也。'山东沂南画像石墓所出乐舞图和晋人顾恺之《女史箴图》都有奏磬场面,都可以证实。"而"敲击鼓部的最佳位置是鼓上角":"在复原工作中,我们发现同一部位的不同敲击点发出的基音或泛音的明显程度、余音的长短,都有差别。我们利用人耳对基音和泛音的感应,结合在实验室内用2307型电平记录仪(丹麦产)对磬音时程的分析,确定了敲击鼓部的最佳位置是鼓上角。"[②]

《磬氏》: 已上则摩其旁。

孙诒让:"已上则摩其旁"者,江藩云:"为磬虽有度数,然不摩锉之,则清浊不分,焉能合律乎?以意度之,磬制成之后,吹十二律之管,以定其声。如一律有清浊二音者,求浊声,则摩之使薄而广;求清声,则摩之使短而厚,再以律管比其声,于是五音谐矣。"徐养原云:"摩其旁,摩其端,此剂量之法也。《典同》云:'凡为乐器,以十有二律为之度数,以十有二声为之剂量。'观磬氏之为磬,可得其法矣。物性无常,即同为一物,而刚柔精粗,良非一致。不知剂量之法,虽得其度数,终不得声。磬氏为刮摩之工,非摩无以成器。上言'三分其股博,以其一为之厚',则磬之厚薄本有一定之度。然或合度而不得声,故又有摩旁、摩端之法,以为之剂量。"

① 闻人军《〈考工记〉中声学知识的数理诠释》,《杭州大学学报》(理科版)1982年第4期。
② 《文物》1984年第5期。

郑司农：磬声大上，则摩锬其旁。

孙诒让：注郑司农云"磬声大上，则摩锬其旁"者，明此云上下，皆造磬既合度而声尚未协律，故为此调剂之法。声太高，则须减其厚度，故摩错其旁使之薄。摩锬，详《总叙》疏。磬之考击，虽以鼓为主，而其得声，则股鼓同体，互相函含，亦两相震荡，不能分为二也。依后郑薄厚之义，似谓摩其平面之两面。但摩厚使薄，则止摩一面已足，不必摩两面。而摩面亦必上下均平，则于厚度所减无多，而已足改其声矣。徐养原云："磬以鼓为主，既摩其鼓，则股亦须摩，否则轻重不等，而鼓县不得直矣。"案：徐说是也。

郑玄：玄谓大上，声清也。薄而广则浊。

孙诒让：云"玄谓大上，声清也"者，上犹高也。声高则清，故云"大上，声清"。云"薄而广则浊"者，贾疏云："凡乐器，厚则声清，薄则声浊。今大上，是声清，故使薄，薄而广则浊也。"诒让案：狭者不可使广。此摩其旁，其广度自若，但厚度既减，则因薄见广耳。

已下则摩其耑。

孙诒让："已下则摩其耑"者，《释文》云："耑，刘又音穿，本或作端。"案：刘音与经义不合，不足据。《说文·耑部》云："耑，物初生之题也。"《立部》云："端，直也。"阮元云："依《说文》，则耑为肇耑字，端为端正字。"案：阮说是也。耑端古今字。《释文》或本，盖后人所改。鼓上耑与股相接，不可摩，则可摩者唯股之上耑与鼓之下耑。然股鼓两积正等，若止摩一耑，则上下既不均平，而重心亦随之而改，县与击皆不协矣。谛审注"短而厚"之义，自谓股上鼓下两端并摩之，以略减其修度也。

郑玄：大下，声浊也。短而厚则清。

孙诒让：注云"大下，声浊也"者，下犹低也。声低则浊，故云"大下，声浊也"。云"短而厚则清"者，贾疏云："此声浊由薄，薄不可使厚，故摩使短，短则形小，形小则厚，厚则声清也。"案：贾说是也。此摩耑，其厚一寸之度亦自若，但两耑长度得摩而减，则因短见厚耳。[①]

对于磨"旁"磨"端"与调节音高，湖北省博物馆、中国科学院武汉物理研究所《战国曾侯乙编磬的复原及相关问题的研究》认为"实践证明了记载的正确，还使我们对磬氏磨端有了进一步认识"："其一，这是统一尺寸规格时，因材料差异造成音高偏离而采取的纠正手段（就此意义而言，磨旁的作用相同）。材料的岩性不同，结构面的性质及组合情况不同，都直接导致声波速度、振幅、衰减等的不同。磬氏在不可能绝对保证一批磬料的岩性、结构面严格统一情况下，按统一的尺寸比率设计所制作的磬，就有可能产生音高与设计意图间的偏差，磨端可以提高那些因石料硬度较低或粒度较粗而偏低的音。其二，可以纠正和补救做工中的失误。其三，保持磬的股、鼓部位一定程度

[①] 孙诒让《周礼正义》4049—4051/3355—3356页。

的平衡。编磬悬挂时，让大小不一、参差不齐的磬块的受击部位保持在一定的水平线上，是使演奏便利的必要条件。所以，制磬必须顾及使每件磬的股、鼓部位相对平衡，以便悬挂后与地平线呈一定角度。复原磬中有个别穿孔位置不当，悬挂后总有一端上翘过高，使演奏时磬槌的较快速运行受到影响。由此联系到个别商周磬上所以有并列双穿的现象[①]，显然就是古人为保持悬挂时达到一定平衡而穿凿的。当穿孔偏差较大，便另作一孔；若偏差较小，将孔略微向一方扩大，也可补过；而穿孔偏差程度介于以上两种情况之间时，反而难以将就，只有先以磨端的办法调剂，再结合磨旁抵消因磨端而提高的音频。"[②]

戴念祖《中国科学技术史·物理学卷》第四章《声学》第四节《乐器与声学知识》揭示磬的调音方法：

陈通和他的合作者曾研究磬的声学特性[③]，得到磬的基频 f_1 振动公式为

$$f_1 = \frac{G}{4\pi\sqrt{3}}\left[b - a\cos(k\theta + \varphi)\right]\sqrt{\frac{E}{\rho}}\,\frac{t}{(L_1 + L_2)^2}$$

式中，G、b、a、k、φ 为常数，θ 和磬的"倨句"互为补角，E 和 ρ 为磬板物质的弹性和密度，t 为板厚，L_1 和 L_2 分别为鼓长和股长。对于已经制成而需要调音的磬而言，其

$$f_1 \propto \frac{t}{(L_1 + L_2)^2}$$

因此，当磬发音太高（"已上"），古代的磬师就磨锉其"旁"（指磬板的板面），也就是使其厚度 t 减小。其结果，自然是 f_1 下降，音调就正常或符合设计要求了。当磬发音太低（"已下"），古代磬师就磨锉其"端"（指磬板的两端），也就是使 L_1 和 L_2 分别缩短，其结果是 f_1 升高，从而达到设计要求。由此可见，古代人在实践经验中已经掌握了磬板的振动原理。[④]

王子初《石磬的音乐考古学断代》对照出土实物解释"已上则摩其旁，已下则摩其端"："磬体上对音高最为敏感的部位正是在磬底的中部。要使磬音提高，可以打磨两博（即两端），使磬长度缩短；要使磬音降低，可以打磨磬的两面，使磬体变薄。这就是《考工记》所说'已上则摩其旁，已下则摩其端'的真谛。所谓的'摩其旁'，从对大量出土编磬的实际考察来看，磨砺的部位基本上集中在磬底的中部及其两侧，甚至常见有些标本的底边被磨成刀刃的形状。而且，绝大多数标本，的确都是磬底比磬背薄得多，这就是这种调音磨砺手法的证明。"[⑤]

[①] 河北省博物馆、文物管理处《河北藁城台西村的商代遗址》，《考古》1973年第5期；山西省文物管理委员会《山西长治市分水岭古墓的清理》，《考古学报》1957年第1期。

[②] 《文物》1984年第5期。

[③] Chen Tong and Wang Zhongyan, Acoustical Properties of Qing, Chinese J. of Acoustics, Vol.8(1989), No.4. pp.289-294.

[④] 戴念祖《中国科学技术史·物理学卷》362页，科学出版社，2001年。

[⑤] 《中国音乐学》2004年第2期。

3. 筍虡

《梓人》: 梓人为筍虡。

孙诒让: 周时县乐器之筍虡, 并以木制, 故梓人为之。秦汉以后或铸金为之, 非古也。

郑玄: 乐器所县, 横曰筍, 植曰虡。

孙诒让: 注云"乐器所县, 横曰筍, 植曰虡"者,《典庸器》杜注义同。

郑司农: 筍读为竹筍之筍。

孙诒让: 郑司农云"筍读为竹筍之筍"者, 段玉裁改"为"为"如", 云:"各本作'读为', 误也。此与《典庸器》注皆拟其音耳。此筍, 竹胎字也, 与竹箭有筍字同音异。竹箭有筍, 于贫反。"案: 段校是也。①

《春官 · 典庸器》: 及祭祀, 帅其属而设筍虡, 陈庸器。

郑玄: 设筍虡, 视瞭当以县乐器焉。陈功器, 以华国也。杜子春云:"筍读为博选之选。横者为筍, 从者为镰。"

孙诒让: 云"设筍虡, 视瞭当以县乐器焉"者, 凡乐器, 编钟、特钟、编磬、特磬及县鼓, 皆县于筍虡。……云"横者为筍, 从者为镰"者,《梓人》注义同。《释文》云:"镰, 旧本作此字, 今或作虡。"案:《说文 · 虍部》云:"虡, 钟鼓之柎也, 饰为猛兽。重文镰, 虡或从金㦷声。虡, 篆文虡省。"此及《梓人》经注并作虡, 即篆文之变体, 杜作镰, 用或体也。段玉裁云:"经作虡、注作镰者, 汉人多用镰字。此亦经用古字、注用今字之一证。"案: 段说近是。但后郑注仍作虡,《小胥》《梓人》注同, 然则惟杜作镰, 郑自如经作虡, 两君字例不同。筍虡皆以木为之, 从横相持以县乐器。《释名 · 释乐器》云:"所以县钟鼓者, 横曰簨。簨, 峻也, 在上高峻也; 从曰虡, 虡, 举也, 在旁举簨也。簨上之版曰业, 刻为牙, 捷业如锯②齿也。"《诗 · 周颂 · 有瞽》"设业设虡, 崇牙树羽"。毛传云:"业, 大版也, 所以饰枸为县也。捷业如锯齿, 或曰画之③。植者为虡, 衡者为枸。崇牙上饰卷然④, 可以县也。树羽, 置羽也。"案: 筍枸字同。孔疏云:"虡者立于两端, 枸则横入于虡。其枸之上, 加施大版, 则着于枸, 其上刻为崇牙, 似锯⑤

---

① 孙诒让《周礼正义》4074—4075/3374—3375 页。
② 引者按: 乙巳本、楚本均作"锯", 王文锦本排印讹作"踞"。
③ 引者按:"或曰画之"一句, 孔疏:"其形刻之捷业然如锯齿, 故谓之业。或曰画之, 谓既刻又画之, 以无明文, 故为两解。"王文锦本"画之"误属下句。
④ 引者按:"崇牙上饰卷然"一句, 孔疏"以其形卷然"、孙疏"锯齿卷然上出"可证。王文锦本"卷然"误属下句。
⑤ 引者按: 乙巳本、楚本均作"锯", 王文锦本排印讹作"踞"。

齿捷业然,故谓之业。牙即业上齿也,故《明堂位》云'夏后氏之龙簨虡,殷之崇牙'。注云'横曰簨,饰之以鳞属。以大版为之,谓之业。殷又于龙上刻画之为重牙,以挂县纮。'[①] 以其形卷然,得挂绳于上,纮谓悬之绳也。树羽者,置之于枸虡之上角。《汉礼器制度》云:'为龙头及颔,口衔璧,璧下有旄牛尾。'《明堂位》于'崇牙'之下又云'周之璧翣',注云:'周人画缯为翣,载以璧,垂五采羽其下,树翣于簨之角上,饰弥多'是也。"案:孔说甚核。簨虡之制,盖树二植木为树,上刻鸟兽以为饰,是为虡;以横木为格,上刻龙蛇以为饰,是为簨。簨之上,又有大版覆之,刻为锯齿,以白画之,是为业。锯齿卷然上出,可以悬纮,是为崇牙。以其上覆大版,旁树二木,望之与几相似,故《方言》云:"几,其高者谓之虡。"郭注谓即簨虡。横簨之旁,更有璧翣之饰,植虡之下,则又有跗以镇之,使县时不倾覆,其跗或以玉石为之,故《楚辞·离骚》云"玉石兮瑶虡"[②],言以瑶为虡跗也。[③]

李纯一《中国上古出土乐器综论》:

考古发现的钟、镈、磬虡,形制基本相同……大致可分为单框和角框二型,每型可依梁的多少来分式,再依式的变化来分亚式:

$$
簨虡 \begin{cases} \text{I 型(单框)} \begin{cases} \text{1 式(单梁)} \\ \text{2 式(双梁)} \begin{cases} \text{a(边枨)} \\ \text{b(内枨)} \end{cases} \end{cases} \\ \text{II 型(角框)} \begin{cases} \text{1 式(二梁)} \\ \text{2 式(四梁)} \\ \text{3 式(七梁)} \end{cases} \end{cases}
$$

迄今的考古发现绝大部分是楚国遗物,属于北方列国的却无一例。其时代几乎全属战国同期,属于春秋和汉代的仅见少数几例。因此,目前讨论簨虡当然要有相当的局限性。

I 1 式当是它们的基本形制,其余型式都是从它发展变化而来。

I 1 式钟虡,信阳长台关 M1 出土:

I 2a 式磬虡,信阳长台关 M2 出土。全木结构。由二根方梁、二根方柱和二个圆脚墩榫接而成。通体髹黑漆。上梁两端、柱的上端和中腰以及脚墩表面,皆雕以云纹,填以银灰色线条。梁柱上绘以间隔的银灰色三角云纹图案:

① 引者按:引《明堂位》注止于"以挂县纮"(阮元《十三经注疏》1491 页中),王文锦本引号缺讫止。
② 引者按:《离骚》不见"玉石兮瑶虡"。相似的句子是《楚辞·九歌·东君》:"簫钟兮瑶簴。"洪兴祖补注:"瑶簴,以美玉为饰也。"
③ 孙诒让《周礼正义》2311—2313/1921—1922 页。

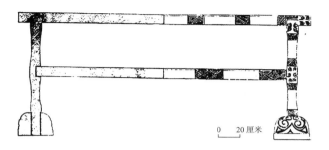

Ⅰ2a式磬虡,随县曾侯乙墓出土:

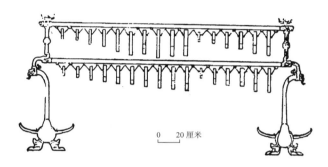

表63　十二例簨虡登记表(单位:厘米)[①]

例号	架别	质料	型式	时　代	出土地点	国别	正架		侧架	
							高	长	高	长
1	Ⅰ型钮钟	木	Ⅰ1	春秋末期至战国初期	固始侯古堆M1	吴?				
2	Ⅰ型钮钟	木	Ⅰ1	战国早中期之交	信阳长台关M1	楚	80.7	242		
3	Ⅰ型钮钟	木铜	Ⅰ1	战国中晚期之交	涪陵小田溪M1	巴				
4	Ⅱ型钮钟	木铜	Ⅰ1	西汉中期	晋宁石寨山M6	滇				
5	甬钟	木	Ⅰ2a	春秋中期后段	淅川下寺M2	楚	224	600		
6	磬	木	Ⅰ2a	战国中期	信阳长台关M2	楚	109	260		
7	磬	木	Ⅰ2a	战国中期	江陵天星观M1	楚	94.7	209		
8	磬	铜	Ⅰ2a	战国早期前段	随县曾侯乙墓	曾	109	215		
9	Ⅰ型钮钟	木	Ⅰ2b	战国中期	江陵天星观M1	楚	100.2	340		
10	镈	木	Ⅱ1	春秋末期至战国初期	固始侯古堆M1	吴?				
11	钟	木铜	Ⅱ3	战国早期前段	随县曾侯乙墓	曾	255	784	273	335
12	钟	木铜	Ⅱ2	战国早期前段	随县曾侯乙墓	曾	约213	784	约213	335

[①]　李纯一《中国上古出土乐器综论》291—298页,文物出版社,1996年。

《梓人》：天下之大兽五：脂者，膏者，赢者，羽者，鳞者。

孙诒让："天下之大兽五"者，《尔雅·释鸟》云："二足而羽谓之禽，四足而毛谓之兽。"此五兽兼羽鳞者，对文则异，散文可通，犹《月令》五虫有羽毛也。

郑玄：脂，牛羊属。膏，豕属。赢者，谓虎豹貔螭为兽浅毛者之属。羽，鸟属。鳞，龙蛇之属。

孙诒让：注云"脂，牛羊属。膏，豕属"者，贾疏云："二者祭宗庙以为牲，故知也。郑注《内则》云：'凝者曰脂，释者曰膏。'"诒让案：《说文·肉部》云："戴角者脂，无角者膏。"《家语·执辔篇》云："无角无前齿者膏，有角无齿者脂。"王注云："膏，豕属。脂，羊属。"《淮南子·墬形训》云："无角者膏而无前，有角者脂而无后。"高注云："膏，豕熊猨之属。脂，牛羊麋之属。"义并与郑同。《大戴礼记·易本命篇》亦云："无角者膏而无前齿，有羽者脂而无后齿。""有羽"即"有角"之讹。云"赢者，谓虎豹貔螭为兽浅毛者之属"者，《大司徒》"赢物"注义同。螭即离之借字，详彼疏。云"羽，鸟属"者，《大司徒》"羽物"，注云"翟雉之属"。《文选·蜀都赋》刘注云："羽族，鸟也。"云"鳞，龙蛇之属"者，《月令》"春其虫鳞"注同。《大司徒》"鳞物"，注云"鱼龙之属"。案：此经鱼入小虫连行属，蛇入小虫纤行属。筍虡大兽鳞属，当专据龙言之。又案：《说文·鱼部》云："鲮，虫连行纤行者。"依此经下文，连行为鱼属，纤行为蛇属，则鲮似亦鱼蛇水虫之通名，非一虫而兼两行也。若然，疑此经故书别本"鳞"或有作"鲮"者，故许即据下经为训，鳞鲮声类亦相近也。

宗庙之事，脂者、膏者以为牲。

孙诒让："宗庙之事"者，即《大宗伯》人鬼六享之事。云"脂者膏者以为牲"者，《牧人》六牲唯鸡为羽属，余皆兽属，有脂膏者也。贾疏云："上总言，于此已下别言之，欲分别可为筍虡者也。"

郑玄：致美味也。

孙诒让：注云"致美味也"者，脂膏者肥腯，中为牺牲，故以共祭，致其美味也。

赢者、羽者、鳞者以为筍虡。

郑玄：贵野声也。

孙诒让：注云"贵野声也"者，野物有声者，或不中为牲，则刻其形于筍虡，使乐作时，匪色似鸣，若备其声也。

外骨、内骨，却行、仄行、连行、纤行，以脰鸣者，以注鸣者，以旁鸣者，以翼鸣者，以股鸣者，以胷鸣者，谓之小虫之属，以为雕琢。

孙诒让："谓之小虫之属"者，贾疏云："上云大兽，或为宗庙牲，或为筍虡设。今此更别言'小虫之属',以饰祭器者也。自'纡行'以上不能鸣者,据行而言;自'脰鸣'以下能鸣者,据鸣而言之。"

　　郑玄:刻画祭器,博庶物也。外骨,龟属。内骨,鳖属。却行,蚔衍之属。仄行,蟹属。连行,鱼属。纡行,蛇属。脰鸣,蜏黾属。注鸣,精列属。旁鸣,蜩蜎属。翼鸣,发皇属。股鸣,蚣蝑动股属。胷鸣,荣原属。

　　孙诒让:注云"刻画祭器,博庶物也"者,此亦以雕为彤也。《巾车》注云:"彤者画之。"《司约》"丹图"注"谓彤器簠簋之属,有图象者"。雕,彤之借字,详《总叙》疏。贾疏云:"以雕画及刻为琢饰者也。"案:贾盖以雕为画,琢为刻,二义不同。然考《说文·彡部》云:"彫,琢文也。"《玉部》"琱""琢"并云"治玉也"。《尔雅·释器》云"玉谓之雕",又云"玉谓之琢"。琱雕字亦通。《孟子·梁惠王篇》赵注云:"彫琢,治饰玉也。"《论语·公冶长篇》"朽木不可雕也",《集解》引包咸云:"雕,雕琢刻画。"依包说,则雕琢即雕,亦即刻画,可证郑义。《说文·刀部》云:"刻,镂也。"盖施刀削曰刻,成文采曰画。祭器虽有画文,而经云"雕琢"则自专据刻镂言之。若《司尊彝》注说鸡彝、鸟彝、山罍并云"刻而画之",《杂记》"镂簋"注云"刻为虫兽"是也。贾分雕琢为两训,非经注义。云"外骨,龟属"者,《说文·龟部》云:"龟,旧也,外骨内肉者也。"案:礼敦簋皆刻龟形,详《舍人》疏。此外骨、内骨,皆《鳖人》所谓"互物"也①。外骨当亦兼有蜃贝之属,《鬯人》有"蜃尊",注谓画蜃,亦祭器也。云"内骨,鳖属"者,鳖,《释文》云:"本又作鼈。"案:字当作"鼈"。《说文·黾部》云:"鼈,甲虫也。"鳖鼈皆俗体。鳖亦见《雍氏》注。贾疏云:"按《易·说卦》云《离》为鳖,为蟹,为龟',注皆云'骨在外'。与此注违者,龟鳖皆外骨,但此经外骨内骨相对,以鳖外有肉缘为内骨也。"云"却行,蚔衍之属"者,《广雅·释言》云:"却,逗也。"《释文》云:"《尔雅》云,蚔衍,入耳。'郭璞云:'蚰蜒也。'按此虫能两头行,是却行。刘云:'或作衍蚓,今曲蟮也。'"臧琳云:"《说文·虫部》:'蚔,侧行者。'与郑异。然郑以仄行为蟹属,《说文》亦以蟹为旁行,则此作'侧行',或字误。蚔衍,今《尔雅》为'蚔蚳',陆云'本又作蚳',皆《说文》所无。当定作'衍'。又《说文》云'蚓,蚔或从引',与刘昌宗所见或本合。《释文》作'衍蚓',误倒也。以为曲蟮,亦非。《说文》:'蟺,宛蟺也。'此即曲蟮,与蚔衍异。《方言》云:'蚰蜒,自关而东谓之蚔蛆,或谓之入耳,或谓之蛝蛝,赵魏之间或谓之蚨虶,北燕谓之蚅蚭。'"案:臧说甚析。凡连言蚔衍者为蚰蜒,《本草》陶注云"细黄虫,状如蜈蚣"是也;单言蚔者为丘蚓,刘云"曲蟮"是也。郑云"却行"者,自谓蚰蜒;许云"侧行"者,自谓丘蚓,故《玉篇》亦云"蝰蚔仄行",即寒蚓也。今目譣蚰蜒能两头行,而丘蚓则非侧行,许说为短也。云"仄行,蟹属"者,《汉书·五行志》颜注云:"仄,古侧字。"《广雅·释言》云:"侧,旁也。"《说文·虫部》云:"蟹②有二敖,八足,旁行。"又以侧行为蚔,字义并与郑异。云"连行,鱼属"者,《王制》注云:"连犹聚也。"连行即《易·剥》六五《爻辞》所谓"贯鱼",王注云"骈头相次"是也。云"纡行,蛇属"者,《矢人》注云:"纡,曲也。"《说文·糸部》云:"纡,诎也。"贾疏云:"纡,曲也,以其蛇行屈曲,故谓之纡行也。"云"脰鸣,蜏黾属"者,《说文·肉部》云:"脰,项也。"《公羊·庄十二年》何注云:"脰,颈也,齐人语。"《释名·释形体》云:"咽,青徐谓之脰。"《说文·虫部》云:"蜏黾,詹诸,以脰鸣者。"《尔雅·释鱼》:"鼁鼃,蟾诸,在水者黾。"案:蜏黾水居,詹诸陆居,种类略同。郑云"黾,蛙属",足

────────────────

① 引者按:"也"王文锦本从楚本讹作"者"。

② 引者按:乙巳本、《说文》并作"蟹",王文锦本从楚本讹作"蟹"。

以晐詹诸，许、郑义不异也。鼃黾无肋骨，口不能呼气成声，其声似出咽项之间，故云脰鸣也。鼃黾，详《秋官·叙官》疏。云"注鸣，精列属"者，《公羊》释文云："注与咮同。"案：《说文·口部》云："咮，鸟口也。"注即咮之假字。贾疏云："按《释虫》云：'蟋蟀，蜻。'注云：'今促织也，亦名青蚣。'《方言》：'精列，楚谓之蟋蟀，或谓之蜻，南楚之间或谓之王孙。'"诒让案：《大戴礼记·易本命篇》卢注云："蟋蟀无口而鸣。"今目谳蟋蟀有口，而鸣不以口，其声出两翼间。郑以释"注鸣"，似未塙。《说文·虫部》云："虺，以注鸣，《诗》曰'胡为虺蜥'。"又云："荣蚖，蛇医，以注鸣者。"虺即荣蚖，亦即荣原。郑以为智鸣之属，与许异，当以许为长。《玉篇·虫部》亦云："石虺，今以注鸣者。"依许义也。云"旁鸣，蜩蜺属"者，《说文·肉部》云："膀，胁也。"旁即膀之假字。又《说文·虫部》云："蜩，蝉也，《诗》曰'五月鸣蜩'。蝉，以膀鸣者。蜺，寒蜩也。"贾疏云："蝉鸣在胁。"云"翼鸣，发皇属"者，贾疏云："按《尔雅》：'蚍，蟥蛦。'郭云：'甲虫也，大如虎豆，绿色，今江东呼为黄蛦。'即此发皇也。"臧琳云："《说文·虫部》：'蚍，蟥蟥，以翼鸣者。'《尔雅》：'蚍，蟥蛦。'《御览》引孙炎注云：'翼在甲里。'发发声同，古人①多通用，故《尔雅》作'蚍'，《周礼注》作'发'。《尔雅音义》云：'蟥本或作黄。'黄与皇亦古通。"案：臧说是也。今有绿色甲虫，形状如郭说，鸣声甚清亮，江苏人谓之金钟子，当即发皇也。云"股鸣，蚣蝑动股属"者，《说文·虫部》云："蚣蝑，以股鸣者。重文蚣，蚣或省。"《诗·豳风·七月》云"五月斯螽动股"，毛传云："斯螽，蚣蝑也。"《尔雅·释虫》云"蜇②螽，蚣蝑"，郭注云："蚣蝑也，俗呼蜙蝑。"《诗·周南·螽斯》孔疏引陆玑疏云："幽州人谓之春箕，春箕即春黍，蝗类也。长而青，长角，长股，股鸣者也。或谓似蝗而小，斑黑，其股似玳瑁文。五月中以两股相搓作声，闻数十步。"案：蚣蝑鸣声亦出两翼旁，以其与股相摩切，故谓之股鸣。《诗》云"斯螽动股"，即谓蚣蝑振股而鸣。此注亦用《诗》成文，非以动股为别一虫也。云"智鸣，荣原属"者，《释文》云："智，本亦作骨，又作肎。干本作骨，云'敝屁属也'。贾、马作胃，贾云'灵蠵也'。郑云'荣原属也'。不知荣原之属以何鸣。作'骨'者，恐非也。沈云'作智为得'，亦所未详。聂音胃。刘本作智，音卤。原亦作螈。"贾疏云："此记本不同，马融以为胃鸣，干宝本以为骨鸣。胃在六府之内，其鸣又未可以骨，为状亦难信，皆不如作智鸣也。"臧琳云："《说文·虫部》：'蠵，大龟也，以胃鸣者。'《尔雅·释文》引《字林》云：'蠵，大龟，以胃鸣。'本《说文》。许叔重学于贾景伯，故从贾说，马季长亦同。沈重云'作智为得'，据郑本也。"诒让案：《说文·勹部》云："匎，膺也。重文肎，匎或从肉。"智即匎之俗。《玉烛宝典》引经作"匎"。考《巾车》《庐人》注并有智字，经文作"智"作"肎"并通。诸家本作"骨"，作"胃"，字形咸相近，知故书不作"匎"也。此经文及训义，诸家差互，未知孰是。《释文》引干宝本智作"骨"，云"敝屁属"。"敝屁"段玉裁定为"鳖"字之误分，是也。又引刘昌宗本作"智"，音卤。智，今本《释文》作"智"，字书所无，智字亦无卤音，疑误。荣原，《说文》作"荣蚖"，原即蚖之借字。陆载别本作"螈"，《玉烛宝典》引同。《尔雅·释虫》③云："蝾螈，蜥蜴。"《方言》云："守宫，其在泽中者谓之易蜴，南楚谓之蛇医，或谓之蝾螈。桂林之中，守宫大者而能鸣，谓之蛤解。"注："荣原当即指蛤解也。"段成式《酉阳杂俎·广动植篇》云："荣原，胃鸣。"此从贾、马本作"胃"，而义则仍从郑，与陆引聂音略同。今考《说文》以荣原为注鸣，盖亦本贾侍中说，义实允协。但此智鸣，贾、马作

---

① 引者按：乙巳本、臧琳《经义杂记》(阮元《清经解》第1册823页上)并作"人"，王文锦本从楚本讹作"文"。
② "蜇"原讹"蜇"，据孙校本改，与《尔雅》(阮元《十三经注疏》2639页上)合。
③ 引者按："释虫"当为"释鱼"(阮元《十三经注疏》2641页中)。

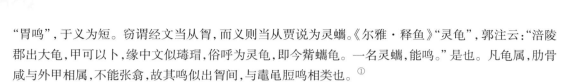
"胃鸣",于义为短。窃谓经文当从智,而义则当从贾说为灵蠵。《尔雅·释鱼》"灵龟",郭注云:"涪陵郡出大龟,甲可以卜,缘中文似瑇瑁,俗呼为灵龟,即今觜蠵龟。一名灵蠵,能鸣。"是也。凡龟属,肋骨咸与外甲相属,不能张翕,故其鸣似出智间,与鼋鼍胁鸣相类也。①

　　对于"大兽"与"小虫",夏纬瑛《〈周礼〉书中有关农业条文的解释·大兽小虫》认为"这两个名称,至少反映了我国在两千年之前,已知有脊椎动物与无脊椎动物的区分了":"从动物学方面看,最堪注意的是'大兽'和'小虫'两个名词;'大兽'是什么样的动物?'小虫'是什么样的动物? 这有关古时人们对于动物分类的问题,值得讨论。……这些'小虫',都是小动物。'小虫'与'大兽'相对,'大兽',都是脊椎动物,则'小虫'应当是一些无脊椎动物。其中有若干确是无脊椎类的昆虫,即可见其一斑。"②闻人军《考工记译注》认为:"(小虫)是以动物的形态结构、行为及发声部位来分类的一群不易考订清楚的小动物……虽然汉代的动物分类法未必等同于战国初期的动物分类法,但越过汉代的这一认识阶段,直接将《考工记》中的'大兽'和'小虫'这两个名称,与近现代的有脊椎动物和无脊椎动物相对应,是不妥当的。"③

　　"精列",张澜《"精列"考》考证当为鹡鸰:

　　"注"既为鸟嘴,"精列"当为鸟,适符《考工记》中所谓"羽者"也。"精列"当为鹡鸰。(1)《说文解字·隹部》"雅":"石鸟,一名雒渠,一曰精列。从隹开声。"段玉裁注:"精列者,脊令之转语。"(2)魏张揖《广雅·释鸟》卷十下:"碼鸟,精列,鹡鹡,雅也。"王念孙疏证引《说文》"雅"字条,且云:"'石'与'碼'同。'雒渠'与'鹡鹡'同。'精列'者,鹡鸰之转声也。"(3)《重修玉篇》卷二十四:"碼,市亦切。碼鸟,精列。"(4)《尔雅·释鸟》:"鹡鸰,雒渠。"郭璞注:"雀属也。飞则鸣,行则摇。"(5)《汉书·东方朔传》卷六十五:"辟若鹡鸰,飞且鸣矣。"颜师古注云:"鹡鸰,雍渠。小青雀也。飞则鸣,行则摇,言其勤苦也。……鹡音脊,鸰音零。"(6)《诗·小雅·常棣》:"脊令在原,兄弟急难。"孔颖达疏:"脊令,雒渠。"至此可知,汉魏典籍中"精列"为鹡鸰本无异议。"鹡鸰"又作"鹡鸰""脊令",古又称"雅""碼鸟""雒渠"。然唐代贾公彦却将此鸟误解为"蟋蟀",疏云:

　　云"注鸣精列属"者,按《释虫》云:"蟋蟀,蛬。"注云:"今促织也,亦名青蚼。"《方言》:"楚谓之蟋蟀,或谓之蛬。南楚之间或谓之王孙。"

　　此所谓"青蚼"即汉魏常用之"蜻蚓"。(1)扬雄《方言》卷十一:"蜻蚓,楚谓之蟋蟀,或谓之蛬。"郭璞注云:"即趣织也,精列二音。"(2)《易纬通卦验》卷下:"立秋凉风至,白露下,虎啸腐草为嗌,蜻蚓(蚓)鸣。"(3)桓宽《盐铁论》卷十一《论菑》:"《月令》:'凉风至,杀气动。蜻蚓鸣,衣裘成。天子行微刑。'"(4)《楚辞·九辩》:"哀蟋蟀之宵征。"王逸注:"见蜻蚓之夜行,自伤放弃,与昆虫为双也。"(5)王充《论衡》卷十五《变动》:"夏末蜻蚓鸣,寒螉啼,感阴气也。"(6)陆玑《毛诗草木鸟兽虫鱼疏》卷下疏"蟋蟀在堂"条曰:"蟋蟀似蝗而小,正黑,有光泽如漆,有角翅,一名蛬,一名蜻蚓。"(7)《文选》卷二十三张载《七哀诗》:"仰听离鸿鸣,俯闻蜻蚓吟。"李善注:"《易通卦验》曰:'立

①　孙诒让《周礼正义》4075—4080/3375—3379页。
②　农业出版社,1979年,102—103页。
③　上海古籍出版社,2008年,99页。

秋蜻蛚鸣。'蔡邕《月令章句》曰:'蟋蟀,虫名。俗谓之蜻蛚。'蟋蟀吟已见上文注,蜻音精,蛚音列。"(8)《宋书·傅亮传》引傅亮《感物赋》:"聆蜻蛚于前庑,鉴朗月于房栊。"上述记载中,"蜻蛚"皆为蟋蟀,其音与"精列"同,字形亦相近,但汉魏时期二者却从未混用。

因贾公彦之误,后人遂将此"精列"错解为"蟋蟀",如宋罗愿《尔雅翼·释虫二》卷二十五"蟋蟀"条与明冯复京《六家诗名物疏》卷二十四"蟋蟀"条均引《梓人》'以注鸣者,精列属'",以为蟋蟀之资料。更有甚者,乐府《精列》之题亦因而一误再误,如明末方以智《通雅》卷四十七及清人陈大章《诗传名物集览》卷五"蟋蟀在堂"条皆云:"乐府有《蜻蛚篇》,即蟋蟀。"以上种种,足见辨明"精列"一词之必要。又,关于"精列"与乐府之关系,章太炎《小学答问》云:

> 问曰:《说文》'雕,雕骒也',相承训和者何字也?"答曰:"东侯对转,字借为愉。《祭义》曰:'有和气者必有愉色。'《论语·乡党》'愉愉如也',郑君曰:'愉愉,颜色和。'愉亦作姁。《汉书·韩信传》'言语姁姁',师古曰:'姁姁,和好貌也。'《史记》作'呕呕'。雕,重言为雕容。鬼臾区为鬼容区,亦东侯对转矣。或曰:'雕骒飞则鸣,行则摇,故声音赴节者谓之雕。'《乐府》有《精列篇》,象其节奏,故音和谓之雕。"

章氏将"雕"训为"和",谓"精列"因相和节奏像鹊鸰鸟鸣而得名。此亦可备解乐府古题之助。[①]

曾智安《"精列"与〈精列〉〈气出唱〉及汉魏相和歌形态新论》指出张澜"'注'既为鸟嘴,'精列'当为鸟"实则大误,"精列"仍为蟋蟀:

"以注鸣"之"注"并非专指鸟嘴。《考工记》中的"以注鸣",郑玄只有"精列属"一处例释。但许慎《说文解字》中还另外提供了两处释例。此两处释例中,"注"都是"虫"嘴。《说文解字·虫部》"蚫"条:"以注鸣者。《诗》曰:'胡为蚫蜥。'从虫兀声。"又"蚖"条:"荣蚖,它(蛇)医,以注鸣者。从虫元声。"此两处明确指出,蚫、蚖都是"以注鸣者"。蚫、蚖都是蜥蜴类动物,并非鸟类,这是汉代"注"并不特指鸟嘴的铁证。章太炎释《考工记》而不及参考《说文解字》此二条,当是千虑一失。

从许慎的释例来看,"以注鸣"恰恰是虫类的特点,而非鸟类。按许慎不仅在"蚫""蚖"部下特标"以注鸣者",并且在"蚌"部下标"以翼鸣者",在"蝉"部下标"以旁鸣者",在"蜙"部下标"以股鸣者",在"蠰"条下标"以胃鸣者",除"以胃鸣者"略不同于《考工记》中"以脰鸣者"外,其他各条均同。[②]据此可知,许慎解字的同时更是在解经,即努力回答《周礼·考工记》中的这一问题。其就《考工记》中六种不同鸣叫方式所举之例全在"虫部",无一与鸟类有关,说明其解释"以注鸣者"等的立足点,正是《考工记》中的"小虫之属",与作为"大兽"的"羽者"恰为两类。这是对《周礼》本经的遵守。从此看出,"以注鸣"之"注"不可能是指鸟嘴。

郑玄释《考工记》"以注鸣"虽然是对许慎的修正,但更是对许慎和《考工记》的遵守。按《考工记》此段文字乃是说明小虫奇特的鸣叫方式,郑玄之注,即为此种种奇特方式提供例证。其对《考工记》"小虫之属"的释例,除"精列"尚不明确外,其他各类分别为蟾蜍类、蝉类、甲虫类、蝗虫类、蜥蜴类,与许慎所举的"蝉""蚌""蜙"以及"蚫""蚖"等完全一致。说明郑玄解经主要本自许慎,力图与《考工记》保持一致。其不同之处,在于郑玄认为"蚖"等蜥蜴类小虫并非如许慎认为的那样"以注

---

① 张澜《"精列"考》,《学术研究》2007年第2期。
② "脰""胃"实则为异文。贾逵以为当作"胃",许慎乃是本于贾逵。关于这一点,见孙诒让《周礼正义》第81卷,第3379页。

鸣",而是"以智鸣",故而在"以注鸣者"中追加了许慎所未曾提及的"精列"。但这"精列"显然仍在《考工记》与许慎的分类之中,即属于虫部,而非鸟部。因此,郑玄"以注鸣,精列属"乃就小虫而言,并非鸟类。郭璞之说,反倒是渊源有自。①

《梓人》:厚唇弇口,出目短耳,大智耀后,大体短胆,若是者谓之赢属,恒有力而不能走,其声大而宏。有力而不能走,则于任重宜;大声而宏,则于钟宜。若是者以为钟虞,是故击其所县,而由其虞鸣。

孙诒让:"厚唇弇口"者,《吕氏春秋·仲冬纪》高注云:"弇,深邃也。"谓唇厚而口深大。云"大智耀后"者,《后汉书·马融传·广成颂》智作"匈",李注引此经同。聂氏《三礼图》云:"耀,本又作臞。"案:贾《廛人》疏引此《记》亦作"臞",详后。云"有力而不能走,则于任重宜;大声而宏,则于钟宜"者,明钟虞宜用赢属之义。云"若是者以为钟虞"者,《说文·虍部》云:"虞,钟鼓之树也,饰为猛兽。"即谓赢属之兽。古饰钟虞以猛兽,说者因误以虞为兽名。《后汉书·董卓传》李注引《前书音义》,及《汉书·郊祀志》《贾山传》颜注,并以筍虞之虞为神兽。此盖以为"虡"之假字,非古义也。依《说文》,则鼓虞亦象赢属为之。盖鼓音宏大,虞宜与钟同也。此不云为鼓虞者,文不具。《穆天子传》云:"鸟以建鼓,兽以建钟。"彼似谓建鼓之树以鸟为饰,则又与磬虞同也。江永云:"凡赢羽虫皆刻于植虞上,曰任重,曰任轻,曰加任焉,假设言之耳,非真以全架任之于其背也。"戴震云:"赢为钟虞,羽者为磬虞,皆所以负筍,非为虞下之跗也。《西京赋》:'洪钟万钧,猛虞趪趪,负筍业而余怒,乃奋翅而腾骧。'薛综注云:'当筍下为两飞兽以背负。'"案:江、戴说是也。《文选·上林赋》张揖注云:"虞兽以侠钟旁。"足为虞兽负枸之证。聂氏《礼图》乃画兽于虞跌之下,若负虞然,失之。

郑玄:耀读为哨,顷小也。

孙诒让:注云"耀读为哨,顷小也"者,顷,余仁仲本作"顾",注疏本及《群经音辨》并同。《释文》作"顷",云"音倾,李一音恳"。惠士奇云:"马融《广成颂》曰:'鸷鸟毅虫,倨牙黔口,大匈哨后。'然则耀一作'哨',音义宜然,康成读从之,本师说也。耀一作'臞',②细小之貌,与哨通。臞③一作'臞',《尔雅》曰:'臞④、脙、瘠也。'瘠则细小,音异而义同。"段玉裁云:"《说文》:'哨,不容也。'《记·投壶》曰:'枉矢哨壶。'哨是顷意,不容是小意。顷,今倾字。顷,不正也。或作'顾',李音恳。《释文》本作'顷',是贾疏本作'顾',非。"案:此经无作"臞"之本,惠说盖据《大司徒》释文及《廛人》疏而言。以音义考之,此经训顷小者宜作"耀"。臞,《大司徒》《廛人》注训瘠瘘者,宜作"臞",二字形近,故多互讹。顷小之义,当如段说,阮元说亦同。《广雅·释诂》倾哨并训邪也。顷与倾同。《形方氏》注亦以"孤邪"为"孤哨",然则"哨后"亦谓后邪杀而小也。李轨本作"顾",

---

① 曾智安《"精列"与〈精列〉〈气出唱〉及汉魏相和歌形态新论》,《乐府学》第7辑,学苑出版社,2012年。
② 引者按:王文锦本排印讹作"臞"。
③ 引者按:王文锦本排印讹作"臞"。
④ 引者按:王文锦本排印讹作"臞"。

音恳，则谓与《辀人》"顾典"字同，未详其义。《后汉书》注引此注作"燿，读曰哨。哨，小也"①，疑李贤所改。

> 郑司农：宏读为纮綖之纮，谓声音大也。由，若也。

孙诒让：郑司农云"宏读为纮綖之纮，谓声音大也"者，《说文·宀部》云："宏，屋深响也。"《尔雅·释诂》云："宏，大也。"《书·盘庚》孔疏引樊光注亦援此《记》为释，用先郑义。贾疏云："读从《左传·桓二年》臧哀伯曰'衡纮綖'，取其音同耳。"阮元云："此'读为'疑当作'读如'。"段玉裁云："《月令》'其器圜以闳'，注云：'闳读为纮，纮谓中宽，象土含物。'《正义》云：'纮从颐下屈而上属于冕，中央宽缓。'案：凡其外围弇，其内深广曰宏，似不假易为纮也。声音，谓声之成文者。"案：阮说是也。云"由，若也"者，由与犹同。《郊特牲》注云："犹，若也。"

锐喙决吻，数目顅脰，小体骞腹，若是者谓之羽属，恒无力而轻，其声清阳而远闻。无力而轻，则于任轻宜；其声清阳而远闻，则于磬宜。若是者以为磬虡，故击其所县，而由其虡鸣。

孙诒让："锐喙决吻"者，《说文·口部》云："喙，口也。"《文选·甘泉赋》李注云："决亦开也。"谓口锐利而唇开张也。云"数目顅脰"者，《毛诗》释文云："数，细也。"谓细目也。云"小体骞腹"者，《说文·马部》云："骞，马腹絷也。"段玉裁校改絷为垫，谓马腹低陷是也。《毛诗·小雅·无羊》传云："骞，亏也。"体小而腹亏损低陷也。《无羊》孔疏引崔灵恩《毛诗集注》本《诗传》作"骞，曜也"，则与此上文"燿后"之燿义同。云"其声清阳而远闻"者，《弓人》云："凡相干，欲赤黑而阳声"，注云："阳犹清也。"案：阳与扬通。《释名·释天》云："阳，扬也，气在外发扬也。"《荀子·法行篇》云："玉扣之，其声清扬而远闻。"《聘义》作"扣之，其声清越以长"。扬越一声之转。云"无力而轻，则于任轻宜；其声清阳而远闻，则于磬宜"者，"于磬"上俗本并挩"则"字，今据《唐石经》补。贾疏云："磬轻于钟，故画鸟为饰。"

> 郑玄：吻，口膡也。顅，长脰貌。故书顅或作牼。郑司农云："牼读为'䯝头无发'之䯝。"

孙诒让：注云"吻，口膡也"者，《说文·口部》云："吻，口边也。"《集韵》二《仙》云："膡，吻也。"《释名·释形体》云："吻，口卷也，可以卷制食物，使不落也。"卷膡字通。云"顅，长脰貌"者，顅与肩通。《庄子·德充符篇》云："其脰肩肩。"《释文》引李颐云"羸小貌"，梁简文帝云"直貌"。此顅脰亦项长而直之貌也。云"故书顅或作牼，郑司农云：牼读为䯝头无发之䯝"者，《释文》云："䯝，吕忱云'鬓秃也'。"案：吕本《说文》。牼䯝声相近。《左·襄十七年经》"邾子牼"，牼，《公羊》《谷梁》作"瞷"，是其例。惠士奇云："《广雅》曰：'䯝、鬓、髻、领，秃也。'《明堂位》'夏后以楬豆'，注云：'楬，无饰也，齐人谓无发为秃楬。'则䯝与楬音同。器无文，犹头无发，其义亦同矣。楬一作'骱'，《士丧礼》'骱豆两'。"段玉裁云："《说文·页部》曰：'顅，头鬓少发也，从页肩声。'引《周礼》'数目顅脰'②。此

---

① 引者按："读曰哨。哨，小也"王文锦本未置于引号内。
② 引者按：乙巳本、楚本、段玉裁《周礼汉读考》卷六并作"顅脰"，王文锦本排印倒作"脰顅"。

盖贾侍中说,字与郑同,义与郑异。顾或为𬱖,司农读为髶,皆双声字。《说文·髟部》云:'髶,鬓秃也。'《明堂位》注'秃楬',楬即髶之假借。《释名》作'髡'。司农与《髟部》合,谓项无毛也。羽属项,不必无毛,故郑君不取。"

小首而长,抟身而鸿,若是者谓之鳞属,以为筍。

孙诒让:"若是者谓之鳞属,以为筍"者,贾疏云:"上论钟磬之虡用鸟兽不同,此论二者之筍同用龙蛇鳞物为之也。故直云'为筍',不别言钟之与磬,欲见二者同也。"诒让案:《明堂位》"夏后氏之龙簨虡",注云:"横曰簨,饰之以鳞属。"孔疏谓此经筍饰以龙,彼经并云虡者,盖夏时簨虡皆饰之以鳞,或可因簨连言虡也。又引①《汉礼器制度》云:"为龙头而颔口衔璧,璧下有旄牛尾也。"《文选》颜延之《曲水诗序》李注引阮谌《三礼图》云:"筍虡两头并为龙以衔组。"以上二说并汉制,不知与古合否。《说文·金部》镈字注云:"镈鳞也,钟上横木上金华也。"以鳞属为钟上横木之饰,故谓之镈鳞矣。

郑玄:抟,圜也。鸿,佣也。

孙诒让:注云"抟,圜也"者,《庐人》《弓人》注同,详《轮人》疏。云"鸿,佣也"者,《尔雅·释言》云:"佣,均也。"郝懿行云:"佣与鸿声近,郑盖以龙蛇之属,其身抟圜,前后均等,故训鸿为佣,义本《尔雅》。"案:郝说是也。《典同》先郑注云"钟声②上下正佣",与此义同。林希逸云:"鸿,大也。抟身而鸿,身圆而大也。"俞樾云:"鸿当读为'鸡',《说文·隹部》:'䧎,鸟肥大䧎䧎也,或从鸟作鸡。'抟身而鸡者,亦谓其肥大也。作鸿者,假字。"案:林、俞说亦通。

凡攫杀援噬之类,必深其爪,出其目,作其鳞之而。

孙诒让:"凡攫杀援噬之类"者,杀,籀文杀字之讹,详《矢人》疏。贾疏云:"此覆释上文钟虡之兽。云'攫杀'者,攫著则杀之。'援噬'者,援揽则噬之。"诒让案:攫犹搏持,详《兽人》疏。《广雅·释诂》云:"援,引也。噬,啮也。"噬噬字同。《春官》以为卜筮字,彼为假借,此用本义也。《山师》注作"噬"。噬噬古今字,详《春官·叙官》疏。攫杀援噬,谓猛毅剽狡之兽。《尔雅·释兽》云"猱、蝯,善援",郭注云:"便攀援。"又云"玃父,善顾",注云:"能攫持人。"亦其类也。云"必深其爪,出其目"者,谓刻猛兽之爪必深入,目必高出也。爪,叉之假字,详《轮人》疏。云"作其鳞之而"者,贾疏云:"谓动颊颔,此皆可畏之貌。"

郑玄:谓筍虡之兽也。深犹藏也。作犹起也。之而,颊颔也。

孙诒让:注云"谓筍虡之兽也"者,此有鳞属,则兼筍虡而言。贾疏谓此唯说钟虡,郑连言筍,非

---

① 引者按:"又引"非《明堂位》孔疏又引,而是《诗·周颂·有瞽》孔疏又引。
② 引者按:"声"涉上而讹,当为"形",见《典同》先郑注。孙疏解释"钟形上下正佣":《尔雅·释言》云:'佣,均也。'《说文·人部》云:'佣,均直也。'言钟形上钲与下铣大小均等也。"

也。云"深犹藏也"者，亦引申之义。《广雅·释诂》云："藏，深也。"云"作犹起也"者，《地官·胥》注同。云"之而，颊颔也"者，郑盖以"之而"为叠韵连绵语，其义则为颊颔也。贾疏云："旧读颔字以沽罪反，谓起其颊颔。刘炫以为于义无所取，当为颊颔音壶读之，于义为允也。"《释文》云："颔，许慎口忽反，秃也。刘古本反，李又其恳反，一音苦纥反，又音混。"戴震云："颊侧上出者曰'之'，下垂者曰'而'，须鬣属也。"王引之云："《说文》：'颔，秃也。'秃为无发，则不可以言作矣。郑说非也。案：而，颊毛也。之犹与也。作其鳞之而，谓起其鳞与颊毛也。若龙有鳞，虎有须，皆象其形，使之上起耳。古文连及之词，或言'与'，或言'之'。《说文》'而，颊毛也'，引《周礼》'作其鳞之而'，释'而'不释'之'，然则'之'为语词，非实义所在矣。"案：王说于义为允。然郑意似当如戴说。颊颔，陆、贾所列诸家音读，义并难通。今考疏所举"沽罪反"一音，《释文》及《说文》《玉篇》《广韵》并不载。又引刘炫读为壶，《广韵》二十一《混》训秃头。《集韵》十四《贿》沽罪切及二十一《混》苦本切，两收颔字，并训颊高。据疏则两音当异训，不知刘读于义何取。窃疑"颊颔"当作"颊须"。颔正字作"頜"，与"须"形近致讹。《礼运》孔疏引《说文》云："而者，鬚也。"鬚即须之俗。今本《说文·而部》作"颊毛"，而《须部》云"頮，颊须也"，颊须与颊毛义同。《冥氏》先郑注以须为"颐下须"，许、郑诂"而"云"颊须"者，明其与颐下须微异也。然据李、刘两音，则晋时本已如此，盖其讹久矣。"而"字又作"髵""耏"。《文选》张衡《西京赋》云"猛毅髭髵"，薛综注云："髭髵，作毛鬣也。"《汉书·西域传》注孟康云："师子有腫耏。"颜注云："耏亦颊旁毛也。"

深其爪，出其目，作其鳞之而，则于视必拨尔而怒。苟[1]**拨尔而怒，则于任重宜。且其匪色，必似鸣矣。**

孙诒让："则于视必拨尔而怒"者，视谓人视之也。

郑玄：匪，采貌也。故书拨作"废"，匪作"飞"。郑司农云："废读为拨，飞读为匪。以似为发。"

孙诒让：注云"匪，采貌也"者，《诗·卫风·淇奥》"有匪君子"，毛传云："匪，文章貌。"《说文·文部》云："斐，分别文也。"段玉裁云："匪者，斐之假借，与《淇奥》诗同。"云"故书拨作废，匪作飞。郑司农云：废读为拨，飞读为匪"者，段玉裁云："拨、废、匪、飞，皆以声类易字也。"云"以似为发"者，亦述先郑义。段玉裁云："谓'似'当为'发'也。仅云'似鸣'，形容未尽，故改为'发'。郑君经仍作'似'，盖不谓然。"俞樾云："'以似为发'，与上两句不一律。且经文'必似鸣矣'，文义甚明。若破似为发，而曰'必发鸣矣'，义转未安。下文云'其匪色必似不鸣矣'，岂可曰'必发不鸣'乎？然则此注殆必有误。疑故书'废'字先郑读为'拨'，后郑以拨字无义，改读为'发'。《论语·微子篇》'废中权'，《释文》曰：'郑作发。'是郑注《论语》亦读废为发，可证。"案：似发形声并远，固似有误。然俞疑为后郑读废为发，则此无"玄谓"之文，于注例不合，所未详也。[2]

---

① 引者按：王文锦本排印讹作"苟"（自急敕）。

② 孙诒让《周礼正义》4080—4087/3379—3385页。

闻人军《考工记译注》将"拨尔而怒"译为"勃然发怒"①。

刘道广、许旸、卿尚东《图证〈考工记〉——新注、新译及其设计学意义》批评闻人军译文"显然是错的":"'怒',在此处与后世'发火''发怒'的'怒'截然不同。'拨尔而怒'句乃是形容纹饰题材造型应具有强盛奋发的视觉感受。"②

闻人军《"拨尔而怒"辨正》从"怒"的本义(《说文解字》"怒,恚也")、上下文("有力而不能走"、"深其爪,出其目,作其鳞之而"描述本义"怒")及语法结构("拨尔而怒"是偏正结构)等论证了历代绝大多数学者对"拨尔而怒"的理解是正确的,"怒"应是动词,《图证〈考工记〉》误解为形容词。《图证〈考工记〉》设问:"试问:'勃然发怒'为什么就'适宜于荷重'呢?'发怒'和'能负重'之间并无直接关系。"闻人军《"拨尔而怒"辨正》回答:"达尔文的话正可回答这个疑问。达尔文说:'所有各种动物,还有它们过去的祖先,在受到敌人攻击或者威胁的时候,都曾经在斗争方面和在防卫自身方面使用过自己的全身的极大力量。如果动物还没有采取这种行动,或者还没有这种企图,或者至少是还没有这种欲望,那么就决不能正当地说,它在大怒发作了。'③可见'发怒'与'能负重'之间确有关系。"④

《梓人》:爪不深,目不出,鳞之而不作,则必颓尔如委矣。苟⑤颓尔如委,则加任焉,则必如将废措,其匪色必似不鸣矣。

孙诒让:"则必颓尔如委矣"者,頺,《唐石经》初刻并作"頹",磨改作"頺"。案:頺即頹之讹。《说文·禿部》云:"頺,秃貌。"又《𨸏部》云:"隤,下坠也。"此頺尔形容厌伏不振之貌,当为隤之假借。《易·系辞》云:"夫坤隤然,示人简矣。"《释文》引马融云:"隤,柔也。"委亦废措之意。此申明为虡兽而不深爪出目作鳞之而者之不足观也。贾疏谓"此说脂者膏者止可为牲,不可为虡之义",非也。云"其匪色必似不鸣矣"者,段玉裁谓此"本云'其匪色必不似鸣',今本'似不鸣',误"。

郑玄:措犹顿也。故书措作"厝",杜子春云:"当为措。"

孙诒让:注云"措犹顿也"者,此引申之义也。《说文·手部》云:"措,置也。"《广雅·释诂》云:"顿,僵也。"云"故书措作厝,杜子春云当为措"者,段玉裁云:"此古文假借也。汉人⑥'抱火厝之积薪之下'同。子春谓厝石之字非训,故易为措。古废置皆曰措。"⑦

陈桢《关于中国生物学史》认为"赢物相当于软件及无壳的动物":"动物又分作毛物、羽物、介物、鳞物和赢物五类。拿动物中五类的名称和今天动物分类的名称来比较,毛物相当于兽类,羽物相当于鸟类,介物相当于甲壳类,鳞物相当于鱼类,赢物相当于软件及无壳

① 上海古籍出版社,2008年,101页。
② 东南大学出版社,2012年,15—17页。
③ 达尔文著,周邦立译《人类和动物的表情》,科学出版社,1958年,第63页。
④ 闻人军《考工司南:中国古代科技名物论集》第155页,上海古籍出版社,2017年。
⑤ 引者按:王文锦车排印化作"苟"(自急敕)。
⑥ 引者按:"汉人",段玉裁《周礼汉读考》作"汉书",指的是《汉书·贾谊传》"抱火厝之积薪之下"。
⑦ 孙诒让《周礼正义》4087—4088/3385页。

的动物。"①

苟萃华《"赢"非兽类辨》从生物学角度进行分析，认为"赢"不是兽类或其他动物，而是裸身的人②。夏纬瑛《〈周礼〉书中有关农业条文的解释·赢属》也认为"'赢属'即'赢物'，是人类"："这一小段文字是说用人类的形象刻画而为钟虞的。"③夏纬瑛《〈周礼〉书中有关农业条文的解释·动物、植物》证明道："赢物是人类，赢物或作倮物，即裸露之义，谓人类之体裸露而不被毛也。人类多居于平地之上，故曰：'原隰，其动物宜赢物。''掌节'之职文又曰：'土国用人节'，'土国'，当即平原之国，此即赢物为人类的证明。又《大戴礼记·曾子天圆篇》云：'毛虫毛而后生，羽虫羽而后生，毛羽之虫，阳气之所生也。介虫介而后生，鳞虫鳞而后生，介鳞之虫阴气之所生也。唯人为倮匈而后生也，阴阳之精也。毛虫之精者曰麟，羽虫之精者曰凤，介虫之精者曰龟，鳞虫之精者曰龙，倮虫之精者曰圣人。'倮虫即赢物。'倮虫之精者曰圣人'，则赢物非人而何？这也是赢物确为人类的有力证明。人类，如《山海经》所言者，亦奇形怪状，都可视为动物，实在人类也是动物。赢物，实指人类而言，后人或者将其动物之倮体者亦视为赢物，故后人之说有所不同，不足以证明赢为人类之非是。"④

曾侯乙墓出土战国编钟的簨簴是铜人：

钟架（即古称簨簴：横梁曰簨，立柱曰簴）一副。铜木结构。由立柱和横梁等五十一个构件组成，为曲尺形立架。架分双面三层。下层由三个带座人形铜柱（以下称铜人柱）顶托着曲尺相交的长、短木质横梁两根，长梁中间另加一铜圆柱撑持其间；中层结构与底层相似，由三个铜人柱和一铜圆柱分别置于下层横梁之上，位置与下层铜人柱、铜圆柱相对，其上亦顶托着呈曲尺相交的长、短两根木质横梁；上层立于中层横梁之上，为互不衔接的三个单元小架（短梁上一个，长梁上两个），各单元结构一致，均以两根木圆柱顶托一根木质小横梁组合而成。出土时，钟架由短架构成的立面近于中室南部，由长架构成的立面靠近中室西壁。靠南的一面（以下称南架或短架）长3.35、高2.73米，靠西壁的一面（以下称西架或长架）长7.48、高2.65米。

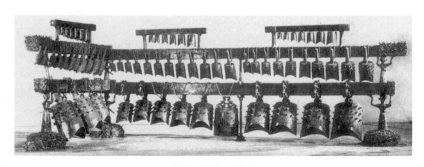

曾侯乙墓战国编钟

---

① 《生物学通报》1955年第1期。
② 《科学史集刊》第5期，科学出版社，1963年。
③ 农业出版社，1979年，104页。
④ 农业出版社，1979年，95页。

其下层有带座铜人柱3件,南架东端铜人柱由人形柱身、半球体底座和圆垫圈三部分组成。通高1.26米(计榫头,下同)。重359公斤。西南角铜人柱通高1.16米。重323公斤。西架北端铜人柱通高1.16米。重315公斤。

| 1. 东端铜人柱 | 2. 西南角铜人柱 | 3. 北端铜人柱 |

半球体底座,高0.35、底径0.8米。其上部正中凸起一浅圆台,托垫着人形柱身,圆台外围饰一周浅浮雕蟠龙纹。圆台之下,底座的主体部分,分上、下两圈侧卧着十六条高浮雕蟠龙,龙身是另铸成形后,铸焊上去的。每圈八条,上圈的蟠龙两两相对成组,顶拱着正中的圆台;下圈的蟠龙两两反向成组,环绕底座周沿;在这些龙身之上,分别浮雕着七八条形态不同的小龙。底座下缘,在每对龙身之间对称圆雕四个爬兽,兽颈弯拱成钮状,内衔一铜环。[①]

曾侯乙墓出土战国编磬的簨簴:

磬架(簨簴)一副,青铜铸成,由一对怪兽造型及其头上插附的圆立柱和两根圆杆横梁结合而成。

立柱(簴):铜怪兽两件,铜圆立柱两根。两怪兽均系圆雕,对称,由多种动物形体结合而成,集龙首、鹤颈、鸟身、鳖足统于一体,非常别致。两怪兽均高67厘米。一件怪兽引颈西向,呈长鸣状,其眼珠圆鼓,长舌由口侈出卷曲下垂,舌边各一对獠牙上、下相错,紧紧咬在一起,头上双角旋转上曲,根粗尖细,末端犹如蛇尾。长长的鹤颈下部渐显粗壮并前曲,与鸟身相连呈挺胸状。鸟身两翼张开,微微上翘,作轻拍状,其底面光素,上面以弦纹勾勒边沿,中间填以浮雕的相互盘绕的细小龙身,并簪以极为尖细突起的圆钉。翼、身相交处,各饰一涡纹。沿鸟身脊背两旁,分别浮雕一条卧龙,龙头朝着鸟之后足。四只鳖足较高,均三趾着地。怪兽的尾巴微微向下,形如一个扁平的椭圆体。此怪兽除双翼、四足之外,通体显眼处均以纤细的错金线条勾勒。怪兽重24.8公斤。另一件怪兽引颈向东,仅舌残,其余各部分的造型、纹饰均与西边一件相同,重25公斤。

两怪兽头部均有方榫眼,上插圆立柱。两柱均高33.7厘米(未计两端榫头),上直下曲,两端有子榫。子榫上入上层横梁端底面榫眼内,下插兽头之上。圆柱直立部分的中腰,各铸一刺球状物,上面满饰相互盘绕的浮雕小龙身。在圆柱由直转曲处,饰一龙头,头均内向,鼓目张口,龙口是方形榫眼,

---

① 湖北省博物馆《曾侯乙墓》77—86页,文物出版社,1989年。

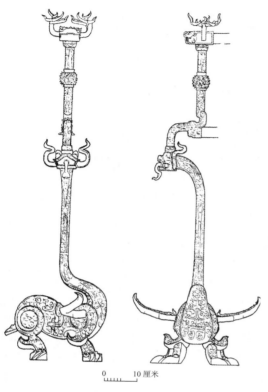

图六一　编磬架怪兽立柱

供插下层横梁，恰与梁端上的龙头成二龙对衔之势，紧紧地咬合着榫头。除刺球状物外，圆柱周身饰错金云纹、涡纹和蝉纹（图六一）。

横梁（簨）：上下层各一根，圆管状，中空，底部均焊有挂磬的铜环。两横梁管身等粗，径3.47厘米，上层的一根长1.975、下层一根长1.85米（后者未计两端子榫）。上层横梁两端作方形龙首状，其一对叉角弯卷向上交合，均由一龙为主躯，上附数条小龙构成。龙首底面有方形榫眼，用以安插圆立柱上端的方榫头，横梁底部的铜环共十七个，基本等距等粗，外径2.3～2.35、内径1.10～1.35厘米。下层横梁两端以浮雕着的龙头咬着子榫，分别插入圆立柱由直转曲处的龙口榫眼内。横梁底部的铜环亦十七个，径与上同。这些铜环是铸成后焊接上去的。铸造时，横梁的底部留有长方形榫眼，榫眼一般长3.5～4、宽0.9厘米，最长者达5厘米，将环上端插入加焊，焊料为铅锡，将榫眼填满。两根横梁通体遍饰错金云纹，纹路纤细匀称，在青铜本色的衬底上闪闪发光（图版四一，1、2）。①

1　　　　　　　　　　　　2

图版四一

1. 上层横梁东端（侧视）　2. 上层横梁东端（俯视）

---

① 湖北省博物馆《曾侯乙墓》134—136页，文物出版社，1989年。

张振新《曾侯乙墓编钟的梁架结构与钟虡铜人》认为《考工记·梓人》所说是“臝科猛兽”而曾侯乙墓编钟的钟虡是铜人：“《考工记·梓人》说，臝科猛兽‘恒有力而不能走，其声大而宏。有力而不能走，则于任重宜。大声而宏，则于钟宜。若是者以为钟虡’。即钟虡作猛兽形或饰以猛兽。但是曾侯墓编钟梁架说明，宏大辉煌的钟虡，并非如《考工记》所说，而是可以铸成人像，即‘钟虡铜人’。”①张振新《关于钟虡铜人的探讨》从文献记载上对钟虡铜人作了进一步探讨②。

于省吾《释𢍜》：“虡字从虍，以示猛兽，从𢍜以示擎举。这正与钟鼓之柎、饰为猛兽之形相符。再就音读来说，𢍜与举双声（群纽古归见纽）叠韵，故《释名·释乐器》谓‘虡、举也，在旁举簨也’，以音为训。以六书为例，则应释为：‘虡、钟鼓之柎也，饰为猛兽。从虍𢍜，𢍜亦声’，系会意兼形声字。”③

曾宪通《从曾侯乙编钟之钟虡铜人说“虡”与“业”》：“这些双手向上作擎举状的铜人，与族氏文字的（《金文编》附录006）及所从的字显然是同一形象，于省吾先生考定这类族氏文字就是后世的举字。由此可知，作为钟虡的实物，原本当象人正立两手向上举筍之形，义为擎举。而钟虡的虡字，其初很可能就是从此取象的。”④

刘敦愿《〈考工记·梓人为筍虡〉篇今译及所见雕刻装饰理论》认为“不能泛指抽象的、生物学意义的人”：

《梓人为筍虡》篇既然所论在于装饰雕刻艺术，所用动物都是经过反复研究和选择过的，因而在使“臝（裸）属”中的人也用之于钟虡的装饰，就不能泛指抽象的、生物学意义的人，而是从形象上可以属于“攫𥷾援簭”之类，在进行艺术概括和夸张时，可以“深其爪，出其目，作其鳞之而”，“于视必拨尔而怒”的人，那就只能是人类中的健者、强者，那些力能扛鼎、生搏猛兽的壮士，甚至是介于英雄与神祇、人物与动物之间的理想人物或神物，如上面所引用的例证那样。《考工记》说了不少“臝属”的特点，而“大胸燿后”——胸围粗壮，而腹部收缩这一点是非常重要的，因为非此不能容纳特强的心、肺系统，以利搏斗驰逐。对于人类中的健者、强者，也是要燕颔虎颈，胸宽臂圆，才显得体态矫健，孔武有力。如果大腹便便，体型肥胖臃肿，即使健壮，也不使人感到健美。优秀的绘画雕刻作品在处理人物和动物的造型和动作时，无不注意胸腹关系，《梓人为筍虡》篇特别指出这一特点，那是很正确的。⑤

刘道广《筍虡之饰与青铜器兽面纹的审美感》认为“梓人为筍虡”一节对青铜器兽面纹饰题材“在形象刻划方面特别提出形式规范要求，以及它所能赋予人们的某种特定审美感”，“青铜器兽面纹在当时人们看来，还不能说是‘神秘威吓面前的畏怖、恐惧、残酷和凶狠’，而是奋发雄强的力量代表，是人们心目中的‘力量’象征。这种象征，是从繁重而漫长的石器时代步入青铜时代的社会所独有。实质上，也是人们在脱离了笨重的石器生产之

① 《文物》1979年第7期。
② 《中国历史博物馆馆刊》1980年第2期。
③ 《考古》1979年第4期。
④ 原载《曾侯乙编钟研究》，湖北人民出版社，1992年；引自曾宪通《古文字与出土文献丛考》32页，中山大学出版社，2005年。
⑤ 刘敦愿《〈考工记·梓人为筍虡〉篇今译及所见雕刻装饰理论》，原载《美术研究》1985年第2期，引自刘敦愿《美术考古与古代文明》221页，人民美术出版社，2007年。

后，对新掌握的金属工具所带来的社会生产力的歌颂，同时也不无潜藏着人们对改造自然的自身力量的进一步追求和渴望"。①

刘敦愿《〈考工记·梓人为筍虡〉篇今译及所见雕刻装饰理论》指出《梓人为筍虡》"因日益丰富起来的考古资料，证明它的真实性是绝对没有疑问的——这类以动物形象为装饰的筍虡，既见于青铜器、漆器上的画像，而且完好地保存于古代墓葬之中的钟虡、磬虡也相继出土，形式与结构复杂多样，既为研究工作提供了便利，同时也提出了一些问题有待解决"：

先介绍青铜器画像所见，主要是北方所见。

30年代中叶，河南辉县战国晚期墓葬中，出土一件刻纹铜奁，铜奁下部有一歌舞奏乐场面——上面两人长袖起舞，他们的左方一人吹笙，下面是一组乐工在伴奏；左方也有一人吹笙，第二个人双手执桴立于建鼓和镎于之前，鼓右是一架钟虡，由于器物残破，钟虡只余左端部分，中部和右端已经不存，但大体的形象还是可以恢复的。钟虡作猛兽之形，张吻举尾，作意欲搏噬之状，筍部作绚索形，端部有两划，可能表示蛟龙的头部或口部，筍上所悬之钟还残存两具（实际应不止此数）②。这个图像很重要，正是"嬴（裸）……则于任重宜……则于钟宜"的绝好写照（图1-3）。

故宫博物院所藏《宴乐铜壶》，其上镌刻有采桑、弋射、水战、竞射、宴乐等多种题材的画面，风格与豫北出土物相近，也应是北方的出土物。在宴乐图像中，堂上宾主送迎酬酢，堂下描绘奏乐和庖厨之事，庖厨位于画面右下角，很不重要，而奏乐的场面则十分雄伟——在一个巨大的筍虡下面，六个乐工正在撞钟击磬与演奏其他的乐器（图1-1）。这个巨大的筍虡的筍部，正是以"鳞属"的蛟龙为饰，上面悬钟与磬，虡部以"羽属"为饰，左右各有一鸟③。由于筍上所悬，钟磬兼而有之，因而与《考工记》记载小有出入，而与地下发现不合，因为钟磬确实是分筍成组悬挂的，如今两者混合，而且其上钟四磬五，都不符合制度，所以如此，创作的目的似乎在于节约画面，并使奏乐场面更为集中，气氛更为热烈，但从这幅简单图像所勾勒出的动物图像来看，都是突目张喙，而虡

图1　战国绘画所见筍虡图像

① 《学术月刊》1985年第5期。
② 郭宝钧《山彪镇与琉璃阁》，科学出版社，1959年，页65，图29。
③ 杨宗荣《战国绘画资料》，中国古典艺术出版社，1957年，图20。

部双鸟更是挺胸、鼓翅、举足,确也含有"拨尔而怒"作奔走奋鸣的意味,这与《梓人为筍虡》篇所反复强调的造型方法与创作意图也是符合的。

其次,介绍漆绘和考古发掘所见筍虡,这些完全是南方的资料,湖北随县发现的战国初年曾侯乙墓出土物中,资料最为全备[①]。

此墓西椁室中出土一件鸳鸯形漆盒,其上的两幅小画都与筍虡之事有关:一幅画兽形座建鼓,一人击鼓,一人长袖起舞(图1-4);一幅画兽形虡座,两兽间架筍两根,将筍分为两层,上层悬双钟,下层悬双磬[②]。乐器分层悬挂,似是楚文化的特点。但此图钟磬合悬于一虡,而且数目各二,却不是实际情况,创作意图与《宴乐铜壶》应是一致的,都不过是艺术家所做的概括(图1-7)。

更重要的是,就在这座墓里都有实物发现,既有磬虡,也有钟虡,而且保存情况异常良好。

编磬三十二件,分作两层悬挂在一件青铜铸造的筍虡之上。据发掘简报说:"虡以两个长颈怪兽为座,筍则为两根满布错金花纹,两端作透雕龙形的圆杆。"[③]所谓"长颈怪兽",实际上应是一种以鸟为主体的、鸟兽合体的神话动物(同墓所出"鹿角立鹤"青铜雕像,便与之性质相同),有的学者认为这个磬虡所铸,就是一对"张羽欲飞的青铜大凤"[④],应是可信的。这座磬虡制作玲珑剔透,确如《考工记》所言,羽属"无力而轻,则于任轻宜,其声清阳而远闻,则于磬宜"(图2)。

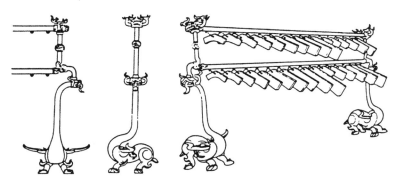

图2 湖北随县曾侯乙墓编磬及筍虡

曾侯乙墓出土的六十四件编钟和巨大的铜木结构的钟虡,更是震惊世界的重大发现。整个钟虡的结构作曲尺形,筍为四根长条方木嵌接而成,再在上面的一根上加兀字形支架,长边两具,短边一具,使整个钟虡可分为三层悬挂大小、种类、形制不同的钟、镈。虡座由六个青铜铸作的佩剑武士所组成,每组两具,基本上彼此踵顶相接,分三组安置在虡之两端和虡架转折之处,很是别致。

用作钟虡的六具青铜武士铸像,身体作柱状伫立,虽然身着长服,但仍可看出胸背肌肉的发达,因而上举的双臂,显得孔武有力,铸像下有青铜底座,上部以头部和双臂三处支撑着筍部横木,无论从力学的还是从美学的角度来作观察,都予人以稳固合理的感觉。事实证明,这样的一架铜木结构

---

① 详随县擂鼓墩1号墓考古发掘队《湖北随县曾侯乙墓发掘简报》(以下简称"简报"),《文物》1979年第7期。
② 参看祝建华、汤池《曾侯墓漆画初探》一文图14,《美术研究》1980年第2期,82页。
③ 《简报》页6与图21。
④ 马承源《商周青铜器纹饰综述》,上海博物馆《商周青铜器纹饰》,文物出版社,1984年,34页。本文插图2、3,采用湖北省博物馆、北京工艺美术研究所合编《战国曾侯乙墓出土文物图案选》(长江文艺出版社,1984年)有关线图,32—33、38—39页。

的筍虡，确也承担了五千多斤重量的全部编钟，历时两千四百多年，屹立墓穴之中，直到出土时，依然完好无恙[1]。

对比以上所介绍中原和江汉地区考古发现的有关各种资料，可以看出，这个时期中国南方与北方，在工艺技术与艺术风格方面，都有许多相似之处，《考工记·梓人为筍虡》篇的记载，具有很高的概括性。当然，南北之间也一定存在着某些地域性的差异，如在《考工记》中，制作筍虡是梓人的职务，而在楚文化中，不少筍虡固然也是木构的，但某些精品却已在使用青铜铸造，或使用铜木结构了。另外，在中原地区还未发现以人物形象作为钟虡的迹象，可能这也是一种差异[2]。

根据文献记载，参照地下出土文物，我们可以看出古代的梓人在制作筍虡时，匠心独运，在以下的几个方面进行了惨淡的经营：

首先，表现在体现实用和美观统一这一装饰艺术准则方面。古代工匠艺术家曾经详尽地研究了鸟兽虫鱼等各种大小动物的形态、习性、动作以及鸣声各方面的特点，并加以分类，然后再根据筍虡的结构与用途，选择了三种适用的动物题材：筍是悬挂成组乐器的横梁，龙蛇之类的"鳞属"，体态修长圆浑，正合此用；虡是两侧直立的柱座，是全部重量的主要承担者，必须宽厚稳重，所以采用"羽属""羸属"（鸟兽与人物）的形象为宜，但钟和磬大小轻重不同，因而装饰又有用兽、用人与用鸟之别，以求装饰和实用部分的互相结合并取得协调。

其次，表现在空间艺术和时间艺术关系的处理方面。古代工匠艺术家在进行装饰工作时，力求突出筍虡用途特点，注意实用美观的统一之外，对于装饰所体现的形色之美，如何配合乐器演奏所体现的声音之美的问题，也做了一定的安排。他们注意动物形象的选择，使人引起负重之感而外，还兼顾到这些动物鸣声的特点，使之与古代乐器的性能两相照应：钟量重而声音洪大，所以钟虡作猛兽、力士之形，以钟声拟猛兽的咆哮、英雄的叱咤；磬量轻而声音清脆，所以磬筍虡作鸟类之形，以磬声拟鸟类的啭鸣，所谓"击其所系而由其虡鸣"，便是企图使装饰效果与音乐形象起互相补充的作用，因此引起丰富的想象。

第三，表现在动物神情姿态的塑造方面。古代工匠艺术家不仅重视了各不同种类的动物不同形貌特点的研究，而且进一步要求准确地表现出它们的神情姿态。在《梓人为筍虡》篇这样简短的文字里，作者不厌其烦地强调"必深其爪，出其目，作其鳞之而"的必要性，认为只有做到了这一点，才能使人产生"拨尔而怒"、准备搏斗的印象，引起既有抗举重量又有奔走奋鸣的感觉，否则，"必颓尔如委矣；苟颓尔如委，则加任焉，则必将废措，其匪色必似不鸣矣！"古代工匠艺术家在用雕刻装饰筍虡时，对于动物（包括人物）形象的处理，虽然仍如前代那样，基本上采取了静止的状态，但已致力于动物、人物内心活动的状写，寓动于静，以含蓄性的表情、暗示性的动作，唤起观众相应的想象，提高艺术思想的境界，以求取得更加完美的效果。[3]

虎座鸟架鼓是战国时期楚墓中出土的一类造型独特的漆器，最早发现于1957年河南信阳长台关一号墓，五十余年来在湖南长沙湘乡牛形山1号墓、湖南长沙楚墓、湖北江陵葛破

① 《简报》4—5页，图17、18，图版1。

② 张振新《曾侯乙墓编钟的梁架结构与钟虡铜人》，《文物》1979年第7期，49—50页。

③ 刘敦愿《〈考工记·梓人为筍虡〉篇今译及所见雕刻装饰理论》，原载《美术研究》1985年第2期；引自刘敦愿《美术考古与古代文明》212—226页，人民美术出版社，2007年。

寺34号墓、江陵拍马山4号墓、湖北枣阳九连墩楚墓、江陵九店墓、襄阳余岗楚墓、荆门包山楚墓、江陵望山1号墓、江陵雨台山楚墓、荆州天星观一号楚墓、天星观二号楚墓等楚墓中，共发现了40余件[1]。湖北省文物管理委员会《湖北省江陵出土虎座鸟架鼓两座楚墓的清理简报》展示拍马山4号墓虎座鸟架鼓[2]。陈振裕《谈虎座鸟架鼓》认为虎座鸟架鼓属于乐器，是悬鼓[3]。武家璧《虎座鸟架鼓辨正》认为"虎座鸟架鼓不过是楚墓中的钟、磬、鼓、瑟、笙等乐器组合中的一种"，《考工记》'韗人'有关于制鼓工艺的专门记载，但没有谈到鼓架、鼓座的问题。'梓人'讲到了编钟、编磬悬架的制作，也没有讲到鼓架、鼓座的制作问题。但是，作为悬挂乐器的支架来说，钟架、磬架的制作原理应该是适用于鼓架的"，"虎座属于'赢属'，鸟架属于'羽属'，是将钟虡和磬虡合二为一而成鼓虡了"[4]。

拍马山4号墓出土虎座鸟架鼓

4. 皋陶

《韗人》: 韗人为皋陶。

郑司农: 皋陶，鼓木也。

孙诒让: 云"皋陶，鼓木也"者，谓鼓匡也。亦名鼗，《广雅·释器》云："鼓鼗[5]谓之柲。"鼓匡皆以木为之[6]，故柲字从木。《史记·龟策传》云："杀牛取革，被郑之桐。"《集解》引徐广云："牛革桐为鼓也。"则鼓木以桐为之。程瑶田云："鼓木曰皋陶，盖穹隆之形，双声叠韵字，与《庄周书》'弧落'义略同。"又云："皋陶即鼓名。先郑以为鼓木，或即以木名其鼓。若但作鼓木，不应三鼓独此鼓不见鼓名也。"

---

① 刘士茹《虎座鸟架鼓研究综述》，《学理论》2013年第33期。
② 《文物》1964年第9期。
③ 《江汉考古》1980年第1期。
④ 《考古与文物》1998年第6期。
⑤ 引者按："鼗"原谁"鬃"，据孙校本改，与《广雅》合（王念孙《广雅疏证》，《尔雅广雅方言释名清疏四种合刊》第599页下）。
⑥ 引者按：《广雅·释器》仅有"鼓鼗谓之柲"，"鼓"属下"鼓匡皆以木为之"一句，对应"谓鼓匡也"。王文锦本"鼓"误属上句。

案：先郑义当如程氏前说。后说谓皋陶鼓名，不为无见，但与《鼓人》六鼓文并不合。六鼓"鼖鼓"，此后文作"皋鼓"，度已别见，此鼓又不宜与彼同名。窃疑皋陶当读为"鼛鼗"。鼗陶古音虽不同部，而合音最近，古可通用。《大司乐》有雷鼗、灵鼗、路鼗，则亦当有皋鼗矣。以下文推之，此鼓高度杀于中穹之径，形较贲皋二鼓为独扁，则于摇播反击为宜。且皋鼓长寻有四尺，此鼓长六尺六寸，于率约倍半之较，亦正相应也。依贾、郑义，下文为晋鼓，于经亦无见文，抑或晋鼓与皋鼗度同而制异，亦未可知。要鼓鼗同用革，其为一工所为，固无可疑。首举鼗制者，先小而后以次及大也。此虽肊测，而于义似得通，谨附著以备一解。

长六尺有六寸，左右端广六寸，中尺，厚三寸。

孙诒让："长六尺有六寸"者，徐养原云："六尺六寸乃循鼓身之屈折计之，非两面相距之直度也。下二鼓仿此。凡量曲物皆然。车人之耒、弓人之弓，与皋陶同度，其量之亦同法。晋鼓两面相距五尺七寸弱。"又云："首节不言鼓面，与下二鼓同也；下二鼓不言版广，与首节同也。皆互见也。言版广而不言鼓面，则鼓之大小仅有虚率，而无实数；言鼓面而不言版广，则鼓面虽得，而中径不可知。"案：依郑下注，则此云"六尺六寸"者为缘版三正弧曲之度，以中穹之度减之，为弦直之数，即徐氏所谓两面相距之度也。中围广而直距短，所谓大而短者。知此六尺六寸非鼓高直弦之度者，若以此为鼓高，则校之中穹之度，止减三分寸之二，所差无多，穹与高几等，于形未协。且"车人为耒，庇长尺有一寸，中直者三尺有三寸，上句者二尺有二寸"，耒身亦有句曲；而所谓六尺有六寸之长，正指缘身曲折之度。徐氏谓此与量耒同法，塙不可易也。云"左右端广六寸，中尺"者，易祓云："谓鼓木之版。此鼓二十版，每版两头各广六寸，其围丈有二尺，而鼓面径四尺矣。中尺，谓鼓版之中广一尺，其围二丈，其鼓之中径六尺六寸三分寸之二矣。此鼓之中径，即所谓穹者三之一。"云"厚三寸"者，徐养原云："谓中段也。至两端则渐薄。"案：徐说近是。周尺三寸，于今尺约二寸强。两旁渐杀而薄，则足以发其声而无瘖郁之患矣。

郑玄：版中广，头狭，为穹隆也。

孙诒让：注云"版中广，头狭，为穹隆也"者，鼓匡中必大于两端，而后有声，故其版必中广头狭，周匝联合之以为匡也。穹隆者，高突上出之貌。《大玄·玄告》云"天穹隆而周乎下"是也。

郑司农：谓鼓木一判者，其两端广六寸，而其中央广尺也。如此乃得有腹。

孙诒让：郑司农云"谓鼓木一判者，其两端广六寸，而其中央广尺也"者，《说文·刀部》云："判，分也。"《片部》云："片，判木也。版，片也。"此一判，犹云一片、一版。鼓以二十版合为一圆形，版又折为三正，故有左右两端及中也。云"如此乃得有腹"者，谓头狭则合之而敛，中广则合之穹隆而侈，故得有腹也。

穹者三之一。

孙诒让："穹者三之一"者，明鼓匡隆起之度也。

郑司农：穹读为"志无空邪"之空。谓鼓木腹穹隆者居鼓三之一也。

孙诒让：注郑司农云"穹读为志无空邪之空"者，惠栋云："《弟子职》云：'志无虚邪。'或古本虚作空，故读从之。古穹与空同，《文选》注引《韩诗·白驹》云'在彼穹谷'，薛君曰：'穹谷，深谷也。'今《诗》穹作空[1]。"段玉裁云："司农云腹穹隆，则穹读空而已，非易为空字，今本作'读为'，误也。"案：段说是也。云"谓鼓木腹穹隆者居鼓三之一也"者，明穹即取穹隆之义。

郑玄：玄谓穹读如"穹苍"之穹。穹隆者居鼓面三分之一，则其鼓四尺者，版穹一尺三寸三分寸之一也。倍之为二尺六寸三分寸之二，加鼓四尺，穹之径六尺六寸三分寸之二也。此鼓合二十版。

孙诒让：云"玄谓穹读如穹苍之穹"者，此改先郑之读而不易其义也。《尔雅·释天》云："穹苍，苍天也。"《文选·古辞伤歌行》李注引李巡云："仰视天形，穹隆而高，其色苍苍，故曰穹苍。"是穹苍亦取穹隆义也。云"穹隆者，居鼓面三分之一，则其鼓四尺者，版穹一尺三寸三分寸之一也"者，贾疏云："此郑所言，皆从二十版计之，乃得面四尺及穹人尺数。经既不言版数，知二十版者，此以上下相约可知。何者？此鼓言版之宽狭，不言面之尺数，下经二鼓皆言鼓四尺，不言版之宽狭，明皆有鼓四尺及鼓版之广狭也。若然，下二鼓皆云鼓四尺，明此鼓亦四尺，据面而言。若然，鼓木两头广六寸，面有四尺，二十版，二六十二，长丈二尺，围三径一，是一丈二尺得面径四尺矣。以此面四尺穹隆加三之一，三尺加一尺，其一尺者取九寸，加三寸，其一寸者为三分，取一分，并之得一尺三寸三分寸之一也。"程瑶田云："穹者三之一，注据鼓面四尺言之。穹言腹径，与磬鼓据中围加三之一者不同。"徐养原云："晋鼓虽不言鼓面，而记版广之数特详。知版广之数，则左右端之口径定矣。口径即鼓面也。左右端广六寸，中尺，以左右端之广三分益二，即得中广；然则口径三分益二，亦必得中径。由广知径，由径知穹，其专计一厢何也？尺与六寸，一版之广也；二十版两两相对，今只就一版验之，故其穹也亦只得一厢数尔。"云"倍之为二尺六寸三分寸之二，加鼓四尺，穹之径六尺六寸三分寸之二也"者，穹出者周匝鼓身，欲求直径，须合两穹而计之，故必倍一尺三寸三分寸之一计之。得两穹面之合数二尺六寸三分寸之二，再益以鼓平面之四尺，适得径六尺六寸三分寸之二也。云"此鼓合二十版"者，江永云："凡径一者，不止围三。祖冲之约率，径七围二十二。如鼓面径四尺，则其围十二尺五寸七分弱。以端广六寸计，几有二十一版；以中穹六尺六寸三分寸之二计之，则其围二十尺九寸四分，亦几有二十一版。盖造鼓时，自有伸缩，以求密合。记不言数，或用二十版，而稍加其六寸与一尺之度；或用二十一版，而稍减其六寸与一尺之度，皆可。先儒习于径一围三之说，未知有密率耳。"徐养原云："中径六尺六寸三分寸之二。合二十版，以割圜之法求之，每版一尺一分七厘有奇。言一尺者，举成数也。凡圜物之有棱者，两棱之间仍是平面，不可以圜周论也。古率固疏，或用密率，亦非。"案：此依江说以圜径求周密率推之，径六尺六寸三分寸之二者，当周二丈九尺四分三厘七豪零。以二十版，每版广尺，消去二丈，尚余九寸四分三厘七豪零。以二十版分之，一版赢四分七厘一豪有零。依徐说二十版为二十瓠计之，则合二十版，共赢三寸四分强。二说不同，徐为近是。要之每版所益无多，即

---

① 引者按：《文选》李善注引薛君曰仅为"穹谷，深谷也"（萧统《文选》24页上），惠栋语"今《诗》穹作空"王文锦本误为薛君注。

可密合无隙,故郑径定为二十版也。①

对于"皋陶",后德俊《楚文物与〈考工记〉的对照研究》认为是指鼓架:

"韗人"的工作内容是:既蒙鼓皮又制鼓腔,当然也包括制造鼓架。因此,"皋陶"又是指鼓架。《考工记·韗人为皋陶》一节中"长六尺有六寸"至"上三正"为止的一段文字,应该是指制作鼓架的有关尺寸。因为至今我们发现的先秦时期的鼓,其鼓面都是圆形的,笔者尚未见到其他形状的鼓面,所以"长六尺有六寸,左、右端广六寸,中尺,厚三寸,穹者三之一",指的是端面呈圆形的木鼓架的一块木板的尺寸。这种称之为"皋陶"的鼓架是专门承放某一类鼓用的,因为"长六尺六寸"(即鼓架的高)的鼓架上放一鼓面直径三尺左右的鼓,正好适合身高"八尺"(普通人的身高)的人敲击鼓面的中部。由此看来《考工记》中的这段文字带有西汉前期的特征。"穹者三之一"中的"穹"是指鼓架木板中部的弯曲。特别要指出的是这种弯曲是向内的弯曲,也就是制成后的鼓架呈两端粗、中间细的形状,绝不是指像鼓腹那样的向外弯曲。对此,还有下面两点证据:

(1)《考工记·韗人为皋陶》中关于贲鼓鼓腹的制作有"中围加三之一"的记述,"加"者,增大也,当然是向外弯曲了;在关于皋鼓鼓腹的制作有"倨句磬折"的记述,"磬折"者,也是向外弯曲的。而关于鼓架的制作,用的是"穹者三之一","穹",弯曲也,这种明显地与制作鼓腹时用词不同的含义不正是表示弯曲的方向是不同的吗。

(2)上面已经指出这种鼓架是专门承放某一类鼓用的,击鼓人是面对鼓架站立,如果鼓架的腹部向外弯曲,击鼓时,击鼓人必须站在离鼓较远的地方,手就伸得很长,会给击鼓人造成不便,所以鼓架应是向内弯曲的。②

《韗人》:上三正。

孙诒让:"上三正"者,此明鼓匡三折之形也。

郑司农:谓两头一平,中央一平也。

孙诒让:注郑司农云"谓两头一平,中央一平也"者,《楚辞·离骚》王注云:"正,平也。"谓鼓匡每版为三折,每折之上,其版正平,故有两头及中央三平也。

郑玄:玄谓三读当为参。正,直也。参直者,穹上一直,两端又直,各居二尺二寸,不弧曲也。此鼓两面,以六鼓差之,贾侍中云"晋鼓大而短",近晋鼓也。以晋鼓鼓金奏。

云"玄谓三读当为参"者,以经例凡分率参等字并作参,与纪数字作"三"别,故正其读也。段玉裁云:"先、后郑读异而说同。必易三为参者,如《弓人》'为③之参均'之参,虽两迤一平,而各居二尺二寸,又各弦直也。异而同曰参。"云"正,直也"者,《鬼谷子·摩篇》云:"正者,直也。"云"参直者,

① 孙诒让《周礼正义》3977—3982/3296—3300页。
② 后德俊《楚文物与〈考工记〉的对照研究》,《中国科技史料》1996年第1期。
③ 引者按:"为",段玉裁《周礼汉读考》卷六、《弓人》并作"谓"。

穹上一直,两端又直,各居二尺二寸,不弧曲也"者,穹上一直,即先郑所谓"中央一平"也。两端又直,即先郑所谓"两头一平"也。以六尺六寸之长,三折平分之,各得二尺二寸,无所赢朒。不弧曲,谓三正为方折,不为屈曲圆折之平弧形也。云"此鼓两面"者,《说文·鼓部》云:"鼖鼓、晋鼓、皋鼓,皆两面。"贾疏云:"下经二鼓言四尺之面,此经不言四尺之面,故言之,对发祭祀三鼓四面已下。"诒让案:言此鼓二面,明其与雷鼓八面、灵鼓六面、路鼓四面不同,亦以定此鼓之当为晋鼓也。云"以六鼓差之,贾侍中云'晋鼓大而短',近晋鼓也"者,《后汉书·贾逵传》云:"逵字景伯,扶风平陵人,作《周官解故》,永元八年为侍中。"此即《解故》说也。郑据鼓人惟有六鼓,此鼓二面,既非雷、灵、路三鼓,而鼖鼓、皋鼓制度已见下文,明此当为晋鼓。又以此鼓亦大而短,与贾说晋鼓相合,故因定之曰"近晋鼓也"。胡彦升、徐养原并谓雷鼓、灵鼓、路鼓亦二面,与晋鼓同,此制兼四鼓。未知然否。详《鼓人》疏。云"以晋鼓鼓金奏"者,贾疏云:"《鼓人》文也。"①

对于"上三正",后德俊《楚文物与〈考工记〉的对照研究》认为应是指鼓架上端的"三正":"由于鼓身是呈圆桶形的,为了使之放的牢固,鼓架上端的横截面应是圆形、纵截面为U形,因此,鼓架就必须在圆形的直径、U形的高度及U形凹面弧度三个方面与鼓腹的尺寸相吻合,只有这样鼓在鼓架上才能放的稳固。这一点是十分重要的。如果鼓在鼓架上放的不稳,不仅在击鼓时容易产生摇晃,影响击鼓的落点;更重要的是:摇晃产生的震动杂音会影响击鼓的音乐效果。所以说'上三正'是指鼓架上端三个方面的尺寸正好与鼓腹相吻合。"②

《韗人》:鼓长八尺,鼓四尺,中围加三之一,谓之鼖鼓。

孙诒让:"鼓长八尺"者,亦据缘版三正之长言之。其鼓高、弦直之度,亦当略减。经不著左右端中广及穹数者,以有中围之数,可以互推也。不言厚三寸及上三正者,以与晋鼓同,亦文不具也。云"谓之鼖鼓"者,鼖,《释文》作"贲",云:"本或作鼛,又作鼖。"案:《鼓人》作"鼖"。《说文·鼓部》云:"大鼓谓之鼖,从鼓贲省声。"或作"鞼"。贲即鞼之省。《大司马经》及《毛诗·大雅·灵台》并作"贲"。惟"鼛"字,字书所无,疑有误。

郑玄:中围加三之一者,加于面之围以三分之一也。面四尺,其围十二尺,加以三分一,四尺,则中围十六尺,径五尺三寸三分寸之一也。今亦合二十版,则版穹六寸三分寸之二耳。大鼓谓之鼖。以鼖鼓鼓军事。

孙诒让:注云"中围加三之一者,加于面之围以三分之一也"者,中围据鼓腹言。面围即鼓四尺之面也。云"面四尺,其围十二尺,加以三分一,四尺,则中围十六尺,径五尺三寸三分寸之一也"者,贾疏云:"添四面围丈二尺为十六尺,然后径之,十五尺径五尺;余一尺,取九寸,径三寸;取余一寸者破为三分,得一分。总径五尺三寸三分寸一。此言中围加三之一,与上穹三之一者异。彼据一相之

①　孙诒让《周礼正义》3982—3983/3300—3301页。
②　《中国科技史料》1996年第1期。

穹加面三之一，故两相加二尺六寸三分寸二；此则于面四尺总加三分之一，则总一尺三寸三分寸一。若然，此穹隆少校晋鼓一尺三寸三分寸之一，与彼穹隆异也。"江永云："蒉鼓，依密率算之，中围十六尺七寸七分。"戴震云："密率，径四尺者，围十二尺五寸三分寸之二弱。"诒让案：若依密率，围十六尺五寸三分寸之二弱，则径当五尺二寸七分三厘零。若依郑十六尺之围算，则径尤少。郑依疏率约略计之，不甚密合也。程瑶田云："言面四尺，其围十二尺，加以三分一，四尺，则中围十六尺。以二十版通之，两端版广六寸者，中围版广八寸也。"云"今亦合二十版，则版穹六寸三分寸之二耳"者，以中围之径，除去面四尺，余一尺二寸三分寸之一；两分之，则每面各穹出于面者六寸三分寸之二也。云"大鼓谓之蒉"者，《鼓人》注同。云"以蒉鼓鼓军事"者，亦据《鼓人》文。

郑司农：鼓四尺，谓革所蒙者广四尺。

孙诒让：郑司农云"鼓四尺，谓革所蒙者广四尺"者[1]，谓鼓面也。凡击鼓，必当革所蒙之两面，故即谓之鼓，与《凫氏》《磬氏》名钟磬当击处为鼓同义。先郑恐与鼓匡之广相淆，故特明之。

为皋鼓，长寻有四尺，鼓四尺，倨句磬折[2]。

孙诒让："为皋鼓"者，即《鼓人》之磬鼓也。皋，磬之借字。云"长寻有四尺"者，亦谓缘版句折之度。其弦直之度亦当略减。不著中围及所厚之度者，中围与蒉鼓同，厚与晋鼓同，亦可互推也。

郑玄：以皋鼓鼓役事。磬折，中曲之，不参正也。中围与蒉鼓同，以磬折为异。

孙诒让：注云"以皋鼓鼓役事"者，亦据《鼓人》文。云"磬折，中曲之，不参正也"者，谓中曲于鼓腰，为钝角，不如上晋鼓三正隆起而参直也。云"中围与蒉鼓同，以磬折为异"者，郑意此鼓与蒉鼓中围同十六尺，亦合二十版，中穹六寸三分寸之二。惟蒉鼓与晋鼓同三正为三折，此则磬折止一折，与彼异也。案：《磬氏》为磬云："倨句一矩有半。"《车人》云："半矩谓之宣，一宣有半谓之欘，一欘有半谓之柯，一柯有半谓之磬折。"二文不同。程瑶田云："郑解此倨句磬折，言中围与蒉鼓同。依其说图之，过乎《磬氏》磬折约三十度。"诒让案：三鼓异长而面同四尺，则蒉皋二鼓虽异长，中围同度无害也。《车人》磬折，本为一柯有半，与《磬氏》文异。依郑此注，其倨虽视一柯有半尚赢十余度，然亦不害其同为磬折。《车人》倨句四形，只就侈弇弧度约略区别之，不必豪秒密合也。详彼疏。[3]

"为皋鼓，长寻有四尺，鼓四尺，倨句磬折"，闻人军《"磬折"的起源与演变》："这是以鼓

---

① 引者按：王文锦本"者广四尺"误置于引号外。
② 按："倨句磬折"一句，不当点断。何谓"倨句"？孙疏解释："凡侈者曰倨，敛者曰句，合校其角度之锐钝，则曰倨句。"概括："盖经凡云倨句者，止论角度之侈弇。"程瑶田也说："凡见无定形之角，则呼之为倨句，此《考工记》呼凡角为倨句之所昉也。"由此可知，作为物体弯曲的角度，"倨句"为角度单位，《车人》"一柯有半谓之磬折"，孙疏换算为"百五十一度八分度之一"。《考工记》屡言"倨句××"，例如《冶氏》"倨句外博"指戈的援和胡之间的角度大于直角，《冶氏》"倨句中矩"指戟的援和胡之间的角度为直角，《磬氏》"倨句一矩有半"指磬的股和鼓之间的角度为135度，《车人》"倨句磬折"指耒的庛和中间直木的角度为一磬折（151°52′30″）左右。此处"倨句磬折"指皋鼓的鼓腹向两端屈曲的角度为一磬折左右，因而也不得例外，应读为一句。
③ 孙诒让《周礼正义》3983—3985/3301—3303页。

高 12 尺、鼓面直径 4 尺、鼓木倨句磬折三个参数来规定皋鼓的
形状（参见图二九）。"①

后德俊《楚文物与〈考工记〉的对照研究》考察了楚墓及
属楚文化范畴墓葬中出土的鼓，尚未见到"贲鼓""皋鼓"：

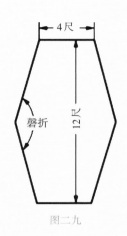

图二九

湖北荆门包山 2 号墓出土漆木鼓一件。鼓腔由 7 块宽度不等的
弧形木板组成圆形，鼓腔内壁较直，外壁中部弧外凸，外壁上等距离安
了三个双铺首衔环。鼓皮不存，仅存漆皮，鼓两面各有两排固定鼓皮
的竹钉，竹钉直径 0.4 厘米、钉间距 1.2～2 厘米，鼓腔外壁黑地彩绘，
鼓直径 40.1 厘米、厚 5.2 厘米。

包山 1 号楚墓出土有柄鼓、虎座鸟架鼓各一件，有柄鼓为整木块
凿成，鼓直径 15 厘米、厚 2.2 厘米，通体涂黑，并用红、白二色彩绘。该
鼓实为木鼓，没有蒙皮革，可能为明器。虎座鸟架鼓，鼓腔为 8 块木板
粘接而成，木板外侧凸边弧形，内侧弧内凹，鼓两面边沿各有 42 个固
定鼓皮的竹钉，鼓腔上的另外 3 个等距离竹钉估计为系绳将鼓固定在
虎座鸟架上用的。包山 5 号楚墓出土的有柄鼓、凤鸟悬鼓，破损比较
严重，其基本情况与包山 1 号墓出土的鼓近似。

虎座鸟架鼓是楚墓中随葬的特有器物。这种悬挂在虎座鸟架
上的圆形扁鼓，不仅反映出楚人对音乐的喜爱，而且从当时的社会
状况、文化形态、习俗等方面表现出楚文化的特色。1975—1976 年
发掘的湖北江陵雨台楚墓群中，出土 15 件虎座鸟架鼓、分属 15 座楚
墓，其形式与包山 2 号楚墓出土的同类器物基本一致。1978 年发掘
的曾侯乙墓出土 4 件鼓，均为木腔双面皮鼓。其中建鼓为一横置桶
状，中腰外鼓，由数块腔板拼合而成，身长 106 厘米、口径 74 厘米，腔
板中部厚为 4.2 厘米，两旁较薄为 2.8 厘米，鼓皮已不存，露于腔面的
钉端约 0.3 厘米，可作鼓皮厚度的参考。所用为何种皮革，因腐烂殆
尽而无从知晓，但该墓出土的马胄上的皮革据检测可能为牛皮，因
此该鼓也可能是用牛皮蒙制的。

《考工记·辉人为皋陶》中记载的贲鼓、皋鼓，在出土文物中尚
未见到。荆门包山 2 号墓中出土的一件漆木鼓，该墓出土的竹简（内
容为遣策）上记为"一雕桮"。"桮"是带有"木"旁的；"雕"者，彩绘
也；所以当时楚国人称这种鼓为"桮"。该墓的主人是楚国的左尹邵
佗，死于公元前 316 年，属战国中期。从竹简的文字记载看，"一雕桮"
是在记录了车、车上的装饰和附属物之后与其他乐器记录在一起的。

① 《杭州大学学报》（自然科学版）1986 年第 2 期；引自闻人军《考工司南：中国古代科技名物
论集》118 页，上海古籍出版社，2017 年。

仅从这一点上看,该鼓应是车上用鼓或随车用鼓。[①]

《𫐉人》:凡冒鼓,必以启蛰之日。

郑玄:启蛰,孟春之中也。蛰虫始闻雷声而动,鼓所取象也。冒,蒙鼓以革。

孙诒让:云"冒,蒙鼓以革"者,《汉书·王商传》颜注云:"冒,蒙覆也。"《易纬·通卦验》云:"冬至击黄钟之鼓,鼓用马革,夏至鼓用黄牛皮。"《淮南子·说山训》云:"剥牛皮,鞹以为鼓。"又《诗·大雅·灵台》云:"鼍鼓逢逢。"《月令》"季夏,命渔人取鼍",注云:"鼍皮又可以冒鼓。"《夏小正》亦云:"二月剥鳝,以为鼓也。"是冒鼓有用牛马皮及鼍皮者。六鼓所用何革,于经无文,或亦用鼍也。

良鼓瑕如积环。

孙诒让:"良鼓瑕如积环"者,谓蒙革之善也。《通典·乐》引作"革鼓",讹。贾疏云:"瑕与环皆谓漆之文理。"林希逸云:"瑕者,痕也。积环者,鼓皮既漆,其皮鞔急,则文理累累如环之积。"案:林说是也。此与《辀人》《弓人》辀弓之环灂相类,谓革漆之圻鄂也。

郑玄:革调急也。

孙诒让:注云"革调急也"者,贾疏云:"谓革调急故然。若急而不调,则不得然也。"诒让案:调急,犹《鲍人》注云"韦革调善",亦谓郭革调适而冒之急也。[②]

对于"冒鼓"与"良鼓瑕如积环",后德俊《楚文物与〈考工记〉的对照研究》证以出土实物:

"冒鼓"就是"蒙鼓",即在鼓腔上蒙上皮革。在湖北地区楚墓及属楚文化范畴的墓葬中出土的鼓,一般鼓面直径在40厘米左右。湖北随县(今随州)曾侯乙墓出土的建鼓,鼓面直径达74厘米,如果将固定在木质鼓腔上的皮革计算在内的话,鼓面蒙皮的直径约为96厘米以上。这样大的皮革,一般说来应是牛皮。从楚墓中出土的实物来看,当时固定鼓面皮革用的是竹钉。例如湖北荆门包山2号楚墓出土漆木鼓,鼓面直径40.1厘米,"鼓两面各有两排固定鼓皮的竹钉,竹钉直径0.4厘米,钉间距1.2～2厘米"[③]。随县曾侯乙墓出土的建鼓,身长106厘米,口径为74厘米,"腔板两端固定鼓皮处长11.5厘米,其间各布有四排竹钉。竹钉方锥体、平头,间距多为3.4～3.6厘米,行距2.8厘米。各排钉位上下交错"[④]。这种蒙鼓的方式与现代制鼓工艺差不多。蒙鼓所用的皮革,不仅在厚薄方面必须比较均匀,而且皮革的质地,即致密程度也需要比较好且较均匀。因为鼓面为圆形,蒙鼓时,为了使皮革绷紧,圆周上各点用力的大小应该是越均匀越好。如果皮革的厚薄及质地都比较均匀,鼓皮绷

---

① 后德俊《楚文物与〈考工记〉的对照研究》,《中国科技史料》1996年第1期。
② 孙诒让《周礼正义》3985—3987/3303—3304页。
③ 湖北省荆沙铁路考古队《包山楚墓》,文物出版社,1991年,118页。
④ 湖北省博物馆《曾侯乙墓》,文物出版社,1989年,152页。

紧后，由于圆周上各点用力的大小也较均匀，这样鼓皮上就会形成同心圆状的环状良迹，这就是"良鼓瑕如积环"的来由。①

后德俊不同意孙诒让所引林希逸对"积环"的解说：

楚墓或属楚文化范畴的墓葬中出土的鼓，有的鼓皮髹了漆，有的鼓皮是未髹漆的。例如随县曾侯乙墓出土建鼓、悬鼓、有柄鼓、扁鼓的鼓皮均没有髹漆；而荆门包山2号楚墓出土的漆木鼓的鼓皮则是髹了漆的。《包山楚墓》一书指出："漆木鼓，1件……鼓皮不存，仅存漆皮。……鼓面黑色漆皮上用红、黄、蓝三色绘变形凤纹。"②髹漆工艺知识告诉我们，在皮革上髹漆，一般均是当皮革定型之后才能进行。例如漆甲片，均是当甲片定型后才髹漆的，如果定型前髹漆，由于天然漆形成的膜硬而脆，十分容易发生皲裂。不久，发生皲裂的漆膜就会发生卷曲和起翘。同样的道理，在鼓面皮革上髹漆，也应是在鼓皮蒙后再进行，而不会在蒙皮之前先在皮革上髹漆的。另外，鼓皮蒙好后，如进行髹漆，其表面呈现的"瑕如积环"也会被漆所遮盖。此外，还需指出的是：鼓面皮革上髹漆的主要作用是装饰，因为髹了漆的鼓面如长期用力敲击，漆膜容易发生开裂而损坏的。可以说，真正实用的鼓，其鼓面皮革是不髹漆的。③

《辉人》：鼓大而短，则其声疾而短闻；鼓小而长，则其声舒而远闻。

孙诒让："鼓大而短，则其声疾而短闻"者，以下并明为鼓不中度，则为声病，与《凫氏》为钟义同。贾疏云："此乃鼓之病。大小得所，如上三者所为，则无此病。"④

"鼓大而短""鼓小而长"，戴念祖《中国物理学史大系·声学史》以出土实物说明：

木鼓，因年代久远，木腔体和皮革多腐烂无存。在山西襄汾陶寺墓地出土龙山文化遗址的鼓，鼓腔为天然树干挖制而成，鼓皮已朽化⑤；在湖北崇阳出土了商代晚期铜质腔体皮革鼓⑥；流于日本的双鸟纽铜鼓，鼓面为皮革制⑦。这些鼓面为皮革的铜质腔体鼓，属于膜振动，它们与西南少数民族地区流行的铜鼓是有区别的。后者鼓面为铜板，属于板振动。考古发现的战国时期的鼓较多。如，在河南信阳长台关二号楚墓⑧、湖北江陵望山一号楚墓⑨、江陵天星观一号楚墓⑩、江陵雨台山楚墓⑪等地都出土了精美的虎座鸟架鼓。它们的形状多为扁圆形，《考工记·辉人》称其为"鼓大而短"。前述铜质腔体皮鼓、曾侯乙墓出土的鼓，形状为长圆形，《考工记·辉人》称其为

① 后德俊《楚文物与〈考工记〉的对照研究》，《中国科技史料》1996年第1期。
② 湖北省荆沙铁路考古队《包山楚墓》，文物出版社，1991年，118页。
③ 后德俊《楚文物与〈考工记〉的对照研究》，《中国科技史料》1996年第1期。
④ 孙诒让《周礼正义》3987/3304页。
⑤ 《1978—1980年山西襄汾陶寺墓地发掘简报》，《考古》1983年第1期。
⑥ 《湖北崇阳出土一件铜鼓》，《文物》1978年第4期；顾铁符《崇阳铜鼓初探》，《中国文物》1980年第3期。
⑦ 容庚、张维持《殷周青铜器通论》，文物出版社，1984年，第77—78页。
⑧ 《信阳楚墓》，文物出版社，1986年，第92—96页。
⑨ 《信阳楚墓》，第128页。
⑩ 《江陵天观星一号楚墓》，《考古学报》1982年第1期。
⑪ 《江陵雨台山楚墓》，文物出版社，1984年，第105页。

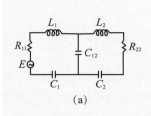

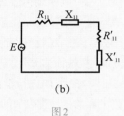

图 2

"鼓小而长"。[1]

"声疾而短闻，声舒而远闻"，闻人军《〈考工记〉中声学知识的数理诠释》阐明鼓的声学特征：

鼓的两端为周边固定的圆形薄膜，中间是柱形空气共振腔。打击一端皮面后，经过空气柱的耦合，两端皮面交替振动。空气柱愈长，耦合愈松；空气柱愈短，耦合愈紧。

为简单计，我们将鼓膜的振动看作具有集中质量和弹性的阻尼振动，将空气柱看作弹性控制系统。通过机电类比，鼓的等效电路相当于经过电容耦合的一对 R、L、C 串联振荡回路，示于图 2。

次级回路在初级回路内的反映电阻

$$R'_{11} = \frac{X_{12}^2 R_{22}}{\mid Z_{22} \mid^2} = \frac{\left(\dfrac{1}{\omega C_{12}}\right)^2}{\mid Z_{22} \mid^2} R_{22} \qquad \text{[2]} \tag{2-1}$$

如果鼓短，耦合较紧，耦合电容 C_{12} 较小；由（2-1）式可知 R_{11} 较大。如果鼓大，则等效的 R_{11} 和 R_{22} 均较大；R'_{11} 也较大，相应的初级等效电路总电阻 $R_{总} = (R_{11} + R'_{11})$ 当然更大。在电学上讲，是电振荡的损耗大、衰减快。译成机械振动的语言，就是大而短的鼓，阻尼大，损耗多，衰减较快。

另一方面，鼓内声波每秒往复反射次数

$$N = \frac{C}{L_d} \tag{2-2}$$

式中，

N——每秒内两端面的总反射次数，C——声速，L_d——鼓长。由上式可知，鼓愈短，声频愈高而急促。

此外，空气中声波的吸收系数为

$$\alpha_a = \frac{2v_a \omega^2}{3C^3} \qquad \text{[3]} \tag{2-3}$$

式中，

α_a——空气中声波的吸收系数，v_a——空气中介质的黏滞系数，

---

[1]　戴念祖《中国物理学史大系·声学史》99—100 页，湖南教育出版社，2001 年。
[2]　管致中等《无线电技术基础（上册）》，人民教育出版社，1963 年，114 页。
[3]　里查孙，E. G.《声学技术概要》上册，科学出版社，1961 年，17 页。

ω——声波的角频率，C——声速。

由（2–3）式可知，声波的频率愈高，在空气中传播时被吸收得愈厉害，故衰减较快。

综合上述三方面的因素，在一定的范围内，有"鼓大而短，则其声疾而短闻"的现象出现。小而长之鼓的情形恰恰相反，因此，"鼓小而长，则其声舒而远闻。"[①]

戴念祖《中国科学技术史·物理学卷》第四章《声学》第四节《乐器与声学知识》指出这两句"对于鼓膜与鼓腔（共鸣腔）的复合音响效果有极好的论述"："'鼓大''鼓小'是同时对鼓腔和鼓膜而言的。这里，自然暗含了鼓膜大小与其振动频率的低高之关系。但是，《考工记》这段文字，绝不是对此作出描述。近年一些作者喜欢将'声疾而短闻'与'声舒而远闻'的文字和频率相附会是不对的。它是关于鼓的形制与人耳声感关系的描述。鼓面虽大，而其共鸣腔短浅，它的发声就很短促。'声疾'与'短闻'指声音衰减快，可闻时间短。而鼓面虽小，共鸣腔却深长，如腰鼓、云南傣族地区象脚鼓等，它们的发声都悠扬而长。'声舒'与'远闻'指拖音长，可闻时间久。这样的声感效果是由鼓面与共鸣腔混响作用导致的。"[②]

出土上古大鼓的型式划分，李纯一《中国上古出土乐器综论》拟出图表1：

表1　大鼓型式表

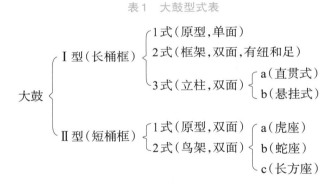

并且统计制出"十六例大鼓测量表"（单位：厘米）：

例号	型式	标本号	出土地点	文化分期或时代	框高	腹径	口径	架高或通高	架长	备注
1	Ⅰ1	M3015：16	山西襄汾陶寺遗址墓地	龙山文化陶寺类型	残100.4		上43、下57			
2	Ⅰ2	HPKM1217	河南安阳殷墟M1217	殷墟文化三期	约68	约68	约60	约185		仅存遗迹
3	Ⅰ2	（马鞍形钮铜鼓）	湖北崇阳汪家嘴	殷墟后期或稍晚	39～49		38～39.5	75.5		

① 闻人军《〈考工记〉中声学知识的数理诠释》，《杭州大学学报》（自然科学版）1982年第4期。
② 戴念祖《中国科学技术史·物理学卷》361页，科学出版社，2001年。

（续表）

例号	型式	标本号	出土地点	文化分期或时代	框高	腹径	口径	架高或通高	架长	备注
4	Ⅰ2	（双鸟钮铜鼓）		殷墟后期	约46～56	约52	44.5	81.5		
5	Ⅰ3a	C.67	湖北随县曾侯乙墓	战国早期	106	90	74	380		
6	Ⅰ3b	M306：13	浙江绍兴坡塘越墓	战国早期						伎乐铜屋内模型
7	Ⅱ1	罗M1：297	广西贵县罗泊湾越墓	西汉初期	19	72	55.5			
8	Ⅱ2a	长M2：224+155	河南信阳长台关楚墓	战国中期前段	14	75	67	162	140	
9	Ⅱ2a		湖北江陵望山楚墓	战国中期		约43	约38	105	103	
10	Ⅱ2a	天M1：135	湖北江陵天星观楚墓	战国中期		75	60	139.5	约135	
11	Ⅱ2a	雨M354：28	湖北江陵雨台山楚墓	战国中期前段		41.8	35.5	94.8	残69	
12	Ⅱ2a	钢M95：11	湖北鄂城五里墩楚墓	战国晚期				约60.2		架为陶仿制品鼓已朽坏
13	Ⅱ2b		湖南长沙	战国时期						仅存蛇座鸟架
14	Ⅱ2c	百M4：20	湖北鄂城百子畈楚墓	战国中期前段				88.2		
15	？	T2G2：⑦-7	陕西临潼一号秦俑坑	秦	12	68	53			仅存遗迹
16	？	罗M1：319	广西贵县罗泊湾越墓	西汉初期	22.3	55	50			

　　其中1977年湖北崇阳汪家嘴大市河岸出土马鞍形钮铜鼓，Ⅰ2式（图版1），约为殷墟后期或稍晚的制品。琵琶桶形鼓框，横置，鼓面略呈椭圆形。由于鼓框上长下短，致使鼓面稍微向内倾斜。框上设马鞍形钮，框下设开裆方圈足。鼓面光素，当系模仿牛马之类的兽革；框两端有三周乳钉，用以表示固定鼓皮之钉。通体饰以阴线云纹组成的变形兽面纹。重约42.5公斤。1978年湖北随县曾侯乙墓出土的C.67，Ⅰ3a式（图四,1），战国早期制品，琵琶桶形枫杨木框，横置，两端各用三周方竹钉将革蒙上，框腰部正中处对开一孔，贯以木

柱将鼓载起,木柱植于青铜鼓座柱管内。框腰部厚4.2厘米,其余部分厚2.8厘米。柱长3 650、贯穿鼓框部分径9、其余部分径6.8厘米。柱顶部髹黑漆,其余部分和鼓框一样髹朱漆。鼓座圆形,由几十条盘龙构成,中央设一插植鼓柱的长29、内径7.6厘米的青铜柱管,底沿四周有四个等距离的活环。座高54、底径80厘米。以此鼓框各部尺寸和《考工记·韗人》所述晋鼓

鼓　　别	面径	框长	腹径	三者比值
曾侯乙墓建鼓	74	106	90	1 : 1.325 : 1.125
《考工记·韗人》晋鼓	90*	148.5	159	1 : 1.65 : 1.67

* 《韗人》所述尺寸,今依曾武秀《中国历代尺度概述》(载《历史研究》1964年3期)一文说法,一周尺按22.5厘米折算。

图版1

尺寸[1]相比较,它们之间虽然存在一定的差距,但比起鼗鼓和皋鼓来,应该说还不算太大。[2]

5. 錞于

《攻金之工[3]》: 鳧氏为声。

郑玄: 声,钟、錞于之属。

孙诒让: 云"声,钟、錞于之属"者,声与《典同》十二声义同,谓凡声乐之金器也。錞于,即《鼓人》四金之一,详彼疏。[4]

《地官·鼓人》: 以金錞和鼓。

孙诒让:"以金錞和鼓"者,以下辨四金之用,皆与鼓相将,军事所用也。金錞亦以和乐。

0　　20厘米

图四,1

---

① 《韗人》原文未明言晋鼓,今依郑注所释。
② 李纯一《中国上古出土乐器综论》2—8页,文物出版社,1996年。
③ 王文锦本误标为"筑氏"。
④ 孙诒让《周礼正义》3907—3908/3239页。

郑玄：镎，镎于也。圜如碓头，大上小下。乐作，鸣之与鼓相和。

孙诒让：注云"镎，镎于也。圜如碓头，大上小下"者，贾疏以为此名制并出汉大予乐官。《释文》云："碓，本又作椎。"案：《说文·石部》云："碓，春也。"圜而大上小下，正碓头之形。《宋书·乐志》云："镎于圜如碓头，大上小下，今民间犹时有其器。"沈约亦同郑义。《释文》或本及《初学记·乐部》引《古今乐录》述此注义并作椎。《山海经·中山经》郭注亦云："镎于形如椎头。"盖皆传写之误。"椎头"即《玉人》之"终葵首"。《玉藻》注说珽云"方如椎头"，是其形微方。此注云圜，则不得如椎头矣。《国语·晋语》："赵宣子曰：是故伐备钟鼓，声其罪也；战以镎于、丁宁，儆其民也。"韦注云："镎于，形如碓头，与鼓相和。唐尚书云'镎于，镯也'，非也。镯与镎于各异物。"又《吴语》云："吴王乃秉枹，亲就鸣钟鼓、丁宁、镎于，振铎。"注说同。案：韦说亦作碓头。此经金镎、金镯，其用各异，明唐固说误，韦庲之是也。镎于，《说文·金部》镩字注作"淳于"。《南史·齐始兴王鉴传》云："时有广汉什邡人段祖以淳于献鉴，古礼器也。高三尺六寸六分，围三尺四寸，圆如筒，铜色黑如漆，甚薄。上有铜马，以绳悬马，令去地尺余，灌之以水，又以器盛水于下。以芒茎当心跪注淳于，以手振芒，则声如雷，清响良久乃绝。古所以节乐也。"又《后周书·斛律征传》云："乐有镎于者，近代绝无此器，或有自蜀得之，皆莫之识。征见之，曰'此镎于也'。众弗之信。征遂依干宝《周礼注》以芒筒拊之，其声极振，众乃叹服。"董逌《广川书跋》引干注云："去地一尺，灌之以水，又以其器盛水于下，以芒当心跪注，以手震芒，其声如雷。"案：董所引与《南史》及《后周书》所说正同。然宋时干注已佚，非董氏所得见，书跋所引，疑即摭拾二史为之，非干注旧文也。又《御览·乐部》引《乐书》云："镎于者，以铜为之，其筒象钟，顶大，后掣，口弇，上以伏兽为鼻，内悬子铜铃舌。凡作乐，振而鸣之，与鼓相似。"此说又与郑、干小异，未详所据。云"乐作，鸣之与鼓相和"者，《小师》"掌六乐声音之节与其和"，注云："和镎于。"则郑以和鼓专为作乐之事。贾疏云："案下三金皆大司马在军所用，有文。此金镎不见在军所用，明作乐之时与鼓相和。"陈祥道云："《国语》曰'战以镎于丁宁'。又黄池之会，吴王亲鸣钟鼓丁宁镎于，则兵法固用镎矣。"案：陈说是也。江永说同。《淮南子·兵略训》亦云："两军相当，鼓镎相望。"贾说失之。[1]

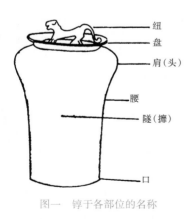

图一　镎于各部位的名称

熊传新《我国古代镎于概论》将上述《周礼》郑玄注、《国语》韦昭注、《南齐书》和《乐书》的记载与目前发现的镎于比较，认为"在镎于中不但没有'内悬子铃'的镎于，而且镎于内部，也无置铃的装置，其他均相同。根据镎于实物来看，镎于的形制是：上圜下虚空无铃置纽，上大下小。镎于由纽、盘、头（肩）、腰、隧（撅）、口部组成[2]（图一）"[3]。

徐中舒、唐嘉弘《镎于与铜鼓》指出"镎于和铜鼓，都是打击乐器。使用镎于的时间较早，周代已经形成为一种'礼器'"，"周代的镎于，既作为乐器使用，同时又用在战阵上"，"镎于实为一个复合名称，是镎和盂的综合成品。镎即

（图一标注：纽、盘、肩（头）、腰、隧（撅）、口）

① 孙诒让《周礼正义》1088—1089/902—903 页。
② 由中国音乐研究所李纯一同志分析定位名称。
③ 《中国考古学会第二次年会论文集》82 页，文物出版社，1982 年。

敦,铜器陈侯午敦、陈侯因咨敦皆作镎,即其明证。盂同于","镎于原为中原地区的乐器,春秋时州国都城名镎于,大概是由于他们擅长制作镎于而得名。其后齐人即以淳于(同镎于)地名作姓,如淳于髡。山东半岛一些地区似为镎于的重要原生地,其主人可能即为东夷。从北中国的黄河流域逐渐推衍,镎于传播到了南中国的长江流域,四川、湖北、湖南、贵州、安徽、江浙等地区均曾有镎于使用,并有部分出土","在漫长的历史时期中,镎于综合殷周的盂和敦,从陶制演进而为铜制,使用方法和形制上,也在发生变化和改进"①。

熊传新《我国古代镎于概论》不同意徐中舒"镎于实为一个复合名称,是镎和盂的综合成品"的说法:"关于敦,在我国春秋时才开始出现,时代尚晚。器由两个半球形复合,上下盖底上均有三足,到战国晚期后,向盒演变。而盂,尽管在殷墟中就出现了,到后来也向盘过渡。可见,敦和盂是两个完全单独成形之器,因此,我们不能根据镎于之名,而认为它是敦和盂的复合体。实际上,我们观察镎于的形制,它的形状很像陶瓷……也能产生轰鸣的音响。我国古代的镎于,很可能是由陶瓷演变发展而来。"也不同意徐中舒对镎于产生和发展的结论:"从目前发现的镎于来看,它的第一、二期,形制原始,制作粗糙,主要出土于长江下游现在的安徽一带……长江下游(包括安徽一部分)是古代越人居住之地,因而镎于的出现似与越族有关,也可能越人是铸造古代镎于首创者。到战国时期,各诸侯国都妄想称霸称雄,战争连绵不断。由于战争,也促进了各地区、各民族之间的文化交流。反映到镎于上,第三期起,它在器形上发生了变化,制作也更为精致……并且在一些地方,还出现了以镎于为地名和镎于为姓者……从第四期起,镎于已由中原地区传到了巴人手中。巴人所铸造的镎于,无论在形制或纹饰上,其风格都与中原镎于有所不同……第五期镎于,是古代巴人后裔使用的镎于。"②

文献记载钲、镎于与鼓常常结合使用。"钲"又称"丁宁"。《左传·宣公四年》"丁宁"杜预注:"丁宁,钲也。"《国语·吴语》"丁宁"韦昭注:"丁宁,钲也。"1984年发掘的江苏丹徒北山顶春秋墓首例发现了钲、镎于、鼓同出的组合③,2000年发掘的山东章丘洛庄汉墓14号陪葬坑④、2003年江苏无锡发掘的鸿山越国墓⑤、2005年发掘的陕西韩城梁带村27号墓⑥,也相继出土了此种乐器组合,马今洪《钲、镎于与鼓》认为这从实物方面印证了文献的记载:"从出土钲、镎于、鼓的墓葬看,梁带村M27同时出土了青铜礼器、乐器、兵器等以及编钟8件;北山顶墓出土有青铜礼器、乐器、兵器以及编钟7件、编镈5件、编磬12件;鸿山越墓出土了成组的仿铜礼器以及编钟、编镈、编磬、句鑃、铎、缶、悬铃等仿铜乐器;洛庄汉墓除14号陪葬坑出土了编钟、编磬、串铃、琴、瑟等外,另有兵器坑、车马坑等。钲、镎于、鼓,既可以和兵器一起使用,成为军乐器;又可与其他乐器一起,配合礼器使用,行使祭祀功能;再者,与编钟、编磬等旋律乐器使用,进行宴享娱乐。"⑦

① 《社会科学研究》1980年第5期。
② 《中国考古学会第二次年会论文集》87—88页,文物出版社,1982年。
③ 江苏省丹徒考古队《江苏丹徒北山顶春秋墓发掘报告》,《东南文化》1988年第3、4合期。
④ 济南市考古研究所等《山东章丘市洛庄汉墓陪葬坑的清理》,《考古》2004年第8期。
⑤ 南京博物院等《鸿山越墓发掘报告》70—106页,229—283页,文物出版社,2007年。
⑥ 陕西省考古研究所等《陕西韩城梁带村遗址M27发掘简报》,《考古与文物》2007年第6期。
⑦ 《上海博物馆集刊》第12期,2012年。

熊传新《我国古代錞于概论》从《南史·始兴简王鉴传》"上有铜马,以绳县马"、《三才图会》錞于悬挂图得到启发,根据出土无纽錞于顶盘的直口沿对称位置有方形穿孔用于系绳,有纽錞于沿上无孔、绳系于纽,判断古代錞于使用时是悬挂的;根据云南晋宁石寨山出土M12:26贮贝器之錞于模型[1]、河南汲县山彪镇战国墓中出土的水陆攻战纹铜鉴和狩猎铜奁上有关敲打錞于之图案[2]、长沙马王堆三号汉墓出土的遣策"击屯(錞)于、铙、铎各一人",判断古代錞于是用锤打击而发生音响的[3]。

李纯一《中国上古出土乐器综论》:"錞于……是一种击奏铜制钟体体鸣乐器。……其形制……较长大,而上粗下细,截面大多呈椭圆形,少数呈椭方形,体之表里皆光平而无枚。……錞于未见有自名者,但因其形制较为特殊,与《周礼·地官·鼓人》的'圜如碓头,大上小下'郑玄注完全吻合,故可确认无疑。……錞于各个部位多无定名,今斟酌旧例暂定如下(图二一一),以免混淆,且便行文。"[4]

錞于的型式划分,李纯一《中国上古出土乐器综论》主张以体型为主,其次才是纽型、盘型和纹饰,拟出錞于型式表如下:

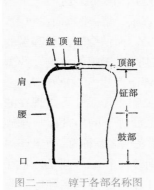

图二一一　錞于各部名称图

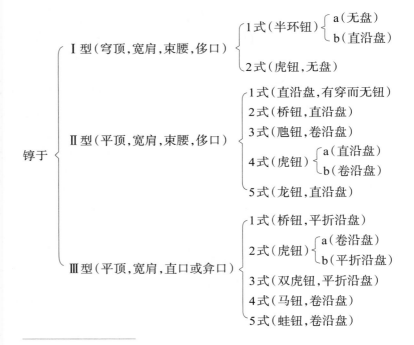

---

① 汪宁生《试论中国古代铜鼓》,《考古学报》1978年第2期,184页,图版壹。
② 郭宝钧《山彪镇与琉璃阁》18—23页,科学出版社,1959年。
③ 《中国考古学会第二次年会论文集》86页,文物出版社,1982年。
④ 文物出版社,1996年,337页。

就出土数量看来，Ⅰ型镈于最少，Ⅱ型较多，Ⅲ型最多。[①]

出土实物显示随着时代变迁，镈于的形制也发生变化，春秋以前为坛瓮状（图1）；战国时期呈圆棱四方椭圆束腰状（图2）；战国晚期到至东汉，器形为上大下小的椭圆直筒状（图3、4、5）[②]：

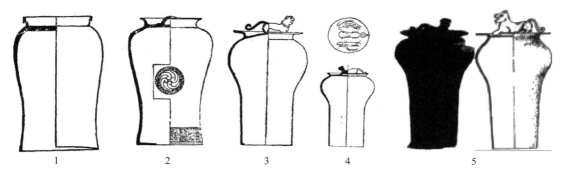

1. 安徽宿县芦古城子遗址出土（春秋时期） 2. 湖南泸溪县出土（战国中晚期）
3. 湖南溆浦县大江口出土（战国末至西汉前期） 4. 湖南龙山县招头寨出土（西汉中期至东汉）
5. 贵州省松桃出土的虎钮镈于（战国时期）

① 李纯一《中国上古出土乐器综论》338、349页，文物出版社，1996年。
② 图1、2、3、4据熊传新《我国古代镈于概论》，《中国考古学会第二次年会论文集》，文物出版社，1982年；图5据贵州省博物馆考古组《贵州省松桃出土的虎钮镈于》，《文物》1984年第8期。

七　宫室沟洫

1. 水地以县　槷（杲）

《匠人》：匠人建国，水地以县。

孙诒让："水地以县"者，将建国，必先以水平地，以为测量之本。《庄子·天道篇》云："水静则平中准，大匠取法焉。"李筌《太白阴经·水攻具篇》有水平法，盖古之遗制也。江永云："此谓测景之地，须先平之。盖地不平，则景有差，故下注云'于所平之地中央，树八尺之杲'，非谓通国城之地皆须平也。疏谓'欲置国城，先当以水平地，知地之高下，然后平高就下'，误矣。国地随地势皆可居民，何用平。"案：江说是也。

郑玄：于四角立植而县，以水望其高下[①]。高下既定，乃为位而平地。

孙诒让：注云"于四角立植而县，以水望其高下"者，贾疏云："植即柱也。于造城之处，四角立四柱而县，谓于柱四畔县绳以正柱[②]；柱正，然后去柱，远以水平之法遥望，柱高下定，即知地之高下。"江永云："今工人作室，有平水之法：各柱任意量定若干尺，画墨，四面依墨用横线，线下以竹承水，县直物于线，进退量之。如柱平，则直物至水皆均；如不均，则知柱有高下，而更定之。意古人亦用此法。"戴震云："水地者，以器长数尺承水，引绳中水而及远，则平者准矣。立植以表所平之方，县绳正植，则度水面距地者准矣。"案：江、戴说是也。四角立植，即于所平之地立之。县绳所以正植，亦以测四植距水之高下均否，此盖兼有准绳之用矣。《淮南子·齐俗训》云："视高下不失尺寸，明主弗任，而求之于浣准。"许注云："浣准，水望之平。""浣准"疑即"管准"，所以测高下之表仪也。云"高下既定，乃为位而平地"者，位即《天官·叙官》"辨方正位"之位。彼注谓"定宫庙"也。凡建国必先定宫庙之位，而后平地。[③]

在殷墟第13次发掘中发现两种"水沟"，石璋如《殷墟最近之重要发现附论小屯地层》描述道："就平面看一种呈〰形，两边有两相对称之外突，它的体积宽而深，叫它干沟；另一种呈〵形，没有外突，它的体积窄而浅，叫它枝沟。不论干沟或枝沟，切面都呈凹状的楔形，其中也都填着很结实的夯土。若是把干沟中的'夯土'掏出，则两壁光滑；其外突部分则呈两相对峙的半圆洞，至相当深度，则变为白粉若朽木的样子，它的深度比沟底为深（图版五：2）。……大体是平的而微有坡度，干沟多在基址的下部，而枝沟有时也在基址的版筑层中。"鉴于这些"水沟""既没有木板的痕迹，又没有秽腐的遗存，坡度太小不易于流水，而且其中满实夯土，根本不能流水"，石璋如根据《考工记·匠人》"水地以县"

[①] 引者按：标点据闻人军《考工记译注》（上海古籍出版社，2008年，111页），原误标作"于四角立植，而县以水，望其高下"。

[②] 引者按：原误标作"于造城之处，四角立四柱而县，谓于柱四畔县绳以正柱"。此段贾疏"植即柱也"前有"云'于四角立植而县'者"提示，可见贾疏将"于四角立植而县"视为一句。"于四角立植"，贾疏释"植即柱也，于造城之处四角立四柱"；"而县"，贾疏认为"谓于柱四畔县绳以正柱"。

[③] 孙诒让《周礼正义》4126—4127/3415—3416页。

及郑玄注、江永"今工人作室,有平水之法"的解释以及豫西乡间泥水匠所用与此相仿的办法,把它解释为以水测平:"光滑的墙壁表示着使用不久,小的坡度,表示着易使水静而不易使水动。其中满填夯土表示着为使用后的状态。"①不过,石璋如在《殷代的夯土、版筑与一般建筑》中"放弃了水平测地的说法":"小屯的这些水沟,长的,短的,残的,整的,据田野的记录,可分三十一条,总长为650.90公尺⋯⋯最显著的一点,为沿着南北长的基址边缘每有南北水沟,沿着东西长的基址边缘每有东西水沟,水沟纵横交错之处,多为基址的中心。这好像水沟给基址预先划定了一范围,两项建筑似乎有分不开的关系的。笔者从前曾根据这一现象,进而解释水沟为测地的水平。不过从基址之外的水沟,再进一步观察,又发现了,凡水沟经过之处,其附近多为穴窖稠密之区。比较起来,水沟好像与基址的关系少,而与穴窖的关系多。而且水沟的层位均在基址之下层,而无破坏基址之水沟;这更可证明水沟为早于夯土基址的遗迹。因此笔者觉得水沟沿着若干基址的边缘出现,大概是偶然的巧合。⋯⋯很可能地,水沟的建筑为穴居或窖窖藏粮时代的泄水之遗迹。殷人受水灾之害甚深,这是见于历史记载的,所以他们处处防水,在穴居及窖窖藏粮的地带,更需要防水的设备,因此在穴窖的附近挖沟排水,以减少水害,这是非常合理的措施。"②

图版五:2　水沟

李亚农《殷代社会生活》第十章《殷代的建筑和殷人的生活习惯》赞同石璋如"水平测地"说法:"周人的建筑技术是从殷人继承来的,因而用《考工记》来说明殷人的建筑技术,可能是对的。这种水平之法,一直沿用至近代的中国建筑技术上。"③

《匠人》: 置槷以县, 视以景。

孙诒让:"置槷以县,视以景"者,地既平,然后揆日视景,以正东西南北之乡背,即辨方之事也。贾疏云:"置槷者,槷亦谓柱也。以县者,欲取柱之景,先须柱正;欲须柱正,当以绳县而垂之于柱之四角四中。以八绳县之,其绳皆附柱,则其柱正矣。然后视柱之景,故

① 《中国考古学报》第二册,商务印书馆,1947年。
② 《中研院历史语言研究所集刊》第41本第1分139—141页,1969年。
③ 李亚农《欣然斋史论集》549页,上海人民出版社,1962年。

云视以景也。”

郑玄：故书槷或作弋，杜子春云：“槷当为弋，读为杙。”玄谓槷，古文臬假借字。于所平之地中央，树八尺之臬，以县正之，视之以其景，将以正四方也。《尔雅》曰：“在墙者谓之杙，在地者谓之臬。”

孙诒让：注云“故书槷或作弋，杜子春云：槷当为弋，读为杙”者，段玉裁云：“杜正槷从弋，又云弋读为杙，此与正帝为奠，奠读为定，正笴为笱，笱读为稾同。《说文》槷弋字作‘弋’，而杙为《尔雅》‘刘，刘杙’之字。杜易弋为杙者，盖汉时槷弋字已作杙，故以今字易古字，如以灸易久之比。许自据《周礼》故书及字形得其说，故不同也。”云“玄谓槷，古文臬假借字”者，段玉裁云：“郑君则从槷，谓槷为臬之假借，如笱为稾之假借，九轨为篹之假借。下文引《尔雅》分别杙臬字，见此经言在地者则作臬为正，不当如杜作杙也。”案：段说是也。郑以槷臬为古今字，故以后注中并作臬。云“于所平之地中央，树八尺之臬，以县正之”者，贾疏云：“《天文志》云‘夏日至，立八尺之表’，《通卦验》亦云‘立八神，树八尺之表’，故知‘树八尺之臬’臬即表也。必八尺者，按《考灵曜》曰‘从上向下八万里，故以八尺为法也’。彼云八神，此县一也。以于四角四中，故须八神，神即引也，向下引而县之，故云神也。”江永云：“古人树臬用八尺何也？盖测景之臬不可过短，过短则分寸太密而难分，过长则取景虚淡而难审，八尺与人齐，如是为宜。八尺虽无正文，而土中之地，夏至景尺有五寸，以知用八尺臬也。后世郭守敬测景用四丈之表，表上作横梁，下用铜皮钻小窍，于小窍中取横梁之景，谓之景符。此后人之功法，然四丈表亦不易作也。疏引《考灵曜》谓‘从上向下八万里，故以八尺为法’，此汉之人妄说，天去地岂止八万里哉！”诒让案：臬即《大司徒》测景之表。《周髀算经》亦谓之髀，长八尺，取天高八万里。《周髀》已有此论，虽非实测，然古天官家习传其说，故郑亦从之。互详《大司徒》疏。云“视之以其景，将以正四方也”者，正位必先辨方，故视景以正之也。引《尔雅》曰“在墙者谓之杙，在地者谓之臬”者，证臬与杙异，槷当为臬也。《释宫》云：“樴谓之杙，在墙者谓之楎，在地者谓之臬。”郭注云：“杙，橜也。臬即门橜也。”此引作“在墙者谓之杙”者，郑以杙楎同物，随文便改之。《尔雅》之臬即此经之槷，与门阃字异，郭注亦误。①

何驽《山西襄汾陶寺城址中期王级大墓IM22出土漆杆“圭尺”功能试探》：

2002年，素有“尧都平阳”之称的山西襄汾陶寺城址中期王墓IM22的头端墓室东南角，出土了一件漆木杆IM22：43，残长171.8厘米，上部残损长度为8.2厘米，复原长度为180厘米。漆杆被漆成黑绿相间的色段加以粉红色带分隔，显然具有特殊功能。尤其引人注意的是漆杆第10～12号绿色带被11号红色带有意隔断，根据以往的研究，陶寺一尺等于25厘米，则第1～11号色段总长39.9厘米，等于陶寺1.596尺，非常接近《周髀算经》所说的“夏至日影长一尺六”的记载。第1号色带至33号色带总长度为141.6厘米即5.664尺，为春秋分日影长。假如以一满杆顶点为起点向前移杆后，第1号至38号色带长度为157.4厘米，加第一杆总长180厘米，共长337.4厘米，13.496尺，非常接近《周髀算经》冬至晷长337.5厘米即13.5尺。由此推测IM22：43漆杆为圭表日影测量仪器系统中圭尺，时

---

① 孙诒让《周礼正义》4127—4129/3416—3418页。

代为陶寺文化中期（公元前2100—前2000年）。^①

闻人军《考工记译注》将"悬绳"解释为"下端悬有重物自由下垂的绳子，其方向垂直于地面。后世称为线坠，现代叫铅垂线和垂球"^②。何驽《陶寺圭尺补正》认为《匠人》的"'槷'即指立表，'县'是悬挂在立表上的绳索，八根绳索贴附于立表，则证明立表是垂直于地面的，也就垂直于平地上平置的圭尺"，"事实上，陶寺M2200木表顶端直径只有4厘米，且表影过宽极不利于晷影准确判断，因而立表绝不可粗大为柱以系八绳，在木柱四角悬绳校正立表的做法实不足取，因此闻先生所谓的'垂悬说'是可能的"^③。

何驽《陶寺圭尺补正》揭示"陶寺圭表复原测影实验时对'立表垂悬'方法的实际验证"：

2009年6月21日中午陶寺圭表测影试验时，我们无意中遇到了立表垂直的问题。中午北京时间11：30我们在陶寺观象台埋设立表时，注意了平整平置圭尺的地面，却忽视了立表的垂直问题，没做"置槷以县"的工作。正午12：13，我们发现圭尺上晷影长距第11号色带夏至晷影标志点还差10余厘米，落在第14号黑色段内。我们预计至北京时间12：36时陶寺正午时刻，晷影不可能缩短到我们理论推测的第11号色带夏至标志点，旋即开始怀疑陶寺ⅡM22：43漆杆的圭尺功能。就在这一关键时刻，有天文学家发现立表向西北倾斜了，并没垂直于地面上的圭尺。于是我们立刻利用垂球垂线，目视垂线与立表杆剪影重合，即所谓"置槷以县，视以景"，从而校正立表垂直于圭尺。校正效果"立竿见影"，圭尺上的晷影立即向第11号色带缩近约5厘米。

试验证明，设立圭表，"水地以县，置槷以县，视以景"是保障测影结果科学准确不可或缺的技术流程与规范，用垂球校正立表的做法最具可行性。汉儒所谓"欲取柱之景先须柱正；欲须柱正，当以绳县而垂之于柱之四角四中，以八绳县之，其绳皆附柱则柱正矣"，显然是没有通过实验的想当然解释，"视以景"被误以为"取柱之景"，殊不知是视垂线与槷剪影重合从而校正立表垂直的操作方法。^④

《匠人》：为规，识日出之景与日入之景。

孙诒让："为规，识日出之景与日入之景"者，测东西之景也。《诗·大雅^⑤·沔水》笺云："规，正员之器也。"林乔荫云："此盖于土圭之外，别详测景之用。谓于地平上为圆规，而植槷其中，日出景在槷西，日入景在槷东，视景端与规齐之处识之，参以日中午正之景，则东西正。又中屈其规以指槷，而南北亦正。与土圭互相为用。"

郑玄：日出日入之景，其端则东西正也。又为规以识之者，为其难审也。自日出而画其

① 何驽《山西襄汾陶寺城址中期王级大墓ⅠM22出土漆杆"圭尺"功能试探》，《自然科学史研究》2009年第3期。
② 闻人军《考工记译注》110页，上海古籍出版社，2008年。
③ 《自然科学史研究》2011年第3期。
④ 何驽《陶寺圭尺补正》，《自然科学史研究》2011年第3期。
⑤ 引者按："大雅"当为"小雅"（阮元《十三经注疏》432页中）。

景端，以至日入，既则为规测景两端之内规之规之交，乃审也。度两交之间，中屈之以指臬，则南北正。

孙诒让：注云"日出日入之景，其端则东西正也"者，中国在赤道北，日景所照，恒偏指北。惟日初出时，景端正指东；日将入时，景端正指西，故正东西必视日出入时景端。《诗·鄘风·定之方中》云"揆之以日，作于楚室"，毛传云："揆，度也。度日出日入以知东西。"《周髀算经》云："以日始出立表，而识其晷，日入后识其晷，晷之两端东西也。中折之，指表者，正南北也。"皆即此法也。又《淮南子·天文训》亦有以表测景正朝夕之术，与此经及《周髀》并不同，盖汉以后所更定也。云"又为规以识之者，为其难审也"者，但识景端，恐尚不审，故复为规以考其合否也。云"自日出而画其景端，以至日入，既则为规测景两端之内规之规之交，乃审也"者，规之交，贾疏述注作"规交"。阮元云："'之'字盖涉上衍。"诒让案：此谓从日初出始有景时，测臬西之景端，画识之。随景东移，接续画之，至日入时，穷臬东之端不复有景处而止。既得其景，乃以臬为心，而于臬两端景线相距之内为圆规，其大尽景线之两端，周匝旋转，若规适相交，则东西正也；如有微差，则两端距臬心必不能同度，东长则东半规边线出西半规之外，西长则西半规边线出东半规之外，而不能交矣。故必规之交，东西乃审也。郑意盖如是。江永云："为规者，以树槷之处为心，而画墨于地为圆形，视朝景端之当规者识之，又视夕景端之当规者识之，作一横[1]线，于规心亦作一横[2]线，与之平行，则东西之位正矣。后世郭守敬作正方案，多为之规，树短表于案心，多为之墨，亦放此意而变通之，日景近二分时，朝夕有微差，当二至时，朝夕均，方位尤审。"戴震云："先为规而后识景，记文也。先识景，徐徐作点，后乃连为规，郑说也。"案：江、戴说是也。江谓先为规后识景，与经文合，似胜郑义。梅毂成、林乔荫说同。云"度两交之间，中屈之以指臬，则南北正"者，臬即八尺之臬，圆规两交之间，正与臬心南北相当，为直线，与东西横线交午为十字形。横线两端正指东西，则取直线折半屈之，两端正指南北矣。《周髀》正东西南北之法，即与此同，惟不为规，不若此之审。[3]

孙诒让疏解郑注"日出日入之景，其端则东西正也"："中国在赤道北，日景所照，恒偏指北。惟日初出时，景端正指东，日将入时，景端正指西，故正东西必视日出入时景端。《诗·鄘风·定之方中》云'揆之以日，作于楚室'，毛传云：'揆，度也。度日出日入以知东西。'《周髀算经》云：'以日始出立表，而识其晷，日入后识其晷，晷之两端东西也。中折之，指表者，正南北也。'皆即此法也。又《淮南子·天文训》亦有以表测景正朝夕之术，与此经及《周髀》并不同，盖汉以后所更定也。"

李鉴澄《晷仪——现存我国最古老的天文仪器之一》引用《定之方中》《匠人》《周髀算经》之后为之图释："《周髀算经》说得更明确……这段文章的大意是在空旷的平地上树立一表 A，以 A 为中心画一圆周。观察日出及日没时表影与圆周相交的两点 B 与 B'，把它们连接起来，BB' 就是东西方向了。把 BB' 的平分点 M 和表 A 连接起来，就是南北方向了

---

① 引者按："横"原讹"模"，据江永《周礼疑义举要》改。"则东西之位正矣"下《周礼疑义举要》说"折半作直线，则南北之位正矣"（阮元《清经解》第2册232页下），"直线"与"横线"相对，则"模线"之"模"形近致讹无疑。

② 引者按："横"原讹"模"，据江永《周礼疑义举要》改。

③ 孙诒让《周礼正义》4129—4131/3418—3419页。

（图6）。"又引《淮南子·天文训》"正朝夕，先树一表，东方操一表却去前表十步以参望，日始出北廉。日直入，又树一表于东方，因西方之表以参望，日方入北廉，则定东方。两表之中与西方之表，则东西之正也"，认为："《考工记》与《周髀算经》测定方向的方法，只用一个表。西汉的《淮南子·天文训》则使用一个固定的表和两个游动的表，共三个表。测定的方法用图说明（图7），即先在平地中央立一定表 A，然后在它的东方十步远的地方把一游动的表 B 移来移去，日出时由西向东北看（或向东、向西南看，视季节而定）；日没时在东方另立一游动的表 B'，从东往西北（或西、或西南）看。这里 S 为日出时日面中心，S' 为日没日面中心。观测时要使 ABS 和 $B'AS'$ 各成直线，并且 AB 等于 AB'。这样游表 B 与 B' 的中心点 M 与定表 A 连线就是正东西。"[1]

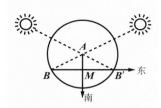

图6 《考工记》《周髀算经》测定方向示意图

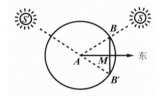

图7 《淮南子·天文篇》测定东西方向示意图

《匠人》：昼参诸日中之景，夜考之极星，以正朝夕。

孙诒让："昼参诸日中之景"者，兼测南北之景也。日中，谓日加午时，其景与前指臬之南北线相合，则正也。凡日中景端必正指北，故《墨子·经上篇》云："日中，正南也。"云"夜考之极星，以正朝夕"者，极星恒居正北，测其与所识日中之景合否也。正朝夕者，举东西以晐南北也。《春秋繁露·深察名号篇》云："正朝夕者视北辰。"《晏子春秋·杂篇下》云："古之立国者，南望南斗，北戴枢星，彼安有朝夕哉？"北辰、枢星并即极星，董、晏二子说与此经合。程瑶田云："朝夕即《大司徒职》所谓景朝景夕也。正朝夕者，正其东西也。必夜考之极星者，极星与地中正南北相直者也。日东立表，北视极星，则在表西；日西立表，北视极星，则在表东，南北不相直者也。当地中未得，其求之时，使不考之极星，安知尺有五寸者之为地中；而日东景夕，日西景朝，使不考之极星，又安从而知其景之夕与景之朝哉？是故考极星者，测景之权衡，而正朝夕以求地中，舍是则弗得其求也。"林乔荫云："夜考极星，经既未言其术，郑注亦不之及，惟贾疏谓当夜半考之。而所以考之之方，究未明也。窃案：《周髀》有云：'正极之所游，冬至日加酉之时，立八尺表，以绳系表颠，希望北极中大星，引绳致地而识之。又到旦明日加卯之时，复引绳而希望之，首及绳致地而识其端。其两端相去，正东西；中折之以指表，正南北。'此即所谓夜考极星者。正

——————
[1] 《科技史文集》（天文学史专辑）36—37页，上海科学技术出版社，1978年。

犹定也，谓定极星所在之处也。八尺表即八尺之槷，于地平之所立之。以绳系表颠，亦置槷以县之意也。其必于冬至日加卯酉之时者，以冬至前后卯酉之间皆得见星，故于此时希望。引绳致地，识其两端，其相去为东西之正，犹为规识景，以日出日入参诸日中而正东西也。中折其所识之两端，以指表为南北之正，犹测景之规，度两交之间，以指槷而正南北也。是其法与测景略同。"案：林氏据《周髀》以释此经考极星之法，是也。但《周髀》望极星定于二至，故必以卯酉二时；此经正朝夕则通四时言之，故考必以夜。以卯酉二时，惟二至乃见极星，若夜则通四时无不见也。此经与《周髀》法，盖大同小异。又案：《毛诗·鄘风·定之方中》传云："南视定，北准极，以正南北。"则古法正南北兼考中星，盖中星必在正南，与极星在正北，亦参相直也。但中星无定，随时变易，不若日中之景及极星之不差，故此经略之耳。

郑玄：日中之景，最短者也。极星，谓北辰。

孙诒让：注云"日中之景，最短者也"者，日中暑直，故景最短也。云"极星，谓北辰"者，《尔雅·释天》云："北极谓之北辰。"《公羊·昭十七年传》云"北辰亦为大辰"，何注云："北辰，北极，天之中也，常居其所。迷惑不知东西者，须视北辰，以别心伐所在。"徐疏引李巡云："北极，天心，居北方，正四时，谓之北辰。"许宗彦云："《匠人》'夜考诸极星以正朝夕'。今北极星甚小，不易辨。《周髀》曰：'冬至日加酉之时，立八尺之表，绳系表颠，希望北极中大星，引绳至地而识之。'盖《周髀》本言北极中大星，则非今所指之小星可知也。《史记·天官书》'中官天极星，其一明者，太一常居'。北极大星，或即此欤？今法测句陈大星东西所极，折中以定南北，与《周髀》北极枢璇之用正同。若《论语》所云'北辰'，即《周髀》所谓'正北极璇玑之中，正北天之中'者，盖赤道极也。"邹伯奇云："《论语》《尔雅》'北辰'，皆通指北极四星言之，犹大火谓之大辰，伐谓之大辰，皆不必定指一星也。谓之北辰者，居天之北，以正四时。然惟不正当不动处，故可因其四游以测日度，而知节候。"诒让案：天体浑圆，二极居其中，为左旋之极。周王城为今河南洛阳县。今实测北极出地三十四度四十三①分，南极入地亦如之。南极不见，故揆测者必以北极为宗。《续汉书·天文志》刘注引张衡《灵宪》云："天有两仪，以儦道中。其可睹者，枢星是也，谓之北极。在南者不著，故圣人弗之明焉。"是也。北极正中，即天之中，古谓之天极，又谓之北极枢，后世谓之赤道极。然天中之极，无可识别，则就近极之星以纪之，谓之极星。沿袭既久，遂并称星为北极，又谓之北辰。然则北极者，以天体言也；北辰者，以近极之星言也。《吕氏春秋·有始览》云："极星与天俱游，而天极不移。"《周髀算经》云："欲知北极枢璇玑周四极，常以夏至夜半时北极南游所极，冬至夜半时北游所极，冬至日加酉时西游所极，日加卯时东游所极，此北极璇玑四游，正北极枢璇玑之中，正北天之中。"《周髀》之说与《吕览》正同。璇玑者，即极星，故《续汉志注》引《星经》云，"璇玑谓北极星也"，《尚书大传》云"璇玑谓之北极"，是也。北极枢者，即天极也。然则极星绕极四游，非不移者。其不移者，乃天极耳。《论语·为政篇》云："譬如北辰居其所，而众星共之。"此亦谓天极。而曰北辰者，举星以表极，许氏谓即指赤道极，是也。至古天文家说极星，或以为四星，《史记·天官书》云："中官天极星，其一明者，大一，常居也。旁三星三公，或曰子属。"《汉书·天文志》说同。或以为五星，《史记索隐》引《春秋合诚图》云："北极，其星五，在紫微中。"《开元占经·石氏中官占篇》引石氏说同。则兼数天枢小星。《晋书·天文志》云：

---

① 引者按："三"原讹"二"，据孙校本改。

"北极,五星,在紫①宫中。北极,北辰最尊者也。其纽星,天之枢也。第二星,帝王也,亦大乙之坐,谓最赤明者也。"《隋书·天文志》、苗为《天文大象赋》、丹元子《步天歌》,说并略同。考《史记》所云天极四星,其一明者,即《晋志》北极第二星最赤明者,苗为谓之帝星,丹元子谓之大帝之坐。今名与苗为同。《史记》所云旁三星,苗为谓之太子、庶子、后宫三星,今名亦同。《晋志》所谓纽星,苗为亦以为后宫属,丹元子则以为第五星天枢,今直谓之北极,此星距帝星较远,故《史记》不数。《说苑·辨物篇》说《书》"璇玑玉衡"云:"璇玑,谓北辰句陈枢星也。"《说苑》之枢星,即所谓天枢,今所谓北极者,而刘向以与北辰并称,则亦不数枢星矣。其考测亦有二法:有专测帝星者,《周髀》"立表希望北极中大星"是也;有测枢星者,晏子云"北戴枢星"是也。《占经》引《黄帝占》云:"北极者,一名天枢,一名北辰。天枢,天一座也。"又《灵宪》云:"枢星谓之北极。"《隋书·天文志》云:"贾逵、张衡、蔡邕、王蕃、陆绩②,皆以北极纽星为枢,是不动处。"此经极星,其为帝星、枢星,无可质证。要之古说北极星或四或五,其考测或主帝星,或主枢星,皆先秦旧术也。至二极终古如一,而极星则随恒星东徙,今则纽星移远极至五度四十五分,而不动之处乃在钩陈大星与纽星之间,故推步家改以钩陈大星测极。然《说苑》虽以钩陈与北辰枢星同为璇玑,已开以钩陈测极之端,而终不以钩陈当北辰,知古经无是义也。又北极帝星,即郑所谓天皇大帝名耀魄宝者。《占经》引甘氏别有天皇大帝星,在钩陈口中,今名亦同,郑所不从。互详《大宗伯》疏。③

方孝博《测臬影定南北方位问题(共二条)和有关资料》认为郑玄注文"描写利用臬影测定南北方向的方法最为详赡"。郑玄注:"槷,古文臬假借字。于所平之地中央树八尺之臬,以县正之。"方孝博《测臬影定南北方位问题(共二条)和有关资料》指出"此谓用悬线铅垂法校正臬使它和地面准确地垂直";郑玄注"视之以其景",方孝博指出"此谓观察臬在

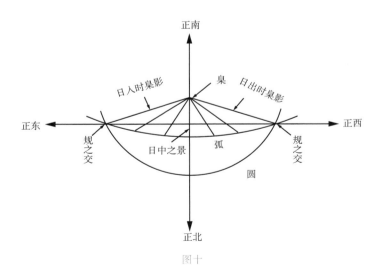

图十

① 引者按:"紫"下原衍"微",据孙校本删,与《晋书》(中华书局,1974年,第289页)合。
② 引者按:"陆绩",《隋书·天文志》(魏征等《隋书》529页)作"陆绩"。据《三国志·吴书》(陈寿《三国志》1328页),"陆绩字公纪"。吉常宏、吉发涵《古人名字解诂》(语文出版社,2003年,152页):"绩、纪皆为治丝之名,故相协。"
③ 孙诒让《周礼正义》4131—4135/3419—3422页。

日光下的影子"；郑玄注："将以正四方也。日出日入之景，其端则东西正也。又为规以识之者，为其难审也。"方孝博指出"此谓根据日出时和日入时臬的影端就可以决定正东正西的方向，但因影端位置很难审定，所以要用'为规以识之'的方法"；郑玄注"自日出而画其景端，以至日入"，方孝博指出"此谓从日出时起，随时画臬影之端而识之，以至于日入之时。日出日入时臬影最长，自日出至日中影由长渐短，日中时影最短，自日中至日入影又由短渐长。随时在影端做一记号，并把各记号联成一个轨迹，一定是一段弧而不是半圆，如图十所示"；郑玄注"既则为规"，方孝博指出"用一绳一端系于臬上，取从臬到日出或日入时影端的举例为绳长，绳另端系一笔，准备在地上画圆，这就是所谓'规'"；郑玄注"测景两端之内规之，规之交乃审也"，方孝博指出"用上面做成的那个圆规，以中臬之处为心，以日出或日入时影长为半径，在地上画一圆周，和上面得到的影端轨迹之弧相交于两点，这两个交点就是日出时和日入时的影端，地位才准确"；郑玄注"度两交之间中屈之以指臬，则南北正"，方孝博指出"此谓过两交点作一直线，就是所画圆周的一个弦，依弦的垂直平分方向中折之，令两焦点相重合，得一折线，此线应通过中臬，线所指的方向就是正南北的方向"；郑玄注"日中之景，最短者也。极星谓北辰"，方孝博指出"日中在正南，其时臬影最短，而在臬北，如果这时臬影和上面得到的南北折线重合，则这个折线的方向就真正是正南北方向了。北辰在正北方。夜间考察北辰的方位，如果恰恰就是通过臬的折线所指的方向，更证明这个南北方向是正的。南北方向正，则东西方向亦正。东西方向正，则朝夕的时刻亦正"[①]。

程建军《"辨方正位"研究》(二)图解《考工记》上述语意如下："在平地上树一表于O点，观察并画下日出及日入时的表影，然后以O为圆心画圆，圆周线与日影线分别交于P、P'两点，PP'连线即东西向，南北定向法同《周髀算经》之法，该法见图18。《考工记》之记载还可以图20解：与上述不同之处在于记下日出与日入表影端点P和P'，然后以P、P'为圆心画圆或弧，使两圆或弧相交两点N和O（假定半径为OP），如是，ON连线即南北向。'夜考之极星'是在夜间利用对北极星的观察校正

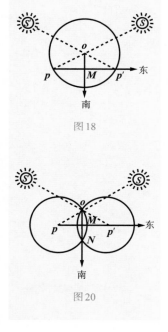

图18

图20

_____

[①]　方孝博《墨经中的数学和物理学》104—105页，中国社会科学出版社，1983年。

南北的方向。其方法如图19所示：于白天定的连线 PP' 中点 M 再立一表，通过表 M、表 O，观察北极星 H，看 MOH 是否于一条直线上。"①

刘洁民《中国传统数学中的平行线》认为《考工记》这段记载是"在讲解建筑施工时引用了天文学中测定东西方向的方法"：

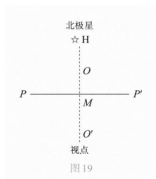

图19

引文中"水地"即把地面修整成水平，其下"以悬"二字可能是衍文，也可能是平整好地面后，再用绳悬一重物检验是否垂直，"悬"是用绳悬一重物，相当于现在的铅锤。"槷"即测量用的标杆。"景"即"影"。这段文字的大意是：匠人在修建国都时，首先把地面修整成水平，然后垂直于地面立一标杆，标记好日出与日落时的杆影，用圆规在其上截取相等的长度，以确定东西方向。白天以正午时的杆影为参照，夜晚则以北极星为参照。

如图1所示，人的视野是一个圆盘，人位于圆心。在圆心垂直于地面立一标杆 O。日出点 N 与日落点 M 的连线是东西方向，现在欲作一条直线与之平行。

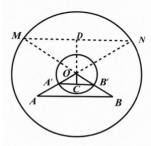

图1 《考工记》中的方向线作法

设日出时的杆影是 OA，日落时的杆影是 OB，由于人们当然地取东西方的一对对称点做为日出点与日落点，所以相应的杆影长度是相同的，其端点连线 AB 就是满足要求的直线。但是，由于日出日落时杆影很长，其端点可能也不易测量，因此又用圆规截取等长的 OA' 与 OB'，联 $A'B'$，亦满足要求。可见这一过程使用了两次平行概念，并涉及平行性的传递：

$$AB//MN, A'B'//AB \Longrightarrow A'B'//MN$$

为了确保作出的 $A'B'$ 为 MN 的并行线，书中还提出观测正午时的杆影以及北极星，即作出南北方向的一条直线，亦即作 $CD \perp MN$，然后考查 $A'B'$ 是否与 CD 垂直，这应是认识到了"垂直于同一直线的两条直线平行"这一事实。把上述过程用纯几何的形式叙述出来，就可以在数学上严格地作出 MN 的并行线 AB 或 $A'B'$。不过，与欧几里得几何中"过已知直线外一定点作平行线"的命题相比，上述过程还不能满足"过定点"的要求，在数学上当然还是不能令人满意的。②

① 《古建园林技术》1987年第4期。
② 刘洁民《中国传统数学中的平行线》，《自然科学史研究》1992年第1期。

2. 经纬　祖社　朝市

《匠人》：匠人营国，方九里，旁三门。

孙诒让："匠人营国，方九里"者，谓营王都也。贾疏云："按《典命》云：'上公九命，国家、宫室、车旗、衣服、礼仪以九为节。'侯伯子男已下，皆依命数。郑云'国家谓城方。公之城盖方九里，侯伯七里，子男五里。'并《文王有声》诗笺差之，天子当十二里。此云九里者，按下文有夏殷，则此九里通异代也。郑《异义驳》或云周亦九里城，则公七里，侯伯五里，子男三里，不取《典命》等注。由郑两解，故义有异也。"焦循云："方九里，以开方计之，径九里，围三十六里，积八十一里也。《尚书大传》云：'古者百里之国，九里之城。'注云：'玄或疑焉。"匠人营国，方九里"，谓天子之城。今大国九里，则与之同。然则大国七里之城，次国五里之城，小国三里之城为近。'又其《驳异义》云：'公七里，侯伯五里，子男三里，准此，天子之城九里也。'及注《典命》，则疑公之城方九里，侯伯之城方七里，子男之城方五里。而《坊记》注、《大雅·文王有声》笺并用此说。今按：《周书·作雒篇》云：'作大邑成周于土中，城方千六百二十丈。'计每五步得三丈，每百八十丈得一里，以九乘之，千六百二十丈，与《考工》九里正合，则谓天子之城九里者是也。"金鹗云："以《典命》注推之，天子之城宜方十二里。郑盖以《典命》《匠人》俱有正文，故两解不定。《左氏隐元年传》云：'都城过百雉，国之害也。先王之制，大都不过参国之一。'夫郑，伯爵也。侯伯城方三百雉，雉长三丈，三百雉得九百丈，适足五里。推而上之，天子当九里矣。《孟子》言'三里之城'，此国城之小者，当是子男之城。子男城方三里，可知天子城有九里也。《射人》三公执璧，与子男同。《五经异义》'古《周礼》说，都城之高皆如子男之城'，指三公大都言。然则大都城方亦当如子男。《作雒》言'大县城方王城三之一'，与《左传》大都参国之一合。天子城方九里，则大都方三里，适与子男同。若城方十二里，则大都方四里，与子男五里不同；苟亦方五里，非参国之一矣。《匠人》言王城隅高九雉，诸侯七雉；古《周礼》说公七雉，侯伯五雉；《礼器》言天子堂高九尺，诸侯七尺：皆九降为七，其例相合，又何疑于九里之说哉？《大雅》'筑城伊淢'，郑笺以淢为成沟，成十里，谓文王之城大于诸侯，而小于天子，说者以为天子城方十二里之证。然此特谓城放乎淢以为池，池深广与淢等，非谓城有十里也。文王方为诸侯，其城安得独大哉？贾谓匠人'九里'，或是夏殷之制，以下文有夏后氏世室、殷人重屋也。然《考工》一书，皆言周制，惟世室、重屋，明标夏殷，以见其与周之明堂同中有异，非《匠人》所言皆夏殷制也。"案：焦、金二说是也。陈启源、戴震、林乔荫说同。《续汉书·郡国志》刘注引《帝王世纪》说成周云："城东西六里十一步，南北九里一百步。"又《晋太康地道记》云："城内南北九里七十步，东西六里十步，为地三百顷十二亩三十六步。"此敬王以后王都之制，轮亦不逾九里，而广复朒焉，足征此记之为周制矣。互详《典命》疏。王城方九里，积八十一里，地每里九夫，则积七百二十九夫也。王城郛郭里数，经注并无文。案《作雒篇》云："郛方七十二里。"依其说，是郛大于城八倍，于理难信。《作雒》别本作"七十里"，金履祥《通鉴前编》又作"十七里"，亦皆无分率可说。考《孟子·公孙丑篇》云"三里之城，七里之郭"，《国策·齐策》貌勃说即墨云"三里之城，五里之郭"，又田单云"五里之城，七里之郭"，是郭大于城不得过二倍，足证今本《周书》之讹。以意求之，疑《作雒》当作"郛方二十七里"。

据《典命》注说九里之城，其宫方九百步，则周王宫亦必方三里。若然，宫三里，城九里，郭二十七里，皆以三乘递加，于差分比例正合。今本《周书》"二""七"上下互易，遂不可通耳。依此计之，则郭中积七百二十九里，除城中八十一里，余六百四十八里，积五千八百三十二夫，通为国中也。又案：《公羊·定十一①年传》云"百雉而城"，何注云："二万尺，凡周十一里三十三步二尺，公侯之制也。礼，天子千雉，盖受百雉之城十，伯七十雉，子男五十雉。"此说复与郑异。焦循云："雉长三丈，每里为雉六十。天子之城径五百四十雉，周二千一百六十雉；公之城径四百二十雉，周一千六百八十雉；侯伯之城径三百雉，周一千二百雉；子男之城径一百八十雉，周七百二十雉。如何休说，则千雉为二十万尺，凡周一百十一里三十三步二尺，方径得二十七里一百②十步五尺，城不应如是之大。子男五十雉，周五里一百六十六步三尺有奇，方径一里一百十六步十五尺有奇，于地又太狭。何氏本《春秋》说，与郑不合，存其异说可也。"案：焦说亦是也。何说雉长二百尺，与古说并不合。其所说天子城千雉，即以郑说雉长三丈计之，亦得十六里有二百步，与经必不相应也。雉制，详后疏。

　　郑玄：营谓丈尺其大小。天子十二门，通十二子。

　　孙诒让：注云"营谓丈尺其大小"者，《广雅·释诂》云："营，度也。"营国以丈尺度其大小，若量人所量是也。贾疏谓"丈尺据高下而言，大小据远近而说"，误。云"天子十二门"者，四旁各三门，总十二门。《月令》云九门者，金鹗以为上公之制，与此异也。云"通十二子"者，贾疏云："按《孝经援神契》云：'天子即政，置三公、九卿、二十七大夫、八十一元士，慎文命，下各十二子。'如是，甲乙丙丁之属十日为母，子丑寅卯等十二辰为子，故王城面各三门，以通十二子也。"③

　　王城的规模"方九里"，王贵祥《关于中国古代宫殿建筑群基址规模问题的探讨》认为"即边长为9里"："这里存在两种可能，一种是'九平方里'，即边长为3里的一座城池；另一种是'九里见方'，即边长为9里的一座城池，当然，也有一种可能是在城内纵横各布置了9个里坊。以古代文献的叙述习惯，以边长为9里的可能性较大。古代文献中描述一座城池或建筑群的面积，通常有两种表述方式，一种是'周回'多少里，或多少丈、多少步，这是以城市或建筑占地的周长来描述的，如《洛阳伽蓝记》卷四城西节：'御道南有洛阳大市，周回八里。'另一种是'方'多少里，或多少丈多少步，这是以城市或建筑占地的边长来描述的，如同样是《洛阳伽蓝记》卷三城南节：'景明寺……在宣阳门外一里御道东。其寺东西南北，方五百步。'由此推知，《周礼》中所设想的王城是一座每面边长为9里（或城内纵横各有9个里坊）的城池。"④

　　关于"方九里"，刘庆柱《汉长安城的考古发现及相关问题研究——纪念汉长安城考古工作四十年》："成书于战国时代的《考工记》，所载都城、宫城平面形制，反映出的崇'方'思想，已达极至。其载'匠人营国，方九里'，公的城方七里，侯伯的城方五里，子男的城方三里。王城中的宫城，郑玄认为其规模'方各百步'，即所谓'一夫'，平面仍为方形。汉长安

① 引者按："十一"当为"十二"，见阮元《十三经注疏》2342页上。
② 引者按："二"原讹"三"，据孙校本改，与焦循《群经宫室图》（王先谦《清经解续编》第2册，第439页下）合。
③ 孙诒让《周礼正义》4137—4140/3423—3425页。
④ 《中国紫禁城学会论文集》第五辑，紫禁城出版社，2007年。

城和未央宫继承了先秦时代宫城崇'方'传统做法,同时又对西汉时代各类重要皇室建筑产生了重要影响。汉长安城南郊礼制建筑中的'宗庙'遗址之'大院'和'小院',平面均为方形,'小院'之内的中心建筑平面亦为方形①。官稷遗址的两重相套的大、小院子平面均为方形②。辟雍遗址中心建筑及其外院子的平面皆为方形③。"④

关于"旁三门",刘庆柱《汉长安城的考古发现及相关问题研究——纪念汉长安城考古工作四十年》:

> 先秦都城中,河南偃师商城和郑州商城的城门数量目前还不甚清楚⑤。齐临淄大城城门共8座,其中西门1、东门3、南门和北门各2座;小城城门共5座,其中东、西、北门各1、南门2座⑥。楚都郢城有7座城门(包括2座水门),其中西、南、北门各2座(南、北门中各包括1座水门),东门1座⑦。鲁国故城城门11座,东、西、北门各3座,南门2座⑧。鲁城的城门数量与分布情况与《考工记》记载最接近。汉长安城是中国古代都城中唯一一座四面各置3座城门、全城共12座城门的都城。从汉长安城开始形成的这种规整的都城城门配置制度,在以后历代都城城门建制中产生了深远影响。如东汉洛阳城共12座城门,其中东、西门各3座,南门4座、北门2座⑨;隋唐长安城共13座城门,其中东、西、南门各3座,北门4座⑩;元大都有11座城门,城门分布亦为东、西、南门各3座,北门2座⑪。上述都城均为南北轴线,轴线左右(即东、西)或谓其"旁",它们的东、西城门各为3座,大概应属于"旁三门"之制,这应是受到汉长安城城门制度的影响。
>
> 班固《西都赋》载:"披三条之广路,立十二之通门。"张衡《西京赋》亦载:"城郭之制,则旁开三门,参涂夷庭,方轨十二,街衢相径。"汉长安城已发掘的宣平门、霸城门、西安门和直城门,均为一门三道,与文献记载一致。"一门三道"应为汉长安城城门的统一形制。这种门制,先秦文献已有记载⑫。从目前考古资料来看,"一门三道"城门形制可上溯到春秋时代晚期的楚纪南城,其西城门(西城垣北门)和南城门(其中的水门)各有三个门道。纪南城共发现7座城门,除了以上二门各为三个门道之外,其余5座城门均为"一门一道"⑬。看来"一门三道"在纪南城并未形成定制。纪南城西垣北门和南垣水门的"一门三道"恐与汉长安城的"一门三道"意义并不相同。
>
> 汉长安城所有城门"一门三道"的情况,在中国古代都城中是出现最早的,此后这一制度为历代都城相沿。⑭

① 中国科学院考古研究所汉城发掘队《汉长安城南郊礼制建筑遗址发掘简报》,《考古》1960年第7期。
② 王仲殊《汉长安南郊礼制建筑遗址》,《中国大百科全书·考古学》162页,中国大百科全书出版社,1984年。
③ 唐金裕《西安西郊汉代建筑遗址发掘报告》,《考古学报》1959年第2期。
④ 《考古》1996年第10期。
⑤ 河南省文物研究所《河南考古四十年》387页,河南人民出版社,1994年。
⑥ 张学海《临淄齐国故城》,《中国大百科全书·文物博物馆》318页,中国大百科全书出版社,1993年。
⑦ 湖北省博物馆《楚都纪南城的勘查与发掘(一)》,《考古学报》1982年第3期。
⑧ 山东省文物考古研究所等《曲阜鲁国故城》,齐鲁书社,1982年。
⑨ 王仲殊《汉代考古学概说》6页,中华书局,1984年。
⑩ 中国科学院考古研究所西安唐城发掘队《唐代长安城考古纪略》,《考古》1963年第11期。
⑪ 中国科学院考古研究所,北京市文物管理处元大都考古队《元大都的勘查和发掘》,《考古》1972年第1期。
⑫ 《十三经注疏·周礼注疏》:"匠人营国,方九里,旁三门。国中九经九纬,经涂九轨。"贾公彦疏:"王城面有三门,门有三涂,男子由右,女子由左,车从中央。"
⑬ 湖北省博物馆《楚都纪南城的勘查与发掘(一)》,《考古学报》1982年第3期。
⑭ 刘庆柱《汉长安城的考古发现及相关问题研究——纪念汉长安城考古工作四十年》,《考古》1996年第10期。

瓯燕《战国都城的考古研究》指出"这种一门三道的形制,目前只有从纪南城中看到":

纪南城有城门7座,除东门1座,余三面各2座。临淄城门11座:其中小城5座,位南面2座,余三面各1座;大城6座,有南、北门各2座,东、西门1座。曲阜城门11座,其中南门2座,余三面各3座。《考工记》云:"国中九经九纬,经涂九轨。"贾公彦疏:"王城面有三门,门有三涂,男子由右,女子由左,车从中央。"这种一门三道的形制,目前只有从纪南城中看到。经试掘的纪南城的西垣北侧门和南垣西侧门均是一门三道。前者在城门中设置二个各宽3.6米,长与城墙等宽的夯土垛,形成中门道宽7.8米,边门宽3.8～4米的形制。后者正当新桥河入城处,因此是一座独具南方特色的木构水门建筑。四排木柱组成了一门三道,各门道宽3.3～43.40米,足容木舟通过。其他各都城城门据报导皆是一个门道,门宽约8～20米。[1]

《匠人》:国中九经九纬,经涂九轨。

孙诒让:"国中九经九纬,经涂九轨"者,贾疏云:"王城面有三门,门有三涂,男子由右,女子由左,车从中央。"焦循云:"疏所引《王制》文。彼注云'道中三涂',盖谓一道之中,分而为三。疏以此三涂即九经九纬之三,而男女与车各行一涂也。若然,则涂虽有九,道止有三。每涂九轨,则每道二十七轨,为步三十有六,其度为太广。或三涂分为三处,则三涂即是三道,不得为一道二涂。且每涂皆以轨度,断非仅以中涂行车,若左右之涂止行男女,又何用此九轨之广哉?经文曰'九经九纬',又曰'经涂九轨',其制甚明,《王制》所云三道路,与涂为通称。郑所云一道三涂,犹云一涂中分为三涂。一之为三,以男女车而别,非真界画为三,如每门之三涂也。"案:焦说是也。《吕氏春秋·乐成篇》云:"孔子用于鲁,三年,男子行乎涂右,女子行乎涂左。"是一涂分为左右中之证。王城旁三门而涂有九,则每门有三涂,故《文选》张衡《西京赋》云"旁开三门,参涂夷庭",薛注云"一面三门,门三道"是也。实则九涂之中,正当门者止三涂,其六皆不当门,盖并由环涂以达之。

郑玄:国中,城内也。经纬谓涂也。经纬之涂,皆容方九轨。轨谓辙广,乘车六尺六寸,旁加七寸,凡八尺,是为辙广。九轨积七十二尺,则此涂十二步也。旁加七寸者,辐内二寸半,辐广三寸半,绠三分寸之二,金辖之间三分寸之一。

孙诒让:注云"国中,城内也"者,《乡大夫》注云:"国中,城郭中也。"与此义同,谓王城之内也。云"经纬谓涂也"者,贾疏云:"南北之道为经,东西之道为纬。"云"经纬之涂,皆容方九轨"者,焦循云:"容方九轨者,容广九轨也。"诒让案:经无纬涂轨数,郑知亦九轨者,后文唯云"环涂七轨,野涂五轨",明纬涂轨数同经涂,故不别出也。"方九轨"者,《淮南子·氾论训》高注云:"方,并也。"谓容并列九轨。《吕氏春秋·权勋篇》云:"中山之国有厹繇者,智伯欲攻之,为铸大钟,方车二轨以遗之。"《史记·苏秦传》亦云"车不得方轨"是也。《左传·隐十一年》杜注云:"逵,道九轨。"[2]孔疏引李巡《尔雅注》说同。若然,经纬涂亦通称逵与?云"轨谓辙广"者,阮元云:"《说文》无辙,当作'彻'。"

① 瓯燕《战国都城的考古研究》,《北方文物》1988年第2期。
② 引者按:"九"前《春秋左传正义》(阮元《十三经注疏》1736页上)有"方"字:"逵,道方九轨。"

案：阮校是也。后经注皆作"彻"。《说文·车部》云："轨，车彻也。"段玉裁云："车彻者，谓舆之下两轮之间，空中可通，故曰车彻，是谓之车轨。轨之名，谓舆之下隋方空处，《老子》所谓'当其无，有车之用'也。高诱注《吕氏春秋》曰：'两轮之间曰轨。'毛公《匏有苦叶》传曰：'由辀以下曰轨。'两轮之间，自广陿言之，凡言度涂以轨者必以之。由辀以下，自高庳言之，《诗》言'濡轨'，《晏子》言'其深灭轨'。以之。"案：段说是也。车之两轮间为轨，因以两轮所报之迹为轨，《中庸》云"车同轨"，《孟子·尽心篇》云"城门之轨"是也。后文云"涂度以轨"，故此言经纬涂之广，并以轨计之。云"乘车六尺六寸，旁加七寸，凡八尺，是谓辙广"者，乘车六尺六寸，见《总叙》。左右轮旁各加七寸，共加一尺四寸，是辙广八尺也。云"九轨积七十二尺，则此涂十二步也"者，轨广八尺，以九乘之，得积七十二尺；以步法收之，适得十二步也。焦循云："每涂容方九轨者，累二百二十五，推城中为方一里者八十一，每方一里中，积九万步，经纬各三千六百步，减中互百四十四步，共得经纬积七千一百五十六步，余八万二千八百四十四步。一城之中，九经九纬，共积五十七万九千六百三十六步，余积六百七十一万三百六十四步。又环涂减五万八千九百七十步四尺，余六百六十五万一千三百九十三步三分步之一。凡朝市、苑囿、学校皆夺涂之地，涂之于城，盖不足十之一也。"云"旁加七寸者，辐内二寸半，辐广三寸半，绠三分寸之二，金辖之间三分寸之一"者，郑珍云："辐内毂长九寸半，只有二寸半者，以其七寸入舆下也。金者，大穿之钢也。其去内辖不可太切，使之利转，故金辖相去其间有三分三厘强也。轨以两轮所践之迹相距之广为度，其度自牙外边所及为限，牙外践一分，则度广一分。假令牙不偏出，以三寸半之厚与三寸半之辐股凿正对，即所践之迹亦与股凿正对。是两轮之间，止有车广、辐内辐广及金辖间之数，而轨不及八尺矣。今辐股向外一边不杀，直入牙凿，凿之外边有六分六厘强，是多践六分六厘强，合成轨度八尺。"案：郑子尹说是也。'辐广三寸半'，《轮人》注同。此与凿深同，皆得捎薮余径之半，故三寸半也。'辐内二寸半'者，辐距舆之度。'绠三分寸之二'者，亦《轮人》文，此牙外出于辐股凿之度也。并详《轮人》《舆人》疏。又案：轨广八尺，凡兵车、乘车、田车并同。盖度涂以轨，为周人度法之要事，必无不斠若画一者。此注及《总叙》注并唯云乘车者，文不具也。至《车人》大车、羊车、柏车，虽不驾马，辐广及轮绠数亦不与乘车同，而撡以同轨之义，亦当无异彻。彼经云"彻广六尺"者，自是误文，郑于彼注未能刊正，实为疏舛。不知凡轴上舆下，小车有两𫐐，大车有两辕，舆皆不正与毂相切，则长毂者或入舆下，短毂者或出舆外，消息之以合八尺之彻，无所不可，八尺之轨固大小车之通度矣。互详《车人》疏。[①]

对于"国中九经九纬，经涂九轨"，贺业钜《考工记营国制度研究》：

从"九经九纬"的含义，我们当可体察路的形制。"九经九纬"实即经纬道各三条。一道三涂的分工是，中央一涂为车道，左、右为人行道。《王制》云："道路男子由右，女子由左，车从中央。"

近年考古工作者在湖北江陵楚郢都（纪南城）的西垣北门遗址，发现有两门垛三门道，表明与此相对应的道路当为"一道三涂"之制[②]。这三条门道宽度不等，两侧门道各宽3.8～4米，中间门道宽约7.8米。可能两侧为人行道，中间为车道（图6-1）。楚郢都是春秋战国时代的名城。这个考古发现，为我们提供了目前所知的最早的"一道三涂"之制的实例。

---

① 孙诒让《周礼正义》4140—4143/3425—3428页。
② 《楚都纪南城的勘查与发掘》（上），《考古学报》1982年第3期。

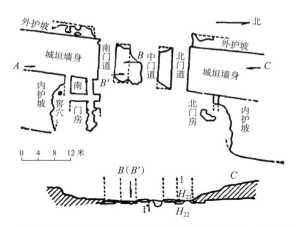

图6-1　楚郢都西垣北门遗址平、剖面图（摹自《考古学报》，1982年第3期）

汉长安的道路仍继承一道三涂之制，一些文献都有明确记载。……从这些文献材料，可以了解长安的道路是分为三涂的。中为驰道，也就是车道，左右为人行道，左出右入。三涂的分工及交通管理，都是有条不紊的。一九五八年发表的《汉长安宣平城门的发掘》一文[1]，从考古工作上证实了文献记载的真实性。考古报告称："一门三道，每一门道可容四个车轨，三个门道共容十二个车轨（门道实际宽度，须从8米中减去两侧立柱所占的2米，计6米；汉代的车轨据霸城门的发现为1.5米）。由城门通往城内的大街各由三条并列的道路组成，它们的宽度与门的门道一致。"

"驰道"制度并非汉人首创，秦始皇时就曾有此制（见《汉书·贾山传》）。从《王制》及《匠人》九经九纬之制来分析，"驰道"制度当是从周人一道三涂的"中涂"发展起来的。当时"中涂"的功能就是专供奴隶主贵族车马驰骋的。周人以中央方位为尊，故"中涂"专供奴隶主贵族使用，正是从交通上实施礼治规划秩序的表现。由此可见，秦汉及以后各代的驰道制度，实系继承周代中涂遗制的产物了。

据一道三涂之制，每条主干道各由三涂组成，恰好共为经九涂及纬九涂。《匠人》所谓"九经九纬"，其含义便是如此。主干道都直对城门，这组经纬各三条垂直相交的主干道，便是互相对应的十二座城门之间的联络道（图2-1）。[2]

对于"国中九经九纬，经涂九轨"，史念海《〈周礼·考工记·匠人营国〉的撰著渊源》认为："这是有关都城中交通设置，也是相当重要的。九经九纬的道路，其前提是要都城四面城墙每面都有三门。而且东西两面的三门都应相互对称，南北两面的三门也应都是一样的，齐国临淄城和鲁国曲阜城，都可以说是九里之城，或者是近于九里之城，可是所设的城门都不是十二门，这就难得彼此相应对称，也就说不上九经九纬了。成周王城四面城墙虽有差距，但差距并非过于显著，应该设置十二门的。但除过圉门、鼎门、乾祭三门之外，别无所知。就是乾祭门也是后来才增建的，是否就在十二门之列，更是需要再事斟酌的。所以这些就无由一时提起。应该说，构成九纬和九经的规模，是先要具备经涂九轨。就是每条

① 《考古通讯》1958年第4期。
② 贺业钜《考工记营国制度研究》，中国建筑工业出版社，1985年，125—129页。

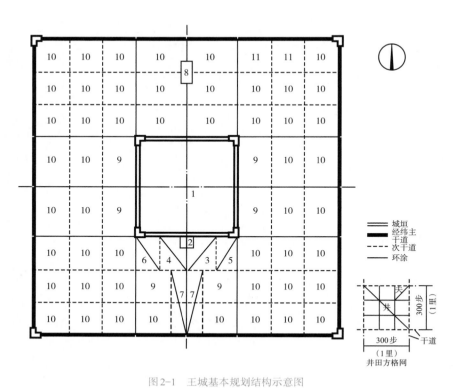

图 2-1　王城基本规划结构示意图

1. 宫城　2. 外朝　3. 宗庙　4. 社稷　5. 府库　6. 庖　7. 官署　8. 市　9. 国宅　10. 闾里　11. 仓廪

道路都有三股道。每股道的宽折合今制为 16.632 米。……每一条道路有三股道，则通过南北两面城墙各自三门的道路就是九经，通过东西两面城墙各自三门的道路也就是九纬了。这样经涂九轨在当时应该是前无古人的创举。可是当时有关华夏诸侯之国的文献记载，除《考工记》以外，竟不易见到这样的称谓，就是中原诸国的考古发掘，也未见到残留的遗迹。有之，就要数到楚国的纪南城。纪南城的西垣北门有三条门道，中间的门道比两侧的宽一倍。虽尚未知悉之三条门道的宽度是否与《考工记》匠人营国所规定的九轨相同，但空谷足音，自是不易得闻见的。不过这样的设置只见于一座城门，而且还是西垣北门并非北垣的城门，只能说这是'经涂九轨'的雏形，还不能以之与《考工记》所记载的规划同等齐观。据考古工作者的推算，纪南城的城垣大约营建于春秋晚期或春秋战国之交。楚国与华夏诸国相同，早在齐桓公称霸之时，即已成为攘夷的对象，所谓'南夷与北狄交侵，中国不绝如线'的南夷，就是指楚国而言。楚王也以蛮夷自称，可见其中是有相当差距的。经过战争与交往，这样的差距逐渐得到泯平，不过影响还不易完全消失。战国时，孟子犹讥楚人许行为南蛮鴃舌之人，他可知矣。如果所谓'经涂九轨'真的始见于楚国的纪南城，并进而传到中原，为《考工记·匠人营国》的撰著者所撷取，可能不是很早的事情。"[1]

　　对于"国中九经九纬"即王城的空间分割，王贵祥《关于中国古代宫殿建筑群基址规模

––––––––––––

[1] 《传统文化与现代化》1998 年第 3 期。

问题的探讨》指出《三礼图》与《考工记图》两种图解的不合理性：

　　从字面上讲，是说城内有九条南北向（九经）的道路与九条东西向（九纬）的道路。这里就产生了一个如何分割这一块9里乘以9里的城市用地的问题。关于《周礼·考工记》中的王城规划，历史上有一些推测性的图解，比较著名的是《三礼图》中的周王城图[①]，这是从《考工记》中"旁三门"的描述，想象城市每面有三座城门，南北与东西的各三座城门贯通，形成六条城市干道，由于每座城门有三个门洞，《三礼图》的作者就对应门洞而将每条干道再细分为三条道路，这样共有纵横各九条道路，中央留空作为王宫，正合"国中九经九纬"的描述（图一）。但是，这显然是不合乎基本空间逻辑的一种划分方法。因为按照这样一种分法，城市中的道路面积过于集中，而在一条干道上布置三条道路也不符合那一时代的交通需求。一个以车马为主要交通工具的时代，并没有那么宽阔的道路需求。即使道路宽一点，也不必将每一条干道再细分为三条道路，因为并没有这样的分流需要。何况，真实情况下，即使一座城门有三个门洞，也只会对着一条道路。

　　另外一种分割方法，见于《考工记图》[②]。这幅图仍然将城市的每面按三座门设置，相对的城门用干道连通，这样城内仅有纵横六条干道，但绘图者在城墙以内设置了一条顺城街，因而形成了四经四纬的格局（图二）。这样一种分割，显然与《周礼·考工记》的记述相去甚远。

　　另外还有一个问题是如何理解《考工记》中"方九里"的"里"字。如前所述，有两种可能的理解方式，一种是长度的里，即城市每面的长度为9里，还有一种理解是"里坊"的里，即将城市按纵横各分为9个里坊单位。汉代以前一里为300步，一个里坊一般也应该是一个长宽各一里的方格。如果按"里坊"的"里"来理解而将城市按纵横各9个里坊来布置，那么产生了两个问题：一是如果去掉道路的宽度，每个里坊的实际宽度均不足一里（300步），这与里坊之里的原初意义不合；二是这样的分割，纵横各有9个方格，因为方格为奇数，则居中者必然是一个方格，因而东、西、南、北四个方向都没有居中的道路，这不符合"旁三门"的描述，因为既然是每面三座门，那么一定会有一座居中的门，才比较合乎空间逻辑。[③]

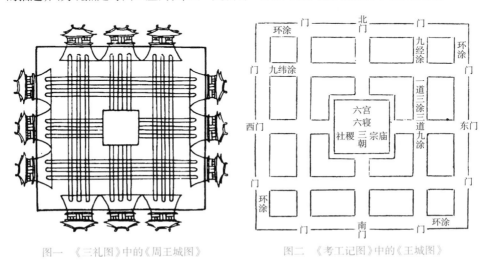

图一　《三礼图》中的《周王城图》　　　　　图二　《考工记图》中的《王城图》

① 《三礼图》，见郑振铎编《中国古代版画丛刊·新定三礼图》第60页，上海古籍出版社，1988年。
② 《考工记图》第97—110页，商务印书馆，1934年。
③ 王贵祥《关于中国古代宫殿建筑群基址规模问题的探讨》，《中国紫禁城学会论文集》第五辑，紫禁城出版社，2007年。

王贵祥《关于中国古代宫殿建筑群基址规模问题的探讨》认为合理的分割应是：

首先，将记载中的"方九里"理解为城市每面的长度为9里；其次，应该认为城内里坊的划分也应合乎古人的习惯，即每一里坊为一个一里（300步）见方的方格。这样，我们可以设想城内纵横各有8个里坊，其长度总和为8里，余一里作为道路宽度的划分。一里为300步，如果我们将对应三座城门的城市干道按60步的宽度设置，总宽180步，再将其余六条里坊间的道路，包括顺城墙的道路，按每条路20步的宽度设置，总宽120步（也可以按三条主干道各为40步，六条坊间与顺城道各为30步来计算），干道与里坊间道路宽度的总和为300步。这样的分割，既符合"方九里"的城市规模，又符合"国中九经九纬"的记述。而汉以前的一步为5尺，古代车轨宽度也在5尺至7尺间，约一步多一点。而一条20步宽的街道，可以细分为九条2.2步的宽度，而2.2步也大略与一轨的宽度加上两侧合理的距离相当。宽度为20步的坊间道路宽为9轨，那么，宽度为60步的干道则可以真正并行9轨的车辆了，则城内的每条道路都可以有9轨的宽度（或若以主干道宽40步、次要街道宽30步计，则无论主干道还是次要道路，都可以并行9轨的车辆），这也正合《考工记》中"经途九轨"的记述。

由此得出的周礼王城，其每面长9里，各布置8座边长为1里的里坊，纵横各有9条道路，每面各有3条城市干道与6条次要道路，每条道路均有不少于9轨车辆的宽度。也就是说，这样一种分割方式是最为接近"匠人营国，方九里，旁三门。国中九经九纬，经途九轨"的古代王城规划的基本规制的。①

《匠人》：左祖右社，面朝后市。

孙诒让："左祖右社"者，谓路门外之左右，详《小宗伯》疏。《天官·叙官》贾疏云："宗庙是阳故在左，社稷是阴故在右。"云"面朝后市"者，谓路寝之前，北宫之后也。《天官》贾疏云："三朝皆是君臣治政之处，阳，故在前；三市皆是贪利行刑之处，阴，故在后也。"案：《书·召诰》孔疏引顾氏云："市处王城之北。朝为阳，故在南；市为阴，故处北。"即贾疏所本。详《朝士》《司市》疏。

郑玄：王宫所居也。祖，宗庙。面犹乡也。王宫当中经之涂也。

孙诒让：注云"王宫所居也"者，贾疏云："谓经左右前后者，据王宫所居处中而言之，故云王宫所居也。"云"祖，宗庙"者，据《小宗伯》云"左宗庙"，与此云"左祖"同，故知祖即宗庙也。云"面犹乡也"者，《摕人》注同。案：乡亦前也。《士冠礼》注云："面，前也。"云"王宫当中经之涂也"者，王宫必居国城正中之处，故于九经涂常当中经之涂。《晏子春秋·杂篇下》云："景公新成柏寝之室，师开曰：'室夕。'公召大匠曰：'室何为夕？'大匠曰：'立室以宫矩为之。'于是召司空曰：'立宫何为夕？'司空曰：'立宫以城矩为之。'"然则宫在国城之正中，立宫与建国方位必相应也。②

杨鸿勋《偃师商城王宫遗址揭示"左祖右社"萌芽》：

偃师（尸乡）城址很可能是商汤故都"西亳"。……近年来，考古已经查明城址范围和城内的一部分遗址。城内南部有三座围墙环绕的遗址，可能都是王国的宫廷建筑。这种在王城中还有小城围

---

① 王贵祥《关于中国古代宫殿建筑群基址规模问题的探讨》，《中国紫禁城学会论文集》第五辑，紫禁城出版社，2007年。

② 孙诒让《周礼正义》4143—4144/3428页。

成的王宫,是最早的一例①。其中1号址最大、并位居城南中央部位,显然是最主要的宫城所在。这个1号宫城中的东部,有两组宫殿——D4与D5,首先发掘;1998年又发掘了中部的主要宫殿——D1。

1号宫城遗址接近方形,东西最长边为216米,南北为230米。宫墙底部宽度为2米;在中轴线南墙部位开有宫城的正门。主体宫殿D1位居宫城东南部。其基本构成大约是:宫门、外朝、内朝和后寝南北排列在一条中轴线上,周围廊庑环绕。看来它显然是与二里头F1、F2一脉相承的。从二里头F1、F2到这座宫殿的发展途径是:环绕中庭的周围廊庑与中央殿堂连接,从而形成前、后两进庭院。这一新的组合,出现了新的空间关系。内朝庭院东侧,遗迹表明为东厢建筑群;再东有宫殿别院——D4和D5(图2);特别值得注意的是,庭院西侧第一次发现社、稷、坛遗迹(图3)。看来《考工记》所载周朝以王宫为中心的王城规划——"左祖右社"的格局,其中的"右社"早在商朝中期就已形成了。至于是否已有左面的"祖",现在已见端倪。二里头夏墟F2似乎已有与"宗"相结合的祖庙的雏形,时至商中期已出现独立的庙堂,也未可知。D1左前方的D5,颇有"祖"的可能性。

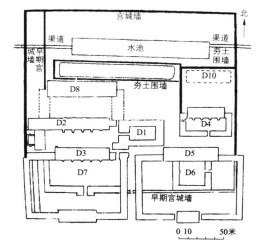

图2　河南偃师商宫城遗址平面图

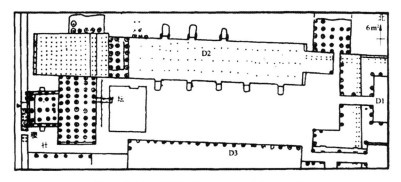

图3　河南偃师商宫城遗址2号宫殿遗址平面图

---

① 中国社会科学院考古研究所河南二队《1984年春偃师尸乡沟商城宫殿遗址发掘简报》,《考古》1985年第4期。

　　二里头夏代宫殿F1的"朝""寝"是在一栋建筑之中的,偃师商城的"朝""寝"已形成分别的单独建筑,即成为前朝后寝的一个建筑群;而且,主体殿堂东、西还增加了新的内容。

　　主殿D1左侧的寝殿别院——D4。D4在主体殿堂D1一组的东侧庖厨院以东,紧邻庖厨院,并有侧门联系。可见它是日常生活中,与起居活动密切相关的一组建筑。推测可能是寝殿别院。

　　D4是由一座殿堂和周围廊庑构成的一组建筑,方位为北偏东8°(简报作188°)。整组建筑占地范围东西约51米、南北约32米,建筑基址全部由夯土筑成[①]。殿堂两侧廊庑南折所形成的东西狭长的庭院,东西长16.3米、南北12.2米。庭院中铺垫着多层地面,经长期践踏已形成很硬的路土。廊庑台基宽度为5.1～5.4米;保存较好的东、南庑台基高20厘米。南庑中间略偏东开有门道,没有单独的大门建筑。西庑有较窄的侧门,通向中路主体殿堂D1一组。廊庑遗迹表明,背后围有厚约60厘米的木骨版筑墙;向庭院开放的一面,台基前沿有檐柱残留的柱洞,直径25厘米左右,间距一般为2.6～2.7米。遗迹还表明它由60米宽的素夯土墙隔成小室:东庑四室,进深4.25～4.95米。北起第一室面阔为4.80米、第二室为3.20米、第三室为4.2米、第四室4.4米、第五室4.9米。东南与西南转角各一间算在南庑一起,则南庑一共是十间。东数第五间是大门;西庑破坏较甚,推测和东庑相同,也是4间,北数第2间为侧门(图5)。

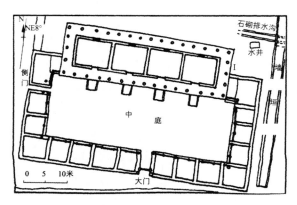

图5　河南偃师商宫城4号宫殿复原平面图

　　殿堂基址坐北朝南略偏西,台基东西长约36.5米。南北宽约11.8米。台基表面有犁痕及铁锹的掘痕,说明上部已被农耕破坏,其残高仍保持在当时地面以上25～40厘米。台基的基础部分略大于台基,地面以下深度为1.75～1.6米,连同台基总夯土厚度达到2米,夯层明显,层厚为7～12厘米,夯筑密实、坚硬。台基的南部边缘保存较好,台壁平整,难得的是下部保留着高约10余厘米的黄泥抹面,完全证实了文献所记当时殿堂台基没有包镶砖、石而只是黄土台基,即所谓的"土阶"。在台基下南边相距2.2米的庭院地面上,保留有"四个料礓石堆砌的圆形小墩",直径约20厘米,东西一线排列,东部相邻近的两个之间的距离为2米。这一线还有"柱洞或圆形土坑",这些应是擎檐柱的遗迹。所谓"小墩",是擎檐柱基底所夯筑的料礓石基础遗存,"小墩"直径所反映的是栽立擎檐柱所挖的柱

① 中国社会科学院考古研究所河南二队《1984年春偃师尸乡沟商城宫殿遗址发掘简报》,《考古》1985年第4期。

坑大小，擎檐柱径要小于20厘米。台基表面质地稍软，沿周边发现十六处直径65～110厘米的圆或椭圆形的黑褐色土的硬夯部分，厚约5厘米。这是檐柱础石基底的遗存。它的形成，是施工时在台基上挖坑栽立檐柱，立柱前先在坑底垫一层黑褐土夯实，再安置大砾石柱础，然后立柱，因此这一硬夯部分的大小，反映柱坑的大小。这时的础下作为基础的硬夯部分厚度较薄，后世逐渐增大，而形成素土碻墩。因此可以说，它是后来素土碻墩的萌芽。东北角的一个黑褐色硬夯柱基面上还保持有大砾石柱础的印痕；台基附近遗存的一个大础石恰可印证。黑褐色础基所表明的柱位，间距（中～中）2.5米；复原全部檐柱共计三十六个。台基南部有四个台阶遗迹，其两侧尚残留保护侧壁的直立石片，西数第一个台阶距台基西边6.3米；第一与第二台阶间距5.5米，二、三之间为5.3米，三、四之间为5.5米；第四个台阶距台基东边5.9米。据此推测，殿堂原是檐廊环绕的一列四室，相对每一室的门户有一台阶。

D4主殿不是厅堂，而是并列四室。《考工记》描述周朝宫廷是"内有九室，九嫔居之；外有九室，九卿朝焉"。孔子说："周因于殷礼"，大约殷商时代就已有了这样的规制。一列数室，或许是寝宫形制。

D5很可能是祖庙。D5在D4以南10米处，近邻东、南宫垣。D5比D4建造得晚，无论是规模、质量还是形制，D5都比D4要好得多，D5总占地宽度为107米，比D4宽一倍[①]（图6）。

北面的主殿台基东西长约54米，南北宽约14.6米；残高10～30厘米。台基周边存有檐柱遗迹——柱洞或自然石暗础，复原北边应为二十个柱迹，现存十八个；南边应为二十二个柱迹，现存十二个。台基的东、西两边，在南、北两排柱迹之间原来各有三个柱迹，发掘所见西边只剩两个。总计台基四周原来共有檐柱四十八个。柱间距为2.2～3.1米，通面阔51米，通进深11.5米。此处所见前檐柱二十二个、后檐柱二十个，前后檐柱数目不等，说明当时尚未形成后世那种在前后檐柱的柱头上架梁而形成几"缝"梁架，而是首先沿檐柱轴线设置檐檩，再于檩上架大叉手（斜梁）。此例还有盘龙城商城宫殿F1，都说明了这一点。由此可知，D4以及二里头F2的殿堂，尽管其前后檐柱的数目相等，仍然是D5的这种做法。

D5台基的中部南缘，在台基边与檐柱之间，发现两个埋葬狗的土坑，显然是奠基牲。另于台基前（南）面附近，还有八个狗坑，从其位置可以断定它们基本上是被埋在上殿的台阶旁的。阶旁埋有狗牲，显然是"守卫"的意思。从埋狗的位置可以确知原来有四个台阶，并可确定它们的位置（图7）。参考D4的四个台阶，可以复原台阶形式和台基的高度；由四个台阶，可以知道台基上可能是像D4那样并列四个大室。

廊庑台基宽6～7米，其前檐柱间距约2.6米，殿以东发现五个柱洞，原为六个；殿以西发现四个柱洞，原来也是六个。复原西廊庑前檐柱、连同南北两个转角一共二十三个；后檐发现双排小柱洞，应是木骨泥墙的遗迹。这种双排木骨提高了墙的稳定性，还是第一次发现。鉴于整组建筑为对称格局，推测东庑也大体相同。南庑西段残迹表明，与西庑相同，也是后墙为双排木骨的泥墙，前檐为一排木柱。可知东段也应该如此。全部廊庑都应是隔成小室的一排"庑"的形式，而不是空廊，D5下层及D4都表明了这种做法。

① 中国社会科学院考古研究所河南二队《河南偃师尸乡沟商城第五号宫殿遗址发掘简报》，《考古》1988年第2期。

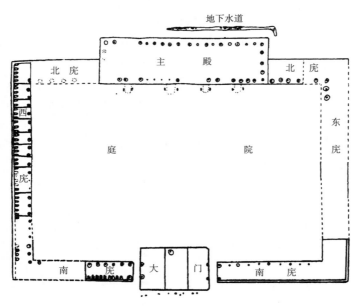

图6　河南偃师商宫城遗址5号宫殿平面图

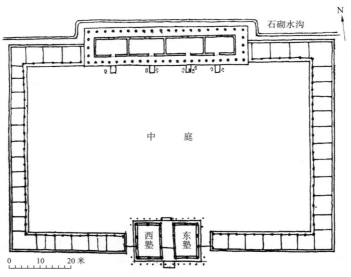

图7　河南偃师商宫城遗址5号宫殿复原平面图

　　大门是屋门形式，平面为长方形，东西长约22米，南北宽约14米。根据残存柱洞复原，面阔五间、进深三间；前后并有擎檐柱。推测或为三间门道，两旁各有一间宽度的门塾，塾内或有所分隔而作内外塾形制。大门有完整的台基，表明车辆不能通行。在大门两侧，与廊庑台基断开，留出了行车的门道。东门道宽2.7米左右，西门道宽度为2.5米左右。

　　整组宫殿与D4比较，它不像D4那样与主体D1关系密切，而是面向南宫垣开门、不再设便于和

D1联系的侧门，表现出较强的独立性，可知D5与主体D1二者不需要经常联系。D5路土不厚，推测可能是有时使用、平时不用的一组建筑。关于它的功能性质，试作分析：

在宫廷里，位居主殿左前方、自成格局的建筑，似乎不应是寝殿。按与此时相衔接的周朝宫廷，主体宫殿左前方一带，是设置祖庙的地方；右侧为社、稷，即《考工记》所说的"左祖右社"。按照"周因于殷礼"的说法，周朝"左祖右社"的制度是否是因袭殷商的呢？现在从偃师商城1号宫城的布局来看，主体宫殿D1的右（西）侧已发现社、稷、坛遗迹，则东部的D5是否有祖庙的可能，是值得认真思考的。已知早于殷商的二里头夏遗址的F2已有祖庙的雏形，看来殷商宫廷中具备了出现独立祖庙的可能性。古人相信灵魂不死，对于已故先人的侍奉，是为他们建造寝宫来"居住"。所以推测祖庙的主体建筑，应是采取寝宫式样。二里头夏墟F2与"宗"结合为一组的殿堂，也是因为寝的形式而被推测为祖庙的。这样说来，D5为祖庙的可能性很大。

主殿右侧的社、稷、坛。在1号宫城的主体殿堂D1右（西）侧，发现由南到北11列、由东到西五排、排列有序的柱洞群；也可以说，这是一个南北十间、东西四间的柱网。这一遗迹有以下几点特别值得注意之处：一是，这些柱洞的直径较大，一般在30厘米左右。再者，柱洞间距较小，仅2米左右，排列密集。其三，此遗址无台基，柱网内略高于庭院，四边不整齐，并为泛水坡。第四点，最南一排柱洞有版筑墙遗迹。总起来看，柱径大，并且柱子密集，可以推知上部荷载较大，即应为楼层；下部无台基，且周边又不甚整齐的泛水坡状，可知此楼的底层不是围合的房间，即这座楼原是干阑；最南一列柱有版筑墙加固，推测北部对称位置或许也有加固墙，这反映了干阑支柱较高，有加强其稳定性的必要（图8）。在这座干阑面临庭院的一面——东面，有局部前廊——一排七个柱洞遗迹；并且在相对北数第四、五两列柱洞之间的位置，有登临楼梯的遗迹——四个柱洞（图8）。此外，在这一大型干阑的东西轴线的西侧，还有一座干阑遗迹——南北五列，东西四排柱洞；南、北、西三面有版筑墙遗迹。其柱径及间距情况，与大干阑略同。又，在干阑东西轴线的东侧，即庭院西侧，有一

图8　河南偃师商宫城遗址社、稷、坛复原示意图

座夯土台的遗迹。现存台的基部,深约 1.3 米。从"黄帝时明堂"的发展趋势来看,此处的大型干阑应是王国的大社。则其后(西)部的稍小的干阑,应是与"社"密切相关的粮仓,也就是"稷"。在"社"的前(东)方的台,便是祭"坛"了。在中国历史上,漫长的封建帝国时期,在皇宫左右布置太庙及社稷坛,即肇源于此。偃师商城王宫的社、稷、坛,从地层关系来看,大约始建于商朝中期。[①]

王震中《商代王都的"社"与"左祖右社"之管见》质疑杨鸿勋说,认为"很难以《考工记》所说的'左祖右社'来谈偃师商城的宗庙与社的分布格局问题":"不论这些以柱网为基础的建筑是否为干阑式建筑,但诚如杨先生所言,在它上面总是有屋盖的,干阑式只是表明它有楼层,而我们知道,一个有屋盖的建筑是不能作为'社'的","二号宫室正殿右侧(西侧)干阑式建筑的形制显然与社的建筑形制是不符的,为此我们很难将之视为社的遗迹。……粮仓就是稷的说法本身即成问题,至于把粮仓旁边的另一干阑式建筑说成是社,更是令人难以接受"[②]。

对于"左祖右社",刘庆柱《汉长安城的考古发现及相关问题研究——纪念汉长安城考古工作四十年》证之以汉长安城:

"左祖右社"制度早在西周时代已存在,《周礼·春官》载:"小宗伯之职,掌建国之神位,右社稷、左宗庙。"汉长安城南郊发现的宗庙、社稷建筑遗址,是目前所知反映"左祖右社"制度的最早、最完整的考古资料。有的学者认为,汉长安城的"左祖右社"形成于西汉晚期,其根据是 50 年代发掘的宗庙遗址,系王莽时营建。我认为汉长安城中的宗庙——高祖庙、惠帝庙早在西汉初期已建筑。根据文献记载,高祖庙在武库以南,安门大街以东,安门之内,约在今东叶村一带。通过在这里勘探,于长乐宫西南部,安门大街与南城墙南折段东西居中处,发现一汉代大型夯土建筑基址,推测当为高祖庙遗址。又据文献记载,惠帝庙应在高祖庙附近。至于官社建筑,文献记载和考古发掘都表明,其始建于秦或汉初,西汉中期重修扩建,西汉末年废弃。汉平帝元始三年又立官稷。可见西汉初年汉长安城的"祖""社"已营建,相对宫城——未央宫而言已形成"左祖右社"格局。

汉长安城的"左祖右社"格局直接受到秦咸阳城"祖""社"格局影响。汉长安城的汉初之社可能是在秦咸阳城的秦社基础之上建成的。秦先王的一部分宗庙在咸阳的渭南,其中的昭王庙西邻樗里疾的墓地,后者约在汉长安城武库附近。据上所述可以看出,秦的社和庙(至少诸庙之一部分)营建于渭河南岸。秦咸阳城的宫城在今咸阳市窑店镇牛羊村一带,宫城南边已勘探出南北向大道,直抵渭河,与汉长安城横门、未央宫前殿遗址南北相对[③]。未央宫前殿即秦章台故址,章台是秦王在渭南的大朝正殿[④]。秦咸阳城宫城与章台间南北线应为秦都咸阳轴线,此轴线由章台向南延伸,秦社稷遗址在其西,居"右"位。秦昭王庙(或还可能有渭南诸庙)在这条轴线以东,居"左"位。如果上述推断不误的话,那么汉长安城的"左祖右社"显然承袭秦制。

汉长安城的祖、社在宫城和都城南部,但祖、社的左、右方位以宫城为基点。汉代以后祖、社虽仍在宫城以南,但已从都城之外移至都城之中的内城或皇城之内,如隋大兴城、唐长安城的太社、太庙均位

① 杨鸿勋《偃师商城王宫遗址揭示"左祖右社"萌芽》,《杨鸿勋建筑考古学论文集》增订版 101—107 页,清华大学出版社,2008 年。
② 河南省文物考古研究所编《安金槐先生纪念文集》277—288 页,大象出版社,2005 年。
③ 刘庆柱《论秦咸阳城布局形制及其相关问题》,《文博》1990 年第 5 期。
④ 刘庆柱、李毓芳《秦都咸阳"渭南"宫台庙苑考》,《秦汉论集》,陕西人民出版社,1992 年。

于宫城南部、皇城之内的西南部与东南部，形成"左祖右社"格局，这种布局制度为以后历代所继承。①

对于"面朝后市"，刘庆柱《汉长安城的考古发现及相关问题研究——纪念汉长安城考古工作四十年》证之以汉长安城：

汉长安城的"朝"在未央宫，"市"即"东市"和"西市"。未央宫与东市、西市先后筑于高祖、惠帝时期②，属于统一规划。未央宫和东市、西市分别在汉长安城西南和西北部，宫、市南北排列，这即文献中所载的"面朝后市"格局。

"面朝后市"格局在先秦时代的都城中已出现。如河南偃师商城的宫城位于城南部，城中北部曾发现大面积手工业作坊遗址，工商相连，城的市很可能在宫城以北③。属于东周时期的曲阜鲁城，在宫城北部的盛果寺北村南有大面积周代遗址，其中有不少手工业作坊遗址，这里或为市的所在地④。《春秋左传集解》文公十八年，《传》载："夫人姜氏归于齐，大归也。将行，哭而过市曰：'天乎，仲为不道，杀嫡立庶。'市人皆哭，鲁人谓之哀姜。"姜氏由鲁归齐，即由南返北，当走宫城北门，再过市，则市当在宫城之北。东周王城西南部瞿家屯一带为王城宫殿建筑区，王城北部分布有大量手工业作坊遗址，市场或在其附近⑤。若此，则王城仍属"面朝后市"格局。齐临淄城和赵邯郸城都是小城（宫城）在西南、大城在东北，市均在大城之内，这种方位配置也可理解为"面朝后市"的布局。秦雍城的市场遗址在北城垣南300米，位于雍城北部，即今凤翔棉织厂、翟家寺一带。市场遗址以南为秦公朝寝遗址，它们主要分布在今马家庄、姚家岗一带⑥。

汉长安城继承了先秦都城"面朝后市"格局，同时也对后代都城产生了影响。东汉洛阳城，虽然南宫和北宫早已有之，但在汉明帝永平三年（公元60年）营建北宫之前，作为"皇宫"使用的，一直是南宫。光武帝立都洛阳伊始，就住在南宫却非殿，建武十四年还在南宫建成前殿，即大朝正殿。汉洛阳城有三个市，即金市、南市和马市，后二市均在洛阳城外的南部和东部，唯有金市在城内。金市即大市，大市为都城中的主要市。金市位于南宫西北部，因而潘岳《闲居赋》称其"面郊后市"。从北魏洛阳城开始，至明清北京城（除元大都仍为"面朝后市"），市从宫城之北变为宫城之南，"面朝后市"格局已不复存在。⑦

对于"面朝后市"，史念海《〈周礼·考工记·匠人营国〉的撰著渊源》认为："至于国中的市，《考工记》以市和朝相联系，而有面朝后市的规划，可是早在西周时始建的临淄城和曲阜城，都没有显示市的所在。东周初年至春秋始建的郑韩故城和侯马古城也皆未见市的所在。其他考古发掘也都无所发现。有之，当数到秦雍城。秦雍城始建于春秋之时，其后陆续增修，迄至战国，规模初定。城中有市。市的遗迹中且发现货币，以此推断，其时代大致属于战国时期，与东周初年无关。魏国安邑城的宫殿区位于城的中央，以其与《周礼》有关而引人重视，如果这样的说法不至于讹误，则引人重视的时候当远在魏绛徙居之后。魏绛本为晋国

① 刘庆柱《汉长安城的考古发现及相关问题研究——纪念汉长安城考古工作四十年》，《考古》1996年第10期。
② 关于汉长安城的"大市"即其"东市"的考证，参见拙著《再论汉长安城布局结构及其相关问题——答杨宽先生》，《考古》1992年第7期。
③ 赵芝荃《洛阳三代都邑考实及其文化的异同》，《河洛文明论文集》，中州古籍出版社，1993年。
④ 山东省文物考古研究所等《曲阜鲁国故城》，齐鲁书社，1982年。
⑤ 中国社会科学院考古研究所《洛阳发掘报告》，燕山出版社，1989年。
⑥ 《秦都雍城发现市场和街道遗址》，《人民日报》1986年5月21日第3版。
⑦ 刘庆柱《汉长安城的考古发现及相关问题研究——纪念汉长安城考古工作四十年》，《考古》1996年第10期。

卿士，晋国卿士受封邑者并非少数，魏绛一人之事，如何能引人重视？魏国于三家分晋之后，与韩赵两国并为当时的大国，自与魏绛之时迥异。魏国的强盛在惠王之时。惠王自诩为承继晋国的大业，而且还夸耀晋国天下莫强焉。惠王时魏国的强盛肇始于安邑城尚作为都城之际。由于魏国的强盛，安邑城确曾为当时人所重视。《尚书·禹贡篇》为托名大禹的撰著，实际上却是撰著于战国时期。这已是现代绝大多数学者所公认的定谳。《禹贡篇》讲究当时全国向都城的道路，而其所谓都城，却是冀州的西南部。往古传说，禹曾都于安邑。这是托名大禹撰著《禹贡篇》的因素。魏国强盛时都于安邑。《禹贡篇》的撰著者正是以夏朝影射魏国的。以宫殿置于都城的中央，诸侯之国中始见于鲁国的曲阜城，应该说是有历史的渊源的。强盛于一世的魏国，也是以宫殿区置于都城的中央，这样既符合《周礼》所规定的制度，也具有一定的成效，《考工记·匠人营国》的撰著者可能就是因此而以之列入这一章之中。"①

　　史念海《〈周礼·考工记·匠人营国〉的撰著渊源》参照近年考古发掘的成果，认为"《考工记·匠人营国》所规划的制度，并非西周的旧制，也不是东周的新制"：

　　《考工记》规划都城，王宫自在城的中央。可是成周王城就不是如此。成周王城的宫殿在城的西南部，近于谷水行将与洛水会合之处，故谷水暴涨，就会冲淹到王宫。这是东周一宗大事，见于文献记载，应非虚妄。虽遇这样非常的事故，也未闻因此而有迁移宫殿的倡议和举动，可能经东周之世，都是如此。《考工记·匠人营国》对于宫殿的设置完全与成周王城不同，可见不是遵循东周的新制，不以成周王城为蓝本。

　　成周王城的宫殿为什么设置在西南部，自来无人为之解释。按周人的礼仪应该设在都城的中央。丰镐旧制已难于稽考。根据考古的勘探发掘，鲁国曲阜城的宫殿就是在城的中央。鲁史未见移置宫殿的记载，可见乃是西周以来的旧迹，而为《考工记·匠人营国》的撰著者所取法。

　　这样以宫殿设置于都城的中央，在经过考古发掘的诸侯之国的都城，仅又见于战国时期魏国的安邑城。当魏绛始由霍迁于安邑之时，鲁国已相当的衰弱，其国力不见重于列国，而保持周室的旧制却为其时诸侯之国所少见。安邑城中宫殿区的位置是否与曲阜城有关，不必在这里过事揣测，仅就其能与《周礼》有关而论，可能会引起人们的重视。

　　周王以礼治国，宗庙与社皆应为都城中重要的设置。《诗·大雅·绵》篇一则说："缩版以载，作庙翼翼。"再则说："乃立冢土，戎丑攸行"，所谓冢土就是大社。可见当时宗庙和社是并重的，也是营建都城首先应该考虑的。宗庙置于何时，《绵》篇中未见具体说明。至于"乃立冢土"，则叙述于"乃立皋门，皋门有伉；乃立应门，应门将将"之后。据郑玄的注解："王之郭门曰皋门，王之正门曰应门。"当时是否有郭是另一个问题，这里暂置不论。至少可以说皋门在应门之前，应门之内就是冢土，然后再是宫殿。鲁国自然也有庙，且有数种不同的庙。周公称太庙，鲁公称世室，群公称宫（《春秋公羊传·文十三年》）。孔子就曾经到过太庙（《论语·八佾》）。庙建于何处？未见记载。晋国都城新田（即侯马古城）的宗庙所在，据考古勘探发掘的遗址，似建于马庄和呈王两古城之中，而此两古城在其时宫殿区的东和东北，并未如《绵》篇所说，在应门之内，宫殿之前。侯马古城未发现当时社的遗迹，鲁国曲阜城的社，不仅有文献可稽，且有遗迹可征。这是在前面已经论述过的。这和《考工记·匠人

---

① 《传统文化与现代化》1998年第3期。

营国》的规划有所不同。虽然不同,《考工记》的记载应该说上承古公亶父在周原的经营,是有根有据的。①

张悦《周代宫城制度中庙社朝寝的布局辨析——基于周代鲁国宫城的营建模式复原方案》认为"在西周春秋时期宫城的复原研究中不应带有'左祖右社'之《周礼》习见":"西周春秋时期的宫城制度,应是在'择中立庙'的营建思想指导下的'前庙后寝'之制。'左祖右社'是在春秋末年至战国时期宗礼制度崩坏之后才出现的宫城形态,并被载入当时成书的《周礼·考工记》之中,经后人注说传世后始盛,常被人误以为是周一代的宫城之制。"②

《匠人》: 市朝一夫。

孙诒让:"市朝一夫"者,戴震云:"以朝百步言之,方九百步之宫朝,左右各四百步。外门百步之庭曰外朝,路门百步之庭曰内朝,路门内至堂百步之庭曰燕朝。王与诸侯若群臣射于路寝,则路寝之庭容侯道九十弓,弓与步相应,其百步宜也。"焦循云:"考《聘礼》注:'摈与宾相去,公七十步,侯五十步,大夫三十步。'推此,则天子之外朝当有百步矣。《射礼》言'大侯九十,参七十,干五十,设乏各去其侯西十北十',宾射在路门之外,燕射在大寝之廷,于此张九十步之侯,则自应门至路门,自路门至路寝之阶,各百步可见,是三朝各方一夫之地也。伏生《书大传》路寝之制,'南北七雉,东西九雉',七雉得三十五步,廷深三倍,当得百五步,亦合也。"又云:"《司市职》云:'大市,日昃而市,百族为主。朝市,朝时而市,商贾为主。夕市,夕时而市,贩夫贩妇为主。'据此,则市有三。《郊特牲》云:'朝市之于西方,失之矣。'注云:'朝市宜于市之东偏。'据此,则大市居中,朝市居东,夕市居西。前有三朝,王立之;后有三市,后立之。三朝朝方一夫,三市市方一夫也。"案:焦说是也。依郑义,王宫三里,前有五门。三朝惟皋门内及路门内外有朝,自应门至雉门,雉门至库门,并不为朝,而宫室府库所在,两门南北相距亦当各有百步。则路门之前当有四百步,其后尚有五百步,以百步为路寝庭之内朝,又以百步为王后北宫之朝,余三百步分建王路寝燕寝,后路寝燕寝,亦并不迫隘也。其后市之制,以此经及《司市》推之,盖三市为地南北百步,东西三百步,共一里,在王宫之北,左右中平列为之。三市,市有一垣以为界,故《说文·门部》云:"市,买卖所之也。市有垣,从门。"是其证。贾《司市》疏谓"三市皆于一院内为之",殆未得其制。又王宫前朝后市,朝在宫九百步内,而市朝则在其外。以其附近宫墙,而建国之初,内宰佐后所立,亦或系宫言之。故《初学记·帝王部》引《尸子》云:"君天下者宫中三市,而尧鹑居。"即指此宫后之市,非皋门以内更有市也。朝制,互详《阍人》《朝士》疏。

郑玄:方各百步。

孙诒让:注云"方各百步"者,《小司徒》注引《司马法》云:"畮百为夫。"田百畮,方百步,故

---

① 史念海《〈周礼·考工记·匠人营国〉的撰著渊源》,《传统文化与现代化》1998年第3期。
② 《城市规划》2003年第1期。

方百步之地亦谓之一夫。三朝朝各方百步,三市市亦各方百步也。知非以百步分为三朝三市者,百步凡六十丈,三分之,每一分止得二十丈,朝市众人所集,地太隘则不能容,故知不然也。贾疏云:"按《司市》,市有三朝,总于一市之上为之。若市总一夫之地,则为大狭。盖市曹、司次、介次所居之处,与天子三朝皆居一夫之地,各方百步也。"案:贾以市一夫为专指市朝司次、介次吏所治者言之。《司市》疏亦谓列行肆之处居地多,在一夫之外。不知王城止九里,本不甚大,则以三百步之地为市,未为太狭。凡商贾列肆及贩夫贩妇,盖皆群萃于此三市之中,不徒市吏次舍也。惟储货物之廛,则当于市旁相近隙地为之,虽亦市吏所掌,而不在三夫之内,《廛人》之廛布,于次布总布之外,别为征敛,亦其证也。①

对于"左祖右社,面朝后市,市朝一夫"即王城内宫殿建筑群及其周围的建筑情况,王贵祥《关于中国古代宫殿建筑群基址规模问题的探讨》质疑以往释"面朝后市"之"朝"为"朝廷"即宫殿建筑:

其一,从行文中看,所谓"面朝后市,左祖右社"中的"市、祖、社"都是在说宫殿四周的建筑设置情况,惟有"朝"似乎是指居于城市中央的"宫廷",但这似乎不合乎上下文的关系,而从字面本身的意义,却可以将"面朝后市"与"左祖右社"相对应,也就是说,这一句话指的是宫殿的前后与左右的建筑设置,那么,这就带来一个问题,即这里的"朝"与居于城市中央的"宫"不是一个概念,可能是位于宫殿前部的"朝见""朝仪"之所的意思,则《考工记》行文中将居于中央的"宫殿"空置其处,作为一个确定存在的处所。宫殿居于城市中央,而"朝"与"市"可能是指置于宫殿前后的两个辅助性的空间。

其二,所谓"市朝一夫",是就建筑群所占的基址面积而言,所谓"一夫",为一百亩,由古代井田制中一位农夫耕百亩之田而来。也就是说,如果将"朝"理解为"宫殿",那么,在一座9里见方的王城中,具有最重要地位的宫殿建筑群仅有100亩的占地规模。汉以前每亩为100步,而一"夫"之地即100亩地,所占用的面积仅仅为一个100步×100步的方格地块,相当于300步见方的"里"的1/9的面积,而况其中还有重重的门殿,这无论如何也是不可理喻的。而且,将具有统驭四方之权的天子的宫殿与一座城中进行交易的市场设置为同等的面积规模,也是不合乎逻辑的。②

王贵祥《关于中国古代宫殿建筑群基址规模问题的探讨》认为恰当的理解是:

"朝"是宫殿前的礼仪性空间,是臣僚或万方使臣前来朝觐之所。如历史上的许多朝代,都有在宫城的正门(唐代西内的承天门,宋代大内的宣德门,元代大都宫城的崇天门及明清北京紫禁城的午门等)上举行朝仪或颁礼、献俘等活动的记载。因而,在宫殿正门前当有一个礼仪性的空间——朝。在这样一个空间中,用100亩的基址面积还是恰当的。

在这里我们还可以有一个推测,古人很可能是在宫殿的前后左右四个方向上对称布置"朝""市"与"祖""社"四个空间的。如果是这样,这四个空间的基址面积也应该是彼此相当的。也就是说,如果位于宫殿前后的市与朝各为一夫(百亩)之地,那么,位于宫殿左右的祖与社也应该各有

① 孙诒让《周礼正义》4144—4145/3428—3430页。
② 王贵祥《关于中国古代宫殿建筑群基址规模问题的探讨》,《中国紫禁城学会论文集》第五辑,紫禁城出版社,2007年。

一夫（百亩）之地。只是在行文中用了简单的叙述，仅仅提到了前后对称布置的"市"与"朝"各为一夫（百亩）。

需要说明的一点是，汉以前每亩仅为100平方步，自秦商鞅变法后，亩改为240平方步，汉以后240平方步为一亩成为定制。因而，这里存在一个矛盾，如果《周礼·考工记》是周代王城的真实记录，那么，一夫（百亩）之地仅为100步见方，约相当于汉以后的40亩左右。将这样一个面积的地块布置在9里见方的王城规划平面中，即使仅仅是宫殿周围的附属性空间，仍然显得十分狭小，与城市及街道的空间都不很匹配。而由《考工记》可能是出自汉代人之手这一事实，我们也可以推想，作者心目中的一夫之地已经是按照汉代的百亩来计算了，如果是这样，则可能是一个较为恰当的空间布局。

我们再回到宫殿建筑本身，如果上面的分析是与《周礼·考工记》的记述相吻合的，则由城市平面分割的情况看，由于位于南北与东西中轴线上的城市干道的存在，其居中的空间不可能是一个完整的里坊，较大的可能是一个由四个居于中心的里坊合成的大的地块，其基址边长为300×2+60（以干道宽60步为据）步，即660步见方。其面积为435 600平方步，合周亩（1亩=100平方步）4 356亩，合汉亩（1亩=240平方步）1 815亩。无论从基址面积还是从城市空间比例看，以这样一个居于中央的空间作为宫殿建筑群的基址范围都是可能与恰当的。

我们不妨再来看一下历史上的几幅关于《周礼·考工记》王城规划的推测图：

《三礼图》中没有绘出朝市祖社的位置，而在居中处布置了一个方形的地块作为宫殿的标志。这一地块显然不是按"一夫"（百亩）来计量的，从图上的面积比例看，其布置大约与我们前文中推测的居中的四个里坊之地是相当的。

《考工记图》仅设置了纵横各三条干道，居中是一个很大的地块，不会小于我们前文中所推测的居中的四个里坊的面积，其中将宗庙与社稷包括在内。纵向按三朝、六寝与六宫来布置，却没有朝与市的分别，这似乎是将后世的"皇城"与宫城混为一体了。

明代人所著的《三才图绘》中的国都之图，也是对《周礼·考工记》的一种推测，在这里是把"朝"与"宫"区分开来，而将"朝"与"市"布置在"宫"的前后，这一点与笔者的猜测是一致的，只是作者把"祖"与"社"分置于宫前"朝"的左右，这显然是明代的规制，是明代人以本朝的规制比附周礼的结果。①

以汉初的长安城来对照"匠人营国"这段文字，除城门和道路的数目一致外，尚有不少相舛之处，周长山《汉长安城与〈考工记〉》认为"难以令人率然相信以《考工记》指导长安城建设的说法"：

纵观考古发掘的东周列国都城遗址，大多与《考工记》中所言城市规划思想不符。能够称得上与《考工记》记载接近的，只有鲁曲阜故城。

汉初的长安城建设，实际上是对秦代首都南扩计划的某种继承。秦始皇时代就已有将都城从渭北的咸阳向渭南发展的构想。秦始皇"以为咸阳人多，先王之宫殿小"，而周文王、武王曾建都的丰、镐之间乃"帝王之都"；同时，也是为了在地理上更便于东出函谷关以控制关东，遂积极扩建以阿房宫为中心的渭南地区的宫殿。刘邦定都关中，以兴乐宫为基点建设长安，在某种程度上可以说是秦

---

① 王贵祥《关于中国古代宫殿建筑群基址规模问题的探讨》，《中国紫禁城学会论文集》第五辑，紫禁城出版社，2007年。

始皇当初设想的延续。整个城郭坐南朝北，城北因有渭河流经，交通便利，人员往来频繁；东南郊则为墓葬区，空阔寂寥①。城内宫殿布局缺乏规划性，没有明显的中轴线，与《考工记》主张的坐北朝南、择中而立的描述大相径庭。长安城有可能确如张衡所言，是"览秦制，跨周法"，参考了《考工记》和前代的城市建设，如"一门三道"的道路格式，从迄今为止的考古发掘上看，可以追溯到春秋晚期的楚纪南城②。但真正将《考工记》奉为城市建设圭臬，还是从王莽时期开始。王莽以周公自居，行事以周礼为规范。长安城内大局已定，难以有所作为。于是王莽就在城外南郊建九庙、立辟雍、树社稷，结合城北的东、西市，力图使长安城符合《考工记》中"面朝后市，左祖右社"的理想城市蓝图。

从历史上看，愈是中国古代后期王朝的都城，愈是趋向与《周礼·考工记》的城市规划相一致，这大概也是同以《周礼》为主要经典之一的儒学思想影响的日益扩大有关。曹魏邺都北城以通过中阳门的南北向道路为中轴线，配以棋盘格式的街道布局③；宫城居于北部正中，城市整体呈现出一种对称的布局。隋唐之时的大兴城与长安城，左右对称的城市格局日益鲜明④。元大都与明清北京城更是忠实体现了《考工记》"匠人营国"理论⑤，居中对称、左祖右社、干道胡同等基本框架清晰明朗，强调帝王权威、遵循传统礼法的城市建设指导思想跃然可见。⑥

武廷海、戴吾三《"匠人营国"的基本精神与形成背景初探》："'匠人营国'具有'理想城'性质，其空间结构蕴涵着'宇宙图式'，可能是王莽时期以西汉都城长安为蓝本，揉入当时的宇宙观念而描绘的都城布局的理想蓝图"，"认为汉初长安城布局受'匠人营国'影响的说法，显然本末倒置了"，"'左祖右社，面朝后市'空间格局的形成不早于西汉早期。'左祖右社，面朝后市'与先秦'宫庙一体，以庙为主'宫室布局特征不合。春秋末期以降出现宫庙分离、社稷宗庙并提的趋势，但是直到西汉前期'左祖右社，面朝后市'之制尚未完全形成"。⑦

史念海《〈周礼·考工记·匠人营国〉的撰著渊源》参照近年考古发掘的成果，认为："《考工记·匠人营国》并非早在西周初年就已规定的立国制度。甚而当周室东迁之后，也还没有这样的规定。成周王城于西周初年即已建立，其规模小于丰镐，仅与上公的诸侯之国相等。以之作为正式的都城，乃是由平王时才开始的。周人是擅于讲礼的王朝，等级的分别相当严格。齐鲁两国论功论亲，皆居诸侯之国的上乘，其都城的广狭虽间有差异，却都合乎《周礼》的规定，未尝稍有逾越。可是齐临淄城和鲁曲阜城的周长竟都和成周王城相仿佛，甚至还稍有出入。这不是齐鲁两国的僭越，而是平王仓卒迁徙，未能扩大成周王城，使之与丰镐相等，《考工记》所说的城的周长与《作雒解》相同，正显示其与西周的旧制毫无关涉处。"⑧

① 呼林贵《汉长安城东南郊》，《文博》1986年第2期。
② 湖北省博物馆《楚都纪南城的勘查与发掘（上、下）》，《考古学报》1982年第3、4期。
③ 村田治郎《邺都考略》，《建筑学研究》第89号，1938年。后收入《中国的帝都》，综艺社，1981年。
④ 宿白《隋唐长安城和洛阳城》，《考古》1978年第6期。
⑤ 中国科学院考古研究所等《元大都的勘查与发掘》，《考古》1972年第1期；侯仁之《元大都城与明清北京城》，《故宫博物院院刊》1979年第3期。
⑥ 周长山《汉长安城与〈考工记〉》，《文物春秋》2001年第4期。
⑦ 《城市规划》2005年第2期。
⑧ 《传统文化与现代化》1998年第3期。

3. 世室

《匠人》: 夏后氏世室,堂修二七,广四修一。

孙诒让:"夏后氏世室"者,以下皆记三代明堂制度之异。世室者,即夏之明堂。《史记·五帝本纪》正义引《尚书帝命验》云:"五府者,夏谓之世室,殷谓之重屋,周谓之明堂,皆祀五帝之所也。"《三辅黄图》云:"明堂,夏后曰世室。"《隋书·牛弘传·明堂议》引汉司徒马宫云:"夏后氏世室,室显于堂,故命以室。"是汉儒旧说亦以世室为即明堂。云"堂修二七,广四修一"者,三代明堂之通制,皆四面为四堂。世室四堂,此其一面修广之度。四堂全基正方,郑注以广修之数为全基之度,则堂为椭方形,非也。《隋书·宇文恺传》:恺奏《明堂议》云:"《周官·考工记》曰:'夏后氏世室,堂修二七,博四修一。'臣恺案:三王之世,夏最为古,从质尚文,理应渐就宽大,何因夏室乃大殷堂? 相形为论,理恐不尔。《记》云'堂修七,博四修',若夏度以步,则应修七步。注云'令堂修十四步',乃是增益《记》文。殷周二室[①]独无加字,便是其义类例不同。山东《礼》本辄加'二七'之字,何得殷无加寻之文,周阙增筵之义? 研核其趣,或是不然。雠校古书,并无'二'字,此乃桑间俗儒信情加减。"据恺议,则六朝旧本并作"堂修七",无"二"字。黄式三云:"殷度以寻,堂修之七寻,周度以筵,堂修七筵,则夏度以步,堂修七步。郑君以堂修七步为陿,注有'令堂修十四步'之文,假令之辞也。而后人乃依此作'二七'字,宇文恺所规固得其实也。"俞樾亦云:"堂修二七,'二'字衍文。宇文恺曰《记》云堂修七,山东《礼》本辄加二七之字',则隋时古本并作'堂修七',郑本亦当如是。注云'令堂修十四步',此乃郑君假设。若《记》文本作'堂修二七',则是实数,如此何言'令'乎? 学者从郑义作十四步,遂增《记》文作'二七',改经从注,贻误千古。当据宇文恺议订正。大室之外,四面有堂,其南明堂,其北玄堂,其东青阳,其西总章之堂。凡堂皆修七步。广四修一者,广二十八步也。堂修一七,其广四七,广之四,修之一也。是谓广四修一。虽然,堂不已广乎? 曰:此兼四旁两夹而言也。中央为五室,四面为堂。东堂之南即南堂之东,南堂之西即西堂之南,西堂之北即北堂之西,北堂之东即东堂之北。是故东西两面各广四七,而南北两面之各修一七者,即在其中矣;南北两面各广四七,而东西两面之各修一七者,即在其中矣。《记》文不曰广四七,而变其文曰广四修一,明广之数兼有修之数也。于是堂基定而室基亦定,堂基方二十八步,室基方十四步。"案:黄、俞两家据宇文恺议考定经文,最塙。此经广修之说,亦当以俞氏为允。依其说,则夏世室全基正方一百六十八尺,与周明堂为亚字形者异也。牛弘议又引马宫说,谓夏后氏堂广百四十四尺。以步法六尺除之,则二十四步也。其义牛氏亦谓未详。今考马谓周明堂广二百十六尺,为二十四筵,盖以两堂三室东西合并计之。是周度以筵,其广二十四筵;夏度以步,广亦二十四步,比例相同。若然,马意世室亦两堂,堂各七步,中三室合十步,并之为二十四步,分率及度法与明堂正同。三室所以得有十步者,疑谓隅室各三步,中室则四步。盖马释三四步之义如是,而四三尺之度则不计,似亦谓包于三四步之内,但不审其意云何。又

---

① 引者按:"室",《隋书》(中华书局《隋书》1590页)作"堂"。作"堂"是,《考工记》原文"殷人重屋,堂修七寻""周人明堂,南北七筵",如下文黄式三所说"殷度以寻,堂修七寻,周度以筵,堂修七筵",即是"殷周二堂"。

马谓周堂广二十四筵，而以十六筵为两序间，则世室广二十四步，亦当以十六步为两序间。马说大意约略如是，于此经义未必密合，然可证马氏所见本亦作"堂修七"，故每堂止以七步入算，与明堂每堂九筵七筵同也。又《春秋繁露·三代改制质文篇》云："主天法商而王，郊宫明堂员；主地法夏而王，郊宫明堂方。主天法质而王，郊宫明堂内员外椭；主地法文而王^①，郊宫明堂内方外衡。"今考三代明堂制虽不同，而皆为方形。董子所说，亦与此经不合。

　　郑玄：世室者，宗庙也。鲁庙有世室，牲有白牡，此用先王之礼。修，南北之深也。夏度以步，令堂修十四步，其广益以四分修之一，则堂广十七步半。

　　孙诒让：注云"世室者，宗庙也"者，郑谓此世室即夏宗庙，与殷路寝、周明堂相配也。《玉海·郊祀》引《礼记外传》云："夏谓太庙为世室，不毁之义。"即本郑义。戴震云："王者而后有明堂，其制盖起于古远，夏曰世室，殷曰重屋，周曰明堂，三代相因，异名同实。明堂在国之阳，祀五帝，听朔，会同诸侯，大政在焉。世室犹大室也，夏曰世室，举中以该四方，犹周曰明堂，举南以该三面也。"孔广森云："世室者，明堂之中室，夏以室举，周以堂称，异名而同实。故周公作洛，立文武之庙，制如明堂，谓之文世室、武世室。《洛诰》曰'王入太室祼'，太室犹世室也。《春秋》'世室屋坏'，《左氏》经为'太室'，古者世太字多通用。"阮元云："世室，乃明堂五室之中，犹《尚书大传》所言大室，夏特取此为名概其余耳。《匠人》言三代明堂之制，皆郊外明堂也。自'室中度以几'以下，乃通言城中王宫之制，非专指明堂。郑注谓世室为宗庙，殆以鲁世室例之耳。其实夏之名世室，非专为祀祖。"案：戴、阮二说是也。《公羊·文十三年经》"世室屋坏"，《左氏》《谷梁》"世"作"大"。《谷梁传》云："大室犹世室也，周曰大庙，鲁公曰大室，群公曰宫。"范注云："世世有是室，故言世室。"此宗庙之世室，与夏明堂名同而义异。周宗庙与明堂不同制，详后。云"鲁庙有世室，牲有白牡"者，《明堂位》云："鲁君季夏六月，以禘礼祀周公于大庙，牲用白牡。"又云："鲁公之庙，文世室也；武公之庙，武世室也。"即郑所据也。云"此用先王之礼"者，贾疏云："世室用此经夏法，白牡用殷法，皆是用先王之礼也。"诒让案：郑言此者，证夏宗庙为世室，鲁庙即法夏制为名也。云"修，南北之深也"者，《周髀算经》赵爽注云："从者谓之修。"《一切经音义》引《韩诗传》云："南北曰从。"故此经亦以南北之深为修也。云"夏度以步"者，据下有"五室，三四步"之文也。云"令堂修十四步，其广益以四分修之一，则堂广十七步半"者，贾疏云："知堂广十七步半者，以南北为修十四步，四分之，取十二步，益三步为十五步；余二步，益半步，为二步半；添前十五步，是十七步半也。"孙星衍云："六尺为步，二七十四步，南北得八十四尺也。八十四尺而四分之，其一得二十一尺，以益八十四尺，东西为百五尺也。"俞樾云："郑意五室皆在一堂之上，疑堂修七步不足以容之，以为是记人假设之数，使人以七步推算，非是止修七步；故下注云'令堂修十四步'，此乃郑君以意说之，谓设以二七推算，则是十四步也。"案：俞说是也。郑嫌堂修七太狭，因疑其当为二七十四步；而经无文，故为假令之辞。凡注言"令"者，并是经文不具，而郑以意补之。若《轮人》"牙围"注云"令牙厚一寸三分寸之二"，以经无牙厚之文也。"贤轵"注云"令大小穿金厚一寸"，以经无大小穿金厚之文也；"置辐"注云"令广三寸半"，以经无辐广之文也；《凫氏》"为钟"注云"令衡居一分"，以经无衡居一分之文；《磬氏》注云"假令磬股广四寸半"，以经无磬股广几寸之文也。此经云"堂修七"，不言二七，故郑补之云"令堂修十四步"。若如今本云"堂修二七"，则

────────────

① 引者按：以上4处"而王"，王文锦本误属下句。

其为十四步甚明,何藉为假令之辞乎？然郑此说,其误有三：一则经云广修本为四堂每面一堂之度,郑误以为四堂五室之通基,遂令一代布政之宫尺度迫隘,形制不称；且修广异度,四堂不方,尤为非制。二则横增二七之数,不直据经文,而假设为说,有乖经义。三则"广四修一"经文本明,而猥云四分益一,增字成义,说尤牵强。故宇文恺议亦据马宫言,谓此经广修止论堂之一面,三代堂基并方,庠郑说与古违异。今案：殷周堂皆四出,虽不正方,然世室之制,自当如恺议。俞樾亦云："如郑义,则当云'益以四修一',其文方明,不得但云'广四修一'也。且其数畸零不齐,于义无取,足知其非。"并足正郑注之误。

五室,三四步,四三尺。

孙诒让："五室"者,亦三代明堂之通制也。云"三四步,四三尺"者,邹汉勋云："室各方四步,中一室,隅四室,是自东而西,自南而北,皆三室之广,故言三四步也。五室,东西凡四墉,南北亦四墉,墉厚三尺,故言四三尺也。"黄以周云："五室,室各四步。四隅室及中室之正堂,其内有三个四步,故曰三四步,谓三其四步也。凡隅室设窗户,其四面有墉,墉之地各有三尺,四隅室及中室之正堂,其内有四个三尺,故曰四三尺,谓四其三尺也。"案：邹、黄说是也。沈梦兰、俞樾说三四步亦同。盖五室惟土室在中,四室分居四维,室方四步而墉厚三尺,土室之四墉与室之四墉广修相接,是四墉合三室而占地十四步,后文云"墙厚三尺",亦其证也。牛弘《明堂议》引马宫说,夏堂广度不以四三尺入算。疑汉人旧说已有以此为五室之墉者,但以为包于室广之内,故于三四步之度无所增益耳。

郑玄：堂上为五室,象五行也。三四步,室方也。四三尺,以益广也。木室于东北,火室于东南,金室于西南,水室于西北,其方皆三步,其广益之以三尺。土室于中央,方四步,其广益之以四尺。此五室居堂,南北六丈,东西七丈。

孙诒让：注云"堂上为五室,象五行也"者,《三辅黄图》说明堂同。牛弘议引《尚书帝命验》云："帝者承天立五府,赤曰文祖,黄曰神斗,白曰显纪,黑曰玄矩,苍曰灵府。"注云："五府,与周之明堂同矣。"是五室沿五府之制也。《玉藻》孔疏引《五经异义》讲学大夫淳于登说周明堂云："周公祀文王于明堂,以配上帝。上帝,五精之帝,大微之庭中有五帝座星。"案：据《书纬》五府之说,则夏殷以前当已有五帝五神之祭。若然,夏世室五室象五行,亦兼为合祭五帝五神之宫也。云"三四步,室方也"者,谓一室之方。郑意中太室方四步,旁四室皆方三步,经云三四步,即室方或三步,或四步也。云"四三尺,以益广也"者,谓以四尺益中太室之广,以三尺益旁四室之广。经云四三尺,即或益广以四尺,或益广以三尺也。依郑说,则五室并椭方,故贾后疏谓世室室东西广于南北。今考定：世室五室亦正方,与周明堂同,郑、贾说并失之。云"木室于东北,火室于东南,金室于西南,水室于西北"者,明四室分居四维。《玉藻》孔疏引郑《驳异义》说明堂五室云："水木用事交于东北,木火用事交于东南,火土用事交于中央,金土用事交于西南,金水用事交于西北。"与此义略同。焦循云："郑《易系辞传》注云：'天一生水于北,地二生火于南,天三生木于东,地四生金于西,天五生土于中。地六成水于北,与天一并；天七成火于南,与地二并；地八成木于东,与天三并；天九成金于西,与地四并；地十成土于中,与天五并。大衍之数,五十有五,五行各气并,气并而减五。'据郑此义,生数既位于各方,而又有成数与之并,故世室正北有水堂,西北又有水室；正南有火堂,东南又有火室；正东有木堂,东北又有木室;正西有金堂,西南又有金室也。以爻辰之位言之,寅木居东北,巳火居东南,申金居西南,亥水居西北,亦其义也。"黄以周云:"明堂五室法五行生成数,合八卦方位。郑意一水生于《乾》金,而六成之于《坎》,故《乾》为水室,《坎》为水堂,于支为亥子。三木生于《艮》水,而八成之于《震》,故《艮》为木室,《震》为木堂,于支为寅卯。二火生于《巽》木,而七成之于《离》,故《巽》为火室,《离》为火堂,于支为巳午。四金生于《坤》土,而九成之于《兑》,故《坤》为金室,《兑》为金堂,于支为申酉。其象如此。"案:焦、黄说并依五行生成数以推郑义,是也。《大戴礼记·盛德篇》引《明堂月令》说明堂九室云"二九四七五三六一八",则依九畴数为方位,即汉人之九宫数,宋人以为《洛书》数者也。依其位推之,则四正之九七,金与火两易,四维之二四,东南与西南互更,郑所不据也。又案:凡世室重屋明堂五室,旁四室并隅列,郑说墙不可易。盖古人寝室本有东房西室之制,则室固不必皆居正中。况土室已在中央,则四室自宜让而居隅,彼此乃不相蔽硋,揆之形制,理自无疑。《艺文类聚·礼部》引《三礼图》说周明堂五室云:"东为木室,南火,西金,北水,土在其中。"此以四室居四正,与郑说不合。《魏书·李谧传·明堂制度论》亦驳郑说云:"郑释五室之位,谓土居中,水火金木,各居四维。然四维之室,既乖其正,施令听朔,各失厥衷。既依五行,当从其正。用事之交,出何经典?"依《礼图》及李说,并以四室移居正中,则四室环列中室之外,由四堂而入,必经四室而后可至中室,且中室四面蔽硋,不能纳光,其不可信明矣。云"其方皆三步,其广益之以三尺"者,谓四室方各三步,又各益以三尺,则方三步半也。焦循云:"以算推之,四隅室各广二丈一尺,深一丈八尺。"云"土室于中央,方四步,其广益之四尺"者,土于五行位中央,故土室在中央。郑意五室以土为最尊,故方四步,广又多四尺,较旁四室方多一步,广多一尺也。焦循云:"中室广二丈八尺,深二丈四尺。"云"此五室居堂,南北六丈,东西七丈"者,贾疏云:"以其大室居中,四角之室皆于大室外,接四角为之。大室四步,四角室各三步,则南北三室十步,故六丈;东西三室六丈外加四三尺,又一丈,故七丈也。"案:郑、贾说以尺益步,取数畸零,亦非经义。

九阶。

孙诒让:"九阶"者,《说文·𨸏部》云:"阶,陛也。"此亦明堂三代之通制也。《北史·封轨传·明堂议》云:"九阶法九土。"贾疏云:"按贾、马诸家皆以为九等阶。郑不从者,以周殷差之,夏人卑宫室,故一尺之堂为九等阶,于义不可,故为旁九阶也。"案:疏述贾、马说九阶为九等阶,则阶数与郑不同,盖谓南面亦二阶,四面共八阶矣。《艺文类聚·礼部》引徐虔《明堂议》云"四门八阶",即用贾、马说也。依后注,则夏堂崇一尺,为一等阶,于度太卑,恐不足据。窃疑世室重屋之阶,当同高三尺,而为三等。《吕氏春秋·别类①篇》云"明堂土阶三等",即据夏殷制言之。贾、马说亦非,详后疏。其阶之广,经无文。宇文恺《明堂议》引《周书·明堂》云"阶博六尺三寸",未知是否。牛弘《明堂议》云:"案《考工记》,夏言九阶,四旁夹窗,门堂三之二,室三之一。殷周不言者,明一同夏制。"

郑玄:南面三,三面各二。

孙诒让:注云"南面三,三面各二"者,贾疏云:"郑知南面三阶者,见《明堂位》云:'三公中阶之

---

① 引者按:"别类"当为"召类",见陈奇猷《吕氏春秋新校释》1370页,上海古籍出版社,2002年。

前，北面东上；诸侯之位阼阶之东，西面北上；诸伯之国西阶之西，东面北上。'故知南面三阶也。知余三面各二者，《大射礼》云：'工人士与梓人升自北阶。'又《杂记》云：'夫人至，入自闱门，升自侧阶。'《奔丧》云'妇人奔丧，升自东阶'。以此而言，四面有阶可知。"孔广森云："《管子·君臣》曰：'立三阶之上，南面而受要。'《明堂位》曰：'三公中阶之前。'知明堂南面正中有阶，与庙寝惟宾阶、阼阶者异也。"俞樾云："四堂之制如一，何以南面独多一阶？盖土室户牖南乡，必由明堂而入，故于南面特设中阶。将有事乎土室，则由中介升堂焉。秦制增为十二阶，恶知此意哉！"案：孔、俞说是也。宇文恺议引《礼图》云："'秦明堂九室十二阶'，恺谓其虽不与《礼》合，一月一阶，非无理思。"失之。

四旁两夹，窗。

孙诒让："四旁两夹，窗"者，亦三代明堂之通制也。孔广森以"四旁两夹"为句，云："四旁各有两夹，当隅室户牖之外，即所谓左右个也。木室南之前曰明堂左个，东之前曰青阳右个；水室东之前曰青阳左个，北之前曰玄堂右个；金室北之前曰玄堂左个，西之前曰总章右个；火室西之前曰总章左个，南之前曰明堂右个。《盛德记[①]》十二堂谓此四方各一堂两个，通之为十二矣。凡庙寝两序之外，必有东堂、西堂。明堂之有左右个，犹庙寝之有东西堂。由此言之，明堂之所异者，在四面如一，而自其一面视之，则皆前堂后室，隅室之墉即序也，个即箱也，与《仪礼》庙寝之制固不相远也。"阮元亦云："四旁者，四堂之旁也。两夹者，左右个也。此个与五室不相涉也。个与介同，古经子中每通用。《初学记》引《月令》，'个'即作'介'。个介相同，即是一堂两旁夹室之义也。《梓人》为侯，侯有上两个，下两个，亦皆具旁夹之形，即庙寝之东西箱、东西夹也。"俞樾云："《说文》无'个'字。个者，介之变体。《史记·十二诸侯年表》曰'楚介江淮'，《索隐》曰：'介者，夹也。'是夹与介义通。"案：孔、阮读是也。俞樾、黄以周读同。此明四堂有八个之义，与《月令》文正相应。孔氏谓两夹与八个为一制，通四正堂为十二堂，其说甚是。郑以为记五室八窗之制，非也。旁，阮谓四堂之旁，亦堵。两夹在隅室之前，即堂两序之外，故云四旁两夹。世室全基正方二十八步，中五室为地方十四步，每面之堂与两夹亦通广十四步，夹之外墉与隅室之墙正参相直，与重屋明堂之制同。惟世室四旁两夹之外，各余地方七步，以为堂坫。殷周则四堂外出为亚字形，夹外墉之外无余地，制小异耳。江永云："序外之室，《仪礼》《顾命》皆言东夹西夹，未有言夹室者。注疏或言夹室者，因《杂记下》衅庙章及《大戴礼·衅庙篇》而误耳。《杂记》云：'门夹室皆用鸡，先门而后夹室。'又云'夹室中室'。此夹室二字本不连，夹与室是二处，室谓堂后之室也。夹又名为达，《内则》：'天子之阁，左达五，右达五。'阁者，庋食之物也。夹又名为个，《左·昭四年传》竖牛'置馈于个而退'是也。"戴震云："《释名·释宫室》：'夹室在堂两头，故曰夹也。'凡夹室前堂或谓之箱，或谓之个，《左传·昭四年》杜注云：'个，东西箱。'是箱得通称个也。古者宫室恒制，前堂后室，有夹、有个、有房，惟南向一面。明堂四面闿达，亦前堂后室，有夹、有个而无房。房者，行礼之际别男女，妇人在房。明堂非妇人所得至，故无房宜也。"案：夹个之义，当以江氏为正。凡朝寝之夹，在左右房外，夹堂为之。明堂则在隅室之外，亦夹堂为之。夹惟后三面有壁，前一面接东西堂者则无壁，其制似室而非室，故《聘礼》《公食大夫礼》及《书·顾命》谓

---

① 引者按：王文锦本"记"误置于书名号外。

之"东西夹",此经谓之"两夹",皆不云夹室。诸侯衅庙礼之"门夹室",江氏谓夹与室为二,而《大戴礼记》卢注则以为门夹之室,近陈乔枞、黄以周并从其说。二义未知孰是,要东西夹之不全为室制,则固无疑义。郑《仪礼》《礼记》注及《释名》并云夹室者,通言之耳。析言之,夹之前无壁者为东西堂,谓之个,亦谓之箱,《觐礼记》"几俟于东箱",注云"东箱,东夹之前,相翔待事之处"是也。统言之,则隔室之外,尽于东西堂廉,通谓之夹,亦通谓之个,谓之箱,《月令》郑注释左右个并为堂偏,明是堂序外尽东西堂之通名矣。而高诱注《吕氏春秋·十二纪》及《淮南子·时则训》之左右个,并释为隔,而云某堂某头室者,此亦沿夹室之称,故云堂头室,即指东西堂后言之,与五堂固不相涉也。至明堂本无房,而《吕览》高注云:"明堂通达四出,各有左右房,谓之个。"李谧《明堂制度论》云:"四面之室,各有夹房,谓之左右个,个者即寝之房也。"今案:个即寝之东西夹,与房迥别。高氏知个在堂两头,而误揾房名。李氏则直以个为夹四室,似隐据《书·顾命》伪孔传"东西房即东西夹"之谬说,与古制殊不合。贾思伯《明堂议》又谓四维之室即是左右个,两堂共一室,四室即是八个,其说亦误,详后疏。《隋书·礼仪志》又载梁武帝说,谓左右个别为小室,在营域之内、明堂之外,说尤谬鰲,不足论也。又案:夹内则谓之达,故明堂八个亦谓之八达。张衡《东京赋》云"八达九房",《续汉书·祭祀志》注引薛综注以八达为八窗,《文选》李注亦同,非也。达,字又作闼。蔡邕《明堂月令论》云:"八闼以象八卦,九室以象九州。"八闼九室,犹张赋云"八达九房"矣。

郑玄:窗助户为明,每室四户八窗。

孙诒让:注云"窗,助户为明"者,《释名·释宫室》云:"窗,聪也,于内窥外为聪明也。"《说文·穴部》云:"窗,通孔也。"《囱部》云:"囱,在墙曰牖,在屋曰囱,重文窗,或从穴。"《片部》云:"牖,穿壁以木为交窗也。"案:此窗乃囱之假字,即所谓在墙曰牖,《三辅黄图》云"八窗即八牖"是也。在屋曰囱,谓于室屋薨宇之上开窗为明,亦谓之中霤,与牖义别。云"每室四户八窗"者,胡培翚云:"《尔雅·释宫》:'户牖之间谓之扆。'《书·顾命》:'牖间南向。'古人宫室之制,内为室,外为堂,牖户皆在室①之南壁,向堂开之,户在东,牖在西。明堂之牖曰窗,则室之四旁皆有之。夹窗又名达乡,《明堂位》曰'大庙,天子明堂',又曰'达乡,天子之庙饰也'。郑注:'乡,牖属,谓夹户窗也,每室八窗为四达。'孔疏:'达,通也,每室四户八窗,皆相对通达,故曰达乡。'是也。明堂每室八牖,其余庙寝之室止有一牖。"贾疏云:"言四旁者,五室室有四户,四户之旁皆有两夹窗,则五室二十户、四十窗也。"案:依郑、贾说,室有四户八窗,则室旁各于正中为户,左右两窗夹之,此亦三代明堂之通制也。《大戴礼记·盛德篇》云:"明堂一室,而有四户八牖。"又引《明堂月令》云:"室四户,户二牖。"《续汉书·祭祀志》刘注引桓谭《新论》云:"明堂八窗,法八风;四达,法四时。"《三辅黄图》云:"八牖者,阴数也,取象八风。四闼者,象四时四方也。"《白虎通义·辟雍篇》及《玉藻》孔疏引《五经异义》淳于登说、《孝经援神契》说明堂并有八窗四闼。达闼字亦通。此四闼即四户,与它书云八达八闼为八个者不同。明堂堂室深邃,非多为户牖,不足以通出入而纳光明。郑以"四旁两夹窗"句,虽与经读不合,然四户八窗之制,古说并同,不可易也。至《大戴礼记·盛德篇》又云:"明堂三十六户,七十二牖。"《续汉志》注引《新论》云:"明堂三十六户,法三十六雨;七十二牖,法七十二风。"《明堂月令论》云:"三十六户,七十二牖,以四户八牖乘九室之数也。"《三辅黄图》及《明堂制度论》说并同。此

---

① "室"原讹"堂",据胡培翚《仪礼正义》(王先谦《清经解续编》第3册677页下)改。

以九室每室四户八牖计之，故有此数，与此经五室二十户四十牖制异。九室之说，义不可通，郑所不从，详后。阮元云：《大戴》九室三十六户七十二牖之说，即《东京赋》之'八达九房'。此盖因汉明堂而误五室为九室，与《考工》不合也。"

白盛。

孙诒让："白盛"者，孔广森读"窗白盛"为句，云：《大戴礼·盛德·明堂月令》云：'室四户，户二牖。赤缀户也，白缀牖也。'白盛即所谓白缀。独言此者，明其尚洁质。"案：孔据《盛德记》"白缀牖"证此经当以"窗白盛"为句，塙不可易。阮元、俞樾、黄以周读并同。窗白盛，亦三代明堂之通制也。白盛自指每室八窗言之。古书说明堂之制，多以五室四堂各从其方色。宇文恺《明堂议》引《黄图》云："堂四向五色，法四时五行。"《艺文类聚·礼部》引桓谭《新论》说明堂亦云："为四方堂，各从其色，以仿四方。"蔡邕《明堂月令论》亦云："四乡五色者，象五行。"今以青阳玄堂诸名推之，从方色之说，于理可信。世室之制，当亦如之。然则自西方堂室外，不皆白色也。此经"白盛"之文，自专指窗而言。明四堂五室涂饰异色，而牖则同为白色以取明。《大戴》"白缀"专言牖，其明证也。自郑注失其句读，而古制晦矣。

郑玄：蜃灰也。盛之言成也，以蜃灰垩墙，所以饰成宫室。

孙诒让：注云"蜃灰也"者，贾疏云：《地官·掌蜃》'掌供白盛之蜃'，则此蜃灰出自掌蜃也。"云"盛之言成也"者，《掌蜃》注义同。云"以蜃灰垩墙，所以饰成宫室"者，《尔雅·释宫》云："墙谓之垩。"《释名·释宫室》云："垩，亚也，次也，先泥之，次以白灰饰之。"郑意世室墉壁并先以泥涂墙，而后加蜃灰，为三代明堂之通制。然据《尔雅》及《守祧》文，则以垩饰墙，乃庙寝恒制。傥世室四堂五室通为白墙，经不必特著其文。此亦足证郑读之误矣。[1]

徐锡台《周原考古工作的主要收获》指出凤雏村建筑遗址房屋的墙是用夯土筑成的，一般厚度为0.58至0.75米。墙表与室内地面均抹成细沙、白灰、黄土混合而成的"三合土"，正是《周礼·考工记》所云的"白盛"即白色蜃灰。"三合土"墙皮，一般厚0.1厘米，平整、光滑而坚硬，类似现代的水泥墙。[2]

《匠人》：门堂，三之二。

孙诒让："门堂三之二"者，亦三代明堂之通制也。凡庙寝制亦略同。门堂者，四门门塾之堂。明堂有四门，每门内外左右共四塾。左塾之左廉与右塾之右廉相距之度，盖与正堂之广度正等。三之二者，以正堂之修三分取二，为一堂之修；以正堂之广三分取二，为二堂之广也。依俞氏所定世室正堂之度，取三之二以为门堂，则每堂修四步四尺，广九步二尺，合左右二堂广十八步四尺也。内塾外

① 孙诒让《周礼正义》4145—4159/3430—3441页。
② 《考古与文物》1988年第5、6期。

塾修广之度同。

郑玄：门堂，门侧之堂，取数于正堂。令堂如上制，则门堂南北九步二尺，东西十一步四尺。《尔雅》曰："门侧之堂谓之塾。"

孙诒让：注云"门堂，门侧之堂，取数于正堂"者，明"此三之二"即承上正堂修广之度三分之，取其二分也。云"令堂如上制"者，即上注谓"堂修十四步，广十七步半"为假令之数是也。云"则门堂南北九步二尺，东西十一步四尺"者，贾疏云："以十四步取十二步，三分之，得八步。二步为丈二尺，三分之，得八尺。以六尺为一步，添前为九步，余二尺，故云'南北九步二尺'也。云'东西十一步四尺'者，十七步半，以十五步得十步；余二步半为丈五尺，三分之，得一丈。以六尺为一步，余四尺，添前为十一步四尺也。"焦循云："此以夏世室而言也。若殷重屋，则修二丈七尺有奇，广四丈八尺也；周明堂，则修七步，广九步也。"诒让案：郑释正堂广修之根数未合，而所定门堂与正堂差减分率则是也。谛绎其意，盖以南北九步二尺为一塾通堂室之修度，而东西十一步四尺，则二塾堂广度之合数，分之，每塾堂广五步五尺也。何以言之？凡塾堂后为室，则室修度自减于堂，而堂外无左右房，则室广却当与堂广度等，是室修减而广则不减。故下注以室三之一为室及门各居一分，盖犹言塾及门各居一分，合两塾及门，与正堂之广正相埒也。《通典·吉礼》说周明堂门堂之制，以每塾各得正堂三之二计之。依其率以释世室，则当以十一步四尺为一塾之堂广。不知室广即堂广，今堂广三之二，而室止居堂广之半，则其所余之半复为何地乎？且合两塾及门之广，将增于正堂三分之二，占地太广，郑义必不如是矣。引《尔雅》曰"门侧之堂谓之塾"者，《释宫》文。郭注云："夹门堂也。"《诗·周颂·丝衣》孔疏引《白虎通》云："所以必有塾何？欲以饰门，因取其名，明臣下当见于君，必熟思其事。"李如圭："门之内外，其东西皆有塾，门一而塾四，其外塾南乡。案：《士虞礼》'陈鼎门外之右，匕俎在西塾之西'，注曰：'塾有西者，是室南乡。'又案：《士冠礼》'摈者负东塾'，注曰：'东塾，门内东堂。负之，北面。'则内塾北乡也。"焦循云："门堂之制，《顾命》云：'先路在左塾之前，次路在右塾之前。'郑注云：'先路在路门内之西，北面。次路在门内之东，北面。'《士冠礼》云：'筮与席、所卦者，具馔于西塾。'注云：'西塾，门外西堂也。'又'摈者玄端负东塾'，注云：'东塾，门内东堂。'是东西内外皆有塾无疑也。其谓之塾者，《说文》作'壆'云：'射臬也，读若准。'又云：'垛，堂塾也。'盖塾为筑土成垛之名，路门车路所出入，不可为阶，两塾筑土高于中央，故谓之塾。《丝衣》诗云'自堂徂基'，笺云：'使士升门堂，视壶濯及笾豆之属，降往于基，告濯具。'凡四方而高者曰堂，两塾高谓之堂，中央平地谓之基。往塾视之，至门堂而告也。"案：焦氏考定门堂之制甚核。此门堂者，亦谓门塾之堂，与门基异。《周颂·丝衣》云"自堂徂基"，堂即门侧之堂，基则门中平地。假令门中亦得称堂，则《诗》言"自堂徂基"将为"自基徂基"，于文不可通矣。遍考书传，门中与地平，无堂之名。且合门基与两塾广度，当与正堂同，于制乃适称。傥门堂即是门基，则全基减于正堂三分之一，于制尤为不称。以此经及《诗·雅》互相证核，门堂之为两塾，可无疑矣。

室，三之一。

孙诒让："室三之一"者，亦三代明堂之通制也。室谓门两塾之室也。张惠言云："门堂栋当阿，亦五架为之，则前后各以一架为室，一架为堂。"案：张说是也。凡门塾亦前堂后室，与正堂同。"三之一"

者，以正堂之修三分取一，为每门室之修，即门堂之半也。其广当与门堂同。以一室言之，亦得正堂三之一，于差率仍无悖矣。今以正堂修七步、广二十八步计之，门室盖修二步二尺，广亦九步二尺。《通典·吉礼》说周明堂，谓门两堂各得正堂三之二，室三之一即于门堂三之二中三分减二取一，不取数于正堂。其说必不可通，与郑注义亦不合，不足据也。又案：门塾唯前堂后室，而无左右房，与正堂小异。又凡门皆内外东西共四塾，塾各有堂室，室后隔以墙，内外不相通也。四塾各自为堂室，其度并同。

郑玄：两室与门各居一分。

孙诒让：注云"两室与门各居一分"者，谓亦取数于正堂，居三分之一，则门室南北当四步四尺，东西当五步五尺。若在重屋，则南北一丈八尺有奇，东西二丈四尺。在明堂，则南北二丈一尺，东西二丈七尺也。其门修广之数亦同。合门与左右二室之度，与正堂东西之广适等。案：郑此注，惟所定正堂根数未是，余则不误。其以门室与门各居三分之一者，因门室之修可减于门堂，而广不可减，故谓"室三之一"为及门各居一分，其说自墙。①

河南偃师二里头村发现的大遗址，杨鸿勋《前朝后寝的大房子——夏后氏世室》判定是夏都的所在，其结论是："《考工记·匠人》对于'夏后氏世室'的一段记载，约可反映当时的内部情况。以文献与遗址相对照，恰可符合。其主体殿堂东西长30.4米，南北宽11.4米，残存直径40厘米的大柱洞，形成面阔八间进深三间的柱网，正好与《考工记》所记载'夏后氏世室'的平面分割相适应。"②

杨鸿勋《初论二里头F1的复原问题——兼论"夏后氏世室"形制》根据《考工记》对"夏后氏世室"的记载，对照二里头夏宫遗址，初步讨论其复原问题，同时对"夏后氏世室"试作推测：

参照《考工记》"堂崇三尺"的记载，可设定殿堂台基高为70厘米左右。现存殿堂柱洞残深40～60厘米，若庭院复原提高25厘米，加以台基高70厘米，则殿堂柱埋深原来应为135～155厘米。半坡仰韶文化遗址F24柱最大埋深为115厘米，看来二里头殿堂支柱较氏族时期的做法有所增长，这是合乎发展逻辑的。

殿堂遗迹为直径40厘米的大柱洞，排列作八间面阔、三间进深的格局。面阔双数开间的做法，在湖北黄陂盘龙城商中期宫殿遗址及安阳小屯殷墟都有发现。奴隶制时代日益加强的崇尚中央的观念，反映在建筑上即崇尚中轴对称的布局。双数开间为早期强调中轴的一种方式，即在中轴线上布置柱子，两侧对称分设开间。殿堂居中设柱对于统治者居中设座的实用要求是有妨碍的，也许是出于这个原因，后来改革为中轴部位留出更大的空间，左右对称布置柱子，这样便出现了当心间，于是面阔开间由双数变为单数。后世建筑，不只是宫殿，即使一般住房，凡属对称的格局，面阔③也总是采取单数开间。后世风水附会以阴阳说，以单数为阳，生人使用的"阳宅"应采取单数开间，这样，使这一形制就进一步固定下来。

① 孙诒让《周礼正义》4159—4162/3441—3443 页。
② 杨鸿勋《中国古代居住图典》67—69、74 页，云南人民出版社，2007 年。
③ 引者按："面阔"原讹"而阁"，据杨鸿勋《建筑考古学论文集》改。

　　遗址所见大柱洞间距约为380厘米,南北两排柱洞之间的距离约为1 140厘米。殷晚期小屯宫殿遗址所见木构最大跨度不过600厘米,按早商木构的技术水准更不可能稳定地架设1 140厘米的大跨。可知南北两排檐柱之间必有支点。根据已有材料,可作两种推测:一种可能是按氏族时期已经出现的如半坡F24的柱网布置,即按面阔八间、进深三间布置一个完整的柱网(图6)。按半坡F24的情况,檐柱环境温度低,即冰冻线较深,并有淋雨的可能,故埋深较大,深达115厘米;内柱则埋深较小,仅30厘米左右。可以设想,此殿堂也因袭这种传统做法,因此在台基已损失大约95厘米的情况下,内柱柱洞已随之无存了。檐柱埋深大于内柱的做法,殷墟也有实例证。以小屯“乙十三基址”为例,外檐柱的砾石础低于现代地面超过100厘米(个别不到100厘米),内檐柱一般则仅在50～80厘米之间。鉴于二里头殿堂时代较为接近小屯乙十三,可设想其内柱的埋深也相当于檐柱的一半或稍多,今推测檐柱埋深为135至155厘米,则内柱埋深约为67.5～77.5厘米或稍多。

　　按照这一柱网复原其梁架结构,较大的可能是采用大叉手(人字木)支承檩、椽;柱间可能已使用联系梁。河姆渡遗址已有榫卯,仰韶文化也出土有骨凿,据此判断二里头梁、柱构造无疑已采用榫卯交接,复杂节点可能仍辅以扎结。屋面铺装,从时代较为接近的河南龙山文化(其中包括尚未分辨出来的夏文化)若干建筑遗址来看,估计是采用茅草顶,这与史籍夏、商宫室“茅茨土阶”的记载可相符合。这样,屋面可复原为檐口整齐的茅草顶。屋面坡度,按《考工记》的记载:“茸屋参分、瓦屋四分”,即茅草顶举高为跨度的1/3。但从陕西岐山县凤雏村甲组建筑遗址保存的檐墙残堵所反映的坡度来看,为48°,略大于1/2,这与近代茅草顶民居的坡度是相近的,也与殷商铜器屋形器盖(如安阳小屯五号墓出土的偶方彝)及屋形笋帽(安阳小屯五号墓出土)所反映的坡度相近似。复原可按1/2的坡度。

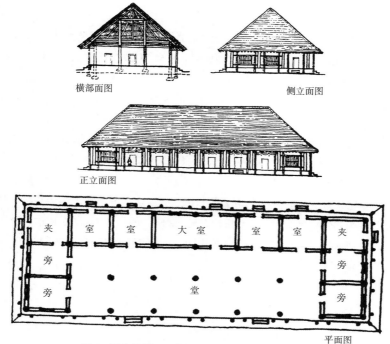

横部面图　　　　　　　　　　侧立面图

正立面图

平面图

图6　河南偃师二里头遗址主体殿堂复原设想之一

这座遗址的大柱洞外围残存若干直径18～20厘米的柱洞，应是加大出檐的擎檐柱遗迹，复原其数量为檐柱的2倍，布置是一檐柱附二擎檐柱。擎檐柱与檐柱相距60～70厘米，据此估计出檐可达140厘米。盘龙城商中期遗址及周原西周早、中期遗址的擎檐柱都位于台基下或紧靠台基的散水上，这是台基内缩，尽可能远离檐口，以减少淋雨而形成的。此处复原也按这种处理。

《考工记》在讲到三代宫殿形制时说："夏后氏世室，殷人重屋，周人明堂"，说明"重屋"是殷人宫殿的特点，即夏宫殿不是重屋。从遗址擎檐柱转角布置的情况来看，可证明屋盖确是四阿形式。

二里头这组建筑在廊庑环绕的庭院中只有一座长达3000厘米的殿堂，其内部空间应该有所分隔，否则不便起居使用，也不便冬季保暖。殿堂遗址的柱洞内外发现烧过的残墙碎屑，由庑墙做法可知，这正是木骨泥墙的遗迹，它证明这座殿堂原来是有墙体的。至于墙体如何布置，这需要在一定功能的前提下才好作出推测。无疑这原是大奴隶主的用房，奴隶主统治者对建筑的实用要求，总的可以分为办理统治事务和生活起居两大方面；如果是对夏王来说，就是朝、寝两大方面。《考工记》对"夏后氏世室"的一段记载约可反映奴隶制初期宫廷或者说大奴隶主用房的内部情况，可以这段文献材料对照遗址略作考察。

《考工记》关于"夏后氏世室"的记载，按历来断句如下：

"夏后氏世室，堂修二七，广四修一，五室三四步四三尺，九阶，四旁两夹窗，白盛，门堂三之二，室三之一。"

石璋如先生提出了新断法，认为末句应断为"堂三之二，室三之一"；并肯定了孔广森"四旁两夹"的断法，但对"四旁各有两夹"的解释提出了异议。笔者认为四"旁"、两"夹"及"堂三之二，室三之一"的断句是有道理的。对于夏后氏世室的"堂"、五"室"、四"旁"、两"夹"不妨结合遗址试作探讨。殷商奴隶主宫室是继承夏代而加以发展的，估计早商与夏的建筑形制大体相同，将夏世室材料用于早商宫室的讨论可能比石璋如先生之用于殷墟"甲四基址"更为合适一些。因为一则小屯"甲四基址"东西向，遗址平面也不对称，看来并非主体殿堂；再则盘龙城遗址已经说明，宫廷建筑至迟发展到商中期已经不再是简单地在一栋建筑中安排朝寝，而是分别采用不同建筑来解决朝、寝的实用要求。则晚于夏后氏约五百年的小屯殷宫殿，其形制与"夏后氏世室"应当已有不同了。

《考工记》中关于"夏后氏世室"的记述，显然是指在一栋建筑物中解决朝、寝实用的处理方式，也就是说，它是说明兼作朝、寝之用的一座宫室的内部空间的组织情况。紧接夏代的早商宫室遗址，也可以按照"前朝后寝"、亦即"前堂后室"的格局，参考上述文献，结合柱网的布置进行复原。复原与文献所记夏世室的"五室""四旁""两夹""堂三之二"（堂占进深的2/3），"室三之一"（室占进深的1/3）的布局情况可以吻合。所谓"室""夹""旁"，实际上都是"室"，即现代所说的"房间"，只是平面位置的不同和使用上有所区别而已。这些房间的划分，是在特定的营造条件之下，由实用要求所决定的。所谓"室"，是有墙体围护，有门扇封闭的空间奥秘的卧室。关于"四旁、两夹"的位置，古来论者颇有争议。《释名》说："房，旁也，室之两旁也。"毕沅在《疏证》中说："今本作'在堂两旁也'"；在《疏证补》中，王先谦认为毕沅的说法是错误的。其实这些争议都是对于汉儒托古推想的西周明堂、庙寝等来说的。我们讨论夏后氏世室或早商宫室布局，应抛开这些无关的纠纷。"旁""夹"本来并非什么礼制上的称谓，文义已明确反映了朴素、自然的生活气息。这些显然都是出于生活中指示的方便，而以房间位置命名的。早期前堂后室的建筑以"堂"为主体，所谓"旁"，应指堂之旁。两"夹"与四"旁"同为偶数，可知是对称布置的。其所以称"夹"，是因其位于各房间所形成的"凹"形平面的两披地位,是以"夹"只有两个,即在"室"与"旁"之间左右各夹有一"夹"室。《释名》所谓"夹室,在堂两头,故曰'夹'也"的说法,也是以托周制的汉明堂为依据的。事物总是不断发展的,卧寝起居所用的建筑是由一栋多室而发展为多栋建筑的群组。封建文人好古,往往保守旧称。因此在古文献中,常有这种情况,即同一个字的涵义对于不同时代来说,所指的事物是不同的,因之导致后世越加注释就越糊涂的情况。

奴隶制初期的夏脱胎于氏族,"夏后氏"一词正保留着这一痕迹。其新生奴隶主的用房所谓"世室",意即"太(大)室",也就是"大房间""大房子"的意思。有趣的是,这正与现代考古学对氏族社会大约是首领及老幼病残等被抚养人口所用的大型建筑的称谓不谋而合。两者确实是有直系关系的,其发展途径正是:过渡时期氏族首领质变为奴隶主,其所占用的"大房子"遂质变为"宫殿"。

文献所记夏世室为"九阶",即九座台阶。如果这段追记的材料可信,则这样多的台阶说明门户较多。堂前空敞可以出入,应设有台阶;室、旁、夹都可能设有直通室外的门户,因之也需要有台阶。夏世室九阶的布置情况不详,这里遗址的复原,按双开间的形制,堂前应作东、西两阶;两夹有两阶;设定室有后门,五室有五阶,可适合"九阶"之数。

关于二里头遗址的主体殿堂,还可作另一复原设想。二里头殿堂的原状,还存在如盘龙城遗址所示的可能性。即在四周檐柱的内圈,另设木骨泥墙提供中部支点,从而形成外廊环绕的一列若干室的格局(图7)。如系这种情况,同样,由于木骨泥墙内的排柱埋深较檐柱为小,因而其遗迹随台基一同损失无存了。[①]

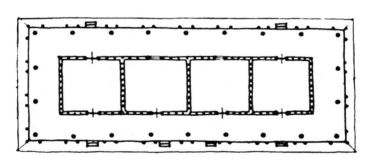

图7　河南偃师二里头遗址主体殿堂复原设想之二

王世仁《明堂形制初探》认为夏后氏世室"是春秋战国时期人们的一个理想方案":

据考古资料,商朝的高级建筑,如偃师二里头遗址,黄陂盘龙城遗址,安阳小屯殷墟遗址,都是基座高不超过1米,进深大约10～13米左右的矩形房屋,大体上符合《考工记》殷人重屋的尺度。周人明堂尺度略大于殷人重屋,完全可能是对实际遗物的描述。而所谓夏后氏世室,尺度最大,形制最完整,叙述最详细,说明它只不过是春秋战国时期人们的一个理想方案,或者说是《考工记》作者的设计图,托名夏朝,不过是托古而言今。

所谓夏后氏世室,应是一座标准的台榭建筑,中心、四隅为土台,四面两层,十字轴线对称。下层

---

① 杨鸿勋《初论二里头F1的复原问题——兼论"夏后氏世室"形制》,杨鸿勋《建筑考古学论文集》75—80页,文物出版社,1987年;引自《杨鸿勋建筑考古学论文集》增订版93—95页,清华大学出版社,2008年。1987年版题目"F1"作"宫室"。

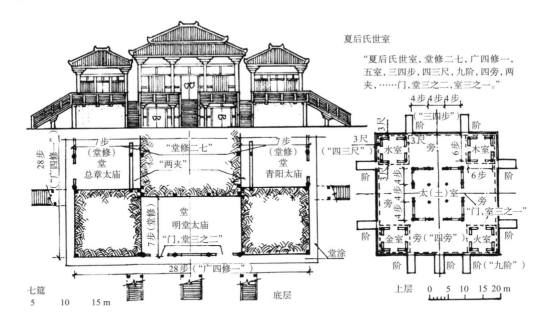

夏后氏世室

"夏后氏世室,堂修二七,广四修一,五室,三四步,四三尺,九阶,四旁,两夹,……门,堂三之二,室三之一。"

七筵
5　10　15 m

上层　0　5　10　15 20 m

为堂,上层为室。"堂修二七",指下层东西、南北各有二堂,每堂进深七步,二堂即二七共14步;"广四修一",指面阔(广)是进深(修)的四倍。从任何一个正面看,通面阔都有两个堂的进深(14步)和一个堂的面阔(也是14步),总共28步,即一个堂的进深(修)的四倍。但一个堂的面阔中有一部分由于土台结构和"夹"各占去一步,所以实际为12步,每堂三间,每间4步,是为"三四步"。上层太室与下面的堂的间架尺寸对应,每面三间,每间4步,也是"三四步"。"四旁",指台上太室四面的敞坪,也就是下层堂的平屋顶。按:"旁"通侧,通外,所以应是一种建筑的具体位置。"两夹",应指在东西两堂的后面各有一夹室,其宽度各为1步。……四隅土台上各建四小室,每面各留"下出"三尺,是为"四三尺"。东、西、北各二阶,南面三阶,是为"九阶"。下层堂每堂二门一窗,上层室每面一门二窗,是为"门,堂三之二,室三之一"。①

4. 重屋

《匠人》：殷人重屋，堂修七寻，堂崇三尺，四阿，重屋。

孙诒让："殷人重屋"者，亦殷之明堂也。《大戴礼记·少间篇》云："商履循礼法，发厥明德，顺

---

① 王世仁《明堂形制初探》,《中国文化研究集刊》第4辑;引自《王世仁建筑历史理论文集》4—5页,中国建筑工业出版社,2001年。

民天心，配天制典慈民，咸合诸侯，作八政命于总章。"卢注云："总章，重屋之西堂。"据彼则殷已有四堂之名。此举其总名，故曰重屋。牛弘《明堂议》引马宫云："殷人重屋，屋显于堂，故命以屋。"是也。《艺文类聚·礼部》引《尸子》云："殷人曰阳馆，周人曰明堂。"《三辅黄图》说同。盖所传之异。云"堂修七寻"者，亦四堂一面之度也。孔广森云："殷人始为重檐，故以重屋名。八尺曰寻，七寻五十六尺也。不言广，正方可知。堂基通二十一寻，凡百六十八尺。"案：重屋四堂，广修各自正方，当如孔说。盖四面堂各方七寻，中五室每室方二寻，纵横各三室间列而为六寻，加一寻以为四壁，则室每面壁各厚二尺也。夏世室堂基正方，四堂之角各有余地以为坫。殷重屋四堂，盖为四出，若亚字形，与周明堂制同，则四角无余地，与世室不同。通南北两堂及包中央五室计之，凡二十一寻，东堂至西堂亦然，而四维皆缺隅而不正方，则就四室一面度之，仍止方七寻，故经唯箸堂修七寻而其制已见也。至夏堂基正方，则可为一栋而一屋；殷堂四出，则宜为四栋而重屋。然则经于殷特箸四阿之文，非徒见屋之两重，亦兼明四出之堂制始于此。假令四出为周堂所独，则其形制钜异，下经不宜绝无殊别之文。傥谓重屋堂基亦通方二十一寻，则是与世室制同，每堂两角各多出方七寻之地，较之夏堂余地更多，于义无取，知不然矣。云"四阿重屋"者，重屋谓屋有二重；下为四阿者，方屋也。其上重者，则圆屋也。圆屋以覆中央之五室，而盖以茅；方屋以覆外出之四堂，而盖以瓦，此亦殷周之通制。故《大戴礼记·盛德篇》说明堂云："以茅盖屋，上圆下方。"《玉藻》孔疏引淳于登说、《三辅黄图》引《援神契》、《续汉书·祭祀志》刘注引《新论》、《白虎通义·辟雍篇》说，并云"上圆上方"。《月令论》又有堂方及屋圆径之度，诸书所谓"下方"者，兼四堂[1]之基及四阿之屋而言也；"上圆"者，指上重高屋如圆盖形、出四阿之上者而言也。若夏世室，无上圆之屋，则屋与堂基皆方，不可以言上圆矣。

郑玄：重屋者，王宫正堂若大寝也。其修七寻五丈六尺，放夏周，则其广九寻七丈二尺也。五室各二寻。崇，高也。四阿若今四注屋。重屋，複笮也。

孙诒让：注云"重屋者，王宫正堂若大寝也"者，郑谓此重屋即殷王寝，与夏举宗庙、周举明堂相配也。《御览·宫室部》[2]引《新论》云："商人谓路寝为重屋，商于虞夏稍文，加以重檐四阿，故取名。"与郑义同，然其说非也。凡王寝与明堂不同制，详后疏。云"其修七寻五丈六尺"者，寻，八尺，以七乘之，得五丈六尺也。云"放夏周，则其广九寻七丈二尺也"者，谓以周制例之，修七则广九，此修七寻，则广亦当九寻也。经不言重屋广度，故郑据周法补推之。贾疏云："经言'堂修七寻'，则其广九寻；若周言'南北七筵'，则东西九筵。是偏放周法，而言放夏者，七九偏据周，夏后氏南北狭、东西长，亦是放之，故得兼言放夏也。"案：重屋之广无文，当如孔广森说，亦广七寻，与修正等。郑说失之。云"五室各二寻"者，亦放周制为释。五室当亦于四维设之。牛弘《明堂议》云："其'殷人重屋'之下，本无五室之文。郑注云'五室'者，亦据夏以知之。"今考郑以重屋之广放周为九寻，说虽不塙，而以五室为方二寻，则从横各三室，为地六寻，外加一寻，与堂方度正相应，其说是也。经本有上下文互见之例。夏殷堂同高三尺，而经于重屋始箸'堂崇三尺'之文，即其例矣。云"崇，高也"者，《总叙》《瓬

---

① 引者按：乙巳本"四堂"，王文锦本从楚本讹作"明堂"。朱小健《中华本〈周礼正义〉涉上下文误例举隅》(《民俗典籍文字研究》第9辑)指出："此论'重屋'，为四堂总名，乙巳本不误，王本盖涉上文《大戴礼记·盛德篇》说明堂云'之'明堂'而误。"

② 引者按："御览·宫室部"当为"玉海·郊祀"(王应麟《玉海》1722页，江苏古籍出版社、上海书店，1987年，影印光绪九年浙江书局刊本)。

人》《梓人》注并同。《大戴礼记·盛德篇·明堂月令》云:"堂高三尺。"《月令论》亦云:"堂高三尺,以应三统。"云"四阿若今四注屋"者,《汉书·司马相如传·上林赋》云:"高廊四注。"案:四注屋谓屋四面有霤下注,即所谓殿屋也。《燕礼》云"设洗篚于阼阶东南,当东霤",注云:"当东霤者,人君为殿屋也。"又《士冠礼》云"设洗直于东荣",注云:"荣,屋翼也。周制,自卿大夫以下,其室为夏屋。"盖郑意,夏人君之屋,南北两下,与臣民同,《檀弓》注谓"夏屋如汉之门庑"是也。殷周人君之屋皆四注,则有东西霤,故贾疏谓四阿即四霤。《周书·作雒篇》云:"乃位王宫、太庙、宗宫、考宫、路寝、明堂,咸有四阿反坫。"孔注云:"宫庙四下曰阿。"即本郑说。焦循云:"郑注后'门阿'云:'阿,栋也。'注《士昏礼》'当阿'云:'阿,栋也。入堂深,示亲亲。'又注《乡射礼记》云:'正中曰栋,次曰楣,前曰庪。'彼记文云:'序则物当栋,堂则物当楣。'此'当栋'与《昏礼》'当阿'义同。栋处极高,断非霤之所能夺。阿既为栋之定名,则曰'四阿'者,四栋也,非四霤之谓也。四阿之屋有四霤,两下之屋亦有四霤也。且以东霤为四阿之制,是诸侯之屋四阿矣。《明堂位》言复庙重檐为天子庙制,诸侯不重屋,阿何有四?《左·成二年传》云:'宋文公卒,始厚葬,椁有四阿。君子谓华元、乐举于是乎不臣,生则纵其惑,死又益其侈,是弃君于恶也。'宋公为诸侯,用四阿,而传讥之,故杜注云'皆王礼'。然则四阿之制不独卿大夫无之,即诸侯亦无之。"案:焦说是也。盖屋之极谓之阿,犹后文门阿之为门极也。古庙寝屋皆五架,极下正当栋,故郑二《礼》注亦皆以栋释阿,以屋极咸覆以甍而承以栋,其义通也。屋霤之沟,必自栋下迤,而注于宇,故《作雒》云"四阿反坫",坫当为"圬"之形讹。四阿为上栋之制,反圬即反宇,为下宇之制,亦即所谓屋翼也。四注主霤言,则是宇而非栋矣。夏世室亦为四面堂,则亦有四霤;而不得有四阿者,盖夏制唯于南北之中为一栋,其东西霤则自楣庪以外邪杀之以注水。是楣庪有四而栋则一,故阿亦不得有四。若殷重屋,则中别为屋,重屋之外,四面回环各别为栋,四栋则有四阿。是四阿必四注,而四注之屋不必皆有四阿。郑此注训四阿为四注,则是四霤之通制,不及焦说之精析。焦又谓《燕礼》之东霤乃两下屋檐之东角,非四阿,亦非四注,尤足正郑说之误。《国语·晋语》云:"虢公梦神人立于西阿。"韦注云:"西阿,西荣也。"案:彼西阿,盖自屋脊下趋檐宇之通称,犹《士丧礼》所谓"前东荣"、"后西荣",与此经"四阿""门阿"义并小异。诸侯以下,屋无四阿,而不妨有西阿,通言不别也。此经四阿者,通四堂而言,面有一堂,堂为一阿,四面周匝则四阿,非谓一堂而有四阿也。云"重屋,複笮也"者,贾疏述注"複"作"复",明注疏本同,复複古今字。《说文·竹部》云:"笮,迫也,在瓦之下棼上。"《释名·释宫室》云:"笮,迮也,编竹相连迮迮也。"《尔雅·释宫》云:"屋上薄谓之筄。"郭注云:"屋笮也。"姚鼐云:"重屋,複屋也。别设栋以列椽,其栋谓之棼,椽栋既重,轩版垂檐皆重矣。轩版即屋笮,或木或竹,异名。笮在瓦之下,椽之上。檐垂椽端,椽亦谓之橑。《记》言重屋,郑以複笮释之,而他书所称曰重檐、曰重橑、曰重轩、曰重栋、曰重棼,各举其一为言尔。"焦循云:"笮之训有二。《说文》《释名》之'笮',为屋上所覆者之名,《尔雅》所谓'筄'也。《广雅》云'窻谓之笮',此为欂栌之名,所谓斗栱者也。郑以笮解屋,当如《说文》《释名》所云。"又云:"《明堂位》云'大庙,天子明堂',又云'山节藻棁,复庙重檐,天子之庙饰也',注云:'复庙,重屋也。重檐,重承壁材也。'《春秋·文公十三年》:'太室屋坏。'《五行志》云:'前堂曰太庙,中央曰太室,屋,其上重者也。'孔氏《左传疏》云:'大庙之制,其檐四阿,而下当其室中,又拔出为重屋。此是大庙当中之室其上屋坏,非大庙全坏也。'重屋重于阿之上,不重于楣庪之上,故阿必用四。于四阿之上,更立以棳,棳上又累以阿。阿之四旁又有檐,与正屋之檐相重,故曰重檐。以蔡邕之说言之,明堂方百四十四尺,屋圜径二百一十六尺,大庙明堂方六丈,通天屋径九丈,足为太室屋证矣。"俞樾云:"古有重屋,有複屋。重屋者，此《记》所说是也。複屋者，于栋之下復为一栋以列椽，亦称重橑。徐锴《说文系传》于'橑'篆下引《东方朔传》'后阁重橑'而释之曰：'大屋庑下椽，自上峻下，则自其中栋假装其一旁为椽，使若合掌然，故曰重橑。'此说複屋之制至详尽矣。《说文·木部》：'楼，重屋。'《林部》：'梦，複屋栋也。'《周书·作雒篇》'重亢重郎'，孔晁注曰：'重亢，累栋也。重郎，累屋也。'所谓累栋者，即複屋矣；所谓累屋者，即重屋矣。是古制明分为二。郑君此注，殆误以複屋说重屋乎？"案：姚释複笮义甚核，但此经重屋之义，当以焦、俞说为是。《月令论》说明堂有通天屋，宇文恺《明堂议》引《黄图》云"通天台"，又引《礼图》云"于内室之上起通天之观"，并即明堂重屋之制。盖当四堂中脊内五室之上拔起别为崇高之屋，以其可以纳光，故有通天之名，与複屋、複笮不同。重屋通天，得纳日光；複屋、複笮止取重絫为饰，不通天纳光也。凡複屋，栋笮等皆于一层屋之上重絫合并为之，重屋则上下两层屋，各自为栋笮等，不相合并，二制迥异。古明堂宗庙盖皆有重屋，故《汉志》载《左氏》古说，以大室屋为重屋。《左传》孔疏谓庙上拔起为重屋，深得其制；唯谓大庙亦有四阿，则误沿郑宗庙明堂同制之说耳。《明堂位》之復庙即複屋，重檐乃是重屋，故《文选》张衡《东京赋》云"複庙重屋"，即用《明堂位》文，而以重檐为重屋。薛综注云："重屋，重栋也。"桓谭《新论》亦云："商加重檐四阿。"明此经重屋当彼重檐矣。郑《明堂位》注释復庙为重屋者，盖仍指複笮言之；又释重檐为重承壁材，其义难通。贾疏即援彼注"重承壁材"之义，以释此注之"複笮"，似皆以複屋为说。《作雒》之"重亢復格"，亦似皆複屋之制，并与此重屋不相冡也。又古凡室屋之高而上出者，通谓之台，谓之观，故《黄图》及《礼图》亦以重屋为台为观。实则台观可以登眺，而明堂之重屋不可登眺，与台观制復不同。台观，后世又谓之楼，故《说文》训楼为重屋，此亦非古重屋之制。《史记·封禅书》说公玉带所上黄帝时《明堂图》，上有楼从西南入，名曰昆仑。此即误以重屋为楼，因之肊造是图。不知殷重屋与楼别，又不知夏以前明堂并未有重屋，说尤谬妄，不为典要也。又《诗·大雅·灵台》孔疏引卢植、颖容说，谓明堂即灵台，亦与通天台异，详后及《春官·叙官》疏。[1]

杨鸿勋《偃师商城的"四阿重屋"殿堂》：

1. 偃师商城遗址

偃师商城遗址为商代早期都城遗址，位于河南省的偃师市；历史时期为公元前1600年—公元前1400年；发掘年代为1983年至今。偃师商城遗址是一处商代早期的古城址，总面积约2平方公里。城址平面略呈长方形，南北长1 700余米，东西宽1 215 ~ 740米，包括大城、小城、宫城三重城垣。城址发现有城门、道路、宫殿、居址等遗迹，并出土大量石器、陶器、铜器、玉器等遗物。从已发现的遗迹来看，偃师商城内既有大型宫殿建筑，又有军事防御设施，具备了早期都城的规模和特点。偃师商城是目前夏、商时期布局结构最清楚的都城遗址，它的发现为夏文化和商文化的分界提供了重要的实物证据。

2. 偃师商城的"四阿重屋"殿堂

二里头夏朝宫殿遗址的台基周围都有擎檐柱迹，证明殿堂屋盖是四面坡的"四阿"形式，估计它仅仅是一个四面坡的大屋顶。《考工记》强调殷商王朝主要宫殿的特征时说"殷人重屋"，即殷商宫殿是两重屋檐的形式。这就意味着对于前朝来说，"重屋"是殷人所特有的。当时的象形文字证实，殷

---

① 孙诒让《周礼正义》4162—4168/3443—3448页。

商时代确实已有了这种屋盖（图2-9）。至于是否"四阿"，"殷因于夏礼"，自然完全可以因袭夏朝宫殿建筑的成就。实际上，殷商许多宫殿遗址的台基周围都已发现了擎檐柱遗迹，直接证明了屋盖都和夏朝宫殿一样，是"四阿"形式。中国以土木材料为主的建筑，特别依赖屋盖的防雨保护作用。中国的屋盖可以说是建筑的冠冕，在建筑艺术上，它成为建筑等级的标志。自从殷商采用"四阿重屋"——四面坡两重檐，以这样的屋盖作为宫廷主体殿堂的冠冕以来，它便被奉为至尊形制，为历代统治者所沿用，一直到封建社会的末期——清朝。

重屋图形文字
（山东长清县兴复河发现殷代铜鼎铭文）　甲骨文

图2-9

　　"四阿重屋"确实显得雄伟壮观，而具有不同凡响的艺术魅力。但它的创造，却不是从建筑艺术出发的。它的出现，仍然体现着建筑实用内容决定其艺术形式的基本原理。高大的殿堂，需要加大出檐来保护夯土台基和木柱和土墙免遭雨淋损坏。出檐的深度与防雨、防晒的保护面成正比；檐口的高度与保护面成反比（图2-10）。对于高大的殿堂来说，出檐必须相应增加才能起到保护作用。出檐加大，即顺屋面坡度延伸檐部，使达到有效程度，这对于早期直坡屋盖来说，檐部有过于低矮的缺点。这样既有碍于夏季通风和冬季日照；在体形上，又显得屋盖过大，屋身过小，有损于高耸的效果。看来，只有降低檐部才能达到防护的要求。也就是说，殷商时代这些擎檐柱支承的是低于屋盖的一周庇檐，即形成《考工记》所谓的"重屋"。不仅商王宫殿是这样，有材料说明商代所属的方国统治者诸侯的宫殿也是这样的。从实例看，不仅偃师商城中的宫殿遗址、河南省安阳市小屯殷墟宫殿遗址是这样，湖北省黄陂县盘龙城方国宫殿遗址也提供了这样的证据。至于屋面材料，殷商宫殿遗址都没有屋瓦残留，也没有泥背遗迹，应该正是文献所记载的"茅茨"屋面，而茅草都早已腐朽无存了。四川省成都市十二桥殷商遗址，难得地保存了大量木构件与茅草屋面的残迹，提供了"茅茨"的直接证据。

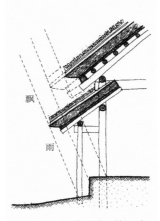

飘

雨

图2-10　出檐深度、檐口高度与保护面关系示意

　　殷商宫殿遗存的夯土台基都没有包砌砖、石，陕西省岐山县凤雏村早周（相当于殷晚期）的甲组遗址，夯土台基保存有搀砂三合土面层，这应是商代宫殿夯土台基表面加固的一般做法。遗址完全证明了殷商宫殿和夏代一样，仍然是"茅茨、土阶"。文献记载"堂崇三尺"，也就是说殿堂台基的高度是三尺，折合现在的公制约为0.7米。这可根据偃师（尸乡）商城的宫殿D4遗迹，推算得到证实。

　　商朝初期的宫殿。继承夏朝木骨版筑墙做法（内含木柱的版筑墙），进一步变革为附加壁柱的版筑墙。[①]

① 杨鸿勋《偃师商城的"四阿重屋"殿堂》，杨鸿勋《中国古代居住图典》78—80页，云南人民出版社，2007年。

温少峰、袁庭栋《殷墟卜辞研究——科学技术篇》：

高，甲文作，或作，象层屋之形。《说文》："高，崇也，象台观高之形。" 孔广居谓："高，象楼台层叠形，象上屋，冂象下屋，口象上下层之户牖也"（《说文疑疑》）。知 "高" 之本义为层楼，则此辞之 "高作" 当即 "作高"，即建造楼房之事。《考工记 · 匠人营国》："殷人重屋，堂修七寻，堂崇三尺，四阿重屋。" 今由卜辞中有关 "高作" 之载，知殷人确已修建楼房，《考工记》"殷人重屋" 之说不误。而过去经学家不敢以 "楼房" 释 "重屋"，而谓 "重屋" 为 "重檐"，则误。①

王世仁《明堂形制初探》推测殷人重屋的形式：

据考古资料，商朝的高级建筑，如偃师二里头遗址，黄陂盘龙城遗址，安阳小屯殷墟遗址，都是基座高不超过1米，进深大约10 ～ 13米的矩形房屋，大体上都符合《考工记》殷人重屋的尺度。

殷人重屋。只言进深（修）而不言面阔，就不应将周、"夏" 制度硬套上去而设想成十字轴线对称的正方形形式。据上述三座商代高级建筑基址推断，重屋很可能也是一座矩形房屋。按商尺1尺等于0.169米计算，进深56尺约合9.5米，台高3尺约合50厘米。今选用二里头遗址的平面比例和柱网关系，可分隔成为一个扁长的 "井" 字形格局，中间 "太室" 依靠天窗采光通风，突出一个屋顶，是为 "重屋"。②

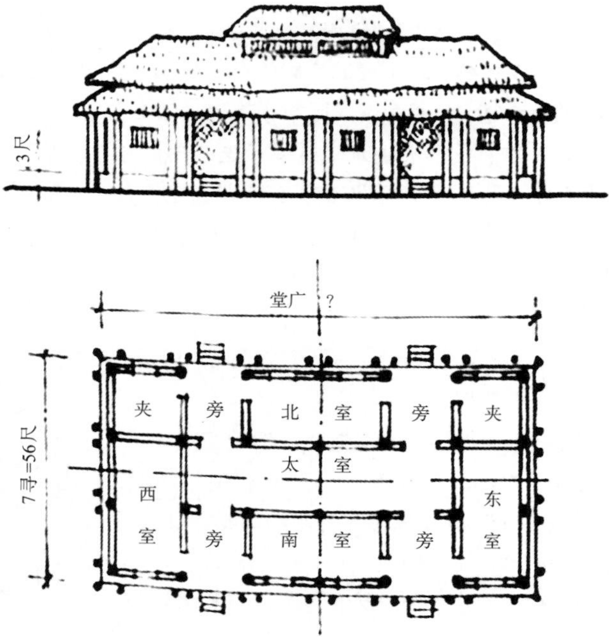

① 温少峰、袁庭栋《殷墟卜辞研究——科学技术篇》381—382页，四川省社会科学院出版社，1983年。

② 王世仁《明堂形制初探》，《中国文化研究集刊》第4辑；引自《王世仁建筑历史理论文集》4页，中国建筑工业出版社，2001年。

5. 明堂

《匠人》：周人明堂，度九尺之筵，东西九筵，南北七筵，堂崇一筵，五室，凡室二筵。

孙诒让："周人明堂"者，此记周明堂之制也。牛弘《明堂议》引马宫说云："周人明堂，堂大于夏室，故命以堂。"蔡邕《明堂月令论》云："东曰青阳，南曰明堂，西曰总章，北曰玄堂，中央曰太室。《易》曰：'离也者，明也，南方之卦也。圣人南面而听天下，向明而治。'人君之位，莫正于此，故虽有五名，而主以明堂也。"戴震云："周人取天时方位以命之。东青阳，南明堂，西总章，北玄堂，而通曰明堂，举南以该其三也。"云"东西九筵，南北七筵"者，明堂亦四堂，此南堂一面广修之度也。余三堂同。云"五室，凡室二筵"者，五室亦土室居中，四行室居四维，与夏世室同，每室广修皆二筵。贾疏云："夏之世室，其室皆东西广于南北也。周亦五室，直言'凡室二筵'，不言东西广，郑亦不言东西益广，或五室皆方二筵，与夏异制也。若然，'殷人重屋'亦直云'堂修七寻'，不言室，如郑意，以夏周皆有五室十二堂，明殷亦五室十二堂。"诒让案：世室明堂五室并正方，夏周制本不异，十二堂即两夹及四正堂之合数，并详前疏。东西九筵，南北七筵，为明堂一面之度。故《玉海·郊祀》引《礼记外传》："《孝经援神契》①云：'明堂之制，东西九筵，南北七筵。筵长九尺，东西八十一尺，南北六十三尺，故谓之大室。'"《孝经纬》说与此经同。自郑误以九七之筵为全堂椭方之度，而古制晦。李谧《明堂制度论》驳之云："《记》云：'东西九筵，南北七筵，五室，凡室二筵。'置五室于斯堂，虽使班、倕构思，王尔营度，则不能令三室不居其南北也。然则三室之间便居六筵之地，而室壁之外裁有四尺五寸之堂焉。岂有天子布政施令之所、宗祀文王以配上帝之堂、周公负扆以朝诸侯之处，而室户之外仅余四尺而已哉？假在俭约，为陋过矣。抑云'二筵'者乃室之东西耳，南北则狭焉。曰：若东西二筵，则室户之外为丈三尺五寸矣。南北户外复如此，则三室之中南北裁各丈二尺耳。《记》云：'四旁两夹窗。'若为三尺之户，二尺之窗，窗户之间裁盈一尺。绳枢瓮牖之室，荜门圭窦之堂尚不然矣。假令复欲小广之，则四面之外阔狭不齐，东西既深，南北更浅，屋宇之制，不为通矣。验之众涂，略无算焉。且凡室二筵，丈八地耳，然则户牖之间不踰二尺也。《礼记·明堂》'天子负斧扆南向而立'，郑注云'设斧于户牖之间'。而郑氏《礼图》说扆制曰'纵横八尺'，以八尺扆置二尺之间，此之迥通，不待智者，较然可见矣。且若二筵之室为四尺之户，则户之两颊裁各七尺耳，全以置之，犹自不容，矧复户牖之间哉？又云'堂崇一筵'，便基高九尺，而壁户之外裁四尺五寸，于营制之法自不相称。"牛弘议亦云："依郑注，每室及堂，止有一丈八尺，四壁之外，四尺有余。明堂总享之时，五帝各于其室。设青帝之位，须于大室之内，少北西面。太昊从食，坐于其西，近南北面。祖宗配享者，又于青帝之南，稍退西面。丈八之室，神位有三，加以簠簋笾豆，牛羊之俎，四海九州美物咸设，复须席工②升歌，出罇反坫，揖让升降，亦以隘③矣。"案：李、牛

---

① 引者按：《孝经援神契》所云，为《礼记外传》所引（见王应麟《玉海》1724页）。孙星衍《明堂考》卷中引《孝经援神契》此段，出处亦标作"《玉海》引《礼记外传》"。王文锦本《礼记外传》与《孝经援神契》并列。

② 引者按："工"，《北史·牛弘传》、《册府元龟》卷五八四、《通志》卷一六○并作"上"。

③ 引者按：乙巳本、《隋书·牛弘传》（中华书局《隋书》1301—1302页）并作"隘"，王文锦本从楚本讹作"陋"。

所论,足证郑义之疏。宇文恺议亦谓三代堂基并方,庲郑义与古违异。惟李氏又以夏周文质之异,度堂筵几之殊,并疑经文之谬,则妄也。唐宋以后说明堂者,率沿郑说。近代诸儒始知九七之筵为一堂之度,而阮元所释尤核,其说云:"东西九筵者,八丈一尺也,约当今尺四丈八尺六寸。南北七筵者,六丈三尺也,约当今尺三丈七尺八寸。此明堂南一堂之丈尺。经不言东西北三堂者,丈尺相同,举南可概三方也。四方之堂,宽皆九筵。此四堂之背,四角相接,是明堂之北距玄堂之南,青阳之西距总章之东,皆九筵也。以此方九筵之地为太室及四室,每室止用二筵,丈尺恰可相容。凡言室者,皆庙屋内划出之名,非建五小屋于露处之地可名为室也。此五室皆当重屋圆盖之下,若于太室四角立四大柱,或再倚四堂之背,木室之西之南,火室之西之北,金室之东之北,水室之东之南,立八大柱,则可上载圆屋并遮五室矣。"又云:"重屋,见于《考工记》;上圆下方,见于《大戴记》,皆是古制。此中央九筵之地,假使立大柱出乎四堂背之上,而加以圆盖之屋,则是上圆之重屋矣。圆盖须比九筵为大,乃不雷雨水于五室也。九筵方径当今尺四丈八尺六寸,约须径今尺六丈有余之圆盖方能盖之。至于圆屋之下,方屋之上,必可虚之以吸日景而纳光也。"陈澧云:"明堂之制,见《月令》曰太庙者四,曰个者八,曰太庙太室者一。见《考工记》曰五室。见《大戴礼·盛德》曰上圆下方。说者大都以四太庙八个五室皆在九筵七筵之内,其制度太狭,广与袤又不称。阮以九筵七筵为一面之度,举一面以该三面,于是九筵七筵之义始明。室二筵者,其地本方三筵,四壁皆厚半筵,室中方二筵也。《记》云'室中度以几',郑注云'室中,举谓四壁之内',即其义也。《记》不云室中二筵者,犹九筵七筵不必云堂上也。云二筵不云若干几者,与上文九筵七筵连文也。其度则二筵,而度之则以几不以筵耳。筑土为壁,上承重屋,非半筵之厚不胜其任。且古一尺当今六寸许,二筵仅当今一丈许。若复去四壁,其中太狭,不足行礼,二筵不计四壁明矣。并四壁则方三筵,三室则九筵,与一面之庙个同广也。堂基为亚字形,八隅立柱,以承圆屋。《盛德》所云上圆者,圆屋也;下方者,亚形八隅也。"案:阮、陈说是也。明堂东西九筵,广度不及世室之半,明四堂之角无复余地,则堂必四出为亚字形可知。依阮说,四堂各广九筵,修七筵,堂内正中为五室,为地总方九筵,而堂外四角各缺方九筵之地为廷。其说塙不可易。以此推之,盖自南堂廉至北堂廉,共二十五筵,为尺二百二十五,东西亦如之,即四堂全基之度也。惟五室每室中方二筵,加每室四壁一筵,适尽方九筵之地,则当以陈说为定解。此经于周制止举堂室,实则九阶、四旁两夹、窗白盛[1]之制,当与夏世室同;四阿重屋之制,当与殷重屋同。经不具详者,冢上文而省也。其四乡各从方色,每室四户八牖,屋上圆下方,宫外四门之制,参证群籍,盖亦当与古同。故《通典·吉礼》约此经及郑注说之云:"明堂东西长八十一尺,南北六十三尺。其堂高九尺,于一堂之上为室[2],每室广一丈八尺。每室开四门,旁各有窗,九阶。外有四门,门之广二十一尺。门两旁各筑土为堂,南北四十二尺,东西五十四尺。其堂上各为一室,南北丈四尺,东西丈八尺。其宫室墙壁以蜃蛤灰饰之。"今考杜以五室于广九筵修七筵一堂之上为之,及以白盛为墙壁之通制,并沿郑说,而所推门阶牖户之数则不误。惟明堂门堂之制,经注并无文,以世室之制推之,当亦取正堂修七筵,广九筵,三分减一以为门堂之度,则每塾堂修四筵有六尺,广三筵,两塾合广六筵也。又取七筵九筵三分减二以为门室之广修,则

每塾室修二筵有三尺，广与堂同。依郑两室及门各居一分之说推之，则明堂门当广亦三筵。杜谓每塾堂各得正堂三分之二，则合门与两塾，其广倍侈于堂；又以门室取数于门堂三之一，即于三之二中三分取一：其说并不可通。又谓明堂门广二十一尺，盖依下文庙门容大扃七个为说，则合门与两塾，不得各居一分，与郑义亦不合。互详前疏。汉魏以来言明堂者，驳文诡制，不可殚述。《玉藻》《明堂位》孔疏引《五经异义》云："明堂制，今《礼》戴说，《礼·盛德记》曰：'明堂自古有之。凡有九室，室有四户八牖，三十六户，七十二牖。以茅盖屋，上圆下方，所以朝诸侯。其外有水名曰辟廱。'《明堂月令书》说云：'明堂高三丈，东西九仞，南北七筵，上圆下方，四堂十二室，室四户八牖，其宫方三百步，在近郊三十里。'讲学大夫淳于登说：'明堂在国之阳，丙巳之地，三里之外，七里之内而祀之，就阳位。上圆下方，八窗四闼。布政之宫，故称明堂。明堂，盛貌。周公祀文王于明堂，以配上帝。上帝，五精之帝。大微之庭中有五帝座星。'古《周礼》《孝经》说：'明堂，文王之庙，夏后氏世室，殷人重屋。周人明堂东西九筵，筵九尺，南北七筵，堂崇一筵，五室凡室二筵，盖之以茅。周公所以祀文王于明堂，以昭事上帝。'谨按：今《礼》古《礼》，各以其义说，无明文以知之。"郑驳之云："玄之闻也，《礼》戴所云虽出《盛德记》，及其下，显与本章异。九室、三十六户、七十二牖，似秦相吕不韦作《春秋》时说者所益，非古制也。四堂十二室，字误，本书云'九室十二堂'。淳于登之言，取义于《孝经援神契》。《援神契》说宗祀在文王于明堂以配上帝曰：'明堂者，上圆下方，八窗四闼，布政之宫，在国之阳。帝者，谛也。象上可承五精之神。五精之神实在太微，于辰为巳。'是以登云然。今汉立明堂于丙巳，由此为也。水木用事交于东北，木火用事交于东南，火土用事交于中央，金土用事交于西南，金水用事交于西北。周人明堂五室，帝一室，合于数。"案：《异义》所述古《周礼》说，即本此《记》。惟云"明堂文王之庙"，又云"盖之以茅"，则《记》无其文，盖别据《孝经》说，许参合引之，未及析别耳。许所述诸家说与经异者，如此云"东西九筵，南北七筵，堂崇一筵"，而许引《明堂月令》说云"堂高三丈，东西九仞，南北七筵"。考宋本《大戴礼记·盛德篇》引《月令》本作"堂高三尺"，则与后郑说殷堂之高正同，非周制也。"东西九筵"之文，则《盛德》所引亦与此经正同。孔引《异义》讹"尺"为"丈"、"筵"为"仞"，遂成龃龉。此经既特箸度筵之文，明广修皆以筵计，《月令》说不当筵仞错出，其讹审矣。此经云"五室"，室有四户八窗①，则有二十户四十牖。而《盛德记》云"九室，三十六户，七十二牖"，又引《明堂月令》云"二九四七五三六一八"，即九室之数位也。《续汉书·祭祀志》刘注引《新论》云："九室法九州，十二坐法十二月。"《白虎通义·辟雍篇》、《汉书·平帝纪》应劭注并同。《明堂月令论》云："九室以象九州，十二宫以应辰。"说亦略同。今考十二堂，即四堂兼两夹之通数。桓、班云"十二坐"，蔡云"十二宫"，其实一也。已详前疏。至九室、三十六户、七十二牖之说，则与此经乖剌，郑斥为秦制。《御览·礼部》引《三礼图》云："周制五室，秦为九室。"盖即本郑义。《魏书·袁翻传·明堂议》云："明堂五室，三代同焉；配帝象行，义则明矣。及《淮南》《吕氏》与《月令》同文，虽布政班时，有堂个之别，然推其体例，则无九室之证。明堂九室，著自《戴礼》，探绪求源，罔知所出。而汉氏因之，自欲为一代之法。张衡《东京赋》云：'乃营三宫，布教班常，复庙重屋，八达九房。'薛综注云：'房，室也，谓堂后有九室。'堂后九室之制，非巨异乎？裴颁云：'汉氏作四维之个，不能令各居其辰，就使其像可图，莫能通其居用之礼，此为设虚器也甚。'"今案：袁氏亦申郑义，又谓《月令》无九室之证，九室即汉制之九房，其说甚埆。封轨、牛弘《明堂议》并庬九室为秦汉之制，谓室以祭天，依行而祭，故不过五，九室为无用。《魏书》贾思伯议亦谓《孝经援神契》《五经要义》《旧礼图》及徐氏、刘氏之说皆同此记为五室，庬戴、蔡九室之制为不可从，与郑义皆足相申证。然贾氏又以《月令》八个傅会五室，云："案《月令》亦无九室之文，原其制置，不乖五室。其青阳右个即明堂左个，明堂右个即总章左个，总章右个即玄堂左个，玄堂右个即青阳左个。如此，则室犹是五，而布政十二。"案：贾意盖谓四隅室即夹室，亦谓之个，一室分属两堂，则四室即是八个。与裴颁以九室之隅室为四维之个说盖略同。不知四隅室分应四行，与堂旁之个不同，个本非室，不可以配大室为五。且以四室为八个，彼此通互，其说巧而难信。李谧亦主五室之说，而谓四室居四中，四面之室各有夹房，谓之左右个，个即寝之房也。则又隐据汉九房之制，与九室名异而实同。不知五室九室之制，《考工》与《大戴记》本异，此经法制详备，埆为周典，《盛德》杂摭旧文，不必一代之制。后儒必欲参合两制为一，遂至岐迕百出。至贾思伯议谓裴颁有一屋之论，《隋书·礼仪志》载梁武帝制，谓明堂本无室，庬五室九室为皆不可信，其谬又不足论矣。明堂宫修广之度，此经亦无文。《盛德》引《明堂月令》说云"其宫方三百步"，则与《觐礼》会同之坛同，古制或当如是。明堂所在之地，郑《驳异义》从淳于登说在丙巳之地，与《盛德》云"在近郊三十里"异。《御览·礼部》引《孝经援神契》云："周之明堂在国之阳，三里之外，七里之内，在辰巳者也。"又引《春秋合诚图》云："明堂在辰巳者，言在水火之际。辰，木也；巳，火也。木生数三，火成数七，故在三里之外，七里之内。"《白虎通义·辟雍篇》《三辅黄图》及《汉书·平帝纪》应劭注，并云在国之阳。《大戴礼记·盛德篇》卢注引《韩诗》说云："明堂在南方七里之郊。"又《诗·灵台》孔疏引马融云："明堂在南郊，就阳位。"《艺文类聚·礼部》引徐虔《明堂议》，亦云"在国之阳，国门外"。说并与淳于登说同。前左祖右社章贾疏引刘向《别录》，则云"左明堂辟雍，右宗庙社稷"，《说苑·修文篇》亦云"路寝承乎明堂之后"，是谓明堂在宫中。金鹗云：《玉藻》云'天子听朔于南门之外'，郑注以为在明堂。夫诸侯受朔于天子，天子受朔于天，明堂祭天之所也，是知听朔于南门外者，必明堂也。淳于登谓在国南丙巳之地，本于《援神契》，其说自确。明堂既在国外，则国中不得有明堂矣。明堂以祀上帝，在国中则亵，故与泰坛同置于郊。《玉藻》言在南门之外，则去国不远，当在国南三里，南为阳方，三为阳数也。"案：金说近是。黄以周谓《大戴》云"近郊三十里""十"字疑衍，孙星衍亦据《尸子》"殷曰阳馆"，证明堂在国阳，谓夏商已在东南郊，皆足证郑义。至先秦西汉古书述明堂制度许、郑所未及者，复多纷互。宇文恺《明堂议》及《艺文类聚·礼部》引《周书》云："明堂方一百一十二尺，高四尺，阶广六尺三寸，室居中方百尺，室中方六十尺，户高八尺，广四尺，牖高三尺，门方十六尺。东应门，南库门，西皋门，北雉门。"案：《周书》说户牖高广之度，无可质证。堂高四尺，与《觐礼》会同坛高同，而与此经不合。堂方百十二尺，则止十二筵四尺，于一堂之度为太多，于四堂之度则又太少。且彼室方百尺，内方六十尺，与此经五室之度亦绝不相应。况堂通方百十二尺，而室已占百尺，则堂止得一筵有三尺，两面分之止六尺，此必不可信者也。明堂有四门，于制无疑，而《周书》取五门之皋、库、应、雉，分列四面，则与宫寝门制不合。且五门以应门为正门，明堂以南为正，故特为三阶。假令取宫门为名，亦宜以南门为应门，今乃南库东应，其不足据明矣。宇文恺议引《黄图》云："堂方百四十四尺，法坤之策也，方象地。屋圆楣径二百一十六尺，法乾之策也，圆象天。室九宫，法九州。太室方六丈，法阴之变数。十二堂法十二月，三十六户法极阴之变数，七十二牖法五行所行日数。八达象八风，法八卦。通天台径九尺，法乾以九覆六。高八十一尺，法黄钟九九之数。二十八柱，象二十八宿。堂高三尺，土阶三等，法三统。堂四向五色，法四时五行。殿门去殿七十二步，法五行所行。门堂长四丈，取太室三之二。垣高无蔽目之照，牖六尺，其外倍之。殿垣方，在水内，法地阴也。水四周于外，象四海，圆法阳也。水阔二十四丈，象二十四气。水内径三丈，应《觐礼经》。《明堂月令论》说略同。今考上圆下方为通天台及堂四向五色之制，于理可信，详前。唯堂方十六筵，与此经不合。孙星衍谓百四十四尺为即南北七筵、东西九筵之合数。然论方积，则九七之筵广修相乘，共五千一百三尺；若论方面，则广修不可合并为方。二书之说，必不能通于此经。至屋圆楣之说，似谓覆四堂之屋亦为圆屋，则与重屋四阿之文不合。太室方六丈，与《周书》说同，通天台之径，此经无文，尤不足论。明堂上圆者，惟最高之重屋为然。所覆者不出五室九筵之地，必无径二百十六尺之广。第二层方屋四面外出，与四堂正相覆，岂能为圆楣哉！又据世室门堂取数于正堂三分之二，明堂门塾当与彼同。《黄图》说谓大室方六丈，取三之二，门堂长四丈，率尤不合。其他室屋坛柱度数，皆无可证，今不具论。牛弘、宇文恺议又引马宫说云："夏后氏益其堂之广百四十四尺，周人明堂以为两序间，大夏后氏七十二尺。"案：马说与诸书并不甚合，牛氏亦谓不详其义。以意推之，百四十四尺加七十二尺，为二百十六尺，则是二十四筵也。马意盖以东西两堂各九筵为十八筵，加三室每室二筵，凡六筵，合之适二十四筵。以十六筵为两序间，序外左右堂隅各四筵，合之为七十二尺，即大于夏堂之数。马说大意盖如此。依其说，则明堂两序间广已几及倍，全堂之广复过于此。实不可通，姑著之以备一义。

　　郑玄：明堂者，明政教之堂。周度以筵，亦王者相改。周堂高九尺，殷三尺，则夏一尺矣，相参之数。禹卑宫室，谓此一尺之堂与？此三者或举宗庙，或举王寝，或举明堂，互言之，以明其同制。

　　孙诒让：注云"明堂者，明政教之堂"者，《明堂位》云："明堂也者，明诸侯之尊卑也。"《盛德记》说同。《周书·大匡篇》云："明堂所以明道。"《五经异义》淳于登说云："明堂盛貌。"《三辅黄图》云："明堂所以正四时，出教化，天子布政之宫也。"《白虎通义·辟雍篇》云："天子立明堂者，所以通神灵，感天地，正四时，出教化，宗有德，章有道，显有能，褒有行者也。"《续汉书·礼仪志》刘注引《新论》云："天称明，故命曰明堂。"贾疏云："以其于中听朔，故以政教言之。《孝经纬援神契》云：'得阳气明朗谓之明堂，以明堂义大，故所含理广也。'"案：贾引《孝经纬》，专据南堂言之。《玉烛宝典》引《月令章句》云："明者，阳也，光也。乡阳受光，故曰明。"义亦同。郑通晐四堂，故说与彼异。云"周度以筵，亦王者相改"者，《说文·竹部》云："筵，竹席也，《周礼》曰度堂以筵。筵一丈。"[1]案：许说本此经，而长度不合，未详所据。《公食大夫记》云："司宫具几与蒲筵，常，加萑席，寻。"注云："丈六尺曰常。"聂氏《三礼图》引《旧图》云："士蒲筵长七尺，广三尺三寸。"《文王世子》注云："席之制，广三尺三寸三分。"盖筵席广度略同，而长度则有或丈六尺，或一丈，或九尺、八尺、七尺之异，故此经[2]特著其度与？贾疏云："对夏度以步，殷度以寻，是王者相改也。"云"周堂高九尺，殷三尺，则夏一尺矣，相参之数"者，贾疏云："夏无文，以后代文而渐高，则夏当一尺，故云相参之数。"孙星衍云："《礼器》称天子之阶九尺，故周制堂崇一筵，高三尺则阶三等，凡三尺为一等欤？九阶，贾疏引贾、马九等阶者，盖言九尺之筵，阶凡九等，说亦通。"诒让案：堂崇九尺，以三尺为一等，于度似太高。考《觐礼记》会同之坛深四尺，郑注谓一等一尺。以彼例此，则明堂九尺之阶亦当为九等。前疏引贾、马九等之阶，与世室之九阶

────────────

① 引者按：《说文》引《周礼》仅有"度堂以筵"一句，"筵一丈"如段玉裁所说（段玉裁《说文解字注》192页）："此释《周礼》也。"

② 引者按："经"原讹"记"，据孙校本改。

虽不合，而移以释明堂，则适相当。故《士冠礼》贾疏亦云"案《匠人》天子之堂九尺，贾、马以为傍九等为阶"是也①。至古书说明堂者，多云高三尺。《盛德记》云："堂高三尺。"宇文恺议引《黄图》云："堂高三尺，土阶三等，法三统。"又引《周书·明堂》云"高四尺"，孙星衍、陈寿祺并谓"四"字盖"三"字积画之误。依郑此注说，则三尺为殷制，而夏制一尺，为尤卑。俞樾云："堂崇三尺，夏殷同之。《礼器》曰：'天子之堂九尺，诸侯七尺，大夫五尺，士三尺。'是三尺之堂已为极卑，一尺之堂古无有也。《吕氏春秋·召类篇》曰：'明堂茅茨蒿柱，土阶三等。'若有一尺之堂，则当有一等之阶。《吕氏》方极言古制之俭，何不言一等而必言三等乎？"案：俞说是也。《吕览》三等之阶，疑亦据夏殷制言之。云"禹卑宫室，谓此一尺之堂与"者，《论语·泰伯篇》云："禹卑宫室而尽力乎沟洫。"郑言此者，欲证夏堂一尺卑于殷周，与《论语》义正合也。云"此三者或举宗庙，或举王寝，或举明堂，互言之以明其同制"者，贾疏云："夏举宗庙，则王寝、明堂亦与宗庙同制也。殷举王寝，则宗庙、明堂亦与王寝同制也。周举明堂，则宗庙、王寝亦与明堂制同也。云'其同制'者，谓当代三者其制同，非谓三代制同也。若然，周人殡于西阶之上，王寝与明堂同，则南北七筵，惟有六十三尺；三室居六筵，南北共有一筵，一面惟有四尺半，何得容殡者？案《书传》云：'周人路寝，南北七雉，东西九雉，室居二雉。'则三室之外，南北各有半雉。雉长三丈，则各有一丈五尺，足容殡矣。若然，云同制者，直制法同，无妨大矣。据周而言，则夏殷王寝亦制同，而大可知也。"案：依郑、贾义，则宗庙、路寝、明堂三者同制，故《诗·小雅·斯干》笺云："宗庙及路寝制如明堂，每室四户。"《玉藻》注义亦同。《斯干》孔疏云："《明堂位》曰：'太庙，天子明堂。'又《月令》说明堂，而季夏云'天子居明堂大庙'。以明堂制与庙同，故以太庙同名其中室，是宗庙制如明堂也。又宗庙象生时之居室，是似路寝矣，故路寝亦制如明堂也。宣王都在镐京，此考室当是西都宫室。《顾命》说成王崩，陈器物于路寝云：'胤之舞衣、大贝、鼖鼓，在西房；兑之戈，和之弓，垂之竹矢，在东房。'若路寝制如明堂，则五室皆在四角与中央，而得左右房者，《郑志》答赵商云：'成王崩之时，在西都。文王迁丰，作灵台、辟廱而已，其余犹诸侯制度，故丧礼设衣物之处，寝有夹室与东西房。周公摄政，致太平，制礼作乐，乃立明堂于王城。'如郑此言，则西都宗庙路寝依先王制，不似明堂。此言如明堂者，《郑志》答张逸云：'周公制礼土中，《洛诰》"王入太室祼"是也。《顾命》成王崩于镐京，承先王宫室耳。宣王承乱，未必如周公之制。'以此二答言之，则郑意以文王未作明堂，其庙寝如诸侯制度。乃周公制礼，建国土中，以洛邑为正都，其明堂庙寝天子制度，皆在王城为之。其镐京则别都耳，先王之宫室尚新，周公不复改作，故成王之崩，有二房之位，由承先王之室故耳。及厉王之乱，宫室毁坏，先王作者无复可因，宣王别更修造，自然依天子之法，不复作诸侯之制，故知宣王虽在西都，其宗庙路寝皆制如明堂，不复如诸侯也。若然，明堂周公所制，武王时未有也。《乐记》说武王祀②乎明堂者，彼注云：'文王之庙为明堂制。'知者，以武王既伐纣为天子，文王又已称王，武王不得以诸侯之制为父庙，故知为明堂制也。"江永云："周路寝之制，略见《顾命》，有堂，有序，有夹，有房，何尝有五室？有两阶，有二垂，有侧阶，何尝有九阶？盖宗庙、路寝宜同制，而明堂则否也。明堂者，朝诸侯、听朔、祀上帝、配文王之堂，东西南北有四门，堂上中央与四隅有五室，东西阶之间有中阶，而东西北堂皆有两阶为九阶，皆与寝庙不同也。"案：江说是也。洪颐煊、金鹗说并同。贾、孔及唐人申郑说者，率举《月令》《明堂位》及《周书·作雒篇》文以为征谳。今考《月令》十二月居四大庙八个，自

---

① 引者按：贾疏止于"为阶"（阮元《十三经注疏》952页中），"是也"是孙疏。

② 引者按：乙巳本、孔疏（阮元《十三经注疏》437页上）并作"祀"，王文锦本从楚本讹作"配"。

是王居明堂之礼,郑注误以为大寝,《大史》疏已辩之矣。《明堂位》谓鲁大庙如天子明堂者,自谓天子宗庙堂皆南向,其重屋两夹诸制与明堂南面一堂形制略同耳,非谓宗庙亦具四堂五室也。《春秋·文十三年》"大室屋坏",《汉书·五行志》述《左氏》说,以大室为大庙中央之室,屋即重屋,盖亦以鲁大庙为明堂制。然《左传》实无是说,《公羊》《谷梁》说则并以大室为鲁公庙。《汉志》所说,盖西汉《左氏》经师臆定,以傅合《明堂位》之文,实不足据也。《荀子·宥坐篇》云:"子贡观于鲁庙之北堂,九盖皆继。"此可证鲁庙不为明堂制,故房后之北堂与正堂异制。否则四堂如一,安得北堂独为殊异乎?《作雒篇》云:"乃位五宫、大庙、宗宫、考宫、路寝、明堂,咸有四阿、反坫、重亢、重郎、常累、复格、藻棁、设移、旅楹、春常、画旅,内皆玄阶,堤唐山廇,应门库台玄阃。"《宋书·礼志》云:"《周书》清庙、明堂、路寝同制,郑玄注《礼》,义生于斯。"盖即指此。今审绎《作雒》之文,乃总记庙寝明堂三者殊异之制,非谓每宫各备此众饰也。否则明堂四面九阶,《记》有明文,安得复有内阶邪?然则三经之说,皆不足证郑义。夫明堂为祭五帝之宫,故有五室之制,随五时而用之。若宗庙时享,则一岁四举,本无中央之祭,而虚制五室为无用矣。路寝之制,《顾命》有明文。镐京虽周旧都,然大寝内朝所在,必不因陋就简,郑答赵商以为犹诸侯制,殆曲为之说,不足凭也。至贾疏引《书传》说路寝制度,《明堂位》孔疏及《礼书》并引《书·多士》传云:"天子之堂广九雉,三分其广,以二为内,五分其内,以一为高。东房、西房、北堂各三雉。"与贾所引又小异。所说度既似太侈,又不宜有北堂而无室,疑皆有舛误。今考定:庙寝制本不如明堂,则南北无三室,自无不容殡之疑,贾氏所辩,可勿论矣。两汉诸儒说明堂者,又或以路寝、祖庙、大学、辟廱傅合为一。《玉藻》疏引《五经异义》云:"古《周礼》《孝经》说:明堂,文王之庙。"《盛德记》云[①]:"或以为明堂者,文王之庙也。周时德泽洽和,蒿茂大,以为宫柱,名为蒿宫也。此天子之路寝也,不齐不居其室。待朝在南宫,揖朝出其南门。"此既以明堂为即文王庙,又以为即路寝,盖杂采众说,故自成岐牾,此与蒿宫之说,同不足据。《旧唐书·礼仪志》,颜师古《明堂议》不从《盛德》文王庙之说,而谓明堂即路寝,与《盛德》后说同。《左传·文二年》孔疏云:"《左氏》旧说及贾逵、服虔等,皆以祖庙与明堂为一。"此以明堂为即祖庙也。《诗·灵台》疏引《五经异义》云:"《韩诗》说,辟廱者,天子之学,立明堂于中。"《文选·东京[②]赋》李注引《三辅黄图》:"马宫奏曰:明堂、辟雍,其实一也。"牛弘议亦云:"马宫、王肃以为明堂、辟廱、太学同处。"又《旧唐志》引汉孔牢等议,说同。此以明堂为即辟廱也。《诗·灵台》疏引卢植《礼记注》云:"明堂即太庙也。天子太庙,上可以望气,故谓之灵台;中可以序昭穆,故谓之太庙;圜之以水似璧,故谓之辟雍。古法皆同一处,近世殊异,分为三耳。"又引颖子容《春秋释例》云:"太庙有八名,其体一也。肃然清静,谓之清庙;行禘祫,序昭穆,谓之太庙;告朔行政,谓之明堂;行飨射,养国老,谓之辟雍;占云物,望氛祥,谓之灵台;其四门之学,谓之太学;其中室,谓之太室;总谓之宫。"《明堂月令论》云:"明堂者,天子太庙,所以崇礼其祖,以配上帝者也。虽有五名,而主以明堂。其正中焉,皆曰太庙,谨承天随时之令,昭令德宗祀之礼,明前功百辟之劳,起尊老敬长之义,显教幼诲稚之学。朝诸侯选造士于其中,以明制度。生者乘其能而至,死者论其功而祭。故为大教之宫,而四学具焉,官司备焉。故言明堂,事之大,义之深也。取其宗祀之清貌,则曰清庙;取其正室之貌,则曰太庙;取其尊崇,则曰太室;取其堂,则曰明堂;取其四门

---

① 引者按:《礼记·玉藻》孔颖达疏引《五经异义》仅为"古《周礼》《孝经》说,明堂,文王之庙"(阮元《十三经注疏》1473页中)。"《盛德记》云"以下并非出自《五经异义》,亦非孔疏所引,王文锦本误标。
② 引者按:"东京"当为"闲居",见萧统《文选》226页,中华书局,1977年。

之学，则曰太学；取其四面周水圆如璧，则曰辟雍。异名而同事，其实一也。《春秋》因鲁取宋之奸赂，则显之太庙，以明圣王建清庙明堂之义。经曰：'取郜大鼎于宋，纳于太庙。'传曰：'非礼也。君人者，将昭德塞违，故昭令德以示子孙。是以清庙茅屋，昭其俭也。'以周清庙论之，鲁太庙皆明堂也。鲁禘祀周公于太庙明堂，犹周宗祀文王于清庙明堂也。《礼记·檀弓》曰：'王斋禘于清庙明堂'也。《孝经》曰：'宗祀文王于明堂。'《礼记·明堂位》曰：'太庙，天子曰明堂。'又曰：'成王幼弱，周公践天子位以治天下，朝诸侯于明堂，制礼作乐，颁度量，而天下大服。成王以周公为有勋劳于天下，命鲁公世世禘祀周公于太庙，以天子礼乐，升歌《清庙》，下管《象舞》，所以异鲁于天下。'取周清庙之歌，歌于鲁太庙，明堂鲁之太庙犹周清庙也，皆所以昭文王、周公之德，以示子孙者也。《礼记·保傅篇》曰：'帝入东学，上亲而贵仁；入西学，上贤而贵德；入南学，上齿而贵信；入北学，上贵而尊爵；入太学，承师而问道。'魏文侯《孝经传》曰：'太学者，中学明堂之位也。'《礼记·昭穆篇》曰：'太学，明堂之东序也，皆在明堂辟雍之内。'《月令记》曰：'明堂者，所以明天气，统万物。明堂上通于天，象日辰，故下十二宫象日辰也。水环四周，言王者动作法天地，广德及四海，方此水也，名曰辟雍。'《王制》曰：'天子出征，执有罪，反舍奠于学，以讯馘告。'《乐记》曰：'武王伐殷，荐俘馘于京太室。'京，镐京也。太室，辟雍之中明堂太室也。即《王制》所谓'以讯馘告'者也。凡此皆明堂、太室、辟雍、太学事通文合之义也。"又《淮南子·本经训》高注云："明堂，王者布政之堂。王者月居其房，告朔朝历，颁宣其令，谓之明堂；其中可以叙昭穆，谓之太庙；其上可以望氛祥，书云物，谓之灵台；其外圜以①辟雍。"案：卢、颖、蔡、高之说，傅会庙寝大学，概以为即明堂，说殊牵合。今考《盛德记》及《韩诗说》，郑《驳异义》已纠其非，卢辩《盛德》注亦斥明堂为文王庙之谬。《南齐书·礼志》王俭议又引《郑志》："赵商问云：'说者谓天子庙制如明堂，是为明堂即文庙耶？'郑答曰：'明堂主祭上帝，以文王配耳，犹如郊天以后稷配也。'"与《驳异义》说同。牛弘议引《五经通义》云："'灵台以望气，明堂以布政，辟廱以养老教学'，三者不同。"《灵台》疏引袁准《正论》云："明堂、宗庙、太学，礼之大物也。事义不同，各有所为。而世之论者，合以为一体，取《诗》《书》放逸之文、经典相似之语而致之，不复考之人情，验之道理，失之远矣。且夫茅茨采椽，至质之物，建日月，乘玉辂，以处其中，象箸玉杯，而食于土簋，非其类也。如《礼记》先儒之言，明堂之制，四面东西八丈，南北六丈。礼，天子七庙，左昭右穆，又有祖宗不在数中。以明堂之制言之，昭穆安在？若又区别，非一体也。夫宗庙鬼神之居，祭天而于人鬼之室，非其处也。夫明堂法天之宫，非鬼神常处，故可以祭天，而以其祖配之。配其父于天位可也，事天而就人鬼，则非义也。是故明堂者，大朝诸侯讲礼之处；宗庙，享鬼神岁觐之宫；辟廱，大射养孤之处；太学，众学之居；灵台，望气之观；清庙，训俭之室：各有所为，非一体也。古有王居明堂之礼，《月令》②则其事也。天子居其中，学士处其内，君臣同处，死生参并，非其义也。明堂以祭鬼神，故亦谓之庙。明堂太庙者，明堂之内太室，非宗庙之太庙也。颖氏云：'公既视朔，遂登观台。以其言"遂"，故谓之同处。'夫遂者，遂事之名，不必同处也。马融云：'明堂正南郊，就阳位。'而宗庙在国外，非孝子之情。古文称明堂阴阳者，所以法天道，顺时政，非宗庙之谓也。融云：'告朔行政，谓之明堂。'夫告朔行政，上下同也，未闻诸侯有明堂之称也。顺时行政，有国皆然，未闻诸侯有居明堂者也。齐宣王问孟子：'人皆谓我毁明

---

① 引者按："以"高注作"似"（何宁《淮南子集释》597页，中华书局，1998年）。《诗·灵台》疏引卢植《礼记注》"圜之以水似璧，故谓之辟雍"，《明堂月令论》"取其四面周水圆如璧，则曰辟雍"。孙疏"明堂古制，外环以水，或通称辟雍"，赞同徐养原云："凡水形如璧，即曰辟雍。"

② 引者按：孙疏"今考《月令》十二月居四大庙八个，自是王居明堂之礼"，可证。王文锦本"月令"未标书名号。

堂,毁诸,已乎？'孟子曰：'夫明堂者,王者之堂也。王欲行王政,则勿毁之矣。'夫宗庙之设①,非独王者也。若明堂即宗庙,不得曰'夫明堂,王者之宗庙也'。且说诸侯而教毁宗庙,为人君而疑于可毁与否,虽复浅丈夫,未有是也。孟子,古之贤大夫,而皆子思弟子,去圣不远,此其一证也。《尸子》曰：'昔武王崩,成王少,周公践东宫,祀明堂,假为天子。'明堂在左,故谓之东宫。王者而后有明堂,故曰'祀明堂,假为天子'。此又其证也。"贾思伯议亦驳蔡说云："《周礼》营国,左祖右社,明堂在国之阳,则非天子太庙明矣。然则《礼记·月令》四堂及太室皆谓之庙者,当以天子暂配享五帝故耳。又《王制》云'周人养国老于东胶',郑注云：'东胶即辟雍,在王宫之东。'又《诗·大雅》云：'邕邕在宫,肃肃在庙。'郑注云：'宫谓②辟雍宫也,所以助王。养老则尚和③,助祭则尚敬。'又不在明堂之验矣。"案：袁、贾二家所论,足正诸说之谬。惟《尸子》说周公践东宫,似非明堂,袁合为一,则非也。明堂古制,外环以水,或通称辟雍。徐养原云："凡水形如璧,即曰辟雍。明堂自有辟雍,何必大学。"其说是也。然则明堂之辟雍与大学辟雍绝异。若路寝、宗庙,则皆在王宫之中,与明堂地远不相涉,其形制固亦绝不同也。凡宗庙、路寝、大学与明堂不同之说,互详《宫人》《大史》《大司乐》疏。④

杨鸿勋《破解"周人明堂"的千古之谜——"周人明堂"的考古学研究》提出了"周人明堂"的复原设想：

西周明堂,作为初期高台宫殿,应是一层台上建"太室"；依大台四壁再布置前堂后室的形式。王国维推测周明堂说："明堂之制,各有四室,东西、南北两两相背……四堂之后,各有一室。"⑤即四面都是前堂后室,这一点是讲对了。遗憾的是,他无从知道当时这种宫殿是高台形制——"两两相对"的背后是一个大夯土台,而他只能按照自己所看到的四合院来作出判断,所以进一步地解释就成问题了。

所谓"明堂",它既是整座建筑的名称,又是主体殿堂亦即中央墩台南侧殿堂的名称。这就不难理解《考工记》所载"周人明堂"的尺寸为什么不是很大、又不是方形了,那是因为所记的尺寸为南向殿堂这一"明堂",而不是明堂整体(日本学者就混淆了明堂总称和明堂主殿,而得出明堂不是方形而是长方形的错误结论)。我们是从周朝高台宫殿模式确知这一点的,清人阮元却无缘得知周朝宫殿的实际,但他从中庭四面四堂相背,也同样推断出《考工记》关于"周人明堂"的尺寸是指一堂来说的⑥,仅此一点他是说对了。⑦

根据《考工记·匠人》记载的尺寸"周人明堂度九尺之筵：东西九筵,南北七筵；堂崇一筵；五室,凡室二筵",杨鸿勋绘制出"周人明堂"复原设想图(图1)：

---

① 引者按："设"孔疏原作"毁"(阮元《十三经注疏》524页下)。
② 引者按：乙巳本、贾思伯议(魏收《魏书》1614页,中华书局,1974年)并作"谓",王文锦本从楚本讹作"即"。
③ 引者按："所以助王"下当标句号,郑笺："宫谓辟廱宫也。群臣助文王、养老则尚和、助祭于庙则尚敬,言得礼之宜。"(阮元《十三经注疏》517页上)贾思伯引郑笺虽有差异,但"养老则尚和,助祭则尚敬"是对应的两句,孔疏："养老申慈爱之意,故尚和；祭祀展肃敬之心,故尚敬。"王文锦本误标为"所以助王养老则尚和"。
④ 孙诒让《周礼正义》4169—4188/3449—3464页。
⑤ 王国维《观堂集林》第三卷,《明堂庙寝通考》。
⑥ 《揅经室续集》卷一"考工记虽言一室,而实有四室,故为广九筵、修七筵之堂四于外……",下面的推测就与事实不符了。
⑦ 杨鸿勋《破解"周人明堂"的千古之谜——"周人明堂"的考古学研究》,《杨鸿勋建筑考古学论文集》增订版161页,清华大学出版社,2008年。

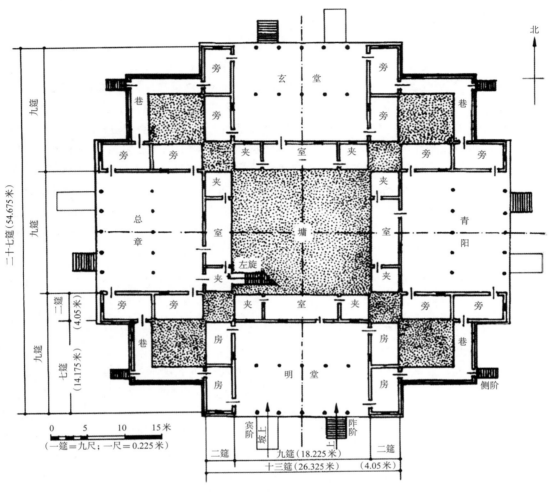

图1　周人明堂复原设想一层平面图

　　明堂整体南面的厅堂——"明堂"，通面阔东西九筵，每筵九尺，即八十一尺，按古制偶数开间，可作六间。进深七筵，为六十三尺。按周大尺=0.225米计算，则通面阔合今18.225米，通进深合今14.175米。台基高度一筵为九尺，合2.025米。西汉末年王莽执政时建造的长安明堂的尺寸，都比这些数据为小；而且四堂——明堂、青阳、总章、玄堂，都比较狭长，又都比它的后室还小。这对于一座礼仪性的建筑来说，似乎无妨。但是作为真正的朝廷前殿来说，殿堂狭长并小于后室，显然是不合适的。《考工记》所记的明堂，长、宽比为9∶7，不仅是合乎天子身份的数字，而且这样面积集中的大殿，也是很适合临朝使用的。秦人所记的"十二堂"，约是战国时期列国明堂已发展了的形式，从《考工记》的简略记载估计，大概西周天子明堂只是四堂。

　　《考工记》关于室的记载是："五室，凡室二筵"，相当笼统，"二筵"指的是室的什么尺寸，不明确。但我们掌握了明堂的基本形式，便可以推知。明堂为前堂后室，堂、室相对应，堂有多宽，室就有多宽（可包括夹室在内），这是不言而喻的。今堂宽九筵，即八十一尺，这便是室及两夹的总宽度。则所记室的"二筵"，自然是进深了，即室的进深为十八尺，折合4.05米。然而所记"五室"都是一样的尺寸,肯定是有问题的。五室中四室相同,其中应该另有一个大体量的太(大)室,在中央墩台之上。按《大戴礼》所记"圆盖方载",大约是方形平面而外廊檐柱排列呈圆形,上承圆形屋盖。这是符合工程建设实际的,因为门、窗按圆形排列的弧线制作,在当时施工是很困难的。

按照传统,堂有四"旁",即左、右各有两"旁",复原如图。

这里,按照《考工记》所载"周人明堂"的尺寸所提出的这一复原设想图,以它和西汉末王莽明堂相比较,最明显的特点是它的堂大、室小。这一点,正说明它是从当时作为朝廷前殿的群臣上朝奏对以及礼仪的实用要求出发建造的。因为前殿的堂有临朝活动,要求空间要大;而它的后室只是作为上朝时小憩之用,无需像正式寝宫的室那样宽绰。

这又一次证明《考工记》是可信的;根据《考工记·匠人》关于"周人明堂"记载所作的这一推测平面,应是接近"周人明堂"实际情况的。

比较"夏后氏世室""殷人重屋"和"周人明堂",可以看出三代宫廷前殿无论在建筑内容和形式上,一代比一代都有较大的发展。[①]

王世仁《明堂形制初探》推测明堂的形式:

据考古资料,商朝的高级建筑,如偃师二里头遗址,黄陂盘龙城遗址,安阳小屯殷墟遗址,都是基座高不超过1米,进深大约10～13米左右的矩形房屋,大体上符合《考工记》殷人重屋的尺度。周人明堂尺度略大于殷人重屋,完全可能是对实际遗物的描述。

周人明堂。是由矩形房屋向正方形台榭过渡的中间形式。土台东西面阔九筵共81尺,南北进深七筵共63尺,台高一筵9尺。台上五室,每室长宽均二筵18尺。历来的解释大都将五室放于台(堂)

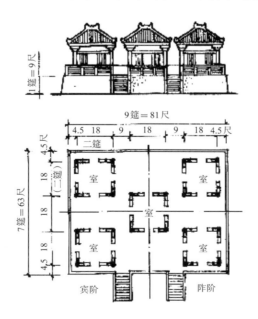

① 杨鸿勋《破解"周人明堂"的千古之谜——"周人明堂"的考古学研究》,《杨鸿勋建筑考古学论文集》增订版161—162页,清华大学出版社,2008年。

上。但日本人田中淡将中心太室放在堂上，其余四室放在堂下四侧①则是一新解。今按，堂高九尺不过1.7米左右，势不可能安排房屋，故此解释尚可推敲。台上置五室，每室每面二筵即18尺，台四周各留半筵即4.5尺。这个尺寸是为了保证台上的室柱有足够的承压角度，即"下出"的部位。东西（面阔）方向太室两侧各留一筵即9尺的通道。这两条通道一是五室间交通所需，二是屋檐排水所需，三是按文献所叙周代建筑通例，设东西阶的位置所需。②

汪宁生《释明堂》认为"古文献中所谓亚形明堂是战国末期以后阴阳家的想象或设计"：

（一）明堂原是集会房屋或男子公所，或是两者的结合，远古时期即有存在。它除较一般房屋为大外，还具有无壁的特征。由于这样的房屋较其他房屋明亮，故称明堂。

（二）古文献中所谓亚形明堂是战国末期以后阴阳家的想象或设计，西汉末年以前，这样的明堂是否实际存在，是值得怀疑的。据目前材料，这种亚形明堂的历史只能上溯到王莽时期。

（三）明堂原是公众集会之处和各种集体活动的中心，具有祭祀、议事、处理公共事务、青年教育和训练、守卫、养老、招待宾客及明确各种人社会身份等功能。进入阶级社会以后，统治者利用明堂作为祭祀和布政施教之处，但原来明堂的各种功能仍有痕迹可寻。③

6. 筵 几 寻 步 轨

《匠人》：周人明堂，度九尺之筵，东西九筵，南北七筵，堂崇一筵，五室，凡室二筵。④

《匠人》：室中度以几，堂上度以筵，宫中度以寻，野度以步，涂度以轨。

孙诒让："室中度以几"者，此泛论诸度之法也。几度，详《司几筵》疏。戴震云："马融以几长三尺，六之而合二筵与？"

郑玄：周文者，各因物宜为之数。室中，举谓四壁之内。

孙诒让：注云"周文者，各因物宜为之数"者，贾疏云："对殷已上质，夏度以步，殷度以寻，无异称也。因物宜者，谓室中坐时冯几；堂上行礼用筵；宫中合院之内无几无筵，故用手之寻也；在野论

① 《先秦时代宫室建筑序说》，《东方学报》，京都，第五十二册，1980年。
② 王世仁《明堂形制初探》，《中国文化研究集刊》第4辑；引自《王世仁建筑历史理论文集》4—5页，中国建筑工业出版社，2001年。
③ 汪宁生《释明堂》，《文物》1989年第9期。
④ 孙诒让《周礼正义》4169/3449页。

里数皆以步,故用步;涂有三道,车从中央,故用车之轨:是因物所宜也。"云"室中,举谓四壁之内"者,谓堂后室四壁之内也。贾疏云:"对宫中是合院之内。依《尔雅》,宫犹室、室犹宫者,是散文宫室通也。"诒让案:《明堂位》孔疏引《尚书大传》说路寝制,堂室并度以雉,则与明堂异,此经又不具也。详《宫人》疏。[1]

傅熹年《中国科学技术史·建筑卷》第三章《周(含春秋、战国)代建筑》第三节《规划与建筑设计方法》"模数运用":"'筵'即铺地竹席,可知在单体建筑设计中以所用之'筵'为面积模数。王之宫殿用长九尺之'筵',则是以九尺为模数。"[2]

程建军《筵席:中国古代早期建筑模数研究》据此也认为"周汉之际,筵席曾作为建筑设计的模数使用",绘出《考工记》周明堂平面分析图[3]:

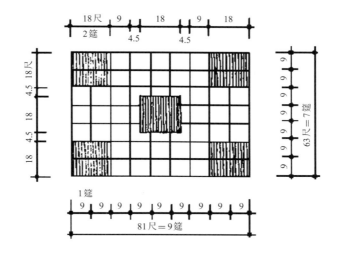

《春官·叙官》:司几筵,下士二人,府二人,史一人,徒八人。

孙诒让:"司几筵"者,《说文·几部》云:"几,踞几也。"《释名·释床帐》云:"几,庪也,所以庪物也。"

郑玄:筵亦席也。铺陈曰筵,藉之曰席。然其言之筵席通矣。

孙诒让:注云"筵亦席也,铺陈曰筵,藉之曰席"者,"铺陈"《释文》作"铺之",疑涉下"藉之"而误。《燕礼》贾疏引此注亦作"铺陈"。《说文·竹部》云:"筵,竹席也。"又《巾部》云:"席,藉也。礼,天子诸侯席,有黼绣纯饰。"《释名·释床帐》云:"筵,衍也,舒而平之,衍衍然也。席,释也,可卷可释也"。《祭统》云:"铺筵设同几。"是铺陈曰筵。藉之,谓人所坐履,则曰席。贾疏云:"设筵之

① 孙诒让《周礼正义》4188/3464页。
② 科学出版社,2008年,94页。
③ 《华中建筑》1996年第3期。

法，先设者皆言筵，后加者为席。故其职云：'设莞筵纷纯，加缫席画纯。'假令一席在地，或亦云筵，《仪礼·少牢》云'司宫筵于奥'是也。是先设者为铺陈曰筵，藉之曰席也。"云"然其言之筵席通矣"者，凡对文，则筵长席短，筵铺陈于下，席在上，为人所坐藉；散文则筵亦为席，故本职云"掌五席"，实兼筵言之。《士冠礼》"蒲筵"注云："筵，席也。"盖席亦有铺陈之义，《乡饮酒礼》注云"席，敷陈也"是也。①

《春官·司几筵》：司几筵掌五几五席之名物，辨其用与其位。

郑玄：五几，左右玉、雕、彤、漆、素。五席，莞、藻、次、蒲、熊。用位，所设之席及其处。

孙诒让：注云"五几，左右玉、雕、彤、漆、素"者，贾疏云："其玉雕以下，数出于下文。云'左右'者，唯于王冯及鬼神所依，皆左右玉几。下云'左右玉几，祀先王酢席亦如之'，但受酢席未必有几，故不云几筵。其雕几已下非王所冯，生人则几在左，鬼神则几在右。是以下文诸侯祭祀云'右雕几'，国宾云'左彤几'。诸侯自受酢亦无几，故不言几也。漆素并几俱右，是为神也。"又云："凡几之长短，阮谌云：'几长五尺，高三尺，广二尺。'马融以为长三尺。《旧图》以为几两端赤，中央黑也。"戴震云："马融以为几长三尺，六之而合二筵与？"案：戴说近是。《阮图》长五尺，于度太长。《文选·东京赋》薛综注云"几长七尺"，则尤长，恐非。又《曾子问》孔疏及聂氏《三礼图》引《阮图》并云"几高尺二寸"，与贾所引不同。今考人在席则冯几，在车则冯式，《舆人》式崇三尺有三寸，几高三尺与式崇约略相儗，若高尺二寸则太低，不可立冯，孔所引亦非也。聂氏又驳《阮图》云："详五几之名，是无两端赤中央黑漆矣，盖取彤漆类而桼之也。"案：聂说是也。《书·顾命》又有"文贝几"，非生时所用，此经亦无之。筵席度，互详《匠人》疏。云"五席，莞、藻、次、蒲、熊"者，《释文》云："藻，本又作缫。"阮元云："经作'缫'，司农读为'藻'，郑君则仍用'缫'字，今本作'藻'，非。"案：阮说是也。《叙官》注云"其言之筵席通"，故此五席亦通莞蒲二筵数之。贾疏云："亦数出下文。仍有苇萑席，不入数者，以丧中非常，故不数，直取五席与五几相对而言耳。"诒让案：《书·顾命》又有篾席、底席、丰席、笋席，郑彼注以为非生时席，故此经亦无之，详后疏。又，王卧寝衽席，掌于玉府，非此官所共设，详《玉府》疏。云"用位，所设之席及其处"者，贾疏云："即下'凡大朝觐'已下是也。云'及其处'者，王受朝觐，席在庙牖间，大射在虞庠，祀先王在庙奥及堂，酢席在庙室西面。自诸侯已下，亦皆在庙，惟熊席漆几设在野所征之地耳。"案：大射在辟雍，贾谓在虞庠，误。亦详后疏。②

曾侯乙墓出土的几1件（C.75），"由三块木板嵌榫接成，竖立的两块木板，上端向内圆卷，下端平齐，中部偏上向内凸出，在凸出的部位凿有榫槽以嵌面板，槽当中还有一个榫眼。面板除两端插入立板榫槽外，中部还有榫头，正插入立板的榫眼内，结合牢固。器全身黑漆为底，在面板和立板的侧面，朱绘云纹，立板的外部，朱绘一组组的几何云纹，在面板上的边

---

① 孙诒让《周礼正义》1505—1506/1253 页。
② 孙诒让《周礼正义》1858—1859/1541—1542 页。

缘及当中,画了一条粗红道(图二三五,3)。器长60.6、宽21.3、高51.3厘米"①。

河南信阳一号战国楚墓出土的几3件,"标本1-695是雕花木漆凭几(图版二六,2、3),通高48、几面长60.4、宽23.7～18.1、厚2.6～6.3厘米。在几两端的最外边各凿四个卯眼,以与几足上的榫接合。足呈骈列的四根木柱状,下端削成子榫纳入与柱足的横木条上的卯眼中。几面的浮雕兽面甚为精美生动,刀法也甚熟练。标本1-714(图版二六,1),从侧面看恰似H形。几由三块木板合成,中间横置一板,两侧各立一板,以榫眼相连。通高57、宽18.5厘米。立板上端外卷,横板中间下凹呈弧形,造形奇特。通体髹黑漆,在几面的周沿和侧棱上涂以连续的朱色云纹"②。

长沙楚墓出土漆几8件,"Ⅰ式1件。标本M89:5,由三块木板拼接而合成,中间置一板,两侧各立一板,以榫眼相连,从侧面看恰似H形。髹黑漆。通高37.5、长36、中宽14.7、两端宽12.2厘米(图版一一八,1)。"③

图二三五,3　几C.75

图版二六,2　雕花几几面
(1-695)

图版二六,3　雕花几(1-695)

图版二六,1　彩绘几(1-714)

图版一一八,1

7. 扃　庙门　闱门　路门　应门

《匠人》: 庙门容大扃七个。

孙诒让:"庙门容大扃七个"者,以下并记庙寝诸门广狭之制。庙门者,谓宗庙南向之大门也。都宫之门当亦同。庙在应门内之左,而门度则小于应门。依前注周明堂之门广三筵,二丈七尺,则庙门减于明堂门六尺也。《说文·鼎部》引《周礼》扃作"鼏",个作"箇"。段玉裁云:"《说文·鼎部》:'鼏,以木横贯鼎耳而举之,从鼎门声。'此以郊门之门为声,读如扃,古荧切。鼏,鼎盖也,从鼎冖声。此以一下垂之冖为声,读如幎,莫狄切。鼏字下引《周礼》'庙门容大鼏七个'。盖作鼏作箇者,故书;作扃个者,今书也。今本《说文》有鼏无鼏,而鼏

① 湖北省博物馆《曾侯乙墓》377—378页,文物出版社,1989年。
② 河南省文物研究所《信阳楚墓》39—40页,文物出版社,1986年。
③ 湖南省博物馆等《长沙楚墓》365页,文物出版社,2000年。

音莫狄切，正误合二字为一也。"案：段说分别闑阓二字，是也。《说文·金部》铉字注又云："《易》谓之铉，《礼》谓之阓。"王引之谓《说文》"礼谓之阓"，礼上当有"周"字，亦可与阓字注互证。又案：此经所记门制，并止详广度不及高度，他书亦无见文。窃谓古者兵车得入国门，乘车又得入宫门、庙门。依《总叙》兵车建兵六等之数，凡二丈四尺；而《轮人》乘车建盖，凡一丈四尺。若然，国门之高度当在二丈四尺以上，宫庙门高度当在一丈四尺以上与？

郑玄：大扃，牛鼎之扃，长三尺。每扃为一个，七个二丈一尺。

孙诒让：注云"大扃，牛鼎之扃，长三尺"者，贾疏谓约《汉礼器制度》。案：扃，阓之假字。《士昏礼》《公食大夫礼》陈鼎皆设扃鼏，注云："扃，鼎扛，所以举之者也。"牛鼎者，《聘礼》牢鼎九，实三牲鱼腊等，以牛鼎为首，形制亦最大。《淮南子·诠言训》云："函牛之鼎沸，而蝇蚋弗敢入。"许注云："函牛，受一牛之鼎也。"《尔雅·释器》云："鼎，绝大谓之鼐。"牛鼎盖即所谓鼐矣。《御览·珍宝部》引阮谌《三礼图》云："牛鼎受一斛，天子饰以黄金，错以白银，诸侯饰以白金，有鼻目，以铜为之，三足。"李氏《周易集解》引《九家易》说同。聂崇义云："牛鼎，三足，如牛，每足上以牛首饰之。扃长三尺，漆丹，两端各三寸。天子以玉饰两端，诸侯以黄金饰两端，亦各三寸，丹饰。"案：聂说扃天子以玉饰，即《易·鼎》上九所谓玉铉也。诸侯以金饰，即《鼎》六五所谓金铉也。云"每扃为一个，七个二丈一尺"者，以七乘三尺，得二丈一尺也。《特牲馈食礼》注云："个犹枚也。今俗言物数有云若干个者，此读然。"《方言》云："个，枚也。"案：个者，介之省，经典通借为个字，详《梓人》疏。

闱门容小扃参个。

孙诒让："闱门，容小扃参个"者，闱门为庙中之小门，故其广又狭于庙门。宫中小寝门及诸侧门制亦当同。

郑玄：庙中之门曰闱。小扃，膷鼎之扃，长二尺。参个，六尺。

孙诒让：注云"庙中之门曰闱"者，《保氏》注云："闱，宫中之巷门。"此冢上庙门，故知其为庙中小门。《杂记》记奔丧云："夫人至，入自闱门。"《士冠礼》云："降自西阶，适东壁，北面见于母。"注云："适东壁者，出闱门也。时母在闱门之外，妇人入庙由闱门。"焦循云："两庙之间有巷，妇人入庙，由巷入闱门也。不然，太祖庙之闱门外即昭穆庙，立于闱门外，岂立于昭穆庙乎？"案：焦说是也。盖闱为小门之通称，庙侧小门旁出，外通于巷，故亦谓之巷门。庙中闱门方位所在，无文。《杂记》孔疏云[1]："闱门谓东边之门。"案：孔说盖据《冠礼》为说。焦循据《士虞礼》注云"闱门，如今东西掖门"，谓朝庙东西壁有二闱门。金鹗则谓东西北当有三闱门，各居当方之中。今考《士冠礼》冠者自西阶适东壁而出闱门者，以母适在东壁闱门之外，无由决西壁之必无闱门也。孔说与郑《士虞》注义不合，殆未足冯。窃疑庙外都宫之周垣，当有东西北三闱门。其内前庙后寝，由寝达庙及昭穆二

---

① 引者按："杂记"当为"奔丧"。《奔丧》郑注"妇人入者由闱门"孔疏（阮元《十三经注疏》1654页中）："'妇人入者由闱门'，知入自闱门者，《杂记》篇云：'以诸侯夫人奔丧，入自闱门。'明卿、大夫以下妇人皆从闱门入也。闱门，谓东边之门。"

庙夹垣,并当有闱门,寝门出庙北,东西门在庙两旁,则金说是也。凡天子七庙,诸侯五庙,皆有闱。《左·闵二年传》云:"共仲使卜齮贼公于武闱。"武闱疑即鲁武公庙之侧门,犹《襄十一年传》云"盟诸僖闳",杜注以为僖公庙门。闱闳通称,皆侧门也。互详《保氏》疏。云"小扃,臑鼎之扃,长二尺"者,贾疏云:"亦《汉礼器制度》知之。臑鼎亦牛鼎,但上牛鼎扃长三尺,据正鼎而言;此言臑鼎,据陪鼎三臑臐膮而说也。"诒让案:《聘礼》云:"陪鼎臑臐膮,盖陪牛羊豕。"郑《公食大夫礼》注云:"臑臐膮,今时臛也。牛曰臑,羊曰臐,豕曰膮。"盖牢鼎九,以牛鼎为首;陪鼎三,以臑鼎为首。此小扃为臑鼎之扃,即谓陪鼎之扃也。聂崇义云:"羊鼎之扃长二尺五寸,豕鼎之扃长二尺。"依聂说,则豕鼎扃与臑鼎同。云"参个,六尺"者,以三乘二尺,得六尺也。经文例,凡命分字用"参",纪数字用"三"。此"参个"为纪数,而作参,下应门同,并与例不合;下章注作"三个",亦与此注不同。疑经注并当作"三",今本乃传写之误。

路门不容乘车之五个。

孙诒让:"路门不容乘车之五个"者,焦循云:"乘车,广六尺六寸,五个得三丈三尺。云不容者,视三丈三尺为狭也。"金鹗云:"记谓不容乘车之五个,则是四个有余、五个不足之文。若是两门乃容,当云容乘车五个之半矣。窃意路门广三丈,盖四个为二丈六尺四寸,五个为三丈三尺,折其一个之中,又足成整数而为三丈,故曰不容乘车之五个也。天子路寝堂广二十四丈,若门止一丈六尺五寸,殊为不称,可知其必有三丈也。"案:焦、金二说略同,并较郑为长。

郑玄:路门者,大寝之门。乘车,广六尺六寸。五个三丈三尺。言不容者,是两门乃容之。两门乃容之,则此门半之,丈六尺五寸。

孙诒让:注云"路门者,大寝之门"者,路寝之大门也。《大仆》云"建路鼓于大寝之门外",注云:"大寝,路寝也。"是大寝即路寝,故门亦即名路门。天子五门,自外而入,路门为第五,详《阍人》疏。云"乘车,广六尺六寸"者,据《舆人》车广与轮崇同。云"五个,三丈三尺"者,以五乘六尺六寸,得三丈三尺也。云"言不容者,是两门乃容之"者,郑意前经并言一门所容之度,此独言不容,其度未明,故定为两门乃容之,明一门不得容也。云"两门乃容之,则此门半之,丈六尺五寸"者,半三丈三尺,得丈六尺五寸也。焦循云:"庙门容大扃七个,得二丈一尺;应门容二彻参个,得二丈四尺。路门为人君视朝之地,宜广于诸门,不应小至一丈六尺,视应门止三之二也。"

应门二彻参个。

孙诒让:"应门二彻参个"者,江永云:"此诸门之广,皆并两扉言之也。"贾《聘礼》疏云:"直举应门,则皋、库、雉亦同。"

郑玄:正门谓之应门,谓朝门也。二彻之内八尺,三个二丈四尺。

孙诒让:注云"正门谓之应门,谓朝门也"者,据《尔雅·释宫》文。洪颐煊云:"天子诸侯皆以路门外之治朝为正朝,天子正朝之前有应门,故《尔雅》曰'正门谓之应门'。"云"二彻之内八尺"者,彻即轨也。轨广八尺，故二彻之间八尺。云"三个二丈四尺"者，以三乘八尺，得二丈四尺也。[①]

8. 门阿　雉　城隅　罘思

《匠人》：王宫门阿之制五雉，宫隅之制七雉，城隅之制九雉。

孙诒让："王宫门阿之制五雉"者，此记王以下宫城门墙之崇度也。五雉者，高五丈，即六仞有二尺也。贾疏云："为[②]门之屋，两下为之，其脊高五丈。"案：贾说是也。门屋，自天子以下皆为两下，故《燕礼》云："宾所执脯，以赐钟人于门内霤。"盖中高为阿，而内外各两下为霤，是其制也，两下即夏屋之制，故《檀弓》注云："夏屋，今之门庑也。"《通典·吉礼》引《韩诗传》云："殷，商屋而夏门；周，夏屋而商门。"则以周门屋为商四阿之制，殆非也。此门阿，依后注即台门之阿，则是天子诸门之通制。郑《阍人》《朝士》注谓天子雉门设两观。今以《明堂位》考之，似当在应门，两观当高于台门二雉，则宜高七雉，与宫隅同。《礼书》引《尚书大传》说"天子堂广九雉，三分其广，以其二为内，五分其内，以其一为高"，则堂高一雉，长又五分雉长之一，即三丈六尺也。彼盖据路寝檐宇距地言之。门堂之制既准正堂，而门基又与地平，则檐宇之高必不得踰于堂，然则门阿盖高于门堂约二丈，门阙又高于门阿二丈，其降杀亦略相应也。阮元云："雉与绋同音，雉有度量之义，雉绋皆用长绳平引度物之名。《封人》'置其绋'，司农注：'绋，著牛鼻绳，所以牵牛者。今时谓之雉，与古者同名[③]。'"案：阮说是也。绋，《说文·系部》作絼。《尔雅·释诂》云："雉、引，陈也。"雉与引义盖亦相近，但度数不同耳。云"宫隅之制七雉"者，贾疏云："七雉亦谓高七丈。不言宫墙，宫墙亦高五丈也。"诒让案：七雉即八仞有六尺也。云"城隅之制九雉"者，贾疏云："九雉亦谓高九丈。不言城身，城身宜七丈。"案：贾本《五经异义》说，详后疏。九雉即十一仞有二尺也。

郑玄：阿，栋也。宫隅、城隅，谓角浮思也。雉长三丈，高一丈。度高以高，度广以广。

孙诒让：注云"阿，栋也"者，《士昏礼》"宾升西阶当阿"注同，《乡射记》注云："是制五架之屋也。正中曰栋，次曰楣，前曰庪。"胡承珙云："郑以栋训阿者，非谓栋有阿名，谓屋之中脊其当栋处名阿耳。阿之训义为曲，《毛诗·卷阿》传云：'曲陵曰阿。'《大雅》'有卷者阿'，传云：'卷，曲也。'《一切经音义》引《韩诗传》：'曲京曰阿。'《说文》：'阿，一曰曲阜也。'其在宫室，则凡屋之中脊，其上穹然而起，其下必卷然而曲。其曲处即谓之阿。栋随中脊之势，亦必有穹然卷然之形，故《易》于栋言隆，《礼》即以栋为阿。屋有四注、两下，必皆于中脊分之。《考工记》于四注者曰四阿，于两下者曰门

① 孙诒让《周礼正义》4188—4192/3464—3467页。
② 引者按："为"当为"谓"，见阮元《十三经注疏》928页下。
③ 引者按："同名"，《封人》司农注、阮元《释矢》（阮元《揅经室集》24页，中华书局，2006年）并作"名同"。

阿,然则阿为中脊卷曲之处明矣。中脊者栋之所承,故郑以当阿为当栋耳。"案:胡谓屋之中脊当栋处名阿,是也。盖阿即所谓极。凡屋之中脊最高处谓之极,上覆以瓦谓之甍,下承以木谓之栋,三者[1]上下相当,故郑《礼注》训阿为栋,当阿为栋。而《说文·木部》云:"栋,极也。"《瓦部》云:"甍,屋栋也。"《释名·释宫室》云:"屋脊曰甍。栋,中也,居屋之中也。"明其义互通。凡门屋虽两下,而亦为上栋下宇,故郑即以栋言之。实则栋木承甍,究不足以尽极之高,经著门屋高度,自当据门脊之尽处计之,郑偶未析别耳。至称极为阿,义盖取于高而下迤[2]。《尔雅·释山[3]》云:"大陵曰阿。"又《释丘》云:"偏高阿丘。"盖极为屋之最高者,犹大陵高于大陆大阜也。极自一面视之,则有偏高之形,犹阿丘之为偏高也。又案:《庄子·外物篇》"窥阿门",阿门亦即谓门台之有阿者。彼《释文》引司马彪云:"阿,屋曲檐也。"屋曲檐即所谓反宇,与阿栋上下县殊,非正义也。云"宫隅、城隅,谓角浮思也"者,《释文》云:"浮思本或作罘罳。"案:《明堂位》"疏屏"注:"屏谓之树,今浮思也。刻之为云气虫兽,如今阙上为之矣。"《释名·释宫室》云:"罘罳在门外。罘,复也。罳,思也。臣将入请事,于此复重思之也。"《广雅·释宫》云:"罘罳谓之屏。"《古文苑》宋玉《大言赋》云:"大笑至兮摧覆思。"《汉书·文帝纪》:"七年,未央宫东阙罘思灾。"颜注云:"罘思,谓连阙曲阁也,以覆重刻垣墉之处,其形罘思然,一曰屏也。"《古今注》云:"罘思,屏之遗象也。汉西京罘思合版为之,亦筑土为之,每门阙殿舍前皆有焉。于今郡国厅前亦树之。"案:浮思、罘思、覆思,并声近字通。角,与《宫伯》注"四角四中"义同。《说文·𨸏部》:"隅,陬也。"《广雅·释言》云:"隅、陬,角也。"故郑以宫隅城隅为角罘思。焦循云:"宫隅、城隅,隅即西南隅曰奥之隅。郑注'角浮思',角即四隅之谓;浮思者[4],《广雅》《释名》《古今注》皆训为门外之屏。角浮思者,城之四角为屏以障城,高于城二丈。盖城角隐僻,恐奸宄踰越,故加高耳。《诗·邶风·静女篇》云'俟我于城隅',传:'城隅,以言高而不可踰。'笺云:'自防如城隅。'皆明白可证。"案:焦说是也。《汉书·五行志》说未央宫东阙罘罳云:"刘向以为东阙所以朝诸侯之门也。罘罳在其外,诸侯之象也。"据此,则罘罳本为门屏,屏在门外,筑土为高台,又树版为户牖而覆以屋,其制若楼观而小,故《汉书》颜注以为连阙曲阁,贾疏及《明堂位》孔疏又并以为小楼,是也。城隅筑土合版,高出雉堞之上,与门屏相类,是谓之角浮思。汉时宫城之制盖尚有此,故郑据为释也。凡古宫城四隅皆阙然而高,故《韩诗外传》云"宫成则必缺隅"。宫隅城隅皆在四角,与城台门阙居四中者异。《墨子·备城门篇》云:"城四面四隅,皆为高磨𣗥。"又《非攻下篇》:"天命融隆火于夏之城间西北之隅。"是城隅必在四角之证也。又案:天子诸侯宫门有台,又有阙,阙即观也,城门亦然,故城台亦谓之城阙。《诗·郑风·子衿》云:"在城阙兮。"又《出其东门》云"出其闉阇",毛传云:"阇,城台也。"《新序·杂事五》云"天子居闉阇之中",闉阙即闉阇也。城台之高度,此经无文。以意求之,盖当与城隅同度。经著城隅之度而不及城台者,互文以见义。《毛诗传》谓"城隅,以言高而不可踰",明城以隅为最高,则城阙之高不得过于隅明矣。云"雉长三丈,高一丈。度高以高,度广以广"者,据《周礼》旧说及《今文尚书》《春秋左氏》说也。《左传·隐元年》孔疏谓贾逵、马融、王肃说并同。贾疏云:"凡版广二尺。《公羊》云:'五版为堵,高一丈,五堵为雉。'《书传》云:

① 引者按:"三者"原讹"二者",据孙校本改,指"极""甍""栋"三者。
② 引者按:乙巳本"迤",王文锦本从楚本讹作"也"。
③ 引者按:"山"当为"地",见阮元《十三经注疏》2616页上。
④ 引者按:王文锦本"浮思者"误属上句。

'雉长三丈,度高以高,度长以长,广则长也。言高一雉则一丈,言长一雉则三丈。' 引之者,证经五雉、七雉、九雉,雉皆为丈之义。" 诒让案:《左·隐元年传》:郑祭仲曰:"都城过百雉,国之害也。" 杜注云:"方丈曰堵,三堵曰雉。一雉之墙,长三丈,高一丈。侯伯之城,方五里,径三百雉,故其大都不得过百雉。" 杜说用郑义。盖堵雉之根数生于版,郑说版广二尺,长一丈,积五版之广以为堵之高,则方一丈;积三堵之广以为雉之广,则三丈。雉之广三堵,即三版之广,雉之高一堵,亦即五版之积也。而《公羊·定十二年传》云:"雉者何?五版而堵,五堵而雉。" 何注云:"八尺曰版,堵凡四十尺,雉二百尺。"《诗·小雅·鸿雁》毛传云:"一丈为版,五版为堵。" 郑笺引《公羊传》而释之云:"雉长三丈,则版六尺。"《檀弓》注亦云:"版,盖广二尺,长六尺。"《大戴礼记·王言篇》又云:"百步而堵。" 此说版堵度并异。《左传》孔疏引《五经异义》云:"《戴礼》及《韩诗》说,八尺为版,五版为堵,五堵为雉,版广二尺,积高五版为一丈,五堵为雉,雉长四丈。古《周礼》及《左氏》说,一丈为版,版广二尺,五版为堵,一堵之墙长丈,高丈,三堵为雉,一雉之墙长三丈,高一丈,以度其长者用其长,以度其高者用其高也。" 又《诗·鸿雁》孔疏引郑《驳异义》云:"《左氏传》说,郑庄公弟段居京城,祭仲曰:'都城过百雉,国之害也。先王之制,大都不过三国之一,中五之一,小九之一,今京不度,非制也。' 古之雉制,书传各不得其详。今以《左氏》说,郑伯之城方五里,积千五百步也。大都三国之一,则五百步也。五百步为百雉,则知雉五步。五步于度长三丈,则雉长三丈也,雉之广量于是定可知矣。" 又引王愆期注《公羊》云:"诸儒皆以为雉长三丈,堵长一丈。疑 '五' 误,当为 '三'。" 焦循云:"《诗传》云:'一丈为版,五版为堵。'《正义》云:'五版为堵,累五版也,版广二尺。' 然则毛公说版以长言,说堵以高言,与《周礼》《左氏》说同。笺引《公羊传》云 '五堵为雉',与三堵为雉之说不同。郑云 '则版六尺' 者,盖雉为高一丈、广三丈之定名,今曰五堵,则由一雉而五之,每堵得高一丈,广六尺;又由一堵而五之,每版得高二尺,广六尺。毛以一丈为版,则三堵为雉;郑以六尺为版,则五堵为雉。说版有不同,而雉之数则一也。《左传疏》引《戴礼》及《韩诗》说云:'八尺为版,五版为堵,版广二尺,积高五版为一丈。' 此但版长八尺为异,五版为堵,仍累二尺而五,与毛郑同也。何休则以累八尺者五之,故以堵为四丈,又累四丈者五之而为雉,故雉长二十丈,百雉长二千丈,得十一里三分里之二,制且大于王城,非《公羊传》义。" 案:焦说是也。[1]

傅熹年《中国科学技术史·建筑卷》第三章《周(含春秋、战国)代建筑》第四节《建筑技术》"筑墙":

筑城及大型墩台:筑城墙、墩台或台榭等大砌体不能用桢,而改用斜立的杆以控制城或墩台的斜度,并沿斜杆处用版或数根膊椽为侧模,夯筑时先分别把数根草藁(草绳)的一端系在版或膊椽的不同部位,另一端系一木楔,拉紧后分别钉入地上,然后夯筑。夯平后,割断草绳,抬升版或膊椽,再依同法夯筑,直至所需高度止。据《周礼》及《左传》记载,正规筑城用为边模的版,其长一丈、广二尺。累积五版即高一丈,称为一堵。一堵之墙,长与高均为一丈。连续三堵称为一雉,一雉之墙,长三丈,高一丈。以一雉的长、高用为度量城墙长度和高度的单位。古籍中记载百雉、千雉之城即是其例(图3-41)。[2]

---

① 孙诒让《周礼正义》4196—4202/3471—3475 页。
② 傅熹年《中国科学技术史·建筑卷》57、100、101 页,科学出版社,2008 年。

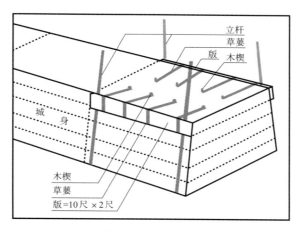

图3-41　用草荄木楔筑城及大型墩台示意图

　　傅熹年《中国科学技术史·建筑卷》第三章《周（含春秋、战国）代建筑》第三节《规划与建筑设计方法》"模数运用"：

　　虽然杜预注和《公羊传》对堵的尺度说法有歧义，可能是春秋时各国制度未尽划一所致，但此时以"雉"为筑城的长度和高度单位，即其模数，则是一致的。如据《左传》杜注、孔疏，"版"即夯筑土墙用的木夹版，当时的标准规格为长一丈，宽二尺；上下重叠五版，则可筑成高一丈、长一丈的一堵夯土墙，故称为"堵"；连续夯筑三"堵"为一"雉"，相当于由十五"版"积成（图3-36）。由此可知"堵"是夯土墙的基本度量单位，可以视为它的模数，而"版"和"雉"则是表夯土墙和城之尺度的分模数和扩大模数。《考工记·匠人营国》云："王宫门阿之制五雉，宫隅之制七雉，城隅之制九雉。"是以"雉"高为城的高度模数之例，而"都城过百雉"句，则指都城之长为300丈，是以"雉"长为城的长度模数之例。这是在筑墙和筑城时使用模数之例。①

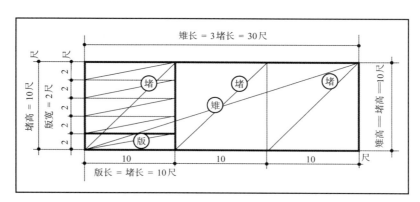

图3-36　筑墙以版、堵、雉为单位示意图

①　傅熹年《中国科学技术史·建筑卷》94—95页，科学出版社，2008年。

张建锋《汉长安城城墙高度初探》考证"雉"的长度和高度:"'雉'是周代测量建筑规模的一个长尺度单位","关于'雉'的具体尺度,古籍中有不同的说法","诸说关于雉的高度的看法一致,均为一丈;但对于雉的长度则看法不一。这种混乱应是由长度单位的变化引起的","从西周至战国秦汉,单位尺度发生了变化,一尺由原来的0.184米变成了今0.23米","'雉'的长度是周尺四丈或是战国以后尺度的三丈二尺,合今7.4米左右;其高度则为周尺一丈,合今1.84米左右。在此基础上,就可以对先秦的城雉制度作出初步的推测了"。由《考工记·匠人》"王宫门阿之制五雉,宫隅之制七雉,城隅之制九雉"观之,"不同规格的城的城墙的平面及高度规格有不同的规定。从城墙的高度规模上讲,天子王城城角的高度为九雉,即周尺九丈,合今16.56米;城门附近城墙高七雉即周尺七丈,合今12.88米。上公的都城,城角高七雉即周尺七丈,合今12.88米;城门附近城墙高五雉,即周尺五丈,合今9.2米。侯伯以下的都城,城角高五雉,即周尺五丈,合今9.2米,城门附近城墙高三雉,即周尺三丈,合今5.52米。这就是城雉制度的基本内容"[1]。

杨宽《汉代门阙前的"罘罳"》认为"汉代的'罘罳',是古代'屏'的化身,是可以无疑的":"汉代称屏为罘罳,而'屏'又或称'树',固然有取义树立的意思的可能,但也许'屏'的起源,就起于'树',原初只是在当门种树以为屏,后来虽然用土筑屏,还不免种树在上面,或种树在前后,程大昌《雍录》说:'罘罳镂木为之,其中疏通可以透明,或为方空或为连琐,其状扶疏,故曰罘罳,其制与青琐相类,显所施之地不同,名亦随异,在宫阙则阙上罘罳,在陵垣则为陵垣罘罳。'程氏认为罘罳因'其状扶疏'而得名,赵彦卫《云麓漫钞》也说:'以字考之,二字从网,有网之义,汉屏疑亦有维索以为限制。'这种说法,虽都据字义立证,实在很不错。章炳麟说得尤其透彻,他在《小学答问》里说:'《说文》:"罦,兔罟也。"隶省作罘,汉世称屏为罘罳,罘罳连语,同在之部,本一罦字耳,古者守望墙墉,皆有射孔,屏最外,守望尤急,是故刻为网形,以通矢族,谓之罘罳。'这个说法更是近情。那么,罘罳该是门阙前有网形空洞的'疏屏'了。《汉代圹砖集录》树楼类第三、第五、第七三图,双阙前'屏'形的建筑,都有×形的图案(参看本书插图,据《汉代圹砖集录》树楼类第五图、第七图),或许就是描写罘罳的网状空洞的。"[2]

孙机《汉代物质文化资料图说》认为"罘罳是阙与其所连接的主体建筑之间的屏墙":

二出阙,最耐人寻味的一例亦见于沂南画像石,它比较矮,和一座庙宇的大门组合在一起(图46-10)。庙门两侧有门卒拥篲而立。门卒站的地方正当阙与门相连的拐角处,这里似乎就是古文献中所说的罘罳。《盐铁论·散不足篇》说:"祠堂屏阁,垣阙罘罳。"《汉书·文帝纪》:"未央宫东阙罘思灾。"颜注:"罘思,谓连阙曲阁也,

汉砖上之门阙画像

① 中国社会科学院考古研究所等编《汉长安城考古与汉文化》75—78页,科学出版社,2008年。
② 上海《中央日报》副刊《文物周刊》第60期(1947年11月);引自《杨宽古史论文选集》416—417页,上海人民出版社,2003年。

图46-10　与庙门相连之阙，画像石，山东沂南，东汉，《沂南古画像石墓发掘报告》
图版104

以覆重刻垣墉之处，其形罘罳然。一曰屏也。"可见罘罳是阙与其所
连接的主体建筑之间的屏墙。旧说以为罘罳是立在门前的屏，但汉代
考古材料中未发现过这种形制，恐不确。①

　　张勇《河南汉代陶阙及相关问题》则将孙机所称的"连接
双阙的屏墙"认作"罘罳"：

　　关于双阙中间的瓦垅顶墙体的定名问题

　　荥阳康寨考古报告中称双阙中间的瓦垅顶高浮雕鹿头墙体为
"阙门砖"；孙机著《汉代物质文化资料图说》一书中称"连接双阙的
屏墙上塑出鹿头或羊头的大型空心砖"，可以看出，虽然二者都总称
为"砖"，但具体叙述中，一个称"阙门"，另一个称"连接双阙的屏
墙"，而笔者在《河南出土汉代建筑明器》一书中将此段墙体称为中
国古代的"罘罳"模型。所谓罘罳，亦作"浮思""罦思""罳思""罘
思"。《考工记·匠人》："宫隅之制七雉，城隅之制九雉。"郑玄注："宫
隅、城隅，谓角浮思也。"孙诒让正义："浮思者，《广雅》《释名》《古今
注》皆训为门外之屏。角浮思者，城之四角为屏以障城，高于城二丈，
盖城角隐僻，恐奸宄逾越，故加高耳。"《盐铁论·散不足篇》说"祠
堂屏阁，垣阙罘罳"。《汉书·文帝纪》："未央宫东阙罘罳灾。"颜师古
注："罘罳，谓连阙曲阁也，以覆重刻垣墉之处，其形罘罳然。一曰屏
也。"章炳麟《小学答问》："古者守望墙墉皆为射孔……屏最在外，守
望尤急，是故刻为网形，以通矢族（镞），谓之罘思。"从以上论述可知
古代的"罘罳"，它可以设在双阙中间的宫门之外，可以高于城墙设
在城墙四角，防止敌国奸诈之人逾墙而入，设在宫城和城墙壁四角的

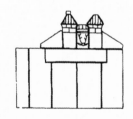

荥阳康寨汉代空心砖墓单檐
画像灰陶阙在墓门上部的位
置图

孙机《汉代物质文化资料图
说》一书中连接双阙与塑鹿
屏墙（罘罳）

---

① 孙机《汉代物质文化资料图说》，上海古籍出版社，2008年，213、556页。

图18　1984年济源县邵原镇
邵原村采集灰陶阙正面图

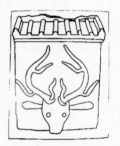

图19　1984年济源县邵原镇
邵原村采集灰陶罘罳正面图

图版——四　灰陶阙

又可称做"角浮思"；它可以设置在与阙相连的楼阁上，又可称"连阙曲阁"。总之，它是人们设在建筑物外面的、有许多（射）孔（如网形）的、用于守望和防御的一种屏障。另外，上述古文献中有不少将"罘罳"解释为"门外之屏"。关于"屏"，《辞海》中的一种解释为：当门小墙。《荀子·大略》："天子外屏，诸侯内屏。"朱骏声《说文通训定声·鼎部》："《尔雅·释宫》'屏谓之树'注'小墙当门中'。按亦谓之塞门，亦谓之萧墙，如今之照墙也。"据此，笔者认为，荥阳康寨等地出土的瓦垅顶墙体，虽然居于双阙中间门的位置上，但它没有做出门的样式，而是做成墙的形制，说明它的寓意是门前的防护性屏墙，亦即古代的"罘罳"模型。①

张勇《河南汉代建筑明器定名与分类概述》描述"饰浮雕图案灰陶二出阙"："无阙基，阙身为长方形，左侧较低，上置覆瓦垅的两面坡顶，形成子阙。右侧向上加高，呈覆斗形，上置出檐的四阿顶，作瓦垅，形成正阙。阙身墙体正面浮雕一守门武官，正阙顶下正面压印'田'字形的点状纹饰。与此阙同时出土的还有一件带瓦垅墙帽的墙体，上饰一鹿头浮雕，可能就是中国古代所谓的'罘罳'模型（图：18、19，图版一一四）。"②

袁曙光、赵殿增《四川门阙类画像砖研究》认为双阙间所连建筑正是文献记载上的"罘罳"：

（五）凤阙画像砖

此类画像砖为两阙并立，中间有门，门上用"罘罳"连接，屋脊上装饰有凤鸟，故名"凤阙"。这种阙观用双阙标示大门，并与围墙或其他建筑相连，有登临远望、守御等作用。

凤阙画像砖近正方形，成都区内较大的画像砖石墓中多有出土，现各地收藏凤阙画像砖近20方，多同模砖。如1972年大邑县安仁镇出土的凤阙画像砖③，高40厘米，宽46厘米。为重檐双阙，两阙外后侧各有子阙。主阙结构较为复杂，用深浅不同的平面浮雕表现主阙、子阙的梯形实体阙身，阙身上用纵横相送的木枋、出挑的木条木柱以及阙顶，共同构成两层阙楼。两阙间连桥形屋楼，这种"连阙曲阁"也称为"罘罳"。中间有门楣、门框和较高的门槛，门扉向内开启。屋楼正脊上饰一展翅欲飞的凤鸟。张衡《西京

① 张勇《河南汉代陶阙及相关问题》，《中原文物》2006年第5期。
② 河南省博物馆编《河南出土汉代建筑明器》212页，大象出版社，2002年。
③ 高文《四川汉代画像砖》图九一，上海人民美术出版社，1987年。

赋》曰："闓阙竦以造天，若双碣之相望，凤骞翥于甍标，咸溯风而欲翔。"反映的正是这类阙观的壮观景象。

"罘罳"是什么样的建筑形式？《汉书·文帝纪》颜师古注云："罘罳，谓连阙曲阁也，以覆重刻垣墉之处，其形罘罳然，一曰屏也。"崔豹《古今注》云："罘罳，屏之遗象也。汉西京罘罳合版为之，亦筑土为之，每门阙殿舍前者有焉。"此图双阙间所连建筑，正是文献记载上的罘罳。

凤阙画像砖用浅浮雕刻画出主阙、子阙、屋顶瓦垄以及檐下橡柱等结构，棱角清晰，使建筑物层次清楚而富立体感，门楼与双阙搭配匀称，比例适度，显得格外雄伟壮观，不愧为汉代建筑设计中极为成功的典范。[①]

蓝永蔚《云梯考略》："浮思本作罘罳，原是一种高层建筑上的装饰图案，寓有屏蔽之意。角浮思就是角的屏蔽。"[②]

9. 磬折以参伍

《匠人》：凡行奠水，磬折以参伍。

孙诒让："凡行奠水，磬折以参伍"者，此即《大戴礼记》所说水流倨句之义。贾疏云："言凡行停水者，水去迟，似停住止，由川直故也。是以曲为，因其曲势，则水去疾，是以为磬折以参伍也。"程瑶田云："奠水止而不行，今欲沟而行之，为直沟，无益也；若为已句之沟，欲其行而反郁之，亦无益；惟用曲矩度其倨句，使中乎磬折，又非一磬折而已也，参之伍之，令多为磬折之形，以奠水之流行无滞而后已。"

郑玄：《坎》为弓轮，水行欲纡曲也。郑司农云："奠读为停，谓行停水，沟形当如磬，直行三，折行五，以引水者疾焉。"

孙诒让：注云"《坎》为弓轮，水行欲纡曲也"者，《易·说卦》云："《坎》为水，为沟渎，为弓轮。"引之明行水之法，与弓轮同，取纡曲也。郑司农云"奠读为停"者，阮元云："余本停作'亭'，是也。《说文》有亭无停。"段玉裁云："亭、停，正俗字。古本作亭，易奠为亭，犹易奠为定也。"云"谓行停水，沟形当如磬，直行三，折行五，以引水者疾焉"者，磬氏为磬，股为二，鼓为三。先郑意，行奠水不可全直，亦不可太曲，必行之停之，使直行少，曲行多，其率若三之与五，与磬之股鼓相应，而后水自能行疾也。然经参伍义本不如此。程瑶田云："记言行奠水之曲折，当如磬折之倨句，以形

---

① 袁曙光、赵殿增《四川门阙类画像砖研究》，《中国汉画学会第九届年会论文集》179页，中国社会出版社，2004年。
② 《江汉考古》1984年第1期。

体言。三五者，言不一，其磬折无定数也。司农乃谓直行三，折行五，纪其直体之数，而昧于曲体之形。且以三当股二，宜以四五当鼓三，今但约之以三五，何不直云磬折以二三之为道其实也。"案：程说是也。

欲为渊，则句于矩。

孙诒让："欲为渊，则句于矩"者，《说文·水部》云："渊，回水也。"《管子·度地篇》云："水出地而不流者，命曰渊水。"上"行奠水"谓道停水使之行，此"为渊"谓潴行水使之停，二义相备也。贾疏云："凡川沟欲得使教渊之深，当句曲于矩，使水势到向上句曲尺，则为回溇，自然深为渊，验今皆然也。"程瑶田云："欲为渊，而但为磬折之倨句，不能也。即句之而为中矩之倨句，亦犹不能搏激其水势，而使之过颡在山，其渊终不能成。惟准曲矩之正方而句之，或如倨句之欘形，且又句之如倨句之宣形，相其来水之缓急，与其地脉之所宜而权衡之，自能成莫测之深渊矣。"

郑玄：大曲则流转，流转则其下成渊。

孙诒让：注云"大曲则流转，流转则其下成渊"者，流转谓回旋也。《尔雅·释水》云"过辨，回川"，郭注云"旋流"。《列子·黄帝篇》云"流水之潘为渊"，殷氏《释文》云："潘本作蟠。蟠，洄流也。"《管子·度地篇》云："水之性，行至曲必留退，满则复推前[1]。杜曲则捣毁，杜曲激则跃，跃则倚，倚则环，环则中，中则涵。"即大曲则流转成渊之义。程瑶田谓流转又宜激而汇之，使回旋漱掘，乃能成渊。案：程说亦注义所晐也。[2]

武汉水利电力学院、水利水电科学研究院《中国水利史稿》编写组《中国水利史稿》：

所谓"奠水"，郑玄解释为停水，即静水，似指灌渠进口前面的水源。那么，渠道进口处要做成什么样子才能顺畅地引水呢？要做成类似石磬的样子，堰形要有150°左右的夹角，而其横段与折段的长度应是三比五，如图2-24所示。

所谓"勾于矩"，即渠系建筑物做成直角形，当是指渠道中的跌水，如图2-25所示。[3]

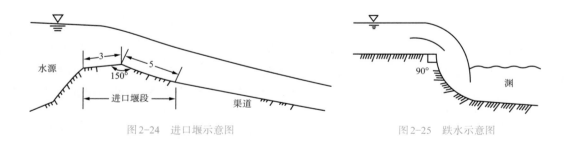

图2-24　进口堰示意图　　　　　　　图2-25　跌水示意图

---

① 引者按："复"当为"后"，形近致讹。尹知章注："谓水至处，必流而却退。其处既满，则后水推前水令去。"（黎翔凤《管子校注》1055页，中华书局，2004年）
② 孙诒让《周礼正义》4230—4232/3499—3500页。
③ 武汉水利电力学院、水利水电科学研究院《中国水利史稿》编写组《中国水利史稿》上册107—108页，水利电力出版社，1979年。

闻人军《〈考工记〉中的流体力学知识》：

在渠系弯道处存在螺旋流，离心力要做功，所以弯道的水头损失要大于相同长度的直段。另外，弯道下游凸岸处还有漩涡。这些原因加大了能量损失，因此，一再改变水流方向，多作磬折形，并不能加快水速，反而会使流速降低。李约瑟所著的《中国科学技术史》中，将《考工记》中的这句话解释为，"匠人"为了降低水速，所以筑成磬折形的弯道[①]。这种解释避免了水力学原理的错误，但《考工记》"行奠水"的原意并非如此。[②]

闻人军《〈考工记〉中的流体力学知识》认为《中国水利史稿》对"奠水"的解释颇有新意，进一步发挥道：

"凡行奠水"，可能是指泄水建筑物的过水能力。"磬折以参伍"[③]，指的是一种溢流堰的形状，类似现代的实用剖面堰中的折线型剖面堰（图1b）。折线型剖面堰的泄流公式为：

$$Q = mb\sqrt{2g}\,H_0^{\frac{3}{2}}$$

式中：

Q——流量。H_0——作用水头。m——堰的流量系数。b——堰宽。g——重力加速度[④]。

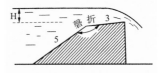

图1b　"磬折以参伍"式的折线型剖面堰

折线型剖面堰结构简单，施工容易。现在的农村小型水利工程中，还有采用这种堰形的。在它的几种常用的多边形断面中，梯形断面 $m=0.35 \sim 0.44$，矩形断面 $m=0.3 \sim 0.42$，而图1b所示断面 $m=0.42 \sim 0.45$，流量比梯形或矩形断面的剖面堰稍大一些[⑤]。[⑥]

闻人军《〈考工记〉中的流体力学知识》认为《中国水利史稿》对"勾于矩"的解释是可取的：

引水渠通过陡峻地区时，用跌水连接渠道，集中落差，可防止渠道受到严重冲刷。现在为了节省工程量，跌水的落水墙常用垂直式或倾斜式。"句于矩"可释为"句如矩"，大概是指垂直式落水墙而言（《中国水利史稿》的跌水示意图见图2a，现代跌水的垂直式落水墙见

[①] Joseph Needham, "Science and Civilisation in China", vol. 4(3), 1971, p. 255.
[②] 闻人军《〈考工记〉中的流体力学知识》，《自然科学史研究》1984年第1期。
[③] "磬折"为春秋战国时期实用角度定义之一，约等于152°。
[④] 清华大学水利工程系水力学教研组《水力学》上册，人民教育出版社，1961年，第399页。
[⑤] 清华大学水利工程系水力学教研组《水力学》上册，人民教育出版社，1961年，第400页。
[⑥] 闻人军《〈考工记〉中的流体力学知识》，《自然科学史研究》1984年第1期。插图据闻人军《考工司南：中国古代科技名物论集》75页，上海古籍出版社，2017年。

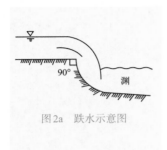

图2a　跌水示意图

图2b　跌水的垂直式落水墙

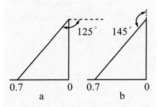

图5　矩尺取值相同而对应
不同的角度

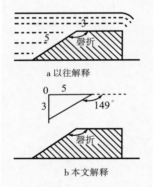

图6　"磬折以参伍"式的折
线型剖面堰

图2b）。

《考工记》中的排水沟的设计，溢流堰和跌水落水墙的形状选择，都比较科学合理，体现了春秋战国时期水力学知识迅速积累的一个侧面。[①]

戴吾三《〈考工记〉"磬折"考辨》认为《中国水利史稿》和闻人军的"理解明显地与水利工程实际情况不符"：

因为"矩"有两义，一表曲尺，一表直角。从前义理解，利用曲尺两边上的数值作弦，可得一套角度，这就是"以矩起度"。

利用"以矩起度"，可作任意角度，非常简单、方便。假设把矩尺一边分为10等分，取一组数看对应得的角度，见表2，如图5所示。

矩尺部分刻度对应的角度　表2

角度值 刻度值	0.3	0.4	0.5	0.6	0.7	0.8	0.9
左	106°42′	111°50′	116°34′	121°	125°	128°40′	132°
右	163°18′	158°10′	153°26′	149°	145°	141°20′	138°

"凡行奠水，磬折以参伍"是指，在矩尺两边分别取数值三、五，以此起度，夹角对应得149°（见图6中b）。这不仅是典型的"磬折"，更重要的，其堰高和横段长度都可随实际调整，这种解释合理、自然。[②]

于嘉芳《"磬折以参伍"新解——兼论齐国农田灌溉和水利工程》赞同郑玄注而质疑《中国水利史稿》的解释：

根据流体力学的原理分析，郑玄的解释是基本正确的。若依《中国水利史稿》的解释，进口堰的水的落差显然太大，是夯土筑成的水渠无法承受的；同时也无法正确解释紧接下来的"欲为渊，则句于矩"。

理解这段文字的关键是"磬折以参伍"。"以"通"而"，通"如"。《礼记·月令》："孟夏之月……其器高以粗。"《诗经·小雅·都人》："彼都之人，垂带而厉；彼君子女，卷发如虿。"笺云："而亦如也。"所以，"以"也有"依照"的意思，如"以时启闭"。"参伍"即"三五"，就是参宿、昴宿。查参宿七星，左侧纵列三星的角度为155度左右，右侧纵列三星的角度为145度左右，都与"磬折"的角度

① 闻人军《〈考工记〉中的流体力学知识》，《自然科学史研究》1984年第1期。
② 戴吾三《〈考工记〉"磬折"考辨》，台湾《科学史通讯》第17期，1998年；引自戴吾三《考工记图说》147—149页，山东画报出版社，2003年。

151度比较接近。

"凡行奠水,磬折以参伍;欲为渊,则句于矩"全句可释读为:凡需修筑从水库中引水的水渠,在平地上的曲折度一般应相当于"磬折"那样的角度,亦即如同参宿两侧的角度,这样水流才能畅通,才不会形成回流和旋涡;如果想让水渠的水流在转弯的地方形成一处相对不流动的静止的水区,那就应该把水渠转弯时的角度修成矩形(90度),这样在转弯的外角处就会形成一处静水区。^①

10. 防

《匠人》:凡为防,广与崇方,其杀参分去一。

孙诒让:"凡为防,广与崇方"者,以下记治防之度也。贾疏云:"假令堤高丈二尺,下基亦广丈二尺。"云"其杀参分去一"者,防形上杀而下侈,以备溃决也。贾疏云:"三四十二,上宜广八尺者也。"

郑玄:崇,高也。方犹等也。杀者,薄其上。

孙诒让:注云"崇,高也"者,《总叙》注同。云"方犹等也"者,《梓人》注同。云"杀者薄其上"者,杀,注例用今字当作杀,详《玉人》疏。防以捍水,凡水愈深,则其下压之力愈大,防下当水之冲,宜厚培其土,以抵水之压力;而自上而下,陂陀邪侧,亦可以减其漱啮之势,故知杀是薄其上,《檀弓》注云"坊形旁杀,平上而长"是也。《管子·度地篇》云:"春三月,令甲士作堤大水之旁,大其下,小其上,随水而行。"管子说小其上,即此所谓杀也。但以下文"大防外杀"之文推之,则寻常不甚大之防,当内外杀率正同,盖内杀六分之一,外杀亦然,合内外为三分去一也。《九章算术·商功篇》云:"今有堤,下广二丈,上广八尺,高四尺。"彼高不与广方,所杀分率亦较朒,而大下小上形法则与此同。

大防外杀。

孙诒让:"大防外杀"者,《管子·度地篇》云:"大者为之堤,小者为之防。"此大防即所谓堤也。堤防对文则异,散文得通。

郑玄:又薄其上,厚其下。

孙诒让:注云"又薄其上,厚其下"者,贾疏云:"此文承上'参分去一'而云外杀,故云'又薄其上,厚其下'。虽不知尺数,但知三分去一之外更去也。"江永云:"大防宜杀其外,不杀其内也。外必

① 于嘉芳《"磬折以参伍"新解——兼论齐国农田灌溉和水利工程》,《管子学刊》2000年第2期。

杀者，使下厚而上不倾；内不杀者，所以当水之冲也。然则两边皆杀者，非大防也。"案：江说与郑异。谛审郑意，盖谓防大则其广崇皆增，而水之深度与压力亦大增，非益厚其下，不足以为固。经云外杀者，明内杀亦与小防恒度同，唯其外，则于恒度外更增其杀之分率。实因防外之下基培之益厚，则上弥见其薄，而其杀于下者自不止三分之一矣。郑说寻文似疏，审理实密。江氏则谓大防亦止三分杀一，惟所杀者全在外，其内当水者则直上不杀，欲以傅合经外杀之文，而于理似未切。姑存之，以备一义。①

戴念祖《中国科学技术史·物理学卷》第二章《力学》第四节《流体力学》："这意思是，堤防的底宽与高大致相同，从堤底至顶逐渐收缩，使顶宽为底宽的2/3。从堤底到堤顶形成一个自然斜面，称为'杀'。这样的堤坝设计是对小型堤而言的，其'杀'势当在堤与水接触的一面，也可称为'内杀'。而较大的堤坝，其外面也要有'杀'势。这是春秋战国时期堤坝设计的总结，也是古代水力学中最早的一个定量理论。战国时，秦国蜀郡太守李冰在修筑都江堰时曾采用此方法，在都江堰二郎庙碑文中，尚留有堤坝设计的章法：'宽砌底，斜结石'。也就是，堤底要拓宽，从底至顶要形成一个斜面。"②

《中国水利史稿》质疑郑注，将"广"理解为堤顶宽：

郑玄注释意思是，修建堤防，高和宽应大致相等，而杀即是指上窄下宽的收分，在堤防底宽与高大致相等的情况下，边坡应"参分去一"，也就是取三比一的边坡。若以修建高三米的堤防为例，其底宽应取三米。然后按三比一的边坡往上修，则顶宽将为一米。而所谓"大防外杀"者，说的是较高的堤防，其边坡还要在常规的三比一的基础上另外加杀，即边坡要缓于三比一的坡度，这是传统的解释。不过照这样的解释，则所筑堤防过于陡峻，既不易施工，又难以稳定。若将"广"理解为堤顶宽，"参分去一"解释为堤两面坡度的总合（即每边的边坡都分别是一比一点五，也就是横一点五，纵一），这样就比较合理了。③

闻人军《考工记译注》④、戴吾三《考工记图说》⑤都认为将"广"理解为堤顶宽较为合理。

《匠人》：凡沟防，必一日先深之以为式。

孙诒让："必一日先深之以为式"者，贾疏云："言深者，谓深浅尺数。"戴震云："古九数有商功，为此也。预为布算，以定其规模，而后从事。一日之式大致可知，又以一里之式平之。"

郑玄：程人功也。沟防，为沟为防也。

孙诒让：注云"程人功也"者，贾疏云："将欲造沟防，先以人数一日之中先⑥作尺数，是程人功法

① 孙诒让《周礼正义》4232—4233/3500—3501页。
② 戴念祖《中国科学技术史·物理学卷》95页，科学出版社，2001年。
③ 武汉水利电力学院、水利水电科学研究院《中国水利史稿》编写组《中国水利史稿》上册110页，水利电力出版社，1979年。
④ 上海古籍出版社，2008年，124页。
⑤ 山东画报出版社，2003年，84页。
⑥ 引者按："先作尺数"之"先"疑涉上而讹，贾疏原作"所"（阮元《十三经注疏》933页中）。

式,后则以此功程,赋其丈尺步数。"诒让案:《九章算术·商功篇》,为堤沟有冬春程人功若干尺,求用徒几何之术。李籍《音义》云:"程,课程也。"《唐六典》云"凡役有轻重,功有短长",以四、五、六、七月为长功,二、三月、八、九月为中功,以十、十一、十二、正月为短功。中功以十分为率,长功加一分,短功减一分。[①]此即以日长短程人功之法。云"沟防,为沟为防也"者,明沟防为两事,并宜先为式也。

里为式,然后可以傅众力。

孙诒让:"里为式,然后可以傅众力"者,江永云:"旧读里为已,非也。以一日之功,筑凿几何,又以一里之地,计[②]几何日、几何人力,则可依附此而计用几何众力也。"案:江说是也。戴震、沈梦兰说同。但"傅"疑当为"敷"之借字。《书·禹贡》"禹敷土",《大司乐》注引"敷"作"傅",是其证。《说文·攴部》云:"敷,施也。"此"傅众力"亦言为役要以施众人之功力也。

郑玄:里读为"已",声之误也。

孙诒让:注云"里读为已,声之误也"者,郑未达里为式之义,故依声类破为已字,言为式既毕,然后可以令众而傅其力,然非经义也。[③]

《中国水利史稿》将"式"理解为断面样板:

也就是说,在做堤防和渠道施工时,必需在开工前先做好断面样板("式"),每隔一里就有一个样板,这样在开工后,大量的人手就可以同时动手。这既可以保证断面尺寸,提高施工质量,又可以充分使用人力。[④]

闻人军《考工记译注》认为此说"对'必一日先深之以为式'中的'一日'难作合理的解释"。[⑤]

于嘉芳《"磬折以参伍"新解——兼论齐国农田灌溉和水利工程》认为这是"在水利灌溉渠道施工组织方面,则施行了颇具有运筹学价值的'标准工段相连法'":

郑玄注把"里"解释为"已"是错误的。郑玄把这一段文字解释为工程管理人员计算修渠的劳工每人每日能够完成的合理的工程量,即"程人功也",也是错误的。实际上,这段话是讲述施工方法和施工顺序的。凡开掘沟渠,先要测量规划好线路,定出中心线的位置,沿中心线等间距(例如每十步,约14米)插一木桩,沿中心线两侧划出沟渠上口的宽度。在全线工程开工的前一天,先派人在开掘线路上每隔一里(约四百米)完成一小段合乎规格和质量要求的"标准工段",作为施工的样板,即

---

① 引者按:《唐六典·将作都水监》:"凡役有轻重,功有短长。"李林甫注:"凡计功程者,四月、五月、六月、七月为长功,二月、三月、八月、九月为中功,十月、十一月、十二月、正月为短功。"可知《唐六典》引文止于"功有短长"。王文锦本误将"以四、五、六、七月为长功"以下作为《唐六典》原文。
② 引者按:王文锦本"计"误属上句。
③ 孙诒让《周礼正义》4233—4234/3501—3502页。
④ 武汉水利电力学院、水利水电科学研究院《中国水利史稿》编写组《中国水利史稿》上册113页,水利电力出版社1979年。
⑤ 上海古籍出版社2008年,124页。

所谓"式"。第二日就可以组织全线施工,所谓"然后可以傅众力",把各段标准工段之间的水渠工程完成。在施工过程中要把已完成的标准工段作为样板,还要把立木桩的一小块地方(例如三尺见方)保留下来,待工程完工并且检验合格以后再把立木桩的那一小块地方掘掉。实际上立木桩的地方最后变成了立在水渠中心线上的一个一个的方形土柱,这些方形土柱也是一种"式",即标志、标准、基准点。①

11. 版

《匠人》: 凡任索约②,大汲其版,谓之无任。

孙诒让:"凡任索约,大汲其版,谓之无任"者,以下广论城道、宫室版筑之事。任犹《辀人》"任正"之任。《小尔雅·广器》云:"大者谓之索,小者谓之绳。"筑土缩版必用绳索,故云任索约。大汲其版则版伤,而束土无力,与不缩同,故谓之无任也。

郑玄:故书汲作"没",杜子春云:"当为汲。"玄谓约,缩也。汲,引也。筑防若墙者,以绳缩其版。大引之,言版桡也。版桡,筑之则鼓,土不坚矣。《诗》云:"其绳则直,缩版以载。"又曰:"约之格格,椓之橐橐。"

孙诒让:注云"故书汲作没,杜子春云当为汲"者,汲没形相近,《说文·水部》云:"没,沉也。"故书作没,盖谓引绳太过,陷没其版,则桡而无力。义虽可通,而不及作"汲"之长,故杜破之也。云"玄谓约,缩也"者,《尔雅·释器》云:"绳之谓之缩之。"郭注云:"缩者,约束之。"《诗·大雅·绵》孔疏引孙炎云:"绳束筑版谓之缩。"云"汲,引也"者,《说文·水部》云:"汲,引水于井也。"引申为凡引物之称。《谷梁·襄十年传》"汲郑伯",范注云:"汲犹引也。"缩版时,恐版不附植,不可筑土,故必引之。云"筑防若墙者,以绳缩其版"者,《檀弓》"一日而三斩版",孔疏谓"筑垙之法,所安版

---

① 于嘉芳《"磬折以参伍"新解——兼论齐国农田灌溉和水利工程》,《管子学刊》2000年第2期。
② 引者按: 此句标点是从《考工记》文例与郑注孙疏两方面考察的结果。《辀人》:"凡任木,任正者,十分其辀之长,以其一为之围,衡任者,五分其长,以其一为之围。小于度,谓之无任。"孙疏:"车舆下横直材,持任舆之重以行者,通谓之任木。"郑注:"任正者,谓舆下三面材、持车正者也。无任,言其不胜任。"阮元《考工记车制图解》对此复加说明:"任木最关重要,故《考工记》于《辀人》特曰:'凡任木,任正者,十分其辀之长,以其一为之围,衡任者,五分其长,以其一为之围。'又恐拙工之凿小之,故终警之曰:'小于度,谓之无任。'此圣人制作之精意也。"(阮元《清经解》第6册204页上)凡"任木""任正""衡任"均有一定的粗细度,小于这个标准,就不能胜任负载;凡筑墙壁和堤防,"必以绳束版,两版相去如防与墙之厚,实土其中,而后可用杵椓筑之也"(孙疏),这就是说"以绳束版"有一定的松紧度,过犹不及,如果"引之太过,则版不能胜而桡曲,及下土而筑之,则外出而鼓起,其土虽筑,不能坚也","与不缩同,故谓之无任也"(孙疏)。因此,《考工记》特地在节骨眼上警"之",一处说"小于度,谓之无任",另一处说"大汲其版,谓之无任"。两句中前一"任"("任木""任正"和"任索约"之"任"),孙诒让认为是相当的("任"犹《辀人》"任正"之"任"),训为"持",即承担、负载、承受。"任索约"郑注:"约,缩也。筑防若墙者,以绳缩其版。"孙疏:"筑土缩版必用绳索,故云任索约。"王文锦本误将"索约"属下句,显失对应。

侧于两边，而用绳约版令立，后复内土于版之上中央，筑之，令土与版平，则斩所约版绳，断，而更置于见筑土上，又载土其中，三遍如此，其坟乃成"。此筑防墙之法，当与彼同。必以绳束版，两版相去如防与墙之厚，实土其中，而后可用杵椓筑之也。云"大引之，言版桡也。版桡，筑之则鼓，土不坚矣"者，绳束版，引之太过，则版不能胜而桡曲，及下土而筑之，则外出而鼓起，其土虽筑，不能坚也。引《诗》云"其绳则直，缩版以载"者，《大雅·绵》文。笺云："绳者，营其广输方制之正也。以索缩其筑版，上下相承。"又云"约之格格，筑之橐橐"者，《小雅·斯干》文。《毛诗》"格格"作"阁阁"，传云："约，束也。阁阁犹历历也。橐橐，用力也。"笺云："约谓缩版也。"与此注同。引此二诗者，并证约为缩之义也。①

张玉石《中国古代版筑技术研究》指出：

古代版筑技术主要应用于筑造大规模的防御性城垣。它起源于仰韶时代晚期的中原地区，在商代前期广泛传播至包括河套平原、燕山南北、东南沿海和长江中上游的广大地区。史前时代已确切使用简单的模板，主要采用桢干技术解决模板的支撑问题，应用纵向排列模板的方块版筑法筑造城墙；至商代前期，已经运用横向排列模板的分段版筑法；商至西周，扶拢模板的技术未获大的突破，版筑城垣主要采用增筑与削减并举的方法，以保持城墙外壁的峭直；战国时代，一整套扶拢模板的技术日益完善，主要是以穿棍或穿绳直接悬臂支撑模板，以绳索揽系模板两端，直接筑出外壁峭立的城墙，标志着中国古代版筑技术的完全成熟。

《考工记·匠人》："凡任索约，大汲其版，谓之无任。"此条虽属记载筑堤防之施工经验，但可视为与版筑城墙相似。意即版筑时，以绳索绑束模板，而若绳索束板太紧，致使夹板桡曲变形，束土无力，筑土不实，筑墙不齐，则跟没用一般了。

据杨鸿勋先生的研究，战国时期版筑技术成熟的标志，不惟已创造用纴木悬臂支承模板的一套工艺，还有"扶拢模板的膊椽用草腰牵引，以木橛钉入已筑好的下层夯土固定。筑好一版以后，纴木、橛子、草腰全部打入夯土中"②，以草腰牵引膊椽扶拢模板，此即《考工记·匠人》所载所谓"索约""汲其版"。这一套完整技术的结合，在河北易县燕下都城墙筑造中得到完美的表现。③

傅熹年《中国科学技术史·建筑卷》第三章《周（含春秋、战国）代建筑》第四节《建筑技术》"筑墙"：

用桢干筑墙：桢为筑墙时所用端模板，其形状与所要筑的墙之断面相同，一般为下宽上窄，两侧收坡。干是侧模的古称，后世称"膊椽"，一般每侧用二至三根木棍④。起始筑时，在两端各立一桢，在其间于内外侧相对各横置二三根干，两侧的干间用草绳系紧，然后在中间填土夯筑。夯至与最上一根干相平后，割断草绳，抬升干，再依同法夯筑，逐层上抬，直至所需高度止，夯筑成的一段墙称为一"堵"。然后用同法接续夯筑下一堵，续筑时只需用一片桢，另端即用已筑成之墙身代替桢。如此连

① 孙诒让《周礼正义》4234—4236/3502—3503页。
② 杨鸿勋《建筑考古学论文集》，文物出版社，1987年。
③ 张玉石《中国古代版筑技术研究》，《中原文物》2004年第2期。
④ 《春秋左传正义》卷二十二（宣公五年，尽十一）："使封人虑事。"正义曰：《释诂》云："桢、干也。"舍人曰：桢，正也，筑墙所立两木也。干，所以当墙两边鄣土者也。《十三经注疏》中华书局影印本下，p.1875，下栏。

续夯筑若干堵，直至所需长度止。用此法筑的墙由同长、同高、同宽的若干堵墙连接而成。桢下宽上窄，故所筑之墙的墙身内收，有一定斜度。关于墙身的收坡和高厚立比，《周礼·考工记·匠人》云："困、窌、仓、城，逆墙六分。""墙厚三尺，崇三之。"即规定墙身收坡为高六收一，墙身之高为墙厚的三倍[1]（参阅图2-26）。

版筑：其雏形已先后见于淮阳平粮台龙山文化古城遗址和郑州商代居住址中。周代更为成熟和规格化。一般做法是模版两侧的边版垂直，一端用端版封堵固定，另一端敞开。把敞开一端的边版接已筑之墙，用卡木固定，然后填土夯筑。夯平后，撤出卡木，把模板水平前移，继续夯筑。夯至所需长度后，再把模板抬升，依前法夯筑上一层，并令上层、下层的垂直缝错缝。用此法筑成的墙是用若干层同高、同长的夯土体叠加而成，其墙身上下等宽，整体性强（参阅图2-26）。

筑城及大型墩台：筑城墙、墩台或台榭等大砌体不能用桢，而改用斜立的杆以控制城或墩台的斜度，并沿斜杆处用版或数根膊椽为侧模，夯筑时先分别把数根草蓁（草绳）的一端系在版或膊椽的不同部位，另一端系一木楔，拉紧后分别钉入地上，然后夯筑。夯平后，割断草绳，抬升版或膊椽，再依同法夯筑，直至所需高度止。据《周礼》及《左传》记载，正规筑城用为边模的版，其长一丈、广二尺。累积五版即高一丈，称为一堵。一堵之墙，长与高均为一丈。连续三堵称为一雉，一雉之墙，长三丈，高一丈。以一雉的长、高用为度量城墙长度和高度的单位。古籍中记载百雉、千雉之城即是其例（图3-41）。在东周王城中发现，在每隔一定高度顺城之进深方向要铺设一层水平木骨，这木骨后世称

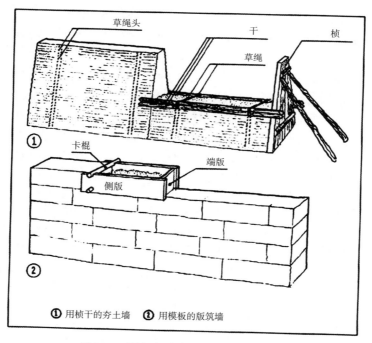

图2-26　用桢干和版筑两种方法筑墙示意图

---

[1]　孙诒让《周礼正义》卷85，国学基本丛书，中华书局，第924—925页。

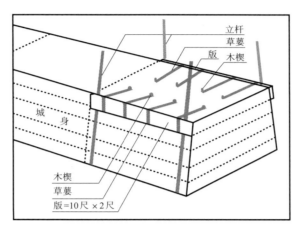

图 3-41　用草蒌木楔筑城及大型墩台示意图

为"纴木"，其目的是防止敌人攻城时在城脚下挖洞引起城身崩塌。出于同一目的，随后在筑台榭时也加"纴木"。这在筑城和城防技术上是一个新发展，一直沿用到宋代（公元960—1279）。在现存夯土墙或城墙遗迹中常发现水平的草绳断头或朽木棍洞，或在城脚处发现小柱洞，就是用此法施工的遗迹。[1]

12. 葺屋　瓦屋

《匠人》: 葺屋参分, 瓦屋四分。

孙诒让:"葺屋参分"者,《说文·艸部》云:"葺, 茨也。茨, 以茅苇盖屋。"贾疏云:"葺屋谓草屋, 草屋宜峻于瓦屋。"

郑玄: 各分其修, 以其一为峻。

孙诒让: 注云"各分其修以其一为峻"者, 贾疏云:"按上堂修二七言之, 则此注修亦谓东西为屋。则三分南北之间尺数, 取一以为峻。假令南北丈二尺, 草屋三分取四尺为峻, 瓦屋四分取三尺为峻也。"焦循云:"以屋为三角形, 下平度修丈二尺, 中分之为两句股, 则每句六尺, 股四尺, 弦七尺二寸, 为葺屋; 句六尺, 股三尺, 弦六尺七寸, 为瓦屋也。"[2]

---

[1] 傅熹年《中国科学技术史·建筑卷》, 科学出版社, 2008年, 57、100、101 页。
[2] 孙诒让《周礼正义》4236/3503 页。

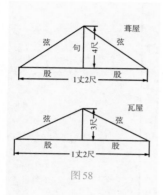

图58

张静娴《〈考工记·匠人篇〉浅析》指出这是指"茅草屋顶的举高是三分之一,瓦顶房屋的举高是四分之一。举高指的是脊柱升起的高度与前、后檐柱之间的进深距离之比"[①]。

戴吾三《考工记图说》解释其意思是"草屋屋架高度为进深的三分之一,瓦屋屋架高度为进深的四分之一",绘出屋架高度与进深关系示意图(图58)[②]。

13. 囷 窌 仓 城

《匠人》: 囷、窌、仓、城,逆墙六分。

孙诒让:"囷窌仓城,逆墙六分"者,记四等逆墙之率也。《尔雅·释宫》云:"墙谓之墉。"《说文·啬部》云:"墙,垣蔽也。"《土部》云:"墉,城垣也。"案:散文墙墉亦通称。此城有逆墙者,即所谓女墙也。《说文·㐆部》云:"陴,城上女墙,俾倪也。"又《土部》云:"堞,城上女垣也。"《释名·释宫室》云:"墙,障也,所以自障蔽也。城上垣曰睥睨,言于孔中睥睨非常也。亦曰陴,陴,裨也,言裨助城之高也。亦曰女墙,言其卑小,比之于城,若女子之于丈夫也。"逆墙六分城高,以一分为之。假令城高九雉,则以上一丈五尺却为逆墙。囷窌仓逆墙放此。《礼书》引《尚书大传》云:"天子贲庸,诸侯疏杼。"郑注云:"贲,大也。墙谓之庸。大墙,正直之墙。疏犹衰也。杼亦墙也。言衰杀其上下,不得正直。"案:伏传"杼"即序之假字。依郑彼注说,则诸侯以下庙寝之墙亦皆有杀,不得正直,但与囷窌仓城都墙不同耳。

郑玄:逆犹却也。筑此四者,六分其高,却一分以为纲。囷,圜仓。穿地曰窌。

孙诒让:注云"逆犹却也"者,《广雅·释言》云:"却,逻。"却墙,谓墙上退却,杀减其广也。云"筑此四者,六分其高,却一分以为纲"者,纲,注例亦当作"杀"。此明经"逆墙"冡"囷窌仓城"为文也。贾疏云:"假令高丈二尺,下厚四尺,则于上去二尺为纲,上惟二尺。其

---

① 《建筑史论文集》第七辑46页,清华大学出版社,1985年。

② 山东画报出版社,2003年,85页。

囷仓城地上为之，须为此䫼。其窔入地亦为此䫼者，虽入地，口宜宽，则牢固也。"焦循云："疏知丈二尺则厚四尺者，以记文'墙厚三尺，崇三之'准之也。高得六分九尺之一，则厚得三尺之半，为逆墙之度。"云"囷，圜仓"者，《说文·囗部》云："囷，廪之圜者。圜谓之囷，方谓之京。"《九章算术·商功篇》有"圆囷"，刘注云："圆囷，廪也，亦云圆囤也。"《释名·释宫室》云："囷，绻也，藏物缱绻束缚之也。"焦循云："《月令》：'仲[1]秋，穿窦窖，修囷仓。'高诱云：'圜曰囷，方曰仓。'盖于屋之中建墙，或方或圆，以贮谷，其上不接屋为逆墙也。廪为屋室之名，仓、囷、窖则廪中贮粟者之名。"云"穿地曰窔"者，《释文》云："窔，刘古孝反。依字当为窖，作窔，假借也。"案：《说文·穴部》云："窔，窖也。窖，地藏也。"《广雅·释诂》云："窖、窔，藏也。"《月令》"仲秋穿窦窖"，《吕氏春秋》作"窔"，窔窖声近义同，古多通用，故刘昌宗读为窖也。《吕氏春秋·季春纪》"发仓窔"，高注亦云："穿地曰窖[2]。"又《仲秋纪》注云："穿窔所以盛谷也。"义并与郑同。焦循云："《月令》注云：'方曰窖。'盖掘地作方形，内四面亦为墙。设深六尺，则口上一分缩却一尺，故宽于下。计之，若方一丈，其口上高一尺之处，则方一丈二尺也。"[3]

　　"逆墙六分"及郑注"六分其高，却一分以为䫼"，杜正国《"考工记"中的力学和声学知识》指出："这是说，在建筑囷、窔、仓、城时，它的墙的截面应筑成如图4的形状。匠人从实践中知道，囷、仓中装藏了颗粒状的东西以后，对墙也会产生侧压力，墙筑成这种形状就会坚固一些。至于 $a=\frac{1}{6}h$，这是从经验中得出的公式。"[4]贺业钜《考工记营国制度研究》据《五经异义》"天子之城高七雉"换算道："王城城墙高七丈，'䫼'应为1.17丈。据此，城墙（主体墙）顶部宽度当为5.83丈。"[5]

　　贾疏云："其窔入地亦为此䫼者，虽入地，口宜宽，则牢固也。"余扶危、叶万松《我国古代地下储粮之研究》（中）介绍汉河南县城南墙外的八十余座大型粮窖（图六），口底之比都与《考工记》"逆墙六分"的建筑法式基本吻合：

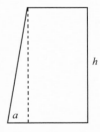

图4

图六　洛阳汉代仓窖窖底平面图

———————

①　引者按："仲"原讹"中"，据孙校本改，与焦循《群经宫室图》（王先谦《清经解续编》第2册439页下）合。

②　引者按："窖"原作"窔"（陈奇猷《吕氏春秋新校释》128页，上海古籍出版社，2002年），"高注亦云'穿地曰窖'"之"亦"是承上之词，对应的是"云'穿地曰窔'"。

③　孙诒让《周礼正义》4236—4238/3503—3505页。

④　《物理通报》1965年第6期。

⑤　中国建筑工业出版社，1985年，65、67页。

汇　名　《
证　物　考
　　　工
　　　记
　　　》

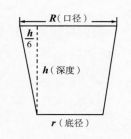

图七　窖口、底径、窖壁斜度
计算图

　　这批粮窖，经过发掘表明其建窖程序和结构大致是一致的。首先是由地表向下挖一口大底小的圆窖，周壁经过修理，平整光滑，底部高低不平，未作进一步加工。窖口底比例为3：2，这与《考工记·匠人》的记载是一致的……可见建造口大底小的地下仓窖，是有一定的规格的，即窖底内收的尺寸是深度的六分之一。从已发掘的几座窖的形制考察，虽大小、深度各异，但窖壁的斜度却是一致的，都为100度左右，6号窖口径10.7，底径7.6，深9.4米；28号窖口径9.8，底径6.6，深9.4米；62号窖口径，南北径11，东西径10.5，底径，南北6.9、东西6.85，深度10米，通过 $R = r + 2\left(\dfrac{h}{6}\right)$（图七）公式计算，口底之比都与《考工记》"逆墙六分"的建筑法式基本吻合，如62号窖：$R = r + 2\left(\dfrac{h}{6}\right) = 6.9 + 2\left(\dfrac{10}{6}\right) = 10.24$，计算所得结果，$R$接近窖口直径，比现存口径略小一二，这是符合实际情况的。因为考虑到废弃以后的破坏，现存的窖口肯定要比原有窖口大些。口大底小，这是仓窖发展过程中的一个重大进步，是劳动人民长期实践经验的总结和发展。这种粮窖，窖壁不易塌落，并能减少入藏粮食对窖底的压力，也有利于铺设壁板，同时还可以增加粮窖的储存量。[1]

　　闻人军《考工记译注》指出孙诒让所说"意即上端六分之一部分筑成逆墙"，与郑注有异："但依郑注本义，则应释为顶部宽度收杀墙高的六分之一。宋《营造法式·豪寨制度》中规定了夯土墙之制：'每墙厚三尺，则高九尺；其上斜收，比厚减半。若高增三尺，则厚加一尺，减亦如之。'今据《考工记》下文'墙厚三尺，崇三之'推算，按《营造法式》规定，顶宽为一尺半。依笔者对郑注的理解计算，顶宽也是一尺半。两者收分相同。可见《营造法式》继承了《考工记》的墙制，而孙诒让的理解可备一说。"[2]

　　《说文·口部》云："囷，廪之圜者。圜谓之囷，方谓之京。"杜葆仁《我国粮仓的起源和发展》证实道："不少器物上有字自铭为'囷'。如西安东郊汉墓中发现的带字陶仓，在盖上就写着'小麦囷''白米囷''黍粟囷'[3]。湖北凤凰山一六七号汉墓出土的遣策中有囷一枚，随葬器物中恰有圆形陶仓1件[4]，可见

① 余扶危、叶万松《我国古代地下储粮之研究》(中)，《农业考古》1983年第1期。
② 上海古籍出版社，2008年，127页。
③ 程学华《西安市东郊汉墓中发现的带字陶仓》，《考古》1963年第4期。
④ 吉林大学历史系考古专业赴纪南城开门办学小分队《凤凰山一六七号汉墓遣册考释》，《文物》1976年第10期。

在秦汉时期人们把这种圆形的谷仓称之为囷。"[①]孙机《汉代物质文化资料图说》(增订本)也以"临潼上焦村7号秦墓出土的圆形陶囷,在门的上部刻一'囷'字[②]予以证实;但认为《说文·囗部》"方谓之京"之说或不尽然:"大囷亦名京,见《管子·轻重丁》尹注。咸阳茂陵1号汉墓所出陶囷,顶部墨书'小麦一京''大豆一京'等,是其证[③]。"[④]

杜葆仁《我国粮仓的起源和发展》介绍了田野考古发掘中发现的一些西周和东周时期粮仓遗迹:"河北磁县下潘汪发现的第4号房基,在房内北部有一个窖穴,穴壁和穴底也都经火烤过,可以防潮,看来也是用作储粮的[⑤]。辽宁赤峰夏家店和宁城南山根等文化遗址中,发现的窖穴有袋形和筒状两种,平面均作圆形。有的穴壁上部用天然石块垒砌[⑥]。山西侯马晋城居住遗址的发掘中,曾在房子的周围发现有密集的窖穴,有的窖穴中还残存有黄豆[⑦],临淄齐城曾发现有的还保存不少小米,足以证明这些窖穴是贮藏粮食用的。从考古发掘看,发现的主要是修在地下的藏粮窖穴。"[⑧]

在沣西张家坡西周居住遗址中,"发现了3个袋状窖穴,这种窖穴都是口小底大、平面呈圆形或椭圆形的土坑,坑壁整齐,底部平坦,和一般灰坑的坎坷不平者不同,可能是挖成后再经过一番加工修饰的。口径在1.6米左右,底径1.8～2.4,深1～1.75米"[⑨]。

陕西凤翔马家庄秦宗庙遗址出土陶囷:3件,泥质灰陶。圆尖顶,出浅檐,囷体微鼓,腹下斜收,小平底,檐下开小方门。标本K158:5,通高14、直径11.4、囷门2.2厘米见方(图一九:8)。[⑩]

西安客省庄东周墓出土陶仓模型:仓顶为圆锥形,出檐,顶中央有圆柱形顶尖。顶与器身相连。器身似一直桶,中腰略瘦,分上下两层,中有横隔,互不相通。上层壁上有一横的长方

图一九:8

① 《农业考古》1984年第2期。
② 秦俑考古队《临潼上焦村秦墓清理简报》,《考古与文物》1980年第2期。
③ 陕西茂陵博物馆、咸阳地区文管会《陕西咸阳茂陵西汉空心砖墓》,《文物资料丛刊》第6集,1982年。
④ 上海古籍出版社,2008年,242页。
⑤ 河北省文物管理处《磁县下潘汪遗址发掘报告》,《考古学报》1975年第1期。
⑥ 中国科学院考古研究所内蒙工作队《赤峰药王庙夏家店遗址试掘报告》,《考古学报》1974年第1期。《宁城南山根遗址发掘报告》,《考古学报》1975年第1期。
⑦ 山西省文物管理委员会《山西省文管会侯马工作站工作的总收获》,《考古》1959年第5期。
⑧ 杜葆仁《我国粮仓的起源和发展》,《农业考古》1984年第2期。
⑨ 中国科学院考古研究所《沣西发掘报告》77页,文物出版社,1963年。
⑩ 陕西省雍城考古队《凤翔马家庄一号建筑群遗址发掘简报》,《文物》1985年第2期。

图九〇

图34

图35

孔,下层透底,两侧各有一长方形缺口。器外表通体饰绳纹,间以划纹十余周。通高23.5、底径15厘米(图九〇)。[1]

山东东平王陵山汉墓出土的仓,长方形楼阁式。顶与身可分开,上为一"歇山式"屋顶,下为仓身,平顶有檐,平顶上有一椭圆形仓口,檐下有一斗三升之斗拱,仓身无门,只在前面右上方有一窗,近底处有五个圆孔。身下有四个空心柱足。斗拱与檐涂朱,周身涂粉,并绘以墨、棕和红色花纹,现已脱落。通高70、顶长60、宽30厘米。[2]

和林格尔汉墓前室西壁甬道门左边,绘有一座高大的仓楼,楼前有仓曹吏卒和谷堆,檐下榜题"繁阳县仓",可以确定它就是东汉时繁阳县的县仓的图像。从壁画上看,仓重檐屋顶,建于台基之上,正面有二黑色门,门上向两侧的墙上各有一方形网格窗,两檐之间仍为网状窗,防潮通风情况良好。隶书"繁阳县仓"就写在两门中间上部檐下(图34)。

前室西壁甬道门北侧,画的是护乌桓校尉幕府谷仓。幕府仓和繁阳县仓一样,也是一座高大建筑,由台基、屋身、屋顶三部分组成。屋顶有两层檐,在檐墙的上部,第二层檐下有一排方形网窗,两檐之间也有网状窗。和繁阳县仓不同的是门窗的数目和装饰颜色。繁阳县仓有二门,门窗都是黑色,而幕府仓只有一个门,门窗都是朱红色。繁阳县仓榜题"繁阳县仓",幕府仓榜题为"护乌桓校尉幕府谷仓"(图35)。[3]

河南洛阳战国粮窖:粮窖为圆窖,口大底小,纵剖面呈倒置等边梯形。一般口径10米左右,深10米左右,差别不大。筑窖程序大致为:(1)清除灰坑,填土夯实。从62号窖看,经过夯填的坑口东西长2.07、南北宽1、深3.6米。坑从窖西壁向下逐渐呈阶梯性内收。夯土纯净,仅含有少量春秋时期和稍晚一些的陶片。夯层厚9~11厘米,圆形平底夯窝直径5~6厘米。坑东壁被粮窖打破。(2)挖窖,修壁。由地表向下挖出口大底小,斜坡较陡的圆窖,周壁修整光滑,仅底部不太平坦,接近窖底的壁边留有镢痕。62号窖窖口略呈椭圆形,口径南北11、东西10.5米,地径南北6.9、东西6.85米,深10米。由于窖口及上半部窖壁有所剥落,上口的实际尺寸应略小一些。窖口西部有一个长2.2、宽1.5、深1.95米的土槽,缓坡向下,与窖口相连,可

[1] 中国科学院考古研究所《沣西发掘报告》136—137页,文物出版社,1963年。
[2] 山东省博物馆《山东东平王陵山汉墓清理简报》,《考古》1966年第4期。
[3] 杜葆仁《我国粮仓的起源和发展(续)》,《农业考古》1985年第1期。

能是粮窖的进出口。(3)铺设防潮设备。以62号窖为例,窖底结构由下而上可分四层。第一层:在不甚平整的生土上涂抹一层铁锈色物质,不甚均匀,厚0.1～0.3厘米,像一层坚硬的甲壳,我们叫它隔水层。第二层:在隔水层上敷青膏泥,一般厚3～5厘米,低凹处有的厚达25厘米。在距底0.4米高的周壁和工具痕上也敷有一薄层。第三层:在青膏泥上铺两层木板,上下迭压;每层靠边沿处都顺壁平铺两圈,中间以纵横相错的木板铺排填补。下层底板一般长1.5～2米,宽30～40厘米。木板较薄,板灰多呈灰白色或深黄色。保存较好的木板厚2厘米,纹理清晰。在窖底四周发现固定底板的长方形或椭圆形木橛孔十四个。孔口一般长4～5、宽3～4、深30～50厘米。孔距1.1～1.8米不等。第四层:在木板上撒铺谷糠一层。糠呈灰白色或黄褐色。东北壁下保存较好,最厚处达40厘米。62号窖窖壁上部剥蚀较为严重,在下部距窖底1米左右开始见有一些横贴在窖壁上的木板,近底部比较明显。木板环壁横贴,上沾谷糠。原来整个窖壁都应镶砌这一类壁板。在窖底的淤土里发现编织成十字形的大片苇席和夹编的竹箔遗痕,原物可能是用来隔离窖内粮食和壁板上的谷糠的。根据62号窖填土内出土的大量砖、瓦和圆木等现象推测,窖顶可能是一种高出地面、顶上覆瓦的圆锥形土木建筑,同战国和西汉初墓中出土的陶仓近似。[1]

14. 堂涂

《匠人》: 堂涂十有二分。

郑玄:谓阶前,若今令辟戚也。分其督旁之修,以一分为峻也。《尔雅》曰:"堂涂谓之陈。"

孙诒让:注云"谓阶前"者,谓堂下东西阶前之路,以甓甃之,高于平地也。李如圭云:"堂涂其北属阶,其南接门内霤。案:凡入门之后,皆三揖至阶。《昏礼》注曰:'三揖者,至内霤,将曲,揖;既曲,北面,揖;当碑,揖。'贾氏曰:'至内霤将曲者,至门内霤,主人将东,宾将西,宾主相背时也。既曲北面者,宾主各至堂涂,北行向堂时也。'至内霤而东西行,趋堂涂,则堂涂接于霤矣。既至堂涂,北面至阶而不复有曲,则堂涂直阶矣。又案:《聘礼》'饔鼎设于西阶前,陪鼎当内廉。'注曰:'辟堂涂也。'则堂涂在阶廉之内矣。"云"若今令辟戚也"者,《释文》"辟"作"甓","戚"误"戚"。宋余本、附释音本、巾箱本及注疏本并作"甓"。今从嘉靖本,与《集韵·十四皆》引郑注合。贾疏亦作"辟",云:"汉时名堂涂为令辟戚。令辟则今之砖也,戚则砖道者也。"阮元云:"古甓字多作辟,今金石犹有存者。"庄述祖云:《音义》戚音陔。《说文·示部》:'戚,宗庙奏戚乐,从示戒声。'《衣部》无戚字。《广韵》:

---

[1] 洛阳博物馆《洛阳战国粮仓试掘纪略》,《文物》1981年第11期。

'祇，释典有衣祇，古得切。'《一切经音义》：'相传云谓衣襟也，未详所出。'明祇字惟释典有之。令甓祇之祇，即《钟师》'奏祇夏'之祇。祇陔互相借。《音义》从衣音阶，皆非是。祇当从示，古哀反，借作陔。《说文》：'陔，阶次也。'堂涂絫砖为阶次，故曰'令甓祇'，无取乎衣祇之义也。"丁晏云："《释宫》'瓴甋谓之甓'，注：'甋砖，今江东呼为瓴甓'。《说文·瓦部》：'甓，瓴甓也。'《土部》：'墼，瓴适也。'《毛诗》'中唐有甓'，传：'甓，瓴甋也。'《礼运》注'瓦瓴甓'、祇字一作'垓'，《史记·封禅书》'坛三垓'，徐广曰'阶次也'。《汉·郊祀志》作'陔'，师古曰：'陔，重也。三陔，三重坛也。音该。'祇读为陔鼓之陔，古字通用。"案：庄、丁说是也。云"分其督旁之修，以一分为峻也"者，贾疏云："名中央为督。督者，所以督率两旁。修谓两旁上下之尺数。假令两旁上下尺二寸，则取一寸于中央为峻。峻者，取水两向流出故也。"丁晏云："《国语》'衣之偏裻'，韦昭注：'裻在中，左右异，故曰偏。'《庄子》'缘督以为经'，《释文》：'李云：督，中也。'引伸之，凡物之中央曰督。"焦循云："疏云上下者，自中至边之谓。两旁邪斜，故中央峻也。"引《尔雅》曰"堂涂谓之陈"者，《释宫》文。彼文涂作"途"。《诗·小雅》"彼何人斯，胡逝我陈"。毛传云："陈，堂涂也。"又《陈风·防有鹊巢》云"中唐有甓"，传云："唐，堂涂也。"孔疏引孙炎云："堂途，堂下至门之径也。"《释宫》又云："庙中路谓之唐。"盖堂下之涂谓之堂涂，庙寝并有堂，则堂下路同有堂涂之称。《尔雅》唐陈训别者，散文则异也。此经堂涂，亦兼庙中、寝中言之。《周书·作雒篇》载五宫之制，有"堤唐"，孔注云："唐，中庭道。堤，谓高为之也。"此堂涂常法，十二分止取一分为峻，更峻之即所谓堤唐与？①

　　吴荣曾《说瓴甓与墼》指出"'中唐有甓'是说庙堂前阶上有砖的意思。台阶上铺砖确为古制，如陕西咸阳的第一号宫殿遗址，其回廊的台阶上就铺有空心砖②"，"郑玄对古制的理解，和今天考古发现的实际情况不谋而合"：《尔雅·释宫》：'瓴甋谓之甓。'《尔雅》成书应在西汉以前，则战国时还有称砖为瓴甋者。……西汉时和战国一样，人们称砖为瓴甓。……东汉时也称砖为瓴甓，尽管在东汉后期有人已把砖称之为墼，但在书面语言中仍只有瓴甓，直到东汉末年都未曾改变，如《周礼·考工记》'堂涂十有二分'，郑玄解释这句话时说道：'谓阶前，若今令辟祇也。'祇与陔通，《说文》'陔，阶次也'，则所谓'令辟祇'，即指用砖所铺砌之台阶。……西汉时把长方形小砖和铺地的大方砖都称为瓴甓，而东汉时的瓴甓似限于长方砖，对于大方砖则另起新名。"③

　　黄金贵《"甓"义考》则认为"以'甓'的本义为砖，既违背我国建筑史的事实和词汇史上名物相应的规律，也无一文献佐证"，"西周虽已有砖，但整个周代，包括春秋战国，还没有用于宫室砌墙和铺地的批量条砖、方砖。那么，周代已见的'甓'，其本义岂能是砖，并且是今常见的建材条砖、方砖呢"，"今考古发掘所见，宫中庭院铺路，皆用卵石，从未见砖道"，因而从名与物对应规律、陶器称名规律、文献用例三方面考证上古之"甓"为陶水管之称。④黄金贵《古代文化词义集类辨考》考证"甓"的义变："本为陶水管；以用于陶井而为井壁之称；以井壁发展为砖砌又变作砖义。汉唐有些注家以所见砖井之砖甓比同上古陶水管之

①　孙诒让《周礼正义》4238—4239/3505—3506页。
②　《秦都咸阳第一号宫殿建筑遗址简报》，《文物》1976年第11期。
③　北京大学中国传统文化研究中心《北京大学百年国学文粹·考古卷》213—214页，北京大学出版社，1998年。
④　《考古》1993年第5期。

甓,自然致误;但若施之西汉以后,并不误。"因为"凡西汉晚期、东汉及而后文献之'甓'均当训砖义"。① 黄金贵对"甓"义变的探究值得重视,但既然西周已有砖,就无法排除用于宫室或庭院铺地,也不限于条砖。

郑注"分其督旁之修,以一分为峻",贾疏"假令两旁上下尺二寸,则取一寸于中央为峻",丁晏"物之中央曰督",焦循"疏云上下者,自中至边之谓。两旁邪绌,故中央峻也",可见孙诒让"十二分止取一分为峻"即 1∶12 的坡度,是指堂涂宽径自中间至两旁的坡度,张静娴《〈考工记·匠人篇〉浅析》却误解为台阶的坡度:"这种 1∶12 的坡度用来做缓坡道似乎还可以,用来做台阶就显得太平缓了。因此把原文解释为十分中峻起二分,也就是台阶坡度是 1∶5,可能还妥当些。"②

周原考古队《陕西扶风县云塘、齐镇西周建筑基址 1999—2000 年度发掘简报》:

在云塘发现一组由多座建筑基址构成的"品"字形建筑群,保存完整,极有价值。

石子路有两条,其北端与两南门相接,路北界距一级台阶0.2米。其南端相连,内侧圆弧,外侧呈梯形。整体为口朝北的"U"字形。卵石大小与铺设方法和散水相同。其图案是南端拐弯相连处为弧边三角形,正中分界,以北直铺路由直角三角形组成等腰三角形,中间路段卵石错位较多(图四)。每条卵石路宽1.2米,南端梯形南边宽2.56米。东、西两条石子路在距南端3.9米和3.4米的位置各用较大的片状页岩铺设,将其分为南、北两部分,应有特殊意义。路南北全长13.1米。

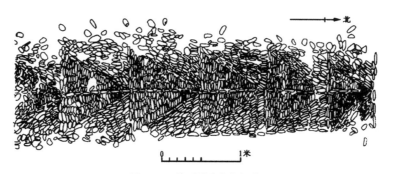

图四　F1前石子路东北部分

石子路南端紧贴F8(门塾)北侧中间,南北两端高,位于庭院内的中间部分低。③

杨鸿勋《周朝贵族建筑与居住习俗》认为:"这座宅院遗址十分难得的是保存了砾石铺装的'U'字形甬路,即古辞书《尔雅》所谓的'陈'。《尔雅·释宫》说:'堂涂谓之陈。''涂'是甬道,'堂涂'是由堂至门的甬路。遗址考古首次提供了'堂涂',也就是'陈'的实证。云塘遗址所见的'U'形两陈均宽1.2米,其铺装为砾石拼三角形二方连续图案。路面铺装,与台阶之间空出0.2米的距离。路全长13.1米,自南端向北,东西二路各有一段用石板铺装

① 上海教育出版社,1995年,1182—1183页。
② 《建筑史论文集》第七辑46页,清华大学出版社,1985年。
③ 周原考古队《陕西扶风县云塘、齐镇西周建筑基址1999—2000年度发掘简报》,《考古》2002年第9期。

的路面,长度分别为 3.9 米和 3.4 米。"①

15. 窦

《匠人》:窦其崇三尺。

郑玄:宫中水道。

孙诒让:注云"宫中水道"者,《说文·穴部》云:"窦,空也。"又《皀部》云:"隤,通沟以防水者也。"隤窦声义略同。《月令》"穿窦窖",郑注云:"入地,隋曰窦,方曰窖。"案:窦若今阴沟,穿地为之,以通水潦者,其形隋方广狭由便,崇则三尺也。《墨子·备城门篇》云:"百步为幽隤,广三尺,高四尺。"与此经度数亦相近。《左·襄十年传》"筚门闺窦之人",杜注云:"窦,小户。穿壁为门②,上锐下方,状如圭也。"《儒行》及《说文·竹部》并作"圭窬",与此窦异,贾疏以为一,非也。③

石璋如《殷代的夯土、版筑与一般建筑》:

所谓"水沟"是挖入地下,窄而甚长的一种沟渠型的建筑;这完全是根据它的形状及所推想的用途而拟定的名称。它的底部有一层很薄的细沙,证明确是经过流水沉淀的。这个现象是民国二十五年(1936)殷虚第十三次发掘的时候所得的新的收获,在以往从未看见过。它们的大部分都在夯土层的下面,仅有一小部分露在夯土所打的基址之外。全体的结构很像一张水道图。由若干条小支流汇聚到一条较大的宽道;再由若干条较大的宽道的水构成一条更大的水沟。大的称它为干沟,小的称它为支沟。有些沟的两壁有许多相对外突,有些沟的两壁则成两条平行的直线。有些沟底有一层很薄的细沙,有些沟底则为一层小石子。有的沟深,有的沟浅。就已发掘的区域来说,在甲组基址的范围内,没有看到水沟的踪迹,在丙组基址的范围内,仅有少少一部分水沟,大部分的水沟全在乙组基址的范围之内,这是可注意的问题。④

对于凤雏村建筑遗址排水设施,徐锡台《周原考古工作的主要收获》:"凤雏村建筑遗址排水设施设计得十分科学,在东塾第三室台基下,挖有一条南北走向的水道,将中庭所积的雨水通过排水道排向前庭。其结构在台基上挖一条宽 0.3、深 0.4 的沟槽。这与《周礼·考工记》所说的'窦其崇三尺',郑玄注'宫中水道'相似。室中沟槽内置放相互套接的绳纹

---

① 杨鸿勋《中国古代居住图典》101、103 页,云南人民出版社,2007 年。

② 引者按:半门曰"户",既是"小户",则不宜称"门"。"穿壁为门"之"门",杜注原作"户"(阮元《十三经注疏》1949 页上)。

③ 孙诒让《周礼正义》4239—4240/3506 页。

④ 石璋如《殷代的夯土、版筑与一般建筑》,《中研院历史语言研究所集刊》第 41 本第 1 分 139—141 页,1969 年。

陶水管七节，全长6米。陶水管两侧和上面用卵石砌成，并用土填满夯实，与室内地面相平，从第七节水管道以南，皆用卵石砌成一条沟槽，通向西南。"①

周原考古队《陕西扶风县云塘、齐镇西周建筑基址1999—2000年度发掘简报》：

> 排水管道位于F1北侧围墙上，距北围墙西端17.9米，距F1北散水6.6米。排水管道压在北围墙底部，管道下为黄色夯土墙基，可知排水管是在先筑好墙后，再挖洞砌成的。
>
> 排水管道由筒瓦和板瓦扣合而成，筒瓦仰置于下，板瓦覆扣其上，长0.67米，与墙体宽度相当。管底共放2块筒瓦，北部一块筒瓦两侧已残损，两端大部尚存，长约40、残宽10～18厘米；南边一块筒瓦残长约16、宽约14厘米，两瓦之间有间隔。管底内外高差约4.5厘米，内高外低。覆盖的板瓦尚存1块，长约35、宽约24厘米（图版肆，2）。②

图版肆，2　F1北侧排水管道（西→东）

吕劲松《先秦城市排水设施初探》："先秦城市排水设施主要是排水管道、排水沟渠，称为下水道。下水道分为明沟和暗道。暗道一般用陶质管道，或石砌、木石兼施，它是在地下预先挖一个沟槽，然后铺设陶管、或用石块、石板砌筑成方形水道，上面覆土夯实，成为路面，以利行人、行车。二里头2号宫殿庭院东北部和东南部两处、河南淮阳平粮台南门门道下、偃师商城东二门和4号宫殿、陕西扶风召陈西周建筑基址的F7南边的一段、岐山凤雏村西周建筑基址的东门房台基下和过廊中部下面、河北易县燕下都武阳台等处发现的均属于地下暗水道。……排水暗道所挖沟槽的宽窄根据需要而定，而深度就有一定的要求。人们经过长期实践总结出'窦其崇三尺'的经验，它是考虑到防止水道淤塞，冬季污水冻结而流水不畅，陶管因冻结膨胀而毁坏，交通车辆、人行造成的动荡荷载而压坏，才将其深埋于地下的。"③

① 《考古与文物》1988年第5、6期。
② 周原考古队《陕西扶风县云塘、齐镇西周建筑基址1999—2000年度发掘简报》，《考古》2002年第9期。
③ 洛阳市第二文物工作队编《河洛文明论文集》，中州古籍出版社，1993年。

饮器陶器

1. 勺 爵 觗

《梓人》：梓人为饮器，勺一升，爵一升，觗三升。献以爵而酬以觗，一献而三酬，则一豆矣。

孙诒让："为饮器"者，饮酒所用之器也。勺所以斟，爵觗所以饮，二者通为饮器。云"勺一升"者，《说文·勺部》云："勺，挹取也，象形，中有实。"《明堂位》云："夏后氏以龙勺，殷以疏勺，周以蒲勺。"郑注云："龙，龙头也。疏，通刻其头。蒲，合蒲如凫头也。"聂氏《三礼图》引《旧图》云："龙勺，柄长二尺四寸，受五升，士大夫漆赤中，诸侯以白金饰，天子以黄金饰。疏勺长二尺四寸，受一升，漆赤中，丹柄端。蒲勺所受同。"案：《旧礼图》说疏勺、蒲勺所受，与此经同；而龙勺则容五升，所赢太多，殆误以洗勺容量释尊科与？《礼器》有"樿勺"，《士丧①礼》有"素勺"，亦并以木为之，与蒲勺略同。又案：《汉书·律历志》云："十合为升。"此勺一升，即容十合也。《孙子算经》云："十勺为合。"彼为量之微数，与尊科亦异也。云"爵一升，觗三升"者，《聂图》及《御览·器物部》引《三礼旧图》云："觗受三升，锐下方足，漆赤中，画青云气通饰，其卮、爵、觗、觯、角、散诸觞皆形同，升数则异。"案：爵形制，详《大宰》疏。云"献以爵而酬以觗"者，《说文·酉部》云："醻，主人进客也，重文酬，酬或从州。"《诗·小雅·彤弓》笺云："饮酒之礼，主人献宾，宾酢主人，主人又饮而酌宾，谓之酬。酬犹厚也，劝也。"觗当依郑作"觯"，凡酬皆用觯。凌廷堪云："《乡饮酒记》：'献用爵，其他用觯。'《乡射记》同。此为乡饮酒、乡射而言也。若燕礼、大射，虽献亦用觗，宰夫为主人，避君也。至于酬、旅酬、无算爵，则同用觯矣。"云"一献而三酬，则一豆矣"者，刘敞云："献以一升，酬以三升也，并而计之为四升。四升为豆。豆虽非饮器，其计数则然。"戴震亦云："合献酬共一豆酒。其曰一献而三酬者，爵一升以之献，觯三升以之酬，蒙上省文。"诒让案：一献三酬，合为一豆。马、郑并破豆为"斗"。是以一献三酬，一、三并为献酬之次数，一献得一升，三酬得九升，则一斗也。然于《礼》无据。《礼器》孔疏云："案《燕礼》'献以觗'，又《燕礼》'四举酬'。熊氏云：'此一献三酬，是士之飨礼也。若是君燕礼，则行无算爵，非唯三酬而已。若是大夫以上飨礼，则献数又多，不唯一献也。故知士之飨礼也。'"案熊、孔申郑说，谓此是士之飨礼，臆说无左证。且梓人制器，必准之士礼，义亦无取。刘敞谓一升献而三升酬，一三非谓献酬次数，故书作豆可通，不烦破字。其说甚塙。陈祥道及近儒多从其说。陈乔枞云："考《仪礼·士冠礼》'乃醴宾以壹献之礼'，注：'壹献者，献酢酬，宾主人各两爵而礼成。'案：宾两爵，谓献饮一爵而酬饮一觯；主人两爵，谓酢饮一爵而酬饮一觯也。然主人之酢酒，若有介酢者，则酢酒不止一爵。今《梓人》言献酬，非言酢酬，知一爵一觯但就宾客而言，不指主人言也。又考《乡饮酒》《乡射》并行壹献之礼者，壹献之礼始于献，而成于酬，宾、介、众宾各得一献一酬焉。自献宾以迄旅酬皆是也。《乡饮酒礼》，迎宾，拜至，主人取爵于篚，实爵献宾，宾拜受，坐卒爵。此主人献宾而宾饮一爵也。宾实爵，酢主人毕，主人实觯酬宾，宾奠觯于荐东，则宾虽受酬而未饮矣。主人又实爵

献介，介拜受，坐卒爵。此主人献介而介饮一爵也。介洗爵授主人，主人酌酢毕，又实爵献众宾，众宾之长升拜受者三人，立卒爵，授主人爵，众宾献则不拜受爵。此主人献众宾各饮一爵也。众宾不酢主人。乡射无介，则众宾之长一人酢，既毕献，主人以虚爵降奠于篚，而献酬之爵遂不复用焉。于是一人举觯于宾，宾受奠觯于其所，举觯者降，是宾仍受觯而未饮也。至正歌告备，旅酬方起，宾乃取俎西之觯，阼阶上酬主人，卒觯，宾实之，授主人觯，揖复席。此宾酢主人而饮一觯，以为旅酬之始也。主人以所受宾酬之觯，西阶上酬介，如宾酬主人之礼，主人揖复席。司正升，相旅曰'某子受酬'，受酬者自介右。此介受主人酬而饮一觯以酬众宾之长也。众宾长又以所受介酬之觯酬众宾，皆如宾酬主人之礼。众受酬者受自左，辩，卒受者以虚觯降，奠于篚。此众宾以次行酬而各饮一觯也。至是旅酬事毕，而壹献之礼终矣。宾若有遵者诸公大夫，则既一人举觯乃入，主人献遵者，遵者皆饮一爵。《乡射礼》云，遵酢主人，乡射无介，其旅酬也，宾酬主人，主人酬遵者，遵酢众宾。然则乡饮酒礼若有遵者，当主人酬介，介酬遵者，遵酬众宾也。宾、介、遵者及众宾并献爵之外，不多一爵；酬觯之外，不多一觯。据此，则壹献之礼，宾皆饮酒一爵一觯。爵受一升，觯受三升。献酬二者共四升，与《梓人》言一献三酬当豆相合，不当改字，斯亦足以明矣。"案：陈说是也。

郑玄：勺，尊升也。觚、豆，字声之误，觚当为觯，豆当为斗。

孙诒让：注云"勺，尊升也"者，段玉裁改升为斗，云："斗与枓同。《说文》：'枓，勺也。'尊枓，谓挹取尊中之枓也。今本作'尊升'，误。魏晋人书斗多作'什'，故易讹'升'。"案：段校甚塙。《士冠礼》云"实勺觯角柶"，注亦云："勺，尊斗，所以剩酒也。"贾彼疏云："案《少牢》云'罍水有枓'，与此勺为一物，故云尊斗，对彼是罍枓所以剩水，则此为尊斗剩酒者也。"案：贾说是也。今本《仪礼》注亦讹斗为升，与此注同。郑言此者，别于《鄮人》"大洭设斗"为挹水之枓也。《聂图》引《旧图》云"洗勺受五升"，彼即罍枓，与此勺异。云"觚、豆，字声之误，觚当为觯，豆当为斗"者，此依马融说也。贾疏云："觯字为觚，是字之误；斗字为豆，是声之误。"又疏及《燕礼》疏、《礼器》孔疏引《五经异义·爵制篇》云："今《韩诗》说：'一升曰爵，二升曰觚，三升曰觯，四升曰角，五升曰散，总名曰爵，其实曰觞。'古《周礼》说：'爵一升，觚三升，献以爵而酬以觚，一献而三酬，则一豆矣。'许慎谨案：《周礼》云一献三酬当一豆，即觚二升，不满一豆矣。"郑玄驳之云："《周礼》：'献以爵而酬以觚。'觯字角旁著辰，汝颍之间师读所作。今《礼》角旁单，古书或作角旁氏。角旁氏则与觚字相近。学者多闻觚，寡闻觯，写此书乱之而作觚耳。又南郡大守马季长说，一献而三酬则一豆，觚当为觯，豆当为斗，与一爵三觯[1]相应。"贾疏又云："《礼器制度》云：'觚大二升，觯大三升。'是故郑从二升觚，三升觯也。"案：各疏引《异义》，互有误挩删改，今参合校正。古《周礼》说"觚三升"，贾、孔所见本并误作"二升"，与此不合，今从程瑶田、陈寿祺校正。觯字角旁辰，今本贾疏误作"角旁友"，臧琳改为"角旁支"，与《古今韵会》及《周礼订义》引王氏《详说》同，然字书无此字。段玉裁改为"角旁辰"，字见《说文·角部》，较有根据，今从之。郑驳所引马季长说，盖《周礼传》佚文，亦从《韩诗》说。《论语·雍也篇》"觚不觚"，《集解》引马注同。郑此注及《礼器》注并本之。臧琳云："《仪礼·燕礼》'坐取觚洗，宾少进，辞洗，主人坐奠觚于篚'，注：'古文皆为觯。''士长升拜受觚'，'主人拜觚'，注：'今文觯作觚。''媵觚于公'，注：'此当言"媵觯"，酬之礼皆用觯，言觚者，字之误也。古者觯字或作角旁氏，

由此误尔。'宾降洗象觯'，注：'今文曰洗象觚。''公坐取宾所媵觯兴'，注：'今文觯又为觚。'《大射仪》'士长升拜受觯'，注：'今文觯作觚。''媵觚于公'，注：'今文觯为觚。''洗象觚'，注：'此觚当为觯。'据此，知觚觯二字形相近，《仪礼》古文多作觯，今文多作觚。郑参校古今文，以义言之。义当作觯者，从古文，则云'今文作觚'；义当作觚者，从今文，则云'古文作觯'。亦有古文觯字反为觚者，如《燕礼》'媵觚于公'，《大射仪》'洗象觚'及《梓人》'献以爵而酬以觚'是也，郑俱云'觚当为觯'，精审之至也。许叔重不知觯觚易涵，皆作如字读，觚为三升，则觯为四升。故《说文·角部》云：'觯，乡饮酒角也，受四升。觝，觯或从辰。觚，《礼经》觯。觚，乡饮酒之爵也，一曰，觶受三升者谓之觚。'此许自用其说，非古义也。《仪礼注》《驳异义》皆云'觯字，古书或作角旁氏'，与《说文》'觝，《礼经》觯'正合。"陈乔枞云："许君《异义》从古《周礼》说，觚三升，则以一献三酬当一豆，为以一升献，以三升酬者，当亦古《周礼》说如此。郑君参考《礼经》酬皆用觯，定觚当为觯[1]。又据马氏说，改豆为斗，谓与一爵三觯相应，然则马氏以前无为此说者矣。"今案：许从此经故书旧说，定为觚三升，觯四升。马、郑从《韩诗》及《汉礼》说，觚二升，觯三升，而破经字以合之。审校两说，实互有是非。许读豆如字，是也；其谓觚三升，墨守《周礼》故书，与《韩诗》《汉礼》并不合，则不若郑说之长。郑读觚为觯，是也；而破豆为斗，则与经文不合，又不若许读如字塙矣。云"豆当为斗"者，郑亦谓声之误。今案：当读如字。[2]

《天官·大宰》：享先王亦如之，赞玉几玉爵。

郑玄：宗庙献用玉爵。

孙诒让：云"宗庙献用玉爵"者，梓人为饮器，云爵一升。《说文·鬯部》云："斝，礼器也。所以饮器象斝者，取其鸣节节足足也。"《玉烛宝典》及聂氏《三礼图》引梁正、阮谌《礼图》云："爵受一升，高二寸，尾长六寸，博二寸。傅假翼。兑下，方足。漆赤，中画三周其身。大夫饰以赤云气黄画，诸侯加饰口足以象骨，天子以玉。"案：《礼图》说爵制，似不甚塙。但依其说，则玉爵亦刻木为之，而饰以玉，若《内宰》"瑶爵"注亦谓"以瑶为饰"是也。贾疏云："按《明堂位》'献用玉琖'，谓王朝践馈献酳尸时。若裸，则用圭瓒也。"程瑶田云："玉爵即玉琖也。《明堂位》曰：'爵，夏后氏以琖，殷以斝，周以爵。'此明鲁有三代之爵，其名不同，其为爵一也。《行苇》之诗云'洗爵奠斝'，毛传曰：'斝，爵也。'《说文》曰：'斝，玉爵也。'"案：玉爵名制，互详《量人》《梓人》疏。[3]

容庚《殷周礼乐器考略》论"勺"："盖酒盛于尊，必以勺挹酒而后注于爵中。故端方所藏鼎卣，出土时勺藏卣中。而赒弘匜亦附一勺，与杜子春《考工记·玉人》注'酒尊中勺'合。其状，中空可以挹酒；旁有曲柄，可以把持。口径约八九分，高约一寸三四分，与爵之容量，相去极远。"[4]容庚、张维持《殷周青铜器通论》认为"斗和勺同为一类器""勺之用是挹

---

[1] 王文锦本出校："原作'郑君参考礼经酬皆用觚梓人觯当为觚'，误。今据陈乔枞《礼堂经说》纠正。"引者按：所校正确。孙校本已改为"郑君参考《礼经》酬皆用觯，定觚当为觯"，是将"觚梓人觯"四字改作"觯定觚"三字、"当为觚"改作"当为觯"，由于此处即论《梓人》，故较陈乔枞《礼堂经说》原文（王先谦《清经解续编》第5册，第106页上）少"梓人"二字。

[2] 孙诒让《周礼正义》4088—4093/3385—3389页。

[3] 孙诒让《周礼正义》180—181/148页。

[4] 《燕京学报》第1期，1927年。

取尊中的酒而后注于爵中。勺的形状体圆中空,旁有长柄可以把持,其中也有柄短而续以木的,也有柄短而扁的"[1]。

　　勺的器形特征,朱凤瀚《中国青铜器综论》:"其形与斗相近,前有勺首中空以盛物,后有柄以便挹取,惟斗柄生自斗首之腰际(或下腹),而勺柄与勺首于口沿处相连。"[2]朱凤瀚《中国青铜器综论》将中原地区的勺从形制上分为三型:

　　A型　勺首作圆碗状,腹较深,平底。短直柄微上倾,中空以安木柄。

　　标本　殷墟西北岗M1400出土石勺(图三·七七:1),通长31.5厘米[3]。属殷代。

　　B型　勺首腹极浅,圜底,横截面作圆形或椭圆,曲柄较长,上翘,中空以续木。分二式:

　　Ⅰ式　勺首横截面作圆形。

　　标本　洛阳中州路M2415:61(图三·七七:3),柄上有一圆穿,勺首口径9.2～9.4、柄长9.8厘米[4]。春秋中期偏早。

　　Ⅱ式　勺首横截面作椭圆形。

　　标本一　洛阳哀成叔墓出土勺(图三·七七:4),柄端作方銎,銎上有小孔以施钉,勺首长径11.5、柄长7厘米[5]。春秋晚期。

　　标本二　洛阳中州路M2717:173(图三·七七:5),柄上无穿。勺首长径10、柄长10.9厘米[6]。战国早期。

　　C型　勺首近匕形,腹极浅,尖顶,直柄较短,中空以接木柄,斗首与柄部成直角。

　　标本　殷墟西北岗M1005出土勺(图三·七七:2),通长12.9厘米[7]。属殷代。[8]

　　曾侯乙墓出土战国勺共3件,可分二式:

　　Ⅰ式1件。长柄为扁体,断面为矩形,末端最宽,靠近末端弯曲,勺身为椭圆斗形。全身黑漆,木勺柄的面上施朱绘云雷纹。柄长53.6、勺口径11.8×9.2、深4.4厘米(图二三二,1)。

　　Ⅱ式2件。形制一样,长柄作圆杆状,勺身呈铲状,全身

图三·七七　勺
1. 殷墟西北岗M1400出土石勺
2. 殷墟西北岗M1005出土勺
3. 洛阳中州路M2415:61
4. 哀成叔墓出土勺
5. 洛阳中州路M2717:173
(1. A型　2. C型　3. B型Ⅰ式
4、5. B型Ⅱ式)

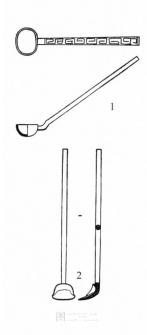

图二三二

① 文物出版社,1984年,64—65页。
② 上海古籍出版社,2009年,274页。
③ 林巳奈夫《殷周时代青铜器的研究》图版四。
④ 中国科学院考古研究所编《洛阳中州路》图版肆伍:1,科学出版社,1959年。
⑤ 洛阳博物馆《洛阳哀成叔墓清理简报》,《文物》1981年第7期。
⑥ 中国科学院考古研究所编《洛阳中州路》图版陆伍:2,科学出版社1959年。
⑦ 林巳奈夫《殷周时代青铜器的研究》图版1、7。
⑧ 朱凤瀚《中国青铜器综论》275—276页,上海古籍出版社,2009年。

图二九,1 五五七 亚
䒑妣己觚

五六二 饕
餮纹觚

五六三 父
癸觚

五六八 亚
醜方觚

图三 觚商

黑漆,没有饰纹。通长66.8、柄长60、勺口宽9、深3厘米(图二三二,2)。①

河南信阳一号战国楚墓出土勺2件,"是木雕并涂朱彩的长柄勺。勺椭圆形,口径6.4～10.6厘米,圜底。柄长63.5、宽2.8、厚1.4～2.3厘米。勺内髹朱漆,勺外和长柄髹黑漆,柄的正面和侧面绘有朱色三角雷纹(图二九,1)。另在右侧室出土勺柄3件,形状与上述勺柄类似"②。

关于"觚",容庚、张维持《殷周青铜器通论》:"觚是一种长身、细腰、大口的饮酒器。其所以定名为觚的原故,有谓因其四面有觚棱。但孔子当时已见有无棱的觚,遂有'觚不觚,觚哉,觚哉'之叹。但现传世的觚不尽有棱,尊、卣、斝等酒器也有棱的,可证棱不是构成觚的必要条件。"③容庚《商周彝器通考》:"今之所称为觚者,其名定自宋人,腹小而口侈,所容不多,饮时酒易四溢;且腹下或有铃,有端拱之意,与他饮器不类,则觚之是否为觚,不无可疑。姑沿旧称以俟他日之论定耳。……其形如圆柱,两端大而中小,腹以下四面有棱(附图五五七亚䒑妣己觚)。有无四棱者(附图五六三父癸觚)。有腹下有小铃者(附图五六二饕餮纹觚)。有方者(附图五六八亚醜方觚)。"④

梓溪《青铜器名辞解说(五)》:"觚的名称是宋朝人推定的。它的形状多半是细身、侈口、长颈(图三),可是容量还不到爵的一倍,所以有人怀疑把这种器物叫觚也许不恰当,但究竟对不对,还需要将来的证明。"⑤

关于"爵",容庚、张维持《殷周青铜器通论》:"专名的爵是指一种前有长'流',后有尖'尾',旁有把手的'鋬',上有两柱,下有三足的特殊形态的酒器。爵的名称定自宋人,这是取雀的形状和雀鸣之义。……这些解释都不过是基于雀爵同音,所以取雀之形,飞而不溺,或取其鸣声,知足节饮之意。这些都是后来儒家附会穿凿之

---

① 湖北省博物馆《曾侯乙墓》372—374页,文物出版社,1989年。
② 河南省文物研究所《信阳楚墓》39页,文物出版社,1986年。
③ 文物出版社,1984年,62—63页。
④ 《燕京学报》专号之十七,哈佛燕京学社出版,401—402页。
⑤ 《文物参考资料》1958年第5期。

说,难以征信。"[1]朱凤瀚《中国青铜器综论》:"其形体主要特征是:有较深的筒状腹,口缘前有为倾倒液体用的长流口,简称为'流',后有呈尖状的'尾';流上近于口缘处或偏靠流一侧的口缘上立有两个'柱';器腹一侧有把手,与连接流尾的轴线成直角,通称为'鋬';腹底有三个尖而高的'足',其中一足在鋬下。"朱凤瀚《中国青铜器综论》将爵的主要器型按腹部形制的不同分为四型:A型 束腰,腹壁呈圆弧形,最大径在腹底,腹横截面作椭圆形。标本一 二里头遗址八区T22③:6(图三·二八:1);B型 下腹部外鼓,与上腹间形成折棱。按下腹部深、浅又可分为三亚型。标本 二里头遗址六区M11:1(图三·二八:3);C型 腹作倾垂状,最大径近腹底,横截面作圆形。可分二亚型。标本 安阳小屯M333:R2030(图三·三〇:1);D型 直筒状腹,横截面作圆形。包括三亚型。标本 安阳小屯M388:R2033(图三·三〇:3)[2]。

图三·二八:1

图三·二八:3

  觚与爵是一套酒器。李济《记小屯出土之青铜器》:"觚形器与爵形器之普遍的存在,并成了一对分不开的伙伴。这一结合遵守一种极严格的匹配律:有一'觚'必有一'爵',有两'爵'必有两'觚';M331的三件觚形器,虽只有一件三足的爵形器相伴,却另有两件四足的爵形器作陪,故算起来仍是照一一相随的例;同时这也可以证明,在功能方面,四足'爵'与三足'爵'大概没有分别。"李济制表60,详列"觚"与"爵"容量的比例,"可能配合的十八对容量比例最小的为1:1.4,最大的为1:4.4";又"举出三对确可证明是丧主选配的"(表十四比例数加有双横线者),制表十五,"详列这三组比例分配及每一个相等距离单位的次数:第一组(一)代表可能的配合;(二)为应有的相配数;(三)为可以证明的配偶。表中显示2.1~2.5这一单位距程中在各组分配的次数均占最多数。《韩诗说》所传的一升传的'一升曰爵,二升曰觚',假如这些传说所指的实物真是这种形制的话,显然是有所本的"[3]。

图三·三〇:1

图三·三〇:3

① 文物出版社,1984年,43页。
② 上海古籍出版社2009年,156—164页。
③ 李济《记小屯出土之青铜器》,《中国考古学报》第三册,1948年。又见《李济考古学论文选集》615—616页,文物出版社,1990年。

表十四　爵形器与觚形器容量之比例

器形及容量 / 墓号	（a）爵形器		（b）觚形器		爵形器与觚形器容量之比例								
	序数	容量	序数	容量	(b)1/(a)1	(b)2/(a)1	(b)3/(a)1	(b)1/(a)2	(b)2/(a)2	(b)3/(a)2	(b)1/(a)3	(b)2/(a)3	(b)3/(a)3
M232	1	310B	262cc.	1	248S	422cc.	1.6	1.8						
	2	—		2	248P	460cc.								
M388	1	310A	135cc.	1	248Q	285cc.	2.1	2.2		1.6	1.7			
	2	310G	178cc.	2	248Q	295cc.								
M188	1	310G	190cc.	1	—									
M331	1	310A	150cc.	1	248Q	660cc.								
	2	410	220cc.	2	248R	307cc.	4.4	2.1		3.0	1.4		2.9	1.3	
	3	410	230cc.	3	248S	—								
M333	1	310D	190cc.	1	248R	400cc.	2.1			1.9				
	2	310E	210cc.	2	248S	—								
M238	1	310G	180cc.	1	248R	582cc.								
	2	310H	280cc.	2	248T		3.2			2.1			2.0		
	3	310H	290cc.	3	248T	—								
M329	1	310A	156cc.	1	—									
M18.4	1	310G	215cc.	1	248R	530cc.	2.5							
M222	1	310G	235cc.	1	—									
	2	—		2	—									

表十五　爵形器与觚形器容量比例分组分配表

"爵"与"觚"容量比例数之距程	次　数		
	（一）	（二）	（三）
1：1.1～1.5	2		
1：1.6～2.0	6	2	1
1：2.1～2.5	6	4	2
1：2.6～3.0	2	1	
1：3.1～3.5	1	1	
1：3.6～4.0	0		
1：4.1～4.5	1		
总距程内的总数	18	8	3

"爵一升，觚三升"，郑玄注"觚当为觯"。李济《记小屯出土之青铜器》记述"觯形器只出了一件；恰巧它与同坑内两件爵形器中的一件容量的比例为3∶1，但与第二件比，就不一样了"①。

鞠焕文《殷周之际青铜觚形器之功用及相关诸字》通过对相关觚形器及铭文的分析，确定了此前称为"觚"的器物其真正名称为"同"，其功用是用于裸祭：

> 同在殷周之际主要用于裸祭，在裸祭举行前有专门人员奉出，裸祭时将盖子拿开，将象征祖先的神示（瓒玉）放在木质、玉质或铜质塞子上以待灌，灌时用特制的铜斗或玉斗将鬯酒慢慢浇灌于瓒上，鬯酒沫瓒而下并聚集于凹形塞子上，聚集后的鬯酒再沿绿松石细管或柱棒缓缓流下，象神灵歆饮之。裸祭结束，专门人员将瓒取下放入鱼皮质袋子中，裸后的鬯酒倾倒而出与其他的鬯酒一同作为酢赏赐给亲属以获得祖先保佑。裸毕，将盖子盖好以避灰尘，专职人员归藏之。②

郑宪仁《对五种（饮）酒器名称的学术史回顾与讨论》认为"觚、觯、角于先秦礼书所载和金石学与现今考古学者所称的器类，没有确切证据支持其间的关联性。在研究先秦礼学时，不应将金石学与考古学所称的爵、觚、觯、角、散（斝）五器用于礼图和器物诠释"：

> 就记载五种饮酒器最多的《仪礼》一书而言，爵、觚、觯、角、散，是五种饮酒器，不一定有容量上的等差，但是它们是可以区别的五种器类，与使用者的身份、场合与礼仪的性质有关。《周礼·考工记·梓人》所提到的爵与觚（一说为觯）是否即是《仪礼》的爵与觚，也是可斟酌的。

> 总之，在先秦礼书所记载的五种饮酒器与被金石学者所称的爵、觚、觯、角、散（斝）等五种酒器，在目前看来是不能相合的两套体系，金石学者看到的是西周中期以前的五种酒器，而礼学家看到的是传世古籍中的五种饮酒器，虽然用了相同的名称，但在诠释上是难以交集的。③

《梓人》：食一豆肉，饮一豆酒，中人之食也。

孙诒让："食一豆肉，饮一豆酒"者，易祓云："《坊记》曰'觞酒豆肉'。豆所以盛肉也，故曰豆肉。"

郑玄：一豆酒，又声之误，当为"斗"。

孙诒让：注云"一豆酒，又声之误，当为斗"者，冢前注破豆为斗，谓此经豆字两见，后一豆字亦当改为斗也。"一豆肉"之豆不破之者，以肉本为豆实，《小子》有"肉豆"，则义自可通，故仍之。今考"一豆酒"，豆似亦当④读如字，《大戴礼记·曾子事父母篇》云，"执觞觚杯豆而不醉"，则古或亦以豆盛酒矣。⑤

---

① 《中国考古学报》第三册，1948年。又见《李济考古学论文选集》615—616页，文物出版社，1990年。
② 鞠焕文《殷周之际青铜觚形器之功用及相关诸字》，《中国文字研究》第19辑。
③ 郑宪仁《对五种（饮）酒器名称的学术史回顾与讨论》，刘昭明主编《2014第三届台湾南区大学中文系联合学术会议会后论文集》，2014年。收入《野人习礼——先秦名物与礼学论集》，上海古籍出版社，2017年。
④ 引者按："当"王文锦本从楚本讹作"可"。
⑤ 孙诒让《周礼正义》4093/3389—3390页。

刘乃叔《"豆酒"辨》赞同王筠《说文释例·同部重文》的意见:"豆当为卮之误也,犹壹篆从壶从吉,而隶变从豆也。"进一步阐述:

"豆"和"卮"不只形体相近,语音上也是一脉相承的:"卮"古音为:侯韵、端纽、去声;"豆"古音为:侯韵、定纽、去声,二者音理之相通,是显而易见的。因此,与其说"形误",莫如说"声借"更为妥当。《说文·金部》云:"鍪,酒器也。卮,或省金。"可知,"卮"乃"鍪"之或体,故以"卮"正"豆",即以"鍪"正"豆"。"一豆酒"正应为"一鍪酒",亦合于"一尊""一卮""朋酒""卮酒"之文献通例。可谓文义正合,文献有征。然而,文献中为何不见"卮(鍪)"?王氏又云:"《诗》:'酌以大斗'则声借也。盖斗为量名,卮为酒器,各有专义,而声同可借,卮遂不见于经。"(《说文释例·同部重文》)此说甚是。石经中"酌以大斗"的"斗"正做"卮"(参见杨慎《升庵经说》),沿用了本字的写法。由此看来,不仅"豆酒"不必认为是"斗酒",即便典籍中之"斗酒"字,也多可以用"卮"破之。

至于"豆"乃"卮"之借,除"壹"字外,犹有别证。《玉篇》"斗"俗作"鬭";《集韵》"伹"同"偗"。"瞪"同"瞄"、"剅"同"剄"、"郖"同"鄾"、"誣"同"谮"、"短"同"嫭",皆为"豆""卮"相借之证。而"鍪""鉒""卮"同,则更具启发性。[1]

李家浩《谈古代的酒器鍪》证之以出土汉代实物:

《考工记》"一献而三酬则一豆矣""饮一豆酒"之"豆",《诗》"酌以大斗"之"斗",都是假借字。上古音"卮""豆""斗"都是侯部端组字,可以通用。上引王筠语已列举了"卮"与"豆"通用的例子,这里再补充"卮"与"斗"通用的例子。《诗·大雅·行苇》"酌以大斗"之"斗",马瑞辰《毛诗传笺通释》、王玉树《说文拈字》和高翔麟《说文字通》都说石经作"卮"。[2]于此可见,《考工记》"一献而三酬则一豆矣""饮一豆酒"之"斗"和《诗》"酌以大斗"之"斗",王筠认为皆为"卮",应该是可取的。出土的汉代文字资料和实物资料,似乎也可以证明这一点。

湖北云梦大坟头一号西汉墓木牍记有如下两种随葬物[3]:

二斗鈚一

一斗鉌一

跟该墓出土实物对照,"二斗鈚"指头箱30号铜蒜头扁壶,"一斗鉌"指头箱38号铜蒜头圆壶。铜蒜头扁壶实容4 000毫升,铜蒜头圆壶实容2 080毫升,正好是当时的二斗和一斗容量。湖北方面的学者根据杨桓《六书溯源》"鉌,俗鍪字"的说法,认为木牍的"鉌"即《说文》的"鍪"。[4]头箱38号铜蒜头圆壶无盖,与鍪的器形相合。"鉌"从"斗"声。《诗》以"斗"为"卮",犹木牍以"鉌"为"鍪",可以互证。[5]

王筠说鍪容一斗,是根据《考工记·梓人》。《考工记·梓人》原文是这样说的:

梓人为饮器,勺一升,爵一升,觚三升。献以爵而酬以觚[6],一献而三酬,则一豆矣。食一豆

---

① 刘乃叔《"豆酒"辨》,《文史》1999年第3辑。
② 马氏说见《毛诗传笺通释》(卷二五),891页,中华书局,1989年;王、高二氏说见《说文解字诂林》第15册6268页引。
③ 湖北省博物馆《云梦大坟头一号汉墓》,《文物资料丛刊》第4辑,图四八左、图版陆左。
④ 湖北省博物馆《云梦大坟头一号汉墓》,《文物资料丛刊》第4辑,图四一·9、图版五·1。
⑤ 容庚《汉金文录》4·9著录的成山宫铜渠鉌铭文的"鉌",用为"斗"。
⑥ 郑玄注:"觚当为觯。"

肉,饮一豆酒,中人之食也。

据此,"一献而三酬则一豆(盟)矣",等于说一升爵加三个三升觚则为一鎜。其容量与大坟头汉墓木牍所记鎜的容量和铜鎜的实际容量,正好相合。①

《梓人》: 凡试梓,饮器乡衡而实不尽,梓师罪之。

孙诒让:"凡试梓,饮器乡衡而实不尽,梓师罪之"者,罪,前经五篇并用古字作"辠",此作"罪"者,疑亦经记字例之异。梓师,盖司空之属,工官之一。古者器成,工官必考试之,以校其功事之巧拙,《管子·七法篇》云"成器不课不用,不试不藏"是也。试梓,犹《槀人》"试弓弩,以下上其食而诔赏之",亦工官之官计官刑也。

郑司农云:"梓师罪也。衡谓麋衡也。《曲礼》'执君器齐衡'。"玄谓衡,平也。平爵乡口酒不尽,则梓人之长罪于梓人焉。

孙诒让:注郑司农云"梓师罪也"者,贾疏云:"谓梓师身自得罪。后郑不从者,梓师是梓官之长,不可自受罪,故为梓师罪梓人也。"云"衡谓麋衡也"者,麋眉声近假借字。《士冠礼》"眉寿",注云:"古文为麋寿。"程瑶田云:"《王莽传》'盱衡厉色',注:'孟康曰:眉上曰衡。盱衡,举眉扬目也。'《蔡邕传》'扬衡含笑',注云:'衡,眉目之间也。'衡皆指眉言。乡衡者,饮酒之礼,必立而饮之②。《贾子·容经》经立之容,固颐正视,则不能昂其首矣。试举古铜爵饮之,爵之两柱适至于眉,首不昂而实自尽。衡指眉言,两柱向之,故得谓之乡衡也。由是观之,两柱盖节饮酒之容,而验梓人之巧拙也。"案:程说深得经恉。引《曲礼》"执君器齐衡"者,证麋衡之训。彼文云:"执天子之器上衡,国君则平衡。"郑彼注云:"衡谓与心平。"不为麋衡。先郑盖据礼家旧诂,故与后郑异。云"玄谓衡,平也"者,《地官·叙官》注同,此破先郑麋衡之义也。云"平爵乡口酒不尽"者,后郑意,凡饮酒,举爵乡口,平横而酒适尽,乃为中法。若平横而尚有余沥,则是制器不应程法,非良工也。程瑶田云:"后郑衡指爵之平,是衡而乡之,非乡衡也。"案:程说是也。云"则梓人之长罪于梓人焉"者,亦破先郑罪梓师之义也。《天官·叙官》注云"师犹长也",故梓人之官长谓之梓师,犹匠人之官长谓之匠师也。梓人制器不应程法,则长当施以罪。若《月令》"孟冬命工师效功,功有不当,必行其罪,以穷其情"是也。③

郑玄注释爵为饮酒器,程瑶田解释"两柱盖节饮酒之容,而验梓人之巧拙"。容庚《殷周礼乐器考论》认为程说"盖不尽然"④。李济《记小屯出土之青铜器》认为程说显然有些勉强:"这个解释,虽是根据实验,但却经不起重复实验;不但柱至流出口的距离,因器而异;眉与口的距离也是各人不一样;我们在何处找这种标准器与标准人咧?"⑤张文《爵、斝铜柱考——兼论禘礼中用尸、用器问题》也质疑程瑶田的说法"看似有理,其实也经不起推敲。

---

① 李家浩《谈古代的酒器鎜》,《古文字研究》第24辑。
② 引者按:"必立而饮之",程瑶田《考工创物小记·述爵兼订〈梓人〉"乡衡"注》原作"必头容直也"(阮元《清经解》第3册740页中下)。"必头容直"虽不如"必立而饮之"推论严密,但没有改为后者的必要。
③ 孙诒让《周礼正义》4093—4095/3385—3391页。
④ 《燕京学报》第1期,1927年。
⑤ 《中国考古学报》第三册,注释(69),1948年。又见《李济考古学论文选集》621页,文物出版社,1990年。

因为并非所有的爵柱都合乎拄眉的比例，其中有的拄眉，有的却拄眼，更有单柱或带锐角的异型柱，又将何拄"[1]。李济《殷墟出土青铜爵形器之研究：青铜爵形器的形制、花纹与铭文》认为爵是"转运饮料的一种饮具，将所盛之酒浆注入另一饮器中，或向下倾倒于地上。很显然地，流口的结构不是为了直接放置在人的口中而设计的。因为直接下倾的缘故，流的拉长和口向的下降，均有若干实际的需要"，"两柱实际的用处，最大的可能为支撑覆盖爵的疏布，即类似覆盖尊的'幂'。殷墟出土的斝，均同爵一样，口上立有双柱；其中有一件带有铜盖。斝同爵一样都是装酒的容器；酒装满了，尤其是在潮热的季节，口上若不加遮盖，显然是容易招致落尘，并吸引蝇虫及其他污秽之物。若把它用来供神，就有违'洁祀'之意；但早期的爵与斝，显然是没有盖的，所以用疏布做幂，借两柱以为支撑，自然是很实际的解决方法。到了晚期，有柱的斝也带盖了，这可以说明这一类的器物实际上是需要遮盖的"[2]。

容庚、张维持《殷周青铜器通论》认为爵是煮酒器："爵前人称为饮器，但据其形制，口上两柱，腹下三长足，实不便于饮。容庚所藏父乙爵（《颂斋》图一九），腹下有烟炱痕，可知是煮酒器。两柱当爵受热时，以便用手把持举起的，其作用和鼎的两直耳相近。"[3]朱凤瀚《中国青铜器综论》指出容庚论两柱作用的说法"还有商榷的余地"，因为"爵在殷代已有单柱的，并不适应把持，且由于均偏在流底部或流口交接处，拎起时器身亦不能平衡"，但认为"将爵释为饮酒器不如释为专用以温酒的器物更与其器形特征及底部受热的实况相合"，并证之以考古发掘出土的爵："二里头八区T22③：6爵、郑州白家庄M2出土的8号爵、郑州铭功路M4：1爵等，底部皆有烟炱。再者，郭宝钧曾指出'中商'（按：即指二里岗期）的爵'为温酒时出烟透焰，下腹一段，空为圈足，并透数圆孔以扬火'[4]。也是爵为受热温酒器之证。"[5]

马承源主编《中国青铜器》不赞同煮酒器说："少数爵之杯底确有烟炱痕，但绝大多数是没有烟炱痕迹的。且三足入火稍久，青铜中的锡即易析离而损坏器表，故多数纹饰精美之爵作为煮酒之温器的可能性不大。"[6]张文《爵、斝铜柱考——兼论禘礼中用尸、用器问题》赞同马承源的意见："从现存青铜器实物看，杯底附有烟炱痕的爵并非都有柱，而大多数没有烟炱痕的爵却都有柱，可见此论很有道理。"[7]杜金鹏《商周铜爵研究》赞同亦饮亦温说，理由如次："其一，早在二里头文化时期，一些陶爵即具有亦饮亦温之功用。其二，与铜爵配套的酒器如盉、斝、尊、瓿等，显然不及爵适合于作饮器。即便铜觚，从其整个发展历程来看，也远不及爵更适于作饮器。晚商以来的铜觚形体极其瘦高，大侈口，不宜作饮器。晚商以前的铜觚形体矮，口不甚侈，用作饮器也合适，但此时铜觚有封口并设敞流者，显然是斟酌器。铜爵、觚从商代中期到周初一直是最亲密的配套伙伴，其中铜觚的容量一般都大于配套铜爵的容量。显然，容量小者为饮器、容量大者为盛储斟灌器才合于情理。其三，酒器纵有万千，必以饮器为

[1] 《西部考古》第1辑，三秦出版社，2006年。
[2] 《古器物研究专刊》第2本，1966年。引自李济《殷墟青铜器研究》104—106页，上海人民出版社，2008年。
[3] 文物出版社，1984年，43页。
[4] 郭宝钧《商周铜器群综合研究》141页，文物出版社，1981年。
[5] 上海古籍出版社，2009年，157页。
[6] 上海古籍出版社，1988年，172页。
[7] 《西部考古》第1辑，三秦出版社，2006年。

本。铜爵从早到晚一直在酒器群中占据着基本和中心的位置。因此,铜爵为饮器当无疑义。另外,在铜爵的底部往往有烟炱,系火燎烟熏所致,说明铜爵又可兼做温酒之器。"[1]

吕琪昌《从青铜爵的来源探讨爵柱的功用》"根据对史前陶鬶的研究,认为爵、斝皆源于陶鬶,青铜爵的柱是其祖形——'原始管流陶鬶'的流根处的'鸡冠形装饰'的演化,代表了'鸟冠'的意义":"从早期青铜爵产生的过程来看,青铜爵的最近源头应该是王城岗及瓦店遗址出土的所谓'盉形器'的原始管流陶爵[2](图二)。该器的一个特点是'口与流间有一个鸡冠形装饰'。这个'鸡冠形装饰'的位置正在口、流交界处,与早期青铜爵双柱的位置完全相同,因此有相当程度的理由可以认为它们之间有关联。上海博物馆所藏二里头文化的青铜'管流爵'[3](图三,1),就在管流上方也有两个'方折形扉棱',它们与王城岗'盉形器'的'鸡冠形装饰'虽然位置略有差异,但形状却有些相似,应是代表同样的意义。另外我们在二里头文化较早(二期)的陶爵上,也发现一些特殊的装饰,似也与'鸡冠形装饰'有关,如二里头M43:3,'流根有齿状附加堆纹'[4],极似'鸡冠'(图四,1)。二里头M49:3,'口沿的前后吻尖加厚,左右各附一泥钉'[5],也有'鸟冠'的感觉(图四,2)。'鸡冠形装饰'在'盉形器'上显得特别突出,而在较早期的青铜'管流爵'及部分陶爵上也刻意保留,代表它的意义非比寻常,青铜爵的'双柱'有极大的可能就是从这个'鸡冠形装饰'逐步演变而来的。从过渡期'鸡冠形装饰'的多样性,说明当时人们对这个特征极为重视,运用各种不同的方法来处理。'双柱'可以说是经过了层层的历练,最后被一致采行的方式。"[6]

张文《爵、斝铜柱考——兼论禘礼中用尸、用器问题》提出对铜柱的看法:"爵(斝)是禘礼中专用于灌沃的酒器,其字其形都本于雀;汉人及宋人的说法并没有错,只是将两柱视为鸟耳的做法有些欠妥。从实物来看,最初的铜柱只是平顶菌状(钉状),后来柱顶逐渐变圆,就成了典型的菌柱。此后菌柱一直都是主流,且其他型式的铜柱均是菌柱的流变。因此,铜柱的原始含义

图二　盉形器(登封王城岗)

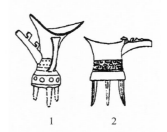

1　　　　　2

图三　青铜"管流爵"
1. 上海博物馆　2. 黄陂盘龙城

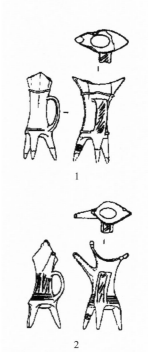

1

2

图四　二里头二期陶爵的鸡冠形装饰(偃师二里头)

① 《考古学报》1994年第3期。
② 河南省文物研究所等《登封王城岗与阳城》,文物出版社,1992年,54页。
③ 上海博物馆《认识古代青铜器》,艺术家出版社,1995年,52页。
④⑤ 中国社会科学院考古研究所二里头工作队《1987年偃师二里头遗址墓葬发掘简报》,《考古》1992年第4期。
⑥ 《华夏考古》2005年第3期。

无疑应以菌柱为标准。从字形看,甲骨文爵、斝二字之上部均有铜柱形状,写作'个'形,这当然只是对典型的圆顶菌柱的写实而非最初的柱形。根据钉柱的形态特点及爵、斝专用于裸礼这一事实来看,最初的铜柱应为花蒂之象形,其与裸之为'蒂'的含义一样,都是生殖的象征。有鉴于此,整个的A型菌柱都应是花蒂之形、生殖之意,而其他各型铜柱虽形态有变,但含义相通。要之,则以爵、斝这两种带有生殖符号(铜柱)的器物作为灌沃之尊,是顺理成章的。"①

2. 甗 甑 盆 鬲

《陶人》:陶人为甗,实二鬴,厚半寸,唇寸。盆,实二鬴,厚半寸,唇寸。甑,实二鬴,厚半寸,唇寸,七穿。

孙诒让:"陶人为甗,实二鬴"者……《说文·瓦部》云:"甗,甑也,一穿。"案:甗、盆、甑皆容一斛二斗八升。戴震云:"一穿为甗,七穿为甑,并上大下小。《尔雅》:'鬵谓之鬶。鬶,鍑也。'《方言》:'甑,自关而东谓之甗,或谓之鬶,或谓之酢馏。'郭注云:'凉州呼鍑。'甑甗亦通称也。甗上体如甑,无底,施箅其中,容十二斗八升;下体如鬲,以承水,升气于上。古铜甗有存者,大势类此。"又云:"《陶人》甗、盆、甑、鬲、庾,皆不言广崇之度,或修而敛,或庳而扈,不一定也。"诒让案:甑甗皆炊饪之器,故《少牢馈食礼》云:"雍人概鼎匕俎于雍爨,廪人概甗甑匕与敦于廪爨。"是甑甗以炊饭,与鼎以烹牲体同。甗盆甑并陶土为之,故《左传释文》引《字林》云:"甗,土甑也。"《左·成二年传》:"齐侯使宾媚人赂以纪甗玉磬。"杜注云:"甗,玉甑。"此别以玉为之,不为用器,非常制也。云"厚半寸,唇寸"者,《说文·肉部》云:"唇,口端也。"凡器垺厚半寸,其口唇周匝有缘,故厚倍之,陶瓶诸器并同。云"盆实二鬴"者,制详《牛人》疏。云"甑实二鬴"者,《说文·瓦部》云:"甑,甗也。"又《鬲部》云:"鬵,鬶属。"案:鬵甑字同。《一切经音义》引《字林》云:"甑,炊器也。"云"七穿"者,穿即谓空。《说文·穴部》云:"穿,通也。窐,空也。"《楚辞·离骚②》有"甑窐",王注云:"窐,土甑孔也。"此七穿,即所谓窐矣。

郑玄:量六斗四升曰鬴。郑司农云:"甗,无底甑。"

孙诒让:注云"量六斗四升曰鬴"者,《廪人》《桌氏》注并同。郑司农云"甗,无底甑"者,《少牢馈食礼》注云:"甗如甑,一空。"《说文》云:"甗,一穿。"《释名·释山》云:"甗,甑一孔也。"贾疏云:"对甑七穿,是有底甑。"段玉裁云:"无底,即所谓一穿。盖甑七穿而小,甗一穿而大;一穿而大,则无底矣。"③

---

① 《西部考古》第1辑,三秦出版社,2006年。
② 引者按:"离骚"当为"哀时命",见洪兴祖《楚辞补注》262页,中华书局,1983年。
③ 孙诒让《周礼正义》4065—4066/3367页。

《地官·牛人》：凡祭祀，共其牛牲之互与其盆簝，以待事。

郑玄：盆，所以盛血。

孙诒让：云"盆所以盛血"者，《陶人》云："盆实二鬴，厚半寸，唇寸。"《说文·皿部》云："盆，盎也。"《方言》云："瓬谓之盎，自关而西或谓之盆，或谓之盎。"《急就篇》"甀缶盆盎瓮罃壶"，颜注云："缶盆盎一类耳。缶即盎也，大腹而敛口。盆则敛底而宽上。"案：盆瓦器，故可以盛血。[1]

"陶人为甗，实二鬴，厚半寸，唇寸"，"鬲实五觳，厚半寸，唇寸"。容庚、张维持《殷周青铜器通论》认为这一记载"与实物不相合，可见《考工记》的作者已不知甗鬲的形制和大小了"："甗和鬲是一类。……从甗的形制可见是合甑鬲两器构成的，实是一种蒸炊器。下部的鬲用以置水，上部的甑用以置食物，下举火煮水，使蒸汽上腾蒸炊食物。两器之间是有十字孔或直线孔的横隔，各家图录对于横隔多不注意画出，惟《十六长乐堂古器款识》（三：四）和《十二家吉金图录》（居一二，契一○）有之。有上下一体铸成的，有上下两体可分合的"，"甗盛行于殷周，至汉代也和鬲一起绝迹。"其形制可分为"独体甗属"（辛甗）、"合体甗属"（两头兽纹甗）、"方甗属"（乃子作父辛方甗）三类。[2]

辛甗　　　　　　　　两头兽纹甗　　　　　　　　乃子作父辛方甗

朱凤瀚《中国青铜器综论》：

青铜甗从器形上看是上为大口盆形的甑下为鬲，合二器为一，在铭文中自名"献"或"䵼"。《说文解字》："䵼，鬲属。"又："甗，甑也，一曰穿也。""甑，甗也。"是甑、甗互训。陈梦家认为许慎是有意分别䵼、甗

① 孙诒让《周礼正义》1122/930—931页。
② 文物出版社，1984年，33—78页。

的，"以鬲为鬲属，以甗为甑，则鬲应是指整体"。而"又以甑、鬲互训，以为底下有穿，所以置箅以通蒸汽，故《玉篇》曰：'鬲，无底甑也。'"[1] 仅从《说文解字》在训诂上区分鬲、甑之用意，陈说可能是合乎许慎之义的。许氏所以将本是同音的同一种器物名字的不同写法（鬲已是形声字）要区分为两种器物，可能是与战国以后，由于灶具的改变，虽已未有下部为鬲形的甑、鬲联用的甗，但作为蒸具使用的甑，在饮食功用上仍同于甗，故仍可沿用"鬲（甗）"称。当时的文字已习惯将"鬲"写成"甗"，而当时的语言中，如《方言》所云"甑自关而东谓之甗"，亦已将甑称作甗了。许慎在字书中保留"鬲"字训，训为"鬲属"，是保存了甗的作为甑、鬲合一形制的炊器之本来的名实关系。但许氏所举"甑"的古文字形作下鬲上曾，为从鬲曾声的字，当是由于战国时期甑还多与鬲组合为统一的炊器，鬲、甑虽分体而相合仍可称甗。仅作为上部的甑在此时尚未必能称"甗"。甑专用以蒸炊，鬲盛水，甑置食物，下举火煮水，以蒸汽蒸炊食物，作用同于现在的蒸锅。西周以后甑底有一圆铜片，通称为箅，箅上有十字形孔或直线孔，以通蒸汽。出土的商甑中，多不见中间的箅，但甑腰内壁仍附有凸起的箅齿。所以如有铜箅，则可能是出土前已遗失。也可能是在使用时临时采用其他质料所作的箅放在上、下二体间。

朱凤瀚《中国青铜器综论》将商周甗的器形分为"联体甗（鬲与甑铸合在一起）"与"分体甗（鬲与甑两部分为分铸，可以分合）"两类，两类各含诸形式[2]。

贺美艳《以甗为例探析〈考工记〉中以用为本的设计思想》从出土甗的遗址中发现甗的用途主要有作为炊具、礼器和葬具三种："首先，甗的主要用途是作为炊具"，"其次，作为随葬礼器。在西周末期春秋初期，青铜甗常作为礼器，与鼎、簋、豆等青铜器组成成套随葬品。从商周到秦汉时期，甗在墓葬中作为礼器随葬的现象不断增多。甗从春秋战国时期开始，作为日用生活用品越来越罕见，而是作为明器在墓葬中常见，被视为身份与地位的象征"，"再次，作为葬具使用。在陕北地区的神木新华遗址中出土有作为瓮棺葬葬具的陶甗。"[3]

云梦睡虎地秦墓出土甑11件，据发掘报告：

敞口，折腹，平沿外折，平底，底部有3～19个小孔。分为二式：
Ⅰ式六件。折腹处近中部。如M7：21，素面，底部有19个小

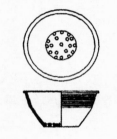

图八五　陶甑（M7：21，Ⅰ）

① 陈梦家《西周铜器断代》下编"西周铜器总论"之八"形制、花纹"，中华书局，2004年。
② 上海古籍出版社，2009年，117—122页。
③ 贺美艳《以甗为例探析〈考工记〉中以用为本的设计思想》，《艺术教育》2014年第3期。

孔。口径35.8、底径15.5、高17厘米（图八五）。又如M3：2，素面，底部有18个小孔。口径25.5、底径10、高11.5厘米（图八六）。

Ⅱ式五件。整器较Ⅰ式略矮胖，折腹处在上部。如M9：55，素面，底部有10个小孔。口径26.5、底径10、高11.5厘米（图八七）。又如M11：30，宽平沿，外折，折腹处有道凸弦纹，底部有11个小孔。口径24.5、底径11、高10.5厘米（图八八）。①

河南省文物考古研究所编《新郑郑国祭祀遗址》（上）第五章《东周文化》介绍战国晚期前段陶甑22件：A型：敞口，折沿，面微鼓，深腹内收，平底。分为四式：Ⅰ式，标本T652H2126：26，圆唇。底有四个对称橄榄状孔，中间有一圆形孔，器表上饰数道凹弦纹，下部素面。口径57厘米，通高31.2厘米，底径22.5厘米，壁厚0.90厘米（图三八一，1）。Ⅱ式，标本T652H2217：8，双唇。底有四个对称橄榄状孔，中间有一圆形孔，器表上饰数道凹弦纹，下部素面。口径53.7厘米，通高32.4厘米，底径25.2厘米，壁厚0.6厘米（图三八一，7）。Ⅲ式，标本T622H2094：45，圆唇。底有四个对称橄榄状孔，中间有一圆形孔，器表上饰数道凹弦纹，中部素面，腹下有一周圆形凹纹。口径47.4厘米，通高27.6厘米，底径21厘米，壁厚0.9厘米（图三八一，5）。Ⅳ式，标本T563H1863：85，底残失。素面。口径67厘米，残高39厘米，壁厚1厘米（图三八一，2）。B型，分为三式：Ⅰ式，标本T609②：13，方唇，折沿，上腹微弧，下腹内收，平底，底有14个圆形小孔。素面。口径33.6厘米，通高10.5厘米，底径17.7厘米，壁厚0.9厘米（图三八一，6）。Ⅱ式，标本T569H1751：15，方唇，折沿，斜腹内收，底残失，上腹少部分饰竖行中绳纹，下腹素面，留有刀削痕迹。口径24厘米，残高10.8厘米，壁厚0.9厘米（图三八一，3）。Ⅲ式，标本T616H1797：25，上部残失。下腹斜收，平底。底有数个圆形小孔。素面。残高5.1厘米，底径13.8厘米，壁厚0.9厘米（图三八一，4）。②

《陶人》说"甑七穿"，即甑底应有7孔。孙机《汉代物质文化资料图说》（增订本）指出："但如马王堆1号西汉墓所出陶甑只有5孔，云南大关岔河东汉崖墓所出陶甑只有6孔。陕西咸阳马泉西汉墓出土陶甑则有7孔（图85-4）。广州猛狗岗4002号、七星岗4033号、麻鹰岗5041号、武汉庙山11号等东汉墓所

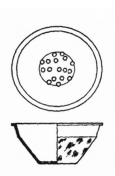

图八六　陶甑（M3：2，Ⅰ）

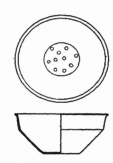

图八七　陶甑（M9：55，Ⅱ）

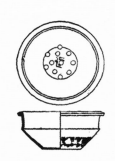

图八八　陶甑（M11：30，Ⅱ）

图85-4

① 《云梦睡虎地秦墓》编写组《云梦睡虎地秦墓》50—51页，文物出版社，1981年。
② 河南省文物考古研究所编《新郑郑国祭祀遗址》（上）551—552页，大象出版社，2006年。

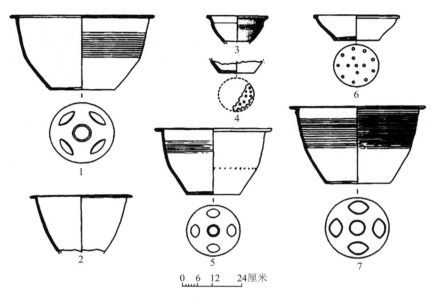

图三八一　战国晚期前段陶甑

1. A型Ⅰ式（T652H2126∶26）　2. A型Ⅳ式（T563H1863∶85）　3. B型Ⅱ式（T569H1751∶15）
4. B型Ⅲ式（T616H1797∶25）　5. A型Ⅲ式（T622H2094∶45）　6. B型Ⅰ式（T609②∶13）
7. A型Ⅱ式（T652H2217∶8）

出明器陶甑上也有孔①，但这种例子并不普遍，所以甑底七穿之制，汉代或已不再遵循。"②

《说文·瓦部》："甗，甑也，一穿。"《释名·释山》："甗，甑一孔也。"孙机《汉代物质文化资料图说》（增订本）指出："先秦的甗中常上下直通，使用时应在相当于甑底的束腰处置算。《急就篇》颜注：'算，蔽甑底者。'故所谓一孔之甑本应指甗上的甑而言。但汉甑也有1孔的……这样的甑亦应有算"，"由于甑底本有一孔与多孔的两种传统，所以汉甑之孔也有聚合于底心及满布于底面的两种格式。"③

关于"盆"，容庚、张维持《商周彝器通考》："盆可以为盛水、盛血、炊器、量器、乐器五者之用矣。其状敛口广唇，两耳无足（附图八八〇《曾大保盆》）。有敛颈侈口者（附图八八三《象首纹盆》）。"④朱凤瀚《中国青铜器综论》："春秋青铜器中有自名为盆者，其器形有二类，一类为敛口，口沿平折或斜张，方唇，束颈，折肩，肩较宽，腹壁斜收成平底，颈与上腹部间对生双耳，多作半环形，无足，或有盖。自名为盆者第二类，器身扁宽，敛口，平沿短而外侈，腹壁圆曲内收，平底双环耳，有盖，盖顶作圈足状，如息子行食盆、曾孟嬭谏飤盆⑤。上举二器分属息、曾二国，息在淮水流域，曾在汉、淮之间，将中原与东方称作敦之器称作盆，似属方言。"⑥

① 广州出土之例见《广州汉墓》上册，第326、417页。武汉出土之例见《武汉江夏区庙山东汉墓的清理》，《考古》2006年第5期。
② 上海古籍出版社，2008年，386页。
③ 上海古籍出版社，2008年，386页。
④ 《燕京学报》专号之十七，哈佛燕京学社出版，474页。
⑤ 曾昭岷、李瑾《河南三门峡上村岭出土的几件战国铜器》，《文物》1976年第3期。
⑥ 上海古籍出版社，2009年，315页。

附图八八〇　《曾大保盆》　　　　　　　　　附图八八三　《象首纹盆》

《陶人》：鬲，实五觳，厚半寸，唇寸。庾，实二觳，厚半寸，唇寸。

孙诒让："鬲实五觳"者，容六斗。《说文·鬲部》云："鬲，鼎属，实五觳。斗二升曰觳。象腹交文三足。"《角部》云："觳，盛觵卮也，读若斛。"《方言》云："镁，北燕朝鲜洌水之间或谓之錪，或谓之铏；江淮陈楚之间谓之锜，或谓之镂；吴扬之间谓之鬲。"郭注云："镁，釜属也。"戴震云："《尔雅》'鼎款足谓之鬲'，注云：'鼎曲脚也。'盖或以金、或以瓦为之，款而三足，无足则釜也。《毛诗传》'有足曰锜'。"案：戴说是也。鬲三足似鼎，故《史记·封禅书》说九鼎云，"其款足曰鬲"，《索隐》云："款者，空也，言其足中空也。"《汉书·郊祀志》"款足"作"空足"，颜注引苏林云："足中空不实者，名曰鬲。"是鬲形制与鼎同，但以空足为异，故许君云"鼎属"。其用主于烹饪，与釜镁同，故《方言》又以为镁之别名。古或范铜为之，《史记·滑稽传》云"铜历为棺"，《索隐》云："历即釜鬲也。"历，鬲之借字。此陶人所作，是瓦鬲。《说苑·反质篇》云："瓦鬲煮食。"《说文》载鬲字重文或作"䰜"，又引《汉令》作"㽇"，并从瓦是也。云"庾实二觳"者，容二斗四升。《左传·昭二十六年》孔疏云："庾，瓦器，今瓮之类。"案：形制未闻。

孙诒让：注郑司农云"觳读为斛"者，段玉裁云："似传写之误，'读为斛'，当本是'或为斛'。"案：段校是也。此叠异文，非改读其字也。云"觳受三斗"者，此据《瓬人》文，而读豆为斗，兼据今文礼家说，以此经之"庾"，为《聘礼记》之"逾"；又以庾实二觳为六斗，半之为一觳所受之数也。彼"逾"，《掌客》及古文《礼》并作"籔"。《聘礼记》说致礼之米云："十斗曰斛，十六斗曰籔，十籔曰秉。"注云："今文籔为逾。"彼《记》下文别释车米总数，云"二百四十斗"，又别说禾云"四秉曰筥，十筥曰稯"。此后郑本《记》三文，各不相冢也。《说文·禾部》秅字注，则以十籔之秉与四秉之秉为一，而云"《周礼》曰二百四十斤为秉，四秉曰筥，十筥曰稯"。此亦本《聘礼记》，而易二百四十斗之斗为斤，以为一秉之总数。许所据文义并与郑异。其称《周礼》者，谓此经旧师说，故《载师》疏引《五经异义》"古《周礼》说，一井出稯禾二百四十斛，秉刍二百四十斤，釜米十六斗"，与《说文》同。孔广森云："《异义》以稯禾为二百四十斛，是秉乃六斛矣。《礼》注云'今文籔为逾'。似今文不但逾籔字异，且唯作六斗曰逾，而无'十'字，逾即庾也。《记》'庾实二觳'，司农注'觳受三斗'。《梓人》'一献而三酬，则一豆矣'，后郑读豆为斗。盖《瓬人》'豆实三而成觳'，先郑亦读豆为斗，故云觳受三斗。觳斛同音，而所容实异。三斗为觳，六斗为庾，十庾为秉。秉六斛，二百四十斤。四十秉为稯，稯二百四十斛，九千六百斤也。"案：孔参综《异义》《说文》，证先郑此注縠受三斗，据今文《礼记》逾之半量，其说甚塙。盖先郑意，縠三豆，实为三斗，是庾即逾，六斗，鬴一斛五斗也。以此数递乘之，则一秉为庾者十，为斛者六，为縠者二十也。一稯为秉者四十，为庾者四百，为斛者二百四十，为縠者八百也。与《异义》所述古《周礼》说稯禾之数正合。盖此经旧师说本如是，故先郑从之。后郑《掌客》注及《聘礼记》注，则并从古文作"十六斗曰籔"，不从今文作"逾"，亦不从别本作"六斗曰逾"，而四秉自为禾把，与十籔之量不相冡。先郑及许依今文说，于义为短，故不从也。许君虽从今文《礼》义，然《说文·鬲部》又云"斗二升曰縠"，则许不以此"庾"为即今文《礼》之"逾"，其说与先郑又小异。云《聘礼记》有斛者，段玉裁云："谓十斗曰斛，此分别縠斛之解也，正经縠或为斛之误。"案：段说是也。先郑既不从或本作"斛"，又嫌縠斛音义易掍，故别白之云《聘礼记》有斛，明彼斛自为十斗之量，与此縠异。贾疏谓先郑说縠受三斗，或十斗，未达先郑之恉。云"玄谓豆实三而成縠，则縠受斗二升"者，后郑亦据《瓬人》文，而不破字。豆实四升，三之为斗二升。此破先郑縠受三斗之说。《说文》义同。云"庾读如'请益与之庾'之庾"者，《论语·雍也篇》文。后郑引之，明此庾即《论语》之庾也。依郑义，则庾容二斗四升。何氏《集解》引包咸云"十六斗曰庾"，非郑义也。戴震云："量之数，斗二升曰縠，十斗曰斛，二斗四升曰庾，十六斗曰籔。縠与斛，庾与籔，音声相迻，传注往往讹溷。《论语》'与之庾'，谓于釜外更益二斗四升。盖与之釜已当，所益不得过乎始与。包注'十六斗曰庾'，误也。"案：戴说是也。贾疏云："《小尔雅》'匊二升，二匊为豆，豆四升，四豆曰区，四区曰釜，二釜有半谓之庾'者，庾本有二法，故《聘礼记》云'十六斗曰籔'，注云：'今文籔为逾。'逾即庾也。按昭二十六年，申丰云'粟五千庾'，杜注云：'庾，十六斗。'以此知庾有二法也。"案：贾引《小尔雅·广量》文，与今本异。庾，《小尔雅》作"籔"，则仍与《聘礼记》字同。《礼》今文作"逾"，别本又作"六斗曰逾"。先郑以当此经之庾，彼逾字或亦作"庾"。《国语·鲁语》"缶米"，韦注云："缶，庾也。《聘礼》曰：十六斗曰庾。"是庾与逾声近字通，故包、杜及《史记集解》、《论语》皇疏引贾逵《左传》《国语》注、《周语》韦注引唐固说，并同。后郑但引《论语》以证此经之庾，而不引《聘礼记》，明今文《礼》之"逾"与此经及《论语》之"庾"异字异量，亦与先郑意不同。贾引《聘礼记》谓庾本有二法，与后郑恉实无当也。据《论语》，则釜庾二量迥殊。《小尔雅·广量》云"籔二有半谓之缶"，则缶为四斛，是缶与釜庾亦异。而《鲁语》"缶米"，许氏《异义》以缶为釜，韦注又以为即庾，则是掍釜庾缶为一量，殆必不可通。今文《礼》之逾字，又作"斛""匬"，详《弓人》疏。①

郑司农说"縠受三斗"，郑玄说"縠受斗二升"，《说文》说"斗二升曰縠"。丘光明、邱隆、杨平《中国科学技术史·度量衡卷》指出"汉时的一斗合今约2 000毫升已成定论，那么一縠当合今6 000毫升或2 400毫升，这是汉代人的说法。今得以縠为容量单位，有实测容积的器物三件，分述如下"：

序号1襄安君铜鍀：旧藏尊古斋，罗振玉《三代吉金文存》著录。今释刻铭为"襄安君其鉰弍甬"②，朱德熙早年对该器作过实测，得壶容水3 563毫升③，如按一縠合一斗二升折算，此器容量当合汉

---

① 孙诒让《周礼正义》4066—4069/3367—3370页。
② 引者注：朱德熙释"甬"为"縠"的假借字。
③ 朱德熙《战国记容铜器刻辞考释四篇》，《语言学论丛》第二辑，1958年。

制的二斗四升。用实测容积折合成今制,每觳仅合1 484.6毫升,与汉制相差甚多。

序号2廿二铜壶:1982年,江苏盱眙出土①,刻铭"廿二,重金絑壶,受一觳五絇。""絇",李家浩释作"鸲",同掬②,是觳的下一级单位,并根据"四掬谓之豆"(《小尔雅·广量》)和"豆实三而成觳"(《考工记》郑玄注),认为12掬合一觳。经发掘单位实测,该壶容3 000毫升,如按12鸲(掬)为一觳折算,当合17掬,一掬约合176.5毫升。

序号3铜壶:系1981年山西文水出土③,器有刻铭"永用札涅,受六觳四絇(鸲)",实测铜壶容11 200毫升,如也按12鸲进位一觳,那么一觳合1 474毫升。

从上述三件有实测资料的器物,我们对燕国的单位制和单位量值作如下的分析:

(1)鸲至觳的进位关系:李家浩据"四掬谓之豆"和"豆实三而成觳",认为鸲与掬通,故四掬进为一豆、三豆为一觳。但"豆"这个单位只见于姜氏齐国之公量,战国中、晚期田氏取代齐国后已改用10进位的升斗制了,故不当以三豆为觳之制用于燕国。

(2)按汉人的注释,一觳当合汉时的一斗二升。但从现有的几件以觳为单位的器物,折合成今制其中两件每升约合148毫升,另一件合176.5毫升。

(3)如按一觳合10升折算,序号1、序号3所得每觳之数为1 782毫升和1 750毫升,与韩赵等国每斗之值接近,但序号2每觳又合2 000毫升,仅以此三件器物,尚难确定燕国的容量制度。为能有一个可供参考的数据,目前暂取序号1、3两件之平均值即每觳合1 766毫升,每鸲约合177毫升。④

关于"鬲",容庚《殷周礼乐器考论》:"鬲为常饪之器,空足,则爨火而气易通也。其状可分为二类:一,形如鼎而款足者。或有四足者。二,形如鼎,款足而无耳者。有附耳者。"⑤容庚、张维持《殷周青铜器通论》:"鬲原为古代烹煮的土器,《汉书·郊祀志》谓鼎之'空足曰鬲',案足空则水下注而易热。发达于殷代,衰落于周末,绝迹于汉代。此为中国这时期的特殊产物。铜鬲的形制是承袭陶鬲的,因此殷代铜鬲与陶鬲形制略同,惟初期上有两耳,可能受鼎的影响。"⑥朱凤瀚《中国青铜器综论》:"典籍皆强调鬲空足为鬲与鼎相区别的特征。但鼎也有足不实者,所以仅据'空足'还不能准确地区分鼎和鬲。因为铜鬲是仿照陶鬲的形制略加变化制作的,所以苏秉琦先生对陶鬲的研究有助于我们更全面地理解鬲与鼎的形态特征与差别,在《陕西省宝鸡县斗鸡台发掘所得瓦鬲的研究》一文中讲道,鼎与鬲'两者的基本形制不同——鼎是由一个半球形器加上三足,鬲是腹足不分'⑦。这即是说,鼎可以明显地分为腹身与足两部分,而鬲的腹部与足则不好分开。"⑧

苏秉琦《瓦鬲的研究》以斗鸡台的发现为代表,将瓦鬲分为袋足类、联裆类、折足类、矮脚类四种类型,并分类说明四种类型的类征(指基本的形制特点)及其一般特征(指附带的

① 姚迁《江苏盱眙南窑庄楚汉文物窖藏》,《文物》1982年第11期。

② 李家浩《盱眙铜壶刍议》,《古文字研究》第12辑,1985年。

③ 胡振祺《山西文水县上贤村发现青铜器》,《文物》1984年第6期。

④ 丘光明、邱隆、杨平《中国科学技术史·度量衡卷》157—159页,科学出版社,2003年。

⑤ 《燕京学报》第1期,1927年。

⑥ 文物出版社,1984年,31页。

⑦ 收入《苏秉琦考古学论述选集》,文物出版社,1984年。

⑧ 上海古籍出版社,2009年,112—113页。

形制特点），分类说明（图一）^①。

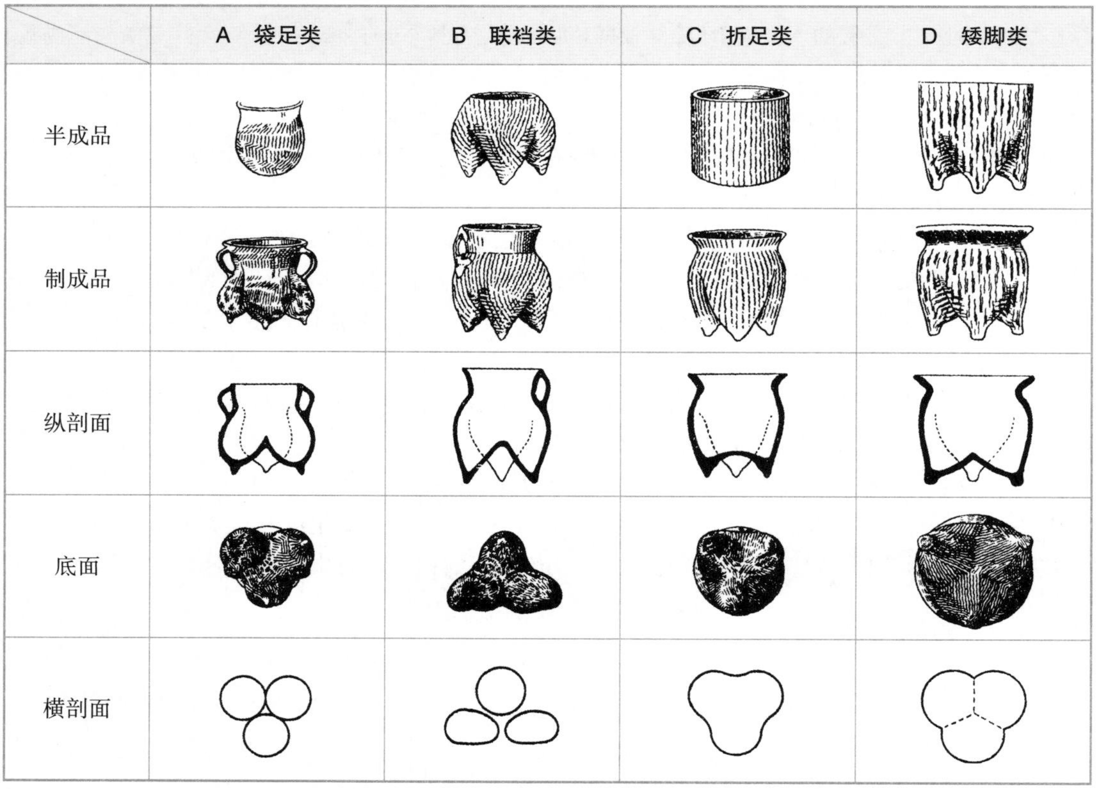

	A　袋足类	B　联裆类	C　折足类	D　矮脚类
半成品				
制成品				
纵剖面				
底面				
横剖面				

图一　瓦鬲的分类

3. 簋　豆

《㼉人》：㼉人为簋，实一觳，崇尺，厚半寸，唇寸，豆实三而成觳，崇尺。

孙诒让："㼉^②人为簋"者，㼉，《唐石经》误"瓬"，今据宋本正。㼉人，亦以事名工也。贾疏云："祭宗庙皆用木簋，今此用瓦簋，据祭天地及外神尚质。按《易·损卦·象》云：'二簋可用享。'四，以簋进黍稷于神也。初与二直，其四与五承上，故用二簋。四，《巽》爻也，《巽》为木。

---

① 苏秉琦《苏秉琦考古学论述选集》137—156页，文物出版社，1984年。
② 引者按：乙巳本、楚本并作"㼉"，王文锦本排印讹作"瓬"。

五，《离》爻也，《离》为日。日体圜，木器而圜，簋象也。是以知以木为之，宗庙用之。若祭天地外神等，则用瓦簋，故《郊特牲》云"扫地而祭，于其质也；器用陶匏，以象天地之性"，是其义也。"案：贾所述《易·损·象》义，据郑《易注》，亦见《诗·秦风·权舆》孔疏。簋之容与簠同，皆斗二升。贾《舍人》疏引郑《孝经注》谓簠受斗二升，则簠簋所容亦同，唯以方圆为异。戴震云："古者簠簋，或以金，或以木，或以瓦为之。'管仲镂簋'，金簋也，《尔雅》'金谓之镂'是也。饰以玉、饰以象者，木簋也。瓦簋不得有饰。"案：戴说是也。《韩非子·十过篇》云"尧饭于土簋"，土簋即此瓦簋也。《聘礼》又有"竹簋方"，则簋之别制，此与木簋、金簋，并非瓬人所为矣。唯瓬人为瓦簋，亦当兼为瓦簠。此不言者，文不具也。簋形制，互详《舍人》疏。云"豆实三而成觳，崇尺"者，戴震云："簠豆并崇尺，簠通盖高，豆下有柄，亦通盖高。《尔雅》'木豆谓之豆，瓦豆谓之登，竹豆谓之笾'，此瓦豆则登也。豆其通名。登与豆用同，宜濡物。若笾，惟宜干物。"黄以周云："崇尺，瓦豆之高也。《笾人》注云：'笾如豆，其容实皆四升。'贾疏以为笾豆皆面径尺，柄尺，依《汉礼器制度》知之。《管子·弟子职》'柄尺不跪'，注云：'豆有柄，长尺，则立而进之。'则柄尺实古制矣。《论语》皇疏云'柄尺二寸'，非也。柄即中央直者，《礼》谓之校；其下有跗，《礼》谓之镫。跗与口各高一寸，合柄一尺为高尺二寸。郑注《杂记》云'豆径尺'，疏云'面径尺'。以口高一寸，圆径一尺算之，已足容实四升。聂氏以为口圜径尺二寸，亦非也。"案：戴、黄说甚核。聂氏《三礼图》引梁正、阮谌《图》云："登盛湆，以瓦为之，受斗二升，口径尺二寸，足径尺八寸，高二尺四寸，小身，有盖，似豆状。"此所说形制过大，聂崇义已庰之矣。又贾疏谓"祭宗庙用木簋，祭天地外神用瓦簋"，则豆亦当然。《郊特牲》孔疏亦谓祭天之簠豆用瓦，与贾意同。陈祥道云："《诗·生民》述祀天之礼言'于豆于登'，则祀天有木豆矣。《少牢馈食礼》有瓦豆，则宗庙有瓦豆矣。"案：陈说是也。盖簠豆各有瓦木二种，内外祭祀宾客通用之。贾、孔强为区别，未足据也。又案："豆实三而成觳"，先郑盖读豆为斗，故《陶人》注云"觳受三斗"。若然，则簋亦容三斗，于量太侈。又斗用木，不用瓦，非瓬人所为，故后郑不从，此注亦不载，详《陶人》疏。豆形制，互详《醢人》疏。

郑玄：豆实四升。

孙诒让：云"豆实四升"者，《橐氏》注同。《广雅·释器》云："升四曰梪。"梪，木豆正字。凡豆，瓦木容实并同，详《醢人》疏。[1]

《地官·舍人》：凡祭祀，共簠簋，实之，陈之。

郑玄：方曰簠，圆曰簋，盛黍稷稻粱器。

孙诒让：注云"方曰簠，圆曰簋"者，贾疏云："皆据外而言。案《孝经》云：'陈其簠簋。'注云'内圆外方，受斗二升者'，直据簠而言。若簋则内方外圆。知皆受斗二升者，《瓬人》云'为簋实一觳，豆实三而成觳[2]'，豆四升，三豆则斗二升可知。但外神用瓦簋，宗庙当用木，故《易·损卦》云

---

① 孙诒让《周礼正义》4069—4071/3370—3372 页。
② 引者按：王文锦本"豆实三而成觳"误置于单引号外。

'二簠可用享'。《损卦》以《离巽》为之,《离》为日,日圆,《巽》为木,木器圆,簠象,是用木明矣。"案:贾所述《易·损·象》义,并据郑《易注》文。《论语·公冶长》皇疏说同。凡器方圆并当据外言,钱亦内方外圆,而称圜法,是其比例。贾说深得郑恉。《毛诗·小雅·伐木篇》"陈馈八簋",传云:"圆曰簋。"是郑所本。《说文·竹部》云:"簠,黍稷圜器也。簋,黍稷方器也。"又《淮南子·泰族训》许注云:"器方中者为簠,圆中者为簋也。"是许君谓外圆内方者为簠,内圆外方者为簋,其说与郑正相反,盖师说不同。陆氏《诗·秦风》释文从郑义,《礼·聘礼》释文从许义。案:《聘礼》"二竹簠方",注云:"器名也,以竹为之,状如簋而方。"依《礼经》文,则郑义塙不可易,否则竹簠不当特言"方",为殊异之词矣。聂氏《三礼图》引《旧图》云:"外方内圆曰簠,内方外圆曰簋,足高二寸,挫其四角,漆赤中。"此说亦与郑同。至《御览·器物部》引《三礼图》云:"簠受一升,下足高一寸,中方外圆,漆丹中,盖龟形,诸侯饰以象,天子玉饰,盛黍稷。簋受一升,足高一寸,中圆外方,挫其四角,漆赤中,盖亦龟形,其饰如簠,盛稻粱。"案:此所说簠簋形制,既违郑义,又与《礼经》不合,或《御览》传写互讹。其云"盖象龟形",尤误。戴震云:"《礼器》'管仲镂簋',注云:'镂簋,谓刻而饰之,大夫刻为龟尔。诸侯饰以象,天子饰以玉。'《杂记》注云:'镂簋,刻为虫兽也。'《少牢馈食礼》'敦皆南首',注云:'敦有首者,尊者器饰也。饰盖象龟。周之礼,饰器各以其类,龟有上下甲。'欧阳氏《集古录》曰:'簋容四升,其形外方内圜而小,似龟,有首,有尾,有足,有甲,有腹。今礼家作簋,亦外方内圜,而其形如桶,但于其盖刻为龟形,与真占簋不同。'案:《集古》所云'但于其盖刻为龟形'者,即《三礼图》之敦与簠簋,皆以盖顶作一小龟是也。其说始于《仪礼疏》误解郑注'饰盖象龟'一'盖'字。盖之为言意似未定之辞,无正文也。"案:戴说极精,足正旧说之误。胡培翚说同。云"盛黍稷稻粱器"者,《掌客》注云:"簠,稻粱器也。簋,黍稷器也。"此总言之,故云黍稷稻粱器。许说与郑亦相反,郑是也。详《掌客》疏。[1]

《瓬人》:凡陶瓬之事,髻垦薜暴不入市。

孙诒让:"凡陶瓬之事"者,以下通论陶人、瓬人制器之法式。云"髻垦薜暴不入市"者,垦,墾之讹体。叶钞《释文》作"狠"。案:当从《说文》作"狠",详后。不入市,谓不得鬻于市,即《司市》'伪饰之禁在工者'也。

郑玄:为其不任用也。郑司农云:"髻读为刮。薜读为药黄蘗之蘗。暴读为剥。"玄谓髻读为朗。垦,顿伤也。薜,破裂也。暴,坟起不坚致也。

孙诒让:注云"为其不任用也"者,明髻垦薜暴则器苦窳不任用,故不入市也。郑司农云"髻读为刮"者,髻刮声类同。《广雅·释诂》云:"刮,减也。"戴震云:"刮,削薄减下之义。"段玉裁云:"《说文》髻训絜发也,故大郑易为刮,谓器似刮刷然也。"云"薜读为药黄蘗之蘗"者,《说文·木部》云:"檗,黄木也。"段玉裁改"为"为"如","蘗"为"檗",云:"黄檗今俗作黄柏、黄蘗,皆误。读如檗者,拟其音也。今本作'读为',误。"案:段校是也。阮元说同。云"暴读

---

[1] 孙诒让《周礼正义》1477—1479/1229—1231 页。

为剥"者，《说文·刀部》云："剥，裂也。"《广雅·释诂》云："剥，落也。"先郑盖谓薛暴为破裂剥落之貌。云"玄谓髻读为朗"者，贾疏云："朗，谓器不正欹邪者也。"段玉裁云："郑君以为刮义未安，乃易髻为朗，谓器之折足者也。髻从昏声，昏从氏声，音厥，与月声近。"诒让案：《广雅·释诂》云："刖，危也。"朗刖音义同，谓器折足，则危而易覆也。云"垦，顿伤也"者，段玉裁云："垦，叶钞《释文》作'狠'。《集韵》入声四《觉》引《周礼》'髻狠薛暴'。案：《说文》本无垦字，《豕部》云：'狠，啮也。'凡啮物必用力顿伤，谓若倾跌器坺伤辟戾者也，颠顿而伤。"案：段校是也。《华严经音义》引《文字集略》云："顿，损也。"顿伤犹言损伤。云"薛，破裂也"者，谓烧成破裂有罅隙。《说文·缶部》云："缶烧善裂。"段玉裁云："薛读为《西京赋》'擘肌分理'之擘，谓器之罍者也。"案：段说是也。《西京赋》李注引此注薛作"擘"，盖李亦以薛擘为一字，故依赋文改之，非唐时有此异本也。云"暴，坟起不坚致也"者，段玉裁云："郑君以剥义与薛相乱，故从本字作暴，训坟起不坚致，与槁暴之暴略同。"案：段谓此暴与《轮人》注"蔽暴"字同是也。《一切经音义》引《声类》云："爆，煏起也。"《毛诗·大雅·柔桑》传"爆烁"，彼《释文》云："爆，本又作暴。"《尔雅·释畜》"犦牛"，郭注云："领上犦肤起。"彼《释文》述注作"襮"，引此注云："襮谓坟起，"盖暴、爆、犦、襮声义并略同。陆引此注作"襮"，则似依《尔雅》文改也。不坚致，谓不坚固密致，此即《檀弓》所谓"瓦不成沫"，孔疏谓瓦器无光泽是也。致即今缀字，详《大司徒》疏。

器中膊，豆中县。

孙诒让："器中膊"者，此记陶瓬范器之法也。器兼甗、盆、甑、鬲、庾、簋、豆诸器而言。云"豆中县"者，瓦器惟豆有柄，尤贵其直，故别出之。

郑玄：膊读如"车轮"之轮①。既拊泥而转其均，刌膊其侧，以儗度端其器也。县，县绳②，正豆之柄。

孙诒让：注云"膊读如车轮之轮"者，贾疏谓读从《杂记》"载以轮车"之轮，取③音同也。案：今《礼记》轮作"辁"，注云："辁读为轮，或作恮。"郑、贾并依所改字为读。恮与膊声类亦同。云"既拊泥而转其均，刌膊其侧，以儗度端其器也"者，《释文》云："刌本又作树。"案：刌树义同，详《大司寇》疏。贾疏云："按下文'膊崇四尺'，上下高四尺，无邪曲。转其均之时，当儗度此膊，宜与膊相应，其器则正也。"诒让案：'拊泥'即《总叙》之搏埴，谓拍泥为瓦器之坺也。谛审经文及注义，膊盖为长方之式，以度器使无邪曲者。注所谓均，则器范下圆物，以便旋转者。《管子·七法④篇》云"犹立朝夕于运均之上"，尹注云："均，陶者之输也。"即此。其字又作"钧"，《淮南子·原道训》云"钧旋毂转"，高注云："钧，陶人作瓦器法下转旋者。"《汉书·邹阳传》颜注引张晏云："陶家名模下

---

① 引者按：乙巳本、《周礼注疏》(阮元《十三经注疏》924页下)并作"辁"，王文锦本从楚本讹作"诠"。
② 引者按：《瓬人》"豆中县"之"县"是名词，即"县绳"，而"正豆之柄"是县绳所起的作用。汪少华本、王文锦本"县绳"下未逗开。
③ 引者按：乙巳本、贾疏(阮元《十三经注疏》924页下)并作"取"，王文锦本从楚本讹作"以"。
④ 引者按：乙巳本、《管子》(黎翔凤《管子校注》107页，中华书局，2004年)并作"法"，王文锦本从楚本讹作"政"。

圆转者为钧。"《贾谊传》注亦云:"今造瓦者,谓所转为钧。"综核诸说,盖均圆膊方,其制迥殊,相资而为用者。《庄子·骈拇①篇》云:"陶者曰,吾善治埴,圆者中规,方者中矩。"若然,均其中规之式,膊其中矩之式与?云"县,县绳,正豆之柄"者,与《舆人》"立者中县"义同,谓豆柄之直,与县绳之垂线相应也。贾疏云:"豆柄,中央把之者,长一尺,宜上下直与县绳相应,其豆则直。"案:豆柄谓校也。《祭统》云"夫人荐豆执校",注云:"校,豆中央直者也。"贾知柄长一尺者,据《弟子职》文,详前疏。

膊崇四尺,方四寸。

孙诒让:"膊崇四尺"者,谓尌膊之直度也。云"方四寸"者,膊平方之横径也。

郑玄:凡器高于此,则埻不能相胜;厚于此,则火气不交,因取式焉。

孙诒让:注云"凡器高于此,则埻不能相胜"者,《集韵》十五《灰》云:"埻,陶器范。"《说文·土部》云:"坏,一曰瓦未烧。"又《缶部》云:"罄,未烧瓦器也。读若筚莩同。"埻与坏罄音义并相近。不能相胜,谓太高过四尺,则未烧时易倾坏也。云"厚于此,则火气不交"者,谓厚过四寸。贾疏云:"谓埻不熟则易破者也。"云"因取式焉"者,郑意拊泥为埻,尌膊以儗度端正其器,因即视为高厚之度也。②

郑玄注"圆曰簋"。孙诒让指出《诗经·小雅·伐木》"陈馈八簋"毛传"圆曰簋""是郑所本",认为"依《礼经》文,则郑义塙不可易"。朱凤瀚《中国青铜器综论》:

古文献中讲到的这种簋在商周青铜器中指的是哪种器型,北宋后至清乾嘉以前治金石的学者没人能够知道。

黄绍箕作《说毁》③,进一步指出《诗经·小雅·伐木》中"陈馈八簋"与舅咎同韵,《说文解字》中"簋"的古文作匭、朹等形,《仪礼》簋古文作轨,皆是以九为声符。而毁读如九,马廐之廐即从之得声。由此可证簋、毁古读同④。他并指出:匡(按:即簋)皆方,毁皆圆,故郑说为是。……至此,青铜器中的毁即为古文献之簋遂大致明朗。

1935年容庚《商周彝器通考》出版,根据鼎、毁常同出一墓,以及器铭中鼎毁连言,皆与《周礼·秋官·掌客》以鼎簋组合相符,证明黄氏之说不可易。至此"毁之是簋而非敦,遂成定论"⑤。

簋的用途即如前引《周礼》郑注与《说文解字》所言,是盛放黍稷之用⑥,《仪礼·公食大夫礼》

---

① 引者按:"骈拇"当为"马蹄"(郭庆藩《庄子集释》330页,中华书局,1985年)。
② 孙诒让《周礼正义》4071—4074/3370—3374页。
③ 收入王懿荣辑《翠墨园语》一卷,《古学汇刊》第一集本。
④ 毁、簋、轨、九上古音声母均为见母,韵皆在幽部,黄氏之说可从。
⑤ 容庚、张维持《殷周青铜器通论》77—78页,文物出版社,1984年。
⑥ 《周礼·地官·舍人》:"凡祭祀,共簠簋。"郑玄注:"方曰簠,圆曰簋,盛黍稷稻粱器。"贾公彦疏:"簠盛稻粱,簋盛黍稷,故郑总云黍稷稻粱器也。"

"宰夫设黍稷六簋于俎西",亦可证其属于盛饭器。簋在使用时所以多与鼎组合,当亦是与用途相关,因鼎专用以烹饪或盛肉食,而簋则专以盛放黍稷食粮,《周礼·秋官·掌客》言"鼎簋十有二",郑玄注:"合言鼎簋者,牲与黍稷俱食之主也。"即此意。簋在西周中期后多有盖,罗福颐曾提出:"盖可以仰置,进饮食时从簋中取黍稷置盖内以就食。"[1]从考古发掘资料看,簋除了作盛食器外,似亦可作温食器。如1933年发掘的浚县辛村M29出土的一件簋(M29:4)"底外留烟痕",郭宝钧指出,此簋"似食器亦可兼作温饭之用"[2]。

朱凤瀚《中国青铜器综论》将簋较为习见的器形按腹部形制,大致分为五型:A型 鼓腹,最大径在下腹部,腹径由此向上渐内缩至颈部。分二亚型。标本 安阳小屯M188:R2069(图三·一六:1);B型 腹壁斜直或微曲,近底部圆曲内收,敞口,底近平。分三亚型。标本一 安阳小屯M5:848(图三·一七:1);C型 腹壁竖直或微弯曲,口沿外侈或平折,腹径大致相等,近腹底圆曲内收。分三式。标本 殷墟西区M355:6(图三·一八:1);D型 圆鼓腹,器身最大径在(或近于)腹中部,敛口,口沿内缩。分二亚型。标本 安阳小屯西地出土簋(图三·一九A:1)。[3]

关于"豆",容庚《殷周礼乐器考论》:"荐菹醢之器也……其形状可分为两类:一,腹圆,口敛,圈耳,有盖。二,腹浅入盘,无耳与盖。有四旁有瓠棱,中有穿镂者。二者虽异,然其有校(豆中央直者),有镫(豆下跗),可以执,则一也。"[4]容庚、张维持《殷周青铜器通论》:"豆原为盛黍稷的陶器……至周代始以豆为荐菹醢之器。《周礼》:'醢人,掌四豆之实。'遂成为食肉器。豆有以竹木制者,《说文》:'木豆谓之桓。'《尔雅》:'竹豆谓之笾,瓦豆谓之登。'""殷代的铜豆……其制似陶豆,腹浅如盘而口大,无盖无耳,多有铭。春秋战国时的形制或为腹圆口窄,有盖或耳。或为圆腹长校。豆类腹下的柄谓之校(豆中央直者),柄下的足谓之镫(豆下跗)。"分为"无耳豆属"(如图版肆叁83《鳞纹豆》)、"环耳豆属"(如图版肆肆86《环耳豆》)[5]。

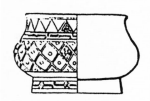

图三·一六:1

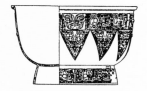

图三·一七:1

图三·一八:1

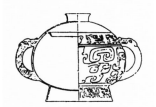

图三·一九A:1

① 梓溪《青铜器名辞解说》(三),《文物参考资料》1958年第3期。
② 郭宝钧《浚县辛村》,科学出版社,1964年。
③ 上海古籍出版社,2009年,124—133页。
④ 《燕京学报》第1期,1927年。
⑤ 文物出版社,1984年,40页。

图版肆叁 83《鳞纹豆》　　　　图版肆肆 86《环耳豆》

朱凤瀚《中国青铜器综论》将豆的主要器形分为"实柄豆""镂空柄豆"。"实柄豆"即柄部无穿镂，分为二型：A型无盖豆，均无耳，分为三亚型（标本一，安阳郭家庄东南M1：21，图三·二四：1）；B型有盖豆，器盖以子母扣相合，分三亚型（标本，辉县琉璃阁甲墓出土辉33号豆，图三·二四：9）。镂空柄豆即柄部穿镂作成各种花纹，器腹（即盘部）皆甚浅，平底，分为二型：A型无盖铺，分二亚型（标本，宝鸡茹家庄M1乙：38，图三·二五：1）；B型有盖铺（标本，故宫博物馆所藏鲁大司徒厚氏元铺，图三·二五：3）①。

图三·二四：1　　　图三·二四：9　　　图三·二五：1　　　图三·二五：3

"凡陶瓬之事，髻垦薜暴不入市"，孙敬明《郑注群经与先秦考古之意义》："这尤符合齐国的情形。齐国都城近郊的制陶手工业，有严格的管理制度，所制作的陶器上，大都钤印作者的款记，这些款记印文，有类今日的产品商标，作用是'物勒其名，以考其诚'。这也是东周时期的手工业产品的一种制度。考古发现，凡是进入市场的陶器，都是合格的产品。在制陶作坊所发现的陶器，有许多是器壁厚薄不等，形欠规整，或陶质粗劣，或有裂隙等等问题。这对于《考工记》以及郑注，均是极好的佐证。"②

汪庆正《中国陶瓷史研究中若干问题的探索》讨论《考工记》"陶"和"瓬"两个

---

① 上海古籍出版社，2009年，147—152页。
② 王振民主编《郑玄研究文集》191页，齐鲁书社，1999年。

工种：

一、《周礼·考工记》明确地把黏土制作工艺分成"陶"和"瓬"两个工种。

二、《周礼·考工记》指出陶人制作的是甗、盆、甑、鬲、庾这一类器物，而瓬人制作的是簋和豆那一类品种。

三、从商代考古资料来看，河南郑州铭功路的早商制陶作坊遗址，出土的残陶器都是盆、甑、簋、瓮之类的泥质陶[1]，而缺少鬲、甗之类炊器的夹砂陶。但在河北邢台地区的商代遗址中，却发现一个窑专门烧造鬲这类夹砂陶制品[2]。这说明，在制陶业中泥质陶和夹砂陶是两个不同的工种。陶人和瓬人是否即指这种分工呢？答案是否定的，因为第一，泥质陶和夹砂陶只是制陶业之中的分工，《考工记》所指的是"陶"和"瓬"的区别。第二，《考工记》所列陶人的产品中，既有泥质陶又有夹砂陶。

四、《周礼·考工记》一书属春秋、战国之际的作品，这时期原始瓷器已经比较普遍，而且仿青铜礼器的品种也逐渐增多，因此把黏土制品分为一般的陶器，主要指盆、甑、鬲、甗、庾之类的粗器，和另一类较精致的品种，即以簋、豆等为代表的原始瓷器是完全可能的。[3]

---

[1] 安金槐《郑州地区的古代遗存介绍》，《文物参考资料》1957年第8期。
[2] 云明等《邢台商代遗址中的陶窑》，《文物参考资料》1956年第12期。
[3] 汪庆正《中国陶瓷史研究中若干问题的探索》，《上海博物馆集刊——建馆三十周年特辑》（总第二期），上海古籍出版社，1983年。

九

农具

1. 镈

《总叙》: 粤无镈。

郑玄: 镈,田器。《诗》曰 "偫乃钱镈",又曰 "其镈斯捎"。

孙诒让: "粤无镈" 者,贾疏云: "粤即今之 '越' 字也。" 杜氏《春秋释例·土地名》云: "越,会稽山阴县。" 案: 今属浙江绍兴府。云 "镈,田器" 者,后 "镈器" 注亦云: "镈器,田器钱镈之属。"《说文·金部》云: "镈,一曰田器。"《释名·释用器》云: "镈,亦锄田器也。镈,迫也,迫地去草也。" 鎛与镈同。引《诗》云 "偫乃钱镈",又曰 "其镈斯捎" 者,《周颂·良耜》《臣工》二篇文。引之者,证镈为田器。偫,《毛诗》作 "庤",传云: "庤,具。钱,铫。镈,镈也。" 案: 偫庤字通。捎,《毛诗》作 "赵",传云: "赵,刺也。" 郑盖本《三家诗》,故与毛异。

粤之无镈也,非无镈也,夫人而能为镈也。

郑玄: 言其丈夫人人皆能作是器,不须国工。粤地涂泥,多草荟,而山出金锡,铸冶之业,田器尤多。

孙诒让: 注云 "言其丈夫人人皆能作是器,不须国工" 者,《说文·夫部》云: "夫,丈夫也。" 郑以此夫亦为丈夫,然其义迂曲,不可从。《释文》引沈重音扶,此六朝经师之异读,其义较郑为长。王引之云: "夫人犹众人也。郑以夫为丈夫,失之。《孝经疏》引刘瓛曰: '夫犹凡也。'《淮南子·本经篇》高注曰: '夫人,众人也。'《襄八年左传》曰 '夫人愁痛',《国语·周语》云 '夫人奉利而归诸上',杜、韦注曰: '夫人犹人人也。'" 案: 王说是也。此亦极言能为者多耳,非谓其人皆能作。《谷梁·成元年传》云: "夫甲非人人之所能为也。" 与此记义不相妨也。云 "粤地涂泥,多草荟,而山出金锡,铸冶之业,田器尤多" 者,《释文》引刘昌宗云: "荟,秽字之异者。" 案: 详《蝈氏》疏。《书·禹贡》扬州云: "厥土惟涂泥。"《职方氏》扬州 "其利金锡"。越地属扬州,故郑云然。[①]

《筑氏》: 段氏为镈器。

郑玄: 镈器,田器钱镈之属。

孙诒让: 云 "镈器,田器钱镈之属" 者,《总叙》注义同。《管子·轻重篇》云: "一农之事,必有一耜、一铫、一镰、一鎒、一椎、一铚,然后成为农。" 凡田器有金者,盖皆段氏为之,其金齐同也。[②]

---

① 孙诒让《周礼正义》3750—3752/3111—3114页。
② 孙诒让《周礼正义》375/3239页。

司徒甫

对于"镈"，杨宽《论西周时代的农业生产》认为："镈是一种耨具……镈是一种短柄宽刃的小锄头……是农夫伛偻着身体拿来除去田间的杂草的。"①

唐兰《中国古代社会使用青铜农器问题的初步研究》考证"镈是斧头，也就是锄头"："古代的镈究竟是什么样，从司徒镈自称为'甫'的一点可以搞清楚了。清末吴大澂得到这件铜器，比一般的铜斤长得多，器上有铭文'虢司土北征鬴甫'七个字，从字体和铭文内容来看，都应该是西周时代的。……甫字，如果下面再画一只手，就是'専'字，再加上金旁就是'镈'字了。这件器还没有脱离斧斤的形状，銎口是扁方的，下面是刃。……甫字声跟父字声相同，两个字常通用。……所以农器的'镈'，实际上就是'斧'。司徒北征到镐京而要用镈，是因为掘地的工具，在农业中需要，在行军时也同样是需要的……可见用在农器称为镈，用在工具称为斧，是一个来源。……在石器时代里，石斧是最重要的，到铜器时代里，把一般用具称为'斧'，而用在农业上的称为'镈'。在周以前，铲子、锄头、镢头等各种形式的农器，几乎都是由'镈'的形式发展而成的，所以就把农器的总名叫作'镈器'。"唐兰区别"镈"和"鎛"："'鎛'是从'镈'发展出来的，'镈'是掘土的工具，要深入土中，而'鎛'是薅草芸苗的工具。"②

李日华《周代农业生产工具名物考》则认为"镈决非耨，亦不是锄"而是"锹"："乐器中亦有所谓'镈'的。农具镈，可能与乐器有关系。同是取名为'镈'，必是乐器取名在先，田器取名在后，相反是不会有的。因为在奴隶社会中，乐器必被重视，田器必被轻视，断无被重视的乐器取名于被贱视的田器的道理。相反，就不然了。《国语·周语》：'细钧有钟无镈'，韦注：'镈，小钟。'镈也罢，钟也罢，都形似卷筒，所以取状一镈之半或者若干分之一造作田器，便即以'镈'为名而形成为形状瓦仰的田器镈了。今日北方南方都有所谓'锹'的，其基本的形状就是瓦仰，所以我说：今日的锹当即古代的镈。记得我还年少的时候，曾经见过一种铁锹，锹身很长，卷度亦大，近似竹筒的半片（一镈即一钟的半片）用以掘造将要用以树立圆柱的小井，尽可掘得很深而周围的土并不崩塌。这种的小井，若

① 《学术月刊》1957年2月号；引自杨宽《古史新探》7页，中华书局，1965年。
② 《故宫博物院院刊》总2期，1960年；引自《唐兰先生金文论集》451—453页，紫禁城出版社，1995年。图片引自唐兰《西周青铜器铭文分代史征》246页，中华书局，1986年。

不用此铁锹而改用其他工具，如锄（鉏）、铲（钱）之类，恐怕就不那么容易掘成功。"①

陈云鸾《释用——兼论镈、布、鎛、用为同物而异名》认为"古代的青铜乐器，多从青铜农具转变而来"，《诗经·周颂》"钱镈"为青铜农具，"反映西周时代有农具之镈而无乐器之镈"；《左传·襄公十一年》"镈磬"指青铜乐器，"因为东周时代铁器农具逐渐发展，使西周以来的青铜农具逐渐退伍，转变为青铜乐器；故西周时代青铜农具之镈或鎛，到东周时代转变为青铜乐器之镈或鎛。可证《左传》所载青铜乐器之镈必然是从西周时代青铜农具之镈转变而来"②。

陈振中《殷周的钱、镈——青铜铲和锄》"倾向于镈为锄一类工具的意见"，根据《诗·周颂·良耜》"其镈斯赵，以薅荼蓼"和《释名》"镈（即镈），迫也，迫地去草也"，"可知镈是一种除草的工具，而斧、斤、锛、镢一类工具是挖土或斫木的工具，不宜于除草，镈似不应属这类工具"；根据《广雅》"镈，锄也"、《释名》"镈，亦锄类也"、《国语·齐语》韦昭注"镈，锄也"、《周语》韦昭注"镈，锄属"，"可知镈即是锄，或锄一类的工具。它的特征是装有勾曲的柄，使用时由前方向怀内贴地平拉，这与铲从怀内向前贴地平推不同，虽然它们都是除草松土的工具"③。

陈振中《青铜生产工具与中国奴隶制社会经济》亦根据司徒镈及铭文立论："此器为空头条形端刃器，自铭为镈，为我们具体了解青铜镈的形制提供了例证。这类器物在殷周大量出土，考古学界一般以长大厚钝者定为镢，以短小銎部厚而双面刃者定为斧，单面刃者定为锛（即斤），銎部极薄者定为锄。器物的刃部形制大体类似，只是长短厚薄不同。装柄方式，斤、镢、锄皆同，只与斧有别；但它们都是最初的多用工具，总名曰斧的发展和分支。于此，可以看出镈源于斧而又有别于斧的具体关联，唐兰先生说：'农器的镈，实际上就是斧。'大概是在这个意义上讲的。"陈振中总结道："概言之，镈作为具体农具在西周晚期以前，是包括青铜镢和锄。西周晚期至东周，则主要指金属锄、耨器，包括青铜和铁的。……从文献材料看，西周晚期以后，镈产生了广义和狭义两个概念。前者是金属农具的总

自铭为镈

------

① 《学术研究》1963年第2期。
② 《中国社会经济史研究》1983年第1期。
③ 《考古》1982年第3期。

称。如《考工记》载：'段氏为镈器。'郑玄注：'镈器，田器，钱
镈之属。'后者主要指锄、耨等中耕除草工具，如《国语·周语》
'日服其镈'，韦昭注：'镈，锄属。'《国语·齐语》：'挟其枪、刈、
耨、镈。'韦昭注：'镈，锄也。'"①

孙机《汉代物质文化资料图说》（增订本）认为"中耕农具
中比耨再小些的是镈"："根据钱币学家的研究成果，早期空首
布的形制仿自农具之镈。所以河北满城、洛阳烧沟及巩县铁生
沟等地所出器形与空首布相近的铁器应为镈（3-11）。"②河南洛
阳共青路东段战国粮窖出土铁质大镈，发掘报告描述：长方銎，
圆肩，平刃，通长15.5厘米，身长10.8厘米，刃宽9.5、厚0.3厘米
（图2）；小镈，长方銎，圆肩，磨损呈弧刃，通长11.5厘米，身长
7.5厘米，刃宽7.2、厚0.3厘米（图1）③。

3-11

1   2

"中耕农具中比耨再小些的是镈"不错，但是钱币学家的
研究成果——王毓铨《我国古代货币的起源和发展》④，不仅遭
到唐兰《中国古代社会使用青铜农器问题的初步研究》详尽的
反驳："现代所谓空首布的形式，是农具的'钱'而不是'镈'，
那么，钱是铲子，是锹，而镈是斧头，也就是锄头，更加清楚
了。"⑤而且王毓铨对《我国古代货币的起源与发展》进行修订
并改名为《中国古代货币的起源和发展》再版，其"再版的话"
说本书"据以修改"的包括裘锡圭、吴荣曾二位先生"指出古钱
之名布源于布帛之布，不源于农具镈"⑥，不仅将裘、吴二位的论
说作为附录一和附录二，而且转录在第三章第二节"布钱的起
源"旧说之后，认为"这说法确实有理"⑦。陈振中《殷周的钱、
镈——青铜铲和锄》也指出："在东周，大量流行的一种铜质铸
币——钱布与殷代和西周时的农具钱（铲）形制基本相同，只
是体薄分量轻而已。特别是一种称作'空首布'的，上部的空
首即原来钱的銎，只不过稍细稍长一些，和钱（铲）的形状十分
近似。……最早的钱布，货币学家称为'原始布'的实际上就
是生产工具的青铜钱。这些'原始布'一般被认为是春秋以前
的货币，皆体大分量重……与生产工具的铜铲一般无二（图三，

① 中国社会科学出版社，2007年，126—127页。
② 上海古籍出版社，2008年，10—11页。
③ 洛阳博物馆《洛阳战国粮仓试掘纪略》，《文物》1981年第11期。
④ 科学出版社，1957年。
⑤ 《故宫博物院院刊》总2期，1960年；引自《唐兰先生金文论集》452页，紫禁城出版社，
1995年。
⑥ 《中国古代货币的起源和发展》，中国社会科学出版社，1990年。
⑦ 《中国古代货币的起源和发展》41—42页，中国社会科学出版社，1990年。

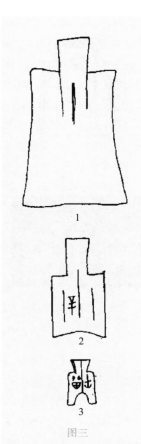

图三

1. 原始布(即铜铲)　2. 空首布
3. 战国钱布(采自王毓铨:《我
国古代货币的起源和发展》图版
伍,图版拾,4,图版拾玖,10)

1)。大概到西周后期……有意识地铸造一些体薄分量轻的青铜铲,投入流通领域,逐步形成了春秋时的'空首布'……'空首布'已不适于作生产工具,而形成为专职的货币了(图三,2)。……'空首布'又进一步向轻便美观的方向发展,到了战国时的钱布,变成了只略具铲形的小铜片……钱面多有一两道直线或斜线纹,并铸有地名或表示钱布数值的斩、半、两、十二朱等文字(图三,3)。"①

2. 耒　耜

《车人》: 车人为耒,庛长尺有一寸,中直者三尺有三寸,上句者二尺有二寸。

郑司农云:"耒谓耕耒。庛读为其颡有疵之疵,谓耒下岐。"玄谓庛读为棘刺之刺。刺,耒下前曲接耜。

孙诒让:"车人为耒"者,《山虞》云:"凡服耜,斩季材。"注云:"服,牝服,车之材。"是服耜同材,故耒车亦同工也。云"庛长尺有一寸"者,贾疏云:"庛者,耒之面。但耒状若今之曲柄枕也。面长尺有一寸。"云"中直者三尺有三寸,上句者二尺有二寸"者,贾疏云:"谓手执处为句,故谓庛上句下为中直者三尺有三寸也。人手执之处,二尺有二寸也。"诒让案:此明揉耒正身三节倨句之实度,合之为六尺六寸也。耒木锐其端为庛,以贯于金耜,又以绳束之以为固,《大戴礼记·夏小正》云"正月,农纬厥耒,纬,束也"是也。庛长尺有一寸,则耜之长当尺有一寸赢,乃足冒庛而与中直相接。又《匠人》云"耜广五寸",庛纳耜中,则广不及五寸。经于庛著长不著广,于耜著广不著长,可以参互求之。注郑司农云"耒谓耕耒"者,《说文·耒部》云:"耒,手耕曲木也。从木推丯。古垂作耒耜,以振民也。"耒即耒之省。《释名·释用器》云:"耒,来也,亦推也。"《急就篇》颜注云:"耒,今之曲把耒锹,其遗象也。"云"庛读为其颡有疵之疵"者,其颡有疵,《释文》作"颡疵"。段玉裁改"读为"为"读

① 《考古》1982年第3期。

如”云："读如颡疢，拟其音耳。"阮元云："此用《孟子》之'其颡有泚'也。"案：段校是也。云"谓耜下岐"者，贾疏云："古法，耒下惟一金，不岐头。先郑云'耜下岐'，据汉法而言。其实古者耜不岐头，是以后郑上注亦云'今之耜岐头'，明古者耜无岐头也。"诒让案：先郑言此者，以庇耜为一物也。凡耜庇，经典多通言，故《山虞》说耜亦用木材。《易·系辞》亦云："神农氏作，斫木为耜。揉木为耒。"《易释文》引京房云："耜，耒下钌也。耒，耜上句木也。"此即先郑所本。后郑以耜金庇木，二者异材，故不从。盖庇为木刺，耜为金刃，柄凿相函，故庇亦可通称耜；而此经所言耜与庇，实异物也。云"玄谓庇读为棘刺之刺"者，段玉裁云："后郑易此为刺，以其锐端，故谓刺，犹殳柲接铸者曰晋。"云"刺，耒下前曲接耜"者，此破先郑说也。《月令》注云："耒，耜上之曲也。耜，耒之金也。"《薙氏》《匠人》注亦以耜为耒金划土者。耒庇入耜者，前锐利，似矛戟之刺，故亦谓之刺，《庄子·胠箧篇》云"耒耨之所刺"是也。程瑶田云："据后郑注，则耜为耒头金，上有銎，以贯耒末。庇即耒末之木，以纳于耜銎者。先郑以庇为耜之或文。然观《匠人》'耜广''二耜'，两耜字皆不从庇，于《车人》不当异文，宜后郑以庇为耒木之末也。"案：程说是也。庇木耜金，后郑说最分析。耜盖金工段氏所为，非车人所掌也。庇为木刺，不可以刺土，故必沓金而后可以利发。《说文·耒部》云："耒，耜。"《木部》云："枱，耒端也。枱，耒端木也。重文鈶，或从金台声。"徐铉谓枱即耜字，故《土部》训坺为一臿土，即《匠人》二耜之伐，是其证也。枱即此经之庇也。许义盖与后郑同，故云耒端木。或体从金者，以其臿金所沓也。徐本《说文》枱字注挩"木"字，于义未备。今据《齐民要术》所引补正。《易林·晋》云"销锋铸耜"，亦与后郑义合。

自其庇，缘其外，以至于首，以弦其内，六尺有六寸[①]，与步相中也。

郑玄：缘外六尺有六寸，内弦六尺，应一步之尺数。耕者以田器为度宜。耜异材，不在数中。

孙诒让："自其庇，缘其外，以至于首"者，此明耒下曲庇及上句倨句之实度也。贾疏云："据庇下至手执句者，逐曲量之。"云"以弦其内"者，贾疏云："据庇面至句，下望直量之。内，谓上下两曲之内。"云"六尺有六寸，与步相中也"者，贾疏云："言逐曲之外，有六尺六寸，今弦其内，与步相中。中，应也，谓正与步相应。"注云"缘外六尺有六寸，内弦六尺，应一步之尺数"者，谓自耒首两曲，以至于庇端，循其外曲折度之，合共六尺有六寸。此即上文庇与中直、上句三节长度之和数也。然其外庇既为磬折，而其内耒首至中直三寸，三寸尽处又为曲弧形，以其有句曲之减，故直度少六寸。以弦触其两端，适得六尺。《小司徒》注引《司马法》云"六尺曰步"，此正与彼同。《吕氏春秋·任地篇》云："六尺之耜，所以成亩也。"耒耜对文则异，散文亦通。亩法广一步，吕云六尺成亩，即此经与步相中之的解也。此经之义，郑、贾所释自塙。近戴震所图，以"弦其内"为自耒首触庇端为直线，亦最为得解。盖

---

① 引者按："六尺有六寸"下点开为宜。由此郑注"缘外六尺有六寸，内弦六尺，应一步之尺数"、孙疏"谓自耒首两曲，以至于庇端，循其外曲折度之，合共六尺有六寸……"可知，"六尺有六寸"是说明"自其庇，缘其外，以至于首"的；"与步相中"（即六尺）是说明"以弦其内"的。这句话可认为是合叙（并提）手法的应用。但合叙并不意味着"六尺有六寸与步相中也"不必点断，相反，点断后可避免不必要的误解。

人扶耒推之，必前其庛，自人视之，前者为外，后者为内，首至庛[1]末，其空处正当耒内，故云以弦其内也。是外为本体之实数，内为空中之虚数。经文之"弦其内"正与"缘其外"对文，外为实度故曰缘，内为虚数故曰弦也。下文所谓倨句磬折者，止就庛与中直言之。至末上句处，揉曲为弧形，与车曲𫐉相似，戴图及汉武梁祠画像石刻神农所持耒耜，阮元所图今山东农人所用耒形咸如此，并无直句磬折之异也。又案：《司马法》"六尺为步"，古说并同。《史记·商君传》"治秦，步过六尺者罚"[2]，亦用其法。惟《王制》云："古者以周尺八尺为步，今以周尺六尺四寸为步。"此记人之异说，不为典要。此经六尺六寸之弧曲，得弦六尺，以为步法，与《吕览》文合，义证明塙，可无疑于古步法之异同矣。云"耕者以田器为度宜"者，据《匠人》云"野度以步"，此耒为田器，弦度适得六尺，故即以之度田野也。云"耜异材，不在数中"者，程瑶田云："庛为木材，故与耜金材异也。"贾疏云："未知耜金广狭，要耒自长六尺，不通耜，若量地时，脱去耜而用之也。"[3]

《匠人》：匠人为沟洫，耜广五寸，二耜为耦；一耦之伐，广尺，深尺，谓之𤰝，田首倍之，广二尺，深二尺，谓之遂。

孙诒让："耜广五寸"者，治沟洫必用耜，因假以起度也。详《车人》疏。云"二耜为耦，一耦之伐，广尺，深尺，谓之𤰝"者，以下并记井田五沟形体之法。井田沟洫之度，起数于垄中之𤰝。𤰝当为畖，《说文·〈部》云："〈，水小流也。《周礼》：'匠人为沟洫，耜广五寸，二耜为耦，一耦之伐，广尺深尺，谓之〈，倍〈谓之遂，倍遂曰沟，倍沟曰洫，倍洫曰〈〈。'重文畖，古文〈从田从川。畎，篆文〈，从田犬声。六畎为一晦。"并据此经为义。程瑶田云："沟洫广深之度起于𤰝。匠人之𤰝，此人力所为，在田间者。然田间之𤰝，又分为两事。一为百亩行列之𤰝，因以为田间水道之始。一夫百亩，中容万步。《司马法》'六尺为步，步百为亩'。然则亩广六尺，长六百尺，《诗》所谓'禾易长亩'是也。百亩则百𤰝矣。《信南山》之诗'我疆我理，南东其亩'，画其经界之谓疆，分其地理之谓理，是故疆之以成井，所以别夫也；理之以成亩，所以为𤰝也。亩有东南，故𤰝有纵横，顺其地理以分之而已矣。一为播种行列之𤰝，《汉书·食货志》：'赵过能为代田，一亩三𤰝，岁代处，故曰代田，古法也。后稷始为𤰝田，以二耜为耦，广尺深尺为𤰝，长终亩。一夫三百𤰝，而播种于𤰝中。苗生叶以上，稍耨垄草，因隤其土以附根苗。苗稍壮，每耨辄附根，比盛暑，垄尽而根深，能风与旱。'夫亩广六尺，𤰝广尺，亩三𤰝三尺也。余三尺与𤰝相间，分高下，所谓垄也。以长亩平百行，是为一夫百亩，广六百尺，其始也亩一垄，盖百亩百垄。今更为𤰝以播种，一夫三百𤰝，亦三百垄，耨垄草，隤其土于𤰝以附根，则𤰝浸高，垄浸下，屡隤屡附，垄与𤰝平，故曰垄尽而根深也。代田者，更易播种之名。𤰝播则垄休，岁岁易之，以𤰝处垄，以垄处𤰝，故曰岁代处也。与《周礼》'一易之田'意盖略同。是故代田之为𤰝也，亩三之；以𤰝度亩，则亩六𤰝。《说文》云'六畎为一晦'，犹云六尺为一亩也。"案：程说是也。凡𤰝包在亩广

---

[1]　引者按："庛"原讹"耒"，据孙校本改。与"首"对应的是"庛"，上文"自耒首两曲，以至于庛端""自耒首触庛端为直线"可证。

[2]　引者按：《史记·商君传》下当补"集解"。《史记·商君列传》集解引《新序》论曰："今卫鞅内刻刀锯之刑，外深铁钺之诛，步过六尺者有罚，弃灰于道者被刑。"见司马迁《史记》（中华书局，1963年）2238页。

[3]　孙诒让《周礼正义》4247—4250/3513—3514页。

六尺之中，每亩三畎三垄，垄以种禾，贾所谓“畎上种谷”是也。畎以通水，其在畔者，因以为亩之分畔，程所谓“百亩则百畎”是也。《汉志》代田之法，亦一亩三畎，而于畎中播种，隤土附根，则畎垄相平，不可辨识。此自是赵过之别法，与古田制不甚合。许亦就畎垄相平言之，故亩有六畎，盖即兼三垄数之也。又《吕氏春秋·任地篇》云：“六尺之耜，所以成亩也；其博八寸，所以成畎也。”高注云：“耜六尺，其刃广八寸。古者以耜耕，广六尺为亩，三尺为畖。”彼云耜六尺者，指末木言之，与《车人》文正同，而谓耜广八寸，以言一金之耜，则侈于此三寸，而以八寸成畎，则又朒于此二寸，盖秦法贵小畎也。但此经畎广一尺，合两耜乃能成之，而彼谓一耜成畎，于文例终不能合，不必强为牵傅。高诱谓畎三尺，则似据一晦三畎除垄言之，与《吕览》本文亦不相应也。

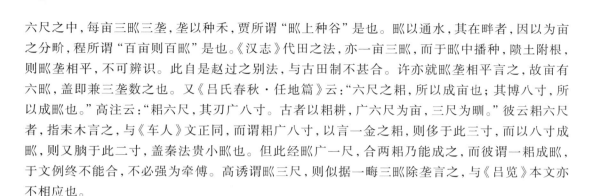

郑玄：古者耜一金，两人并发之。其垄中曰畎，畎上曰伐。伐之言发也。畎，畖也。今之耜，岐头两金，象古之耦也。田，一夫之所佃百亩，方百步地。遂者，夫间小沟，遂上亦有径。

孙诒让：注云“古者耜一金”者，贾疏云：“对后代耜岐头二金者。”诒让案：金即末端铁刃，著于庇者也。《庄子·天下篇》释文引《三苍》云：“耜，末头铁也。”《月令》注云：“耜者，末之金也，广五寸。”然则广五寸者，谓刃也。其庇木无五寸。云“两人并发之”者，《里宰》所谓“合耦”也。贾疏云：“二人各执一耜，若长沮、桀溺耦而耕，此二人虽共发一尺之地，未必并发。”案：贾说是也。耦耕，但二人同耕，不必同发径尺之地。此经一耦之伐，则依同发计之，欲见畎广深一尺，为五沟起数耳。云“其垄中曰畎”者，《庄子·让王》释文引司马彪云：“垄上曰亩，垄中曰畖。”程瑶田云：“垄，陂阪之名，平地中之高者也。有畎然后有垄，有垄斯有亩，故曰‘垄上曰亩’，两垄之中则畎，故曰‘垄中曰畎’也。《吕氏春秋·任地》曰：‘上地弃亩，下地弃畎。’又《辩土》曰：‘大畎小亩，地窃之也。’又曰：‘亩欲广以平，畎欲小以深。’皆言垄中之畎。”云“畎上曰伐”者，段玉裁校改“上”为“土”是也。《说文·土部》云：“坺，治也，一臿土谓之坺。”《耒部》云：“耕广五寸为伐，二伐为耦。”段氏云：“此与‘一耦之伐广尺深尺谓之畖’稍不同。郑云‘畖土曰伐’，伐即坺，依《考工记》，二耜之土为伐。许云一耜之土为伐，即一臿土谓之坺也。”案：段说是也。此本作“畎土曰伐”，校者不达，妄意其对上“垄中”为文，因误改土为“上”，不知垄中曰畎者，垄高而畎下，畎垄异地，故云垄中；此伐与畎同地，伐即发土以为畎，则不得云“畎上”明矣。贾疏释伐为“畖上高土”，盖所见本已误。伐即坺之借字，其字又通作“发”，俗作“墢”。《国语·周语》云“王耕一墢”，韦注云：“一墢，一耜之墢也，王无耦，以一耜耕。”宋庠《旧音》引贾逵本作“一发”，注云：“一发，一耜之发也。”耜广五寸，二耜为耦，一发深尺。盖王无耦，以一耜为发，诸侯以下有耦，则以二耜为发，故贾、许、韦三君并以一耜所发之土谓之发。坺与此经以二耜所发谓之伐，文异而义同。畎之度，起于二耜，伐之名不定于二耜也。云“伐之言发也”者，《续汉书·礼仪志》刘注引卢植《礼记注》亦云：“伐，发也。”盖伐土即发土。《说文·艸部》云：“茇，草根也。春草根枯，引之而发土为拨，故谓之茇。”伐发拨声义并同。云“畎，畖也”者，畎亦当为畖，《释文》云：“畖与畎同，古今字也。”案：依《说文》，则畎为古文，畖为小篆，实一字也。隶讹作畎。汉时通用畖字，故郑以畖释畎，亦以今字释古字也。云“今之耜，岐头两金，象古之耦也”者，贾疏云：“至后汉，用牛耕种，故有岐头两脚耜，今犹然也。”诒让案：《说文·木部》云：“耜，臿也。枱，两刃臿也。”枱即耜正字。畊与耜形制略同,但畊柄直,耜辕曲,故许通训相为畊也。汉时耜两金,盖与耒同。《尔雅·释乐》郭注谓"大磬形如犁錧",盖据晋时横县之磬言之,故有两岐。《尔雅·释文》云:"江南人呼犁刃为錧。"犁錧即指两金耜也。古耜为一金,故有耦耕;汉无耦耕,而耜为两金,故郑谓古耦耕之遗象。[1]

郑司农以庇耜为一物。郑玄以耜金庇木,二者异材,盖庇为木刺,耜为金刃,枘凿相函,故庇亦可通称耜;而此经所言耜与庇,实异物也。因此导致后代理解有异。

关于耒耜形制本身的主要不同意见,陈振中《青铜生产工具与中国奴隶制社会经济》第七章《耒、耜》综述道:

耒耜是不同的两件工具还是一件工具上不同的部位;耒耜是用脚踏而耕的直插式工具,还是横砍式的锄,抑或横拖式犁地的犁。现分别述议如下。

认为耒耜是一件工具上不同部位的意见有下列说法:

京房注《易·系辞》说:"耜,耒下耓木也。耒,耜上句木也。"《集韵》释:"耓,耒下木也。"《齐民要术·耕田》引许慎《说文》:"耒,手耕曲木也。耜,耒端木也。"颜师古注《汉书·食货志》:"耜,耒端木也。"《玉篇》亦云:"耜,耒端木也。"这是把耒的下端木质部分称作耜。

《庄子·天下篇》中《释文》引《三苍》说:"耜,耒头铁也。"郑玄注《礼记·月令篇》说:"耒,耜之上曲也。""耜者,耒之金也。"这是把耒下接插的金属刃套叫作耜。

戴侗《六书故》说:"耜,耒下刺土臿也。"韦昭注《国语·周语》:"入土曰耜,耜柄曰耒。"这是把耒的刺土部分叫作耜,不论这部分是木质的还是金属的。万国鼎先生是同意这种意见的,他说:"耒耜……这一农具的木柄叫作耒,刺土部分叫耜,合称耒耜。"[2]孙常叙先生和上述意见既相似,又不完全相同。把耜看作是耒耜这一件工具的一个部位,在这一点上他们是相同的。但孙认为耜"应该是被接插在耒体下部(从脚踏横木以迄尖端)的一个可以拆下来的配件。它是可以在耒下随时抽换的一个独自成形而依存于耒的农具组成部分"。他不同意把耒端入土部分笼统称作耜的意见。他还认为:接插在耒下的配件,最初是石制的。以后发展为木制和金属制的。这与把耜只看作是"耒端木"或"耒头铁""耒之金"的意见又有区别[3]。刘仙洲先生编的《中国古代农业机械发明史》和邹树文先生等所著的《中国农学史》(上册)第二章中,基本上同意孙常叙的意见。

---

[1] 孙诒让《周礼正义》4207—4211/3479—3482页。

[2] 万国鼎《耦耕考》,载《农业史研究集刊》第1册,科学出版社,1959年,第75页。

[3] 孙常叙《耒耜的起源及其发展》,上海人民出版社,1959年,第28页。引者按:孙常叙《耒耜的起原和发展》(《东北师范大学科学集刊(语言、文学)》1956年第2期):

照《考记》说来,耒有两种:"直庇"和"句庇"。可见古耒在改造成斜尖耒之后,是直尖和斜尖新旧两式并存的。直尖、斜尖的物理作用是不同的,因而"利推""利发"在接插上耜之后也是有分别的。

从尖头木棒发展来的,在木棒尖端上部附上踏脚横木的古耒,由于生产上的需要,为了提高掘土能力,在把直尖改造成斜尖之后,又有两种发展:一种是在耒下增加尖尖,把它改造成歧头的掘土农具,一种是在耒的下端接插上"锹头"把它改造成带柄叶形的掘土农具。前一种是"方",后一种是"耜"。"方"原来是一种双尖耒。"耜"是接插在耒下的木叶"锹头"。

耜不应该是耒的本体的下一部分。它应该是接插在耒的下部,(从踏脚横木以迄尖端),另一个可以拆下来脱离耒体的配件,可以在耒下随时抽换的一个独立成形而依存于耒的农具组成部分。

接插耒下的叶形"锹头"叫作"耜"。套在耜的尖端上所"施"的"金"——耜的金属套尖——耜冠也叫作"耜"。

把耒耜看成是两种不同的工具的主要有徐中舒、杨宽先生等。他们之间的意见也不完全一样。徐中舒先生认为:“耒与耜为两种不同的农具。耒下歧头,耒为仿效树枝式的农具;耜下一刃,耜为仿效木棒式的农具。”① 杨宽先生也同意耒和耜是不同的两种工具,但他认为:“歧头与否,并不是耒和耜的根本区别。早期的耒大都歧头,后期的耒就不一定是歧头的。例如《考工记》所记述耒的结构,就不是歧头的。早期的耜固然大多是单刃的,但到汉代就很多是歧头的,即所谓两刃臿。”他说:“耒和耜的基本区别,在于耒是尖刃的,耜是平刃的。”“‘歧头两金’的耜,是所谓两刃臿……都是长方形的平刃。”他还认为:“带有金属锋刃的耜叫钱。”②

以上意见在耒耜为一件工具,抑或为两种工具上有分歧,但大致都认为耒耜是用脚踏而耕的农具;而另一类意见则完全不同。唐人陆龟蒙的《耒耜经》说:“耒耜农书之言也,民之习通谓之犁。”元人王祯所撰《农书》卷十二画的耒耜图,也是一个横拖式的曲木杖古犁。近人陆懋德先生宗之,认为耒耜就是“最初用人拉,其后用牛拉”的犁。他说:“耒耜二字合言之,即是犁之总名;分言之,则耒即是犁柄,而耜即是犁之刃。”③

还有一种意见,认为耜是横击式的工具锄。如吕振羽先生据金文㠯字推测说:“视其形象,盖用作碎土锄草之具也;后世之‘锄’或即由其脱化。”④ 吴泽先生也据以推论说:“观其形制,就知与耒不同,㠯有长木柄,柄端装一宽阔近长方形的犁器,为横击式,不用足踏,用手举㠯,以之锄草翻浅土之用……即后来的锄头。”“㠯的犁器为铜,不是石……今㠯作㠯,不作㠯,环箭在边端,可见其㠯的形制与铜䦆、铜戈、铜钺相仿,是一有力的横击式的铜器耕具。”⑤ 㠯说只是或然之词,吴说虽口气比较肯定,但也只从字形分析,无更多的根据。《易·系辞下》说:“神农氏作,斫木为耜。”吴说只以铜锄为耜,与古文献所记相去甚远,因而和者甚寡。⑥

陈振中的上述综述比较全面,其他学者的意见大致不出其外,如朱芳圃《耒耜答问》认为“古代的耒耜就是现代的犁”,“耒耜实为一物”,其形制如下:

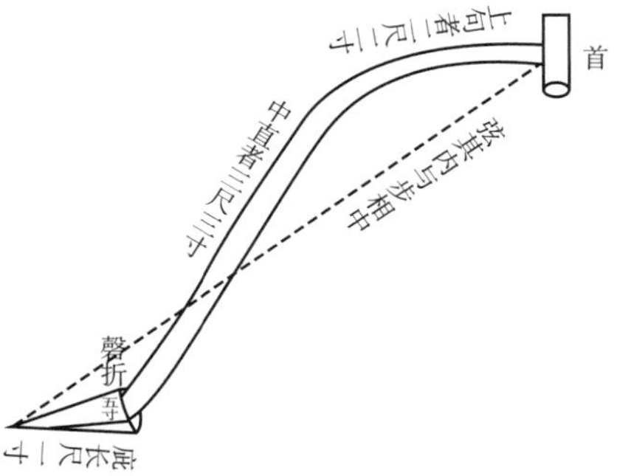

① 徐中舒《耒耜考》,《中研院历史语言研究所集刊》第二本一分。
② 杨宽《古史新探》,中华书局,1965年,第6、27、37—38页。
③ 陆懋德《中国发现之上古铜犁考》,《燕京学报》第37期,1949年。
④ 吕振羽《殷周时代的中国社会》,三联书店,1962年,第38页。
⑤ 吴泽《古代史》,棠棣出版社,1953年修订本,第116—117页。
⑥ 陈振中《青铜生产工具与中国奴隶制社会经济》208—210页,中国社会科学出版社,2007年。

"现代南方种水稻用的犁"，其形如下：

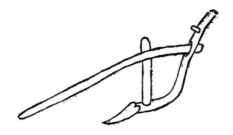

"这种形制显然是从耒耜演变来的。所以古代的耒耜就是现代的犁。"①

李日华《周代农业生产工具名物考》认为"耒"是犁、"耜"是起土开沟的工具："按耒即是犁。论发音，耒和犁都是'来'母音字。《考工记》之所谓耒，当即殷代卜辞中之所谓犁。同时，《考工记》之所谓庛，当即后世之所谓咀，即犁咀，意即犁头。今岭东一带称犁头为犁咀，当即本此。耒（犁）的作用在于推土和发土，而其关键在于犁咀（庛）和犁身（中直）之间所夹角度之大小；根据《考工记》当日经验总结所得，就以犁咀安装在152°左右者（当可称为磬折咀）为最适合于耕一般的土地；大于152°者称为直咀，适合于耕较为坚硬的土地；小于152°者称为句咀，适合于耕较为柔软的土地。犁咀是可以按照所耕土地性质安装成直一些或句一些的。耜是一种用以起土开沟的工具，与那用以推发泥土耕田的耒是不同的。后者的使用方式是只限于水平运动，而前者就近于垂直运动，是不能够混而为一的。"②

李崇州《试探〈考工记〉中"耒"的形制》认为："《易经·系辞》：'斫木为耜；揉木为耒。'西汉《京房注》：'耜，耒下钉也；耒，耜上句木也。'（《易经释文》）由此可知，所谓'耜'，即是装在'耒'下端的铲板叶，以木块削成（指纯木制耒耜）；所谓'耒'，则是装在'耜'上的木柄，用木棒曲成。其相互依附之关系，元代的王祯比喻得很恰当：'耒耜两物而一事，犹杵臼也。'（王祯《农书·耒耜门》）因此，古文献里管它称作耒耜。"③

对于上述不同的意见，陈振中的看法如下：

第一，我们同意耒、耜为两种不同工具的意见。因为把耒和耜看成是一件工具上的不同部位，主要是后人的注释，而比它早的，被注释的文献本身，并没有耒耜为一器的明确概念。这些文献大致有如下几种情况。

《礼记·月令篇》："天子亲载耒耜。""命农……修耒耜具田器。"《世本·作篇》："垂作耒耜"，"咎繇作耒耜"。《孟子·滕文公下》："农夫岂为其出疆而舍其耒耜哉。"《韩非子·说疑》："燕君子哙……又亲操耒耜。"《管子·蓄国》："耒耜械器，种穰粮食，毕取瞻于君。"这一类是耒耜连称，但大多是作为农器的概称，并不具体指某种工具，因此，很难说明必为一器。

① 《新史学通讯》1951年第3期。
② 《学术研究》1963年第2期。
③ 《农业考古》1995年第3期。

　　另一类如《考工记》所说："匠人为沟洫，耜广五寸，二耜为耦，一耦之伐，广尺深尺谓之甽。"这里着重要说明的是一耜所能发掘土方的大小，也很难得出耜这个工具就只有五寸宽一尺长而不包括它的柄部的结论。相反，在《吕氏春秋·任地篇》载："六尺之耜，所以成亩也；其博八寸，所以成甽也。"明确指出耜的长度为6尺，刃部宽为8寸，这里显然是说耜包括柄和耜刃两个部分的。清人阮福说："耜乃举其全体并木身金庢而言之也。"[①]这一点上是说对了。

　　第三类是耒耜分开说的。如《夏小正》："正月农纬厥耒。"《易·系辞下》："斫木为耜，揉木为耒。"《世本·作篇》："垂作耒，垂作耜。"[②]《诗·周颂·载芟》："有略其耜。"《良耜》："畟畟良耜。"《小雅·大田》："以我覃耜。"《国风·七月》："三之日于耜。"《韩非子·五蠹》："言耕者众，执耒者寡。"《吕氏春秋·上农》："野有寝耒。"《国语·周语》："民无悬耜。"《逸周书·考德》："破木为耜檋。"《庄子·胠箧》："罔罟之所布，耒耨之所刺。"《管子·轻重丁》："子使吾萌春有以傅耜。"《海王篇》："耕者必有一耒一耜一铫……"《礼记·礼运》："治国不以礼，犹无耜而耕也。"《祭义》："昔者天子为藉田千亩……躬秉耒。"《淮南子·氾论训》："古者剡耜而耕。"《主术训》："一人跖耒而耕。"《盐铁论·未通篇》："民跖耒而耕。"有这么多的文献，大部分是先秦文献都把耒、耜分别叙述，特别是《管子·海王篇》将耒、耜并举，更可证不是一器，而是两种工具。

　　第二，关于耒耜的不同意见，绝大多数都是从不同的角度，或从某个局部来谈耒、耜而产生的。由于耜是从耒发展而来的，从形制上看，耜的上部本与耒无异，如从分解耜的结构来说，自然会产生"入土曰耜，耜柄曰耒"一类的说法。又由于耜的发展是由木制、石制到金属制这样一个演变过程，如单从某一阶段看，自然会产生耜是"耒端木"或"耒之金""耒头铁"等不同的说法。春秋战国以后，耜又向犁和锸两个不同的方向发展，于是有人就以锸的形状说明耜，有人则以横拖式犁的形状说明耜。我们觉得这些意见各从不同的侧面反映了耒、耜这两种工具在发展过程中某个阶段上的真实，是有根据的。它为我们全面地、发展地了解耒、耜提供了宝贵的材料。正是依靠这些材料，才有可能如前面所做的，探索出耒、耜的基本形制和其发展过程。而这个结论反过来又帮助我们认识上述有些意见的各自不同程度的片面性。[③]

　　陈振中《青铜生产工具与中国奴隶制社会经济》第七章《耒、耜》认为耒、耜是两种不同工具：

　　在周代，文献对耒已有具体的记载。《周礼·考工记》说："车人为耒，庛长尺有一寸，中直者三尺有三寸，上句者二尺有二寸。自其庛，缘其外，以至于首，以弦其内，六尺有六寸，与步相中也。"郑司农注："庛，读为其颡有庛之庛，谓耒下岐。"《考工记》虽成书于东周，但所记多为古制，这里所记耒的尺寸，很可能是西周的或近似西周的形制。

　　根据上述有关耒的甲文、金文的字形，窖壁所留痕迹和文献记载，大致可以索寻出西周通行耒的近似形状和尺寸。耒的弯曲长度为6.6尺，首尾的直线长度为6尺，脚踏横木下的杈状歧头长1.1尺（图三九：5）。在大量使用方字形双齿耒的同时，力字形的单齿耒仍会有留存使用。

---

① 《皇清经解》第1384卷。

② 雷学淇校辑本。

③ 陈振中《青铜生产工具与中国奴隶制社会经济》210—211页，中国社会科学出版社，2007年。

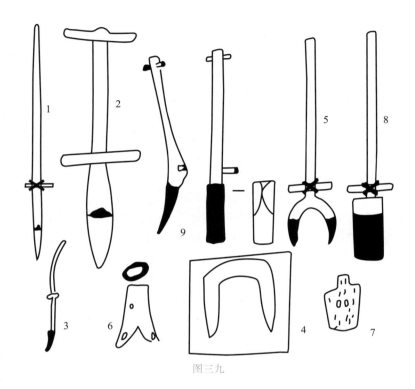

图三九

周代金属耜头的尺寸，《考工记》有具体记载："匠人为沟洫，耜广五寸，二耜为耦，一耦之发，广尺深尺谓之畎。"郑玄注："古者耜一金，两人并发之。" 这里告诉我们，耜的金属宽头的宽度为5寸，铲除两耜宽度的土方，可以挖成深宽各一尺的小水沟，则宽头部分的长度应为一尺稍多一些。关于周代耜的柄部形制及尺寸，郑玄在《考工记》"车人为耒，庛长尺有一寸……" 条下注："庛，读为棘刺之刺。刺，耒下前曲接耜。" 可知耜的柄部形制和尺寸与耒无异，只是在庛部接一个宽5寸、长1.1尺而于刃部施金的宽头就是了（图三九：8）。[1]

陈振中在先秦的青铜出土物中辨认耒、耜：

在已有的出土物中，以下器物可能是不同式的青铜耒尖或其刃套。

Ⅰ、双齿尖刃铜耒套。广东肇庆市北岭松山战国墓出12件，正面圆，背面平，器身稍有弯曲。上宽，下收成尖状刃，銎为半圆形。銎口斜，内遗留有朽木。长7.8厘米，上宽3.4厘米（图四一：2）。可能是原套在双齿耒的木杈上的，出土时木质部分已腐烂，只剩下铜耒尖，因而两件成对出土[2]。

Ⅱ、双齿扁刃铜耒套。长度接近或超过20厘米的空头条形短刃器，有极大可能是耒的刃套。例如河南安阳殷墟妇好墓所出的两件，长方形銎，近顶端中部两面各有一个不规则的小孔，正面有十字纹，单面刃。一件长21.1厘米，刃宽4.7厘米，銎径4.5×1.7厘米（图四一：3、4）。另外如河南安阳小屯村武官大墓出土的两件，皆长方形銎，两侧有钉孔，全器为斜面楔形。近銎端上下两面皆为饕餮

① 陈振中《青铜生产工具与中国奴隶制社会经济》184、190页，中国社会科学出版社，2007年。
② 广东省博物馆等《广东肇庆市北岭松山古墓发掘简报》，《文物》1974年第11期。

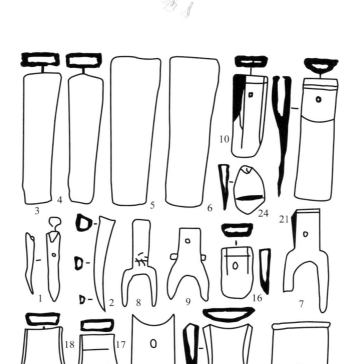

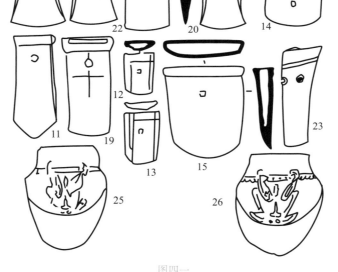

图四一

纹，两侧夔龙纹，饕餮下界一周，作三角垂花纹。一件长17.8厘米，刃宽4.5厘米，一件长17厘米，刃宽4厘米（图四一：5、6）。

Ⅲ、全铜质双齿尖刃耒。看到的实物只上海博物馆展出一件，通高16厘米，肩宽6厘米，有双齿，齿径2厘米，齿距4厘米。有柄銎，柄宽4.5厘米，高6厘米，一齿长10厘米，另一齿残长7厘米（图四一：7），定为西周耒。

在已知的出土物中有可能是耜刃套的有以下各类。

Ⅰ、空头条形端刃器耜刃套。如湖北黄陂县盘龙城商代遗址出土的一件（采07），长27.5厘米，

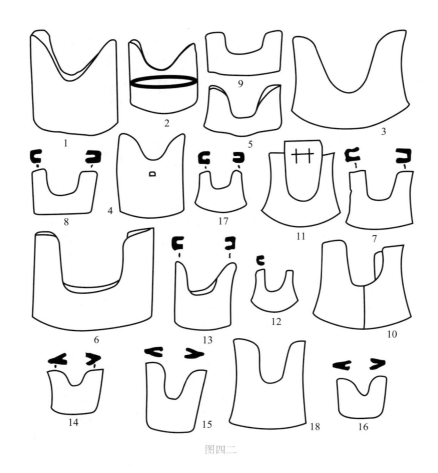

图四二

刃宽8.8厘米,銎部9.6×3.7厘米,梯形銎,单斜面刃(图四一:10)①。上海博物馆展出的一件,銎口有宽沿,面底皆有钉孔,尖圆刃。通长26.6厘米,刃部最宽处11.1厘米(图四一:11)。

　　Ⅱ、空头叶形耜刃套。已知的有5件,皆出四川地区。1959年于彭县竹瓦街遗址出两件,尖圆刃,后腰收成扁长銎,銎平面中部有长三角形空隙,銎的切面呈菱形,两件同形同大(銎部略有小异),全长34厘米,最宽处19.5厘米,銎宽13厘米(图四一:24)。1980年2月又于彭县竹瓦公社七大队四队出土3件,形制纹饰相同,大小相近。舌形刃,上部内收成肩,正面饰牛头纹,肩饰带状圈点纹,背面仅肩部有凸弦纹两条。标本14号,长16.2厘米,宽12.6厘米,銎宽8.4厘米(图四一:25、26)。

　　Ⅲ、凹字形耜刃套。河南罗山县蟒张乡天湖村商代墓葬出一件,器呈凹字形,宽身,下边为平刃,上为凹形銎槽,长10.5厘米,宽9.3厘米,銎部厚度1.9厘米(图四二:1)②。湖北圻春县毛家嘴西周遗址出土一件,形制与上件略同,高10.8厘米,宽10.5厘米,銎部厚度1.7厘米(图四二:2)③。湖南省湘潭县青山桥公社高屯大队老屋生产队西周窖藏出土一件,器呈凹字形,两腰微收,两刃角外撇,一面

①　湖北省博物馆《盘龙城商代二里冈期的青铜器》,《文物》1976年第2期。

②　信阳地区文管会《罗山县蟒张后李商周墓地第二次发掘简报》,《中原文物》1981年第4期。

③　中国科学院考古研究所湖北发掘队《湖北蕲春毛家咀西周木构建筑》,《考古》1962年第1期。

平，一面隆起，高6.8厘米，刃宽9.2厘米，銎部厚1.8厘米（图四二：3）[①]。湖南省博物馆征集的约9件，标本东（一）1∶1，锈蚀呈浅绿色，高和刃宽均为12.3厘米，銎口长9.8厘米，銎口宽2.1厘米，重365克（图四二：4），定为西周器物[②]。此型的东周遗物，多出江浙地区。1982年江苏溧水、句容各出一件，前者高7.2厘米，刃宽8.6厘米，有凹字形銎槽，銎部厚1.8厘米（图四二：6）[③]。1963年永嘉县永临区西岸大队出一件，器呈凹字形，高9厘米，刃宽9.7厘米，銎部厚2.2厘米。凹形銎槽内插入一铜质空头斧形器。后者高7.6厘米，銎口部4.8×2.5厘米。耜正面稍凹，背面稍弧，插入凹形銎中的斧形器亦然，两器衔接，凹弧和磨损程度相同（图四二：11），可证为长期插接使用，并非偶然放置[④]。

此上例举及提到的各式耜铜刃套即有52件，绝大多数宽度在9～12厘米之间，与《考工记》"耜广五寸"（约合11.5厘米）的记载略合。《考工记》所记是周代官工业生产耜的标准尺寸，在漫长的殷周历史中，全国广阔的地区里，耜的宽度不会完全一样。即令在同一朝代同一地区，耜也会有大小宽窄的不同。[⑤]

裘锡圭《甲骨文中所见的商代农业》赞同徐中舒"耒与耜为两种不同的农具"说："从形制上看，力、耜、㕛为一系，由木棒式原始农具发展而成；耒则应由树杈做的原始农具发展而成。徐中舒先生在《耒耜考》里说：'耒与耜为两种不同的农具。耒下歧头，耜下一刃，耒为仿效树枝式的农具，耜为仿效木棒式的农具。' 这是很精辟的见解，可惜晚近治农业史的同志往往不加注意。徐先生又认为'力象耒形'，'㕛' 为耜之象形字'，则是有问题的。"[⑥]

李崇州《试探〈考工记〉中"耒"的形制》认为：今本《考工记》中关于"耒"制作之所属工种及其形制的记载，由于简牍曾遭脱落错乱的缘故，已非古本《考工记》的本来面目：

原文应作："自其庛，缘其外，以至于首以弦，六尺有六寸；其内，与步相中也。"这与郑玄注："缘外六尺有六寸；内弦六尺，应一步之尺数。耕者以田器为度。宜耜异材，不在数中"的内容是相合的。可清楚地看出：自"庛"至"首"所形成的一个弧形的缘外长度（"庛"长加"中直者"与"上句者"之长）是"六尺有六寸"；其弦内的长度（"庛"与"首"之间相引的一条直线），则仅六尺。因与一步之数相等，故谓"与步相中也"。《吕氏春秋》所谓"六尺之耜"的长度，实系指耒耜的弦内长度而言。因"应一步之尺数"，所以"耕者以田器为度"。由郑玄的这一注释也确凿地证明：郑玄在注释《考工记》时，该书所记载"耒"形制之简牍，尚未因脱落而造成错乱；而今本《考工记》有关"耒"形制的错误记载，显然是在郑玄注释《考工记》之后所造成的了。

"庛"的详制又是怎样的呢？《考工记·车人》对"庛"的设计是在权衡耒耜使用于"坚""柔"土地的不同要求的基础上而构思的：（一）"坚地欲直庛""直庛则力推"。即在坚硬的土地上翻土，以直庛为宜（"庛"与木柄之"中直"部分作垂直状）。操作时，用双手握住耒柄之"上句"部分，足踏铲肩，由于手足一齐向下用力，力点便集中在一条垂直线上，遂有效地将"耜"推入土中（"耜"的斜

[①] 袁家荣《湘潭青山桥出土窖藏商周青铜器》，《湖南考古辑刊》第1辑。
[②] 高至喜《湖南商周农业考古概述》，《农业考古》1985年第2期。
[③] 镇江博物馆库藏品。
[④] 徐定水《浙江永嘉出土的一批青铜器简介》，《文物》1980年第8期。
[⑤] 陈振中《青铜生产工具与中国奴隶制社会经济》192—201页，中国社会科学出版社，2007年。
[⑥] 《农史研究》第8辑，农业出版社，1989年；引自《裘锡圭学术文集》第一卷243页，复旦大学出版社，2012年。

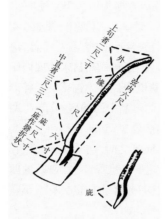

图1　《考工记·车人》所记
载之耒（包括耜）复原图

图2　战国秦汉之际的方裤铲
采自李文信《古代的铁农具》
（《文物参考资料》1954年第9期
81页），木柄复原部分略有修改

图3　《析城郑氏家塾重校三
礼图》第十八页之耒耜复原
图（《四部丛刊三编》）。

度约在十五度左右）。然后扳动"耒"的"上句"部分，即可把泥土掘起并翻弄过来。（二）"柔地欲句庛""句庛则力发"。在松软泥土里翻土，以"句庛"为宜（即用弯曲的"庛"）。操作时，由于"句庛"是把"庛"向下弯曲成约九十度左右的样子，只要木柄安放在左腿的上股作支点，左右手与左腿上股同时向下斜方向用力，便很容易地将"耜"推入土中。然后仍以左腿上股为支点，左手向下压"耒"柄之"上句"部分，右手向上抬升"耒"柄之"中直"部分，由于动力臂大于阻力臂的杠杆作用，也能轻而易举地把土掘起并翻弄过来。（三）"倨句磬折""谓之中地"。为了使耒耜在坚地、柔地上翻土都适宜，那就必须采取折中的办法：即将"庛"向下曲折成磬折状（作钝角形），因此角上接"中直"部分一条"边"的斜度不大（约四十五度），而表现在"庛"尖上的另一条"边"，则是平直的，所以无论在哪一类土地上翻土，都能得心应手（图1）。战国秦汉之际出土的一种方裤铲，它的木柄上的"庛"，应属此制（图2）。即我们今天所使用的一般铁铲的木柄，还不是仍沿用这种"庛"的形制吗？

　　郑玄对《考工记·车人》所记载的耒"庛"虽认为它是木柄的一个组成部分，但在形制的考证上却也存在较严重的错误：他误认为磬折状的"庛"是直线的，是"其庛与直者如磬折"（《考工记·车人·郑玄注》）。即"庛"直接向前曲折而与"中直"部分构成钝角之势。这一错误解释对后世的影响是以讹传讹：成书于五代的《析城郑氏家塾重校三礼图》、元代王祯的《农书》、清代戴震的《考工记图》以至今人万国鼎的《耦耕考》[1]，等等，基本上都是因循此说，一脉相承。所以他们所绘制的耒耜示意图，尽管在细节上互有差异，但就其基本形制而言，如出一辙（图3、4、5、6）。照此解释，只要我们亲身试验一下就会明白。因"庛"与木柄之"中直"部分两者的力点不是在一条垂直线上。在推"耜"入土时，主要靠脚踏铲肩所施加的压力；在发土时，原来扶着"上句"部分的双手势必再移到"中直"部分进行扳动。而且因重点的位置已处于"中直"部分杠杆的水平线之上的角度，就显得格外吃力。还由于磬折处的顶点又被推到了支点的位置，而力点又恰恰集中在"中直"部分的末端，所以"庛"在翻土时也是极易折断的。所有这些，这怎能符合"倨句磬折""谓之中地"的说法呢？因此，这一错误说法也必须予以纠正。

　　综上所述，可知《考工记·车人》所记载的"耒"，不仅确系耒耜的木柄部分，而且在形制的设计上已摆脱了远古"耒"的单一或笨拙的造

———————————

[1]《农史集刊》1959年第1册。

型,它巧妙地利用力学原理一举而完成了一物两用的双重任务。这是我国古劳动人民在长期农业生产实践中的一项了不起的创造。①

李根蟠《先秦农器名实考辨——兼谈金属农具代替石木骨蚌农具的过程》认为"耒和耜原是两种不同的农具,其区别在于前者是尖锥式的(单尖或双尖),后者是平叶式的",解释了汉魏学者把耒耜解释为同一种农具互相依存的两个部件的缘由:

他们的意见反映了耜在其发展途程中某一阶段的情况。由于用石器制作木耜的困难,原始的木耜并没有获得很大的发展,人们很快就用石片、蚌片、骨片代替原始木耜的平叶式刃部,木耜于是由纯木质的整体性的工具演变为木柄加上其他质料的耜冠的复合工具。考古发现许多所谓石铲、石耜、骨铲、骨耜、蚌铲等实际上都是作为复合工具的一个部件的耜冠,也就是孙常叙先生所讲的"锹头"。后来又出现了象河姆渡遗址第二文化层那样的木耜冠。这种"木耜"平面近长方形,单面平刃,刃部较宽,耜面中间有一浅槽,两侧有两个长方形孔,显然是安木柄设计的②。进入青铜时代以后,由于加工工具的进步,木质的耒和耜在相当时期内有一个较大的发展,而在木耜的刃部加上金属刃套的也逐渐增加。当耜发展为复合工具以后,逐渐习惯把入土的耜冠部分称为耜,后来又把金属刃套称为耜。《国语·周语》"野无奥草,民无悬耜",韦昭注:"入土曰耜",反映了这种情况。这样一来,由于耜柄的形状和耒差不多,自然也可以称为耒了。"耒,耜之上曲也""耜者耒之金"(《周礼·月令》郑玄注),"耜,耒头铁也"(《庄子·天下》释文引《三苍》)、"耜,耒下刺土锸也"(《六书故》)等等的说法,大概由此而起。古文献中言耜者,或专指刃部,或概称全器,在后一种场合下,耜也可以称为耒耜。《诗经·豳风·七月》"三之日于耜",毛传:"始修耒耜也。"《司礼·山虞》贾疏:"耜谓耒耜。"即其例。

这样说来,耒和耜称谓的分合变化是与其形制和质料的发展变化相关的。商代虽已出现青铜农器,但大抵仍以木质耒、耜为主,到了周代,《诗》中言耜者往往冠以表示锋利的形容词,反映了青铜耜的增加,春秋战国铁农具推广,这时耒耜连言的也多起来了。但即使这时耒耜并未完全合一。《管子·海王》:"耕者必有一耒一耜一铫",耒耜合一,殆在秦汉。③

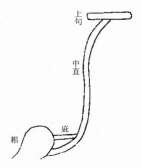

图4　王祯绘制之耒耜复原图

采自《农书》上册152页(《万有文库》)

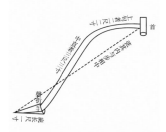

图5　戴震绘制之耒耜复原图

采自《考工记图》121页(商务印书馆1955年排印)。其中表示弦内长度之虚线,实际上是画出了弦的范围

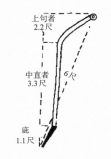

图6　万国鼎绘制之耒耜复原图

采自万著《耦耕考》(《农史研究集刊》1959年第一册)。其中表示弦内长度之虚线,实际上亦画出了弦的范围

---

① 李崇州《试探〈考工记〉中"耒"的形制》,《农业考古》1995年第3期。
② 《考古学报》1978年第1期。
③ 李根蟠《先秦农器名实考辨——兼谈金属农具代替石木骨蚌农具的过程》,《农业考古》1986年第2期。

十

度量衡

1. 鬴

《槀氏》: 槀氏为量,改煎金锡则不耗。

孙诒让:"槀氏为量"者,槀,名义未详,疑当从故书作"历氏"。历与《陶人》"鬲实五觳"之鬲声通字通。《说文·鬲部》云:"鬲,《汉令》作𪌦。"《史记·滑稽传》"铜历为棺",《索隐》云:"历即釜鬲也。"嘉量之鬴,亦鬲之类,故工以为名也。《大行人》注云:"量,豆、区、釜也。"《汉书·律历志》云:"量者,龠、合、升、斗、斛也,所以量多少也。本起于黄钟之龠,用度数审其容,以子谷秬黍中者千有二百实其龠,以井水准其概。合龠为合,十合为升,十升为斗,十斗为斛,而五量嘉矣。"案:《汉志》嘉量无鬴、豆,此经又无合、斗、斛,皆文不具也。①

《槀氏》: 量之以为鬴,深尺,内方尺而圜其外,其实一鬴。

孙诒让:"量之以为鬴"者,记嘉量容实之数也。贾疏云:"谓量金汁入模,以为六斗四升之鬴。"云"深尺,内方尺而圜其外"者,贾疏云:"谓向下方尺者,鬴之形向上谓之外②。遶口圜之,又厚之以为唇。"案:嘉量形制,郑、贾所释未明。而鬴豆课算幂积之法,自汉以来,众说纷异。《九章算术·方田篇》刘注云:"晋武库中,汉时王莽作铜斛,其铭曰'律嘉量'。斛内方尺而圜其外,庣旁九厘五毫,幂一百六十二寸,深一尺,积一千六百二十寸,容十斗。"此即《汉书·律历志》刘歆铜斛法。依其法推之,斛十斗,鬴六斗四升,容积不同,而皆以方尺深尺为度,则斛内外皆圜,鬴必外圜内方矣。刘徽、祖冲之以汉斛周鬴互相推说,并如此。此旧说也。徐养原云:"鬴之形,其犹斧乎?斧背狭,斧刃广;鬴底小,鬴口大。内谓鬴底也,外谓鬴口也。鬴底方尺,向上则渐大,不止方尺矣。至近口处,则遶而圜之,故曰内方尺而圜其外。贾疏甚明。刘歆斛制与《考工》不同,先儒多以刘歆说释《考工》,以方尺深尺为立方一尺,既龃龉不合;其为鬴圜者,自底至口皆内方外圜,果尔,则其实安得一鬴,其重岂止一钧,而其声亦焉能中黄钟之宫乎?'其臀一寸,其实一豆',一寸言其深也。不言方者,臀之底即鬴之底,不言可知。此臀近口处亦微侈,不得为直口也。然则鬴与臀皆底狭口广,而非直口明矣。"邹伯奇云:"刘歆作斛,欲附合此文,乃为口圜径一尺四寸一分四厘二毫,令内容方尺深尺而旁斜之,则内容积一千六百二十寸。先儒不审,乃以鬴制为外圜内方。然则当方角至少厚一分,当四弧厚至二寸余矣。以今轻重率求之,变从今尺度,则圜径九寸二分弱,深六寸四分,内除方六寸四分立方虚积,则鬴外体实积一百六十寸。每寸重半斤,尚有两耳及底未算,已重今衡八十斤。今衡于古三倍有余,则古衡二百四十斤有余矣。与一钧之数悬殊,其体又厚薄不等,亦岂能有声耶?且鬴内如果正方,则言内方尺足矣,又何赘言深尺乎?盖内有容纳之义,然则内方尺,谓其容积千寸耳,其形体不方也。今

----

① 孙诒让《周礼正义》3947—3948/3272 页。
② "鬴之形向上谓之外"一句,说明"圜其外"之"外"。徐养原云:"鬴底小,鬴口大。内谓鬴底也,外谓鬴口也。鬴底方尺,向上则渐大,不止方尺矣。至近口处,则遶而圜之,故曰内方尺而圜其外。贾疏甚明。"王文锦本"鬴之形"下标句号不当。

设甂为圜体，详绎记文，以算术求之：甂积千寸，四升曰豆，四豆曰区，四区曰甂，然则豆积六十二寸半，升积一十五寸六百二十五分。臀深一寸实一豆，则臀内径八寸九分二厘，周二尺八寸零二厘三毫。豆底周径即甂底周径。而甂深一尺，则口径一尺三寸四分九厘二毫六丝三忽六微。以口径自乘，又以底径自乘，又以底径乘口径，并三数深尺乘之，又以圜率七八五三九八一六二五因之三归之，得积千寸。又耳深三寸，实一升，则耳口径二寸五分七厘七毫，周八寸零八厘九毫六丝二忽。以耳口径乘周径，深三寸乘之，四归之，得一十五寸六百二十五分，为一升之积。以臀口径乘周径，深一寸乘之，四归，得六十二寸五百分，为一豆之积。以此形体为重三十斤，但当厚一分余耳，故能声中黄钟之宫。"案：邹说与徐略同。但徐谓甂底方一尺，至口则渐侈而圜；邹氏则谓底口皆圜，底敛而口侈，方尺为中容之实积。谛审郑、贾之恉，似与徐说同。二说咸无文可证。今以经校之，经云"深尺，内方尺"，此容积之一定者也。经又以臀一寸为豆，耳三寸为升，则无论甂之幂积多少，而必以十六分之一为豆，六十四分之一为升，此差分之一定者也。经又云"重一钧，声中黄钟之宫"，则轻重亦有定，而厚薄之度又必可击而成声。依汉晋古说，谓甂内方外圜，重既不止一钧，击之又不成声，与经义必不合，徐、邹所纠甚塙，则周甂必不为内方外圜之形可知。若以内外正圜之度推之，则容积几与莽斛同；况甂底为豆深寸，当得甂十分之一，与十六分之一之差复迩，则周甂亦必不为正圜之形又可知。《说文·鬲部》云："甂，镂属也。"《金部》云："镂，釜大口者。"明甂镂之口大小不一，此口与底不正等之塙证。《管子·轻重甲篇》云："釜鏂之数，不得为侈弇。"不曰大小而曰侈弇，明乎其不为上下正等之形也。然则甂为圜形，口大而底小，当如徐、邹之说无疑。但徐说于经方尺得千寸之容积，未能密合。参互校核，邹说推算精审，以甂豆升三数校之悉合，足为此经之的解矣。又案：此经嘉量有甂无斛。《九章算术·商功篇》刘注又据此甂容积，推周斛之制云："釜，六斗四升，方一尺，深一尺，其积一千寸。若此，方容六斗四升，则通外圆积庞旁，容十斗四合一龠五分龠之三也。以数相乘之，则斛之制，方一尺而圆其外，庞旁一厘七毫，幂一百五十六寸四分寸之一，深一尺，积一千五百六十二寸半，容十斗。"又《隋·律历志》说祖冲之以算术考周斛之积云："凡一千五百六十二寸半，方尺而圆其外，减旁一厘八毫，其径一尺四寸一分四毫七秒二忽有奇，而深尺，即古斛之制也。"案：刘、祖两家并以甂法推斛法，庞数少异者，二家圆率不同也。虽古斛形制无文，而容积则不误，谨附著之于此。

郑玄：以其容为之名也。四升曰豆，四豆曰区，四区曰甂。甂，六斗四升也。甂十则钟。方尺，积千寸。于今粟米法，少二升八十一分升之二十二。其数必容甂，此言大方耳。圜其外者，为之唇。

孙诒让：注云"以其容为之名也"者，贾疏云："此量器受六斗四升曰釜，因名此器为甂。"云"四升曰豆，四豆曰区，四区曰甂。甂，六斗四升也。甂十则钟"者，郑据《左传》释此甂之容数也。《九章算术》刘注、《隋书·律历志》引祖冲之说同。《左·昭三年传》："晏子曰：齐旧四量，豆、区、釜、钟。四升为豆，各自其四，以登于釜，釜十则钟。陈氏三量皆登一焉。"杜注云："四豆为区，区斗六升。四区为釜，釜，六斗四升。钟，六斛四斗。登，加也。加一谓加旧量之一也。以五升为豆，四豆为区，四区为釜。则区二斗，釜八斗，钟八斛。"《晏子春秋·内篇问下》说与《左传》同。甂并作釜，釜即甂之或体。区，瓯之假字。《说文·瓦部》云："瓯，小盆也。"案：齐旧量即周之古法，故与此经及《廪人职》并合。若陈氏新量，依杜说，则四量各就旧法而加四为五，故釜为八斗。今谛审《左传》文义，窃谓当以豆四升不加，而区釜钟则并以五五递加。盖区二斗，釜十斗，钟十斛，乃与"三量皆登一"之文合。

《管子·轻重丁篇》云："今齐西之粟釜百泉，则鏂二十也。齐东之粟釜十泉，则鏂二泉也。请以令藉人三十泉，得以五谷菽粟决其籍。若此，则齐西出三斗而决其籍，齐东出三釜而决其籍。"尹注云："五鏂为釜。斗二升八合曰鏂。"鏂与区同。以《管子》所言推之，齐西粟一鏂二十泉，而三斗三十泉，则是二斗而当一鏂；齐东粟一釜十泉，而一鏂二泉，则是五鏂而当一釜。釜凡十斗也。此正用陈氏新量之数，与《海王篇》说"盐百升而成釜"亦相应。杜释新量，尹释鏂，皆非也。《管子书》多后人羼易，故与旧量不合。且《廪人》云"凡万民之食，人四鬴，上也，人三鬴，中也，人二鬴，下也"，以《汉书·食货志》人食粟月一石半计之，则墒以一鬴六斗四升为是。若以百升之鬴计之，则鬴即是石，下岁之食，人有二石，尚不止一石半，其不可通明矣。古说釜容数多异，《载师》贾疏引《五经异义》说"釜米十六斗"，聂氏《三礼图》又引《旧图》云"釜受三斛，或云五斛"，并非此嘉量也。详《廪人》疏。云"方尺积千寸"者，贾疏云："方尺者，上下及旁径为方尺，纵横皆十。破一寸一截，一截得方寸之方百，十截则得千寸也。"云"于今粟米法少二升八十一分升之二十二"者，《九章算术·商功篇》云："程粟一斛，积二尺七寸。其米一斛，积一尺六寸五分寸之一。菽荅麻麦一斛，皆二尺四寸十分寸之三。"刘注云："二尺七寸者，谓方一尺，深二尺七寸，凡积二千七百寸，米斛积一千六百二十寸，菽荅麻麦斛积二千四百三十寸。"郑此注据米斛也。《五曹算经》《夏侯阳算经》说斛法并同。徐养原云："《九章算术》斛有三等。此记言'耳三寸，实一升'，则是粟斛也。而郑以米斛计之者，粟斛大，米斛小，小者犹不足六斗四升之数，则大者可知。故知此记所谓内方尺，言其底耳，非谓立方一尺也。"贾疏云："算法，方一尺，深尺六寸二分，容一石。如前以纵横十截破之，一方有十六寸二分，容一升；百六十二寸，容一斗；千六百二十寸，容一石。今计六斗四升为釜，以百六十二寸受一斗，六斗各百为六百；六斗各六十，六六三十六，又用三百六十；六斗又各二寸，二六十二，又用十二寸。总用九百七十二寸，为六斗。于千寸之内，仍有二十八寸在。于六斗四升曰鬴，又少四升未计入。今二十八寸，取十六寸二分为一升，添前为六斗一升，余有十一寸八分。又取一升分为八十一分，以十六寸二分，一寸当五分，十寸当五十分，又有六寸，五六三十，又当三十分，添前为八十分，是十六寸当八十也。仍有十分寸之二当一分。都并十六寸二分，当八十一分。如是，十一寸八分于八十一分当五十九，更得八十一分升之二十二分，始得一升。添前为六斗二升，复得二升，乃满六斗四升为鬴也。"黄以周云："《九章》粟米斛法，一尺六寸二分。王莽嘉量，斛积千有六百二十寸，斗积百六十二寸。以是推之，鬴积应有千零三十六寸八百分。古鬴仅有积千寸，是少汉法三十六寸八百分。以升法一六二除之，得二升一百六十二分升之四十四，以二约之，故曰少二升八十一分升之二十二。以今量言之，其所容约得九升七合七勺弱。"诒让案：郑意刘歆斛亦与《九章》米斛同，故举以校此。依其率，斗积一百六十二寸，则升积十六寸二分。周鬴校《九章》凡少三十六寸八百，以三十二寸四分为少二升，余四寸四分不成升，即八十一分升之二十二也。云"其数必容鬴，此言大方耳"者，毛晋本"大方"作"内方"，误。此谓经言方尺必足容鬴，而以立方之积较粟米之率不符，故定此方尺，谓言其大方若鬴，形则略侈，不必正方一尺也。然则郑意盖如徐氏之说。然经不容无容积之数，况汉量较之周量，其数自当稍赢，郑说不若邹说之墒也。云"圜其外者，为之唇"者，《释名·释形体》云："唇，缘也，口之缘也。"此外圜亦谓鬴之外缘，故云为之唇也。①

---

① 孙诒让《周礼正义》3950—3956/3274—3279页。

《廪人》：凡万民之食食者，人四鬴，上也；人三鬴，中也；人二鬴，下也。

郑玄："六斗四升曰鬴。"

孙诒让：云"六斗四升曰鬴"者，《橐氏》《陶人》注义并同。《说文·鬲部》云："鬴，锓属也。重文釜，鬴或从金父声。"《左·昭三年传》晏子曰："齐旧四量，豆区釜钟，四升为豆，各自其四，以登于釜，釜十则钟。陈氏三量，皆登一焉。"杜注谓齐旧量，釜六斗四升；陈氏新量，釜八斗。郑以齐旧量即周量，故据以为释。一釜凡为区者四，为豆者十六，通六斗四升也。以此计之，则月食四鬴者，二石五斗六升；以三十除之，日食八升五合又三分合之一。月食三鬴者，一石九斗二升，日食六升四合。《灵枢经》云："人食一日中五升。"与此相近。月食二鬴者，一石二斗八升，日食四升二合又三分合之二。《既夕记》说丧食歠粥，朝一溢米，夕一溢米。郑注云："二十两曰溢，为米一升二十四分升之一。"是丧食日二升一合弱。此下岁之食，倍于彼也。沈彤云："《律吕新书》汉量与周同，而汉量有容二斗七升者，当今五升四合；有容六升者，当今一升二合：是古之十当今之二也。"阎若璩说同。案：依沈说，则此经上岁人日食一升七合有奇，中岁人日食一升二合有奇，下岁人日食八合有奇也。至《左传》陈氏新量之釜，杜云容八斗，实当为十斗。《管子·海王篇》云"盐百升而成釜"，即十斗之釜与石同，故《国蓄篇》云："中岁之谷，粜石十钱，大男食四石，大女食三石，吾子食二石。"与此经四鬴、三鬴、二鬴差数虽巧合，然以《汉志》李悝说"人食月一石半"计之，大男月食必无四石之多，《管子》之说，殆不可信，非徒釜数与此经不相应也。详《橐氏》疏。[①]

《橐氏》：其臀一寸，其实一豆。

孙诒让："其臀一寸，其实一豆"者，嘉量内深尺，而臀深寸，与度正相应也。《玉篇·肉部》引《声类》云："臀，尻也。"正字当作"屍"。……一寸者，其深之度。不言容积者，以鬴积差之可知。依邹伯奇说，臀口径八寸九分二厘，积六十二寸半。钱塘云："升法十五寸六分二厘五毫，四乘升法，为六十二寸五分。其深一寸，当用开平方开之，命为八寸，少一寸五分。"案：汉量四升，积六十四寸八分，故周豆少一寸五分，钱说与邹同。

郑玄：故书臀作唇，杜子春云："当为臀。谓覆之其底深一寸也。"

孙诒让：注云"故书臀作唇，杜子春云：当为臀"者，段玉裁云："殿声辰声古音同部，此谓声之误也。"云"谓覆之其底深一寸也"者，贾疏云："此谓鬴之底着地者。"

其耳三寸，其实一升。

孙诒让："其耳三寸，其实一升"者，三寸亦其深之度也。依邹伯奇说，耳口径二寸五分七厘，圜周八分八厘九毫六丝二忽，积十五寸六百二十五分。邹氏又云：《汉书·律历志》：'合龠为合，十合

---

① 孙诒让《周礼正义》1472—1473/1225—1226页。

为升。'《说文》:'升,十龠也。'龠当为合。《汉志》黄钟之龠八百一十分,则一升之积一万六千二百分。《考工记》鬴积千寸,容六斗四升,则一升容积一万五千六百二十五分。"钱塘云:"升之为方,六十四分鬴之一。以六十四除千寸,得十五寸六分二厘五毫,为一升;三寸自乘为九,以除之,命为寸八分,少五分七厘五毫。"案:汉升法积十六寸二分,故周升少五分七厘五毫。钱说亦与邹同。贾疏云:"实一升,亦谓覆之所受也。"

郑玄:耳在旁可举也。

孙诒让:注云"耳在旁可举也"者,徐养原云:"耳常在唇下,向下设之,故云可举也。"贾疏云:"此鬴之耳在旁可举,谓人以手指举之处。"诒让案:此谓两耳各为一升,形度同也。《汉·律历志》刘歆铜斛"左耳为升,右耳为合龠",与此异。

重一钧。

孙诒让:"重一钧"者,记嘉量之应衡也。徐养原云:"据郑注,量与钟鼎同齐,六分其金而锡居一,为金二十五斤,锡五斤。"

郑玄:重三十斤。

孙诒让:注云"重三十斤"者,《大司寇》注义同。此与《冶氏》注引东莱方言"大半两为钧"异。《孙子算经》云:"称之所起,起于黍。十黍为一絫,十絫为一铢,二十四铢为一两,十六两为一斤,三十斤为一钧,四钧为一石。"若然,一钧为斤三十,为两四百八十,为铢一万二千五百二十,为絫十二万五千二百,为黍百二十五万二千也。[1]

孙诒让斟酌徐养原、邹伯奇说,考定"鬴为圜形,口大而底小"。"釜"即"鬴"之或体。战国齐国的釜,国家计量总局等主编《中国古代度量衡图集》收录2种:

子禾子铜釜,高38.5、口径22.3、腹径31.8、底径19厘米,容20 460毫升。1857年山东胶县灵山卫出土,中国历史博物馆藏。"子禾子"是田和为大夫时之称,子禾子铜釜是田和未立为诸侯时铸造的器物,当在公元前404—前385年之间。

陈纯铜釜,高39、口径23、腹径32.6、底径18厘米,容20 580毫

子禾子铜釜

陈纯铜釜

[1]　孙诒让《周礼正义》3956—3957/3279—3280页。

升。1857年山东胶县灵山卫出土,上海博物馆藏。^①

战国齐国的豆,国家计量总局等主编《中国古代度量衡图集》收录"公豆陶量":"高11.6、口径14.9厘米,容1 300毫升(小米)。传山东临淄出土,中国历史博物馆藏。广口,深腹。"^②

公豆陶量

魏成敏、朱玉德《山东临淄新发现的战国齐量》通过对已著录的8件齐量和新发现的6件齐量进行的测量,得到齐量的量值如下:

1. 升容量分别为204、205、206、209、210毫升。可知齐量升的容量在204～210毫升之间。

2. 豆容量分别为1 024、1 025、1 300毫升,可知豆的容量在1 024～1 300毫升之间。

3. 区容量分别为4 220、4 847毫升。

4. 釜容量分别为20 460、20 580毫升。^③

宋华强《新蔡楚简所记量器"鬴(釜)"小考》认为"鬴(釜)并非像过去所理解的是齐国特有的量器":"新蔡楚简中有一批简是颁发某种物品的记录清单,这种物品是用几种大小不同的量器进行计量的,其中容量最大的一种叫作'臣'。'臣'应该读为《考工记》中栗氏所为的'鬴(釜)',简文所记'鬴(釜)'的重量与《考工记》相合。这说明'鬴(釜)'并非像过去所理解的是齐国特有的量器。"^④

邱隆《中国最早的度量衡标准器——〈考工记〉·栗氏量》:

栗氏嘉量由三个圆筒形量器组成。正中大圆筒,深一尺,以一个一尺为边长的正方形的外接圆为内口沿和底内圆周,容一鬴,是为鬴量;鬴底部的圈足高一寸,容一豆,是为豆量;鬴两侧各有耳,长三寸,容一升,是为升量。根据旧齐四升为豆,四豆为区,四区为鬴的四进位制计算,鬴的内径为14.14寸,深10寸,容积为1 570.8立方寸;豆的口径没有给出,但通过所给容积和深度可以算出,其圆内方边为7.9寸,则圆径为11.18寸,深1寸,容积为98.175立方寸;升的圆内方边为2.3寸,则圆径为3.23寸。深3寸,容积为24.54立方寸。^⑤

考工嘉量模拟复原图

① 国家计量总局等主编《中国古代度量衡图集》41—42页,文物出版社,1984年。
② 文物出版社,1984年,49页。
③ 魏成敏、朱玉德《山东临淄新发现的战国齐量》,《考古》1996年第4期。
④ 《平顶山学院学报》2006年第4期。
⑤ 邱隆《中国最早的度量衡标准器——〈考工记〉·栗氏量》,《中国计量》2007年第5期。

邱隆《中国最早的度量衡标准器——〈考工记〉·栗氏量（续）》指出孙诒让的成绩和失误，并介绍《中国度量衡史》所揭示的"栗氏嘉量"真实面目：

孙诒让《周礼正义》对旧齐四进制的区、釜、钟"皆登一焉"作了合理的解释，论证了陈氏新量各量的十进制关系，成绩卓著。最大的失误是把"栗氏量"鬴的容积"深尺内方尺而圜其外"改成"方尺积千寸"，使升、豆、鬴的计算容积比实际容积减小了约1/3。

20世纪20年代，新莽铜嘉量于故宫博物院复出再现，引起学术界极大关注。当时，著名学者王国维、马衡、刘复、励乃骥等对它的历史渊源、设计原理、制作工艺作了详细的考证。同时，对过去考古学家、经史学者对于"栗氏量"的错录误传、舛算臆说，一一匡正，有了依据。

20世纪30年代初，时任全国度量衡局局长的吴承洛先生，主持编写《中国度量衡史》（1937年出版），把剖析"栗氏量"以"求周代容量之制和'栗氏量'的内容形式"列为选题之一。编写组研读大量文献资料后，认为前人考定"栗氏量"有三点"误说"：一是诠释"方尺而圜其外"为鬴的"外形圆、内形方"，积千寸；二是把"栗氏量"与"新莽嘉量"视为同一粟米法（都是以16.2立方寸为一升的"粟米法"）；三是把周鬴的豆量和汉"新莽嘉量"的斗量等同，为十进制。明辨以往"栗氏量"考校中的得失后，严谨地按文献记载，列式计算"栗氏量"鬴、豆、升的容积，并绘制"内容形式"图。

鬴的容积：1 570.8立方寸

豆的容积：98.2立方寸

豆的直径：11.18寸

升的容积：24.5立方寸

升的直径：3.23寸

把研究成果写入1937年出版的《中国度量衡史》一书中，把"栗氏嘉量"的真实面目公之于众，功不可没。[1]

吴承洛《中国度量衡史》的表述如下：

何以云"内方尺而圜其外"？盖其内本圆形，而在当时圆径、圆周、圆面积计算之率，尚未有精确推算之法，故以方起度，而推算之。所谓"内方尺"者，非谓其内为方形，实则先定每边一尺正方之形（"方尺"即一尺见方），然后由此正方形再划一个外接圆，此外接圆方为嘉量内容之形式，如第八图：

第八图

《周礼》嘉量鬴

方尺而圜其外图

（缩尺五分之一）

圜　其　外

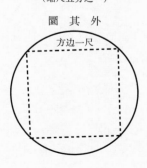

方边一尺

———————————

① 邱隆《中国最早的度量衡标准器——〈考工记〉·栗氏量（续）》，《中国计量》2007年第6期。

由此图可求圆面积。嘉量觚深一尺,则嘉量觚之容积,亦可求之。

方边＝1尺

圆径 $= \sqrt{1^2 + 1^2} = \sqrt{2} = 1.4142136$ 尺

圆面积 $= (7.071068)^2 \times \pi = 157.08$ 方寸

嘉量觚之容积 $= 157.08 \times 10 = 1570.8$ 立方寸

$\qquad = 1570.8 \times (1.991)^3 = 12397.5159$ 立方公分

$\qquad = 1.23975159$ 市斗

是为嘉量觚之制,合一五七〇.八立方寸,实合市用制一斗二升三合九勺八撮弱。

《周礼》嘉量除觚量外,尚有豆升二量,均只言其深,不言圆面之制,豆为觚十六分之一,升为觚六十四分之一,觚为嘉量之主,故详言其制,豆升二量系附制,觚量之制存,豆升之量,不言可喻。惟依嘉量全形而言,觚为主,故居上,为嘉量之正身;豆在觚之臀,为嘉量之足,但豆深一寸,为觚深十分之一,豆量为觚量十六分之一,故豆之宽,较觚为小;升在觚之旁,为嘉量之耳,其数有二,升深三寸,其宽更小,故只为耳。嘉量全形以内容图之当如第九图。[1]

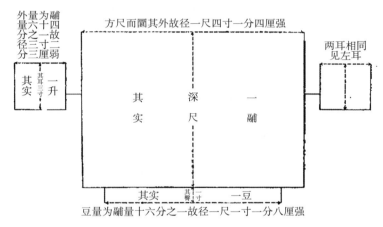

第九图 《周礼》嘉量内容形式图(缩尺二分之一)

邱隆《中国最早的度量衡标准器——〈考工记〉·栗氏量(续)》介绍了20世纪70年代计量部门和文博部门合作编辑《中国古代度量衡图集》时的研究结论:

文物考古界许多老前辈参加座谈审定,充分肯定20世纪50年代以来,在对国宝级度量衡器物(如商鞅铜方升、陈氏三量、秦权、秦量、新莽铜嘉量、楚国天平砝码等)的收集、整理和研究方面所取得的成绩。古文字学家通过对陈氏三量(子禾子釜、陈纯釜、左关𬨎)铭文的释读,确证陈氏三量是齐国关卡使用的量器(经仓廪标准量校正过的),其量制为十进制,铸造年代在战国中晚期。同时对《左传·昭公三年》"齐旧四量:豆、区、釜、钟。四升为豆,各自其四,以登于釜,釜十则钟。陈氏三量,皆登一焉,钟乃大矣"这一段文句中的"皆登一焉"进行了深入探讨。在几种"登"法的方案中,倾向于

① 吴承洛《中国度量衡史》126—129页,上海书店1984年,据商务印书馆1937年版复印。

清代经学家孙诒让的见解。即在豆、区、釜、钟四量中，四升为豆不加；豆、区、釜三量之间，由四进制加一，为五进，五豆为区（区由原来的16升增加到20升），五区为釜（釜由原来的64升增加到100升）；虽然新旧量制都是十釜（鬴）为钟，但新量制钟（由原来的640升增加到1 000升）比旧量制钟增大56%，所以新量制的钟相应增大许多。考校陈氏三量的釜、锏以及现存战国升量的容量，都可证明它们是符合十进新量制。齐国量制经过较长时期的使用实践，终于将四进制改成换算方便的十进单位（单位容量也增大）量制。这是生产力发展的需要，社会进步的标志。有鉴于此，栗氏量釜、豆、升使用的是四进制也是不容置疑的。[①]

冯立升《关于早期量器的两个问题》认为《九章算术》刘徽注关于《考工记》嘉鬴的讨论对于解决有争议的有关早期量器的问题提供了重要线索和史料依据：

郑玄在注《考工记》时将其与春秋战国时的齐国量制比附，认为鬴与齐釜为同一种容器。按照传统的说法，釜为内呈方柱形的容积，方1尺，深1尺，容积1 000立方寸，1釜为4豆，合64升。由于将鬴释作釜，因而鬴也被认为内呈方柱形，容64升的量器。以后历代文献大都采用了这样的说法。刘徽则认为鬴为内呈圆柱形的容器，其截面为边长为1尺的正方形的外接圆，深1尺，深积为1 570立方寸。他在商功章注中明确指出齐釜呈方柱形，容积为1 000立方寸，合64升，是与鬴完全不同的另一种容器。现代学者通过进一步研究，否定了将鬴看作方柱形的看法，对鬴的形制的理解与刘徽的看法一致，但对嘉量鬴所用量制还存在着不同意见。不少学者认为《考工记》中的量制为齐制，因而断定容积为1 570.8立方寸的鬴合64升，也即鬴与釜为同一种容器。但是嘉量鬴与齐制是难以硬捏在一起的，历代文献记载的釜都是容积为1 000立方寸，与1 570.8立方寸的鬴是无法等同的。《考工记》有"勺一升，爵二升，觚三升。献以爵而酬以觚，一献而三酬则一豆矣"的记载，可知1豆（斗）=3觚+1爵=10升。由此可知，《考工记》的嘉量上半部之鬴与下半部的豆（也即斗）的底径相同，即由中间的底把筒状容器分为上下两部分，上面的鬴深1尺，下面的豆深1寸。此外《考工记》所载嘉量铭文，显然是天子口吻，也说明嘉量鬴的量制为周制而不是齐制。王莽律量的形制和量制与嘉量鬴有许多相近之外，前后当存在着继承关系，这无疑也为我们提供了旁证。[②]

2. 概

《桌氏》: 概而不税。

孙诒让："概而不税"者，《荀子·宥坐篇》云"盈不求概"，杨注云："概，平斗斛之木也。《考工记》

① 邱隆《中国最早的度量衡标准器——〈考工记〉·栗氏量（续）》,《中国计量》2007年第6期。
② 冯立升《关于早期量器的两个问题》,《内蒙古师大学报》（自然科学版）1993年第3期。

曰：'概而不税。'"案：杨倞释概与郑异，而义实长。陈祥道亦云："《律历志》以子谷秬黍中者千有二百实其龠，以井水准其概。《月令》：'仲春，正权概。'《荀子·君道》曰：'胜斛敦概者，所以为啧也。'《管子·枢言》曰：'釜鼓满则人概之。'概，平也，以竹木为之，五量资之以为平也。"戴震亦谓平鬴区者曰概。税脱古字通。案：陈、戴并本杨义，是也。林乔荫说同。《说文·木部》云："概，杚斗斛。"杚，平也。《韩非子·外储说左》云："概者，平量者也。"《玉烛宝典》引《月令章句》云："概，直木也，所以平斗斛也。"《月令》郑注，《吕氏春秋·仲春纪》《淮南子·时则训》高注，义并同。税当读为挩。《说文·手部》云："挩，解挩也。"谓以概平斗斛，所实米粟，适平其唇，无复有随概而解落者也。

郑司农云："令百姓得以量而不租税。"

孙诒让：注郑司农云"令百姓得以量而不租税"者，此释概为量，税为租税。后郑《曲礼》注云："概，量也。"贾疏云："按《郑志》：赵商问：'桌氏为量，概而不税，《廛人职》有税，何？'答曰：'官量不税。'若然，此官量镇在市司，所以勘当诸廛之量器以取平，非是寻常所用，故不税。彼廛人所税，在肆常用者也。"案：据贾引《郑志》，则后郑亦以税为租税，故此注直引先郑，不复增释，然非经义也。[1]

天津市计量监督检测科学研究院艾学璞、陈兴、田勇、王立新、毕建华在整理保存的民国时期标准量器时，在铜斗包装箱内发现一块长273.4毫米、宽227.2毫米、厚16.2毫米的硬质木板。其一侧边长（宽13.5毫米）和高呈约60°角的斜面，酷似当今直线度计量器具"刀口尺"。木板背面，沿两长边分别粘贴宽89毫米和42毫米，厚为4毫米的两条长方形薄板，使木板底面朝上放置时呈现出凹槽状。此木板无编号和其他文字标记，从它在包装箱中的固定位置推测，它是与标准铜斗配套使用的计量检具或计量器具附件，可能就是"正权概"的"概"，所撰《对"概"的研究与探讨》：

为了研究民国时期"概板"的使用功能，我们做了以下几种试验。

1. 关于"概者，平量者也"的试验。我们将民国时期的标准铜斗、铝斗、木斗分别装入粮食（大米、面粉）。用概板刮平超出斗口平面的粮食。第一种方法，将概板斜面长边与斗平面呈45°夹角，沿斗口自右向左划动（图①）；第二种方法，将概板平置在斗平面右侧，向左侧缓慢平移，使超出斗平面的一些粮食向概板长边

---

[1] 孙诒让《周礼正义》3959/3281—3282页。

斜面上移动(图②)。这两种操作方法使斗口面和粮食面形成同一平面,以消除由于粮食面不与斗口平面重合而带来的容量误差。这个试验正如《管子·枢言》所说"釜鼓满,则人概之",量器盛满粮食后,当即用概刮平。这说明"概"是古代使用量器计量过程中的"平准工具"。

2. 关于"概而不税"的试验。《周礼·考工记》"概而不税",要求各个量的口沿圆周呈一个平面,不能有高低不平的形位,这是一条严格的质量指标。按此思路,我们将"概板"平置在斗口之上(图③)。因为"概板"宽度(227毫米)略小于斗的直径(铜斗250毫米、铝斗245毫米),所以我们平视可以发现概板背面与四段斗口沿紧密相接。通过凹槽空隙观察斗口上沿边与"概板"之间的结合情况——按贴切法"用光隙估读",基本没有透光。然后,转动"概板"观察与斗口上沿边密合,同样未见有透光。即可证明被测量器上口沿是一个圆平面。

通过以上两种使用方法的试验可以说明:"概板"作为"平准工具"是利用板的直线度和平面度,检验量器口沿的平面度。

3. 关于"以井水准其概"的试验。《汉书·律历志》中记有"以井水准其概"之说。我们把"概板"底面朝上放置水中(用自来水代替井水),待水面静止后观察,因概板的重力和浮力相等,概板浮于水面,整板除粘贴的两平行四边形木条部分凸出水面,原底板全部浸入水中,底板与粘贴木条之间所形成的各条直线恰恰与四周的水平线相ср(图④)。这样可看出:(1)呈60°角的长边线与水平面形成一条直线;(2)水平线验证了概板底平面和水平面是同一平面。

对"以井水准其概",有的同志认为可能还有另外一种理解,即直接把井水注入量器,观察水平面和量器口沿平面是否齐一。这种办法简便而直观。

通过试验,明确概板是检测量器外表形位平直度的检具。其设计巧妙,制作平直规整。可用概板的平面测量器的口沿平面度,也可将"刀口尺"直边直立移动检测量器口沿平面和器内壁的平直度。概板底面胶的两块薄板大小不一,分列两侧,这是保证概板的质量中心,使概板底面正好和水面相切,概板表面薄刷涂料,以防潮防翘。概板和标准量器配套使用,以便检定被检量器有无变形。[①]

3. 权

《轮人》:权之以视其轻重之侔也。

郑玄:侔,等也。称两轮,钧石同,则等矣。轮有轻重,则引之有难易。

孙诒让:注云"侔,等也"者,详前疏。云"称两轮,钧石同,则等矣"者,贾疏云:"以其轮非斤两所可准拟,故以三十斤曰钧、百二十斤曰石言之也。"云"轮有轻重,则引之有难易"者,两轮有畸轻畸重,则马

———————————

① 艾学璞、陈兴、田勇、王立新、毕建华《对"槩"的研究与探讨》,《中国计量》2006年第9期。

引之轻者易而重者难；又以轮贯轴，其公重心不在轴之正中，则车行必不正：此皆不可不佯之义。^①

《桌氏》：不耗然后权之。

郑玄：权，谓称分之也。虽异法，用金必齐。

孙诒让："不耗然后权之"者，既得纯金，则其轻重之真数乃可求也。《九章算术·少广篇》刘注云："黄金方寸，重十六两；金丸径寸，重九两。率生于此，未曾验也。《考工记》：'桌氏为量，改煎金锡则不耗，不耗然后权之，权之然后准之，准之然后量之。'言炼金使极精，而后分之，则可以为准也。"注云"权，谓称分之也"者，《汉书·律历志》云："权者，所以称物平施，知轻重也。"贾疏云："谓称金多少，分之以拟铸器也。"云"虽异法，用金必齐"者，贾疏云："法谓模。假令为两个鬴，即为两个模，器之用金多少，必须齐均也。"^②

《玉人》：驵琮五寸，宗后以为权。

郑司农云："以为称锤，以起量。"

孙诒让：郑司农云"以为称锤，以起量"者，后郑《月令》注云："称锤曰权。"《广雅·释器》云："称谓之铨，锤谓之权。"《汉书·律历志》云："权，重也，铢、两、斤、钧、石也，所以称物平施，知轻重也。五权之制，大小之差，以轻重为宜。圜而环之，令之肉倍好者，周旋无端，终而复始，无穷已也。"颜注引孟康云："谓为锤之形如环也。"案：彼权以铜为环形，不为琮。今世所存秦权，亦多为环形而有鼻，与汉制同。贾疏云："量自升斛之名，而云为量者，对文量衡异，散文衡亦得为量，以其量轻重故也。"^③

商承祚《秦权使用及辨伪》考证"秦权是衡上用的砝码，而不是后世杆秤上用的秤砣"，"小衡承物以盘，大、中衡则用钩，从楚衡看，知战国时期的权有环权与锤形两种。小衡用环权，大、中衡则用锤，不自秦代始"^④。丘光明《我国古代权衡器简论》指出秦（西汉）权多作天平上的砝码用："要辨明历代不同形制的权是秤砣还是砝码，只有从它们在称量物体时所起的不同作用来进行分析。在天平上称重物时，被称物的重量是直接通过一枚或数枚有已知标称值的砝码来计数的。常用砝码的标称值一般都是某一基本单位的整数倍，如基本单位是一斤，那么斤以上的砝码当是二斤、三斤、五斤、十斤……在通常情况下不会出现小数倍，如一斤×两×铢。斤以下的单位"两"又都是基本单位的分数倍，如八两、四两……此外，在天平上称物时，砝码随着被称物的重量增加或减少，故一台天平要求有几种或十几种不同标称值的砝码，标称值的差异往往很大。而杆秤则相反，在杆秤上，秤砣的作用主要是用来定准秤星，掌秤者只看杆秤上的秤星计重，并不需要知道砣本身是多重，秤砣不需要有固定的标称值，也不一定是基本单位的整数

---

① 孙诒让《周礼正义》3833—3834/3178页。

② 孙诒让《周礼正义》3949/3273页。

③ 孙诒让《周礼正义》4035—4036/3343—3344页。

④ 《古文字研究》第3辑，中华书局，1980年；引自《商承祚文集》382页，中山大学出版社，2004年。

图一　高奴禾石铜权及铭文摹本

倍。因此,各种秤砣的重量常常没有一定规律。此外,杆秤是利用不同的臂比关系来称量的,最大量程通常要比砣本身重得多,而为了使用方便,不同的秤砣本身在重量上的差异则不会很大。因为砝码与秤砣有以上的区别,在我们掌握了一定数量的实物资料以后,也就不难分辨那个时代的权是砝码或秤砣了。……根据秦(西汉)权和东汉权不同的特点,不难判断前者多作天平上的砝码用,而后者则明显是秤砣了。"[1]

丘光明《试论战国衡制》介绍出土权:

高奴禾石铜权:1964年陕西西安阿房宫遗址出土,陕西省博物馆藏。重30 750克。权壁一面铸铭文:"三年,漆工䣕,丞诎造,工隶臣牟。禾石,高奴"(图一)。另一面加刻秦始皇廿六年诏书和"高奴石"三字,旁边加刻秦二世元年诏书。这说明自此权始铸的战国秦至秦朝末年保持着统一的衡制。权自铭量值单位"石",《说文·禾部》:"秙,百二十斤也。"从出土秦权证明一石确为一百二十斤,每斤折合256.3克。

1979年,在内蒙古伊盟准格尔旗出土一批战国时期匈奴墓葬的随葬品,其中有两件金饰牌,背面刻有铭文"故寺豕虎三,一斤二两廿朱少半"和"一斤五两四朱少半"。字体似属战国秦,当是秦国为匈奴制造的[2]。实测金饰牌分别重330.067、292.522克,折合每斤重251.48、248.514克。

此外,实测秦铜权八十四件,单位量值约为:

　　　　1石=120斤=30 000克

　　　　1斤=16两=250克

　　　　1两=24朱=15.6克

　　　　1朱=0.65克

可作为战国秦衡制的参考。

表一

序　号	一	二	三	四	五	六	七	八	九
重量(克)	0.6	1.2	2.1	4.6	8	15.6	31.1	61.8	125
外径(厘米)	0.72	0.88	1.03	1.4	1.7	2.36	2.96	3.82	4.95

左家公山铜环权[3]:1954年湖南长沙左家公山15号墓出土,湖南

① 《文物》1984年第10期。
② 田广金、郭素新《西沟畔匈奴墓》,《文物》1980年第7期。
③ 高至喜《湖南楚墓中出土的天平与法马》,《考古》1972年第4期。

省博物馆藏。实测数据如表一。这套完整的权衡器包括木衡、铜盘和九枚铜环权。环权重量大体以倍数递增，分别为一铢、二铢、三铢、六铢、十二铢、一两、二两、四两、半斤。以半斤权推算，一斤合250克。

钧益铜环权：1945年湖南长沙近郊出土，湖南省博物馆藏。实测数据如表二。十枚铜权当是完整的一套，重量大体以倍数递增，分别为一铢、二铢、三铢、六铢、十二铢、一两、二两、四两、八两、一斤。一铢折重0.69克，一两为15.5克，一斤为251.3克。十枚相加约500克，当楚制二斤。

表二

序　号	一	二	三	四	五	六	七	八	九	十
重量（克）	0.69	1.3	1.9	3.9	8	15.5	30.3	61.6	124.4	251.3
外径（厘米）	0.75	0.9	1.10	1.38	1.75	2.3	3.0	3.51	4.91	6.06

盱子铜环权：1933年安徽寿县朱家集出土，重庆市博物馆藏。实测数据如表三。同时出土的也有木衡和铜盘。其中七枚铜环权以倍数递增，分别为六铢、十二铢、一两、二两、四两、半斤。以半斤权推算，一斤合251克。

表三

序　号	一	二	三	四	五	六
重量（克）	3.7	7.6	15.6	31.4	62	125.5
外径（厘米）	1.4	2	2.5	3.1	3.9	4.9

雨台山铜环权：1975年湖北江陵雨台山419号墓出土，荆州地区博物馆藏。实测数据如表四。环权保存完好，无锈蚀。第三枚与第四枚重量接近，其余大体以倍数递增，分别为三铢、六铢、十二铢、一两、二两、四两、半斤。以半斤权推算，每斤合250克。

表四

序　号	一	二	三	四	五	六	七	八
重量（克）	1.98	3.8	7.25	7.75	15.77	30.9	62	125
外径（厘米）	1.2	1.64	2.14	2.02	2.36	3.11	3.74	4.91

常德铜环权：1958年湖南常德出土，湖南省博物馆藏。实测数据如表五。环权重大体以倍数递增，最小为二铢，最大为二两。以二两推算，每斤合249.6克。

表五

序　号	一	二	三	四	五	六
重量（克）	1.25	2.16	4.4	8.44	15.5	31.2
外径（厘米）	0.8	0.9	1.7	1.6	2.1	3.5

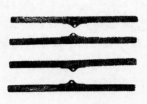

图一　"王"铜衡拓片(1/3)
上：甲衡　下：乙衡

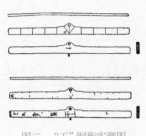

图二　"王"铜衡实测图
上：甲衡　下：乙衡

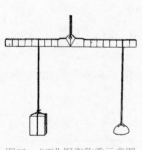

图三　"王"铜衡称重示意图

江宁铜环权：1970年江苏江宁报桥出土，南京市文物保管委员会藏。实测数据如表六。

表六

序　号	一	二	三	四	五	六
重量（克）	3.8	5.9	12.6	24.7	115.7	223.3
外径（厘米）	1.2	1.9	1.9	2.2	3.8	6.1

按楚国其他铜环权推算，最小的一枚约为六铢，最大的一枚为一斤。这组环权的递增关系不明显，从外形看有的显然不属于一套。

环权本身都未标明单位量名和量值。若以二十四铢为两、十六两为斤的衡制来推算环权的重量与进位关系，似乎很容易相吻合，故暂根据这种组合方法推算楚国衡制如下：

1斤=16两≈250克

1两=24铢≈15.6克

1株≈0.69克[①]

中国历史博物馆藏有传安徽寿县出土的两件战国铜衡（图一、二），刘东瑞《谈战国时期的不等臂秤"王"铜衡》认为"这是两件短臂衡梁，属于战国时期从天平脱胎出来的衡器，是尺度与砝码相结合的产物"：

衡体扁平，横截面作长方形。正中有鼻钮，钮下形成拱肩，臂平直。甲衡重93.2克，长23.1、臂高1.22、厚0.35、鼻钮外缘高2.15、钮孔径0.38厘米。经去锈，正面显出纵贯衡面的十等分刻度线（衡长相当战国1尺，每等分相当1寸）。钮下居中有尖端向下的60度夹角刻线，第五寸刻度恰将夹角平分。背面钮下斜刻一"王"字。乙衡重97.6克，长23.15、臂高1.3、厚0.35厘米，鼻钮外缘高及孔径与甲衡同。衡正面也有每寸刻度及居中夹角刻线。除中间二寸外，每半寸处还有刻线。背面中部和一端各有一横刻"王"字。两衡钮孔内有沟状磨损，乙衡钮孔内残留丝线痕迹。

衡梁中间钮孔内的沟状磨损和丝线残痕，表明使用时是悬吊的。两臂平直，没有固定的天平吊耳痕迹。这种衡梁配备一个适当重量的权，可以构成一具不等臂秤。使用时，物和权分别悬挂在两臂，找得一定的悬挂位置使之衡平，如图三所示。在特定情况下，物和权的悬

---

① 丘光明《试论战国衡制》，《考古》1982年第5期。

挂位置距离衡梁中心刻度相等，衡秤的作用等于天平，权的标重等于物重。在一般情况下，二者距离不等，从悬挂位置的刻度和权的标重，可以计算出所称物的重量。半圆鼻钮权既有像砝码一样的标重，又可以在有刻度的衡梁上像后来的秤砣一样移动，一身兼具砝码和秤砣两种性能。[1]

丘光明《天平、杆秤和戥子》为此"从与我们祖先处于同一历史阶段的少数民族中去"寻找佐证：

我们走访了中国社会科学院考古研究所。一位曾在20世纪五六十年代到云南边区，对当地少数民族度量衡进行过一些调查的同志，热情地向我们介绍说：在一般情况下，土著民对量的概念是比较模糊的，往往没有一个固定的标准量值，在分配和交换时，对物品的多少、轻重都不甚计较，但群众中也有一些简单的度量衡工具。如有一次，他们采访了一户土著民家，正巧碰上另一位村民来借当地比较珍稀的盐巴，主人便用一根提纽在中心的木衡，一边垂重物即"权"，再将来者所借出的盐放在横杆的另一端，"权"来回移动，直至横杆保持平衡后，再在置"权"的位置刻一横线作记号。主人这一举动引起了调查者的极大兴趣。主人说，这支简陋的"秤"是他自己做的，必要时偶尔用一次。待借物者归还时，只要把"权"仍置于所刻横线处，便可以得到与所借出时重物相似的物品了。这种使用方法，在原理上与国家博物馆那一支横杆有几分相似。[2]

4. 准之

《㮚氏》：权之然后准之。

孙诒让："权之然后准之"者，重率既定，乃更校其体积也。江永云："权之者，惟知金锡之轻重，而不得大小之度，亦不能算此锄当用金锡几何。凡重者体小，轻者体大。量为法度之器，欲其适重一钧。虽云六分其金而锡居一，若先以一钧之数，六一分之，则不能通合一钧矣，故必平正之。如铜立方一寸，其重几何？锡立方一寸，其重几何？知其体积与轻重之比例，然后可以计金锡而入模范也。"

郑玄：准，故书或作水，杜子春云："当为水。金器有孔者，水入孔中，则当重也。"玄谓准击平正之，又当齐大小。

孙诒让：注云"准，故书或作水"者，与《辀人》"辀注则利准"，故书作水同。杜子春云"当为水"者，杜以《轮人》《矢人》并有"水之"之文，故读从之。段玉裁云："为当作从。"云"金器有孔者，水入孔中则当重也"者，杜意量铸成后，或有砂瑕，故以水试之。如加重，则是尚有微孔，是其冶铸未精

① 刘东瑞《谈战国时期的不等臂秤"王"铜衡》，《文物》1979年第4期。
② 丘光明《天平、杆秤和戥子》，《中国计量》2011年第4期。

也。然经意实指未成量言,故后郑不从。江永云:"准字古文作水。或是先以方器贮水令满,定其重,乃入金若锡于水,水溢,取出金锡,再权其水,视所减之斤两与分寸,可得金锡大小之比例。后人算金银之法如此,疑古人亦用此法。模范先成,而金锡体异,先权以知轻重,准以知大小;然后可量金锡之多寡,入模范,使其成适合一钧也。"戴震云:"以合度之方器承水,置金其中,则金之方积可计,而其体之重轻大小可合而齐,此准之之法也。"案:江、戴二家亦并依故书为说,与算术合,较杜说为长。云"玄谓准击平正之,又当齐大小"者,《说文·水部》云:"准,平也。"《管子·宙合篇》云:"准坏险以为平。"盖谓段击之,以齐其体积之大小。贾疏云:"后郑以准为平。前经已称知轻重,然后更击锻金,令平正之,齐其金之大小也。"①

戴念祖《中国科学技术史·物理学卷》第二章《力学》第六节《固体》:"在江永依据西方测比重方法的推测下,后来戴震、孙诒让等均持此说,认为'准之'以测合金体积,又据称得的合金之重即可算其比重。此种'权''准''量'之方法,实则为阿基米德原理的运用。《考工记》成书年代比阿基米德早400余年。虽然不少人同意江永的上述解释,但似乎实难断论。这是因为杜子春的解释太简单,而清代学者之说又太晚了。我们还是等待发掘更多的文献或文物证明。东汉郑玄对'准''量'作出另一种解释……意思是,先将金属锤击平正,使之成一定大小尺寸,以此便于计算其体积。其后,即可据已'权'得的重量和'准''量'而得的体积,计算其比重了。"②

戴吾三《考工记图说》认为应考虑铸造量器的实际过程,"准之"是将范体放置于水平面上对正:"结合所见出土齐量,器为左、右两范合铸,有内外光洁者,有底部范略偏失圆者。由此看来,铸造中范体对正密合是一重要技术环节,不然器物就有缺陷。故笔者认为,'准之'的实际含义是,将范体放置于水平面上对正。在这里,水平是基本前提。"③

周鹏《从出土文物看〈考工记〉中"准之"内涵》不赞同戴吾三说,认为"准之"是要将金属置于注满水的容器中,通过测定溢出之水而测定金属的质量与体积:

第一,"准之"此道工序中,置入水中的金属已经是金锡合金而非单一的铜或者锡了。"准之"这一工序前面的"权之"此一工序,称量的仍是单一的铜和单一的锡的重量,而到了"准之"已经是铜锡合金即青铜,所以在材料上的这一变化需要强调出来。即是说江永描述的"或是先以方器贮水令其满,定其重,乃入金锡于水,水溢,取出金锡,再权其水,视其所灭之斤两与分寸,可得金锡大小之比例"。此处之"金锡"已然是青铜合金,而并非单一的铜或者单一的锡。

第二,此处的"准之"并非只是单纯利用水测法对青铜合金的体积和密度进行准确测量。测出青铜合金体积后,此时需要对范进行调整,要测定内范的容积是否符合已经铸成的青铜合金的体积,如果不符,那么进行铸造时必然会因为内范容积大于合金而成品无以为"嘉量",而内范容积小于合金体积则会导致合金定型后撑裂范而铸造失败。因此,作者认为此处的"准之"并非如戴吾三先生所说是放置水平对正密合范体,更非仅仅是关于范体的问题,青铜合金体积测量的水测法是其第一步工序。

---

① 孙诒让《周礼正义》3949—3950/3273—3274页。
② 戴念祖《中国科学技术史·物理学卷》124页,科学出版社,2001年。
③ 山东画报出版社,2003年,49页。

综上所述,结合上下文,"准之"的含义与量器制作过程对比原文应是这样:

栗氏制作量器。先一次次地反复分别冶炼铜和锡,使铜和锡都达到没有杂质可以损耗的纯品质,然后分别称量铜和锡的质量,再根据"金有六齐"中对于铜锡合金比例的要求铸造出青铜合金,接着将青铜合金置于盛满水的容器中,通过测量溢出水的体积测定青铜合金的体积与密度,再根据所测青铜合金的体积调整范体内范的容积使之符合要求,然后确定鬴各个部分的容积使之精确,最后铸造成鬴。

可见,在铸造鬴的过程中,通过水测法测定物体体积,在确定鬴质量的前提下确定鬴的体积后,利用这个数据调整范体内范的容积、内范与外范的关系,最终完成范体的制作。"准之"工序一举两得,不但可以准确测定鬴的金锡配比是否符合"金有六齐"的要求,而且可以和鬴范体的制作紧密结合,保证了范体的规范和安全,从而为高质量量器的完成又多加一层保护。[1]

闻人军《考工记译注》认为"'准之'并非单一的工艺操作,它包括从称重以后到浇铸之前的一段工序,其中最重要的是浇铸前须用水平法校正铸范,也要测体积、求密度"[2]。

5. 量之

《枲氏》: 准之然后量之。

孙诒让:"准之然后量之"者,戴震云:"量范之大小所受,以为用金多少之量数也。先权之,以知轻重;次准之,以知轻重若干,为方积几何;又次量之,以知为器大小,受金多寡。"

郑玄: 铸之于法中也。量读如量人之量。

孙诒让: 注云"铸之于法中也"者,贾疏云:"此量,谓既准讫,量金汁以入模中铸作之时也。"云"量读如量人之量"者,读与《夏官》"量人"同,明与"为量、嘉量"别也。段玉裁云:"此拟其音也。"[3]

王燮山《从"考工记"看我国古代的物理学》依据戴震的研究认为"这一段所记述的是制造铜器'量'时如何决定所需材料的方法":"这个方法是这样的:第一步把青铜(铜和锡的合金)按比例熔化,待其混合凝固后,用权(天平)称出它的重量W;第二步'准之',即把W重的青铜投入一个满盛水的一定容量的容器中,决定水溢出的多寡来测此重为W的青铜块的体积V,根据W和V便能决定青铜的重度$r=\dfrac{W}{V}$;第三步测出所要铸造的'量'的砂型

---

① 周鹏《从出土文物看〈考工记〉中"准之"内涵》,《魅力中国》2009年第36期。
② 上海古籍出版社,2008年,56页。
③ 孙诒让《周礼正义》3950/3273—3274页。

的体积 V，即'量之'，最后根据砂型的体积 V 和青铜的重度 r 便可决定铸造'量'所需的青铜总重 $W=r\cdot V$。这种用水来测定物质重度的方法和阿基米德所用方法是同出一理，可是中国劳动人民用这方法却比阿基米德至少早了一百多年。"[1]

杜正国《"考工记"中的力学和声学知识》不赞同王燮山的意见：

我们认为不能单凭"权之""准之""量之"等几项简单的记载，大加发挥，牵强地变通出一套"用水来测定物质重度的方法"来。为了便于讨论，下面把"㮚氏"篇中紧接上文的有关内容抄录于下："量之以为鬴，深尺内方尺，而圜其外，其实一鬴。其臀一寸，其实一豆。其耳三寸，其实一升。重一钧。其声，中黄钟之宫。"

量器的重量规定得很明白，"重一钧"；当时一钧等于三十斤。因此㮚氏改煎金锡要达到"不耗"的要求，只须权出比一钧略多一些的金锡合金即可，用不到王燮山同志文中所述的一套复杂的方法。那么"准之""量之"，又如何解释呢？"准"字的意思，书中注曰："准，故书或作水。"准是一种测水平平面的测量工作。因为水有一个特性，大量的水的自由面是一个平面，称为水平面。古人已能掌握并利用了水的这种性质，将有关校正或测定呈水平状态的平面的工序，称为准之，或水之。"匠人"中的"匠人，建国。水地以悬"中的水字也可当成匠人在建造房屋定地基时，也要经过一道检验地基是否成水平面的工序，所以"水地"中的水字也可作准字解。因此继续"权之"以后的"准之"，实是一种在制砂型或在浇铸时，需要校验水平平面的一道工序，这道工序，对制作专门用来测量体积（容积）的标准量具，是很重要的。最后的"量之"是待量器造好后的一件校验工作，看它的尺寸、容积是否符合规格。如"其实一鬴""其实一豆""其实一升"等。

因此说，"权之、准之、量之"，乃是制作量器过程中几道较重要的测量工序，所以书中把它记载了下来，从这儿可以看出当时度、量、衡工作在生产中已被工匠熟练掌握，直接为生产服务，又可看出当时制作工序的严密性。[2]

闻人军《考工记译注》认为"'量之'并非单一的工艺操作，它包括从'准之'以后到成品鬴之前的一段工序，其中包括浇铸工艺，但最重要的是检验校测容积是否符合设计要求"[3]。

6. 宣 㮚 柯 磬折

《车人》: 车人之事，半矩谓之宣。

孙诒让：云"半矩谓之宣"者……此总明车工倨句形体之法数也。程瑶田云："百工皆持矩以起

---

[1]《物理教学》1959年第2期。
[2] 杜正国《"考工记"中的力学和声学知识》，《物理通报》1965年第6期。
[3] 上海古籍出版社，2008年，56页。

度，而倨句之度法遂生于矩焉。矩者，倨句之正方者也。由是而句焉，则半矩，谓之宣。"又云："矩有直者，有曲者。倨句之云，折其直矩而为曲矩，故直矩无角，《周髀》所谓矩'出于九九八十一'。折之为曲矩，则一纵一横，而为正方之角，《周髀》所谓'折矩以为句广三、股修①四'，又所谓'合矩以为方'，又所谓'两矩共长二十有五，是谓积矩'。故凡正方之形，谓之一矩。是矩也，当其未折时，一直物而无角，其数九，其体略占曲矩之倍；及其折之为曲矩，则横五纵四，其体略存直矩之半，两矩合之，纵横皆五。《荀卿书》所谓'五寸之矩，尽天下之方'者，指曲矩而言之也。故当其未折而为直矩也，伸之无可伸，何倨之有？屈之不必屈，何句之有？及其折为曲矩，而谓之一矩，由一矩之折，而渐伸之出乎一矩之外，名之曰倨。其倨之角，悉数之不能终其物也。由一矩之折，而复屈之入乎一矩之内，名之曰句。其句之角，亦悉数之不能终其物也。而此或倨或句不能悉数者，呼之为角，不辞也。今以其可倨可句也，于是合倨句二字以名之，凡见无定形之角，则呼之为倨句，此《考工记》呼凡角为倨句之所昉也。故'车人之事'为倨句发凡起例，而折直矩为正方之一矩，以为一切倨句之权衡，乃邪判一矩之角而二之，曰半矩。"又云："《车人》一记，其起例有二道。起例于半矩者，为凡造物发敛不同形，是为倨句之例；起例于半柯者，为凡造物修短无定数，是为尺寸之例。是故倨句之例不可以尺寸言，故以半矩、一矩加半而数之；尺寸之例则必纪之以数，故曰柯长三尺，以为半柯、一柯、二柯、三柯之定限。"

郑玄：矩，法也。所法者，人也。人长八尺而大节三：头也，腹也，胫也。以三通率之，则矩二尺六寸三分寸之二。头发皓落曰宣。半矩，尺三寸三分寸之一，人头之长也。柯楄之木头取名焉。《易·巽》为宣发。

孙诒让：注云"矩，法也"者，《尔雅·释诂》文。案：此矩即《舆人》"方者中矩"之矩。郑误以宣楄等并为长短之度，故别训矩为法，非经义也。云"所法者人也，人长八尺而大节三：头也，腹也，胫也"者，郑误以此经为说长短之度，而一矩、半矩，度无明文，故以意定之，谓取法人身长八尺，上下分之，有此三节，因以求其数也。《淮南子·俶真训》高注云："胫，脚也。"云"以三通率之，则矩二尺六寸三分寸之二"者，贾疏云："郑欲推出宣之长短之数，以人长八尺，三分之，六尺各得二尺；其二尺又取尺八三分之，各得六寸；又以二寸，寸为三分，为六分，三分之，各三分寸之二：故云二尺六寸三分寸之二也。"程瑶田云："郑谓矩为法，以法人长八尺，三分人长之八尺，以其一之二尺六寸有奇为一矩，半之为半矩。如此，则三尺之柯，断不可以言矩；四尺五寸之一柯半，断不可以言一矩有半。"案：程说是也。郑所推宣楄磬折尺度，皆以"车人为车，柯三尺"之文，增减求之。不知此文自泛论倨句之形，而非计长短之度，一楄有半之倨句，与三尺之长本不相谋也。云"头发皓落曰宣"者，据《易》义也。《释文》皓作"晧"，云："晧本或作颢，刘作皓。"案：晧正皓俗。阮元云："颢是正字。《说文》曰：'颢，白皃。南山四颢，白首人也。'"云"半矩，尺三寸三分寸之一，人头之长也"者，《御览·人事部》引《春秋元命苞》云："头者，神所居。上员象天②，气之府也。岁必十二，故人头长一尺二寸。"此注取半矩之度，与彼相近。贾疏云："矩既二尺六寸三分寸之二，故减半为

---

① "修"原讹"脩"，据孙校本改，与程瑶田《磬折古义·磬折说》合。

② 引者按：物有方圆，如《舍人》郑注"方曰簠，圆曰簋"，《吕氏春秋·仲秋纪》高注"圆曰囷，方曰仓"。而"府"（府藏）无所谓方圆，不得谓圆（员）象府。知天圆（员）地方，故"上员象天"一句。王文锦本"象天"误属下句。

人头之长,有此数也。"云"柯槽之木头取名焉"者,戴震云:"柯槽以人所执之端为头,界画其处,亦以度物。"案:郑意盖当如戴说,谓柯槽头与人头相俔,因以取名。此亦以意推之,非经义也。程瑶田云:"宣之言发也,当是起土句钼之最句者,盖句庇利发之义。《诗·绵》曰'乃宣乃亩',《笃公刘》曰'既顺乃宣'。郑注曰'时耕曰宣',宣之言发也①。《释名》曰:'镈,迫也,迫地去草也。'宣之句地仅半矩②,用以去草,夫亦迫地之至矣,岂宣即镈乎?"案:程说亦通。引"《易·巽》为宣发"者,证头发皓落之义。贾疏云:"按《说卦》云:'其于人为寡发。'注:'寡发取四月靡草死,发在人体,犹靡草在地。'今《易》文不作宣作寡者,盖宣寡义得两通,故郑为宣不作寡也。"臧琳云:"《易·说卦》:《巽》为木,其于人也为寡发。'《释文》:'寡本又作宣,黑白杂为宣发。'李氏《集解》作'宣发',引虞翻曰:'为白故宣发,马君以宣发为寡发,非也。'据此,知《易》本有作'为宣发'者。宣,明也,又散也,故虞以为白。《周礼注》与虞仲翔本正合。贾疏引郑《易注》云'取四月靡草死,发在人体犹靡草在地',则是鲜少之义,经当作'寡'。盖马、郑所注古文《易》本作'寡发',郑用马本,王弼、韩康用郑本,故《释文》《正义》皆作'寡',贾疏亦云'今《易》文作寡'是也。《礼注》与《易注》不同者,郑先通《京氏易》,后注《费氏易》,又遭党锢事,逃难注《礼》,为袁谭所逼,来至元城,乃注《周易》。然则《礼注》之为'宣发',《京氏易》也;《易注》之'寡发',《费氏易》也。"案:臧说是也。今本贾疏寡宣字亦互讹,兹从张惠言校正。

一宣有半谓之槷。

孙诒让:"一宣有半谓之槷"者,程瑶田云:"由宣而倨焉,益以半宣,则四分矩之三而为一宣有半矣,是谓之槷。"

郑玄:槷,斫斤,柄长二尺。《尔雅》曰:"句槷谓之定。"

孙诒让:注云"槷,斫斤"者,据《尔雅》为说。斤,宋董氏本、余仁仲本、巾箱本、注疏本并作"木"。阮元亦引《说文》云"斤,斫木斧也。"案:贾疏述注亦作"斫斤",则唐本不作"木"。《说文·斤部》云:"斫,斫也。"《木部》云:"槷,斫也。齐谓之镃錤。一曰斤柄性自曲者。"郑此训与《说文》后一义同。《国语·齐语》亦有"斤槷",《管子·小匡篇》作"锯槷",《墨子·备城门篇》作"居属",字通。程瑶田云:"句槷其著柲也,句于矩,与一宣有半相应。"云"柄长二尺"者,亦误以槷为长短之度也。贾疏云:"一宣有半得长二尺者,以一宣尺三寸三分寸之一,取半添之,一尺得五寸,三寸每寸三分,得九分,并前一分为十分,取半得五分,三分为一寸余二分,总为六寸三分寸之二,添前尺三寸三分寸之一为二尺也。"引"《尔雅》曰,句槷谓之定"者,《释器》文。今本《尔雅》"句槷"作"斫斸",彼《释文》载或本作"槷",与郑所见同。郭注云"锄属"。《释文》引李巡注、《御览》引舍人注,并云"锄也",皆不云"斫斤",与郑义异。《说文·斤部》云"斫、斸,斫也",与《木部》槷字义同字异。案:斫木之斤,斫土之钼,其柄形同句曲,故并有句槷之称。据下先郑注引《苍颉篇》柯槽,则此经所云,自以斤柄为是。

一橛有半谓之柯。

孙诒让：“一橛有半谓之柯”者，程瑶田云：“又由橛而倨焉，益半橛，则倨于矩，而为一矩又八分矩之一矣，是谓之柯。”又云：“判其橛为半橛，橛者四分一矩之三，半橛者，四分一矩之一分有半，以半橛加于一橛，则出乎一矩又余八分一矩之一矣。”

郑玄：伐木之柯，柄长三尺。《诗》云：“伐柯伐柯，其则不远。”郑司农云：“《苍颉篇》有柯橛。”

孙诒让：注云“伐木之柯”者，《国语·晋语》韦注云：“柯，斧柄，所操以伐木。”《周书·文酌篇》云“九柯十匠归林”，柯[1]盖谓车人之事也。程瑶田云：“柯之为言阿也，句不及矩之谓也。斧内以柲，其倨句之外博也应之，故谓之柯，而因以名其柲。”云“柄长三尺”者，亦误以柯为长短之度也。后为车云：“柯长三尺。”《墨子·备穴篇》云：“斧金为斫，尾长三尺。”尾即柯也。《六韬·军用篇》云：“大柯斧刃长八寸，重八斤，柄长五尺以上，一名天钺。伐木大斧重八斤，柄长三尺以上。”亦伐木斧柄长三尺之证。引《诗》者，《豳风·伐柯》文。毛传亦云：“柯，斧柄也。”郑司农云“《苍颉篇》有柯橛”者，证此柯橛之名。《苍颉篇》今佚，柯橛之文无考。

一柯有半谓之磬折。

孙诒让：“一柯有半谓之磬折”者，由柯而张之，益以半柯，则倨于矩者尤多，而为一矩又三分矩之二强，谓之磬折。磬折者，如磬之倨句也。但《磬氏》云“倨句一矩有半”。二度不同者，此经所说宣、橛、柯、磬折四倨句之形，各以益半递增成度，与《磬氏》“一矩有半”专明为磬之度异。然一柯有半之磬折，与一矩有半之磬折数异，而名不害其同也。今假割圜四象限之度数，以释倨句之形。一象限为九十度，是为一矩，《治氏》所谓“倨句中矩”者也。倍之为二象限，为一百八十度。其半矩之宣，则四十五度也；一宣有半之橛，则六十七度半也；一橛有半之柯，则一百一度四分度之一也；一柯有半之磬折，则百五十一度八分度之一也。夫自二度以至百七十九度中，凡百七十七度，皆有倨句之形，发敛之，成无数之倨句。而经止著此五者之名，将谓凡物倨句必准此五者之数，不得少有赢朒乎而不能也。然则自二度至百七十九度，其倨句之不合于此五名者，亦必就此五者相近之度，揆量以名之，而不必以豪秒之差，议其不合也明矣。是故此职之磬折则百五十一度八分度之一，《磬氏》之倨句则百三十五度，二形差十六度八分度之一，而皆可以磬折名之。盖此经四者益半递增之度，本非求合于磬折，特以两度所差不多，遂假磬折以为名。若下文末庭之“倨句磬折”，及《匠人》“行奠水”之“磬折以参伍”，皆不能必协一柯有半，要其形约略如是而已。由此一柯有半而倨焉，而为《鞞人》皋鼓之“倨句磬折”，则约百六十五度也。更倨焉，而极于百七十九度，苟未至于百八十度之不成倨句，则亦无不可以磬折名之矣。故此经言磬折者，文凡四见，而度则有三，不足异也。互详《磬氏》疏。

---

① 引者按：《周书·文酌篇》：“七陶八冶归灶，九柯十匠归林，十一竹十二橛归时。”王文锦本“柯”字误属上句。

郑玄：人带以下四尺五寸。磬折立，则上俛。《玉藻》曰："三分带下，绅居二焉。"绅长三尺。

孙诒让：注云"人带以下四尺五寸"者，亦误以磬折为长短之度也。贾疏云："此据人之所立磬折之仪。云'一柯有半，谓之磬折'，据绅带以下而言也。"程瑶田云："郑因下记'柯长三尺'之云，而以之释柯之倨句，等而下之，遂谓楯为二尺，宣为尺三寸三分寸之一；等而上之，遂谓磬折为四尺有五寸。夫人身之磬折，譬况之名也，故《曲礼》云'立则磬折'，言其折之倨句似磬也。谓之磬折者，言凡应磬之倨句者，乃以磬折谓之，其不以人立之倨句言也明矣。"案：程说是也。云"磬折立则上俛"者，《贾子新书·容经》云："端股整足，体不摇肘，曰经立；因以微磬，曰共立；因以磬折，曰肃立；因以垂佩，曰卑立。"是磬折之立视共立、经立上益俛也。引《玉藻》者，贾疏云："案彼子游曰：'参分带下，绅居二焉。'郑注云：'三分带下而三尺，则带高于中也。'以其人长八尺，中则四尺，今云三分带下，绅居二分，明带上有一分，上三尺半，是带下有四尺半可知也。"[1]

钱宝琮主编《中国数学史》："《考工记》'磬氏'节明白规定，磬的两部分的夹角为'倨句一矩有半'，也就是135°，这和'车人''一柯有半谓之磬折'显然不同。大概在135°上下的钝角都得称为'倨句磬折'。于此可见《考工记》中宣、楯、柯、磬折等名词的定义是不很明确的。"[2]

闻人军《"磬折"的起源与演变》不赞同《中国数学史》的这种解释：

《考工记》"磬氏"条规定："磬氏为磬，倨句一矩有半。""一矩有半"应等于 $90° + \frac{1}{2} \times 90°$，即135°。《考工记》"车人之事"条曰："车人之事：半矩谓之宣，一宣有半谓之楯，一楯有半谓之柯，一柯有半谓之磬折。"以算式表示如下：

$$一宣 = \frac{1}{2} \times 90° = 45°,$$

$$一楯 = 45° + \frac{1}{2} \times 45° = 67°30',$$

$$一柯 = 67°30' + \frac{1}{2} \times 67°30' = 101°15',$$

$$一磬折 = 101°15' + \frac{1}{2} \times 101°15' = 151°52'30''。$$

程瑶田曰："盖磬氏为磬者，为磬折也，为磬折而有倨句。"说到底，磬折应是某种磬之倨句，但上面的计算结果表明，《记》文磬折和磬制倨句两者的数值显然不同，这个问题的解释涉及先秦数学发展史几何角度定义的形成和发展过程，有必要加以澄清。

对《考工记》磬折和磬制倨句问题，最有说服力的证据莫过于历年来出土的春秋战国时期的编磬实物。为明晰起见，兹将初步搜集到的有关资料分列于表一、二、三。下面暂据表列的编磬实物和有关文献资料，试作一些分析。

由表一可知，在春秋后期以前，编磬尚未定型；至春秋末期，出现了规范化趋向，尤其是河南淅川下寺一号墓出土的编磬，其倨句平均值为153°左右，而且相互之间比较接近，正与《考工记》"车人

① 孙诒让《周礼正义》4240—4247/3507—3512页。
② 科学出版社，1981年，15页。

之事"条"磬折"的概念相应。由此看来,磬折的概念是在制磬的实践中形成的,时代不会晚于春秋末期,因为"车人之事"条的矩、宣、欘、柯和磬折定义上下关联,所以也可以说矩、宣、欘、柯、磬折这一整套实用角度定义至迟在春秋末期已经形成。

磬折的概念形成之后,对制磬工匠发生了直接的影响,表二所列的编磬,其倨句基本上取磬折形,一般在150°左右,显然继承了春秋末期磬折遗风。这批编磬,时间上大多属于战国前期,地域北至晋地,南达曾、楚,说明磬折的概念在战国前期广为流传。其中曾侯乙墓编号下.15石磬的倨句为152°,下.12石磬的倨句为153°①,合乎磬折或相当接近。

磬折的概念在战国时期广为流传和应用,这种实用几何角度定义在我国早期的工艺技术中起过一定的积极作用。

然而,若按磬折的定义制磬,在实用上并不方便。也许有些工匠为了简化工艺,直接以"一矩有半"为磬之倨句,经《记》文作者在"磬氏"条中明文规定,随着《考工记》的流传,齐、魏、韩等国的磬匠按"磬氏"的规定制磬,由是产生了一大批"倨句一矩有半"型的编磬,而磬折型编磬渐被淘汰,至战国中期以后几乎绝迹。"倨句一矩有半"型编磬实物的形制不尽符合《记》文规定的原因是,编磬毛坯制成后,尚需通过刮磨来调音,刮磨工艺对倨句值有一定的影响,故有一些误差。就制磬工艺而言,从东周编磬到《考工记》的成书,可视为从实践上升为理论的阶段;从《考工记》的流传到战国中后期的编磬,可视为用理论指导实践的阶段;春秋战国时期的科技进步由此可见一斑。②

孙琛《〈考工记·磬氏〉验证》统计了156件战国石磬,"倨句是132°、133°、134°、135°、136°、137°、138°、140°、141°、142°、145°、150°的石磬分别有5件、6件、6件、12件、9件、17件、11件、19件、6件、8件、16件、16件。可以看出,倨句是140°的石磬数量最多,其次是145°和150°的石磬数量,均多于倨句是135°的石磬数量。与闻人军'战国时期风行倨句一矩有半型编磬'的说法,不太吻合"③。

戴吾三《〈考工记〉"磬折"考辨》认为"在135°左右的角度值都可看作磬折,这是'以矩起度'的磬折":

矩是由两边构成的直角尺,两边不等长。为使讨论方便,我们假设矩的两边等长,并考虑用四个矩围成一个新矩形。

按《考工记·车人》所述,"宣"对应着1个单位长度,"欘"对应着1.5个单位长度,"柯"对应着2.25个单位长度,"磬折"对应着3.375个单位长度,"倨句一矩有半"也可作此理解,即认为对应着3个单位长度,如图3所示。

对上述图形观察得到启示,只要在矩的两边分别标明尺度,更一般地,利用一个矩就能作出所需的角度,这可叫做"以矩起度"。如图4所示。

把取单位长度对应的角度与以往解释的角度列表对照如下:

① 湖北省博物馆编《曾侯乙墓》,文物出版社,1989年,第138—140页。
②《杭州大学学报》(自然科学版)1986年第2期;引自闻人军《考工司南:中国古代科技名物论集》109—120页,上海古籍出版社,2017年。
③ 中国艺术研究院音乐学专业硕士学位论文,2007年,11—12页。

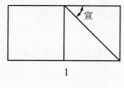

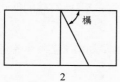

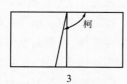

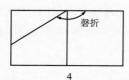

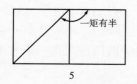

图3　宣、欘、柯、磬折、一矩有
半对应的单位长度示意图

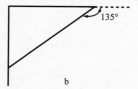

图4　"以矩起度"示意图

《考工记》中矩、宣、欘、柯、磬折一览表　表1

义项名称	原文	郑玄注	取单位长度	按取单位长度对应的角度值	以往解释的角度值
矩		二尺六寸三分寸之二	2	90°	90°
宣	半矩谓之宣	一尺三寸三分寸之一	1	45°	45°
欘	一宣有半谓之欘	欘，斫斤，柄长二尺	1.5	63°26′	67°30′
柯	一欘有半谓之柯	伐木之柯，柄长三尺	2.25	104°2′	101°15′
磬折	一柯有半谓之磬折	人带以下四尺五寸，磬折立	3.375	148°	151°52′30′
一矩有半	倨句一矩有半	度一矩为句，矩为股，而求其弦	3	135°	135°

肯定矩、宣、欘、柯、磬折是一套角度定义，这是程瑶田研究的一个贡献。遗憾的是，程瑶田无法解释"磬氏为磬，倨句一矩有半"与"一柯有半谓之磬折"的矛盾，他将"一柯有半谓之磬折"臆改为"一矩有半谓之磬折"。这一改是失足矣。

近人研究《考工记》，已明确视宣、欘、柯、磬折为一套角度单位，但如何解释"倨句一矩有半"与"一柯有半谓之磬折"的矛盾，却仍感困惑。

按本文分析并提出的"以矩起度"观点，以往解释的矛盾及困难均可迎刃而解。

1. 宣、欘、柯、磬折是一套角度，是可在矩上取某些数值起度得的角度，这大概正是程瑶田说"倨句度法生于矩"的本意。因为"矩"有两义，一表曲尺，一表直角。从前义理解，利用曲尺两边上的数值作弦，可得一套角度，这就是"以矩起度"；若从后义理解，自然便对九十度平分，利用分、合而得到一套角度。可以说，从前者理解，有实用的意义；从后者理解，更多的是理论化的意义。

2. 利用"以矩起度"，可作任意角度，非常简单、方便。假设把矩尺一边分为10等分，取一组数看对应得的角度，见表2，如图5所示。

尽管利用"以矩起度"可作任意角度，但在工程实际中为了规范，工匠倾向取某些数值起度，因而便有了宣、欘、柯、磬折，或类似的特写值。利用九十度分合所得的值，更强化了规范意义。

3. 建国以来出土的磬数以百计，春秋时期的磬倨句值在125°～160°之间波动，战国时期倨句为135°的磬见多。按"以矩起度"并结合《考工记》来认识，早期规范意识不强，磬匠可作多种取度。乃至《考工记》成书并流传，便渐趋规范而以"一矩有半"取度。这里根本不存在简化工艺的问题。

矩尺部分刻度对应的角度　表2

刻度值 角度值	0.3	0.4	0.5	0.6	0.7	0.8	0.9
左	106°42′	111°50′	116°34′	121°	125°	128°40′	132°
右	163°18′	158°10′	153°26′	149°	145°	141°20′	138°

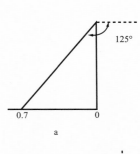

4. 按"以矩起度"，《考工记·匠人》中"凡行奠水。磬折以参伍"之句便很容易解释。堰形并非"其横段与折段的长度是三比五"[①]（图6中a），那样理解明显地与水利工程实际情况不符。而是指，在矩尺两边分别取数值三、五，以此起度，夹角对应得149°（见图6中b）。这不仅是典型的"磬折"，更重要的，其堰高和横段长度都可随实际调整，这种解释合理、自然。

5.《考工记》中，除了"车人之事""匠人"条外，明文提到磬折的还有两处。"韗人"说："为皋鼓，长寻有四尺，鼓四尺，倨句磬折。""车人为耒"说：耒"庛长有一尺，中直者三尺有三寸，上句者二尺有二寸。……直庛则利推，句庛则利发。倨句磬折，谓之中地。"这里的磬折不必拘泥于135°或148°（更不可能是151°52′30″），因为以矩起度作磬折是很容易的事，从美观（如对"为皋鼓"而言）或实用（对"为耒"而言）出发，可在135°左右一个范围内取值。

图5　矩尺取值相同而对应不同的角度

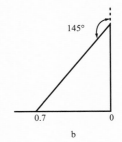

最后再归纳一下。

1. 不否认先秦时期古人已熟悉角度平分并在工程技术中有所应用，但相比之下，"以矩起度"更为简单、实用，因而具有普遍意义。而且很可能"以矩起度"是产生于"角度分合"之前。

2. 在135°左右的角度值都可看作磬折，这是"以矩起度"的磬折。特别地，对于用矩上某些数值起度所得的磬折（如135°、149°），更有典型意义。而151°52′30″，则是指"角度分合"的磬折。

3. "以矩起度"反映了古代工匠的聪明才智，通过对矩的操作而

图6　"磬折以参伍"式的折线型剖面堰

a 以往解释

b 本文解释

① 中国水利史稿编写组《中国水利史稿》上册第108页，水利电力出版社，1979年；另见闻人军《〈考工记〉中的流体力学知识》，《自然科学史研究》1984年第1期。

达到所需要的任何角度,这在工程技术中有重要的实用性。[①]

关增建《〈考工记〉角度概念刍议》认为"磬折一词是作为一个特定角度的专有名称来使用的":

《考工记》最常用的特定角度是矩和磬折。矩相当于现在所谓的直角,磬折则是通过对矩实施几何操作而得以实现的。《考工记·车人之事》规定了具体的操作程序:"车人之事,半矩谓之宣,一宣有半谓之欘,一欘有半谓之柯,一柯有半谓之磬折。"这里宣、欘、柯、磬折就是通过对矩实施几何操作而得到的一套角度体系。若用现行分度法表示,则其具体数值为:

矩 =90°

宣 =1/2×90°=45°

欘 =45°+1/2×45°=67°30′

柯 =67°30′+l/2×67°30′=101°15′

磬折 =101°15′+1/2×101°15′=151°52′30″

《考工记》为什么要制订这样一套角度呢? 笔者认为,这主要是为了让工匠们在制作器具时,能快捷准确地求得"磬折"这一特定角度。在《考工记》及古代社会生活中,磬折作为特定的技术规范,是得到一定程度的应用了的。

既然如此,就有必要找到一种快捷的方法,能准确将磬折这一角度复现出来。由于古人没有用数字表示角度的习惯,《考工记》创造性地找到了"以矩生度"的方法:以矩作为起始角度,通过对它的平分得到一个新的角度宣,宣再加上它的平分角又得一个新角度欘,对欘进行同样的操作而得柯,由柯进一步得磬折。在整个过程中,只需重复进行平分、相加这样的简单操作步骤即可。对于工匠来说,采用这种分合起度法,他们可以很方便地随时随地复现出磬折这一特定角度来。因此这套体系中,矩和磬折最为重要,宣、欘、柯起过渡作用,通过它们得出磬折来。这套角度体系的特点是构造性的,每个特定角均可通过对矩实施几何操作而得以实现。

所谓的"倨句磬折"矛盾只是后人的误解,这一矛盾在《考工记》中并不存在。论者往往囿于磬折这一名称,就先验地认为它一定是编磬所要求的角度。实际上,磬折一词是作为一个特定角度的专有名称来使用的。正如欘、柯本义是指斧柄,但在《车人之事》条中,它们只表示角度,而与斧柄毫无关系一样,磬折也不是磬匠制磬时所要遵循的技术规范。中国古代习惯于用特定的名称表示特定的角度,古人用矩表示直角、用十二地支表示十二个地平方位角,就是一个例证。也许《考工记》作者觉得磬的鼓上边与股上边的夹角与他们所要表示的这个"一柯有半"的新角度大小差不多,于是就借用了磬折这一名称。但是为了避免给磬匠们造成麻烦,于是又专门规定,"磬氏为磬,倨句一矩有半",以此作为制磬时所要遵循的技术规范。由古磬的出土情况来看,这一规定在一定程度上是被遵守了的。这也可以解释为什么"磬折"型编磬在出土编磬中极少被见到,原因就在于"磬折"本身就不是编磬的技术规范。[②]

---

① 戴吾三《〈考工记〉"磬折"考辨》,原载台湾《科学史通讯》第17期,1998年;引自戴吾三《考工记图说》144—150页,山东画报出版社,2003年。

② 关增建《〈考工记〉角度概念刍议》,《自然辩证法通讯》2000年第2期。

关增建《中国古代角度概念与角度计量的建立》认为"磬折"与磬没有关系："实际上，在《考工记》中，磬折是作为一个特定角度的专有名称来使用的，其定义就是'一柯有半'，与磬没有关系。正如橛、柯本义是指斧柄，但在《车人之事》条中，它们只表示角度，而与斧柄毫无关系一样，磬折也不是磬匠制磬时所要遵循的技术规范。……《考工记》的作者只是借用了磬折这一名称来表示这个特定的角度的，至于具体到磬的制作，则又专门规定，'磬氏为磬，倨句一矩有半'，以此作为制磬规范。由出土的古磬来看，其顶上的折角也大都符合'倨句一矩有半'的要求，而'磬折'型编磬在出土古磬中则极为少见，原因就在于'磬折'本身不是制磬规范。按照这样的思路去看待《考工记》的相关条文，所谓的'倨句磬折'矛盾也就荡然无存了。"①

　　闻人军《再论"磬折"》则认为："'磬折'这一名称与磬不无关系，在历年出土的春秋战国时期编磬中已可见到不少'磬折'型编磬，并不是'极为少见'（参见表一）。从现有资料来看，'磬折'型编磬是从楚文化区发端，向外扩散，影响所及，至少到达中原和晋地。'磬折'这一名称有丰富的内涵，携带着宝贵的信息。'车人之事'这套角度定义的原创者未必就是《考工记》的作者，甚至未必是齐人。在为这个"一柯有半"的角度定名时，已有一类磬的鼓上边与股上边的夹角约当'一柯有半'。由于定义了'一柯有半谓之磬折'，某些诸侯国的制磬生产也可能会受其影响。《考工记》的作者（或增益者）将'车人之事'的一整套角度定义收入书中，保留了'磬折'这一习惯用语，与'磬氏为磬'明确具体地规定'倨句一矩有半'并存书中，适用场合不同，叫法毕竟有别，理清源流，所谓矛盾自然就不存在。对我们而言，这反而是了解《考工记》的编成和流传的有用线索。"②

7. 垸(锾)　锊　斛

《冶氏》：冶氏为杀矢，刃长寸，围寸，铤十之，重三垸。

郑司农：垸，量名，读为丸。

　　孙诒让：郑司农云"垸，量名"者，此量谓权也。《家语·五帝德篇》王注云："五量：权衡、斗斛、尺丈、量步、十百。"③是权衡亦通称量。贾疏谓"垸是称两之名，非斛量之号"，非先郑意。至垸之为量，经注无文。戴震谓即锾之假字，云"十一铢二十五分铢之十三"。程瑶田及段玉裁并从其说，详后及《弓人》疏。云"读为丸"者，段玉裁云："'读为'疑当作'读如'。"案：段校是也。此亦拟其音也。

① 《上海交通大学学报》（哲学社会科学版）2015年第3期。
② 闻人军《考工司南：中国古代科技名物论集》128页，上海古籍出版社，2017年。
③ 引者按：四部丛刊本《孔子家语》"斗斛"作"升斛"、"量步"作"里步"。

《说文·土部》"塿"训丸桼。《列子·黄帝篇》"累塿"，殷氏《释文》音丸，《庄子·达生篇》"塿"作"丸"，是其证。[1]

丘光明《中国最古老的重量单位"寽"》指出按照戴震所释"十一铢二十五分铢之十三"，则"三塿（锊）合22.5克"[2]。

詹开逊《谈新干大洋洲商墓出土的青铜兵器》表列各式铜镞重量如下：

		数量（枚）	通长（cm）	翼宽（cm）	铤长（cm）	平均重（kg）
短脊宽翼	弧刃	15	8.4～9.6	5.4～6.2	2.3～2.8	35
	镂孔	21	10～10.7	8.4	2.7～3	33
短脊窄翼	直刃	31	8.4～9.2	4.7	2.1～2.4	28
	镂孔	10	8.7	4.9	2.4	25
常规镞	—	38	5.3～7.3	2.3～2.8	1.3～2.2	10

平均数约为26.2克。[3]

《冶氏》：戈广二寸，内倍之，胡三之，援四之……重三锊。

孙诒让："重三锊"者，明戈金全体之重也，兼内胡援三者言之。

郑司农云："锊，量名也。读为刷。"玄谓许叔重《说文解字》云："锊，锾也。"今东莱称或以大半两为钧，十钧为环，环重六两大半两。锾锊似同矣，则三锊为一斤四两。

孙诒让：注郑司农云"锊，量名也"者，量亦权也。《书·吕刑》孔疏引马注同。云"读为刷"者，戴震云："《史记·周本纪》'其罚百率'，徐广曰：'率即锾也，音刷。'《平准书》'白选'，《索隐》曰：'《尚书大传》云："夏后氏不杀不刑，死罪罚二千馔。"'《汉书》作'撰'，二字音同也。《萧望之列传》：'《甫刑》之罚，小过赦，薄罪赎，有金选之品。'应劭曰：'选音刷，金铢两名也。'师古曰：'音刷是也字本作锊，锊即锾也。'"段玉裁改"读为"为"读如"，云："应劭曰'选音刷'，与此读如刷，一也。今本注作'读为'，误。"案：段说是也。云"玄谓许叔重《说文解字》云：锊，锾也"者，证锊与锾义同。《弓人》注亦用此义。今本《说文·金部》云"锊，十一铢二十五分铢之十三也。《周礼》曰'重三锊'。北方以二十两为三锊"。又"锾，锊也。《书》曰，罚百锾"。锊下无"锾也"之文，盖挩也。《书·吕刑》疏引马注亦云："锊，量名，当与《吕刑》锾同。俗儒云'锊，六两，为一川'，不知所出耳。"是郑、许说并本马季长也。川选音亦相近。云"今东莱称或以大半两为钧，十钧为环，环重六

---

[1]　孙诒让《周礼正义》3912—3914/3243—3244页。
[2]　《考古与文物》1997年第4期。
[3]　《文物》1994年第12期。

两大半两"者，戴震改"环"为"锊"，以环为锊之误。阮元云："《释文》不出环字，'三锊'下云'或音环'。贾疏两引此注，先作环，后作锊。"案：戴、阮校是也。贾《职金》疏及《吕刑》孔疏引此注，亦作"锊"。贾疏云："锊锾轻重无文，故王肃之徒皆以六两为锊，是以郑引许氏及东莱称为证也。凡数言大者，皆三分之二为大，三分之一为少。以一两二十四铢，十六铢为大半两也。锾则百六十铢，二十四铢为两，用百四十四铢为六两，余十六铢为大半两，是锾有六两大半两也。"案：锾锊义同，其数则有三说。郑以为六两大半两，三之，则二十两，此注引东莱语，《说文》引北方语是也。贾引王肃则以为六两，三之，为十八两。《小尔雅·广衡》云："二十四铢曰两，两有半曰捷，倍捷曰举，倍举曰锊，锊谓之锾。"即王氏所本。《吕刑》伪孔传孔疏及《释文》引马融、贾逵述俗儒说同。又《路史后纪》引《尚书大传》，《史记索隐》引马融释"馔"，贾《职金》疏引《五经异义》《尚书》夏侯、欧阳说释率亦同。许君则以为十一铢二十五分铢之十三，《职金》疏引《异义》《古尚书》说及《吕刑》释文引马融说是也。《书·舜典》疏引郑《驳异义》云："赎死罪千锾，锾六两太半两，为四百一十六斤十两大半两铜，与今赎死罪金三斤，为价相依附。"与此注同。而《吕刑》释文引郑《书注》，又与王肃同。《路史》引郑《书传注》，以千馔为三百七十五斤，亦以一馔六两计之。是郑说亦自舛异。《吕刑》疏谓郑说锾重六两三分两之二，多于孔、王所说，惟较十六铢。然则王说与东莱方言所差甚微。孔广森亦谓"言六两者举成数"，此郑《书》《礼》两解错出之故与？云"锾锊似同矣"者，许谓锾锊数同，郑证以东莱人所称，而定从其说也。戴震云："锾锊篆体易讹，说者合为一，恐未然也。锾读如丸，十一铢二十五分铢之十三，垸，其假借字也。锊读如刷，六两太①半两，率、选、馔，其假借字也。二十五锾而成十二两，三锊而成二十两。《吕刑》之'锾'当为'锊'，故《史记》作'率'，《汉书》作'选'，伏生《大传》作'馔'。《弓人》'胶三锊'，当为'锾'。一弓之胶三十四铢二十五分铢之十四。贾逵说俗儒以锊重六两。此俗儒相传讹失，不能核实，脱去大半两言之。"案：戴谓锊锾异量，孔广森说同，亦通。云"则三锊为一斤四两"者，一锊为六两大半两，三六得十八两，三大半两合成二两，故得一斤四两。以四分其金而锡居一之齐计之，则金十五两，锡五两也。若依马、王及郑《书注》说，锊为六两，则三锊止一斤二两也。②

丘光明《中国最古老的重量单位"寽"》指出按照郑玄所释，"则三锊为汉时之一斤四两，合今298克"③。

蔡运章《寽的重量及相关问题》借助于考古发现的新资料，考证"战国时期一寽的重量约等于5斤，在1 280克左右"：

在古代文献中，寽通作锊，爰通作锾。自汉代以来，人们大都把寽和爰混为一字。这种现象，直到清代学者戴震才开始指出："锾、锊篆体易讹，说者合为一，恐未然也。"郭沫若先生进一步肯定说："古文寽作𤔧，爰作𤔲，判然二字，汉人误读而混淆。"④这种卓识的见解，从根本上匡正了古人把寽和爰"误读而混淆"的错误。但是，对寽（或爰）的重量，自汉代以来却有"六两大半两""六两""十一铢二十五分铢之十三""十二铢""1 230.3克"和"大概在1 400克至1 600克之间"等不同的说法。众说

---

① 引者按："太"原讹"大"，据孙校本改，与戴震《考工记图》（阮元《清经解》第3册871页上）合。

② 孙诒让《周礼正义》3914—3922/3244—3251页。

③ 《考古与文物》1997年第4期。

④ 郭沫若《金文丛考》，科学出版社，1955年，288页。

纷纭,莫衷一是。那么,守和爰的实际重量究竟是多少?

我们认为,单凭古代文献,已经很难搞清这个问题了。必须借助于考古发现的新资料,才能为这个问题的解决开辟新的途径。在这方面,日本学者林巳奈夫先生和朱德熙等先生都已作了有益的探讨。但是,还存在一些问题(详后),有必要再作新的尝试。

守是个古老的重量单位,在商代晚期就已产生,西周金文中也屡见记载[1],直到战国晚期仍通用于三晋、两周地区。新中国成立前,在洛阳金村出土的战国铜方壶上,大都刻有用守记载壶重的铭文。可惜,这批珍贵文物出土后,多已流散国外。朱德熙先生曾查明下列八器,其中第八器保存完好,现藏在清华大学,经朱德熙先生实测,它的重量为5 450克[2]。同时,现藏在日本京都大学人文科学研究所的自铭为"四守十三冢"的一件,经实测重为5 220克[3]。这两件较为完整的铜方壶的铭文和实测重量,为我们推算一守的重量,提供了较为可靠的依据。

林巳奈夫先生认为,这些铜方壶的铭刻中,"守"下面零数的重量单位是"升鉌",为了推算一守的重量,他以X代表守,以Y代表"守"与"升鉌"的进位数值,列出如下的联立方程式:

$$4x+23x/y=5\ 450\ 克$$
$$4x+13x/y=5\ 220\ 克$$

得出:$X \fallingdotseq 1\ 230.3\ 克 \quad y \fallingdotseq 53.5$

一般说来,他采用的方法是正确的。但是,这些铜器由于锈蚀、损伤、修补等原因,现在的实测重量,大都同原来的重量出入较大。这样,用同样的方法去推算其他各器,一守的误差往往很大。同时,"升鉌"也并不是"守"下面的重量单位。因此,用这种方法推算出来一守的重量以及守和它下面的重量单位的进位数值,都难令人信服。

同时,从朱德熙等先生测算出来的一守的重量来看,他们依据的"当守"钱都较重,不能代表这种货币的一般重量。因此,他们推算出来的一守的重量,也是不足令凭的。

为了弄清一守的较为准确的重量,我们需要对上引有关壶重的一句铭文作综合分析。壶铭中的"四守""五守"是壶重的整数,"守"是其重量单位。守后面的"廿三""廿二"等,是指不足一守的零数,它们的重量单位应小于守。

我们知道战国时期两周地区广泛通行斤、两的衡制单位,从铜方壶的铭文和重量来看,"守"和它后面的重量单位的进位数值在"廿三"以上,说明这个重量单位的数值不会太大。因此,我们认为它可能是"两"。

现在,我们仍以林巳奈夫先生据以推算的两件铜方壶的铭文和实测重量为依据,来进一步测算一守的重量。清华大学所藏的铜方壶自铭为"四守廿三冢",实测重量为5 450克,说明当时的四守廿三两重,相当于5 450克。假设一守的重量为X,当时的一两重为15.625克[4],那么:

① 郭沫若《十批判书》,科学出版社,1976年,16页。
② 朱德熙《洛阳金村出土方壶之校量》,《北京大学学报》(人文科学版)1956年第4期。
③ 林巳奈夫《战国时代の重量单位》,《史林》51卷2号,1968年。
④ 战国时各国的度量衡制有所不同。我们从当时秦国一斤重250克(见蔡运章《论商周时期的金属称量货币》,《中原文物》1987年第3期),折算当时一两约合16.02克。

$$4X+23 \times 15.625=5\ 450\ 克$$
$$X=1\ 272.625\ 克$$

同样,用日本京都大学所藏铜方壶的铭文和实测重量推算,则:

$$4X+13 \times 15.625=5\ 220\ 克$$
$$X=1\ 254.219\ 克$$

因此,我们认为,战国时期两周地区一寽的重量接近于 1 253 和 1 270.385 克。

同时,在战国时期的金属货币中,有一种铸行于三晋地区的平首布,一般称为"当寽"钱。它的钱文较为特殊,共有四种类型。

过去,不少人试图用这种布钱来测算一寽的重量。但是,因为不能正确地释读钱文,所以得出的结论都是错误的[①]。因此,要想用这种货币来测算一寽的重量,必须正确地释读它的钱文。

通过对这几种钱文的释读,我们可以看出梁国铸造的当寽钱,有"釿"和"寽"两种货币单位。釿本是布钱的基本货币单位,现在又加上"当寽"字样,可见这种钱不是普通的布钱,而是为了在和非梁地区或不以寽为单位的布钱行使区域进行贸易,才铸行的一种特殊货币[②]。为什么会出现这种现象呢? 因为按照马克思主义的货币理论,一切金属货币当离开本国而到国际市场上流通交换时,能够起到商品价值的只是金属实体的重量。因此,梁国铸造的这种布钱,为了使用的方便,就在钱文中标明了它本身的重量与当时许多国家通用的重量单位"寽"的兑换比值。也就是说,标明了它以"寽"为单位的国际重量。这样,我们完全可以根据这种货币的钱文和重量,来进行测算一寽的重量是多少。

这几种"当寽"钱的重量,王毓铨先生曾作过较为简略的记述[③]。现列表引录如下:

种 类	钱 文	最重的重量(克)	最轻的重量(克)
一	梁正币百当寽	16.00	10.82
二	梁充釿百当寽	15.05	7.21
三	梁充釿五十当寽	28.02	17.40

据此,我们用每种钱的最重和最轻的平均重量,对一寽的重量加以推算。假设一寽的重量为 X,可以得出以下三个近似数值:

$$一 \quad X = \frac{16.00 + 10.82}{2} \times 100 = 1\ 341(克)$$

$$二 \quad X = \frac{15.05 + 7.21}{2} \times 100 = 1\ 113(克)$$

① 王毓铨《我国古代货币的起源和发展》,科学出版社,1957年,35—38页。
② 王毓铨《我国古代货币的起源和发展》35—38页。
③ 王毓铨《我国古代货币的起源和发展》35—38页。

$$三 \quad X = \frac{28.02 + 17.40}{2} \times 50 = 1\,135.5（克）$$

这三个数的误差比较大，主要是因为这几种钱铸造得不够规整，每种钱的最重和最轻两枚的平均重量，不一定很符合这种钱的一般重量。但是，我们用这种方法推算出来寽的重量，都与用洛阳金村出土铜方壶测算的结果相差不远。这说明当时梁国一寽的重量，大约在 1\,113 ～ 1\,341 克之间。

为了用这种布钱测算一寽的较为准确的重量，最近我们把 1958 年在洛阳市郊区董村出土的一批"梁正币百当寽"钱的重量作了实测[①]。从我亲自称量的 100 枚来看，最重的为 15.8 克，最轻的为 8.5 克，一般重 13 克左右，100 枚的总重量为 1\,315.8 克。这样，可以得出梁国一寽的重量约为 1\,315.8 克。

林巳奈夫先生曾用这种布钱推算出一寽的重量大略为 1\,100 ～ 1\,300 克，所得一寽平均值为 1\,225.8 克[②]。由此可见，我们推算出来的结果是较为接近的。因此，那种认为"从'当寽'钱来推算一寽之重，其根据不足为凭"的看法[③]，是没有道理的。

通过上面的推算，我们用铜方壶测得一寽的重量约为 1\,272.628\,5 和 1\,254.219 克，从"当寽"钱测得一寽的重量约为 1\,277.546 克。我们知道，战国时期一斤的重量为 250 克，这三个数的平均值为 1\,279.73 克，恰与当时 5 斤的重量

$$250 \times 5 = 1\,250（克）$$

极接为近。因此，我们认为战国时期一寽的重量约等于 5 斤，在 1\,250 克左右。

爰也是我国古代的重量单位。《尚书·吕刑》说："墨辟疑赦，其罚百锾"；"宫辟疑赦，其罚六百锾"；"大辟疑赦，其罚千锾。"《吕刑》是春秋时期吕国的刑书[④]。可见，当时爰已经作为重量单位使用了。战国时期楚国的金币郢爰，就是以爰为重量单位的。近年来，有人曾对每块郢爰的重量进行比较研究，得出一爰重的近似值为 14 ～ 17 克左右，约等于当时的一两[⑤]。这种推测是可信的。

综上所述，我们认为寽和爰是先秦时期两个截然不同的重量单位。战国时期，一寽的重量约为 1\,250 克；一爰的重量相当于一两，约为 15.625 克。一寽约等于 5 斤，相当于 80 爰（两）。战国以前，寽和爰的重量以及它们之间的关系，可能与此相差不远。大概在秦始皇统一度量衡后，寽这个重量单位已被废弃，到了东汉时期，人们对它的实际重量已经搞不清了。千余年来，遂成疑案。[⑥]

丘光明《试论战国衡制》指出"汉代文献所记每寽当为 100 克左右。而据金村铜钫和三晋'釿'当'寽'铸文货币实测折合，每寽在 1\,200 克左右"：

西周青铜器铭文上的匀、寽、爰是重量单位，但匀、寽、爰之间的换算关系，以及它们的单位量值，

---

① 蔡运章、侯鸿军《洛阳附近出土的两批东周货币》，《中原文物》1981 年第 3 期。

② 林巳奈夫《战国时代の重量单位》，《史林》51 卷 2 号，1968 年。

③ 北京大学历史系考古教研室《战国秦汉考古（上）》，1973 年铅印本 56 页注①。

④ 郭沫若《中国古代社会研究》，科学出版社，1964 年，162 页。

⑤ 李家浩《试论战国时期楚国的货币》，《考古》1973 年第 3 期。

⑥ 蔡运章《寽的重量及相关问题》，《中原文物》1982 年第 3 期；引自蔡运章《甲骨文与古史研究》200—207 页，中州古籍出版社，1993 年。

已无法确知。秦汉文献虽每对寽、爰作些注释,但说法不一,无可依从。

金村古墓出土的铜钫较多,已知有称量数据的七件,如表七。

表七

序号	器名	铭文摘录	容量(毫升)	重量(克)	现藏
1	铜钫	四斗觞(司)客,四寽廿三□□,右内廿一	7 935	5 450	清华大学
2	铜钫	四斗觞(司)客,四寽十一□□,右内俉七	7 700	4 912	故宫博物院
3	铜钫	四斗觞(司)客,四寽十三□□,右内俉,廿四		5 220	日本京都大学人文科学研究所
4	铜钫	四斗觞(司)客,四寽廿三□毲,右内俉十七		5 103	加拿大皇家安大略博物馆
5	铜钫	四斗觞(司)客,四寽廿三□毲,右内俉十五		4 876.2	同上
6	铜钫	四斗觞(司)客,五寽三□□,左内俉八		6 350.4	同上
7	铜鼎	公左(私)自(官)再三寽七□		3 247.5	同上

铜钫寽以下的单位不识,暂作舺。目前尚难确定多少舺为一寽,因此无法确切地推算出寽的单位量值。

寽,西周铜器铭文中一般都作重量单位,战国时沿用。除金村铜器外还见于三晋、楚等国的货币上。汉代文献对寽和爰重量有各种解释。如按许慎二十两为三锊之说,汉代一两约合15.6克,一锊当为103.999克。而金村铜钫实际重量都在5 000～6 000克上下,铭刻重量均为四至五寽。因此,一寽当在1 000克以上,许慎、郑玄以汉时斤、两折算的根据已不可知,但显然与铜钫的实际重量不合。

日本学者林巳奈夫曾以上表所列1、3号铜钫的比值,推算一寽≈53.5舺≈1 230.3克[1]。

此外,三晋货币上有釿币和釿当寽铸文货币。货币本身重量差异很大,今选其中有代表性的几件大略比较一下每寽约合多少克。

二釿布:安邑二釿,重26.8克。梁夸釿五十当寽,重28.8克(天津历史博物馆藏),另一枚重24克(王树伟:《爰釿两考》图八,《社会科学战线》1979年3期)。

一釿布:安邑一釿(四枚)重13.1克、13.1克(天津历史博物馆藏)、12.8克(中国历史博物馆藏)、13.6克(《爰釿两考》)。梁夸釿百当寽13.6克(《爰釿两考》)。一釿布为11.87～12.8克(北京大学《战国秦汉考古》)。

半釿布:半釿布为4.10～5.5克,又略微减轻(《战国秦汉考古》)。

从以上选录的数字大致可看出:二釿布重24～28克,一釿布重12～13.6克,半釿布重4.1～5.5克,比例约为2∶1∶0.5。如果每釿重在11～13克,一百个釿布当一寽,则一寽重1 100～1 300克之间。

① 林巳奈夫《战国时代の重量单位》,《史林》51卷2号,1968年。

综上所述,汉代文献所记,每寽当为100克左右。而据金村铜钫和三晋“釿”当“寽”铸文货币实测折合,每寽在1 200克左右,较文献记载可靠。[①]

1979年河南淅川下寺8号墓出土的春秋中期铜戈,通长21.9厘米,援长14.3厘米,援宽2.8～3.4厘米,胡长11.4厘米。重280克[②],又36号墓出土1件𨙵子妆戈,通长26、援长18、胡长10厘米。重300克[③]。

《弓人》:九和之弓,角与干权,筋三侔,胶三锊,丝三邸,漆三斞。上工以有余,下工以不足。

孙诒让:“九和之弓,角与干权”者,论一弓六材相参之数量也。云“筋三侔,胶三锊,丝三邸,漆三斞”者,叶钞本《释文》云:“侔,本又作桙,亦作牟。”案:《类篇·木部》桙牟字同。吕贤基云:“《既夕礼》‘两杅’注:‘今文杅为桙。’《说文》作‘盂’,云‘盛饭器也’。《内则》云‘敦牟卮匜’,郑云:‘牟读曰堥。敦、牟,黍稷器也。’《释文》云:‘齐人呼土釜为牟。’《正义》引《隐义》曰:‘堥,土釜也。今以木为器,象土釜之形。’盖本饮食之器,亦得为量名也。”案:《释文》或本作“桙”,则当为量名,盖与《瘍医》注“黄堥”之堥略同。以下锊邸斞文例校之,亦合。吕说虽与郑异,而义可通。但考聂氏《三礼图》引《旧图》,谓牟形制容受与簠簋同,则三牟凡三斗六升,一弓之筋不宜有如此之多,或本殆非也。漆三斞,《说文·斗部》云,“斞,量也”,引“《周礼》,桼三斞”。案:许从正字作“桼”,此经从借字作“漆”,字例不同也。详《载师》疏。戴震云:“三侔、三锊、三邸、三斞,一弓之筋胶丝漆也。”

郑玄:权,平也。侔,犹等也。角干既平,筋三而又与角干等也。锊,锾也。邸斞轻重未闻。

孙诒让:注云“权,平也”者,《王制》注同。戴震云:“权之使无胜负。”云“侔犹等也”者,《轮人》注义同。云“角干既平,筋三而又与角干等也”者,郑意侔为齐等,谓角与干平,筋又与角干平等,即上云“角不胜干,干不胜筋,谓之参均”。三者力等,则数量亦当相称也。然云“筋三”,不箸其数,于义未明,且下三者并言数量,不宜于筋独异,盖失之。云“锊,锾也”者,《冶氏》注引许叔重说同。彼注又以一锾为六两大半两,三锊为一斤四两。戴震云:“锾者,十一铢二十五分铢之十三。三锾重一两十铢二十五分铢之十四。”案:依戴说,三锾与《冶氏》“杀矢刃重三垸”同,与锊异量,则一弓之胶,不过今量五钱有奇,似太少也。云“邸斞轻重未闻”者,《汉书·货殖传》云:“桼千大斗。”斞,盖斗之属。《广雅·释诂》云:“斞,量也。”义同《说文》。又《释器》云:“釜十曰钟,钟十曰斞。”是斞容六十四斛,其量太大,与弓漆三斞之数不相当也。《庄子·田子方篇》云:“鍾斛不敢入于四竟。”彼《释文》云:“鍾音庚。李云:‘六斛四斗曰鍾。’司马本作‘鍾斞’,云:‘鍾读曰终[④],斞读曰庾。’”《庄子》

---

① 丘光明《试论战国衡制》,《考古》1982年第5期。
② 河南省文物研究所等《淅川下寺春秋楚墓》21页,文物出版社,1991年。
③ 河南省文物研究所等《淅川下寺春秋楚墓》46页。
④ 引者按:“终”当为“钟”(见黄焯汇校《经典释文汇校》793页),孙疏下文谓“李颙及司马彪并谓即钟字”亦可证。

之"斞"，讹俗不成字，其从臾，似与斔声类同。然李颐及司马彪并谓即钟字。陆读斞为庾，司马读斔为庾，又似皆谓即《陶人》实二鬴之庾。《聘礼记》"十六斗曰籔"，注云："今文籔为逾。"《国语·鲁语》韦注引又作"庾"。《玉篇·匚部》云："匬，受十六斗。"逾庾匬亦并与斔声近，而揆之盛漆之器，量究不合，故郑、许皆不据彼释斔也。戴震云："邸，收丝之器；斔，挹漆之器，皆有量数可取则者。"[1]

徐复《〈庄子〉"斞斔"解》释《庄子》"斞斔"：

斞、斔、斛、钟，皆为量名，能二字连用者，以司马本作斞斔最为接近原本。斔左旁叐字，不成字体，疑当为釜字形近之误，釜亦量名也。盖《庄子》本作釜斔二字，后人于斔旁注臾音，写者不达，遂误以为釜之偏旁耳。《左传·昭公三年》："齐旧四量，豆、区（瓯）、釜、钟。四升为豆，各自其四，以登于釜，釜十则钟。"杜预注："四豆为区，区斗六升。四区为釜，釜六斗四升。"釜为量之小者，釜十为钟，则为大量矣。又《说文》："斔，量也。"通作庾。《小尔雅·广量》："二釜有半曰庾。"则庾为一斛六斗也。汉魏两晋人犹有以釜庾者。《三国志·魏志·管宁传》裴松之注引《先贤状》曰："烈（王烈）乃分釜庾之储，以救邑里之命。"《晋书·隐逸翟汤传》："人人馈赠，虽釜庾一无所受。"釜庾为小量器，至钟则十倍于釜，四倍于庾，依序不当列于釜庾之先，故知非是。一本作斞斛者，又以不知斞字之误，故改为斛字以就文义矣。[2]

洛阳大学文物馆所藏垣上官鼎是一件新公布的魏国记容铜器，该鼎铭文有"大十六臾"。吴振武《关于新见垣上官鼎铭文的释读》据此鼎铭文和实测容量，推算出战国时期"斔"的量值约合今53.5毫升：

"大十六臾"之"臾"原作🔲，跟中国国家博物馆所藏战国斔半齐量铭文（见图3）中的🔲（斔）字所从之"臾"相近似。[3]故知应释为"臾"，读作量名"斔"。鼎铭中的这个"大"字，应该和李学勤先生所考出的安邑下官钟"……觥（角）之，大……斗……益（溢）"之"大"的用法相同，是增大、多出的意思。本器实测大出856毫升，正是铭文所记的"大十六臾（斔）"。

"十六臾（斔）"合856毫升，则不难推得一臾（斔）合53.5毫升。

图3　中国国家博物馆藏战国斔半齐量铭文（翻刻本）

① 孙诒让《周礼正义》4307—4309/3559—3560页。
② 徐复《徐复语言文字学论稿》225页，江苏教育出版社，1995年。
③ 中国社会科学院考古研究所《殷周金文集成》，16·10365，中华书局，1984—1994年。按此器铭文错金，本书和罗振玉《三代吉金文存》（1937年）18·27上所收拓本皆系翻刻本，且非同一刻本。

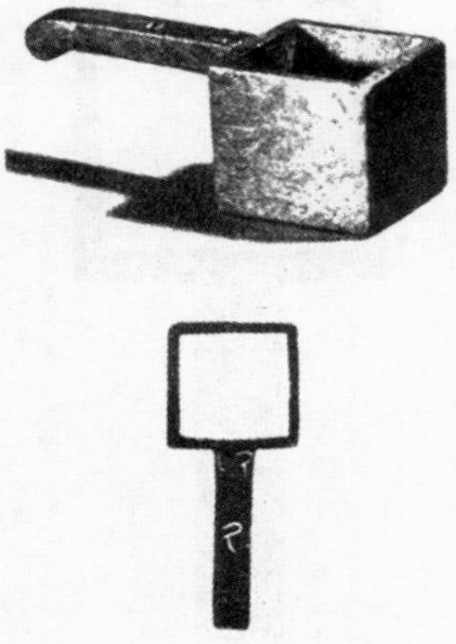

图4 中国国家博物馆藏战国 半弃量器形照片和原器拓本

这一数值有什么意义，需要追究一下过去我们对量名“斞”的认识。

上面提到过的斞半弃量铭文只有“斛（斞）㸬（半）弃”三个字。量名“斞”是见于《说文》的。《说文·斗部》：“斞，量也。从斗，臾声。《周礼》曰：桼（武按：“桼”字原误作“求”，据段注改）三斞。”古书中又有从“臾”得声的量名“庾”和“𪎭”。关于这些量名的容量，1958年朱德熙先生在考释斞半弃量铭文时曾作过讨论，引录如下：

> 斛 半小量的㦰（武按：同“弃”）字，也应读作“剩”，“斛 料（武按：同“㸬”）㦰”是“一斞又半斞剩”的省略说法，意思是一又二分之一斞强。关于斞的容量，自来说法不一……综合上说，庾的容量可以少至二斗四升，多至六十四斛。但斛 半小量是非常小的，不要说六十四斛，就是二斗四升也不可能。

> 《考工记·弓人》：“九和之弓，角与干权。筋三侔，胶三锊，丝三邸，漆三斞。”郑注“邸斞轻重未闻”。“漆三斞”《说文》作“求三斞”，段玉裁注：“桼各本讹求，今正。《考工记·弓人》文。郑注‘斞轻重未闻’，许亦但云‘量也’。一弓之胶［漆］甚少，与《论语》《考工记》（案指《陶人》‘庾实二觳’）之庾绝异。”段氏认为《弓人》的“斞”与“庾”无涉，是一种极小的量名，斞半小量正好支持了这个说法。①

按斞半弃量的器形照片、原器拓本（见图4）和尺寸都曾经著录②，的确是一件非常小的量器。该器通长5.5厘米，器身高2.3厘米，口径2.24 ×2.25厘米，实测仅容5.4毫升。这一实容数值跟量铭所指是什么关系，我们暂且放下不管。但很容易看出，5.4毫升正相当于我们据垣上官鼎所推出的一臾（斞）之值的十分之一，这恐怕不会是巧合。

朱先生认为“斛㸬弃”的意思是“一又二分之一斞强”。假如我们承认这个说法，那么依实测容量计算，斞半弃量铭文所说的一“斞”之值，仅合3.6毫升弱。如此小的量名“斞”，跟垣上官鼎铭文所说的量名“臾（斞）”，恐怕是不相干的。但是关于斞半弃量铭文的读法，我们也看到了不同意见。最近我的博士生程鹏万君写了一篇题为《“斛半弃”量新考》的文章给我看，他依据刘国胜先生将信阳楚简“坙（径）二弃”“长六弃”（2—010），“尃（博）一弃少（小）弃”（2—015）等“弃”字读作“寸”的说法和商鞅方升有“爰积十六尊（寸）五

---

① 朱德熙《战国记容铜器刻辞考释四篇》，《朱德熙古文字论集》，中华书局，1995年，29页。

② 国家计量总局等主编《中国古代度量衡图集》57页97号（照片图像略大于实物），文物出版社，1984年。按此器照片在同书1981年初版中被印反。

分尊（寸）壹为升"之记载①，通过验算包括商鞅方升在内的若干战国记容铜器的每半立方寸之容量，认为"斛夲夲"应读作"容半寸"，意即容半立方寸。按从已见的战国记容铭刻可知，容受之"容"一般多写作"庸"，个别也有写作"庚""空""容"的，但却从未见有写作"斛"或从"臾"之字的例子。因此，将"斛"读作"容"恐怕是危险的，反不如旧释"斛"来得可靠，尽管程文也曾举出古书中有"臾""容"相通的例子。但是程文将"夲夲"读作"半寸"，解释为半个立方寸，却很可能是正确的。这一点我们可以用另外一种计算方法——即从战国尺度上加以验算。已知战国时期的一尺约合今22～23.1厘米，一寸则合今2.2～2.31厘米。斛半夲量曾经中国计量科学研究院用工具显微镜和测深卡尺测量，内口径为1.803×1.814厘米，深1.74厘米，计算容积为5.691立方厘米。②若设量铭"夲（半）夲"是指半立方寸，则一立方寸之容积为11.382立方厘米。以一立方寸之容积为11.382立方厘米再折算成寸、尺之长，则一寸为2.249厘米，一尺合22.49厘米。这一数值跟曾武秀先生1964年据文献和相关实物推算出的战国一尺之长为22.5厘米基本相合③，跟中国国家博物馆所藏战国花卉云气纹铜尺长22.52厘米亦大体相合。④因此，将量铭"夲（半）夲"读作"半寸"（半立方寸），跟从器物本身容积数值推算出来的尺度是相吻合的。量铭"斛半寸"，当指此量容半立方寸斛。若是积这样的半立方寸斛十份（即五立方寸斛），便成一斛之容量。故斛半夲量铭文中的量名"斛（斛）"跟垣上官鼎铭文中的量名"臾（斛）"很可能就是一回事，并非是不相干的。

在上引朱先生的文章中，曾提到《考工记·弓人》记制作一张"九和之弓"需用漆三斛。《弓人》的原文后面还有两句话，兹一并引出："九和之弓，角与干权，筋三侔，胶三锊，丝三邸，漆三斛。上工以有余，下工以不足。""上工以有余，下工以不足"，意即使用"筋三侔、胶三锊、丝三邸、漆三斛"这些材料来制作一张弓，对于上等工匠来说会有剩余，对于下等工匠来说则会有不足。朱先生引段玉裁说，认为《弓人》的"斛"是一种极小的量名，跟其他古书中所见的"庚"无涉，这无疑是可信的。但如依朱先生对斛半夲量铭文的解释，只能将一斛之值视作3.6毫升弱。一张弓所用之漆要少到10.8毫升弱，且"上工以有余"，似乎是不可能的。如果根据从垣上官鼎所推得的一斛之量值，一张弓所用之漆合160.5毫升（相当于今天一只小小的饭碗之容量），则显然要合理得多。

综上所说，从垣上官鼎铭文与实测容量所推出的一臾（斛）之值，不仅能使我们重新认识传世的斛半夲量，同时也能更加合理地解释古书中的量名"斛"。这或许就是它的意义所在。⑤

鉴于"铸造小量这样的容积很小的量器，精密度的要求一定很高。'斛半夲'三字是字体工整的错金铸铭，并非器物铸造好之后根据实际校量结果刻上去的，表示的应该是预定的容积。在铸造这件精密度要求很高的量器时，其预定容积怎么会不取一个确数，而取'一个半斛强'这样的约数呢"，裘锡圭《谈谈三年垣上官鼎和宜阳秦铜錾的铭文》认为：朱德

---

① 参刘国胜《信阳长台关楚简〈遣策〉编联二题》，《江汉考古》2001年第3期，66—67页。商鞅方升见国家计量总局等主编《中国古代度量衡图集》44—45页81号，文物出版社，1984年。
② 国家计量总局、中国历史博物馆、故宫博物院等《中国古代度量衡图集》，文物出版社，1984年，57页。
③ 曾武秀《中国历代尺度概述》，《历史研究》1964年第3期。
④ 丘光明《中国历代度量衡考》8—9页"尺—7"，科学出版社，1992年。又，据曾武秀《中国历代尺度概述》一文（《历史研究》1964年第3期），20世纪30年代美国人福开森（J. C. Ferguson）曾得一尺，传系安徽寿县朱家集所出战国铜器之一，该"尺一端有小孔可以系组「绳」，每寸有几何形花纹，长22.5厘米"。据说该尺现藏南京大学，实物照片见河南省计量局主编《中国古代度量衡论文集》，图四，中州古籍出版社，1990年。
⑤ 吴振武《关于新见垣上官鼎铭文的释读》，《吉林大学社会科学学报》2005年第6期。

熙先生的释读显然不如程鹏万《"斛半卺"量新考》合理，吴振武论文"有力地证实了小量的容积确为半个立方寸"；而对于吴文的解释"量铭'斛半寸'，当指此量容半立方寸斛。若是积这样的半立方寸斛十份（即五立方寸斛），便成一斛之容量"，裘锡圭《谈谈三年垣上官鼎和宜阳秦铜鋬的铭文》认为"这样解释似乎有点违背汉语习惯，恐怕难以被人接受"，"还是像程文那样把小量铭文释读作'容半寸'为妥"，"吴文对小量铭文的释读不可从，但是对'臾'（斛）的量值的推算以及将小量的容积视为十分之一'臾'（斛）的意见，还是很有参考价值的"，"但是对此我仍有些怀疑。按照吴先生的推算，原定容1 800毫升的鼎，其实际容量竟然大出856毫升，也就是几乎大出原定容量的一半。这样的误差未免太大了。这里恐怕隐藏着我们目前还不知道的某种特殊情况。所以严格说，垣上官鼎铭文所记的臾（斛）的量值和小量容积与臾（斛）的关系，都还不能完全落实。目前似乎还不是对这些问题下结论的时候"①。

---

① 原载《古文字研究》第27辑。引自《裘锡圭学术文集》第三卷187—193页，复旦大学出版社，2012年。

参考文献

A

艾学璞、王立新、邱隆《对"璧羡度尺"及其尺度的史话》,《中国计量》2006年第12期。

艾学璞等《对"絜"的研究与探讨》,《中国计量》2006年第9期。

安徽省六安县文物管理所《安徽六安县城西窑厂2号楚墓》,《考古》1995年第2期。

安徽省文化局文物工作队《安徽淮南市蔡家岗赵家孤堆战国墓》,《考古》1963年第4期。

安徽省文物工作队《安徽长丰杨公发掘九座战国墓》,《考古学集刊》第2集。

安徽省文物管理委员会、安徽省博物馆《寿县蔡侯墓出土遗物》,科学出版社,1956年。

安金槐《郑州地区的古代遗存介绍》,《文物参考资料》1957年第8期。

安阳市博物馆《安阳铁西刘家庄南殷代墓葬发掘简报》,《中原文物》1986年第3期。

安志敏《关于良渚文化的若干问题——为纪念良渚文化发现五十周年而作》,《考古》1988年第3期。

B

北京大学考古文博学院等《吉金铸国史——周原出土西周青铜器精粹》,文物出版社,2002年。

北京大学考古学系、山西省考古研究所《天马—曲村遗址北赵晋侯墓地第二次发掘》,《文物》1994年第1期。

————《天马—曲村遗址北赵晋侯墓地第五次发掘》,《文物》1995年第7期。

北京大学历史系考古教研室《战国秦汉考古》,1973年。

C

蔡运章《寽的重量及相关问题》,《中原文物》1982年第3期;引自蔡运章《甲骨文与古史研究》,中州古籍出版社,1993年。

————《论商周时期的金属称量货币》,《中原文物》1987年第3期。

蔡运章、侯鸿军《洛阳附近出土的两批东周货币》,《中原文物》1981年第3期。

曹小欧《天工开物图说》,山东画报出版社,2009年。

车一雄等《仪征东汉墓出土铜圭表的初步研究》,《中国古代天文文物论集》,文物出版社,1989年。

陈春慧《矰矢、恒矢、绕缴轴——兼与何驽先生商榷》,《文博》1998年第6期。

陈汉平《金文编订补》,中国社会科学出版社,1993年。

陈久金《〈考工记〉中的天文知识》,《中国科技典籍研究——第一届中国科技典籍国际会议论文集》,
　　　大象出版社,1998年。

———《中国少数民族天文学史》,中国科学技术出版社,2008年。

陈梦家《海外中国铜器图录》第一集上册,北平图书馆,1946年。

———《蔡器三记》,《考古》1963年第7期。

———《战国度量衡略说》,《考古》1964年第6期。

———《殷墟卜辞综述》,中华书局,1988年。

陈士银《〈考工记〉里的弓箭是什么样的》,《文汇报》2015年1月30日。

陈　通《中国民族乐器的声学》,《物理学进展》1996年第3、4期。

陈维稷《中国纺织科学技术史(古代部分)》,科学出版社,1984年。

陈　伟《包山楚简初探》,武汉大学出版社,1996年。

陈　衍《考工记辨证》,《陈石遗集》,福建人民出版社,2001年。

陈业高《植物化学成分》,化学工业出版社,2004年。

陈予恕《非线性振动》,高等教育出版社,2002年。

陈云鸾《释用——兼论镈、布、鑮、用为同物而异名》,《中国社会经济史研究》1983年第1期。

陈　桢《关于中国生物学史》,《生物学通报》1955年第1期。

陈振裕《谈虎座鸟架鼓》,《江汉考古》1980年第1期。

———《中国先秦石磬》,台湾《故宫学术季刊》第18卷2期;引自陈振裕《楚文化与漆器研究》,科
　　　学出版社,2003年。

陈振中《殷周的钱、镈——青铜铲和锄》,《考古》1982年第3期。

———《我国古代的青铜削刀》,《考古与文物》1985年第4期。

———《青铜生产工具与中国奴隶制社会经济》,中国社会科学出版社,2007年。

成东、钟少异《中国古代兵器图集》,解放军出版社,1990年。

成都市文物考古研究所《成都市商业街船棺、独木棺墓葬发掘简报》,《文物》2002年第11期。

程　刚《缴射新证》,《考古与文物》2012年第2期。

程建军《"辨方正位"研究》(二),《古建园林技术》1987年第4期。

———《筵席:中国古代早期建筑模数研究》,《华中建筑》1996年第3期。

程鹏万《"斠半斞"量新考》,《中国历史文物》2007年第3期。

丛文俊《弋射考》,吉林大学考古学系《青果集——吉林大学考古专业成立二十周年考古论文集》,知
　　　识出版社,1993年。

崔大庸《双乳山一号汉墓一号马车的复原与研究》,《考古》1997年第3期。

崔乐泉《"射侯"考略》,《成都体育学院学报》1995年第2期。

崔墨林《河南辉县发现吴王夫差铜剑》,《文物》1976年第11期。

D

大冶钢厂、冶军《铜绿山古矿井遗址出土铁制及铜制工具的初步鉴定》,《文物》1975年第2期。

戴念祖《中国力学史》,河北教育出版社,1988年。

———《文物与物理》,东方出版社,1999年。

———《中国物理学史大系·声学史》,湖南教育出版社,2001年。

———《中国科学技术史·物理学卷》,科学出版社,2001年。

戴念祖、老亮《中国物理学史大系·力学史》,湖南教育出版社,2001年。

戴吾三《〈考工记〉"磬折"考辨》,台湾《科学史通讯》第17期;引自戴吾三《考工记图说》,山东画报
　　出版社,2003年。

———《〈考工记〉中轮之检验新探》,《中国科技史料》2000年第2期。

———《考工记图说》,山东画报出版社,2003年。

戴应新《神木石峁龙山文化玉器》,《考古与文物》1988年第5、6期。

戴　震《考工记图》,《戴震全书》(五),黄山书社,1995年。

戴遵德《原平峙峪出土的东周铜器》,《文物》1972年第4期。

党士学《试论秦陵一号铜车马》,《文博》1994年第6期。

德州地区文化局文物组等《山东济阳刘台子西周早期墓发掘简报》,《文物》1981年第9期。

邓淑苹《考古出土新石器时代玉石琮研究》,《故宫学术季刊》第6卷第1期。

———《故宫博物院所藏新石器时代玉器研究之二——琮与琮类玉器》,《故宫学术季刊》第6卷第
　　2期。

丁　山《中国古代宗教与神话考·尧与舜》,龙门联合书局,1961年。

杜白石、杨青、李正《秦陵铜车马的牵引性能分析》,《西北农业大学学报》(自然科学版)1995年第23
　　卷增刊《秦代机械工程的研究与考证》专辑。

杜葆仁《我国粮仓的起源和发展》,《农业考古》1984年第2期。

———《我国粮仓的起源和发展(续)》,《农业考古》1985年第1期。

杜金鹏《商周铜爵研究》,《考古学报》1994年第3期。

杜正国《"考工记"中的力学和声学知识》,《物理通报》1965年第6期。

E

鄂博、崇文《湖北崇阳出土一件铜鼓》,《文物》1978年第4期。

鄂城县博物馆等《湖北鄂城鄂钢五十三号墓发掘简报》,《考古》1978年第4期。

F

方　辉《说"瑗"》,《江汉考古》2016年第6期。

方建军《西周磬与〈考工记·磬氏〉磬制》,《乐器》1989年第2期。

方孝博《测㫚影定南北方位问题(共二条)和有关资料》,方孝博《墨经中的数学和物理学》,中国社
　　会科学出版社,1983年。

冯秉铨《电声学基础》,高等教育出版社,1957年。

冯　好《关于商代车制的几个问题》,《考古与文物》2003年第5期。

冯立升《关于早期量器的两个问题》,《内蒙古师大学报》(自然科学版)1993年第3期。

冯　水《钟籐钟隧考》,《古学丛刊》1939年第一期;引自耿素丽、胡月平选编《三礼研究》,国家图书
　　　馆出版社,2009年。

傅熹年《中国科学技术史·建筑卷》,科学出版社,2008年。

G

甘肃省博物馆《武威磨咀子三座汉墓发掘简报》,《文物》1972年第12期。

甘肃居延考古队《居延汉代遗址的发掘和新出土的简册文物》,《文物》1978年第1期。

高　承《事物纪原》,中华书局,1989年。

高　昊《从气候环境的变迁看燕国造甲技术的繁盛》,《黑龙江史志》2014年第5期。

高　蕾《西周磬研究综论》,《南京艺术学院学报》2004年第2期。

高西省《扶风出土的西周玉器》,《文博》1992年玉器研究专号。

———《关于玉琮功用及有关问题的探讨》,《周秦文化研究》,陕西人民出版社,1998年。

高至喜《记长沙、常德出土弩机的战国墓——兼谈有关弩机、弓矢的几个问题》,《文物》1964年第6期。

———《湖南楚墓中出土的天平与法马》,《考古》1972年第4期。

———《湖南商周农业考古概述》,《农业考古》1985年第2期。

———《楚文物图典》,湖北教育出版社,2000年。

苟萃华《"羸"非兽类辨》,《科学史集刊》第5期,科学出版社,1963年。

古　方《中国出土玉器全集1·北京、天津、河北卷》,科学出版社,2005年。

———《中国古玉器图典》,文物出版社,2007年。

顾莉丹《〈考工记〉兵器疏证》,复旦大学汉语言文字学专业博士学位论文,2011年。

顾莉丹、汪少华《说"斑"之形制》,《南方文物》2010年第3期。

顾铁符《崇阳铜鼓初探》,《中国文物》1980年第3期。

顾望、谢海元《中国青铜图典》,浙江摄影出版社,1999年。

官华忠、祁建民等《浅析中国高粱的起源》,《种子》2005年第4期。

关晓武《两周青铜编钟制作技术规范试探》,《机械技术史(3)——第三届中日机械技术史国际学术
　　　会议论文集》2002年。

———《探源溯流——青铜编钟谱写的历史》,大象出版社,2013年。

关增建《略谈中国历史上的弓体弹力测试》,《自然辩证法通讯》1994年第6期。

———《〈考工记〉角度概念刍议》,《自然辩证法通讯》2000年第2期。

———《中国古代角度概念与角度计量的建立》,《上海交通大学学报》(哲学社会科学版)2015年
　　　第3期。

管致中等《无线电技术基础》,人民教育出版社,1963年。

广东省博物馆《广东四会鸟旦山战国墓》,《考古》1975年第2期。

广东省博物馆等《广东肇庆市北岭松山古墓发掘简报》,《文物》1974年第11期。

————————《广东曲江石峡墓葬发掘简报》,《文物》1978年第7期。

广东省文物管理委员会《广东清远发现周代青铜器》,《考古》1963年第2期。

广西壮族自治区文物工作队《广西贵县罗泊湾二号汉墓》,《考古》1982年第4期。

广州南越王墓博物馆《南越王墓玉器》,香港两木出版社,1991年。

贵州省博物馆考古组《贵州省松桃出土的虎钮錞于》,《文物》1984年第8期。

郭宝钧《戈戟余论》,《中研院历史语言研究所集刊》第五本第三分;引自《历史语言研究所集刊》第
        五册,中华书局,1987年。

———《古玉新诠》,《中研院历史语言研究所集刊》第20本下册。

———《山彪镇与琉璃阁》,科学出版社,1959年。

———《殷周的青铜武器》,《考古》1961年第2期。

———《中国青铜器时代》,生活·读书·新知三联书店,1963年。

———《浚县辛村》,科学出版社,1964年。

———《商周铜器群综合研究》,文物出版社,1981年。

———《殷周车器研究》,文物出版社,1998年。

郭宝钧、林寿晋《一九五二年秋季洛阳东郊发掘报告》,《考古学报》第9册。

郭德维《戈戟之再辨》,《考古》1984年第12期。

郭沫若《金文丛考》,科学出版社,1955年。

———《说戟》,郭沫若《殷周青铜器铭文研究》,科学出版社,1961年。

———《中国古代社会研究》,科学出版社,1964年。

———《〈冔敖簋铭〉考释》,《考古》1973年第2期。

———《十批判书》,科学出版社,1976年。

———《詛楚文考释》,《郭沫若全集·考古编》第9卷,科学出版社,1982年。

国家计量总局等《中国古代度量衡图集》,文物出版社,1984年。

H

韩保全《玉器》,陕西旅游出版社,1992年。

汉平陵考古队《巨型动物陪葬少年天子——初探汉平陵从葬坑》,《文物天地》2002年第1期。

郝本性、张文彬《牙璋用途考》,《南中国及邻近地区古文化研究——庆祝郑德坤教授从事学术活动
        六十周年论文集》,香港中文大学出版社,1994年。

河北省博物馆、文物管理处《河北藁城台西村的商代遗址》,《考古》1973年第5期。

河北省文化局文物工作队《河北定县北庄汉墓发掘报告》,《考古学报》1964年第2期。

————————《河北易县燕下都故城勘察和试掘》,《考古学报》1965年第1期。

河北省文物管理处《磁县下潘汪遗址发掘报告》,《考古学报》1975年第1期。

————————《河北易县燕下都44号墓发掘报告》,《考古》1975年第4期。

————————《河北易县燕下都第21号遗址第一次发掘报告》,《考古学集刊》第2集。

河北省文物研究所《𰯭墓——战国中山国国王之墓》,文物出版社,1996年。

河北省文物研究所、鹿泉市文物保管所《高庄汉墓》,科学出版社,2006年。

河北省文物研究所、中国历史博物馆考古部《登封王城岗与阳城》,文物出版社,1992年。

河北省文物研究所等《北新城汉墓M2发掘报告》,河北省文物研究所编《河北省考古文集》(四),科
　　　　学出版社,2011年。

河南省计量局《中国古代度量衡论文集》,中州古籍出版社,1990年。

河南省文物考古研究所《固始侯古堆一号墓》,大象出版社,2004年。

——————《新郑郑国祭祀遗址》,大象出版社,2006年。

河南省文物考古研究所等《河南信阳长台关七号楚墓发掘简报》,《文物》2004年第3期。

河南省文物考古研究所、三门峡市文物工作队《三门峡虢国墓》第一卷,文物出版社,1999年。

河南省文物研究所《信阳楚墓》,文物出版社,1986年。

——————《河南考古四十年》,河南人民出版社,1994年。

河南省文物研究所等《淅川下寺春秋楚墓》,文物出版社,1991年。

河南省文物研究所、平顶山市文管会《平顶山北滍村两周墓地一号墓发掘简报》,《华夏考古》1988年
　　　　第1期。

河南省文物研究所、三门峡市文物工作队《三门峡上村岭虢国墓地M2001发掘简报》,《华夏考古》
　　　　1992年第3期。

河南省文物研究所等《河南淮阳马鞍冢楚墓发掘简报》,《文物》1984年第10期。

何　驽《缴线轴与矰矢》,《考古与文物》1996年第1期。

——《山西襄汾陶寺城址中期王级大墓ⅠM22出土漆杆"圭尺"功能试探》,《自然科学史研究》
　　　　2009年第3期。

——《陶寺圭尺补正》,《自然科学史研究》2011年第3期。

何景成《试论裸礼的用玉制度》,《华夏考古》2013年第2期。

何堂坤《"六齐"之管窥》,《科学史文集》第15辑(化学史专辑),上海科学技术出版社,1989年。

——《中国古代铜镜的技术研究》,紫禁城出版社,1999年。

贺陈弘、陈星嘉《考工记独辀马车主要元件之机械设计》,《清华学报》第24卷第4期。

贺美艳《以甗为例探析〈考工记〉中以用为本的设计思想》,《艺术教育》2014年第3期。

贺业钜《考工记营国制度研究》,中国建筑工业出版社,1985年。

洪　适《隶续》卷五,洪氏晦木斋丛书本。

侯仁之《元大都城与明清北京城》,《故宫博物院院刊》1979年第3期。

后德俊《楚国科学技术史稿》,湖北科学技术出版社,1990年。

——《楚文物与〈考工记〉的对照研究》,《中国科技史料》1996年第1期。

呼林贵《汉长安城东南郊》,《文博》1986年第2期。

胡振祺《山西文水县上贤村发现青铜器》,《文物》1984年第6期。

湖北省博物馆《盘龙城商代二里冈期的青铜器》,《文物》1976年第2期。

——————《楚都纪南城的勘查与发掘(上、下)》,《考古学报》1982年第3、4期。

——————《曾侯乙墓》,文物出版社,1989年。

湖北省博物馆、北京工艺美术研究所《战国曾侯乙墓出土文物图案选》,长江文艺出版社,1984年。

湖北省博物馆、中国科学院考古研究所《长沙马王堆一号汉墓》，文物出版社，1973年。

湖北省博物馆、中国科学院武汉物理研究所《战国曾侯乙编磬的复原及相关问题的研究》，《文物》1984年第5期。

湖北省博物馆等《湖北江陵拍马山楚墓发掘简报》，《考古》1973年第3期。

————《湖北随县擂鼓墩一号墓皮甲胄的清理和复原》，《考古》1979年第6期。

湖北省荆沙铁路考古队《包山楚简》，文物出版社，1991年。

————《包山楚墓》，文物出版社，1991年。

湖北省荆沙铁路考古队包山墓地整理小组《荆门市包山楚墓发掘简报》，《文物》1988年第5期。

湖北省荆州博物馆《荆州天星观二号楚墓》，文物出版社，2003年。

湖北省荆州地区博物馆《江陵天星观1号楚墓》，《考古学报》1982年第1期。

————《江陵雨台山楚墓》，文物出版社，1984年。

————《江陵马山一号楚墓》，文物出版社，1985年。

湖北省文化局文物工作队《湖北江陵三座楚墓出土大批重要文物》，《文物》1966年第5期。

湖北省文物管理委员会《湖北省江陵出土虎座鸟架鼓两座楚墓的清理简报》，《文物》1964年第9期。

湖北省文物考古研究所《江陵九店东周墓》，科学出版社，1995年。

————《江陵望山沙冢楚墓》，文物出版社，1996年。

————《湖北荆州纪城一、二号楚墓发掘简报》，《文物》1999年第4期。

湖北省文物考古研究所等《湖北宜城罗岗车马坑》，《文物》1993年第12期。

湖北省宜昌地区博物馆、北京大学考古系《当阳赵家湖楚墓》，文物出版社，1992年。

湖北随县擂鼓墩一号墓考古发掘队《我国文物考古工作的又一重大收获——随县擂鼓墩一号墓出土一批珍贵文物》，《光明日报》1978年9月3日。

湖南省博物馆《长沙楚墓》，《考古学报》1959年第1期。

————《湖南常德德山楚墓发掘报告》，《考古》1963年第9期。

————《长沙浏城桥一号墓》，《考古学报》1972年第1期。

————《新发现的长沙战国楚墓帛画》，《文物》1973年第7期。

湖南省博物馆等《长沙楚墓》，文物出版社，2000年。

湖南省博物馆、湖南省文物考古研究所《长沙马王堆二、三号汉墓》第一卷，文物出版社，2004年。

湖南省博物馆、麻阳铜矿《湖南麻阳战国时期古铜矿清理简报》，《考古》1985年第2期。

湖南省文物工作队《长沙、衡阳出土战国时代的铁器》，《考古通讯》1956年第1期。

湖南省文物工作委员会《楚文物图片集》，湖南人民出版社，1958年。

湖南省文物管理委员会《湖南长沙紫檀铺战国墓清理简报》，《考古通讯》1957年第1期。

————《长沙出土的三座大型木椁墓》，《考古学报》1957年第1期。

华觉明《中国古代金属技术——铜和铁造就的文明》，大象出版社，1999年。

华觉明、贾云福《先秦编钟设计制作的探讨》，《自然科学史研究》1983年第1期。

淮安市博物馆《江苏淮安市运河村一号战国墓》，《考古》2009年第10期。

黄金贵《"甓"义考》，《考古》1993年第5期。

————《古代文化词义集类辨考》，上海教育出版社，1995年。

黄盛璋《长安镐京地区西周墓新出铜器群初探》,《文物》1986年第1期。

黄石市博物馆《铜绿山古矿冶遗址》,文物出版社,1999年。

黄以周《礼书通故》,中华书局,2007年。

黄永武《形声多兼会意考》,台湾文史哲出版社,1965年。

J

济南市考古研究所等《山东章丘市洛庄汉墓陪葬坑的清理》,《考古》2004年第8期。

江苏省丹徒考古队《江苏丹徒北山顶春秋墓发掘报告》,《东南文化》1988年第3、4合期。

江　永《周礼疑义举要》,商务印书馆,1935年。

姜亮夫《干支蠡测》,姜亮夫《古史学论文集》,上海古籍出版社,1996年。

姜涛、李秀萍《论虢国墓地M2001号墓所出"玉龙凤纹饰"的定名及相关问题》,《南中国及邻近地
　　　　区古文化研究——庆祝郑德坤教授从事学术活动六十周年论文集》,香港中文大学出
　　　　版社,1994年。

金普军、范子龙《论汉代漆器铭文中的"三丸"》,《文物世界》2012年第6期。

荆州地区博物馆《湖北江陵藤店一号墓发掘简报》,《文物》1973年第9期。

井中伟《夏商周时期戈戟之秘研究》,《考古》2009年第2期。

鞠焕文《殷周之际青铜觚形器之功用及相关诸字》,《中国文字研究》第19辑。

巨万仓《陕西岐山王家嘴、衙里西周墓葬发掘简报》,《文博》1985年第5期。

K

考古研究所沣西发掘队《1955—57年陕西长安沣西发掘简报》,《考古》1959年第10期。

L

蓝永蔚《云梯考略》,《江汉考古》1984年第1期。

老　亮《我国古代早就有了关于力和变形成正比关系的记载》,《力学与实践》1987年第1期。

———《中国古代材料力学史料杂录(一)》,《力学与实践》1990年第3期。

———《中国古代材料力学史》,国防科技大学出版社,1991年。

乐山市文化局《四川乐山麻浩一号崖墓》,《考古》1990年第2期。

李崇州《试探〈考工记〉中"耒"的形制》,《农业考古》1995年第3期。

李纯一《关于歌钟行钟及蔡侯编钟》,《文物》1973年第7期。

———《关于正确分析音乐考古材料的一些问题》,《音乐研究》1986年第1期。

———《中国上古出土乐器综论》,文物出版社,1996年。

李东琬《阳燧小考》,《自然科学史研究》1996年第4期。

李根蟠《先秦农器名实考辨——兼谈金属农具代替石木骨蚌农具的过程》,《农业考古》1986年第2期。

李怀埻《最速降线及反宇屋面》,《新建筑》1993年第3期。

李　济《殷虚铜器五种及其相关之问题》,《庆祝蔡元培先生六十五岁论文集》上册,中研院历史语言
　　　研究所集刊外编第一种,1933年。

───《记小屯出土之青铜器》,《中国考古学报》第三册。又见《李济考古学论文选集》,文物出版
　　　社,1990年。

───《豫北出土青铜句兵分类图解》,《中研院历史语言研究所集刊》第22本。又见《李济文集》卷
　　　三,上海人民出版社,2006年。

───《殷墟出土青铜爵形器之研究:青铜爵形器的形制、花纹与铭文》,《古器物研究专刊》第2本。
　　　又见李济《殷墟青铜器研究》,上海人民出版社,2008年。

李家浩《试论战国时期楚国的货币》,《考古》1973年第3期。

───《盱眙铜壶刍议》,《古文字研究》第12辑。

───《包山二六六号简所记木器研究》,《国学研究》第2卷,北京大学出版社,1994年。

───《谈古代的酒器鎝》,《古文字研究》第24辑。

李加宁《浅议曾侯乙编钟的频率与尺度间的关系》,《乐器》1991年第2期。

李建伟等《中国青铜器图录·下》,中国商业出版社,2000年。

李鉴澄《晷仪——现存我国最古老的天文仪器之一》,《科技史文集》第1辑(天文学史专辑),上海科
　　　学技术出版社,1978年。

李健民、吴家安《中国古代青铜戈》,《考古学集刊》第7集。

李京华、华觉明《编钟的钟攍钟隧新考》,《科技史文集》第13辑(金属史专辑),上海科学技术出版
　　　社,1985年。

李　零《读〈楚系简帛文字编〉》,《出土文献研究》(五),科学出版社,1999年。

───《秦骃祷病玉版的研究》,李零《中国方术续考》,东方出版社,2000年。

李　民、王星光《略论〈考工记〉车的制造及工艺》,《河南师范大学学报》1985年第2期。

李　平、戴念祖《中国古代弓箭的制造及弹性定律的发现》,中国科学技术史国际学术讨论会论文,
　　　1990年。

李　强《说汉代车盖》,《中国历史博物馆馆刊》1994年第1期。

李日华《周代农业生产工具名物考》,《学术研究》1963年第2期。

李晓峰、伊沛扬《济南千佛山战国墓》,《考古》1991年第9期。

李学勤《论美澳收藏的几件商周文物》,《文物》1979年第12期。

───《论长安花园村两墓青铜器》,《文物》1986年第1期。

───《太保玉戈与江汉的开发》,《楚文化研究论集》第二集,湖北人民出版社,1991年。

───《说裸玉》,《重写学术史》,河北教育出版社,2002年。

李亚农《殷代社会生活》,李亚农《欣然斋史论集》,上海人民出版社,1962年。

李　俨《中国算学史》,商务印书馆,1937年。

───《中国古代数学史料》,中国科学图书仪器公司,1954年。

李也贞等《有关西周丝织和刺绣的重要发现》,《文物》1976年第4期。

李银山《再谈郑玄最早发现线弹性定律——兼与仪德刚同志商榷》,《力学与实践》2006年第4期。

李约瑟《中国科学技术史》卷五第六分册，科学出版社、上海古籍出版社，2002年。

李志超《〈考工记〉与科技训诂》，《中国科技典籍研究——第一届中国科技典籍国际会议论文集》，大象出版社，1998年。

《力学词典》编辑部《力学词典》，中国大百科全书出版社，1990年。

梁　津《周代合金成分考》，《科学》第9卷第10期；引自《中国古代金属化学及金丹术》，中国科学图书仪器公司，1955年。

梁树权、张赣南《中国古铜的化学成分》，《中国化学会会志》第17卷第1期。

林卓萍《〈考工记〉弓矢名物考》，杭州师范学院汉语言文字学专业硕士学位论文，2006年。

临沂金雀山汉墓发掘组《山东临沂金雀山九号汉墓发掘简报》，《文物》1977年第11期。

凌纯声《冒圭试铨》，台湾《故宫季刊》第5卷第1期。

刘　斌《良渚文化玉琮初探》，《文物》1990年第2期。

刘道广《孔子的"绘事后素"和"质素"说浅析》，《学术月刊》1983年第12期。

———《筍虡之饰与青铜器兽面纹的审美感》，《学术月刊》1985年第5期。

———《"侯"形制考》，《考古与文物》2009年第3期；引自刘道广、许旸、卿尚东《图证〈考工记〉——新注、新译及其设计学意义》，东南大学出版社，2012年。

刘道广、许旸、卿尚东《图证〈考工记〉——新注、新译及其设计学意义》，东南大学出版社，2012年。

刘东瑞《谈战国时期的不等臂秤"王"铜衡》，《文物》1979年第4期。

刘敦愿《圆涡纹与〈考工记〉的"火以圜"》，《浙江工艺美术》第1985年1、2期（原题《青铜器装饰艺术中的"火以圜"——圆涡纹含义的探索》）；引自刘敦愿《美术考古与古代文明》，人民美术出版社，2007年。

———《〈考工记·梓人为筍虡〉篇今译及所见雕刻装饰理论》，《美术研究》1985年第2期；引自刘敦愿《美术考古与古代文明》，人民美术出版社，2007年。

———《牙璋与安丘商代铜戈》，《文物天地》1994年第2期。

刘国胜《信阳长台关楚简〈遣策〉编联二题》，《江汉考古》2001年第3期。

刘海旺、李京华《三百余件先秦编钟结构制度的统计与分析——实物编钟与〈考工记〉中制度的对比与研究》，《中国科技典籍研究——第一届中国科技典籍国际会议论文集》，大象出版社，1998年。

刘洁民《中国传统数学中的平行线》，《自然科学史研究》1992年第1期。

刘家骥、刘炳森《金雀山西汉帛画临摹后感》，《文物》1977年第11期。

刘均杰《同源字典补》，商务印书馆，1999年。

刘克明、杨叔子《先秦车轮制造技术与抗磨损设计》，《华中理工大学学报》（社会科学版）1997年第1期。

刘明玉《〈考工记〉服饰染色工艺研究——试论"钟氏染羽"》，《武汉理工大学学报》（社会科学版）2007年第1期。

刘乃叔《"豆酒"辨》，《文史》1999年第3辑。

刘庆柱《论秦咸阳城布局形制及其相关问题》，《文博》1990年第5期。

———《再论汉长安城布局结构及其相关问题——答杨宽先生》，《考古》1992年第7期。

———《汉长安城的考古发现及相关问题研究——纪念汉长安城考古工作四十年》，《考古》1996年第10期。

刘庆柱、李毓芳《秦都咸阳"渭南"宫台庙苑考》，《秦汉论集》，陕西人民出版社，1992年。

刘诗中等《贵溪崖墓所反映的武夷山地区古越族的族俗及文化特征》,《文物》1980 年第 11 期。

刘士茹《虎座鸟架鼓研究综述》,《学理论》2013 年第 33 期。

刘树勇、李银山《郑玄与胡克定律——兼与仪德刚博士商榷》,《自然科学史研究》2007 年第 2 期。

刘一曼《试论殷墟甲骨书辞》,《考古》1991 年第 6 期。

刘永华《中国古代车舆马具》,上海辞书出版社,2002 年。

刘云辉《西周玉圭研究》,刘云辉《周原玉器》,台湾中华文物学会,1996 年。

———《西周玉琮形制纹饰功能考察——从周原发现的玉琮说起》,刘云辉《周原玉器》,台湾中华文
物学会,1996 年。

刘占成《秦俑坑出土的铜铍》,《文物》1982 年第 3 期。

刘　钊《安阳后岗殷墓所出"柄形饰"用途考》,《考古》1995 年第 7 期。

刘治贵《中国绘画源流》,湖南美术出版社,2003 年。

刘志远《成都天回山崖墓清理记》,《考古学报》1958 年第 1 期。

卢连成、胡智生《宝鸡强国墓地》,文物出版社,1988 年。

陆德明《经典释文》,中华书局,1983 年。

陆敬严、华觉明《中国科学技术史·机械卷》,科学出版社,2000 年。

陆懋德《中国发现之上古铜犁考》,《燕京学报》第 37 期。

陆锡兴《中国古代器物大词典》兵器刑具卷,河北教育出版社,2004 年。

———《论汉代的环首刀》,《南方文物》2013 年第 4 期。

路迪民《"六齐"新探》,《文博》1999 年第 2 期。

路迪民、翟克勇《周原阳燧的合金成分与金相组织》,《考古》2000 年第 5 期。

吕　静《关于秦诅楚文的再探讨》,《出土文献研究》(五),科学出版社,1999 年。

吕劲松《先秦城市排水设施初探》,洛阳市第二文物工作队编《河洛文明论文集》,中州古籍出版社,1993 年。

吕琪昌《从青铜爵的来源探讨爵柱的功用》,《华夏考古》2005 年第 3 期。

吕振羽《殷周时代的中国社会》,生活·读书·新知三联书店,1962 年。

罗西章《阳燧》,《寻根》1996 年第 3 期。

罗小华《"羊车"补说》,《四川文物》2013 年第 5 期。

罗振玉《古器物识小录·旋虫》,《罗振玉学术论著集》,上海古籍出版社,2010 年。

洛阳博物馆《洛阳中州路战国车马坑》,《考古》1974 年第 3 期。

———《河南洛阳春秋墓》,《考古》1981 年第 1 期。

———《洛阳哀成叔墓清理简报》,《文物》1981 年第 7 期。

———《洛阳战国粮仓试掘纪略》,《文物》1981 年第 11 期。

洛阳市文物工作队《洛阳北窑西周墓》,文物出版社,1999 年。

M

马承源《商周时代火的图像及有关问题的探讨》,《中国青铜器研究》,上海古籍出版社,2002 年。

———《商周青铜双音钟》,《考古学报》1981 年第 1 期。

———《商周青铜器纹饰综述》,《商周青铜器纹饰》,文物出版社,1984年。

———《中国青铜器》,上海古籍出版社,1988年。

马得志、周永珍、张云鹏《一九五三年安阳大司空村发掘报告》,《考古学报》第9册。

马　衡《中国金石学概要》,马衡《凡将斋金石丛稿》,中华书局,1977年。

马今洪《钲、镈于与鼓》,《上海博物馆集刊》第12期。

孟宪武、李贵昌《殷墟出土的玉璋朱书文字》,《华夏考古》1997年第2期。

牟永抗《良渚玉器上神崇拜的探索》,《庆祝苏秉琦考古五十五年论文集》,文物出版社,1989年。

———《关于璧琮功能的考古学观察——良渚古玉研究之一》,《牟永抗考古学文集》,科学出版社,2009年。

———《〈良渚文化玉器〉前言》,《牟永抗考古学文集》,科学出版社,2009年。

N

那志良《镇圭桓圭信圭与躬圭》,《大陆杂志》第6卷第9期。

———《四圭有邸与两圭有邸》,《大陆杂志》第6卷第12期。

———《周礼考工记玉人新注》,《大陆杂志》第29卷第1期。

———《古玉鉴裁》,台湾国泰美术馆,1980年。

———《琮——古玉介绍之十》,《故宫文物月刊》第1卷第10期。

———《古玉研究中几个未解决的问题》,《故宫学术季刊》第3卷第2期。

———《中国古玉图释》,台湾南天书局,1990年。

南京博物院《江苏邳海地区考古调查》,《考古》1964年第1期。

———《江苏仪征石碑村汉代木椁墓》,《考古》1966年第1期。

———《江苏涟水三里墩西汉墓》,《考古》1973年第2期。

———《江苏吴县草鞋山遗址》,《文物资料丛刊》1980年第3期。

———《徐州青山泉白集东汉画象石墓》,《考古》1981年第2期

南京博物院等《鸿山越墓发掘报告》,文物出版社,2007年。

南京林学院《木材学》,农业出版社,1961年。

南阳市文物研究所、桐柏县文管办《桐柏月河一号春秋墓发掘简报》,《中原文物》1997年第4期。

O

区家发等《香港南丫岛大湾遗址发掘简报》,《南中国及邻近地区古文化研究——庆祝郑德坤教授从事学术活动六十周年论文集》,香港中文大学出版社,1994年。

瓯　燕《战国都城的考古研究》,《北方文物》1988年第2期。

P

彭　林《〈考工记〉"数尚六"现象初探》,《中国科技典籍研究——第三届中国科技典籍国际会议论文

集》，大象出版社，2006年。

彭　卫《"羊车"考》，《文物》2010年第10期。

Q

钱宝琮《中国数学史》，科学出版社，1964年。

钱存训《汉代书刀考》，钱存训《中国书籍纸墨及印刷史论文集》，香港中文大学出版社，1992年。

钱临照《阳燧》，《文物参考资料》1958年第7期。

钱　玄《三礼名物通释》，江苏古籍出版社，1987年。

———《三礼通论》，南京师范大学出版社，1996年。

钱　玄、钱兴奇《三礼辞典》，江苏古籍出版社，1998年。

秦都咸阳考古工作站《秦都咸阳第一号宫殿建筑遗址简报》，《文物》1976年第11期。

秦始皇兵马俑博物馆、陕西省考古研究所《秦始皇陵铜车马发掘报告》，文物出版社，1998年。

秦俑坑考古队《秦始皇陵东侧第三号兵马俑坑清理简报》，《文物》1979年第12期。

清华大学水利工程系水力学教研组《水力学》，人民教育出版社，1961年。

丘光明《试论战国衡制》，《考古》1982年第5期。

———《我国古代权衡器简论》，《文物》1984年第10期。

———《中国历代度量衡考》，科学出版社，1992年。

———《中国最古老的重量单位"寽"》，《考古与文物》1997年第4期。

———《天平、杆秤和戥子》，《中国计量》2011年第4期。

丘光明、邱隆、杨平《中国科学技术史·度量衡卷》，科学出版社，2003年。

邱德修《〈考工记〉殳与晋殳新探》，《汉学研究》第9卷第1期。

邱　隆《中国最早的度量衡标准器——〈考工记〉·栗氏量》，《中国计量》2007年第5期。

———《中国最早的度量衡标准器——〈考工记〉·栗氏量》（续），《中国计量》2007年第6期。

裘锡圭《史墙盘铭解释》，《文物》1978年第3期。

———《谈谈随县曾侯乙墓的文字资料》，《文物》1979年第7期；引自《裘锡圭学术文集》第三卷，复旦大学出版社，2012年。

———《甲骨文中所见的商代农业》，《农史研究》第8辑，农业出版社，1989年；引自《裘锡圭学术文集》第一卷，复旦大学出版社，2012年。

———《稷下道家精气说的研究》，《道家文化研究》第二期，上海古籍出版社，1992年。

———《谈谈三年垣上官鼎和宜阳秦铜鋗的铭文》，《古文字研究》第27辑；引自《裘锡圭学术文集》第三卷，复旦大学出版社，2012年。

渠川福《太原晋国赵卿墓车马坑与东周车制散论》，《太原晋国赵卿墓》附录一二，文物出版社，1996年。

R

任常中、王长青《河南淅川下寺春秋云纹铜禁的铸造与修复》，《考古》1987年第5期。

容　庚《殷周礼乐器考略》,《燕京学报》第1期,1927年。

———《商周彝器通考》,《燕京学报》专号之十七,哈佛燕京学社出版,1941年。

———《颂斋吉金图录考释·骉斻纹铙》,《容庚学术著作全集》第12册,中华书局,2011年。

容　庚、张维持《殷周青铜器通论》,文物出版社,1984年。

S

山东省博物馆《山东东平王陵山汉墓清理简报》,《考古》1966年第4期。

山东省博物馆等《莒南大店春秋时期莒国殉人墓》,《考古学报》1978年第3期。

山东省博物馆、山东省文物考古研究所《山东汉画像石选集》,齐鲁书社,1982年。

山东省昌潍地区文物管理组《胶县西庵遗址调查试掘简报》,《文物》1977年第4期。

山东省文物考古研究所《山东淄博市临淄区淄河店二号战国墓》,《考古》2000年第10期。

山东省文物考古研究所等《曲阜鲁国故城》,齐鲁书社,1982年。

山西省考古研究所《侯马铸铜遗址》,文物出版社,1993年。

山西省考古研究所、北京大学考古学系《天马—曲村遗址北赵晋侯墓地第四次发掘》,《文物》1994年第8期。

山西省考古研究所、山西省晋东南地区文化局《山西省潞城县潞河战国墓》,《文物》1986年第6期。

山西省考古研究所、太原市文物管理委员会《太原金胜村251号春秋大墓及车马坑发掘简报》,《文物》1989年第9期。

———《太原晋国赵卿墓》,文物出版社,1996年。

山西省考古研究所侯马工作站《山西侯马上马墓地3号车马坑发掘简报》,《文物》1988年第3期。

———《晋都新田》,山西人民出版社,1996年。

山西省文物工作委员会《侯马盟誓遗址出土的其他文物》,《侯马盟书》,文物出版社,1976年。

山西省文物工作委员会晋东南工作组等《长治分水岭269、270号东周墓》,《考古学报》1974年第2期。

山西省文物管理委员会《山西长治市分水岭古墓的清理》,《考古学报》1957年第1期。

———《山西省文管会侯马工作站工作的总收获》,《考古》1959年第5期。

陕西省考古研究所等《陕西韩城梁带村遗址M27发掘简报》,《考古与文物》2007年第6期。

陕西省考古研究所宝鸡工作站等《陕西陇县边家庄五号春秋墓发掘简报》,《文物》1988年第11期。

陕西省秦俑考古队《秦始皇陵一号铜车马清理简报》,《文物》1991年第1期。

陕西省文物管理委员会《陕西岐山、扶风周墓清理记》,《考古》1960年第8期。

———《西周镐京附近部分墓葬发掘简报》,《文物》1986年第1期。

陕西省雍城考古队《凤翔马家庄一号建筑群遗址发掘简报》,《文物》1985年第2期。

陕西周原考古队《陕西扶风县云塘、庄白二号西周铜器窖藏》,《文物》1978年第11期。

———《扶风黄堆西周墓地钻探清理简报》,《文物》1986年第8期。

单先进、熊传新《长沙识字岭战国墓》,《考古》1977年第1期。

商承祚《程瑶田桃氏为剑考补正》,《金陵学报》第8卷第1、2期;引自《商承祚文集》,中山大学出版社,2004年。

商承祚《秦权使用及辨伪》,《古文字研究》第3辑;引自《商承祚文集》,中山大学出版社,2004年。

上海博物馆《认识古代青铜器》,艺术家出版社,1995年。

邵碧瑛《属数辨正》,邵碧瑛《〈考工记〉之〈函人〉〈画缋〉考辨》,杭州师范学院汉语言文字学专业硕士学位论文,2007年。

——《"合甲"名实初探》,邵碧瑛《〈考工记〉之〈函人〉〈画缋〉考辨》,杭州师范学院汉语言文字学专业硕士学位论文,2007年。

——《"革坚者札长"别解》,邵碧瑛《〈考工记〉之〈函人〉〈画缋〉考辨》,杭州师范学院汉语言文字学专业硕士学位论文,2007年。

——《"素功"辨异》,邵碧瑛《〈考工记〉之〈函人〉〈画缋〉考辨》,杭州师范学院汉语言文字学专业硕士学位论文,2007年。

沈　融《论早期青铜戈的使用法》,《考古》1992年第1期。

——《杀矢考》,《中国文物报》2007年1月19日。

沈之瑜《释"珏"》,《上海博物馆集刊——建馆三十周年特辑》,上海古籍出版社,1983年。

石荣传《再议考古出土的玉柄形器》,《四川文物》2010年第3期。

——《〈周礼·考工记·玉人〉所载"命圭"的考古学试析》,《湖南大学学报》(社会科学版)2014年第2期。

石声汉《农政全书校注》,上海古籍出版社,1979年。

石璋如《殷墟最近之重要发现附论小屯地层》,《中国考古学报》第二册,1947年。

——《小屯殷代的成套兵器》,《中研院历史语言研究所集刊》第22本。

——《殷代的夯土、版筑与一般建筑》,《中研院历史语言研究所集刊》第41本第1分。

——《殷车复原说明》,《中研院历史语言研究所集刊》第58本第2分。

史超礼等《航空概论》,高等教育出版社,1955年。

史可晖《甘肃灵台县又发现一座西周墓葬》,《考古与文物》1987年第5期。

史念海《〈周礼·考工记·匠人营国〉的撰著渊源》,《传统文化与现代化》1998年第3期。

史四维《木轮形式和作用的演变》,《中国科技史探索》,上海古籍出版社,1986年。

四川省博物馆《成都百花潭中学十号墓发掘记》,《文物》1976年第3期。

四川省文物管理委员会等《广汉三星堆遗址二号祭祀坑发掘简报》,《文物》1989年第5期。

四川省文物考古研究所《三星堆祭祀坑》,文物出版社,1999年。

宋华强《新蔡楚简所记量器"䉕(釜)"小考》,《平顶山学院学报》2006年第4期。

宋兆麟《战国弋射图及弋射溯源》,《文物》1981年第6期。

苏秉琦《瓦鬲的研究》,苏秉琦《苏秉琦考古学论述选集》,文物出版社,1984年。

苏荣誉《〈考工记〉"六齐"研究》,《中国科技典籍研究——第一届中国科技典籍国际会议论文集》,大象出版社,1998年。

苏荣誉、华觉明、李克敏、卢本珊《中国上古金属技术》,山东科学技术出版社,1995年。

苏莹辉《说"瑁"与"冒圭"》,南洋大学李光前文物馆《文物汇刊》创刊号。

宿　白《隋唐长安城和洛阳城》,《考古》1978年第6期。

眭秋生《"规""矩"与我国古代数学》,《南京师大学报》(自然科学版)1987年第3期。

随县擂鼓墩一号墓考古发掘队《湖北随县曾侯乙墓发掘简报》,《文物》1979年第7期。

孙常叙《耒耜的起原和发展》,《东北师范大学科学集刊(语言、文学)》1956年第2期。

孙　琛《〈考工记·磬氏〉验证》,中国艺术研究院音乐学专业硕士学位论文,2007年。

———《从两周石磬的博谈〈考工记〉的国别和年代》,《乐府新声》2009年第4期。

孙飞鹏《从柏林东亚艺术馆藏中国古代铜镜成分看〈考工记〉的流传》,《中国国家博物馆馆刊》2011年第5期。

孙　机《从胸式系驾法到鞍套式系驾法——我国古代车制略说》,《考古》1980年第5期。

———《始皇陵二号铜车马对车制研究的新启示》,《文物》1983年第7期;引自孙机《中国古舆服论丛》增订本,文物出版社,2001年。

———《玉具剑与璏式佩剑法》,《考古》1985年第1期;引自孙机《中国圣火》,辽宁教育出版社,1996年。

———《中国古独辀马车的结构》,《文物》1985年第8期;引自《中国古舆服论丛》增订本,文物出版社,2001年。

———《略论始皇陵一号铜车》,《文物》1991年第1期;引自《中国古舆服论丛》增订本,文物出版社,2001年。

———《中国古车制研究的回顾与前瞻》,《文化的馈赠·考古学卷》,北京大学出版社,2000年。

———《两唐书舆(车)服志校释稿》,《中国古舆服论丛》增订本,文物出版社,2001年。

———《汉代物质文化资料图说》,上海古籍出版社,2008年。

孙庆伟《两周"佩玉"考》,《文物》1996年第9期。

———《晋侯墓地出土玉器研究札记》,《华夏考古》1999年第1期。

———《〈考工记·玉人〉的考古学研究》,北京大学考古学系编《考古学研究》(四),科学出版社,2000年。

———《西周玉圭及相关问题的初步研究》,《文物世界》2000年第2期。

———《〈左传〉所见用玉事例研究》,《古代文明》第1卷,文物出版社,2002年。

———《周代墓葬所见用玉制度研究》,北京大学考古学及博物馆学博士学位论文,2003年。

———《周代金文所见用玉事例研究》,《古代文明》第3卷,文物出版社,2004年。

———《周代裸礼的新证据——介绍震旦艺术博物馆新藏的两件战国玉瓒》,《中原文物》2005年第1期。

———《周代用玉制度研究》,上海古籍出版社,2008年。

孙星衍《尚书今古文注疏》,中华书局,1986年。

孙诒让《札迻》,中华书局,2009年。

T

谭旦冏《成都弓箭制作调查报告》,《中研院历史语言研究所集刊》第23本。

唐金裕《西安西郊汉代建筑遗址发掘报告》,《考古学报》1959年第2期。

唐　兰《古乐器小记》,《燕京学报》第14期,1933年;引自《唐兰先生金文论集》,紫禁城出版社,1995年。

———《古代饮酒器五种—爵、觚、觯、角、散》,《大公报·文史周刊》1947年7月30日;引自《唐兰先生金文论集》,紫禁城出版社,1995年。

———《中国古代社会使用青铜农器问题的初步研究》,《故宫博物院院刊》总2期,1960年;引自《唐兰先生金文论集》,紫禁城出版社,1995年。

———《用青铜器铭文来研究西周史—综论宝鸡市近年发现的一批青铜器的重要历史价值》,《文物》1976年第6期。

———《略论西周微史家族窖藏铜器群的重要意义》,《文物》1978年第3期。

———《西周青铜器铭文分代史征》,中华书局,1986年。

唐忠海《"射"名实考》,《汉语史研究集刊》第8辑,2005年。

滕志贤《从出土古车马看训诂与考古的关系》,《古汉语研究》2002年第3期。

天津市文物管理处《西周夔纹铜禁》,《文物》1975年第3期。

田广金、郭素新《西沟畔匈奴墓反映的诸问题》,《文物》1980年第7期。

田　河《出土战国遣册所记名物分类汇释》,吉林大学历史文献学专业博士学位论文,2007年。

涂白奎《璋之名实考》,《考古与文物》1996年第1期。

W

万国鼎《耦耕考》,《农业史研究集刊》第1册,1959年。

汪秉全《木材科技词典》,科学出版社,1985年。

汪宁生《试论中国古代铜鼓》,《考古学报》1978年第2期。

———《释明堂》,《文物》1989年第9期。

汪庆正《中国陶瓷史研究中若干问题的探索》,《上海博物馆集刊——建馆三十周年特辑》(总第二期),上海古籍出版社,1983年。

王恩田《辉县赵固刻纹鉴图说》,《文物集刊》(二),文物出版社,1980年。

王夫之《诗经稗疏》,文渊阁四库全书本。

王贵祥《关于中国古代宫殿建筑群基址规模问题的探讨》,《中国紫禁城学会论文集》第五辑,紫禁城出版社,2007年。

王贵元《马王堆三号汉墓竹简字词考释》,《中国语文》2007年第3期。

王桂枝《宝鸡西周墓出土的几件玉器》,《文博》1987年第6期。

王国维《明堂庙寝通考》,王国维《观堂集林》,中华书局,2004年。

———《古磬跋》,王国维《观堂集林》,中华书局,2004年。

王厚宇、王卫清《考古资料中的先秦金较》,《中国典籍与文化》1999年第3期。

王　辉《殷墟玉璋朱书文字蠡测》,《文博》1996年第5期。

王健民《〈周礼〉二十八星辨》,《中国天文学史文集》(第三集),科学出版社,1984年。

王健民、梁柱、王胜利《曾侯乙墓出土的二十八宿青龙白虎图象》,《文物》1979年第7期。

王　琎《中国古代金属原质之化学》,《科学》第5卷第6期;引自《中国古代金属化学及金丹术》,中国科学图书仪器公司,1955年。

王　力《王力古汉语字典》,中华书局,2000年。

王鲁民、马彬《答〈最速降线及反宇屋面〉》，《新建筑》1995年第1期。

王　然《中国文物大典》，中国大百科全书出版社，2001年。

王仁湘《琮璧名实臆测》，《文物》2006年第8期；引自杨伯达主编《中国玉文化玉学论丛四编》，紫禁
　　　城出版社，2007年。

王慎行《瓒之形制与称名考》，《考古与文物》1986年第3期。

王世仁《明堂形制初探》，《中国文化研究集刊》第4辑；引自《王世仁建筑历史理论文集》，中国建筑
　　　工业出版社，2001年。

王守道《马王堆一号汉墓印花敷彩纱（N—5）颜料的X射线物相分析》，《化学通报》1975年第
　　　4期。

王　湘《曾侯乙墓编钟音律的探讨》，《音乐研究》1981年第1期。

王燮山《从"考工记"看我国古代的物理学》，《物理教学》1959年第2期。

———《"考工记"及其中的力学知识》，《物理通报》1959年第5期。

———《〈考工记〉力学综论》，《华北电力大学学报》1998年第1期。

王学理《秦代军工生产标准化的初步考察》，《考古与文物》1987年第5期。

———《秦始皇陵研究》，上海人民出版社，1994年。

———《秦俑专题研究》，三秦出版社，1994年。

王　㐀《马王堆汉墓的丝织物印花》，《考古》1979年第5期。

———《汉代织、绣品朱砂染色工艺初探》，《传统文化与现代化》1994年第6期。

王引之《经义述闻》，江苏古籍出版社，1985年。

王永波《牙璋新解》，《考古与文物》1988年第1期。

———《成山玉器与日主祭——兼论太阳神崇拜的有关问题》，《文物》1993年第1期。

———《耜形端刃器的分类与分期》，《考古学报》1996年第1期。

———《也谈中国古代的"瑞"与"器"》，《中国文物报》2002年4月10日。

王永毅《东北红豆杉枝叶的化学成分研究》，沈阳药科大学天然药物化学专业硕士学位论文，2008年。

王毓铨《中国古代货币的起源和发展》，中国社会科学出版社，1990年。

王振铎、李强《东汉车制复原研究》，科学出版社，1997年。

王震中《商代王都的"社"与"左祖右社"之管见》，河南省文物考古研究所编《安金槐先生纪念文
　　　集》，大象出版社，2005年。

王仲殊《汉代考古学概说》，中华书局，1984年。

王子初《太原晋国赵卿墓铜编镈和石编磬研究》，《太原晋国赵卿墓》附录，文物出版社，1996年。

———《石磬的音乐考古学断代》，《中国音乐学》2004年第2期。

韦　江《广西那坡感驮岩遗址出土牙璋研究》，《广西民族研究》2001年第3期。

魏成敏、朱玉德《山东临淄新发现的战国齐量》，《考古》1996年第4期。

魏庆同、华觉明《论我国早期的"刃"和刃具》，《科技史文集》第9辑（技术史专辑），上海科学技术出
　　　版社，1982年。

魏松卿《座谈长沙马王堆一号汉墓·关于丝织品》，《文物》1972年第9期。

温少峰、袁庭栋《殷墟卜辞研究——科学技术篇》，四川社会科学院出版社，1983年。

闻　广《中国古代青铜与锡矿》,《地质论评》1980年第4期。

———《辩玉》,《文物》1992年第7期。

闻　广、荆志淳《沣西西周玉器地质考古学研究——中国古玉地质考古学研究之三》,《考古学报》
　　　1993年第2期。

闻人军《〈考工记〉中声学知识的数理诠释》,《杭州大学学报》(自然科学版)1982年第4期。

———《〈考工记〉齐尺考辨》,《考古》1983年第1期。

———《〈考工记〉中的流体力学知识》,《自然科学史研究》1984年第1期。

———《"磬折"的起源与演变》,《杭州大学学报》(自然科学版)1986年第2期。

———《考工记导读》,中国国际广播出版社,2008年。

———《考工记译注》,上海古籍出版社,2008年。

———《再论"磬折"》,《考工司南:中国古代科技名物论集》,上海古籍出版社,2017年。

———《"拨尔而怒"辨正》,《考工司南:中国古代科技名物论集》,上海古籍出版社,2017年。

———《"同律度量衡"之"璧羡度尺"考析》,《考工司南:中国古代科技名物论集》,上海古籍出版
　　　社,2017年。

闻一多《释朱》,《文学年报》第三期,1937年;引自闻一多《古典新义》,古籍出版社,1956年。

闻　宥《四川汉代画像选集》,群联出版社,1955年。

吴承洛《中国度量衡史》,商务印书馆,1937年;引自上海书店,1984年。

吴大澂《古玉图考》,桑行之主编《说玉》,上海科技教育出版社,1993年。

吴来明《"六齐"、商周青铜器化学成分及其演变的研究》,《文物》1986年第11期。

吴荣曾《说瓴甓与墼》,北京大学中国传统文化研究中心《北京大学百年国学文粹·考古卷》,北京大
　　　学出版社,1998年。

吴棠海《认识古玉——古代玉器制作与形制》,台湾中华自然文化学会,1994年。

———《古玉鉴定》,北京大学考古学系讲义,1995年。

吴文俊主编、李迪分主编《中国数学史大系》第一卷,北京师范大学出版社,1998年。

吴晓筠《商至春秋时期中原地区青铜车马器形式研究》,《古代文明》第一卷,文物出版社,2002年。

吴　泽《古代史》,棠棣出版社,1953年。

吴振武《关于新见垣上官鼎铭文的释读》,《吉林大学社会科学学报》2005年第6期。

吴镇烽、尚志儒《陕西凤翔八旗屯秦国墓葬发掘简报》,《文物资料丛刊》1980年第3期。

———《陕西凤翔高庄秦墓地发掘简报》,《考古与文物》1981年第1期。

武汉水利电力学院、水利水电科学研究院《中国水利史稿》编写组《中国水利史稿》上册,水利电力
　　　出版社,1979年。

武家璧《虎座鸟架鼓辨正》,《考古与文物》1998年第6期。

武廷海、戴吾三《"匠人营国"的基本精神与形成背景初探》,《城市规划》2005年第2期。

X

夏　鼐《沈括和考古学》,《考古》1974年第5期。

———《商代玉器的分类、定名和用途》,《考古》1983 年第 5 期;引自《夏鼐文集》中册,社会科学文献出版社,2000 年。

———《汉代的玉器——汉代玉器中传统的延续和变化》,《考古学报》1983 年第 2 期;引自《夏鼐文集》中册,社会科学文献出版社,2000 年。

夏纬瑛《〈周礼〉书中有关农业条文的解释》,农业出版社,1979 年。

咸阳市文管会、咸阳市博物馆《咸阳市空心砖汉墓清理简报》,《考古》1982 年第 3 期。

咸阳市文物考古研究所《西汉昭帝平陵钻探调查简报》,《考古与文物》2007 年第 5 期。

襄阳首届亦工亦农考古训练班《襄阳蔡坡 12 号墓出土吴王夫差剑等文物》,《文物》1976 年第 11 期。

肖梦龙等《吴干之剑研究》,《吴国青铜器综合研究》,科学出版社,2004 年。

筱　华《屋面凹曲最速降线及其它》,《古建园林技术》1992 年第 1 期。

信阳地区文管会《罗山县蟒张后李商周墓地第二次发掘简报》,《中原文物》1981 年第 4 期。

熊传新《我国古代錞于概论》,《中国考古学会第二次年会论文集》,文物出版社,1982 年。

徐定水《浙江永嘉出土的一批青铜器简介》,《文物》1980 年第 8 期。

徐　复《徐复语言文字学论稿》,江苏教育出版社,1995 年。

徐克明《春秋战国时代的物理研究》,《自然科学史研究》1983 年第 1 期。

徐文生《中国古代生产工具图集》第三册《秦汉时代》,西北大学出版社,1986 年。

徐锡台《周原考古工作的主要收获》,《考古与文物》1988 年第 5、6 期。

徐占勇《浅谈镈与镦的区分》,《文物春秋》2013 年第 5 期。

徐中舒《耒耜考》,《中研院历史语言研究所集刊》第二本第一分。

———《古代狩猎图像考》,《庆祝蔡元培先生六十五岁纪念论文集》下册;引自《徐中舒历史论文选辑》,中华书局,1998 年。

徐中舒、唐嘉弘《錞于与铜鼓》,《社会科学研究》1980 年第 5 期。

徐州博物馆、南京大学历史学系考古专业《徐州北洞山西汉楚王墓》,文物出版社,2003 年。

Y

烟台市文物管理委员会《山东长岛王沟东周墓群》,《考古学报》1993 年第 1 期。

严敦杰《汉规矩砖考》,《说文月刊》第 3 卷第 4 期。

阎　艳《〈全唐诗〉名物词研究》,巴蜀书社,2004 年。

杨宝成《殷代车子的发现与复原》,《考古》1984 年第 6 期。

———《商代马车及其相关问题研究》,《考古学研究》(五),科学出版社,2003 年。

杨伯达《释璋》,杨伯达《古玉史论》,紫禁城出版社,1998 年。

杨伯峻《春秋左传注》,中华书局,1980 年。

杨伯峻、徐提《春秋左传词典》,中华书局,1985 年。

杨根、丁家盛《司母戊大鼎的合金成分及其铸造技术的初步研究》,《文物》1959 年第 12 期。

杨国祯《中国对物理学的独特贡献》,《中华读书报》2003 年 4 月 30 日。

杨　豪《介绍广东近年发现的几件青铜器》,《考古》1961 年第 11 期。

杨　泓《中国古代的甲胄》，《考古学报》1976年第1期；引自杨泓《中国古兵器论丛》增订本，文物出版社，1985年。

———《剑和刀》，《社会科学战线》1979年第1期；引自杨泓《中国古兵器论丛》增订本，文物出版社，1985年。

———《弓和弩》，《中国古兵器论丛》增订本，文物出版社，1985年。

———《中国古代甲胄的新发现和有关问题》，《中国古兵器论丛》增订本，文物出版社，1985年。

———《中国古代甲胄续论》，《故宫博物院院刊》2001年第6期；引自杨泓《中国古兵与美术考古论集》，文物出版社，2007年。

杨鸿勋《中国古典建筑凹曲屋面发生与发展问题初探》，《科技史文集》第2辑（建筑史专辑），上海科学技术出版社，1979年；引自杨鸿勋《杨鸿勋建筑考古学论文集》增订版，清华大学出版社，2008年。

———《初论二里头F1的复原问题——兼论"夏后氏世室"形制》，杨鸿勋《建筑考古学论文集》，文物出版社，1987年；引自杨鸿勋《杨鸿勋建筑考古学论文集》增订版，清华大学出版社，2008年。

———《前朝后寝的大房子——夏后氏世室》，杨鸿勋《中国古代居住图典》，云南人民出版社，2007年。

———《偃师商城的"四阿重屋"殿堂》，杨鸿勋《中国古代居住图典》，云南人民出版社，2007年。

———《周朝贵族建筑与居住习俗》，杨鸿勋《中国古代居住图典》，云南人民出版社，2007年。

———《偃师商城王宫遗址揭示"左祖右社"萌芽》，杨鸿勋《杨鸿勋建筑考古学论文集》增订版，清华大学出版社，2008年。

———《破解"周人明堂"的千古之谜——"周人明堂"的考古学研究》，《杨鸿勋建筑考古学论文集》增订版，清华大学出版社，2008年。

杨建芳《琮为何物——汉儒误释远古礼器一例，兼论〈周礼〉六器说之不足信》，《华学》第九、十辑，上海古籍出版社，2008年。

———《春秋玉器及其分期——中国古玉断代研究之四》，《中国古玉研究论文集》上册，众志美术出版社，2001年。

杨　杰《〈三礼〉所见射侯形制考释》，《古文献研究集刊》第五辑，凤凰出版社，2012年。

杨军昌《周原出土西周阳燧的技术研究》，《文物》1997年第7期。

杨　宽《汉代门阙前的"罘罳"》，上海《中央日报》副刊《文物周刊》1947年第60期；引自《杨宽古史论文选集》，上海人民出版社，2003年。

———《论西周时代的农业生产》，《学术月刊》1957年2月号；引自杨宽《古史新探》，中华书局，1965年。

杨立新《楚国青铜剑浅谈》，《楚文化研究论集》第6集，湖北教育出版社，2005年。

杨英杰《战车与车战》，东北师范大学出版社，1988年。

杨宗荣《战国绘画资料》，中国古典艺术出版社，1957年。

扬之水《驷马车中的诗思》，《文史知识》1998年第8期；引自扬之水《诗经名物新证》，北京古籍出版社，2000年。

———《诗经名物新证》，北京古籍出版社，2000年。

———《关于梪、禁、案的定名》，《中国历史文物》2007年第4期。

姚　迁《江苏盱眙南窑庄楚汉文物窖藏》，《文物》1982年第11期。

姚智辉、范云峰《〈考工记〉"戈体已倨已句二病"新探》，《中原文物》2010年第2期。

宜昌地区博物馆《湖北当阳赵巷4号春秋墓发掘简报》，《文物》1990年第10期。

沂水县博物馆《山东沂水县埠子村战国墓》，《文物》1992年第5期。

仪德刚《中国传统弓箭制作工艺调查研究及相关力学知识分析》，中国科学技术大学科学技术史专业
　　　博士学位论文，2004年。

———《中国传统箭矢制作及使用中的力学知识》，《多视野下的中国科学技术史研究——第十届国
　　　际中国科学史会议论文集》，科学出版社，2009年。

———《中国古代计量弓力的方法及相关经验认识》，《力学与实践》2005年第2期。

———《〈考工记〉之"成规法"辨析》，《内蒙古师范大学学报》（自然科学汉文版）2015年第1期。

仪德刚、赵新力、齐中英《弓体的力学性能及"郑玄弹性定律"再探》，《自然科学史研究》2005年第3期。

于嘉芳《"磬折以叁伍"新解——兼论齐国农田灌溉和水利工程》，《管子学刊》2000年第2期。

于省吾《释𢦏》，《考古》1979年第4期。

余扶危、叶万松《我国古代地下储粮之研究》（中），《农业考古》1983年第1期。

余　旭《中国古代机械产品的检验方法》，《机械技术史及机械设计（7）——第七届中日机械技术史
　　　及机械设计国际学术会议论文集》，2008年。

榆林市文管会、绥德县博物馆《绥德县辛店乡郝家沟村汉画像石墓清理简报》，《中国汉画研究》第2
　　　卷，广西师范大学出版社，2006年。

袁家荣《湘潭青山桥出土窖藏商周青铜器》，《湖南考古辑刊》第1辑，1982年。

袁翰青《我国古代人民的炼铜技术》，《化学通报》1954年第2期。

———《我国古代的炼铜技术》，袁翰青《中国化学史论文集》，生活·读书·新知三联书店，1956年。

袁俊杰《两周射礼研究》，科学出版社，2013年。

袁曙光、赵殿增《四川门阙类画像砖研究》，《中国汉画学会第九届年会论文集》，中国社会出版社，
　　　2004年。

袁艳玲《楚地出土平头镞初探》，《江汉考古》2008年第3期。

袁仲一《秦陵铜车马有关几个器名的考释》，《考古与文物》1997年第5期。

《云梦睡虎地秦墓》编写组《云梦睡虎地秦墓》，文物出版社，1981年。

云梦县文化馆《湖北云梦县珍珠坡一号楚墓》，《考古学集刊》第1集，1981年。

云明、罗平、明远《邢台商代遗址中的陶窑》，《文物参考资料》1956年第12期。

Z

詹开逊《谈新干大洋洲商墓出土的青铜兵器》，《文物》1994年第12期。

詹鄞鑫《释辛及与辛相关的几个字》，《中国语文》1983年第5期。

———《神灵与祭祀——中国传统宗教综论》，江苏古籍出版社，1992年。

臧　振《玉瓒考辨》，《考古与文物》2005年第1期。

曾宪通《从曾侯乙编钟之钟虡铜人说"虡"与"业"》，《曾侯乙编钟研究》，湖北人民出版社，1992年；

引自曾宪通《古文字与出土文献丛考》,中山大学出版社,2005年。

曾智安《"精列"与〈精列〉〈气出唱〉及汉魏相和歌形态新论》,《乐府学》第7辑,学苑出版社,2012年。

曾武秀《中国历代尺度概述》,《历史研究》1964年第3期。

张长寿《西周的玉柄形器》,《考古》1994年第6期。

张长寿、张孝光《说伏兔与画轐》,《考古》1980年第4期。

——————《殷周车制略说》,《中国考古学研究——夏鼐先生考古五十年纪念论文集》,文物出版社,1986年。

——————《井叔墓地所见西周轮舆》,《考古学报》1994年第2期。

张岱海、张彦煌《临猗程村M1065号车马坑中车的结构实测与仿制》,《中国考古学论丛——中国社会科学院考古研究所建所40年纪念》,科学出版社,1993年。

张道一《考工记注译》,陕西人民美术出版社,2004年。

张光直《谈"琮"及其在中国古史上的意义》,《文物与考古论集——文物出版社成立三十周年纪念》,文物出版社,1986年。

张　剑《商周柄形玉器(玉圭)考》,《三代文明研究》(一),科学出版社,1999年。

张健、陈真《〈考工记〉用漆状况刍议》,《装饰》2004年第4期。

张建锋《汉长安城城墙高度初探》,《汉长安城考古与汉文化》,科学出版社,2008年。

张景良《木材知识》,中国林业出版社,1983年。

张静娴《〈考工记·匠人篇〉浅析》,《建筑史论文集》第七辑,清华大学出版社,1985年。

张　澜《"精列"考》,《学术研究》2007年第2期。

张明华《礼玉礼用——出土玉器在礼制与使用习俗间的互证及意义》,《上海文博论丛》2009年第1期。

张世贤《见微知著——陶瓷青铜器的化学分析在若干历史研究上的作用》,文史哲出版社,1991年。

张　涛《青铜器射侯纹饰的图像学解读辨析》,未刊稿。

张　伟《〈周礼〉中玉礼器考辨》,《西部考古》第5辑,三秦出版社,2011年。

张卫星《先秦至两汉出土甲胄研究》,郑州大学秦汉考古与秦汉史研究专业博士学位论文,2005年。

张　文《爵、斝铜柱考——兼论祷礼中用尸、用器问题》,《西部考古》第1辑,三秦出版社,2006年。

张彦煌、张岱海《古代车制中的较与辄》,《汾河湾—丁村文化与晋文化考古学术研讨会文集》,山西高校联合出版社,1996年。

张　勇《河南汉代建筑明器定名与分类概述》,《河南出土汉代建筑明器》,大象出版社,2002年。

——————《河南汉代陶阙及相关问题》,《中原文物》2006年第5期。

张玉石《中国古代版筑技术研究》,《中原文物》2004年第2期。

张　悦《周代宫城制度中庙社朝寝的布局辨析——基于周代鲁国宫城的营建模式复原方案》,《城市规划》2003年第1期。

张振新《曾侯乙墓编钟的梁架结构与钟虡铜人》,《文物》1979年第7期。

——————《关于钟虡铜人的探讨》,《中国历史博物馆馆刊》1980年第2期。

张子高《六齐别解》,《清华学报》1958年第4卷第2期。

章鸿钊《中国用锌的起源》,《科学》第8卷第3期;引自《中国古代金属化学及金丹术》,中国科学图书仪器公司,1955年。

赵承泽《中国科学技术史·纺织卷》,科学出版社,2002年。

赵　丰《中国古代丝绸精练技术的发展》,《浙江丝绸工学院学报》1984年第3期。

——《植物染料在古代中国的应用·复色染工艺的形成和发展》,朱新予主编《中国丝绸史》,中国纺织出版社,1997年。

——《中国丝绸通史》,苏州大学出版社,2005年。

赵光贤《从裘卫诸器铭看西周的土地交易》,《周代社会辨析》,人民出版社,1980年。

赵翰生《石染述义》,台湾《中华科技史学会学刊》2011年第16期。

赵翰生、李劲松《〈考工记〉"钟氏染羽"新解》,《广西民族大学学报》(自然科学版)2012年第3期。

赵匡华、周嘉华《中国科学技术史·化学卷》,科学出版社,1998年。

赵新来《郑州二里岗发现的商代玉璋》,《文物》1966年第1期。

赵芝荃《洛阳三代都邑考实及其文化的异同》,《河洛文明论文集》,中州古籍出版社,1993年。

浙江省文物管理委员会《绍兴306号战国墓发掘简报》,《文物》1984年第1期。

浙江省文物考古研究所等《良渚文化玉器》,文物出版社、两木出版社,1990年。

郑宪仁《对五种(饮)酒器名称的学术史回顾与讨论》,刘昭明主编《2014第三届台湾南区大学中文系联合学术会议会后论文集》。收入《野人习礼——先秦名物与礼学论集》,上海古籍出版社,2017年。

中国科学院考古研究所《辉县发掘报告》,科学出版社,1956年。

——《长沙发掘报告》,科学出版社,1957年。

——《洛阳中州路》,科学出版社,1959年。

——《上村岭虢国墓地》,科学出版社,1959年。

——《沣西发掘报告》,文物出版社,1963年。

——《张家坡西周墓地》,中国大百科全书出版社,1999年。

——《中国考古学·两周卷》,中国社会科学出版社,2004年。

中国科学院考古研究所安阳发掘队《安阳殷墟孝民屯的两座车马坑》,《考古》1977年第1期。

中国科学院考古研究所安阳工作队《安阳新发现的殷代车马坑》,《考古》1972年第4期。

中国科学院考古研究所等《元大都的勘查和发掘》,《考古》1972年第1期。

——《北京附近发现的西周奴隶殉葬墓》,《考古》1974年第5期。

中国科学院考古研究所汉城发掘队《汉长安城南郊礼制建筑遗址发掘简报》,《考古》1960年第7期。

中国科学院考古研究所湖北发掘队《湖北圻春毛家咀西周木构建筑》,《考古》1962年第1期。

中国科学院考古研究所内蒙工作队《赤峰药王庙、夏家店遗址试掘报告》,《考古学报》1974年第1期。

——《宁城南山根遗址发掘报告》,《考古学报》1975年第1期。

中国科学院考古研究所西安唐城发掘队《唐代长安城考古纪略》,《考古》1963年第11期。

中国科学院植物研究所《中国经济植物志》,科学出版社,1961年。

——《中国高等植物图鉴》第1册,科学出版社,1972年。

中国林业科学研究院木材工业研究所《中国主要树种的木材物理力学性质》，中国林业出版社，1982年。

中国社会科学院考古研究所《殷墟妇好墓》，文物出版社，1980年。

——————————《居延汉简甲乙编》，中华书局，1980年。

——————————《洛阳发掘报告》，燕山出版社，1989年。

——————————《殷墟的发现与研究》，科学出版社，1994年。

——————————《殷周金文集成》，中华书局，1984—1994年。

——————————《安阳殷墟郭家庄商代墓葬——1982年～1992年考古发掘报告》，中国大百科全书出版社，1998年。

中国社会科学院考古研究所、河北省文物管理处《满城汉墓发掘报告》，文物出版社，1980年。

中国社会科学院考古研究所安阳队《1991年安阳后冈殷墓的发掘》，《考古》1993年第10期。

中国社会科学院考古研究所安阳工作队《安阳小屯村北的两座殷代墓》，《考古学报》1981年第4期。

中国社会科学院考古研究所等《临猗程村墓地》，中国大百科全书出版社，2003年。

中国社会科学院考古研究所二里头工作队《河南偃师二里头遗址三、八区发掘简报》，《考古》1975年第5期。

——————————————《1987年偃师二里头遗址墓葬发掘简报》，《考古》1992年第4期。

中国社会科学院考古研究所沣西发掘队《1967年长安张家坡西周墓葬的发掘》，《考古学报》1980年第4期。

——————————————《陕西长安张家坡M170号井叔墓发掘简报》，《考古》1990年第6期。

中国社会科学院考古研究所河南二队《1984年春偃师尸乡沟商城宫殿遗址发掘简报》，《考古》1985年第4期。

——————————————《河南偃师尸乡沟商城第五号宫殿遗址发掘简报》，《考古》1988年第2期。

中国社会科学院考古研究所技术室《试论东周时代皮甲胄的制作技术》，《考古》1984年第12期。

中国社会科学院考古研究所山西工作队等《山西襄汾县陶寺遗址发掘简报》，《考古》1980年第1期。

——————————————《1978—1980年山西襄汾陶寺墓地发掘简报》，《考古》1983年第1期。

中国天文学史整理研究小组《中国天文学史》，科学出版社，1981年。

中国音乐文物大系总编辑部《中国音乐文物大系》（上海卷、河南卷、北京卷、江苏卷、陕西卷、天津卷、湖北卷、四川卷），大象出版社，1999年。

中央音乐学院民族音乐研究所调查组《信阳战国楚墓出土乐器初步调查记》，《文物参考资料》1958年第1期。

《中国玉器全集》编辑委员会《中国玉器全集》商·西周，河北美术出版社，1993年。

钟少异《龙泉霜雪:古剑的历史和传说》,生活·读书·新知三联书店,1998年。

钟志成《江陵凤凰山一六八号汉墓出土一套文书工具》,《文物》1975年第9期。

周长山《汉长安城与〈考工记〉》,《文物春秋》2001年第4期。

周　成《中国古代交通图典》,中国世界语出版社,1995年。

周国平《宝石学》,中国地质大学出版社,1989年。

周锦云《真丝绸单宁加工工艺研究》,《针织工业》1995年第2期。

周南泉《中山国的玉器》,《故宫博物院院刊》1979年第2期。

———《试论太湖地区新石器时代玉器》,《考古与文物》1985年第5期。

———《玉琮源流考——古玉研究之一》,《故宫博物院院刊》1990年第1期。

———《论中国古代的玉璧——古玉研究之二》,《故宫博物院院刊》1991年第1期。

———《论中国古代的圭——古玉研究之三》,《故宫博物院院刊》1992年第3期。

———《中国古代玉、石璋研究》,《考古与文物》1993年第5期。

周　鹏《从出土文物看〈考工记〉中"准之"内涵》,《魅力中国》2009年第36期。

周始民《〈考工记〉六齐成份的研究》,《化学通报》1978年第3期。

周世德《〈考工记〉与我国古代造车技术》,《中国历史博物馆馆刊》1989年第12期;引自周世德《雕
　　　虫集——造船·兵器·机械·科技史》,地震出版社,1994年。

周　纬《中国兵器史稿》,百花文艺出版社,2006年。

周　玮《良渚文化玉琮名和形的探讨》,《东南文化》2001年第11期。

周卫荣等《中国青铜时代不存在失蜡法铸造工艺》,《江汉考古》2006年第2期。

周　瑗《矩伯、裘卫两家族的消长与周礼的崩坏——试论董家青铜器群》,《文物》1976年第6期。

周原考古队《陕西扶风县云塘、齐镇西周建筑基址1999—2000年度发掘简报》,《考古》2002年第
　　　9期。

周则岳《试论中国古代冶金史的几个问题》,《中南矿冶学院学报》1956年第1期。

朱伯芳《有限单元法原理与应用》,水利电力出版社,1979年。

朱德熙《洛阳金村出土方壶之校量》,《北京大学学报》1956年第4期。

———《马王堆一号汉墓遣策考释补正》,《文史》第10辑;《朱德熙文集》第5卷,商务印书馆,1999年。

———《战国记容铜器刻辞考释四篇》,《朱德熙古文字论集》,中华书局,1995年。

朱芳圃《耒耜答问》,《新史学通讯》1951年第3期。

朱凤瀚《古代中国青铜器》,南开大学出版社,1995年。

———《中国青铜器综论》,上海古籍出版社,2009年。

朱国炤《汉代画像中所见牛、鹿、羊车及其反映的社会意识》,《汉代画像石研究》,文物出版社,
　　　1987年。

朱起凤《辞通》,上海古籍出版社,1982年。

朱启新《计较的"较"》,《中国文物报》2001年12月26日。

———《簪笔与白笔》,朱启新《文物物语》,中华书局,2006年。

———《"斡旋"的本义》,朱启新《看得见的古人生活》,中华书局,2011年。

朱泰生《我国古代在光测高温技术上的光辉成就》,《北京邮电学院学报》1979年第1期。

竺可桢《论以岁差定尚书尧典四仲中星之年代》,《科学》11卷12期,1926年。

祝建华、汤池《曾侯墓漆画初探》,《美术研究》1980年第2期。

驻马店地区文化局等《河南正阳苏庄楚墓发掘报告》,《华夏考古》1988年第2期。

梓　溪《青铜器名辞解说(五)》,《文物参考资料》1958年第5期。

———《青铜器名辞解说(十二)》,《文物参考资料》1958年第12期。

———《战国刻绘燕乐画象铜器残片》,《文物》1962年第2期。

图书在版编目（CIP）数据

《考工记》名物汇证 / 汪少华编著. — 上海:上海教育出版
社, 2019.12
ISBN 978-7-5444-8252-3

Ⅰ. ①考… Ⅱ. ①汪… Ⅲ. ①手工业史 – 中国 – 古代 ②《考
工记》– 研究 Ⅳ. ①N092

中国版本图书馆CIP数据核字(2019)第290607号

国家哲学社会科学规划基金项目（11BYY066）
上海文化发展基金会资助项目
上海市文教结合"高校服务国家重大战略出版工程"资助项目

责任编辑　周典富　董龙凯
书籍设计　陆　弦

《考工记》名物汇证
汪少华　编著
_____

出版发行　上海教育出版社有限公司
官　　网　www.seph.com.cn
地　　址　上海市永福路123号
邮　　编　200031
印　　刷　山东韵杰文化科技有限公司
开　　本　787×1092　1/16　印张 48.75　插页 5
字　　数　1100 千字
版　　次　2019年12月第1版
印　　次　2019年12月第1次印刷
书　　号　ISBN 978-7-5444-8252-3/H·0305
定　　价　446.00 元
_____

如发现质量问题，读者可向本社调换　电话：021-64377165